福建滨海湿地
潮间带大型底栖生物

INTERTIDAL MACROBENTHOS
in Coastal Wetlands, Fujian Province

李荣冠　主编

王建军　黄雅琴　林俊辉　林和山　副主编

Written by Rongguan Li and Edited by

R. G. L., J. J. Wang, Y. Q. Huang, J. H. Lin, H. S. Lin

海洋出版社

2017年 · 北京

内 容 简 介

本书简要介绍了滨海湿地潮间带大型底栖生物研究的意义、历史和进展，以及潮间带大型底栖生物研究的内容和方法，着重系统论述了福建重要海湾与河口、重要海岛、海岸带滨海湿地潮间带大型底栖生物的物种多样性、优势种、主要种和习见种的组成；丰度和生物量的数量时空分布；群落类型、结构、生态特征值、稳定性和季节演替。本书可供海洋科研人员和高等院校师生阅读参考。

This book introduces the study significance, history and development of macrobenthos in coastal intertidal wetland, and its contents and methods, systemly discusses the macrobenthic species diversity, dominance species, the main species and common species composition, the number of temporal and spatial distribution of abundance and biomass, community types, structure and ecological characteristics of value, stability and seasonal sussession of the importemt day and estuary, islands, coastal intertidal wetland in Fujian province. This book can be used for reference to the marine scientific research personnel and teachers and students in Colleges and universities.

图书在版编目（CIP）数据

福建滨海湿地潮间带大型底栖生物/李荣冠主编．—北京：海洋出版社，2016. 10
ISBN 978-7-5027-9600-6

Ⅰ.①福… Ⅱ.①李… Ⅲ.①潮间带-海洋底栖生物-研究-福建 Ⅳ.①Q178. 535

中国版本图书馆 CIP 数据核字（2016）第 253204 号

责任编辑：白　燕
责任印制：赵麟苏
海洋出版社　出版发行
http：//www. oceanpress. com. cn
北京市海淀区大慧寺路 8 号　邮编：100081
北京朝阳印刷厂有限责任公司印刷　新华书店发行所经销
2017 年 6 月第 1 版　2017 年 6 月北京第 1 次印刷
开本：889mm×1194mm　1/16　印张：58. 5
字数：1710 千字　定价：320. 00 元
发行部：62147016　邮购部：68038093　总编室：62114335
海洋版图书印、装错误可随时退换

《福建滨海湿地潮间带大型底栖生物》编委会名单

作者简介

李荣冠1951年出生于福建长乐文岭坛赶兜，曾就读于福建长乐第一中学、中国海洋大学，毕业后一直从事海洋生物和生态学研究。现任国家海洋局第三海洋研究所研究员，研究生导师，先后承担、主持和参与了“首次全球大气试验：中太平洋西部深海调查”“东海污染调查”“全国海岸带和滩涂资源综合调查：福建海岸带和滩涂资源综合调查”“大亚湾核电站海洋生态零点调查”“福建宁德核电站海洋生态零点调查”“福清核电站海洋生态零点调查”“云霄核电站海洋生态零点调查”“海南昌江核电站海洋生态零点调查”“全国海岛资源综合调查：福建海岛浅海和滩涂资源综合调查”“我国专属经济区和大陆架勘测：生物资源补充调查及评价”“福建主要海湾水产养殖容量研究”、多次南极和北极考察等项目的大型底栖生物调查研究，参与“中法澳大利亚大堡礁LIZARD岛硬珊瑚繁殖研究”“中法RAINE岛海鸟栖息和绿海龟产卵过程现场观察”“中澳内堡礁附近OSPREY暗礁140~180 m双人潜水碟海底生物探测”等合作项目，主持了“908专项中国滨海湿地生态系统评价与修复技术研究”和“福建滨海湿地与红树林生态系统评价”以及海域使用论证等科研项目90余项，撰写长城湾、企鹅岛等大型底栖生物调查研究报告90多份，已编写专著《中国海陆架及邻近海域大型底栖生物》《福建海岸带与台湾海峡西部海域大型底栖生物》《福建典型滨海湿地》《中国典型滨海湿地》《福建滨海湿地潮间带大型底栖生物》，参与编写的专著有《渤海、黄海、东海海洋图集》《中国海湾志：第七册、八册、九册、十四册》《福建省海洋志》《中国海洋生物种类组成与分布》《中国专属经济区生物资源及其环境调查图集》《东海大陆架生物资源与环境》《南海专属经济区和大陆架渔业生态环境与渔业资源》《黄、渤海生物资源与栖息环境》、中华人民共和国行业标准《海洋监测规范：海洋生物调查》、中华人民共和国国家标准《海洋调查规范：海洋生物调查》《中国海洋物种多样性》《中国海洋生物图集》《中国滨海湿地》等。先后在《海洋学报》《海洋与湖沼》《生物多样性》《生态学报》《台湾海峡》等刊物发表论文100余篇，代表作有《大亚湾核电站潮间带生物种类组成与分布》《大亚湾核电站附近潮间带生物群落》《大亚湾埔渔洲红树林区大型底栖生物生态研究》《鼓浪屿岩相潮间带生物种类组成与数量分布》《厦门岛软相潮间带生物群落》《东山湾海水螺旋藻Spirulina大面积养殖探讨》《楚科奇海及白令海大型底栖生物初步研究》《福建海岸带与台湾海峡西部海域大型底栖生物》等。

致　谢

本书得到下列项目资助：

国家自然科学基金（40930848）

海洋公益性行业科研专项项目（201205007）

Advancing Modelling and Observing solar Radiation of Arctic sea-ice-understanding changes and processes（193592）

序　言

滨海湿地潮间带大型底栖生物是海洋生物中最重要的生态类群之一。滨海湿地潮间带大型底栖生物是重要的经济和饵料生物，许多物种具有重要的药用价值。滨海湿地包括沿海河口和浅海低潮时水深不足6 m的水域，过去由于人类对湿地认识的片面性，对湿地不合理的开发利用和破坏，导致湿地面积减少、生物多样性丧失、功能和效益衰退，严重危及湿地生物的生存，制约了人类社会经济的发展。据不完全统计，我国滨海湿地已遭到严重的破坏。湿地的丧失严重损害了植被和底栖动物群落，从而也导致湿地水体净化功能、营养物转化输运功能、生物栖息地功能等生态服务功能的严重下降。近年来，随着人们对海洋生态系统认识的提高，滨海湿地生态系统保护受到政府和相关部门的密切关注。滨海湿地潮间带生物多样性、物种多样性、基因多样性和生境多样性以及滨海湿地潮间带生物生态学研究普遍受到科研人员和学者的关注，先后开展了大量的调查研究，出版了许多刊物，撰写了许多报告、发表了论文，但有关滨海湿地潮间带大型底栖生物的专著至今未见出版。

国家海洋局第三海洋研究所研究员李荣冠教授在2003年编写了《中国海陆架及邻近海域大型底栖生物》、2010年编写了《福建海岸带与台湾海峡西部海域大型底栖生物》等专著。现在出版的《福建滨海湿地潮间带大型底栖生物》是对以上专著的拓展。该书较全面系统地介绍了福建滨海湿地重要海湾与河口水域、重要海岛、海岸带潮间带大型底栖生物的物种多样性、优势种、主要种和习见种组成，数量时空分布，群落类型、结构、生态特征值、稳定性和季节演替。至此，福建滨海湿地潮间带至大陆架海域大型底栖生物的数据和资料已基本形成，该书将成为我国沿海省市开展相关项目研究的重要借鉴。

该书引用了自“全国海岸带和滩涂资源综合调查：福建海岸带和滩涂资源综合调查（1980—1985年）”“全国海岛资源综合调查：福建海岛资源综合调查（1989—1993年）”“编纂中国海湾志（1989—1992年）”和“福建主要港湾水产养殖容量研究（2000—2001年）”“福建宁德核电站海洋生态零点调查”“福清核电站海洋生态零点调查”“云霄核电站海洋生态零点调查”“惠安核电站选址海洋生态零点调查”海域使用论证和环境评价等调查研究项目的大量数据，囊括了近30年来福建重要河口港湾、海岛和海岸带滨海湿地潮间带生物调查资料，记录了福建滨海湿地潮间带大型底栖生物2 110种，其中福建海岸带滨海湿地潮间带大型底栖生物916种，重要海湾与河口水域1 640种，重要海岛水域1 524种，初步统计福建滨海湿地潮间带至大陆架共有大型底栖生物 4 071 种；同时深入分析了各海域滨海湿地潮间带大型底栖生物数量时空分布特点和群落特征。这是一部迄今为止我国最具海域特色、并具有代表性滨海湿地潮间带大型底栖生物专著之一。

张志南
中国海洋大学海洋生命学院
教授、博士生导师
2014 年 8 月　青岛

前　言

滨海湿地潮间带大型底栖生物是海洋生物中最重要的三大生态类群之一。根据2000—2010年全球海洋生物10年普查（Census of Marine Life，CoML），至今全球已经记录了25万种海洋生物，其中海洋底栖生物占总种数的80%~90%，而海洋动物中有60%以上为大型底栖动物。潮间带大型底栖生物系指生活在潮间带底表的植物和栖息于底表与底内的体长大于1.0 mm（或指被截留在0.5 mm网目套筛上）的动物。本书所表述的主要门类有：藻类、多毛类（环节动物的大部分）、软体动物、甲壳动物（节肢动物中大部分）、棘皮动物和其他生物（海绵动物、腔肠动物、纽形动物、星虫动物、苔藓动物、腕足动物和部分的脊索动物等）。

福建省海岸线长3 324 km，居全国第二位。海域面积13.6×10^4 km²，比陆地面积大12.4%。全省有海岛1 546个，居全国第二位，其中有人岛屿102个，乡镇级以上重要海岛12个。福建沿岸大小港湾125个，其中重要海湾与河口有17个。水深200 m以内的海洋渔场面积12.51×10^4 km²。据2003年遥感图像的人工交互解译，福建省20世纪80年代的海岸线至0 m等深线范围内的滨海湿地有2大类10种类型，天然湿地包括粉砂淤泥质湿地、砂质湿地、岩石性湿地、滨岸沼泽湿地、红树林沼泽湿地、海岸潟湖湿地、河口及水域湿地7种类型；人工湿地分养殖池塘、水田和盐田3种类型。福建省20世纪80年代岸线至低潮0 m等深线范围内的滨海湿地面积共计2 598.86 km²。其中，天然湿地2 118.63 km²，占81.5%，全省粉砂淤泥质滨海湿地总面积可达1 393.91 km²，砂质滨海湿地面积为482.58 km²，红树林沼泽湿地、海岸潟湖湿地和河流及河口水域湿地所占面积合计不到6 km²。人工滨海湿地面积总计480.23 km²，占总滨海湿地面积的18.5%，主要由养殖池塘构成，盐田和水田面积所占比例很小。湿地是自然界最富生物多样性和生态功能最高的生态系统。湿地为人类的生产、生活与休闲提供多种资源，是人类最重要的生存环境；湿地在抵御与调节供水，控制污染与降解污染物等方面具有不可替代的作用，被喻为“地球之肾”；湿地是重要的国土资源和自然资源，也是野生动植物最重要的栖息地。滨海湿地地处陆海交界处，由于地理条件复杂，海域水质优良且肥沃，饵料生物种类繁多，海洋生物物种丰富，生态类型多样，具有生物多样性的显著特征。

作者2003年编写了《中国海陆架及邻近海域大型底栖生物》一书，报道了中国渤海、黄海、东海和南海陆架及邻近海域大型底栖生物1 297种，其中渤海119种、黄海414种、东海855种、南海北部690种和南海南部春季114种，汇编了大型底栖生物物种定量采集记录表、大型底栖生物物种分布表和大型底栖生物数量统计表，绘制了总生物量、栖息密度，主要类群多毛类、软体动物、甲壳动物、棘皮动物生物量和栖息密度，主要优势种和群落等分布图 150 多幅，建立了渤海、黄海、东海和南海陆架及邻近海域大型底栖生物数据库，深入分析研究了各海域数量时空分布和群落特征。2010 年编写了《福建海岸带与台湾海峡西部海域大型底栖生物》专著，制作表格 637 件，绘制多种图案 1 797 件，记录了大型底栖生物物 2 347 种，其中福建海岸带 2 080 种，重要海湾与河口 1 541 种，重要海岛水域 1 219 种，近海 1 221 种和台湾海峡西部海域 1 132 种。同时简要介绍了优势种、主要种和经济种及其分布，数量时空分布特征和群落类型、结构、生态特征值及其稳定性等。现出版的《福建滨海湿地潮间带大型底栖生物》一书，是对以上专著的拓展，至此福建滨海湿地潮间带至大陆架海域的大型底栖生物数据和资料已基本形成。该书汇总了福建滨海湿地潮间带大型底栖生物 2 110 种，其中，福建海岸带滨海湿地潮间带大型底栖生物 916 种，重要海湾与河口潮间带 1 640 种，重要海岛潮间带 1 524 种，初步统计福建滨海湿地潮间带至大陆架共有大型底栖生物 4 071 种。

全书共 6 篇 54 章，第一篇绪论，共 2 章，介绍了滨海湿地潮间带大型底栖生物研究的意义、历史与进展；第二篇调查与研究方法，共 4 章，介绍了调查内容、研究方法、样品采集、处理、资料整理与分析；第三篇重要海湾与河口滨海湿地潮间带大型底栖生物，共 17 章，介绍了重要海湾与河口滨海湿地潮间带自然环境特征、断面与站位布设、物种多样性、数量时空分布、群落和基本特征；第四篇重要海岛滨海湿地潮间带大型底栖生物，共 14 章，介绍了重要海岛滨海湿地潮间带自然环境特征、断面与站位布设、物种多样性、数量时空分布、群落和基本特征；第五篇海岸带滨海湿地潮间带大型底栖生物，共 14 章，介绍了海岸带滨海湿地潮间带自然环境特征、断面与站位布设、物种多样性、数量时空分布、群落和基本特征；第六篇结语，共 3 章，简要概括了福建滨海湿地潮间带大型底栖生物物种多样性、数量和群落特征。

福建滨海湿地潮间带生境复杂多样，通常有岩石滩、沙滩、泥沙滩、泥滩、砾石滩、红树林区和海草区等，而无论在重要海湾河口滨海湿地，还是在重要海岛滨海湿地和海岸带滨海湿地潮间带断面中，并不存在覆盖所有的底质类型，即以一个海湾河口，一个海岛或一个县市海岸滨海湿地潮间带断面不可能同时存在有如此齐全的底质类型断面，且由于历史条件的限制也不可能有完整的数据和资料。因此，在海湾河口间、岛屿间和岸段间潮间带大型底栖生物物种多样性的比较是相对的。此外，在潮间带除岩石滩外，高潮区至低潮区底质类型较为均一的有长乐石壁的鸡母沙、泉州大厦和诏安的沙滩断面，大多滩面底质类型自高潮区至低潮区以镶嵌斑块为主，如沙滩潮间带，大多的高潮区已被筑堤或围堤，仅剩中潮区和低潮区为沙滩；泥沙滩和泥滩也类似。红树林和海草区潮间带，红树林和海草大多生长在中潮区之上滩面，中潮区下层和低潮区大多为泥沙滩和泥滩；沙滩断面还有一种镶嵌类型，高潮区和中潮区为粗砂或细砂，低潮区却出现了泥沙或软泥，如鼓浪屿和平海；泥沙滩断面在不同潮区也会出现呈斑块状的沙滩或泥滩等，反之也一样。砾石滩断面可以有泥沙滩、泥滩和岩石滩的种类同时出现。也就是说，对于断面底质类型的定义是以滩面主要底质类型界定的，是相对的。

对于不同时期的数据，通过格式化统一处理后，有明显的潮区划分的误差尽量予以处理，对于不宜处理的断面，暂且保留。通常情况下，福建滨海湿地潮间带大型底栖生物种数和数量以中潮区大于低潮区大于高潮区。冬春季在开敞型岩石滩断面，低潮区的生物量由于藻类大量繁盛有可能大于中潮区；高潮区下层的白脊藤壶栖息密度当统计方法不恰当时，如对于呈带状分布的白脊藤壶栖息密度没有去除该潮区垂直高度时，有可能大于低潮区甚至中潮区；在泥沙滩和泥滩当菲律宾蛤仔、杂色蛤或凸壳肌蛤繁殖季节时，低潮区的数量也有可能大于中潮区。除此以外，找不出原因的高潮区或低潮区种数和数量大于中潮区的状况，大多可归因于中潮区取样面积、样方或样品量的不足以及潮区划分的误差，一种情况将中潮区上层甚至中层当做高潮区；另一种情况或将中潮区的下层当做低潮区。

限于篇幅，在福建滨海湿地布设的398条潮间带大型底栖生物调查断面（其中福建重要海湾河口滨海湿地201条，重要海岛滨海湿地117条和海岸带滨海湿地80条）中，当在描述重要海湾与河口、重要海岛滨海湿地潮间带大型底栖生物章节已采用的断面，在海岸滨海湿地潮间带大型底栖生物章节将不再使用，也不加表述。如在海岸滨海湿地潮间带大型底栖生物章节，海潭岛和东山岛在重要海岛滨海湿地潮间带大型底栖生物章节已描述，就不再重复；宁德和云霄海岸在三沙湾和东山湾滨海湿地潮间带大型底栖生物章节已描述，也不再重复。

该书的问世是集体劳动的结晶，是国家海洋局第三海洋研究所、厦门大学海洋与环境学院、集美大学水产学院、福建海洋研究所和福建水产研究所等科研单位、高等院校底栖生物科研工作者和师生几十年来辛勤劳动的成果。该书汇集了近30年来历次重大海洋综合调查，如“全国海岸带和滩涂资源综合调查（1992年国家科技进步一等奖）（福建省，1980—1985年）”“编纂中国海湾志（福建省，1989—1992年）”“全国海岛资源综合调查（1995年省科技进步二等奖）（福建省，1989—1993年）”“福建主要海湾水产养殖容量研究（2004年省科技进步二等奖）（2000—2001年）”、历次海洋生态调查、海域使用论证和环境影响评价等多个项目的福建海岸、重要海湾与河口和重要海岛滨海湿地潮间带大型底栖生物调查数据、资料编写而成。

由于水平有限，不当之处在所难免，在此抛砖引玉，愿与有志之士共同探讨。本书在编写过程中得到了众多同行的鼎力相助，在此深表谢意。

李荣冠
国家海洋局第三海洋研究所
研究员、研究生导师
2016年3月于厦门

目 录

第一篇 绪 论

第二篇 调查内容与研究方法

第三篇 福建重要海湾与河口滨海湿地潮间带大型底栖生物

第四篇 福建重要海岛滨海湿地潮间带大型底栖生物

第五篇 福建海岸带滨海湿地潮间带大型底栖生物

第六篇 结 语

CONTENTS

Part 1 Introduction

Part 2 Contents and Methods for the survey and study

Part 3 Intertidal macrobenthos in coastal wetlands, important bays and estuaries

Part 6 Conclusion

第一篇　绪　论

第1章　滨海湿地潮间带大型底栖生物研究的意义

湿地（wetlands）是指天然或人工长期或暂时之沼泽地、泥炭地，带有淡水、咸淡水或咸水的水域（《湿地公约》，1971）。湿地与森林、农田一起被并称全球三大生态系统。湿地是地球上最具生产力、最具巨大的水文元素循环功能、最具巨大食物网支持生物多样性、最具人与自然密切关系的生态系统之一。世界大河文明和海洋文明养育了湿地。湿地的资源、环境和人文服务等多重效益，为人类的生存与发展发挥了不可替代的作用。滨海湿地是指低潮时水深浅于6 m的水域及其沿岸浸湿地带，包括水深不超过6 m的永久性水域、潮间带（或洪泛地带）和沿海低地（《中华人民共和国海洋环境保护法》）。《关于特别是作为水禽栖息地的国际重要湿地公约》对滨海湿地的分类定义是：自然滨海湿地主要包括浅海水域、滩涂、盐沼、红树林、珊瑚礁、海草床、河口水域、潟湖等；人工滨海湿地主要包括养殖池塘、盐田、水库等。

我国拥有18 000 km余的海岸线，自鸭绿江口至北仑河口，有1 500多条河流入海。在海陆相互作用下，尤其是河海相互作用和人为活动，形成了多种类型的滨海湿地。据2007年的统计资料显示，中国滨海湿地面积为693×10^4 hm^2，其中自然滨海湿地的面积为669×10^4 hm^2，占滨海湿地总面积的97%；人工滨海湿地面积为24×10^4 hm^2，占滨海湿地总面积的3%。在滨海自然湿地中，浅海水域面积为499×10^4 hm^2，占自然湿地总面积的75%；滩涂面积为46×10^4 hm^2；滨海沼泽面积为5×10^4 hm^2；河口水域和河口三角洲湿地面积为119×10^4 hm^2。人工滨海湿地中，水库面积为2×10^4 hm^2，养殖池塘面积为14×10^4 hm^2，盐田面积为8×10^4 hm^2。

据2003年遥感图像的人工交互解译，福建省20世纪80年代的海岸线至0 m等深线范围内的滨海湿地分为天然湿地和人工湿地两大类10种类型，天然湿地包括粉砂淤泥质湿地、砂质湿地、岩石性湿地、滨岸沼泽湿地、红树林沼泽湿地、海岸潟湖湿地、河口及水域湿地7种类型；人工湿地分为养殖池塘、水田和盐田3种类型。福建省20世纪80年代岸线至低潮0 m等深线范围内的滨海湿地面积共计2 598. 86 km^2。其中，天然湿地2 118. 63 km^2，占81. 5%，全省粉砂淤泥质滨海湿地总面积可达1 393. 91 km^2，砂质滨海湿地面积为482. 58 km^2，红树林沼泽湿地、海岸潟湖湿地和河流及河口水域湿地所占面积合计不到6 km^2。人工滨海湿地面积总计480. 23 km^2，占总滨海湿地面积的18. 5%，主要由养殖池塘构成，盐田和水田面积所占比例很小。福建省滨海湿地的主要利用方式是发展水产养殖。在各地级市中，福州市所属滨海湿地面积最大，达868. 16 km^2，其次是宁德市，滨海湿地面积为492. 64 km^2，厦门市滨海湿地面积最少，为132. 71 km^2，不及福州市的1/6。粉砂淤泥质海岸、砂质海岸和岩石性海岸主要分布在福州市沿海。滨岸沼泽面积宁德市最大。漳州市红树林沼泽分布面积最多。

潮间带（intertidal zone）是滨海湿地中最重要的组成结构，系指海水最高潮与最低潮水位线之间的海岸区（潮滩），是海与陆的过渡地带。潮间带地质地貌生态类型多种多样，如岩滩、沙滩、泥滩、砾石滩、水沼、珊瑚海岸与平台、红树林植被与沼泽、海草场、海藻床等。受陆与海气象、水文的双重作用，环境复杂多变。在潮汐节奏的作用下，气境与水境交替出现是潮间带独特的环境特征。各种理化因子和界面复合交织的自然环境孕育了这一滨海湿地潮间带大型底栖生物的多样性。潮间带大型底栖生物（intertidal macrobenthos）（曾出现过的术语有潮间带生物和潮间带底栖生物），系指生活在潮间带底表的植物和栖息于底表与底内的体长大于1.0 mm（或指被截留在0.5 mm网目套筛上）的动物。生物五界系统，几乎各个门类的生物在这里都留下了踪迹。许多学者认为，滨海是无脊椎动物进化的摇篮，许多物种从这里衍生，这里是唯一的栖息地。几乎所有海洋生物的生活方式，如固着、附着、钻孔、浮游、底游、底爬、底埋、半底埋、共生、共栖、寄生等，在这里集之大成。特殊的地理构造、水文环境以及充足的营养盐和饵料基础是许多经济水产生物栖息和繁衍的优良场所。潮间带大型底栖生物形态结构多姿多彩，机体功能奥妙无穷，生态位分化错落有致，成层分带鲜明，群落相貌直观……不仅缀成滨海湿地蔚然生态景观，而且维系着湿地生态功能与资源价值。

然而，由于潮间带处于陆、海交接的过渡地带，首当其冲地接纳了滨岸陆域几乎所有类别的污染物，这些污染物直接或间接地干扰了生态系统正常的物流和能流过程，导致湿地生境的退化和湿地功能的丧失，并难于修复和恢复。滨岸潮间带是人类活动最频繁的区域之一，随着海洋经济的发展和各种海洋开发活动的加剧，围海造地、港工建设、污染物排放、过度养殖等人为干扰，不同程度地导致湿地生境的退缩、破碎、变迁和恶化，因此造成“生态裸地”“生态荒漠”、资源枯竭、物种濒危等现象，并不鲜见。经济、社会发展与湿地生态环境保护矛盾冲突成为人类亟须解决的问题。20世纪90年代，海岸带管理科学因应兴起。海岸带（coastal zone）是指海岸线两侧海、陆相互作用范围内的近陆和近海的区带（海岸带管理学的定义）。这里所指的“海陆相互作用”范围是模糊的，当今各国划定海岸带管理范围出发点和尺度并不统一，但无论如何，海岸带都由三个基本环境特征单元组成，即滨岸陆域、潮间带和潮下带部分浅海。由此可见，潮间带在海岸带管理中的重要地位。

物序流转，岁月悠悠，湿地潮间带在永恒的潮起潮落的律动中，领略大海时而桀骜不驯的咆哮，时而温文尔雅的舔犊情怀，见证着人与自然的亲密关系和矛盾冲突，演绎着生物有机体生生不息的时空的变换和生命的传奇，堪比一部生物的自然教科书，启迪着人们认识自然、呵护自然的思考以及人与自然和谐发展应有的行动准则，从而亦成就了湿地潮间带大型底栖生物研究的不断发展。

综上所述，湿地是地球上具有多种效益、有着重要保护价值的生态系统。潮间带是广布于全球滨海重要的天然湿地，高生产力及高生物多样性维系着潮间带湿地生态功能及资源、环境价值。受海陆理化因子的复合影响，生态界面脆弱，人类生产建设活动加剧了湿地的生态危机。协调湿地潮间带资源、环境开发利用与保护管理，实现可持续发展成为当今世界备受关注的重大课题。滨海湿地潮间带大型底栖生物的研究意义就在于湿地潮间带大型底栖生物多样性研究、群落生态研究、资源生态研究和生物监测等，可为潮间带湿地生态系统资源与环境的开发利用及其保护管理、海岸带管理决策以及相关的环境评价提供重要科学依据。此外，潮间带大型底栖生物有机体各个不同组织层次的生物学、生态学研究对于丰富生物科学基础理论也具有重要意义。

第2章　滨海湿地潮间带大型底栖生物研究的历史与进展

海洋生物学是一门综合性交叉学科。它主要研究海洋有机体的功能、海洋生物多样性和海洋生物生态（J. S. Levinton, 1995）。潮间带生态学是海洋生物学的分支科学，它研究潮间带大型底栖生物之间以及生物与其栖息环境之间的相互关系。现代生态学研究的新观念还强调生态学研究的目的是“指导人与生物圈（即自然、资源与环境）的协调发展”［《自然科学学科发展战略调研报告——生态学》，中国自然科学基金委员会（1997）］。潮间带是海陆交接地带，是遍布全球滨岸重要的天然湿地生态系统，与人类关系十分密切。基于上述的认识，滨海湿地潮间带大型底栖生物的研究，主要在于潮间带大型底栖生物群体生态学的研究并关注人与湿地潮间带自然、资源及环境的协调发展问题。

2.1　早期潮间带大型底栖生物研究

人类对海洋生物的认识是与自身的进化同步发展的。远古先民对海洋生物的食用和利用可以追溯到久远的史前时期。滨岸潮间带大型底栖生物是最先进入人们的视野的。纪元前亚里士多德（公元前384—327年）和他同时代的希腊人最早记录了他们对海滩上一些生物观察的结果。林奈（1707—1778年）创建了物种命名法，他所描述的几百种海洋动植物不乏潮间带大型底栖生物。尽管人类航海历史开始得很早，但海洋生物学直到19世纪才发展成为一门科学。实际上，对于包括潮间带大型底栖生物的海洋生物这一庞大类群——生物多样性高于陆域生物——的认识和研究始终贯穿于生物科学发展的历史长河中，经历了生物博物学研究、分支研究到如今的综合交叉研究的阶段。1853年海洋生态学奠基人Forbes（1815—1854年）首次提出潮间带一词及其概念，随后，潮间带这一特殊生境的生物、生态的研究由于备受人们的关注而获得长足的进展，潮间带生态学迅速成为海洋生物学的分支科学。

2.2　潮间带大型底栖生物垂直分布研究

1891年瓦扬（Vaillent）根据潮汐水位线分布规律的水文特征，把潮间带分为3个潮区7个潮层，即高潮区上、下层（I_1、I_2），中潮区上、中、下层（II_1、II_2、II_3）和低潮区上、下层（III_1、III_2）。这一分区原则被称为瓦扬原则。瓦扬原则为潮间带大型底栖生物调查研究提供的科学方法沿用至今，在世界各国的潮间带大型底栖生物调查规范中被广泛采用。

著名的潮间带生态学家史蒂芬森伉俪（Stephenson T. A. and Stephenson A.）毕生专注于调查研究世界近岸港湾潮间带，为潮间带生态学作出了巨大的贡献。1949年，他们在瓦扬原则的基础上创立了潮间带另一个分区原则即著名的史蒂芬森原则。这一原则是根据岩相潮间带大型底栖生物垂直分布规律，以特征种（且数量相对较大）分布的上限为指示来分区的。按生物垂直分布规律分区的史蒂芬森原则与按潮汐水位规律分区的瓦扬原则密切对应。这样一个基本程式在世界上几乎所有的岩相海岸都是共同的，每一个垂直分布带都有各种各样的生物，尽管在不同的地方，不同的气候带、生物组成变化很大，但生物垂直分布对应的区层划分基本规律是普遍存在的。史蒂芬森原则的直观性和普适性为岩相潮间带大型底栖生物调查研究的分层布站实践提供了很大的方便。

Doty M. S. (1946) 研究太平洋沿岸潮间带动植物的垂直分布，曾论述潮位线具有一种界限的作用，当超越这一界限时，暴露与干燥的时间会骤然成倍地增加，而相应的理化因子必然也随之引起较大的变化。这一论断揭示了潮间带大型底栖生物垂直分化的潮汐因子的作用。我国学者黄宗国 (2004) 总结列出中国四海四处（旅顺柏岚子、青岛汇泉角、福建平潭青峰和海南鱼鳞礁）岩相潮间带习见生物的垂分布图（略），图中清楚地显示出生物垂直分布与潮位线密切对应的关系。周时强（1986）研究福建九龙江口红树林树相动物群落的垂直分布，曾论述种的进化趋势促使生态小生境分化，从而有利于减弱种间的竞争及充分利用空间和自然资源。

2.3 不同底质类型的潮间带生态研究

潮间带大型底栖生物属于底栖生物生态类群，底质是它们栖息、繁衍的重要依托。底质类型首先决定了底栖生物的生活方式、生物群落的类型及其基本特征。调查研究实践的积累建立了按不同底质类型设置断面调查的规范方法。不论怎样的纬度，滨岸潮间带硬相底质的岩滩、软相底质的沙滩、泥沙（或沙泥滩）和泥滩 4 种类型总是普遍存在的。而低纬度热带区、亚热带区则还有滨岸珊瑚礁、海草和红树林，它们具有独特的生物群落。另外还有一类滨岸基岩因波浪侵蚀、风化游移散落而形成的砾石滩，兼有硬相与软相的底质组成，生物群落也具特色，其调查研究也受到关注。

Morton B & Morton J 伉俪和他们的工作团队多年来致力于香港地区各种岸相的生态学研究，其所编著的《The Sea Shore Ecology of Hong Kong》(Hong Kong University Press，1983) 很值得一读。该书较为全面地记述和论述了香港的气候、水文、潮汐、海岸地质地貌及其特征分区，各种不同底质类型及其暴露与屏蔽的滨岸动植物区系、垂直分带、群落组成结构及其生态特征。图文并茂地从人与自然关系的视角展望了香港海岸的未来。我国多位潮间带生态学者也开展了许多不同底质的潮间带生态研究，每每都有很多精彩的论述。

软相底质（如沙滩、泥沙滩、泥滩等）与硬相底质（如岩石、珊瑚礁、红树林树相等）是两类差异很大的底质生境。杨宗岱（1978，1989）曾指出，岩相生物多为底表生物，潮汐引发的干湿条件是影响生物垂直分布的主要因子；软相生物多为底内生物，底质的渗透性削弱了干湿条件的影响，底质的理化组成与底内生物有密切关系。因此软相底质的生物垂直分布规律通常不明显，也较复杂。

2.4 滨海湿地潮间带大型底栖生物群落生态研究

早期的潮间带大型底栖生物研究大多只限于种类、数量的组成、分布及其与时空生境的关系。20 世纪 70 年代，以群落组织层次的潮间带大型底栖生物群落生态研究有了长足的进展并成为潮间带大型底栖生物研究的热点。在生态学研究对象的生态组织层次（leves of organizaiton）或称生物学谱 (biological spectrum) 中，群落介于种群组织与生态系统之间。所谓生物群落（biotic community or biocoenosis）是指在一定时间内生活在一定地理区域或自然生境里的各种生物种群所组成的生物集合体。其中，生物种间保持各种形式的、紧密程度不同的相互联系，并共同参与对环境的反应，组成一个具有独立的成分、结构和机能的“生物社会”（沈国英，2009）。湿地潮间带大型底栖生物群落生态研究的主要内容在于生物种类组成及其生物数量配置的多样性水平（通常以数理方法从不同侧面的量化指数进行综合比较）、优势种、群落时空结构和演替、群落的营养关系等群落的基本特征，进而研究其生态成因。从近十几年来国内外发表的大量有关文献来看，对群落生态的研究多有其侧重面。我国学者李荣冠、江锦祥等（1996）曾详细报道了厦门鼓浪屿岩相潮间带隐蔽型、半隐蔽型和开敞型 3 类断面生境的生物群落的不同特征；周时强、郭丰、吴荔生、李荣冠（2001）曾报道了福建沿海从南到北 11 个主要海岛潮间带大型底栖生物群落大尺度的分布特征，并论述其所归纳的河口、近岸内湾和远岸海岛 3 种类型的生物群落生态特点。关于群落营养关系的深入研究，国内外目前仍然鲜见报道。卢昌义（1983）曾对福建九龙江口红树林生态系统营养结构做了详细的报道，并绘制了逻辑严谨的营养结构示意图和能量模式图。

潮间带是浅海与陆域的生态过渡带，宏观上是群落的交错区（ecotone）。我国生态学者沈国英（2010）曾论述，交错区具有“过滤膜”和通道的作用，调控物质、能量等生态流及生物在系统内的流动；交错区环境改变速率快，对生态变化的敏感性高，在抵抗外界干扰、维持系统稳定及资源竞争等方面都具有脆弱性；边缘效应（edge effect）使潮间带这一交错区的生物群落具有独特性。群落交错区与边缘效应问题已被人们日益重视。对群落（或生态系统）交错区的研究是人类进行早期预警和生态管理理论探索与实践的重要课题。这一观点对指导湿地潮间带大型底栖生物研究具有重要意义。

2.5　滨海湿地潮间带大型底栖生物多样性研究

生物多样性（biodivesity）是指栖息于一定环境所有生物物种和基因，及其与生存环境组成的生态系统的总称。物种多样性、遗传多样性和生态系统多样性是生物多样性的 3 个基本层次。此外还有其他延伸的层次。物种多样性是 3 个基本层次中直观的体现，遗传基因寓于每个物种，生态系统由物种和非生物环境因子组成。物种既体现生物之间及与环境之间复杂的关系，又体现了生物资源的丰富性。尚需指出，这里所述的物种多样性与生物群落组成种类的多样性两者概念有所不同，前者的内涵深广，具有生物保护、资源与环境保护的宏观及深远意义。

20 世纪 80 年代以来，面对人口膨胀、资源短缺和环境退化全球三大趋势的挑战，人们深刻地认识到生物多样性是人类生存和发展的基础，保护生物多样性成为全球紧迫性的重大课题。它与全球气候变化和可持续发展并列为当代生物学和环境科学研究的三大前沿领域。遍布于世界滨海湿地潮间带的生物多样性研究和保护管理行动受到学术界和政府相关部门的高度重视，许多国家相继建立了相关的生物多样性的自然保护区，在海岸带管理中也制定了相应的政策法规。

世纪之交，科学界提出了生态系统管理（ecosystem management）理论。生态系统管理是指在对生态系统组成、结构、功能和动态充分理解的基础上，制定适应性的管理策略，以维持、保护和恢复生态系统结构的完整性和功能与服务的可持续性（沈国英，2010）。生态系统管理概念的提出是科学家对全球生态、环境和资源危机的一种响应，不仅具有丰富的科学内涵而且具有迫切的社会需求和广阔的应用前景（于贵瑞，2001）。生物多样性原则被列为生态系统管理的主要原则之一。这一原则明确指出，在管理活动中需对生物多样性（尤其是物种多样性）实施监测。目前有关海洋生态系统管理的国际合作框架主要有《生物多样性公约》《湿地公约》《迁徙物种公约》《世界遗产公约》《国际海洋法公约》和《南极海洋生物资源养护公约》等。

进入 21 世纪，关于滨海湿地潮间带大型底栖生物多样性各组织层次的研究、生物多样性保护与管理的研究以及生物多样性监测工作很多，但统筹协调滨海人类经济、社会发展与生物多样性保护，实现可持续发展目标仍然任重而道远。

2.6 数学方法在潮间带生态研究中的应用

数学以其无与伦比的表达思想、化繁为简的逻辑能力，成为了自然科学各分支的基础。数学方法的应用始终伴随于生态学的诞生和发展之中。但数学生态学（Mathematical ecology）成为生态学重要的分支科学，至今却只有近半个世纪的历程。数学生态学就是根据数学的原理和方法来分析和解释生态学中各种现象和数量资料的科学。电子计算机技术的发展和计算软件的开发大大推动了各种数学分析方法尤其是多元统计分析方法在生态学研究中的应用。国际上有关数学生态学的专著或教材层出不穷，而国内却寥寥无几，正在起步之中。

目前，国内潮间带生态学研究中已具有若干数学方法的应用，例如：优势度指数 D（Simpson, E. H.，1949）、多样性 H'（Shannon C. E & W. wiever, 1963），均匀度指数 J（Pielou E. C.，1966）、丰富度指数 d（Margalef D. R.，1958）等，通常选择联用这些从不同侧面测定的多样性指数来综合分析比较群落种类组成的多样性；相似（或相异）性指数，J（Jacard, 1921）、SI（Bray & curtis, 1957）、PS（Wittaker, 1952）、E（Euclidean）、B（Bray & Curtis）等，测度样本之间的相似（或相异）性，用于划分群落，建立 Q 型或 R 型的相似（或相异）矩阵，进而进行聚类（如 UPGMA、WPGMA 等）、排序（如 PO、MDS、PCA 等）、典型相关（CCA）、划分（RA、DCA）等分析；k-优势度曲线分析以及趋势面分析等。然而必须指出，除了随机抽样因素之外，不论哪种数理方法应用的结果都不可能完全代表事物的本真。通常的数据处理、量纲的消除转化，原始信息总会或多或少丢失，数据本身也不含具体的生物学内容，许多情况仅仅用于相对的比较，没有特定的阈值界定。总之，数理方法应用的结果必须符合生态学的客观实际。但是无论如何，掌握数学生态学原理、联系生物生态实际、合理应用数理方法，从纷繁复杂的数据信息归纳出简明的代表性结果来解释生态学，对于深化生态学研究、推动湿地潮间带生态学的深入研究和创新发展，具有广阔前景。

2.7 我国潮间带大型底栖生物调查研究概况

据考古发现，远古时期我国先民早就开始对滨海生物进行食用和利用。古代中国，关于滨海生物的食用、药用和多种利用以及形态分类、习性观察等专著或文字记载非常丰富。明朝（1368—1644年）中期中国人对海洋生物的知识及水产养殖技术已遥遥领先于世界各国。清朝（1644—1911 年）中后期封建社会的腐朽、积弱积贫，比之同时代的西方社会的变革进步，中国科学技术大大落伍。1840 年之后，西学东渐，海洋生物学逐渐传入中国。民国伊始至 20 世纪 30 年代初期，在天津、上海、厦门、南京、青岛等地，有关海洋生物科学、水产科学的院校和科研机构相继建立，大大推动了我国海洋生物学早期的萌动发展，使得滨海潮间带大型底栖生物的调查研究兴盛。1929 年，厦门大学动物学系最早远赴南海东沙群岛采集调查。20 世纪 30—40 年代旧中国外患内乱，民生凋敝，但许多海洋生物学前辈如童第周、朱元鼎、伍献文、陈义、朱树屏、郑重、金德祥、曾呈奎、张玺、张凤瀛、沈嘉瑞、喻兆琦、许植方等学者仍然筚路蓝缕、矢志不渝地为海洋生物科学作出了许多突出贡献。

1949 年新中国成立后，中国海洋生物学随着共和国前进的步伐获得迅速发展。然而，1966—1976 年的十年“文革”阻碍了我国海洋生物学的继续发展。相比这一时期世界以及我国台湾和香港地区海洋生物学突飞猛进的发展，中国与国际水平的距离再次拉大。天佑中华，“文革”结束后改革开放春风化雨，真正的科学春天来临了，我国海洋生物学研究奋起快追，把握与国际接轨的机遇，获得蓬勃发展。海洋生物分类学、生态学、海洋农牧化原理及应用、生物多样性、由个体水平到细胞和分子水平的实验海洋生物学等研究领域已接近或部分赶上世界先进水平。广泛开展国际多边合作，参与远征南极、北极和南大洋的科学考察标志着中国海洋生物学研究整体走向世界。

滨海湿地潮间带大型底栖生物研究作为海洋生态学重要的分支领域，始终伴随着海洋生物学的风风雨雨走来，如今也获得全面和深入的发展。潮间带大型底栖生物调查是潮间带大型底栖生物群落生态、生物多样性、资源与湿地生态功能等研究及其保护管理应用研究的基础，我国已步入世界先进行列。全国规模（暂不包括香港、澳门和台湾）的或区域性规模的海洋综合调查（包括潮间带大型底栖生物调查）值得回顾：1958—1960 年全国海洋综合调查；1980—1985 年全国海岸带、滩涂调查；1989—1993 年全国海岛资源综合调查，西沙群岛、南沙群岛和北部湾科学考察；2004—2007 年我国近海海洋综合调查与评价专项（简称“908”专项）。这些规模化调查是我国海洋生物学研究和实施海洋开发的基础性工作。其中的潮间带大型底栖生物调查也大大地推动了我国潮间带大型底栖生物研究的全面进展。

综上所述，目前我国潮间带大型底栖生物研究整体上已与国际接轨，潮间带大型底栖生物调查的基础工作已步入世界先进行列，但在潮间带生物多样性、湿地生态功能、生态数字化模拟及资源、环境的科学合理开发利用与保护管理实现可持续发展等方面的深入研究仍须勠力赶上世界先进水平。

第二篇　调查内容与研究方法

第3章　调查内容与研究方法

3.1　调查内容

潮间带大型底栖生物的调查内容取决于调查的目的和要求，常规的资源调查和监测调查如下。

3.1.1　生物调查

（1）潮间带大型底栖生物的物种、优势种、经济种和主要种，如监测调查应当关注指标种。

（2）潮间带大型底栖生物的数量、生物量和栖息密度时空分布。

（3）潮间带大型底栖生物的群落类型、结构、特征值和群落的稳定性。

（4）根据调查的目的和要求，对于有意义的种群和个体，应现场拍照，需要测量个体大小、年龄结构和性别比例等，或分析个体的干湿比、灰重、生长率和死亡率等。

3.1.2　环境调查

（1）海区的地理环境特征、地质、地貌和底质类型等。

（2）天气状况、水温、盐度、水深、水色、透明度、流（流速、流向）。

（3）粒度、有机质、氧化还原电位、硫化物、底温。

3.2　调查方法

3.2.1　调查地点和断面的选择

（1）调查地点和断面选择必须根据调查目的而定。通常应选择具有代表性的、滩面底质类型相对均匀、潮带较完整、无人为破坏或人为扰动较小且相对较稳定的地点或调查断面。

（2）对于资源、环境评价和海域使用论证调查，在调查的港湾河口、海岛或海岸带海区内必须选择各种不同生境（如岩石滩、沙滩、泥沙滩、泥滩、红树林区和海草区等所有类型）的潮间带断面；对于监测调查，在调查的水域应当选择同一种底质类型的3条断面：1条断面位于监测中心位置；另外2条分别位于监测中心两侧。资源调查时，如岛屿为同一底质类型，应在向浪和背浪面，开敞与隐蔽处各设一条断面，断面位置应有陆上标志，走向应与海岸垂直。

3.2.2　调查站位、时间和面积

3.2.2.1　取样站布设

定量取样：通常在高潮区布设2站，中潮区布设3站，低潮区布设1站或2站。在滩面较短的潮间带，在高潮区布设1站、中潮区布设3站、低潮区布设1站。

每条断面不少于5个站，岩石滩每个站不少于2个定量样方，泥滩、泥沙滩不少于4个定量样

方，沙滩不少于8个定量样方。

定性取样：分别在高潮区、中潮区和低潮区滩面采集所有肉眼可见的动植物标本。

3.2.2.2 调查时间

（1）潮间带大型底栖生物采样必须在大潮期间进行，或在大潮期间进行低潮区取样，小潮期间再进行高、中潮区的取样。

（2）对于基础（背景）调查，通常按春季、夏季、秋季和冬季进行一年4个季度月调查。对于一些专项调查，根据要求可选择春、秋季2个季度月进行调查。

（3）应急调查：遇偶发污染事故，倾废、赤潮等，应跟踪监测，并于事故后进行若干次危害评价调查。

3.2.2.3 采样面积

岩石滩生物取样，每站用25 cm×25 cm的定量框取2个样方；在生物密集区取样，采用10 cm×10 cm定量框取样。软相（泥滩、泥沙滩、沙滩）生物取样，用25 cm×25 cm×30 cm的定量框取4~8个样方。同时进行定性取样与观察。定性取样在高潮区、中潮区和低潮区至少分别取1个样品。在特殊应急情况下，低潮区无法暴露时，可使用采泥器采集等同面积的样品，且在适当时机补充采集定性样品。

3.2.3 潮间带的划分

潮汐是海水在月球和太阳引潮力作用下所发生的周期性运动，包括海水周期性的水平流动和海面周期性的垂直涨落，前者称潮流，后者称潮汐。世界大洋及其沿岸潮汐特性，大西洋沿岸主要是半日潮，欧洲海岸这种性质特别显著。潮差系指相邻的高潮和低潮的水位高度差。芬地湾潮差是世界上最大的，朔望大潮可达18 m。英国海岸潮差也很大，布雷斯特耳湾潮差达11.5 m，利物浦潮差为8 m，泰晤士河口潮差为6.3 m，冰岛沿岸潮差为4~5 m。大西洋岛屿附近的潮差较小，一般在1~2 m以内，开阔水域的潮差不超过1 m。波罗的海、芬兰湾沿岸潮差仅几厘米。

太平洋沿岸许多地方潮差可超过7~9 m。东岸潮差大，如阿拉斯加的科克湾为8.7 m，巴拿马湾和加利福尼亚湾达9 m以上，智利群岛附近水域为8 m。西岸鄂霍次克海品仁湾潮差可达11 m，朝鲜仁川港为8.8 m，我国钱塘江为8 m，福州为7 m，澳大利亚东岸为2~4 m，日本海俄罗斯沿岸为2.5 m。

太平洋正规半日潮比日潮和混合潮要少，西岸和北美沿岸大多属混合潮。印度洋沿岸主要是半日潮，澳大利亚西岸主要为全日潮。潮差最大的几个地方：坎贝湾北端为10.8 m，仰光为7.3 m，达尔文港为6.8 m，贝拉为6.2 m，桑给巴尔为4.4 m（图3-1）。

中国近海海区的面积与大洋相比很小，引潮力直接产生的振动微不足道。这里没有独立的潮汐系统，潮波来自邻近的太平洋。由于海区和形状及海底地形的影响，我国近海的潮汐比较复杂。

我国黄海沿岸潮差大多在3~4 m，朝鲜西岸，不少地方潮差达8 m以上。渤海的潮差较小，一般为3~4 m。在东海西侧的我国沿岸，等潮差线几乎与海岸线平行，并且越靠大陆，潮差显著增大，福建沿岸半日潮潮差5 m，全日潮潮差0.8 cm，温州附近实际潮差可达8 m。南中国海的潮差一般比东中国海小。南海北岸，从台湾海峡到珠江口一段以及广州湾附近，潮差较大，广州湾附近约3.5 m，海南岛东岸只有1.8 m。越南海岸潮差大多在1~2 m。整个南中国海以北部湾潮差最大为3~5 m，北部湾顶潮差可达5.4 m。菲律宾群岛西岸潮差很小，一般在1 m以下（图3-2）。

潮汐性质，黄海北部多为半日潮，渤海半日潮的地区也很多，秦皇岛附近为不正规日潮，渤海湾和烟威渔场为不正规半日潮。东海大陆沿岸及台湾西侧属于不正规半日潮性质，台湾东侧及琉球群岛一带属半日潮。东中国海多属半日潮或不正规半日潮。南中国海以不正规日潮占优势。广州湾、海南

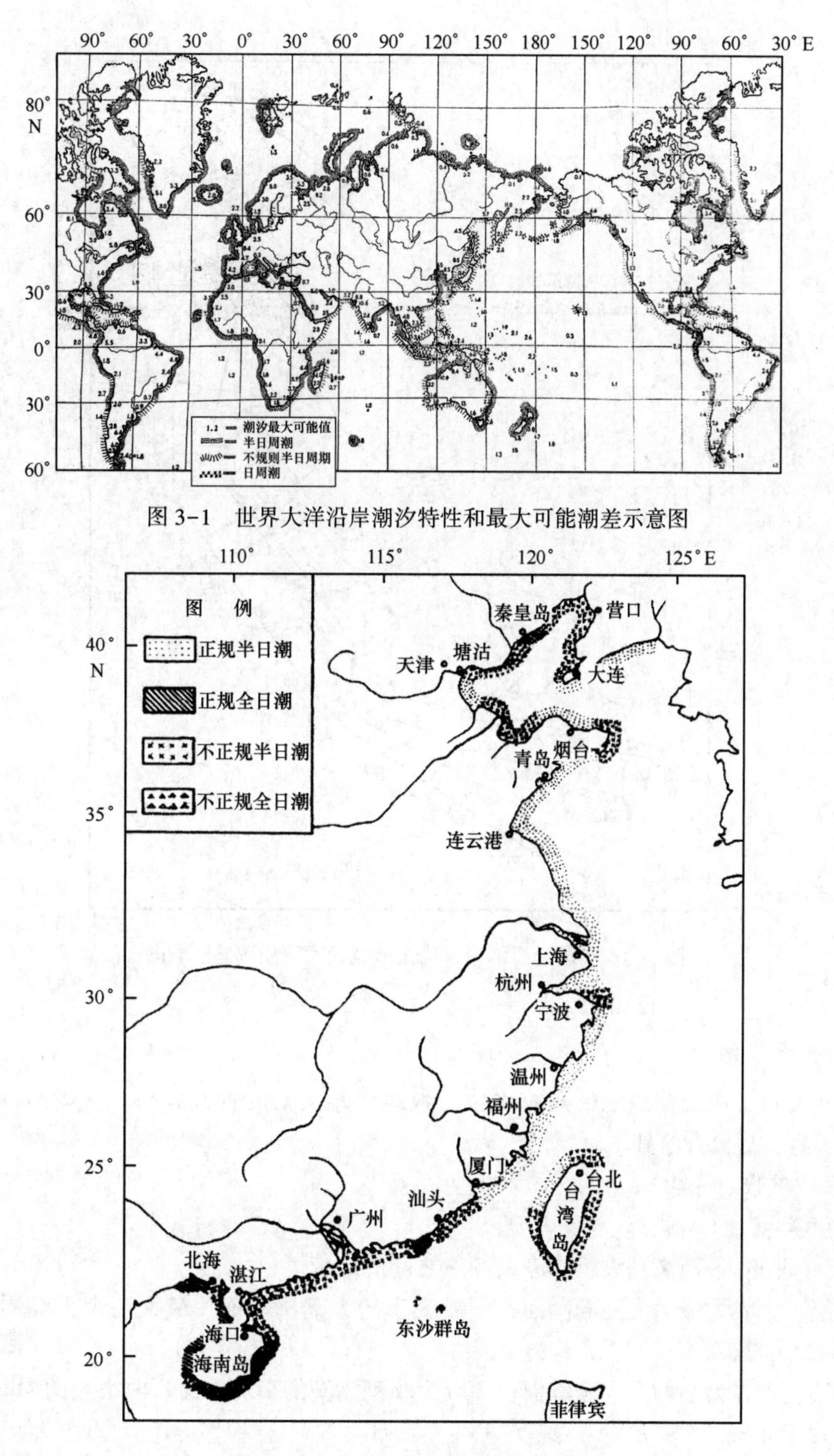

图 3-1　世界大洋沿岸潮汐特性和最大可能潮差示意图

图 3-2　中国近海沿岸潮汐性质示意图

岛附近、越南中部海岸以及菲律宾群岛西侧，为不正规日潮。只有北部湾和琼州湾等少数地区为全日潮（图 3-3）。

根据当地的潮汐水位参数或岸滩生物的垂直分布，将潮间带划分为高潮区、中潮区和低潮区，或高潮区：上层、下层；中潮区：上层、中层和下层；低潮区：上层、下层。

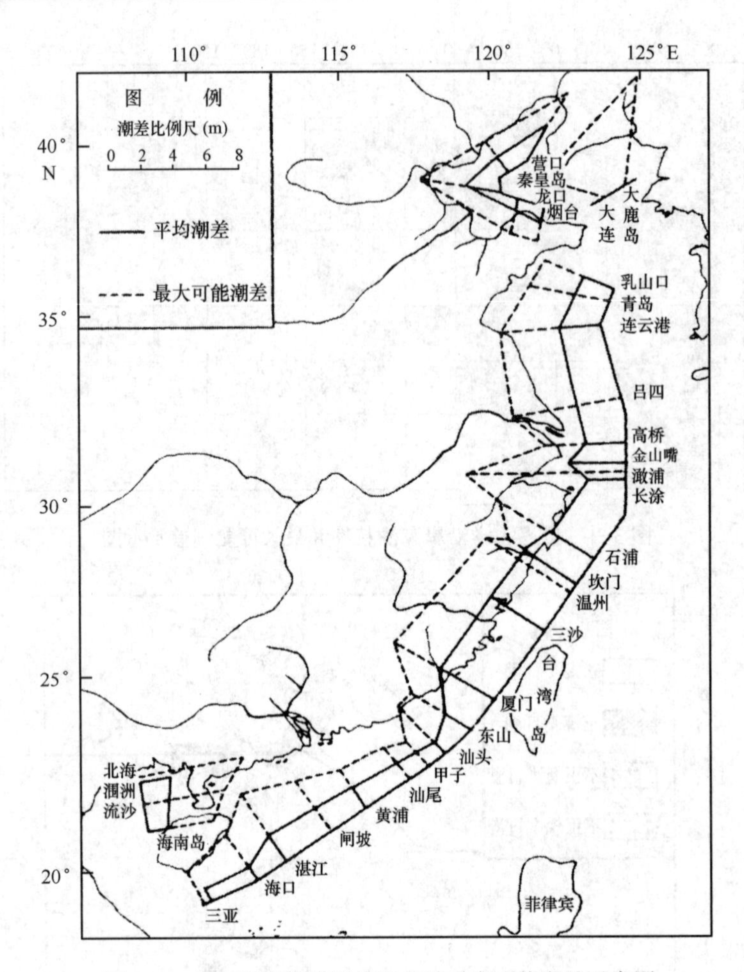

图 3-3　中国近海沿岸平均潮差及最大可能潮差示意图

3.2.3.1　潮间带的划分

调查地点选定后，应根据当地的潮汐水位参数或岸滩生物的垂直分布，将潮间带划分为若干区（带）、层（亚带），划分方法如下。

1）潮汐水位参数划分法

（1）半日潮类型

① 高潮区（带）：最高高潮线至小潮高潮线之间的地带。

高潮区上层，上界为最大大潮满潮面，下界为小的大潮满潮面。最大两个大潮周期时被水淹没（5~6 d），22~23 d 暴露。

高潮区下层，上界为小的大潮满潮面，下界为小潮满潮的平均水面。两个大的大潮和小的大潮周期被水淹没（12~14 d）。

② 中潮区（带）：小潮高潮线至小潮低潮线之间的地带。

中潮区上层，小潮时每昼夜仅被水淹盖 1 次；中潮区中层，每月中每昼夜露出水面 2 次，具周期的半日节奏；中潮区下层，与上层相反，小潮时每昼夜仅露出水面 1 次。

③ 低潮区（带）：小潮低潮线至最低低潮线之间的地带。

低潮区上层，上界为小潮低潮时平均水面。一般大潮退潮时每昼夜露出水面 1 次，仅在夏季大的大潮退潮时每昼夜露出水面 2 次。

低潮区下层，下界为理论上基准面，海图上深度基准面。几乎全部时间淹盖水中，只在夏季最大大潮退潮时很短时间内才露出水面，每昼夜露出水面 1 次。

(2) 日潮类型

① 高潮区（带）：回归潮高潮线至分点潮高潮线之间的地带。

② 中潮区（带）：分点潮高潮线至分点潮低潮线之间的地带。

③ 低潮区（带）：分点潮低潮线至回归潮低潮线之间的地带。

(3) 混合潮类型

① 高潮区（带）：高高潮线至低高潮线之间的地带。

② 中潮区（带）：低高潮线至高低潮线之间的地带。

③ 低潮区（带）：高低潮线至低低潮线之间的地带。

2）生物垂直分布带划分法

根据生物群落在潮间带的垂直分布来划分，由于生物群落可随纬度高低、底质类型、外海内湾、盐度梯度、向浪背浪、背阴向阳等复杂环境因素的不同而改变，因此，要提供一个统一模式是困难的。一般而言，岩石滩大体分为：高潮区滨螺—白脊藤壶带；中潮区绿藻—花石莼—变化短齿蛤—僧帽牡蛎—棘刺牡蛎—日本笠藤壶—鳞笠藤壶带；低潮区褐藻—红藻—小珊瑚藻—马尾藻—覆瓦小蛇螺—金星碟铰蛤—敦氏猿头蛤—纹斑棱蛤—三角藤壶—泥藤壶带。沙滩：高潮区沙蟹带；中潮区等边浅蛤—文蛤—紫藤斧蛤带；低潮区竹蛏—双线蛤—中国蛤蜊带。泥沙滩：高潮区彩拟蟹守螺—弧边招潮带；中潮区多齿围沙蚕—凸壳肌蛤—菲律宾蛤仔—短拟沼螺—珠带拟蟹守螺—纵带滩栖螺—长腕和尚蟹带；低潮区织纹螺—豆形胡桃蛤—鸭嘴蛤—尖刀蛏—小荚蛏—明秀大眼蟹—光滑倍棘蛇尾带。各地在调查时可根据各区、层的群落优势种给予更确切的命名。

在外侧沿岸和岛屿，因受浪击的影响，生物种类的分布超过高潮区时，必须测量生物带的高度，也应在生物带相应的部位进行样品的采集。

3.2.3.2　站点潮位的计算方法

1）潮汐水位曲线图解法

该法是记录调查断面各站被潮水淹没或露出时间，把它标于从调查地点附近验潮站抄录的当日每时实测潮位绘制的图 3-4 上，则知其潮高基准面上高度，如站 1 于 8：15 淹没，其高度是 1.95 m；又如站 2 于 14：07 露出，其高度应是 3.5 m。

此外，根据各站淹没或露出时间，还可应用“等腰梯形图卡”法，求得各站的潮高基准面上高度。

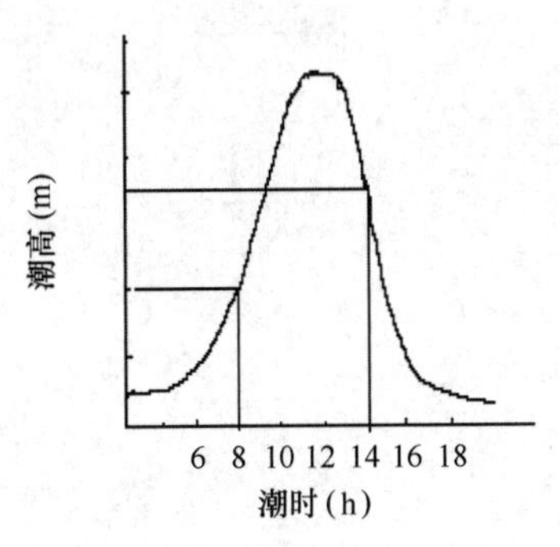

图 3-4　潮汐水位曲线图解法曲线

2）直接测量法

本法较适于坡度大、范围狭的岸滩，无需等待潮水淹没或退离，就可测得其潮高基准面上高度。方法如图 3-5 所示，有当日最低潮位逐渐向上测量。设：站 1 是当日最低潮位（可从验潮站查得其潮高基准面上高度，设为 0. 6 m），若测站 2 高度，则只需在站 1、站 2 分别立标杆甲和标杆乙，并于两标杆间拉一绳索，使之与海面平行或同时垂直两标杆，记下两标杆高度，经简单计算，便知其潮高基准面上高度。例如：标杆甲、乙高度分别为 2. 1 m 和 0. 8 m，则站 2 高度为 1. 9 m（0. 6 m+2. 1 m-0. 8 m）。依次同样可测量上面各站。

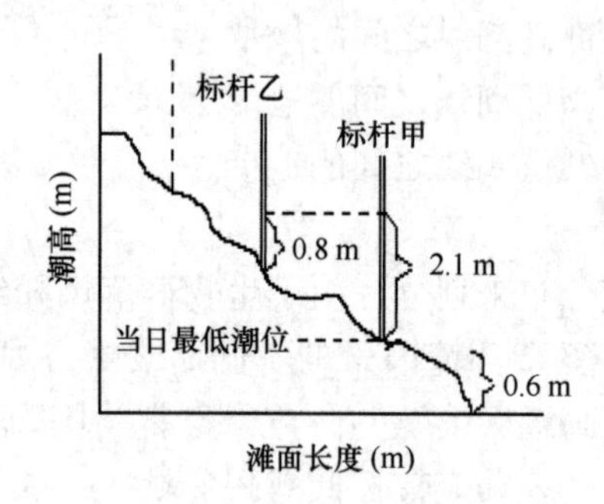

图 3-5　直接测量法曲线

若调查地点远离验潮站，可依本法实际测得数据，与两测验潮站观测的潮时和潮差作比较，用内插法求得各站的高度。须注意的是，当风浪较大时，此法误差较大，应慎用。

3）水准仪测量法

本法精度高，在已有大地高程测量的地方，只需在欲测的潮间带附近找得水准点（埋设的水准标石），依站序向下测量。若无大地测量作依据，则应从当日最低潮位（其潮高基准面上高度可由验潮站查得）逐站向上测量。

第4章　样品采集与处理

4.1　采集仪器和设备

4.1.1　采样器和定量框

对于沙滩、泥沙滩和泥滩等底质的生物取样，用滩涂定量采样框（图4-1）。其结构包括框架和挡板两部分，均用1.5~2.0 mm厚的不锈钢板弯制而成。规格为25 cm×25 cm×30 cm。配套工具是平头铁铲。岩岸生物取样用25 cm×25 cm的定量框。若在生物量高的区域取样，可用10 cm×10 cm定量框。计算覆盖面积，则用相应的计数框（图4-2、图4-3）。其框架用镀锌铁皮或3 mm厚的塑料板制成。配套工具有小铁铲（或木工凿子）、刮刀和捞网。

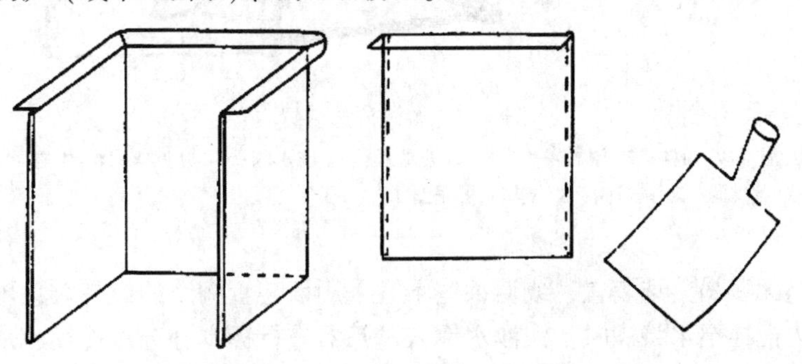

图4-1　滩涂定量采样框、平头铁铲

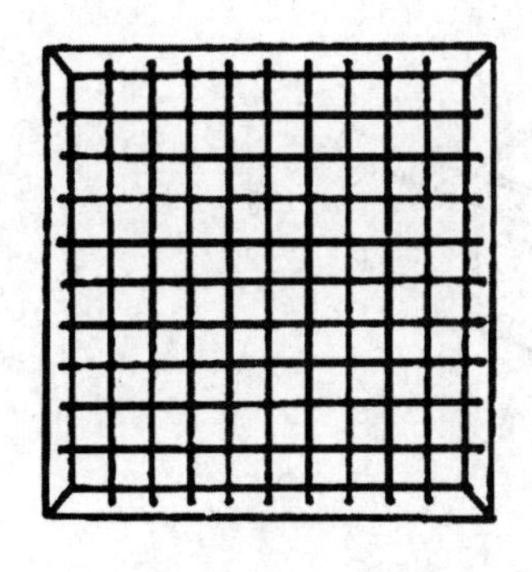

图4-2　覆盖面积计数框

图4-3　岩石定量采样框

4.1.2 漩涡分选装置和过筛器

（1）漩涡分选装置 漩涡分选装置（图4-4）用于潮间带滩涂调查的生物样品淘洗，套筛3层网目的孔径分别为0.5 mm，1.0 mm和2.0 mm，应配备有3.88~7.35 kW的抽水机作动力。

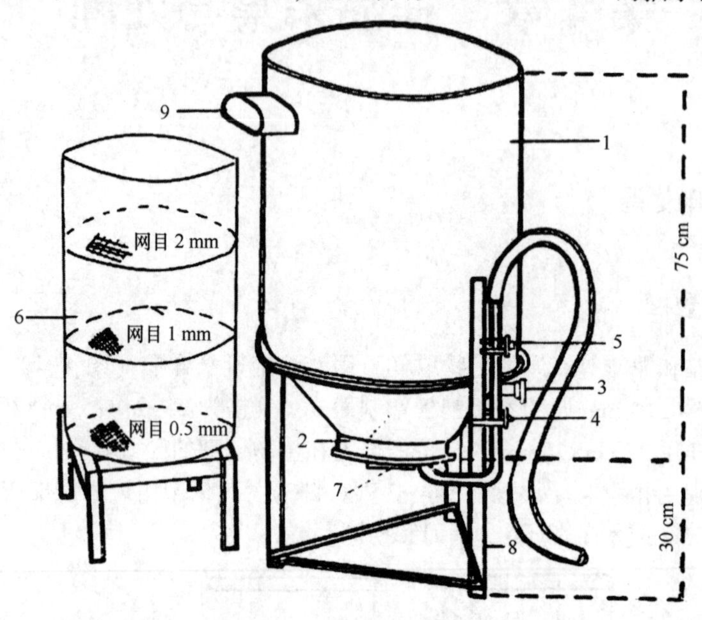

图4-4 漩涡分选装置

1. 筒体；2. 漩涡发生器；3. 进水管；4. 进水阀；5. 分流阀；6. 生物收集器；7. 排渣阀；8. 支架；9. 出水口

（2）过筛器 当无漩涡分选装置，或遇某些不宜采用该装置淘洗的样品时，可将采集的泥沙样品放入提桶，边注水边搅拌至水将满时，泥沙水倒入过筛器进行标本分选，连续注水直至桶中泥沙样品仅剩大颗粒无法浮起的碎渣。筛网孔目通常0.5 mm（图4-5）。

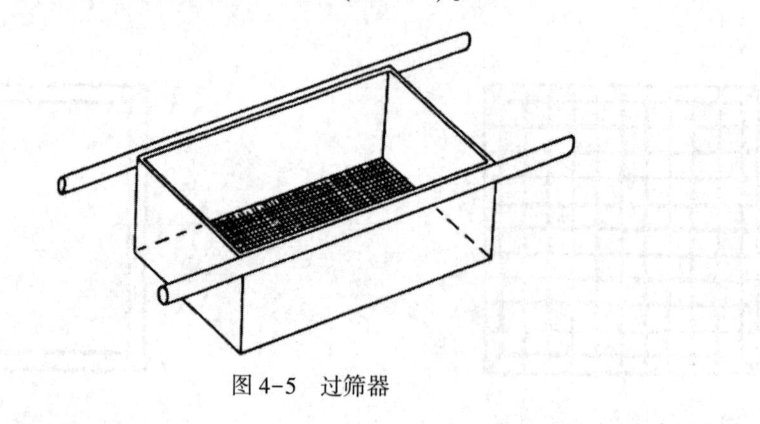

图4-5 过筛器

4.2 样品采集、处理与保存

4.2.1 生物样品采集

（1）滩涂定量取样用定量框，样方数每站通常取4~8个（合计0.25~0.5 m^2）。样方位置的确定可用标志绳索（每隔 5 m 或 10 m 有一标志）于站位两侧水平拉直，各样方位置要求严格取在标志绳索所标位置，无论该位置上生物多寡，均不能移位。取样时，先将取样器挡板插入框架凹槽，用臂力或脚力将其插入滩涂内；继而观察记录框内表面可见的生物及数量；然后，用铁锹清除挡板外侧的泥沙再拔去挡板，以便铲取框内样品。铲取样品时，若发现底层仍有生物存在，应将取样器再往下压，直至采不到生物为止。若需分层取样，可视底质分层情况确定。

（2）岩石岸取样用 25 cm×25 cm 的定量框，每站取 1 个或 2 个样方。若生物栖息密度很高，且分布较均匀，可采用 10 cm×10 cm 的定量框。确定样方位置应在宏观观察基础上选取能代表该潮区生物分布特点的。取样时，应先将框内的易碎生物（如牡蛎、藤壶等）计数，并观察记录优势种的覆盖面积；然后用小铁铲、凿子或刮刀将框内所有生物刮取干净。

（3）对某些栖息密度很低的底栖生物，可采用 25 m^2 的大面积计数（个数或洞穴数），并采集其中的部分个体，求平均个体重，再换算成单位面积的数量。

（4）为全面反映各断面的种类组成和分布，在每站定量取样的同时，应尽可能地将该站附近出现的动植物种类收集齐全，以作分析时参考，定性样品务必与定量样品分装，切勿混淆。

（5）取样时，测量各潮区优势种的垂直分布高度和滩面宽度，描述生物分布带的特征。

4.2.2　水质和沉积物样品采集

4.2.2.1　水样采集

应在各断面调查的同时，于高平潮和低平潮时各采一次水样。河口区在两次采水期间内增加一次。岩沼和滩涂水洼内积水应另行采样。必要时，酌情对生物定量取样站穴内积水或底质间隙水采样分析。

4.2.2.2　沉积物取样

应与生物定量取样同步进行，取样站数依滩涂底质变化酌情而定。遇表层与底层沉积类型有明显差异时，应分层取样，并记录其层、色、嗅味。其样品编号必须与该站生物定量样品编号一致。

4.2.3　样品的处理与保存

4.2.3.1　生物样品的淘洗

漩涡分选装置淘洗法

本法在小船上随着潮水上涨或退落进行操作，以减少样品搬运的困难。若无船只可直接在滩涂上进行淘洗，分选装置和抽水机应附设防沉底板，并需考虑水源的充分供给。分选操作步骤如下。

（1）将该装置牢靠固定在小船（或滩涂）上，用消防水管连结装置和抽水机；

（2）启动抽水机，待装置的筒体内约注有 1/2 海水时，调节分流器水压使涡流适中，并及时倒入待淘洗样品；

（3）约经 10 min 涡动，大多数体轻、柔软的生物从出水口分选流出，截留于套筛（收集器）上；

（4）当进出筒体的水色一致时，即可打开装置的分流阀、关闭进水阀，并取一网筛（孔径 2 mm）置于筒体下，打开排渣阀排出余渣；

（5）将各套筛截留的余渣中生物挑拣干净。

4.2.3.2　过筛器淘洗法

当不具备使用漩涡分选装置时，可采用过筛器直接淘洗法。

生物样品的处理与保存

（1）采得的所有定量和定性标本，经洗净，按类别分开装瓶（或用封口塑料袋装），或按大小及个体软硬分装，以防标本损坏。

（2）滩涂定量调查，未能及时处理的余渣，可只拣出肉眼可见的标本后把余渣另行装瓶（袋），回实验室在双筒解剖镜下挑拣。

（3）谨防不同站或同一站的定量和定性标本混杂，务必按站或样方装瓶（袋）后，将写好的相应标签（图4-6）分别投入各瓶（袋）中。

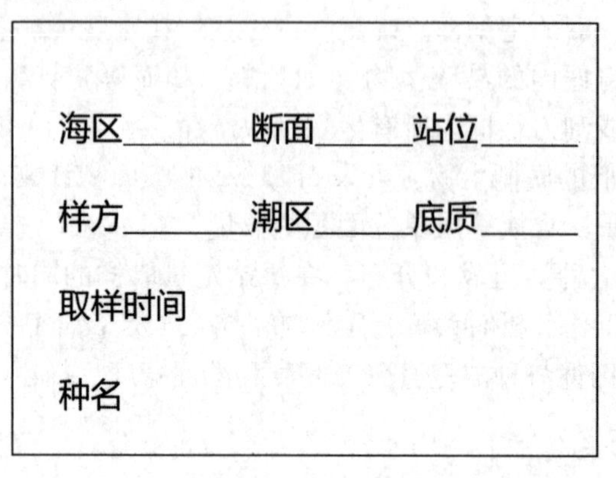

图4-6 标签

（4）按序加入5%左右的中性甲醛固定液。余渣固定时，用四氯四碘荧光素染色剂固定液，便于室内标本挑拣。

（5）为便于标本鉴定，对一些受刺激易引起收缩或自切的种类（如腔肠动物、纽形动物），先用水合氯醛或乌来糖少许进行麻醉后再行固定；某些多毛类（如沙蚕科、吻沙蚕科），须先用淡水麻醉，再固定。最好带回一些完整的新鲜藻体，制作蜡叶标本，以保持原色和长久保存。

（6）所采集的定量和定性标本，分别登记于野外采集记录表5-1。

第5章　室内标本处理与鉴定

5.1　标本整理

5.1.1　核对

（1）按调查地点、断面、站号，将定量标本和定性标本分开。

（2）依野外记录，核对各站取得的标本瓶（袋）数。

5.1.2　分离、登记

（1）标本分离按站进行，以免不同站（或不同样方）的标本混入。若有余渣带回，切勿遗忘将其中标本拣出归入。

（2）分离的标本经初步鉴定，以种为单位分装，并及时加入固定液。除海绵、苔藓虫等含钙质动物改用75%酒精固定外，其余用5%左右的中性甲醛固定液保存。

（3）按分类系统依次排列、编号，用防水笔写好标签，标签上填写的除标本号和种名因分离可能改变外，其余各项均应与野外投放的标签一致。待墨汁干后，分投各标本瓶中。

（4）按新编序号分别将定量标本和定性标本登记于表5-1和表5-2中。

5.1.3　称重、计算

（1）定量标本须固定3 d以上方可称重，若标本分离时已有3 d以上的固定时间，称重可与标本分离、登记同时进行。

（2）称重时，标本应先置吸水纸上吸干体表水分。称重软体动物和甲壳动物保留其外壳（必要时，对某些经济种或优势种可分别称其壳和肉重）。大型管栖多毛类的栖息管子、寄居蟹的栖息外壳以及其他生物体上的伪装物、附着物，称重时应予剔除。

（3）称重采用感量为0.01 g的电子天平等。在称重前后计算各种生物的个体数（岩岸采集的易碎生物个体数由野外记录查得）。

（4）将称重、计数结果填入表5-2各相应栏目，并注明湿重（甲醛湿重或酒精湿重）、干重（烘或晒）。必要时可称取灰分重。

（5）依据取样面积，将记录表中各种数据换算为单位面积的栖息密度（个/m^2）和生物量（g/m^2）。

5.2　标本鉴定

5.2.1　标本鉴定

优势种和主要类群的种类应力求鉴定到种，疑难者可请有关专家鉴定或先进行必要的特征描述，暂以SP1、SP2、SP3…表示，然后再行分析、鉴定。

5.2.2　标本编号

鉴定时若发现一瓶中有两种以上的生物，应将其分出，另编新号，注明标本原出处，并及时更改标签和表格中的有关数据。

5.2.3　标签更改

种类鉴定结果若与原标签初定种名不符，亦应立即更改标签。

5.2.4　标本保存

经鉴定、登记后的标本，应按调查项目编号归类，妥善保存，以备检查和进一步研究。且须建立制度，定期检查、添加或更换固定液，以防标本干涸或霉变。

5.3　资料整理

5.3.1　野外采集记录表

（1）野外记录应有专人负责，填写表5-1；绘制或拍照断面地形地貌和站位分布图，记录环境基本特征、生物分布、生物异常等现象，填写标签。

（2）各断面的生物带以及出现的生物异常、死亡、群落演替等现象，应用录像机或照相机拍录下来。

（3）野外记录属第一手资料，应用铅笔（或油性防水笔）填记，字迹须清晰，记录表妥善收存，严防受潮或丢失。

5.3.2　种类名录

根据表5-2和表5-3将每次采集到的所有种类按分类系统依次列出，各物种标明中文名和拉丁名、采集时间、地点、断面、站号及分布潮区。

5.3.3　种类分析记录表

为了便于统计每个测站的种类及其数量，以站点为单位将每个种类的栖息密度和生物量汇总登记于表5-2和表5-3中。

5.3.4　种类分布表

为便于分析各种类时空分布特点，可依据表5-2记录，以种为单位，将其在各断面、各站位、各不同季节的栖息密度和生物量汇总登记于表5-4中。

5.3.5　主要种和优势种垂直分布表

为便于绘制主要种和优势种垂直分布图，将有代表性的、数量较大的种类的栖息密度和生物量按潮区、站位汇总。

5.3.6　主要类群统计表

根据本部分的有关规定，将种类名录，以断面或取样站为统计单位，计算各生物类群的种数和比率，表内类群名称可依不同底质类型增减。

以上表格提供的基本素材，通过 Excel 电子表格处理，可根据需要任意组合获得相关数据。

表 5-1 潮间带大型底栖生物野外采集记录表

共____页 第____页

项目编号__________地点__________断面________站号______样方号

潮区___底质________取样面积___m^2 样品厚度__cm 气温___℃ 水温___℃

底温______℃ 气象______________采样日期________年___月___日

定量标本瓶数：			定性标本瓶数：		
序号	种名或类群	个数 （ind.）	覆盖面积 （cm^2）	分布高度 （m）	附 注
1					
2					
3					
4					
5					
6					
7					
8					
9					
10					
记事：					

采集者______________记录者____________校对者____________________

表 5-2　潮间带大型底栖生物定量分析记录表

共____页　第____页

项目编号________地点_________断面_______站号______样方号

潮区___底质_______取样面积___m^2　样品厚度__cm　气温___℃　水温___℃

底温______℃　气象_____________采样日期_______年___月___日

序号	种　　名	标本数 (ind.)	密　度 (个/m^2)	湿重 (g)	生物量 (g/m^2)	备注
1						
2						
3						
4						
5						
6						
7						
8						
9						
10						
11						
12						
13						
14						
15						
16						
17						
18						
19						
20						
21						
22						
23						
24						
25						
合计						

鉴定_________称重_______计算_______校对________________

表 5-3　潮间带大型底栖生物定性分析记录表

共______页　第______页

项目编号____________地点______________断面__________站号________样方号________

潮区______________底质______________采样日期__________年____月____日

序号	种　名	数　量	附　注
1			
2			
3			
4			
5			
6			
7			
8			
9			
10			
11			
12			
13			
14			
15			
16			
17			
18			
19			
20			
21			
22			
23			
24			
25			

鉴定________________填表________________计算______________校对____________

表 5-4 滨海湿地潮间带大型底栖生物数量

	A	B	C	D	E	F	…	…	…	…
1	项目名称	××××××××								
2	取样时间	年 月 日								
3	底质类型	砂、泥沙、砂泥、黏土…………								
4	断面		A1							
5	站位代码	××××	1		2		3		4	
6	数量		密度	生物量	密度	生物量	密度	生物量	密度	生物量
7	单位		(个/m^2)	(g/m^2)	(个/m^2)	(g/m^2)	(个/m^2)	(g/m^2)	(个/m^2)	(g/m^2)
8	海绵动物门	PORIFERA	0	0.00	0	0.00	0	0.00	0	0.00
9	矶海绵科	RENIERIDAE	0	0.00	0	0.00	0	0.00	0	0.00
10	石海绵	*Petrosia* sp.	0	0.00	0	0.00	0	0.00	0	0.00
11	腔肠动物门	COELENTERA [CNIDARIA]	0	0.00	0	0.00	0	0.00	0	0.00
12	筒螅科	TUBULARIIDAE	0	0.00	0	0.00	0	0.00	0	0.00
13	筒螅	*Tubularia* sp.	0	0.00	0	0.00	0	0.00	0	0.00
14	扁形动物	PLATYHELMINTHES	0	0.00	0	0.00	0	0.00	0	0.00
15	涡虫	Platyhelminthes und.	0	0.00	0	0.00	0	0.00	0	0.00
16	纽形动物	NEMERTINEA	0	0.00	0	0.00	0	0.00	0	0.00
17	纵沟科	LINEIDAE	0	0.00	0	0.00	0	0.00	0	0.00
18	小尾纽虫	*Micrura* sp.	0	0.00	0	0.00	0	0.00	0	0.00
19	螠虫动物门	ECHIURA	0	0.00	0	0.00	0	0.00	0	0.00
20	螠科	ECHIURIDAE	0	0.00	0	0.00	0	0.00	0	0.00
…	多皱无吻螠	*Arhynchite rugosum* Chen et Yeh	0	0.00	0	0.00	0	0.00	0	0.00
…	星虫动物门	SIPUNCULA	0	0.00	0	0.00	0	0.00	0	0.00
N	方格星虫科	SIPUNCULIDAE	0	0.00	0	0.00	0	0.00	0	0.00

第6章 资料整理与分析

6.1 数据计算与表示

6.1.1 数据计算

（1）栖息密度和生物量的换算。将所有站位的实测生物个体数和生物量数据按其采样面积换算成“个/m^2”和“g/m^2”，分别表示栖息密度和生物量。

（2）栖息密度和生物量统计。将各站位各类群生物数量输入表5-4的Excel电子表格，并对各栏数据进行累加，求得整个海区的平均值。将各站各类群生物物种数量输入表5-4的Excel电子表格，然后根据调查目的、要求进行任意组合、排列、统计、计算。

（3）各生物类群的组成百分比。根据汇总的数据，计算各类群的栖息密度和生物量在各站位和整个海区的组成百分比。

6.1.2 数据表示法

（1）栖息密度分布图。根据表5-4的数据，按不同的量级（从小到大依次为5个/m^2、10个/m^2、25个/m^2、50个/m^2、100个/m^2、250个/m^2、500个/m^2、1 000个/m^2、2 500个/m^2）或以相应的计算机软件绘出不同大小的圆圈表示不同量级的密度分布图。

（2）生物量分布图。将表5-4中的数据（按总生物量或各类群）或以相应的计算机软件绘制图件。一般从小到大依次为1 g/m^2、5 g/m^2、10 g/m^2、25 g/m^2、50 g/m^2、100 g/m^2、250 g/m^2、500 g/m^2、1 000 g/m^2等量级绘制不同大小的圆圈或柱状图表示不同量级的生物量分布图。

（3）各类群栖息密度和生物量组成百分比图。按各类群生物所占密度或生物量百分数比例绘制成圆形图。不同类群可以不同线条或图案装饰，使之更直观，也可用矩形方块图或其他表示法。

（4）种数分布图。按表5-4各站种数数据绘制分布图。这些种类可分别以不同符号表示，每张图可画1个至数个种。

（5）优势种分布图。选择表5-4物种出现率高、数量大的物种数据进行图件制作。

6.2 数据处理与分析

数据处理采用软件包PRIMER等。分析方法分为单变量、多变量和图形/分布三大类。

6.2.1 单变量分析和生物多样性测定

群落结构的单变量分析是将多元的群落数据浓缩为单个变量，即每个样品的丰度（或生物量）、种数及各种多样性指数等，然后输入标准的统计软件包，如SPSS，进行方差分析或回归等单元分析。PRIMER中的DIVERSE程序除了汇总每个样品的总个体数（N）和种数（S）外，还提供多种多样性指数的计算，最常用的有如下几种。

（1）香农—威纳信息指数（Shannon-Wiener information index）：

$$H' = -\sum (P_i \times \log P_i), \quad (6.1)$$

其中：P_i 为样品中第 i 种的个体数占该样品总个体数之比；log 默认以 e 为底，2 和 10 为可选。

（2）种丰富度指数（Margalef's species richness）：

$$d = (S-1)/\ln N \quad (6.2)$$

其中：S 为样品包含的种数；N 为总个体数；ln 为以 e 为底的对数。

（3）均匀度指数（Pielou's evenness）：

$$J' = H'/\ln S \quad (6.3)$$

其中：H'为香农—威纳信息指数；S 为样品包含的种数。

（4）辛普森优势度指数（Simpson's dominance）：

$$1-\lambda' = 1-\left\{\sum N_i(N_i-1)\right\}/\{N(N-1)\} \quad 或$$

$$\lambda' = \left\{\sum N_i(N_i-1)\right\}/\{N(N-1)\} \quad (6.4)$$

其中：N_i是样品中第 i 种的个体数；N 为该样品的总个体数。

6.2.2　多变量分析

（1）多变量分析包括一系列以等级相似性为基础的非参数技术方法：

① 聚类 CLUSTER；

②非度量多维标度 MDS；

③ 主分量分析 PCA；

④ ANOSIM 检验；

⑤SIMPER 分析；

⑥BIOENV/BVSTEP 分析；

⑦ RELATE 检验。

以上技术和方法在 PRIMER 中有所涉及。通过这些分析不但可以划分群落并以图形展示群落格局，还可以对已有的假设进行统计检验，并联系环境因子，以便对观察到的群落结构做出图解。

原始生物数据矩阵和环境数据矩阵的建立。调查获得的定量数据经处理后直接输入 PRIMER（或 EXCEL），形成 1 个行为物种（变量），列为样品的生物矩阵，输入值是每个样品中每个种的丰度或全部个体的总生物量，称为种丰度（或生物量）矩阵。同时将在同一套样品中获得的环境数据输入产生 1 个与生物矩阵相配套的环境矩阵，行为样品，列为环境（变量），输入值是每个样品中每种环境因子的测定值。

（2）样品间（非）相似性测定和（非）相似性矩阵的建立。样品间（非）相似性的测定和（非）相似性矩阵的建立是进一步分析的基础，包括生物组成的相似性和环境组成的非相似性计算，分别选用不同的（非）相似性特征值。

计算原始生物矩阵中每对样品间生物组成的相似性，产生 1 个三角形相似性矩阵。第 j 与第 k 个样品间的 Bray-Curtis 相似性 S_{jk} 由下式计算：

$$S_{jk} = 100\left\{1-\frac{\sum_{i=1}^{p}|y_{ij}-y_{ik}|}{\sum_{i=1}^{p}(y_{ij}+y_{ik})}\right\} \quad (6.5)$$

其中：y_{ij}代表原始矩阵第 i 行和第 j 列的输入值，也即第 j 个样品中第 i 种的丰度（或生物量）（i=1,

2, …, p; $j=1$, 2, …, n), y_{ik}由此类推。相似性分析之前，先对原始数据进行转换（transformation）以便对稀有种给予不同程度的加权。转换的剧烈程度（对稀有种的加权程度）按 no transform→$\sqrt{y}$→log（1+y）或$\sqrt{\sqrt{y}}$→presence/absence 的顺序逐次增加。

计算原始环境矩阵中每对样品间环境组成非相似性，产生 1 个三角形非相似性矩阵。第 j 与第 k 个样品间的欧氏距离（Euclidean distance）非相似性 d_{jk}为：

$$d_{jk}=\sqrt{\sum_{i=1}^{p}(y_{ij}-y_{ik})^2} \tag{6.6}$$

数据先经转换（transformation），然后正规化（normalization）。转换使样品的环境测量值沿环境轴呈近似正态的分布。不同的环境变量所采用的转换应根据数据的性质来决定，倾向于右偏的数据（如污染物浓度）须对数转换，而左偏的数据（如盐度）用反对数转换，沉积物粒度参数可能不必转换。

(3) 通过样品的聚类和标序展示群落结构格局。聚类和标序由样品间的相似性三角矩阵开始（图）。等级聚类技术（CLUSTER）基于每对样品间的某种相似性定义（Bray-Curtis）将样品逐级连接成组并通过 1 个树枝图来表示群落结构。最常用的连接方法为组平均连接（group-average linkage）。非度量 MDS 标序按照样品间的非相似性等级顺序将样品排放在 1 个（通常是二维的）"地图"（标序图）中，相似性等级与标序图中相应的距离等级的不一致程度则通过 1 个压力特征值（stress coefficient）反映出来。两种图形技术的组合使用能更充分地展示群落的结构格局，即将在某种相似性水平上得到的聚类分组叠加在以同一种相似性特征值为基础的标序图上。

(4) 群落结构差异的统计检验。如果取样前已存在某种零假设，如不同地点或不同时间的群落结构没有差异，就可通过 ANOSIM 分析对群落数据进行多元统计检验。分析的起点是样品间物种组成的相似性三角矩阵。PRIMER 可就以下几种试验设计做出检验：

① 单因子设计（1-way layout）；

② 二因子嵌套设计（2-way nested layout）；

③ 二因子交叉设计（2-way crossed layout）；

④ 无重复二因子交叉设计（2-way crossed layout with no replication）。

检验结果除了给出 1 个总体的 R 统计量和显著水平外，也提供不同水平之间的成对比较，但不能就多重比较问题给予修正。3 个重复样时成对比较的显著水平最小不过 10%，4 个为 3%，5 个为 1%，故若要在 5%的水平获得显著差异，一般至少需要 4 个重复。

(5) 种的分析及鉴定对样品分组起主要作用的物种。种的分析，即计算原始种丰度（生物量）矩阵中每对种之间 Bray-Curtis 相似性并产生 1 个种相似性三角矩阵。对该矩阵作进一步种的 CLUSTER 聚类和 MDS 标序，方法如同对样品的分析［重复（2）、（3）步骤］。但分析前要将原始数据标准化（standardization），并去掉部分稀有种，只保留那些在任一样品中的丰度（或生物量）占该样品总丰度至少为 p%的种（p 一般取 3~10）。

对聚类分析划分的样品组，或事先已经设定并由 ANOSIM 检验的样品分组，需要通过 SIMPER 分析进一步将每个种对两个样品组之间非相似性的贡献百分数分解并按递减的顺序排列，以便鉴定对样品分组起主要作用的种。

(6) 环境 PCA 分析。环境数据的多元分析，主分量 PCA 标序是一种较为有效的技术。这种分析始于原始环境矩阵，但分析过程隐含了 1 个欧氏距离非相似性矩阵。它将样品视作多维环境变量空间中的点，并投影到 1 个由 2 个主分量轴构成的最适平面上（二维 PCA）。数据先经转换（transformation），然后正规化（normalization）。正规化将不同单位的环境变量变成统一尺度，使得 PCA 标序结果不受测量单位标度变化的影响，如 PCBs 由 g/g 变为 ng/g。

（7）群落结构与环境变量的多元相关分析。BIOENV 分析旨在找出 1 个环境变量子集，使其欧氏距离非相似性矩阵与生物样品的 Bray-Curtis 非相似性矩阵之间形成最大的等级相关。有三种等级相关特征值可供选择，即 Spearman、Weighted Spearman 和 Kendall。最大相关意味着测得的环境因子与生物群落的最佳匹配，也即该环境因子组合是对观察到的群落结构的最好解释，但并不代表这些两者之间存在直接的因果关系。

当环境变量很多时，BIOENV 就变得不太适用，这种情况需要采用原理上类似于逐步多元回归的 BVSTEP 分析，逐步找出与群落最佳匹配的环境因子组合。可人为设定 1 个相关特征值 ρ 阈值和 ρ 的最小提高量 $\delta\rho$，达到该阈值时，BVSTEP 分析自动停止，不再继续搜索其他子集。

任何 2 个相似性（或非相似性）矩阵之间的相关关系可通过 RELATE 分析来实现。相关可以在 2 个生物矩阵、2 个环境矩阵或生物与环境矩阵之间进行，这取决于要回答的问题。RELATE 分析最常用于将 1 个生物相似性矩阵与 1 个选择的模型做相关检验，如 seriation 或 cyclicity，以测定该生物群落沿某个自然环境梯度变化的连续性或年周期的循环，缺乏与模型的拟合暗示某种潜在的环境压力。

6.2.3　图形/分布分析

这是一类以曲线作图方式分析群落相对种丰度分布格局的方法，包括优势度曲线（dominance plots）和几何级数图（geometric class plots）。此外，用于测定取样效率的种—面积曲线（species-area curves）也可纳入这一范畴。

优势度曲线，将每个种按相对丰度（或生物量）的递减顺序排列，X 轴为对数种级，Y 轴为种的相对丰度、累积相对丰度或每个种丰度相对于其本身及丰度小于该种的其他所有种的总丰度之百分比，分别对应普通（ordinary）、累积（cumulative）和部分（partial）3 种可选。累积曲线即通常所指的 k-优势度曲线（k-dominance plot）。若将丰度和生物量的优势度曲线绘于同一张图上，便称为 ABC 曲线（Abundance-Biomass Comparison curve）。

群落划分应用 Bray-Curtis 相似性特征值聚类分析和多维排序尺度（Multidimensional scaling ordination）。群落分析采用丰度生物量比较法等进行。数据经计算机处理，绘制成图表。

第三篇　福建重要海湾与河口滨海湿地潮间带大型底栖生物

福建重要海湾与河口滨海湿地分布在各海湾与河口。海湾是深入陆地形成明显水曲的海域，平均高潮线为岸线，岸线作为海湾水域的边界；湾口两个对应岬角的连线是海湾与海的分界线。初步统计，我国海湾面积在 10 km^2 以上的有 150 多个，面积在 5 km^2 以上的有 200 个左右；重要河口有 17 个，其中黄河口、长江口和珠江口为 3 大河口。福建港湾岛屿众多，大小海湾河口有 120 多个，位于闽东北、闽中和闽东南沿岸的北起福鼎县的沙埕镇，南至闽粤交界的铁炉岗，其中较大的有沙埕港、三沙湾、罗源湾、闽江口、福清湾、兴化湾、湄洲湾、泉州湾、深沪湾、围头湾、同安湾、厦门港、九龙口、佛昙湾、旧镇湾、东山湾、诏安湾，而三沙湾、罗源湾、闽江口、湄洲湾、泉州湾、同安湾、厦门港、九龙江口、东山湾为大中型海湾河口（见下图）。在这些重要海湾与河口内分布有两大类 10 种类型的滨海湿地，天然滨海湿地主要有粉砂淤泥质海岸、砂质海岸、岩石性海岸、滨岸沼泽、红树林沼泽、海岸潟湖和河流及河口水域；人工湿地主要有养殖池塘、水田和盐田。

通过对 1987—2014 年福建重要海湾河口滨海湿地 201 条断面潮间带大型底栖生物数据分析研究，已鉴定潮间带大型底栖生物 1 640 种，其中：藻类 139 种、多毛类 408 种，软体动物 485 种，甲壳动物 353 种，棘皮动物 53 种和其他生物 202 种。多毛类、软体动物和甲壳动物占总种数的 75.98%，三者构成潮间带大型底栖生物主要类群。

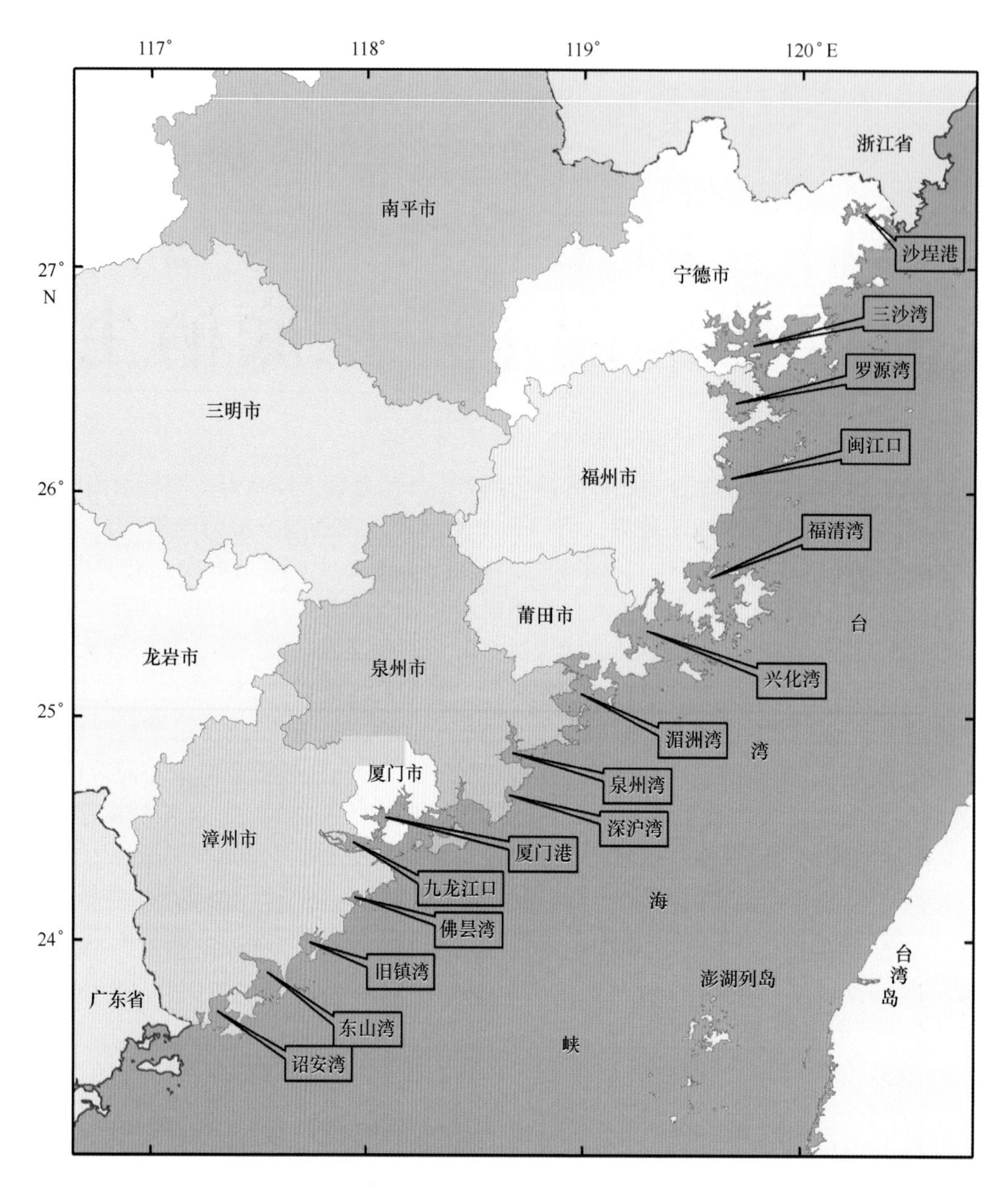

福建重要海湾与河口滨海湿地分布

第7章 沙埕港滨海湿地

7.1 自然环境特征

沙埕港滨海湿地分布于沙埕港，沙埕港位于福建省东北部沿海福鼎县境内。沙埕港口门的东北侧与浙江省苍南县沿浦湾毗连，口部有南关岛作为屏障，是闽东北天然优良港湾之一。沙埕港呈狭长弯曲状，由西北向东南延伸，港口朝向东入东海，口门宽为2 km。沙埕港海岸线曲折，港内南北两岸高山耸立，山体直逼岸边，港内常有小岛出露，地势险要且隐蔽性较好。海岸主要由基岩海岸组成，岸线长度达148.68 km。

沙埕港纵深长达35 km，平均宽度不足2 km，港内具有潮差大和水深大的特征。沙埕港总面积达76.62 km^2，其中：滩涂面积为46.79 km^2，水域面积为29.83 km^2。港内大部分水深均在10 m以上。特别是从口门至八尺门之间的中心航道多处出现水深大于20 m的冲刷深槽，最大水深达45 m。沙埕港周边无大河溪注入，口门附近无拦门沙发育。沙埕港属构造成因的港湾。

沙埕港属正规半日潮，最高潮位11.19 m，平均最大潮差6.28 m。多年平均气温18.5℃，7月最高气温28.3℃，1月最低气温8.6℃。5月水温19.2~21.5℃，平均水温21.2℃，11月水温18.4~19.8℃，平均水温19.4℃。多年平均降雨量1 656.4 mm，最多年平均降雨量2 484.4 mm，最少年平均降雨量1 045.5 mm。多年平均相对湿度79%，月最大相对湿度89%，月最小相对湿度59%。5月盐度的测值范围17.97~27.38，平均盐度24.06；11月盐度的测值范围25.64~29.18，平均盐度27.92，呈现出由湾顶向湾口递增趋势。

沙埕港滨海湿地沉积物类型比较简单，主要为粉砂质黏土，在中心航道局部海底有砾石、粗中砂、中粗砂、中砂、砾石质黏土、砂质砾石和少量岩石等。

7.2 断面与站位布设

2006年10月，2007年5月，2008年10月，2010年9月和2012年5月，对沙埕港滨海湿地后港、澳口脚下、龙庵堤外、污水处理厂附近、八尺门、阮家渡和青屿7条断面潮间带大型底栖生物取样（表7-1，图7-1）。

表 7-1　沙埕港滨海湿地潮间带大型底栖生物调查断面

序号	时间	断面	编号	经度（E）	纬度（N）	底质
1	2006 年 10 月 2007 年 5 月	后港	Sch3	120°23′4.26″	27°10′31.02″	泥沙滩
2	2008 年 10 月	澳口脚下	Sch4	120°24′56.78″	27°10′47.53″	
3	2008 年 10 月	龙庵堤外	Sch5	120°22′38.47″	27°11′21.90″	
4	2010 年 9 月	污水处理厂	Sch1	120°14′31.53″	27°15′33.92″	
5	2010 年 9 月	八尺门	Sch2	120°15′30.18″	27°15′13.73″	
6	2012 年 5 月	阮家渡	FD1	120°22′21.80″	27°14′14.40″	
7	2012 年 5 月	青屿	FD2	120°17′00.60″	27°13′55.80″	岩石滩

图 7-1　沙埕港滨海湿地潮间带大型底栖生物调查断面

7.3　物种多样性

7.3.1　种类组成与分布

沙埕港滨海湿地潮间带大型底栖生物 129 种，其中藻类 1 种，多毛类 54 种，软体动物 34 种，甲壳动物 27 种，棘皮动物 2 种和其他生物 11 种。多毛类、软体动物和甲壳动物占总种数的 89.14%，三者构成潮间带大型底栖生物主要类群。岩石滩与泥沙滩比较，岩石滩种类较少（20 种），这可能由于该断面位于内湾，盐度低海水浑浊，淤泥覆盖岩石表面有关，泥沙滩断面种类较多（112 种）。泥沙滩断面间比较，春季种数以阮家渡 FD1 断面较多（45 种），秋季污水处理厂 Sch1 和澳口脚下 Sch4 断面次之（38 种），龙庵堤外 Sch5 断面较少（27 种）。各断面种类组成与分布见表 7-2。

表 7-2　沙埕港滨海湿地潮间带大型底栖生物种类组成与分布　　单位：种

底质	季节	断面	藻类	多毛类	软体动物	甲壳动物	棘皮动物	其他生物	合计
泥沙滩	春季	Sch3	0	1	7	2	0	1	11
	秋季	Sch3	1	15	7	9	0	2	34
	合计		1	15	10	10	0	3	39
	秋季	Sch4	0	19	11	4	1	3	38
		Sch5	0	15	5	3	2	2	27
		Sch1	0	21	7	5	2	3	38
		Sch2	0	13	7	6	0	3	29
	春季	FD1	0	31	7	4	0	3	45
	合计		1	52	25	22	2	10	112
岩石滩	春季	FD2	0	3	11	5	0	1	20
合计			1	54	34	27	2	11	129

7.3.2　优势种和主要种

根据数量和出现率，沙埕港滨海湿地岩石滩潮间带大型底栖生物优势种和主要种有弯齿围沙蚕（*Perinereis camiguinoides*）、僧帽牡蛎（*Saccostrea cucullata*）、短滨螺［*Littorina*（*L.*）*brevicula*］、日本菊花螺（*Siphonaria japonica*）、白脊管藤壶（*Fistulobalanus albicostatus*）、强壮藻钩虾（*Amphitoe valida*）、肉球近方蟹（*Hemigrapsus sanguineus*）、狭细真丛柳珊瑚（*Euplexaura attenuata*）。

泥沙滩潮间带大型底栖生物优势种和主要种有花冈钩毛虫（*Sigambra hanaokai*）、独指虫（*Aricidea* sp.）、双形拟单指虫（*Cossurella dimorpha*）、稚齿虫（*Prionospio* sp.）、独毛虫（*Tharyx* sp.）、中蚓虫（*Mediomastus* sp.）、无疣卷吻沙蚕（*Inermonephtys* sp.）、中国绿螂（*Glauconme chinensis*）、光滑河蓝蛤（*Potamocorbula laevis*）、粗糙滨螺［*Littoraria*（*Palustorina*）*articulate*］、短拟沼螺（*Assiminea brevicula*）、珠带拟蟹守螺（*Cerithidea cingulata*）、彩拟蟹守螺（*Cerithidea ornata*）、纵助织纹螺［*Nassarius*（*Varicinassa*）*variciferus*］、三角柄蜾蠃蜚（*Corophium trigulapedarum*）、日本鼓虾（*Alpheus japonicus*）、模糊新短眼蟹（*Neoxenophthalmus obscurus*）、弧边招潮蟹［*Uca*（*Deltuca*）*areuata*］、淡水泥蟹（*Ilyoplax tansuiensis*）、锯眼泥蟹（*Ilyoplax serrata*）、明秀大眼蟹［*Mareophthalmus*（*Mareotis*）*definitus*］、长足长方蟹（*Metaplax longipes*）、白沙箸海鳃（*Virgularia gustaviana*）、脑纽虫（*Cerebratulina* sp.）、弓形革囊星虫［*Phascolosoma*（*Phascolosoma*）*arcuatum*］等。

7.4　数量时空分布

7.4.1　数量组成

春季沙埕港滨海湿地岩石滩潮间带大型底栖生物平均生物量为 1 336.80 g/m^2，平均栖息密度为 528 个/m^2。生物量以软体动物居第一位（1 293.30 g/m^2），其他生物居第二位（34.40 g/m^2）；栖息密度以软体动物居第一位（472 个/m^2），多毛类和甲壳动物居第二位（28 个/m^2）。

春秋季泥沙滩潮间带大型底栖生物平均生物量为 29.80 g/m^2，平均栖息密度为 177 个/m^2。生物量以甲壳动物居第一位（12.16 g/m^2），软体动物居第二位（8.58 g/m^2）；栖息密度以多毛类居第一位（99 个/m^2），软体动物居第二位（53 个/m^2）。

泥沙滩潮间带大型底栖生物数量季节变化，生物量以秋季（30.14 g/m^2）大于春季（29.47 g/m^2）；栖息密度同样以秋季（221 个/m^2）大于春季（129 个/m^2）。各类群数量组成与季节变化见表 7-3。

表 7-3　沙埕港滨海湿地潮间带大型底栖生物数量组成与季节变化

底质	数量	季节	多毛类	软体动物	甲壳动物	棘皮动物	其他生物	合计
泥沙滩	生物量（g/m^2）	春季	2.13	7.65	11.59	0.02	8.08	29.47
		秋季	1.05	9.52	12.73	0.48	6.36	30.14
		平均	1.59	8.58	12.16	0.25	7.22	29.80
	密度（个/m^2）	春季	73	40	10	0	6	129
		秋季	124	65	23	1	8	221
		平均	99	53	17	1	7	177
岩石滩	生物量（g/m^2）	春季	1.32	1 293.30	7.78	0	34.40	1 336.80
	密度（个/m^2）		28	472	28	0	0	528

7.4.2　数量分布

沙埕港滨海湿地潮间带大型底栖生物数量分布，泥沙滩断面间比较，春季生物量以 Sch3 断面（50.58 g/m^2）大于 FD1 断面（8.35 g/m^2）；栖息密度同样以 Sch3 断面（149 个/m^2）大于 FD1 断面（113 个/m^2）。秋季生物量以 Sch1 断面较大（67.06 g/m^2），Sch2 断面次之（34.08 g/m^2），依次有 Sch3 断面（18.54 g/m^2），Sch5 断面（16.30 g/m^2），Sch4 断面（14.71 g/m^2）；栖息密度以 Sch3 断面较大（483 个/m^2），Sch1 断面次之（192 个/m^2），依次为 Sch5 断面（186 个/m^2），Sch4 断面（138 个/m^2）和 Sch2 断面（106 个/m^2）（表 7-4）。

表 7-4　沙埕港滨海湿地泥沙滩潮间带大型底栖生物数量组成与分布

数量	季节	断面	多毛类	软体动物	甲壳动物	棘皮动物	其他生物	合计
生物量（g/m^2）	春季	Sch3	1.86	12.10	21.47	0.04	15.11	50.58
		FD1	2.41	3.19	1.71	0	1.04	8.35
		平均	2.13	7.65	11.59	0.02	8.08	29.47
	秋季	Sch3	0.57	12.34	5.52	0	0.11	18.54
		Sch4	0.43	8.27	5.53	0.01	0.47	14.71
		Sch5	0.52	2.81	9.66	2.30	1.01	16.30
		Sch1	2.34	15.04	21.84	0.07	27.77	67.06
		Sch2	1.39	9.15	21.09	0	2.45	34.08
		平均	1.05	9.52	12.73	0.48	6.36	30.14
	平均		1.59	8.59	12.16	0.25	7.22	29.81

续表 7-4

数量	季节	断面	多毛类	软体动物	甲壳动物	棘皮动物	其他生物	合计
密度（个/m^2）	春季	Sch3	65	58	16	0	10	149
		FD1	82	23	5	0	3	113
		平均	73	40	10	0	6	129
	秋季	Sch3	296	139	38	0	10	483
		Sch4	69	47	17	1	4	138
		Sch5	127	22	27	3	7	186
		Sch1	85	73	22	1	11	192
		Sch2	44	42	11	0	9	106
		平均	124	65	23	1	8	221
	平均		99	53	17	1	7	177

沙埕港滨海湿地潮间带大型底栖生物数量垂直分布，泥沙滩潮间带大型底栖生物量从高到低依次为中潮区（95.26 g/m^2）、低潮区（21.46 g/m^2）、高潮区（4.39 g/m^2）；栖息密度从高到低依次为中潮区（348 个/m^2）、低潮区（187 个/m^2）、高潮区（24 个/m^2）。各断面数量垂直分布与季节变化见表 7-5 和表 7-6。

表 7-5　沙埕港滨海湿地泥沙滩潮间带大型底栖生物生物量垂直分布　　单位：g/m^2

潮区	季节	断面	多毛类	软体动物	甲壳动物	棘皮动物	其他生物	合计
高潮区	秋季	Sch3	0	11.76	0.34	0	0	12.10
		Sch4	0	18.56	5	0	0	23.56
		Sch5	0	0	0	0	0	0
		Sch1	0	2.32	0	0	0	2.32
		Sch2	0	0.01	0	0	0	0.01
		平均	0	6.53	1.07	0	0	7.60
	春季	Sch3	0	1.17	0	0	0	1.17
	平均		0	3.85	0.54	0	0	4.39
中潮区	秋季	Sch3	1.25	23.95	7.37	0	0.07	32.64
		Sch4	0.88	5.60	10.60	0.03	1.30	18.41
		Sch5	0.57	6.52	18.73	2.45	0.52	28.79
		Sch1	5.12	37.36	65.52	0.21	44.96	153.17
		Sch2	1.07	24.53	63.17	0	7.36	96.13
		平均	1.78	19.59	33.08	0.54	10.84	65.83
	春季	Sch3	3.09	30.95	64.35	0.11	26.16	124.66
	平均		2.44	25.27	48.72	0.33	18.50	95.26
低潮区	秋季	Sch3	0.45	1.30	8.85	0	0.25	10.85
		Sch4	0.40	0.65	1.00	0	0.10	2.15
		Sch5	1.00	1.90	10.25	4.45	2.50	20.10
		Sch1	1.90	5.45	0	0	38.35	45.70
		Sch2	3.10	2.90	0.10	0	0	6.10
		平均	1.37	2.44	4.04	0.89	8.24	16.98
	春季	Sch3	2.50	4.18	0.05	0	19.18	25.91
	平均		1.94	3.31	2.05	0.45	13.71	21.46

表 7-6　沙埕港滨海湿地泥沙滩潮间带大型底栖生物栖息密度垂直分布　单位：个/m^2

潮区	季节	断面	多毛类	软体动物	甲壳动物	棘皮动物	其他生物	合计
高潮区	秋季	Sch3	0	64	0	0	0	64
		Sch4	0	112	0	0	0	112
		Sch5	0	0	0	0	0	0
		Sch1	0	16	0	0	0	16
		Sch2	0	1	0	0	0	1
		平均	0	39	0	0	0	39
	春季	Sch3	0	9	0	0	0	9
	平均		0	24	0	0	0	24
中潮区	秋季	Sch3	453	314	40	0	10	817
		Sch4	163	20	30	2	7	222
		Sch5	280	20	35	3	10	348
		Sch1	171	163	67	3	24	428
		Sch2	27	85	27	0	27	165
		平均	219	120	40	2	16	397
	春季	Sch3	99	124	47	1	25	296
	平均		159	122	44	2	21	348
低潮区	秋季	Sch3	435	40	75	0	20	570
		Sch4	45	10	20	0	5	80
		Sch5	100	45	45	5	10	205
		Sch1	85	40	0	0	10	135
		Sch2	105	40	5	0	0	150
		平均	154	35	29	1	9	228
	春季	Sch3	95	40	2.5	0	5	143
	平均		125	38	16	1	7	187

7.4.3　饵料生物

春季和秋季沙埕港滨海湿地泥沙滩潮间带大型底栖生物平均饵料水平分级平均为Ⅳ级，其中：甲壳动物较高，达Ⅲ级，多毛类和棘皮动物较低，均为Ⅰ级。断面间比较，春季 Sch3 断面较高（Ⅴ级），FD1 断面较低（Ⅱ级）；秋季 Sch1 断面较高（Ⅴ级），Sch3、Sch4 和 Sch5 断面较低（Ⅲ级）。季节比较，春季和秋季均为Ⅳ级。岩石滩断面高达Ⅴ级，其中：软体动物较高，达Ⅴ级，多毛类和棘皮动物较低，均为Ⅰ级（表 7-7）。

表 7-7　沙埕港滨海湿地潮间带大型底栖生物饵料水平分级

底质	季节	断面	多毛类	软体动物	甲壳动物	棘皮动物	其他生物	评价标准
泥沙滩	春季	Sch3	Ⅰ	Ⅲ	Ⅲ	Ⅰ	Ⅲ	Ⅴ
		FD1	Ⅰ	Ⅰ	Ⅰ	Ⅰ	Ⅰ	Ⅱ
		平均	Ⅰ	Ⅱ	Ⅲ	Ⅰ	Ⅱ	Ⅳ
	秋季	Sch3	Ⅰ	Ⅲ	Ⅱ	Ⅰ	Ⅰ	Ⅲ
		Sch4	Ⅰ	Ⅱ	Ⅱ	Ⅰ	Ⅰ	Ⅲ
		Sch5	Ⅰ	Ⅰ	Ⅱ	Ⅰ	Ⅰ	Ⅲ
		Sch1	Ⅰ	Ⅲ	Ⅲ	Ⅰ	Ⅳ	Ⅴ
		Sch2	Ⅰ	Ⅱ	Ⅲ	Ⅰ	Ⅰ	Ⅳ
		平均	Ⅰ	Ⅱ	Ⅲ	Ⅰ	Ⅱ	Ⅳ
	平均		Ⅰ	Ⅱ	Ⅲ	Ⅰ	Ⅱ	Ⅳ
岩石滩	春季	FD2	Ⅰ	Ⅴ	Ⅱ	Ⅰ	Ⅳ	Ⅴ

7.5　群落

7.5.1　群落类型

沙埕港滨海湿地潮间带大型底栖生物群落按地点和底质类型分为：

（1）污水处理厂泥沙滩群落。高潮区：黑口滨螺（*Littoraria melanostoma*）—粗糙滨螺带；中潮区：东海刺沙蚕（*Neanthes donghaiensis*）—光滑河蓝蛤—弧边招潮—弓形革囊星虫带；低潮区：后指虫—金星蝶铰蛤（*Trigonothracia jinxingae*）—白沙箸海鳃带。

（2）八尺门泥沙滩群落。高潮区：粗糙滨螺—黑口滨螺带；中潮区：东海刺沙蚕—珠带拟蟹守螺—长足长方蟹—弓形革囊星虫带；低潮区：不倒翁虫—豆形胡桃蛤［*Nucula*（*Leionucula*）*faba*］—金星蝶铰蛤带。

（3）后港泥沙滩群落。高潮区：粗糙滨螺—黑口滨螺带；中潮区：独毛虫—中国绿螂—短拟沼螺—淡水泥蟹带；低潮区：中蚓虫—花冈钩毛虫—白樱蛤（*Macoma* sp.）—明秀大眼蟹带。

7.5.2　群落结构

（1）污水处理厂泥沙滩群落。该群落位于污水处理厂附近，所处滩面底质类型高潮区为堤岸，中潮区至低潮区为泥和泥沙，滩面长度约 80 m。

高潮区：黑口滨螺—粗糙滨螺带。该潮区种类贫乏，数量不高，代表种为黑口滨螺，仅在本区出现，生物量和栖息密度分别为 1.04 g/m^2 和 8 个/m^2。粗糙滨螺，也仅在本区出现，生物量和栖息密度分别为 1.28 g/m^2 和 8 个/m^2。

中潮区：东海刺沙蚕—光滑河蓝蛤—弧边招潮—弓形革囊星虫带。该潮区主要种为东海刺沙蚕，仅在本区出现，生物量和栖息密度分别为 4.80 g/m^2 和 72 个/m^2。优势种光滑河蓝蛤，自本区可延伸分布至低潮区，在本区中层的生物量和栖息密度较高，分别为 104.24 g/m^2 和 464 个/m^2，下层较低，分别为 0.24 g/m^2 和 8 个/m^2。弧边招潮，仅在中潮区上、中层出现，上层生物量和栖息密度分别为 153.12 g/m^2 和 80 个/m^2，中层分别为 28.08 g/m^2 和 8 个/m^2。弓形革囊星虫，仅在中潮区上层出现，生物量和栖息密度分别为 30.08 g/m² 和 64 个/m²。其他主要种和习见种有齿吻沙蚕（*Nephtys* sp.）、稚齿虫、细毛尖锥虫（*Scoloplos gracilis*）、独毛虫、中蚓虫、不倒翁虫（*Sternaspis scutata*）、米列虫（*Melinna* sp.）、灯白樱蛤［*Macoma*（*P.*）*lucerna*］、短拟沼螺、锯眼泥蟹、秀丽长方蟹（*Metaplax elegans*）、白沙箸海鳃和模式辐瓜参（*Actinocucumis typicus*）等。

低潮区：后指虫—金星蝶铰蛤—白沙箸海鳃带。该潮区主要种为后指虫，仅在本区出现，生物量和栖息密度分别为 1.20 g/m² 和 35 个/m²。金星蝶铰蛤，仅在本区出现，生物量和栖息密度分别为 5.05 g/m²和 35 个/m²。白沙箸海鳃，自中潮区可延伸分布至本区，在本区的生物量和栖息密度分别为 36.70 g/m² 和 5 个/m²。其他主要种和习见种有中蚓虫、似蛰虫（*Amaeana trilobata*）、光滑河蓝蛤、短吻铲荚螠（*Listriolobus brevirostris*）等（图 7-2）。

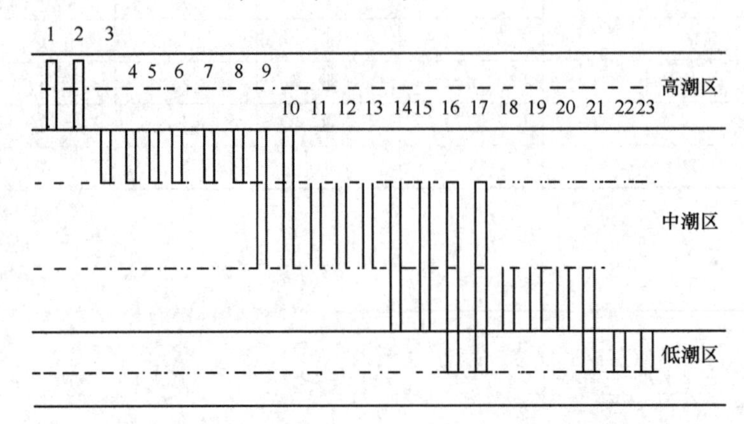

图 7-2　污水处理厂泥沙滩群落主要种垂直分布

1. 黑口滨螺；2. 粗糙滨螺；3. 齿吻沙蚕；4. 稚齿虫；5. 独毛虫；6. 灯白樱蛤；7. 秀丽长方蟹；8. 弓形革囊星虫；9. 短拟沼螺；10. 弧边招潮；11. 东海刺沙蚕；12. 长吻吻沙蚕；13. 锯眼泥蟹；14. 巴林虫；15. 米列虫；16. 中蚓虫；17. 光滑河蓝蛤；18. 细毛尖锥虫；19. 不倒翁虫；20. 模式辐瓜参；21. 白沙箸海鳃；22. 后指虫；23. 金星蝶铰蛤

（2）八尺门泥沙滩群落。所处滩面底质类型高潮区为堤岸，中潮区至低潮区为泥和泥沙，滩面长度约 100 m。

高潮区：粗糙滨螺—黑口滨螺带。该潮区代表种为粗糙滨螺，数量不高，生物量和栖息密度分别为 0.08 g/m² 和 8 个/m²。黑口滨螺，定性尚可采集到。

中潮区：东海刺沙蚕—珠带拟蟹守螺—长足长方蟹—弓形革囊星虫带。该区主要种为东海刺沙蚕，分布在本区上、中、下层，在上层的生物量和栖息密度分别为 1.44 g/m² 和 8 个/m²；中层分别为 0.04 g/m² 和 8 个/m²；下层分别为 0.48 g/m² 和 8 个/m²。优势种为珠带拟蟹守螺，仅分布在本区上层，生物量和栖息密度分别为 72.72 g/m² 和 248 个/m²。长足长方蟹，分布在本区中、下层，在中层的生物量和栖息密度分别达 101.84 g/m² 和 16 个/m²；下层分别为 18.8 g/m² 和 8 个/m²。弓形革囊星虫，仅分布在本区上层，生物量和栖息密度分别为 21.44 g/m² 和 56 个/m²。其他主要种和习见种有寡节甘吻沙蚕（*Glycinde gurjanvoae*）、巴林虫（*Barantolla* sp.）、中蚓虫、中国绿螂、弧边招潮、锯眼泥蟹等。

低潮区：不倒翁虫—豆形胡桃蛤—金星蝶铰蛤带。该区主要种为不倒翁虫，仅在本区出现，生物量和栖息密度分别为 1.30 g/m² 和 20 个/m²。豆形胡桃蛤，也仅在本区出现，生物量和栖息密度分别为 1.25 g/m² 和 20 个/m²。金星蝶铰蛤，也仅在本区出现，数量较低，生物量和栖息密度分别为 1.65 g/m² 和 20 个/m²。其他主要种和习见种有花冈钩毛虫、齿吻沙蚕、后指虫（*Laonice cirrata*）、细毛尖锥虫、似蛰虫、东方长眼虾（*Ogyrides orientalis*）等（图 7-3）。

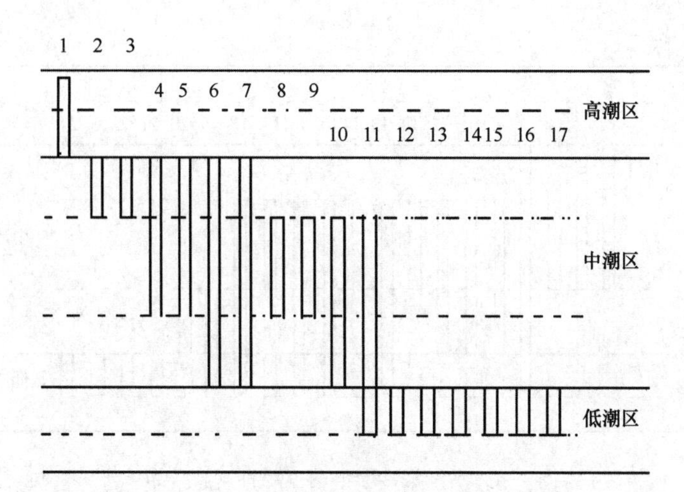

图7-3　八尺门泥沙滩群落主要种垂直分布

1. 粗糙滨螺；2. 中国绿螂；3. 弓形革囊星虫；4. 珠带拟蟹守螺；5. 锯眼泥蟹；6. 东海刺沙蚕；7. 弧边招潮；8. 寡节甘吻沙蚕；9. 巴林虫；10. 长足长方蟹；11. 中蚓虫；12. 花冈钩毛虫；13. 齿吻沙蚕；14. 不倒翁虫；15. 豆形胡桃蛤；16. 金星蝶铰蛤；17. 东方长眼虾

(3) 后港泥沙滩群落。该群落所处滩面长度约250 m，底质类型较复杂，高潮区为碎石块和泥沙，丛生互花米草，高度20~30 cm，中潮区和低潮区由泥沙组成。

高潮区：粗糙滨螺—黑口滨螺带。该潮区代表种为粗糙滨螺，生物量和栖息密度分别为5.68 g/m^{2}和48个/m^2。黑口滨螺的生物量和栖息密度分别为6.08 g/m^{2}和16个/m^2。

中潮区：独毛虫—中国绿螂—短拟沼螺—淡水泥蟹带。该区优势种为独毛虫，自中潮区下层至低潮区均有分布，在本区中层的生物量为0.20 g/m^2，栖息密度为765个/m^2，下层分别为0.05 g/m^{2}和20个/m^2。优势种中国绿螂，仅分布在中潮区上层，生物量和栖息密度分别高达55.04 g/m^{2}和784个/m^2。短拟沼螺，自中潮区下层至低潮区均有分布，在本区中层的生物量为2.00 g/m^2，栖息密度为25个/m^2，下层分别为2.45 g/m^{2}和105个/m^2。淡水泥蟹，生物量和栖息密度分别为2.00 g/m^{2}和35个/m^2。其他主要种和习见种有花冈钩毛虫、双齿围沙蚕（*Perinereis aibuhitensis*）、长吻吻沙蚕（*Glycera chirori*）、独指虫、双形拟单指虫、奇异稚齿虫（*Paraprionospio pinnata*）、珠带拟蟹守螺、彩拟蟹守螺、三角柄蝶嬴蜚、弧边招潮、明秀大眼蟹、长足长方蟹和脑纽虫等。

低潮区：中蚓虫—花冈钩毛虫—白樱蛤—明秀大眼蟹带。该区优势种为中蚓虫，自中潮区延伸分布至此，在本区的生物量和栖息密度分别为0.05 g/m^{2}和125个/m^2。花冈钩毛虫，该种自中潮区至低潮区均有分布，在本区上层的生物量和栖息密度分别为0.05 g/m^{2}和110个/m^2。白樱蛤，仅在本区出现，生物量和栖息密度均不高，分别为0.40 g/m^{2}和5个/m^2。明秀大眼蟹，自中潮区至低潮区均有分布，在本区生物量和栖息密度均不高，分别为7.80 g/m^{2}和45个/m^2。其他主要种和习见种有长吻吻沙蚕、齿吻沙蚕、独指虫、稚齿虫、独毛虫、莱氏异额蟹（*Anomalifrons lightana*）、海鳃（*Pennatula* sp.）、脑纽虫等（图7-4）。

7.5.3　群落生态特征值

根据Shannon-Wiener种类多样性指数（H'）、Pielous种类均匀度指数（J）、Margalef种类丰富度指数（d）和Simpson优势度（D）显示，春季和秋季沙埕港滨海湿地泥沙滩潮间带大型底栖生物平均丰富度指数（d）较高（5.046 4），多样性指数（H'）偏低（1.709 6），均匀度指数（J）适中（0.544 3），Simpson优势度（D）较高（0.728 7）。季节比较，泥沙滩潮间带大型底栖生物丰富度指数

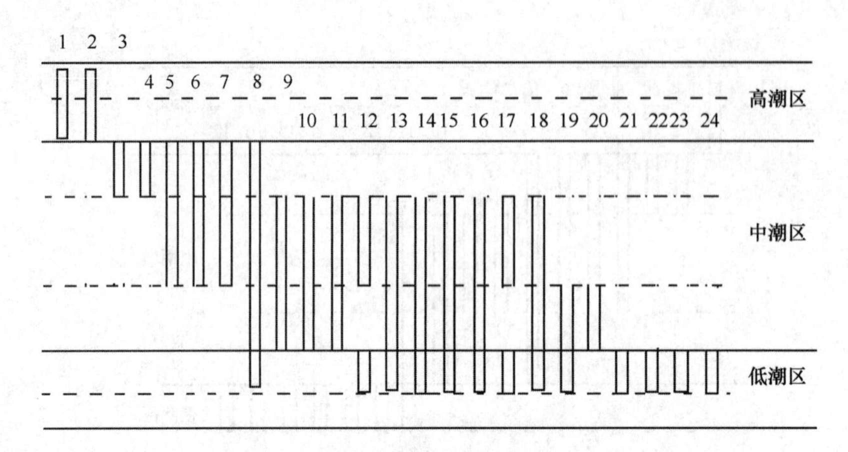

图 7-4　后港泥沙滩群落主要种垂直分布

1. 粗糙滨螺；2. 黑口滨螺；3. 双齿围沙蚕；4. 中国绿螂；5. 彩拟蟹守螺；6. 珠带拟蟹守螺；7. 三角柄蜾蠃蜚；8. 中蚓虫；9. 双形拟单指虫；10. 奇异稚齿虫；11. 短拟沼螺；12. 花冈钩毛虫；13. 长吻吻沙蚕；14. 独毛虫；15. 稚齿虫；16. 独指虫；17. 明秀大眼蟹；18. 脑纽虫；19. 齿吻沙蚕；20. 长足长方蟹；21. 吻沙蚕；22. 白樱蛤；23. 莱氏异额蟹；24. 海鳃

(*d*) 以秋季较高 (5.710 0)，春季较低 (1.728 3)；多样性指数 (*H'*) 同样以秋季较高 (1.795 5)，春季较低 (1.280 0)；均匀度指数 (*J*) 以春季较高 (0.615 6)，秋季较低 (0.530 0)；Simpson 优势度 (*D*) 以秋季较高 (0.756 9)，春季较低 (0.587 6)。断面间比较，泥沙滩潮间带大型底栖生物丰富度指数 (*d*) 以 Sch4 断面较高 (7.828 2)，Sch2 断面较低 (3.928 3)；多样性指数 (*H'*) 同样以 Sch4 断面较高 (2.268 0)，Sch2 断面较低 (1.587 2)；均匀度指数 (*J*) 以 Sch4 断面较高 (0.637 9)，Sch1 断面较低 (0.448 8)；Simpson 优势度 (*D*) 以 Sch4 断面较高 (0.857 3)，Sch5 断面较低 (0.702 7) (表 7-8)。

表 7-8　沙埕港滨海湿地泥沙滩潮间带大型底栖生物群落生态特征值

季节	断面	*d*	*H'*	*J*	*D*
春季	Sch3	1.728 3	1.280 0	0.615 6	0.587 6
秋季	Sch1	5.555 7	1.595 8	0.448 8	0.719 2
	Sch2	3.928 3	1.587 2	0.499 4	0.758 2
	Sch3	6.053 0	1.906 6	0.560 6	0.747 3
	Sch4	7.828 2	2.268 0	0.637 9	0.857 3
	Sch5	5.184 8	1.620 1	0.503 3	0.702 7
	平均	5.710 0	1.795 5	0.530 0	0.756 9
平均		5.046 4	1.709 6	0.544 3	0.728 7

7.5.4　群落稳定性

沙埕港滨海湿地潮间带大型底栖生物秋季 Sch1、Sch4 和 Sch5 以及春季和秋季 Sch3 泥沙滩群落相对稳定，丰度生物量复合 *k*-优势度曲线不交叉、不翻转、不重叠，生物量优势度曲线始终位于丰度上方，但秋季 Sch3 泥沙滩群落丰度生物量复合 *k*-优势度曲线极为靠近 (图 7-5、图 7-7 至图 7-10)。秋季 Sch2 泥沙滩群落丰度生物量复合 *k*-优势度曲线出现交叉，显示群落结构出现一定的扰动 (图 7-6)。总体而言，沙埕港滨海湿地海域泥沙滩潮间带大型底栖生物群落相对稳定 (图 7-11)。

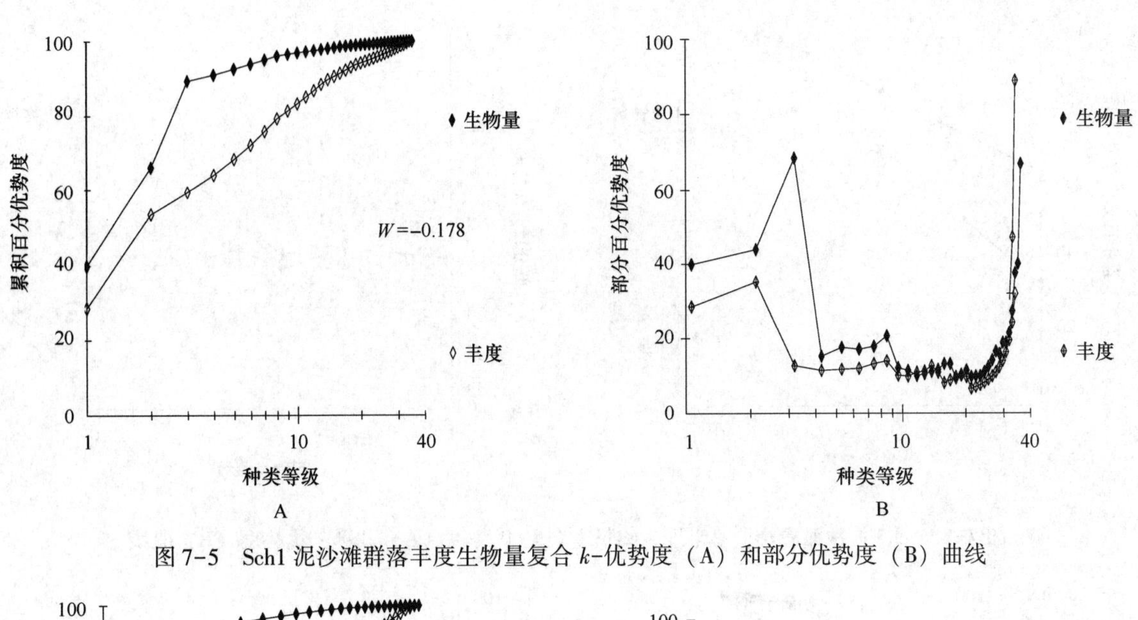

图 7-5　Sch1 泥沙滩群落丰度生物量复合 k-优势度（A）和部分优势度（B）曲线

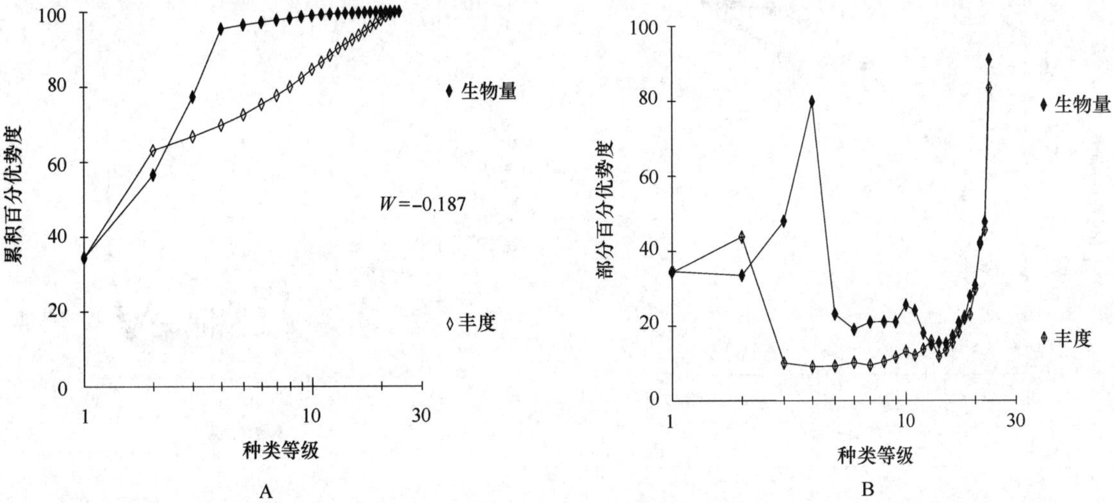

图 7-6　Sch2 泥沙滩群落丰度生物量复合 k-优势度（A）和部分优势度（B）曲线

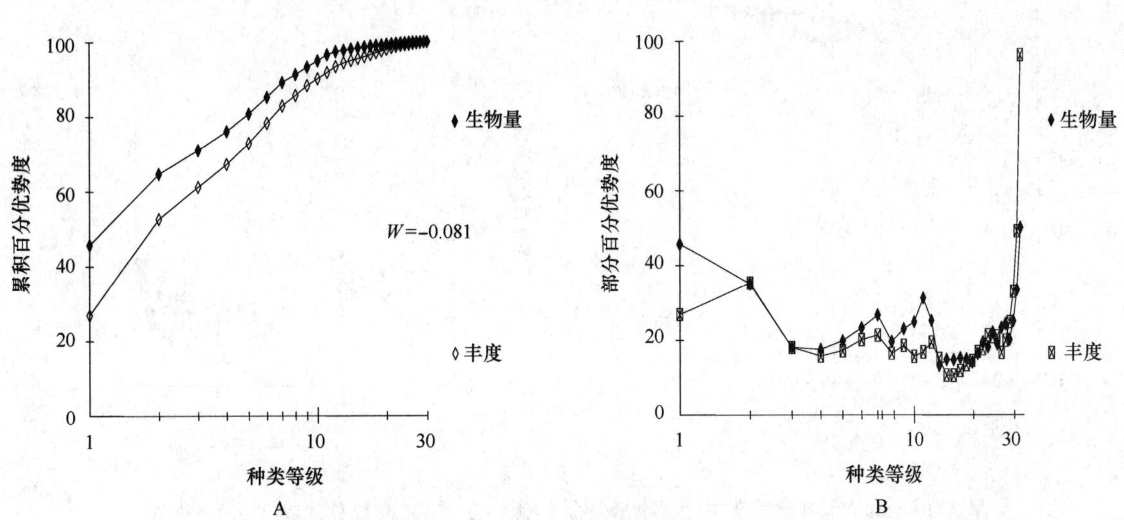

图 7-7　Sch3 泥沙滩秋季群落丰度生物量复合 k-优势度（A）和部分优势度（B）曲线

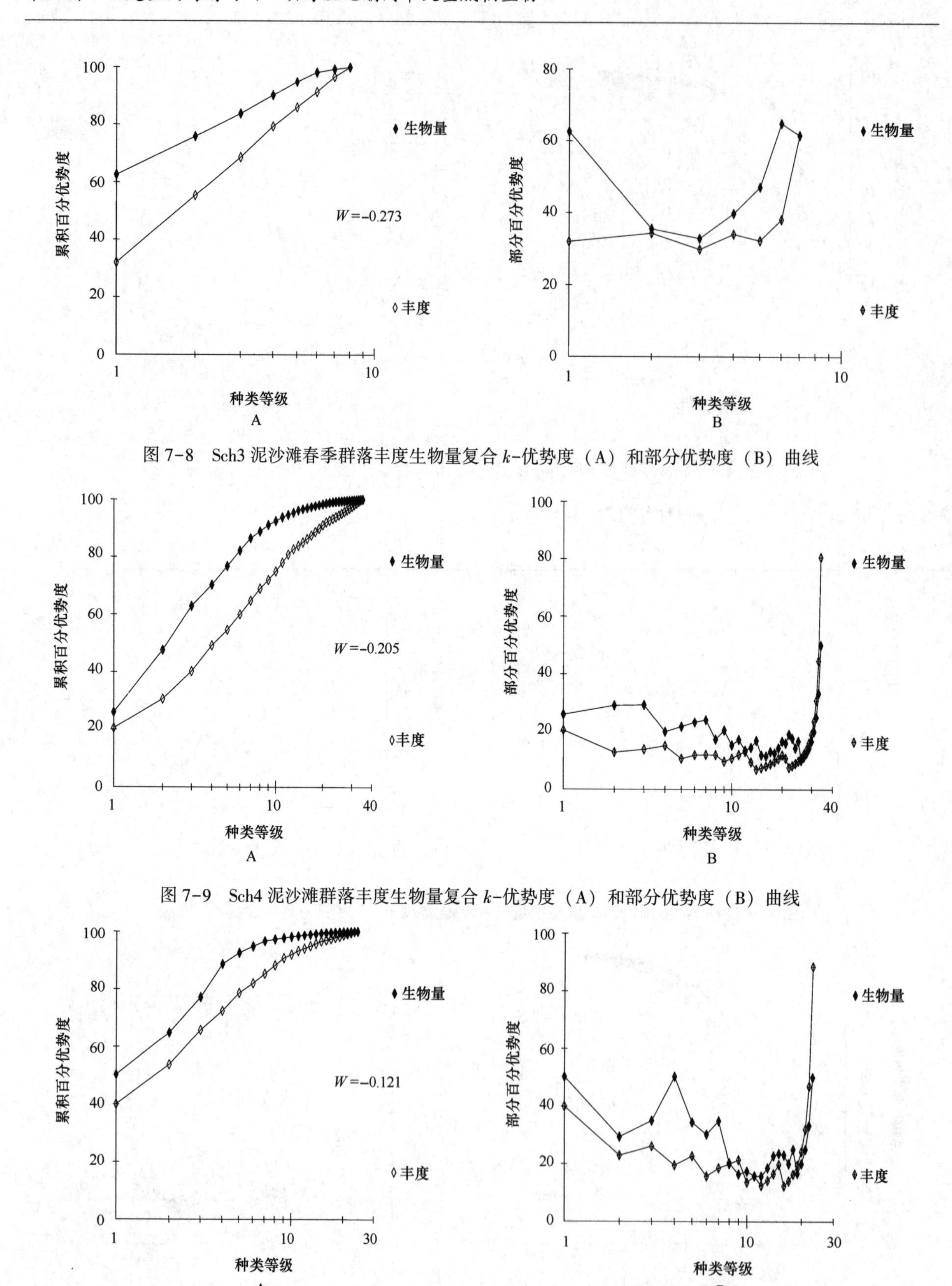

图 7-8　Sch3 泥沙滩春季群落丰度生物量复合 *k*-优势度（A）和部分优势度（B）曲线

图 7-9　Sch4 泥沙滩群落丰度生物量复合 *k*-优势度（A）和部分优势度（B）曲线

图 7-10　Sch5 泥沙滩群落丰度生物量复合 *k*-优势度（A）和部分优势度（B）曲线

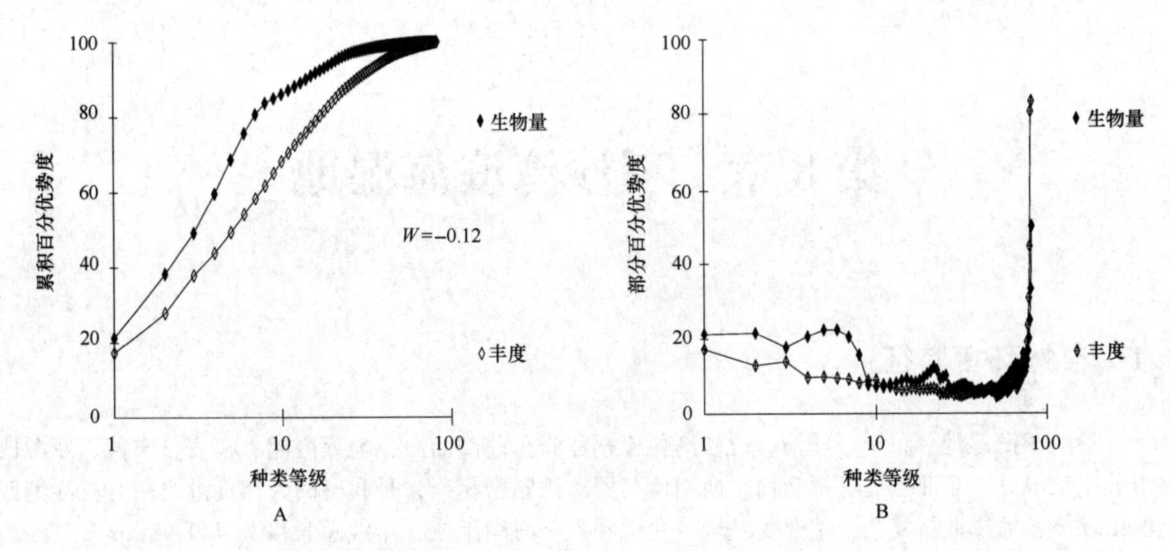

图 7-11　沙埕港泥沙滩群落丰度生物量复合 k-优势度（A）和部分优势度（B）曲线

第8章　三沙湾滨海湿地

8.1　自然环境特征

三沙湾滨海湿地分布于三沙湾。三沙湾位于福建省东北部沿海，地处霞浦、福安、宁德、罗源四县市滨岸交界处，东北侧近邻福宁湾，西南侧与罗源湾紧密相连，是我国的天然良港之一。三沙湾四周群山环绕，海岸曲折复杂，主要由基岩、台地和人工海岸组成，岸线总长度为449.98 km。三沙湾水域开阔，海湾总面积为570.04 km^2，其中：滩涂面积为308.03 km^2，水域面积为262.01 km^2。湾内最大水深达90 m。

三沙湾属正规半日潮，最高潮位10.53 m，平均最大潮差5.35 m。平均大、中、小潮的高、低潮容潮量分别为21.65×10^8 m^3、17.05×10^8 m^3 和11.72×10^8 m^3，大、中、小潮时海水的半交换期分别为2.8 d、3.6 d和5.3 d。多年平均气温19.0℃，7月最高气温28.7℃，1月最低气温9.6℃。5月水温20.5~22.5℃，平均水温21.3℃，12月水温17.8~19.9℃，平均水温19.3℃。水温年际变化13.0~29.9℃，平均水温20.5℃。多年平均降雨量2 013.8 mm，最多年平均降雨量2 848.4 mm，最少年平均降雨量1 412.6 mm。多年平均相对湿度81%，月最大相对湿度91%，月最小相对湿度55%。5月盐度的测值范围24.42~29.70，平均盐度27.718；12月盐度的测值范围29.259~31.351，平均盐度为30.883，底层盐度高于表层，湾口和东吾洋北部含量较高，三都岛北部较低。

三沙湾滨海湿地沉积物类型比较复杂，有砾石、粗砂、粗中砂、中砂、细中砂、细砂、黏土质砂、砂质黏土、砂—粉砂—黏土、砾—砂—黏土、黏土质粉砂和粉砂质黏土12种类型。

8.2　断面与站位布设

2003年2月、9月，2006年10月，2007年11月，2008年3月，2009年9月，对三沙湾铁基湾、白马港、福屿、鸟屿、官沪岛、龙珠、康坑、溪南、鳌江村和上村等13条断面潮间带大型底栖生物取样（表8-1、图8-1）。

表8-1　三沙湾滨海湿地潮间带大型底栖生物调查断面

序号	时间	断面	编号	经度（E）	纬度（N）	底质
1	2003年2月	鸟屿	Shch1	119°37′37.38″	26°43′12.42″	泥沙滩
2		鸟屿	Shch2	119°39′2.82″	26°43′39.12″	
3		官沪岛	Shch3	119°39′11.40″	26°42′35.28″	
4	2003年9月	白马港	Shch4	119°43′30.00″	26°44′12.00″	海草区
5		福屿	Shch5	119°38′26.28″	26°45′29.82″	泥沙滩

续表 8-1

序号	时间	断面	编号	经度（E）	纬度（N）	底质
6	2006 年 10 月	鳌江村	Shch8	119°36′6.00″	26°38′28.80″	海草区
7		贵歧	Shch9	119°33′27.00″	26°37′43.20″	泥沙滩
8		上村	Shch10	119°35′1.98″	26°36′25.20″	海草区
9	2007 年 11 月，2008 年 3 月	龙珠	Shch11	119°45′25.98″	26°46′10.98″	泥沙滩
10		龙珠	Shch12	119°45′9.00″	26°44′33.00″	泥沙滩
11		康坑	Shch13	119°43′24.96″	26°43′3.00″	泥沙滩
12	2009 年 9 月	溪南	Shch6	119°49′15.93″	26°42′14.25″	泥沙滩
13		猴屿	Shch7	119°48′49.89″	26°42′01.74″	泥沙滩

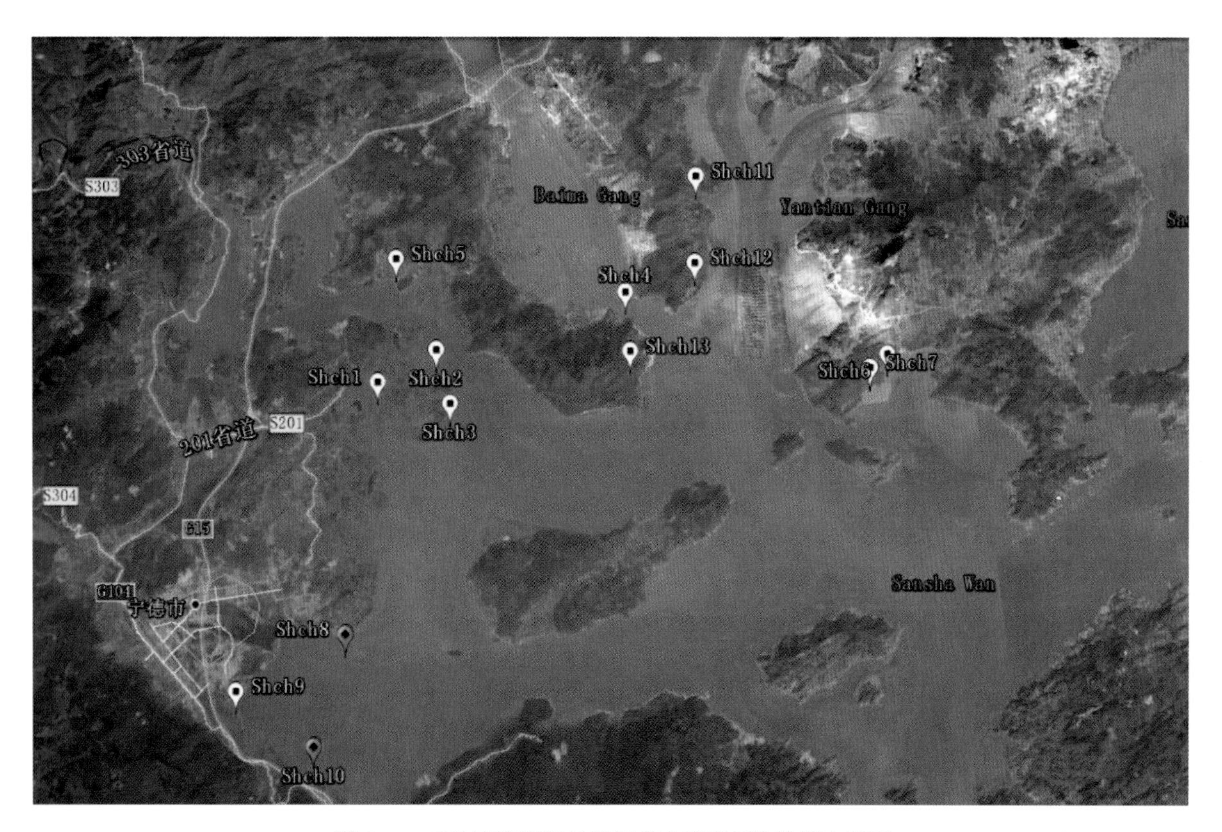

图 8-1　三沙湾滨海湿地潮间带大型底栖生物调查断面

8.3　物种多样性

8.3.1　种类组成与分布

三沙湾滨海湿地潮间带大型底栖生物 205 种，其中藻类 7 种，多毛类 80 种，软体动物 49 种，甲壳动物 49 种，棘皮动物 3 种和其他生物 17 种。多毛类、软体动物和甲壳动物占总种数的 86.82%，三者构成潮间带大型底栖生物主要类群。泥沙滩潮间带大型底栖生物 189 种，其中：藻类 6 种，多毛类 78 种，软体动物 44 种，甲壳动物 43 种，棘皮动物 3 种和其他生物 15 种。海草区潮间带大型底栖生物 70 种，其中：藻类 5 种，多毛类 22 种，软体动物 21 种，甲壳动物 17 种，棘皮动物 1 种和其他生物 4 种。泥沙滩断面间比较，春季种数以断面 Shch13 较多（52 种），断面 Shch11 较少（36 种）；秋季以断面 Shch6 较多（54 种），断面 Shch11 较少（15 种）；冬季以断面 Shch3 较多（30 种），断面 Shch1 较少（23 种）。海草区断面，秋季以断面 Shch10 较多（47 种），断面 Shch4 较少（21 种）（表 8-2）。

表 8-2　三沙湾滨海湿地潮间带大型底栖生物种类组成与分布　　单位：种

底质	季节	断面	藻类	多毛类	软体动物	甲壳动物	棘皮动物	其他生物	合计
泥沙滩	春季	Shch11	1	19	6	6	0	4	36
		Shch12	1	24	11	14	0	2	52
		Shch13	3	27	8	11	0	2	51
	夏季	Shch3	0	21	13	5	3	4	46
	秋季	Shch5	0	4	8	8	0	2	22
		Shch6	0	30	5	15	2	2	54
		Shch7	0	16	8	5	1	3	33
		Shch9	2	14	14	6	0	1	37
		Shch11	0	4	3	6	0	2	15
		Shch12	1	12	6	5	0	3	27
		Shch13	1	20	5	10	0	3	39
	冬季	Shch1	1	6	9	4	0	3	23
		Shch2	0	7	14	5	0	3	29
		Shch3	1	11	11	6	0	1	30
		合计	6	78	44	43	3	15	189
海草区	秋季	Shch4	0	2	10	6	1	2	21
		Shch8	5	15	13	10	1	2	46
		Shch10	1	15	14	12	1	4	47
		合计	5	22	21	17	1	4	70
合计			7	80	49	49	3	17	205

8.3.2　优势种和主要种

根据数量和出现率，三沙湾滨海湿地泥沙滩、海草区潮间带大型底栖生物优势种和主要种有：多鳃齿吻沙蚕（*Nephtys polybranchia*）、新多鳃齿吻沙蚕（*Nephtys neopolybranchia*）、才女虫（*Polydora* sp.）、稚齿虫、独毛虫、拟突齿沙蚕（*Paraleonnates uschakovi*）、异足索沙蚕（*Lumbrineris heteropoda*）、双齿围沙蚕、细毛尖锥虫、双形拟单指虫、中蚓虫、西奈索沙蚕（*Lumbrineris shiinoi*）、不倒翁虫、似蛰虫、可口革囊星虫（*Phascolosoma esculenta*）、胡桃蛤（*Nucula* sp.）、泥蚶（*Tegillarca granosa*）、凸壳肌蛤（*Musculista senhausia*）、彩虹明樱蛤（*Moerella iridescens*）、缢蛏（*Sinonovacula constricta*）、中国绿螂、理蛤（*Theora lata*）、鸭嘴蛤〔*Laternula*（*Laternula*）*anatina*〕、珠带拟蟹守螺、小翼拟蟹守螺（*C. microptera*）、短拟沼螺、光滑狭口螺（*Stenothyra glabar*）、织纹螺（*Nassarius* sp.）、泥螺（*Bullacta exarata*）、薄片蜾蠃蜚（*Corophium lamellatum*）、上野蜾蠃蜚（*C. ueni*）、弧边

招潮、明秀大眼蟹、淡水泥蟹、秀丽长方蟹、短脊鼓虾（*Alpheus brevicristatus*）等。

8.4　数量时空分布

8.4.1　数量组成与季节变化

三沙湾滨海湿地泥沙滩潮间带大型底栖生物四季平均生物量为 41.30 g/m^2，平均栖息密度为 506 个/m^2。生物量以软体动物居第一位（26.62 g/m^2），甲壳动物居第二位（6.74 g/m^2）；栖息密度以软体动物居第一位（255 个/m^2），多毛类居第二位（216 个/m^2）。数量季节变化，生物量以春季较高（50.06 g/m^2），夏季较低（36.19 g/m^2）；栖息密度同样以春季较高（677 个/m^2），秋季较低（339 个/m^2）（表 8-3）。

表 8-3　三沙湾滨海湿地泥沙滩潮间带大型底栖生物数量组成与季节变化

数量	季节	藻类	多毛类	软体动物	甲壳动物	棘皮动物	其他生物	合计
生物量（g/m^2）	春季	2.01	5.54	28.37	12.43	0	1.71	50.06
	夏季	0	13.26	17.88	4.22	0.61	0.22	36.19
	秋季	0.01	1.35	36.82	2.73	0.24	0.46	41.61
	冬季	0.72	1.13	23.42	7.59	0	4.49	37.35
	平均	0.69	5.32	26.62	6.74	0.21	1.72	41.30
密度（个/m^2）	春季	—	284	372	16	0	5	677
	夏季	—	465	114	14	15	15	623
	秋季	—	84	229	22	1	3	339
	冬季	—	29	305	19	0	27	380
	平均	—	216	255	18	4	13	506

秋季海草区潮间带大型底栖生物平均生物量为 15.00 g/m^2，平均栖息密度为 379 个/m^2。生物量以软体动物居第一位（9.53 g/m^2），甲壳动物居第二位（3.91 g/m^2）；栖息密度以多毛类居第一位（247 个/m^2），软体动物居第二位（94 个/m^2）。断面间比较，生物量以 Shch8 断面较高（22.82 g/m^2），Shch10 断面较低（11.03 g/m^2）；栖息密度同样以 Shch8 断面较高（607 个/m^2），Shch4 断面较低（60 个/m^2）（表 8-4）。

表 8-4　秋季三沙湾滨海湿地海草区潮间带大型底栖生物数量组成

数量	断面	藻类	多毛类	软体动物	甲壳动物	棘皮动物	其他生物	合计
生物量（g/m^2）	Shch4	0	0.10	5.80	5.03	0.16	0.07	11.16
	Shch8	1.68	0.54	15.83	4.18	0.47	0.12	22.82
	Shch10	0.01	1.24	6.97	2.51	0.01	0.29	11.03
	平均	0.56	0.63	9.53	3.91	0.21	0.16	15.00
密度（个/m^2）	Shch4	—	1	32	25	1	1	60
	Shch8	—	472	87	21	2	25	607
	Shch10	—	268	162	32	1	7	470
	平均	—	247	94	26	1	11	379

8.4.2 数量分布

三沙湾滨海湿地泥沙滩潮间带大型底栖生物断面间比较，春季生物量以断面 Shch12 较高 (26.30 g/m²)，断面 Shch11 较低 (10.99 g/m²)；栖息密度同样以断面 Shch12 较高 (1 288 个/m²)，断面 Shch13 较低 (354 个/m²)。秋季生物量以断面 Shch6 较高 (122.01 g/m²)，断面 Shch13 较低 (5.07 g/m²)；栖息密度同样以断面 Shch7 较高 (1 040 个/m²)，断面 Shch11 较低 (39 个/m²)。冬季生物量以断面 Shch2 较高 (46.44 g/m²)，断面 Shch3 较低 (25.28 g/m²)；栖息密度以断面 Shch1 较高 (595 个/m²)，断面 Shch3 较低 (179 个/m²)（表 8-5、表 8-6）。

表 8-5 三沙湾滨海湿地泥沙滩潮间带大型底栖生物生物量组成与分布 单位：g/m²

季节	断面	藻类	多毛类	软体动物	甲壳动物	棘皮动物	其他生物	合计
春季	Shch11	0.12	1.41	6.02	2.56	0	0.88	10.99
	Shch12	0.13	2.44	16.53	6.48	0	0.72	26.30
	Shch13	1.76	1.69	5.82	3.39	0	0.11	12.77
	平均	2.01	5.54	28.37	12.43	0	1.71	50.06
夏季	Shch3	0	13.26	17.88	4.22	0.61	0.22	36.19
秋季	Shch5	0	0.64	3.30	1.77	0	0.47	6.18
	Shch9	0.02	1.17	33.91	2.05	0	0.01	37.16
	Shch11	0	0.06	7.15	0.95	0	0.07	8.23
	Shch12	0.02	3.28	6.84	1.17	0	0.02	11.33
	Shch13	0.02	0.37	1.68	0.77	0	2.23	5.07
	Shch6	0	2.62	110.70	6.81	1.68	0.20	122.01
	Shch7	0	1.33	94.18	5.62	0.02	0.22	101.37
	平均	0.01	1.35	36.82	2.73	0.24	0.46	41.61
冬季	Shch1	0.84	0.33	23.07	12.40	0	3.69	40.33
	Shch2	0	0.95	33.47	8.11	0	3.91	46.44
	Shch3	1.33	2.11	13.71	2.25	0	5.88	25.28
	平均	0.72	1.13	23.42	7.59	0	4.49	37.35

表 8-6 三沙湾滨海湿地泥沙滩潮间带大型底栖生物栖息密度组成与分布 单位：个/m²

季节	断面	多毛类	软体动物	甲壳动物	棘皮动物	其他生物	合计
春季	Shch11	152	219	13	0	6	390
	Shch12	479	778	24	0	7	1 288
	Shch13	221	119	12	0	2	354
	平均	284	372	16	0	5	677
夏季	Shch3	465	114	14	15	15	623

续表 8-6

季节	断面	多毛类	软体动物	甲壳动物	棘皮动物	其他生物	合计
秋季	Shch5	20	18	14	0	2	54
	Shch9	246	40	33	0	2	321
	Shch11	7	21	8	0	3	39
	Shch12	15	25	9	0	2	51
	Shch13	48	11	21	0	3	83
	Shch6	181	537	55	7	7	787
	Shch7	72	951	14	1	2	1 040
	平均	84	229	22	1	3	339
冬季	Shch1	23	492	20	0	60	595
	Shch2	28	307	21	0	9	365
	Shch3	37	115	15	0	12	179
	平均	29	305	19	0	27	380

秋季三沙湾北部滨海湿地泥沙滩潮间带大型底栖生物数量垂直分布，生物量从高到低依次为中潮区(306.95 g/m^2)、高潮区（19.84 g/m^2）、低潮区（8.29 g/m^2）；栖息密度从高到低依次为中潮区(2 282 个/m^2)、低潮区（333 个/m^2）、高潮区（124 个/m^2）。生物量和栖息密度以中潮区最大。各断面数量垂直分布见表 8-7。

表 8-7　秋季三沙湾北部滨海湿地泥沙滩潮间带大型底栖生物数量垂直分布

断面	数量	潮区	多毛类	软体动物	甲壳动物	棘皮动物	其他生物	合计
Shch6	生物量 (g/m^2)	高潮区	0	23.28	1.92	0	0	25.20
		中潮区	3.47	307.92	16.60	0	0.30	328.29
		低潮区	4.40	0.90	1.90	5.05	0.30	12.55
		平均	2.62	110.70	6.81	1.68	0.20	122.01
	密度 (个/m^2)	高潮区	0	144	8	0	0	152
		中潮区	202	1 453	47	0	5	1 707
		低潮区	340	15	110	20	15	500
		平均	181	537	55	7	7	787
Shch7	生物量 (g/m^2)	高潮区	0	14.48	0	0	0	14.48
		中潮区	0.33	267.70	16.87	0.07	0.67	285.64
		低潮区	3.65	0.35	0	0	0	4.00
		平均	1.33	94.18	5.62	0.02	0.22	101.37
	密度 (个/m^2)	高潮区	0	96	0	0	0	96
		中潮区	55	2 753	43	2	5	2 858
		低潮区	160	5	0	0	0	165
		平均	72	951	14	1	2	1 040

续表 8-7

断面	数量	潮区	多毛类	软体动物	甲壳动物	棘皮动物	其他生物	合计
平均	生物量 (g/m^2)	高潮区	0	18.88	0.96	0	0	19.84
		中潮区	1.90	287.81	16.73	0.03	0.48	306.95
		低潮区	4.03	0.63	0.95	2.53	0.15	8.29
		平均	1.98	102.44	6.21	0.85	0.21	111.69
	密度 (个/m^2)	高潮区	0	120	4	0	0	124
		中潮区	128	2 103	45	1	5	2 282
		低潮区	250	10	55	10	8	333
		平均	126	744	35	4	4	913

夏季三沙湾滨海湿地官沪岛泥沙滩潮间带大型底栖生物数量垂直分布，生物量从高到低依次为中潮区(76.45 g/m^2)、低潮区（19.45 g/m^2）、高潮区（12.64 g/m^2）；栖息密度从高到低依次为低潮区(905 个/m^2)、中潮区（892 个/m^2)、高潮区（72 个/m^2)。生物量和栖息密度以高潮区最小（表 8-8)。

表 8-8　夏季三沙湾滨海湿地官沪岛泥沙滩潮间带大型底栖生物数量垂直分布

数量	潮区	多毛类	软体动物	甲壳动物	棘皮动物	其他生物	合计
生物量 (g/m^2)	高潮区	0	12.64	0	0	0	12.64
	中潮区	35.13	28.74	11.15	0.92	0.51	76.45
	低潮区	4.65	12.25	1.50	0.90	0.15	19.45
	平均	13.26	17.88	4.22	0.61	0.22	36.19
密度 (个/m^2)	高潮区	0	72	0	0	0	72
	中潮区	631	219	23	5	14	892
	低潮区	765	50	20	40	30	905
	平均	465	114	14	15	15	623

8.4.3　饵料生物

三沙湾滨海湿地泥沙滩潮间带大型底栖生物平均饵料水平分级为Ⅳ级，其中：软体动物较高，达Ⅳ级，藻类、棘皮动物和其他生物较低，均为Ⅰ级。季节比较，春季较高（Ⅴ级)，其他季节较低(Ⅳ级)，但 4 个季节均以软体动物较高（表 8-9)。

表 8-9　三沙湾滨海湿地泥沙滩潮间带大型底栖生物饵料水平分级

季节	藻类	多毛类	软体动物	甲壳动物	棘皮动物	其他生物	评价标准
春季	Ⅰ	Ⅱ	Ⅳ	Ⅲ	Ⅰ	Ⅰ	Ⅴ
夏季	Ⅰ	Ⅲ	Ⅲ	Ⅰ	Ⅰ	Ⅰ	Ⅳ
秋季	Ⅰ	Ⅰ	Ⅳ	Ⅰ	Ⅰ	Ⅰ	Ⅳ
冬季	Ⅰ	Ⅰ	Ⅲ	Ⅱ	Ⅰ	Ⅰ	Ⅳ
平均	Ⅰ	Ⅱ	Ⅳ	Ⅱ	Ⅰ	Ⅰ	Ⅳ

秋季三沙湾滨海湿地海草区潮间带大型底栖生物平均饵料水平分级为Ⅲ级，其中：软体动物较

高，为Ⅱ级，藻类、多毛类、甲壳动物、棘皮动物和其他生物较低，均为Ⅰ级。断面间比较，各断面平均饵料水平分级为Ⅲ级，断面 Shch4 以软体动物和甲壳动物较高（Ⅱ级），藻类、多毛类、棘皮动物和其他生物较低，均为Ⅰ级；断面 Shch8 以软体动物较高（Ⅲ级），余各类群均为Ⅰ级；断面 Shch10 以软体动物较高（Ⅱ级），余各类群均为Ⅰ级（表 8-10）。

表 8-10　秋季三沙湾滨海湿地海草区潮间带大型底栖生物饵料水平分级

断面	藻类	多毛类	软体动物	甲壳动物	棘皮动物	其他生物	评价标准
Shch4	Ⅰ	Ⅰ	Ⅱ	Ⅱ	Ⅰ	Ⅰ	Ⅲ
Shch8	Ⅰ	Ⅰ	Ⅲ	Ⅰ	Ⅰ	Ⅰ	Ⅲ
Shch10	Ⅰ	Ⅰ	Ⅱ	Ⅰ	Ⅰ	Ⅰ	Ⅲ
平均	Ⅰ	Ⅰ	Ⅱ	Ⅰ	Ⅰ	Ⅰ	Ⅲ

8.5　群落

8.5.1　群落类型

三沙湾滨海湿地潮间带大型底栖生物群落按地点和底质类型分为：

（1）鸟屿泥沙滩群落。高潮区：黑口滨螺带；中潮区：短拟沼螺—小翼拟蟹守螺—弧边招潮带；低潮区：拟突齿沙蚕—缢蛏—薄片蜾蠃蜚带。

（2）官沪岛泥沙滩群落。高潮区：粗糙滨螺—小翼拟蟹守螺带；中潮区：多鳃齿吻沙蚕—短拟沼螺—淡水泥蟹—缢蛏带；低潮区：异足索沙蚕—织纹螺—短脊鼓虾带。

（3）溪南泥沙滩群落。高潮区：粗糙滨螺—海蟑螂（*Ligia exotica*）带；中潮区：多鳃齿吻沙蚕—凸壳肌蛤—秀丽长方蟹带；低潮区：毡毛岩虫（*Marphysa stragulum*）—豆形胡桃蛤—秀丽长方蟹—光亮倍棘蛇尾（*Amphioplus laevis*）带。

（4）白马门海草区群落。高潮区：黑口滨螺—粗糙滨螺带；中潮区：才女虫—鸭嘴蛤—短拟沼螺—弧边招潮带；低潮区：不倒翁虫—理蛤—齿腕拟盲蟹（*Typhlocarcinops denticarpes*）带。

（5）鳌江村海草区群落。高潮区：粗糙滨螺—黑口滨螺带；中潮区：双形拟单指虫—珠带拟蟹守螺—泥蚶—明秀大眼蟹带；低潮区：齿吻沙蚕—织纹螺—上野蜾蠃蜚带。

（6）上村海草区群落。高潮区：粗糙滨螺—黑口滨螺带；中潮区：齿吻沙蚕—短拟沼螺—泥螺—秀丽长方蟹带；低潮区：索沙蚕（*Lumbrineris* sp.）—尖刀蛏（*Cultellus scalprum*）—明秀大眼蟹—薄片蜾蠃蜚带。

8.5.2　群落结构

（1）鸟屿泥沙滩群落。该群落所处滩面长度约 250 m，底质类型高潮区上层为石堤，下层和中潮区海草较密，低潮区底质由粉砂泥组成。邻处有缢蛏苗养殖。

高潮区：黑口滨螺带。该潮区种类贫乏，数量不高，上层石堤代表种黑口滨螺的生物量和栖息密度分别为 6.60 g/m^2 和 20 个/m^2。

中潮区：短拟沼螺—小翼拟蟹守螺—弧边招潮带。该潮区代表种短拟沼螺在本区中层生物量和栖息密度均较高，分别为 26.04 g/m^2 和 1 060 个/m^2，上、下层相对较低，生物量分别为 2.08 g/m^2 和 2.16 g/m^2，栖息密度分别为 84 个/m^2 和 80 个/m^2。小翼拟蟹守螺，仅在本区上层出现，生物量和栖息密度分别为9.20 g/m² 和8个/m²。弧边招潮，分布在整个中潮区，生物量以上层较大，栖息密度以中层较大，分别为17.40 g/m² 和20个/m²。其他主要种有孔石莼、彩虹明樱蛤、灯塔蛏、中国绿螂、珠带拟蟹守螺、淡水泥蟹、秀丽长方蟹、阴氏投海葵和可口革囊星虫等。

低潮区：拟突齿沙蚕—缢蛏—薄片螺赢蜚带。该潮区代表种为拟突齿沙蚕，仅在本区出现，数量不高，生物量和栖息密度分别为0.28 g/m² 和4个/m²。缢蛏，主要分布在中潮区下层和该区上层，生物量和栖息密度分别仅为10.56 g/m² 和184个/m²。薄片螺赢蜚，从中潮区下层可延伸分布至低潮区上层，在本区的生物量和栖息密度分别为0.16 g/m² 和4个/m²。其他主要种和习见种有光滑狭口螺和纵沟纽虫（*Lineus* sp.）等（图8-2）。

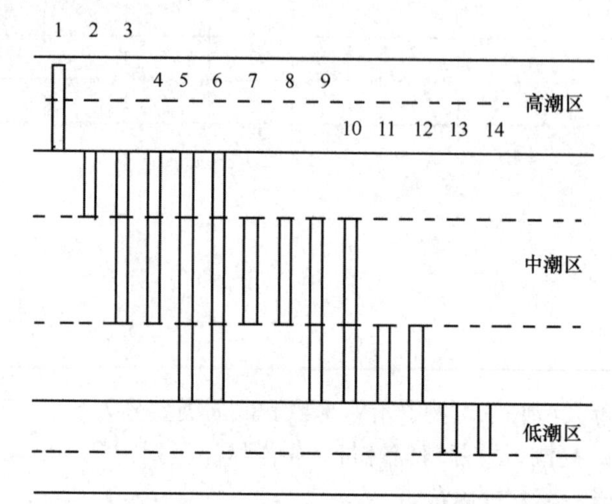

图8-2　鸟屿泥沙滩群落主要种垂直分布

1. 黑口滨螺；2. 珠带拟蟹守螺；3. 小翼拟蟹守螺；4. 可口革囊星虫；5. 弧边招潮；6. 短拟沼螺；7. 多鳃齿吻沙蚕；8. 彩虹明樱蛤；9. 中国绿螂；10. 阴氏投海葵；11. 淡水泥蟹；12. 秀丽长方蟹；13. 拟突齿沙蚕；14. 缢蛏

（2）官沪岛泥沙滩群落。该群落所处滩面长度约500 m，底质类型较复杂，高潮区为土石堤，中潮区中、上层约200 m滩面生长互花米草，高度50~80 cm，下层和低潮区由黏土质粉砂组成。附近有缢蛏养殖。

高潮区：粗糙滨螺—小翼拟蟹守螺带。该潮区上层代表种粗糙滨螺的生物量和栖息密度分别为3.00 g/m² 和24个/m²，下层主要种为小翼拟蟹守螺，生物量和栖息密度分别为6.96 g/m² 和8个/m²。

中潮区：多鳃齿吻沙蚕—短拟沼螺—淡水泥蟹—缢蛏带。该区代表种为多鳃齿吻沙蚕，仅在本区中层出现，数量不高，生物量为0.32 g/m²，栖息密度为32个/m²。短拟沼螺，分布整个中潮区，生物量和栖息密度以上层为大，分别为4.32 g/m² 和44个/m²，下层相对较小，分别为0.48 g/m² 和20个/m²。淡水泥蟹，分布在中潮区中、下层，生物量和栖息密度分别为1.60 g/m² 和16个/m²。缢蛏，分布在本区下层，生物量和栖息密度分别为9.00 g/m² 和176个/m²。其他主要种和习见种有刚鳃虫（*Chaetozone* sp.）、小头虫（*Capitella* sp.）、巴林虫、中国绿螂、珠带拟蟹守螺、织纹螺、秀丽长方蟹、宽身闭口蟹（*Cleistoma dilatatum*）和日本爱氏海葵（*Edwardsidae japonica*）等。

低潮区：异足索沙蚕—织纹螺—短脊鼓虾带。该区代表种为异足索沙蚕，仅分布在本区，生物量和栖息密度均不高，分别只有1.16 g/m² 和4个/m²。织纹螺，该种自中潮区下层至低潮区均有分布，在本区的生物量和栖息密度分别为2.84 g/m^2 和8个/m^2。短脊鼓虾，仅在本区出现，生物量和栖息密度均不高，分别只有0.36 g/m^2 和4个/m^2。其他主要种和习见种有尖锥虫（*Scoloplos* sp.）、不倒翁虫等（图8-3）。

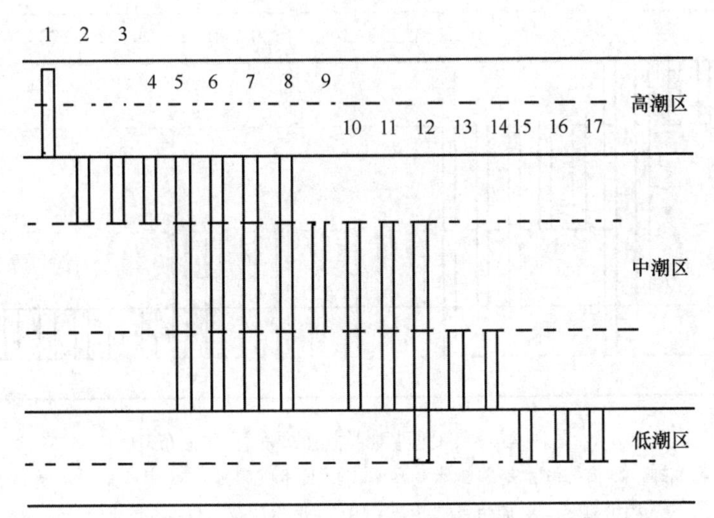

图8-3　官沪岛泥沙滩群落主要种垂直分布

1. 粗糙滨螺；2. 小翼拟蟹守螺；3. 珠带拟蟹守螺；4. 秀丽长方蟹；5. 短拟沼螺；6. 织纹螺；7. 巴林虫；8. 日本爱氏海葵；9. 多鳃齿吻沙蚕；10. 小头虫；11. 淡水泥蟹；12. 索沙蚕；13. 中国绿螂；14. 缢蛏；15. 短脊鼓虾；16. 织纹螺；17. 异足索沙蚕

（3）溪南泥沙滩群落。该群落位于三沙湾北部山岬东侧滨海湿地，岸边有一小瓦屋。滩面长度为800~1 000 m，底质类型高潮区石堤，中潮区至低潮区为软泥。附近海区有龙须菜吊养。

高潮区：粗糙滨螺—海蟑螂带。该潮区种类贫乏，数量不高，代表种粗糙滨螺的生物量和栖息密度分别为23.28 g/m^2 和144个/m^2。海蟑螂的生物量和栖息密度较低，分别为1.92 g/m^2 和8个/m^2。

中潮区：多鳃齿吻沙蚕—凸壳肌蛤—秀丽长方蟹带。该潮区优势种为多鳃齿吻沙蚕，仅在本区上层出现，生物量和栖息密度分别为0.50 g/m^2 和250个/m^2。优势种凸壳肌蛤，自本区中层可延伸分布至低潮区上层，在中层的生物量和栖息密度分别为920.60 g/m^2 和4 280个/m^2，下层较低，仅为0.10 g/m^2 和5个/m^2。秀丽长方蟹，自本区上层可延伸分布至低潮区上层，在本区上层的生物量和栖息密度分别为18.20 g/m^2 和30个/m^2，中层分别为1.15 g/m^2 和15个/m^2，下层分别为5.55 g/m^2 和25个/m^2。其他主要种和习见种有腺带刺沙蚕（*Neanthes glandicincta*）、加州齿吻沙蚕（*Nephtys californiensis*）、背毛背蚓虫（*Notomastus aberans*）、持真节虫（*Euclymene annandalei*）、异足索沙蚕、索沙蚕（*Lumbrineris* sp.）、似蛰虫、豆形胡桃蛤、短拟沼螺、博氏双眼钩虾（*Ampelisca bocki*）、日本大眼蟹（*Macrophthalmus japonicus*）、淡水泥蟹等。

低潮区：毡毛岩虫—豆形胡桃蛤—秀丽长方蟹—光亮倍棘蛇尾带。该潮区主要种为毡毛岩虫，从中潮区下层可延伸分布至低潮区，在本区的生物量和栖息密度分别为1.65 g/m^2 和90个/m^2。豆形胡桃蛤，从中潮区下层可延伸分布至低潮区，在本区的生物量和栖息密度分别仅为0.30 g/m^2 和5个/m^2。秀丽长方蟹，从中潮区可延伸分布至本区上层，在本区的生物量和栖息密度分别为0.95 g/m^2 和55个/m^2。光亮倍棘蛇尾，仅在本区出现，生物量和栖息密度分别为3.50 g/m^2 和15个/m^2。其他主要种和习见种有背褶沙蚕（*Tambalagamia fauveli*）、多鳃齿吻沙蚕、背毛背蚓虫、特矶蚕（*Euniphysa aculeata*）、双唇索沙蚕（*Lumbrineris cruzensis*）、日本拟花尾水虱（*Paranthura japonica*）、上野蝶鸁蜚、日本鼓虾、洼颚倍棘蛇尾〔*Amphioplus*（*Lymanella*）*depressus*〕等（图8-4）。

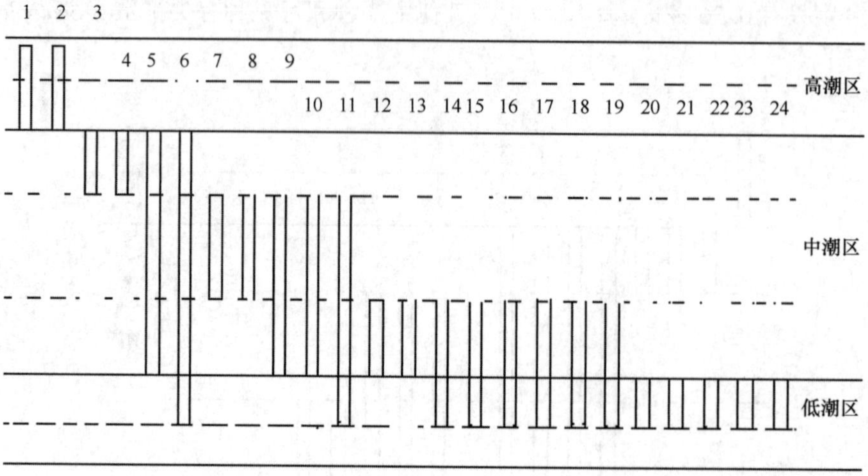

图8-4　溪南泥沙滩群落主要种垂直分布

1. 粗糙滨螺；2. 海蟑螂；3. 多鳃齿吻沙蚕；4. 日本大眼蟹；5. 索沙蚕；6. 秀丽长方蟹；7. 短拟沼螺；8. 淡水泥蟹；9. 加州齿吻沙蚕；10. 异足索沙蚕；11. 凸壳肌蛤；12. 持真节虫；13. 似蛰虫；14. 腺带刺沙蚕；15. 背毛背蚓虫；16. 豆形胡桃蛤；17. 博氏双眼钩虾；18. 沙箸海鳃；19. 毡毛岩虫；20. 背褶沙蚕；21. 双唇索沙蚕；22. 上野蝶赢蜚；23. 光亮倍棘蛇尾；24. 洼颚倍棘蛇尾

（4）白马门海草区群落。该群落所处滩面底质类型高潮区岩石，中潮区至低潮区泥沙。整个滩面宽度为800~900 m，中潮区上中层分布有成片互花米草，宽度为200~250 m。

高潮区：黑口滨螺—粗糙滨螺带。该潮区代表种黑口滨螺，数量不高，生物量和栖息密度分别为4.32 g/m² 和32个/m²。粗糙滨螺的生物量和栖息密度分别为3.68 g/m² 和32个/m²。此外还有粒结节滨螺等。

中潮区：才女虫—鸭嘴蛤—短拟沼螺—弧边招潮带。该区主要种为才女虫，自本区下层可向下延伸分布至低潮区，在本区生物量和栖息密度分别为0.35 g/m² 和280个/m²。鸭嘴蛤，仅在本区下层出现，生物量和栖息密度分别为1.40 g/m² 和230个/m²。短拟沼螺，仅在本区出现，在上层生物量和栖息密度分别为1.20 g/m² 和35个/m²，中层分别为2.45 g/m² 和65个/m²。弧边招潮本区特征种，在上层生物量和栖息密度分别为1.20 g/m² 和5个/m²，中层分别为19.35 g/m² 和5个/m²。其他主要种和习见种有多齿全刺沙蚕（*Nectoneanthes multignatha*）、新多鳃齿吻沙蚕、尖锥虫、丝鳃稚齿虫（*Prionospio malmgreni*）、中蚓虫、智利巢沙蚕（*Diopatra chiliensis*）、异足索沙蚕、似蛰虫、尖刀蛏、小翼拟蟹守螺、淡水泥蟹、秀丽长方蟹和模糊新短眼蟹等。

低潮区：不倒翁虫—理蛤—齿腕拟盲蟹带。该区优势种为不倒翁虫，自中潮区延伸分布至本区，在本区的生物量和栖息密度分别为0.40 g/m² 和200个/m²。主要种理蛤，仅在本区出现，生物量和栖息密度分别为4.60 g/m² 和180个/m²。齿腕拟盲蟹，仅在本区出现，生物量和栖息密度分别为1.85 g/m²和5个/m²。其他主要种和习见种有双鳃内卷齿蚕（*Aglaophamus dibranchis*）、背毛背蚓虫、智利巢沙蚕、双唇索沙蚕、似蛰虫、日本拟花尾水虱、弯指伊氏钩虾（*Idunella curidactyla*）和极地蚤钩虾（*Pontoctates altamanimus*）等（图8-5）。

（5）鳌江村海草区群落。该群落位于铁基湾，所处滩面底质类型高潮区石堤，中潮区至低潮区软泥。断面南侧有成片互花米草，附近有缢蛏养殖。

高潮区：粗糙滨螺—黑口滨螺带。该潮区种类贫乏，数量不高，代表种粗糙滨螺的生物量和栖息

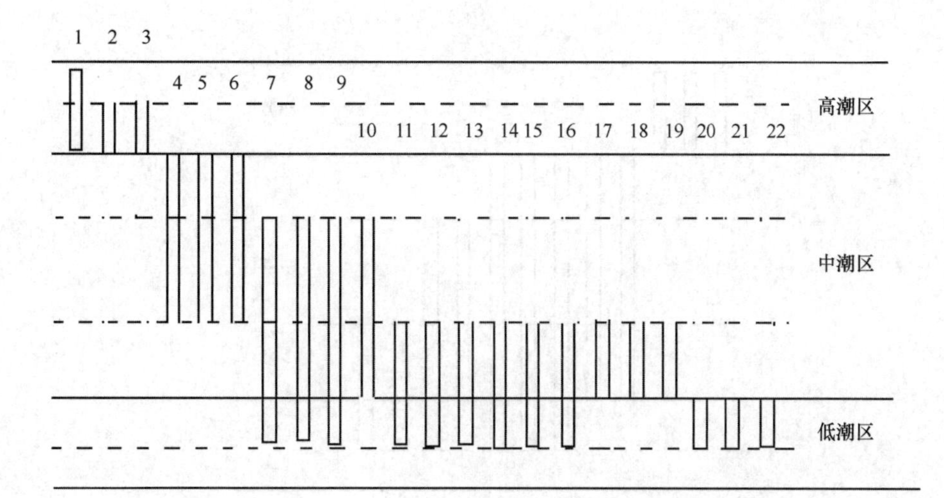

图 8-5　白马门海草区群落主要种垂直分布

1. 黑口滨螺；2. 粗糙滨螺；3. 粒结节滨螺；4. 小翼拟蟹守螺；5. 短拟沼螺；6. 弧边招潮；7. 稚齿虫；8. 独毛虫；9. 中蚓虫；10. 异足索沙蚕；11. 双须虫；12. 新多鳃齿吻沙蚕；13. 才女虫；14. 智利巢沙蚕；15. 不倒翁虫；1.6 似蛰虫；17. 尖刀蛏；18. 鸭嘴蛤；19. 秀丽长方蟹；20. 双鳃内卷齿蚕；21. 背毛背蚓虫；22. 理蛤

密度分别为 6.48 g/m² 和 32 个/m²。黑口滨螺的生物量和栖息密度分别为 4.64 g/m² 和 16 个/m²。此外还有短滨螺和海蟑螂等。

中潮区：双形拟单指虫—珠带拟蟹守螺—泥蚶—明秀大眼蟹带。该潮区优势种为双形拟单指虫，自本区可向下延伸分布至低潮区，在本区上层的生物量和栖息密度较低，分别为 0.05 g/m² 和 5 个/m²，中层分别为 0.10 g/m² 和 100 个/m²，下层分别为 0.10 g/m² 和 480 个/m²。珠带拟蟹守螺，仅在本区出现，在上层的数量较大，生物量和栖息密度分别为 15.85 g/m² 和 70 个/m²。泥蚶，仅在中潮区中、下层出现，中层的生物量和栖息密度分别为 37.2 g/m² 和 20 个/m²，下层的生物量和栖息密度分别为 2.55 g/m² 和 10 个/m²。明秀大眼蟹，自本区可向下延伸分布至低潮区，在本区上层的生物量和栖息密度分别为 0.95 g/m² 和 10 个/m²。其他主要种和习见种有裂片石莼（*Ulva fasciata*）、脆江蓠（*Gracilaria chouae*）、长吻吻沙蚕、东方刺尖锥虫〔*Scoloplos*（*Leodamas*）*rubra*〕、独指虫、异蚓虫（*Heteromastus* sp.）、光滑狭口螺、短拟沼螺、刀明樱蛤（*Moerella culter*）、鸭嘴蛤、纹尾长眼虾（*Ogyrides striaticauda*）、豆形拳蟹（*Philyra pisum*）、弧边招潮、淡水泥蟹和鰕虎鱼（*Trypauchen* sp.）等。

低潮区：齿吻沙蚕—织纹螺—上野蜾蠃蜚带。该潮区优势种为齿吻沙蚕，从中潮区可延伸分布至低潮区，在本区的生物量和栖息密度分别为为 0.25 g/m² 和 225 个/m²。织纹螺，仅在中潮区下层和本区出现，在本区的生物量和栖息密度分别仅为 6.55 g/m² 和 5 个/m²。上野蜾蠃蜚，从中潮区下层延伸分布至低潮区上层，在本区的生物量和栖息密度分别为 0.05 g/m² 和 15 个/m²。其他主要种和习见种有长吻吻沙蚕、独指虫、双形拟单指虫、稚齿虫、背蚓虫（*Notomastus* sp.）、日本大螯蜚（*Grandidierella japonica*）、明秀大眼蟹、模式辐瓜参等（图 8-6）。

（6）上村海草区群落。该群落所处滩面长度约 2 500 m，底质类型高潮区石堤，中潮区至低潮区以软泥为主。断面周边有互花米草，附近有缢蛏养殖。

高潮区：粗糙滨螺—黑口滨螺带。该潮区代表种为粗糙滨螺，数量不高，生物量和栖息密度分别为 3.20 g/m² 和 12 个/m²。黑口滨螺的生物量和栖息密度分别为 8.32 g/m² 和 24 个/m²。此外还有海蟑螂。

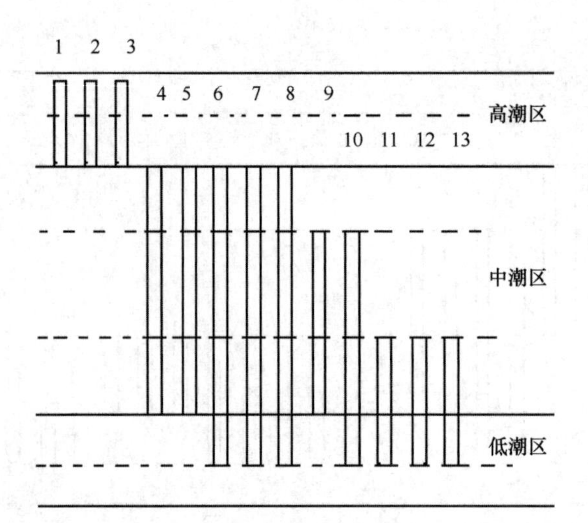

图 8-6 鳌江村海草区群落主要种垂直分布

1. 粗糙滨螺；2. 黑口滨螺；3. 短滨螺；4. 短拟沼螺；5. 珠带拟蟹守螺；6. 齿吻沙蚕；7. 双形拟单指虫；8. 稚齿虫；9. 泥蚶；10. 明秀大眼蟹；11. 织纹螺；12. 上野蜾蠃蜚；13. 大眼蟹

中潮区：齿吻沙蚕—短拟沼螺—泥螺—秀丽长方蟹带。该区优势种为齿吻沙蚕，自本区可向下延伸分布至低潮区，在本区上层的生物量和栖息密度分别为 3.15 g/m^2 和 395 个/m^2，中层分别为 0.15 g/m^2 和 10 个/m^2，下层分别为 0.05 g/m^2 和 5 个/m^2。主要种短拟沼螺，自本区可向下延伸分布至低潮区，在本区上层的生物量和栖息密度分别为 1.40 g/m^2 和 45 个/m^2，中层分别为 1.40 g/m^2 和 20 个/m^2，下层分别为 1.35 g/m^2 和 25 个/m^2。优势种泥螺，仅在本区出现，在上层生物量和栖息密度分别为 3.65 g/m^2 和 265 个/m^2。秀丽长方蟹，仅在本潮区出现，生物量和栖息密度分别为 3.05 g/m^2 和 20 个/m^2。其他主要种和习见种有脆江蓠、尖锥虫、独指虫、双形拟单指虫、稚齿虫、独毛虫、中蚓虫、异蚓虫、光滑狭口螺、珠带拟蟹守螺、泥蚶、角蛤（*Angulus* sp.）、楔樱蛤（*Cadella* sp.）、鸭嘴蛤、梳肢片钩虾（*Elasmopus pecteniclus*）、弧边招潮、淡水泥蟹、模式辐瓜参和孔鰕虎鱼（*Trypauchen vagina*）等。

低潮区：索沙蚕—尖刀蛏—明秀大眼蟹—薄片蜾蠃蜚带。该区优势种为索沙蚕，自中潮区下层延伸分布至本区，在本区的生物量和栖息密度分别为 0.15 g/m^2 和 50 个/m^2。特征种为尖刀蛏，仅在本区出现，幼体个体小，生物量和栖息密度分别为 0.10 g/m^2 和 30 个/m^2。明秀大眼蟹，自中潮区延伸分布至本区，在本区的生物量和栖息密度分别为 0.15 g/m^2 和 5 个/m^2。其他主要种和习见种有长吻吻沙蚕、齿吻沙蚕、尖锥虫、独指虫、独毛虫、中蚓虫、理蛤、梳肢片钩虾、日本鼓虾、上野蜾蠃蜚和鰕虎鱼等（图 8-7）。

8.5.3 群落生态特征值

根据 Shannon-Wiener 种类多样性指数（H'）、Pielous 种类均匀度指数（J）、Margalef 种类丰富度指数（d）和 Simpson 优势度（D）显示，三沙湾滨海湿地泥沙滩潮间带大型底栖生物群落丰富度指数（d），春季较大（5.100 0），秋季较小（4.313 3）；多样性指数（H'），春季较大（2.186 7），冬季较小（2.043 3）；均匀度指数（J），秋季较大（0.655 2），春季较小（0.586 7）；Simpson 优势度（D），秋季较大（0.835 0），冬季较小（0.725 6）。海草区群落，秋季丰富度指数（d），Sch10 断面较大（5.590 0），Sch8 断面较小（5.020 0）；多样性指数（H'），Sch10 断面较大（2.970 0），Sch8 断面较小（2.250 0）；均匀度指数（J），Sch10 断面较大（0.775 0），Sch8 断面较小（0.605 0）；

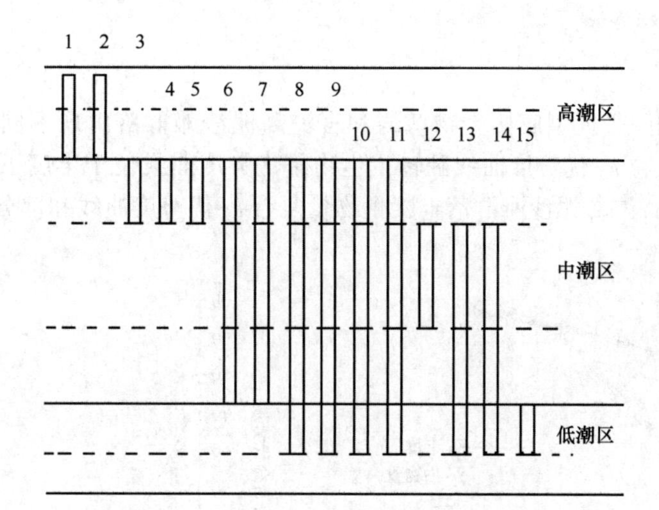

图 8-7　上村海草区群落主要种垂直分布

1. 粗糙滨螺；2. 黑口滨螺；3. 光滑狭口螺；4. 泥蚶；5. 楔樱蛤；6. 稚齿虫；7. 泥螺；8. 齿吻沙蚕；9. 尖锥虫；10. 中蚓虫；11. 短拟沼螺；12. 秀丽长方蟹；13. 薄片蜾蠃蜚；14. 明秀大眼蟹；15. 尖刀蛏

Simpson 优势度（D），Sch10 断面较大（0.920 4），Sch8 断面较小（0.789 0）。不同断面群落生态特征值季节变化见表 8-11。

表 8-11　三沙湾滨海湿地潮间带大型底栖生物群落生态特征值

群落	季节	断面	d	H'	J	D
泥沙滩	春季	Sch11	3.890 0	1.830 0	0.532 0	0.642 0
		Sch12	5.380 0	1.770 0	0.454 0	0.633 0
		Sch13	6.030 0	2.960 0	0.774 0	0.916 6
		平均	5.100 0	2.186 7	0.586 7	0.730 5
	秋季	Sch6	6.120 0	1.370 0	0.344 0	0.559 0
		Sch7	3.520 0	0.494 0	0.141 0	0.849 0
		Sch9	4.560 0	2.780 0	0.782 0	0.902 4
		Sch11	2.280 0	2.230 0	0.870 0	0.855 0
		Sch12	3.690 0	2.630 0	0.864 0	0.891 0
		Sch13	5.710 0	3.310 0	0.930 0	0.953 6
		平均	4.313 3	2.135 7	0.655 2	0.835 0
	冬季	Sch1	3.400 0	1.270 0	0.419 0	0.509 0
		Sch2	5.190 0	2.340 0	0.695 0	0.817 0
		Sch3	5.990 0	2.520 0	0.749 0	0.851 0
		平均	4.860 0	2.043 3	0.621 0	0.725 6
	平均		4.757 8	2.121 9	0.621 0	0.718 4
海草区	秋季	Sch8	5.020 0	2.250 0	0.605 0	0.789 0
		Sch10	5.590 0	2.970 0	0.775 0	0.920 4
		平均	5.056 7	2.666 7	0.720 7	0.854 7

8.5.4　群落稳定性

三沙湾滨海湿地潮间带大型底栖生物鸟屿和官沪岛泥沙滩群落出现不同程度的扰动，鸟屿泥沙滩群落丰度生物量复合 k-优势度曲线翻转，生物量优势度曲线位于丰度下方，部分优势度曲线出现交叉（图 8-8）。官沪岛泥沙滩群落丰度生物量复合 k-优势度曲线和部分优势度曲线出现交叉（图 8-9）。

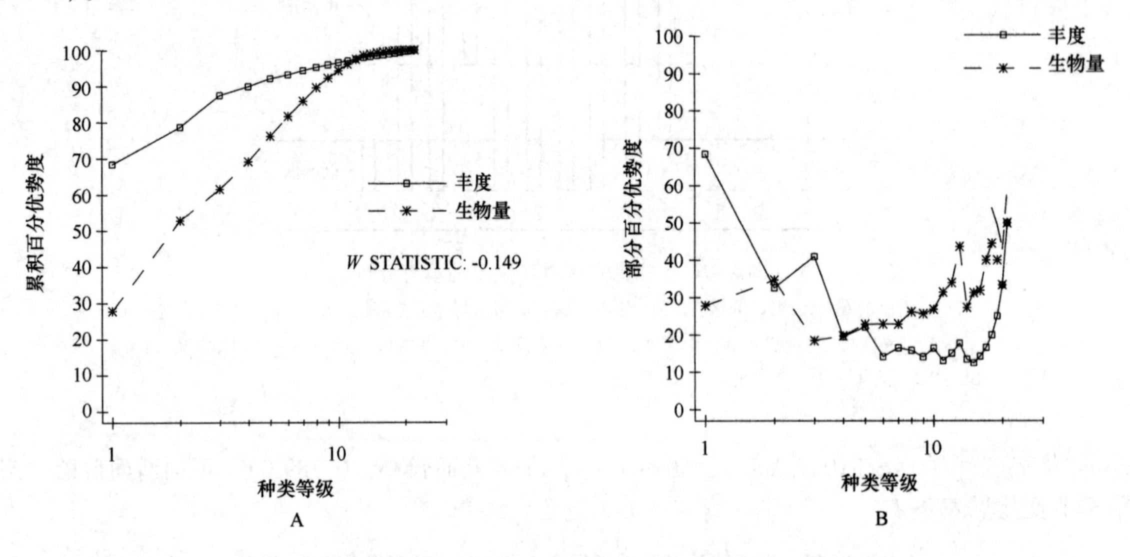

图 8-8　鸟屿泥沙滩群落丰度生物量复合 k-优势度（A）和部分优势度（B）曲线

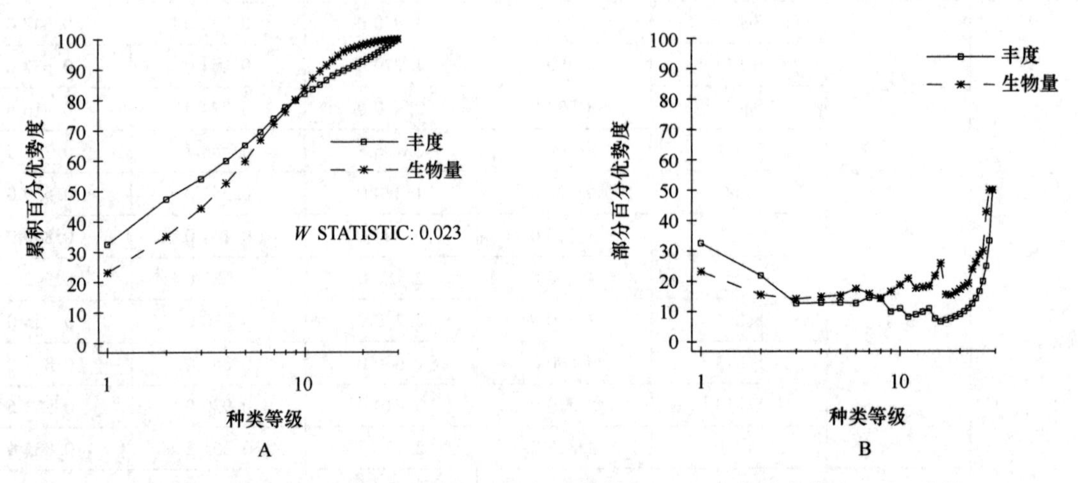

图 8-9　官沪岛泥沙滩群落丰度生物量复合 k-优势度（A）和部分优势度（B）曲线

溪南泥沙滩群落相对稳定，丰度生物量复合 k-优势度曲线不交叉、不翻转、不重叠，生物量优势度曲线始终位于丰度上方。但其生物量和丰度累积百分度分别高达 90% 和 75%（图 8-10），其原因在于优势种凸壳肌蛤中潮区中层的生物量和栖息密度分别高达 920.60 g/m² 和 42 80 个/m² 所致。

白马门海草区群落相对稳定，丰度生物量复合 k-优势度曲线不交叉、不翻转、不重叠，生物量优势度曲线始终位于丰度上方（图 8-11、图 8-12）。

鳌江村海草区群落和上村海草区群落的丰度生物量复合 k-优势度曲线出现交叉和翻转，显示群落出现一定的扰动。鳌江村海草区群落的扰动主要与优势种双形拟单指虫，在中潮区中、下层有较高

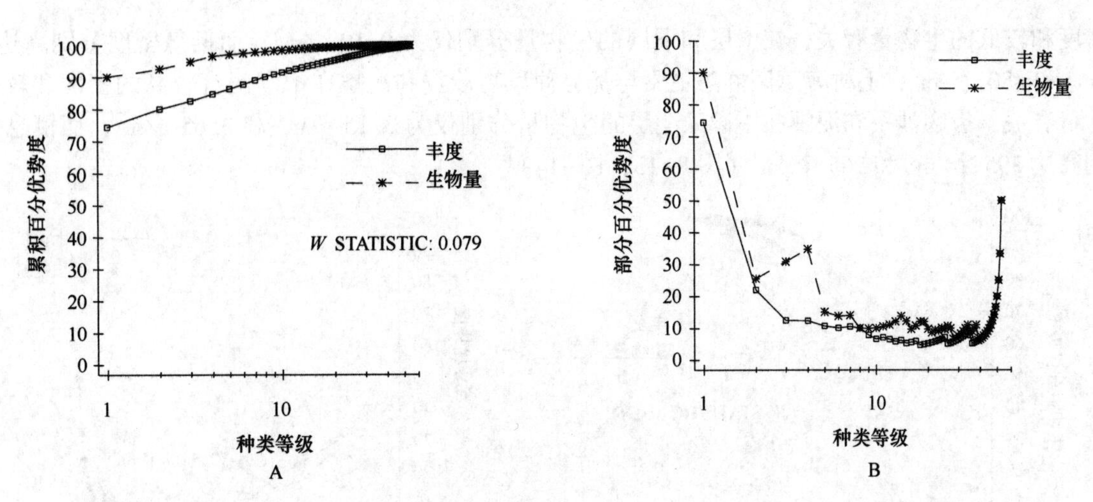

图8-10　溪南泥沙滩群落丰度生物量复合 k-优势度（A）和部分优势度（B）曲线

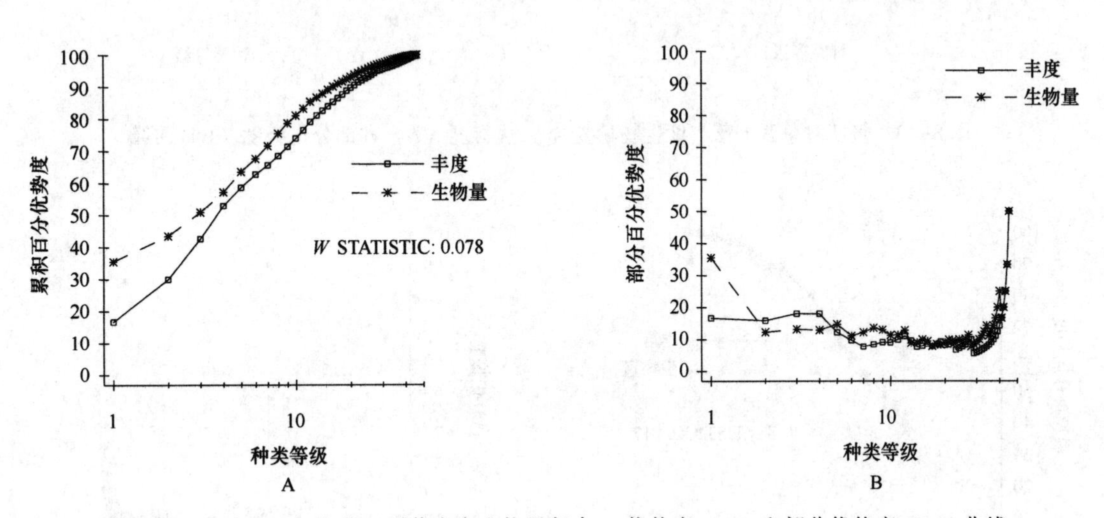

图8-11　春季白马门海草区群落丰度生物量复合 k-优势度（A）和部分优势度（B）曲线

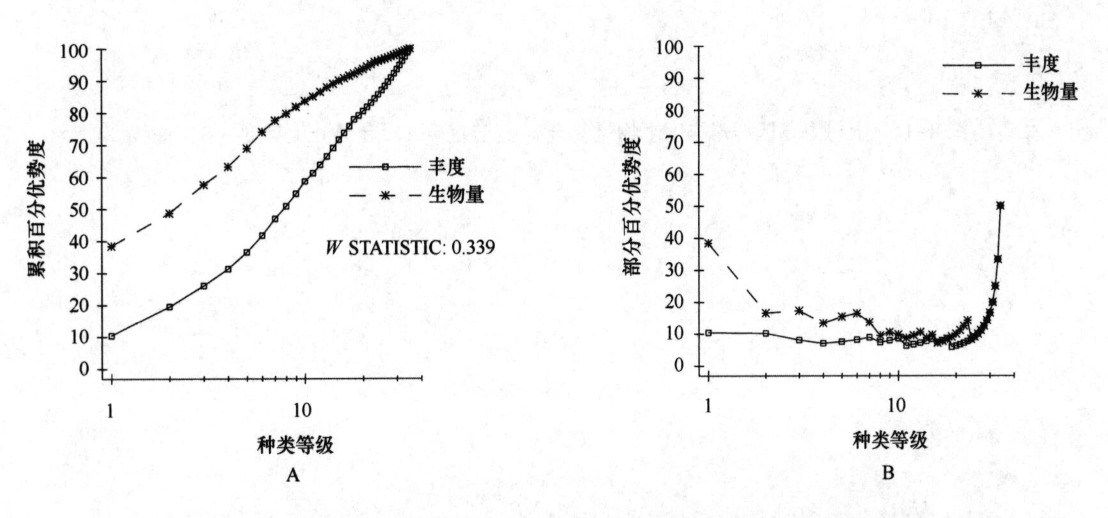

图8-12　秋季白马门海草区群落丰度生物量复合 k-优势度（A）和部分优势度（B）曲线

的密度和较低的生物量有关，在中层和下层的生物量分别仅为 0.10 g/m²，而栖息密度分别高达 100 个/m² 和 480 个/m²；上村海草区群落主要与优势种齿吻沙蚕和泥螺在中潮区有较高的密度和较低的生物量有关，齿吻沙蚕和泥螺在中潮区上层的生物量分别仅为 3.15 g/m² 和 3.65 g/m²；而栖息密度分别高达 395 个/m² 和 265 个/m²（图 8-13，图-14）。

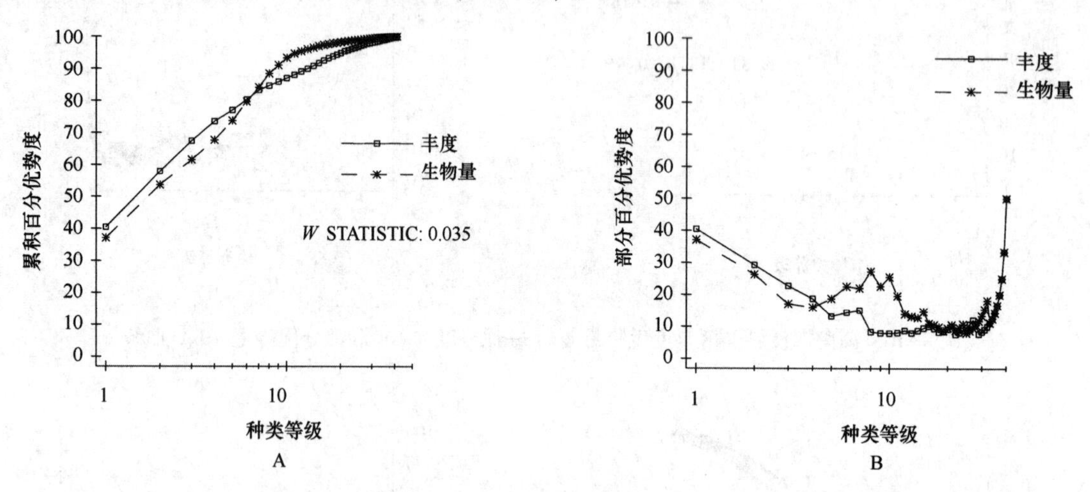

图 8-13　鳌江海草区群落丰度生物量复合 k-优势度（A）和部分优势度（B）曲线

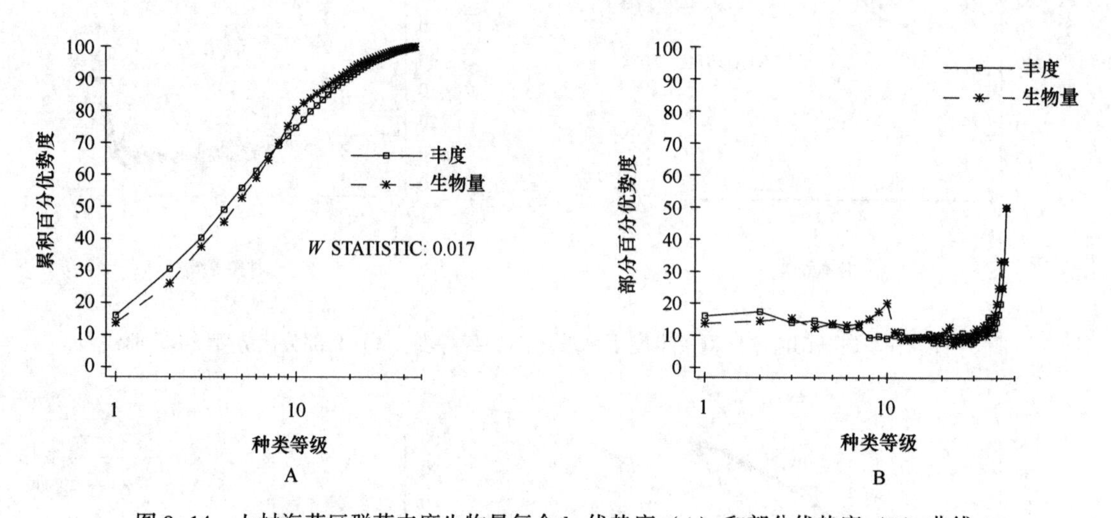

图 8-14　上村海草区群落丰度生物量复合 k-优势度（A）和部分优势度（B）曲线

第 9 章　罗源湾滨海湿地

9.1　自然环境特征

罗源湾滨海湿地分布于罗源湾。罗源湾位于福建省东北部沿海，北邻三沙湾，南隔黄岐半岛与闽江口连接，也是闽东北的优良港湾之一。罗源湾口门宽仅 2 km，岸线曲折，海岸主要由基岩海岸组成，在湾的西北、西和南侧部分地段出现淤泥质、砂质、红树林和人工海岸，岸线长 155.66 km。罗源湾属于隐蔽性较好海湾，海湾总面积 179.56 km^2，湾内海底地形具有明显差异性，在可门口水道和北侧航道水深均大于 10 m，最大水深达 74 m，海底地形复杂。海湾其他区域海底地形均较平坦，特别是在湾顶（迹头以西）、海湾西部和南部海底堆积地形发育。

罗源湾属正规半日潮，最高潮位 6.38 m，平均潮差 4.98 m。平均大、中、小潮的高、低潮容潮量分别为 1.692×10^9 m^3、1.321×10^9 m^3 和 0.878×10^9 m^3，大、中、小潮时海水的半交换期分别为 8.3 d、10.6 d 和 15.9 d。多年平均气温 19.0℃，7 月最高气温 28.6℃，1 月最低气温 9.6℃。多年平均降雨量 1 649.5 mm，最多年平均降雨量 2 552.6 mm，最少年平均降雨量 905.0 mm。多年平均相对湿度 80%，月最大相对湿度 89%，月最小相对湿度 63%。夏季盐度的测值范围 24.901~28.109，平均盐度 27.042，呈现出由湾顶向湾口递增趋势。

罗源湾滨海湿地沉积物类型比较简单，主要有砂砾、粗砂、粗中砂、黏土质砂、砂-粉砂-黏土和粉砂质黏土 6 种类型。

9.2　断面与站位布设

2002 年 5 月 23—24 日，2012 年 6 月、9 月，2013 年 5 月在罗源湾滨海湿地迹头（LY1）、马鼻（LY2）、官板（LY3）、电厂（LY4）、将军帽（LY5）、下角（LY6）、可门（LY7）和下屿（LY8）等 11 条断面进行潮间带大型底栖生物取样（表 9-1，图 9-1）。

表 9-1　罗源湾滨海湿地潮间带大型底栖生物调查断面

序号	时间	断面	编号	经 度（E）	纬　度（N）	底质
1	2002 年 5 月	迹头	LY1	119°37′06.39″	26°28′09.93″	泥沙滩
2		马鼻	LY2	119°39′38.53″	26°23′09.53″	
3		官板	LY3	119°43′23.96″	26°19′07.98″	
4	2012 年 6 月、9 月	电厂	LY4	119°45′32.30″	26°22′33.74″	石堤、泥沙滩
5		将军帽	LY5	119°46′10.72″	26°24′49.57″	岩石、泥沙滩
6		下角	LY6	119°48′7.29″	26°24′20.52″	岩石滩
7		可门	LY7	119°49′01.00″	26°25′30.00″	岩石滩
8		下屿	LY8	119°44′01.91″	26°21′48.31″	岩石、泥沙滩

续表 9-1

序号	时间	断面	编号	经 度（E）	纬　度（N）	底质
9	2013 年 5 月	北山村	LYD1	119°38′17. 38″	26°26′35. 92″	海草
10		乘风村	LYD2	119°37′2. 29″	26°28′5. 00″	泥沙滩
11		上姚村	LYD3	119°36′16. 70″	26°26′58. 10″	泥沙滩

图 9-1　罗源湾滨海湿地潮间带大型底栖生物调查断面

9.3　物种多样性

9.3.1　种类组成与分布

罗源湾滨海湿地潮间带大型底栖生物 205 种，其中藻类 15 种，多毛类 71 种，软体动物 63 种，甲壳动物45种，棘皮动物5种和其他生物6种。多毛类、软体动物和甲壳动物占总种数的87.31%，三者构成潮间带大型底栖生物主要类群。

岩石滩潮间带大型底栖生物83种，其中：藻类15种，多毛类11种，软体动物35种，甲壳动物20种和其他生物2种。多毛类、软体动物和甲壳动物占总种数的84.33%，三者构成岩石滩潮间带大型底栖生物主要类群。断面间比较，种数以LY7断面较多（61种），LY6断面较少（55种）。季节比较，LY6断面夏季较多（50种），秋季较少（29种）；LY7断面同样夏季较多（53种），秋季较少（33种）。

泥沙滩潮间带大型底栖生物135种，其中：多毛类64种，软体动物33种，甲壳动物28种，棘皮动物5种和其他生物5种。多毛类、软体动物和甲壳动物占总种数的92.59%，三者构成泥沙滩潮间带大型底栖生物主要类群。断面间比较，春季泥沙滩种数以LY3断面较多（43种），LY2断面较少（35种）；夏季LY4断面较多（60种），LY5断面较少（37种）；秋季同样以LY4断面较多（36种），LY8断面较少（26种）（表9-2）。

表9-2 罗源湾滨海湿地潮间带大型底栖生物物种组成与分布 单位：种

底质	断面	季节	藻类	多毛类	软体动物	甲壳动物	棘皮动物	其他生物	合计
岩石滩	LY6	夏季	5	7	26	11	0	1	50
		秋季	0	3	20	5	0	1	29
		小计	5	8	28	13	0	1	55
	LY7	夏季	12	5	21	14	0	1	53
		秋季	2	7	16	7	0	1	33
		小计	13	7	25	15	0	1	61
	合计		15	11	35	20	0	2	83
泥沙滩	LY1	春季	0	16	8	10	0	2	36
	LY2		0	14	12	6	1	2	35
	LY3		0	15	20	6	0	0	41
	LYD2		0	13	5	7	1	1	27
	LYD3		0	1	1	7	1	1	11
	合计		0	29	23	15	1	3	71
	LY4	夏季	0	33	11	11	2	3	60
		秋季	0	22	5	5	3	1	36
		小计	0	41	14	14	4	3	76
	LY5	夏季	0	20	7	9	0	1	37
	LY8	秋季	0	19	2	3	1	1	26
	合计		0	64	33	28	5	5	135
海草区	LYD1	春季	0	13	5	10	0	1	29
总计			15	71	63	45	5	6	205

9.3.2 优势种和主要种

根据数量和出现率，罗源湾滨海湿地岩石滩潮间带大型底栖生物优势种和主要种有：小石花菜（*Gelidium divaricatum*）、冈村凹顶藻（*Laurencia okamurai*）、花石莼（*Ulva conglobata*）、细毛背鳞虫（*Lepidonotus tenuisetosus*）、模裂虫（*Typosyllis* sp.）、刺沙蚕（*Neanthes* sp.）、青蚶（*Barbatia* virescens）、黑荞麦蛤（*Xenostrobus atratus*）、短石蛏［*Lithophaga*（*Leiosolenus*）*curta*］、僧帽牡蛎、棘刺牡蛎（*Saccostrea echinata*）、红拉沙蛤（*Lasaea rubra*）、敦氏猿头蛤（*Chama dunkeri*）、红条毛肤石鳖（*Acanthochiton rubrolineatus*）、粒花冠小月螺（*Lunella coronata granulata*）、粗糙滨螺、粒结节滨螺、粒神螺（*Apollon olivator rubustus*）、疣荔枝螺（*Thais clavigera*）、日本菊花螺、东方小藤壶（*Chthamalus chalengeri*）、鳞笠藤壶（*Tetradita squamosa squamosa*）、强壮藻钩虾、三角柄蜾蠃蜚、拟钩虾（*Gammaropsis* sp.）等。

泥沙滩和海草区潮间带大型底栖生物优势种和主要种有：菱齿围沙蚕（*Perinereis rhombodonta*）、长锥虫（*Haploscoloplos elongatus*）、奇异稚齿虫、独毛虫、中蚓虫、巴林虫、异足索沙蚕、纳加索沙蚕（*Lumbrineris nagae*）、不倒翁虫、可口革囊星虫、豆形胡桃蛤、褐蚶（*Didimacar tenebrica*）、凸壳肌蛤、拟衣角蛤（*Angulus vestalioides*）、角蛤（*Angulus lanceolatus*）、理蛤、尖刀蛏、中国绿螂、渤海鸭嘴蛤（*Latermula marilina*）、金星蝶铰蛤、短拟沼螺、珠带蟹守螺、斑玉螺（*Natica tigrina*）、弧边招潮、明秀大眼蟹、扁平拟闭口蟹（*Paracleistosma depresus*）和淡水泥蟹等。

9.4　数量时空分布

9.4.1　数量组成与季节变化

夏秋季罗源湾滨海湿地岩石滩潮间带大型底栖生物平均生物量为 304.03 g/m^2，平均栖息密度为 17 199 个/m^2。生物量以软体动物居第一位（215.71 g/m^2），甲壳动物居第二位（66.12 g/m^2）；栖息密度以甲壳动物居第一位（16 778 个/m^2），其中主要为东方小藤壶，软体动物居第二位（368 个/m^2）。春夏秋季泥沙滩潮间带大型底栖生物平均生物量为 25.61 g/m^2，平均栖息密度为 345 个/m^2。生物量以软体动物居第一位（16.25 g/m^2），多毛类居第二位（4.02 g/m^2）；栖息密度以软体动物居第一位（203 个/m^2），多毛类居第二位（109 个/m^2）。春季海草区潮间带大型底栖生物平均生物量为 52.77 g/m^2，平均栖息密度为 200 个/m^2。生物量以甲壳动物居第一位（31.02 g/m^2），软体动物居第二位（16.69 g/m^2）；栖息密度以多毛类居第一位（77 个/m^2），甲壳动物居第二位（65 个/m^2）。

数量季节变化，岩石滩生物量以秋季（346.12 g/m^2）大于夏季（261.92 g/m^2）；栖息密度同样以秋季（31 597 个/m^2）大于夏季（2 800 个/m^2）。泥沙滩生物量从高到低依次为春季（41.74 g/m^2）、夏季（20.44 g/m^2）、秋季（14.67 g/m^2）；栖息密度同样从高到低依次为春季（616 个/m^2）、夏季（245 个/m^2）、秋季（174 个/m^2）。各断面各类群数量季节变化见表 9-3 和表 9-4。

表 9-3　罗源湾滨海湿地潮间带大型底栖生物生物量组成与季节变化　　单位：g/m^2

底质	季节	断面	藻类	多毛类	软体动物	甲壳动物	棘皮动物	其他生物	合计
岩石滩	夏季	LY6	21.67	0.61	291.50	76.16	0	0	389.94
		LY7	24.52	0.96	54.34	54.06	0	0	133.88
		平均	23.10	0.79	172.92	65.11	0	0	261.92
	秋季	LY6	0	0.16	408.48	15.78	0	0	424.42
		LY7	26.80	14.04	108.52	118.46	0	0	267.82
		平均	13.40	7.10	258.50	67.12	0	0	346.12
	平均		18.25	3.95	215.71	66.12	0	0	304.03

续表 9-3

底质	季节	断面	藻类	多毛类	软体动物	甲壳动物	棘皮动物	其他生物	合计
泥沙滩	春季	LY2	0	2.39	7.37	6.71	1.19	0.96	18.62
		LY3	0	6.13	51.99	6.73	0	0	64.85
		平均	0	4.26	29.68	6.72	0.60	0.48	41.74
	夏季	LY4	0	4.04	8.81	2.61	1.59	0.03	17.08
		LY5	0	0.78	19.98	2.98	0	0.02	23.76
		平均	0	2.41	14.40	2.80	0.80	0.03	20.44
	秋季	LY4	0	1.36	7.80	1.34	2.28	0	12.78
		LY8	0	9.44	1.54	3.39	2.17	0	16.54
		平均	0	5.40	4.67	2.37	2.23	0	14.67
	平均		0	4.02	16.25	3.96	1.21	0.17	25.61
海草区	春季	LY1	0	2.66	16.69	31.02	0	2.40	52.77

表 9-4　罗源湾滨海湿地潮间带大型底栖生物栖息密度组成与季节变化　　单位：个/m^2

底质	季节	断面	多毛类	软体动物	甲壳动物	棘皮动物	其他生物	合计
岩石滩	夏季	LY6	22	424	1 868	0	0	2 314
		LY7	77	386	2 821	0	0	3 284
		平均	50	405	2 345	0	0	2 800
	秋季	LY6	8	218	6 261	0	0	6 487
		LY7	105	442	56 160	0	0	56 707
		平均	56	330	31 211	0	0	31 597
	平均		53	368	16 778	0	0	17 199
泥沙滩	春季	LY2	34	82	32	3	2	153
		LY3	106	919	52	0	0	1 077
		平均	70	501	42	2	1	616
	夏季	LY4	213	45	18	5	2	283
		LY5	43	144	18	0	0	205
		平均	128	95	18	3	1	245
	秋季	LY4	122	22	24	7	0	175
		LY8	137	4	29	1	0	171
		平均	130	13	27	4	0	174
	平均		109	203	29	3	1	345
海草区	春季	LY1	77	51	65	0	7	200

9.4.2　数量分布

罗源湾滨海湿地潮间带大型底栖生物数量垂直分布，春季生物量从高到低依次为中潮区（69.87 g/m^2）、高潮区（37.39 g/m^2）、低潮区（28.98 g/m^2）；栖息密度从高到低依次为高潮区（673 个/m^2）、中潮区（524 个/m^2）、低潮区（232 个/m^2）。各断面数量垂直分布见表 9-5。

表 9-5　春季罗源湾滨海湿地潮间带大型底栖生物数量垂直分布

数量	潮区	断面	多毛类	软体动物	甲壳动物	棘皮动物	其他生物	合计
生物量 (g/m²)	高潮区	LY1	0.16	2.44	35.60	0	4.36	42.56
		LY2	0.12	2.44	17.16	0	2.84	22.56
		LY3	11.68	26.40	8.96	0	0	47.04
		平均	3.99	10.43	20.57	0	2.40	37.39
	中潮区	LY1	1.41	8.79	37.11	0	2.84	50.15
		LY2	3.01	10.33	2.96	0.48	0.04	16.82
		LY3	4.85	126.56	11.23	0	0	142.64
		平均	3.09	48.56	17.10	0.16	0.96	69.87
	低潮区	LY1	6.40	38.84	20.36	0	0	65.60
		LY2	4.05	9.35	0	3.10	0	16.50
		LY3	1.85	3.00	0	0	0	4.85
		平均	4.10	17.06	6.79	1.03	0	28.98
密度 (个/m²)	高潮区	LY1	16	8	108	0	12	144
		LY2	8	8	84	0	4	104
		LY3	192	1 516	64	0	0	1 772
		平均	72	511	85	0	5	673
	中潮区	LY1	55	17	59	0	9	140
		LY2	59	43	12	3	1	118
		LY3	45	1 175	92	0	0	1 312
		平均	53	412	54	1	4	524
	低潮区	LY1	160	128	28	0	0	316
		LY2	35	195	0	5	0	235
		LY3	80	65	0	0	0	145
		平均	92	129	9	2	0	232

罗源湾滨海湿地岩石滩潮间带大型底栖生物数量垂直分布，夏季生物量从高到低依次为中潮区（450.75 g/m²）、低潮区（286.94 g/m²）、高潮区（48.04 g/m²）；栖息密度从高到低依次为中潮区（7 538 个/m²）、高潮区（480 个/m²）、低潮区（381 个/m²）。各断面数量垂直分布见表 9-6。

表 9-6　夏季罗源湾滨海湿地岩石滩潮间带大型底栖生物数量垂直分布

潮区	数量	断面	藻类	多毛类	软体动物	甲壳动物	棘皮动物	其他生物	合计
高潮区	密度 (个/m²)	LY6	—	0	280	0	0	0	280
		LY7	—	0	680	0	0	0	680
		平均	—	0	480	0	0	0	480
	生物量 (g/m²)	LY6	0	0	29.68	0	0	0	29.68
		LY7	0	0	66.40	0	0	0	66.40
		平均	0	0	48.04	0	0	0	48.04
中潮区	密度 (个/m²)	LY6	—	43	911	5 555	0	0	6 509
		LY7	—	0	293	8 272	0	0	8 565
		平均	—	22	602	6 914	0	0	7 538
	生物量 (g/m²)	LY6	61.17	0.64	344.55	204.47	0	0	610.83
		LY7	61.79	0	67.49	161.39	0	0	290.67
		平均	61.48	0.32	206.02	182.93	0	0	450.75

续表 9-6

潮区	数量	断面	藻类	多毛类	软体动物	甲壳动物	棘皮动物	其他生物	合计
低潮区	密度（个/m²）	LY6	—	24	80	50	0	0	154
		LY7	—	232	184	192	0	0	608
		平均	—	128	132	121	0	0	381
	生物量（g/m²）	LY6	3.84	1.20	500.28	24.00	0	0	529.32
		LY7	11.76	2.88	29.12	0.80	0	0	44.56
		平均	7.80	2.04	264.70	12.40	0	0	286.94

罗源湾滨海湿地泥沙滩潮间带大型底栖生物数量垂直分布，夏季生物量从高到低依次为高潮区（41.36 g/m²）、中潮区（11.36 g/m²）、低潮区（8.56 g/m²）；栖息密度从高到低依次为低潮区（268 个/m²）、高潮区（244 个/m²）、中潮区（223 个/m²）。各断面数量垂直分布见表 9-7。

表 9-7　夏季罗源湾滨海湿地泥沙滩潮间带大型底栖生物数量垂直分布

潮区	数量	断面	多毛类	软体动物	甲壳动物	棘皮动物	其他生物	合计
高潮区	密度（个/m²）	LY4	0	104	0	0	0	104
		LY5	0	376	8	0	0	384
		平均	0	240	4	0	0	244
	生物量（g/m²）	LY4	0	23.84	0	0	0	23.84
		LY5	0	56.00	2.88	0	0	58.88
		平均	0	39.92	1.44	0	0	41.36
中潮区	密度（个/m²）	LY4	236	31	55	3	3	328
		LY5	77	13	25	0	1	116
		平均	157	22	40	2	2	223
	生物量（g/m²）	LY4	5.69	2.60	7.83	0.97	0.04	17.13
		LY5	1.33	1.37	2.79	0	0.07	5.56
		平均	3.51	1.99	5.31	0.49	0.06	11.36
低潮区	密度（个/m²）	LY4	404	0	0	12	4	420
		LY5	52	44	20	0	0	116
		平均	228	22	10	6	2	268
	生物量（g/m²）	LY4	6.44	0	0	3.80	0.04	10.28
		LY5	1.00	2.56	3.28	0	0	6.84
		平均	3.72	1.28	1.64	1.90	0.02	8.56

罗源湾滨海湿地岩石滩潮间带大型底栖生物数量垂直分布，秋季生物量从高到低依次为中潮区（774.43 g/m²）、低潮区（239.00 g/m²）、高潮区（24.92 g/m²）；栖息密度从高到低依次为中潮区（94 042 个/m²）、低潮区（444 个/m²）、高潮区（304 个/m²）。各断面数量垂直分布见表 9-8。

表 9-8 秋季罗源湾滨海湿地岩石滩潮间带大型底栖生物数量垂直分布

数量	潮区	断面	藻类	多毛类	软体动物	甲壳动物	棘皮动物	其他生物	合计
生物量 (g/m²)	高潮区	LY6	0	0	6.16	0	0	0	6.16
		LY7	0	0	43.68	0	0	0	43.68
		平均	0	0	24.92	0	0	0	24.92
	中潮区	LY6	0	0	948.96	46.93	0	0	995.89
		LY7	0	8.53	189.15	355.30	0	0	552.98
		平均	0	4.27	569.05	201.11	0	0	774.43
	低潮区	LY6	0	0.48	270.32	0.40	0	0	271.20
		LY7	80.40	33.60	92.72	0.08	0	0	206.80
		平均	40.20	17.04	181.52	0.24	0	0	239.00
密度 (个/m²)	高潮区	LY6	—	0	120	0	0	0	120
		LY7	—	0	488	0	0	0	488
		平均	—	0	304	0	0	0	304
	中潮区	LY6	—	0	269	18 744	0	0	19 013
		LY7	—	43	557	168 471	0	0	169 071
		平均	—	21	413	93 608	0	0	94 042
	低潮区	LY6	—	24	264	40	0	0	328
		LY7	—	272	280	8	0	0	560
		平均	—	148	272	24	0	0	444

罗源湾滨海湿地泥沙滩潮间带大型底栖生物数量垂直分布，秋季生物量从高到低依次为低潮区（20.14 g/m²）、中潮区（15.22 g/m²）、高潮区（8.64 g/m²）；栖息密度从高到低依次为中潮区（268 个/m²）、低潮区（230 个/m²）、高潮区（24 个/m²）。各断面数量垂直分布见表 9-9。

表 9-9 秋季罗源湾滨海湿地泥沙滩潮间带大型底栖生物数量垂直分布

数量	潮区	断面	多毛类	软体动物	甲壳动物	棘皮动物	其他生物	合计
生物量 (g/m²)	高潮区	LY4	0	13.84	0	0	0	13.84
		LY8	0	3.44	0	0	0	3.44
		平均	0	8.64	0	0	0	8.64
	中潮区	LY4	2.03	9.51	4.01	0.41	0.01	15.97
		LY8	3.08	1.19	10.18	0	0.01	14.46
		平均	2.55	5.35	7.10	0.21	0.01	15.22
	低潮区	LY4	2.04	0.04	0	6.44	0	8.52
		LY8	25.24	0	0	6.52	0	31.76
		平均	13.64	0.02	0	6.48	0	20.14
密度 (个/m²)	高潮区	LY4	0	40	0	0	0	40
		LY8	0	8	0	0	0	8
		平均	0	24	0	0	0	24
	中潮区	LY4	227	21	73	1	1	323
		LY8	119	4	87	0	1	211
		平均	173	13	80	1	1	268
	低潮区	LY4	140	4	0	20	0	164
		LY8	292	0	0	4	0	296
		平均	216	2	0	12	0	230

9.4.3　饵料生物

罗源湾滨海湿地岩石滩潮间带大型底栖生物饵料水平分级平均为Ⅴ级，其中：软体动物和甲壳动物较高，分别达Ⅴ级；多毛类、棘皮动物和其他生物较低，均为Ⅰ级。季节比较，夏季和秋季相近，均为Ⅴ级。春、夏、秋季泥沙滩潮间带大型底栖生物饵料水平分级平均为Ⅳ级，其中软体动物较高，达Ⅲ级；藻类、多毛类、甲壳动物、棘皮动物和其他生物较低，均为Ⅰ级。季节比较，春季较高，为Ⅳ级，夏季和秋季相近，均为Ⅲ级。春季海草区潮间带大型底栖生物饵料水平分级较高（Ⅴ级），其中：甲壳动物较高（Ⅳ级），软体动物位居第二（Ⅲ级），余各类群均为Ⅰ级（表9-10）。

表9-10　罗源湾滨海湿地潮间带大型底栖生物饵料水平分级

底质	季节	藻类	多毛类	软体动物	甲壳动物	棘皮动物	其他生物	评价标准
岩石滩	夏季	Ⅲ	Ⅰ	Ⅴ	Ⅴ	Ⅰ	Ⅰ	Ⅴ
	秋季	Ⅲ	Ⅱ	Ⅴ	Ⅴ	Ⅰ	Ⅰ	Ⅴ
	平均	Ⅲ	Ⅰ	Ⅴ	Ⅴ	Ⅰ	Ⅰ	Ⅴ
泥沙滩	春季	Ⅰ	Ⅰ	Ⅳ	Ⅱ	Ⅰ	Ⅰ	Ⅳ
	夏季	Ⅰ	Ⅰ	Ⅲ	Ⅰ	Ⅰ	Ⅰ	Ⅲ
	秋季	Ⅰ	Ⅱ	Ⅰ	Ⅰ	Ⅰ	Ⅰ	Ⅲ
	平均	Ⅰ	Ⅰ	Ⅲ	Ⅰ	Ⅰ	Ⅰ	Ⅳ
海草区	春季	Ⅰ	Ⅰ	Ⅲ	Ⅳ	Ⅰ	Ⅰ	Ⅴ

9.5　群落

9.5.1　群落类型

罗源湾滨海湿地潮间带大型底栖生物群落按地点和底质类型分为：

（1）官板LY3泥沙滩群落。高潮区：中国绿螂—弧边招潮带；中潮区：菱齿围沙蚕—短拟沼螺—凸壳肌蛤—淡水泥蟹带；低潮区：不倒翁虫—豆形胡桃蛤—金星蝶铰蛤带。

（2）将军帽泥沙滩群落。高潮区：滨螺带；中潮区：稚齿虫—鸭嘴蛤—珠带拟蟹守螺—淡水泥蟹带；低潮区：树蛰虫（*Pista cristata*）—秀丽长方蟹—光亮倍棘蛇尾带。

（3）岩石滩群落。高潮区：滨螺带；中潮区：花石莼—僧帽牡蛎—粒花冠小月螺—东方小藤壶—鳞笠藤壶带；低潮区：小珊瑚藻（*Corallina pilulifera*）—模裂虫—敦氏猿头蛤—覆瓦小蛇螺—大角玻璃钩虾（*Hyale grandicornis*）带。

（4）LYD1海草区群落。高潮区：黑口滨螺带；中潮区：红刺尖锥虫—短拟沼螺—悦目大眼蟹带；低潮区：后指虫—薄片螺赢蜚—三角柄螺赢蜚带。

9.5.2　群落结构

（1）官板LY3泥沙滩群落。底质为泥沙滩。

高潮区：中国绿螂—弧边招潮带。该区主要种为弧边招潮蟹，生物量和栖息密度分别为2.48 g/m^{2}和28个/m^2。该区下层特征种为中国绿螂，自本区可延伸分布至中潮区，在本区的生物量和栖息密度分别为0.20 g/m^{2}和48个/m^2。

中潮区：菱齿围沙蚕—短拟沼螺—凸壳肌蛤—淡水泥蟹带。优势种菱齿围沙蚕仅在本区出现，生物量和栖息密度分别为 5.68 g/m² 和 152 个/m²。优势种短拟沼螺，生物量不高（2.76 g/m²），但栖息密度高达 1 460 个/m²。优势种凸壳肌蛤，仅在本区出现，生物量和栖息密度分别高达 347.68 g/m² 和 3 344 个/m²。主要种淡水泥蟹，分布整个中潮区，上、中、下层的生物量分别为 1.00 g/m²、6.80 g/m²和 8.88 g/m²，栖息密度分别为 24 个/m²、112 个/m² 和 108 个/m²。其他主要种和习见种还有巴林虫、双齿围沙蚕、中蚓虫、异足索沙蚕、褐蚶、角蛤、尖刀蛏、纵带滩栖螺（*Batillaria zonalis*）、古氏滩栖螺（*B. cumingi*）、双凹鼓虾、毛近缘玻璃钩虾（*Parthyale plumulosusa*）等。

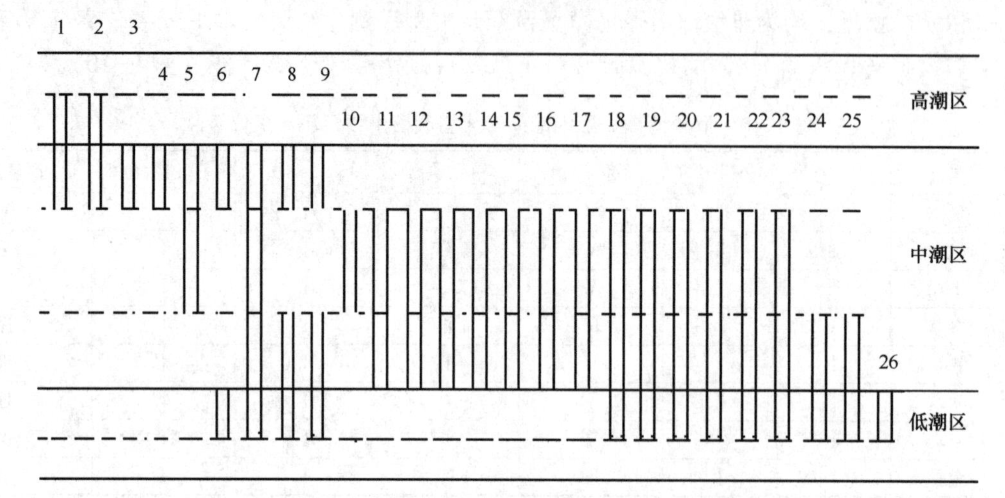

图 9-2　官板 LY3 泥沙滩群落主要种垂直分布

1. 弧边招潮；2. 中国绿螂；3. 双齿围沙蚕；4. 菱齿围沙蚕；5. 多鳃齿吻沙蚕；6. 豆形胡桃蛤；7. 中蚓虫；8. 金星蝶铰蛤；9. 尖刀蛏；10. 渤海鸭嘴蛤；11. 短拟沼螺；12. 可口革囊星虫；13. 珠带拟蟹守螺；14. 淡水泥蟹；15. 织纹螺；16. 秀丽织纹螺；17. 纵带滩栖螺；18. 独毛虫 19. 索沙蚕；20. 凸壳肌蛤；21. 异足索沙蚕；22. 不倒翁虫；23. 双凹鼓虾；24. 长锥虫；25. 理蛤；26. 叉毛矛毛虫

低潮区：不倒翁虫—豆形胡桃蛤—金星蝶铰蛤带。该区主要种为不倒翁虫，仅在本区出现，数量不高，生物量和栖息密度分别为 0.35 g/m² 和 15 个/m²。豆形胡桃蛤，仅在本区出现，数量不高，生物量和栖息密度分别为 1.45 g/m² 和 35 个/m²。金星蝶铰蛤，也仅在本区出现，数量不高，生物量和栖息密度分别为 0.90 g/m² 和 20 个/m²。其他主要种和习见种还有多鳃齿吻沙蚕、叉毛矛毛虫（*Phylo ornatus*）、刚鳃虫、索沙蚕、理蛤、绒螯近方蟹（*Hemigrapsus penicillatus*）、斑点相手蟹〔*Sesarma*（*P.*）*pictum*〕等（图 9-2）。

（2）将军帽泥沙滩群落。该群落位于电厂将军帽附近，群落所处滩面长度为 300~600 m，底质类型高潮区为石堤，中潮区至低潮区由粉砂泥组成。邻处有电厂温排水，周边有海带养殖。

高潮区：滨螺带。该潮区种类贫乏，数量不高，上层石堤代表种粗糙滨螺的生物量和栖息密度分别为 20.08 g/m² 和 64 个/m²；粒结节滨螺的生物量和栖息密度分别为 3.44 g/m² 和 32 个/m²。其他习见种还有短滨螺和海蟑螂等。

中潮区：稚齿虫—鸭嘴蛤—珠带拟蟹守螺—淡水泥蟹带。该潮区主要种为稚齿虫，分布在本区的上层和中层，在上层生物量和栖息密度均较高，分别为 0.64 g/m² 和 200 个/m²，中层相对较低，分别为 0.44 g/m² 和 80 个/m²。鸭嘴蛤，在本区的生物量和栖息密度分别为 1.72 g/m² 和 40 个/m²。珠带拟蟹守螺生物量和栖息密度分别为 4.12 g/m² 和 8 个/m²。淡水泥蟹，分布在本区的上层和中层，在上层生物量和栖息密度均较高，分别为 5.60 g/m² 和 48 个/m²，中层相对较低，分别为 0.32 g/m² 和 4 个/m²。其他主要种和习见种有哈鳞虫（*Harmothoe* sp.）、背褶沙蚕、齿吻沙蚕、才女虫、中蚓

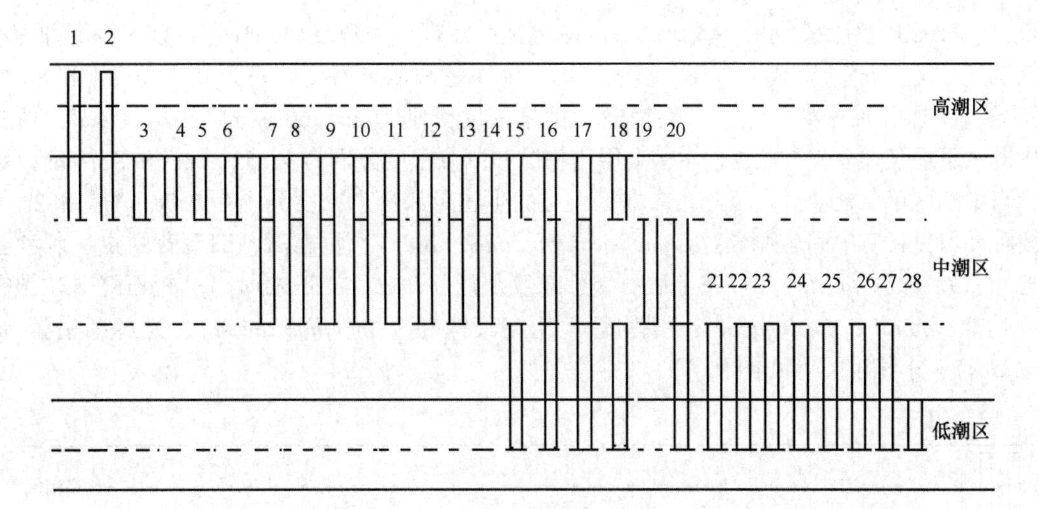

图9-3 将军帽泥沙滩群落主要种垂直分布

1. 粗糙滨螺；2. 粒结节滨螺；3. 才女虫；4. 长吻吻沙蚕；5. 鸭嘴蛤；6. 短脊鼓虾；7. 短拟沼螺；8. 珠带拟蟹守螺；9. 薄片蜾蠃蜚；10. 稚齿虫；11. 中蚓虫；12. 淡水泥蟹；13. 锯眼泥蟹；14. 弧边招潮；15. 秀丽长方蟹；16. 齿吻沙蚕；17. 双唇索沙蚕；18. 腺带刺沙蚕；19. 长足长方蟹；20. 背褶沙蚕；21. 内卷齿蚕；22. 后指虫；23. 独毛虫；24. 西奈索沙蚕；25. 似蛰虫；26. 树蛰虫；27. 理蛤；28. 光亮倍棘蛇尾

虫、双唇索沙蚕、似蛰虫、理蛤、尖刀蛏、焦河蓝蛤（*Potamocorbula ustulata*）、短拟沼螺、薄片蜾蠃蜚、弧边招潮、锯眼泥蟹、长足长方蟹等。

低潮区：树蛰虫—秀丽长方蟹—光亮倍棘蛇尾带。该潮区主要种为树蛰虫，自中潮区下层延伸分布至此，在本区的生物量和栖息密度分别为1.64 g/m² 和100个/m²。秀丽长方蟹，主要分布在中潮区下层和该区层上层，在本区的生物量和栖息密度分别仅为1.68 g/m² 和8个/m²。光亮倍棘蛇尾，从中潮区下层可延伸分布至低潮区上层，在本区的生物量和栖息密度分别为3.00 g/m² 和8个/m²。其他主要种和习见种有独指虫（*Aricidea fragilis*）、独毛虫、西奈索沙蚕、似蛰虫、鸭嘴蛤、秀丽长方蟹、中华倍棘蛇尾〔*Amphioplus*（*Amphioplus*）*sinicus*〕等（图9-3）。

（3）岩石滩群落。该群落位于下角和可门，群落所处底质类型为岩石。

高潮区：滨螺带。该潮区代表种短滨螺和粗糙滨螺从本区可向下分布至中潮区上层，在本区的生物量分别为17.28 g/m² 和8.24 g/m²，栖息密度分别为176个/m² 和72个/m²。其他主要种和习见种有粒结节滨螺、龟足（*Capitulum mitella*）和海蟑螂等。

中潮区：花石莼—僧帽牡蛎—粒花冠小月螺—东方小藤壶—鳞笠藤壶带。该区主要种为花石莼，分布在本区中、下层，生物量以下层为大，达146.80 g/m²。优势种僧帽牡蛎，分布在本区中层，生物量和栖息密度分别高达880.40 g/m² 和344个/m²。在开敞断面中潮区中层，棘刺牡蛎的生物量和栖息密度分别达120.24 g/m² 和32个/m²。优势种粒花冠小月螺，个体为幼体，分布在中潮区中、上层，上层生物量不大，仅为1.00 g/m²，栖息密度高达1 250个/m²。优势种东方小藤壶，分布在中潮区中、上层，垂直高度约3.5 m，上层的生物量和栖息密度分别高达210.00 g/m² 和10 900个/m²；下层分别高达201.60 g/m² 和5 424个/m²。鳞笠藤壶，主要分布在中潮区，最大生物量和栖息密度分别为284.32 g/m² 和128个/m²。其他主要种和习见种有小石花菜、角叉菜（*Chondrus ocellatus*）、冈村凹顶藻、铁钉菜（*Ishige okamurae*）、鼠尾藻（*Sargassum thunbergii*）、模裂虫、日本花棘石鳖（*Liolophura japonica*）、青蚶、黑荞麦蛤、红拉沙蛤、矮拟帽贝、锈凹螺、疣荔枝螺、日本菊花螺、大角玻璃钩虾、强壮藻钩虾、三角柄蜾蠃蜚等。

低潮区：小珊瑚藻—模裂虫—敦氏猿头蛤—覆瓦小蛇螺—大角玻璃钩虾带。该区特征种为小珊瑚藻生物量为 11.76 g/m²。模裂虫，仅在本区出现，生物量和栖息密度分别为 0.72 g/m² 和 88 个/m²。敦氏猿头蛤，主要分布在本区上层，生物量和栖息密度分别为 391.60 g/m² 和 24 个/m²。覆瓦小蛇螺，自中潮区下层延伸分布至此，在本区上层生物量和栖息密度分别为 17.52 g/m² 和 8 个/m²。大角玻璃钩虾，自中潮区下层延伸分布至此，在本区上层的生物量和栖息密度分别为 0.08 g/m² 和 24 个/m²。其他主要种和习见种有中间软刺藻（*Chondracanthus intermedius*）、脆江蓠、细毛背鳞虫、刺沙蚕、岩虫、襟松虫（*Lysidice ninetta*）、红条毛肤石鳖、双纹须蚶（*Barbatia bistrigata*）、短石蛏、粒神螺、哥伦比亚刀钩虾（*Aoroiudes columbiae*）、拟钩虾、扎克藻钩虾（*Ampithoe zachsi*）、光辉圆扇蟹（*Sphaeroxius nitidus*）、小相手蟹等（图 9-4）。

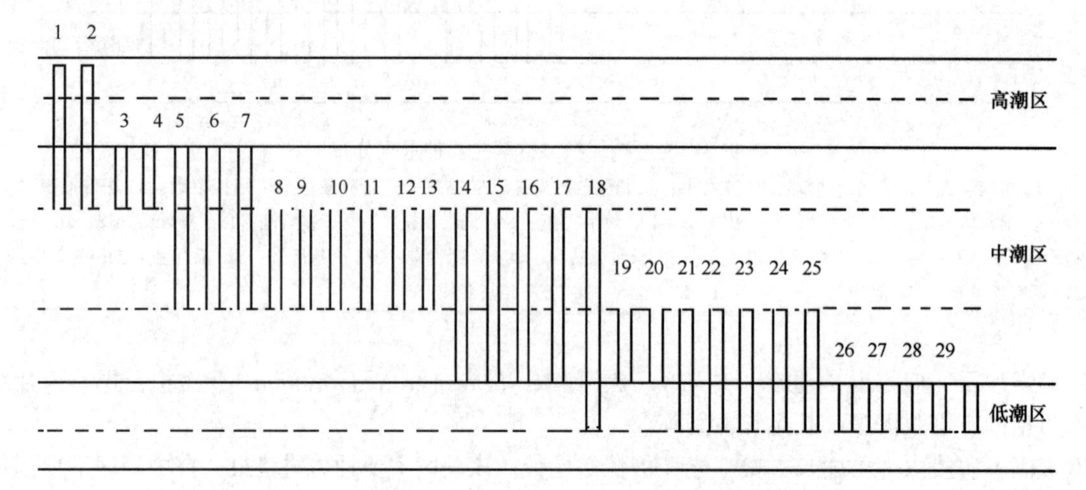

图 9-4 岩石滩群落主要种垂直分布

1. 短滨螺；2. 粗糙滨螺；3. 红拉沙蛤；4. 鳞笠藤壶；5. 黑荞麦蛤；6. 粒花冠小月螺；7. 东方小藤壶；8. 裂虫；9. 僧帽牡蛎；10. 矮拟帽贝；11. 日本菊花螺；12. 三角柄蝶赢蜚；13. 大角玻璃钩虾；14. 小石花菜；15. 花石莼；16. 疣荔枝螺；17. 青蚶；18. 覆瓦小蛇螺；19. 刺沙蚕；20. 锈凹螺；21. 强壮藻钩虾；22. 小相手蟹；23. 小珊瑚藻；24. 襟松虫；25. 短石蛏；26. 敦氏猿头蛤；27. 粒神螺；28. 光辉圆扇蟹；29. 拟钩虾

（4）LYD1 海草区群落。该群落所处滩面底质类型高潮区岩石，中潮区上层互花米草呈斑块分布，中潮区至低潮区为泥沙。滩面宽度约 2 000 m。

高潮区：黑口滨螺带。该潮区种类贫乏，代表种黑口滨螺的生物量和栖息密度分别为 38.08 g/m² 和 64 个/m²，未采集到其他物种。

中潮区：红刺尖锥虫—短拟沼螺—悦目大眼蟹带。该潮区主要种为红刺尖锥虫，分布在中潮区中、下层，在中层生物量和栖息密度分别为 2.36 g/m² 和 164 个/m²，下层分别为 0.72 g/m² 和 80 个/m²。短拟沼螺，仅在中潮区出现，上层生物量和栖息密度分别为 2.08 g/m² 和 48 个/m²，下层分别为 0.56 g/m² 和 12 个/m²。悦目大眼蟹，分布在整个中潮区，上层生物量和栖息密度分别为 4.08 g/m² 和 4 个/m²，中层分别为 23.32 g/m² 和 8 个/m²，下层分别为 6.92 g/m² 和 4 个/m²。其他主要种和习见种有独毛虫（*Tharyx* sp.）、齿吻沙蚕、中蚓虫、双唇索沙蚕（*Lumbrineris cruzensis*）、索沙蚕、不倒翁虫、理蛤、刀明樱蛤（*Moerella culter*）、左式螺（*Leamodonda* sp.）、哥伦比亚刀钩虾（*Aoroiudes columbiae*）、明秀大眼蟹、秀丽长方蟹、淡水泥蟹和脑纽虫等。

低潮区：后指虫—薄片蝶赢蜚—三角柄蝶赢蜚带。该潮区主要种为后指虫，仅在本区出现，生物量和栖息密度分别为 12.88 g/m² 和 140 个/m²。优势种为薄片蝶赢蜚，仅在本区出现，个体小生物量不高，仅为 0.04 g/m²，而栖息密度可达 440 个/m²。三角柄蝶赢蜚，从中潮区延伸分布至本区，在本区生物量和栖息密度分别为 0.04 g/m² 和 140 个/m²。其他主要种和习见种有丝鳃稚齿虫、独毛虫、异足索沙蚕、似蛰虫、蚤钩虾（*Pontoctates* sp.）、施氏玻璃钩虾（*Hyale schmidti*）和脑纽虫等（图 9-5）。

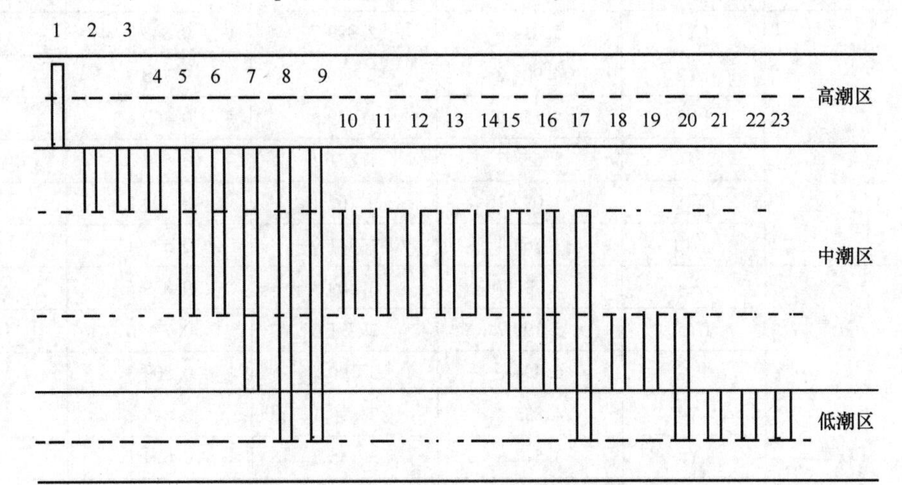

图 9-5　LYD1 海草区群落主要种垂直分布

1. 黑口滨螺；2. 双唇索沙蚕；3. 左式螺；4. 秀丽长方蟹；5. 短拟沼螺；6. 淡水泥蟹；7. 悦目大眼蟹；8. 独毛虫；9. 丝鳃稚齿虫；10. 齿吻沙蚕；11. 索沙蚕；12. 理蛤；13. 刀明樱蛤；14. 明秀大眼蟹；5. 不倒翁虫；16. 红刺尖锥虫；17. 脑纽虫；18. 哥伦比亚刀钩虾；19. 鲜明鼓虾；20. 三角柄蜾蠃蜚；21. 施氏玻璃钩虾；22. 后指虫；23. 薄片蜾蠃蜚

9.5.3　群落生态特征值

罗源湾滨海湿地潮向带大型底栖生物群落 Shannon-Wiener 物种多样性指数（H'）、Pielous 种类均匀度指数（J）、Margalef 种类丰富度指数（d）和 Simpson 优势度（D）显示，罗源湾滨海湿地潮间带大型底栖生物岩石滩群落丰富度指数 d 值夏季（3.034 3）大于秋季（1.750 0），H' 值夏季（0.699 3）大于秋季（0.092 3），J 值夏季（0.203 0）大于秋季（0.030 1），D 值夏季（0.244 2）大于秋季（0.025 4）。

泥沙滩群落丰富度指数 d 值从高到低依次为夏季（6.494 2）、秋季（4.174 9）、春季（3.765 4），H' 值从高到低依次为夏季（3.100 5）、秋季（2.542 0）、春季（1.831 9），J 值从高到低依次为夏季（0.809 3）、秋季（0.747 1）、春季（0.533 1），D 值春季 LY1 断面较大（0.920 6），LYD3 断面较小（0.115 7）；夏季 LY4 断面较大（0.939 8），LY5 断面较小（0.886 3）；秋季 LY4 断面较大（0.916 3），LY8 断面较小（0.832 5）。

海草区群落春季丰富度指数 d 值（3.607 5），H' 值（2.025 2），J 值（0.607 8）和 D 值（0.792 6）。群落各断面生态特征值季节变化见表 9-11。

表 9-11　罗源湾滨海湿地潮间带大型底栖生物群落生态特征值

群落	季节	断面	d	H'	J	D
岩石滩	夏季	LY6	3.029 8	0.898 2	0.261 6	0.325 7
		LY7	3.038 8	0.500 3	0.1444	0.162 6
		平均	3.034 3	0.699 3	0.203 0	0.244 2
	秋季	LY6	1.825 3	0.138 8	0.045 6	0.040 2
		LY7	1.674 6	0.045 7	0.014 6	0.010 6
		平均	1.750 0	0.092 3	0.030 1	0.025 4

续表 9-11

群落	季节	断面	d	H'	J	D
泥沙滩	春季	LY1	5.014 8	2.999 7	0.843 7	0.920 6
		LY2	4.904 2	2.546 5	0.728 3	0.847 6
		LY3	4.150 0	1.479 9	0.409 8	0.608 3
		LYD2	3.658 7	1.871 1	0.574 3	0.678 2
		LYD3	1.099 1	0.262 1	0.109 3	0.115 7
		平均	3.765 4	1.831 9	0.533 1	—
	夏季	LY4	7.797 7	3.409 3	0.839 6	0.939 8
		LY5	5.190 7	2.791 6	0.779 0	0.886 3
		平均	6.494 2	3.100 5	0.809 3	0.913 1
	秋季	LY4	4.835 2	2.898 1	0.815 1	0.916 3
		LY8	3.514 6	2.185 8	0.679 1	0.832 5
		平均	4.174 9	2.542 0	0.747 1	0.874 4
海草区	春季	LYD1	3.607 5	2.025 2	0.607 8	0.792 6

9.5.4 群落稳定性

春季罗源湾滨海湿地 LY1 泥沙滩潮间带大型底栖生物群落较稳定，丰度生物量复合 k-优势度曲线不交叉、不翻转和不重叠，生物量优势度曲线始终位于丰度上方（图 9-6）。LY2 和 LY3 泥沙滩群落丰度生物量复合 k-优势度曲线均出现交叉、翻转和重叠，且 LY3 泥沙滩群落生物量累积百分优势度和丰度累积百分优势度分别高达 75%和 58%，可能与优势种短拟沼螺栖息密度高达 1 460 个/m^2，优势种凸壳肌蛤在中潮区生物量和栖息密度分别高达 347.68 g/m^2 和 33 44 个/m^2 有关（图 9-7，图 9-8）。夏季 LY4 和 LY5 泥沙滩群落相对稳定，丰度生物量复合 k-优势度曲线不交叉、不翻转，生物量优势度曲线始终位于丰度曲线上方（图 9-9，图 9-10）。

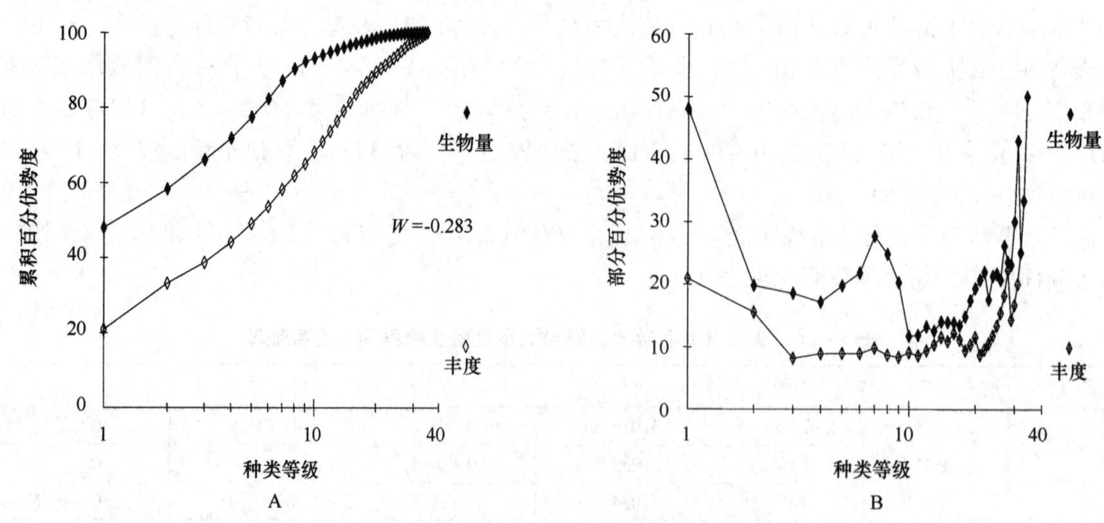

图 9-6 春季 LY1 泥沙滩群落丰度生物量复合 k-优势度（A）和部分优势度（B）曲线

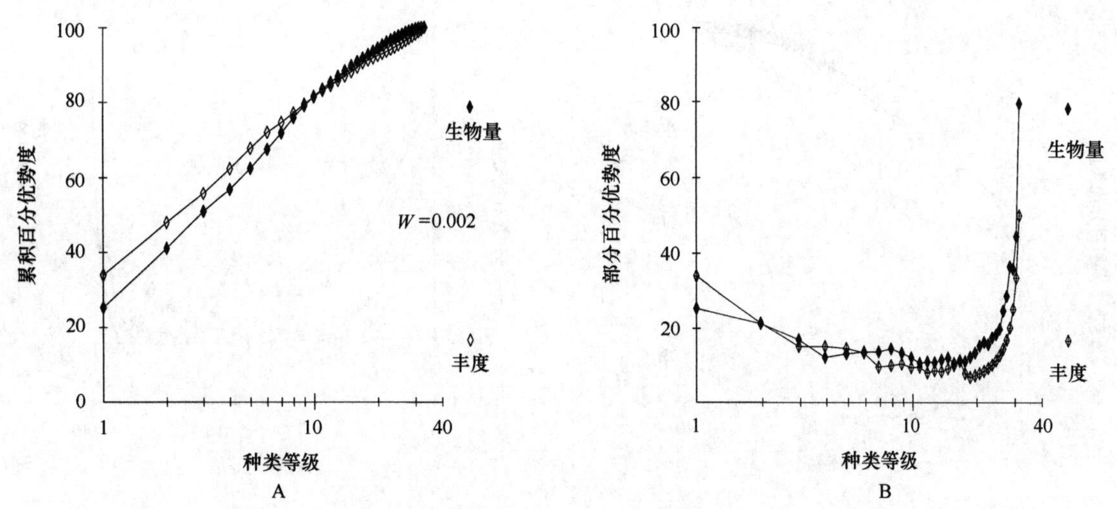

图 9-7　春季 LY2 泥沙滩群落丰度生物量复合 k-优势度（A）和部分优势度（B）曲线

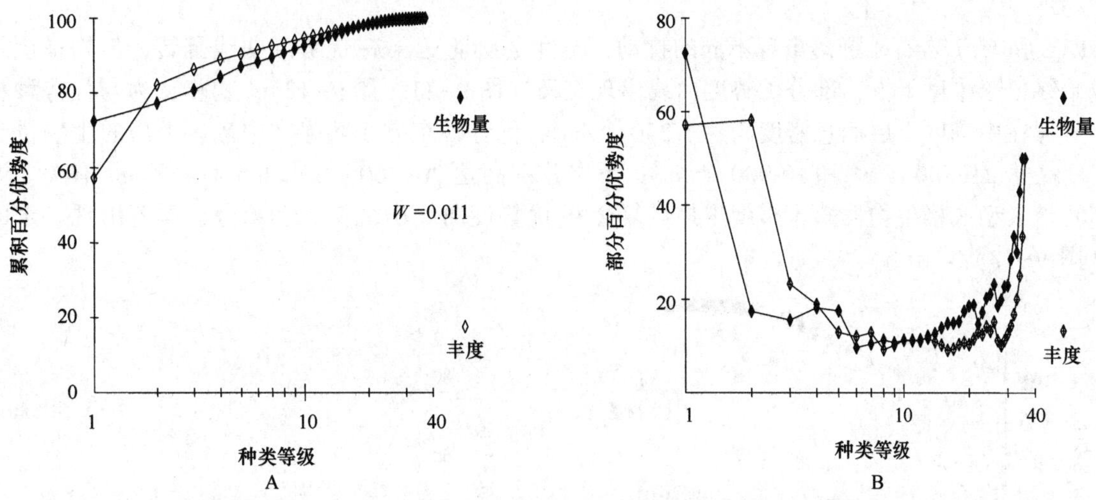

图 9-8　春季 LY3 泥沙滩群落丰度生物量复合 k-优势度（A）和部分优势度（B）曲线

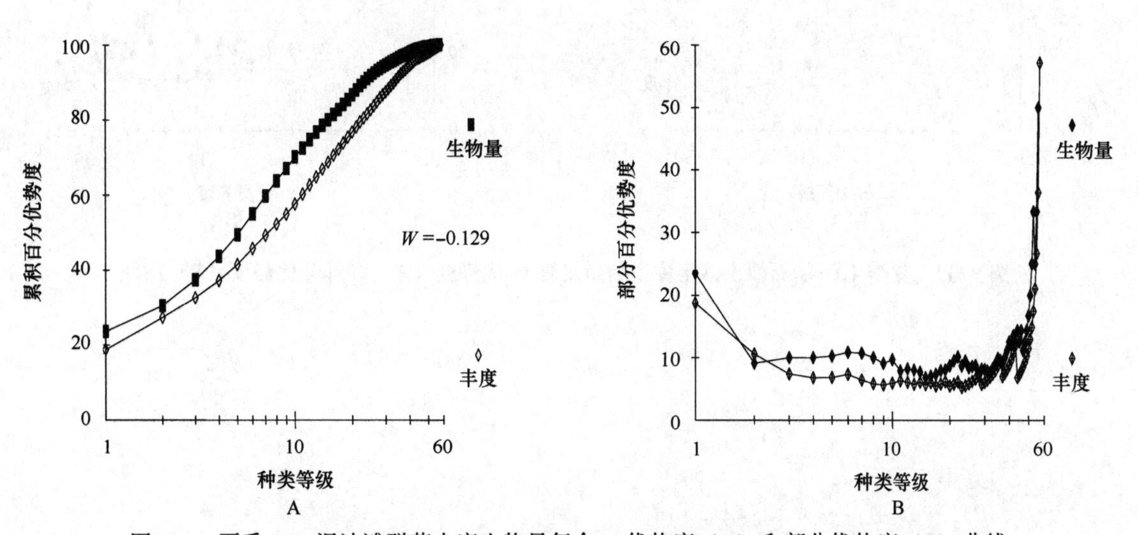

图 9-9　夏季 LY4 泥沙滩群落丰度生物量复合 k-优势度（A）和部分优势度（B）曲线

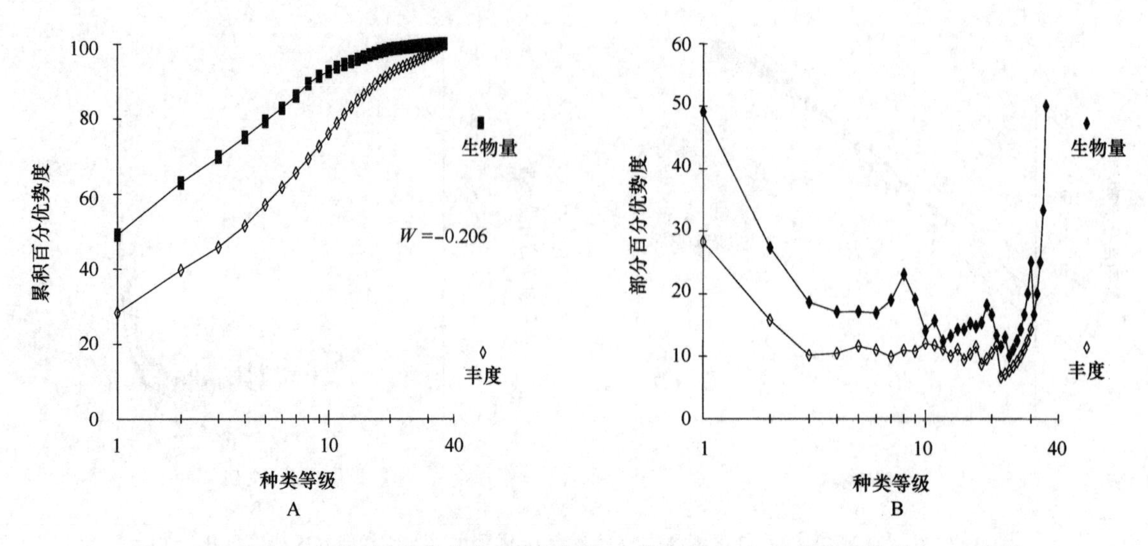

图 9-10　夏季 LY5 泥沙滩群落丰度生物量复合 k-优势度（A）和部分优势度（B）曲线

LY6 和 LY7 岩石滩群落出现不同的扰动，丰度生物量复合 k-优势度曲线翻转，生物量优势度曲线始终位于丰度下方，部分优势度曲线出现交叉（图 9-11，图 9-12），初步认为与优势种粒花冠小月螺在中潮区上层栖息密度高达 1 250 个/m^2，优势种东方小藤壶在中潮区上层的生物量和栖息密度高达 210.00 g/m^2 和 10 900 个/m^2；下层分别高达 201.60 g/m^2 和 5 424 个/m^2 有关。海草区潮间带大型底栖生物群落，丰度生物量复合 k-优势度曲线出现交叉和重叠，群落出现一定的扰动（图 9-13）。

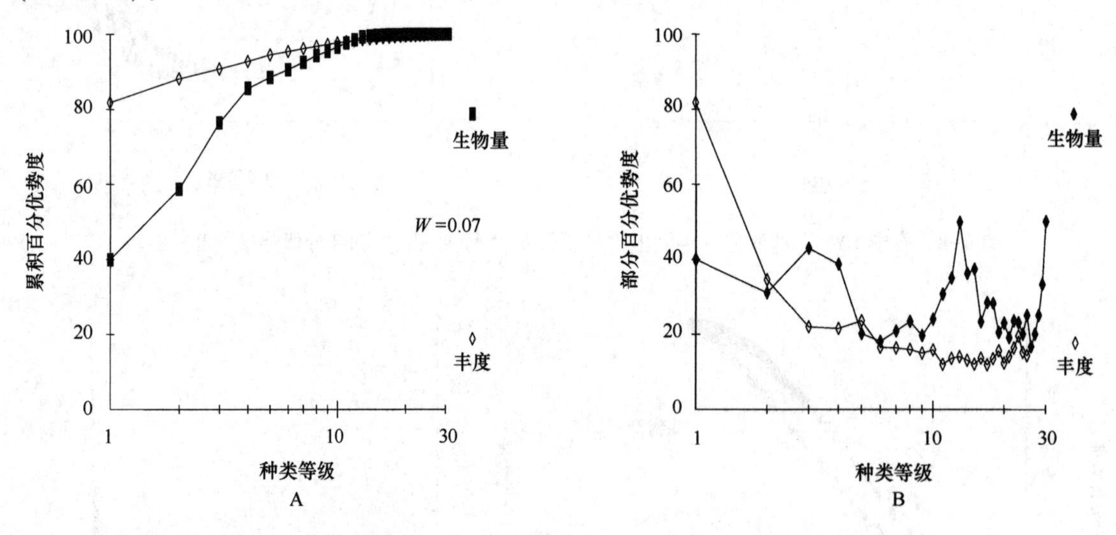

图 9-11　夏季 LY6 岩石滩群落丰度生物量复合 k-优势度（A）和部分优势度（B）曲线

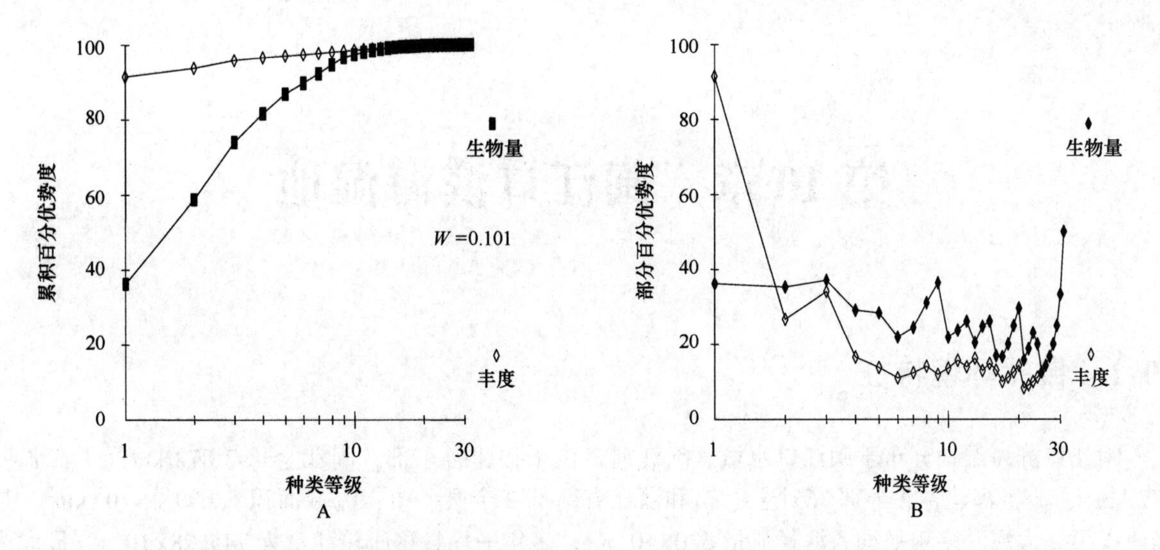

图9-12　夏季LY7岩石滩群落丰度生物量复合k-优势度（A）和部分优势度（B）曲线

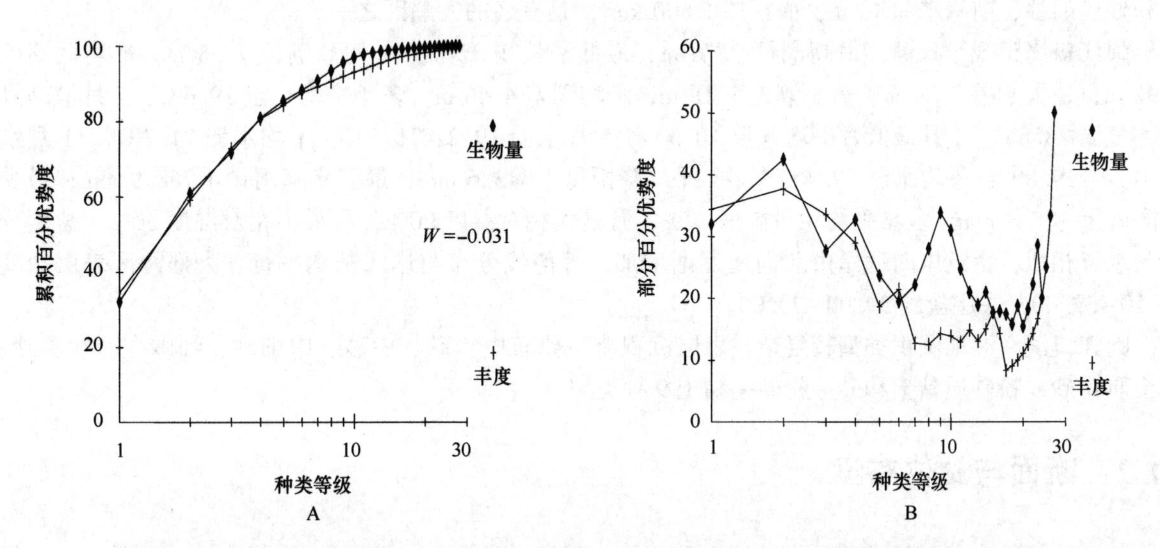

图9-13　春季LYD1海草区群落丰度生物量复合k-优势度（A）和部分优势度（B）曲线

第10章 闽江口滨海湿地

10.1 自然环境特征

闽江口滨海湿地分布于闽江口水域。闽江河口位于福建省东部，闽江全长 2 872 km（干流长度 577 km），流经福建省北半部 36 个县、市和浙江省南部 2 个县、市，流域面积 6.099 2×10^4 km^2，是福建省第一大河。多年平均入海径流量 620×10^8 m^3，多年平均悬移质输沙量为 745.28×10^4 t，最大为 1 999.28×10^4 t（1962 年），最小为 271.99×10^4 t（1971 年）。闽江口呈扇形向东南展布包括了内拦门沙和外拦门沙，前缘水深 15 m，面积约 1 800 km^2，是有名的大潮区之一。

闽江口属正规半日潮，最高潮位 9.76 m，最低潮位 1.32 m，平均高潮位 7.38 m，平均低潮位 2.92 m；最大潮差 7.04 m，最小潮差 1.18 m，平均潮差 4.46 m。多年平均气温 19.6℃，7 月最高月平均气温 28.8℃，1 月最低月平均气温 10.5℃。5 月水温 19.2~21.5℃，平均水温 21.2℃，11 月水温 18.4~19.8℃，平均水温 19.4℃。多年平均降雨量 1 343.6 mm，最多年降雨量 1 768.9 mm，最少年降雨量 775.8 mm。多年平均相对湿度 77%，月最大相对湿度 90%，月最小相对湿度 50%。盐度分布与水温相似，由近岸向远岸由北向南逐渐增加，等值线分布与岸线基本平行。大部海区表层盐度 25.50~32.00，底层盐度 29.00~32.00。

闽江口滨海湿地沉积类型较复杂，表层沉积物主要有中粗砂、中砂、中细砂、细砂、粉砂质砂、黏土质粉砂、粉砂质黏土和砂—粉砂—黏土 9 种类型。

10.2 断面与站位布设

1990—1991 年，2006 年 10 月和 2007 年 5 月，2008 年 5 月、10 月，2010 年 5 月、10 月，2011 年 2 月、7 月和 2012 年 11 月，先后在闽江口滨海湿地潮间带大型底栖生物进行调查取样。共布设 16 条断面。其中，岩石滩 2 条，沙滩 4 条，泥沙滩 4 条和海草区 6 条（表 10-1，图 10-1）。

表 10-1 闽江口滨海湿地潮间带大型底栖生物调查断面

序号	时间	断面	编号	经 度（E）	纬 度（N）	底质
1	1990—1991 年	深坞村南	CR12	119°38′55.84″	26°8′12.03″	岩石滩
2		琅岐岛正北	LR21	119°35′27.57″	26°8′00″	
3		龙沙村东北	CS13	119°39′9.78″	26°9′19.87″	沙滩
4		云龙村东	LS23	119°39′00″	26°4′42.00″	
5	2006 年 10 月，2007 年 5 月	长乐鸡母沙	FJ-C061	119°42′38.77″	26°0′55.93″	
6	2008 年 5 月，10 月	沙滩度假村	LD2	119°38′21.90″	26°3′51.28″	

续表 10-1

序号	时间	断面	编号	经　度（E）	纬　度（N）	底质
7	1990—1991 年	左上坑西北	CM11	119°37′24.00″	26°10′30.00″	泥沙滩
8		荣光村东	LM22	119°38′6.00″	26°6′30.00″	
9	2008 年春季、秋季	东北角	LD3	119°38′44.27″	26°5′32.79″	
10	2012 年 11 月	东方学院	LQD2	119°38′56.35″	26°5′00.78″	
11	2006 年 10 月，2007 年 5 月	敖江山坑	FJ-C055	119°39′22.56″	26°16′23.08″	海草区
12	2006—2007 年春季、秋季	凤窝村	F-LQ1	119°35′57.65″	26°7′39.05″	
13	2008 年 5 月，10 月	长乐石文	LD1	119°36′34.68″	26°2′11.66″	
14	2010 年 5 月，10 月，2011 年 2 月，7 月	长乐曹朱港	K2	119°37′38.57″	26°1′52.35″	
15	2012 年 11 月	鸡沙村	LQD1	119°38′3.81″	26°6′11.58″	
16		克凤村	LQD3	119°37′20.00″	26°1′41.89″	

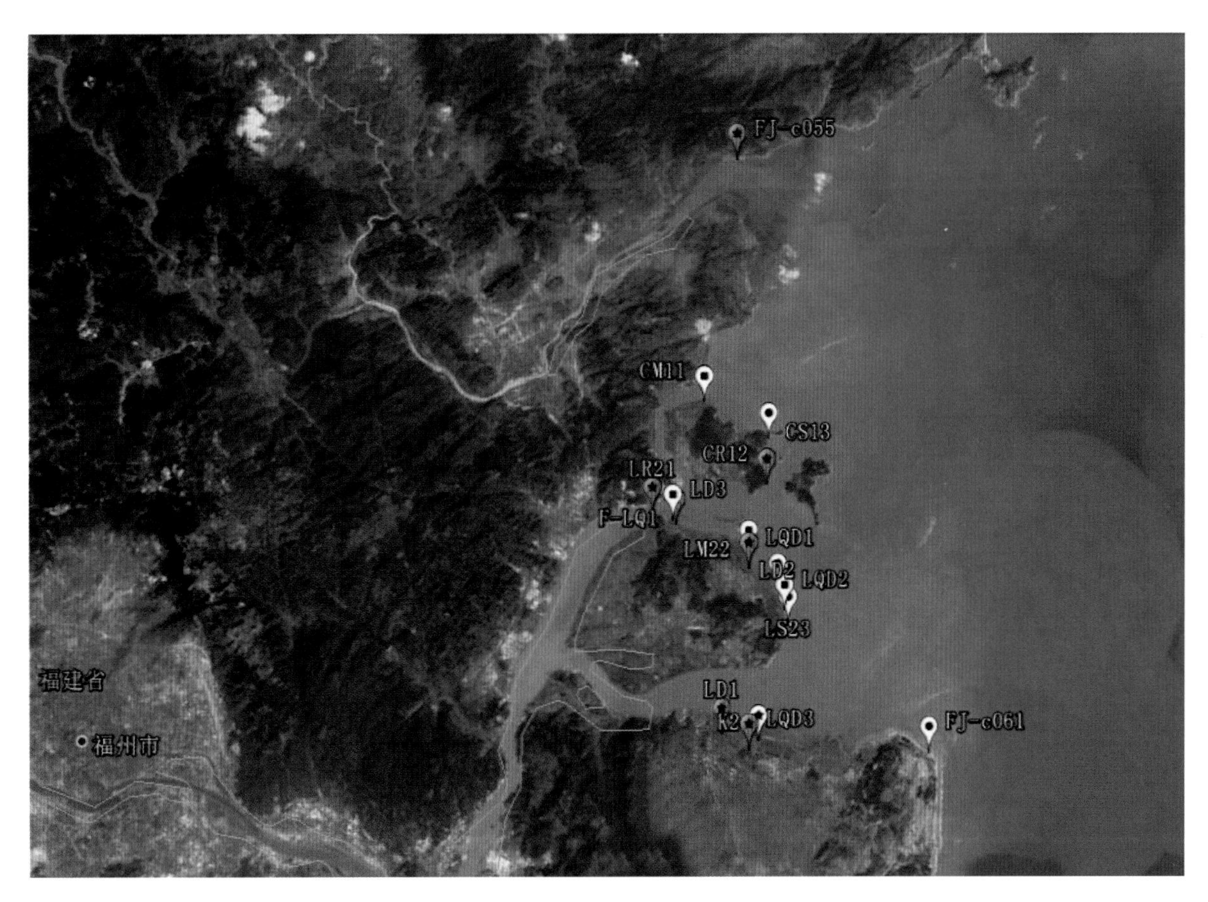

图 10-1　闽江口滨海湿地潮间带大型底栖生物调查断面

10.3 物种多样性

10.3.1 种类组成与分布

闽江口滨海湿地潮间带大型底栖生物269种，其中藻类10种，多毛类65种，软体动物53种，甲壳动物111种和其他生物30种。多毛类、软体动物和甲壳动物占总种数的85.13%，三者构成潮间带大型底栖生物主要类群。

闽江口滨海湿地潮间带底质不同，生物种数和种类组成略有不同，泥沙滩潮间带大型底栖生物种数较多（138种），海草区次之（108种），依次为沙滩（95种）和岩石滩（50种）。除岩石滩外，沙滩、泥沙滩和海草区潮间带大型底栖生物均以多毛类、软体动物和甲壳动物占多数（表10-2）。

表10-2 闽江口滨海湿地潮间带大型底栖生物种类组成与分布

底质	藻类	多毛类	软体动物	甲壳动物	棘皮动物	其他生物	合计
岩石滩	9	4	14	19	0	4	50
沙滩	0	19	21	47	0	8	95
泥沙滩	1	44	20	56	0	17	138
海草区	0	34	17	44	0	13	108
合计	10	65	53	111	0	30	269

断面间比较，岩石滩种数以CR12断面较多（35种），LR21断面较少（31种）；沙滩种数以LS23断面较多（43种），LD2断面次之（37种），依次为FJ-C061断面（33种）和CS13断面（32种）；泥沙滩种数以LM22断面较多（55种），CM11断面次之（49种），依次为LD3断面（42种）和LQD2断面（35种）；海草区种数以FJ-C055断面较多（59种），LQD3断面次之（29种），依次为K2断面（28种）、LQD1断面（25种）、LQ1断面（23种）和LD1断面（18种）。

种数季节变化，岩石滩CR12断面以秋季较多（28种），夏季较少（23种）；LR21断面以春季较多（21种），冬季较少（15种）。沙滩CS13断面以秋季较多（20种），夏季较少（11种）；LS23断面以夏秋季较多（22种），冬季较少（14种）；LD2断面以春季较多（29种），秋季较少（13种）；FJ-C061断面以春季较多（26种），秋季较少（17种）。泥沙滩CM11断面以春季较多（30种），冬季较少（12种）；LM22断面以夏季较多（29种），冬季较少（10种）；LD3断面以春季较少（13种），秋季较多（36种）。海草区LQD1断面以秋季较多（14种），春季较少（12种）；FJ-C055断面秋季较多（42种），春季较少（27种）；K2断面秋季较多（16种），冬季较少（11种）和LD1断面秋季较多（11种），春季较少（9种）（表10-3）。

表10-3 闽江口滨海湿地潮间带大型底栖生物种类组成与季节变化 单位：种

底质	断面	编号	季节	藻类	多毛类	软体动物	甲壳动物	棘皮动物	其他生物	合计
岩石滩	粗芦岛	CR12	春	4	1	9	8	0	2	24
			夏	2	2	9	7	0	3	23
			秋	3	1	11	10	0	3	28
			冬	3	1	9	8	0	3	24
			小计	6	3	11	12	0	3	35

续表 10-3

底质	断面	编号	季节	藻类	多毛类	软体动物	甲壳动物	棘皮动物	其他生物	合计
岩石滩	琅岐岛	LR21	春	4	0	6	8	0	3	21
			夏	1	0	6	7	0	2	16
			秋	1	2	6	7	0	2	18
			冬	2	1	6	3	0	3	15
			小计	5	2	8	12	0	4	31
	合计			9	4	14	19	0	0	50
沙滩	粗芦岛	CS13	春	0	0	10	6	0	0	16
			夏	0	0	5	6	0	0	11
			秋	0	0	9	11	0	0	20
			冬	0	2	6	4	0	0	12
			小计	0	2	15	15	0	0	32
	琅岐云龙	LS23	春	0	1	3	12	0	1	17
			夏	0	2	3	16	0	1	22
			秋	0	1	3	15	0	3	22
			冬	0	2	1	8	0	3	14
			小计	0	5	5	27	0	6	43
	度假村	LD2	春	0	5	4	13	0	7	29
			秋	0	3	2	8	0	0	13
			小计	0	8	5	17	0	7	37
	鸡母沙	FJ-C061	春	0	4	11	10	0	1	26
			秋	0	3	5	6	0	3	17
			小计	0	6	12	12	0	3	33
	合计			0	19	21	47	0	8	95
泥沙滩	粗芦岛	CM11	春	0	6	9	11	0	4	30
			夏	0	3	5	14	0	2	24
			秋	0	4	1	9	0	1	15
			冬	0	3	0	8	0	1	12
			小计	0	10	11	23	0	5	49
	琅岐岛	LM22	春	1	6	3	12	0	3	25
			夏	0	10	2	15	0	2	29
			秋	0	5	1	16	0	2	24
			冬	0	2	0	6	0	2	10
			小计	1	18	3	29	0	4	55
	琅岐东北角	LD3	春	0	7	1	5	0	0	13
			秋	0	18	2	12	0	4	36
			小计	0	21	2	15	0	4	42
	东方学院	LQD2	秋	0	12	4	17	0	2	35
	合计			1	44	20	56	0	17	138

续表 10-3

底质	断面	编号	季节	藻类	多毛类	软体动物	甲壳动物	棘皮动物	其他生物	合计
海草区	凤窝	LQ1	春	0	5	0	7	0	0	12
			秋	0	5	2	4	0	3	14
			小计	0	8	2	10	0	3	23
	敖江山坑	FJ-C055	春	0	11	5	11	0	0	27
			秋	0	15	9	15	0	3	42
			小计	0	22	11	23	0	3	59
	石文	LD1	春	0	4	2	3	0	0	9
			秋	0	4	1	6	0	0	11
			小计	0	7	3	8	0	0	18
	鸡沙村	LQD1	秋	0	7	4	10	0	4	25
	克凤村	LQD3	秋	0	9	4	13	0	3	29
	合计			0	34	17	37	0	8	96
	曹朱港	K2	春	0	5	1	0	0	2	14
			夏	0	3	0	6	0	3	12
			秋	0	5	2	7	0	2	16
			冬	0	2	2	5	0	2	11
			小计	0	8	2	12	0	6	28
	合计			0	34	17	44	0	13	108
总计				10	65	53	111	0	30	269

10.3.2　优势种和主要种

根据数量和出现率，闽江口滨海湿地潮间带大型底栖生物优势种和主要种有：细毛石花菜（*Gelidium crinale*）、小石花菜、长松藻（*Codium cylindricum*）、等指海葵（*Astinia equina*）、黄海葵（*Anthopleura* sp.）、钩毛虫（*Sigambra* sp.）、日本稚齿虫（*Prionospio japonica*）、稚齿虫、小头虫、异蚓虫、中蚓虫、短角多齿围沙（*Perinereis muntia brevicirris*）、中华齿吻沙蚕（*Nephtys sinensis*）、丝沙蚕（*Drilonereis filum*）、厥目革囊星虫（*Phascolosoma scolops*）、黑荞麦蛤、僧帽牡蛎、棘刺牡蛎、透明美丽蛤（*Tellina diaphana*）、纹斑棱蛤〔*Trapezium*（*Neotrapezium*）*liratum*〕、缢蛏、角小蛤蜊（*Micromarctra angulifera*）、巧环楔形蛤（*Cyclosunetta concinna*）、等边浅蛤（*Gomphina aequilatera*）、紫藤斧蛤（*Chion semigranosus*）、中国绿螂、焦河蓝蛤（*Potamocorbula ustulata*）、齿纹蜒螺〔*Nerita*（*Ritena*）*yoldii*〕、紫游螺（*Neritina violacea*）、粗糙滨螺、粒结节滨螺、黑口滨螺、短拟沼螺、珠带拟蟹守螺、彩拟蟹守螺、中国鲎（*Tachypleus tridentatus*）、白条地藤壶（*Euraphia withersi*）、鳞笠藤壶、泥藤壶〔*Balanus*（*B.*）*uiliginosus*〕、白脊藤壶〔*Balanus*（*B.*）*albicostatus*〕、网纹藤壶〔*B.*（*B.*）*reticulatus*〕、糊斑藤壶〔*B.*（*B.*）*cirratus*〕、哥伦比亚刀钩虾、葛氏胖钩虾（*Urothoe grimaldii*）、薄片蜾蠃蜚、三角柄蜾蠃蜚、中华蜾蠃蜚（*Corophium sinense*）、中华新尖额蟹（*Neorhynchoplax sinensis*）、明秀大眼蟹、宁波泥蟹、谭氏泥蟹（*Ilyoplax dechampsi*）、韦氏毛带蟹（*Dotilla wichmanni*）、秀丽长方蟹、圆球股窗蟹（*Scopimera globosa*）、龙牙克神苔虫（*Crisia eburneo-denticulata*）等。

10.4　数量时空分布

10.4.1　数量组成与季节变化

闽江口滨海湿地潮间带大型底栖生物平均生物量为1 142.80 g/m^2，平均栖息密度为1 036个/m^2。生物量以软体动物居第一位（954.59 g/m^2），甲壳动物居第二位（181.56 g/m^2）；栖息密度同样以软体动物居第一位（579个/m^2），甲壳动物居第二位（384个/m^2）。不同类型底质比较，生物量从高到低依次为岩石滩（4 473.60 g/m^2）、泥沙滩（41.24 g/m^2）、海草区（38.05 g/m^2）、沙滩（18.28 g/m^2），栖息密度从高到低依次为岩石滩（3 259个/m^2）、泥沙滩（426个/m^2）、海草区（306个/m^2）、沙滩（154个/m^2）（表10-4）。

表10-4　闽江口滨海湿地潮间带大型底栖生物数量组成与分布

数量	底质	藻类	多毛类	软体动物	甲壳动物	棘皮动物	其他生物	合计
生物量（g/m^2）	岩石滩	17.46	0.93	3 813.11	637.74	0	4.36	4 473.60
	沙滩	0	0.22	3.80	13.15	0	1.11	18.28
	泥沙滩	0	0.61	0.52	39.54	0	0.57	41.24
	海草区	0	0.92	0.91	35.82	0	0.40	38.05
	平均	4.37	0.67	954.59	181.56	0	1.61	1 142.80
密度（个/m^2）	岩石滩	—	28	2 210	1 003	0	18	3 259
	沙滩	—	15	86	52	0	1	154
	泥沙滩	—	128	9	286	0	3	426
	海草区	—	94	12	195	0	5	306
	平均	—	66	579	384	0	7	1 036

闽江口滨海湿地潮间带大型底栖生物数量季节变化，岩石滩断面以冬季较大（5 339.86 g/m^2），春季较小（3 636.85 g/m^2）；沙滩断面以秋季较大（29.69 g/m^2），冬季较小（11.10 g/m^2）；泥沙滩断面以春季较大（75.45 g/m^2），冬季较小（17.20 g/m^2）；海草区断面以冬季较大（59.49 g/m^2），秋季较小（14.04 g/m^2）。栖息密度，岩石滩断面以夏季较大（4 733个/m^2），秋季较小（2 465个/m^2）；沙滩断面以夏季较大（341个/m^2），冬季较小（14个/m^2）；泥沙滩断面以春季较大（848个/m^2），冬季较小（110个/m^2）；海草区断面以秋季较大（611个/m^2），春季较小（144个/m^2）。各类型各类群数量组成与季节变化见表10-5和表10-6。

表10-5　闽江口滨海湿地潮间带大型底栖生物生物量组成与季节变化　　单位：g/m^2

底质	季节	藻类	多毛类	软体动物	甲壳动物	棘皮动物	其他生物	合计
岩石滩	春	33.93	2.67	3 460.10	140.15	0	0	3 636.85
	夏	15.17	0.20	4 108.80	657.83	0	16.28	4 798.28
	秋	0.61	0.76	3 279.48	837.61	0	0.92	4 119.38
	冬	20.13	0.07	4 404.03	915.38	0	0.25	5 339.86
	平均	17.46	0.93	3 813.11	637.74	0	4.36	4 473.60

续表 10-5

底质	季节	藻类	多毛类	软体动物	甲壳动物	棘皮动物	其他生物	合计
沙滩	春	0	0.12	3.03	8.65	0	0.20	12.00
	夏	0	0.19	7.77	11.60	0	0.77	20.33
	秋	0	0.29	1.84	27.35	0	0.21	29.69
	冬	0	0.26	2.56	5.01	0	3.27	11.10
	平均	0	0.22	3.80	13.15	0	1.11	18.28
泥沙滩	春	0	0.67	0.84	72.94	0	1.00	75.45
	夏	0	1.03	0.13	41.85	0	0.03	43.04
	秋	0	0.66	1.13	26.31	0	1.24	29.34
	冬	0	0.09	0	17.08	0	0.03	17.20
	平均	0	0.61	0.52	39.54	0	0.57	41.24
海草区	春	0	0.66	1.50	49.31	0	0.18	51.65
	夏	0	1.29	0.09	25.25	0	0.39	27.02
	秋	0	0.69	1.88	10.81	0	0.66	14.04
	冬	0	1.03	0.17	57.93	0	0.36	59.49
	平均	0	0.92	0.91	35.82	0	0.40	38.05

表 10-6　闽江口滨海湿地潮间带大型底栖生物栖息密度组成与季节变化　　单位：个/m^2

底质	季节	多毛类	软体动物	甲壳动物	棘皮动物	其他生物	合计
岩石滩	春	72	1 909	595	0	0	2 576
	夏	16	3 062	1 601	0	54	4 733
	秋	18	1 591	847	0	9	2 465
	冬	7	2 276	970	0	9	3 262
	平均	28	2 210	1 003	0	18	3 259
沙滩	春	53	11	99	0	1	164
	夏	2	314	24	0	1	341
	秋	3	14	81	0	1	99
	冬	1	5	6	0	2	14
	平均	15	86	52	0	1	154
泥沙滩	春	205	19	623	0	1	848
	夏	26	4	158	0	1	189
	秋	273	13	262	0	11	559
	冬	8	0	101	0	1	110
	平均	128	9	286	0	3	426
海草区	春	81	13	49	0	1	144
	夏	74	3	209	0	10	296
	秋	194	30	383	0	4	611
	冬	26	2	138	0	6	172
	平均	94	12	195	0	5	306

10.4.2　数量分布

闽江口滨海湿地岩石滩潮间带大型底栖生物数量分布，各断面不尽相同。春季生物量以 CR12 断面（4 248.55 g/m^2）大于 LR21 断面（3 025.11 g/m^2）；栖息密度同样以 CR12 断面（3 417 个/m^2）大于 LR21 断面（1 734 个/m^2）。夏季生物量以 LR21 断面（4 943.03 g/m^2）大于 CR12 断面（4 653.50 g/m^2）；栖息密度则以 CR12 断面（6 961 个/m^2）大于 LR21 断面（2 503 个/m^2）。秋季生物量以 CR12 断面（5 186.08 g/m^2）大于 LR21 断面（3 052.66 g/m^2）；栖息密度同样以 CR12 断面（3 906 个/m^2）大于 LR21 断面（1 021 个/m^2）。冬季生物量以 CR12 断面（5 890.61 g/m^2）大于 LR21 断面（4 789.10 g/m^2）；栖息密度同样以 CR12 断面（5 128 个/m^2）大于 LR21 断面（1 394 个/m^2），除了夏季生物量以 LR21 断面大于 CR12 断面外，其他季节的生物量和栖息密度均以 CR12 断面大于 LR21 断面。各断面各类群数量分布见表 10-7。

表 10-7　闽江口滨海湿地岩石滩潮间带大型底栖生物数量分布

数量	季节	断面	藻类	多毛类	软体动物	甲壳动物	棘皮动物	其他生物	合计
生物量（g/m^2）	春	CR12	38.50	5.33	3 928.65	276.07	0	0	4 248.55
		LR21	29.35	0	2 991.54	4.22	0	0	3 025.11
		平均	33.93	2.67	3 460.10	140.15	0	0	3 636.85
	夏	CR12	25.39	0.39	3 367.31	1 255.19	0	5.22	4 653.50
		LR21	4.95	0	4 850.29	60.46	0	27.33	4 943.03
		平均	15.17	0.20	4 108.80	657.83	0	16.28	4 798.28
	秋	CR12	0	1.42	3 576.21	1 606.62	0	1.83	5 186.08
		LR21	1.21	0.10	2 982.75	68.60	0	0	3 052.66
		平均	0.61	0.76	3 279.48	837.61	0	0.92	4 119.38
	冬	CR12	34.50	0.06	4 032.98	1 822.57	0	0.50	5 890.61
		LR21	5.76	0.08	4 775.08	8.18	0	0	4 789.10
		平均	20.13	0.07	4 404.03	915.38	0	0.25	5 339.86
	四季	CR12	24.60	1.80	3 726.29	1 240.11	0	1.89	4 994.69
		LR21	10.31	0.05	3 899.92	35.37	0	6.83	3 952.48
		平均	17.46	0.93	3 813.11	637.74	0	4.36	4 473.60
密度（个/m^2）	春	CR12	—	144	2 105	1 168	0	0	3 417
		LR21	—	0	1 712	22	0	0	1 734
		平均	—	72	1 909	595	0	0	2 576
	夏	CR12	—	31	4 072	2 808	0	50	6 961
		LR21	—	0	2 052	393	0	58	2 503
		平均	—	16	3 062	1 601	0	54	4 733
	秋	CR12	—	25	2 325	1 539	0	17	3 906
		LR21	—	10	856	155	0	0	1 021
		平均	—	18	1 591	847	0	9	2 465
	冬	CR12	—	6	3 196	1 909	0	17	5 128
		LR21	—	8	1 356	30	0	0	1 394
		平均	—	7	2 276	970	0	9	3 262
	四季	CR12	—	51	2 925	1 856	0	21	4 853
		LR21	—	5	1 494	150	0	15	1 664
		平均	—	28	2 210	1 003	0	18	3 259

闽江口滨海湿地沙滩潮间带大型底栖生物数量分布，各断面不尽相同。春季生物量以CS13断面较大（20.42 g/m²），LD2断面较小（3.96 g/m²）；栖息密度以FJ-C061断面较大（355个/m²），CS13断面较小（30个/m²）。夏季生物量以CS13断面较大（23.92 g/m²），LS23断面较小（16.73 g/m²）；栖息密度同样以CS13断面较大（642个/m²），LS23断面较小（38个/m²）。秋季生物量以CS13断面较大（53.56 g/m²），LD2断面较小（1.96 g/m²）；栖息密度则以LD2断面较大（150个/m²），LS23断面较小（33个/m²）。冬季生物量以CS13断面较大（13.45 g/m²），LS23断面较小（8.73 g/m²）；栖息密度同样以CS13断面较大（19个/m²），LS23断面较小（8个/m²）。各断面各类群数量分布见表10-8。

表10-8　闽江口滨海湿地沙滩潮间带大型底栖生物数量分布

数量	季节	断面	多毛类	软体动物	甲壳动物	棘皮动物	其他生物	合计
生物量（g/m²）	春	CS13	0	9.31	11.11	0	0	20.42
		LS23	0	0.91	16.80	0	0.52	18.23
		LD2	0.13	0.05	3.57	0	0.21	3.96
		FJ-C061	0.35	1.84	3.12	0	0.07	5.38
		平均	0.12	3.03	8.65	0	0.20	12.00
	夏	CS13	0	8.90	15.02	0	0	23.92
		LS23	0.38	6.63	8.18	0	1.54	16.73
		平均	0.19	7.77	11.60	0	0.77	20.33
	秋	CS13	0	4.69	48.87	0	0	53.56
		LS23	0	0.27	48.90	0	0.80	49.97
		LD2	0.02	0	1.94	0	0	1.96
		FJ-C061	1.14	2.38	9.67	0	0.02	13.21
		平均	0.29	1.84	27.35	0	0.21	29.69
	冬	CS13	0.40	5.12	7.93	0	0	13.45
		LS23	0.12	0	2.08	0	6.53	8.73
		平均	0.26	2.56	5.01	0	3.27	11.10
	平均		0.22	3.80	13.15	0	1.11	18.28
	四季	CS13	0.10	7.01	20.73	0	0	27.84
	四季	LS23	0.12	1.95	18.99	0	2.35	23.41
	春秋	LD2	0.08	0.03	2.76	0	0.10	2.97
	春秋	FJ-C061	0.75	2.11	6.40	0	0.04	9.30
密度（个/m²）	春	CS13	0	20	10	0	0	30
		LS23	0	1	40	0	1	42
		LD2	10	4	213	0	3	230
		FJ-C061	203	19	132	0	1	355
		平均	53	11	99	0	1	164
	夏	CS13	0	622	20	0	0	642
		LS23	4	5	27	0	2	38
		平均	2	314	24	0	1	341

续表 10-8

数量	季节	断面	多毛类	软体动物	甲壳动物	棘皮动物	其他生物	合计
密度（个/m^2）	秋	CS13	0	17	94	0	0	111
		LS23	0	2	31	0	0	33
		LD2	3	0	147	0	0	150
		FJ-C061	7	35	53	0	3	98
		平均	3	14	81	0	1	99
	冬	CS13	2	10	7	0	0	19
		LS23	0	0	5	0	3	8
		平均	1	5	6	0	2	14
	平均		15	86	52	0	1	154
	四季	CS13	0	167	33	0	0	200
	四季	LS23	1	2	26	0	1	30
	春秋	LD2	6	2	180	0	2	190
	春秋	FJ-C061	105	27	93	0	2	227

泥沙滩潮间带大型底栖生物数量分布，各断面不尽相同。春季生物量以 LM22 断面较大（156.29 g/m^2），LD3 断面较小（5.16 g/m^2）；栖息密度以 LM22 断面较大（1 202 个/m^2），CM11 断面较小（646 个/m^2）。夏季生物量以 LM22 断面较大（55.13 g/m^2），CM11 断面较小（30.91 g/m^2）；栖息密度以 LM22 断面较大（283 个/m^2），CM11 断面较小（91 个/m^2）。秋季生物量以 CM11 断面较大（55.04 g/m^2），LQD2 断面较小（8.98 g/m^2）；栖息密度以 LD3 断面较大（1 263 个/m^2），LM22 断面较小（194 个/m^2）。冬季生物量以 CM11 断面较大（23.48 g/m^2），LM22 断面较小（10.90 g/m^2）；栖息密度以 CM11 断面较大（168 个/m^2），LM22 断面较小（51 个/m^2）。各断面各类群数量分布见表 10-9。

表 10-9　闽江口滨海湿地泥沙滩潮间带大型底栖生物数量分布

数量	季节	断面	多毛类	软体动物	甲壳动物	棘皮动物	其他生物	合计
生物量（g/m^2）	春	CM11	0.22	1.77	61.67	0	1.24	64.90
		LM22	1.12	0.48	152.93	0	1.76	156.29
		LD3	0.68	0.27	4.21	0	0	5.16
		平均	0.67	0.84	72.94	0	1.00	75.45
	夏	CM11	1.67	0.20	29.03	0	0.01	30.91
		LM22	0.38	0.05	54.66	0	0.04	55.13
		平均	1.03	0.13	41.85	0	0.03	43.04
	秋	CM11	0.14	0.11	54.78	0	0.01	55.04
		LM22	0.08	0	39.70	0	1.52	41.30
		LD3	1.39	2.53	8.12	0	0.01	12.05
		LQD2	1.04	1.87	2.65	0	3.42	8.98
		平均	0.66	1.13	26.31	0	1.24	29.34

续表 10-9

数量	季节	断面	多毛类	软体动物	甲壳动物	棘皮动物	其他生物	合计
生物量（g/m²）	冬	CM11	0.13	0	23.30	0	0.05	23.48
		LM22	0.04	0	10.85	0	0.01	10.90
		平均	0.09	0	17.08	0	0.03	17.20
	平均		0.61	0.52	39.54	0	0.57	41.24
	四季	CM11	0.54	0.52	42.20	0	0.33	43.59
	四季	LM22	0.40	0.13	64.53	0	0.83	65.89
	春秋	LD3	1.03	1.40	6.17	0	0.01	8.61
密度（个/m²）	春	CM11	11	17	616	0	2	646
		LM22	62	34	1 105	0	1	1 202
		LD3	543	5	147	0	0	695
		平均	205	19	623	0	1	848
	夏	CM11	19	3	69	0	0	91
		LM22	32	4	246	0	1	283
		平均	26	4	158	0	1	189
	秋	CM11	16	0	307	0	1	324
		LM22	4	0	188	0	2	194
		LD3	1 024	21	217	0	1	1 263
		LQD2	49	30	337	0	41	457
		平均	273	13	262	0	11	559
	冬	CM11	15	0	152	0	1	168
		LM22	1	0	49	0	1	51
		平均	8	0	101	0	1	110
	平均		128	9	286	0	3	426
	四季	CM11	15	5	286	0	1	307
	四季	LM22	25	9	397	0	1	432
	春秋	LD3	783	13	182	0	1	979

海草区潮间带大型底栖生物数量分布，各断面不尽相同。春季生物量以 K2 断面较大（188.08 g/m²），LD1 断面较小（0.87 g/m²）；栖息密度以 LQ1 断面较大（231 个/m²），LD1 断面较小（22 个/m²）。秋季生物量以 FJ-C055 断面较大（25.62 g/m²），LD1 断面较小（2.45 g/m²）；栖息密度以 LQ1 断面较大（1 263 个/m²），LD1 断面较小（26 个/m²）。各断面各类群数量分布见表 10-10。

表10-10 闽江口滨海湿地海草区潮间带大型底栖生物数量分布

数量	季节	断面	多毛类	软体动物	甲壳动物	棘皮动物	其他生物	合计
生物量（g/m²）	春	LQ1	0.16	0	10.43	0	0	10.59
		FJ-C055	0.24	5.20	1.58	0	0	7.02
		LD1	0.06	0.80	0.01	0	0	0.87
		K2	2.16	0	185.20	0	0.72	188.08
		平均	0.66	1.50	49.31	0	0.18	51.65
	夏	K2	1.29	0.09	25.25	0	0.39	27.02
	秋	LQ1	1.39	2.53	8.12	0	0.01	12.05
		FJ-C055	2.02	4.61	18.95	0	0.04	25.62
		LD1	0.08	0	2.37	0	0	2.45
		LQD1	0.13	3.63	12.54	0	1.92	18.22
		LQD3	0.14	0.29	19.64	0	1.17	21.24
		K2	0.38	0.19	3.26	0	0.79	4.62
		平均	0.69	1.88	10.81	0	0.66	14.04
	冬	K2	1.03	0.17	57.93	0	0.36	59.49
	平均		0.92	0.91	35.82	0	0.40	38.05
	春秋	LQ1	0.78	1.27	9.28	0	0.01	11.34
	春秋	FJ-C055	1.13	4.91	10.27	0	0.02	16.33
	春秋	LD1	0.07	0.40	1.19	0	0	1.66
	秋	LQD1	0.13	3.63	12.54	0	1.92	18.22
	秋	LQD3	0.14	0.29	19.64	0	1.17	21.24
	四季	K2	1.22	0.11	67.91	0	0.57	69.81
密度（个/m²）	春	LQ1	155	0	76	0	0	231
		FJ-C055	56	47	37	0	0	140
		LD1	16	4	2	0	0	22
		K2	96	0	82	0	4	182
		平均	81	13	49	0	1	144
	夏	K2	74	3	209	0	10	296
	秋	LQ1	1 024	21	217	0	1	1 263
		FJ-C055	47	43	1 053	0	5	1 148
		LD1	11	0	15	0	0	26
		LQD1	14	54	824	0	7	899
		LQD3	22	49	104	0	3	178
		K2	44	10	87	0	5	146
		平均	194	30	383	0	4	611
	冬	K2	26	2	138	0	6	172
	平均		94	12	195	0	5	306
	春秋	LQ1	590	11	147	0	1	749
	春秋	FJ-C055	52	45	545	0	3	645
	春秋	LD1	14	2	8	0	0	24
	秋	LQD1	14	54	824	0	7	899
	秋	LQD3	22	49	104	0	3	178
	四季	K2	60	4	129	0	6	199

闽江口滨海湿地潮间带大型底栖生物数量垂直分布，生物量从高到低依次为中潮区（13.40 g/m²）、低潮区（8.85 g/m²）、高潮区（2.62 g/m²）；栖息密度从高到低依次为低潮区（706 个/m²）、中潮区（435 个/m²）、高潮区（22 个/m²）。各断面各类群数量垂直分布见表 10-11、表 10-12。

表 10-11　闽江口滨海湿地潮间带大型底栖生物生物量垂直分布　单位：g/m²

潮区	断面	季节	多毛类	软体动物	甲壳动物	棘皮动物	其他生物	合计
高潮区	LD1	秋季	0	0	0	0	0	0
		春季	0	0.64	0	0	0	0.64
		平均	0	0.32	0	0	0	0.32
	LD2	秋季	0	0	0.49	0	0	0.49
		春季	0	0	1.57	0	0	1.57
		平均	0	0	1.03	0	0	1.03
	LD3	秋季	0	0	0	0	0	0
		春季	0	0.80	0	0	0	0.80
		平均	0	0.40	0	0	0	0.40
	FJ-C055	秋季	0	6.72	0	0	0	6.72
		春季	0	14.40	0	0	0	14.40
		平均	0	10.56	0	0	0	10.56
	FJ-C061	秋季	0	0	1.25	0	0	1.25
		春季	0	0	0.32	0	0	0.32
		平均	0	0	0.79	0	0	0.79
	平均	秋季	0	1.34	0.35	0	0	1.69
		春季	0	3.17	0.38	0	0	3.55
		平均	0	2.26	0.36	0	0	2.62
中潮区	LD1	秋季	0.23	0	7.12	0	0	7.35
		春季	0.08	1.76	0.03	0	0	1.87
		平均	0.15	0.88	3.57	0	0	4.60
	LD2	秋季	0.03	0	5.33	0	0	5.36
		春季	0.40	0.16	9.15	0	0.62	10.33
		平均	0.21	0.08	7.24	0	0.31	7.84
	LD3	秋季	2.00	0	10.85	0	0.03	12.88
		春季	1.58	0	12.63	0	0	14.21
		平均	1.79	0	11.74	0	0.02	13.55
	FJ-C055	秋季	1.41	4.08	31.01	0	0.13	36.63
		春季	0.31	1.21	4.59	0	0	6.11
		平均	0.86	2.65	17.80	0	0.07	21.38
	FJ-C061	秋季	0.67	19.52	12.21	0	0	32.40
		春季	0.29	2.32	4.12	0	0	6.73
		平均	0.48	10.92	8.17	0	0	19.57
	平均	秋季	0.87	4.72	13.31	0	0.03	18.93
		春季	0.53	1.09	6.10	0	0.12	7.84
		平均	0.70	2.91	9.71	0	0.08	13.40

续表 10-11

潮区	断面	季节	多毛类	软体动物	甲壳动物	棘皮动物	其他生物	合计
低潮区	LD1	秋季	0	0	0	0	0	0
		春季	0. 10	0	0	0	0	0. 10
		平均	0. 05	0	0	0	0	0. 05
	LD2	秋季	0. 04	0	0	0	0	0. 04
		春季	0	0	0	0	0	0
		平均	0. 02	0	0	0	0	0. 02
	LD3	秋季	2. 16	7. 60	13. 52	0	0	23. 28
		春季	0. 45	0	0	0	0	0. 45
		平均	1. 31	3. 80	6. 76	0	0	11. 87
	FJ-C055	秋季	4. 64	3. 04	25. 84	0	0	33. 52
		春季	0. 40	0	0. 16	0	0	0. 56
		平均	2. 52	1. 52	13. 00	0	0	17. 04
	FJ-C061	秋季	0. 08	0. 88	0. 24	0	0. 08	1. 28
		春季	0. 40	28. 72	0. 16	0	0	29. 28
		平均	0. 24	14. 80	0. 20	0	0. 04	15. 28
	平均	秋季	1. 38	2. 30	7. 92	0	0. 02	11. 62
		春季	0. 27	5. 74	0. 06	0	0	6. 07
		平均	0. 83	4. 02	3. 99	0	0. 01	8. 85

表 10-12　闽江口滨海湿地潮间带大型底栖生物栖息密度垂直分布　　单位：个/m^2

潮区	断面	季节	多毛类	软体动物	甲壳动物	棘皮动物	其他生物	合计
高潮区	LD1	秋季	0	0	0	0	0	0
		春季	0	8	0	0	0	8
		平均	0	4	0	0	0	4
	LD2	秋季	0	0	0	0	0	0
		春季	0	0	0	0	0	0
		平均	0	0	0	0	0	0
	LD3	秋季	0	0	0	0	0	0
		春季	0	16	0	0	0	16
		平均	0	8	0	0	0	8
	FJ-C055	秋季	0	64	0	0	0	64
		春季	0	136	0	0	0	136
		平均	0	100	0	0	0	100
	FJ-C061	秋季	0	0	1	0	0	1
		春季	0	0	1	0	0	1
		平均	0	0	1	0	0	1
	平均	秋季	0	13	0	0	0	13
		春季	0	32	0	0	0	32
		平均	0	22	0	0	0	22

续表 10-12

潮区	断面	季节	多毛类	软体动物	甲壳动物	棘皮动物	其他生物	合计
中潮区	LD1	秋季	33	0	45	0	0	78
		春季	8	5	5	0	0	19
		平均	21	3	25	0	0	49
	LD2	秋季	5	0	441	0	0	446
		春季	29	11	640	0	9	689
		平均	17	5	541	0	5	568
	LD3	秋季	680	0	355	0	3	1 038
		春季	203	0	440	0	0	643
		平均	442	0	397	0	2	841
	FJ-C055	秋季	77	40	807	0	16	940
		春季	57	5	64	0	0	126
		平均	67	23	435	0	8	533
	FJ-C061	秋季	5	88	125	0	0	218
		春季	5	41	111	0	0	157
		平均	5	65	118	0	0	188
	平均	秋季	160	26	355	0	4	545
		春季	61	12	252	0	2	327
		平均	110	19	303	0	3	435
低潮区	LD1	秋季	0	0	0	0	0	0
		春季	40	0	0	0	0	40
		平均	20	0	0	0	0	20
	LD2	秋季	4	0	0	0	0	4
		春季	0	0	0	0	0	0
		平均	2	0	0	0	0	2
	LD3	秋季	2 392	64	296	0	0	2 752
		春季	1 425	0	0	0	0	1 425
		平均	1 909	32	148	0	0	2 089
	FJ-C055	秋季	64	24	2 352	0	0	2 440
		春季	112	0	48	0	0	160
		平均	88	12	1 200	0	0	1 300
	FJ-C061	秋季	16	16	32	0	8	72
		春季	12	36	108	0	0	156
		平均	14	26	70	0	4	114
	平均	秋季	495	21	536	0	2	1 054
		春季	318	7	31	0	0	356
		平均	407	14	284	0	1	706

10.4.3　饵料生物

闽江口滨海湿地潮间带大型底栖生物平均饵料水平分级为Ⅴ级，其中，藻类、多毛类、棘皮动物和其他生物相对较低，均为Ⅰ级；软体动物和甲壳动物较高，均为Ⅴ级。不同底质类型比较，岩石滩断面潮间带大型底栖生物平均饵料水平分级为Ⅴ级，泥沙滩和海草区断面分别为Ⅳ级，沙滩断面较低，仅为Ⅲ级（表 10-13）。

表 10-13　闽江口滨海湿地潮间带大型底栖生物饵料水平分级

底质	藻类	多毛类	软体动物	甲壳动物	棘皮动物	其他生物	评价标准
岩石滩	Ⅲ	Ⅰ	Ⅴ	Ⅴ	Ⅰ	Ⅰ	Ⅴ
沙滩	Ⅰ	Ⅰ	Ⅰ	Ⅲ	Ⅰ	Ⅰ	Ⅲ
泥沙滩	Ⅰ	Ⅰ	Ⅰ	Ⅳ	Ⅰ	Ⅰ	Ⅳ
海草区	Ⅰ	Ⅰ	Ⅰ	Ⅳ	Ⅰ	Ⅰ	Ⅳ
平均	Ⅰ	Ⅰ	Ⅴ	Ⅴ	Ⅰ	Ⅰ	Ⅴ

10.5　群落

10.5.1　群落类型

闽江口滨海湿地潮间带大型底栖生物群落按地理位置和底质类型分为：

（1）凤窝村海草区群落。高潮区：粗糙滨螺带；中潮区：疣吻沙蚕（*Tylorrhynchus heterochaetus*）—寡毛类—宁波泥蟹带；低潮区：寡毛类（*Oligochaeta*）—稚齿虫（*Prionospio* sp.）—焦河蓝蛤（*Potamocorbula ustulata*）—谭氏泥蟹带。

（2）敖江海草区群落。高潮区：粗糙滨螺—黑口滨螺带；中潮区：异蚓虫—中国绿螂—薄片蜾蠃蜚带；低潮区：稚齿虫—异蚓虫—亮钩虾（*Photis* sp.）带。

（3）琅岐度假村沙滩群落。高潮区：痕掌沙蟹（*Ocypode stimpsoni*）带；中潮区：伪才女虫（*Pseudopolydora* sp.）—焦河蓝蛤—葛氏胖钩虾带；低潮区：双须虫（*Eteone* sp.）—日本稚齿虫带。

（4）鸡母沙沙滩群落。高潮区：痕掌沙蟹带；中潮区：异足索沙蚕—紫藤斧蛤—葛氏胖钩虾—韦氏毛带蟹带；低潮区：稚齿虫—巧环楔形蛤—葛氏胖钩虾—拟尖头钩虾带。

10.5.2　群落结构

（1）凤窝村海草区群落。该群落所处滩面底质类型高潮区上层为石堤，下层和中潮区中上层为硬泥，覆盖茂密的芦苇草，高度大者达 1.5～2.0 m，低潮区底质由软泥组成。潮上带有锯缘青蟹（*Scylla serrata*）养殖。

高潮区：粗糙滨螺带。该潮区代表种粗糙滨螺数量不高，在本区的生物量和栖息密度分别为 0.80 g/m^2 和 16 个/m^2。

中潮区：疣吻沙蚕—寡毛类—宁波泥蟹带。该潮区主要种为疣吻沙蚕，分布在本区中、下层，生物量和栖息密度不高，最大数量分别为 0.24 g/m^2 和 8 个/m^2。优势种为寡毛类，自本区中、下层可延伸分布至低潮区上层，在本区中层的生物量和栖息密度分别为 0.08 g/m^2 和 24 个/m^2，下层的生物量和栖息密度分别为 0.40 g/m^2 和 880 个/m^2。优势种宁波泥蟹，秋季自本区中、下层延伸分布低潮区上层，在本区的生物量和栖息密度以中、下层较大，中层分别为 19.04 g/m² 和 480 个/m²，下层分别为 13.20 g/m² 和 560 个/m²。其他主要种和习见种有小头虫、异足索沙蚕、沼蛤（*Limnoperna fortunei*）、三角柄蝶赢蜚、谭氏泥蟹、弧边招潮、四齿大额蟹（*Metopograpsus quadridentatus*）、双齿相手蟹〔*Sesarma*（*Chiromantes*）*bidens*〕、秀丽长方蟹等。

低潮区：寡毛类—稚齿虫—焦河蓝蛤—谭氏泥蟹带。该潮区优势种为寡毛类，秋季自中潮区下层可延伸分布至低潮区上层，在本区的生物量和栖息密度分别为 0.80 g/m² 和 2 040 个/m²。主要种为稚齿虫，仅在本区出现，秋季数量不高，生物量和栖息密度分别为 0.40 g/m² 和 256 个/m²。秋季焦河蓝蛤，也仅在本区出现，生物量和栖息密度分别为 7.60 g/m² 和 64 个/m²。优势种谭氏泥蟹，从中潮区下层可延伸分布至低潮区上层，在本区的生物量和栖息密度分别为 13.44 g/m² 和 240 个/m²。其他主要种和习见种有才女虫、尖锥虫、小头虫、缨鳃虫、细长涟虫、薄片蝶赢蜚等（图 10-2）。

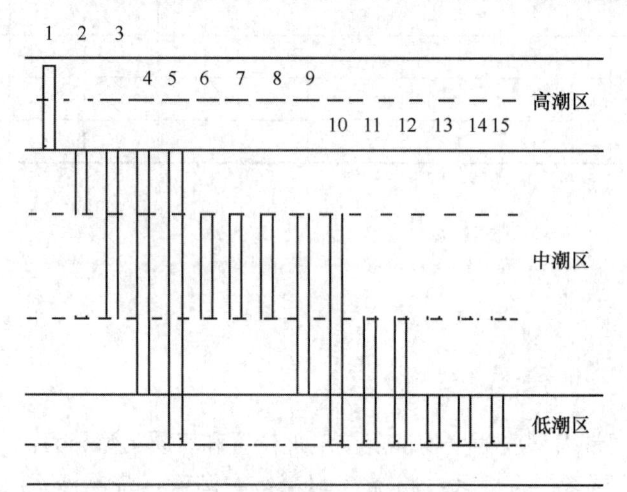

图 10-2　凤窝村海草区群落主要种垂直分布

1. 粗糙滨螺；2. 四齿大额蟹；3. 秀丽长方蟹；4. 宁波泥蟹；5. 寡毛类；6. 小头虫；7. 异足索沙蚕；9. 疣吻沙蚕；8. 弧边招潮；10. 谭氏泥蟹；11. 稚齿虫；12. 薄片蝶赢蜚；13. 尖锥虫；14. 细长涟虫；15. 焦河蓝蛤

（2）敖江山坑海草区群落。该群落所处滩面底质类型高潮区上层为石堤，下层和中潮区中上层为沙滩，附近覆盖茂密的芦苇草，高度大者达 1.0~1.5 m，低潮区底质由硬泥组成。

高潮区：粗糙滨螺—黑口滨螺带。该区主要种黑口滨螺的生物量和栖息密度不高，分别为 0.12 g/m² 和 16 个/m²。粗糙滨螺数量较大，生物量和栖息密度分别为 13.20 g/m² 和 120 个/m²。

中潮区：异蚓虫—中国绿螂—薄片蝶赢蜚带。该潮区优势种为异蚓虫，自本区中、下层可延伸分布至低潮区上层，在本区中层的生物量和栖息密度分别为 0.08 g/m² 和 16 个/m²，下层的生物量和栖息密度分别为 0.16 g/m² 和 80 个/m²。中国绿螂，仅在本区上层出现，生物量和栖息密度分别为 2.20 g/m² 和 8 个/m²。优势种薄片蝶赢蜚，自本区中、下层延伸分布低潮区上层，在本区中层的生物量和栖息密度分别为 0.08 g/m² 和 56 个/m²，下层分别为 0.05 g/m² 和 16 个/m²。其他主要种和习见种有长吻吻沙蚕、多鳃齿吻沙蚕、背蚓虫、仿樱蛤（*Tellinides* sp.）、泥螺、明秀大眼蟹、韦氏毛带蟹、宁波泥蟹等。

低潮区：稚齿虫—异蚓虫—亮钩虾带。该潮区主要种为稚齿虫，仅在本区出现，生物量和栖息密度分别为 0.16 g/m² 和 56 个/m²。优势种为异蚓虫，自中潮区延伸分布至低潮区，在本区的生物量和栖息密度分别为 0.08 g/m² 和 32 个/m²。亮钩虾，自中潮区延伸分布至低潮区，在本区的生物量和栖息密度分别为 0.08 g/m² 和 40 个/m²。其他主要种和习见种有双须虫、寡毛类、薄片蜾蠃蜚、四齿大额蟹、明秀大眼蟹、三角柄蜾蠃蜚等（图 10-3）。

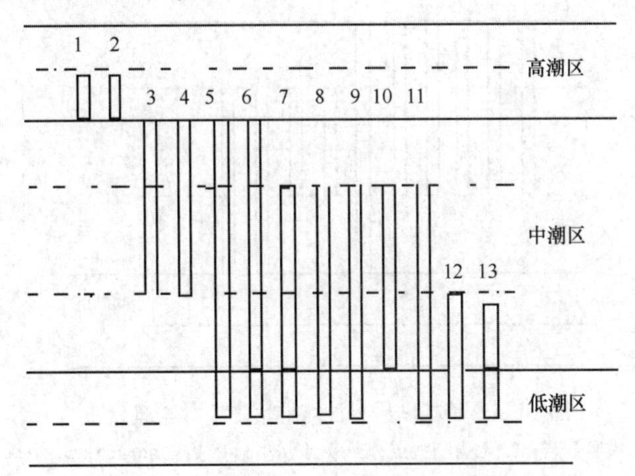

图 10-3　敖江山坑海草区群落主要种垂直分布

1. 粗糙滨螺；2. 黑口滨螺；3. 短拟沼螺；4. 泥螺；5. 葛氏胖钩虾；6. 哥伦比亚刀钩虾；7. 长吻吻沙蚕；8. 明秀大眼蟹；9. 稚齿虫；10. 韦氏毛带蟹；11. 薄片蜾蠃蜚；12. 异蚓虫；13. 三角柄蜾蠃蜚

（3）琅歧度假村沙滩群落。该群落所处滩面底质类型高潮区至低潮区为粗砂和细砂，滩面长度约 300 m。

高潮区：痕掌沙蟹带。该区代表种痕掌沙蟹的生物量和栖息密度不高，分别为 1.57 g/m² 和 1 个/m²。

中潮区：伪才女虫—焦河蓝蛤—葛氏胖钩虾带。该潮区主要种为伪才女虫，仅在本区出现，在本区上层的生物量和栖息密度分别为 0.04 g/m² 和 8 个/m²，中层的生物量和栖息密度分别为 0.08 g/m² 和 24 个/m²。焦河蓝蛤，仅在本区出现，生物量和栖息密度分别为 0.48 g/m² 和 32 个/m²。优势种葛氏胖钩虾，仅在本区出现，在本区上层的生物量和栖息密度分别为 1.48 g/m² 和 1300 个/m²，中层分别为 0.16 g/m² 和 296 个/m²。其他主要种和习见种有长吻吻沙蚕、毛齿吻沙蚕（*Nephtys cf. ciliata*）、新多鳃齿吻沙蚕、文蛤（*Meretrix meretrix*）、弹钩虾（*Orchomenella* sp.）、极地蚤钩虾、韦氏毛带蟹、宁波泥蟹、脑纽虫等。

低潮区：双须虫—日本稚齿虫带。该潮区主要种为双须虫，仅在本区出现，数量不高，生物量和栖息密度分别仅为 0.05 g/m² 和 5 个/m²。优势种日本稚齿虫，自中潮区延伸分布至低潮区，在本区的生物量和栖息密度分别为 0.40 g/m² 和 1 420 个/m²（图 10-4）。

（4）鸡母沙沙滩群落。该群落所处滩面底质类型高潮区至低潮区为粗砂和细砂，滩面长度约 800 m。

高潮区：痕掌沙蟹带。该区代表种痕掌沙蟹的生物量和栖息密度不高，分别为 1.25 g/m² 和 1 个/m²。

中潮区：异足索沙蚕—紫藤斧蛤—葛氏胖钩虾—韦氏毛带蟹带。该潮区主要种为异足索沙蚕，仅在本区出现，生物量和栖息密度分别为 1.84 g/m² 和 8 个/m²。优势种为紫藤斧蛤，自中潮区延伸分布至低潮区，在本区上层的生物量和栖息密度分别为 0.56 g/m² 和 88 个/m²，中层分别为 0.48 g/m²

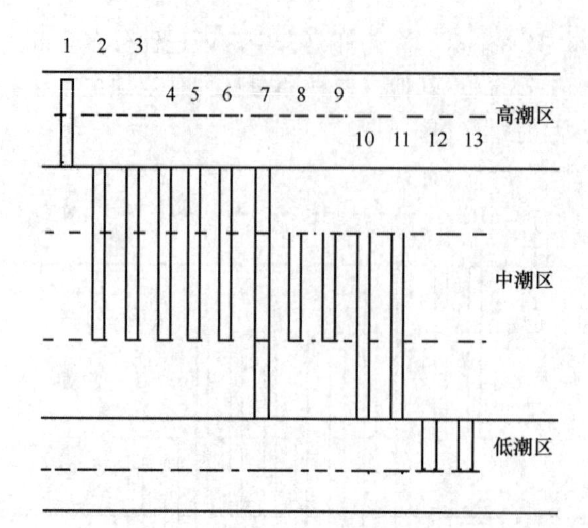

图 10-4　琅歧度假村沙滩群落主要种垂直分布

1. 痕掌沙蟹；2. 毛齿吻沙蚕；3. 伪才女虫；4. 极地蚤钩虾；5. 韦氏毛带蟹；6. 脑纽虫；7. 文蛤；8. 焦河蓝蛤；9. 宁波泥蟹；10. 弹钩虾；11. 葛氏胖钩虾；12. 日本稚齿虫；13. 双须虫

和 104 个/m²，下层分别为 0.08 g/m² 和 8 个/m²。主要种葛氏胖钩虾，自中潮区延伸分布至低潮区，在本区上层的生物量和栖息密度分别为 0.08 g/m² 和 16 个/m²，下层分别为 0.08 g/m² 和 96 个/m²。韦氏毛带蟹，仅在本区出现，在本区上层的生物量和栖息密度分别为 32.5 g/m² 和 224 个/m²，中层分别为 3.36 g/m² 和 24 个/m²，下层分别为 0.56 g/m² 和 8 个/m²。其他主要种和习见种有海仙人掌（*Cavernularia obesa*）、尖锥虫、角小蛤蜊、楔樱蛤、双线紫蛤（*Soletellina diphos*）、等边浅蛤、文蛤、巧环楔形蛤、扁玉螺（*Neverita didyma*）、斑纹圆柱水虱（*Cirolana* sp.）、拟尖头钩虾（*Paraphoxus tomiokaensis*）、红点黎明蟹（*Matuta lunaris*）、韦氏毛带蟹等。

低潮区：稚齿虫—巧环楔形蛤—葛氏胖钩虾—拟尖头钩虾带。该潮区主要种为稚齿虫，仅在本区出现，数量不高，生物量和栖息密度分别仅为 0.08 g/m² 和 16 个/m²。优势种为巧环楔形蛤，自中潮区延伸分布至低潮区，在本区的生物量和栖息密度分别为 25.90 g/m² 和 32 个/m²。葛氏胖钩虾，自中潮区延伸分布至低潮区，在本区生物量和栖息密度分别为 0.08 g/m² 和 40 个/m²。拟尖头钩虾，自中潮区延伸分布至本区，在本区生物量和栖息密度分别为 0.08 g/m² 和 68 个/m²。其他主要种和习见种有加州齿吻沙蚕、丝鳃稚齿虫、背蚓虫、角小蛤蜊、美女白樱蛤（*Macoma candida*）、紫彩血蛤（*Nuttallia olivacea*）、直线竹蛏（*Solen linearis*）（图 10-5）。

10.5.3　群落生态特征值

10.5.3.1　岩石滩群落

根据 Shannon-Wiener 种类多样性指数（H'）、Pielous 种类均匀度指数（J）、Margalef 种类丰富度指数（d）和 Simpson 优势度（D）显示，闽江口滨海湿地岩石滩潮间带大型底栖生物群落四季平均丰富度指数（d），CR12 断面较大（1.255 0），LR21 断面较小（0.651 0）；多样性指数（H'），CR12 断面较大（1.782 5），LR21 断面较小（0.438 0）；均匀度指数（J），CR12 断面较大（0.673 8），LR21 断面较小（0.225 0）；Simpson 优势度（D），LR21 断面较大（0.807 0），CR12 断面较小（0.238 5）（表 10-14）。

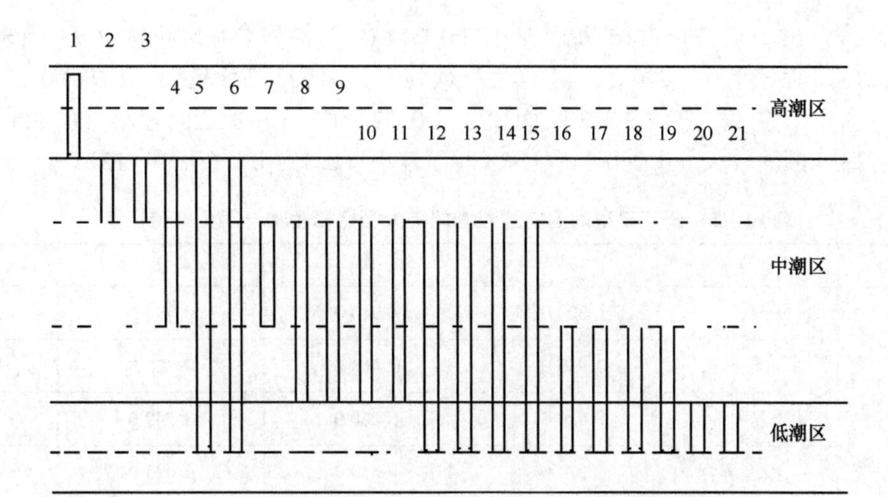

图10-5 鸡母沙沙滩群落主要种垂直分布

1. 痕掌沙蟹；2. 斑纹圆柱水虱；3. 韦氏毛带蟹；4. 等边浅蛤；5. 紫藤斧蛤；6. 巧环楔形蛤；7. 异足索沙蚕；8. 楔樱蛤；9. 文蛤；10. 扁玉螺；11. 红点黎明蟹；12. 加州齿吻沙蚕；13. 角小蛤蜊；14. 葛氏胖钩虾；15. 拟尖头钩虾；16. 美女白樱蛤；17. 紫彩血蛤；18. 隆线拳蟹；20. 丝鳃稚齿虫；19. 双线紫蛤；21. 直线竹蛏

表10-14 闽江口滨海湿地岩石滩潮间带大型底栖生物群落生态特征值

断面	季节	*d*	*H'*	*J*	*D*
CR12	春	1.370 0	2.020 0	0.744 0	0.185 0
	夏	1.120 0	1.570 0	0.611 0	0.301 0
	秋	1.270 0	1.910 0	0.722 0	0.201 0
	冬	1.260 0	1.630 0	0.618 0	0.267 0
	平均	1.255 0	1.782 5	0.673 8	0.238 5
LR21	春	0.641 0	0.217 0	0.112 0	0.927 0
	夏	0.620 0	0.600 0	0.308 0	0.723 0
	秋	0.685 0	0.574 0	0.295 0	0.714 0
	冬	0.658 0	0.361 0	0.185 0	0.864 0
	平均	0.651 0	0.438 0	0.225 0	0.807 0

10.5.3.2 沙滩群落

沙滩群落春季丰富度指数（*d*），FJ-C061断面较大（3.860 0），LD2断面较小（1.570 0）；多样性指数（*H'*），FJ-C061断面较大（1.990 0），LD2断面较小（0.945 0）；均匀度指数（*J*），CS13断面较大（0.795 0），LD2断面较小（0.368 0）；Simpson优势度（*D*），LD2断面较大（0.621 0），CS13断面较小（0.196 0）。夏季丰富度指数（*d*），LS23断面较大（2.480 0），CS13断面较小（0.915 0）；多样性指数（*H'*），LS23断面较大（2.200 0），CS13断面较小（0.468 0）；均匀度指数（*J*），LS23断面较大（0.813 0），CS13断面较小（0.225 0）；Simpson优势度（*D*），CS13断面较大（0.822 0），LS23断面较小（0.159 0）。秋季丰富度指数（*d*），FJ-C061断面较大（2.120 0），LD2断面较小（1.110 0）；多样性指数（*H'*），FJ-C061断面较大（1.700 0），LD2断面较小（0.527 0）；均匀度指数（*J*），LS23断面较大（0.716 0），LD2断面较小（0.240 0）；Simpson优势度（*D*），

LD2 断面较大（0.752 0），FJ-C061 断面较小（0.244 0）。冬季丰富度指数（d），LS23 断面较大（1.650 0），CS13 断面较小（1.270 0）；多样性指数（H'），LS23 断面较大（1.790 0），CS13 断面较小（1.610 0）；均匀度指数（J），LS23 断面较大（0.922 0），CS13 断面较小（0.825 0）；Simpson 优势度（D），CS13 断面较大（0.240 0），LS23 断面较小（0.191 0）（表 10-15）。

表 10-15　闽江口滨海湿地沙滩潮间带大型底栖生物群落生态特征值

断面	季节	d	H'	J	D
CR13	春	1.820 0	1.910 0	0.795 0	0.196 0
	夏	0.915 0	0.468 0	0.225 0	0.822 0
	秋	1.420 0	1.260 0	0.549 0	0.394 0
	冬	1.270 0	1.610 0	0.825 0	0.240 0
	平均	1.356 3	1.312 0	0.598 5	0.413 0
LS23	春	1.770 0	1.710 0	0.714 0	0.257 0
	夏	2.480 0	2.200 0	0.813 0	0.159 0
	秋	1.480 0	1.570 0	0.716 0	0.302 0
	冬	1.650 0	1.790 0	0.922 0	0.191 0
	平均	1.845 0	1.817 5	0.791 3	0.227 3
LD2	春	1.570 0	0.945 0	0.368 0	0.621 0
	秋	1.110 0	0.527 0	0.240 0	0.752 0
	平均	1.340 0	0.736 0	0.304 0	0.686 5
FJ-C061	春	3.860 0	1.990 0	0.609 0	0.229 0
	秋	2.120 0	1.700 0	0.626 0	0.244 0
	平均	2.990 0	1.845 0	0.617 5	0.236 5

10.5.3.3　泥沙滩群落

泥沙滩群落春季丰富度指数（d），CM11 断面较大（2.090 0），LD3 断面较小（1.110 0）；多样性指数（H'），LD3 断面较大（1.410 0），CM11 断面较小（0.748 0）；均匀度指数（J），LD3 断面较大（0.611 0），CM11 断面较小（0.254 0）；Simpson 优势度（D），LM22 断面较大（0.695 0），LD3 断面较小（0.309 0）。夏季丰富度指数（d），LM22 断面较大（2.590 0），CM11 断面较小（1.980 0）；多样性指数（H'），LM22 断面较大（1.750 0），CM11 断面较小（1.480 0）；均匀度指数（J），LM22 断面较大（0.576 0），CM11 断面较小（0.562 0）；Simpson 优势度（D），CM11 断面较大（0.395 0），LM22 断面较小（0.263 0）。秋季丰富度指数（d），LQD2 断面较大（5.387 0），LD3 断面较小（1.040 0）；多样性指数（H'），LQD2 断面较大（2.720 0），CM11 断面较小（0.888 0）；均匀度指数（J），LM22 断面较大（0.557 0），CM11 断面较小（0.370 0）；Simpson 优势度（D），CM11 断面较大（0.640 0），LQD2 断面较小（0.310 0）。冬季丰富度指数（d），CM11 断面较大（1.310 0），LM22 断面较小（0.890 0）；多样性指数（H'），CM11 和 LM22 断面相同（1.360 0）；均匀度指数（J），LM22 断面较大（0.758 0），CM11 断面较小（0.593 0）；Simpson 优势度（D），

CM11 断面较大（0.390 0），LM22 断面较小（0.290 0）（表 10-16）。

表 10-16　闽江口滨海湿地泥沙滩潮间带大型底栖生物群落生态特征值

断面	季节	*d*	*H′*	*J*	*D*
CM11	春	2.090 0	0.748 0	0.254 0	0.647 0
	夏	1.980 0	1.480 0	0.562 0	0.395 0
	秋	1.360 0	0.888 0	0.370 0	0.640 0
	冬	1.310 0	1.360 0	0.593 0	0.390 0
	平均	1.685 0	1.119 0	0.444 8	0.518 0
LM22	春	1.540 0	0.759 0	0.280 0	0.695 0
	夏	2.590 0	1.750 0	0.576 0	0.263 0
	秋	1.800 0	1.470 0	0.557 0	0.317 0
	冬	0.890 0	1.360 0	0.758 0	0.290 0
	平均	1.705 0	1.334 8	0.542 8	0.391 3
LD3	春	1.110 0	1.410 0	0.611 0	0.309 0
	秋	1.040 0	1.090 0	0.474 0	0.466 0
	平均	1.075 0	1.250 0	0.542 5	0.387 5
LQD2	秋	5.387 0	2.720 0	0.535 0	0.310 0

10.5.3.4　海草区群落

海草区群落春季丰富度指数（*d*），FJ-C055 断面较大（3.070 0），LD1 断面较小（1.290 0）；多样性指数（*H′*），FJ-C055 断面较大（2.560 0），LQ1 断面较小（1.060 0）；均匀度指数（*J*），LD1 断面较大（0.945 0），LQ1 断面较小（0.441 0）；Simpson 优势度（*D*），LQ1 断面较大（0.486 0），FJ-C055 断面较小（0.106 0）。秋季丰富度指数（*d*），LQD3 断面较大（5.595 0），LQ1 断面较小（1.040 0）；多样性指数（*H′*），LQD3 断面较大（3.564 0），LQ1 断面较小（1.090 0）；均匀度指数（*J*），LQD3 断面较大（0.726 0），LQD1 断面较小（0.365 0）；Simpson 优势度（*D*），LQD1 断面较大（0.484 0），LQD3 断面较小（0.118 0）（表 10-17）。

表 10-17　闽江口滨海湿地海草区潮间带大型底栖生物群落生态特征值

断面	季节	*d*	*H′*	*J*	*D*
LQ1	春	1.350 0	1.060 0	0.441 0	0.486 0
	秋	1.040 0	1.090 0	0.474 0	0.466 0
	平均	1.195 0	1.075 0	0.457 5	0.476 0
FJ-C055	春	3.070 0	2.560 0	0.840 0	0.106 0
	秋	4.200 0	1.800 0	0.498 0	0.283 0
	平均	3.635 0	2.180 0	0.669 0	0.194 5
LD1	春	1.290 0	1.840 0	0.945 0	0.175 0
	秋	1.280 0	1.560 0	0.749 0	0.284 0
	平均	1.285 0	1.700 0	0.847 0	0.229 5
LQD1	秋	3.529 0	1.696 0	0.365 0	0.484 0
LQD3	秋	5.595 0	3.564 0	0.726 0	0.118 0

10.5.4 群落稳定性

春季闽江口滨海湿地潮间带大型底栖生物LD1海草区群落、LD3泥沙滩群落、FJ-C055海草区群相对稳定，丰度生物量复合k-优势度曲线不交叉、不翻转和不重叠。LD2和FJ-C061沙滩群落不稳定，丰度生物量复合k-优势度曲线出现交叉、翻转和重叠，且LD2沙滩群落的生物量和丰度累积百分优势度高达80%，显示种间数量分配高度集中。秋季，LD2沙滩群落、LD3泥沙滩群落、FJ-C055海草区群落丰度生物量复合k-优势度曲线出现交叉、翻转和重叠，且LD2沙滩群落生物量和丰度累积百分优势度高达85%，显示种间数量分配高度集中。LD3泥沙滩群落，生物量和丰度累积百分优势度高达70%。总体显示，闽江口滨海湿地潮间带大型底栖生物群落出现一定的扰动（图10-6至图10-16）。

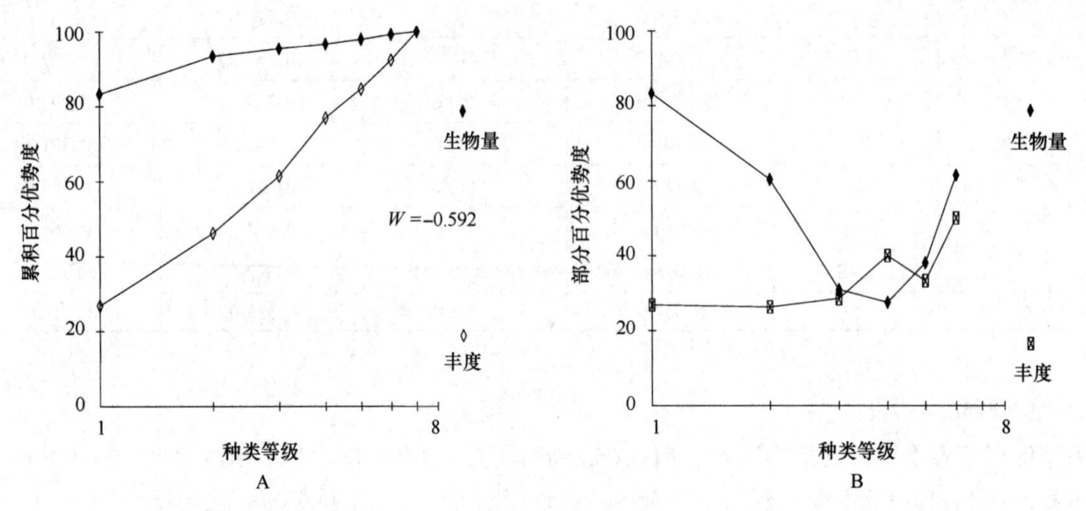

图10-6 春季LD1海草区群落丰度生物量复合k-优势度（A）和部分优势度（B）曲线

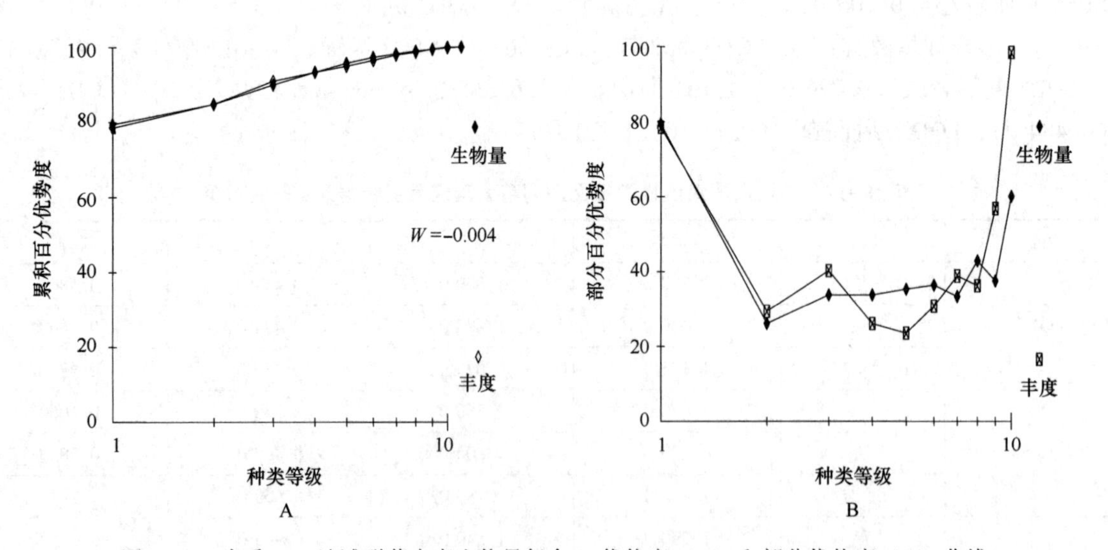

图10-7 春季LD2沙滩群落丰度生物量复合k-优势度（A）和部分优势度（B）曲线

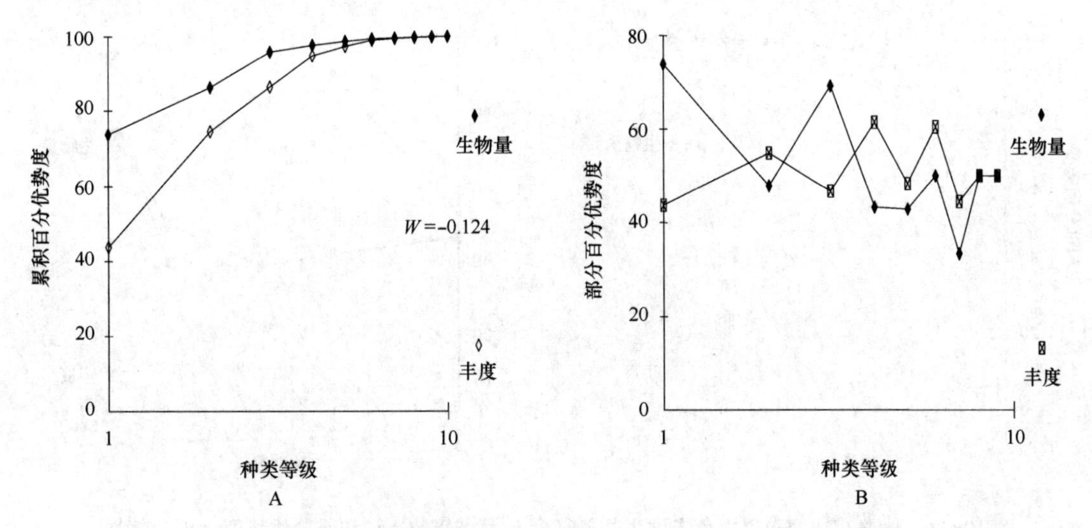

图 10-8　春季 LD3 泥沙滩群落丰度生物量复合 k-优势度（A）和部分优势度（B）曲线

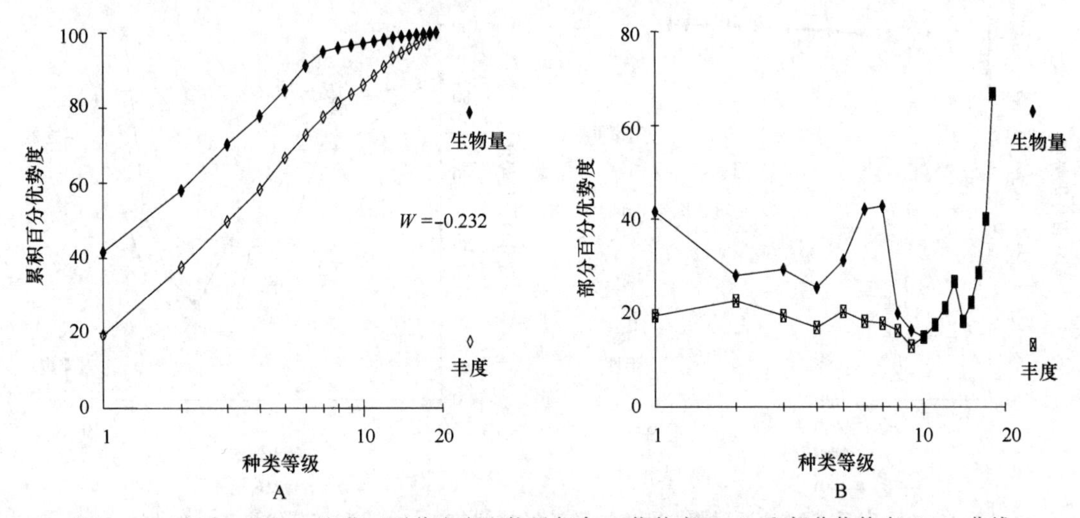

图 10-9　春季 FJ-C055 海草区群落丰度生物量复合 k-优势度（A）和部分优势度（B）曲线

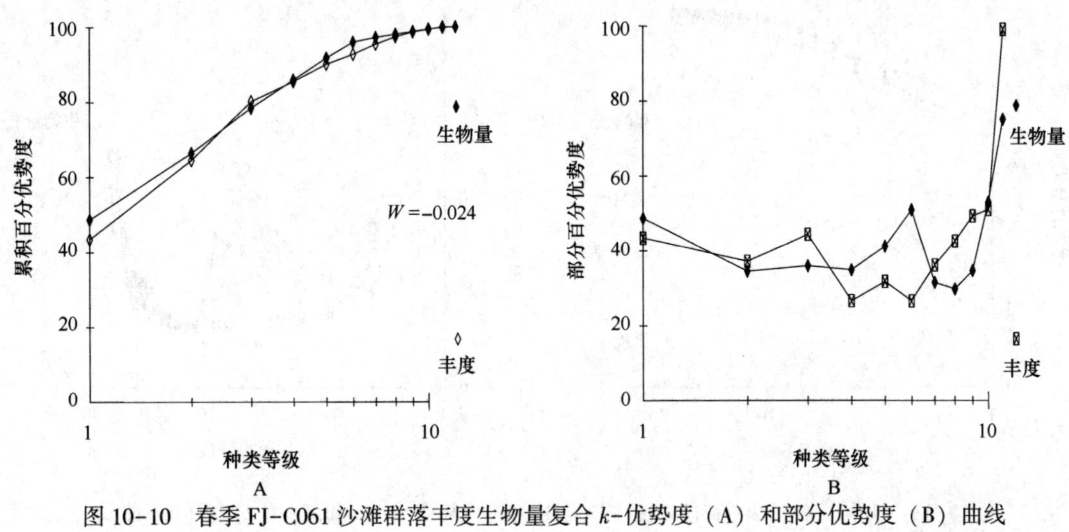

图 10-10　春季 FJ-C061 沙滩群落丰度生物量复合 k-优势度（A）和部分优势度（B）曲线

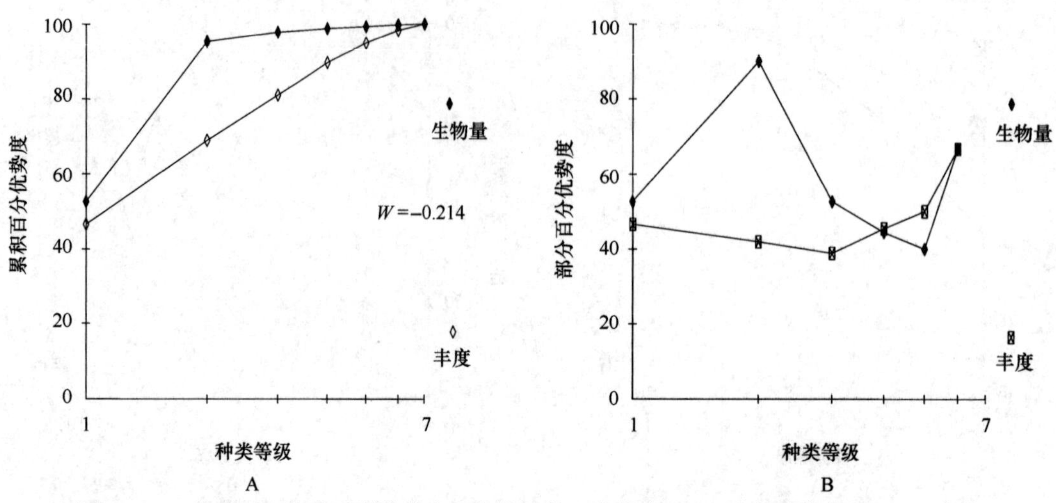

图 10-11　秋季 LD1 海草区群落丰度生物量复合 k-优势度（A）和部分优势度（B）曲线

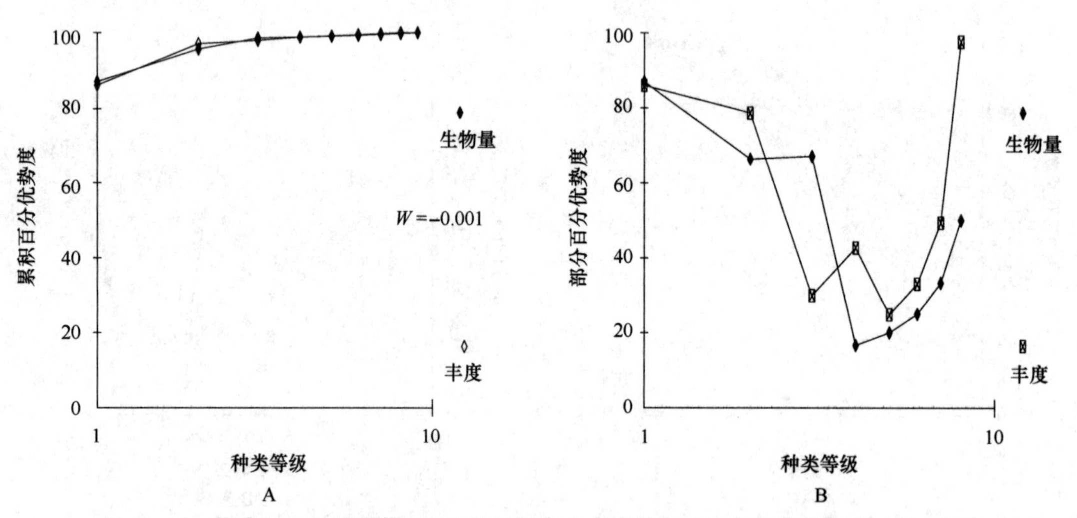

图 10-12　秋季 LD2 沙滩群落丰度生物量复合 k-优势度（A）和部分优势度（B）曲线

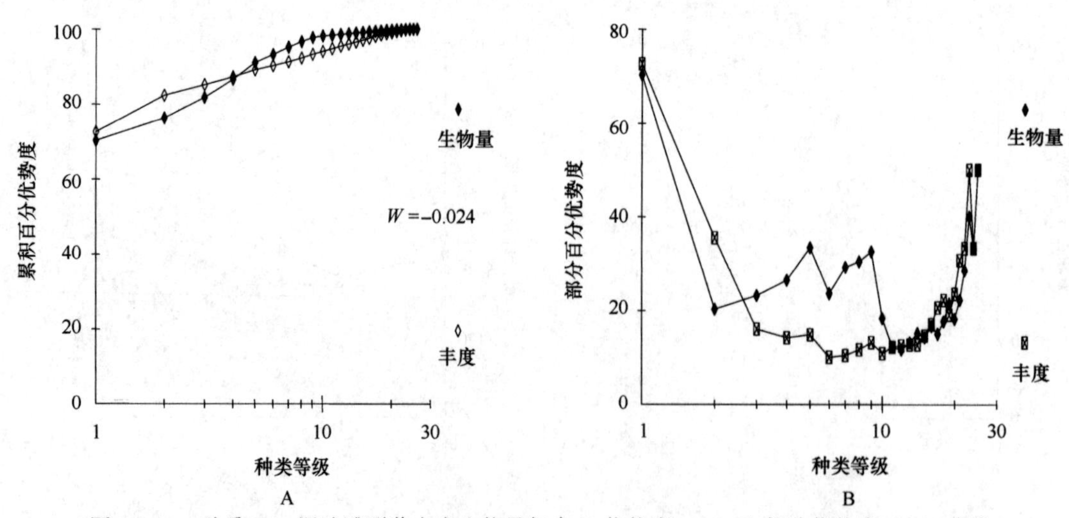

图 10-13　秋季 LD3 泥沙滩群落丰度生物量复合 k-优势度（A）和部分优势度（B）曲线

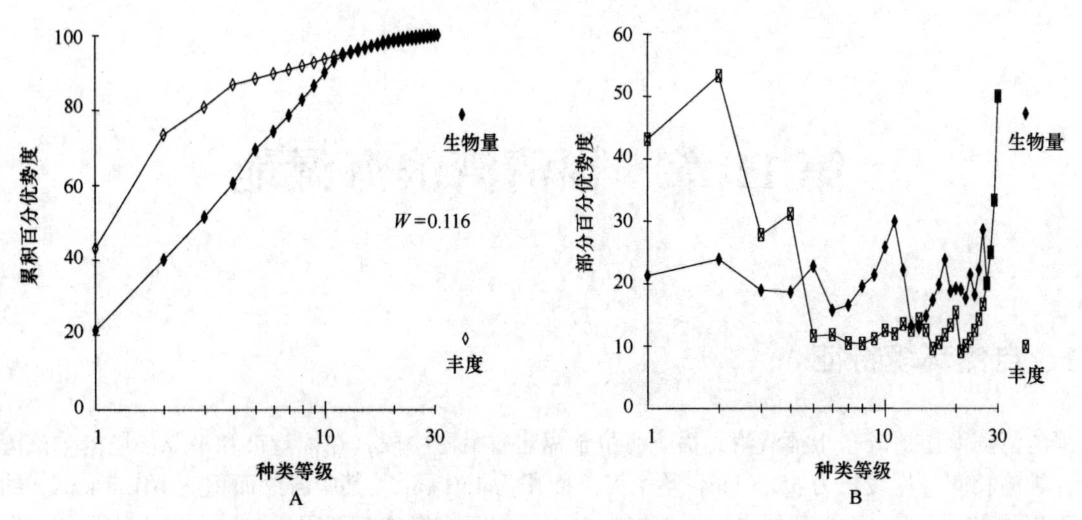

图 10-14　秋季 FJ-C055 海草区群落丰度生物量复合 k-优势度（A）和部分优势度（B）曲线

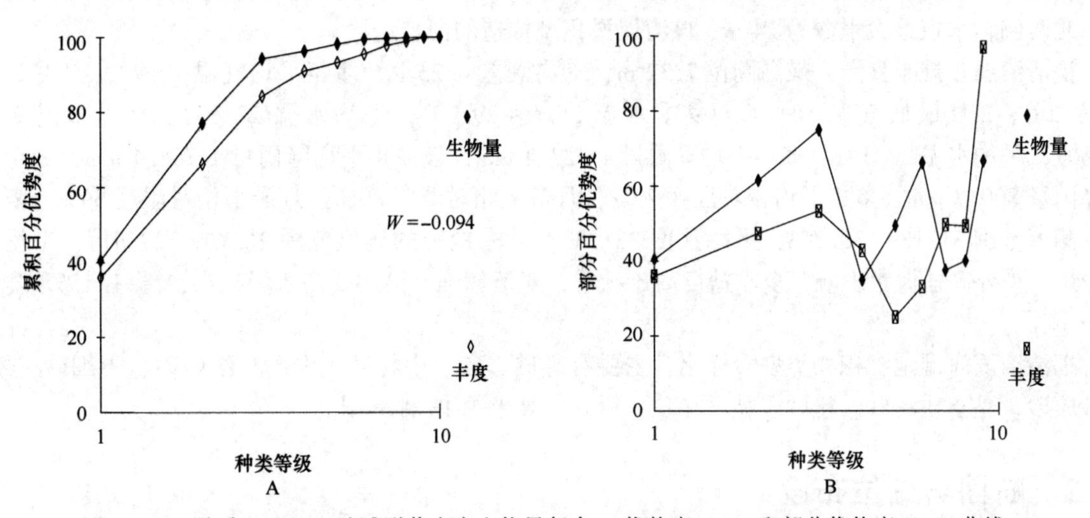

图 10-15　秋季 FJ-C061 沙滩群落丰度生物量复合 k-优势度（A）和部分优势度（B）曲线

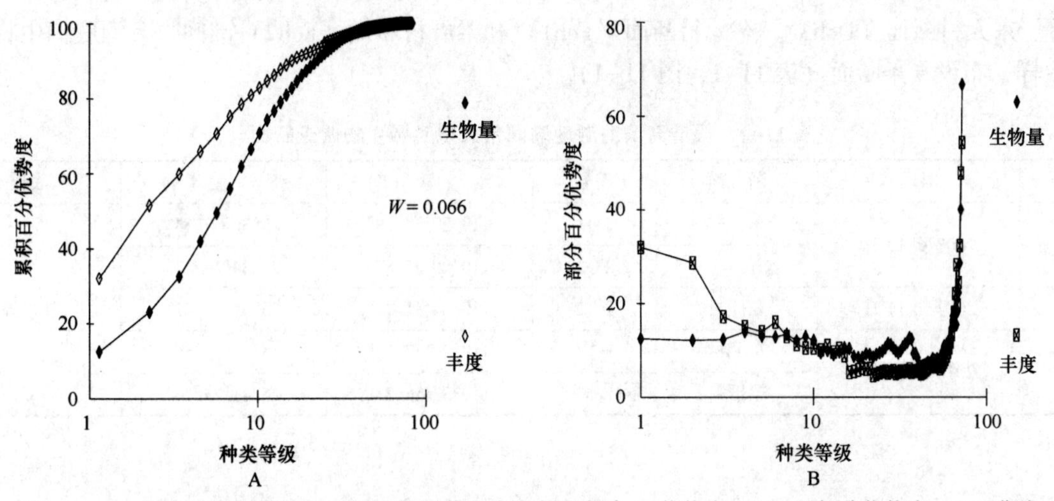

图 10-16　闽江口潮间带大型底栖生物群落丰度生物量复合 k-优势度（A）和部分优势度（B）曲线

第 11 章　福清湾滨海湿地

11.1　自然环境特征

福清湾滨海湿地分布于福清湾。福清湾位于福建省沿海中段，在福清市和平潭县境内。该湾海岸曲折，岬湾相间，岸线长为 55.5 km，整个海湾面积为 130 km^2，其中滩涂面积达 101.8 km^2，约占海湾总面积的 80%。0 m 线以下的水域面积仅为 28 km^2，只有海湾总面积的 20%。湾内绝大部分海域水深在 0~5 m 之间，水深在 10 m 以上的深水区面积只有 1.4 km^2，构成狭长的水道，仅见于湾口屿头岛南北两侧，水道最大水深为 24 m。该湾属淤积型构造的河口湾。

福清湾属正规半日潮，最高潮位 7.32 m，平均潮差 4.25 m。多年平均气温 19.7℃，7 月最高气温 28.2℃，2 月最低气温 10.7℃。夏季水温 25.6 ~ 29.2℃，平均水温 27.1℃，秋季水温 21.7 ~ 22.6℃，平均水温 22.3℃。多年平均降雨量 1 327.4 mm，最多年平均降雨量 1 764.4 mm，最少年平均降雨量 809.7 mm。多年平均相对湿度 79%，月最大相对湿度 89%，月最小相对湿度 59%。夏季盐度的测值范围 31.189 ~ 33.728，平均盐度 33.132；秋季盐度的测值范围 26.709 ~ 27.411，平均盐度 27.210。受外高盐海水影响，夏季盐度高于秋季，对流较强。湾内受淡水影响小，湾口与湾顶盐度相差小。

福清湾滨海湿地沉积物类型多样化，主要有砾砂、砂、中粗砂、中砂、细中砂、中细砂、细砂、粉砂质砂、黏土质粉砂、粉砂质黏土和砂—粉砂—黏土等 13 种类型。

11.2　断面与站位布设

2000 年 12 月、2007 年 11 月和 2010 年 11 月，在福清湾东元村断面（FQ1）、五星村断面（FQ2）、东元村断面（Dch3）、东元村断面（Fch1）和梁厝村断面（Fch2）潮间带大型底栖生物进行调查取样，布设 5 条断面（表 11-1，图 11-1）。

表 11-1　福清湾滨海湿地潮间带大型底栖生物调查断面

序号	时间	断　面	编号	经　　度（E）	纬　　度（N）	底质
1	2000 年 12 月	东元村	FQ1	119°29′35.29″	25°36′00.64″	泥沙滩
2		五星村	FQ2	119°29′25.87″	25°34′29.23″	
3	2007 年 11 月	东元村	Dch3	119°34′11.11″	25°41′23.21″	
4	2010 年 11 月	东元村	Fch1	119°29′47.32″	25°36′34.56″	
5		梁厝村	Fch2	119°33′58.33″	25°41′25.76″	

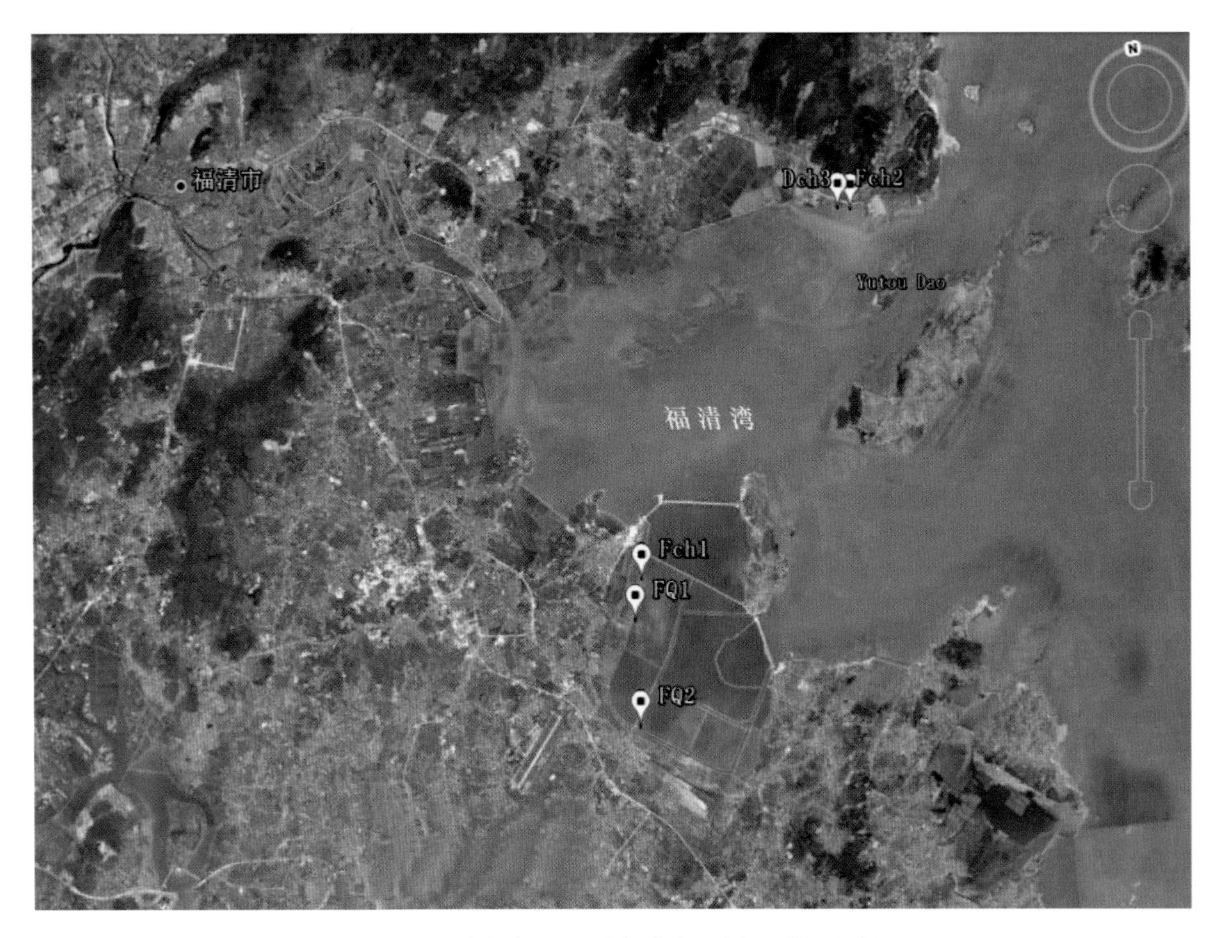

图 11-1 福清湾滨海湿地潮间带大型底栖生物调查断面

11.3 物种多样性

11.3.1 种类组成与分布

福清湾滨海湿地泥沙滩潮间带大型底栖生物 190 种，其中藻类 3 种，多毛类 73 种，软体动物 41 种，甲壳动物 62 种，棘皮动物 5 种和其他生物 6 种。多毛类、软体动物和甲壳动物占总种数的 92.63%，三者构成潮间带大型底栖生物主要类群。

福清湾滨海湿地泥沙滩潮间带大型底栖生物种数断面间略有不同，冬季种数以 FQ1 断面较大（100 种），FQ2 断面较少（89 种）；秋季种数以 Dch3 断面较大（67 种），Fch1 断面较少（29 种）。种数季节变化，以冬季（134 种）大于秋季（94 种）（表 11-2）。

表 11-2　福清湾滨海湿地泥沙滩潮间带大型底栖生物种类组成与分布　单位：种

季节	断面	藻类	多毛类	软体动物	甲壳动物	棘皮动物	其他生物	合计
冬季	FQ1	0	43	24	30	2	1	100
	FQ2	2	38	16	28	2	3	89
	合计	2	50	33	44	3	2	134
秋季	Dch3	1	28	12	20	3	3	67
	Fch1	0	16	5	7	0	1	29
	Fch2	0	20	4	5	0	1	30
	合计	1	43	15	28	3	4	94
总计		3	73	41	62	5	6	190

11.3.2　优势种和主要种

根据数量和出现率，福清湾滨海湿地泥沙滩潮间带大型底栖生物优势种和主要种有长锥虫、齿吻沙蚕、中蚓虫、稚齿虫、马氏独毛虫（*Tharyx marioni*）、独毛虫、索沙蚕、新多鳃齿吻沙蚕、丝鳃稚齿虫、不倒翁虫、似蛰虫、珠带拟蟹守螺、纵带滩栖螺、菲律宾蛤仔（*Ruditapes philippinarum*）、缢蛏、理蛤、亚洲针尾涟虫（*Diamorphostylis asiatica*）、畸形钟镃肢虫（*Sphyrapus anomalus*）、塞切尔泥钩虾（*Eriopisella sechellensis*）、日本大螯蜚、三角柄蜾蠃蜚、淡水泥蟹、长碗和尚蟹（*Mictyris longicarpus*）、模糊新短眼蟹、天津厚蟹〔*Helice*（*Helice*）*tientsinensis*〕等。

11.4　数量时空分布

11.4.1　数量组成

秋冬季福清湾滨海湿地泥沙滩潮间带大型底栖生物平均生物量为 36.33 g/m^2，平均栖息密度为 726 个/m^2。生物量以软体动物居第一位（25.37 g/m^2），多毛类居第二位（5.66 g/m^2）；栖息密度以甲壳动物居第一位（324 个/m^2），多毛类居第二位（320 个/m^2）。季节比较，生物量以秋季（45.46 g/m^2）大于冬季（27.17 g/m^2）；栖息密度则相反以冬季（1 069 个/m^2）大于秋季（381 个/m^2）。各类群数量组成与季节变化见表 11-3。

表 11-3　福清湾滨海湿地泥沙滩潮间带大型底栖生物数量组成与季节变化

数量	季节	藻类	多毛类	软体动物	甲壳动物	棘皮动物	其他生物	合计
生物量（g/m^2）	秋季	0.04	3.81	37.28	3.92	0.30	0.11	45.46
	冬季	0.09	7.51	13.45	3.93	0.88	1.31	27.17
	平均	0.07	5.66	25.37	3.93	0.59	0.71	36.33
密度（个/m^2）	秋季	—	273	65	32	3	8	381
	冬季	—	367	76	616	9	1	1 069
	平均	—	320	71	324	6	5	726

11.4.2　数量分布

福清湾滨海湿地泥沙滩潮间带大型底栖生物平面数量分布，各断面各不相同。秋季生物量以 Fch2 断面较大（71.43 g/m^2），Fch1 断面较小（32.37 g/m^2）；冬季生物量以 FQ1 断面较大（32.07 g/m^2），FQ2 断面较小（22.22 g/m^2）。秋季栖息密度以 Dch3 断面较大（611 个/m^2），Fch2 断面较小（206 个/m^2），冬季以 FQ1 断面较大（1 389 个/m^2），FQ2 断面较小（748 个/m^2）（表 11-4）。

表 11-4　福清湾滨海湿地泥沙滩潮间带大型底栖生物数量组成与分布

数量	季节	断面	藻类	多毛类	软体动物	甲壳动物	棘皮动物	其他生物	合计
生物量（g/m^2）	秋季	Dch3	0.12	3.07	20.20	8.06	0.91	0.24	32.60
		Fch1	0	4.60	24.77	2.95	0	0.05	32.37
		Fch2	0	3.77	66.88	0.74	0	0.04	71.43
		平均	0.04	3.81	37.28	3.92	0.30	0.11	45.46
	冬季	FQ1	0	6.65	20.37	3.03	1.62	0.40	32.07
		FQ2	0.17	8.36	6.52	4.83	0.13	2.21	22.22
		平均	0.09	7.51	13.45	3.93	0.88	1.31	27.17
密度（个/m^2）	秋季	Dch3	—	515	38	31	10	17	611
		Fch1	—	216	60	43	0	6	325
		Fch2	—	87	97	21	0	1	206
		平均	—	273	65	32	3	8	381
	冬季	FQ1	—	344	75	967	2	1	1 389
		FQ2	—	390	76	265	16	1	748
		平均	—	367	76	616	9	1	1 069

福清湾滨海湿地泥沙滩潮间带大型底栖生物数量垂直分布，2000 年冬季生物量从高到低依次为中潮区（54.27 g/m^2）、低潮区（22.60 g/m^2）、高潮区（4.60 g/m^2）；栖息密度从高到低依次为低潮区（2 240 个/m^2）、中潮区（946 个/m^2）、高潮区（30 个/m^2）。2007 年秋季生物量从高到低依次为中潮区（80.93 g/m^2）、低潮区（11.00 g/m^2）、高潮区（5.84 g/m^2）；栖息密度从高到低依次为低潮区（1 325 个/m^2）、中潮区（422 个/m^2）、高潮区（88 个/m^2）。2010 年秋季生物量从高到低依次为低潮区（100.99 g/m^2）、中潮区（41.49 g/m^2）、高潮区（13.24 g/m^2）；栖息密度从高到低依次为中潮区（379 个/m^2）、低潮区（263 个/m^2）、高潮区（156 个/m^2）。各断面数量垂直分布见表 11-5 至表 11-7。

表 11-5　2000 年冬季泥沙滩潮间带大型底栖生物数量垂直分布

潮区	数量	断面	藻类	多毛类	软体动物	甲壳动物	棘皮动物	其他生物	合计
高潮区	生物量（g/m^2）	FQ1	0	0	2.80	0	0	0	2.80
		FQ2	0	0	6.40	0	0	0	6.40
		平均	0	0	4.60	0	0	0	4.60
	密度（个/m^2）	FQ1	—	0	12	0	0	0	12
		FQ2	—	0	48	0	0	0	48
		平均	—	0	30	0	0	0	30

续表 11-5

潮区	数量	断面	藻类	多毛类	软体动物	甲壳动物	棘皮动物	其他生物	合计
中潮区	生物量（g/m²）	FQ1	0	10.35	52.63	4.10	0.07	0	67.15
		FQ2	0.10	9.94	12.71	11.99	0	6.62	41.36
		平均	0.05	10.15	32.67	8.05	0.04	3.31	54.27
	密度（个/m²）	FQ1	—	543	174	176	1	0	894
		FQ2	—	661	149	181	0	4	995
		平均	—	602	162	179	1	2	946
低潮区	生物量（g/m²）	FQ1	0	9.60	5.68	5.00	4.80	1.20	26.28
		FQ2	0.40	15.15	0.45	2.50	0.40	0	18.90
		平均	0.20	12.38	3.07	3.75	2.60	0.60	22.60
	密度（个/m²）	FQ1	—	488	40	2 724	20	4	3 276
		FQ2	—	508	30	615	50	0	1 203
		平均	—	498	35	1 670	35	2	2 240
平均	生物量（g/m²）	FQ1	0	6.65	20.37	3.03	1.62	0.40	32.07
		FQ2	0.17	8.36	6.52	4.83	0.13	2.21	22.22
		平均	0.08	7.51	13.45	3.93	0.88	1.30	27.15
	密度（个/m²）	FQ1	—	344	75	967	2	1	1 389
		FQ2	—	390	76	265	16	1	748
		平均	—	367	76	616	12	1	1 072

表 11-6　2007 年秋季泥沙滩潮间带大型底栖生物数量垂直分布

潮区	数量	藻　类	多毛类	软体动物	甲壳动物	棘皮动物	其他生物	合　计
高潮区	生物量（g/m²）	0	0	5.84	0	0	0	5.84
	密度（个/m²）	—	0	88	0	0	0	88
中潮区	生物量（g/m²）	0	1.97	52.6	23.62	2.72	0.02	80.93
	密度（个/m²）	—	320	17	48	30	7	422
低潮区	生物量（g/m²）	0.35	7.25	2.15	0.55	0	0.7	11.00
	密度（个/m²）	—	1 225	10	45	0	45	1 325
平均	生物量（g/m²）	0.12	3.07	20.2	8.06	0.91	0.24	32.60
	密度（个/m²）	—	515	38	31	10	17	611

表 11-7　2010 年秋季泥沙滩潮间带大型底栖生物数量垂直分布

数量	潮区	断面	多毛类	软体动物	甲壳动物	棘皮动物	其他生物	合计
密度（个/m^2）	高潮区	Fch1	0	152	0	0	0	152
		Fch2	0	160	0	0	0	160
		平均	0	156	0	0	0	156
	中潮区	Fch1	397	12	90	0	8	507
		Fch2	152	32	63	0	3	250
		平均	274	22	77	0	6	379
	低潮区	Fch1	250	15	40	0	10	315
		Fch2	110	100	0	0	0	210
		平均	180	58	20	0	5	263
	平均	Fch1	216	60	43	0	6	325
		Fch2	87	97	21	0	1	206
		平均	151	78	32	0	4	265
生物量（g/m^2）	高潮区	Fch1	0	11.68	0	0	0	11.68
		Fch2	0	14.80	0	0	0	14.80
		平均	0	13.24	0	0	0	13.24
	中潮区	Fch1	10.85	31.23	1.00	0	0.10	43.18
		Fch2	9.35	28.08	2.23	0	0.12	39.78
		平均	10.10	29.66	1.62	0	0.11	41.49
	低潮区	Fch1	2.95	31.40	7.85	0	0.05	42.25
		Fch2	1.95	157.75	0	0	0	159.70
		平均	2.45	94.58	3.93	0	0.03	100.99
	平均	Fch1	4.60	24.77	2.95	0	0.05	32.37
		Fch2	3.77	66.88	0.74	0	0.04	71.43
		平均	4.18	45.82	1.85	0	0.04	51.89

11.4.3　饵料生物

福清湾滨海湿地泥沙滩潮间带大型底栖生物饵料水平分级，秋季平均饵料水平分级为Ⅳ级，其中藻类、多毛类、甲壳动物、棘皮动物和其他生物相对较低，均为Ⅰ级；软体动物较高，为Ⅳ级。断面间比较，以 Fch2 断面较高（Ⅴ级），Dch3 和 Fch1 断面较低（Ⅳ级）。冬季平均饵料水平分级为Ⅳ级，其中藻类、甲壳动物、棘皮动物和其他生物相对较低，均为Ⅰ级；软体动物较高，为Ⅲ级。断面间比较，以 FQ1 断面较高（Ⅳ），FQ2 断面较低（Ⅲ级）（表 11-8）。

表 11-8　福清湾滨海湿地泥沙滩潮间带大型底栖生物饵料水平分级

季节	断面	藻类	多毛类	软体动物	甲壳动物	棘皮动物	其他生物	评价标准
秋季	Dch3	Ⅰ	Ⅰ	Ⅲ	Ⅱ	Ⅰ	Ⅰ	Ⅳ
	Fch1	Ⅰ	Ⅰ	Ⅲ	Ⅰ	Ⅰ	Ⅰ	Ⅳ
	Fch2	Ⅰ	Ⅰ	Ⅴ	Ⅰ	Ⅰ	Ⅰ	Ⅴ
	平均	Ⅰ	Ⅰ	Ⅳ	Ⅰ	Ⅰ	Ⅰ	Ⅳ
冬季	FQ1	Ⅰ	Ⅱ	Ⅲ	Ⅰ	Ⅰ	Ⅰ	Ⅳ
	FQ2	Ⅰ	Ⅱ	Ⅱ	Ⅰ	Ⅰ	Ⅰ	Ⅲ
	平均	Ⅰ	Ⅱ	Ⅲ	Ⅰ	Ⅰ	Ⅰ	Ⅳ

11.5　群落

11.5.1　群落类型

福清湾滨海湿地泥沙滩潮间带大型底栖生物群落按地理位置和底质类型分为：

（1）东元村 FQ1 泥沙滩群落。高潮区：粗糙滨螺—短滨螺带；中潮区：长锥虫—不倒翁虫—珠带拟蟹守螺—光滑河蓝蛤—亚洲针尾涟虫带；低潮区：双鳃内卷齿蚕—畸形链肢虫—塞切尔泥钩虾—洼颚倍棘蛇尾带。

（2）五星村 FQ2 泥沙滩群落。高潮区：粗糙滨螺—短滨螺带；中潮区：似蛰虫—理蛤—珠带拟蟹守螺—三角柄蜾蠃蜚—天津厚蟹带；低潮区：哈鳞虫—豆形胡桃蛤—日本大螯蜚—小卷海齿花（*Comanthus parvicirra*）带。

（3）东元村 Dch 3 泥沙滩群落。高潮区：粗糙滨螺—短滨螺带；中潮区：独指虫—古氏滩栖螺—长碗和尚蟹—光滑倍棘蛇尾带；低潮区：马氏独毛虫—古明圆蛤（*Cycladicama cumingi*）—日本拟花尾水虱带。

11.5.2　群落结构

（1）东元村 FQ1 泥沙滩群落。该群落所处滩面长度为 7 000~8 000 m，底质类型高潮区上层为石堤，中潮区至低潮区由粉砂泥组成，泥和泥沙类型呈斑块状分布。

高潮区：粗糙滨螺—短滨螺带。该潮区上层石堤代表种粗糙滨螺的最高生物量和栖息密度分别为 5.36 g/m^2 和 28 个/m^2，短滨螺的生物量和栖息密度分别仅为 2.00 g/m^2 和 8 个/m^2。

中潮区：长锥虫—不倒翁虫—珠带拟蟹守螺—光滑河蓝蛤—亚洲针尾涟虫带。该潮区代表种长锥虫在本区数量较高，在本区上层生物量和栖息密度分别为 4.80 g/m^2 和 248 个/m^2，在中下层的栖息密度为 20~132 个/m^2，生物量为 3.60 g/m^2，该种自本区可延伸分布至低潮区上层。不倒翁虫，自本区也可延伸分布至低潮区上层，生物量和栖息密度以本区下层为大，分别为 3.20 g/m^2 和 228 个/m^2。珠带拟蟹守螺，主要分布在本区中下层，生物量和栖息密度分别为 12.00 g/m^2 和 32 个/m^2。光滑河蓝蛤，仅在本区中层出现，生物量不大，但栖息密度高达 400 个/m^2。亚洲针尾涟虫，也仅在本区中层出现，生物量不大，但栖息密度高达 732 个/m^2。其他主要种和习见种有索沙蚕、中蚓虫、长吻吻沙蚕、理蛤、渤海鸭嘴蛤〔*Laternula*（*Exolaternula*）*marilina*〕、秀丽织纹螺、日本大螯蜚、淡水泥蟹、天津厚蟹等。

低潮区：双鳃内卷齿蚕—畸形链肢虫—塞切尔泥钩虾—洼颚倍棘蛇尾带。该潮区代表种双鳃内卷齿蚕数量均不高，其生物量和栖息密度分别仅为 1.00 g/m² 和 40 个/m²，该种仅在低潮区出现。畸形链肢虫，生物量不高仅为 1.34 g/m²，而栖息密度可高达 2 116 个/m²，该种也仅分布在低潮区。塞切尔泥钩虾，生物量也不高仅为 1.24 g/m²，栖息密度可达 236 个/m²，该种也仅分布在低潮区。洼颚倍棘蛇尾，生物量和栖息密度分别为 3.20 g/m² 和 16 个/m²。许多种类从本区向上可分布至中潮区，如不倒翁虫、长锥虫、理蛤、织纹螺、天津厚蟹和似蛰虫等（图 11-2）。

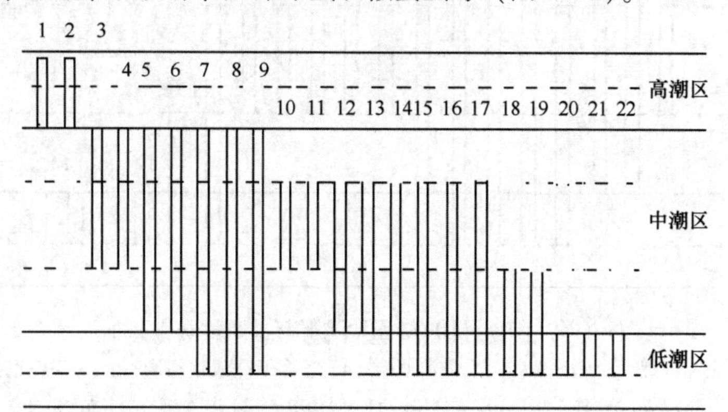

图 11-2　东元村 FQ1 泥沙滩群落主要种垂直分布

1. 粗糙滨螺；2. 短滨螺；3. 长吻沙蚕；4. 中蚓虫；5. 日本大螯蜚；6. 淡水泥蟹；7. 不倒翁虫；8. 长锥虫；9. 理蛤；10. 光滑河蓝蛤；11. 秀丽织纹螺；12. 渤海鸭嘴蛤；13. 亚洲针尾涟虫；14. 似蛰虫；15. 珠带拟蟹守螺；16. 织纹螺；17. 天津厚蟹；18. 肋变角贝；19. 光滑倍棘蛇尾；20. 塞切尔泥钩虾；21. 畸形链肢虫；22. 洼颚倍棘蛇尾

（2）五星村 FQ2 泥沙滩群落。该群落所处滩面长度为 4 000~5 000 m，底质类型高潮区为石堤，中潮区和低潮区由泥砂质组成。断面两侧有菲律宾蛤仔和缢蛏养殖。

高潮区：粗糙滨螺—短滨螺带。该潮区代表种为粗糙滨螺和短滨螺，生物量分别为 4.00 g/m² 和 2.40 g/m²；栖息密度分别为 32 个/m² 和 16 个/m²，主要分布在石堤上。

中潮区：似蛰虫—理蛤—珠带拟蟹守螺—三角柄蜾蠃蜚—天津厚蟹带。该区代表种为似蛰虫，分布较广，从本区可向下延伸至低潮区，生物量和栖息密度以本区上下层为大，生物量上下层分别为 2.84 g/m² 和 3.44 g/m²，栖息密度分别为 108 个/m² 和 228 个/m²。理蛤，主要分布在中上层，最大的生物量和栖息密度分别为 1.64 g/m² 和 88 个/m²。珠带拟蟹守螺仅在本区下层出现，生物量和栖息密度分别为 29.40 g/m² 和 52 个/m²。三角柄蜾蠃蜚，自本潮区上层至低潮区均有出现，数量以本区下层为大，最大栖息密度达 392 个/m²。天津厚蟹，自中潮区上层至下层均有分布，上层栖息密度较高，为 56 个/m²，下层相对较低为 28 个/m²。其他主要种和习见种有缘管浒苔（*Entermorpha linza*）、齿吻沙蚕、长锥虫、独毛虫、索沙蚕、光滑河蓝蛤、泥螺、短拟沼螺、肉球近方蟹、库页球舌螺（*Didontoglossa koyasensis*）、织纹螺、弧边招潮、日本大眼蟹、圆尾绿虾蛄（*Clorida rotundicauda*）、中华鳗鲡（*Anguilla sinensis*）等。

低潮区：哈鳞虫—豆形胡桃蛤—日本大螯蜚—小卷海齿花带。该区代表种哈鳞虫的生物量和栖息密度分别为 1.12 g/m² 和 56 个/m²，该种分布较小，仅在本潮区有出现。豆形胡桃蛤，从中潮区下层至本区均有出现，数量不高，生物量和栖息密度分别仅为 0.12 g/m² 和 8 个/m²。日本大螯蜚，也仅在本潮区有出现，生物量不大，栖息密度高达 220 个/m²。小卷海齿花，为该断面本潮区的特有种，但数量不大。其他主要种和习见种有长锥虫、吻沙蚕、独毛虫、索沙蚕、似蛰虫、片鳃（*Armina* sp.)、薄片蜾蠃蜚、夏威夷亮钩虾（*Photis hawaiensis*）、中华近方蟹和洼颚倍棘蛇尾等（图11-3）。

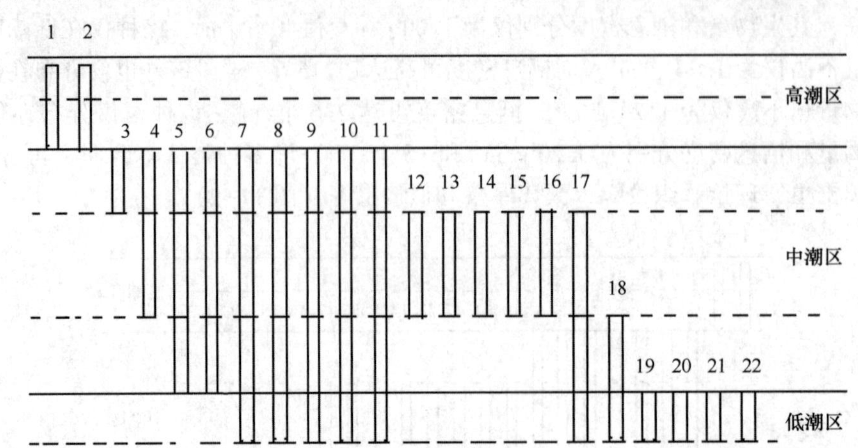

图11-3　五星村FQ2泥沙滩群落主要种垂直分布

1. 粗糙滨螺；2. 短滨螺；3. 光滑河蓝蛤；4. 理蛤；5. 弧边招潮；6. 天津厚蟹；7. 长锥虫；8. 吻沙蚕；9. 独毛虫；10. 索沙蚕；11. 似蛰虫；12. 拟节虫；13. 泥螺；14. 中华鳗鳚；15. 日本大眼蟹；16. 圆尾绿虾蛄；17. 三角柄蜾蠃蜚；18. 短拟沼螺；19. 珠带拟蟹守螺；20. 日本大螯蜚；21. 中华近方蟹；22. 小卷海齿花

（3）东元村Dch3泥沙滩群落。该群落位于福清湾口北侧，所处滩面底质类型高潮区石堤和砾石，中潮区至低潮区为泥沙滩镶嵌斑块沙滩。断面周围有紫菜养殖。

高潮区：粗糙滨螺—短滨螺带。该潮区代表种为粗糙滨螺，数量不高，生物量和栖息密度分别为4.00 g/m^2 和72个/m^2。短滨螺的生物量和栖息密度分别为1.84 g/m^2 和16个/m^2。此外还有海蟑螂。

中潮区：独指虫—古氏滩栖螺—长碗和尚蟹—光滑倍棘蛇尾带。该区主要种为独指虫，仅在本区出现，生物量和栖息密度分别为0.50 g/m^2 和160个/m^2。特征种古氏滩栖螺，自本区上层可向下延伸分布至中层，在上层的生物量和栖息密度分别为20.85 g/m^2 和30个/m^2。优势种长碗和尚蟹，仅在本区出现，在中层形成一条50~100 m的分布，生物量和栖息密度分别为58.95 g/m^2 和15个/m^2。光滑倍棘蛇尾，自本区中层可向下延伸分布至下层，在上层的生物量和栖息密度分别为0.05 g/m^2 和5个/m^2，中层分别为2.80 g/m^2 和75个/m^2。其他主要种和习见种有角沙蚕（*Ceratonereis hircinicola*）、长吻吻沙蚕、东方刺尖锥虫、丝鳃稚齿虫、独毛虫、长耳珠母贝（*Pinctada chemnitzi*）、角蛤、珠带拟蟹守螺、纵带滩栖螺、秀丽织纹螺、葛氏胖钩虾、模糊新短眼蟹、弧边招潮、明秀大眼蟹、近辐蛇尾（*Ophiactis affinis*）和伪指刺锚参（*Protankyra pseudodigitata*）等。

低潮区：马氏独毛虫—古明圆蛤—日本拟花尾水虱带。该区优势种为马氏独毛虫，仅在本区出现，数量较大，生物量和栖息密度分别为4.65 g/m^2 和1 050个/m^2。主要种为古明圆蛤，仅在本区出现，数量较低，生物量和栖息密度分别为2.15 g/m^2 和10个/m^2。日本拟花尾水虱，自中潮区延伸分布至本区，在本区的生物量和栖息密度分别为0.05 g/m^2 和25个/m^2。其他主要种和习见种有锥虫、丝鳃稚齿虫、背蚓虫、青蛤（*Cyclina sinensis*）、菲律宾蛤仔、拟尖头钩虾、变态蟳（*Charybdis variegata*）、齿腕拟盲蟹、模糊新短眼蟹和白沙箸海鳃等（图11-4）。

11.5.3　群落生态特征值

根据Shannon-Wiener种类多样性指数（H'）、Pielous种类均匀度指数（J）、Margalef种类丰富度

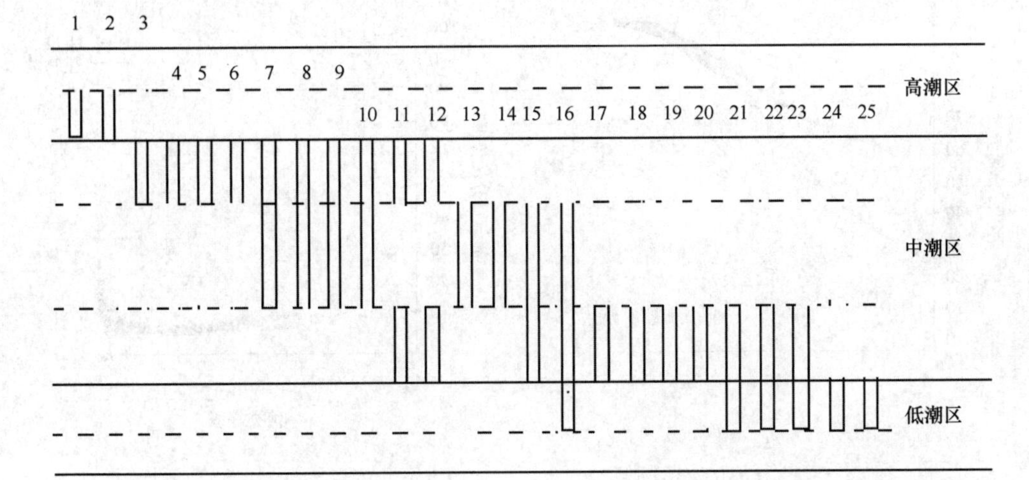

图 11-4　东元村 Dch3 泥沙滩群落主要种垂直分布

1. 粗糙滨螺；2. 短滨螺；3. 独指虫；4. 小头虫；5. 葛氏胖钩虾；6. 明秀大眼蟹；7. 珠带拟蟹守螺；8. 纵带滩栖螺；9. 古氏滩栖螺；10. 织纹螺；11. 长吻吻沙蚕；12. 独毛虫；13. 东方长眼虾；14. 长碗和尚蟹；15. 光滑倍棘蛇尾；16. 丝鳃稚齿虫；17. 角沙蚕；18. 中蚓虫；19. 长耳珠母贝；20. 角蛤；21. 模糊新短眼蟹；22. 背蚓虫；23. 不倒翁虫；24. 马氏独毛虫；25. 日本拟花尾水虱

指数（*d*）和 Simpson 优势度（*D*）显示，福清湾滨海湿地泥沙滩潮间带大型底栖生物群落丰富度指数（*d*）以 FQ1 断面较高（10.964 0），Fch1 断面较低（3.687 0）；多样性指数（*H′*）以 FQ1 断面较高（3.235 0），Fch1 断面较低（2.408 0）；均匀度指数（*J*）以 Fch2 断面较高（0.843 1），Dch3 断面较低（0.647 1）；Simpson 优势度（*D*）以 Dch3 断面较高（0.185 8），Fch2 断面较低（0.076 9）（表 11-9）。

表 11-9　福清湾滨海湿地泥沙滩潮间带大型底栖生物群落生态特征值

断面	*d*	*H′*	*J*	*D*
FQ1	10.964 0	3.235 0	0.703 0	—
FQ2	9.922 0	3.198 0	0.720 0	—
Dch3	7.117 2	2.616 2	0.647 1	0.185 8
Fch1	3.687 0	2.408 0	0.715 0	0.165 3
Fch2	4.130 0	2.867 0	0.843 1	0.076 9

11.5.4　群落稳定性

2000 年冬季和 2007 年秋季福清湾滨海湿地东壁岛东元村 FQ1、五星村 FQ2 和 Dch3 泥沙滩潮间带大型底栖生物群落结构相对稳定，其丰度生物量复合 *k*-优势度曲线不交叉、不翻转，生物量优势度曲线始终位于丰度上方；部分丰度生物量复合 *k*-优势度曲线也不交叉、不翻转（图 11-5～11-8）。

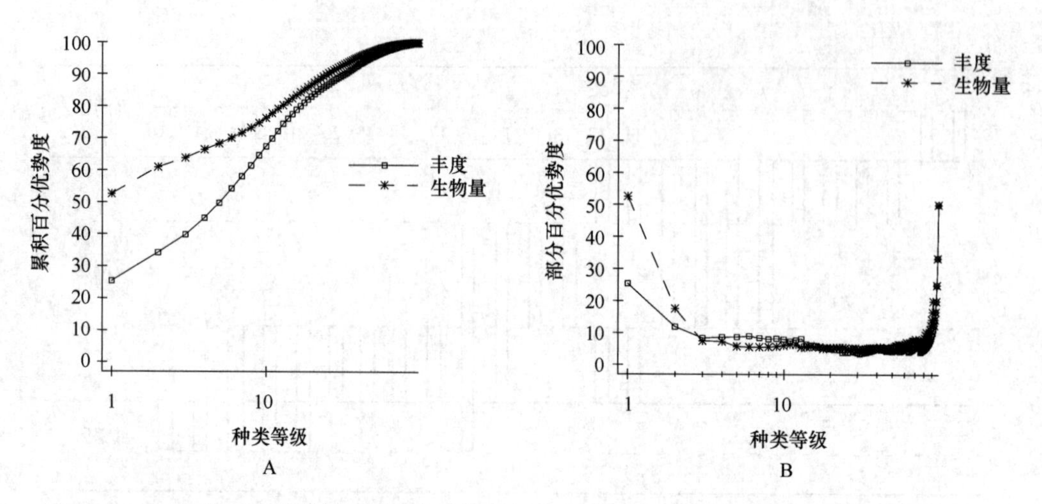

图 11-5　东元村 FQ1 泥沙滩群落丰度生物量复合 k-优势度（A）和部分优势度（B）曲线

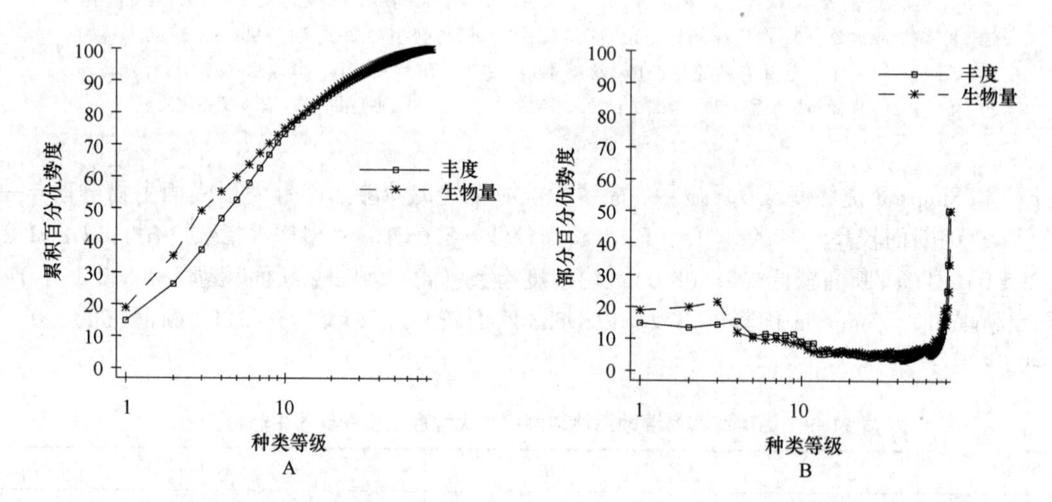

图 11-6　五星村 FQ2 泥沙滩群落丰度生物量复合 k-优势度（A）和部分优势度（B）曲线

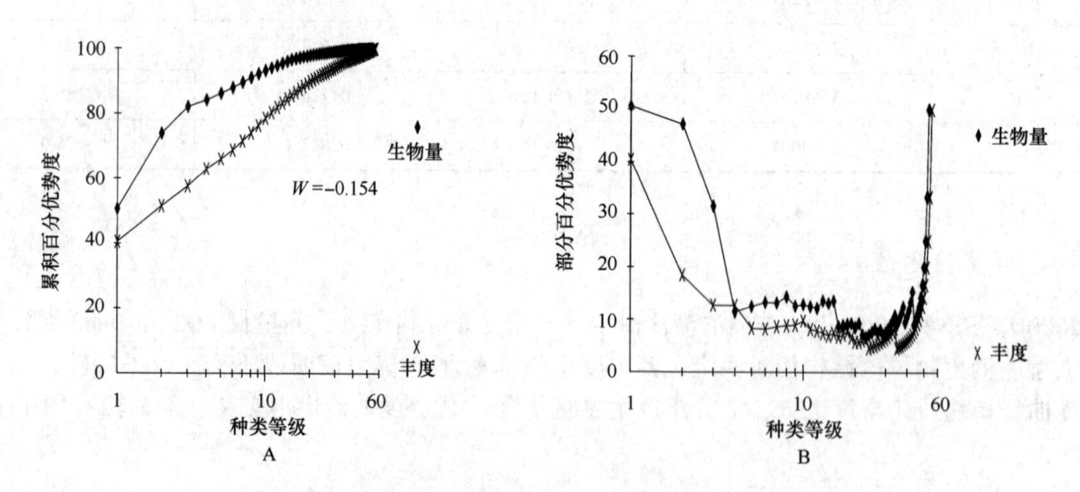

图 11-7　Dch3 泥沙滩群落丰度生物量复合 k-优势度（A）和部分优势度（B）曲线

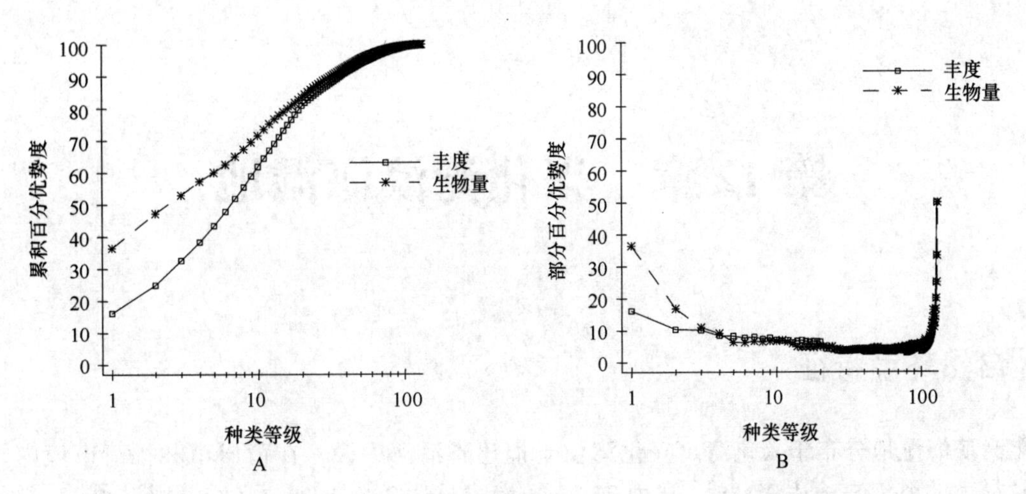

图 11-8　福清湾滨海湿地群落丰度生物量复合 k-优势度（A）和部分优势度（B）曲线

第12章　兴化湾滨海湿地

12.1　自然环境特征

兴化湾滨海湿地分布于兴化湾。兴化湾位于福建省沿海中段，在莆田市和福清市境内。该湾是福建省最大的海湾，长达 28 km，宽为 23 km，岸线长达 223.4 km（不含岛屿岸线），总面积为 619.4 km^2。湾内水浅，滩涂宽阔，面积达 250 km^2，约占整个海湾面积的 30%以上。湾内大部分水深在 10 m 之内，水深在 20 m 以上的深水区，仅见于湾口，多呈狭长的水道，如兴化水道和南日水道等，最大水深在 30 m 以上。

兴化湾属正规半日潮，平均高潮位 6.71 m，平均最大潮差 4.61 m。平均大、中、小潮的高、低潮容潮量分别为 7.736×10^9 m^3、6.126×10^9 m^3 和 4.233×10^9 m^3，大、中、小潮时海水的半交换期分别为 2.7 d、3.5 d 和 5.0 d。多年平均气温 20.2℃，7 月最高气温 28.5℃，1 月最低气温 11.4℃。6 月表层平均水温 28.0℃，底层平均水温 27.2℃，底层水温受湾口外洋海水影响，整个湾水温处于 26.4~27.7℃。多年平均降雨量 1 289.5 mm，最多年平均降雨量 1 894.3 mm，最少年平均降雨量 941.9 mm。多年平均相对湿度 78%，月最大相对湿度 90%，月最小相对湿度 58%。表层盐度平均为 32.343，底层盐度平均为 32.901，盐度测值范围 31.794~34.058，呈现底层盐度高于表层盐度，湾顶低于湾口的趋势。

兴化湾滨海湿地沉积物类型比较复杂，主要为砾石、砾砂、粗砂、粗中砂、中粗砂、砂、细砂、粉砂质砂、中砂、砾石—砂—粉砂、砾石—粉砂—黏土、粉砂、砂—粉砂—黏土、黏土质粉砂、粉砂质黏土 15 种类型。

12.2　断面与站位布设

2005 年 11 月，2006 年 5 月，2009 年 12 月和 2010 年 4 月，2012 年 4 月和 7 月，在兴化湾滨海湿地湖尾（Xch1）、东山（Xch2）、东沃（Xch3）、琯下、华侨农场（A）、核电厂址（B）和龙祥（C）11 条断面进行潮间带大型底栖生物取样（表 12-1、图 12-1）。

表 12-1　兴化湾滨海湿地潮间带大型底栖生物调查断面

序号	时间	断　面	编号	经　　度（E）	纬　　度（N）	底质
1	2009 年 12 月，2010 年 4 月	核电厂址（B）	Xch6	119°26′06.05″	25°25′51.57″	岩石滩
2	2012 年 4 月，7 月	核电厂区	FQ2	119°26′02.00″	25°26′04.00″	
3		牛头尾大澳	FQ4	119°29′18.42″	25°21′46.34″	

续表 12-1

序号	时间	断　面	编号	经　　度（E）	纬　　度（N）	底质
4	2005 年 11 月，2006 年 5 月	湖尾	Xch1	119°19′00.00″	25°17′38.28″	泥沙滩
5		东山	Xch2	119°8′26.64″	25°23′12.66″	
6		东沃	Xch3	119°13′35.70″	25°28′23.22″	
7		琯下	Xch4	119°30′03.60″	25°23′02.40″	
8	2009 年 12 月，2010 年 4 月	华侨农场（A）	Xch5	119°24′12.60″	25°30′54.30″	
9		龙祥（C）	Xch7	119°29′51.66″	25°24′40.78″	
10	2012 年 4 月，7 月	华侨农场	FQ1	119°24′23.46″	25°30′27.00″	
11		江夏外洋	FQ3	119°30′45.13″	25°24′11.31″	

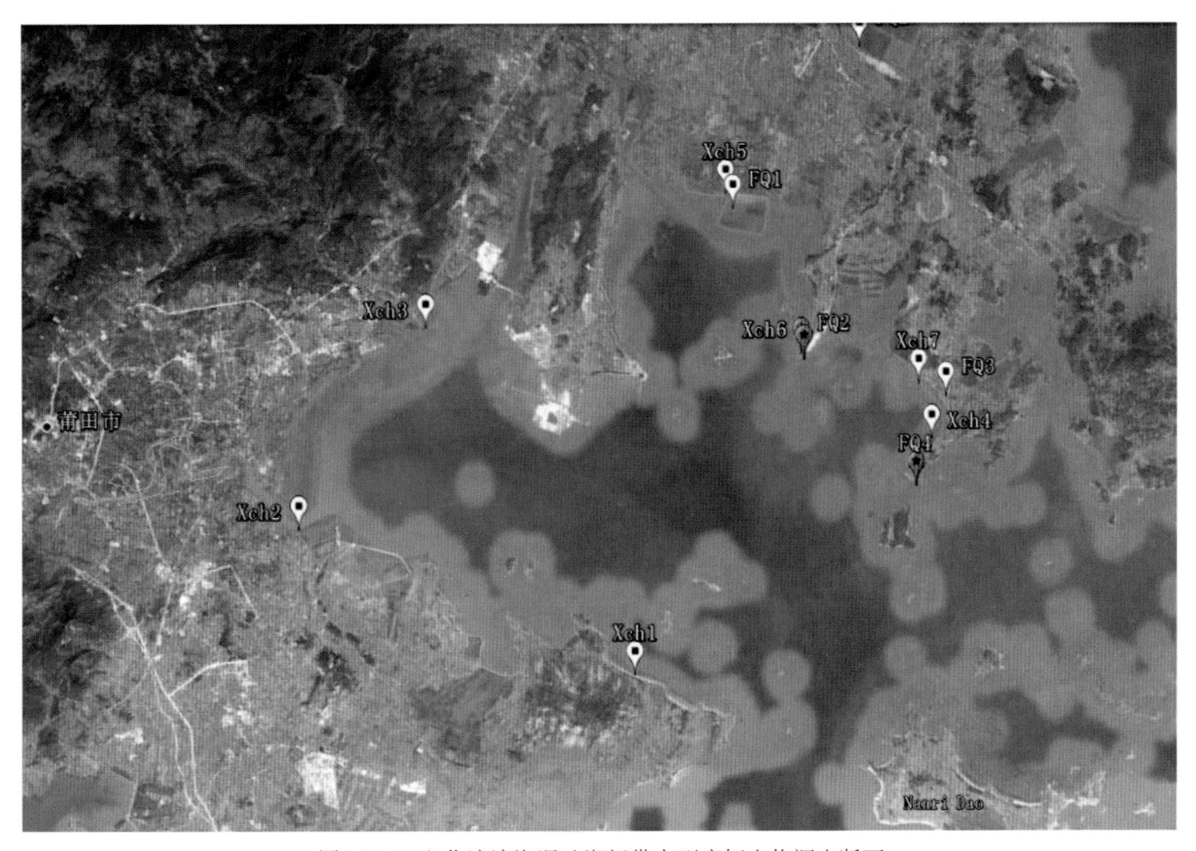

图 12-1　兴化湾滨海湿地潮间带大型底栖生物调查断面

12.3　物种多样性

12.3.1　种类组成与分布

12.3.1.1　种类组成

兴化湾滨海湿地潮间带大型底栖生物 370 种，其中藻类 15 种，多毛类 133 种，软体动物 99 种，甲壳动物 85 种，棘皮动物 14 种和其他生物 24 种（表 12-2）。多毛类、软体动物和甲壳动物占总种数的 85.67%，三者构成潮间带大型底栖生物主要类群。

岩石滩潮间带大型底栖生物 129 种，其中藻类 10 种，多毛类 27 种，软体动物 51 种，甲壳动物 25 种，棘皮动物 5 种和其他生物 11 种（表 12-2）。多毛类、软体动物和甲壳动物占总种数的 79.84%，三者构成岩石滩潮间带大型底栖生物主要类群。

泥沙滩潮间带大型底栖生物 294 种，其中藻类 8 种，多毛类 123 种，软体动物 59 种，甲壳动物 73 种，棘皮动物 10 种和其他生物 21 种（表 12-2）。多毛类、软体动物和甲壳动物占总种数的 86.73%，三者构成泥沙滩潮间带大型底栖生物主要类群。

12.3.1.2　种类分布

兴化湾滨海湿地潮间带大型底栖生物 11 条断面种数和种类组成略有不同，种数以泥沙滩断面较多（294 种），岩石滩断面较少（129 种）。岩石滩断面春季以牛头尾大澳 FQ4 断面较多（59 种），核电厂址 Xch6 断面较少（40 种）；夏季核电厂 FQ2 断面较多（48 种），牛头尾大澳 FQ4 断面较少（45 种）。泥沙滩断面春秋季以琯下 Xch4 断面较多（102 种），湖尾 Xch1 断面较少（73 种）；春冬季以龙祥 Xch7 断面较多（87 种），华侨农场 Xch5 断面最少（86 种）。春季泥沙滩断面以琯下 Xch4 断面较多（71 种），Xch2 断面较少（41 种）；夏季以 FQ3 断面较多（59 种），FQ1 断面较少（47 种）；秋季以 Xch4 断面较多（65 种），Xch1 断面较少（25 种）；冬季以 Xch5 断面较多（68 种），Xch7 断面较少（45 种）。各断面种数及其季节变化见表 12-2。

表 12-2　兴化湾滨海湿地潮间带大型底栖生物种类组成与分布　　单位：种

底质	季节	断面	藻类	多毛类	软体动物	甲壳动物	棘皮动物	其他生物	合计
岩石滩	春季	Xch6	4	6	20	7	1	2	40
		FQ2	4	9	24	10	1	2	50
		FQ4	2	15	27	11	1	3	59
	夏季	FQ2	2	12	20	10	1	3	48
		FQ4	2	8	22	7	3	3	45
	春季	Xch6	4	6	20	7	1	2	40
	冬季		2	10	21	5	2	6	46
	合计		6	10	31	9	2	6	64
	合计		10	27	51	25	5	11	129
泥沙滩	秋季	Xch1	2	15	3	4	0	1	25
	春季		2	26	9	14	2	1	54
	合计		4	37	12	16	2	2	73
	秋季	Xch2	2	24	5	16	2	4	53
	春季		0	19	11	7	0	4	41
	合计		2	36	15	21	2	6	82
	秋季	Xch3	0	19	12	11	0	0	42
	春季		1	33	16	11	2	2	65
	合计		1	38	20	16	2	2	79
	秋季	Xch4	0	42	4	17	1	1	65
	春季		1	47	6	13	1	3	71
	合计		1	65	8	23	2	3	102

续表 12-2

底质	季节	断面	藻类	多毛类	软体动物	甲壳动物	棘皮动物	其他生物	合计
	冬季	Xch5	2	26	10	22	3	5	68
	春季		1	22	9	7	1	5	45
	合计		2	34	15	25	3	7	86
	冬季	Xch7	1	19	15	7	0	3	45
	春季		2	27	22	13	0	4	68
	合计		2	34	28	17	0	6	87
	秋季	Xch1	2	15	3	4	0	1	25
		Xch2	2	24	5	16	2	4	53
		Xch3	0	19	12	11	0	0	42
		Xch4	0	42	4	17	1	1	65
	冬季	Xch5	2	26	10	22	3	5	68
		Xch7	1	19	15	7	0	3	45
泥沙滩	合计		4	80	48	44	7	15	198
	春季	Xch1	2	26	9	14	2	1	54
		Xch2	0	19	11	7	0	4	41
		Xch3	1	33	16	11	2	2	65
		Xch4	1	47	6	13	1	3	71
		Xch5	1	22	9	7	1	5	45
		Xch7	2	27	22	13	0	4	68
		FQ1	1	32	11	15	1	1	61
		FQ3	0	33	6	11	1	2	53
		合计	8	92	60	44	6	14	224
	夏季	FQ1	0	21	8	11	1	6	47
		FQ3	0	28	14	12	3	2	59
	合计		8	123	59	73	10	21	294
总计			15	133	99	85	14	24	370

12.3.2　优势种和主要种

根据数量和出现率，兴化湾滨海湿地潮间带大型底栖生物优势种和主要种有花石莼（*Ulva conglobata*）、小珊瑚藻、条浒苔（*Enteromorpha clathrata*）、拟突齿沙蚕、异蚓虫、中蚓虫、花冈钩毛虫、寡鳃齿吻沙蚕（*Nephtys oligobranchia*）、独毛虫、细毛背鳞虫、独齿围沙蚕（*Perinereis cultrifera*）、裂虫（*Syllis* sp.）、克氏无襟毛虫（*Pomatoleios kraussii*）、异足索沙蚕、似蛰虫、日本花棘石鳖、红条毛肤石鳖、粗糙滨螺、粒结节滨螺［*Nodilittorina*（*N.*）*radiata*］、短拟沼螺、珠带拟蟹守螺、覆瓦小蛇螺（*Serpulorbis imbricata*）、嫁戚（*Cellana toreuma*）、花边小节贝（*Collisella heroldi*）、粒花冠小月螺、齿纹蜒螺、疣荔枝螺、日本菊花螺、青蚶、凸壳肌蛤、短石蛏、珊瑚绒贻贝（*Gregariella coralliophaga*）、中国不等蛤（*Anomia chinensis*）、僧帽牡蛎、棘刺牡蛎、缘齿牡蛎（*Dendostrea crenulifera*）、敦氏猿头蛤、彩虹明樱蛤、理蛤、菲律宾蛤仔、东方小藤壶、直背小藤壶（*Chthamalus moro*）、鳞笠藤壶、三角藤壶（*Balanus trigonus*）、塞切尔泥钩虾、大角玻璃钩虾、三角柄蜾蠃蜚、上野蜾蠃蜚、弧边招潮、小相手蟹（*Nanosesarma minutum*）、方柱翼手参（*Colochirus quadrangularis*）、金菊蠕形海葵（*Halcampa chrysanthellum*）、弓形革囊星虫等。

12.4　数量时空分布

12.4.1　数量组成与季节变化

12.4.1.1　岩石滩潮间带

兴化湾滨海湿地岩石滩潮间带大型底栖生物春夏冬季平均生物量为471.98 g/m^2，平均栖息密度为9 270个/m^2。生物量以甲壳动物居第一位（295.05 g/m^2），软体动物居第二位（161.54 g/m^2）；栖息密度同样以甲壳动物居第一位（8 539个/m^2），软体动物居第二位（658个/m^2），生物量和栖息密度均以甲壳动物居第一位。季节比较，生物量以夏季（902.28 g/m^2）大于春季（413.70 g/m^2）大于冬季（99.93 g/m^2）；栖息密度同样以夏季（23 920个/m^2）大于春季（2 799个/m^2）大于冬季（1 090个/m^2）。各类群数量组成与季节变化见表12-3。

表12-3　兴化湾滨海湿地岩石滩潮间带大型底栖生物数量组成与季节变化

数量	季节	藻类	多毛类	软体动物	甲壳动物	棘皮动物	其他生物	合计
生物量(g/m^2)	春季	5.02	1.08	136.67	269.82	0.11	1.00	413.70
	夏季	10.04	1.10	269.65	594.38	23.71	3.40	902.28
	冬季	0.03	0.46	78.29	20.94	0.11	0.10	99.93
	平均	5.03	0.88	161.54	295.05	7.98	1.50	471.98
密度(个/m^2)	春季	—	103	253	2 433	6	4	2 799
	夏季	—	43	1 678	22 190	2	7	23 920
	冬季	—	41	44	993	3	9	1 090
	平均	—	62	658	8 539	4	7	9 270

12.4.1.2　泥沙滩潮间带

泥沙滩潮间带大型底栖生物四季平均生物量为41.76 g/m^2，平均栖息密度为279个/m^2。生物量以软体动物居第一位（27.97 g/m^2），甲壳动物居第二位（6.73 g/m^2）；栖息密度同样以多毛类居第一位（103个/m^2），软体动物居第二位（94个/m^2）。季节比较，生物量从高到低依次为夏季（71.68 g/m^2）、春季（39.75 g/m^2）、秋季（30.70 g/m^2）、冬季（24.89 g/m^2）；栖息密度从高到低依次为春季（375个/m^2）、夏季（286个/m^2）、秋季（229个/m^2）、冬季（226个/m^2）。各类群数量组成与季节变化见表12-4。

表12-4　兴化湾滨海湿地泥沙滩潮间带大型底栖生物数量组成与季节变化

数量	季节	藻类	多毛类	软体动物	甲壳动物	棘皮动物	其他生物	合计
生物量(g/m^2)	春季	2.10	1.98	24.63	3.99	6.79	0.26	39.75
	夏季	0	2.38	57.75	4.20	5.77	1.58	71.68
	秋季	0	1.13	21.46	7.74	0.25	0.12	30.70
	冬季	0.11	1.09	8.04	10.97	2.07	2.61	24.89
	平均	0.55	1.65	27.97	6.73	3.72	1.14	41.76

续表

数量	季节	藻类	多毛类	软体动物	甲壳动物	棘皮动物	其他生物	合计
密度（个/m^2）	春季	—	167	130	66	4	8	375
	夏季	—	72	138	67	3	6	286
	秋季	—	88	46	93	1	1	229
	冬季	—	86	63	43	2	32	226
	平均	—	103	94	67	3	12	279

12.4.2　数量分布

12.4.2.1　岩石滩潮间带

兴化湾滨海湿地岩石滩潮间带大型底栖生物数量分布，各断面不尽相同。春季生物量以 FQ4 断面较大（893.98 g/m^2），Xch6 断面较小（159.15 g/m^2）；栖息密度以 FQ2 断面较大（6 661 个/m^2），FQ4 断面较小（704 个/m^2）。夏季生物量以 FQ4 断面较大（1 235.69 g/m^2），FQ2 断面较小（568.88 g/m^2）；栖息密度以 FQ2 断面较大（30 727 个/m^2），FQ4 断面较小（17 113 个/m^2）。各断面各类群数量分布见表 12-5。

表 12-5　兴化湾滨海湿地岩石滩潮间带大型底栖生物数量组成与分布

数量	季节	断面	藻类	多毛类	软体动物	甲壳动物	棘皮动物	其他生物	合计
生物量（g/m^2）	春季	Xch6	5.17	0.26	127.21	26.30	0.06	0.15	159.15
		FQ2	0.13	2.28	76.02	109.52	0	0.04	187.99
		FQ4	9.76	0.70	206.80	673.63	0.28	2.81	893.98
		平均	5.02	1.08	136.67	269.82	0.11	1.00	413.70
	夏季	FQ2	1.27	0.96	429.26	137.13	0	0.26	568.88
		FQ4	18.82	1.24	110.03	1 051.64	47.42	6.54	1 235.69
		平均	10.04	1.10	269.65	594.38	23.71	3.40	902.28
	冬季	Xch6	0.03	0.46	78.29	20.94	0.11	0.10	99.93
密度（个/m^2）	春季	Xch6	—	11	261	750	3	8	1 033
		FQ2	—	257	130	6 273	0	1	6 661
		FQ4	—	41	369	275	16	3	704
		平均	—	103	253	2 433	6	4	2 799
	夏季	FQ2	—	68	2 431	28 218	0	10	30 727
		FQ4	—	18	924	16 163	4	4	17 113
		平均	—	43	1 678	22 190	2	7	23 920
	冬季	Xch6	—	41	44	993	3	9	1 090

12.4.2.2　泥沙滩潮间带

兴化湾滨海湿地泥沙滩潮间带大型底栖生物数量分布，各断面不尽相同。春季生物量以 Xch5 断面较大（75.70 g/m^2），Xch4 断面较小（2.97 g/m^2）；栖息密度以 Xch7 断面较大（679 个/m^2），FQ3 断面较小（171 个/m^2）。夏季生物量以 FQ1 断面较大（124.11 g/m^2），FQ3 断面较小（19.24 g/m^2）；栖息密度同样以 FQ1 断面较大（387 个/m^2），FQ3 断面较小（181 个/m^2）。秋季物量以 Xch3 断面较大（48.59 g/m^2），Xch1 断面较小（5.68 g/m^2）；栖息密度同样以 Xch3 断面较大（431 个/m^2），Xch1 断面较小（39 个/m^2）。冬季物量以 Xch5 断面较大（35.60 g/m^2），Xch7 断面较小（14.16 g/m^2）；栖息密度同样以 Xch5 断面较大（298 个/m^2），Xch7 断面较小（153 个/m^2）。各断面各类群数量组成与分布见表 12-6~表 12-7。

表 12-6　兴化湾滨海湿地泥沙滩潮间带大型底栖生物生物量组成与分布　单位：g/m²

季节	断面	藻类	多毛类	软体动物	甲壳动物	棘皮动物	其他生物	合计
春季	Xch1	0.10	0.38	26.45	2.94	28.16	0.02	58.05
	Xch2	0	1.82	26.64	1.73	0	0.12	30.31
	Xch3	0.06	2.44	30.33	4.34	9.84	0.01	47.02
	Xch4	0.11	1.21	0.20	0.20	0.93	0.32	2.97
	Xch5	0.05	1.87	62.13	10.22	0.05	1.38	75.70
	Xch7	16.50	2.01	42.85	8.29	0	0.05	69.70
	FQ1	0	2.32	6.84	2.76	10.27	0.05	22.24
	FQ3	0	3.76	1.59	1.41	5.08	0.15	11.99
	平均	2.10	1.98	24.63	3.99	6.79	0.26	39.75
夏季	FQ1	0	2.42	108.20	3.36	7.13	3.00	124.11
	FQ3	0	2.35	7.30	5.04	4.40	0.15	19.24
	平均	0	2.38	57.75	4.20	5.77	1.58	71.68
秋季	Xch1	0.01	1.83	2.44	1.40	0	0	5.68
	Xch2	0	0.54	40.61	6.01	0.53	0.42	48.11
	Xch3	0	0.87	42.63	5.09	0	0	48.59
	Xch4	0	1.26	0.16	18.44	0.47	0.04	20.37
	平均	0	1.13	21.46	7.74	0.25	0.12	30.70
冬季	Xch5	0.17	1.20	4.85	20.49	4.13	4.76	35.60
	Xch7	0.05	0.97	11.23	1.45	0	0.46	14.16
	平均	0.11	1.09	8.04	10.97	2.07	2.61	24.89

表 12-7　兴化湾滨海湿地泥沙滩潮间带大型底栖生物栖息密度组成与分布　单位：个/m²

季节	断面	多毛类	软体动物	甲壳动物	棘皮动物	其他生物	合计
春季	Xch1	100	7	70	20	6	203
	Xch2	212	364	27	0	13	616
	Xch3	263	185	30	3	3	484
	Xch4	165	9	69	1	15	259
	Xch5	114	101	25	3	21	264
	Xch7	227	260	188	0	4	679
	FQ1	135	96	93	2	2	328
	FQ3	120	21	26	0	4	171
	平均	167	130	66	4	8	375
夏季	FQ1	62	248	64	3	10	387
	FQ3	81	27	69	3	1	181
	平均	72	138	67	3	6	286
秋季	Xch1	32	2	5	0	0	39
	Xch2	74	36	50	3	2	165
	Xch3	74	143	214	0	0	431
	Xch4	172	4	103	1	0	280
	平均	88	46	93	1	1	229
冬季	Xch5	105	62	71	4	56	298
	Xch7	67	64	14	0	8	153
	平均	86	63	43	2	32	226

兴化湾滨海湿地泥沙滩潮间带大型底栖生物数量垂直分布，生物量从高到低依次为低潮区（49.89 g/m²）、中潮区（31.44 g/m²）、高潮区（16.60 g/m²）；栖息密度从高到低依次为中潮区（513 个/m²）、低潮区（299 个/m²）、高潮区（118 个/m²）；生物量和栖息密度均以高潮区最小。春季生物量从高到低依次为低潮区（64.54 g/m²）、中潮区（30.44 g/m²）、高潮区（8.80 g/m²）；栖息密度从高到低依次为中潮区（777 个/m²）大于低潮区（358 个/m²）大于高潮区（34 个/m²）。秋季生物量从高到低依次为低潮区（35.23 g/m²）、中潮区（32.43 g/m²）、高潮区（24.41 g/m²）；栖息密度从高到低依次为中潮区（246 个/m²）、低潮区（238 个/m²）、高潮区（202 个/m²）。生物量和栖息密度均以高潮区最小。各断面数量垂直分布见表 12-8～表 12-9。

表 12-8　兴化湾滨海湿地泥沙滩潮间带大型底栖生物生物量垂直分布　单位：g/m²

潮区	断面	季节	藻类	多毛类	软体动物	甲壳动物	棘皮动物	其他生物	合计
高潮区	Xch1	秋季	0	0	0	2.76	0	0	2.76
		春季	0	0	0	5.58	0	0	5.58
		平均	0	0	0	4.17	0	0	4.17
	Xch2	秋季	0	0	13.44	0	0	0	13.44
		春季	0	0	15.36	0	0	0	15.36
		平均	0	0	14.40	0	0	0	14.40
	Xch3	秋季	0	0	34.56	7.68	0	0	42.24
		春季	0	0	12.96	1.28	0	0	14.24
		平均	0	0	23.76	4.48	0	0	28.24
	Xch4	秋季	0	0	0	39.20	0	0	39.20
		春季	0	0	0	0	0	0	0.00
		平均	0	0	0	19.60	0	0	19.60
	平均	秋季	0	0	12.00	12.41	0	0	24.41
		春季	0	0	7.08	1.72	0	0	8.80
		平均	0	0	9.54	7.06	0	0	16.60
中潮区	Xch1	秋季	0.04	3.08	7.31	0	0	0	10.43
		春季	0.17	0.33	5.75	0.13	0	0.01	6.39
		平均	0.11	1.71	6.53	0.07	0	0.01	8.43
	Xch2	秋季	0	0.75	2.72	12.03	0.20	1.01	16.71
		春季	0	5.05	17.05	5.08	0	0.24	27.42
		平均	0	2.90	9.89	8.55	0.10	0.63	22.07
	Xch3	秋季	0	1.41	93.33	0.87	0	0	95.61
		春季	0.19	5.09	70.03	9.17	1.13	0	85.61
		平均	0.09	3.25	81.68	5.02	0.57	0	90.61
	Xch4	秋季	0	2.39	0.48	3.97	0	0.12	6.96
		春季	0.01	1.12	0.11	0.16	0	0.91	2.31
		平均	0.01	1.75	0.29	2.07	0	0.51	4.63
	平均	秋季	0.01	1.91	25.96	4.22	0.05	0.28	32.43
		春季	0.09	2.90	23.24	3.64	0.28	0.29	30.44
		平均	0.05	2.40	24.60	3.93	0.17	0.29	31.44

续表 12-8

潮区	断面	季节	藻类	多毛类	软体动物	甲壳动物	棘皮动物	其他生物	合计
低潮区	Xch1	秋季	0	2.40	0	1.44	0	0	3.84
		春季	0.12	0.80	73.60	3.12	84.48	0.04	162.16
		平均	0.06	1.60	36.80	2.28	42.24	0.02	83.00
	Xch2	秋季	0	0.88	105.68	6.00	1.40	0.24	114.20
		春季	0	0.40	47.52	0.12	0	0.12	48.16
		平均	0	0.64	76.60	3.06	0.70	0.18	81.18
	Xch3	秋季	0	1.20	0	6.72	0	0	7.92
		春季	0	2.24	8.00	2.56	28.40	0.04	41.24
		平均	0	1.72	4.00	4.64	14.20	0.02	24.58
	Xch4	秋季	0	1.40	0	12.16	1.40	0	14.96
		春季	0.32	2.52	0.48	0.44	2.80	0.04	6.60
		平均	0.16	1.96	0.24	6.30	2.10	0.02	10.78
	平均	秋季	0	1.47	26.42	6.58	0.70	0.06	35.23
		春季	0.11	1.49	32.40	1.56	28.92	0.06	64.54
		平均	0.06	1.48	29.41	4.07	14.81	0.06	49.89

表 12-9　兴化湾滨海湿地泥沙滩潮间带大型底栖生物栖息密度垂直分布　单位：个/m²

潮区	断面	季节	多毛类	软体动物	甲壳动物	棘皮动物	其他生物	合计
高潮区	Xch1	秋季	0	0	0	0	0	0
		春季	0	0	1	0	0	1
		平均	0	0	1	0	0	1
	Xch2	秋季	0	48	0	0	0	48
		春季	0	40	0	0	0	40
		平均	0	44	0	0	0	44
	Xch3	秋季	0	216	536	0	0	752
		春季	0	64	32	0	0	96
		平均	0	140	284	0	0	424
	Xch4	秋季	0	0	8	0	0	8
		春季	0	0	0	0	0	0
		平均	0	0	4	0	0	4
	平均	秋季	0	66	136	0	0	202
		春季	0	26	8	0	0	34
		平均	0	46	72	0	0	118
中潮区	Xch1	秋季	15	5	0	0	0	20
		春季	31	8	161	0	1	202
		平均	23	7	81	0	1	112
	Xch2	秋季	101	3	95	4	3	206
		春季	575	1 000	24	0	15	1 614
		平均	338	501	59	2	9	909

续表 12-9

潮区	断面	季节	多毛类	软体动物	甲壳动物	棘皮动物	其他生物	合计
中潮区	Xch3	秋季	87	213	19	0	0	319
		春季	625	387	27	1	0	1 040
		平均	356	300	23	1	0	680
	Xch4	秋季	304	11	124	0	1	440
		春季	179	15	60	0	4	258
		平均	241	13	92	0	3	349
	平均	秋季	127	58	59	1	1	246
		春季	352	352	68	0	5	777
		平均	240	205	64	1	3	513
低潮区	Xch1	秋季	80	0	16	0	0	96
		春季	268	12	48	60	16	404
		平均	174	6	32	30	8	250
	Xch2	秋季	120	56	56	4	4	240
		春季	60	52	56	0	24	192
		平均	90	54	56	2	14	216
	Xch3	秋季	136	0	88	0	0	224
		春季	164	104	32	8	8	316
		平均	150	52	60	4	4	270
	Xch4	秋季	212	0	176	4	0	392
		春季	316	12	146	4	40	518
		平均	264	6	161	4	20	455
	平均	秋季	137	14	84	2	1	238
		春季	202	45	71	18	22	358
		平均	170	30	77	10	12	299

12.4.3　饵料生物

兴化湾滨海湿地岩石滩潮间带大型底栖生物平均饵料水平分级均为Ⅴ级。其中，多毛类和其他生物相对较低，为Ⅰ级；软体动物和甲壳动物最高，为Ⅴ级。季节比较，春季、夏季和冬季均为Ⅴ级。泥沙滩断面平均为Ⅳ级，其中：藻类、多毛类、棘皮动物和其他生物相对较低，均为Ⅰ级，软体动物最高，为Ⅳ级。季节比较，夏季最高，为Ⅴ级，冬季较低，为Ⅲ级（表 12-10）。

表 12-10　兴化湾滨海湿地潮间带大型底栖生物饵料水平分级

底质	季节	藻类	多毛类	软体动物	甲壳动物	棘皮动物	其他生物	评价标准
岩石滩	春季	Ⅱ	Ⅰ	Ⅴ	Ⅴ	Ⅰ	Ⅰ	Ⅴ
	夏季	Ⅲ	Ⅰ	Ⅴ	Ⅴ	Ⅲ	Ⅰ	Ⅴ
	冬季	Ⅰ	Ⅰ	Ⅴ	Ⅲ	Ⅰ	Ⅰ	Ⅴ
	平均	Ⅱ	Ⅰ	Ⅴ	Ⅴ	Ⅱ	Ⅰ	Ⅴ
泥沙滩	春季	Ⅰ	Ⅰ	Ⅲ	Ⅰ	Ⅱ	Ⅰ	Ⅳ
	夏季	Ⅰ	Ⅰ	Ⅴ	Ⅰ	Ⅱ	Ⅰ	Ⅴ
	秋季	Ⅰ	Ⅰ	Ⅲ	Ⅱ	Ⅰ	Ⅰ	Ⅳ
	冬季	Ⅰ	Ⅰ	Ⅱ	Ⅲ	Ⅰ	Ⅰ	Ⅲ
	平均	Ⅰ	Ⅰ	Ⅳ	Ⅱ	Ⅰ	Ⅰ	Ⅳ

12.5　群落

12.5.1　群落类型

兴化湾滨海湿地潮间带大型底栖生物群落按地理位置和底质类型分为：

（1）华侨农场（Xch 5）泥沙滩群落。高潮区：粗糙滨螺—黑口滨螺；中潮区：寡鳃齿吻沙蚕—短拟沼螺—弧边招潮；低潮区：背褶沙蚕—洁胖樱蛤（*Pinguitellina casta*）—塞切尔泥钩虾带。

（2）核电厂（Xch6）岩石滩群落。高潮区：粗糙滨螺—粒结节滨螺带；中潮区：拟突齿沙蚕—僧帽牡蛎—直背小藤壶—鳞笠藤壶带；低潮区：钙珊虫（*Dodecaceria* sp.）—覆瓦小蛇螺—近辐蛇尾带。

（3）龙祥（Xch7）泥沙滩群落。高潮区：粗糙滨螺带；中潮区：寡鳃齿吻沙蚕—珠带拟蟹守螺—塞切尔泥钩虾带；低潮区：寡鳃齿吻沙蚕—结蚶（*Tegillarca nodifera*）—脑纽虫带。

（4）湖尾（Xch1）泥沙滩群落。高潮区：痕掌沙蟹带；中潮区：裂虫—等边浅蛤—大角玻璃钩虾带；低潮区：中蚓虫—焦河蓝蛤—颗粒六足蟹—棘刺锚参带。

（5）东山（Xch2）泥沙滩群落。高潮区：粗糙滨螺—黑口滨螺带；中潮区：寡鳃齿吻沙蚕—理蛤—短拟沼螺—弧边招潮—淡水泥蟹带；低潮区：纽虫—双须虫—织纹螺—天草旁宽钩虾带。

12.5.2　群落结构

（1）华侨农场（Xch 5）泥沙滩群落。该群落所处滩面长度约 800 m，高潮区海堤，海堤下有一条水沟，附近种有桐花树，海草分布带宽度为 40~50 m，中潮区至低潮区底质类型为泥沙。

高潮区：粗糙滨螺—黑口滨螺带。该潮区种类贫乏，代表种为粗糙滨螺，在本区的生物量和栖息密度较低，分别为 5.28 g/m^2 和 32 个/m^2；黑口滨螺的生物量和栖息密度分别为 1.68 g/m^2 和 16 个/m^2。

中潮区：寡鳃齿吻沙蚕—短拟沼螺—弧边招潮带。该潮区主要种为寡鳃齿吻沙蚕，自本区上层至低潮区均有出现，生物量和栖息密度以本区中层较大，分别为 0.20 g/m^2 和 50 个/m^2，上层相对较小，分别为 0.16 g/m^2 和 8 个/m^2，下层分别为 0.10 g/m^2 和 15 个/m^2。短拟沼螺主要分布在本区，生物量和栖息密度分别为 7.20 g/m^2 和 296 个/m^2。弧边招潮，主要分布本区上层，生物量和栖息密度分别为 11.60 g/m^2 和 96 个/m^2。其他主要种和习见种有花冈钩毛虫、稚齿虫、背蚓虫、异足索沙蚕、中蚓虫、珠带拟蟹守螺、轭螺（*Zeuxis* sp.）、卵圆涟虫（*Bodotia ovalis*）、同掌华眼钩虾（*Sinoediceros homopalmutus*）、薄片螺蠃蜚、淡水泥蟹、金菊蠕形海葵、条浒苔、弓形革囊星虫、模式辐瓜参（*Actinocucumis typicus*）等。

低潮区：背褶沙蚕—洁胖樱蛤—塞切尔泥钩虾带。该潮区代表种为背褶沙蚕，仅在本区出现，数量不高，生物量和栖息密度分别为 0.10 g/m^2 和 35 个/m^2。洁胖樱蛤，仅在本区出现，数量不高，生物量为 0.25 g/m^2，栖息密度为 5 个/m^2。塞切尔泥钩虾，自中潮区下界分布到本潮区，在本区的生物量为 0.05 g/m^2，栖息密度为 70 个/m^2。其他主要种和习见种有长手沙蚕（*Magelona* sp.）、独毛虫、特矶蚕、线沙蚕、盲沙钩虾（*Byblis typhlotes*）、模糊新短眼蟹、裸体方格星虫（*Sipunculus nudus*）、沙鸡子（*Phyllophorus* sp.）、分歧阳遂足〔*Amphiura*（*Amphiura*）*divaricata*〕等（图 12-2）。

（2）核电厂（Xch6）岩石滩群落。该群落所处滩面长度约 50 m，底质由大小不同的块状花岗岩组成，附近有核电厂在建实施。

高潮区：粗糙滨螺—粒结节滨螺带。该潮区主要种为粗糙滨螺，自本区可延伸至中潮区上层，在本区数量不高，生物量为 0.48 g/m^2，栖息密度为 16 个/m^2。粒结节滨螺，仅在本区出现，生物量和

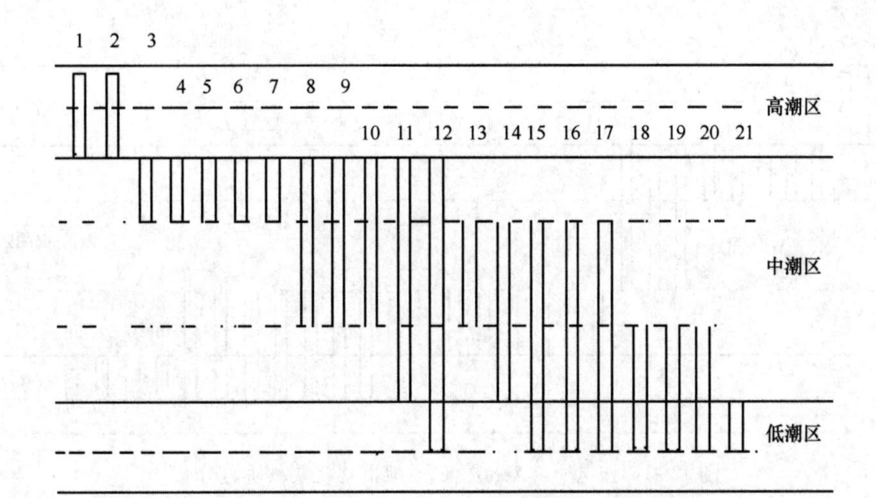

图 12-2　华侨农场（Xch5）泥沙滩群落主要种垂直分布

1. 粗糙滨螺；2. 黑口滨螺；3. 短拟沼螺；4. 弧边招潮；5. 淡水泥蟹；6. 金菊蠕形海葵；7. 弓形革囊星虫；8. 稚齿虫；9. 薄片蜾蠃蜚；10. 珠带拟蟹守螺；11. 背蚓虫；12. 寡鳃齿吻沙蚕；13. 花冈钩毛虫；14. 织纹螺；15. 独毛虫；16. 异足索沙蚕；17. 长手沙蚕；18. 塞切尔泥钩虾；19. 盲沙钩虾；20. 特矶蚕；21. 背褶沙蚕

栖息密度分别仅为 3.20 g/m² 和 40 个/m²。定性可采集到龟足等。

中潮区：拟突齿沙蚕—僧帽牡蛎—直背小藤壶—鳞笠藤壶带。该区主要种为拟突齿沙蚕，仅在本区出现，生物量和栖息密度分别为 0.56 g/m² 和 60 个/m²。优势种僧帽牡蛎，仅在本区上层出现，生物量和栖息密分别达 197.70 g/m² 和 48 个/m²。直背小藤壶，分布在本区上、中层，在本区上层的生物量和栖息密度分别为 12.96 g/m² 和 8 864 个/m²；中层相对较低，生物量为 0.08 g/m²，栖息密度为 8 个/m²。鳞笠藤壶，主要分布在中潮区，生物量和栖息密度分别为 159.40 g/m² 和 40 个/m²。其他主要种和习见种有独齿围沙蚕、襟松虫、疣荔枝螺、齿纹蜒螺、石磺（*Onchidium verruculatum*）、甲虫螺（*Cantharus cecillei*）、覆瓦小蛇螺、单齿螺（*Monodonta labio*）、锈凹螺（*Chlorostoma rustica*）、日本花棘石鳖、带偏顶蛤〔*Modiolus*（*Modiolus*）*comptus*〕、棘刺牡蛎、小相手蟹、金菊蠕形海葵、弓形革囊星虫等。

低潮区：钙珊虫—覆瓦小蛇螺—近辐蛇尾带。该区主要种为钙珊虫，自中潮区下层可延伸分布至低潮区，生物量和栖息密度以本区较大，分别为 0.08 g/m² 和 24 个/m²。覆瓦小蛇螺，分布较广，自中潮区下层可分布至低潮区，在本区的生物量和栖息密度分别为 83.52 g/m² 和 16 个/m²。近辐蛇尾，仅在本区出现，生物量和栖息密度分别为 0.32 g/m² 和 8 个/m²。其他主要种和习见种有索沙蚕（*Hydroides* sp.）、黄口荔枝螺（*Thais luteostoma*）、甲虫螺、粒神螺、高峰条藤壶（*Striatobalanus amaryllis*）、小珊瑚藻、皮海绵（*Suberites* sp.）、柑橘荔枝海绵（*Tethya aurantium*）、厦门华藻苔虫（*Sinoflustra amoyensis*）等（图 12-3）。

（3）龙祥（Xch7）泥沙滩群落。该群落所处滩面长度约 600 m，高潮区海堤，底质类型中潮区上层泥沙，中潮区中层至低潮区为软泥。

高潮区：粗糙滨螺带。该潮区种类贫乏，代表种粗糙滨螺在本区的生物量和栖息密度较低，分别为 1.52 g/m² 和 40 个/m²。

中潮区：寡鳃齿吻沙蚕—珠带拟蟹守螺—塞切尔泥钩虾带。该潮区主要种为寡鳃齿吻沙蚕，自本区上层至低潮区均有出现，生物量和栖息密度以本区较大，中层分别为 0.40 g/m² 和 30 个/m²，上层

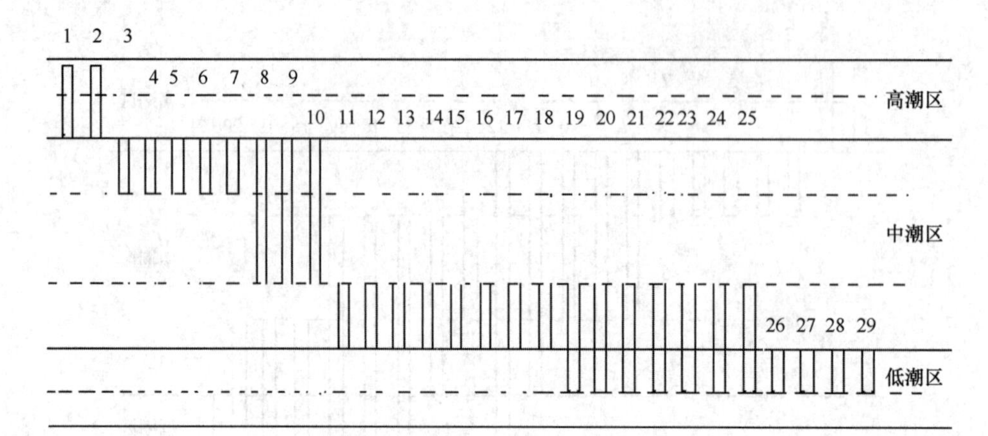

图 12-3　核电厂（Xch6）岩石滩群落主要种垂直分布

1. 粒结节滨螺；2. 粗糙滨螺；3. 疣荔枝螺；4. 带偏顶蛤；5. 僧帽牡蛎；6. 直背小藤壶；7. 棘刺牡蛎；8. 鳞笠藤壶；9. 单齿螺；10. 锈凹螺；11. 巧言虫；12. 独齿围沙蚕；13. 拟突齿沙蚕；14. 襟松虫；15. 小相手蟹；16. 羽膜石蛏；17. 金菊蠕形海葵；18. 弓形革囊星虫；19. 钙珊虫；20. 甲虫螺；21. 覆瓦小蛇螺；22. 日本花棘石鳖；23. 索沙蚕；24. 粒神螺；25. 小珊瑚藻；26. 皮海绵；27. 柑橘荔枝海绵；28. 侧花海葵；29. 近辐蛇尾

相对较小，分别为 0.10 g/m^2 和 25 个/m^2，下层分别为 0.45 g/m^2 和 50 个/m^2。珠带拟蟹守螺主要分布在本区，最大生物量和栖息密度分别达 8.15 g/m^2 和 60 个/m^2。塞切尔泥钩虾，主要分布本区中、下层，中层的生物量和栖息密度分别为 0.05 g/m^2 和 30 个/m^2，下层分别为 0.05 g/m^2 和 5 个/m^2。其他主要种和习见种有条浒苔、脑纽虫、花冈钩毛虫、丝鳃稚齿虫、独毛虫、异足索沙蚕、不倒翁虫、树蛰虫（*Pista* sp.）、秀丽织纹螺、织纹螺、彩虹明樱蛤、凸壳肌蛤、青蚶、豆形胡桃蛤、同掌华眼钩虾、薄片蜾蠃蜚、明秀大眼蟹等。

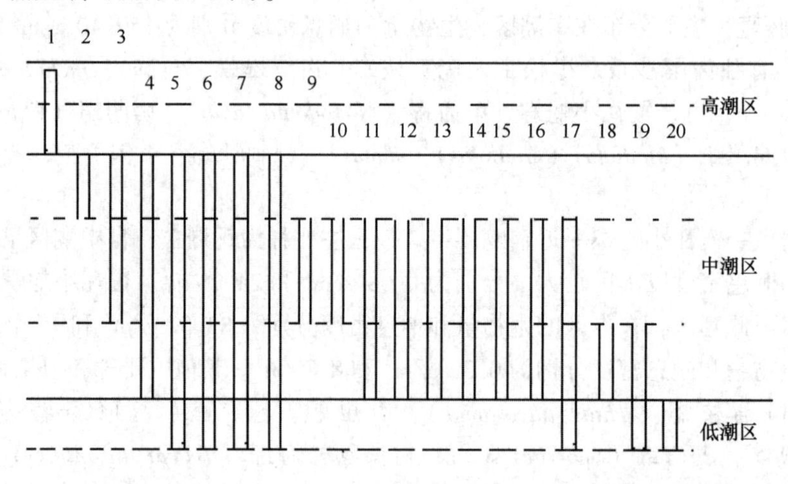

图 12-4　龙祥（Xch7）泥沙滩群落主要种垂直分布

1. 粗糙滨螺；2. 彩虹明樱蛤；3. 短拟沼螺；4. 同掌华眼钩虾；5. 织纹螺；6. 寡鳃齿吻沙蚕；7. 中蚓虫；8. 索沙蚕；9. 秀丽织纹螺；10. 明秀大眼蟹；11. 丝鳃稚齿虫；12. 独毛虫；13. 异足索沙蚕；14. 珠带拟蟹守螺；15. 塞切尔泥钩虾；16. 薄片蜾蠃蜚；17. 脑纽虫；18. 凸壳肌蛤；19. 不倒翁虫；20. 结蚶

低潮区：寡鳃齿吻沙蚕—结蚶—脑纽虫带。该潮区代表种为寡鳃齿吻沙蚕，自中潮区延伸分布至此，数量不高，生物量和栖息密度分别为 0.50 g/m^2 和 25 个/m^2。结蚶，仅在本区出现，数量不高，生物量为 7.95 g/m^2，栖息密度为 10 个/m^2。脑纽虫，自中潮区下界分布到本潮区，在本区的生物量为 0.10 g/m^2，栖息密度为 15 个/m^2。其他主要种和习见种有寡节甘吻沙蚕、无疣齿吻沙蚕、索沙蚕、不倒翁虫、织纹螺、日本鼓虾等（图 12-4）。

（4）湖尾（Xch1）泥沙滩群落。该群落所处滩面底质类型高潮区和中潮区为砂、细砂和泥沙，低潮区为泥沙。

高潮区：痕掌沙蟹带。该潮区种类贫乏，代表种痕掌沙蟹在本区的生物量和栖息密度较低，分别为 2.76 g/m^2 和 1 个/m^2。

中潮区：裂虫—等边浅蛤—大角玻璃钩虾带。该潮区主要种为裂虫，仅在本区上层出现，生物量和栖息密度分别为 0.04 g/m^2 和 36 个/m^2。等边浅蛤，主要分布本区上层，生物量和栖息密度分别为 9.52 g/m^2 和 4 个/m^2。优势种大角玻璃钩虾，在本区的最大生物量和栖息密度分别为 0.12 g/m^2 和 456 个/m^2。其他主要种和习见种有白合甲虫（*Synelmis albini*）、长吻吻沙蚕、浅古铜吻沙蚕（*Glycera subaenea*）、中蚓虫、独指虫、须丝鳃虫（*Cirratulus cirratus*）、四索沙蚕（*Lumbrineris tetraura*）、光壳蛤（*Lioconcha* sp.）、中国朽叶蛤（*Coecella chinensis*）、玉螺（*Natica* sp.）、秀丽织纹螺、轭螺、日本大螯蜚、极地蚤钩虾等。

低潮区：中蚓虫—焦河蓝蛤—颗粒六足蟹—棘刺锚参带。该潮区代表种为中蚓虫，自中潮区下界分布到本潮区，在本区的生物量和栖息密度分别为 0.08 g/m^2 和 80 个/m^2。焦河蓝蛤，仅在本区出现，数量不高，生物量为 36.72 g/m^2，栖息密度为 4 个/m^2。颗粒六足蟹，仅在本区出现，生物量为 1.48 g/m^2，栖息密度为 24 个/m^2。棘刺锚参，在本区的生物量和栖息密度分别为 66.48 g/m^2 和 48 个/m^2。其他主要种和习见种有纽虫、寡节甘吻沙蚕、寡鳃齿吻沙蚕、异蚓虫、独毛虫、双唇索沙蚕、梳鳃虫（*Terebellides stroemii*）、似蛰虫、轭螺、日本美人虾（*Callianassa japonica*）、齿腕拟盲蟹、模糊新短眼蟹、伪指刺锚参等（图 12-5）。

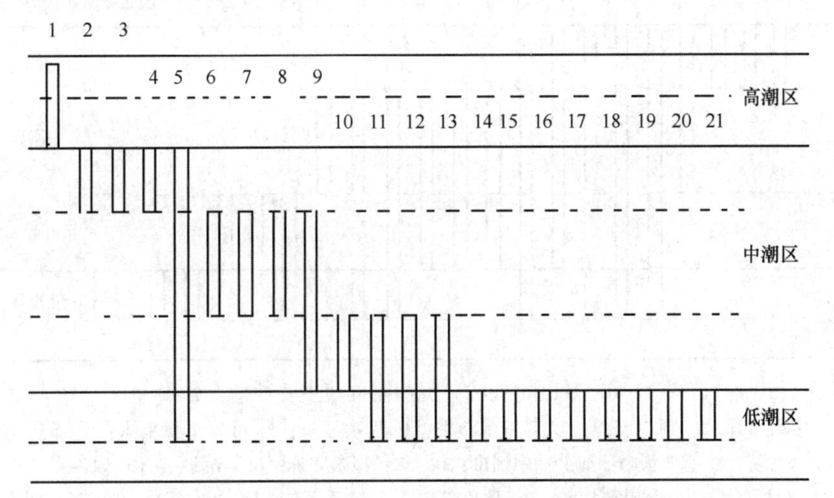

图 12-5　湖尾（Xch1）泥沙滩群落主要种垂直分布

1. 痕掌沙蟹；2. 裂虫；3. 等边浅蛤；4. 大角玻璃钩虾；5. 纽虫；6. 中阿曼吉虫；7. 丝鳃稚齿虫；8. 秀丽织纹螺；9. 轭螺；10. 极地蚤钩虾；11. 异蚓虫；12. 中蚓虫；13. 玉螺；14. 寡节甘吻沙蚕；15. 寡鳃齿吻沙蚕；16. 似蛰虫；17. 焦河蓝蛤；18. 颗粒六足蟹；19. 模糊新短眼蟹；20. 棘刺锚参；21. 伪指刺锚参

（5）东山（Xch2）泥沙滩群落。该群落所处滩面底质类型高潮区为石堤，中潮区至低潮区为泥沙。

高潮区：粗糙滨螺—黑口滨螺带。该潮区种类贫乏，代表种粗糙滨螺在本区的生物量和栖息密度较低，分别为 7.52 g/m² 和 24 个/m²。黑口滨螺的生物量和栖息密度分别为 7.84 g/m² 和 16 个/m²。

中潮区：寡鳃齿吻沙蚕—理蛤—短拟沼螺—弧边招潮—淡水泥蟹带。该潮区优势种为寡鳃齿吻沙蚕，自本区可延伸分布到低潮区，在本区上层的生物量和栖息密度分别为 2.32 g/m² 和 120 个/m²，中层分别为 0.84 g/m² 和 364 个/m²，下层分别为 3.04 g/m² 和 540 个/m²。优势种理蛤，主要分布本区中下层，在中层生物量和栖息密度分别为 0.12 g/m² 和 16 个/m²，下层分别为 36.16 g/m² 和 2 812 个/m²。主要种为短拟沼螺，分布本区中下层，在中层的生物量和栖息密度分别为 4.88 g/m² 和 104 个/m²，下层分别为 1.6 g/m² 和 32 个/m²。弧边招潮，分布在本区的中上层，在上层的生物量和栖息密度分别为 5.68 g/m² 和 32 个/m²，下层分别为 6.44 g/m² 和 4 个/m²。淡水泥蟹，出现在本区上下层，在上层生物量和栖息密度分别为 0.84 g/m² 和 12 个/m²，下层分别为 2.48 g/m² 和 56 个/m²。其他主要种和习见种有日本爱氏海葵、拟突齿沙蚕、双齿围沙蚕、齿吻沙蚕、小头虫、异蚓虫、中蚓虫、彩虹明樱蛤、珠带拟蟹守螺、秀丽织纹螺、泥螺、日本大螯蜚、秀丽长方蟹等。

低潮区：纽虫—双须虫—织纹螺—天草旁宽钩虾带。该潮区主要种为纽虫，自中潮区下界分布到本潮区，在本区的生物量和栖息密度分别为 0.12 g/m² 和 24 个/m²。双须虫，仅在本区出现，数量不高，生物量为 0.08 g/m²，栖息密度为 20 个/m²。织纹螺，自本区可延伸分布到低潮区，在本区的生物量为 6.12 g/m²，栖息密度为 12 个/m²。天草旁宽钩虾，在本区的生物量和栖息密度分别为 0.04 g/m² 和 28 个/m²。其他主要种和习见种有异蚓虫、中蚓虫、寡鳃齿吻沙蚕、小头虫、缢蛏、微黄镰玉螺（*Lunatica gilva*）、强壮藻钩虾、薄片蜾蠃蜚、明秀大眼蟹、倍棘蛇尾（*Amphioplus* sp.）、鲛虎鱼等（图 12-6）。

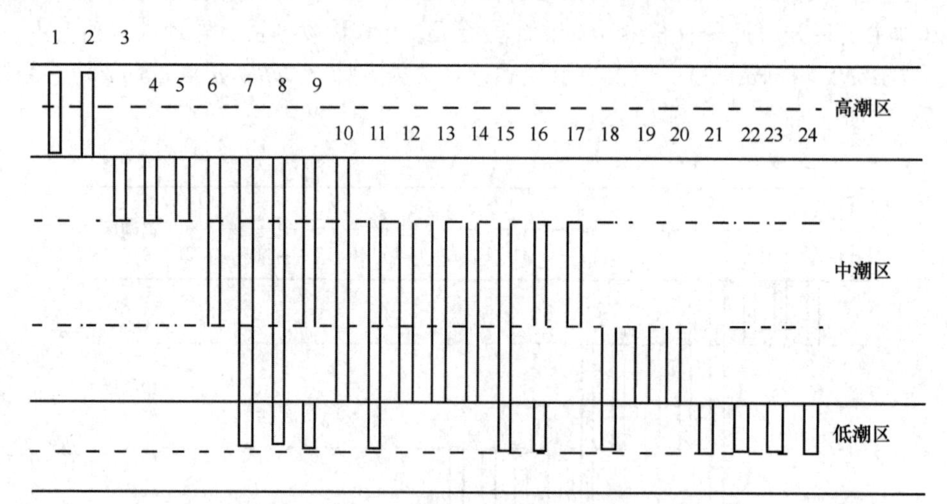

图 12-6　东山（Xch2）泥沙滩群落主要种垂直分布

1. 粗糙滨螺；2. 黑口滨螺；3. 双齿围沙蚕；4. 齿吻沙蚕；5. 可口革囊星虫；6. 弧边招潮；7. 拟突齿沙蚕；8. 寡鳃齿吻沙蚕；9. 中蚓虫；10. 珠带拟蟹守螺；11. 异蚓虫；12. 索沙蚕；13. 理蛤；14. 短拟沼螺；15. 强壮藻钩虾；16. 薄片蜾蠃蜚；17. 秀丽长方蟹；18. 纽虫；19. 彩虹明樱蛤；20. 泥螺；21. 双须虫；22. 微黄镰玉螺；23. 织纹螺；24. 天草旁宽钩虾

12.5.3　群落生态特征值

根据 Shannon-Wiener 种类多样性指数（H'）、Pielous 种类均匀度指数（J）、Margalef 种类丰富度指数（d）和 Simpson 优势度指数（D）显示，岩石滩潮间带大型底栖生物群落种类丰富度指数（d）

春季较高（4.717 3），夏季较低（2.759 1）；多样性指数（H'）春季较高（1.471 7），冬季较低（0.467 0）；均匀度指数（J）春季较高（0.391 3），冬季较低（0.142 0）；优势度指数（D）春季 FQ2 断面较高（0.952 7），FQ4 断面较低（0.135 6）；夏季 FQ2 断面较高（0.804 1），FQ4 断面较低（0.467 6）（表 12-11）。

泥沙滩潮间带大型底栖生物群落种类丰富度指数（d）春季较高（7.028 5），秋季较低（4.959 7）；多样性指数（H'）冬季较高（3.190 0），夏季较低（2.558 0）；均匀度指数（J）冬季较高（0.821 0），夏季较低（0.641 0）；优势度指数（D）春季 Xch1 断面较高（0.767 7），FQ1 断面较低（0.050 2）；夏季 FQ1 断面较高（0.323 1），FQ3 断面较低（0.068 7）；秋季 Xch4 断面较高（0.940 7），Xch3 断面较低（0.840 6）；冬季 Xch5 断面较高（0.083 3），Xch7 断面较低（0.064 8）。

表 12-11　兴化湾滨海湿地潮间带大型底栖生物群落生态特征值

群落	季节	断面	d	H'	J	D
岩石滩	春季	Xch6	3.100 0	1.560 0	0.464 0	0.355 0
		FQ2	4.472 0	0.182 0	0.046 0	0.952 7
		FQ4	6.580 0	2.673 0	0.664 0	0.135 6
		平均	4.717 3	1.471 7	0.391 3	—
	夏季	FQ2	2.644 1	0.438 0	0.124 0	0.804 1
		FQ4	2.874 0	1.013 0	0.285 0	0.467 6
		平均	2.759 1	0.725 5	0.204 5	—
	冬季	Xch6	2.840 0	0.467 0	0.142 0	0.866 0
泥沙滩	春季	Xch1	7.248 8	2.421 9	0.616 0	0.767 7
		Xch2	3.993 4	1.599 5	0.449 9	0.630 1
		Xch3	7.103 4	3.078 3	0.754 9	0.083 1
		Xch4	9.158 1	3.598 8	0.859 0	0.041 9
		Xch5	5.560 0	3.110 0	0.831 0	0.069 3
		Xch7	7.610 0	2.790 0	0.669 0	0.136 0
		FQ1	8.089 0	3.418 0	0.831 0	0.050 2
		FQ3	7.465 0	3.322 0	0.837 0	0.064 0
		平均	7.028 5	2.917 3	0.731 0	—
	夏季	FQ1	5.732 7	1.844 0	0.479 0	0.323 1
		FQ3	8.247 3	3.272 0	0.803 0	0.068 7
		平均	6.990 0	2.558 0	0.641 0	—
	秋季	Xch1	3.400 4	2.595 3	0.897 9	0.909 4
		Xch2	3.572 0	2.647 2	0.822 4	0.904 6
		Xch3	4.800 0	2.566 5	0.716 2	0.840 6
		Xch4	8.066 3	3.329 5	0.809 9	0.940 7
		平均	4.959 7	2.784 6	0.811 6	—
	冬季	Xch5	7.810 0	3.220 0	0.786 0	0.083 3
		Xch7	5.680 0	3.160 0	0.856 0	0.064 8
		平均	6.745 0	3.190 0	0.821 0	—

12.5.4　群落稳定性

兴化湾滨海湿地华侨农场（Xch5）和龙祥（Xch7）泥沙滩潮间带大型底栖生物群落，其丰度生物量复合 k-优势度曲线不交叉、不重叠、不翻转，生物量复合 k-优势度曲线始终位于丰度曲线上方，且丰度生物量累积百分优势度不高。核电厂（Xch6）岩石滩群落丰度生物量复合 k-优势度曲线出现交叉、重叠和翻转，且丰度累积百分优势度高达95%，这是由于直背小藤壶中潮区上层的栖息密度达8 864个/m^2 所致（图12-7～12-9）。秋季，兴化湾滨海湿地湖尾（Xch1）和东山（Xch2）泥沙滩群落，其丰度生物量复合 k-优势度曲线不交叉、不重叠、不翻转，生物量复合 k-优势度曲线始终位于丰度曲线上方，且丰度生物量累积百分优势度不高。春季，湖尾（Xch1）泥沙滩群落和东山（Xch2）泥沙滩群落，丰度生物量复合 k-优势度曲线出现不同程度交叉、重叠和翻转。总体显示，兴化湾滨海湿地潮间带大型底栖生物群落结构不稳定（图12-10～图12-12）。

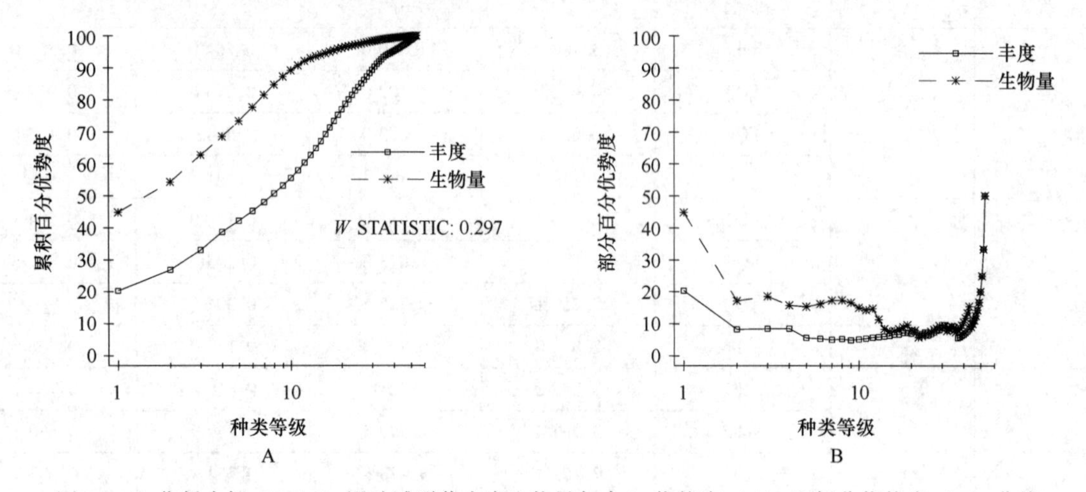

图12-7　华侨农场（Xch5）泥沙滩群落丰度生物量复合 k-优势度（A）和部分优势度（B）曲线

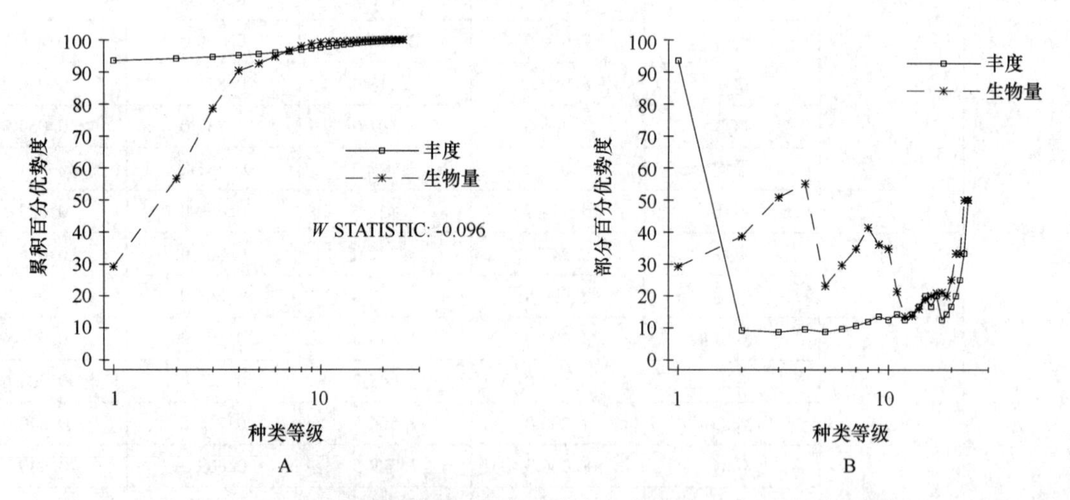

图12-8　核电厂（Xch6）岩石滩群落丰度生物量复合 k-优势度（A）和部分优势度（B）曲线

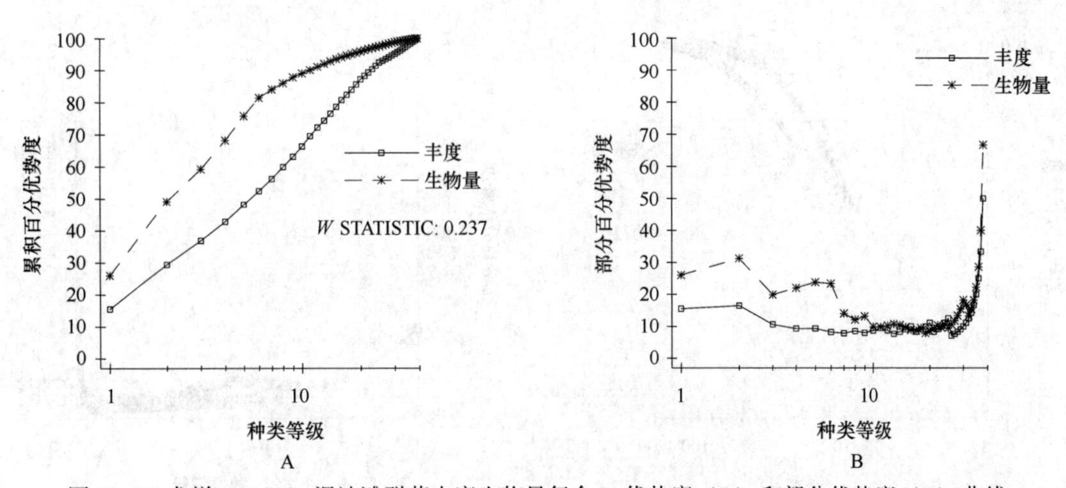

图12-9　龙祥（Xch7）泥沙滩群落丰度生物量复合 k-优势度（A）和部分优势度（B）曲线

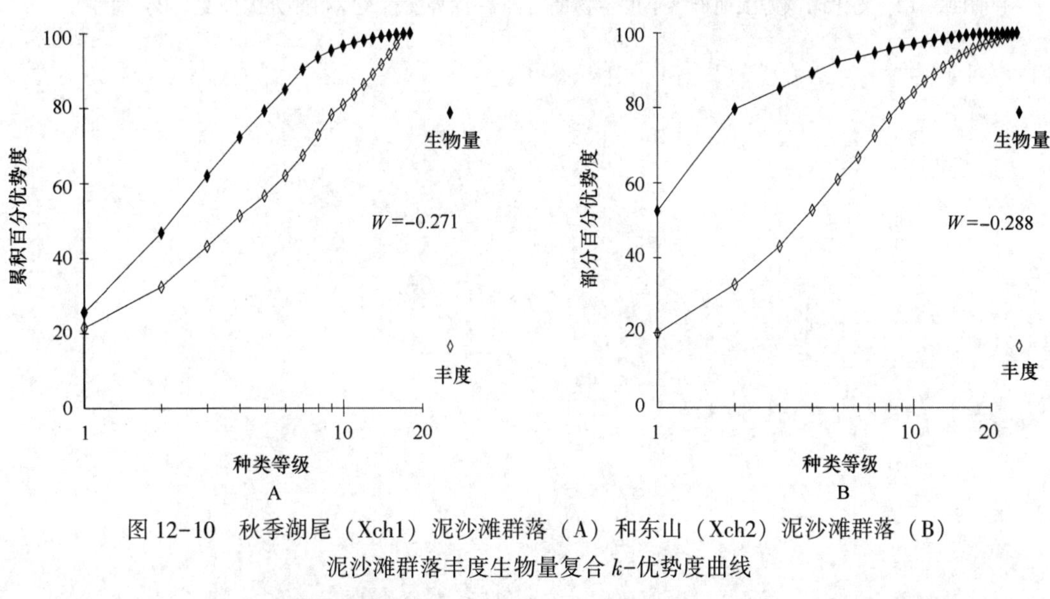

图12-10　秋季湖尾（Xch1）泥沙滩群落（A）和东山（Xch2）泥沙滩群落（B）泥沙滩群落丰度生物量复合 k-优势度曲线

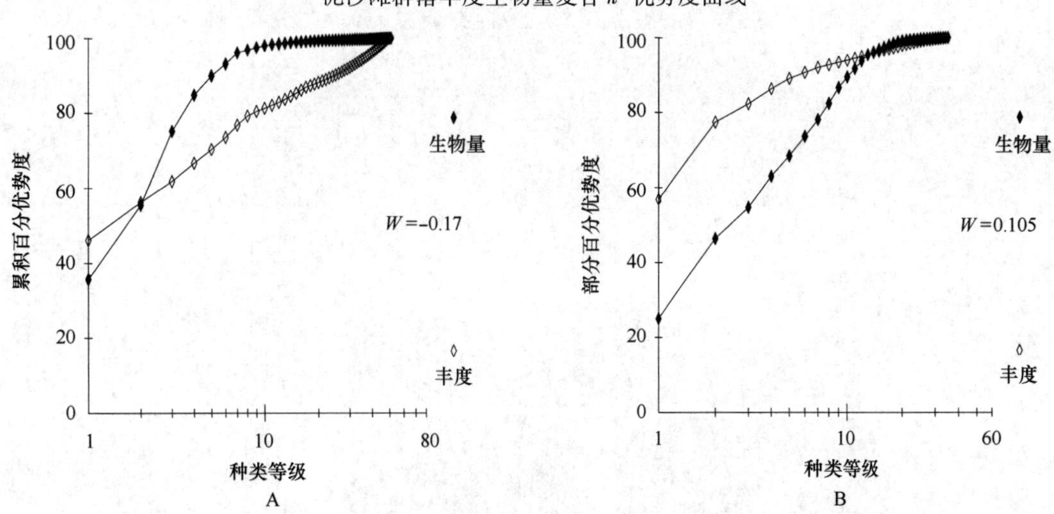

图12-11　春季湖尾（Xch1）泥沙滩群落（A）和东山（Xch2）泥沙滩群落（B）泥沙滩群落丰度生物量复合 k-优势度曲线

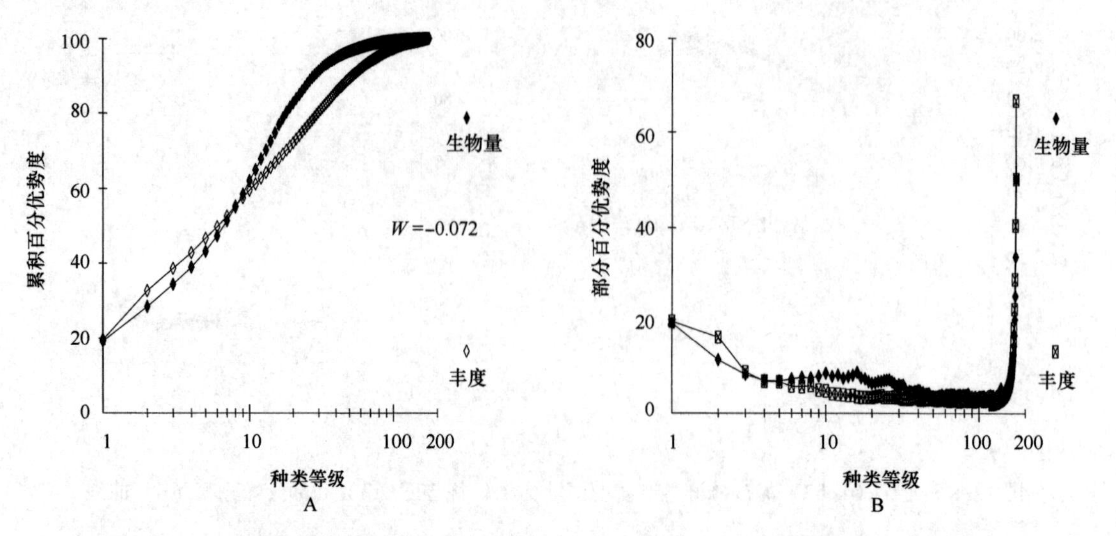

图 12-12　兴化湾滨海湿地群落丰度生物量复合 k-优势度（A）和部分优势度（B）曲线

第 13 章　湄洲湾滨海湿地

13.1　自然环境特征

湄洲湾滨海湿地分布于湄洲湾，湄洲湾位于福建中部沿海，北邻兴化湾，湾口有湄洲岛作为屏障，是福建天然优良港湾之一。海岸线 186.57 km，主要由基岩海岸组成，局部出现淤泥质、砂质和红树林海岸。湄洲湾属于隐蔽性和稳定性都较好的港湾，湾内具有潮差大和水深大的特征。海湾总面积达 423.77 km^2，其中滩涂面积为 207.04 km^2（并以潮滩为主，局部为海滩），水域面积为 216.73 km^2。湾内大部分水深均在 10 m 以上，并从湾内北侧、东西两侧向中心航道、南侧和湾口逐渐变深。最大水深达 52 m。湄洲湾为多口门的海湾，从东北部文甲口经采屿、大竹到西南部后屿等共有 4 个较大口门，其宽度共达 9.5 km。

湄洲湾属正规半日潮，最大潮差 7.59 m，平均潮差 5.12 m，最小潮差 2.22 m（秀屿）。平均大、中、小潮的高低潮容潮量分别为 5.140×10^9 m^3、4.054×10^9 m^3 和 2.778×10^9 m^3，大、中、小潮时海水的半交换期分别为 2.8 d、3.6 d 和 5.2 d。多年平均气温 20.2℃，7 月最高气温 28.4℃，1 月最低气温 11.6℃。9 月水温 24.86～28.02℃，平均水温 26.56℃，1 月水温 13.92～14.92℃，平均水温 14.45℃。多年平均降雨量 1 316.6 mm，最多年平均降雨量 1 818.1 mm，最少年平均降雨量 846.8 mm。多年平均相对湿度 77%，月最大相对湿度 89%，月最小相对湿度 62%。9 月盐度的测值范围 33.578～34.038，平均盐度 33.836；1 月盐度的测值范围 29.940～30.538，平均盐度 30.256，呈现由湾顶向湾口递增趋势。

湄洲湾滨海湿地沉积物类型比较复杂，主要为砂砾、粗砂、中粗砂、中砂、中细砂、细砂、粉砂质砂、黏土质砂、黏土质粉砂、粉砂质黏土、砂—粉砂—黏土 11 种类型。

13.2　断面与站位布设

2003 年、2005—2008 年、2010 年和 2011 年分别在湄洲湾滨海湿地秀屿、莲峰、文甲、西沙、港里、灵川、苏厝、郭厝、东吴、东桥、西礁、栖梧、东埔、乐屿、塔林、东湖、西亭、下朱尾和南浦等处布设 29 条断面潮间带大型底栖生物进行取样（表 13-1、图 13-1）。

表 13-1　湄洲湾滨海湿地潮间带大型底栖生物调查断面

序号	时间	断面	编号	经 度（E）	纬 度（N）	底质
1	2003 年 2 月	秀屿	Mch16	118°59′36.36″	25°12′27.90″	泥沙滩
2		莲峰	Mch17	118°57′32.22″	24°57′54.84″	岩石滩
3		秀屿	Mch18	118°59′33.02″	25°12′39.93″	
4		莲峰	Mch19	118°59′33.90″	25° 00′07.20″	

续表 13-1

序号	时间	断面	编号	经　度（E）	纬　度（N）	底质
5	2005 年 2 月	文甲	Mch20	119°8′57. 00″	25°7′57. 00″	泥沙滩
6		西沙	Mch21	119°7′41. 70″	25°8′14. 10″	
7		港里	Mch22	119°6′46. 68″	25°7′56. 34″	
8	2005 年 11 月，2006 年 4 月，11 月	灵川	Mch1	118°55′20. 40″	25°15′50. 82″	
9		苏厝	Mch2	119°1′9. 06″	25°13′48. 06″	
10		郭厝	Mch3	118°56′27. 60″	25°8′1. 68″	
11		东吴	Mch4	119°3′45. 60″	25°7′34. 68″	
12		东桥	Mch5	118°53′14. 28″	25°2′41. 94″	
13		栖梧	Mch9	119°02′6. 00″	25°14′2. 10″	
14		东埔	Mch10	119°02′11. 40″	25°10′13. 38″	
15	2006 年 4 月	西礁	Mch7	119°6′36. 12″	25°6′16. 44″	岩石滩
16		西礁	Mch8	119°6′24. 66″	25°6′15. 72″	砾石泥沙滩
17	2006 年 10 月，2007 年 5 月	乐屿	Mch11	119°00′49. 38″	25°10′53. 94″	岩石滩
18		乐屿	Mch12	119°01′7. 80″	25°11′0. 72″	泥沙滩
19	2007 年 8 月，10 月，	塔林	Mch13	119°01′48. 00″	25°10′1. 74″	
20		塔林电厂	Mch14	119°01′38. 04″	25°09′18. 12″	
21		东湖	Mch15	119°01′55. 62″	25°08′4. 20″	
22	2008 年 1 月	东吴	Mch23	119°02′16. 98″	25°07′45. 36″	
23		西亭	Mch24	119°02′33. 78″	25°07′23. 82″	
24	2010 年 11 月，2011 年 3 月	下朱尾	Mch25	118°56′07. 00″	25°13′21. 00″	
25		南浦电厂	Mch26	118°56′36. 00″	25°12′24. 00″	
26		妈祖城	WDS1	119°08′51. 68″	25°08′56. 08″	
27		文甲	WDR2	119°09′19. 02″	25°07′35. 65″	岩石滩
28	2011 年 10 月	塔林电厂	PT1	119°01′35. 02″	25°09′36. 06″	泥沙滩
29		塔林电厂	PT2	119°01′38. 04″	25°09′18. 12″	

13.3　物种多样性

13.3.1　种类组成与分布

湄洲湾滨海湿地潮间带大型底栖生物 679 种。其中，藻类 43 种，多毛类 235 种，软体动物 175 种，甲壳动物 138 种，棘皮动物 17 种和其他生物 71 种。多毛类、软体动物和甲壳动物占总种数的 80.71%，三者构成潮间带大型底栖生物主要类群（表 13-2）。

湄洲湾滨海湿地潮间带大型底栖生物断面间种数和种类组成不尽相同，岩石滩潮间带大型底栖生物 290 种。其中，藻类 43 种，多毛类 85 种，软体动物 63 种，甲壳动物 57 种，棘皮动物 4 种和其他生物 38 种。多毛类、软体动物和甲壳动物占岩石滩潮间带大型底栖生物总种数的 70.69%。泥沙滩潮间带大型底栖生物 501 种，其中：藻类 11 种，多毛类 209 种，软体动物 121 种，甲壳动物 110 种，

图 13-1　湄洲湾滨海湿地潮间带大型底栖生物调查断面

棘皮动物 13 种和其他生物 37 种。多毛类、软体动物和甲壳动物占泥沙滩潮间带大型底栖生物总种数的 87.82%，三者构成泥沙滩潮间带大型底栖生物主要类群。

岩石滩断面春季种数以 Mch7 断面较多（77 种），WDR2 断面较少（66 种）；秋季种数以 Mch18 断面较多（54 种），WDR2 断面较少（46 种）。泥沙滩断面春季种数以 Mch8 断面较多（116 种），WDS1 断面较少（39 种）；夏季种数以 Mch14 断面较多（43 种），Mch15 断面较少（30 种）；秋季种数以 Mch10 断面较多（111 种），Mch13 断面较少（29 种）；冬季种数以 Mch16 断面较多（90 种），Mch17 断面较少（33 种）。但各断面的种类组成均以多毛类、软体动物和甲壳动物占多数（表 13-2）。

表 13-2　湄洲湾滨海湿地潮间带大型底栖生物种类组成与分布　　单位：种

底质	季节	断面	藻类	多毛类	软体动物	甲壳动物	棘皮动物	其他生物	合计
岩石滩	春季	Mch7	6	15	34	14	2	6	77
		Mch11	10	11	28	7	4	9	69
		WDR2	4	20	27	11	1	3	66
	秋季	WDR2	3	10	21	12	0	0	46
		Mch18	8	14	17	9	0	6	54
	冬季	Mch19	9	12	21	15	0	1	58
	合计		43	85	63	57	4	38	290

续表 13-2

底质	季节	断面	藻类	多毛类	软体动物	甲壳动物	棘皮动物	其他生物	合计
泥沙滩	春季	Mch1	1	39	15	13	1	0	69
		Mch2	1	36	14	8	1	1	61
		Mch3	3	37	16	19	1	3	79
		Mch4	4	49	15	14	2	2	86
		Mch5	9	35	18	27	0	4	93
		Mch8	6	51	15	23	5	16	116
		Mch10	1	39	17	11	0	4	72
		Mch12	0	36	25	24	1	5	91
		Mch25	2	26	13	9	1	0	51
		Mch26	5	26	18	12	0	1	62
		WDS1	2	16	10	8	0	3	39
	夏季	Mch13	0	16	9	7	0	0	32
		Mch14	0	16	15	10	0	2	43
		Mch15	0	11	11	8	0	0	30
	秋季	Mch1	0	43	8	9	1	0	61
		Mch2	0	24	7	9	0	1	41
		Mch3	0	30	8	12	0	2	52
		Mch4	0	30	6	11	0	3	50
		Mch5	2	27	7	18	0	1	55
		Mch9	1	43	13	18	1	6	82
		Mch10	2	46	26	31	0	6	111
		Mch13	0	16	9	3	0	1	29
		Mch14	0	13	11	12	0	2	38
		Mch15	0	30	8	0	2	0	40
		Mch25	0	27	6	12	1	1	47
		Mch26	0	32	7	8	0	2	49
		WDS1	2	24	2	7	1	3	39
		PT1	0	23	8	9	0	3	43
		PT2	0	35	18	21	1	2	77
	冬季	Mch16	4	32	19	16	4	15	90
		Mch17	0	11	14	7	1	0	33
		Mch20	3	41	8	2	1	1	56
		Mch21	6	18	2	8	0	1	35
		Mch22	4	38	10	13	0	4	69
		Mch23	0	37	14	9	2	3	65
		Mch24	0	40	8	17	0	6	71
	合计		11	209	121	110	13	37	501
合计			43	235	175	138	17	71	679

13.3.2　优势种和主要种

根据数量和出现率，湄洲湾滨海湿地潮间带大型底栖生物优势种和主要种有枝条刺柳珊瑚（*Echinogorgia lami*）、滑鞭柳珊瑚（*Ellisella laevis*）、瓦氏马尾藻（*Sargassum vachellianum*）、孔石莼、内卷齿蚕（*Aglaophamus* sp.）、独指虫、锥稚虫（*Aonides oxycephala*）、丝鳃稚齿虫、独毛虫、中蚓虫、梳鳃虫、索沙蚕、东方刺尖锥虫、无叉矛毛虫（*Phylo kupfferi*）、多鳃齿吻沙蚕（*Nephtys polybranchia*）、毡毛岩虫、似蛰虫、豆形胡桃蛤、联球蚶（*Mabellarca consociata*）、凸壳肌蛤、栉江珧、僧帽牡蛎、棘刺牡蛎、红拉沙蛤、敦氏猿头蛤、刀明樱蛤、彩虹明樱蛤、小亮樱蛤（*Nitidotellina minuta*）、菲律宾蛤仔、渤海鸭嘴蛤、肋昌螺（*Umbonium costatum*）、覆瓦小蛇螺、珠带拟蟹守螺、纵带滩栖螺、秀丽织纹螺、疣荔枝螺、日本菊花螺、直背小藤壶、鳞笠藤壶、白脊藤壶、哥伦比亚刀钩虾、日本大螯蜚、塞切尔泥钩虾、明秀大眼蟹、小相手蟹、模糊新短眼蟹、淡水泥蟹、绒螯近方蟹、细腕阳遂足〔*Amphiura*（*Ophiopeltis*）*tenuis*〕、光滑倍棘蛇尾〔*Amphioplus*（*Lymanella*）*laevis*〕、印痕倍棘蛇尾〔*Amphioplus*（*Amphichilus*）*impressus*〕和厦门文昌鱼（*Branchiostoma belcheri*）等。

13.4　数量时空分布

13.4.1　数量组成与季节变化

湄洲湾滨海湿地岩石滩潮间带大型底栖生物平均生物量为 1 133.60 g/m^2，平均栖息密度为 1 778 个/m^2。生物量以甲壳动物居第一位（542.15 g/m^2），软体动物居第二位（447.50 g/m^2）；栖息密度以软体动物居第一位（1 118 个/m^2），甲壳动物居第二位（500 个/m^2）。数量季节变化，生物量从高到低依次为春季（1 664.13 g/m^2）、冬季（1 083.56 g/m^2）、秋季（653.13 g/m^2）；栖息密度从高到低依次为冬季（2 666 个/m^2）、春季（2 067 个/m^2）、秋季（601 个/m^2）。各类群数量组成与季节变化见表 13-3。

表 13-3　湄洲湾滨海湿地岩石滩潮间带大型底栖生物数量组成与季节变化

数量	季节	藻类	多毛类	软体动物	甲壳动物	棘皮动物	其他生物	合计
生物量（g/m^2）	春季	150.95	0.63	442.59	941.62	0.29	128.05	1 664.13
	秋季	21.40	2.44	17.60	610.22	0.41	1.06	653.13
	冬季	30.62	18.29	882.31	74.62	0	77.72	1 083.56
	平均	67.66	7.12	447.50	542.15	0.23	68.94	1 133.60
密度（个/m^2）	春季	—	38	1 206	809	1	13	2 067
	秋季	—	211	97	282	2	9	601
	冬季	—	186	2 051	409	0	20	2 666
	平均	—	145	1 118	500	1	14	1 778

泥沙滩潮间带大型底栖生物平均生物量为 92.90 g/m^2，平均栖息密度为 597 个/m^2。生物量以软体动物居第一位（72.98 g/m^2），甲壳动物居第二位（12.08 g/m^2）；栖息密度以软体动物居第一位（320 个/m^2），多毛类居第二位（176 个/m^2），生物量和栖息密度均以软体动物居第一位，各类群数量组成见表 13-4。数量季节变化，生物量从高到低依次为夏季（227.29 g/m^2）、冬季（67.74 g/m^2）、秋季（43.55 g/m^2）、春季（33.04 g/m^2）；栖息密度从高到低依次为夏季（1 018 个/m^2）、春季

（755 个/m²）、秋季（327 个/m²）、冬季（288 个/m²）。各类群数量组成与季节变化见表 13-4。

表 13-4 湄洲湾滨海湿地泥沙滩潮间带大型底栖生物数量组成与季节变化

数量	季节	藻类	多毛类	软体动物	甲壳动物	棘皮动物	其他生物	合计
生物量（g/m²）	春季	0.43	3.17	20.34	7.85	0.70	0.55	33.04
	夏季	0	0.80	221.81	3.72	0	0.96	227.29
	秋季	0.02	1.39	37.61	2.13	2.11	0.29	43.55
	冬季	2.79	2.43	12.17	34.63	8.07	7.65	67.74
	平均	0.81	1.95	72.98	12.08	2.72	2.36	92.90
密度（个/m²）	春季	—	385	127	118	2	123	755
	夏季	—	32	967	19	0	0	1 018
	秋季	—	126	117	60	1	23	327
	冬季	—	161	69	54	2	2	288
	平均	—	176	320	63	1	37	597

13.4.2 数量分布

湄洲湾滨海湿地岩石滩潮间带大型底栖生物数量和组成，各断面不尽相同。春季生物量以西礁岩石滩 Mch7 断面（2 562.71 g/m²）较大，Mch11 断面（765.52 g/m²）较小；栖息密度同样以西礁岩石滩 Mch7 断面（3 123 个/m²）较大，Mch11 断面（1 007 个/m²）较小。冬季生物量以 Mch19 断面（1 446.67 g/m²）较大，Mch18 断面（720.43 g/m²）较小；栖息密度同样以 Mch19 断面（4 499 个/m²）较大，Mch18 断面（832 个/m²）较小，各断面数量组成与分布见表 13-5。

表 13-5 湄洲湾滨海湿地岩石滩潮间带大型底栖生物数量组成与分布

数量	季节	断面	藻类	多毛类	软体动物	甲壳动物	棘皮动物	其他生物	合计
生物量（g/m²）	春季	Mch7	64.14	0.72	637.47	1 830.27	0	30.11	2 562.71
		Mch11	237.75	0.54	247.71	52.96	0.57	225.99	765.52
		平均	150.95	0.63	442.59	941.62	0.29	128.05	1 664.13
	秋季	WDr2	21.40	2.44	17.60	610.22	0.41	1.06	653.13
	冬季	Mch18	9.78	3.08	507.56	45.26	0	154.75	720.43
		Mch19	51.46	33.49	1 257.05	103.98	0	0.69	1 446.67
		平均	30.62	18.29	882.31	74.62	0	77.72	1 083.56
密度（个/m²）	春季	Mch7	—	36	2 281	791	0	15	3 123
		Mch11	—	40	130	826	1	10	1 007
		平均	—	38	1 206	809	1	13	2 067
	秋季	WDr2	—	211	97	282	2	9	601
	冬季	Mch18	—	111	422	277	0	22	832
		Mch19	—	261	3 680	540	0	18	4 499
		平均	—	186	2 051	409	0	20	2 666

泥沙滩潮间带大型底栖生物数量和组成，各断面不尽相同。春季生物量以 Mch1 断面（60.24 g/m²）

较大，Mch8 断面（14.22 g/m²）较小；栖息密度同样以 Mch1 断面（1 729 个/m²）较大，Mch4 断面（397 个/m²）较小。夏季生物量以 Mch15 断面（296.45 g/m²）较大，Mch13 断面（115.65 g/m²）较小；栖息密度同样以 Mch15 断面（1 506 个/m²）较大，Mch13 断面（548 个/m²）较小。秋季生物量以 PT1 断面（241.67 g/m²）较大，Mch3 断面（7.75 g/m²）较小；栖息密度同样以 PT1 断面（801 个/m²）较大，Mch13 断面（99 个/m²）较小。冬季生物量以 Mch17 断面（290.65 g/m²）较大，Mch21 断面（6.30 g/m²）较小；栖息密度同样以 Mch23 断面（617 个/m²）较大，Mch21 断面（47 个/m²）较小，各断面数量组成与分布见表 13-6~表 13-7。

表 13-6 湄洲湾滨海湿地泥沙滩潮间带大型底栖生物生物量组成与分布 单位：g/m²

季节	断面	藻类	多毛类	软体动物	甲壳动物	棘皮动物	其他生物	合计
春季	Mch1	0.53	2.73	54.29	2.04	0.65	0	60.24
	Mch2	1.88	3.11	18.90	1.40	0.04	0.35	25.68
	Mch3	0.54	3.18	7.52	7.82	0.02	0.07	19.15
	Mch4	0.12	2.52	17.18	2.88	3.03	0.01	25.74
	Mch5	0.27	1.38	11.35	21.09	0	1.08	35.17
	Mch8	0.04	3.47	6.12	1.48	1.76	1.35	14.22
	Mch10	0.03	3.13	13.83	25.69	0	0.24	42.92
	Mch12	0.05	5.84	33.53	0.40	0.08	1.33	41.23
	平均	0.43	3.17	20.34	7.85	0.70	0.55	33.04
夏季	Mch13	0	0.37	113.03	2.25	0	0	115.65
	Mch14	0	0.76	263.85	2.28	0	2.87	269.76
	Mch15	0	1.26	288.55	6.64	0	0	296.45
	平均	0	0.80	221.81	3.72	0	0.96	227.29
秋季	Mch1	0	1.67	6.25	0.27	0.02	0	8.21
	Mch2	0	1.83	15.79	0.86	0	0.03	18.51
	Mch3	0	1.57	0.23	5.83	0	0.12	7.75
	Mch4	0	1.21	14.65	2.17	0	0.27	18.30
	Mch5	0	2.87	1.53	5.98	0	0.01	10.39
	Mch9	0.01	0.91	3.88	1.86	0.42	1.18	8.26
	Mch10	0.21	1.67	25.30	1.98	0	0.31	29.47
	Mch13	0	0.26	45.13	0.59	0	0	45.98
	Mch14	0	0.41	11.02	0	0	1.67	13.10
	Mch15	0	0.79	7.93	0	1.15	0	9.87
	Mch25	0	1.82	10.24	0.87	0	0.28	13.21
	Mch26	0	1.43	26.56	1.59	27.86	0.04	57.48
	PT1	0	1.06	236.58	3.96	0	0.07	241.67
	PT2	0	1.97	121.51	3.80	0.15	0.05	127.48
	平均	0.02	1.39	37.61	2.13	2.11	0.29	43.55

续表 13-6

季节	断面	藻类	多毛类	软体动物	甲壳动物	棘皮动物	其他生物	合计
冬季	Mch16	16.56	2.52	7.48	2.76	1.16	51.74	82.22
	Mch17	0	1.37	5.93	229.27	54.08	0	290.65
	Mch20	0.15	3.28	16.40	1.02	1.22	0.01	22.08
	Mch21	2.39	0.68	1.57	1.49	0	0.17	6.30
	Mch22	0.40	4.90	12.00	2.22	0	1.30	20.82
	Mch23	0	3.35	33.73	1.18	0.04	0.10	38.40
	Mch24	0	0.88	8.10	4.47	0	0.26	13.71
	平均	2.79	2.43	12.17	34.63	8.07	7.65	67.74

表 13-7　湄洲湾滨海湿地泥沙滩潮间带大型底栖生物栖息密度组成与分布　单位：个/m²

季节	断面	多毛类	软体动物	甲壳动物	棘皮动物	其他生物	合计
春季	Mch1	792	17	0	0	920	1 729
	Mch2	287	101	12	0	3	403
	Mch3	317	69	50	0	6	442
	Mch4	244	84	63	3	3	397
	Mch5	123	36	327	0	4	490
	Mch8	487	497	404	13	36	1 437
	Mch10	271	91	37	0	2	401
	Mch12	562	117	54	1	11	745
	平均	385	127	118	2	123	755
夏季	Mch13	36	492	20	0	0	548
	Mch14	34	950	15	0	1	1 000
	Mch15	25	1 459	21	0	0	1 505
	平均	32	967	19	0	0	1 018
秋季	Mch1	207	31	7	2	0	247
	Mch2	128	61	29	0	2	220
	Mch3	146	46	61	0	2	255
	Mch4	91	134	96	0	7	328
	Mch5	101	7	76	0	1	185
	Mch9	207	31	209	2	29	478
	Mch10	410	117	214	0	27	768
	Mch13	53	45	1	0	0	99
	Mch14	43	60	0	0	0	103
	Mch15	74	57	0	4	0	135
	Mch25	95	42	33	0	3	173
	Mch26	126	64	28	1	1	220
	PT1	123	630	44	0	4	801
	PT2	141	332	50	0	3	526
	平均	126	117	60	1	23	327

续表 13-7

季节	断面	多毛类	软体动物	甲壳动物	棘皮动物	其他生物	合计
冬季	Mch16	100	85	28	4	1	218
	Mch17	20	75	130	8	0	233
	Mch20	132	81	4	0	0	217
	Mch21	32	7	8	0	0	47
	Mch22	124	54	52	0	5	235
	Mch23	394	109	103	2	9	617
	Mch24	328	69	54	0	2	453
	平均	161	69	54	2	2	288

湄洲湾滨海湿地泥沙滩部分断面潮间带大型底栖生物数量垂直分布，生物量从高到低依次为中潮区（32.79 g/m^2）、低潮区（20.59 g/m^2）、高潮区（15.36 g/m^2）；栖息密度从高到低依次为低潮区（637 个/m^2）、中潮区（397 个/m^2）、高潮区（95 个/m^2）。生物量和栖息密度均以高潮区最小。各断面数量垂直分布见表 13-8～表 13-9。

表 13-8　湄洲湾滨海湿地泥沙滩部分断面潮间带大型底栖生物生物量垂直分布　　单位：g/m^2

潮区	断面	季节	藻类	多毛类	软体动物	甲壳动物	棘皮动物	其他生物	合计
高潮区	Mch1	秋季	0	0	13.20	0	0	0	13.20
		春季	0	0	19.68	0	0	0	19.68
		平均	0	0	16.44	0	0	0	16.44
	Mch2	秋季	0	0	26.72	0	0	0	26.72
		春季	0	0	32.04	0	0	0	32.04
		平均	0	0	29.38	0	0	0	29.38
	Mch3	秋季	0	0	0	12.50	0	0	12.50
		春季	0	0	0	17.84	0	0	17.84
		平均	0	0	0	15.17	0	0	15.17
	Mch4	秋季	0	0	11.52	0	0	0	11.52
		春季	0	0	13.84	0	0	0	13.84
		平均	0	0	12.68	0	0	0	12.68
	Mch5	秋季	0	0	0.96	0	0	0	0.96
		春季	0	0	5.28	0	0	0	5.28
		平均	0	0	1.56	0	0	0	1.56
	季节	秋季	0	0	10.48	2.50	0	0	12.98
		春季	0	0	14.17	3.57	0	0	17.74
		平均	0	0	12.32	3.03	0	0	15.35

续表 13-8

潮区	断面	季节	藻类	多毛类	软体动物	甲壳动物	棘皮动物	其他生物	合计
中潮区	Mch1	秋季	0	3.62	5.41	0.80	0	0	9.83
		春季	1.59	4.07	26.52	3.97	1.95	0	38.10
		平均	0.79	3.85	15.97	2.39	0.97	0	23.97
	Mch2	秋季	0	3.75	20.65	1.37	0	0	25.77
		春季	0	5.52	24.23	3.95	0.12	0	33.82
		平均	0	4.64	22.44	2.66	0.06	0	29.80
	Mch3	秋季	0	1.12	0.58	1.75	0	0	3.45
		春季	1.61	5.53	22.39	4.27	0.07	0.12	33.99
		平均	0.81	3.33	11.48	3.01	0.03	0.06	18.72
	Mch4	秋季	0	1.42	32.43	0.85	0	0.02	34.72
		春季	0.03	1.91	37.63	5.32	0	0.04	44.93
		平均	0.01	1.66	35.03	3.09	0	0.03	39.82
	Mch5	秋季	0	2.61	0.02	11.05	0	0.03	13.71
		春季	0.28	2.11	26.84	60.03	0	0.27	89.53
		平均	0.07	1.18	6.71	17.77	0	0.08	25.81
	季节	秋季	0	2.50	11.82	3.16	0	0.01	17.49
		春季	0.70	3.83	27.52	15.51	0.43	0.09	48.08
		平均	0.35	3.17	19.67	9.34	0.21	0.05	32.79
低潮区	Mch1	秋季	0	1.40	0.15	0	0.05	0	1.60
		春季	0	4.12	116.68	2.16	0	0	122.96
		平均	0	2.76	58.42	1.08	0.03	0	62.29
	Mch2	秋季	0	1.75	0	1.20	0	0.10	3.05
		春季	5.64	3.80	0.44	0.25	0	1.04	11.17
		平均	2.82	2.78	0.22	0.73	0	0.57	7.12
	Mch3	秋季	0	3.60	0.10	3.25	0	0.35	7.30
		春季	0	4.00	0.16	1.36	0	0.08	5.60
		平均	0	3.80	0.13	2.31	0	0.22	6.46
	Mch4	秋季	0	2.20	0	5.65	0	0.80	8.65
		春季	0.32	5.64	0.08	3.32	9.08	0	18.44
		平均	0.16	3.92	0.04	4.49	4.54	0.40	13.55
	Mch5	秋季	0	6.00	3.60	6.90	0	0	16.50
		春季	0.52	2.04	1.92	3.25	0	2.96	10.69
		平均	0.13	2.01	1.38	2.54	0	0.74	6.80
	季节	秋季	0	2.99	0.77	3.40	0.01	0.25	7.42
		春季	1.30	3.92	23.86	2.07	1.82	0.82	33.79
		平均	0.65	3.46	12.31	2.73	0.91	0.53	20.59

表 13-9　湄洲湾滨海湿地泥沙滩部分断面潮间带大型底栖生物栖息密度垂直分布　单位：个/m²

潮区	断面	季节	多毛类	软体动物	甲壳动物	棘皮动物	其他生物	合计
高潮区	Mch1	秋季	0	72	0	0	0	72
		春季	0	144	0	0	0	144
		平均	0	108	0	0	0	108
	Mch2	秋季	0	120	0	0	0	120
		春季	0	184	0	0	0	184
		平均	0	152	0	0	0	152
	Mch3	秋季	0	0	4	0	0	4
		春季	0	0	4	0	0	4
		平均	0	0	4	0	0	4
	Mch4	秋季	0	288	0	0	0	288
		春季	0	104	0	0	0	104
		平均	0	196	0	0	0	196
	Mch5	秋季	0	8	0	0	0	8
		春季	0	24	0	0	0	24
		平均	0	8	0	0	0	8
	季节	秋季	0	98	1	0	0	99
		春季	0	91	1	0	0	92
		平均	0	94	1	0	0	95
中潮区	Mch1	秋季	372	17	20	0	0	409
		春季	192	199	36	1	0	428
		平均	282	108	28	1	0	419
	Mch2	秋季	250	63	27	0	0	340
		春季	360	112	15	1	0	488
		平均	305	88	21	1	0	415
	Mch3	秋季	127	15	32	0	0	174
		春季	187	187	63	1	11	449
		平均	157	101	47	1	5	311
	Mch4	秋季	173	113	8	0	2	296
		春季	299	135	32	0	8	474
		平均	236	124	20	0	5	385
	Mch5	秋季	143	2	149	0	3	297
		春季	188	64	360	0	4	616
		平均	83	16	127	0	2	228
	季节	秋季	213	42	47	0	1	303
		春季	245	139	101	1	5	491
		平均	229	91	74	0	3	397

续表 13-9

潮区	断面	季节	多毛类	软体动物	甲壳动物	棘皮动物	其他生物	合计
低潮区	Mch1	秋季	250	5	0	5	0	260
		春季	140	2 032	16	0	0	2 188
		平均	195	1 019	8	3	0	1 225
	Mch2	秋季	135	0	60	0	5	200
		春季	500	8	20	0	8	536
		平均	318	4	40	0	7	369
	Mch3	秋季	146	8	62	0	2	218
		春季	764	20	84	0	8	876
		平均	455	14	73	0	5	547
	Mch4	秋季	100	0	280	0	20	400
		春季	432	12	156	8	0	608
		平均	266	6	218	4	10	504
	Mch5	秋季	160	10	80	0	0	250
		春季	180	20	620	0	8	828
		平均	85	8	175	0	2	270
	季节	秋季	158	5	96	1	5	265
		春季	403	418	179	2	5	1 007
		平均	281	212	138	1	5	637

13.4.3　饵料生物

湄洲湾滨海湿地岩石滩潮间带大型底栖生物平均饵料水平分级均为Ⅴ级。其中，棘皮动物相对较低为Ⅰ级；藻类、软体动物、甲壳动物和其他生物较高，分别达Ⅴ级。季节比较，春季、秋季和冬季均达到Ⅴ级。泥沙滩潮间带大型底栖生物平均饵料水平分级均为Ⅴ级，其中，藻类、多毛类、棘皮动物和其他生物相对较低，均为Ⅰ级；软体动物较高，达Ⅴ级。季节比较，夏季和冬季较高，均达到Ⅴ级；春季和秋季较低，均为Ⅳ级（表 13-10）。

表 13-10　湄洲湾滨海湿地潮间带大型底栖生物饵料水平分级

底质	季节	藻类	多毛类	软体动物	甲壳动物	棘皮动物	其他生物	评价标准
岩石滩	春季	Ⅴ	Ⅰ	Ⅴ	Ⅴ	Ⅰ	Ⅴ	Ⅴ
	秋季	Ⅲ	Ⅰ	Ⅲ	Ⅴ	Ⅰ	Ⅰ	Ⅴ
	冬季	Ⅳ	Ⅲ	Ⅴ	Ⅴ	Ⅰ	Ⅴ	Ⅴ
	平均	Ⅴ	Ⅱ	Ⅴ	Ⅴ	Ⅰ	Ⅴ	Ⅴ
泥沙滩	春季	Ⅰ	Ⅰ	Ⅲ	Ⅱ	Ⅰ	Ⅰ	Ⅳ
	夏季	Ⅰ	Ⅰ	Ⅴ	Ⅰ	Ⅰ	Ⅰ	Ⅴ
	秋季	Ⅰ	Ⅰ	Ⅳ	Ⅰ	Ⅰ	Ⅰ	Ⅳ
	冬季	Ⅰ	Ⅰ	Ⅲ	Ⅳ	Ⅱ	Ⅱ	Ⅴ
	平均	Ⅰ	Ⅰ	Ⅴ	Ⅲ	Ⅰ	Ⅰ	Ⅴ

13.5 群落

13.5.1 群落类型

湄洲湾滨海湿地潮间带大型底栖生物群落按地点和所处的位置分为：

（1）苏厝（Mch2）泥沙滩群落。高潮区：粗糙滨螺带；中潮区：须丝鳃虫—珠带拟蟹守螺—淡水泥蟹带；低潮区：梳鳃虫—菲律宾蛤仔—对虾（*Penaeus* sp.）带。

（2）东吴（Mch4）泥沙滩群落。高潮区：粒结节滨螺—短滨螺带；中潮区：奇异稚齿虫—珠带拟蟹守螺—淡水泥蟹带；低潮区：似蛰虫—刀明樱蛤—模糊新短眼蟹带。

（3）西礁（Mch7）岩石滩群落。高潮区：粒结节滨螺—短滨螺—粗糙滨螺带；中潮区：孔石莼—僧帽牡蛎—鳞笠藤壶带；低潮区：小珊瑚藻—敦氏猿头蛤—甲虫螺带。

（4）西礁（Mch8）砾石滩群落。高潮区：粒结节滨螺—塔结节滨螺［*Nodilittorina*（*N.*）*trochoides*］带；中潮区：长吻吻沙蚕—菲律宾蛤仔—日本大螯蜚带；低潮区：东方刺尖锥虫—似蛰虫—刀明樱蛤—印痕倍棘蛇尾带。

（5）栖梧（Mch9）泥沙滩群落。高潮区：粗糙滨螺带；中潮区：稚齿虫—珠带拟蟹守螺—明秀大眼蟹带；低潮区：丝鳃稚齿虫—鞍蛤（*Mysella* sp.）—塞切尔泥钩虾—光亮倍棘蛇尾带。

（6）东埔（Mch10）泥沙滩群落。高潮区：粗糙滨螺带；中潮区：寡鳃齿吻沙蚕—凸壳肌蛤—珠带拟蟹守螺—淡水泥蟹带；低潮区：独毛虫—鞍蛤—模糊新短眼蟹带。

13.5.2 群落结构

（1）苏厝（Mch2）泥沙滩群落。该群落所处滩面底质类型高潮区为石堤，中潮区和低潮区以泥沙为主。附近有牡蛎和缢蛏养殖。

高潮区：粗糙滨螺带。该潮区种类贫乏，数量不高，代表种粗糙滨螺的生物量和栖息密度分别为 19.68 g/m^2 和 144 个/m^2。

中潮区：须丝鳃虫—珠带拟蟹守螺—淡水泥蟹带。该潮区主要种须丝鳃虫仅在本区出现，生物量和栖息密度分别为 1.64 g/m^2 和 88 个/m^2。优势种珠带拟蟹守螺，在本区的最大生物量和栖息密度分别为 33.44 g/m^2 和 100 个/m^2。淡水泥蟹，仅分布在中潮区，生物量和栖息密度以上层较大，分别为 4.68 g/m^2 和 20 个/m^2；下层较小，分别为 0.16 g/m^2 和 4 个/m^2。其他主要种和习见种有腺带刺沙蚕、长吻吻沙蚕、异蚓虫、四索沙蚕（*Lumbrineris tetraura*）、不倒翁虫、似蛰虫、豆形胡桃蛤、刀明樱蛤、理蛤、菲律宾蛤仔、短拟沼螺、秀丽织纹螺、织纹螺、泥螺、塞切尔泥钩虾、长指鼓虾（*Alpheus rapax*）、明秀大眼蟹、秀丽长方蟹和棘刺瓜参等。

低潮区：梳鳃虫—菲律宾蛤仔—对虾带。该潮区主要种为梳鳃虫，自中潮区延伸分布至此，在本区的数量不高，生物量和栖息密度分别为 0.40 g/m^2 和 32 个/m^2。优势种菲律宾蛤仔，自中潮区延伸分布至此，在本区的生物量和栖息密度分别高达 95.84 g/m^2 和 1 924 个/m^2。对虾，仅在本区出现，生物量和栖息密度分别为 0.08 g/m^2 和 8 个/m^2。其他主要种和习见种有长吻吻沙蚕、寡鳃齿吻沙蚕、无叉矛毛虫、索沙蚕、渤海鸭嘴蛤、长指鼓虾、齿腕拟盲蟹等（图 13-2）。

（2）东吴（Mch4）泥沙滩群落。该群落所处滩面长度为 1 800~2 000 m，底质类型高潮区为石堤，中潮区底质由泥砂质组成，低潮区以软泥为主。断面西面 500 m 正在构筑海堤。

高潮区：粒结节滨螺—短滨螺带。该潮区种类贫乏，代表种为粒结节滨螺，数量不高，生物量和栖息密度分别为 3.44 g/m^2 和 72 个/m^2。短滨螺的生物量和栖息密度分别为 9.60 g/m^2 和 24 个/m^2。

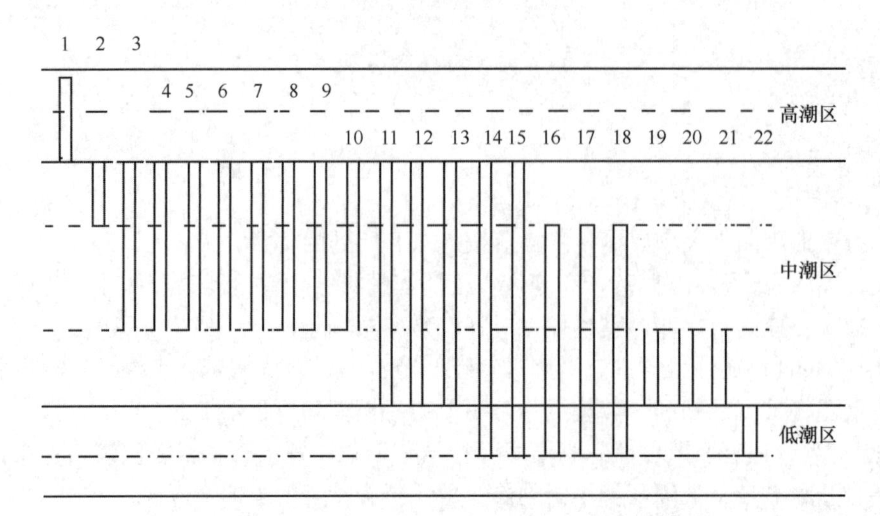

图 13-2　苏厝（Mch2）泥沙滩群落主要种垂直分布

1. 粗糙滨螺；2. 秀丽织纹螺；3. 异蚓虫；4. 理蛤；5. 刀明樱蛤；6. 短拟沼螺；7. 织纹螺；8. 泥螺；9. 明秀大眼蟹；10. 淡水泥蟹；11. 锥虫；12. 似蛰虫；13. 珠带拟蟹守螺；14. 寡鳃齿吻沙蚕；15. 索沙蚕；16. 梳鳃虫；17. 菲律宾蛤仔；19. 塞切尔泥钩虾；20. 棘刺瓜参；21. 须丝鳃虫；18. 渤海鸭嘴蛤；22. 对虾

中潮区：奇异稚齿虫—珠带拟蟹守螺—淡水泥蟹带。该区主要种为奇异稚齿虫，仅分布在本区，在上层的生物量和栖息密度分别为 0.12 g/m² 和 64 个/m²；中层分别为 0.04 g/m² 和 12 个/m²；下层分别为 0.04 g/m² 和 12 个/m²。优势种珠带拟蟹守螺，从本区上层可延伸分布至下层，生物量以上层为大，达 59.08 g/m²，栖息密度达 180 个/m²；中层分别为 24.08 g/m² 和 64 个/m²；下层分别为 24.92 g/m² 和 72 个/m²。淡水泥蟹，分布在整个中潮区，生物量和栖息密度分别为 2.96 g/m² 和 36 个/m²。其他主要种和习见种有寡节甘吻沙蚕、丝鳃稚齿虫、四索沙蚕、索沙蚕、不倒翁虫、树蛰虫、秀丽织纹螺、双凹鼓虾（*Alpheus bisincisus*）、弧边招潮和明秀大眼蟹等。

低潮区：似蛰虫—刀明樱蛤—模糊新短眼蟹带。该区主要种为似蛰虫，从中潮区延伸分布至此，在本区的生物量和栖息密度分别为 0.12 g/m² 和 84 个/m²。刀明樱蛤，数量小，生物量和栖息密度分别为 0.08 g/m² 和 4 个/m²。模糊新短眼蟹，仅在本区出现，生物量和栖息密度分别为 3.00 g/m² 和 96 个/m²。其他主要种和习见种有吐露内卷齿蚕（*Aglaophamus toloensis*）、无叉矛毛虫、独指虫、后指虫、持真节虫、不倒翁虫、梳鳃虫、小亮樱蛤、日本沙钩虾、伊氏钩虾（*Idunella* sp.）、塞切尔泥钩虾、吉氏大螯蜚（*Grandidierella gilesi*）、分岐阳遂足和印痕倍棘蛇尾等（图 13-3）。

（3）西礁（Mch7）岩石滩群落。该群落所处滩面长度为 200～300 m，底质类型高潮区至低潮区以花岗岩为主。

高潮区：粒结节滨螺—短滨螺—粗糙滨螺带。该潮区代表种为粒结节滨螺，数量不高，生物量和栖息密度分别为 10.08 g/m² 和 80 个/m²。短滨螺的生物量和栖息密度分别为 17.44 g/m² 和 32 个/m²。粗糙滨螺可以分布到中潮区上层，在本区的生物量和栖息密度分别为 2.72 g/m² 和 16 个/m²。在本区出现的还有塔结节滨螺等。

中潮区：孔石莼—僧帽牡蛎—鳞笠藤壶带。该区优势种为孔石莼，主要分布在本区上、中层，形成一条宽度约 1.5 m 的分布带，最大生物量为 472.56 g/m²。优势种僧帽牡蛎，分布在本区上、中层，在上层的生物量和栖息密度分别高达 1 450.96 g/m² 和 248 个/m²；中层的生物量和栖息密度分别高达 2 138.32 g/m² 和 336 个/m²。优势种鳞笠藤壶，分布在本区上、中层，在上层的生物量和栖息密度分别高达 8 107.52 g/m² 和 1 312 个/m²；中层的生物量和栖息密度分别高达 2 956.24 g/m² 和

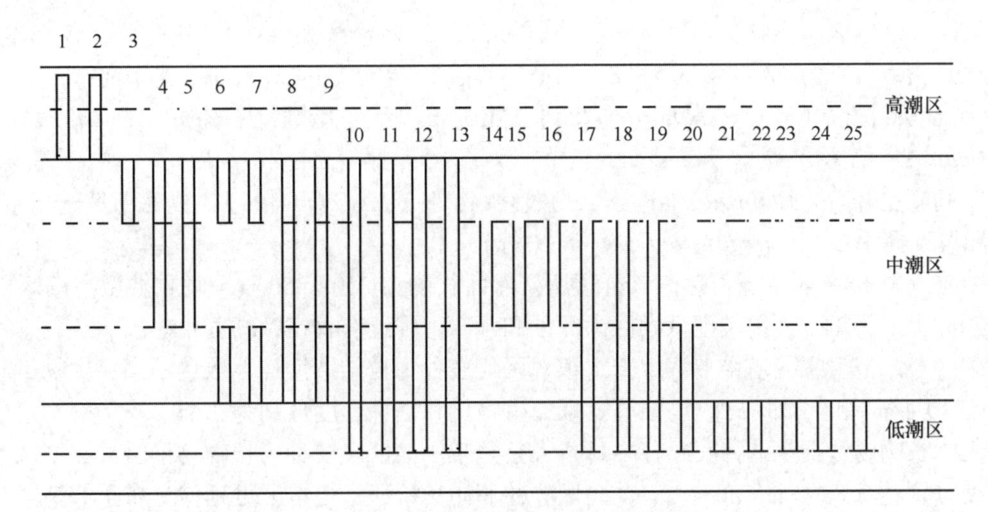

图13-3　东吴（Mch4）泥沙滩群落主要种垂直分布

1. 粒结节滨螺；2. 短滨螺；3. 弧边招潮；4. 理蛤；5. 秀丽织纹螺；6. 凸壳肌蛤；7. 淡水泥蟹；8. 珠带拟蟹守螺；9. 树蛰虫；10. 奇异稚齿虫；11. 索沙蚕；12. 不倒翁虫；13. 似蛰虫；14. 金星蝶铰蛤；15. 织纹螺；16. 同掌华眼钩虾；17. 梳鳃虫；18. 刀明樱蛤；19. 模糊新短眼蟹；20. 日本大螯蜚；21. 后指虫；22. 日本沙钩虾；23. 塞切尔泥钩虾；24. 分岐阳遂足；25. 印痕倍棘蛇尾

448个/m²。其他主要种和习见种有石花菜（*Gelidium amansii*）、黑荞麦蛤、拟帽贝（*Patelloida* sp.）、凹螺、覆瓦小蛇螺、疣荔枝螺、日本菊花螺、直背小藤壶、白脊藤壶、强壮藻钩虾、哥伦比亚刀钩虾、上野蝛蠃蜚、小相手蟹、绒螯近方蟹等，红拉沙蛤在中潮区上层的生物量和栖息密度分别高达3.28 g/m² 和1 696个/m²；中层分别达1.12 g/m² 和600个/m²。

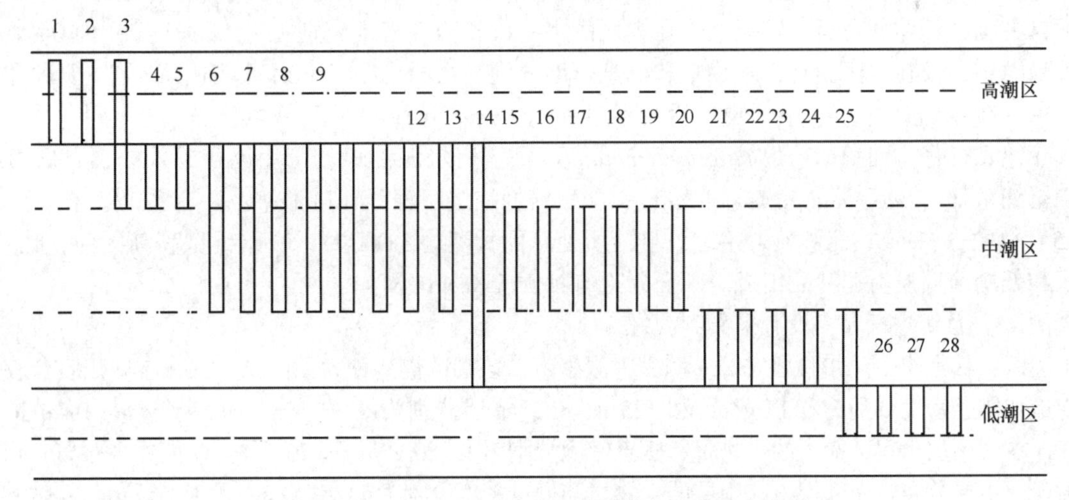

图13-4　西礁（Mch7）岩石滩群落主要种垂直分布

1. 粒结节滨螺；2. 塔结节滨螺；3. 粗糙滨螺；4. 直背小藤壶；5. 白脊藤壶；6. 黑荞麦蛤；7. 僧帽牡蛎；8. 红拉沙蛤；9. 拟帽贝；10. 凹螺；11. 日本菊花螺；12. 鳞笠藤壶；13. 小相手蟹；14. 疣荔枝螺；15. 孔石莼；16. 变化短齿蛤；17. 强壮藻钩虾；18. 哥伦比亚刀钩虾；19. 上野蝛蠃蜚；20. 绒螯近方蟹；21. 厥目革囊星虫；22. 细尖石蛏；25. 敦氏猿头蛤；23. 覆瓦小蛇螺；24. 粒神螺；26. 小珊瑚藻；27. 廉形叶钩虾；28. 甲虫螺

低潮区：小珊瑚藻—敦氏猿头蛤—甲虫螺带。该区优势种为小珊瑚藻，仅在本区出现，分布垂直高度为30~40 cm，宽度为4~5 m，生物量为22.16 g/m²。优势种敦氏猿头蛤，自中潮区下层延伸分布至本区上层，在本区的生物量和栖息密度分别为 56.32 g/m^2 和 8 个/m^2。甲虫螺，仅在本区出现，生物量和栖息密度分别为 12.00 g/m^2 和 8 个/m^2。其他主要种和习见种有法囊叉节藻（*Amphiroa valonioides*）、线形软刺藻（*Chondracanthus tenellus*）、粒神螺、红底星螺（*Astraea haematraga*）、角蝾螺（*Turbo cornutus*）、绉爱尔螺（*Eragalatax* sp.）、美丽唇齿螺（*Engina pulchra*）、中国笔螺（*Mitra chinensis*）、高峰星藤壶（*Chirona amaryllis*）、廉形叶钩虾（*Jassa falacata*）、绒毛细足蟹（*Raphidopus ciliatus*）和可疑翼手参（*Colochirus anceps*）等（图 13-4）。

（4）西礁（Mch8）砾石滩群落。该群落所处滩面长度为 250~350 m，底质类型高潮区以花岗岩为主，中潮区上层为粗砂，中层至低潮区为泥沙和砾石。附近有竹竿牡蛎养殖。

高潮区：粒结节滨螺—塔结节滨螺带。该潮区代表种为粒结节滨螺，数量不高，生物量和栖息密度分别为 8.10 g/m^2 和 72 个/m^2。塔结节滨螺的生物量和栖息密度分别为 5.10 g/m^2 和 32 个/m^2。

中潮区：长吻吻沙蚕—菲律宾蛤仔—日本大螯蜚带。该区主要种为长吻吻沙蚕，在本区的生物量和栖息密度分别达 2.88 g/m^2 和 32 个/m^2。优势种菲律宾蛤仔，自本区可延伸分布至低潮区，在本区上层的生物量和栖息密度分别为 0.80 g/m^2 和 216 个/m^2；中层分别为 0.40 g/m^2 和 72 个/m^2；下层较低，分别为 0.08 g/m^2 和 16 个/m^2。优势种日本大螯蜚，自本区可延伸分布至低潮区，在本区上层的生物量和栖息密度分别为 0.96 g/m^2 和 2 248 个/m^2；中层分别为 0.16 g/m^2 和 40 个/m^2；下层较低，分别为 0.08 g/m^2 和 8 个/m^2。其他主要种和习见种有哈鳞虫、东方刺尖锥虫、中蚓虫、毡毛岩虫、似蛰虫、心蛤（*Carditella* sp.）、刀明樱蛤、秀丽织纹螺、邻钩虾（*Gitanopsis* sp.）、塞切尔泥钩虾、哥伦比亚刀钩虾、角突麦秆虫（*Caprella scaura*）、齿腕拟盲蟹、模糊新短眼蟹、细腕阳遂足〔*Amphiura*（*Ophiopeltis*）*tenuis*〕、洼颚倍棘蛇尾和厦门文昌鱼等。

低潮区：东方刺尖锥虫—似蛰虫—刀明樱蛤—印痕倍棘蛇尾带。该区优势种为东方刺尖锥虫，自中潮区可延伸分布至本区上层，在本区的生物量和栖息密度分别为 0.24 g/m^2 和 104 个/m^2。优势种为似蛰虫，自中潮区延伸分布至本区上层，在本区的生物量和栖息密度分别为 0.16 g/m^2 和 136 个/m^2。刀明樱蛤，自中潮区延伸分布至本区上层，在本区的生物量和栖息密度分别为 1.12 g/m^2 和 1 104 个/m^2。印痕倍棘蛇尾，仅在本区出现，生物量和栖息密度分别为 0.56 g/m^2 和 24 个/m^2。其他主要种和习见种有卷虫（*Bhawania* sp.）、中蚓虫、滑指矶沙蚕（*Eunice indica*）、双唇索沙蚕、梳鳃虫、栉江珧、心蛤、菲律宾蛤仔、细角螺（*Hemifusus ternatanus*）、塞切尔泥钩虾、哥伦比亚刀钩虾、夏威夷亮钩虾、尖尾细螯虾（*Leptochela aculeocaudata*）、洼颚倍棘蛇尾、棘鲬（*Hoplichthys* sp.）等（图 13-5）。

（5）栖梧（Mch9）泥沙滩群落。该群落所处滩面长度约 3 000 m，底质类型高潮区为新建石堤，中潮区和低潮区底质由泥沙质组成。断面附近有牡砺养殖和围网。

高潮区：为新建石堤，没有采集到滨螺。

中潮区：稚齿虫—珠带拟蟹守螺—明秀大眼蟹带。该潮区优势种为稚齿虫，仅在本区出现，在中层的生物量和栖息密度分别为 0.25 g/m^2 和 175 个/m^2，下层分别为 0.10 g/m^2 和 55 个/m^2。珠带拟蟹守螺，仅在本区中层出现，最大的生物量和栖息密度分别为 10.80 g/m^2 和 20 个/m^2。明秀大眼蟹，仅在中潮区出现，主要分布在中上层，在中层的生物量和栖息密度分别为 11.55 g/m^2 和 30 个/m^2。其他主要种和习见种有纵沟纽虫、狭细蛇潜虫（*Ophiodromus angustifrons*）、角沙蚕（*Ceratonereis* sp.）、齿吻沙蚕、独指虫、异蚓虫、西奈索沙蚕、共生蛤（*Pseudopythina* sp.）、彩虹明樱蛤、短拟沼螺、秀丽织纹螺、薄片蝶赢蜚、秀丽长方蟹、鸭嘴海豆芽（*Lingula anatina*）和大弹涂鱼（*Boleophthalmus pectinirostris*）等。

低潮区：丝鳃稚齿虫—鞍蛤—塞切尔泥钩虾—光亮倍棘蛇尾带。该潮区主要种为丝鳃稚齿虫，仅在本区出现，生物量和栖息密度分别为 0.10 g/m^2 和 12 个/m^2。鞍蛤，仅在本区出现，生物量和栖息密度分别仅为 0.10 g/m^2 和 35 个/m^2。塞切尔泥钩虾，从中潮区延伸分布至低潮区上层，在本区的生物量和栖息密度分别为 0.45 g/m^2 和 500 个/m^2。光亮倍棘蛇尾，仅在本区出现，数量不高，生物量

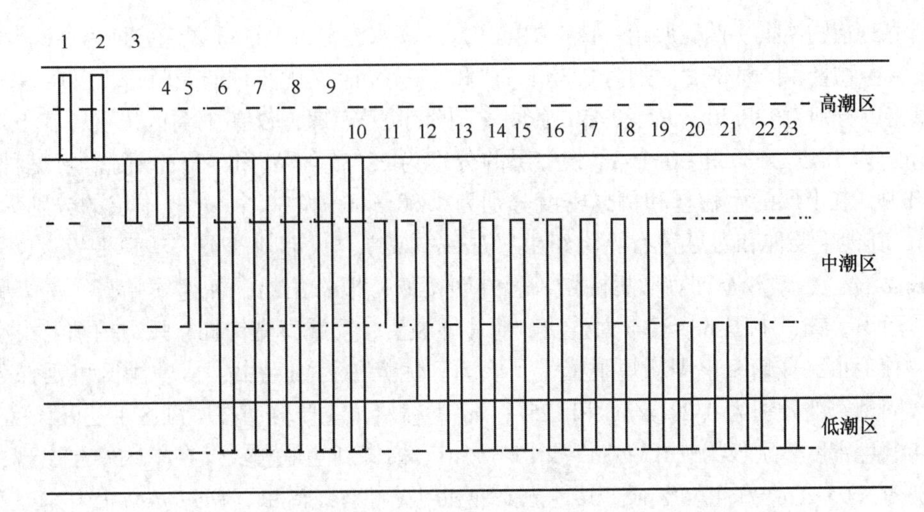

图13-5　西礁（Mch8）砾石滩群落主要种垂直分布

1. 粒结节滨螺；2. 塔结节滨螺；3. 角突麦秆虫；4. 细腕阳遂足；5. 邻钩虾；6. 长吻吻沙蚕；7. 中蚓虫；8. 似蛰虫；9. 菲律宾蛤仔；10. 日本大螯蜚；11. 秀丽织纹螺；12. 齿腕拟盲蟹；13. 哈鳞虫；14. 东方刺尖锥虫；15. 毡毛岩虫；16. 梳鳃虫；17. 刀明樱蛤；18. 哥伦比亚刀钩虾；19. 塞切尔泥钩虾；20. 卷虫；21. 夏威夷亮钩虾；22. 洼颚倍棘蛇尾；23. 印痕倍棘蛇尾

和栖息密度分别为 1.25 g/m^2 和 5 个/m^2。其他主要种和习见种有叶须内卷齿蚕（*Aglaophamus lobatus*）、奇异稚齿虫、独毛虫、毡毛岩虫、梳鳃虫、毛头梨体星虫（*Apionsoma trichocephala*）、织纹蛤（*Wallucina* sp.）、刀明樱蛤、小亮樱蛤、细长涟虫、弯指伊氏钩虾、好斗埃蜚（*Ericthonius pugnax*）、尖尾细螯虾和齿腕拟盲蟹等（图13-6）。

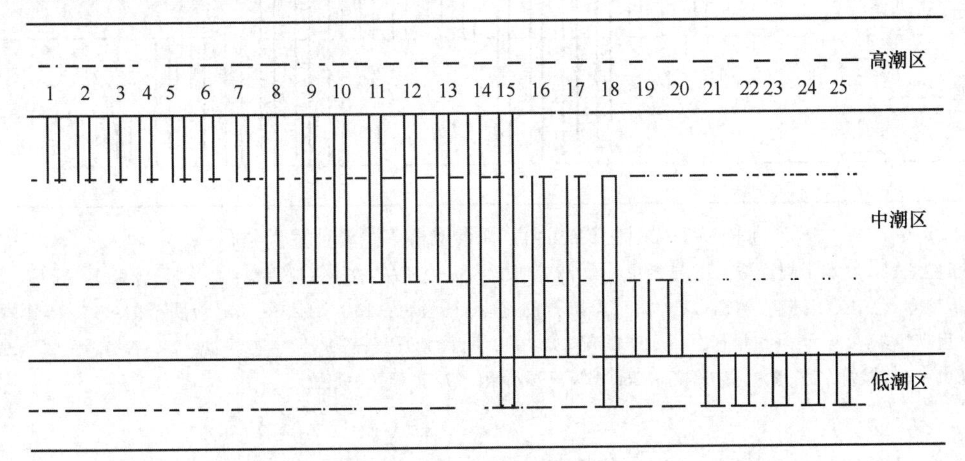

图13-6　栖梧（Mch9）泥沙滩群落主要种垂直分布

1. 共生蛤；2. 彩虹明樱蛤；3. 短拟沼螺；4. 秀丽织纹螺；5. 鸭嘴海豆芽；6. 大弹涂鱼；7. 织纹螺；8. 齿吻沙蚕；9. 腹沟虫；10. 中蚓虫；11. 异蚓虫；12. 西奈索沙蚕；13. 明秀大眼蟹；14. 珠带拟蟹守螺；15. 塞切尔泥钩虾；16. 稚齿虫；17. 薄片蜾蠃蜚；18. 独指虫；19. 秀丽长方蟹；20. 丝鳃稚齿虫；21. 毛头梨体星虫；22. 鞍蛤；23. 小亮樱蛤；24. 弯指伊氏钩虾；25. 光亮倍棘蛇尾

（6）东埔（Mch10）泥沙滩群落。该群落所处滩面长度约 1 000 m，底质类型高潮区为石堤，中潮区和低潮区底质由泥沙质组成。附近有紫菜和牡蛎养殖。

高潮区：粗糙滨螺带。该潮区种类贫乏，数量不高，代表种粗糙滨螺的生物量和栖息密度分别为 6.00 g/m^2 和 40 个/m^2。

中潮区：寡鳃齿吻沙蚕—凸壳肌蛤—珠带拟蟹守螺—淡水泥蟹带。该潮区优势种为寡鳃齿吻沙蚕，仅在中潮区出现，生物量和栖息密度分别为 0.35 g/m² 和 160 个/m²。优势种凸壳肌蛤，仅在本区中层出现，生物量和栖息密度分别为 138.10 g/m² 和 450 个/m²。珠带拟蟹守螺，仅在中潮区出现，在上层的生物量和栖息密度分别为 7.45 g/m² 和 30 个/m²，中层的分别为 28.85 g/m² 和 100 个/m²。习见种淡水泥蟹，仅在中潮区出现，在上层的生物量和栖息密度分别为 1.00 g/m² 和 30 个/m²，中层的分别为 4.25 g/m² 和 110 个/m²。其他主要种和习见种有纵沟纽虫（*Lineus* sp.）、腺带刺沙蚕、丝鳃稚齿虫、稚齿虫、异稚虫（*Heterospio* sp.）、索沙蚕、豆形胡桃蛤、彩虹明樱蛤、拟衣角蛤、菲律宾蛤仔、剖刀鸭嘴蛤、纵带滩栖螺、秀丽织纹螺、中国鲎、日本大螯蜚、薄片蜾蠃蜚、夏威夷亮钩虾、弧边招潮、淡水泥蟹等。

低潮区：独毛虫—鞍蛤—模糊新短眼蟹带。该潮区优势种为独毛虫，从中潮区可延伸分布至低潮区，生物量和栖息密度分别为 0.20 g/m² 和 125 个/m²。鞍蛤，主要分布在中潮区下层和该区上层，在本区的生物量和栖息密度分别仅为 0.05 g/m² 和 15 个/m²。模糊新短眼蟹，仅在本区中层出现，生物量和栖息密度分别为 1.95 g/m² 和 40 个/m²。其他主要种和习见种有蛇潜虫（*Ophiodromus* sp.）、独指虫、丝鳃稚齿虫、中蚓虫、索沙蚕、梳鳃虫、短吻铲荚螠、刀明樱蛤、耳梯螺（*Depressiscala aurita*）、锯齿巨颚水虱（*Gnathia dentata*）、博氏双眼钩虾、同掌华眼钩虾、塞切尔泥钩虾和夏威夷亮钩虾等（图 13-7）。

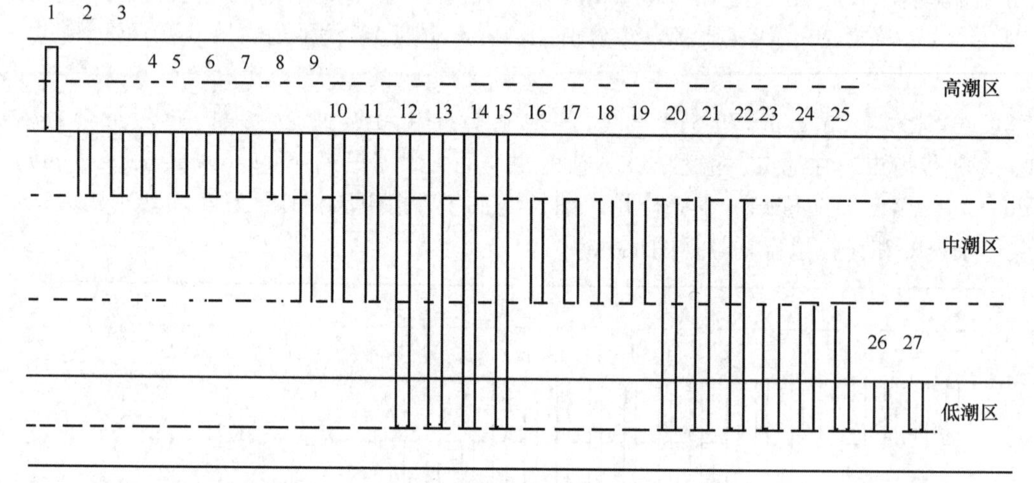

图 13-7　东埔（Mch10）泥沙滩群落主要种垂直分布

1. 粗糙滨螺；2. 腺带刺沙蚕；3. 异蚓虫；4. 凸壳肌蛤；5. 白樱蛤；6. 短拟沼螺；7. 秀丽织纹螺；8. 弧边招潮；9. 珠带拟蟹守螺；10. 纵带滩栖螺；11. 淡水泥蟹；12. 丝鳃稚齿虫；13. 索沙蚕；14. 刀明樱蛤；15. 薄片蜾蠃蜚；16. 寡鳃齿吻沙蚕；17. 菲律宾蛤仔；18. 剖刀鸭嘴蛤；19. 明秀大眼蟹；20. 长吻吻沙蚕；21. 独指虫；22. 独毛虫；23. 梳鳃虫；24. 鞍蛤；25. 夏威夷亮钩虾；26. 锯齿巨颚水虱；27. 模糊新短眼蟹

13.5.3　群落生态特征值

根据 Shannon-Wiener 种类多样性指数（H'）、Pielous 种类均匀度指数（J）、Margalef 种类丰富度指数（d）和 Simpson 优势度（D）显示，湄洲湾滨海湿地岩石滩潮间带大型底栖生物丰富度指数（d）以春季较高（4.880 0），秋季较低（3.760 0）；多样性指数（H'）以冬季较高（1.900 0），秋季较低（0.989 0）；均匀度指数（J）以冬季较高（0.515 0），秋季较低（0.265 0）；优势度（D）以秋季较高（0.569 0），冬季较低（0.313 5）。

泥沙滩潮间带大型底栖生物，丰富度指数（d）以春季较高（8.936 3），夏季较低（3.800 0）；多样性指数（H'）以秋季较高（3.163 8），夏季较低（0.513 0）；均匀度指数（J）以秋季较高（0.814 9），夏季较低（0.145 7）；Simpson 优势度（D）以夏季较高（0.849 7），秋季较低（0.078 0），各断面生态特征值变化见表 13-11。

表 13-11　湄洲湾滨海湿地潮间带大型底栖生物群落生态特征值

群落	季节	断面	*d*	*H'*	*J*	*D*
岩石滩	春季	Mch7	5.380 0	1.760 0	0.437 0	0.343 0
		Mch11	4.380 0	1.810 0	0.495 0	0.309 0
		平均	4.880 0	1.785 0	0.466 0	0.326 0
	秋季	WDR2	3.760 0	0.989 0	0.265 0	0.569 0
	冬季	Mch18	4.180 0	2.310 0	0.640 0	0.157 0
		Mch19	4.350 0	1.490 0	0.390 0	0.470 0
		平均	4.265 0	1.900 0	0.515 0	0.313 5
泥沙滩	春季	Mch1	8.180 0	2.040 0	0.483 0	0.379 0
		Mch2	7.550 0	2.510 0	0.615 0	0.203 0
		Mch3	8.580 0	3.370 0	0.802 0	0.056 7
		Mch4	10.500 0	3.610 0	0.822 0	0.049 4
		Mch5	9.620 0	3.360 0	0.775 0	0.067 4
		Mch8	8.440 0	2.810 0	0.649 0	0.155 0
		Mch10	8.950 0	3.440 0	0.807 0	0.055 5
		Mch12	9.670 0	3.510 0	0.801 0	0.046 9
		平均	8.936 3	3.081 3	0.719 3	0.126 6
	夏季	Mch13	3.570 0	0.500 0	0.145 0	0.852 0
		Mch14	4.410 0	0.494 0	0.133 0	0.861 0
		Mch15	3.420 0	0.545 0	0.159 0	0.836 0
		平均	3.800 0	0.513 0	0.145 7	0.849 7
	秋季	Mch1	8.160 0	3.130 0	0.761 0	0.101 0
		Mch2	5.560 0	2.930 0	0.789 0	0.091 3
		Mch3	6.850 0	3.320 0	0.853 0	0.058 5
		Mch4	6.260 0	2.880 0	0.747 0	0.102 0
		Mch5	6.360 0	3.210 0	0.838 0	0.060 9
		Mch9	9.760 0	3.360 0	0.775 0	0.081 5
		Mch10	12.300 0	3.880 0	0.837 0	0.034 6
		Mch13	4.230 0	2.650 0	0.788 0	0.122 0
		Mch14	5.280 0	2.970 0	0.829 0	0.077 3
		Mch15	5.910 0	3.150 0	0.866 0	0.069 8
		MCH25	6.610 0	3.090 0	0.798 0	0.101 0
		MCH26	6.820 0	3.450 0	0.892 0	0.050 0
		WDS1	5.600 0	3.110 0	0.821 0	0.064 0
		平均	6.900 0	3.163 8	0.814 9	0.078 0
	冬季	Mch16	9.300 0	3.290 0	0.774 0	0.080 5
		Mch17	4.080 0	1.840 0	0.532 0	0.331 0
		Mch20	7.200 0	2.980 0	0.751 0	0.096 9
		Mch21	4.810 0	3.090 0	0.929 0	0.056 5
		Mch22	7.990 0	3.140 0	0.774 0	0.084 7
		Mch23	7.393 1	2.985 9	0.723 5	0.103 0
		Mch24	8.116 3	3.462 9	0.829 6	0.050 8
		平均	6.984 2	2.969 8	0.759 0	0.114 8

13.5.4 群落稳定性

湄洲湾滨海湿地潮间带大型底栖生物群落，除了西礁（Mch7）岩石滩和西礁（Mch8）砾石滩群落丰度生物量复合 k-优势度曲线和部分优势度曲线出现交叉、反转和重叠外，秋季苏厝（Mch2）、东吴（Mch4）、栖梧（Mch9）、东埔（Mch10）、春季苏厝（Mch2）和东吴（Mch4）群落生物量优势度曲线始终位于丰度上方，群落结构相对稳定。但秋季东吴（Mch4）、秋季东埔（Mch10）、春季苏厝（Mch2）群落生物量累积百分优势度分别高达75%、58%和65%，这与秋季东吴（Mch4）群落优势种珠带拟蟹守螺生物量在中潮区上层达10.20 g/m^2，中层达43.60 g/m^{2}和下层达39.65 g/m^2；秋季东埔（Mch10）群落凸壳肌蛤生物量在中潮区上层达138.10 g/m^2，珠带拟蟹守螺中层达28.85 g/m^{2}以及春季苏厝（Mch2）群落优势种珠带拟蟹守螺生物量在中潮区上层达32.40 g/m^2，中层达28.68 g/m^{2}有关。总体而言，湄洲湾滨海湿地潮间带大型底栖生物群落结构相对稳定（图13-8~图13-15）。

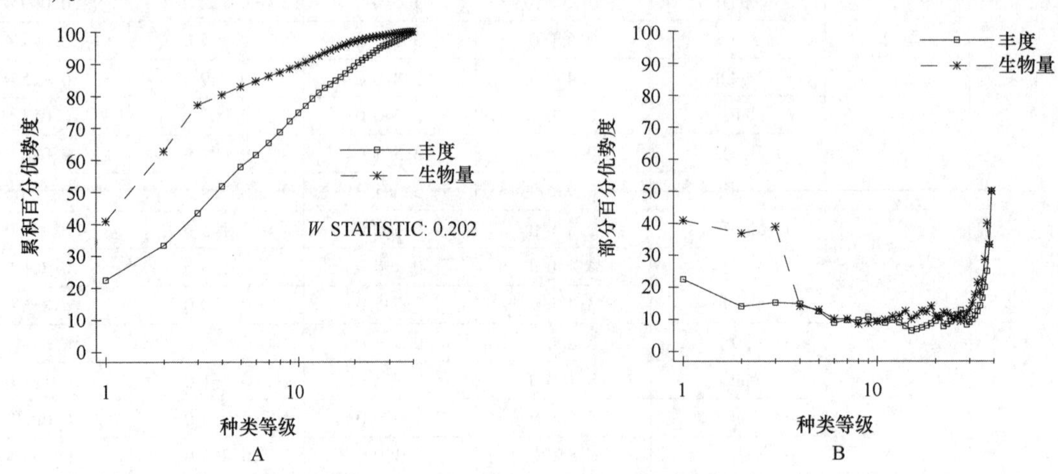

图13-8 秋季苏厝（Mch2）泥沙滩群落丰度生物量复合 k-优势度（A）和部分优势度（B）曲线

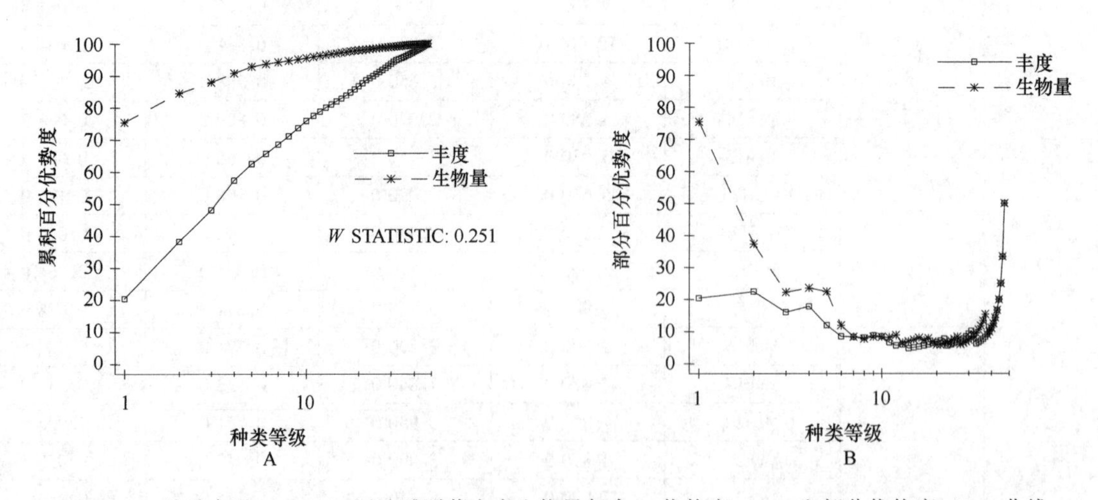

图13-9 秋季东吴（Mch4）泥沙滩群落丰度生物量复合 k-优势度（A）和部分优势度（B）曲线

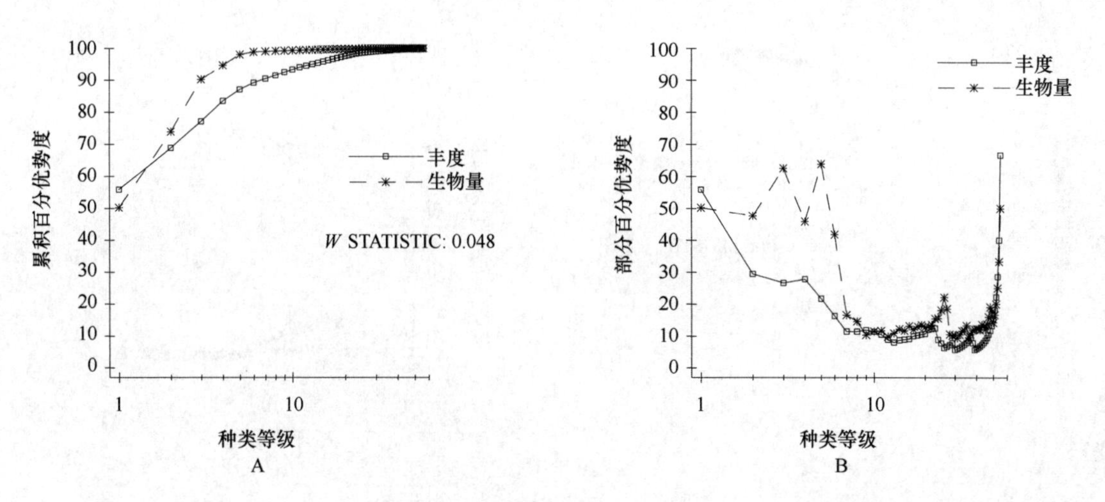

图 13-10　西礁（Mch7）岩石滩群落丰度生物量复合 k-优势度（A）和部分优势度（B）曲线

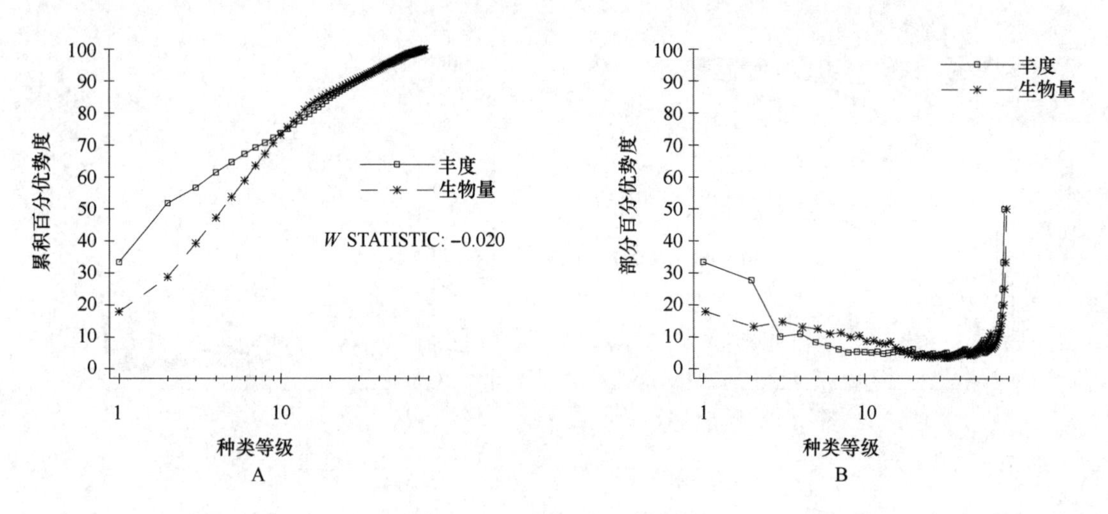

图 13-11　西礁（Mch8）砾石滩群落丰度生物量复合 k-优势度（A）和部分优势度（B）曲线

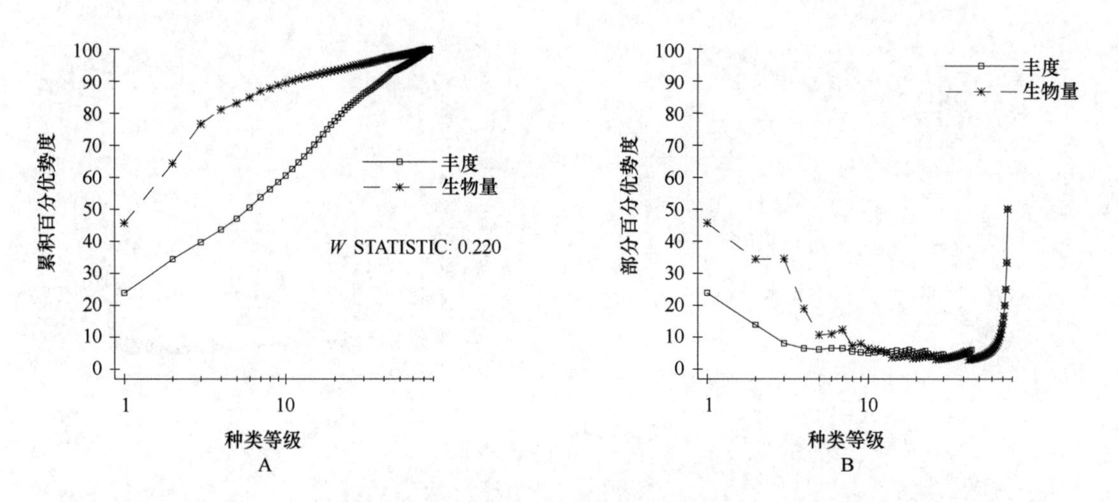

图 13-12　秋季栖梧（Mch9）泥沙滩群落丰度生物量复合 k-优势度（A）和部分优势度（B）曲线

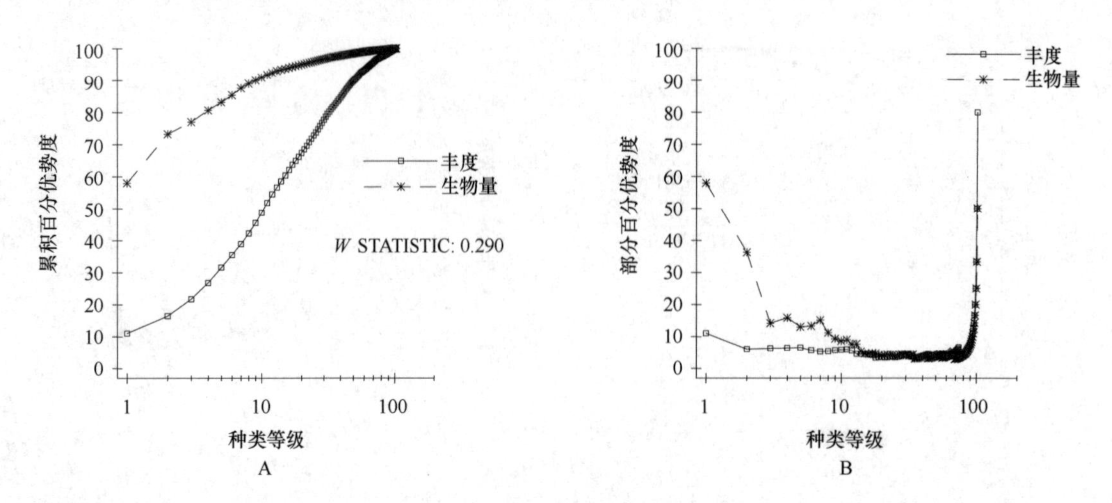

图 13-13　秋季东埔（Mch10）泥沙滩群落丰度生物量复合 k-优势度（A）和部分优势度（B）曲线

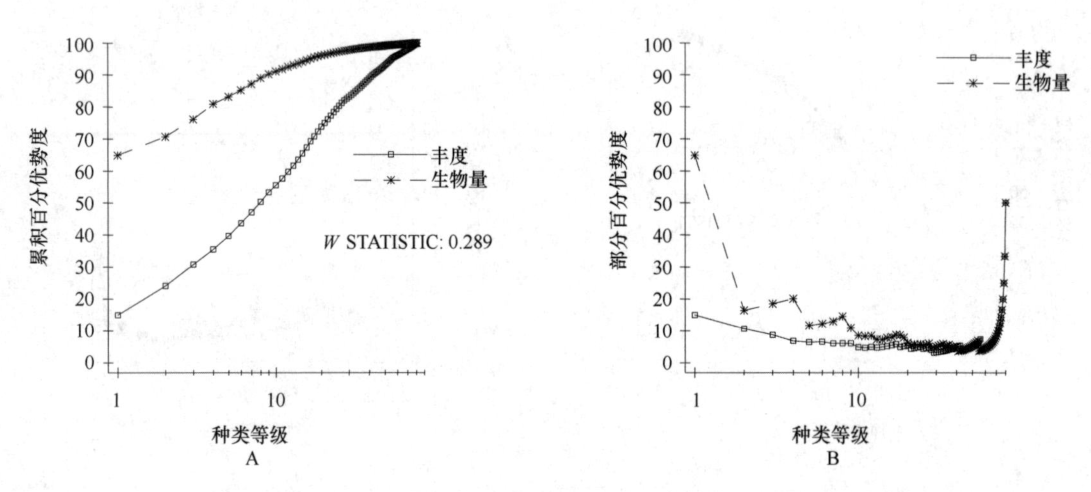

图 13-14　春季苏厝（Mch2）泥沙滩群落丰度生物量复合 k-优势度（A）和部分优势度（B）曲线

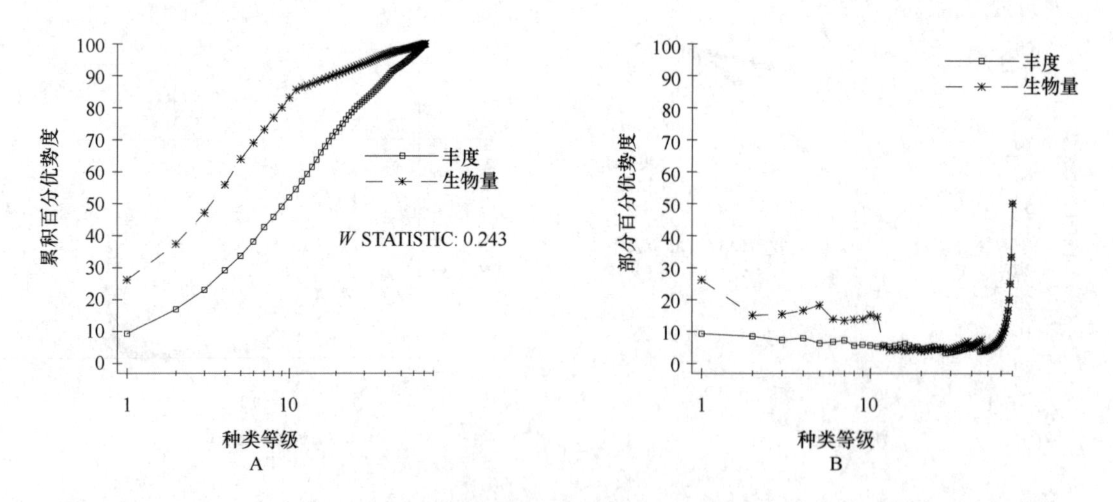

图 13-15　春季东吴（Mch4）泥沙滩群落丰度生物量复合 k-优势度（A）和部分优势度（B）曲线

第14章　泉州湾滨海湿地

14.1　自然环境特征

泉州湾滨海湿地分布于泉州湾，泉州湾位于福建省东南部沿海，湾口向东敞开，口门宽8.9 km，属于开敞型海湾。泉州湾岸线曲折，总长度为80.18 km。海湾面积为128.18 km^2，其中滩涂面积达80.42 km^2，水域面积为47.46 km^2。湾内最大水深为24 m，湾口有拦门沙坝发育。湾的四周主要由花岗岩缓丘、红土台地和第四系海积——冲积平原组成。自惠安县秀涂至石狮市蚶江连线以东为砂质海岸，并以淤泥质潮滩为主，特别是湾内西南侧晋江河口处为宽阔平坦的黏土质粉砂潮滩。

泉州湾属于构造成因海湾，后期由于晋江携带大量泥沙注入泉州湾和受湾内局部围垦工程影响使该湾的局部地段出现明显的淤泥趋势，造成水下浅滩、拦门沙坝形成，湾内泥沙运动活跃。泉州湾是晋江入海河口湾，湾内北侧还有洛阳江汇入。

泉州湾属正规半日潮，最大潮差6.68 m，最小潮差1.22 m，平均潮差4.27 m。平均大、中、小潮的高、低潮容潮量分别为1.540×10^9 m^3、1.207×10^9 m^3和0.820×10^9 m^3，大、中、小潮时海水的半交换期分别为1.9 d、2.4 d和3.6 d。多年平均气温20.4℃，7月最高气温28.3℃，1月、2月最低平均气温11.9℃。秋季水温23.96~28.08℃，平均水温25.80℃；冬季月水温12.2~13.7℃，平均水温12.8℃。多年平均降雨量1 095.4 mm，最多年平均降雨量1 600.8 mm，最少年平均降雨量815.3 mm。多年平均相对湿度78%，月最大相对湿度91%，月最小相对湿度52%。秋季盐度的测值范围19.011~34.138，平均盐度28.916；冬季盐度的测值范围18.595~30.082，平均盐度25.335，在湾口表、底层盐度变化不大，但在河口底层明显高于表层。

泉州湾滨海湿地沉积物类型比较复杂，主要为粗砂、中粗砂、中砂、细砂、砂、黏土质粉砂、粉砂质黏土、砂—粉砂—黏土8种类型。

14.2　断面与站位布设

2001年11月至2002年8月，2004年10月，2005年9月，2007年6月，2009年5月至2010年12月，在泉州湾滨海湿地后渚、秀涂、石湖、祥芝、浮山、下洋、安头、大坠岛、乌屿、北门、陈埭、蚶江、山前、大厦、洛阳桥、屿头村和官任瞭望塔北侧布设23条断面进行潮间带大型底栖生物取样（表14-1，图14-1）。

表 14-1　泉州湾滨海湿地潮间带大型底栖生物调查断面

<table>
<tr><th>序号</th><th>时间</th><th>断面</th><th>编号</th><th>经度（E）</th><th>纬度（N）</th><th>底质</th></tr>
<tr><td>1</td><td>2001 年 11 月，
2002 年 2 月、
5 月、8 月</td><td>后渚</td><td>Qch1</td><td>118°40′43. 28″</td><td>24°53′28. 09″</td><td rowspan="3">泥沙滩</td></tr>
<tr><td>2</td><td>2001 年 11 月，
2002 年 2 月、
5 月、8 月，
2007 年 6 月，
2009 年 11 月</td><td>秀涂</td><td>Qch2</td><td>118°42′0. 02″</td><td>24°51′38. 77″</td></tr>
<tr><td>3</td><td rowspan="3">2001 年 11 月，
2002 年 2 月、
5 月、8 月</td><td>石湖</td><td>Qch3</td><td>118°42′44. 72″</td><td>24°48′38. 53″</td></tr>
<tr><td>4</td><td>祥芝</td><td>Qch4</td><td>118°45′12. 94″</td><td>24°46′41. 02″</td><td>沙滩</td></tr>
<tr><td>5</td><td>浮山</td><td>QR1</td><td>118°49′41. 16″</td><td>24°51′34. 92″</td><td rowspan="4">岩石滩</td></tr>
<tr><td>6</td><td>2001 年 11 月，
2002 年 2 月、
5 月、8 月，
2008 年 5 月，10 月</td><td>下洋</td><td>QR2</td><td>118°47′23. 99″</td><td>24°52′0. 59″</td></tr>
<tr><td>7</td><td rowspan="2">2001 年 11 月，
2002 年 2 月、5 月、8 月</td><td>安头</td><td>QR3</td><td>118°44′21. 80″</td><td>24°51′1. 75″</td></tr>
<tr><td>8</td><td>大坠岛</td><td>QR4</td><td>118°46′25. 48″</td><td>24°50′3. 83″</td></tr>
<tr><td>9</td><td>2004 年 10 月</td><td>石湖</td><td>S1</td><td>118°42′59. 92″</td><td>24°48′11. 26″</td><td rowspan="2">沙滩</td></tr>
<tr><td>10</td><td>2004 年 10 月，
2009 年 11 月</td><td>大厦</td><td>Qch10</td><td>118°43′23. 00″</td><td>24°47′04. 60″</td></tr>
<tr><td>11</td><td>2005 年 9 月，
2008 年 5 月、10 月</td><td>乌屿</td><td>Qch5</td><td>118°40′12. 00″</td><td>24°55′18. 00″</td><td rowspan="4">泥沙滩</td></tr>
<tr><td>12</td><td rowspan="2">2005 年 9 月</td><td>北门</td><td>Qch6</td><td>118°39′58. 80″</td><td>24°51′45. 00″</td></tr>
<tr><td>13</td><td>陈埭</td><td>Qch7</td><td>118°38′12. 00″</td><td>24°49′00. 00″</td></tr>
<tr><td>14</td><td rowspan="2">2007 年 6 月</td><td>蚶江</td><td>Qch8</td><td>118°41′30. 75″</td><td>24°47′48. 31″</td></tr>
<tr><td>15</td><td>山前</td><td>Qch9</td><td>118°46′17. 78″</td><td>24°51′27. 99″</td><td>沙滩</td></tr>
<tr><td>16</td><td>2008 年 5 月、10 月，
2009 年 5 月、10 月，
2010 年 8 月、12 月</td><td>屿头村</td><td>Qch12</td><td>118°40′27. 30″</td><td>24°57′20. 00″</td><td>红树林区</td></tr>
<tr><td>17</td><td>2008 年 5 月、10 月</td><td>祥芝</td><td>QS1</td><td>118°43′52. 09″</td><td>24°46′22. 71″</td><td>沙滩</td></tr>
<tr><td>18</td><td rowspan="3">2009 年 11 月</td><td>祥芝</td><td>QR5</td><td>118°45′06. 30″</td><td>24°46′48. 20″</td><td rowspan="3">岩石滩</td></tr>
<tr><td>19</td><td>大坠岛西</td><td>QR6</td><td>118°45′53. 71″</td><td>24°49′41. 14″</td></tr>
<tr><td>20</td><td>大坠岛东</td><td>QR7</td><td>118°46′31. 40″</td><td>24°49′50. 60″</td></tr>
<tr><td>21</td><td rowspan="3">2009 年 5 月、10 月，
2010 年 8 月、12 月</td><td>洛阳桥</td><td>Qch11</td><td>118°40′26. 20″</td><td>24°57′33. 10″</td><td>泥沙滩</td></tr>
<tr><td>22</td><td>瞭望塔北</td><td>Qch13</td><td>118°41′52. 50″</td><td>24°56′08. 30″</td><td>红树林区</td></tr>
<tr><td>23</td><td>白沙</td><td>Qch14</td><td>118°41′02. 00″</td><td>24°54′36. 00″</td><td>海草区</td></tr>
</table>

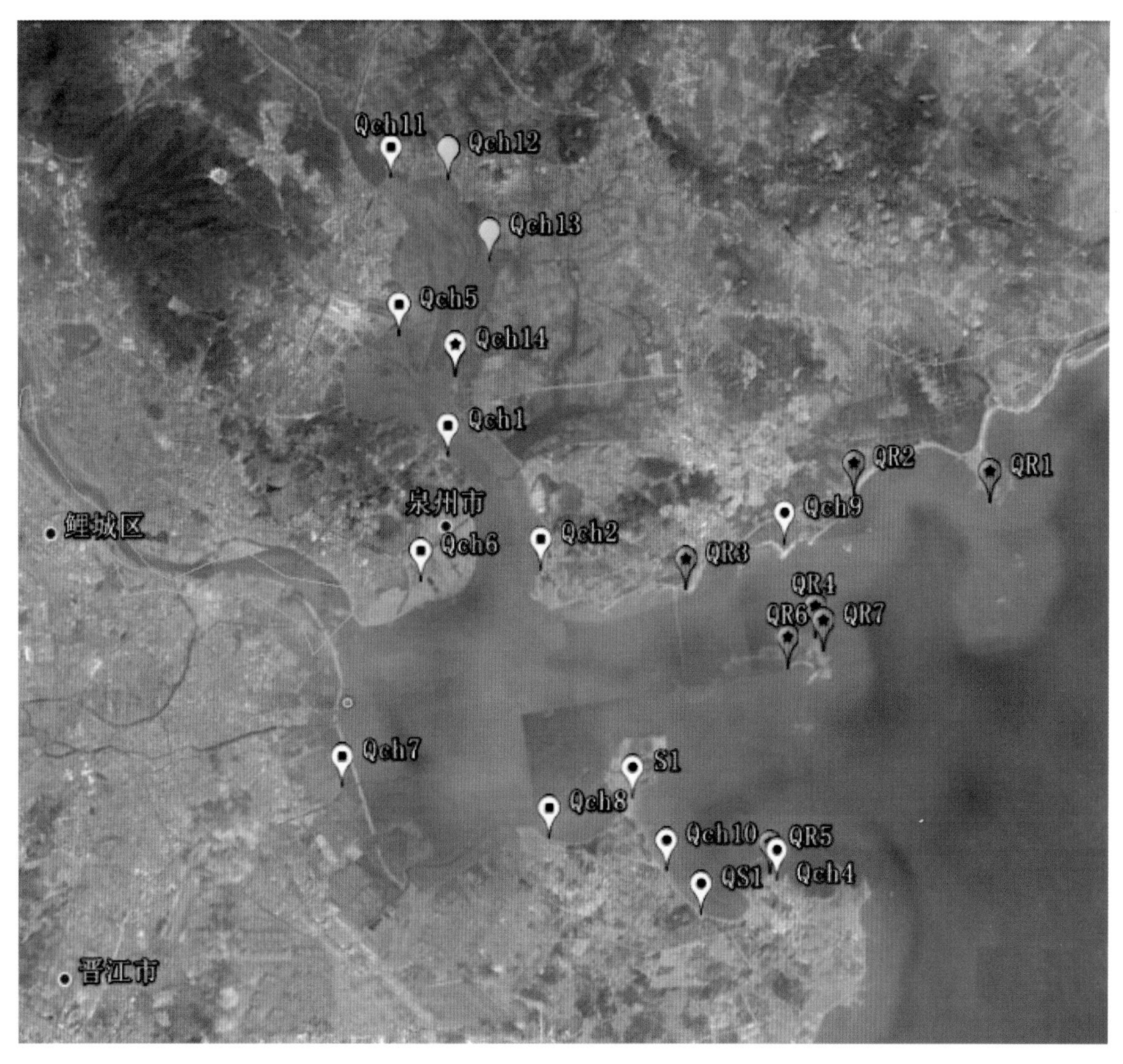

图 14-1　泉州湾滨海湿地潮间带大型底栖生物调查断面

14.3　物种多样性

14.3.1　种类组成与分布

泉州湾滨海湿地潮间带大型底栖生物 679 种。其中，藻类 33 种，多毛类 192 种，软体动物 218 种，甲壳动物 149 种，棘皮动物 20 种和其他生物 67 种。多毛类、软体动物和甲壳动物占总种数的 82.32%，三者构成泉州湾滨海湿地潮间带大型底栖生物主要类群（表 14-2）。

泉州湾滨海湿地岩石滩潮间带大型底栖生物 393 种。其中，藻类 31 种，多毛类 108 种，软体动物 126 种，甲壳动物 70 种，棘皮动物 14 种和其他生物 44 种。多毛类、软体动物和甲壳动物占总种数的 77.35%，三者构成岩石滩潮间带大型底栖生物主要类群。

沙滩潮间带大型底栖生物 160 种。其中，藻类 3 种，多毛类 63 种，软体动物 45 种，甲壳动物 34

种，棘皮动物2种和其他生物13种。多毛类、软体动物和甲壳动物占总种数的88.75%，三者构成沙滩潮间带大型底栖生物主要类群。

泥沙滩潮间带大型底栖生物235种。其中，多毛类82种，软体动物62种，甲壳动物67种，棘皮动物11种和其他生物13种。多毛类、软体动物和甲壳动物占总种数的89.78%，三者构成泥沙滩潮间带大型底栖生物主要类群。

红树林区潮间带大型底栖生物88种。其中，多毛类31种，软体动物19种，甲壳动物28种和其他生物10种。多毛类、软体动物和甲壳动物占总种数的88.63%，三者构成红树林区潮间带大型底栖生物主要类群。

海草区潮间带大型底栖生物74种。其中，多毛类23种，软体动物18种，甲壳动物22种和其他生物11种。多毛类、软体动物和甲壳动物占总种数的85.13%，三者构成海草区潮间带大型底栖生物主要类群（表14-2）。

表14-2　泉州湾滨海湿地潮间带大型底栖生物种类组成与分布　　单位：种

底质	断面	季节	藻类	多毛类	软体动物	甲壳动物	棘皮动物	其他生物	合计
岩石滩	QR1	四季	5	71	71	40	5	14	206
	QR2		5	67	59	36	8	22	197
	QR3		1	59	57	34	1	14	166
	QR4		12	55	64	42	4	17	194
	QR2	春季	3	21	34	13	2	5	78
		秋季	3	16	35	16	4	4	78
		合计	4	26	48	20	4	6	108
	QR5	秋季	4	18	25	11	1	4	63
	QR6		4	16	33	8	1	3	65
	QR7		4	9	26	13	2	4	58
	合计		31	108	126	70	14	44	393
沙滩	Qch4	春季	0	16	1	5	0	0	22
		夏季	0	10	1	8	0	1	20
		秋季	0	6	0	2	0	0	8
		冬季	0	8	1	7	0	0	16
		合计	0	28	2	14	0	1	45
	QS1	春季	1	14	11	11	0	0	37
	Qch9	夏季	0	14	2	8	1	2	27
	QS1	秋季	3	21	9	10	0	0	43
	S1		2	25	12	12	1	9	61
	Qch10		3	29	19	1	1	3	65
	合计		3	63	45	34	2	13	160

续表 14-2

底质	断面	季节	藻类	多毛类	软体动物	甲壳动物	棘皮动物	其他生物	合计
泥沙滩	Qch1	春季	0	4	5	8	0	1	18
	Qch2		0	14	9	19	1	1	44
	Qch3		0	19	10	10	0	1	40
	Qch5		0	20	7	8	0	1	36
	Qch1	夏季	0	10	8	13	2	1	34
	Qch2		0	10	8	13	2	1	34
	Qch3		0	14	9	8	0	1	32
	Qch8		0	16	16	8	0	2	42
	Qch2		0	18	9	6	0	1	34
	Qch1	秋季	0	8	4	11	2	1	26
	Qch2		0	14	3	12	1	3	33
	Qch3		0	11	4	6	1	1	23
	Qch5		0	9	9	10	0	1	29
	Qch6		0	13	10	13	0	1	37
	Qch7		0	12	10	5	0	1	28
	Qch2		0	16	2	11	1	2	32
	Qch5		0	4	3	1	0	2	10
	Qch1	冬季	0	17	12	5	2	1	37
	Qch2		0	18	11	9	1	3	42
	Qch3		0	20	18	7	1	1	47
	Qch1	四季	0	29	21	21	3	3	77
	Qch2		0	38	20	29	2	4	93
	Qch3		0	38	26	21	1	3	89
	Qch11		0	12	13	17	0	6	48
	合计		0	82	62	67	11	13	235
红树林区	Qch12	春季	0	12	6	7	0	1	26
	Qch12	秋季	0	3	4	4	0	4	15
	合计		0	13	7	9	0	4	33
	Qch12	四季	0	20	13	16	0	5	54
	Qch13	四季	0	22	19	20	0	10	71
	合计		0	31	19	28	0	10	88
海草区	Qch14	四季	0	23	18	22	0	11	74
总计			33	192	218	149	20	67	679

14.3.2　优势种和主要种

根据数量和出现率，泉州湾滨海湿地潮间带大型底栖生物优势种和主要种有小石花菜、花石莼、小珊瑚藻、巧言虫（*Eulalia viridis*）、背鳞虫（*Lepidonotus tenuisetosus*）、尖锥虫、襟松虫、扁蛰虫

(*Loimia medusa*)、乳蛰虫（*Thelepus* sp.）、分离盘管虫（*Hydroides dirampha*）、克氏无襟毛虫、细毛背鳞虫、弯齿围沙蚕、杂色围沙蚕（*Pseudonereis variegata*）、襟松虫、岩虫（*Marphysa sanguinea*）、多鳃齿吻沙蚕、加州齿吻沙蚕、寡鳃齿吻沙蚕、双齿围沙蚕、中蚓虫、齿吻沙蚕、巴林虫、异蚓虫、吻沙蚕（*Glycera* sp.）、全刺沙蚕（*Nectoneanthes* sp.）、细毛尖锥虫、欧文虫（*Owenia fusiformis*）、稚齿虫、拟突齿沙蚕、粒结节滨螺、塔结节滨螺、疣荔枝螺、拟帽贝、日本菊花螺、日本花棘石鳖、红条毛肤石鳖、覆瓦小蛇螺、托氏昌螺、短拟沼螺、光滑狭口螺、秀丽织纹螺、织纹螺、黑荞麦蛤、细尖石蛏（*Lithophaga mucronata*）、珊瑚绒贻贝、僧帽牡蛎、棘刺牡蛎、青蚶、敦氏猿头蛤、彩虹明樱蛤、等边浅蛤、文蛤、紫藤斧蛤、理蛤、缢蛏、光滑河蓝蛤、东方小藤壶、直背小藤壶、白条地藤壶、纹藤壶（*Balanus amphitrite*）、网纹藤壶、鳞笠藤壶、日本大螯蜚、葛氏胖钩虾、薄片蜾蠃蜚、模糊新短眼蟹、莱氏异额蟹、清白招潮、弧边招潮、宁波泥蟹、秀丽长方蟹、明秀大眼蟹、淡水泥蟹、韦氏毛带蟹、痕掌沙蟹、光辉圆扇蟹、小相手蟹、棘刺锚参和弓形革囊星虫等。

14.4　数量时空分布

14.4.1　数量组成与季节变化

泉州湾滨海湿地岩石滩、沙滩、泥沙滩、红树林区和海草区潮间带大型底栖生物平均生物量为475.39 g/m^2，平均栖息密度为1 682个/m^2。生物量以软体动物居第一位（348.57 g/m^2），甲壳动物居第二位（105.18 g/m^2）；栖息密度以甲壳动物居第一位（721个/m^2），软体动物居第二位（612个/m^2），多毛类居第三位（309个/m^2）。生物量和栖息密度均以软体动物和甲壳动物居第一、第二位。各类群数量组成与分布见表14-3。

泉州湾滨海湿地潮间带大型底栖生物数量底质类型比较，生物量从高到低依次为岩石滩断面（2 172.00 g/m^2）、泥沙滩（72.14 g/m^2）、海草区（67.67 g/m^2）、红树林区（46.43 g/m^2）、沙滩（18.73 g/m^2）；栖息密度从高到低依次为岩石滩断面（6 177个/m^2）、泥沙滩（979个/m^2）、海草区（668个/m^2）、红树林区（306个/m^2）、沙滩（279个/m^2）（表14-3）。

表14-3　泉州湾滨海湿地潮间带大型底栖生物数量组成与分布

数量	底质	藻类	多毛类	软体动物	甲壳动物	棘皮动物	其他生物	合计
生物量(g/m^2)	岩石滩	1.52	34.83	1 588.23	492.53	0.34	54.55	2 172.00
	沙滩	0.04	1.86	11.07	5.57	0.11	0.08	18.73
	泥沙滩	0	2.67	52.95	14.75	1.14	0.63	72.14
	红树林	0	1.05	34.48	8.93	0	1.97	46.43
	海草	0	3.96	56.10	4.14	0	3.47	67.67
	平均	0.31	8.87	348.57	105.18	0.32	12.14	475.39
密度(个/m^2)	岩石滩	—	865	1 807	3 355	1	149	6 177
	沙滩	—	119	18	140	1	1	279
	泥沙滩	—	147	741	63	1	27	979
	红树林	—	105	168	22	0	11	306
	海草	—	311	325	23	0	9	668
	平均	—	309	612	721	1	39	1 682

泉州湾滨海湿地岩石滩潮间带大型底栖生物数量季节变化，生物量从高到低依次为春季（2 407.39 g/m²）、冬季（2 400.99 g/m²）、夏季（2 213.51 g/m²）、秋季（1 666.10 g/m²）；栖息密度从高到低依次为夏季（7 334 个/m²）、春季（7 004 个/m²）、秋季（5 703 个/m²）、冬季（4 668 个/m²）（表 14-4）。

表 14-4　泉州湾滨海湿地岩石滩潮间带大型底栖生物数量组成与季节变化

数量	季节	藻类	多毛类	软体动物	甲壳动物	棘皮动物	其他生物	合计
生物量（g/m²）	春季	3.96	32.25	1 772.10	494.68	1.35	103.05	2 407.39
	夏季	0	11.58	1 587.86	545.46	0	68.61	2 213.51
	秋季	2.11	82.02	1 203.55	369.14	0.01	9.27	1 666.10
	冬季	0	13.46	1 789.41	560.85	0	37.27	2 400.99
	平均	1.52	34.83	1 588.23	492.53	0.34	54.55	2 172.00
密度（个/m²）	春季	—	888	1 840	4 179	1	96	7 004
	夏季	—	847	2 501	3 739	0	247	7 334
	秋季	—	1 134	1 150	3 295	1	123	5 703
	冬季	—	589	1 739	2 208	0	132	4 668
	平均	—	865	1 807	3 355	1	149	6 177

泉州湾滨海湿地沙滩潮间带大型底栖生物数量季节变化，生物量从高到低依次为春季（50.33 g/m²）、秋季（13.38 g/m²）、冬季（5.82 g/m²）、夏季（5.32 g/m²）；栖息密度从高到低依次为春季（854 个/m²）、秋季（114 个/m²）、冬季（87 个/m²）、夏季（51 个/m²）（表 14-5）。

表 14-5　泉州湾滨海湿地沙滩潮间带大型底栖生物数量组成与季节变化

数量	季节	藻类	多毛类	软体动物	甲壳动物	棘皮动物	其他生物	合计
生物量（g/m²）	春季	0	4.02	34.62	11.69	0	0	50.33
	夏季	0	0.54	1.97	2.72	0.01	0.08	5.32
	秋季	0.14	1.32	7.70	3.59	0.41	0.22	13.38
	冬季	0	1.54	0	4.28	0	0	5.82
	平均	0.04	1.86	11.07	5.57	0.11	0.08	18.73
密度（个/m²）	春季	—	350	55	449	0	0	854
	夏季	—	26	1	21	1	2	51
	秋季	—	73	14	26	1	0	114
	冬季	—	25	0	62	0	0	87
	平均	—	119	18	140	1	1	279

泉州湾滨海湿地泥沙滩潮间带大型底栖生物数量季节变化，生物量从高到低依次为春季（112.17 g/m²）、冬季（74.43 g/m²）、夏季（68.61 g/m²）、秋季（33.29 g/m²）；栖息密度从高到低依次为春季（1 944 个/m²）、冬季（1 365 个/m²）、秋季（375 个/m²）、夏季（233 个/m²）（表 14-6）。

表 14-6 泉州湾滨海湿地泥沙滩潮间带大型底栖生物数量组成与季节变化

数量	季节	多毛类	软体动物	甲壳动物	棘皮动物	其他生物	合计
生物量 (g/m^2)	春季	1.18	97.57	12.17	0.10	1.15	112.17
	夏季	1.14	49.82	15.95	1.46	0.24	68.61
	秋季	3.52	17.20	11.05	1.23	0.29	33.29
	冬季	4.85	47.20	19.81	1.75	0.82	74.43
	平均	2.67	52.95	14.75	1.14	0.63	72.14
密度 (个/m^2)	春季	99	1 807	32	1	5	1 944
	夏季	74	115	31	1	12	233
	秋季	135	134	87	1	18	375
	冬季	279	910	102	1	73	1 365
	平均	147	741	63	1	27	979

泉州湾滨海湿地红树林区潮间带大型底栖生物数量季节变化，生物量从高到低依次为春季（72.25 g/m^2）、冬季（67.37 g/m^2）、秋季（24.31 g/m^2）、夏季（21.80 g/m^2）；栖息密度从高到低依次为春季（512 个/m^2）、冬季（413 个/m^2）、秋季（186 个/m^2）、夏季（117 个/m^2）（表 14-7）。

表 14-7 泉州湾滨海湿地红树林区潮间带大型底栖生物数量组成与季节变化

数量	季节	多毛类	软体动物	甲壳动物	棘皮动物	其他生物	合计
生物量 (g/m^2)	春季	1.65	57.16	11.20	0	2.24	72.25
	夏季	0.17	14.99	4.19	0	2.45	21.80
	秋季	0.46	5.58	16.38	0	1.89	24.31
	冬季	1.93	60.20	3.95	0	1.29	67.37
	平均	1.05	34.48	8.93	0	1.97	46.43
密度 (个/m^2)	春季	246	219	40	0	7	512
	夏季	68	38	9	0	2	117
	秋季	63	87	21	0	15	186
	冬季	43	329	20	0	21	413
	平均	105	168	22	0	11	306

泉州湾滨海湿地海草区潮间带大型底栖生物数量季节变化，生物量从高到低依次为秋季（108.43 g/m^2）、春季（103.27 g/m^2）、冬季（44.04 g/m^2）、夏季（14.95 g/m^2）；栖息密度从高到低依次为冬季（1 359 个/m^2）、春季（1 048 个/m^2）、秋季（233 个/m^2）、夏季（30 个/m^2）（表 14-8）。

表 14-8 泉州湾滨海湿地海草区潮间带大型底栖生物数量组成与季节变化

数量	季节	多毛类	软体动物	甲壳动物	棘皮动物	其他生物	合计
生物量 (g/m^2)	春季	2.62	93.62	3.35	0	3.68	103.27
	夏季	0.19	3.09	4.64	0	7.03	14.95
	秋季	0.47	104.46	3.41	0	0.09	108.43
	冬季	12.56	23.25	5.16	0	3.07	44.04
	平均	3.96	56.10	4.14	0	3.47	67.67

续表 14-8

数量	季节	多毛类	软体动物	甲壳动物	棘皮动物	其他生物	合计
密度（个/m²）	春季	691	326	20	0	11	1 048
	夏季	7	7	9	0	7	30
	秋季	89	139	3	0	2	233
	冬季	455	827	63	0	14	1 359
	平均	311	325	23	0	9	668

14.4.2　数量分布

泉州湾滨海湿地岩石滩潮间带大型底栖生物断面间比较，生物量春季以 QR1 断面较大（3 388.80 g/m²），QR3 断面较小（1 509.28 g/m²）；夏季以 QR4 断面较大（3 235.06 g/m²），QR3 断面较小（1 256.68 g/m²）；秋季以 QR4 断面较大（2 806.92 g/m²），QR5 断面较小（795.63 g/m²）；冬季以 QR4 断面较大（3 318.70 g/m²），QR3 断面较小（1 126.76 g/m²）。栖息密度春季以 QR3 断面较大（12 329 个/m²），QR4 断面较小（3 789 个/m²）；夏季以 QR2 断面较大（12 863 个/m²），QR1 断面较小（4 759 个/m²）；秋季以 QR3 断面较大（10 155 个/m²），QR6 断面较小（606 个/m²）；冬季以 QR2 断面较大（6 371 个/m²），QR3 断面较小（3 523 个/m²）（表 14-9~14-10）。

表 14-9　泉州湾滨海湿地岩石滩潮间带大型底栖生物生物量组成与季节变化　单位：g/m²

季节	断面	藻类	多毛类	软体动物	甲壳动物	棘皮动物	其他生物	合计
春季	QR1	0	36.29	2 748.72	366.80	0	236.99	3 388.80
	QR2	15.83	17.04	1 236.22	362.50	5.41	47.02	1 684.02
	QR3	0	57.48	1 037.28	347.77	0	66.75	1 509.28
	QR4	0	18.19	2 066.17	901.66	0	61.43	3 047.45
	平均	3.96	32.25	1 772.10	494.68	1.35	103.05	2 407.39
夏季	QR1	0	10.05	1 466.34	305.49	0	46.32	1 828.20
	QR2	0	10.27	1 612.24	746.03	0	165.56	2 534.10
	QR3	0	14.68	1 068.60	151.81	0	21.59	1 256.68
	QR4	0	11.33	2 204.24	978.51	0	40.98	3 235.06
	平均	0	11.58	1 587.86	545.46	0	68.61	2 213.51
秋季	QR1	0	11.03	1 588.44	237.13	0	6.26	1 842.86
	QR2	2.07	3.19	1 223.66	545.57	0.07	14.19	1 788.75
	QR3	0	550.83	940.72	410.50	0	7.90	1 909.95
	QR4	0	4.87	2 005.07	773.35	0	23.63	2 806.92
	QR5	3.27	2.84	675.03	108.55	0	5.94	795.63
	QR6	2.66	0.84	1 542.00	77.26	0	6.60	1 629.36
	QR7	6.76	0.54	449.94	431.61	0.03	0.38	889.26
	平均	2.11	82.02	1 203.55	369.14	0.01	9.27	1 666.10
冬季	QR1	0	16.93	2 346.05	544.37	0	64.84	2 972.19
	QR2	0	20.84	1 580.84	558.63	0	25.97	2 186.28
	QR3	0	10.95	846.53	251.95	0	17.33	1 126.76
	QR4	0	5.11	2 384.21	888.45	0	40.93	3 318.70
	平均	0	13.46	1 789.41	560.85	0	37.27	2 400.99

表 14-10　泉州湾滨海湿地岩石滩潮间带大型底栖生物栖息密度组成与季节变化　单位：个/m^2

季节	断面	多毛类	软体动物	甲壳动物	棘皮动物	其他生物	合计
春季	QR1	184	2 334	3 605	0	81	6 204
	QR2	680	1 765	3 180	2	59	5 686
	QR3	2 097	1 697	8 355	0	180	12 329
	QR4	589	1 562	1 575	0	63	3 789
	平均	888	1 840	4 179	1	96	7 004
夏季	QR1	502	2 022	2 036	0	199	4 759
	QR2	719	4 273	7 708	0	163	12 863
	QR3	1 587	1 587	1 285	0	464	4 923
	QR4	579	2 124	3 927	0	161	6 791
	平均	847	2 501	3 739	0	247	7 334
秋季	QR1	311	2 317	3 451	0	80	6 159
	QR2	305	1 016	5 020	3	26	6 370
	QR3	6 795	1 591	1 395	0	374	10 155
	QR4	299	1 711	4 950	0	206	7 166
	QR5	141	885	912	0	111	2 049
	QR6	52	309	188	0	57	606
	QR7	36	221	7 152	3	5	7 417
	平均	1 134	1 150	3 295	1	123	5 703
冬季	QR1	360	2 176	1 397	0	104	4 037
	QR2	1 331	1 442	3 514	0	84	6 371
	QR3	525	1 712	975	0	311	3 523
	QR4	141	1 626	2 948	0	29	4 744
	平均	589	1 739	2 208	0	132	4 668

泉州湾滨海湿地沙滩潮间带大型底栖生物断面间比较，生物量春季以 QS1 断面较大（88.49 g/m^2），Qch4 断面较小（12.19 g/m^2）；夏季以 Qch4 断面较大（6.50 g/m^2），Qch9 断面较小（4.12 g/m^2）；秋季以 QS1 断面较大（23.65 g/m^2），Qch4 断面较小（6.48 g/m^2）。栖息密度春季以 QS1 断面较大（1 055 个/m^2），Qch4 断面较小（653 个/m^2）；夏季以 Qch4 断面较大（53 个/m^2），Qch9 断面较小（47 个/m^2）；秋季以 QS1 断面较大（183 个/m^2），Qch4 断面较小（41 个/m^2）（表 14-11，表 14-12）。

表 14-11　泉州湾滨海湿地沙滩潮间带大型底栖生物生物量组成与季节变化　单位：g/m^2

季节	断面	藻类	多毛类	软体动物	甲壳动物	棘皮动物	其他生物	合计
春季	Qch4	0	6.63	1.40	4.16	0	0	12.19
	QS1	0	1.42	67.85	19.22	0	0	88.49
	平均	0	4.02	34.62	11.69	0	0	50.33
夏季	Qch4	0	0.90	3.84	1.67	0	0.09	6.50
	Qch9	0	0.18	0.09	3.77	0.01	0.07	4.12
	平均	0	0.54	1.97	2.72	0.01	0.08	5.32

续表 14-11

季节	断面	藻类	多毛类	软体动物	甲壳动物	棘皮动物	其他生物	合计
秋季	Qch4	0	0. 78	0	5. 70	0	0	6. 48
	Qch10	0. 50	1. 84	4. 89	4. 43	0. 67	0. 05	12. 38
	S1	0. 04	0. 9	6. 38	1. 89	0. 95	0. 81	10. 97
	QS1	0. 03	1. 75	19. 54	2. 33	0	0	23. 65
	平均	0. 14	1. 32	7. 70	3. 59	0. 41	0. 22	13. 38
冬季	Qch4	0	1. 54	0	4. 28	0	0	5. 82
	平均	0	1. 54	0	4. 28	0	0	5. 82

表 14-12　泉州湾滨海湿地沙滩潮间带大型底栖生物栖息密度组成与季节变化　　单位：个/m^2

季节	断面	多毛类	软体动物	甲壳动物	棘皮动物	其他生物	合计
春季	Qch4	598	1	54	0	0	653
	QS1	103	108	844	0	0	1 055
	平均	350	55	449	0	0	854
夏季	Qch4	25	1	25	0	2	53
	Qch9	27	1	17	0	2	47
	平均	26	1	21	0	2	50
秋季	Qch4	15	0	26	0	0	41
	Qch10	60	28	10	0	0	98
	S1	112	9	11	0	1	133
	QS1	106	20	57	0	0	183
	平均	73	14	26	0	0	113
冬季	Qch4	25	0	62	0	0	87
	平均	25	0	62	0	0	87

泉州湾滨海湿地泥沙滩潮间带大型底栖生物断面间比较，生物量春季以 Qch3 断面较大（459. 79 g/m^2），Qch2 断面较小（18. 50 g/m^2）；夏季以 Qch8 断面较大（193. 13 g/m^2），Qch3 断面较小（22. 19 g/m^2）；秋季以 Qch7 断面较大（91. 42 g/m^2），Qch11 断面较小（5. 31 g/m^2）；冬季以 Qch11 断面较大（139. 60 g/m^2），Qch3 断面较小（30. 60 g/m^2）。栖息密度春季以 Qch3 断面较大（8 853 个/m^2），Qch2 断面较小（149 个/m^2）；夏季以 Qch11 断面较大（414 个/m^2），Qch1 断面较小（73 个/m^2）；秋季以 Qch6 断面较大（893 个/m^2），Qch5 断面较小（108 个/m^2）；冬季以 Qch11 断面较大（2 616 个/m^2），Qch2 断面较小（255 个/m^2）（表 14-13~14-14）。

表 14-13　泉州湾滨海湿地泥沙滩潮间带大型底栖生物生物量组成与季节变化　单位：g/m²

季节	断面	多毛类	软体动物	甲壳动物	棘皮动物	其他生物	合计
春季	Qch1	1.29	10.90	26.03	0	0.47	38.69
	Qch2	0.74	6.12	10.92	0.52	0.20	18.50
	Qch3	2.60	451.48	5.61	0	0.10	459.79
	Qch5	0.59	13.69	9.54	0	0.02	23.84
	Qch11	0.68	5.67	8.74	0	4.95	20.04
	平均	1.18	97.57	12.17	0.10	1.15	112.17
夏季	Qch1	1.18	35.37	37.20	0	0.15	73.90
	Qch2	0.51	3.62	12.30	7.30	0.03	23.76
	Qch3	1.28	8.88	11.79	0	0.24	22.19
	Qch8	1.72	190.47	0.49	0	0.45	193.13
	Qch11	1.01	10.76	17.98	0	0.33	30.08
	平均	1.14	49.82	15.95	1.46	0.24	68.61
秋季	Qch1	0.34	7.15	28.40	0.49	0.03	36.41
	Qch2	2.71	6.95	18.98	8.14	1.09	37.87
	Qch3	1.88	10.75	4.22	0	0	16.85
	Qch5	0.19	10.19	4.93	0	0.13	15.44
	Qch6	7.65	6.19	15.90	0	0.03	29.77
	Qch7	10.81	76.22	4.37	0	0.02	91.42
	Qch11	1.05	2.95	0.55	0	0.76	5.31
	平均	3.52	17.20	11.05	1.23	0.29	33.29
冬季	Qch1	5.27	43.60	25.46	0.49	0.03	74.85
	Qch2	2.04	5.06	37.80	6.53	1.26	52.69
	Qch3	4.03	23.42	3.15	0	0	30.60
	Qch11	8.04	116.75	12.81	0	2.00	139.60
	平均	4.85	47.20	19.81	1.75	0.82	74.43

表 14-14　泉州湾滨海湿地泥沙滩潮间带大型底栖生物栖息密度组成与季节变化　单位：个/m²

季节	断面	多毛类	软体动物	甲壳动物	棘皮动物	其他生物	合计
春季	Qch1	5	202	32	0	0	239
	Qch2	22	56	68	0	3	149
	Qch3	190	8 653	9	0	1	8 853
	Qch5	144	56	14	0	3	217
	Qch11	135	68	35	0	20	258
	平均	99	1 807	32	0	5	1 943
夏季	Qch1	1	35	37	0	0	73
	Qch2	43	18	27	2	3	93
	Qch3	86	58	26	0	1	171
	Qch8	140	252	13	0	5	410
	Qch11	100	213	52	0	49	414
	平均	74	115	31	0	12	232

续表 14-14

季节	断面	多毛类	软体动物	甲壳动物	棘皮动物	其他生物	合计
秋季	Qch1	38	102	38	2	2	182
	Qch2	54	126	199	3	14	396
	Qch3	42	279	7	0	0	328
	Qch5	13	43	51	0	1	108
	Qch6	552	52	288	0	1	893
	Qch7	113	236	6	0	0	355
	Qch11	132	98	20	0	108	358
	平均	135	134	87	1	18	375
冬季	Qch1	413	488	135	2	2	1 040
	Qch2	70	71	102	2	10	255
	Qch3	333	1 192	27	0	0	1 552
	Qch11	301	1 891	143	0	281	2 616
	平均	279	910	102	1	73	1 365

泉州湾滨海湿地红树林区潮间带大型底栖生物断面间比较，生物量春季以 Qch13 断面较大（110.68 g/m²），Qch12 断面较小（33.79 g/m²）；夏季以 Qch12 断面较大（31.03 g/m²），Qch13 断面较小（12.58 g/m²）；秋季以 Qch13 断面较大（27.76 g/m²），Qch12 断面较小（20.86 g/m²）；冬季以 Qch12 断面较大（127.59 g/m²），Qch13 断面较小（7.14 g/m²）。栖息密度春季以 Qch13 断面较大（617 个/m²），Qch12 断面较小（406 个/m²）；夏季以 Qch13 断面较大（171 个/m²），Qch12 断面较小（62 个/m²）；秋季以 Qch13 断面较大（187 个/m²），Qch12 断面较小（183 个/m²）；冬季以 Qch12 断面较大（503 个/m²），Qch13 断面较小（324 个/m²）（表 14-15~表 14-16）。

表 14-15　泉州湾滨海湿地红树林区潮间带大型底栖生物生物量组成与季节变化　单位：g/m²

季节	断面	多毛类	软体动物	甲壳动物	棘皮动物	其他生物	合计
春季	Qch12	1.56	18.71	12.78	0	0.74	33.79
	Qch13	1.73	95.60	9.61	0	3.74	110.68
	平均	1.65	57.16	11.20	0	2.24	72.25
夏季	Qch12	0.07	22.80	7.85	0	0.31	31.03
	Qch13	0.27	7.18	0.53	0	4.60	12.58
	平均	0.17	14.99	4.19	0	2.45	21.80
秋季	Qch12	0.56	5.15	13.89	0	1.26	20.86
	Qch13	0.36	6.01	18.87	0	2.52	27.76
	平均	0.46	5.58	16.38	0	1.89	24.31
冬季	Qch12	3.37	116.58	6.43	0	1.21	127.59
	Qch13	0.48	3.82	1.47	0	1.37	7.14
	平均	1.93	60.20	3.95	0	1.29	67.37

表 14-16　泉州湾滨海湿地红树林区潮间带大型底栖生物栖息密度组成与季节变化　　单位：个/m²

季节	断面	多毛类	软体动物	甲壳动物	棘皮动物	其他生物	合计
春季	Qch12	233	125	45	0	3	406
	Qch13	258	313	35	0	11	617
	平均	246	219	40	0	7	512
夏季	Qch12	26	25	10	0	1	62
	Qch13	109	51	7	0	4	171
	平均	68	38	9	0	2	117
秋季	Qch12	31	122	16	0	14	183
	Qch13	95	52	25	0	15	187
	平均	63	87	21	0	15	186
冬季	Qch12	46	419	29	0	9	503
	Qch13	40	240	10	0	34	324
	平均	43	329	20	0	21	413

2001 年秋季至 2002 年夏季，泉州湾滨海湿地泥沙滩 Qch1 断面潮间带大型底栖生物数量垂直分布，生物量春季从高到低依次为中潮区（83.23 g/m²）、高潮区（27.08 g/m²）、低潮区（5.76 g/m²）；夏季从高到低依次为中潮区（109.32 g/m²）、高潮区（28.08 g/m²）、低潮区（13.44 g/m²）；秋季从高到低依次为中潮区（48.53 g/m²）、高潮区（33.78 g/m²）、低潮区（2.68 g/m²）；冬季从高到低依次为中潮区（100.13 g/m²）、高潮区（50.52 g/m²）、低潮区（23.36 g/m²）。栖息密度春季从高到低依次为中潮区（666 个/m²）、高潮区（48 个/m²）、低潮区（4 个/m²）；夏季从高到低依次为高潮区（316 个/m²）、中潮区（295 个/m²）、低潮区（44 个/m²）；秋季从高到低依次为中潮区（291 个/m²）、低潮区（20 个/m²）、高潮区（16 个/m²）；冬季从高到低依次为高潮区（1620 个/m²）、中潮区（1 154 个/m²）、低潮区（112 个/m²）（表 14-17）。

表 14-17　泉州湾滨海湿地 Qch1 断面潮间带大型底栖生物数量垂直分布与季节变化

数量	季节	潮区	多毛类	软体动物	甲壳动物	棘皮动物	其他生物	合计
生物量（g/m²）	春季	高潮区	3.84	0	23.24	0	0	27.08
		中潮区	0.04	32.69	49.09	0	1.41	83.23
		低潮区	0	0	5.76	0	0	5.76
		平均	1.29	10.90	26.03	0	0.47	38.69
	夏季	高潮区	2.96	6.64	17.96	0	0.52	28.08
		中潮区	0.85	55.92	52.47	0	0.08	109.32
		低潮区	0.36	2.44	10.64	0	0	13.44
		平均	1.39	21.67	27.02	0	0.20	50.28
	秋季	高潮区	0	0	33.78	0	0	33.78
		中潮区	0.49	11.92	36.08	0.03	0.01	48.53
		低潮区	0.20	0	0	2.36	0.12	2.68
		平均	0.23	3.97	23.29	0.80	0.04	28.33
	冬季	高潮区	5.16	33.24	12.12	0	0	50.52
		中潮区	3.37	61.40	35.32	0.03	0.01	100.13
		低潮区	11.08	0.56	9.24	2.36	0.12	23.36
		平均	6.54	31.73	18.89	0.80	0.04	58.00

续表 14-17

数量	季节	潮区	多毛类	软体动物	甲壳动物	棘皮动物	其他生物	合计
密度（个/m²）	春季	高潮区	12	0	36	0	0	48
		中潮区	3	605	57	0	1	666
		低潮区	0	0	4	0	0	4
		平均	5	202	32	0	0	239
	夏季	高潮区	112	160	32	0	12	316
		中潮区	61	108	123	0	3	295
		低潮区	32	4	8	0	0	44
		平均	68	91	54	0	5	218
	秋季	高潮区	0	0	16	0	0	16
		中潮区	59	171	59	1	1	291
		低潮区	12	0	0	4	4	20
		平均	24	57	25	2	2	110
	冬季	高潮区	352	976	292	0	0	1 620
		中潮区	547	478	127	1	1	1 154
		低潮区	72	28	4	4	4	112
		平均	324	494	141	2	2	963

2001 年秋季至 2002 年夏季，泉州湾滨海湿地泥沙滩 Qch2 断面潮间带大型底栖生物数量垂直分布，生物量春季从高到低依次为中潮区（32.07 g/m²）、高潮区（14.80 g/m²）、低潮区（8.64 g/m²）；夏季从高到低依次为低潮区（69.00 g/m²）、中潮区（42.55 g/m²）、高潮区（6.68 g/m²）；秋季从高到低依次为低潮区（48.38 g/m²）、中潮区（36.57 g/m²）、高潮区（29.60 g/m²）；冬季从高到低依次为中潮区（64.39 g/m²）、高潮区（38.68 g/m²）、低潮区（31.56 g/m²）。栖息密度春季从高到低依次为中潮区（240 个/m²）、低潮区（136 个/m²）、高潮区（68 个/m²）；夏季从高到低依次为高潮区（148 个/m²）、中潮区（83 个/m²）、低潮区（48 个/m²）；秋季从高到低依次为高潮区（508 个/m²）、低潮区（336 个/m²）、中潮区（212 个/m²）；冬季从高到低依次为高潮区（692 个/m²）、中潮区（161 个/m²）、低潮区（104 个/m²）（表 14-18）。

表 14-18　泉州湾滨海湿地 Qch2 断面潮间带大型底栖生物数量垂直分布与季节变化

数量	季节	潮区	多毛类	软体动物	甲壳动物	棘皮动物	其他生物	合计
生物量（g/m²）	春季	高潮区	0.16	0	14.64	0	0	14.80
		中潮区	1.21	17.01	11.77	1.56	0.52	32.07
		低潮区	0.84	1.36	6.36	0	0.08	8.64
		平均	0.74	6.12	10.92	0.52	0.20	18.50
	夏季	高潮区	0.80	3.84	2.00	0	0.04	6.68
		中潮区	0.55	7.80	32.44	1.69	0.07	42.55
		低潮区	0.48	0	0.64	67.88	0	69.00
		平均	0.61	3.88	11.69	23.19	0.04	39.41
	秋季	高潮区	0.28	21.28	7.52	0	0.52	29.60
		中潮区	0.75	2.57	29.79	1.69	1.77	36.57
		低潮区	8.56	0.28	11.54	27.56	0.44	48.38
		平均	3.20	8.04	16.28	9.75	0.91	38.18

续表 14-18

数量	季节	潮区	多毛类	软体动物	甲壳动物	棘皮动物	其他生物	合计
生物量（g/m²）	冬季	高潮区	5.40	16.20	16.56	0	0.52	38.68
		中潮区	1.31	3.03	56.59	1.69	1.77	64.39
		低潮区	0.88	0	2.68	27.56	0.44	31.56
		平均	2.53	6.41	25.28	9.75	0.91	44.88
密度（个/m²）	春季	高潮区	4	0	64	0	0	68
		中潮区	33	139	63	1	4	240
		低潮区	28	28	76	0	4	136
		平均	22	56	68	0	3	149
	夏季	高潮区	20	4	120	0	4	148
		中潮区	35	16	28	1	3	83
		低潮区	24	0	12	12	0	48
		平均	26	7	53	4	2	92
	秋季	高潮区	28	348	112	0	20	508
		中潮区	51	40	112	1	8	212
		低潮区	20	4	296	8	8	336
		平均	33	131	173	3	12	352
	冬季	高潮区	280	244	148	0	20	692
		中潮区	20	37	95	1	8	161
		低潮区	8	0	80	8	8	104
		平均	103	94	108	3	12	320

2001年秋季至2002年夏季，泉州湾滨海湿地泥沙滩Qch3断面潮间带大型底栖生物数量垂直分布，生物量春季从高到低依次为低潮区（1 330.56 g/m²）、中潮区（47.88 g/m²）、高潮区（0.94 g/m²）；夏季从高到低依次为高潮区（27.80 g/m²）、中潮区（21.55 g/m²）、低潮区（18.52 g/m²）；秋季从高到低依次为中潮区（25.85 g/m²）、低潮区（6.74 g/m²）、高潮区（0 g/m²）；冬季从高到低依次为高潮区（53.88 g/m²）、中潮区（28.99 g/m²）、低潮区（12.16 g/m²）。栖息密度春季从高到低依次为低潮区（25 692个/m²）、中潮区（865个/m²）、高潮区（5个/m²）；夏季从高到低依次为中潮区（249个/m²）、高潮区（60个/m²）、低潮区（44个/m²）；秋季从高到低依次为中潮区（505个/m²）、低潮区（121个/m²）、高潮区（0个/m²）；冬季从高到低依次为高潮区（2 440个/m²）、中潮区（1 467个/m²）、低潮区（920个/m²）（表14-19）。

表 14-19 泉州湾滨海湿地 Qch3 断面潮间带大型底栖生物数量垂直分布与季节变化

数量	季节	潮区	多毛类	软体动物	甲壳动物	棘皮动物	其他生物	合计
生物量（g/m²）	春季	高潮区	0.16	0	0.78	0	0	0.94
		中潮区	6.99	24.81	15.77	0	0.31	47.88
		低潮区	0.64	1 329.64	0.28	0	0	1 330.56
		平均	2.60	451.48	5.61	0	0.10	459.79

续表 14-19

数量	季节	潮区	多毛类	软体动物	甲壳动物	棘皮动物	其他生物	合计
生物量（g/m²）	夏季	高潮区	0	0	27.80	0	0	27.8
		中潮区	1.92	8.87	10.36	0	0.40	21.55
		低潮区	0.64	17.80	0.08	0	0	18.52
		平均	0.85	8.89	12.75	0	0.13	22.62
	秋季	高潮区	0	0	0	0	0	0
		中潮区	1.43	17.55	6.87	0	0	25.85
		低潮区	5.12	1.10	0.52	0	0	6.74
		平均	2.18	6.22	2.46	0	0	10.86
	冬季	高潮区	4.32	49.24	0.32	0	0	53.88
		中潮区	3.91	19.95	5.13	0	0	28.99
		低潮区	4.12	8.00	0.04	0	0	12.16
		平均	4.12	25.73	1.83	0	0	31.68
密度（个/m²）	春季	高潮区	4	0	1	0	0	5
		中潮区	539	304	19	0	3	865
		低潮区	28	25 656	8	0	0	25 692
		平均	190	8 653	9	0	1	8 853
	夏季	高潮区	0	0	60	0	0	60
		中潮区	140	87	21	0	1	249
		低潮区	8	32	4	0	0	44
		平均	49	40	28	0	0	117
	秋季	高潮区	0	0	0	0	0	0
		中潮区	65	429	11	0	0	505
		低潮区	12	105	4	0	0	121
		平均	26	178	5	0	0	209
	冬季	高潮区	224	2 180	36	0	0	2 440
		中潮区	456	983	28	0	0	1 467
		低潮区	72	832	16	0	0	920
		平均	251	1 332	27	0	0	1 610

2001 年秋季至 2002 年夏季，泉州湾滨海湿地泥沙滩 Qch4 断面潮间带大型底栖生物数量垂直分布，生物量春季从高到低依次为中高潮区（12.36 g/m²）、低潮区（11.84 g/m²）；夏季从高到低依次为中潮区（9.91 g/m²）、低潮区（1.64 g/m²）、高潮区（1.16 g/m²）；秋季从高到低依次为中潮区（7.68 g/m²）、高潮区（6.28 g/m²）、低潮区（3.08 g/m²）；冬季从高到低依次为中潮区（8.32 g/m²）、高潮区（2.42 g/m²）、高潮区（1.72 g/m²）。栖息密度春季从高到低依次为低潮区（1 496 个/m²）、中潮区（432 个/m²）、高潮区（32 个/m²）；夏季从高到低依次为低潮区（68 个/m²）、中潮区（58 个/m²）、高潮区（16 个/m²）；秋季从高到低依次为中潮区（52 个/m²）、低潮区（36 个/m²）、高潮区（12 个/m²）；冬季从高到低依次为中潮区（128 个/m²）、低潮区（40 个/m²）、高潮区（13 个/m²）（表 14-20）。

表 14-20　泉州湾滨海湿地 Qch4 断面潮间带大型底栖生物数量垂直分布与季节变化

数量	季节	潮区	多毛类	软体动物	甲壳动物	棘皮动物	其他生物	合计
生物量（g/m²）	春季	高潮区	0	0	12.36	0	0	12.36
		中潮区	8.08	4.20	0.08	0	0	12.36
		低潮区	11.80	0	0.04	0	0	11.84
		平均	6.63	1.40	4.16	0	0	12.19
	夏季	高潮区	0	0	1.16	0	0	1.16
		中潮区	1.05	6.40	2.35	0	0.11	9.91
		低潮区	1.36	0	0.16	0	0.12	1.64
		平均	0.80	2.13	1.22	0	0.08	4.23
	秋季	高潮区	0.04	0	6.24	0	0	6.28
		中潮区	0.27	0	7.41	0	0	7.68
		低潮区	3.08	0	0	0	0	3.08
		平均	1.13	0	4.55	0	0	5.68
	冬季	高潮区	0	0	2.42	0	0	2.42
		中潮区	2.01	0	6.31	0	0	8.32
		低潮区	1.68	0	0.04	0	0	1.72
		平均	1.23	0	2.92	0	0	4.15
密度（个/m²）	春季	高潮区	0	0	32	0	0	32
		中潮区	301	4	127	0	0	432
		低潮区	1 492	0	4	0	0	1 496
		平均	598	1	54	0	0	653
	夏季	高潮区	0	0	16	0	0	16
		中潮区	27	1	29	0	1	58
		低潮区	44	0	20	0	4	68
		平均	24	0	22	0	2	48
	秋季	高潮区	4	0	8	0	0	12
		中潮区	12	0	40	0	0	52
		低潮区	36	0	0	0	0	36
		平均	17	0	16	0	0	33
	冬季	高潮区	0	1	12	0	0	13
		中潮区	31	0	97	0	0	128
		低潮区	32	0	8	0	0	40
		平均	21	0	39	0	0	60

2001 年秋季至 2002 年夏季，泉州湾滨海湿地岩石滩 QR1 断面潮间带大型底栖生物数量垂直分布，生物量春季从高到低依次为中潮区（5 260.25 g/m²）、低潮区（4 396.16 g/m²）、高潮区（77.96 g/m²）；夏季从高到低依次为中潮区（2 673.68 g/m²）、低潮区（1 313.28 g/m²）、高潮区（817.48 g/m²）；秋季从高到低依次为中潮区（11 261.33 g/m²）、低潮区（1 336.00 g/m²）、高潮区（916.00 g/m²）；冬季从高到低依次为低潮区（7 128.32 g/m²）、中潮区（3 502.66 g/m²）、高潮区（98.40 g/m²）。栖息密度春季从高到低依次为低潮区（10 016 个/m²）、中潮区（7 769 个/m²）、高潮区（1 948 个/m²）；夏季从高到低依次为中潮区（5 568 个/m²）、高潮区（5 088 个/m²）、低潮区（1 672 个/m²）；秋季从高

到低依次为中潮区（2 991 个/m²）、低潮区（2 026 个/m²）、高潮区（30 个/m²）；冬季从高到低依次为中潮区（4 972 个/m²）、低潮区(3 344 个/m²）、高潮区（2 980 个/m²）（表 14-21）。

表 14-21　泉州湾滨海湿地 QR1 断面潮间带大型底栖生物数量垂直分布与季节变化

数量	季节	潮区	多毛类	软体动物	甲壳动物	棘皮动物	其他生物	合计
生物量（g/m²）	春季	高潮区	0	45.96	32.00	0	0	77.96
		中潮区	19.60	4 350.33	711.81	0	178.51	5 260.25
		低潮区	158.96	3 349.44	1.36	0	886.40	4 396.16
		平均	59.52	2 581.91	248.39	0	354.97	3 244.79
	夏季	高潮区	0.08	293.31	524.09	0	0	817.48
		中潮区	13.31	2 389.55	259.62	0	11.20	2 673.68
		低潮区	20.24	1 042.80	5.92	0	244.32	1 313.28
		平均	11.21	1 241.89	263.21	0	85.17	1 601.48
	秋季	高潮区	0	260	656.00	0	0	916.00
		中潮区	388.00	4 313.33	6 464.00	0	96.00	11 261.33
		低潮区	704.00	440	0	0	192.00	1 336.00
		平均	364.00	1 671.11	2 373.33	0	96.00	4 504.44
	冬季	高潮区	0.04	32.00	66.36	0	0	98.40
		中潮区	12.33	2 333.63	1 040.84	0	115.86	3 502.66
		低潮区	64.48	7 011.44	10.96	0	41.44	7 128.32
		平均	25.62	3 125.69	372.72	0	52.43	3 576.46
密度（个/m²）	春季	高潮区	0	916	1 032	0	0	1 948
		中潮区	147	3 745	3 801	0	76	7 769
		低潮区	664	936	8 160	0	256	10 016
		平均	270	1 866	4 331	0	111	6 578
	夏季	高潮区	32	2 012	3 044	0	0	5 088
		中潮区	588	2 625	2 037	0	317	5 567
		低潮区	1 184	232	16	0	240	1 672
		平均	601	1 623	1 699	0	186	4 109
	秋季	高潮区	0	15	15	0	0	30
		中潮区	20	2 496	464	0	11	2 991
		低潮区	8	2 015	0	0	4	2 027
		平均	9	1 508	160	0	5	1 682
	冬季	高潮区	4	1 924	1 052	0	0	2 980
		中潮区	352	2 445	2 079	0	96	4 972
		低潮区	1 096	1 872	40	0	336	3 344
		平均	484	2 080	1 057	0	144	3 765

2001 年秋季至 2002 年夏季，泉州湾滨海湿地岩石滩 QR2 断面潮间带大型底栖生物数量垂直分布，生物量春季从高到低依次为高潮区（997.16 g/m²）、低潮区（913.38 g/m²）、中潮区（883.39 g/m²）；夏季从高到低依次为中潮区（3 254.66 g/m²）、低潮区（2 417.16 g/m²）、高潮区（1 511.72 g/m²）；秋季从高到低依次为中潮区（4 160.67 g/m²）、低潮区（1 050.28 g/m²）、高潮区（22.88 g/m²）；冬季从高到低依次为中潮区（3 474.43 g/m²）、低潮区（2 211.36 g/m²）、高潮区（241.52 g/m²）。栖息密度春季从高到低依次为中潮区（9 074 个/m²）、高潮区（7 724 个/m²）、低潮区（5 224 个/m²）；夏

季从高到低依次为高潮区（25 384 个/m²）、中潮区（7 794 个/m²）、低潮区（3 032 个/m²）；秋季从高到低依次为中潮区（13 470 个/m²）、低潮区（1 584 个/m²）、高潮区（652 个/m²）；冬季从高到低依次为中潮区（7 889 个/m²）、低潮区(7 280 个/m²)、高潮区（3 640 个/m²）（表 14-22）。

表 14-22　泉州湾滨海湿地 QR2 断面潮间带大型底栖生物数量垂直分布与季节变化

数量	季节	潮区	多毛类	软体动物	甲壳动物	棘皮动物	其他生物	合计
生物量（g/m²）	春季	高潮区	0	26.68	970.48	0	0	997.16
		中潮区	16.43	432.04	291.04	0	143.88	883.39
		低潮区	85.36	773.54	2.08	0	52.40	913.38
		平均	33.93	410.75	421.20	0	65.43	931.31
	夏季	高潮区	1.32	64.36	1 445.96	0	0.08	1 511.72
		中潮区	8.17	2 697.71	525.93	0	22.85	3 254.66
		低潮区	34.48	1 451.60	6.44	0	924.64	2 417.16
		平均	14.66	1 404.56	659.44	0	315.86	2 394.52
	秋季	高潮区	0	8.76	14.12	0	0	22.88
		中潮区	4.68	2 872.59	1 279.36	0	4.04	4 160.67
		低潮区	6.00	896.68	0.72	0	146.88	1 050.28
		平均	3.56	1 259.34	431.40	0	50.31	1 744.61
	冬季	高潮区	0	18.16	223.36	0	0	241.52
		中潮区	12.35	2 450	968.33	0	43.75	3 474.43
		低潮区	88.00	2 098.72	0.08	0	24.56	2 211.36
		平均	33.45	1 522.29	397.26	0	22.77	1 975.77
密度（个/m²）	春季	高潮区	0	2 276	5 448	0	0	7 724
		中潮区	399	3 192	5 368	0	115	9 074
		低潮区	3 840	232	1 024	0	128	5 224
		平均	1 413	1 900	3 947	0	81	7 341
	夏季	高潮区	4	9 032	16 332	0	16	25 384
		中潮区	743	2 468	4 355	0	228	7 794
		低潮区	2 080	168	520	0	264	3 032
		平均	942	3 889	7 069	0	169	12 069
	秋季	高潮区	0	172	480	0	0	652
		中潮区	237	1 846	11 347	0	40	13 470
		低潮区	1 048	328	88	0	120	1 584
		平均	428	782	3 972	0	53	5 235
	冬季	高潮区	0	648	2 992	0	0	3 640
		中潮区	363	2 342	5 029	0	155	7 889
		低潮区	6 896	328	16	0	40	7 280
		平均	2 420	1 106	2 679	0	65	6 270

2001 年秋季至 2002 年夏季，泉州湾滨海湿地岩石滩 QR3 断面潮间带大型底栖生物数量垂直分布，生物量春季从高到低依次为中潮区（2 682.72 g/m²）、低潮区（707.04 g/m²）、高潮区（150.23 g/m²）；夏季从高到低依次为中潮区（2 177.31 g/m²）、低潮区（926.88 g/m²）、高潮区（40.64 g/m²）；秋季从高到低依次为低潮区（4 026.98 g/m²）、中潮区（2 426.25 g/m²）、高潮区（76.96 g/m²）；冬季从高到低依次为中潮区(1 997.04 g/m²)、低潮区（644.08 g/m²）、高潮区（62.68 g/m²）。栖息密度春

季从高到低依次为中潮区（19 133 个/m²）、低潮区（12 480 个/m²）、高潮区（2 048 个/m²）；夏季从高到低依次为低潮区（11 264 个/m²）、中潮区（5 233 个/m²）、高潮区（1 284 个/m²）；秋季从高到低依次为低潮区（41 104 个/m²）、中潮区（5 278 个/m²）、高潮区（1 992 个/m²）；冬季从高到低依次为中潮区（4 950 个/m²）、低潮区（3 872 个/m²）、高潮区（1 208 个/m²）（表 14-23）。

表 14-23 泉州湾滨海湿地 QR3 断面潮间带大型底栖生物数量垂直分布与季节变化

数量	季节	潮区	多毛类	软体动物	甲壳动物	棘皮动物	其他生物	合计
生物量（g/m²）	春季	高潮区	0	29.99	120.24	0	0	150.23
		中潮区	7.12	2 035.55	608.58	0	31.47	2 682.72
		低潮区	323.52	57.04	20.40	0	306.08	707.04
		平均	110.21	707.53	249.74	0	112.52	1 179.80
	夏季	高潮区	0	10.12	30.40	0	0.12	40.64
		中潮区	22.51	1 857.28	283.23	0	14.29	2 177.31
		低潮区	20.56	819.52	0.40	0	86.40	926.88
		平均	14.36	895.64	104.68	0	33.60	1 048.28
	秋季	高潮区	0	7.08	69.88	0	0	76.96
		中潮区	3.89	1 645.68	773.84	0	2.84	2 426.25
		低潮区	3 293.28	693.12	1.70	0	38.88	4 026.98
		平均	1 099.06	781.96	281.81	0	13.91	2 176.74
	冬季	高潮区	0	8.64	53.92	0	0.12	62.68
		中潮区	8.45	1 508.43	465.73	0	14.43	1 997.04
		低潮区	40.32	536.64	6.64	0	60.48	644.08
		平均	16.26	684.57	175.43	0	25.01	901.27
密度（个/m²）	春季	高潮区	0	1 092	956	0	0	2 048
		中潮区	408	2 608	15 952	0	165	19 133
		低潮区	11 360	176	360	0	584	12 480
		平均	3 923	1 292	5 756	0	250	11 221
	夏季	高潮区	0	268	1 004	0	12	1 284
		中潮区	1 797	1 264	1 892	0	280	5 233
		低潮区	4 128	5 192	24	0	1 920	11 264
		平均	1 975	2 241	973	0	737	5 926
	秋季	高潮区	0	604	1 388	0	0	1 992
		中潮区	565	2 645	1 768	0	300	5 278
		低潮区	39 072	400	288	0	1 344	41 104
		平均	13 212	1 216	1 148	0	548	16 124
	冬季	高潮区	0	356	836	0	16	1 208
		中潮区	347	2 928	1 352	0	323	4 950
		低潮区	2 112	776	120	0	864	3 872
		平均	820	1 353	769	0	401	3 343

2001 年秋季至 2002 年夏季，泉州湾滨海湿地岩石滩 QR4 断面潮间带大型底栖生物数量垂直分布，生物量春季从高到低依次为中潮区（5 808.74 g/m²）、低潮区（679.68 g/m²）、高潮区（89.40 g/m²）；夏季从高到低依次为中潮区（5 804.34 g/m²）、低潮区（1 564.08 g/m²）、高潮区（216.63 g/m²）；秋季从高到低依次为中潮区（5 351.20 g/m²）、低潮区（721.19 g/m²）、高潮区（33.36 g/m²）；冬

季从高到低依次为低潮区(5 849.90 g/m²)、中潮区（4 493.64 g/m²）、高潮区（290.68 g/m²）。栖息密度春季从高到低依次为中潮区（5 456 个/m²）、低潮区（3 472 个/m²）、高潮区（1 444 个/m²）；夏季从高到低依次为中潮区（8 426 个/m²）、高潮区（6 136 个/m²）、低潮区（3 190 个/m²）；秋季从高到低依次为中潮区（13 083 个/m²）、低潮区（2 368 个/m²）、高潮区（688 个/m²）；冬季从高到低依次为高潮区（7 464 个/m²）、中潮区（3 697 个/m²）、低潮区（2 448 个/m²）（表 14-24）。

表 14-24　泉州湾滨海湿地 QR4 断面潮间带大型底栖生物数量垂直分布与季节变化

数量	季节	潮区	多毛类	软体动物	甲壳动物	棘皮动物	其他生物	合计
生物量（g/m²）	春季	高潮区	0	51.48	37.92	0	0	89.40
		中潮区	21.29	3 950.63	1 768.76	0	68.06	5 808.74
		低潮区	45.28	442.16	27.84	0	164.40	679.68
		平均	22.19	1 481.42	611.51	0	77.49	2 192.61
	夏季	高潮区	0	31.92	184.71	0	0	216.63
		中潮区	11.06	4 222.88	1 522.57	0	47.83	5 804.34
		低潮区	34.80	492.96	933.92	0	102.40	1 564.08
		平均	15.29	1 582.59	880.40	0	50.08	2 528.36
	秋季	高潮区	0	26.44	6.88	0	0.04	33.36
		中潮区	7.31	3 778.75	1 540.63	0	24.51	5 351.20
		低潮区	7.28	641.27	4.48	0	68.16	721.19
		平均	4.86	1 482.15	517.33	0	30.90	2 035.24
	冬季	高潮区	0	45.12	245.56	0	0	290.68
		中潮区	7.80	2 812.27	1 604.04	0	69.53	4 493.64
		低潮区	7.26	5 778.24	27.44	0	36.96	5 849.90
		平均	5.02	2 878.54	625.68	0	35.50	3 544.74
密度（个/m²）	春季	高潮区	0	488	956	0	0	1 444
		中潮区	448	2 627	2 357	0	24	5 456
		低潮区	2 192	512	464	0	304	3 472
		平均	880	1 209	1 259	0	109	3 457
	夏季	高潮区	0	1 540	4 596	0	0	6 136
		中潮区	530	3 012	4741	0	143	8 426
		低潮区	1 881	626	144	0	539	3 190
		平均	804	1 726	3 160	0	227	5 917
	秋季	高潮区	0	320	364	0	4	688
		中潮区	412	2 941	9 545	0	185	13 083
		低潮区	560	800	336	0	672	2 368
		平均	324	1 354	3 415	0	287	5 380
	冬季	高潮区	0	1 104	6 360	0	0	7 464
		中潮区	207	1 879	1 600	0	11	3 697
		低潮区	224	1 912	168	0	144	2 448
		平均	144	1 632	2 709	0	52	4 537

2009 年春季，泉州湾滨海湿地 4 条断面潮间带大型底栖生物数量垂直分布，生物量 Qch11 断面从高到低依次为中潮区（56.16 g/m²）、低潮区（2.15 g/m²）、高潮区（1.84 g/m²），Qch12 断面从高到低依次为中潮区（66.69 g/m²）、低潮区（42.45 g/m²）、高潮区（7.92 g/m²），Qch13 断面从高到低依次为低潮区（190.00 g/m²）、中潮区（131.96 g/m²）、高潮区（10.08 g/m²），Qch14 断面从高到低依次为低潮区（241.75 g/m²）、中潮区（63.51 g/m²）、高潮区（4.56 g/m²）；栖息密度 Qch11 断面从高到低依次为中潮区（637 个/m²）、低潮区（120 个/m²）、高潮区（16 个/m²），Qch12 断面从高到低依次为中潮区（652 个/m²）、低潮区（540 个/m²）、高潮区（8 个/m²），Qch13 断面从高到低依次为低潮区（925 个/m²）、中潮区（878 个/m²）、高潮区（48 个/m²），Qch14 断面从高到低依次为低潮区（2 075 个/m²）、中潮区（1 060 个/m²）、高潮区（个/m²）（表 14-25）。

表 14-25　2009 年春季泉州湾滨海湿地潮间带大型底栖生物数量垂直分布

数量	断面	潮区	多毛类	软体动物	甲壳动物	棘皮动物	其他生物	合计
生物量（g/m²）	Qch11	高潮区	0	1.84	0	0	0	1.84
		中潮区	1.60	13.53	26.18	0	14.85	56.16
		低潮区	0.45	1.65	0.05	0	0	2.15
	Qch12	高潮区	0	7.92	0	0	0	7.92
		中潮区	3.66	39.57	21.83	0	1.63	66.69
		低潮区	2.50	39.65	0.15	0	0.15	42.45
	Qch13	高潮区	0	10.08	0	0	0	10.08
		中潮区	2.88	89.13	28.74	0	11.21	131.96
		低潮区	2.30	187.60	0.10	0	0	190.00
	Qch14	高潮区	0	4.56	0	0	0	4.56
		中潮区	1.82	52.14	8.46	0	1.09	63.51
		低潮区	6.05	224.15	1.60	0	9.95	241.75
密度（个/m²）	Qch11	高潮区	0	16	0	0	0	16
		中潮区	330	148	100	0	59	637
		低潮区	75	40	5	0	0	120
	Qch12	高潮区	0	8	0	0	0	8
		中潮区	144	370	133	0	5	652
		低潮区	210	295	25	0	10	540
	Qch13	高潮区	0	48	0	0	0	48
		中潮区	414	355	76	0	33	878
		低潮区	360	535	30	0	0	925
	Qch14	高潮区	0	8	0	0	0	8
		中潮区	533	495	24	0	8	1 060
		低潮区	1 540	475	35	0	25	2 075

2010 年夏季，泉州湾滨海湿地 4 条断面潮间带大型底栖生物数量垂直分布，生物量 Qch11 断面从高到低依次为中潮区（53.53 g/m²）、低潮区（32.32 g/m²）、高潮区（4.40 g/m²），Qch12 断面从高到低依次为高潮区（56.88 g/m²）、中潮区（36.17 g/m²）、低潮区（0.05 g/m²），Qch13 断面从高到低依次为中潮区（33.64 g/m²）、高潮区（3.84 g/m²）、低潮区（0.25 g/m²），Qch14 断面从高

到低依次为中潮区（41.84 g/m²）、高潮区（1.76 g/m²）、低潮区（1.25 g/m²）；栖息密度 Qch11 断面从高到低依次为低潮区（896 个/m²）、中潮区（337 个/m²）、高潮区（8 个/m²），Qch12 断面从高到低依次为中潮区（150 个/m²）、高潮区（32 个/m²）、低潮区（5 个/m²），Qch13 断面从高到低依次为中潮区（491 个/m²）、低潮区（15 个/m²）、高潮区（8 个/m²），Qch14 断面从高到低依次为中潮区（71 个/m²）、低潮区（10 个/m²）、高潮区(8 个/m²)（表 14-26）。

表 14-26　2010 年夏季泉州湾滨海湿地潮间带大型底栖生物数量垂直分布

数量	断面	潮区	多毛类	软体动物	甲壳动物	棘皮动物	其他生物	合计
生物量（g/m²）	Qch11	高潮区	0	4.40	0	0	0	4.40
		中潮区	0.32	1.79	50.43	0	0.99	53.53
		低潮区	2.72	26.08	3.52	0	0	32.32
	Qch12	高潮区	0	56.88	0	0	0	56.88
		中潮区	0.17	11.52	23.55	0	0.93	36.17
		低潮区	0.05	0	0	0	0	0.05
	Qch13	高潮区	0	3.84	0	0	0	3.84
		中潮区	0.72	17.55	1.58	0	13.79	33.64
		低潮区	0.10	0.15	0	0	0	0.25
	Qch14	高潮区	0	1.76	0	0	0	1.76
		中潮区	0.57	6.31	13.87	0	21.09	41.84
		低潮区	0	1.20	0.05	0	0	1.25
密度（个/m²）	Qch11	高潮区	0	8	0	0	0	8
		中潮区	35	56	99	0	147	337
		低潮区	264	576	56	0	0	896
	Qch12	高潮区	0	32	0	0	0	32
		中潮区	73	43	31	0	3	150
		低潮区	5	0	0	0	0	5
	Qch13	高潮区	0	8	0	0	0	8
		中潮区	318	140	22	0	11	491
		低潮区	10	5	0	0	0	15
	Qch14	高潮区	0	8	0	0	0	8
		中潮区	21	8	21	0	21	71
		低潮区	0	5	5	0	0	10

2009 年秋季，泉州湾滨海湿地 4 条断面潮间带大型底栖生物数量垂直分布，生物量 Qch11 断面从高到低依次为中潮区（7.54 g/m²）、低潮区（5.12 g/m²）、高潮区（3.28 g/m²），Qch12 断面从高到低依次为中潮区（16.28 g/m²）、高潮区（10 g/m²）、低潮区（2.10 g/m²），Qch13 断面从高到低依次为中潮区（71.66 g/m²）、高潮区（11.12 g/m²）、低潮区（0.50 g/m²），Qch14 断面从高到低依次为低潮区（276.35 g/m²）、高潮区（35.12 g/m²）、中潮区（13.80 g/m²）；栖息密度 Qch11 断面从高到低依次为中潮区（672 个/m²）、低潮区（392 个/m²）、高潮区（8 个/m²），Qch12 断面从高到低依次为中潮区（178 个/m²）、低潮区（175 个/m²）、高潮区（24 个/m²），Qch13 断面从高到低依次为中潮区（504 个/m²）、高潮区（32 个/m²）、低潮区（25 个/m²），Qch14 断面从高到低依次为低潮

区（440 个/m²）、中潮区（220 个/m²）、高潮区（40 个/m²）（表 14-27）。

表 14-27　2009 年秋季泉州湾滨海湿地潮间带大型底栖生物数量垂直分布

数量	断面	潮区	多毛类	软体动物	甲壳动物	棘皮动物	其他生物	合计
生物量（g/m²）	Qch11	高潮区	0	3.28	0	0	0	3.28
		中潮区	1.71	1.89	1.65	0	2.29	7.54
		低潮区	1.44	3.68	0	0	0	5.12
	Qch12	高潮区	0	10.00	0	0	0	10.00
		中潮区	0.57	5.29	6.13	0	4.29	16.28
		低潮区	0.35	1.75	0	0	0	2.10
	Qch13	高潮区	0	11.12	0	0	0	11.12
		中潮区	1.04	6.91	56.55	0	7.16	71.66
		低潮区	0.05	0	0.05	0	0.40	0.50
	Qch14	高潮区	0	35.12	0	0	0	35.12
		中潮区	0.25	13.20	0.08	0	0.27	13.80
		低潮区	1.15	265.05	10.15	0	0	276.35
密度（个/m²）	Qch11	高潮区	0	8	0	0	0	8
		中潮区	219	69	59	0	325	672
		低潮区	176	216	0	0	0	392
	Qch12	高潮区	0	24	0	0	0	24
		中潮区	91	63	11	0	13	178
		低潮区	25	150	0	0	0	175
	Qch13	高潮区	0	32	0	0	0	32
		中潮区	275	125	65	0	39	504
		低潮区	10	0	10	0	5	25
	Qch14	高潮区	0	40	0	0	0	40
		中潮区	42	168	3	0	7	220
		低潮区	225	210	5	0	0	440

2010 年冬季，泉州湾滨海湿地 4 条断面潮间带大型底栖生物数量垂直分布，生物量 Qch11 断面从高到低依次为低潮区（349.76 g/m²）、中潮区（68.88 g/m²）、高潮区（0.16 g/m²），Qch12 断面从高到低依次为低潮区（339.55 g/m²）、中潮区（34.66 g/m²）、高潮区（8.56 g/m²），Qch13 断面从高到低依次为中潮区（20.73 g/m²）、低潮区（0.70 g/m²）、高潮区（0 g/m²），Qch14 断面从高到低依次为低潮区（98.35 g/m²）、中潮区（26.74 g/m²）、高潮区（7.04 g/m²）；栖息密度 Qch11 断面从高到低依次为低潮区（5 992 个/m²）、中潮区（1 848 个/m²）、高潮区（8 个/m²），Qch12 断面从高到低依次为低潮区（1 096 个/m²）、中潮区（399 个/m²）、高潮区（16 个/m²），Qch13 断面从高到低依次为中潮区（885 个/m²）、低潮区（85 个/m²）、高潮区（0 个/m²），Qch14 断面从高到低依次为低潮区（2 870 个/m²）、中潮区（1 188 个/m²）、高潮区（16 个/m²）（表 14-28）。

表 14-28　2010 年冬季泉州湾滨海湿地潮间带大型底栖生物数量垂直分布

数量	断面	潮区	多毛类	软体动物	甲壳动物	棘皮动物	其他生物	合计
生物量 (g/m²)	Qch11	高潮区	0	0.16	0	0	0	0.16
		中潮区	3.73	20.80	38.43	0	5.92	68.88
		低潮区	20.40	329.28	0	0	0.08	349.76
	Qch12	高潮区	0	8.56	0	0	0	8.56
		中潮区	0.60	11.32	19.10	0	3.64	34.66
		低潮区	9.50	329.85	0.20	0	0	339.55
	Qch13	高潮区	0	0	0	0	0	0
		中潮区	1.25	11.01	4.37	0	4.10	20.73
		低潮区	0.20	0.45	0.05	0	0	0.70
	Qch14	高潮区	0	7.04	0	0	0	7.04
		中潮区	1.28	8.07	9.18	0	8.21	26.74
		低潮区	36.40	54.65	6.30	0	1.00	98.35
密度 (个/m²)	Qch11	高潮区	0	8	0	0	0	8
		中潮区	184	408	429	0	827	1 848
		低潮区	720	5 256	0	0	16	5 992
	Qch12	高潮区	0	16	0	0	0	16
		中潮区	34	270	69	0	24	397
		低潮区	104	970	19	0	3	1 096
	Qch13	高潮区	0	0	0	0	0	0
		中潮区	105	664	15	0	101	885
		低潮区	15	55	15	0	0	85
	Qch14	高潮区	0	16	0	0	0	16
		中潮区	230	889	48	0	21	1 188
		低潮区	1 135	1 575	140	0	20	2 870

14.4.3　饵料生物

泉州湾滨海湿地潮间带大型底栖生物饵料水平分级平均为Ⅴ级。其中，软体动物和甲壳动物较高，均达Ⅴ级；藻类和多毛类较低，均为Ⅰ级。不同底质类型比较，岩石滩、泥沙滩和海草区相近，均为Ⅴ级。沙滩潮间带大型底栖生物饵料水平分级较低，仅为Ⅲ级。岩石滩潮间带大型底栖生物饵料水平分级以软体动物、甲壳动物和其他生物较高，均达Ⅴ级；藻类和棘皮动物较低，均为Ⅰ级。沙滩潮间带大型底栖生物饵料水平分级以软体动物较高，为Ⅲ级；藻类、多毛类、棘皮动物和其他生物较低，均为Ⅰ级。泥沙滩潮间带大型底栖生物饵料水平分级以软体动物较高，达Ⅴ级；藻类、多毛类、棘皮动物和其他生物较低，均为Ⅰ级。红树林区潮间带大型底栖生物饵料水平分级以软体动物较高，达Ⅳ级；藻类、多毛类、棘皮动物和其他生物较低，均为Ⅰ级。海草区潮间带大型底栖生物饵料水平分级以软体动物较高，达Ⅴ级；藻类、多毛类、甲壳动物、棘皮动物和其他生物较低，均为Ⅰ级（表 14-29）。

表14-29　泉州湾滨海湿地潮间带大型底栖生物饵料水平分级

底质	藻类	多毛类	软体动物	甲壳动物	棘皮动物	其他生物	评价标准
岩石滩	Ⅰ	Ⅳ	Ⅴ	Ⅴ	Ⅰ	Ⅴ	Ⅴ
沙滩	Ⅰ	Ⅰ	Ⅲ	Ⅱ	Ⅰ	Ⅰ	Ⅲ
泥沙滩	Ⅰ	Ⅰ	Ⅴ	Ⅲ	Ⅰ	Ⅰ	Ⅴ
红树林区	Ⅰ	Ⅰ	Ⅳ	Ⅱ	Ⅰ	Ⅰ	Ⅳ
海草区	Ⅰ	Ⅰ	Ⅴ	Ⅰ	Ⅰ	Ⅰ	Ⅴ
平均	Ⅰ	Ⅱ	Ⅴ	Ⅴ	Ⅰ	Ⅲ	Ⅴ

14.5　群落

14.5.1　群落类型

泉州湾滨海湿地潮间带大型底栖生物群落按地理位置和底质类型分为：

（1）泥沙滩群落（秀涂）。高潮区：黑口滨螺—淡水泥蟹带；中潮区：巴林虫—织纹螺—短拟沼螺—莱氏异额蟹带；低潮区：智利巢沙蚕—光滑河蓝蛤—模糊新短眼蟹—棘刺锚参（*Protankyra bidentata*）带。

（2）祥芝岩石滩群落。高潮区：塔结节滨螺—粒结节滨螺带；中潮区：裂虫—东方小藤壶—僧帽牡蛎—覆瓦小蛇螺带；低潮区：岩虫—珊瑚绒贻贝—弓形革囊星虫带。

（3）大坠岛东岩石滩群落。高潮区：粒结节滨螺塔—塔结节滨螺带；中潮区：裂虫—覆瓦小蛇螺—僧帽牡蛎—直背小藤壶—鳞笠藤壶带；低潮区：襟松虫—敦氏猿头蛤—小相手蟹带。

（4）大厦沙滩群落。高潮区：痕掌沙蟹—紫藤斧蛤带；中潮区：尖锥虫—托氏昌螺—葛氏胖钩虾带；低潮区：栉状长手沙蚕（*Magelona crenulifrons*）—笋螺（*Terebra* sp.）—东方长眼虾带。

（5）屿头村红树林群落。高潮区：黑口滨螺带；中潮区：齿吻沙蚕—短拟沼螺—弧边招潮—薄片蜾蠃蜚带；低潮区：齿吻沙蚕—理蛤—缢蛏带。

（6）白沙海草区群落。高潮区：黑口滨螺—彩拟蟹守螺带；中潮区：齿吻沙蚕—异蚓虫—短拟沼螺—弧边招潮带；低潮区：齿吻沙蚕—理蛤—缢蛏带。

14.5.2　群落结构

（1）泥沙滩群落。该群落位于秀涂断面所处滩面长度约250 m，高潮区上界堤坝。底质类型高潮区粗砂，覆盖互花米草（秀涂和后渚断面，石珊断面为砂质）。中潮区至低潮区底质以泥沙为主，中潮区附近有缢蛏养殖。

高潮区：黑口滨螺—淡水泥蟹带。该潮区下层的代表种黑口滨螺，仅在本区出现，生物量和栖息密度以本区为大，分别仅为9.28 g/m^{2}和32个/m^2。淡水泥蟹，自本区下层也可延伸至中潮区中层，生物量和栖息密度分别为4.92 g/m^{2}和88个/m^2。习见种还有彩拟蟹守螺、粗糙滨螺等。

中潮区：巴林虫—织纹螺—短拟沼螺—莱氏异额蟹带。该潮区主要种巴林虫，仅在本区出现，数量以上层为大，中下层相对较低，在本区的最大生物量和栖息密度分别为1.00 g/m^{2}和20个/m^2。织纹螺，主要分布在本区的上、中层，生物量小，栖息密度低，分别为1.60 g/m^{2}和12个/m^2。短拟沼螺，自高潮区延伸至此，个体小生物量低，但栖息密度在本区仍可达96个/m^2。莱氏异额蟹，遍布整个中潮区，生物量和栖息密度以本区上层较大，最高分别为60.52 g/m² 和76个/m²，中层也分别达到16.08 g/m² 和32个/m²。其他主要种和习见种有哈鳞虫、花冈钩毛虫、软疣沙蚕（*Tylonereis bogoyawleskyi*）、齿吻沙蚕、桥状长手沙蚕、彩虹明樱蛤、金星蝶铰蛤、缢蛏、珠带拟蟹守螺、纵带滩栖螺、泥螺、日本大螯蜚、双凹鼓虾、明秀大眼蟹、秀丽长方蟹和弹涂鱼（*Periophthalmus cantonensis*）等。

低潮区：智利巢沙蚕—光滑河蓝蛤—模糊新短眼蟹—棘刺锚参带。该潮区代表种为智利巢沙蚕，仅在本区出现，数量不高，生物量和栖息密度分别为2.12 g/m² 和4个/m²。优势种光滑河蓝蛤，分布较广，在石瑚断面从中潮区中层可延伸分布至此。数量以本区为大，生物量和栖息密度分别高达1 320.16 g/m²和25 632个/m²。模糊新短眼蟹，自中潮区下界分布到本潮区，数量以本区为大，生物量为8.90 g/m²，栖息密度为256个/m²。棘刺锚参，自中潮区下界分布到本潮区，数量以本区为大，在本区的生物量和栖息密分别为27.56 g/m² 和8个/m²。其他主要种和习见种有异蚓虫、圆筒原盒螺（*Eocylichna braunsi*）、大蝶蠃蜚（*Corophium major*）和弯六足蟹（*Hexapus anfractus*）等（图14-2）。

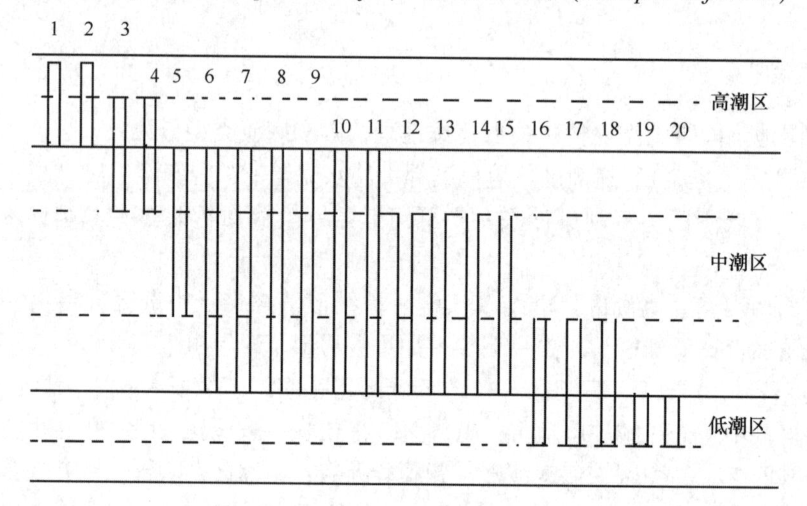

图14-2　泥沙滩群落主要种垂直分布

1. 黑口滨螺；2. 彩拟蟹守螺；3. 淡水泥蟹；4. 短拟沼螺；5. 软疣沙蚕；6. 缢蛏；7. 小头虫；8. 织纹螺；9. 莱氏异额蟹；10. 彩虹明樱蛤；11. 珠带拟蟹守螺；12. 金星蝶铰蛤；13. 纵带滩栖螺；14. 泥螺；15. 明秀大眼蟹；16. 弹涂鱼；17. 模糊新短眼蟹；18. 棘刺锚参；19. 智利巢沙蚕；20. 光滑河蓝蛤

（2）祥芝岩石滩群落。该群落所处滩面长度约100 m，高潮区至低潮区由大小不一的岩石块构成。

高潮区：塔结节滨螺—粒结节滨螺带。该潮区种类贫乏，代表种塔结节滨螺在本区的最大生物量和栖息密度分别为10.16 g/m² 和144个/m²，粒结节滨螺的生物量和栖息密度分别为0.48 g/m² 和88个/m²，此外还有粗糙滨螺和龟足（*Capitulum mitella*）等。

中潮区：裂虫—东方小藤壶—僧帽牡蛎—覆瓦小蛇螺带。该潮区主要种为裂虫，自本区中层至低潮区均有出现，生物量和栖息密度以本区中层较大，分别为0.24 g/m² 和200个/m²，下层分别为0.32 g/m² 和24个/m²。优势种东方小藤壶主要分布在本区上层和高潮区交界处，分布带为2~3 m，生物量和栖息密度分别高达808.96 g/m² 和7 744个/m²。僧帽牡蛎，主要分布本区上、中层，形成一条15~20 m的分布带，在中层的生物量和栖息密度分别为1 601.60 g/m² 和712个/m²。覆瓦小蛇螺，分布本区下层，分布宽度为1.5~2.0 m，生物量和栖息密度分别为1 750.16 g/m² 和224个/m²。其他主要种和习见种有巧言虫、背鳞虫、独齿围沙蚕、伪才女虫、扁蛰虫、乳蛰虫、小月螺（*Lunella* sp.)、疣荔枝螺、红条毛肤石鳖、粒花冠小月螺、甲虫螺、单齿螺、黑荞麦蛤、短石蛏、青蚶、哈氏圆柱水虱（*Cirolana harfordijaponica*）、鳞笠藤壶、隆背强蟹（*Eucrate costata*）、小相手蟹、小石花菜、小珊瑚藻、弓形革囊星虫等。

低潮区：岩虫—珊瑚绒贻贝—弓形革囊星虫带。该潮区代表种为岩虫，仅在本区出现，数量不高，生物量和栖息密度分别为 0.48 g/m² 和 16 个/m²。优势种为珊瑚绒贻贝，仅在本区出现，生物量高达 834.24 g/m²，栖息密度高达 1 808 个/m²。弓形革囊星虫，自中潮区下界分布至本潮区，在本区的生物量为 11.92 g/m²，栖息密度为 152 个/m²。其他主要种和习见种有裂虫、红条毛肤石鳖、甲虫螺、锈凹螺、糙猿头蛤（*Chama asperella*）等（图 14-3）。

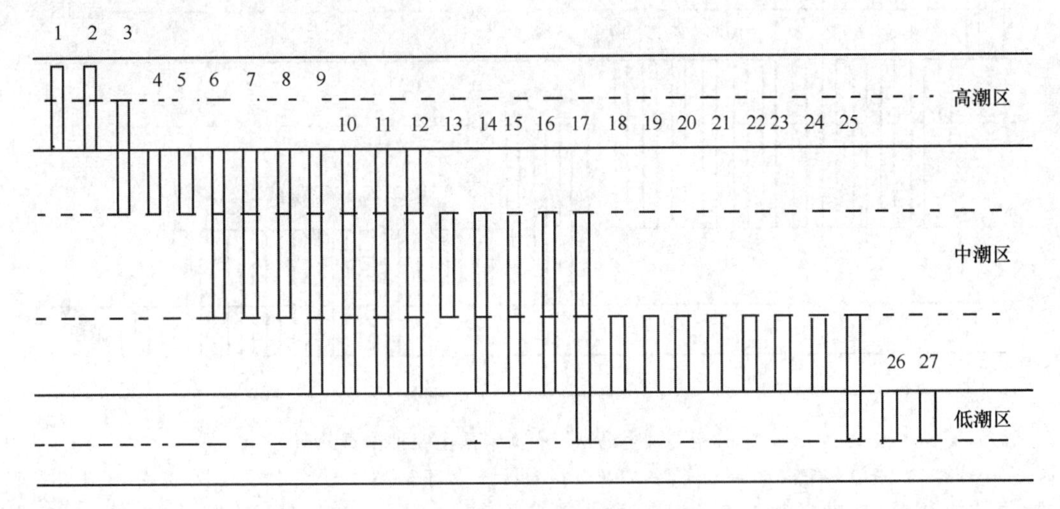

图 14-3　祥芝岩石滩群落主要种垂直分布

1. 塔结节滨螺；2. 粗糙滨螺；3. 短滨螺；4. 东方小藤壶；5. 中间软刺藻；6. 鳞笠藤壶；7. 花冠小月螺；8. 花边小节贝；9. 围沙蚕；10. 黑荞麦蛤；11. 僧帽牡蛎；12. 疣荔枝螺；13. 哈氏圆柱水虱；14. 伪才女虫；15. 小相手蟹；16. 小石花菜；17. 弓形革囊星虫；18. 扁蛰虫；19. 乳蛰虫；20. 红条毛肤石鳖；21. 短石蛏；22. 青蚶；23. 隆背强蟹；24. 小珊瑚藻；25. 覆瓦小蛇螺；26. 岩虫；27. 珊瑚绒贻贝

（3）大坠岛东岩石滩群落。该群落所处滩面长度约 150 m，底质由大小不同的块状花岗岩组成。

高潮区：粒结节滨螺—塔结节滨螺带。该潮区主要种为粒结节滨螺，自本区可延伸至中潮区上层，在本区数量不高，生物量为 16.72 g/m²，栖息密度为 104 个/m²。塔结节滨螺，在本区的生物量和栖息密度分别仅为 0.96 g/m² 和 16 个/m²。定性可采集到龟足等。

中潮区：裂虫—僧帽牡蛎—覆瓦小蛇螺—直背小藤壶—鳞笠藤壶带。该区主要种为裂虫，分布在本区中、下层，在本区中层的生物量和栖息密度分别为 0.08 g/m² 和 8 个/m²；下层生物量为 0.48 g/m²，栖息密度为 40 个/m²。优势种为僧帽牡蛎，仅在本区中层出现，生物量和栖息密分别为 176.24 g/m² 和 152 个/m²。覆瓦小蛇螺，自本区下层可延伸分布至低潮区上层，在本区的生物量和栖息密度分别为 1 276.48 g/m² 和 72 个/m²。直背小藤壶，分布在本区上、中层，在本区上层的生物量和栖息密度分别高达 1 548.00 g/m² 和 55 000 个/m²；中层生物量为 63.04 g/m²，栖息密度高达 7 936 个/m²。鳞笠藤壶，主要分布在中潮区，生物量和栖息密度分别达 2 259.76 g/m² 和 896 个/m²。其他主要种和习见种有细毛背鳞虫、围沙蚕、疣荔枝螺、粒花冠小月螺、拟帽贝、红条毛肤石鳖、单齿螺、嫁戚、日本花棘石鳖、黑荞麦蛤、短石蛏、隔贻贝（*Septifer bilocularis*）、青蚶、腔齿海底水虱、施氏玻璃钩虾（*Hyale schmidti*）、近辐蛇尾、小珊瑚藻、花石莼和弓形革囊星虫等。

低潮区：襟松虫—敦氏猿头蛤—覆瓦小蛇螺—小相手蟹带。该区主要种为襟松虫，自中潮区下层可延伸分布至低潮区，生物量和栖息密度以本区较大，分别为 0.16 g/m^2 和 16 个/m^2。敦氏猿头蛤，仅在本区出现，生物量和栖息密度分别为 136.24 g/m^2 和 8 个/m^2。覆瓦小蛇螺，自中潮区下层可延伸分布至低潮区，在本区的生物量和栖息密度分别为 593.04 g/m^2 和 40 个/m^2。小相手蟹，自中潮区下层可延伸分布至低潮区，在本区的生物量和栖息密度分别为 0.24 g/m^2 和 24 个/m^2。其他主要种和习见种有背鳞虫、疏齿沙蚕（*Nereis* sp.）、锈凹螺、粒神螺、青蚶、光辉圆扇蟹、多室草苔虫（*Bugula neritina*）等（图 14-4）。

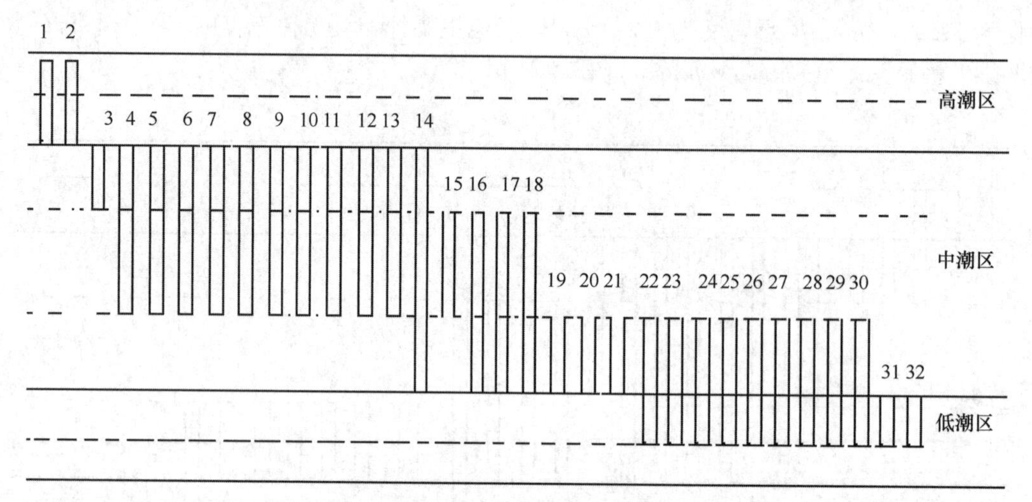

图 14-4　大坠岛东岩石滩群落主要种垂直分布

1. 粒结节滨螺；2. 塔结节滨螺；3. 粗糙滨螺；4. 花边小节贝；5. 黑荞麦蛤；6. 直背小藤壶；7. 嫁䗩；8. 日本花棘石鳖；9. 僧帽牡蛎；10. 青蚶；11. 粒花冠小月螺；12. 单齿螺；13. 花石莼；14. 疣荔枝螺；15. 鳞笠藤壶；16. 裂虫；17. 围沙蚕；18. 腔齿海底水虱；19. 弓形革囊星虫；20. 近辐蛇尾；21. 施氏玻璃钩虾；22. 锈凹螺；23. 光辉圆扇蟹；24. 小珊瑚藻；25. 细尖石蛏；26. 覆瓦小蛇螺；27. 红条毛肤石鳖；28. 襟松虫；31. 疏齿沙蚕；30. 粒神螺；29. 敦氏猿头蛤；32. 多室草苔虫

（4）大厦沙滩群落。该群落位于大厦村附近，所处滩面长度约 580 m，底质类型高潮区至低潮区为粗、细砂。中潮区有紫菜养殖。

高潮区：痕掌沙蟹—紫藤斧蛤带。该潮区上层的代表种为痕掌沙蟹，仅在本区出现，生物量和栖息密度较低，分别仅为 6.73 g/m^2 和 1 个/m^2。紫藤斧蛤，自本区下层可延伸分布至中潮区上层，在本区下层生物量和栖息密度较低。

中潮区：尖锥虫—托氏昌螺—葛氏胖钩虾带。该区优势种尖锥虫，仅在本区出现，个体小生物量低，为仅为 0.64 g/m^2，但栖息密度高达 108 个/m^2。托氏昌螺为该潮区特征种，分布在上、中层，在上层的数量相对较高，生物量和栖息密度分别为 28.40 g/m^2 和 80 个/m^2；下层较低，分别为 1.16 g/m^2 和 4 个/m^2。葛氏胖钩虾分布较广，自本区上界一直延伸分布至下层，数量较低，在本区的最大生物量和栖息密度分别为 0.80 g/m^2 和 8 个/m^2。其他主要种和习见种有条浒苔、缘管浒苔、加州齿吻沙蚕、吻沙蚕、龟斑角吻沙蚕、长手沙蚕、等边浅蛤、蛤蜊［*Mactra*（*Telemactra*）sp.］、纵助织纹螺、泥螺、东方长眼虾、平掌沙蟹（*Ocypode cordimana*）、长腕和尚蟹、明秀大眼蟹、韦氏毛带蟹、扁平蛛网海胆（*Arachnoides placenta*）和腹沟虫（*Scolelepis* sp.）等。

低潮区：栉状长手沙蚕—笋螺—东方长眼虾带。该区主要种为栉状长手沙蚕，从中潮区延伸分布至本区，生物量和栖息密度以本区为大，分别为 0.24 g/m^2 和 16 个/m^2。笋螺，仅在本区出现，生物量和栖息密度分别为 1.54 g/m^2 和 36 个/m^2。东方长眼虾，分布较广，自中潮区上层可延伸分布至本区，生物量和栖息密度以本区为大，分别为 0.28 g/m^2 和 16 个/m^2。其他主要种和习见种有白沙箸海鳃、加州齿吻沙蚕、长手沙蚕、龟斑角吻沙蚕、腹沟虫、欧努菲虫（*Onuphis eremita*）、奇异稚齿虫、长竹蛏（*Solen strictus*）、西施舌、纵助织纹螺、扁足异对虾（*Atypopenaeus stenodactylus*）、美丽瓷蟹（*Porcellana pulchra*）、红点黎明蟹、似侧花海葵（*Gyractis* sp.）、沙箸（*Virgularia* sp.）和海仙人掌（*Cavernularia* sp.）等（图 14-5）。

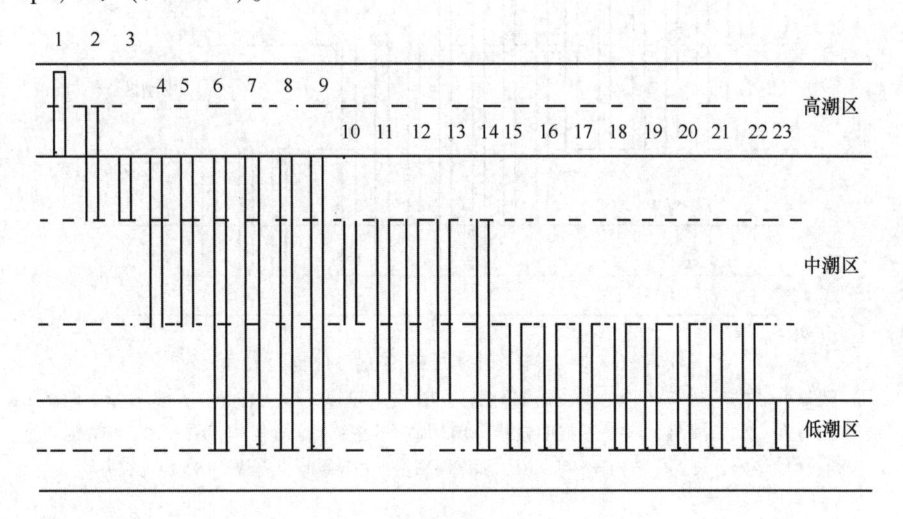

图 14-5　大厦沙滩群落主要种垂直分布

1. 痕掌沙蟹；2. 紫藤斧蛤；3. 等边浅蛤；4. 蛤蜊；5. 托氏昌螺；6. 吻沙蚕；7. 加州齿吻沙蚕；8. 葛氏胖钩虾；9. 东方长眼虾；10. 尖锥虫；11. 扁平蛛网海胆；12. 纵助织纹螺；13. 泥螺；14. 长手沙蚕；15. 龟斑角吻沙蚕；16. 腹沟虫；17. 栉状长手沙蚕；18. 欧努菲虫；19. 西施舌；20. 长竹蛏；21. 红刺尖锥虫；22. 笋螺；23. 奇异稚齿虫

（5）屿头村红树林区群落。该群落高潮区为石堤，中潮区有桐花树、白骨壤树高 0.5~2.5 m，滩面宽 1 000~1 200 m，底质类型高潮区为石堤，中潮区至低潮区为泥沙。

高潮区：黑口滨螺带。该潮区种类贫乏，数量不高，代表种黑口滨螺的生物量和栖息密度较高，分别为 10.00 g/m^2 和 24 个/m^2。

中潮区：齿吻沙蚕—短拟沼螺—弧边招潮—薄片蜾蠃蜚带。优势种为齿吻沙蚕，在整个中潮区有分布，最大生物量和栖息密度分别达 2.35 g/m^2 和 195 个/m^2。短拟沼螺，在本区的最大生物量和栖息密度分别为 14.72 g/m^2 和 512 个/m^2。优势种弧边招潮，在整个中潮区有分布，最大生物量和栖息密度分别达 38.96 g/m^2 和 128 个/m^2。薄片蜾蠃蜚，在本区的生物量和栖息密度分别为 0.4 g/m^2 和 232 个/m^2。其他主要种和习见种有寡毛类、理蛤、缢蛏、日本刺沙蚕（*Neanthes japonica*）、孔鰕虎鱼、黑口滨螺、秀丽长方蟹、无沟纽虫和蠕形海葵等。

低潮区：齿吻沙蚕—理蛤—缢蛏带。优势种齿吻沙蚕由中潮区延伸至本区，最大生物量和栖息密度分别为 2.35 g/m^2 和 195 个/m^2。优势种理蛤仅在本区出现，春季生物量和栖息密度高达 4.20 g/m^2 和 145 个/m^2。缢蛏仅在本区出现，春季生物量和栖息密度达 34.45 g/m^2 和 115 个/m^2；秋季分别为 3.68 g/m^2 和 216 个/m^2。其他主要种和习见种有光滑河蓝蛤、同掌华眼钩虾、蠕形海葵等（图 14-6）。

（6）白沙海草区群落。该群落位于灭除互花米草种红树林示范片（西方）内，底质类型高潮区为石堤，中潮区以泥为主，低潮区为软泥。滩面宽为 200~300 m，中潮区上层互花米草呈斑块状分布，高度较低，平均高度 1.5 m 左右，附近有零星裸露红树植物分布，主要为桐花树，植株高度较低，约 80 cm，且冠幅较小，中潮区中、下层米草呈带状连续分布，仅有的几棵红树植物全部被米草

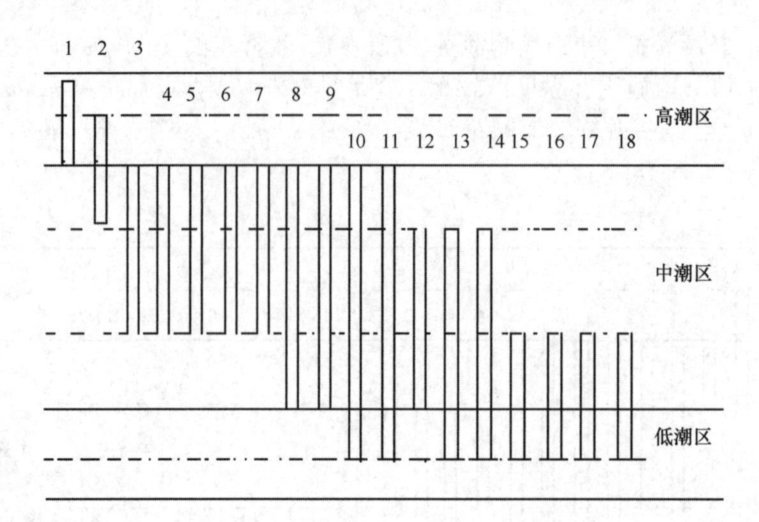

图 14-6　屿头村红树林区群落主要种垂直分布

1. 黑口滨螺；2. 彩拟蟹守螺；3. 弧边招潮；4. 光滑狭口螺；5. 无沟纽虫；6. 弓形革囊星虫；7. 拟突齿沙蚕；8. 短拟沼螺；9. 彩虹明樱蛤；10. 齿吻沙蚕；11. 日本刺沙蚕；12. 光滑河蓝蛤；13. 理蛤；14. 缢蛏；15. 同掌华眼钩虾；16. 薄片蜾蠃蜚；17. 秀丽长方蟹；18. 长足长方蟹

包围，该潮区米草高度平均超过 2 m，且密度较大，约每平方米 100 株。有零星老鼠簕和有少量碱蓬分布，低潮区有缢蛏养殖。

高潮区：黑口滨螺—彩拟蟹守螺带。该潮区种类贫乏，数量不高，代表种黑口滨螺的生物量和栖息密度分别为 8.64 g/m² 和 24 个/m²，彩拟蟹守螺的生物量和栖息密度分别为 26.48 g/m² 和 16 个/m²。

中潮区：齿吻沙蚕—异蚓虫—短拟沼螺—弧边招潮带。优势种为齿吻沙蚕，在整个中潮区都有分布，最大生物量和栖息密度分别达 2.55 g/m² 和 900 个/m²。优势种异蚓虫仅在春季有出现，生物量和栖息密度最高，分别为 1.00 g/m² 和 450 个/m²。优势种短拟沼螺，在本区的最大生物量和栖息密度分别为 19.04 g/m² 和 1 140 个/m²。弧边招潮，主要分布在本区上层，春季的生物量和栖息密度分别为 48.00 g/m² 和 24 个/m²。其他主要种和习见种有理蛤、缢蛏、明秀大眼蟹、脑纽虫和弓形革囊星虫等。

低潮区：齿吻沙蚕—理蛤—缢蛏带。优势种为齿吻沙蚕，自中潮区延伸向下分布至本区，春季在本区的生物量和栖息密度分别为 2.75 g/m² 和 725 个/m²。主要种理蛤仅在本区出现，春季生物量和栖息密度达 5.50 g/m² 和 200 个/m²。优势种缢蛏，自中潮区延伸向下分布至本区，春季在本区的生物量和栖息密度分别为 201.25 g/m² 和 165 个/m²；秋季分别为 259.8 g/m² 和 150 个/m²。其他主要种和习见种有异蚓虫、吻沙蚕、无沟纽虫和刺沙蚕等（图 14-7）。

14.5.3　群落生态特征值

根据 Shannon-Wiener 种类多样性指数（H'）、Pielous 种类均匀度指数（J）和 Margalef 种类丰富度指数（d）显示，2001 年秋季至 2002 年夏季，泉州湾滨海湿地潮间带大型底栖生物群落 d 值以泥沙滩秀涂 Qch2 断面较高（6.560 0），沙滩祥芝 Qch4 断面较低（3.180 0）；H' 值同样以泥沙滩秀涂 Qch2 断面较高（2.390 0），泥沙滩石湖 Qch3 断面较低（1.120 0）；J 值以沙滩祥芝 Qch4 断面较高（0.805 0），泥沙滩石湖 Qch3 断面较低（0.294 0）（表 14-30）。

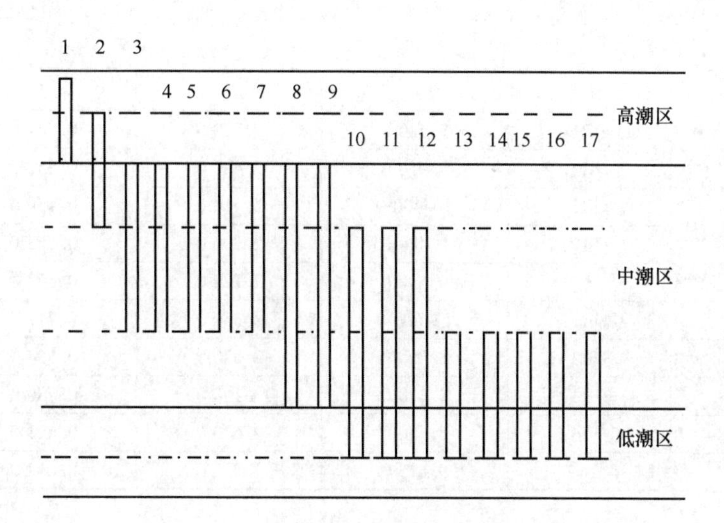

图 14-7　白沙海草区群落主要种垂直分布

1. 黑口滨螺；2. 彩拟蟹守螺；3. 弧边招潮；4. 弓形革囊星虫；5. 秀丽长方蟹；6. 长足长方蟹；7. 光滑狭口螺；8. 短拟沼螺；9. 齿吻沙蚕；10 缢蛏；11. 明秀大眼蟹；12. 花冈钩毛虫；13. 全刺沙蚕；14. 理蛤；15. 光滑河蓝蛤；16. 同掌华眼钩虾；17. 无沟纽虫

表 14-30　2001 年秋季至 2002 年夏季泉州湾滨海湿地潮间带大型底栖生物群落生态特征值

群落	断面	*d*	*H'*	*J*
泥沙滩	Qch1	5.180 0	2.230 0	0.623 0
	Qch2	6.560 0	2.390 0	0.614 0
	Qch3	5.930 0	1.120 0	0.294 0
沙滩	Qch4	3.180 0	1.850 0	0.805 0

泉州湾滨海湿地岩石滩潮间带大型底栖生物 4 条断面 *d* 值以夏季较高（10.987 5），秋季较低（9.530 0）；*H'*值同样以夏季较高（3.100 0），秋季较低（2.725 0）；*J* 值以夏季较高（0.676 0），秋季较低（0.528 8）；*D* 值以秋季较高（0.151 6），夏季较低（0.076 6）。各断面潮间带大型底栖生物群落生态特征值见表 14-31。

表 14-31　泉州湾滨海湿地岩石滩潮间带大型底栖生物群落生态特征值

季节	断面	编号	*d*	*H'*	*J*	*D*
春季	浮山	QR1	10.900 0	3.160 0	0.696 0	0.070 0
	下洋	QR2	9.780 0	2.820 0	0.629 0	0.106 0
	安头	QR3	8.200 0	2.280 0	0.529 0	0.196 0
	大坠岛	QR4	11.200 0	3.020 0	0.657 0	0.108 0
	平均		10.020 0	2.820 0	0.627 8	0.120 0
夏季	浮山	QR1	12.300 0	3.390 0	0.729 0	0.052 2
	下洋	QR2	10.300 0	2.780 0	0.607 0	0.102 0
	安头	QR3	9.350 0	3.070 0	0.690 0	0.081 5
	大坠岛	QR4	12.000 0	3.160 0	0.678 0	0.070 7
	平均		10.987 5	3.100 0	0.676 0	0.076 6

续表 14-31

季节	断面	编号	d	H'	J	D
秋季	浮山	QR1	9.280 0	2.770 0	0.641 0	0.116 0
	下洋	QR2	8.960 0	2.420 0	0.552 0	0.159 0
	安头	QR3	10.400 0	3.410 0	0.159 0	0.054 3
	大坠岛	QR4	9.480 0	2.300 0	0.763 0	0.277 0
	平均		9.530 0	2.725 0	0.528 8	0.151 6
冬季	浮山	QR1	12.600 0	3.350 0	0.717 0	0.064 9
	下洋	QR2	8.090 0	2.530 0	0.594 0	0.164 0
	安头	QR3	9.120 0	3.190 0	0.736 0	0.061 6
	大坠岛	QR4	8.650 0	2.670 0	0.621 0	0.140 0
	平均		9.615 0	2.935 0	0.667 0	0.107 6

2004年1月，沙滩潮间带大型底栖生物群落 *d* 值以大厦 Qch10 断面较高（9.940 0），石湖（S1）断面较低（8.760 0）；*H'* 值以大厦（Qch10）断面较高（3.000 0），石湖（S1）断面较低（2.600 0）；*J* 值以大厦（Qch10）断面较高（0.774 9），石湖（S1）断面较低（0.684 0）；*D* 值以石湖（S1）断面较高（0.144 4），大厦（Qch10）断面较低（0.129 0）。

2005年9月，泥沙滩潮间带大型底栖生物群落 *d* 值以乌屿（Qch5）断面较高（4.050 0），陈埭（Qch7）断面较低（3.660 0）；*H'* 值以北门（Qch6）断面较高（2.590 0），陈埭（Qch7）断面较低（1.860 0）；*J* 值以北门（Qch6）断面较高（0.769 0），陈埭（Qch7）断面较低（0.557 0）；*D* 值以陈埭（Qch7）断面较高（0.302 0），北门（Qch6）断面较低（0.107 0）。

2007年6月，沙滩和泥沙滩潮间带大型底栖生物群落 *d* 值以蚶江泥沙滩（Qch8）断面较高（5.060 0），山前沙滩（Qch9）断面较低（4.450 0）；*H'* 值以秀涂泥沙滩（Qch2）断面较高（2.790 0），山前沙滩（Qch9）断面较低（2.660 0）；*J* 值以山前沙滩（Qch9）断面较高（0.806 0），蚶江泥沙滩（Qch8）断面较低（0.731 0）；*D* 值以山前沙滩（Qch9）断面较高（0.126 0），蚶江泥沙滩（Qch8）断面较低（0.095 7）。

2009年11月，潮间带大型底栖生物群落 *d* 值以大厦（Qch10）沙滩群落较高（7.400 0），大坠岛东（QR7）岩石滩群落较低（3.600 0）；*H'* 值以大厦（Qch10）沙滩群落较高（3.030 0），大坠岛东（QR7）岩石滩群落较低（0.323 0）；*J* 值以大厦（Qch10）沙滩群落较高（0.781 0），大坠岛东（QR7）岩石滩群落较低（0.087 1）；*D* 值以大坠岛东（QR7）岩石滩群落较高（0.905 0），大厦（Qch10）沙滩群落较低（0.084 6）（表14-32）。

表 14-32 泉州湾滨海湿地潮间带大型底栖生物群落生态特征值

群落	断面	季节	编号	d	H'	J	D
沙滩	石湖	冬季	S1	8.760 0	2.600 0	0.684 0	0.144 4
	大厦		Qch10	9.940 0	3.000 0	0.774 9	0.129 0
泥沙滩	乌屿	秋季	Qch5	4.050 0	2.380 0	0.713 0	0.161 0
	北门		Qch6	3.920 0	2.590 0	0.769 0	0.107 0
	陈埭		Qch7	3.660 0	1.860 0	0.557 0	0.302 0
	蚶江	夏季	Qch8	5.060 0	2.730 0	0.731 0	0.095 7
	秀涂		Qch2	5.030 0	2.790 0	0.790 0	0.112 0
沙滩	山前		Qch9	4.450 0	2.660 0	0.806 0	0.126 0

续表 14-32

群落	断面	季节	编号	d	H'	J	D
岩石滩	祥芝	秋季	QR5	4.710 0	1.930 0	0.504 0	0.326 0
	大坠岛西		QR6	5.890 0	2.690 0	0.684 0	0.123 0
	大坠岛东		QR7	3.600 0	0.323 0	0.087 1	0.905 0
沙滩	大厦		Qch10	7.400 0	3.030 0	0.781 0	0.084 6
泥沙滩	秀涂		Qch2	3.860 0	2.190 0	0.652 0	0.185 0

2009 年 5 月至 2010 年 1 月，泉州湾滨海湿地泥沙滩、红树林区和海草区群落，d 值以春季较高（3.294 8），秋季较低（2.146 5）；H'值同样以春季较高（2.979 5），冬季较低（2.470 8）；J 值以夏季较高（0.717 0），冬季较低（0.513 6）；D 值以冬季较高（0.323 7），春季较低（0.191 2）。各断面潮间带大型底栖生物群落生态特征值与季节变化见表 14-33。

表 14-33　泉州湾滨海湿地潮间带大型底栖生物群落生态特征值

季节	群落	断面	编号	d	H'	J	D
春季	泥沙滩	洛阳桥	Qch11	2.361 0	2.776 0	0.653 5	0.194 2
	红树林区	屿头村	Qch12	2.938 0	3.06 0	0.667 5	0.178 7
		瞭望塔北侧	Qch13	4.029 0	3.057 0	0.600 9	0.203 8
	海草区	白沙	Qch14	3.851 0	3.025 0	0.594 5	0.188 0
	平均			3.294 8	2.979 5	0.629 1	0.191 2
夏季	泥沙滩	洛阳桥	Qch11	1.588 0	2.726 0	0.736 8	0.184 1
	红树林区	屿头村	Qch12	1.911 0	2.727 0	0.736 8	0.226 4
		瞭望塔北侧	Qch13	2.735 0	2.306 0	0.525 1	0.342 2
	海草区	白沙	Qch14	2.756 0	3.476 0	0.869 1	0.119 5
	平均			2.247 5	2.808 8	0.717 0	0.218 1
秋季	泥沙滩	洛阳桥	Qch11	2.057 0	2.306 0	0.564 1	0.285 8
	红树林区	屿头村	Qch12	1.952 0	2.739 0	0.719 4	0.215 3
		瞭望塔北侧	Qch13	2.446 0	2.535 0	0.596 8	0.305 5
	海草区	白沙	Qch14	2.131 0	2.553 0	0.638 2	0.271 0
	平均			2.146 5	2.533 3	0.629 6	0.269 4
冬季	泥沙滩	洛阳桥	Qch11	2.352 0	2.820 0	0.623 3	0.188 6
	红树林	屿头村	Qch12	2.945 0	2.218 0	0.471 9	0.376 4
		瞭望塔北侧	Qch13	2.773 0	1.799 0	0.397 7	0.505 6
	海草区	白沙	Qch14	4.788 0	3.046 0	0.561 4	0.224 1
	平均			3.214 5	2.470 8	0.513 6	0.323 7

14.5.4　群落稳定性

泉州湾滨海湿地潮间带大型底栖生物大厦（Qch10）沙滩和秀涂（Qch2）泥沙滩群落，丰度生物量复合 k-优势度曲线不交叉、不重叠、不翻转，生物量复合 k-优势度曲线始终位于丰度曲线上方，且丰度生物量累积百分优势度不高。祥芝（QR5）和大坠岛东（QR7）岩石滩群落丰度生物量复合

k-优势度曲线出现交叉、重叠和翻转，且大坠岛东（QR7）岩石滩群落丰度累积百分优势度高达95%。这是由于直背小藤壶在中潮区上层的栖息密度高达55 000个/m²，中层的栖息密度高达7 936个/m²所致（图14-8~图14-11）。

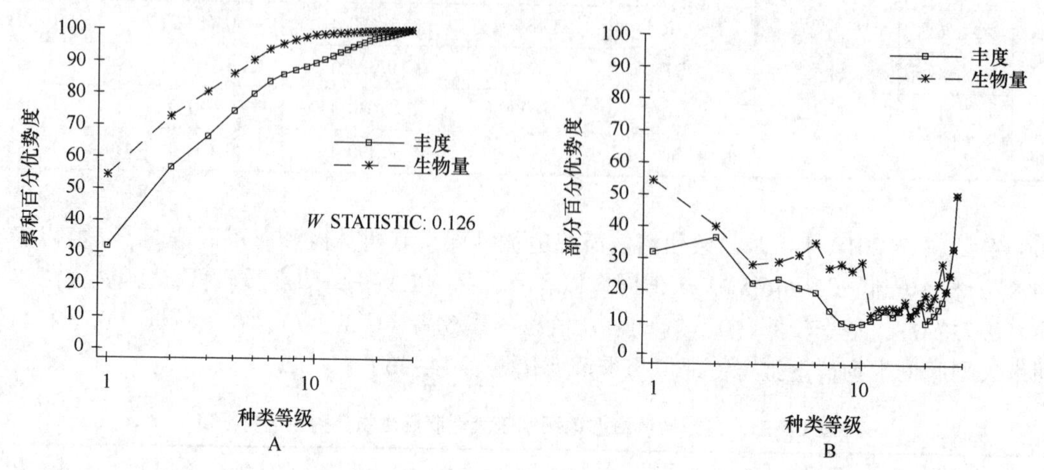

图14-8　秀涂（Qch2）泥沙滩群落丰度生物量复合 k-优势度（A）和部分优势度（B）曲线

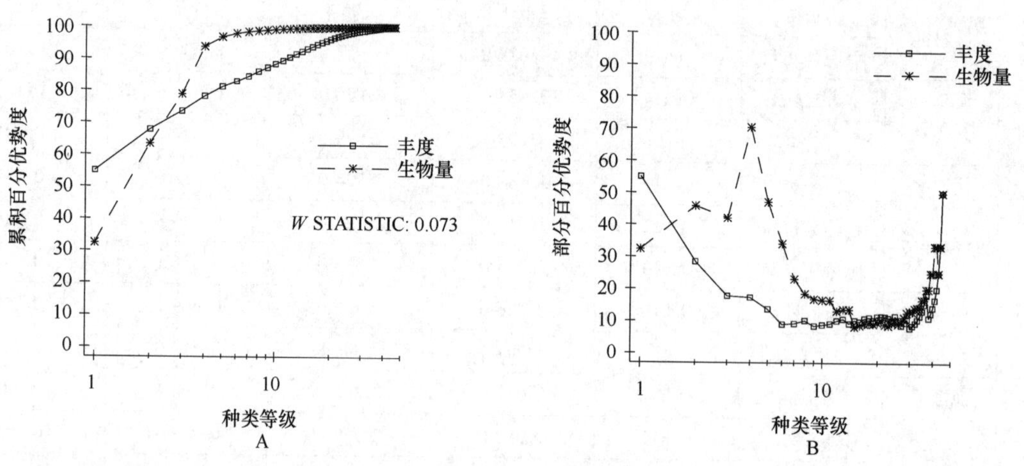

图14-9　祥芝（QR5）岩石滩群落丰度生物量复合 k-优势度（A）和部分优势度（B）曲线

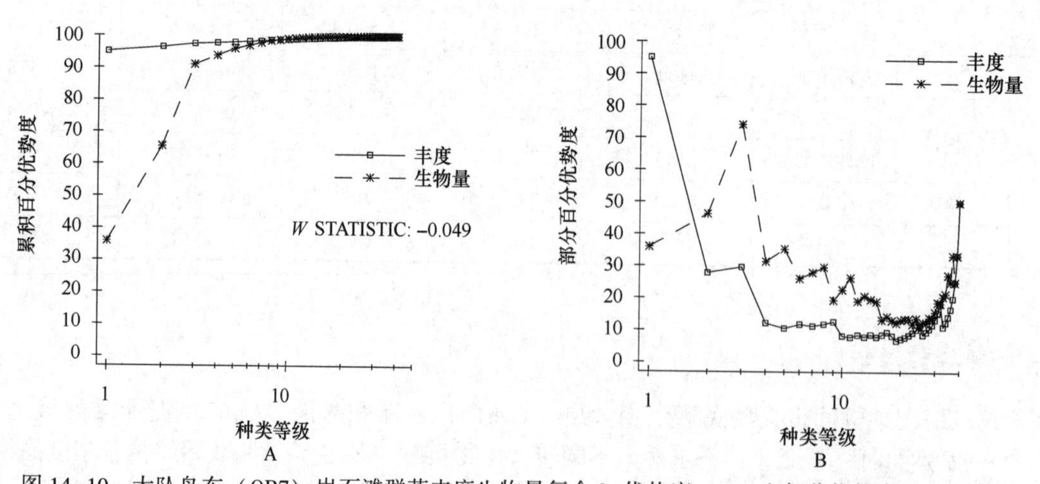

图14-10　大坠岛东（QR7）岩石滩群落丰度生物量复合 k-优势度（A）和部分优势度（B）曲线

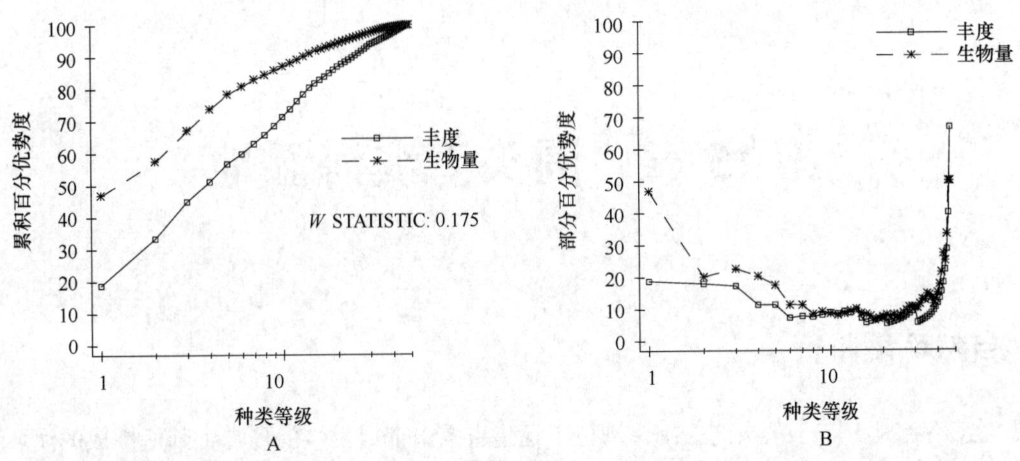

图 14-11　大厦（Qch10）沙滩群落丰度生物量复合 k-优势度（A）和部分优势度（B）曲线

Qch11 泥沙滩群落丰度生物量复合 k-优势度曲线在末端部分重叠，群落受到轻微的扰动；Qch12 和 Qch13 红树林区群落生物量优势度曲线始终位于丰度上方，群落结构相对稳定；海草区 Qch14 群落生物量优势度曲线始终位于丰度上方，群落结构稳定（图 14-12 和图 14-13）。

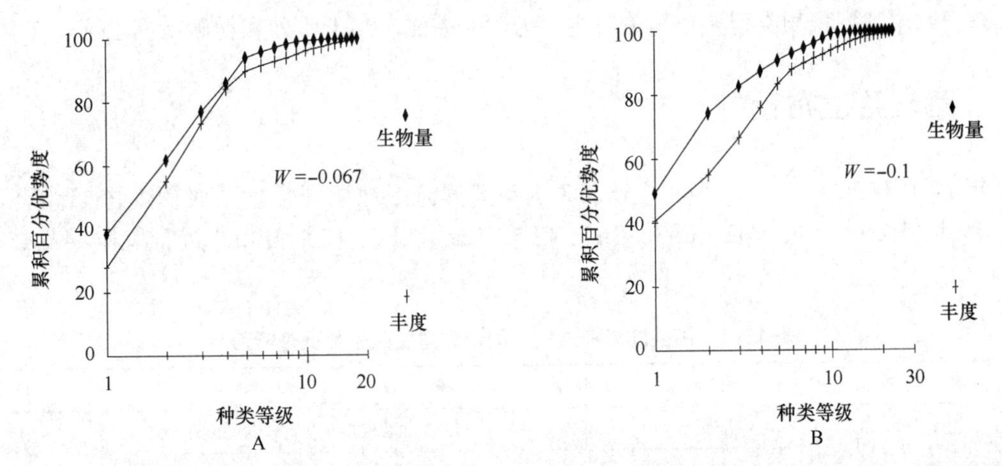

图 14-12　洛阳桥（Qch11）泥沙滩（A）和 Qch12 红树林区（B）群落丰度生物量复合 k-优势度曲线

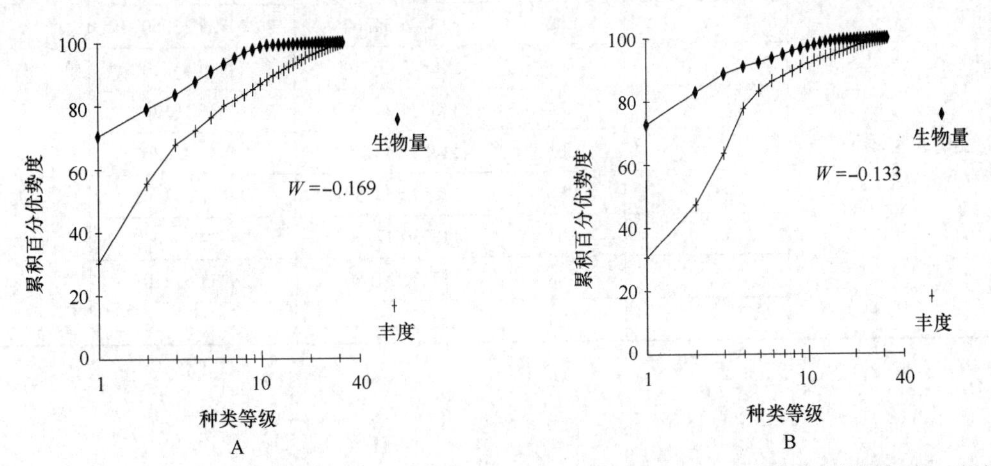

图 14-13　瞭望塔北侧（Qch13）红树林区（A）和白沙（Qch14）海草区（B）群落丰度生物量复合 k-优势度曲线

第15章 围头湾滨海湿地

15.1 自然环境特征

围头湾滨海湿地分布于围头湾，围头湾位于福建省东南部，由金门岛与大陆所围成的海域。湾口宽阔，敞向台湾海峡，是个敞开型小海湾。面积414.00 km^2，其中滩涂面积105.00 km^2，0 m以下水域面积约309.0 km^2。部分水域水深5.79~8.56 m。

围头湾属正规半日潮，平均海面3.36 m，平均大潮高潮面5.78 m，平均大潮低潮面0.94 m。平均大、中、小潮的高、低潮容潮量分别为3.031×10^9 m^3、2.385×10^9 m^3和1.620×10^9 m^3，大、中、小潮时海水的半交换期分别为1.5 d、2.0 d和2.9 d。

围头湾滨海湿地沉积物类型比较简单，主要为砂、砂泥、黏土质砂和粉砂质黏土等。

15.2 断面与站位布设

2001年11月和2010年5月、11月分别对围头湾滨海湿地潮间带大型底栖生物11条断面五堡（WB1）、潘径（P2）、Ch1、Ch2、Ch3、Ch4、Ch5、Ch6、Ch7、Ch8和Ch9进行取样（表15-1、图15-1）。

表15-1 围头湾滨海湿地潮间带大型底栖生物调查断面

序号	时间	断面	编号	经度（E）	纬度（N）	底质
1	2001年11月	五堡	WB1	118°33′01.82″	24°35′31.05″	泥沙滩
2		潘径	P2	118°29′41.71″	24°37′38.75″	
3	2010年5月，11月		Ch1	118°26′20.70″	24°40′30.30″	泥滩
4			Ch2	118°25′34.60″	24°39′13.50″	
5			Ch3	118°25′26.40″	24°36′45.20″	泥沙滩
6			Ch4	118°24′44.80″	24°36′16.20″	
7			Ch5	118°21′38.50″	24°34′43.30″	
8			Ch6	118°27′49.80″	24°37′51.50″	
9			Ch7	118°30′12.20″	24°37′04.60″	
10			Ch8	118°32′31.60″	24°35′57.10″	
11			Ch9	118°34′20.40″	24°32′06.20″	

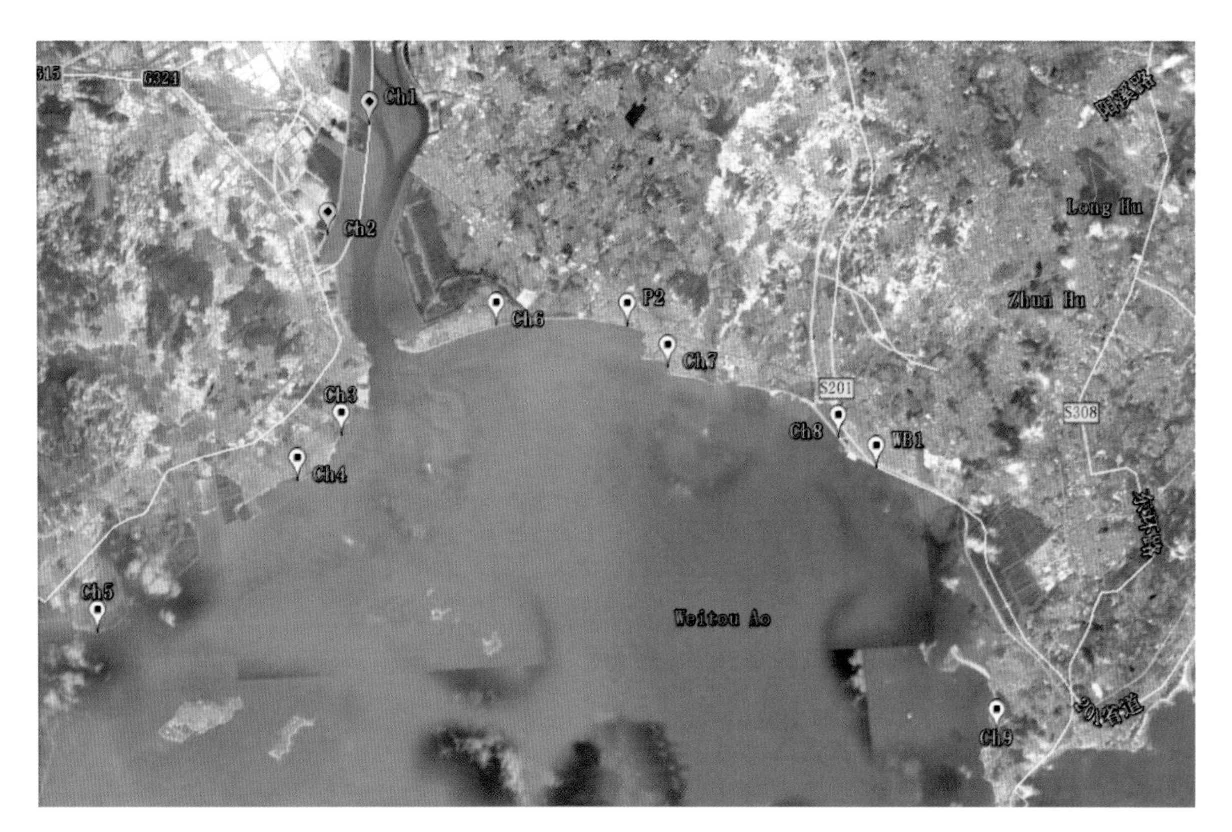

图 15-1　围头湾滨海湿地潮间带大型底栖生物调查断面

15.3　物种多样性

15.3.1　种类组成与季节变化

围头湾滨海湿地潮间带大型底栖生物 273 种。其中藻类 12 种，多毛类 95 种，软体动物 73 种，甲壳动物 66 种，棘皮动物 8 种和其他生物 19 种。多毛类、软体动物和甲壳动物占总种数的 85.71%，三者构成潮间带大型底栖生物的主要类群。种数季节变化，以春季（191 种）大于秋季（180 种）（表 15-2）。

表 15-2　围头湾滨海湿地潮间带大型底栖生物种类组成与分布　　单位：种

底质	断面	季节	藻类	多毛类	软体动物	甲壳动物	棘皮动物	其他生物	合计
泥滩	Ch1	春季	0	16	3	5	1	1	26
		秋季	0	10	5	5	0	1	21
		合计	0	19	6	8	1	2	36
	Ch2	春季	0	20	14	6	0	2	42
		秋季	1	17	8	12	0	0	38
		合计	1	26	18	13	0	2	60
	合计		0	28	20	14	1	13	76

续表 15-2

底质	断面	季节	藻类	多毛类	软体动物	甲壳动物	棘皮动物	其他生物	合计
	WB1	秋季	0	32	10	7	3	2	54
	P2	秋季	0	11	10	7	1	2	31
	合计		0	38	16	12	3	4	73
	Ch3	春季	1	33	16	8	0	3	61
		秋季	0	14	9	3	0	2	28
		合计	1	36	20	10	0	4	71
	Ch4	春季	1	42	16	12	0	3	74
		秋季	1	25	6	5	0	1	38
		合计	2	52	20	15	0	4	93
	Ch5	春季	1	36	21	11	0	3	72
		秋季	1	34	9	17	1	2	64
		合计	2	49	25	25	1	4	106
泥沙滩	Ch6	春季	2	40	20	12	0	3	77
		秋季	4	23	10	8	1	1	47
		合计	5	48	26	18	1	4	102
	Ch7	春季	4	35	20	6	0	2	67
		秋季	4	14	6	5	0	1	30
		合计	7	37	21	11	0	3	79
	Ch8	春季	6	50	17	9	1	3	86
		秋季	5	16	4	3	0	0	28
		合计	8	54	19	11	1	3	96
	Ch9	春季	2	35	18	11	3	2	71
		秋季	3	21	9	7	1	1	42
		合计	4	42	23	15	4	3	91
	合计		12	80	59	53	5	13	222
总计		春季	8	77	52	39	3	12	191
		秋季	8	72	41	45	5	9	180
		合计	12	95	73	66	8	19	273

围头湾滨海湿地潮间带大型底栖生物种数和种类组成在不同底质类型不尽相同，种数以泥沙滩（222 种）大于泥滩（76 种）。泥滩断面以 Ch2 断面（60 种）大于 Ch1 断面（36 种）。泥沙滩断面春季以 Ch8 断面较大（86 种），Ch3 断面较小（61 种）；秋季以 Ch5 断面较大（64 种），Ch3 和 Ch8 断面较小（28 种）。各断面种类组成与分布见表 15-2。

15.3.2 优势种和主要种

根据数量和出现率，围头湾滨海湿地潮间带大型底栖生物优势种和主要种有长松藻、脆江蓠、条浒苔、脑纽虫、拟特须虫、裂虫、突齿沙蚕（*Leonnate* sp.）、长吻吻沙蚕、齿吻沙蚕、膜囊尖锥虫、腹沟虫、丝鳃稚齿虫、稚齿虫、独毛虫、中蚓虫、拟节虫（*Praxillella* sp.）、毡毛岩虫、索沙蚕、特矶蚕、缨鳃虫、刀明樱蛤、古明圆蛤、弯竹蛏（*Solen arcuatus*）、肋昌螺、粗糙滨螺、秀丽织纹螺、织纹螺、短拟沼螺、珠带拟蟹守螺、细螯原足虫（*Leptochelia dubia*）、日本拟花尾水虱、日本大螯蜚、角突麦秆虫、同掌华眼钩虾、下齿细螯寄居蟹、弯六足蟹、豆形短眼蟹、弧边招潮、日本大眼蟹、明秀大眼蟹、扁平蛛网海胆和厦门文昌鱼等。

15.4　数量时空分布

15.4.1　数量组成

围头湾滨海湿地泥滩和泥沙滩潮间带大型底栖生物春秋季平均生物量为 29.38 g/m^2，平均栖息密度为 360 个/m^2。生物量以软体动物居第一位（12.86 g/m^2），甲壳动物居第二位（9.91 g/m^2）；栖息密度以多毛类居第一位（237 个/m^2），软体动物居第二位（79 个/m^2）。泥沙滩平均生物量为 28.68 g/m^2，以软体动物居第一位（18.45 g/m^2），多毛类居第二位（3.46 g/m^2）；栖息密度为 387 个/m^2，以多毛类居第一位（237 个/m^2），软体动物居第二位（116 个/m^2）。泥滩平均生物量为 30.06 g/m^2，以甲壳动物居第一位（17.23 g/m^2），软体动物居第二位（7.26 g/m^2）；栖息密度为 332 个/m^2，以多毛类居第一位（236 个/m^2），甲壳动物居第二位（46 个/m^2）（表 15-3）。

表 15-3　围头湾滨海湿地潮间带大型底栖生物数量组成与分布

数量	底质	藻类	多毛类	软体动物	甲壳动物	棘皮动物	其他生物	合计
生物量（g/m^2）	泥沙滩	2.22	3.46	18.45	2.59	1.21	0.75	28.68
	泥滩	0.03	5.50	7.26	17.23	0.01	0.03	30.06
	平均	1.13	4.48	12.86	9.91	0.61	0.39	29.38
密度（个/m^2）	泥沙滩	—	237	116	29	1	4	387
	泥滩	—	236	43	46	1	6	332
	平均	—	237	79	38	1	5	360

15.4.2　数量分布与季节变化

围头湾滨海湿地泥沙滩潮间带大型底栖生物生物量以秋季（33.20 g/m^2）大于春季（24.12 g/m^2），栖息密度则以春季（599 个/m^2）大于秋季（175 个/m^2）。各类群数量组成与季节变化见表 15-4。

表 15-4　围头湾滨海湿地泥沙滩潮间带大型底栖生物数量组成与季节变化

数量	季节	藻类	多毛类	软体动物	甲壳动物	棘皮动物	其他生物	合计
生物量（g/m^2）	春季	3.32	5.59	11.99	1.88	0.27	1.07	24.12
	秋季	1.11	1.33	24.91	3.29	2.14	0.42	33.20
	平均	2.22	3.46	18.45	2.59	1.21	0.75	28.68
密度（个/m^2）	春季	—	395	158	40	1	5	599
	秋季	—	79	74	18	1	3	175
	平均	—	237	116	29	1	4	387

围头湾滨海湿地泥滩潮间带大型底栖生物生物量以春季（33.41 g/m^2）大于秋季（26.68 g/m^2），

栖息密度同样以春季（529 个/m²）大于秋季（130 个/m²）。各类群数量组成与季节变化见表 15-5。

表 15-5　围头湾滨海湿地泥滩潮间带大型底栖生物数量组成与季节变化

数量	季节	藻类	多毛类	软体动物	甲壳动物	棘皮动物	其他生物	合计
生物量（g/m²）	春季	0	6.62	6.84	19.89	0.02	0.04	33.41
	秋季	0.06	4.37	7.67	14.56	0	0.02	26.68
	平均	0.03	5.50	7.26	17.23	0.01	0.03	30.06
密度（个/m²）	春季	—	414	45	59	1	10	529
	秋季	—	57	40	32	0	1	130
	平均	—	236	43	46	1	6	332

围头湾滨海湿地泥沙滩潮间带大型底栖生物数量断面间有所差异，生物量春季以 Ch8 断面较高（41.79 g/m²），Ch5 断面较低（11.16 g/m²）；秋季以 WB1 断面较高（150.07 g/m²），Ch5 断面较低（4.12 g/m²）。栖息密度，春季以 Ch9 断面较高（898 个/m²），Ch7 断面较低（309 个/m²）；秋季以 WB1 断面较高（531 个/m²），P2 断面较低（73 个/m²）。各断面数量组成与季节变化见表 15-6、表 15-7。

表 15-6　围头湾滨海湿地泥沙滩潮间带大型底栖生物生物量组成与季节变化　　单位：g/m²

季节	断面	藻类	多毛类	软体动物	甲壳动物	棘皮动物	其他生物	合计
春季	Ch3	0.15	1.46	18.92	0.40	0	0.05	20.98
	Ch4	0.01	4.96	9.58	1.08	0	0.16	15.79
	Ch5	0.07	2.51	5.39	2.58	0	0.61	11.16
	Ch6	0.16	5.41	7.41	3.30	0	1.40	17.68
	Ch7	1.56	7.98	9.39	3.19	0	0.01	22.13
	Ch8	20.77	9.55	10.14	0.55	0.09	0.69	41.79
	Ch9	0.55	7.25	23.07	2.04	1.80	4.55	39.26
	平均	3.32	5.59	11.99	1.88	0.27	1.07	24.12
秋季	WB1	0	3.92	131.93	1.77	11.84	0.61	150.07
	P2	0	0.84	9.96	20.28	6.70	2.76	40.54
	Ch3	0	0.28	15.95	0.42	0	0.06	16.71
	Ch4	0.05	2.10	6.14	2.59	0	0.24	11.12
	Ch5	0.11	1.11	1.54	1.28	0.06	0.02	4.12
	Ch6	1.33	0.56	43.93	2.19	0.06	0.09	48.16
	Ch7	5.87	0.94	2.30	0.54	0	0.01	9.66
	Ch8	2.56	0.50	9.14	0.03	0	0	12.23
	Ch9	0.06	1.76	3.30	0.55	0.62	0.02	6.31
	平均	1.11	1.33	24.91	3.29	2.14	0.42	33.20

表 15-7　围头湾滨海湿地泥沙滩潮间带大型底栖生物栖息密度组成与季节变化　　单位：个/m^2

季节	断面	多毛类	软体动物	甲壳动物	棘皮动物	其他生物	合计
春季	Ch3	171	117	14	0	3	305
	Ch4	456	57	158	0	9	680
	Ch5	238	61	27	0	6	332
	Ch6	496	292	26	0	9	823
	Ch7	230	67	11	0	1	309
	Ch8	746	75	25	1	6	853
	Ch9	431	434	22	8	3	898
	平均	395	158	40	1	5	599
秋季	WB1	142	359	17	5	8	531
	P2	16	33	18	2	4	73
	Ch3	24	70	5	0	3	102
	Ch4	101	20	11	0	2	134
	Ch5	108	22	60	1	1	192
	Ch6	34	57	13	1	1	106
	Ch7	36	49	6	0	1	92
	Ch8	58	28	3	0	0	89
	Ch9	191	24	33	2	3	253
	平均	79	74	18	1	3	175

围头湾滨海湿地泥滩潮间带大型底栖生物数量断面间比较，生物量春季以 Ch1 断面较高(35.06 g/m^2)，Ch2 断面较低（31.75 g/m^2）；秋季则以 Ch2 断面较高（29.80 g/m^2），Ch1 断面较低(23.54 g/m^2)。栖息密度，春季以 Ch2 断面较高（707 个/m^2），Ch1 断面较低（349 个/m^2）；秋季同样以 Ch2 断面较高（198 个/m^2），Ch1 断面较低（60 个/m^2）。各断面数量组成与季节变化见表 15-8。

表 15-8　围头湾滨海湿地泥滩潮间带大型底栖生物数量组成与季节变化

数量	季节	断面	藻类	多毛类	软体动物	甲壳动物	棘皮动物	其他生物	合计
生物量（g/m^2）	春季	Ch1	0	3.31	5.22	26.44	0.04	0.05	35.06
		Ch2	0	9.93	8.46	13.33	0	0.03	31.75
		平均	0	6.62	6.84	19.89	0.02	0.04	33.41
	秋季	Ch1	0	6.76	4.26	12.49	0	0.03	23.54
		Ch2	0.12	1.97	11.08	16.63	0	0	29.80
		平均	0.06	4.37	7.67	14.56	0	0.02	26.68
密度（个/m^2）	春季	Ch1	—	272	9	53	1	14	349
		Ch2	—	556	81	65	0	5	707
		平均	—	414	45	59	1	10	529
	秋季	Ch1	—	23	26	9	0	2	60
		Ch2	—	91	53	54	0	0	198
		平均	—	57	40	32	0	1	130

2001年秋季围头湾滨海湿地泥沙滩潮间带大型底栖生物数量垂直分布，WB1断面生物量从高到低依次为中潮区（308.92 g/m^2）、高潮区（138.56 g/m^2）、低潮区（2.75 g/m^2）；栖息密度从高到低依次为中潮区（796个/m^2）、高潮区（632个/m^2）、低潮区（165个/m^2）。P2断面生物量从高到低依次为中潮区（118.52 g/m^2）、高潮区（1.76 g/m^2）、低潮区（1.35 g/m^2）；栖息密度从高到低依次为中潮区（150个/m^2）、高潮区（56个/m^2）、低潮区（10个/m^2）。两条断面生物量和栖息密度均以中潮区最大，低潮区最小（表15-9）。

表15-9 2001年秋季围头湾滨海湿地泥沙滩潮间带大型底栖生物数量垂直分布

数量	断面	潮区	多毛类	软体动物	甲壳动物	棘皮动物	其他生物	合计
生物量（g/m^2）	WB1	高潮区	5.24	131.60	0.08	0	1.64	138.56
		中潮区	4.33	264.19	4.93	35.47	0	308.92
		低潮区	2.20	0	0.30	0.05	0.20	2.75
		平均	3.92	131.93	1.77	11.84	0.61	150.07
	P2	高潮区	0.56	0	1.20	0	0	1.76
		中潮区	0.60	29.89	59.63	20.11	8.29	118.52
		低潮区	1.35	0	0	0	0	1.35
		平均	0.84	9.96	20.28	6.70	2.76	40.54
密度（个/m^2）	WB1	高潮区	232	388	8	0	4	632
		中潮区	65	689	33	9	0	796
		低潮区	130	0	10	5	20	165
		平均	142	359	17	5	8	531
	P2	高潮区	24	0	32	0	0	56
		中潮区	13	98	23	5	11	150
		低潮区	10	0	0	0	0	10
		平均	16	33	18	2	4	73

2010年围头湾滨海湿地潮间带大型底栖生物数量垂直分布，生物量从高到低依次为中潮区（31.89 g/m^2）、低潮区（25.55 g/m^2）、高潮区（8.76 g/m^2）；栖息密度从高到低依次为低潮区（565个/m^2）、中潮区（455个/m^2）、高潮区（59个/m^2），各断面各生物类群生物数量垂直分布见表15-10和表15-11。

表15-10 2010年围头湾滨海湿地潮间带大型底栖生物生物量垂直分布 单位：g/m^2

潮区	断面	藻类	多毛类	软体动物	甲壳动物	棘皮动物	其他生物	合计
高潮区	Ch1	0	0	11.68	0	0	0	11.68
	Ch2	0	0	16.60	1.24	0	0	17.84
	Ch3	0	0	6.76	0	0	0	6.76
	Ch4	0	0	11.04	0	0	0	11.04
	Ch5	0	0	4.64	0	0	0	4.64
	Ch6	0	0	0.92	2.04	0	0	2.96
	Ch7	0	0	4.44	0.20	0	0	4.64
	Ch8	0	0	5.12	0	0	0	5.12
	Ch9	0	0	14.16	0	0	0	14.16
	平均	0	0	8.37	0.39	0	0	8.76

续表 15-10

潮区	断面	藻类	多毛类	软体动物	甲壳动物	棘皮动物	其他生物	合计
中潮区	Ch1	0	2.35	2.29	18.84	0.07	0.09	23.64
	Ch2	0	13.53	10.51	20.41	0	0.05	44.50
	Ch3	0	1.43	31.45	1.16	0	0.02	34.06
	Ch4	0.01	5.03	9.82	3.57	0	0.21	18.64
	Ch5	0.17	2.72	5.32	5.11	0.08	0.41	13.81
	Ch6	1.88	4.01	65.62	4.75	0.09	2.21	78.56
	Ch7	1.80	3.23	4.65	5.33	0	0.03	15.04
	Ch8	27.59	6.13	11.02	0.66	0.14	0.02	45.56
	Ch9	0.84	0.39	9.82	2.19	0	0	13.24
	平均	3.59	4.31	16.72	6.89	0.04	0.34	31.89
低潮区	Ch1	0	12.75	0.25	39.55	0	0.03	52.58
	Ch2	0.18	4.33	2.20	23.28	0	0	29.99
	Ch3	0.23	1.18	14.10	0.08	0	0.15	15.74
	Ch4	0.08	5.55	2.73	1.95	0	0.40	10.71
	Ch5	0.10	2.70	0.43	0.68	0	0.53	4.44
	Ch6	0.35	4.95	10.48	1.45	0	0.03	17.26
	Ch7	9.35	10.15	8.45	0.08	0	0	28.03
	Ch8	7.40	8.95	12.78	0.20	0	1.03	30.36
	Ch9	0.08	13.13	15.58	1.70	3.63	6.85	40.97
	平均	1.97	7.08	7.44	7.66	0.40	1.00	25.55

表 15-11　2010 年围头湾滨海湿地潮间带大型底栖生物栖息密度垂直分布　　单位：个/m^2

潮区	断面	多毛类	软体动物	甲壳动物	棘皮动物	其他生物	合计
高潮区	Ch1	0	32	0	0	1	33
	Ch2	0	80	4	0	0	84
	Ch3	0	48	0	0	0	48
	Ch4	0	64	0	0	0	64
	Ch5	0	40	0	0	0	40
	Ch6	0	36	8	0	0	44
	Ch7	0	80	8	0	0	88
	Ch8	0	48	0	0	0	48
	Ch9	0	84	0	0	0	84
	平均	0	57	2	0	0	59

续表 15-11

潮区	断面	多毛类	软体动物	甲壳动物	棘皮动物	其他生物	合计
中潮区	Ch1	202	16	43	1	5	267
	Ch2	450	59	117	0	8	634
	Ch3	138	159	26	0	2	325
	Ch4	443	29	53	0	9	534
	Ch5	244	73	45	1	3	366
	Ch6	366	178	22	1	9	576
	Ch7	217	43	10	0	3	273
	Ch8	388	61	10	2	2	463
	Ch9	118	545	10	0	0	673
	平均	285	129	37	0	4	455
低潮区	Ch1	240	5	50	0	18	313
	Ch2	520	63	58	0	0	641
	Ch3	155	73	3	0	8	239
	Ch4	393	23	200	0	8	624
	Ch5	275	13	85	0	8	381
	Ch6	430	310	30	0	5	775
	Ch7	183	50	8	0	0	241
	Ch8	818	45	33	0	8	904
	Ch9	815	58	73	15	10	971
	平均	425	71	60	2	7	565

15.4.3 饵料生物水平

根据饵料生物水平分级评价标准，围头湾滨海湿地潮间带大型底栖生物平均饵料水平分级为Ⅳ级；软体动物较高，为Ⅲ级；藻类、多毛类、棘皮动物和其他生物均为Ⅰ级。泥滩和泥沙滩间比较均为Ⅳ级。季节变化，泥滩春季和秋季均为Ⅳ级；泥沙滩秋季较高（Ⅳ级），春季较低（Ⅲ级）（表 15-12）。

表 15-12 围头湾滨海湿地潮间带大型底栖生物饵料水平分级

底质	季节	藻类	多毛类	软体动物	甲壳动物	棘皮动物	其他生物	评价标准
泥滩	春季	Ⅰ	Ⅱ	Ⅱ	Ⅲ	Ⅰ	Ⅰ	Ⅳ
	秋季	Ⅰ	Ⅰ	Ⅱ	Ⅲ	Ⅰ	Ⅰ	Ⅳ
	平均	Ⅰ	Ⅱ	Ⅱ	Ⅲ	Ⅰ	Ⅰ	Ⅳ
泥沙滩	春季	Ⅰ	Ⅱ	Ⅲ	Ⅰ	Ⅰ	Ⅰ	Ⅲ
	秋季	Ⅰ	Ⅰ	Ⅲ	Ⅰ	Ⅰ	Ⅰ	Ⅳ
	平均	Ⅰ	Ⅰ	Ⅲ	Ⅰ	Ⅰ	Ⅰ	Ⅳ
平均		Ⅰ	Ⅰ	Ⅲ	Ⅱ	Ⅰ	Ⅰ	Ⅳ

15.5　群落

15.5.1　群落类型

围头湾滨海湿地潮间带大型底栖生物群落按底质类型分为：

（1）Ch2 泥滩群落。高潮区：粗糙滨螺—黑口滨螺带；中潮区：才女虫—双齿围沙蚕—短拟沼螺—薄片蜾蠃蜚带；低潮区：才女虫—中蚓虫—秀丽长方蟹带。

（2）Ch5 泥沙滩群落。高潮区：粗糙滨螺带；中潮区：索沙蚕—衣角蛤—明秀大眼蟹带；低潮区：节节虫—小亮樱蛤—日本大螯蜚带。

（3）Ch6 泥沙滩群落。高潮区：粗糙滨螺—粒结节滨螺—短滨螺带；中潮区：稚齿虫—豆形胡桃蛤—明秀大眼蟹带；低潮区：独毛虫—金星蝶铰蛤—豆形胡桃蛤带。

（4）Ch9 泥沙滩群落。高潮区：粗糙滨螺—短滨螺带；中潮区：阿曼吉虫—满月蛤—昌螺带；低潮区：独毛虫—尖喙小囊蛤—日本拟花尾水虱带。

15.5.2　群落结构

（1）Ch2 泥滩群落。该群落高潮区围堤，中、低潮区的底质以泥为主，滩面长约 600 m。

高潮区：粗糙滨螺—黑口滨螺带。春季代表种粗糙滨螺的生物量和栖息密度分别为 14.80 g/m^2 和 80 个/m^2。黑口滨螺的生物量和栖息密度分别为 2.56 g/m^2 和 8 个/m^2。秋季代表种粗糙滨螺的生物量和栖息密度分别为 10.88 g/m^2 和 56 个/m^2。黑口滨螺的生物量和栖息密度分别为 4.96 g/m^2 和 16 个/m^2。

中潮区：才女虫—双齿围沙蚕—短拟沼螺—薄片蜾蠃蜚带。优势种才女虫分布整个潮区，最大栖息密度高达 1075 个/m^2。主要种双齿围沙蚕，春季仅在中潮区上层出现，生物量和栖息密度分别达 47.68 g/m^2 和 168 个/m^2，秋季分别为 10.00 g/m^2 和 64 个/m^2。短拟沼螺，春季和秋季主要分布在该区的中下层，最大生物量和栖息密度分别为 2.60 g/m^2 和 75 个/m^2。优势种薄片蜾蠃蜚在该区整层有分布，生物量和栖息密度分别为 0.40 g/m^2 和 235 个/m^2。其他主要种和习见种有奇异稚齿虫、索沙蚕、缨鳃虫、中蚓虫、光滑河蓝蛤、泥螺、弧边招潮、明秀大眼蟹、秀丽长方蟹和脑纽虫等。

低潮区：才女虫—中蚓虫—秀丽长方蟹带。优势种才女虫由中潮区延伸至本区，生物量和栖息密度分别为 1.00 g/m^2 和 490 个/m^2。中蚓虫在本区的数量较中潮区有所降低，生物量和栖息密度分别为 0.20 g/m^2 和 160 个/m^2。秀丽长方蟹的数量较中潮区有所增加。其他主要种和习见种有奇异稚齿虫、光滑河蓝蛤、锥稚虫、古明圆蛤、脆江蓠等（图 15-2）。

（2）Ch5 泥沙滩群落。该群落底质高潮区围堤，中、低潮区以泥、泥沙为主，滩面长约 500 m。

高潮区：粗糙滨螺带。该潮区种类贫乏，春季粗糙滨螺的生物量和栖息密度分别为 7.04 g/m^2 和 64 个/m^2，秋季分别为 2.24 g/m^2 和 16 个/m^2。

中潮区：索沙蚕—衣角蛤—明秀大眼蟹带。该潮区优势种为索沙蚕，数量较大，生物量和栖息密度分别为 1.60 g/m^2 和 125 个/m^2。主要种衣角蛤，分布在整个中潮区，数量不大，上层的生物量和栖息密度分别为 3.10 g/m^2 和 10 个/m^2，中层分别为 2.80 g/m^2 和 5 个/m^2，下层分别为 0.20 g/m^2 和 10 个/m^2。主要种明秀大眼蟹，分布在该区的中上层，上层的生物量和栖息密度分别为 9.55 g/m^2 和 10 个/m^2，中层分别为 11.60 g/m^2 和 30 个/m^2。其他主要种和习见种有寡节角吻沙蚕、齿吻沙蚕、中蚓虫、异蚓虫、彩虹明樱蛤、古明圆蛤、圆筒原盒螺和条浒苔等。

低潮区：节节虫—小亮樱蛤—日本大螯蜚带。优势种为节节虫，仅在本区出现，生物量和栖息密

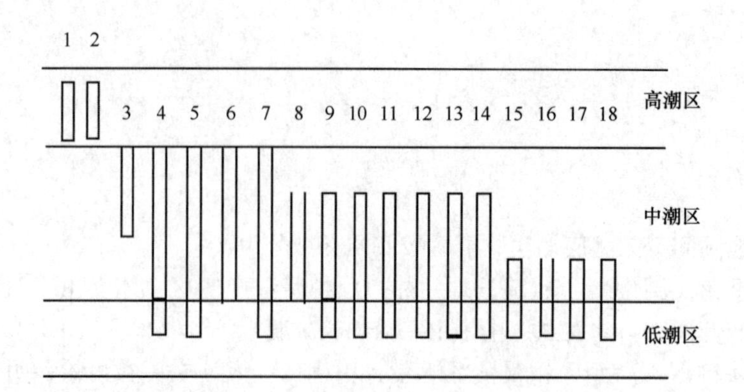

图 15-2　Ch2 泥滩群落主要种垂直分布

1. 粗糙滨螺；2. 黑口滨螺；3. 双齿围沙蚕；4. 薄片蜾蠃蜚；5. 才女虫；6. 弧边招潮；7. 秀丽长方蟹；8. 脑纽虫；9. 多齿全刺沙蚕；10. 奇异稚齿虫；11. 古明圆蛤；12. 光滑河蓝蛤；13. 短拟沼螺；14. 索沙蚕；15. 裂虫；16. 锥稚虫；17. 中蚓虫；18. 缨鳃虫

度分别为 0.45 g/m^2 和 95 个/m^2。主要种小亮樱蛤，仅在低潮区出现，生物量和栖息密度分别为 0.60 g/m^{2}和 10 个/m^2。日本大螯蜚也仅在本区出现，生物量和栖息密度分别为 0.05 g/m^2 和 25 个/m^2。其他主要种和习见种有角沙蚕、缨鳃虫、日本拟花尾水虱和纵沟纽虫等（图 15-3）。

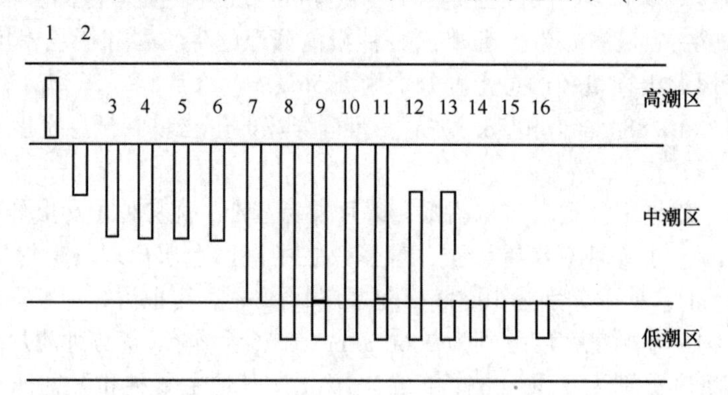

图 15-3　Ch5 泥沙滩群落主要种垂直分布

1. 粗糙滨螺；2. 圆筒原盒螺；3. 古明圆蛤；4. 明秀大眼蟹；5. 彩虹明樱蛤；6. 鸭嘴蛤；7. 衣角蛤；8. 齿吻沙蚕；9. 索沙蚕；10. 缨鳃虫；11. 树蛰虫；12. 中蚓虫；13. 条浒苔；14. 日本大螯蜚；15. 脑纽虫；16. 纵沟纽虫

（3）Ch6 泥沙滩群落。该群落底质高潮区围堤，中、低潮区以泥沙为主，滩面长约 1 000 m。

高潮区：粗糙滨螺—粒结节滨螺—短滨螺带。春季代表种粗糙滨螺的生物量和栖息密度分别为 0.08 g/m^2 和 8 个/m^2。粒结节滨螺的生物量和栖息密度分别为 0.80 g/m^2 和 40 个/m^2。秋季代表种粗糙滨螺的个体较大，生物量和栖息密度分别为 0.32 g/m^2 和 8 个/m^2。短滨螺的生物量和栖息密度分别为 0.64 g/m^2 和 16 个/m^2。纹藤壶仅在秋季出现。

中潮区：稚齿虫—豆形胡桃蛤—明秀大眼蟹带。优势种稚齿虫的生物量和栖息密度分别为 1.45 g/m^{2}和 350 个/m^2。豆形胡桃蛤的生物量和栖息密度分别为 2.55 g/m^2 和 155 个/m^2。明秀大眼蟹仅在本区的上层出现。其他主要种和习见种有细毛尖锥虫、独指虫、独毛虫、中蚓虫、索沙蚕、昌螺、金星蝶铰蛤和刀明樱蛤等。

低潮区：独毛虫—金星蝶铰蛤—豆形胡桃蛤带。该潮区优势种独毛虫由中潮区延伸分布至本区，数量较中潮区增多，生物量和栖息密度分别为 2.65 g/m² 和 260 个/m²。优势种金星蝶铰蛤自中潮区延伸至本区，生物量和栖息密度分别为 2.40 g/m² 和 300 个/m²。优势种豆形胡桃蛤自中潮区延伸至本区，生物量和栖息密度分别为 1.65 g/m² 和 255 个/m²。其他主要种和习见种有锥头虫、丝鳃稚齿虫、中蚓虫、理蛤、昌螺、日本拟花尾水虱、杯尾水虱和齿腕拟盲蟹等（图 15-4）。

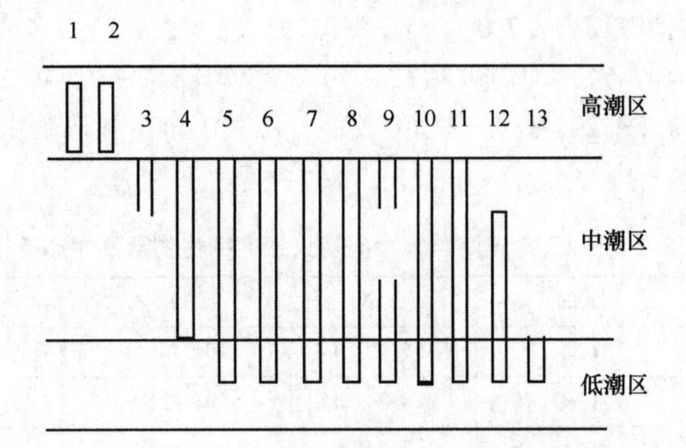

图 15-4　Ch6 泥沙滩群落主要种垂直分布

1. 粗糙滨螺；2. 粒结节滨螺；3. 明秀大眼蟹；4. 刀明樱蛤；5. 稚齿虫；6. 独毛虫；
7. 中蚓虫；8. 索沙蚕；9. 金星蝶铰蛤；10. 豆形胡桃蛤；11. 昌螺；12. 背蚓虫；13. 理蛤

（4）Ch9 泥沙滩群落，该群落底质高潮区围堤，中、低潮区以泥、泥沙为主，滩面长约 300 m。

高潮区：粗糙滨螺—短滨螺带。春季代表种粗糙滨螺的生物量和栖息密度分别为 22.16 g/m² 和 128 个/m²，秋季分别为 2.40 g/m² 和 32 个/m²，短滨螺的生物量和栖息密度分别为 3.76 g/m² 和 8 个/m²。

中潮区：阿曼吉虫—满月蛤—昌螺带。优势种阿曼吉虫在该区整层分布，数量由该区的上层向下递减，最大生物量和栖息密度分别为 0.50 g/m² 和 160 个/m²。昌螺在该区大量分布，生物量和栖息密度最高可达 23.75 g/m² 和 1 910 个/m²。满月蛤分布在该区的中上层。其他主要种和习见种有异足索沙蚕、似蛰虫、梳鳃虫和日本大螯蜚等。

低潮区：独毛虫—尖喙小囊蛤—日本拟花尾水虱带。该潮区优势种独毛虫由中潮区延伸至本区，数量较中潮区增多，生物量和栖息密度分别为 5.65 g/m² 和 480 个/m²。尖喙小囊蛤和日本拟花尾水虱仅在本区有出现。其他主要种和习见种有异蚓虫、拟节虫、刚鳃虫、日本大螯蜚、大海豆芽和模糊新短眼蟹等（图 15-5）。

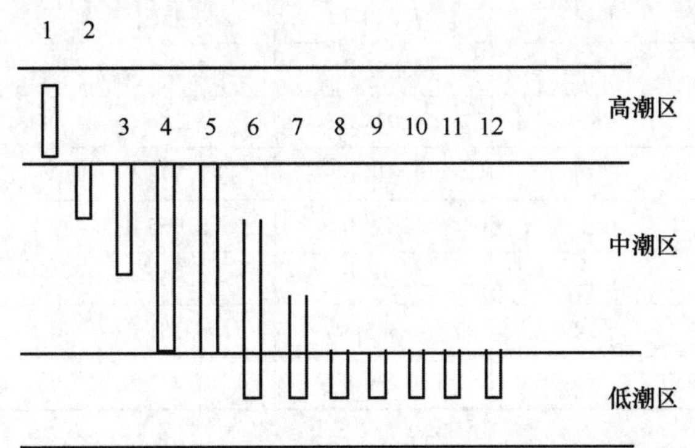

图 15-5　Ch9 泥沙滩群落主要种垂直分布

1. 粗糙滨螺；2. 哈氏圆柱水虱；3. 满月蛤；4. 阿曼吉虫；5. 昌螺；6. 独毛虫；
7. 衣角蛤；8. 日本大螯蜚；9. 模糊新短眼蟹；10. 异蚓虫；11. 钩倍棘蛇尾；12. 脑纽虫

15.5.3　群落生态特征值

根据 Shannon-Wiener 种类多样性指数（H'）、Pielous 种类均匀度指数（J）、Margalef 种类丰富度指数（d）和 Simpson 优势度指数（D）显示，围头湾滨海湿地潮间带大型底栖生物群落种类丰富度指数（d）春秋季平均值泥沙滩较高（7.040 7），泥滩较低（4.239 8）；多样性指数（H'）泥沙滩较高（4.115 7），泥滩较低（3.447 5）；均匀度指数（J）泥沙滩较高（0.746 2），泥滩较低（0.699 8）；优势度指数（D）泥滩较高（0.207 8），泥沙滩较低（0.110 4）。各群落生态特征值断面间的变化见表 15-13。

表 15-13　围头湾滨海湿地潮间带大型底栖生物群落生态特征值

群落	季节	断面	d	H'	J	D
泥沙滩	春季	Ch3	7.622 0	4.741 0	0.806 0	0.086 0
		Ch4	8.742 0	4.921 0	0.795 0	0.065 0
		Ch5	9.253 0	5.081 0	0.826 0	0.050 0
		Ch6	8.835 0	4.909 0	0.788 0	0.058 0
		Ch7	8.233 0	5.023 0	0.840 0	0.050 0
		Ch8	9.495 0	4.591 0	0.726 0	0.093 0
		Ch9	7.960 0	2.781 0	0.455 0	0.382 0
		平均	8.591 4	4.578 1	0.748 0	0.112 0
	秋季	WB1	6.570 0	1.300 0	0.325 0	—
		P2	4.820 0	2.400 0	0.700 0	—
		Ch3	4.347 0	3.470 0	0.722 0	0.195 0
		Ch4	5.382 0	4.596 0	0.882 0	0.0570
		Ch5	8.852 0	5.164 0	0.864 0	0.043 0
		Ch6	6.349 0	4.307 0	0.794 0	0.122 0
		Ch7	4.128 0	3.965 0	0.844 0	0.099 0
		Ch8	3.469 0	3.656 0	0.808 0	0.119 0
		Ch9	5.493 0	4.022 0	0.760 0	0.127 0
		平均	5.490 0	3.653 3	0.744 3	0.108 8
		平均	7.040 7	4.115 7	0.746 2	0.110 4
泥滩	春季	Ch1	3.295 0	2.201 0	0.468 0	0.459 0
		Ch2	4.933 0	3.286 0	0.609 0	0.219 0
		平均	4.114 0	2.743 5	0.538 5	0.339 0
	秋季	Ch1	3.639 0	3.965 0	0.889 0	0.080 0
		Ch2	5.092 0	4.338 0	0.833 0	0.073 0
		平均	4.365 5	4.151 5	0.861 0	0.076 5
	平均		4.239 8	3.447 5	0.699 8	0.207 8

15.5.4　群落稳定性

2001 年秋季围头湾滨海湿地潮间带大型底栖生物 WB1 群落相对稳定，其丰度生物量复合 k-优势度曲线不交叉、不翻转，生物量优势度曲线始终位于丰度曲线上方，但丰度生物量累积百分优势度较高，分别达 75%~80%。P2 群落结构不稳定，丰度生物量复合 k-优势度曲线在前端出现交叉、翻转，这主要与珠带拟蟹守螺、弧边招潮和扁平蛛网海胆的数量有关；珠带拟蟹守螺在中潮区上层生物量和栖息密度达 49.68 g/m^2 和 176 个/m^2；弧边招潮和扁平蛛网海胆生物量分别达 41.32 g/m^2 和 60.32 g/m^2（图 15-6）。2001 年秋季围头湾滨海湿地泥沙滩潮间带大型底栖生物群落出现一定的扰动，丰度生物量复合 k-优势度曲线也出现交叉、翻转（图 15-7）。2010 年春季和秋季，围头湾滨海湿地潮间带 Ch2 泥滩大型底栖生物群落生物量优势度和部分优势度曲线出现交叉、翻转，春季生物量优势度曲线始终位于丰度下方，群落结构不稳定（图 15-8~图 15-9）。Ch5 泥沙滩群落丰度生物量复合 k-优势度曲线不交叉、不翻转，生物量优势度曲线始终位于丰度上方（图 15-10~图 15-11）。春季 Ch6 泥沙滩群落丰度生物量复合 k-优势度和部分优势度曲线出现交叉和重叠（图 15-12~图 15-13）。Ch9 泥沙滩群落丰度生物量复合 k-优势度和部分优势度曲线出现交叉、重叠和翻转（图 15-14~图 15-15）。总体而言，围头湾滨海湿地潮间带大型底栖生物群落相对稳定（图 15-16）。

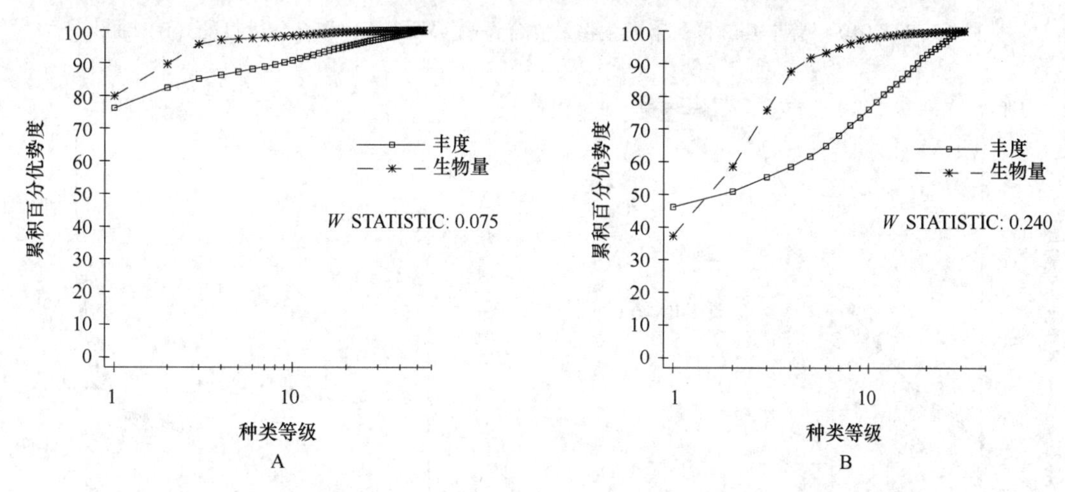

图 15-6　2001 年秋季 WB1（A）和 P2（B）群落丰度生物量复合 k-优势度曲线

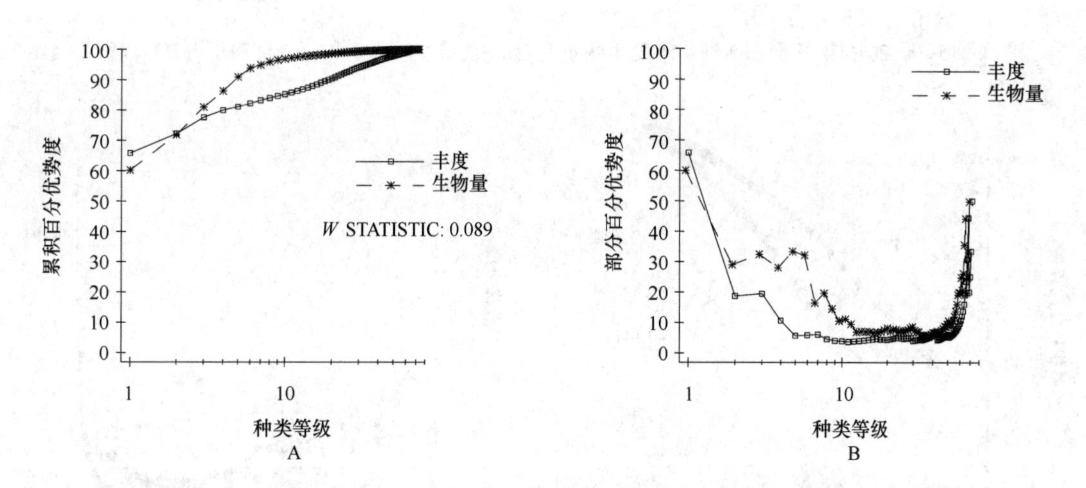

图 15-7　2001 年秋季泥沙滩群落丰度生物量复合 k-优势度（A）和部分优势度（B）曲线

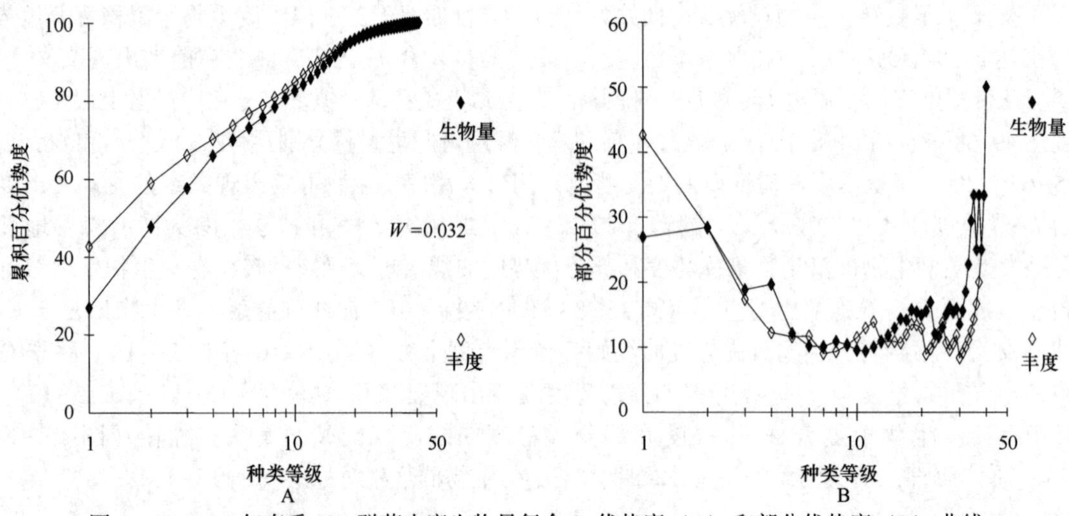

图 15-8　2010 年春季 Ch2 群落丰度生物量复合 k-优势度（A）和部分优势度（B）曲线

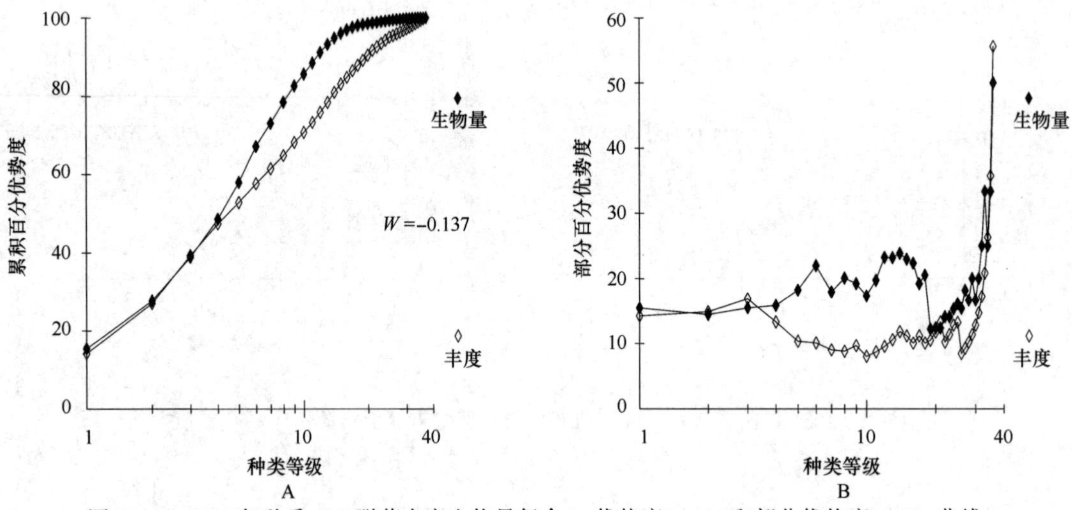

图 15-9　2010 年秋季 Ch2 群落丰度生物量复合 k-优势度（A）和部分优势度（B）曲线

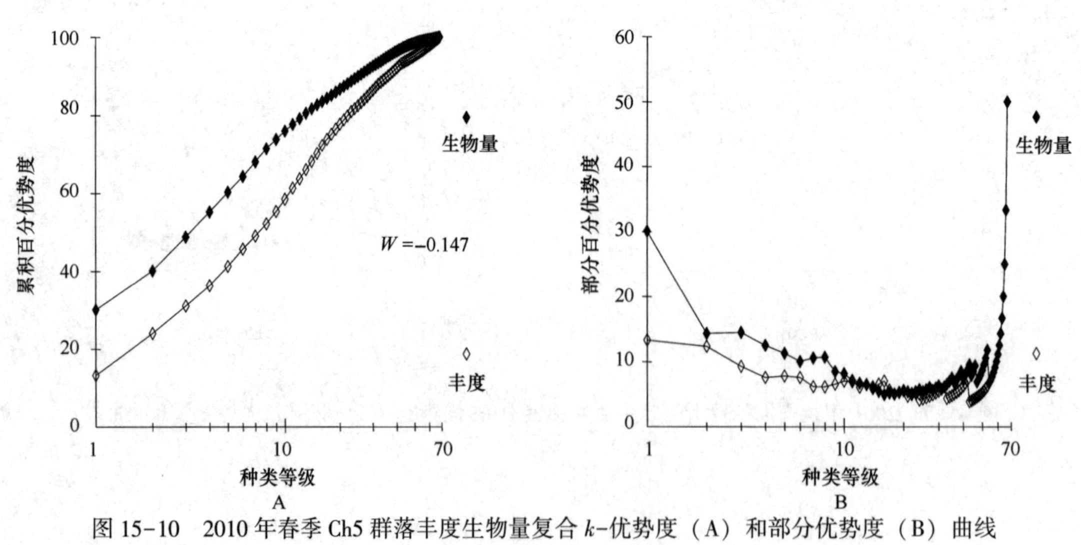

图 15-10　2010 年春季 Ch5 群落丰度生物量复合 k-优势度（A）和部分优势度（B）曲线

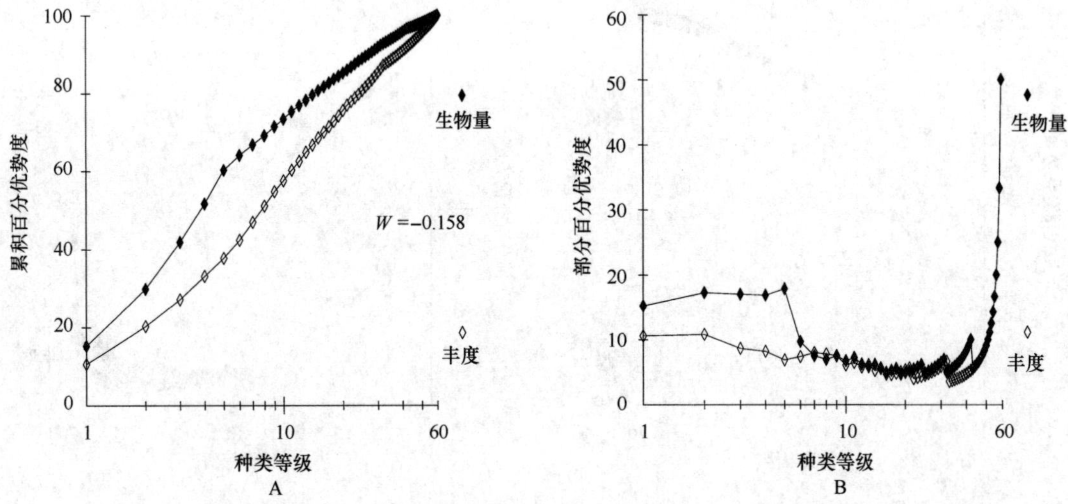

图 15-11　2010 年秋季 Ch5 群落丰度生物量复合 *k*-优势度（A）和部分优势度（B）曲线

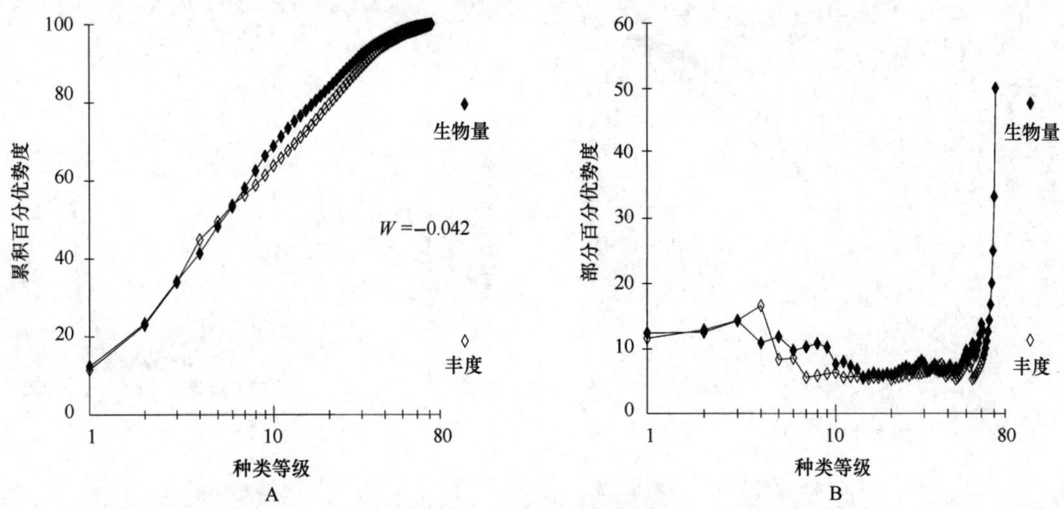

图 15-12　2010 年春季 Ch6 群落丰度生物量复合 *k*-优势度（A）和部分优势度（B）曲线

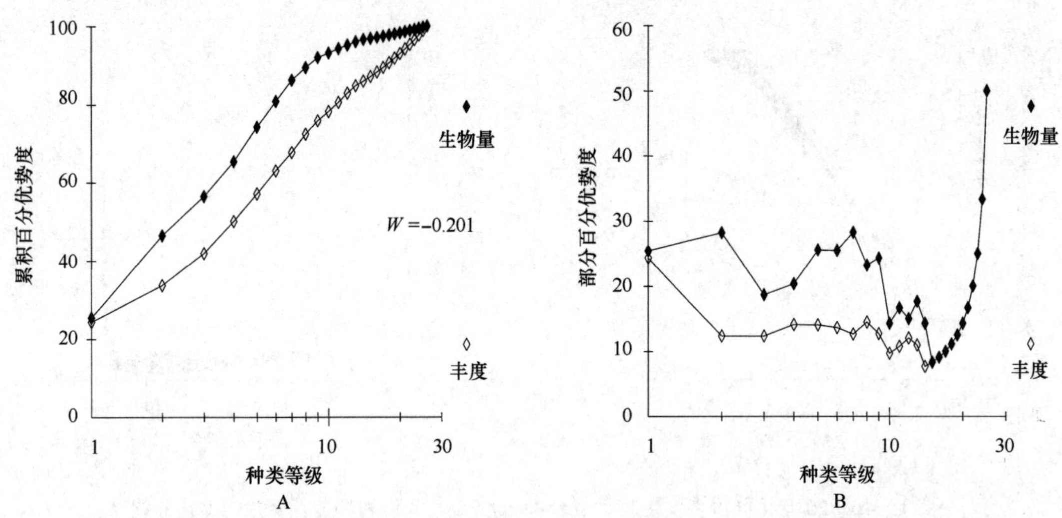

图 15-13　2010 年秋季 Ch6 群落丰度生物量复合 *k*-优势度（A）和部分优势度（B）曲线

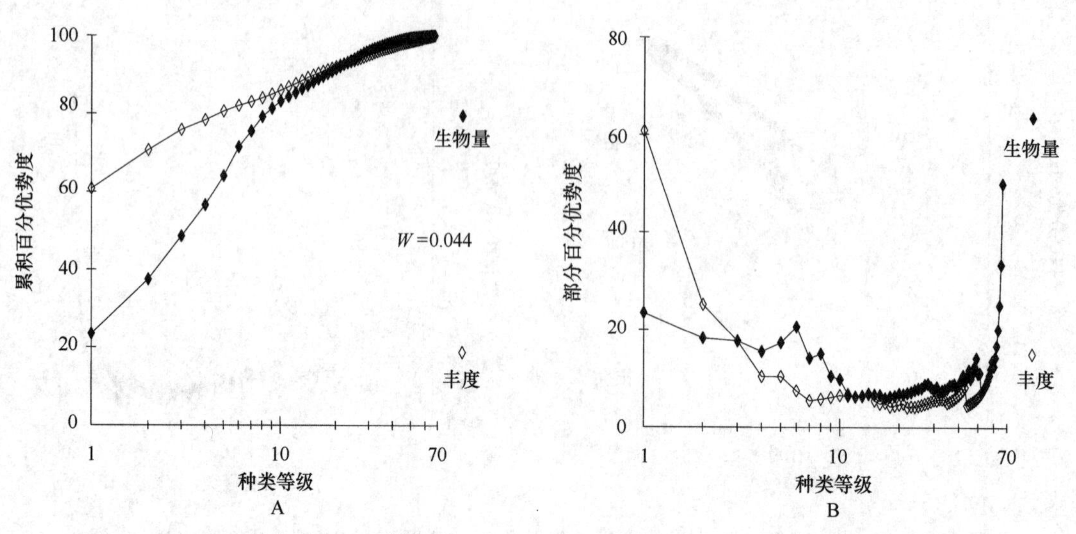

图 15-14　2010 年春季 Ch9 群落丰度生物量复合 k-优势度（A）和部分优势度（B）曲线

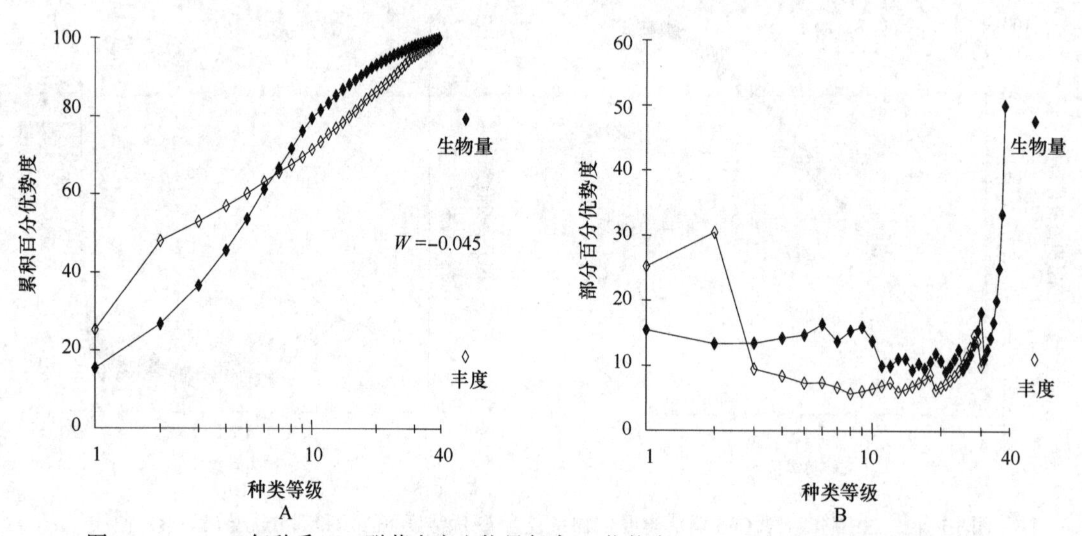

图 15-15　2010 年秋季 Ch9 群落丰度生物量复合 k-优势度（A）和部分优势度（B）曲线

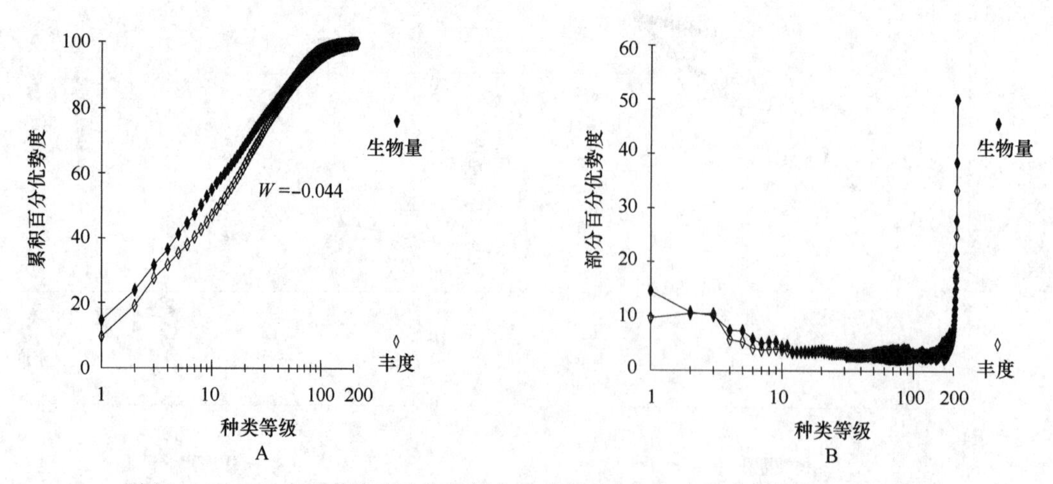

图 15-16　2010 年群落丰度生物量复合 k-优势度（A）和部分优势度（B）曲线

第 16 章　同安湾滨海湿地

16.1　自然环境特征

同安湾滨海湿地分布于同安湾内，同安湾位于福建省东南沿海、厦门岛的北侧。湾的口门宽度为 3.60 km。口门外有大、小金门岛作屏障。湾的西南部原有的口门，因 1955 年建成高集海堤而被填塞，仅留一宽为 16 m 的堤洞。同安湾面积为 91.66 km^2，其中包括滩涂面积 50.41 km^2，水域面积 41.25 km^2。海岸线长 53.66 km，湾内最大水深达 22 m，其余较深水域均以水道形式向湾的西和北部呈掌状延伸。同安湾属构造成因的海湾，有东、西溪和官浔溪汇入并携带大量泥沙入海，连同后期人工海岸的建造和滩涂围垦，促使同安湾滨海湿地的淤积趋势逐年增强。

同安湾属正规半日潮，最大潮差 6.42 m，最小潮差 0.99 m，平均潮差 3.98 m。平均大、中、小潮的高、低潮容潮量分别为 3.3739×10^8 m^3、2.6007×10^8 m^3 和 1.8075×10^8 m^3，大、中、小潮时海水的半交换期分别为 3.9 d、5.1 d 和 7.4 d。多年平均气温 21.0℃，7 月最高气温 28.5℃，1 月最低气温 12.7℃。多年平均降雨量 1 432.2 mm，最多年平均降雨量 2 296.4 mm，最少年平均降雨量 1 030.8 mm。多年平均相对湿度 78%，月最大相对湿度 91%，月最小相对湿度 55%。盐度的测值范围 25.21~30.18，平均盐度 28.61。表层盐度平均值 28.06，底层盐度平均值 29.15，底层盐度高于表层盐度。盐度的最大值出现在湾口，盐度为 30.18；最小值出现在集美近岸，盐度为 25.21。

同安湾滨海湿地沉积物类型比较简单，主要为砾砂、粗砂、中粗砂、砂、黏土质砂、粉质黏土、砂—粉砂—黏土、粉砂质黏土 8 种类型。

16.2　断面与站位布设

1990 年 7 月，1991 年 1 月，1992 年 12 月，1993 年 5 月，1999 年 4 月，2001 年 7 月，2006 年 1 月，2006 年 3 月和 2006 年 5 月，先后在同安湾五通、高崎、机场、凤林、东安、桂园、中埔、后安村、石塘、琼头、丙洲、下阳、后田和鳄鱼屿等处布设 19 条断面进行潮间带大型底栖生物取样（表 16-1，图 16-1）。

表 16-1　同安湾滨海湿地潮间带大型底栖生物调查断面

序号	时间	断面	编号	经度（E）	纬度（N）	底质
1	1990 年 7 月	五通	XXR7A	118°11′32.00″	24°31′50.00″	岩石滩
2	1991 年 1 月	五通	XXR7B	118°11′35.24″	24°31′42.31″	
3	1992 年 12 月	后田	TM2	118°07′47.51″	24°36′12.01″	泥沙滩
4	1993 年 5 月	潘涂	TM3	118°09′04.79″	24°38′18.92″	
5	1999 年 4 月	五通	Tch1	118°10′55.28″	24°32′11.20″	
6		机场	Tch2	118°07′40.20″	24°33′25.93″	
7		高崎	Tch3	118°06′34.51″	24°33′15.42″	

续表 16-1

序号	时间	断面	编号	经度（E）	纬度（N）	底质
8	2001 年 7 月	凤林	Tch4	118°06′52. 91″	24°35′29. 53″	红树林区
9		东安	Tch5	118°07′01. 31″	24°35′38. 69″	
10	2006 年 1 月	桂园	Tch6	118°12′2. 94″	24°33′51. 36″	泥沙滩
11	2006 年 3 月	高崎机场	Tch7	118°8′16. 38″	24°33′11. 40″	
12		高崎中埔	Tch8	118°7′15. 66″	24°33′5. 64″	
13		后安	Tch9	118°07′03. 87″	24°35′36. 98″	红树林区
14	2006 年 5 月	石塘	Tch10	118°11′22. 50″	24°35′7. 56″	泥沙滩
15		琼头	Tch11	118°11′26. 82″	24°36′43. 86″	
16		丙洲	Tch12	118°9′37. 74″	24°38′30. 36″	
17		下阳	Tch13	118°8′35. 52″	24°37′51. 84″	
18		后田	Tch14	118°8′1. 14″	24°36′32. 82″	
19		鳄鱼屿	Tch15	118°10′31. 56″	24°35′20. 22″	

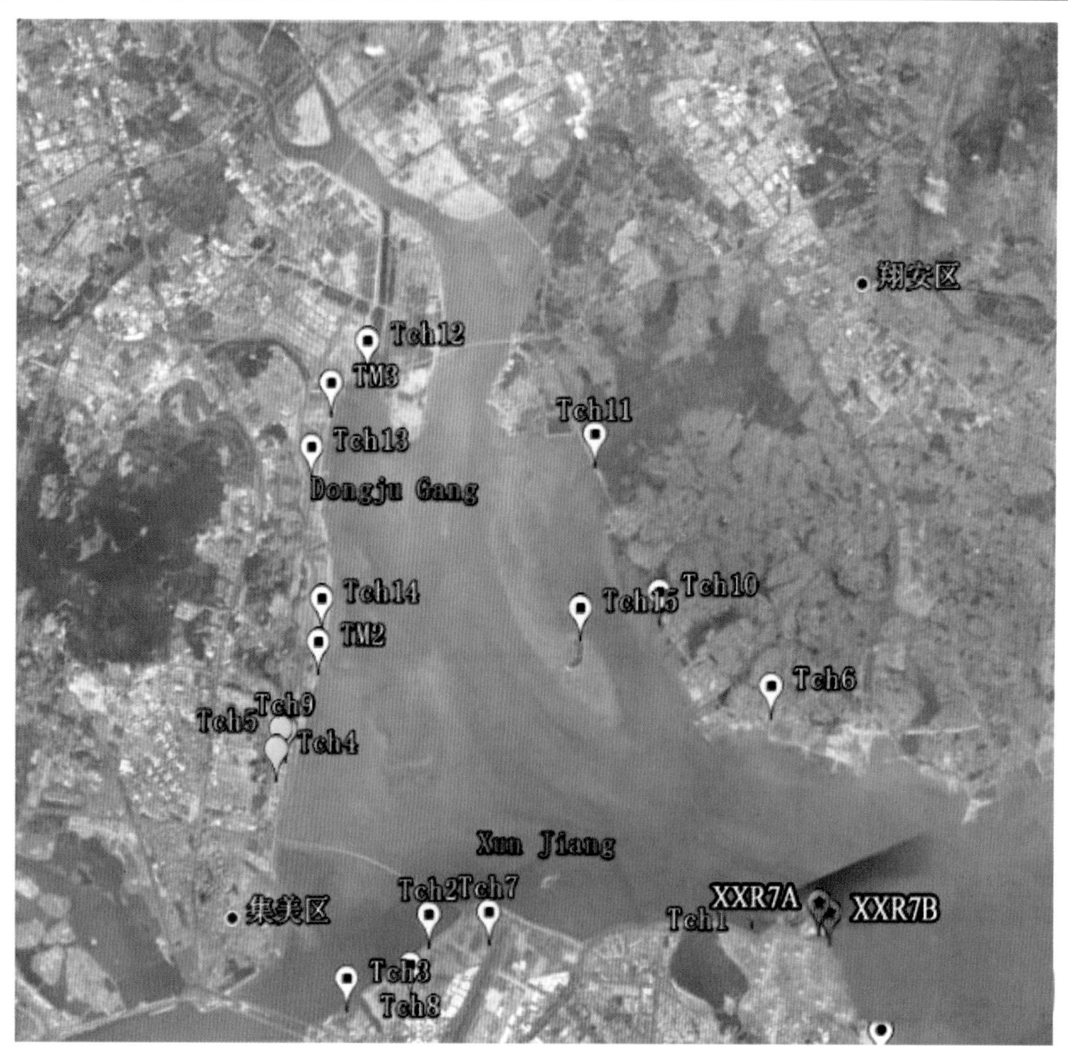

图 16-1　同安湾滨海湿地潮间带大型底栖生物调查断面

16.3　物种多样性

16.3.1　种类组成与分布

同安湾滨海湿地潮间带大型底栖生物 481 种，其中藻类 40 种，多毛类 150 种，软体动物 129 种，甲壳动物 102 种，棘皮动物 20 种和其他生物 40 种。多毛类、软体动物和甲壳动物占总种数的 79.20%，三者构成同安湾滨海湿地潮间带大型底栖生物主要类群。

岩石滩潮间带大型底栖生物 157 种，其中藻类 31 种，多毛类 33 种，软体动物 48 种，甲壳动物 17 种，棘皮动物 14 种和其他生物 14 种。多毛类、软体动物和甲壳动物占总种数的 71.33%，三者构成同安湾滨海湿地岩石滩潮间带大型底栖生物主要类群。

泥沙滩潮间带大型底栖生物 350 种，其中藻类 15 种，多毛类 125 种，软体动物 91 种，甲壳动物 85 种，棘皮动物 6 种和其他生物 28 种。多毛类、软体动物和甲壳动物占总种数的 86.00%，三者构成同安湾滨海湿地泥沙滩潮间带大型底栖生物主要类群。

红树林区潮间带大型底栖生物 95 种，其中藻类 2 种，多毛类 42 种，软体动物 28 种，甲壳动物 21 种和其他生物 2 种。多毛类、软体动物和甲壳动物占总种数的 95.78%，三者构成同安湾滨海湿地红树林区潮间带大型底栖生物主要类群。

同安湾滨海湿地潮间带大型底栖生物断面间种数和种类组成不尽相同，岩石滩潮间带大型底栖生物种数夏冬季以 XR7A 断面较高（135 种），XR7B 断面较低（105 种）。泥沙滩潮间带大型底栖生物种数春季以 Tch7 断面较高（94 种），Tch12 断面较低（32 种）；春秋季以 TM2 断面较高（114 种），TM3 断面较低（112 种）。红树林区夏季以 Tch5 断面较高（31 种），Tch4 断面较低（29 种）。各断面的种类组成均以多毛类、软体动物和甲壳动物占多数（表 16-2）。

表 16-2　同安湾滨海湿地潮间带大型底栖生物种类组成与分布　　单位：种

底质	季节	断面	藻类	多毛类	软体动物	甲壳动物	棘皮动物	其他生物	合计
岩石滩	夏季 冬季	XR7A	27	30	45	14	10	9	135
		XR7B	16	25	36	9	9	10	105
		合计	31	33	48	17	14	14	157
泥沙滩	春秋	TM2	4	31	33	27	5	14	114
	春秋	TM3	2	32	36	25	5	12	112
	合计		5	43	48	36	6	19	157
	春季	Tch1	0	21	15	7	0	2	45
		Tch2	0	19	20	11	0	0	50
		Tch3	0	22	26	5	0	2	55
		Tch7	5	45	15	25	0	4	94
		Tch8	4	40	22	15	0	3	84
		Tch10	3	33	15	10	0	3	64
		Tch11	1	29	15	15	0	1	61
		Tch12	0	14	12	5	0	1	32
		Tch13	2	15	12	7	0	1	37
		Tch14	1	24	21	5	0	1	52
		Tch15	6	32	21	12	0	2	73
	冬季	Tch6	6	19	12	10	0	1	48
	合计		15	125	91	85	6	28	350

续表 16-2

底质	季节	断面	藻类	多毛类	软体动物	甲壳动物	棘皮动物	其他生物	合计
红树林区	夏季	Tch4	0	13	9	6	0	1	29
		Tch5	0	13	9	7	0	2	31
		合计	0	22	14	8	0	3	47
	春季	Tch9	2	29	21	13	0	3	68
	合计		2	42	28	21	0	2	95
总计			40	150	129	102	20	40	481

16.3.2　优势种和主要种

根据数量和出现率，同安湾滨海湿地潮间带大型底栖生物优势种和主要种有珊瑚藻、无柄珊瑚藻、羊栖菜、鼠尾藻、黑荞麦蛤、僧帽牡蛎、棘刺牡蛎、敦氏猿头蛤、履瓦小蛇螺、疣荔枝螺、日本菊花螺、白脊藤壶、鳞笠藤壶、小相手蟹、浒苔、扁浒苔（*Enteromorpha compressa*）、缘管浒苔、梳鳃虫、似蛰虫、多鳃齿吻沙蚕、寡鳃齿吻沙蚕、腺带刺沙蚕、丝鳃稚齿虫、奇异稚齿虫、中蚓虫、巴林虫、四索沙蚕、索沙蚕、长吻吻沙蚕、不倒翁虫、泥蚶、凸壳肌蛤、彩虹明樱蛤、青蛤、绿雪蛤（*Clausinella chlorotica*）、光滑河蓝蛤、中国绿螂、渤海鸭嘴蛤、珠带拟蟹守螺、古氏滩栖螺、短拟沼螺、秀丽织纹螺、织纹螺、哥伦比亚刀钩虾、畸形链肢虫、日本大螯蜚、塞切尔泥钩虾、大蝶赢蜚、薄片蜾蠃蜚、弧边招潮、淡水泥蟹、模糊新短眼蟹、秀丽长方蟹、日本大眼蟹和明秀大眼蟹等。

16.4　数量时空分布

16.4.1　数量组成与季节变化

同安湾滨海湿地岩石滩潮间带大型底栖生物夏季和冬季平均生物量为 1 588.87 g/m^2，平均栖息密度为 2 825 个/m^2。生物量以软体动物居第一位（855.10 g/m^2），甲壳动物居第二位（712.69 g/m^2）；栖息密度以甲壳动物居第一位（1 436 个/m^2），软体动物居第二位（1 161 个/m^2）。各断面各类群数量组成见表 16-3。数量季节变化，生物量以夏季（1 744.70 g/m^2）大于冬季（1 433.03 g/m^2），栖息密度则以冬季（2 910 个/m^2）大于夏季（2 741 个/m^2）。各断面各类群数量组成与季节变化见表 16-3。

表 16-3　同安湾滨海湿地岩石滩潮间带大型底栖生物数量组成与季节变化

数量	季节	断面	藻类	多毛类	软体动物	甲壳动物	棘皮动物	其他生物	合计
生物量 (g/m^2)	夏季	XR7A	11.38	4.16	889.32	988.50	0.77	1.30	1 895.43
		XR7B	5.99	3.11	1 084.48	499.56	0.21	0.59	1 593.94
		平均	8.69	3.64	986.90	744.03	0.49	0.95	1 744.70
	冬季	XR7A	30.35	3.09	407.59	878.98	0.51	3.00	1 323.52
		XR7B	16.85	2.20	1 039.01	483.71	0.05	0.70	1 542.52
		平均	23.60	2.65	723.30	681.35	0.28	1.85	1 433.03
	平均		16.15	3.14	855.10	712.69	0.39	1.40	1 588.87

续表 16-3

数量	季节	断面	藻类	多毛类	软体动物	甲壳动物	棘皮动物	其他生物	合计
密度（g/m²）	夏季	XR7A	—	401	613	2 500	52	22	3 588
		XR7B	—	102	607	1 157	11	14	1 891
		平均	—	252	610	1 829	32	18	2 741
	冬季	XR7A	—	84	2 068	800	27	15	2 994
		XR7B	—	151	1 356	1 287	3	27	2 824
		平均	—	118	1 712	1 044	15	21	2 910
	平均		—	185	1 161	1 436	23	20	2 825

同安湾滨海湿地泥沙滩潮间带大型底栖生物春季、秋季和冬季平均生物量为85.98 g/m²，平均栖息密度为345 个/m²。生物量以软体动物居第一位（64.15 g/m²），甲壳动物居第二位（9.75 g/m²）；栖息密度以软体动物居第一位（199 个/m²），多毛类居第二位（89 个/m²）。各断面各类群数量组成见表 16-4。数量季节变化，生物量从高到低依次为秋季（118.23 g/m²）、春季（93.32 g/m²）、冬季（46.39 g/m²）；栖息密度从高到低依次为春季（527 个/m²）、秋季（358 个/m²）、冬季（149 个/m²）。各断面各类群数量组成与季节变化见表 16-4。

表 16-4　同安湾滨海湿地泥沙滩潮间带大型底栖生物数量组成与季节变化

数量	季节	断面	藻类	多毛类	软体动物	甲壳动物	棘皮动物	其他生物	合计
生物量（g/m²）	春季	TM2	0	7.01	189.64	23.04	0	3.80	223.49
		TM3	0	13.08	46.53	23.77	0.08	4.22	87.68
		Tch1	0	2.10	9.84	9.36	0	1.33	22.63
		Tch2	0	2.28	89.10	2.58	0	0	93.96
		Tch3	0	2.08	28.57	4.17	0	2.21	37.03
		Tch7	0	5.77	13.95	3.86	0	0.52	24.10
		Tch8	2.86	5.13	122.86	6.17	0	3.67	140.69
		Tch10	0.50	4.05	16.76	22.18	0	0.15	43.64
		Tch11	0.01	2.59	14.52	10.09	0	0.02	27.23
		Tch12	0	3.05	104.59	0.60	0	0.13	108.37
		Tch13	9.11	2.89	190.59	6.41	0	0.01	209.01
		Tch14	0.08	4.02	18.50	14.30	0	0.40	37.30
		Tch15	43.98	2.90	109.33	1.72	0	0.07	158.00
		平均	4.35	4.38	73.44	9.87	0.01	1.27	93.32
	秋季	TM2	0	3.05	119.50	4.93	0	1.02	128.50
		TM3	0	3.54	66.58	23.71	5.51	8.62	107.96
		平均	0	3.30	93.04	14.32	2.75	4.82	118.23
	冬季	Tch6	14.34	1.02	25.96	5.06	0	0.01	46.39
	平均		6.23	2.90	64.15	9.75	0.92	2.03	85.98

续表 16-4

数量	季节	断面	藻类	多毛类	软体动物	甲壳动物	棘皮动物	其他生物	合计
密度（个/m²）	春季	TM2	—	87	1 604	42	0	5	1 738
		TM3	—	209	169	54	0	5	437
		Tch1	—	56	28	7	0	4	95
		Tch2	—	48	89	11	0	0	148
		Tch3	—	54	111	19	0	3	187
		Tch7	—	339	153	194	0	2	688
		Tch8	—	421	594	40	0	2	1 057
		Tch10	—	304	78	34	0	14	430
		Tch11	—	233	54	66	0	5	358
		Tch12	—	62	348	57	0	0	467
		Tch13	—	69	203	13	0	0	285
		Tch14	—	231	84	19	0	0	334
		Tch15	—	208	282	126	0	16	632
		平均	—	179	292	52	0	4	527
	秋季	TM2	—	40	370	48	0	3	461
		TM3	—	47	112	78	4	12	253
		平均	—	44	241	63	2	8	358
	冬季	Tch6	—	44	64	40	0	1	149
	平均		—	89	199	52	1	4	345

同安湾滨海湿地红树林区潮间带大型底栖生物春季和夏季平均生物量为69.26 g/m²，平均栖息密度为579个/m²。生物量以软体动物居第一位（53.57 g/m²），甲壳动物居第二位（11.20 g/m²）；栖息密度以软体动物居第一位（430个/m²），多毛类居第二位（102个/m²）。各断面各类群数量组成见表16-5。数量季节变化，生物量以春季（77.79 g/m²）大于夏季（60.72 g/m²）；栖息密度同样以春季（1 011个/m²）大于夏季（146个/m²）。各断面各类群数量组成与季节变化见表16-5。

表 16-5 同安湾滨海湿地红树林区潮间带大型底栖生物数量组成与季节变化

数量	季节	断面	多毛类	软体动物	甲壳动物	棘皮动物	其他生物	合计
生物量（g/m²）	夏季	Tch4	2.77	59.95	7.73	0	0.12	70.57
		Tch5	1.70	12.38	31.85	0	4.92	50.85
		平均	2.24	36.17	19.79	0	2.52	60.72
	春季	Tch9	4.18	70.97	2.60	0	0.04	77.79
	平均		3.21	53.57	11.20	0	1.28	69.26
密度（个/m²）	夏季	Tch4	80	52	13	0	4	149
		Tch5	42	45	55	0	2	144
		平均	60	49	34	0	3	146
	春季	Tch9	144	810	56	0	1	1 011
	平均		102	430	45	0	2	579

16.4.2 数量分布

同安湾滨海湿地岩石滩潮间带大型底栖生物数量垂直分布，夏季和冬季生物量 XR7A 断面从高到低依次为中潮区（3 311.46 g/m^2）、低潮区（1 491.14 g/m^2）、高潮区（25.80 g/m^2）；栖息密度同样从高到低依次为中潮区（8 091 个/m^2）、低潮区（1 542 个/m^2）、高潮区（240 个/m^2），生物量和栖息密度均从高到低依次为中潮区最大。XR7B 断面从高到低依次为低潮区（2 691.72 g/m^2）、中潮区（1 954.84 g/m^2）、高潮区（58.12 g/m^2）；栖息密度从高到低依次为中潮区（5 185 个/m^2）、低潮区（1 636 个/m^2）、高潮区（252 个/m^2），生物量和栖息密度均以高潮区最小。各断面不同季节数量垂直分布见表 16-6 和表 16-7。

表 16-6 同安湾滨海湿地岩石滩潮间带大型底栖生物生物量垂直分布 单位：g/m^2

断面	季节	潮区	藻类	多毛类	软体动物	甲壳动物	棘皮动物	其他生物	合计
XR7A	夏季	高潮区	0	0	19.28	0	0	0	19.28
		中潮区	3.25	2.48	856.99	2 949.65	0.08	0.37	3 812.82
		低潮区	30.88	10.00	1 791.68	15.84	2.24	3.52	1 854.16
		平均	11.38	4.16	889.32	988.50	0.77	1.30	1 895.43
	冬季	高潮区	0	0	32.32	0	0	0	32.32
		中潮区	18.73	4.63	720.20	2 065.29	0.61	0.64	2 810.10
		低潮区	72.32	4.64	470.24	571.64	0.92	8.36	1 128.12
		平均	30.35	3.09	407.59	878.98	0.51	3.00	1 323.52
	平均	高潮区	0	0	25.80	0	0	0	25.80
		中潮区	10.99	3.55	788.59	2 507.47	0.35	0.51	3 311.46
		低潮区	51.60	7.32	1 130.96	293.74	1.58	5.94	1 491.14
		平均	20.86	3.62	648.45	933.74	0.64	2.15	1 609.46
XR7B	夏季	高潮区	0	0	50.12	0	0	0	50.12
		中潮区	12.37	0.53	541.39	1 486.51	0	0.32	2 041.12
		低潮区	5.60	8.80	2 661.92	12.16	0.64	1.44	2 690.56
		平均	5.99	3.11	1 084.48	499.56	0.21	0.59	1 593.94
	冬季	高潮区	46.88	0	19.24	0	0	0	66.12
		中潮区	3.60	2.67	963.39	898.08	0	0.83	1 868.57
		低潮区	0.08	3.92	2 134.40	553.04	0.16	1.28	2 692.88
		平均	16.85	2.20	1 039.01	483.71	0.05	0.70	1 542.52
	平均	高潮区	23.44	0	34.68	0	0	0	58.12
		中潮区	7.99	1.60	752.39	1 192.29	0	0.57	1 954.84
		低潮区	2.84	6.36	2 398.16	282.60	0.40	1.36	2 691.72
		平均	11.42	2.65	1 061.74	491.63	0.13	0.64	1 568.21

表 16-7　同安湾滨海湿地岩石滩潮间带大型底栖生物栖息密度垂直分布　单位：个/m^2

断面	季节	潮区	多毛类	软体动物	甲壳动物	棘皮动物	其他生物	合计
XR7A	夏季	高潮区	0	256	0	0	0	256
		中潮区	339	912	7 451	5	27	8 734
		低潮区	864	672	48	152	40	1 776
		平均	401	613	2 500	52	22	3 588
	冬季	高潮区	0	224	0	0	0	224
		中潮区	105	5 748	1 551	29	16	7 449
		低潮区	148	232	848	52	28	1 308
		平均	84	2 068	800	27	15	2 994
	平均	高潮区	0	240	0	0	0	240
		中潮区	222	3 330	4 501	17	21	8 091
		低潮区	506	452	448	102	34	1 542
		平均	243	1 341	1 650	40	18	3 292
XR7B	夏季	高潮区	0	344	0	0	0	344
		中潮区	51	677	3 392	0	11	4 131
		低潮区	256	800	80	32	32	1 200
		平均	102	607	1 157	11	14	1 891
	冬季	高潮区	0	160	0	0	0	160
		中潮区	237	3 525	2 429	0	48	6 239
		低潮区	216	384	1 432	8	32	2 072
		平均	151	1 356	1 287	3	27	2 824
	平均	高潮区	0	252	0	0	0	252
		中潮区	144	2 101	2 911	0	29	5 185
		低潮区	236	592	756	20	32	1 636
		平均	127	982	1 222	7	20	2 358

1992 年秋季和 1993 年春季，同安湾滨海湿地 TM2 断面泥沙滩潮间带大型底栖生物数量垂直分布，春季生物量从高到低依次为中潮区（592.35 g/m^2）、高潮区（55.78 g/m^2）、低潮区（22.32 g/m^2）；栖息密度从高到低依次为中潮区（4 862 个/m^2）、低潮区（196 个/m^2）、高潮区（154 个/m^2），生物量和栖息密度均以中潮区较大。秋季生物量从高到低依次为中潮区（359.62 g/m^2）、高潮区（19.02 g/m^2）、低潮区（6.86 g/m^2）；栖息密度从高到低依次为中潮区（1 191 个/m^2）、高潮区（142 个/m^2）、低潮区（49 个/m^2），生物量和栖息密度均以中潮区较大。各断面数量垂直分布见表 16-8。

表 16-8　同安湾滨海湿地泥沙滩 TM2 断面潮间带大型底栖生物数量垂直分布

数量	季节	潮区	多毛类	软体动物	甲壳动物	棘皮动物	其他生物	合计
生物量（g/m^2）	春季	高潮区	3.40	21.28	28.66	0	2.44	55.78
		中潮区	11.83	535.38	38.93	0	6.21	592.35
		低潮区	5.80	12.26	1.52	0	2.74	22.32
		平均	7.01	189.64	23.04	0	3.80	223.49
	秋季	高潮区	0.96	11.56	5.44	0	1.06	19.02
		中潮区	7.06	346.37	5.55	0	0.64	359.62
		低潮区	1.12	0.57	3.80	0	1.37	6.86
		平均	3.05	119.50	4.93	0	1.02	128.50

续表 16-8

数量	季节	潮区	多毛类	软体动物	甲壳动物	棘皮动物	其他生物	合计
密度（个/m^2）	春季	高潮区	28	48	76	0	2	154
		中潮区	111	4 709	37	0	5	4 862
		低潮区	122	54	12	0	8	196
		平均	87	1 604	42	0	5	1 738
	秋季	高潮区	36	30	72	0	4	142
		中潮区	63	1 076	49	0	3	1 191
		低潮区	20	3	24	0	2	49
		平均	40	370	48	0	3	461

1992 年秋季和 1993 年春季，同安湾滨海湿地 TM3 断面泥沙滩潮间带大型底栖生物数量垂直分布，春季生物量从高到低依次为低潮区（138.86 g/m^2）、中潮区（83.66 g/m^2）、高潮区（40.52 g/m^2）；栖息密度从高到低依次为低潮区（580 个/m^2）、高潮区（456 个/m^2）、中潮区（275 个/m^2），生物量和栖息密度均以低潮区较大。秋季生物量从高到低依次为高潮区（194.38 g/m^2）、中潮区（88.63 g/m^2）、低潮区（40.86 g/m^2）；栖息密度从高到低依次为高潮区（414 个/m^2）、中潮区（225 个/m^2）、低潮区（120 个/m^2），生物量和栖息密度均以高潮区较大。各断面数量垂直分布见表 16-9。

表 16-9　同安湾滨海湿地泥沙滩 TM3 断面潮间带大型底栖生物数量垂直分布

数量	季节	潮区	藻类	多毛类	软体动物	甲壳动物	棘皮动物	其他生物	合计
生物量（g/m^2）	春季	高潮区	0	13.00	16.08	9.56	0	1.88	40.52
		中潮区	0	9.00	51.51	15.63	0	7.52	83.66
		低潮区	0	17.24	72.00	46.13	0.24	3.25	138.86
		平均	0	13.08	46.53	23.77	0.08	4.22	87.68
	秋季	高潮区	0	3.80	137.92	32.52	0	20.14	194.38
		中潮区	0	4.40	56.95	26.05	0	1.23	88.63
		低潮区	0.01	2.42	4.86	12.57	16.52	4.48	40.86
		平均	0	3.54	66.58	23.71	5.51	8.62	107.96
密度（个/m^2）	春季	高潮区	0	268	124	56	0	8	456
		中潮区	0	111	104	55	0	5	275
		低潮区	0	247	279	51	1	2	580
		平均	0	209	169	54	0	5	437
	秋季	高潮区	0	56	260	86	0	12	414
		中潮区	0	52	49	107	0	17	225
		低潮区	0	33	26	41	13	7	120
		平均	0	47	112	78	4	12	253

同安湾滨海湿地泥沙滩潮间带大型底栖生物数量垂直分布，生物量从高到低依次为中潮区（234.53 g/m^2）、低潮区（36.75 g/m^2）、高潮区（20.51 g/m^2）；栖息密度同样从高到低依次为中潮区（700 个/m^2）、低潮区（474 个/m^2）、高潮区（80 个/m^2），生物量和栖息密度均以中潮区最大，高潮区最小。各断面数量垂直分布见表 16-10 和表 16-11。

表 16-10　同安湾滨海湿地泥沙滩潮间带大型底栖生物生物量垂直分布　单位：g/m²

潮区	断面	藻类	多毛类	软体动物	甲壳动物	棘皮动物	其他生物	合计
高潮区	Tch10	0	0	2.48	0	0	0	2.48
	Tch11	0	0	29.84	0	0	0	29.84
	Tch12	0	0	27.68	0	0	0	27.68
	Tch13	0	0	17.68	0	0	0	17.68
	Tch14	0	0	9.76	0	0	0	9.76
	Tch15	0	0	35.60	0	0	0	35.60
	平均	0	0	20.51	0	0	0	20.51
中潮区	Tch10	1.25	6.63	36.72	19.49	0	0.37	64.46
	Tch11	0	4.68	12.21	14.20	0	0.01	31.10
	Tch12	0	4.80	233.38	1.73	0	0.40	240.31
	Tch13	27.33	6.24	553.69	15.47	0	0.03	602.76
	Tch14	0.25	4.53	37.47	14.71	0	1.20	58.16
	Tch15	131.93	1.33	273.19	3.84	0	0.08	410.37
	平均	26.80	4.70	191.11	11.57	0	0.35	234.53
低潮区	Tch10	0.24	5.52	11.08	47.04	0	0.08	63.96
	Tch11	0.04	3.08	1.52	16.08	0	0.04	20.76
	Tch12	0	4.36	52.72	0.08	0	0	57.16
	Tch13	0	2.44	0.40	3.76	0	0	6.60
	Tch14	0	7.52	8.28	28.18	0	0	43.98
	Tch15	0	7.36	19.20	1.32	0	0.12	28.00
	平均	0.05	5.05	15.53	16.08	0	0.04	36.75

表 16-11　同安湾滨海湿地泥沙滩潮间带大型底栖生物栖息密度垂直分布　单位：个/m²

潮区	断面	多毛类	软体动物	甲壳动物	棘皮动物	其他生物	合计
高潮区	Tch10	0	24	0	0	0	24
	Tch11	0	72	0	0	0	72
	Tch12	0	88	0	0	0	88
	Tch13	0	96	0	0	0	96
	Tch14	0	64	0	0	0	64
	Tch15	0	136	0	0	0	136
	平均	0	80	0	0	0	80
中潮区	Tch10	515	137	53	0	27	732
	Tch11	331	77	153	0	4	565
	Tch12	79	847	148	0	1	1 075
	Tch13	64	509	32	0	1	606
	Tch14	133	121	16	0	1	271
	Tch15	167	679	81	0	19	946
	平均	215	395	81	0	9	700

续表 16-11

潮区	断面	多毛类	软体动物	甲壳动物	棘皮动物	其他生物	合计
低潮区	Tch10	396	72	48	0	16	532
	Tch11	368	12	44	0	12	436
	Tch12	108	108	24	0	0	240
	Tch13	144	4	8	0	0	156
	Tch14	560	68	40	0	0	668
	Tch15	456	32	296	0	28	812
	平均	339	49	77	0	9	474

同安湾滨海湿地红树林区潮间带大型底栖生物数量垂直分布，Tch9 断面生物量从高到低依次为低潮区（184.32 g/m²）、中潮区（44.53 g/m²）、高潮区（4.56 g/m²）；栖息密度同样从高到低依次为低潮区（2 476 个/m²）、中潮区（541 个/m²）、高潮区（16 个/m²）。生物量和栖息密度均以低潮区较大高潮区最小。Tch4 断面生物量从高到低依次为高潮区（142.28 g/m²）、低潮区（38.56 g/m²）、中潮区（30.88 g/m²）；栖息密度从高到低依次为低潮区（240 个/m²）、高潮区（132 个/m²）、中潮区（76 个/m²）。Tch5 断面生物量从高到低依次为高潮区（97.48 g/m²）、中潮区（32.99 g/m²）、低潮区（27.00 g/m²）；栖息密度从高到低依次为低潮区（138 个/m²）、高潮区（124 个/m²）、中潮区（120 个/m²）。生物量以低潮区较小，栖息密度以中潮区较小（表 16-12）。

表 16-12　同安湾滨海湿地红树林区潮间带大型底栖生物数量垂直分布

潮区	断面	数量	藻类	多毛类	软体动物	甲壳动物	棘皮动物	其他生物	合计
高潮区	Tch4	生物量（g/m²）	0	0.52	122.40	19.08	0	0.28	142.28
		密度（个/m²）	—	44	68	16	0	4	132
	Tch5	生物量（g/m²）	0	1.52	1.24	80.72	0	14	97.48
		密度（个/m²）	—	8	4	108	0	4	124
	Tch9	生物量（g/m²）	0	0	4.56	0	0	0	4.56
		密度（个/m²）	—	0	16	0	0	0	16
中潮区	Tch4	生物量（g/m²）	0	2.48	27.40	1.00	0	0	30.88
		密度（个/m²）	—	32	33	11	0	0	76
	Tch5	生物量（g/m²）	0	1.49	19.20	11.55	0	0.75	32.99
		密度（个/m²）	—	61	35	21	0	3	120
	Tch9	生物量（g/m²）	0.01	5.99	34.92	3.49	0	0.12	44.53
		密度（个/m²）	—	271	139	128	0	3	541
低潮区	Tch4	生物量（g/m²）	0	5.32	30.04	3.12	0	0.08	38.56
		密度（个/m²）	—	164	56	12	0	8	240
	Tch5	生物量（g/m²）	0	2.08	16.72	3.28	0	4.92	27.00
		密度（个/m²）	—	56	44	36	0	2	138
	Tch9	生物量（g/m²）	0	6.56	173.44	4.32	0	0	184.32
		密度（个/m²）	—	160	2 276	40	0	0	2 476

16.4.3　饵料生物

同安湾滨海湿地潮间带大型底栖生物饵料水平分级平均为Ⅴ级，其中软体动物和甲壳动物较高，均达Ⅴ级；多毛类、棘皮动物和其他生物较低，均为Ⅰ级。不同底质类型比较，岩石滩、泥沙滩和红树林区相近，均为Ⅴ级。冬季泥沙滩潮间带大型底栖生物饵料水平分级较低，仅为Ⅳ级。岩石滩潮间带大型底栖生物饵料水平分级以软体动物和甲壳动物较高，均达Ⅴ级；多毛类、棘皮动物和其他生物较低，均为Ⅰ级。泥沙滩潮间带大型底栖生物饵料水平分级以软体动物较高，达Ⅴ级；多毛类、棘皮动物和其他生物较低，均为Ⅰ级。红树林区潮间带大型底栖生物饵料水平分级以软体动物较高，达Ⅴ级；藻类、多毛类、棘皮动物和其他生物较低，均为Ⅰ级。不同底质类型潮间带大型底栖生物饵料水平分级季节变化见表16-13。

表16-13　同安湾滨海湿地潮间带大型底栖生物饵料水平分级

底质	季节	藻类	多毛类	软体动物	甲壳动物	棘皮动物	其他生物	评价标准
岩石滩	夏季	Ⅱ	Ⅰ	Ⅴ	Ⅴ	Ⅰ	Ⅰ	Ⅴ
	冬季	Ⅲ	Ⅰ	Ⅴ	Ⅴ	Ⅰ	Ⅰ	Ⅴ
	平均	Ⅲ	Ⅰ	Ⅴ	Ⅴ	Ⅰ	Ⅰ	Ⅴ
泥沙滩	春季	Ⅰ	Ⅰ	Ⅴ	Ⅱ	Ⅰ	Ⅰ	Ⅴ
	秋季	Ⅰ	Ⅰ	Ⅴ	Ⅲ	Ⅰ	Ⅰ	Ⅴ
	冬季	Ⅲ	Ⅰ	Ⅳ	Ⅱ	Ⅰ	Ⅰ	Ⅳ
	平均	Ⅱ	Ⅰ	Ⅴ	Ⅱ	Ⅰ	Ⅰ	Ⅴ
红树林区	春季	Ⅰ	Ⅰ	Ⅴ	Ⅰ	Ⅰ	Ⅰ	Ⅴ
	夏季	Ⅰ	Ⅰ	Ⅳ	Ⅲ	Ⅰ	Ⅰ	Ⅴ
	平均	Ⅰ	Ⅰ	Ⅴ	Ⅲ	Ⅰ	Ⅰ	Ⅴ
平均		Ⅱ	Ⅰ	Ⅴ	Ⅴ	Ⅰ	Ⅰ	Ⅴ

16.5　群落

16.5.1　群落类型

同安湾滨海湿地潮间带大型底栖生物群落按地点和底质类型分为：

（1）凤林红树林区群落。高潮区：粗糙滨螺—小头虫—珠带拟蟹守螺带；中潮区：珠带拟蟹守螺—新对虾（*Metapenaeus* sp.）—青蛤—索沙蚕带；低潮区：双唇索沙蚕—丝鳃稚齿虫—刀明樱蛤带。

（2）高崎机场泥沙滩群落。高潮区：粗糙滨螺—黑口滨螺带；中潮区：梳鳃虫—珠带拟蟹守螺—凸壳肌蛤带；低潮区：似蛰虫—畸形链肢虫—塞切尔泥钩虾带。

（3）丙洲泥沙滩群落。高潮区：粗糙滨螺—黑口滨螺带；中潮区：丝鳃稚齿虫—光滑河蓝蛤—凸壳肌蛤带；低潮区：腺带刺沙蚕—泥蚶—薄片蜾蠃蜚带。

（4）鳄鱼屿泥沙滩群落，高潮区：粗糙滨螺—黑口滨螺带；中潮区：缘管浒苔—中蚓虫—古氏滩栖螺—施氏玻璃钩虾带；低潮区：索沙蚕—哥伦比亚刀钩虾—盾管星虫（*Aspidosiphon* sp.）带。

（5）桂圆泥沙滩群落。高潮区：粗糙滨螺—纹藤壶带；中潮区：浒苔—四索沙蚕—珠带拟蟹守螺—明秀大眼蟹带；低潮区：长锥虫—凸壳肌蛤—模糊新短眼蟹带。

（6）岩石滩群落。高潮区：粗糙滨螺—黑口滨螺带；中潮区：肩裂黑顶藻—黑荞麦蛤—鳞笠藤壶—白脊藤壶—近辐蛇尾带；低潮区：瓦氏马尾藻—侧口乳蛰虫—双纹须蚶—敦氏猿头蛤—三角藤壶带。

16.5.2　群落结构

（1）凤林红树林区群落。该群落所处滩面长度约 3 550 m，底质类型高潮区和中潮区主要由泥沙组成，且覆盖白骨壤，高度多在 1 m 左右，面积大约有 5.3 hm^2；中潮区下层和低潮区由黏土质粉砂组成。

高潮区：粗糙滨螺—小头虫—珠带拟蟹守螺带。该潮区下层代表种粗糙滨螺，生物量和栖息密度分别为 4.60 g/m^2 和 12 个/m^2。小头虫，从该潮区可以分布延伸至低潮区，栖息密度以本区为高，为 32 个/m^2，生物量以低潮区为高，为 2.80 g/m^2。珠带拟蟹守螺，从该潮区下层分布延伸至低潮区上层，在本区的生物量和栖息密度分别为 44.72 g/m^2 和 60 个/m^2。

中潮区：珠带拟蟹守螺—新对虾—青蛤—索沙蚕带。该潮区代表种为珠带拟蟹守螺，从该潮区分布延伸至低潮区上层，在本区的最大生物量和栖息密度分别为 47.84 g/m^2 和 52 个/m^2。新对虾从该潮区可以延伸至低潮区上层，在本区的生物量和栖息密度分别为 38.16 g/m^2 和 32 个/m^2。青蛤，仅在本区出现，虽栖息密度不高，但生物量达 75.36 g/m^2。索沙蚕，仅在本区出现，个体小，生物量不大，栖息密度为 32 个/m^2。其他主要种和习见种有不倒翁虫、短拟沼螺、纵带滩栖螺、绿雪蛤、弧边招潮、扁平拟闭口蟹和淡水泥蟹等。

低潮区：双唇索沙蚕—丝鳃稚齿虫—刀明樱蛤带。该潮区代表种双唇索沙蚕，仅在本区出现，个体小，生物量不大，栖息密度为 88 个/m^2。丝鳃稚齿虫，个体小，生物量也不大，栖息密度为 32 个/m^2。刀明樱蛤，数量不高，其生物量和栖息密度分别仅为 0.24 g/m^2 和 4 个/m^2。其他主要种和习见种有背褶沙蚕、斑角吻沙蚕（*Goniada maculata*）、异足索沙蚕、毡毛岩虫、珠带拟蟹守螺、明秀大眼蟹等（图 16-2）。

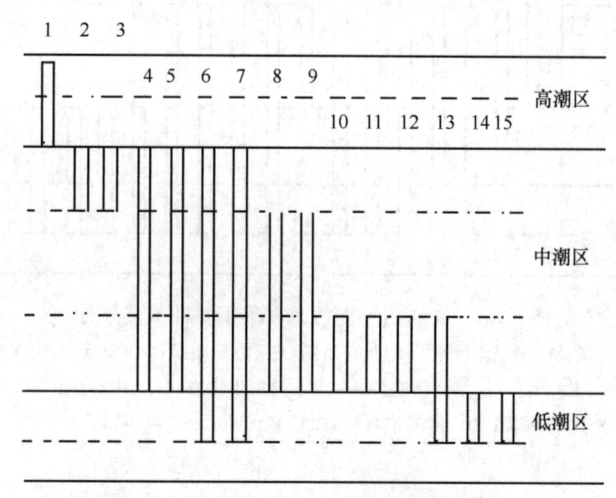

图 16-2　凤林红树林区群落主要种垂直分布

1. 粗糙滨螺；2. 彩虹明樱蛤；3. 青蛤；4. 小头虫；5. 短拟沼螺；6. 新对虾；7. 珠带拟蟹守螺；8. 纵带滩栖螺；9. 索沙蚕；10. 绿雪蛤；11. 不倒翁虫；12. 弧边招潮；13. 刀明樱蛤；14. 丝鳃稚齿虫；15. 双唇索沙蚕

（2）高崎机场泥沙滩群落。该群落所处滩面长度为 800~1 000 m，底质类型高潮区石堤，中潮区至低潮区主要由软泥组成，滩面有菲律宾蛤仔养殖。

高潮区：粗糙滨螺—黑口滨螺带。该潮区代表种粗糙滨螺的生物量和栖息密度分别为 12.80 g/m² 和 128 个/m²。定性可以采集到黑口滨螺等。

中潮区：梳鳃虫—珠带拟蟹守螺—凸壳肌蛤带。该潮区优势种为梳鳃虫，从该潮区分布延伸至低潮区上层，在本区的最大生物量和栖息密度分别为 1.20 g/m² 和 152 个/m²。优势种珠带拟蟹守螺，在该潮区上层的生物量和栖息密度分别为 21.00 g/m² 和 80 个/m²；中层分别为 9.76 g/m² 和 40 个/m²；下层分别为 7.52 g/m² 和 8 个/m²。优势种凸壳肌蛤，仅分布在该潮区上层，生物量和栖息密度分别为 44.72 g/m² 和 792 个/m²。其他主要种和习见种有锐足全刺沙蚕（*Nectoneanthes oxypoda*）、长吻吻沙蚕、多鳃齿吻沙蚕、越南锥头虫（*Orbinia vietnamensis*）、丝鳃稚齿虫、中蚓虫、四索沙蚕、不倒翁虫、金星蝶铰蛤、短拟沼螺、织纹螺、博氏双眼钩虾、双凹鼓虾、齿腕拟盲蟹和异蚓虫等。其中在该潮区中层，养殖的菲律宾蛤仔生物量和栖息密度分别达 954.64 g/m² 和 10 336 个/m²。

低潮区：似蛰虫—畸形链肢虫—塞切尔泥钩虾带。该潮区代表种似蛰虫从中潮区可延伸至此，数量以本区为大，生物量和栖息密度分别达 2.24 g/m² 和 112 个/m²。畸形链肢虫，仅在本区出现，个体小，生物量和栖息密度分别为 0.24 g/m² 和 196 个/m²。塞切尔泥钩虾，仅在本区出现，个体小，生物量和栖息密度分别仅为 0.44 g/m² 和 184 个/m²。其他主要种和习见种有纵条肌海葵（*Haliplanella luciae*）、小健足虫（*Micropodarke* sp.）、背褶沙蚕、独指虫、独毛虫、西方似蛰虫（*Amaeana occidentalis*）、杯尾水虱（*Cythura* sp.）、博氏双眼钩虾、弯指伊氏钩虾、日本大螯蜚和鞭碗虾等（图 16-3）。

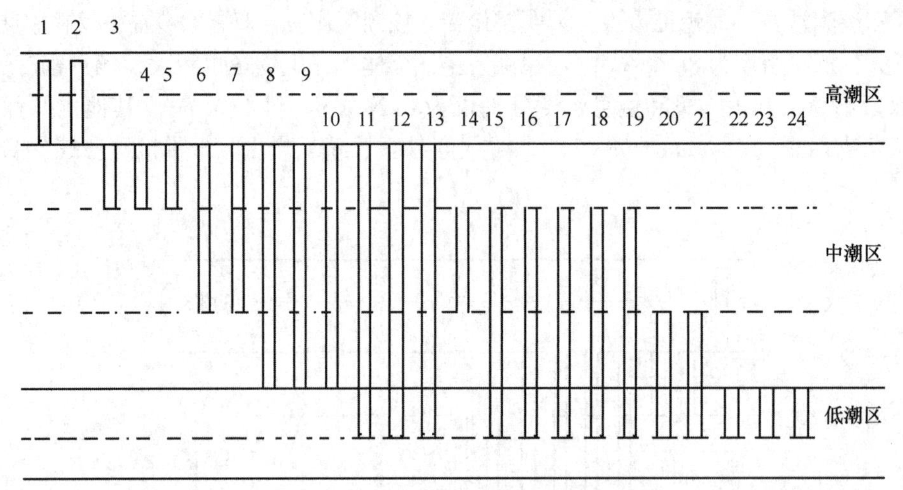

图 16-3　高崎机场泥沙滩群落主要种垂直分布

1. 粗糙滨螺；2. 黑口滨螺；3. 异足索沙蚕；4. 凸壳肌蛤；5. 短拟沼螺；6. 锐足全刺沙蚕；7. 织纹螺；8. 长吻吻沙蚕；9. 珠带拟蟹守螺；10. 索沙蚕；11. 多鳃齿吻沙蚕；12. 丝鳃稚齿虫；13. 中蚓虫；14. 菲律宾蛤仔；15. 似蛰虫；16. 树蛰虫；17. 独毛虫；18. 大蝶赢蜚；19. 齿腕拟盲蟹；20. 梳鳃虫；21. 越南锥头虫；22. 畸形链肢虫；23. 塞切尔泥钩虾；24. 鞭碗虾

（3）丙洲泥沙滩群落。该群落所处滩面长度为 500～800 m，底质类型高潮区为石堤，中潮区主要由泥和软泥组成，低潮区为泥沙。滩面附近有围网、网箱养殖和吊养牡蛎等。

高潮区：粗糙滨螺—黑口滨螺带。该潮区代表种粗糙滨螺，生物量和栖息密度分别为 9.44 g/m² 和 40 个/m²，黑口滨螺的生物量和栖息密度分别为 18.20 g/m² 和 48 个/m²。

中潮区：丝鳃稚齿虫—光滑河蓝蛤—凸壳肌蛤带。该潮区优势种为丝鳃稚齿虫，从该潮区分布延伸至低潮区上层，在本区上层的生物量和栖息密度分别为 0.24 g/m² 和 20 个/m²；中层分别为 0.48 g/m²和 40 个/m²；下层分别为 0.44 g/m² 和 36 个/m²。优势种光滑河蓝蛤，仅在该潮区出现，在上层的生物量和栖息密度分别为 87.92 g/m² 和 80 个/m²；中层分别为 1.76 g/m² 和 32 个/m²；下层分别为 53.12 g/m² 和 804 个/m²。优势种凸壳肌蛤，在该潮区上层的生物量和栖息密度分别为 95.52 g/m² 和 236 个/m²；中层分别为 11.56 g/m² 和 52 个/m²；下层分别为 10.28 g/m² 和 52 个/m²。其他主要种和习见种有腺带刺沙蚕、长吻吻沙蚕、独毛虫、彩虹明樱蛤、短拟沼螺、珠带拟蟹守螺、明秀大眼蟹等。其中在该潮区，养殖的泥蚶生物量和栖息密度最高分别达 193.20 g/m² 和 64 个/m²。

低潮区：腺带刺沙蚕—泥蚶—薄片蜾蠃蜚带。该潮区代表种腺带刺沙蚕从中潮区可延伸至此，数量以本区为大，生物量和栖息密度分别达 0.76 g/m² 和 44 个/m²。泥蚶，从中潮区延伸分布至此，在本区的生物量和栖息密度分别为 41.52 g/m² 和 60 个/m²。薄片蜾蠃蜚，从中潮区可延伸至此，个体小，生物量和栖息密度分别仅为 0.04 g/m² 和 20 个/m²。其他主要种和习见种有长吻吻沙蚕、寡鳃齿吻沙蚕、丝鳃稚齿虫、独毛虫、索沙蚕、彩虹明樱蛤、刀明樱蛤、丽核螺和日本大螯蜚等（图 16-4）。

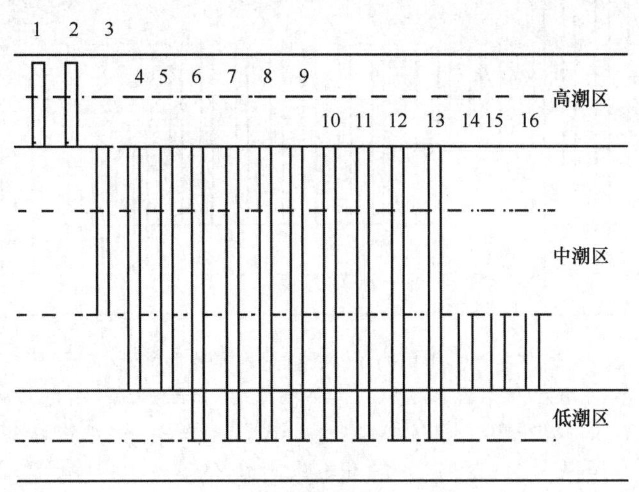

图 16-4　丙洲泥沙滩群落主要种垂直分布

1. 粗糙滨螺；2. 黑口滨螺；3. 短拟沼螺；4. 光滑河蓝蛤；5. 凸壳肌蛤；6. 泥蚶；7. 丝鳃稚齿虫；8. 彩虹明樱蛤；9. 独毛虫；10. 腺带刺沙蚕；11. 薄片蜾蠃蜚；12. 长吻吻沙蚕；13. 索沙蚕；14. 珠带拟蟹守螺；15. 明秀大眼蟹；16. 变态蟳

（4）鳄鱼屿泥沙滩群落。该群落所处滩面长度约 200 m，底质类型高潮区为石堤，中潮区上层为粗砂，中层为硬黄土，中潮区下层和低潮区由黏土质粉砂组成。滩面有围网养虾、网箱养殖等。

高潮区：粗糙滨螺—黑口滨螺带。该潮区代表种粗糙滨螺，仅在本区出现，生物量和栖息密度分别为 18.88 g/m² 和 96 个/m²。黑口滨螺，也仅在本区出现，生物量和栖息密度分别为 16.72 g/m² 和 40 个/m²。

中潮区：缘管浒苔—中蚓虫—古氏滩栖螺—施氏玻璃钩虾带。该区主要种为缘管浒苔，分布在本潮区上、中层，生物量分别为 0.40 g/m² 和 200.00 g/m²。中蚓虫，从中潮区下层延伸至低潮区上层，在中潮区的生物量和栖息密度分别为 0.32 g/m² 和 92 个/m²。优势种古氏滩栖螺与缘管浒苔和扁浒苔共栖，主要分布在中潮区中层，生物量和栖息密度分别高达 720.16 g/m² 和 1 664 个/m²。施氏玻璃钩虾，主要分布在中潮区上层，个体小生物量低，但栖息密度较大，在本区上层的生物量和栖息密度分别为 0.24 g/m² 和 96 个/m²。其他主要种和习见种有扁浒苔、寡节甘吻沙蚕、独指虫、丝鳃稚齿虫、独毛虫、索沙蚕、盾管星虫、凸壳肌蛤、刀明樱蛤、菲律宾蛤仔、粒花冠小月螺、珠带拟蟹守螺、纵带滩栖螺、秀丽织纹螺、日本菊花螺、光背团水虱（*Sphaeroma retrolaevis*）、强壮藻钩虾、下齿细螯蟹寄居蟹（*Clibanrius infraspinatus*）、弧边招潮和淡水泥蟹等。

低潮区：索沙蚕—哥伦比亚刀钩虾—盾管星虫带。该区代表种为索沙蚕，从中潮区下层延伸至低潮区，数量以本区为大，生物量和栖息密度分别为 1.40 g/m^2 和 112 个/m^2。哥伦比亚刀钩虾，个体小，生物量低，但栖息密度较大，从中潮区下层可延伸分布至本潮区，在本区的生物量和栖息密度分别为 0.08 g/m^2 和 276 个/m^2。盾管星虫，自中潮区分布至本区，在本区的生物量和栖息密度分别为 0.12 g/m^{2}和 28 个/m^2。其他主要种和习见种有寡节甘吻沙蚕、越南锥头虫、稚齿虫、刚鳃虫、中蚓虫、蛎敌荔枝螺（*Thais gradata*）、施氏玻璃钩虾、齿腕拟盲蟹和淡水泥蟹等（图 16-5）。

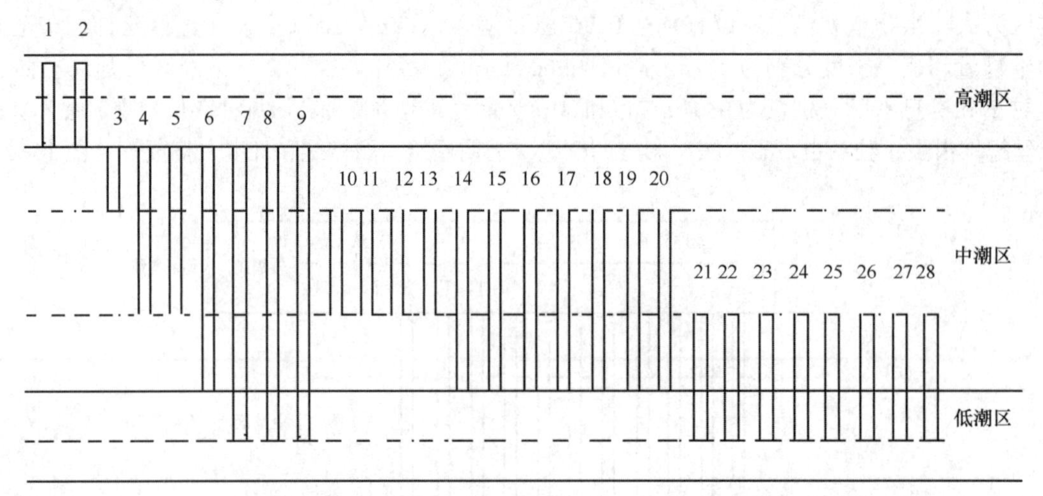

图 16-5　鳄鱼屿泥沙滩群落主要种垂直分布

1. 粗糙滨螺；2. 黑口滨螺；3. 弧边招潮；4. 扁浒苔；5. 缘管浒苔；6. 薄片蜾蠃蜚；7. 施氏玻璃钩虾；8. 寡节甘吻沙蚕；9. 独指虫；10. 古氏滩栖螺；11. 日本菊花螺；12. 强壮藻钩虾；13. 珠带拟蟹守螺；14. 纵带滩栖螺；15. 凸壳肌蛤；16. 粒花冠小月螺；17. 彩虹明樱蛤；18. 菲律宾蛤仔；19. 渤海鸭嘴蛤；20. 秀丽织纹螺；21. 淡水泥蟹；22. 索沙蚕；23. 盾管星虫；24. 腺带刺沙蚕；25. 长吻吻沙蚕；26. 丝鳃稚齿虫；27. 独毛虫；28. 中蚓虫

（5）桂圆泥沙滩群落。该群落所处滩面宽度约 350 m，底质类型高潮区为石堤，中潮区有呈斑块状的粗砂、硬泥、软泥且在上层夹有硬土块和砾石，低潮区主要为软泥。该断面底质类型复杂，滩面中潮区有竹条牡蛎养殖，低潮区有网箱养殖。

高潮区：粗糙滨螺—纹藤壶带。该潮区种类贫乏，代表种粗糙滨螺仅分布在本区，生物量和栖息密度分别为 9.36 g/m^2 和 64 个/m^2；纹藤壶分布在本区下层，生物量和栖息密度分别为 7.60 g/m^2 和 56 个/m^2。

中潮区：浒苔—四索沙蚕—珠带拟蟹守螺—明秀大眼蟹带。该潮区优势种为浒苔，在上、中层分布，宽度 80~100 m，覆盖度 30%~40%，厚度可达 1.5 cm，藻体长度可达 50~70 cm，最大生物量可达 99 g/m^2。四索沙蚕主要分布在潮区中、下层，在下层的生物量和栖息密度分别为 0.60 g/m^2 和 20 个/m^2；中层的生物量和栖息密度较低，分别为 0.08 g/m^2 和 4 个/m^2。优势种珠带拟蟹守螺分布整个中潮区，在中潮区的最大生物量和栖息密度分别为 34.52 g/m^2 和 84 个/m^2。明秀大眼蟹，主要分布在中潮区上层，生物量和栖息密度分别为 18.00 g/m^2 和 52 个/m^2。其他主要种和习见种有礁膜（*Monostroma nitidum*）、缘管浒苔、锐足全刺沙蚕、巴林虫、中蚓虫、青蛤、拟衣角蛤、纵带滩栖螺、秀丽织纹螺、清白招潮和淡水泥蟹等。

低潮区：长锥虫—凸壳肌蛤—模糊新短眼蟹带。该潮区主要种为长锥虫，仅在本区出现，在本区生物量和栖息密度分别为 0.24 g/m² 和 28 个/m²。凸壳肌蛤，也仅在本区出现，数量不高，在本区生物量和栖息密度分别为 0.04 g/m² 和 8 个/m²。模糊新短眼蟹，也仅在本区出现，生物量和栖息密度分别为 1.16 g/m² 和 20 个/m²。其他主要种和习见种有纵沟纽虫、长吻吻沙蚕、丝鳃稚齿虫、纳加索沙蚕、四索沙蚕、不倒翁虫、梳鳃虫、丽核螺、上野蜾蠃蜚等（图 16-6）。

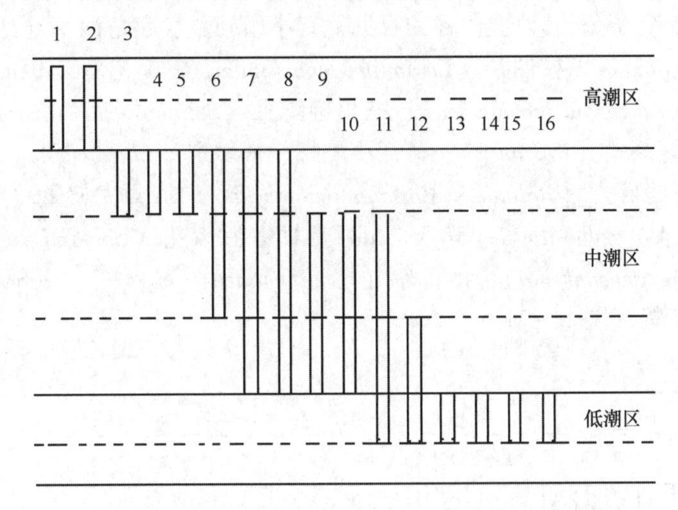

图 16-6　桂圆泥沙滩群落主要种垂直分布

1. 粗糙滨螺；2. 纹藤壶；3. 青蛤；4. 清白招潮；5. 明秀大眼蟹；6. 浒苔；7. 珠带拟蟹守螺；8. 纵带滩栖螺；9. 秀丽织纹螺；10. 淡水泥蟹；11. 四索沙蚕；12. 丝鳃稚齿虫；13. 长锥虫；14. 奇异稚齿虫；15. 丽核螺；16. 模糊新短眼蟹

（6）岩石滩群落。该群落所处滩面底质类型高潮区至低潮区由花岗岩组成。

高潮区：粗糙滨螺—黑口滨螺带。该潮区代表种为粗糙滨螺，在本区上层的生物量和栖息密度分别为 0.88 g/m² 和 16 个/m²，下层分别为 0.32 g/m² 和 8 个/m²。黑口滨螺，仅在本区出现，上层的生物量和栖息密度分别为 16.16 g/m² 和 96 个/m²，下层分别为 12.48 g/m² 和 64 个/m²。此外还有粒结节滨螺等。

中潮区：肩裂黑顶藻—黑荞麦蛤—鳞笠藤壶—白脊藤壶—近辐蛇尾带。特征种肩裂黑顶藻，仅分布在本区下层，生物量为 24.64 g/m²。该区优势种为黑荞麦蛤，分布在本潮区上、中层，生物量分别为 318.08 g/m² 和 0.72 g/m²，栖息密度分别高达 12 736 个/m² 和 72 个/m²。优势种鳞笠藤壶，分布在本潮区上、中层，生物量分别为 116.32 g/m² 和 5 453.12 g/m²，栖息密度分别达 64 个/m² 和 1 924 个/m²。优势种白脊藤壶，主要分布在中潮区上、中层，上层的生物量和栖息密度分别高达 66.72 g/m² 和 2 160 个/m²，中层的生物量和栖息密度分别高达 552.8 g/m² 和 128 个/m²。主要种近辐蛇尾，自中潮区下层至低潮区均有分布，个体小，生物量低，但栖息密度较大，在本区下层的生物量和栖息密度分别为 3.36 g/m² 和 112 个/m²。其他主要种和习见种有小石花菜、匍匐石花菜（*Gelidium pusillum*）、小珊瑚藻、石莼、肩裂黑顶藻（*Sphacelaria novae-hollandiae*）、细毛背鳞虫、环带沙蚕（*Nereis zonata*）、独齿围沙蚕、达维革囊星虫（*Phascolosoma dunwichi*）、日本花棘石鳖、双纹须蚶、短石蛏、僧帽牡蛎、拟帽贝、粒花冠小月螺、齿纹蜒螺、锈凹螺、覆瓦小蛇螺、疣荔枝螺、粒核果螺（*Drupa granulata*）、双带核螺（*Pyrene bicincta*）、甲虫螺、日本菊花螺、拉氏岩瓷蟹（*Petrolisthes lamarckii*）、小相手蟹等。

低潮区：瓦氏马尾藻—侧口乳蛰虫—双纹须蚶—敦氏猿头蛤—三角藤壶带。该区代表种为瓦氏马尾藻，仅在低潮区出现，在本区的生物量达 130.64 g/m²。主要种侧口乳蛰虫，个体小生物量低，但栖息密度较大，在本区的生物量和栖息密度分别为3.12 g/m^2 和72个/m^2。双纹须蚶，自中潮区分布至本区，在本区上层的生物量和栖息密度分别为1.12 g/m^2 和40个/m^2，下层分别为1.76 g/m^2 和24个/m^2。敦氏猿头蛤，仅在本区上层出现，生物量和栖息密度分别为53.52 g/m^2 和16个/m^2。优势种三角藤壶，仅在本区出现，上层的生物量和栖息密度分别为42.16 g/m^2 和56个/m^2，下层分别为786.4 g/m^2 和1 536个/m^2。其他主要种和习见种有小珊瑚藻、鹿角沙菜（*Hypnea cervicornus*）、小杉藻（*Gigartina intermedia*）、细枝仙菜（*Ceramium tenuissimum*）、旋花藻（*Amansia glomerata*）、柑橘荔枝海绵、吻蛇稚虫（*Boccardia proboscidea*）、三角旋鳃虫（*Spirobranchus tricorns*）、细肋肌蛤（*Musculus mirandus*）、温和翘鳞蛤（*Irus mitis*）、覆瓦小蛇螺、褐棘螺（*Chicoreus brunneus*）、粒神螺、黄口荔枝螺、中国笔螺、高峰藤壶［*Balanus*（*Chirona*）*amaryllis*］、特异大权蟹（*Macromedaeus distinguendus*）、悦目大眼蟹［*Macrophthalmus*（*M.*）*erato*］、日本海齿花（*Comanthus japonicus*）、模式辐瓜参、林氏海燕（*Asterina limboonkengi*）、沙氏辐蛇尾（*Ophiactis savignyi*）、近辐蛇尾、澳洲小齐海鞘（*Microcosmus australis*）等（图16-7）。

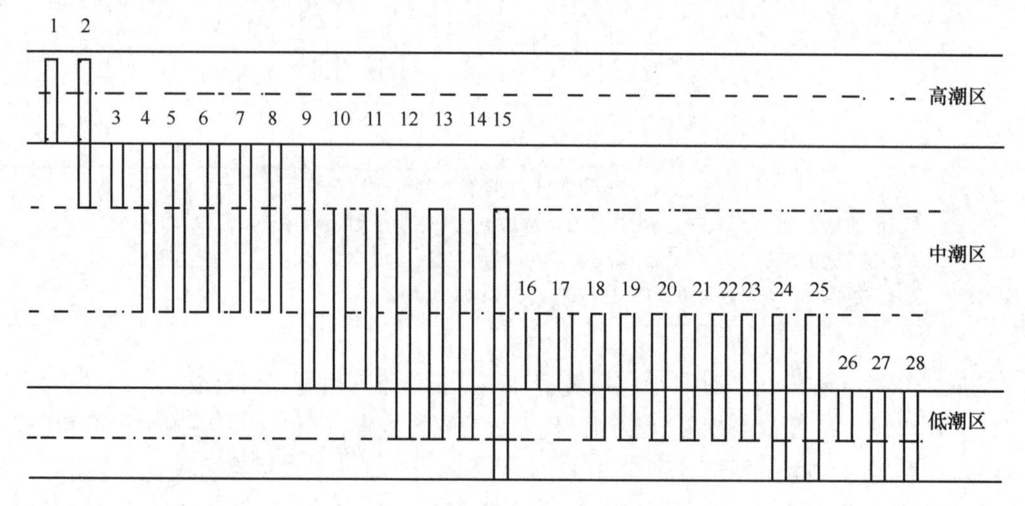

图16-7　五通岩石滩群落主要种垂直分布

1. 短滨螺；2. 粗糙滨螺；3. 僧帽牡蛎；4. 黑荞麦蛤；5. 齿纹蜒螺；6. 日本菊花螺；7. 白脊藤壶；8. 鳞笠藤壶；9. 小相手蟹；10. 粒花冠小月螺；11. 疣荔枝螺；12. 匍匐石花菜；13. 细毛背鳞虫；14. 独齿围沙蚕；15. 双纹须蚶；16. 肩裂黑顶藻；17. 短石蛏；18. 小珊瑚藻；19. 侧口乳蛰虫；20. 日本花棘石鳖；21. 革囊星虫；22. 覆瓦小蛇螺；23. 近辐蛇尾；24. 温和翘鳞蛤；25. 瓦氏马尾藻；26. 敦氏猿头蛤；27. 高峰藤壶；28. 三角藤壶

16.5.3　群落生态特征值

根据Shannon-Wiener种类多样性指数（H'）、Pielous种类均匀度指数（J）、Margalef种类丰富度指数（d）和Simpson优势度（D）指数显示，同安湾滨海湿地岩石滩潮间带大型底栖生物群落d值以冬季（5.825 0）大于夏季（4.290 0），H'值同样以冬季（1.970 0）大于夏季（1.680 0），J值以冬季（0.484 0）大于夏季（0.451 0），D值则以夏季（0.373 0）大于冬季（0.267 5）。泥沙滩潮间带大型底栖生物群落d值以春季（6.3645）大于冬季（5.720 0），H'值以冬季（2.980 0）大于春季（2.757 6），J值以冬季（0.820 0）大于春季（0.693 5），D值以春季（0.161 6）大于冬季（0.080 8）。红树林区潮间带大型底栖生物群落生态特征值春季d值（7.450 0），H'值（2.220 0），J值（0.536 0）和D值（0.309 0）。断面间生态特征值的季节变化见表16-14。

表 16-14　同安湾滨海湿地潮间带大型底栖生物群落生态特征值

群落	季节	断面	编号	*d*	*H'*	*J*	*D*
岩石滩	夏季	五通	XR7A	4. 680 0	1. 760 0	0. 455 0	0. 314 0
			XR7B	3. 900 0	1. 600 0	0. 447 0	0. 432 0
			平均	4. 290 0	1. 680 0	0. 451 0	0. 373 0
	冬季		XR7A	6. 520 0	1. 940 0	0. 461 0	0. 295 0
			XR7B	5. 130 0	2. 000 0	0. 507 0	0. 240 0
			平均	5. 825 0	1. 970 0	0. 484 0	0. 267 5
泥沙滩	春季	五通	Tch1	6. 221 0	3. 282 0	0. 878 0	—
		机场	Tch2	6. 718 0	2. 411 0	0. 623 0	—
		高崎	Tch3	6. 844 0	2. 951 0	0. 754 0	—
		高崎机场	Tch7	10. 300 0	3. 430 0	0. 771 0	0. 071 6
		高崎中埔	Tch8	8. 840 0	2. 740 0	0. 633 0	0. 158 0
		石塘	Tch10	7. 320 0	2. 750 0	0. 675 0	0. 145 0
		琼头	Tch11	7. 660 0	3. 220 0	0. 787 0	0. 067 8
		丙洲	Tch12	3. 550 0	1. 780 0	0. 522 0	0. 329 0
		下阳	Tch13	4. 450 0	2. 060 0	0. 580 0	0. 235 0
		后田	Tch14	6. 940 0	3. 110 0	0. 787 0	0. 076 5
		鳄鱼屿	Tch15	8. 010 0	2. 600 0	0. 619 0	0. 210 0
		平均		6. 364 5	2. 757 6	0. 693 5	0. 161 6
	冬季	桂园	Tch6	5. 720 0	2. 980 0	0. 820 0	0. 080 8
红树林区	夏季	凤林	Tch4	—	—	—	—
		东安	Tch5	—	—	—	—
	春季	后安村	Tch9	7. 450 0	2. 220 0	0. 536 0	0. 309 0

16. 5. 4　群落的稳定性

同安湾滨海湿地潮间带大型底栖生物凤林（Tch4）红树林区群落、高崎机场（Tch7）、丙洲（Tch12）、鳄鱼屿（Tch15）和桂园（Tch6）泥沙滩群落相对稳定，其丰度生物量复合 *k*-优势度曲线不交叉、不重叠、不翻转，生物量优势度曲线始终位于丰度上方，但凤林（Tch4）红树林区群落、泥沙滩高崎机场（Tch7）和丙洲（Tch12）群落丰度生物量复合 *k*-优势度曲线极为靠近，且鳄鱼屿（Tch15）群落丰度和生物量累积百分优势度相对较高，其生物量累积百分优势度高达 80%多，丰度累积百分优势度也达近 45%，初步认为在于优势种古氏滩栖螺在中潮区中层，生物量和栖息密度分别高达 720. 16 g/m^2 和 1 664 个/m^2 所致。总体而言，同安湾滨海湿地潮间带大型底栖生物群落相对稳定（图 16-8~图 16-12）。

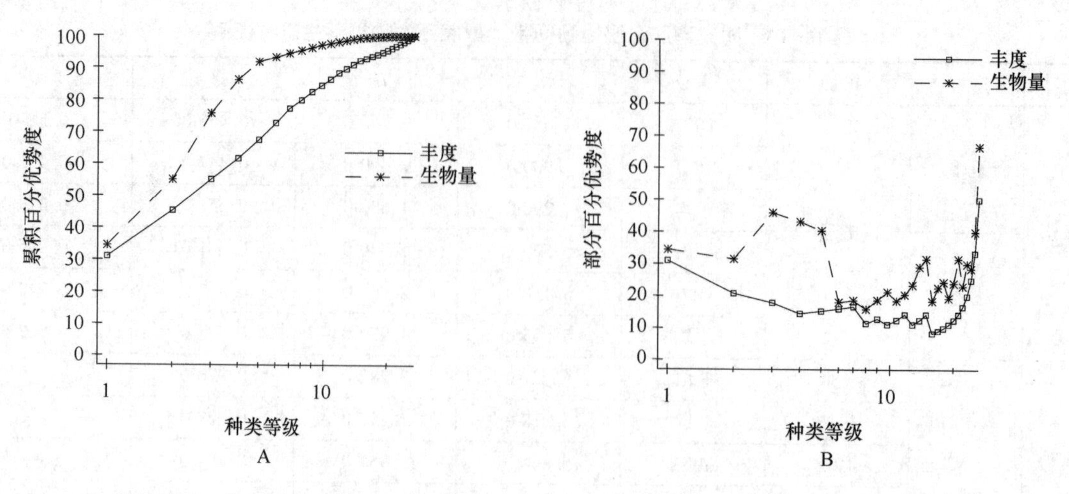

图 16-8　红树林区群落丰度生物量复合 k-优势度（A）和部分优势度（B）曲线

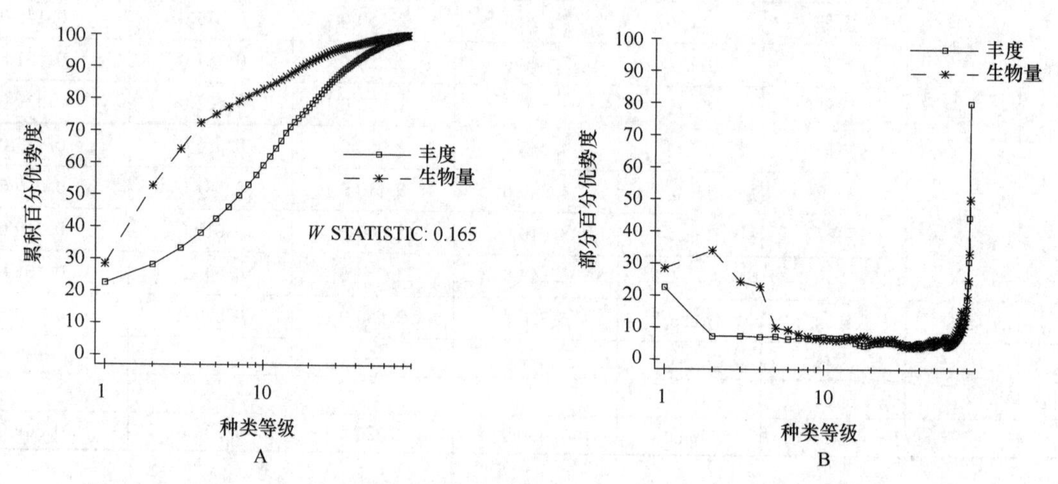

图 16-9　高崎机场泥沙滩群落丰度生物量复合 k-优势度（A）和部分优势度（B）曲线

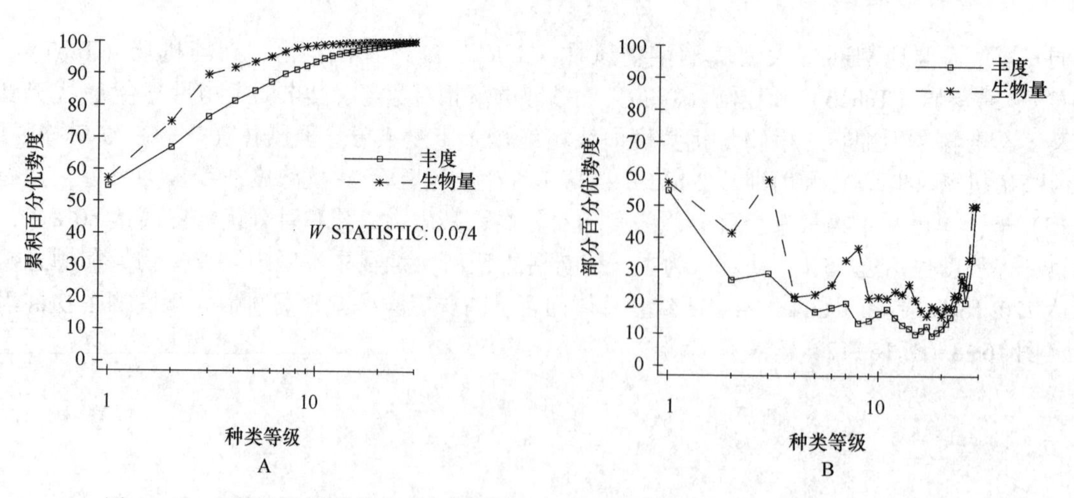

图 16-10　丙洲泥沙滩群落丰度生物量复合 k-优势度（A）和部分优势度（B）曲线

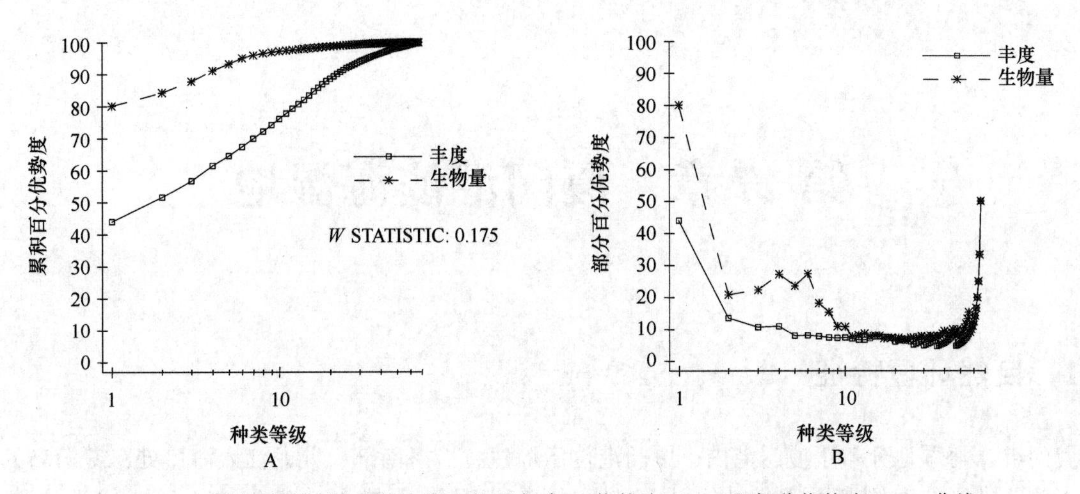

图 16-11　鳄鱼屿泥沙滩群落丰度生物量复合 k-优势度（A）和部分优势度（B）曲线

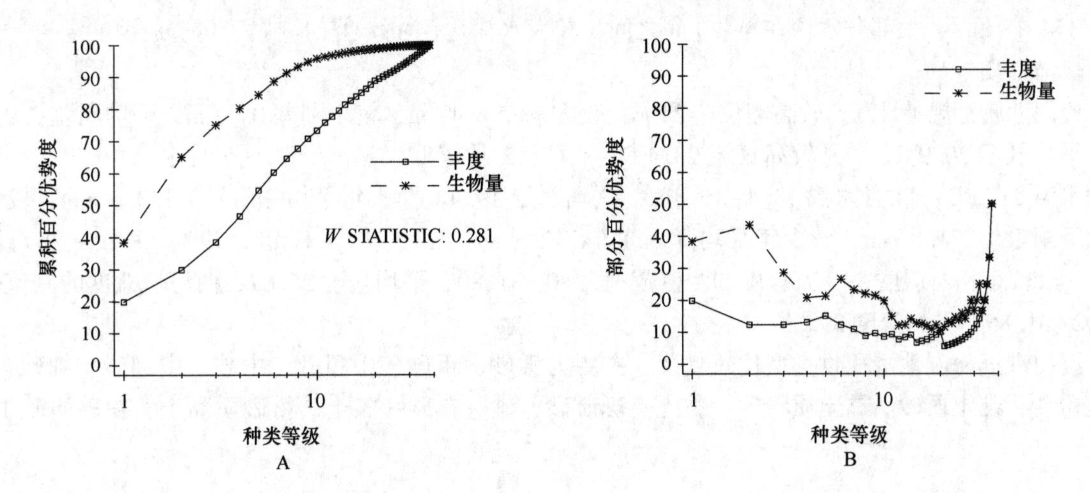

图 16-12　桂圆泥沙滩群落丰度生物量复合 k-优势度（A）和部分优势度（B）曲线

第17章　厦门港滨海湿地

17.1　自然环境特征

厦门港滨海湿地分布于厦门港内，厦门港位于福建省沿海南部、九龙江入海口处，厦门岛的西侧和西南侧、港区的南侧和西侧为龙海县，是我国东南沿海天然深水良港之一。厦门港岸线长达109.55 km，港口宽达13.75 km。厦门港湾面积达230.14 km^2，其中滩涂面积为75.96 km^2，水域面积为154.18 km^2，大部分水深在5~20 m之间，较大水深达31 m。厦门港属于构造成因的港湾，但兼有河口湾性质。

厦门港属正规半日潮，较高潮位7.22 m；较大潮差6.42 m，较小潮差0.99 m，平均潮差3.99 m。多年平均气温20.9℃，7月较高气温28.4℃，1月、2月较低气温12.6℃。5月水温19.2~21.5℃，平均水温21.2℃；11月水温18.4~19.8℃，平均水温19.4℃。多年平均降雨量1 143.5 mm，较多年平均降雨量1 771.8 mm，较少年平均降雨量747.2 mm。多年平均相对湿度79%，月较大相对湿度89%，月较小相对湿度59%。盐度的测值范围3.40~31.80，平均盐度26.07；西海域盐度的测值范围25.02~31.85，平均盐度29.20。

厦门港滨海湿地沉积物类型比较复杂，主要为砾砂、粗砂、中粗砂、中砂、中细砂、细砂、砂、砾质粉砂、黏土质砂、黏土质粉砂、黏土—砾质砂、砂—粉砂—黏土、粉砂质黏土、粉砂质砂14种类型。

17.2　断面与站位布设

1987年2月、5月、8月和11月，2004年11月，2005年9月，2006年11月，2008年8月和2009年4月，2011年8月和11月，2012年3月先后在厦门港嵩屿、宝珠屿、大屿、火烧屿、杏林、高崎、霞阳、马銮、高浦、宝珠屿、东屿、东坑、吴冠等地布设21条断面进行潮间带大型底栖生物取样（表17-1，图17-1）。

17.3　物种多样性

17.3.1　种类组成与分布

厦门港滨海湿地潮间带大型底栖生物719种，其中藻类43种，多毛类213种，软体动物202种，甲壳动物171种，棘皮动物22种和其他生物68种。多毛类、软体动物和甲壳动物占总种数的81.50%，三者构成潮间带大型底栖生物主要类群。

表 17-1　厦门港滨海湿地潮间带大型底栖生物调查断面

序号	日期	断面	编号	经度（E）	纬度（N）	底质
1	1987 年 2 月、5 月、8 月、11 月	嵩屿	R2	118°01′56.67″	24°26′40.50″	岩石滩
2		宝珠屿	R4	118°03′57.52″	24°32′21.77″	
3		大屿	M7	118°02′42.23″	24°27′49.20″	泥沙滩
4		火烧屿	M8	118°03′41.07″	24°29′41.33″	
5	2004 年 11 月	杏林	Xch1	118°03′41.24″	24°34′17.71″	
6		高崎	Xch2	118°06′20.41″	24°32′54.38″	
7	2005 年 9 月	霞阳西	Xch3	118°1′49.99″	24°32′06.00″	
8		霞阳东	Xch4	118°2′15.99″	24°31′57.99″	
9	2006 年 11 月	马銮	Xch5	118°01′51.54″	24°33′6.72″	
10		高浦	Xch6	118°02′53.28″	24°33′20.88″	
11	2008 年 8 月	杏林	Xch7	118°04′9.48″	24°34′12.42″	
12		宝珠屿	Xch8	118°03′57.12″	24°32′21.96″	岩石滩
13	2009 年 4 月	东屿	Xch9	118°02′45.60″	24°29′14.28″	泥沙滩
14	2011 年 8 月	东坑	HD1	118°02′52.23″	24°29′20.65″	
15		东屿	HD2	118°02′24.22″	24°28′53.03″	
16		嵩屿	HD3	118°02′11.93″	24°27′35.71″	
17	2011 年 11 月 2012 年 3 月	后尾	T1	118°02′07.00″	24°33′11.00″	
18		高尔夫球场	T2	118°02′26.00″	24°32′15.00″	
19		吴冠	T4	118°03′04.00″	24°31′47.00″	
20		马銮	T5	118°01′30.00″	24°32′58.00″	
21		霞阳	T6	118°01′25.00″	24°32′27.00″	

厦门港滨海湿地潮间带大型底栖生物种数，不同底质类型间有所差异，岩石滩潮间带大型底栖生物 252 种，其中藻类 35 种，多毛类 52 种，软体动物 87 种，甲壳动物 48 种，棘皮动物 8 种和其他生物 22 种。多毛类、软体动物和甲壳动物占岩石滩潮间带大型底栖生物种数的 74.21%，三者构成岩石滩潮间带大型底栖生物主要类群。岩石滩断面间比较，种数以宝珠屿 R4 断面较多（119 种），嵩屿 R2 断面次之（110 种）。

泥沙滩潮间带大型底栖生物 515 种，其中藻类 8 种，多毛类 176 种，软体动物 128 种，甲壳动物 138 种，棘皮动物 15 种和其他生物 50 种。多毛类、软体动物和甲壳动物占总种数的 85.82%，三者构成泥沙滩潮间带大型底栖生物主要类群。断面间比较，四季种数以火烧屿 M8 断面较多（147 种），大屿 M7 断面次之（133 种）；春季种数以高尔夫球场 T2 断面较多（64 种），霞阳 T6 断面较少（6 种）；夏季种数以嵩屿 HD3 断面较多（52 种），东坑 HD1 断面较少（20 种）；秋季种数以霞阳西 Xch3 断面较多（62 种），霞阳 T6 断面较少（6 种）（表 17-2）。

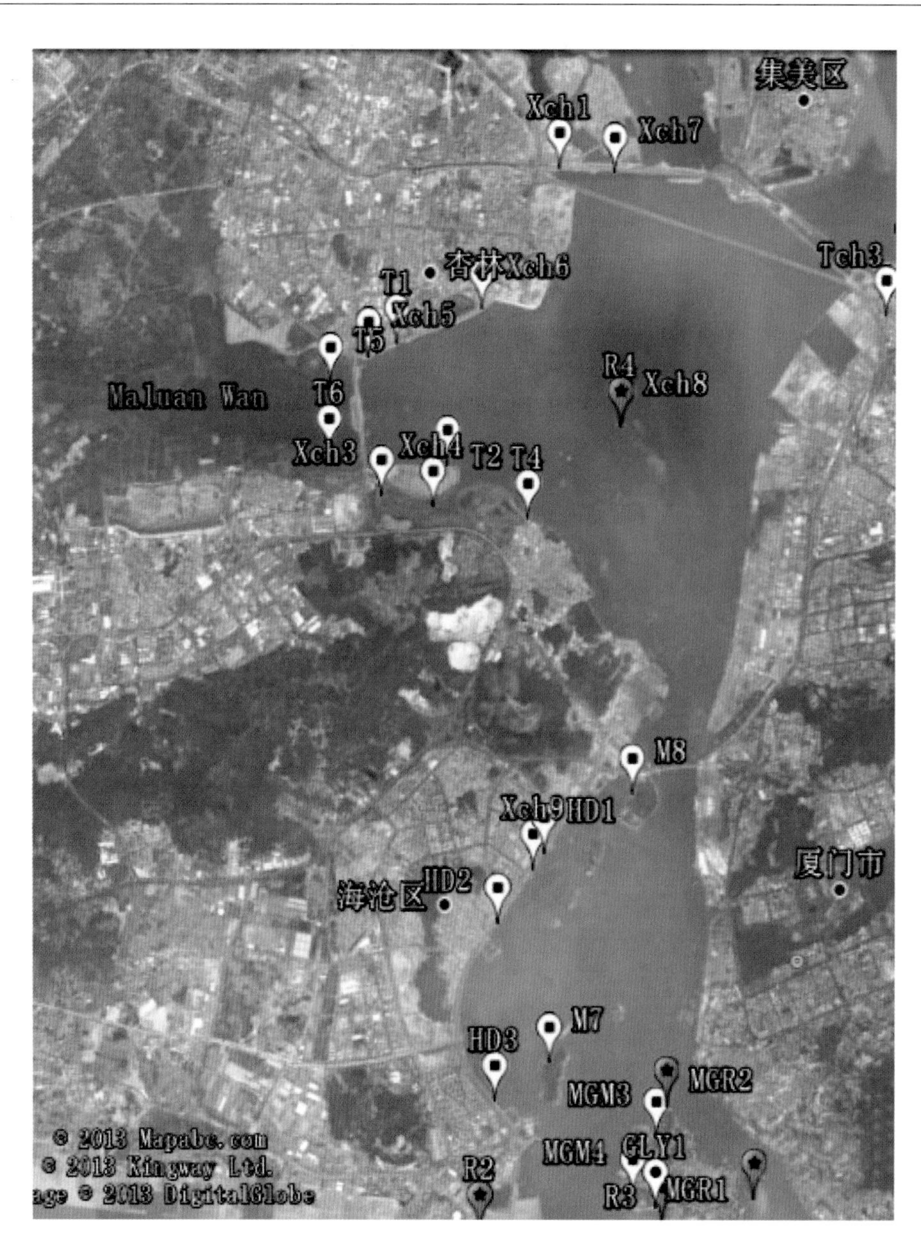

图 17-1　厦门港滨海湿地潮间带大型底栖生物调查断面

表 17-2　厦门港滨海湿地潮间带大型底栖生物种类组成与分布　　单位：种

底质	断面	季节	藻类	多毛类	软体动物	甲壳动物	棘皮动物	其他生物	合计
岩石滩	R2	四季	26	17	45	15	2	5	110
	R4		19	19	53	14	2	12	119
	Xch8	夏季	2	15	26	15	1	14	73
	合计		35	52	87	48	8	22	252

续表 17-2

底质	断面	季节	藻类	多毛类	软体动物	甲壳动物	棘皮动物	其他生物	合计
泥沙滩	M7	四季	0	41	47	31	6	8	133
	M8		0	57	40	35	7	8	147
	Xch9	春季	1	28	5	7	0	4	45
	T1		3	25	5	14	0	3	50
	T2		2	37	7	13	0	5	64
	T4		2	24	0	9	0	6	41
	T5		2	5	1	5	0	2	15
	T6		0	4	1	4	0	1	10
	Xch7	夏季	0	23	8	9	1	0	41
	HD1		0	6	6	7	0	1	20
	HD2		1	20	19	5	0	3	48
	HD3		0	26	11	7	2	6	52
	Xch1	秋季	0	20	5	4	0	2	31
	Xch2		0	16	5	5	0	1	27
	Xch3		1	31	15	11	1	3	62
	Xch4		0	9	16	8	0	2	35
	Xch5		5	25	9	17	0	3	59
	Xch6		1	15	4	6	0	2	28
	T1		0	18	14	12	0	0	44
	T2		0	20	7	8	0	4	39
	T4		0	25	9	14	0	5	53
	T5		0	5	3	3	0	1	12
	T6		0	2	2	2	0	0	6
	合计		8	176	128	138	15	50	515
总计			43	213	202	171	22	68	719

17.3.2　优势种和主要种

根据数量和出现率，厦门港滨海湿地潮间带大型底栖生物优势种和主要种有小珊瑚藻、面包软海绵（*Halichondria panicea*）、红角沙蚕（*Ceratonereis erythraeensis*）、腺带刺沙蚕、丝鳃稚齿虫、须鳃虫（*Cirriformia* sp.）、小头虫、越南锥头虫、才女虫、异足索沙蚕、多鳃齿吻沙蚕、粗突齿沙蚕（*Leonnates decipiens*）、异蚓虫、寡鳃齿吻沙蚕、背毛背蚓虫、双齿围沙蚕、中蚓虫、弓形革囊星虫、革囊星虫、黑荞麦蛤、凸壳肌蛤、沙筛贝（*Mytilopsis sallei*）、中国不等蛤、僧帽牡蛎、彩虹明樱蛤、菲律宾蛤仔、鸭嘴蛤、粗糙滨螺、短拟沼螺、覆瓦小蛇螺、珠带拟蟹守螺、小翼拟蟹守螺、纵带滩栖螺、秀丽织纹螺、轭螺（*Zeuxis engylptu*）、日本菊花螺、白脊藤壶、纹藤壶、网纹纹藤壶、鳞笠藤壶、长指马耳他钩虾（*Melita longidactyla*）、薄片蜾蠃蜚、上野蜾蠃蜚、弧边招潮、塞切尔泥钩虾、清白招潮、小相手蟹、秀丽长方蟹、明秀大眼蟹和淡水泥蟹等。

17.4 数量时空分布

17.4.1 数量组成与季节变化

厦门港滨海湿地岩石滩和泥沙滩潮间带大型底栖生物平均生物量为580.32 g/m²，平均栖息密度为2 409个/m²。生物量以软体动物居第一位（284.55 g/m²），甲壳动物居第二位（241.33 g/m²）；栖息密度以甲壳动物居第一位（1 716个/m²），软体动物居第二位（586个/m²）。岩石滩潮间带大型底栖生物四季平均生物量为1 097.54 g/m²，平均栖息密度为4 448个/m²。生物量以软体动物居第一位（531.30 g/m²），甲壳动物居第二位（472.91 g/m²）；栖息密度以甲壳动物居第一位（3 315个/m²），软体动物居第二位（1 052个/m²）。泥沙滩潮间带大型底栖生物四季平均生物量为63.10 g/m²，平均栖息密度为371个/m²。生物量以软体动物居第一位（37.80 g/m²），甲壳动物居第二位（9.76 g/m²）；栖息密度以多毛类居第一位（122个/m²），软体动物居第二位（121个/m²）。各类群数量组成与分布见表17-3。

表17-3 厦门港滨海湿地潮间带大型底栖生物数量组成与分布

数量	底质	藻类	多毛类	软体动物	甲壳动物	棘皮动物	其他生物	合计
生物量（g/m²）	岩石滩	68.86	1.80	531.30	472.91	0.03	22.66	1 097.54
	泥沙滩	2.88	5.14	37.80	9.76	1.89	5.63	63.10
	平均	35.87	3.47	284.55	241.33	0.96	14.14	580.32
密度（个/m²）	岩石滩	—	49	1 052	3 315	1	31	4 448
	泥沙滩	—	122	121	117	1	10	371
	平均	—	86	586	1 716	1	20	2 409

厦门港滨海湿地岩石滩潮间带大型底栖生物数量季节变化，生物量从高到低依次为春季（1 353.33 g/m²）、夏季（1 276.84 g/m²）、冬季（1 143.74 g/m²）、秋季（616.29 g/m²）；栖息密度从高到低依次为冬季（11 877个/m²）、春季（2 978个/m²）、夏季（1 576个/m²）、秋季（1 360个/m²）。生物量和栖息密度均以秋季较小。各断面类群数量组成与季节变化见表17-4和表17-5。

表17-4 厦门港滨海湿地岩石滩潮间带大型底栖生物数量组成与季节变化

数量	季节	藻类	多毛类	软体动物	甲壳动物	棘皮动物	其他生物	合计
生物量（g/m²）	春季	86.00	1.54	662.63	587.98	0	15.18	1 353.33
	夏季	25.27	3.67	667.27	508.12	0.12	72.39	1 276.84
	秋季	13.68	0.77	334.41	267.28	0	0.15	616.29
	冬季	150.48	1.21	460.87	528.26	0	2.92	1143.74
	平均	68.86	1.80	531.30	472.91	0.03	22.66	1 097.56
密度（个/m²）	春季	—	28	838	2 085	0	27	2 978
	夏季	—	77	792	671	4	32	1 576
	秋季	—	30	1 033	293	0	4	1 360
	冬季	—	62	1 544	10 211	0	60	11 877
	平均	—	49	1 052	3 315	1	31	4 448

表 17-5　厦门港滨海湿地岩石滩潮间带大型底栖生物数量组成与季节变化

数量	季节	断面	藻类	多毛类	软体动物	甲壳动物	棘皮动物	其他生物	合计
生物量（g/m²）	春季	R2	105.63	0.60	387.26	810.74	0	0.12	1 304.35
		R4	66.36	2.48	937.99	365.22	0	30.24	1 402.29
		平均	86.00	1.54	662.63	587.98	0	15.18	1 353.33
	夏季	Xch8	17.61	4.79	1 290.56	23.80	0.35	211.20	1 548.31
		R2	35.00	4.91	448.10	454.78	0	2.89	945.68
		R4	23.20	1.30	263.15	1 045.77	0	3.08	1 336.50
		平均	25.27	3.67	667.27	508.12	0.12	72.39	1 276.84
	秋季	R2	39.61	0.24	410.97	355.07	0	0.21	806.10
		R4	1.44	2.08	592.26	446.78	0	0.23	1 042.79
		平均	13.68	0.77	334.41	267.28	0	0.15	616.29
	冬季	R2	247.98	0.57	324.63	774.67	0	4.12	1 351.97
		R4	52.97	1.84	597.10	281.84	0	1.72	935.47
		平均	150.48	1.21	460.87	528.26	0	2.92	1 143.74
密度（个/m²）	春季	R2	—	25	707	788	0	6	1 526
		R4	—	30	969	3 382	0	48	4 429
		平均	—	28	838	2 085	0	27	2 978
	夏季	Xch8	—	131	958	151	11	27	1 278
		R2	—	46	512	395	0	9	962
		R4	—	53	905	1 466	0	59	2 483
		平均	—	77	792	671	4	32	1 576
	秋季	R2	—	17	687	354	0	6	1 064
		R4	—	72	2 413	526	0	7	3 018
		平均	—	30	1 033	293	0	4	1 360
	冬季	R2	—	39	1 396	7 699	0	37	9 171
		R4	—	85	1 691	12 722	0	83	14 581
		平均	—	62	1 544	10 211	0	60	11 877

厦门港滨海湿地泥沙滩潮间带大型底栖生物数量季节变化，生物量从高到低依次为夏季（83.22 g/m²）、冬季（62.81 g/m²）、春季（55.75 g/m²）、秋季（50.59 g/m²）；栖息密度从高到低依次为春季（665 个/m²）、冬季（385 个/m²）、夏季（249 个/m²）、秋季（186 个/m²）。生物量和栖息密度均以秋季较小。各断面类群数量组成与季节变化见表 17-6~表 17-8。

表 17-6　厦门港滨海湿地泥沙滩潮间带大型底栖生物数量组成与季节变化

数量	季节	藻类	多毛类	软体动物	甲壳动物	棘皮动物	其他生物	合计
生物量（g/m²）	春季	11.47	8.75	12.58	9.51	0.31	13.13	55.75
	夏季	0.04	2.83	61.77	11.07	4.60	2.91	83.22
	秋季	0	3.32	36.31	6.30	1.70	2.96	50.59
	冬季	0	5.64	40.54	12.15	0.96	3.52	62.81
	平均	2.88	5.14	37.80	9.76	1.89	5.63	63.10

续表 17-6

数量	季节	藻类	多毛类	软体动物	甲壳动物	棘皮动物	其他生物	合计
密度（个/m^2）	春季	—	196	116	338	2	13	665
	夏季	—	91	116	29	2	11	249
	秋季	—	110	45	28	0	3	186
	冬季	—	91	207	74	1	12	385
	平均	—	122	121	117	1	10	371

表 17-7　厦门港滨海湿地泥沙滩潮间带大型底栖生物生物量组成与季节变化　　单位：g/m^2

季节	断面	藻类	多毛类	软体动物	甲壳动物	棘皮动物	其他生物	合计
春季	Xch9	70.68	9.94	4.41	14.17	0	0.71	99.91
	M7	0	1.16	77.51	12.74	0.01	3.74	95.16
	M8	0	7.50	11.36	20.34	2.50	8.66	50.36
	T1	6.73	22.84	2.43	7.57	0	24.13	63.70
	T2	6.03	7.76	4.95	5.43	0	2.24	26.41
	T4	7.61	10.84	0	12.27	0	37.18	67.90
	T5	0.72	8.42	0	2.73	0	17.48	29.35
	T6	0	1.56	0	0.80	0	10.88	13.24
	平均	11.47	8.75	12.58	9.51	0.31	13.13	55.75
夏季	Xch7	0	1.35	11.32	4.84	20.12	0	37.63
	M7	0	3.02	15.55	15.02	1.14	4.46	39.19
	M8	0	7.82	191.45	7.98	6.27	5.22	218.74
	HD1	0	0.92	3.04	2.61	0	3.09	9.66
	HD2	0.21	1.84	142.04	17.24	0	0.66	161.99
	HD3	0	2.04	7.25	18.73	0.05	4.00	32.07
	平均	0.04	2.83	61.77	11.07	4.60	2.91	83.22
秋季	Xch1	0	1.69	5.12	1.47	0	11.44	19.72
	Xch2	0	0.57	16.97	0.82	0	0.36	18.72
	Xch3	0.01	7.13	130.21	6.27	0.07	2.80	146.49
	Xch4	0	3.40	157.83	4.20	0	1.99	167.42
	Xch5	0.02	2.87	37.34	4.46	0	0.14	44.83
	Xch6	0	0.03	15.21	0.08	0	0.01	15.33
	M7	0	1.08	14.81	22.83	4.99	3.27	46.98
	M8	0	4.19	8.28	14.15	17.04	5.62	49.28
	T1	0	9.71	47.29	15.60	0	0	72.60
	T2	0	3.46	29.89	4.13	0	9.13	46.61
	T4	0	5.74	3.58	7.53	0	3.60	20.45
	T5	0	3.06	0.56	0.03	0	0.17	3.82
	T6	0	0.27	4.89	0.34	0	0	5.50
	平均	0	3.32	36.31	6.30	1.70	2.96	50.59
冬季	M7	0	1.67	16.31	7.72	0.14	1.21	27.05
	M8	0	9.61	64.77	16.57	1.77	5.83	98.55
	平均	0	5.64	40.54	12.15	0.96	3.52	62.81

表 17-8　厦门港滨海湿地泥沙滩潮间带大型底栖生物栖息密度组成与季节变化　　单位：个/m^2

季节	断面	多毛类	软体动物	甲壳动物	棘皮动物	其他生物	合计
春季	Xch9	168	47	46	0	10	271
	M7	25	826	54	1	21	927
	M8	88	35	72	11	12	218
	T1	420	5	184	0	4	613
	T2	208	14	148	0	8	378
	T4	364	0	344	0	6	714
	T5	226	0	1 442	0	25	1 693
	T6	70	0	414	0	20	504
	平均	196	116	338	2	13	665
夏季	Xch7	184	22	23	1	0	230
	M7	14	47	27	1	13	102
	M8	85	75	82	8	8	258
	HD1	15	12	13	0	30	70
	HD2	149	523	15	0	4	691
	HD3	96	14	14	3	8	135
	平均	91	116	29	2	11	249
秋季	Xch1	65	11	4	0	2	82
	Xch2	68	24	8	0	1	101
	Xch3	253	133	20	0	9	415
	Xch4	186	194	16	0	2	398
	Xch5	239	33	90	0	4	366
	Xch6	54	13	6	0	1	74
	M7	12	27	47	1	11	98
	M8	54	13	104	5	9	185
	T1	391	47	33	0	0	471
	T2	71	57	20	0	4	152
	T4	24	19	7	0	1	51
	T5	8	6	2	0	0	16
	T6	13	11	1	0	0	25
	平均	110	45	28	0	3	186
冬季	M7	32	77	60	1	10	180
	M8	149	337	87	1	14	588
	平均	91	207	74	1	12	385

17.4.2　数量分布

厦门港滨海湿地潮间带大型底栖生物数量垂直分布，夏季杏林高集海堤外 Xch7 断面和宝珠屿 Xch8 断面潮间带大型底栖生物数量垂直分布，生物量从高到低依次为中潮区（1 606.53 g/m^2）、低潮区（766.46 g/m²）、高潮区（5.92 g/m²）；栖息密度从高到低依次为中潮区（1 844 个/m²）、低潮区（380 个/m²）、高潮区（36 个/m²）。各断面各类群数量垂直分布见表 17-9。

表 17-9　夏季厦门港滨海湿地潮间带大型底栖生物数量垂直分布

潮区	数量	断面	藻类	多毛类	软体动物	甲壳动物	棘皮动物	其他生物	合计
高潮区	生物量（g/m²）	Xch7	0	0	0	0	0	0	0
		Xch8	0	0	11.84	0	0	0	11.84
		平均	0	0	5.92	0	0	0	5.92
	密度（个/m²）	Xch7	—	0	0	0	0	0	0
		Xch8	—	0	72	0	0	0	72
		平均	—	0	36	0	0	0	36
中潮区	生物量（g/m²）	Xch7	0	2.25	33.95	5.33	60.37	0	101.90
		Xch8	52.83	2.45	2 913.36	64.61	0	77.92	3 111.17
		平均	26.41	2.35	1 473.66	34.97	30.18	38.96	1 606.53
	密度（个/m²）	Xch7	—	247	65	25	2	0	339
		Xch8	—	160	2 689	445	0	56	3 350
		平均	—	203	1 377	235	1	28	1 844
低潮区	生物量（g/m²）	Xch7	0	1.80	0	9.20	0	0	11
		Xch8	0	11.92	946.48	6.80	1.04	555.68	1 521.92
		平均	0	6.86	473.24	8	0.52	277.84	766.46
	密度（个/m²）	Xch7	—	305	0	45	0	0	350
		Xch8	—	232	112	8	32	24	408
		平均	—	269	56	27	16	12	380

秋季杏林湾 Xch5 断面和 Xch6 断面潮间带大型底栖生物数量垂直分布，生物量从高到低依次为中潮区（78.73 g/m²）、高潮区（8.86 g/m²）、低潮区（2.66 g/m²）；栖息密度从高到低依次为中潮区（409 个/m²）、低潮区（218 个/m²）、高潮区（36 个/m²）。生物量和栖息密度均以中潮区较大（表 17-10）。

表 17-10　秋季杏林湾潮间带大型底栖生物数量垂直分布

数量	潮区	断面	藻类	多毛类	软体动物	甲壳动物	棘皮动物	其他生物	合计
生物量（g/m²）	高潮区	Xch5	0	0	11.16	0	0	0	11.16
		Xch6	0	0	6.56	0	0	0	6.56
		平均	0	0	8.86	0	0	0	8.86
	中潮区	Xch5	0.07	4.27	100.87	12.72	0	0.17	118.10
		Xch6	0	0.10	39.08	0.18	0	0.02	39.38
		平均	0.03	2.18	69.98	6.45	0	0.09	78.73
	低潮区	Xch5	0	4.35	0	0.65	0	0.25	5.25
		Xch6	0	0	0	0.05	0	0	0.05
		平均	0	2.18	0	0.35	0	0.13	2.66

续表 17-10

数量	潮区	断面	藻类	多毛类	软体动物	甲壳动物	棘皮动物	其他生物	合计
密度（个/m^2）	高潮区	Xch5	—	0	56	0	0	0	56
		Xch6	—	0	16	0	0	0	16
		平均	—	0	36	0	0	0	36
	中潮区	Xch5	—	353	43	235	0	3	634
		Xch6	—	148	22	8	0	2	180
		平均	—	251	33	122	0	3	409
	低潮区	Xch5	—	365	0	35	0	10	410
		Xch6	—	15	0	10	0	0	25
		平均	—	190	0	23	0	5	218

秋季杏林湾和马銮湾潮间带大型底栖生物数量垂直分布，生物量从高到低依次为中潮区（83.41 g/m^2）、低潮区（3.54 g/m^2）、高潮区（2.43 g/m^2）；栖息密度从高到低依次为中潮区（807 个/m^2）、低潮区（107 个/m^2）、高潮区（21 个/m^2）。生物量和栖息密度以中潮区较大，高潮区较小。各断面各类群数量垂直分布见表 17-11。

表 17-11　秋季杏林湾和马銮湾潮间带大型底栖生物数量垂直分布

数量	潮区	断面	多毛类	软体动物	甲壳动物	棘皮动物	其他生物	合计
生物量（g/m^2）	高潮区	T1	0	2.00	0	0	0	2.00
		T2	0	10.16	0	0	0	10.16
		T4	0	0	0	0	0	0
		T5	0	0	0	0	0	0
		T6	0	0	0	0	0	0
		平均	0	2.43	0	0	0	2.43
	中潮区	T1	27.97	138.64	46.81	0	0	213.42
		T2	7.53	79.47	12.39	0	18.72	118.11
		T4	14.49	10.61	22.43	0	10.04	57.57
		T5	9.18	1.68	0.08	0	0.50	11.44
		T6	0.80	14.67	1.03	0	0	16.50
		平均	12.00	49.01	16.55	0	5.85	83.41
	低潮区	T1	1.16	1.24	0	0	0	2.40
		T2	2.84	0.04	0	0	8.68	11.56
		T4	2.72	0.12	0.16	0	0.76	3.76
		T5	0	0	0	0	0	0
		T6	0	0	0	0	0	0
		平均	1.34	0.28	0.03	0	1.89	3.54

续表 17-11

数量	潮区	断面	多毛类	软体动物	甲壳动物	棘皮动物	其他生物	合计
密度（个/m^2）	高潮区	T1	0	8	0	0	0	8
		T2	0	96	0	0	0	96
		T4	0	0	0	0	0	0
		T5	0	0	0	0	0	0
		T6	0	0	0	0	0	0
		平均	0	21	0	0	0	21
	中潮区	T1	984	120	100	0	0	1 204
		T2	92	71	60	0	3	226
		T4	747	29	52	0	16	844
		T5	548	5	1 130	0	8	1 691
		T6	38	32	3	0	0	73
		平均	482	51	269	0	5	807
	低潮区	T1	188	12	0	0	0	200
		T2	120	4	0	0	8	132
		T4	170	8	20	0	2	200
		T5	0	0	0	0	0	0
		T6	0	0	0	0	0	0
		平均	96	5	4	0	2	107

春季杏林湾和马銮湾潮间带大型底栖生物数量垂直分布，生物量从高到低依次为中潮区（81.83 g/m^2）、低潮区（36.99 g/m^2）、高潮区（1.56 g/m^2）；栖息密度从高到低依次为中潮区（1 976 个/m^2）、低潮区（360 个/m^2）、高潮区（5 个/m^2），生物量和栖息密度以中潮区较大，高潮区较小。各断面类群数量垂直分布见表 17-12。

表 17-12　春季杏林湾和马銮湾潮间带大型底栖生物数量垂直分布

数量	潮区	断面	藻类	多毛类	软体动物	甲壳动物	棘皮动物	其他生物	合计
生物量（g/m^2）	高潮区	T1	0	0	0.46	0	0	0	0.46
		T2	0	0	7.36	0	0	0	7.36
		T4	0	0	0	0	0	0	0
		T5	0	0	0	0	0	0	0
		T6	0	0	0	0	0	0	0
		平均	0	0	1.56	0	0	0	1.56
	中潮区	T1	20.20	63.61	6.84	22.71	0	0	113.36
		T2	18.08	18.12	7.45	16.17	0	0.30	60.12
		T4	22.83	28.43	0	36.81	0	88.75	176.82
		T5	2.16	24.45	0	7.15	0	19.79	53.55
		T6	0	3.88	0	1.36	0	0	5.24
		平均	12.66	27.70	2.86	16.84	0	21.77	81.83
	低潮区	T1	0	4.92	0	0	0	72.40	77.32
		T2	0	5.16	0.04	0.12	0	6.44	11.76
		T4	0	4.08	0	0	0	22.80	26.88
		T5	0	0.60	0	1.25	0	32.65	34.50
		T6	0	1.00	0	0.85	0	32.65	34.50
		平均	0	3.15	0.01	0.44	0	33.39	36.99

续表 17-12

数量	潮区	断面	藻类	多毛类	软体动物	甲壳动物	棘皮动物	其他生物	合计
密度（个/m²）	高潮区	T1	—	0	1	0	0	0	1
		T2	—	0	24	0	0	0	24
		T4	—	0	0	0	0	0	0
		T5	—	0	0	0	0	0	0
		T6	—	0	0	0	0	0	0
		平均	—	0	5	0	0	0	5
	中潮区	T1	—	1 069	15	551	0	0	1 635
		T2	—	376	15	429	0	12	832
		T4	—	1 052	0	1 032	0	11	2 095
		T5	—	604	0	3 825	0	15	4 444
		T6	—	1 35	0	743	0	0	878
		平均	—	647	6	1 316	0	7	1 976
	低潮区	T1	—	192	0	0	0	12	204
		T2	—	248	4	16	0	12	280
		T4	—	40	0	0	0	8	48
		T5	—	55	0	520	0	61	636
		T6	—	95	0	480	0	60	635
		平均	—	126	1	203	0	30	360

17.4.3　饵料生物

厦门港滨海湿地潮间带大型底栖生物饵料水平分级平均为Ⅴ级，其中软体动物和甲壳动物较高，均达Ⅴ级；多毛类和棘皮动物较低，均为Ⅰ级。不同底质类型比较，岩石滩和泥沙滩潮间带大型底栖生物饵料水平分级均为Ⅴ级；岩石滩以藻类、软体动物和甲壳动物较高，均达Ⅴ级；多毛类和棘皮动物较低，均为Ⅰ级。泥沙滩潮间带大型底栖生物饵料水平分级同样为Ⅴ级，其中软体动物较高，达Ⅳ级；多毛类、棘皮动物和其他生物较低，均为Ⅰ级。岩石滩和泥沙滩潮间带大型底栖生物饵料水平分级季节变化见表 17-13。

表 17-13　厦门港滨海湿地潮间带大型底栖生物饵料水平分级

底质	季节	藻类	多毛类	软体动物	甲壳动物	棘皮动物	其他生物	评价标准
岩石滩	春季	Ⅴ	Ⅰ	Ⅴ	Ⅴ	Ⅰ	Ⅲ	Ⅴ
	夏季	Ⅳ	Ⅰ	Ⅴ	Ⅴ	Ⅰ	Ⅴ	Ⅴ
	秋季	Ⅲ	Ⅰ	Ⅴ	Ⅴ	Ⅰ	Ⅰ	Ⅴ
	冬季	Ⅴ	Ⅰ	Ⅴ	Ⅴ	Ⅰ	Ⅰ	Ⅴ
	平均	Ⅴ	Ⅰ	Ⅴ	Ⅴ	Ⅰ	Ⅲ	Ⅴ
泥沙滩	春季	Ⅲ	Ⅱ	Ⅳ	Ⅲ	Ⅰ	Ⅰ	Ⅴ
	夏季	Ⅰ	Ⅰ	Ⅴ	Ⅲ	Ⅰ	Ⅰ	Ⅴ
	秋季	Ⅰ	Ⅰ	Ⅳ	Ⅱ	Ⅰ	Ⅰ	Ⅴ
	冬季	Ⅰ	Ⅱ	Ⅳ	Ⅲ	Ⅰ	Ⅰ	Ⅴ
	平均	Ⅱ	Ⅰ	Ⅳ	Ⅲ	Ⅰ	Ⅰ	Ⅴ
平均		Ⅳ	Ⅰ	Ⅴ	Ⅴ	Ⅰ	Ⅲ	Ⅴ

17.5 群落

17.5.1 群落类型

厦门港滨海湿地潮间带大型底栖生物群落按地点和底质类型分为：

（1）杏林高集海堤外（Xch7）泥沙滩群落。高潮区：海蟑螂带；中潮区：异蚓虫—菲律宾蛤仔—珠带拟蟹守螺—莱氏异额蟹（*Anomalifrons lightana*）带；低潮区：丝鳃稚齿虫—异蚓虫—明秀大眼蟹带。

（2）宝珠屿（Xch8）岩石滩群落。高潮区：粗糙滨螺—黑口滨螺带；中潮区：才女虫—黑荞麦蛤—僧帽牡蛎—纹藤壶—小相手蟹；低潮区：斑鳍缨虫（*Branchiomma cingulata*）—中国不等蛤—近辐蛇尾带。

（3）霞阳西侧（Xch3）泥沙滩群落。高潮区：黑口滨螺—粗糙滨螺带；中潮区：粗突齿沙蚕—纵带滩栖螺—清白招潮带；低潮区：长吻吻沙蚕—鸭嘴蛤—鸭嘴海豆芽带。

（4）嵩屿（R2）岩石滩群落。高潮区：粗糙滨螺—白脊藤壶带；中潮区：僧帽牡蛎—棘刺牡蛎—鳞笠藤壶带；低潮区：小珊瑚藻—中国不等蛤—覆瓦小蛇螺—高峰星藤壶带。

17.5.2 群落结构

（1）杏林高集海堤外（Xch7）泥沙滩群落。该群落所处滩面宽度约 900 m，底质类型高潮区海堤，中潮区为泥沙和低潮区由粉砂泥组成。

高潮区：海蟑螂带。该潮区种类贫乏，滩面仅出现海蟑螂，常见种滨螺未采集到。

中潮区：异蚓虫—菲律宾蛤仔—珠带拟蟹守螺—莱氏异额蟹带。该潮区主要种异蚓虫自本区延伸分布至低潮区，在本区上层的生物量和栖息密度分别为 0.10 g/m^2 和 20 个/m^2；中层的生物量和栖息密度较低，分别为 0.25 g/m^2 和 30 个/m^2；下层的生物量和栖息密度分别为 0.20 g/m^2 和 75 个/m^2。优势种菲律宾蛤仔，仅在本区出现，生物量和栖息密度分别高达 55.10 g/m^2 和 105 个/m^2。代表种珠带拟蟹守螺，分布在中潮区中层和下层，生物量分别为 3.85 g/m^2 和 6.85 g/m^2；栖息密度分别为 15 个/m^2 和 20 个/m^2。莱氏异额蟹自本区延伸分布至低潮区，在本区上层的生物量和栖息密度分别为 5.15 g/m^2 和 10 个/m^2；中层分别为 6.60 g/m^2 和 15 个/m^2。其他主要种和习见种有腺带刺沙蚕、长吻吻沙蚕、寡节甘吻沙蚕、寡鳃齿吻沙蚕、丝鳃稚齿虫、索沙蚕、似蛰虫、彩虹明樱蛤、纵带滩栖螺、古氏滩栖螺、轭螺、鼓虾、淡水泥蟹和海地瓜（*Acaudina molpadioides*）等。

低潮区：丝鳃稚齿虫—异蚓虫—明秀大眼蟹带。该潮区主要种为丝鳃稚齿虫，分布较广，自中潮区可分布至低潮区，数量不高，在本区生物量和栖息密度分别为 0.15 g/m^2 和 35 个/m^2。异蚓虫，自中潮区可分布至低潮区，在本区生物量和栖息密度分别为 0.40 g/m^2 和 115 个/m^2。明秀大眼蟹，自中潮区下层可延伸分布至低潮区，在本区的生物量和栖息密度分别为 1.05 g/m^2 和 10 个/m^2。其他主要种和习见种有寡节甘吻沙蚕、稚齿虫、奇异稚齿虫、独毛虫、齿腕拟盲蟹和秀丽长方蟹等（图 17-2）。

（2）宝珠屿（Xch8）岩石滩群落。该群落所处滩面约 50 m，底质类型高潮区至低潮区为岩石。

高潮区：粗糙滨螺—黑口滨螺带。该潮区主要种为粗糙滨螺和黑口滨螺，粗糙滨螺的生物量和栖息密度分别为 8.72 g/m^2 和 56 个/m^2。黑口滨螺的数量较低，生物量和栖息密度分别为 3.12 g/m^2 和 16 个/m^2。本区还有海蟑螂出现。

中潮区：才女虫—黑荞麦蛤—僧帽牡蛎—纹藤壶—小相手蟹带。该潮区优势种为才女虫，分布较广，自本区中层向下延伸分布至低潮区，在本区中层的生物量和栖息密度分别为 0.48 g/m^2 和 176 个/m^2；下层较低，分别为 0.16 g/m^2 和 64 个/m^2。优势种黑荞麦蛤，仅在本区出现，上层的生物量和栖息密度分

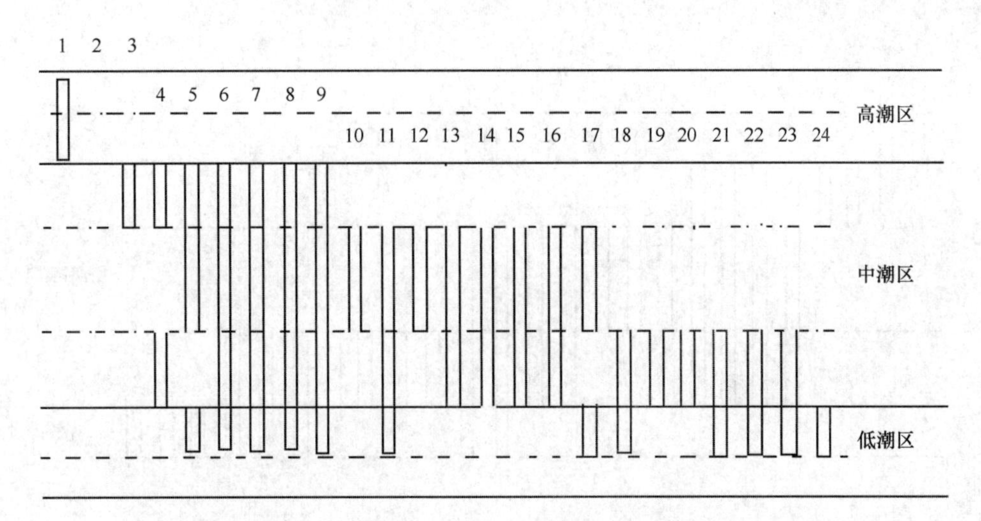

图 17-2　杏林高集海堤外（Xch7）泥沙滩群落主要种垂直分布

1. 海蟑螂；2. 腺带刺沙蚕；3. 菲律宾蛤仔；4. 似蛰虫；5. 莱氏异额蟹；6. 寡鳃齿吻沙蚕；7. 丝鳃稚齿虫；8. 异蚓虫；9. 索沙蚕；10. 海地瓜；11. 寡节甘吻沙蚕；12. 彩虹明樱蛤；13. 珠带拟蟹守螺；14. 纵带滩栖螺；15. 古氏滩栖螺；16. 轭螺；17. 齿腕拟盲蟹；18. 稚齿虫；19. 美叶雪蛤；20. 鼓虾；21. 淡水泥蟹；22. 明秀大眼蟹；23. 奇异稚齿虫；24. 秀丽长方蟹

别为 87.52 g/m^2 和 1 752 个/m^2；中层分别为 245.68 g/m^2 和 2 152 个/m^2；下层较低，分别为 7.76 g/m^2 和 64 个/m^2。优势种僧帽牡蛎，仅在本区出现，上层的生物量和栖息密度分别为 563.60 g/m^2 和 840 个/m^2；中层分别为 4 904.00 g/m^2 和 1 432 个/m^2；下层较低，分别为 2 720.16 g/m^2 和 1 112 个/m^2。纹藤壶，仅在中潮区出现，生物量和栖息密度分别为 58.08 g/m^2 和 624 个/m^2。小相手蟹，仅在中潮区出现，生物量和栖息密度分别为 9.84 g/m^2 和 288 个/m^2。其他主要种和习见种有条浒苔、小石花菜、细毛背鳞虫、弯齿围沙蚕、锯鳃鳍缨虫（*Branchiomma* cf. *serratibranchis*）、革囊星虫、纹斑棱蛤、史氏背尖贝（*Notoacmea schrenckii*）、矮拟帽贝、齿纹蜒螺、粒花冠小月螺、疣荔枝螺、日本菊花螺、石磺、网纹纹藤壶、司氏酋妇蟹（*Eriphia smithi*）和乳突皮海鞘（*Molgula manhattensis*）等。

低潮区：斑鳍缨虫—中国不等蛤—近辐蛇尾带。该潮区主要种为斑鳍缨虫，仅在本区出现，生物量和栖息密度分别为 4.88 g/m^2 和 64 个/m^2。中国不等蛤，仅在本区出现，生物量高达 563.12 g/m^2，栖息密度为 88 个/m^2。近辐蛇尾，仅在本区出现，在本区的生物量和栖息密度分别为 1.04 g/m^2 和 32 个/m^2。其他主要种和习见种有非拟海鳞虫（*Nonparahalosyclna pleiolepis*）、波斯沙蚕（*Nereis persica*）、吉村马特海笋（*Martesia yoshimurai*）、覆瓦小蛇螺、面包软海绵、皮海绵（*Suberites* sp.）、侧花海葵（*Anthopleura* sp.）、柑橘荔枝海绵、日本蟳（*Charybdis japonica*）和中国笔螺等（图 17-3）。

（3）霞阳西侧（Xch3）泥沙滩群落。该群落位于霞阳滩涂西侧，滩面长度为 650~700 m，底质类型高潮区石堤，中潮区主要由泥沙组成，布满菲律宾蛤仔（约 133 hm^2）和蚶（33 hm^2）的养殖池，且在中潮区中、下层有条牡蛎养殖；低潮区由黏土质粉砂组成。

高潮区：黑口滨螺—粗糙滨螺带。该潮区上层代表种为黑口滨螺，生物量和栖息密度分别为 15.84 g/m^2 和 32 个/m^2。粗糙滨螺分布数量稍微低一点，生物量和栖息密度分别为 8.96 g/m^2 和 32 个/m^2。

中潮区：粗突齿沙蚕—纵带滩栖螺—清白招潮带。该潮区优势种粗突齿沙蚕，从该潮区上层分布延伸至低潮区上层，在本区上层的数量较大，生物量和栖息密度分别达 16.00 g/m^2 和 1 020 个/m^2，中层分别为 6.80 g/m^2 和 300 个/m^2，下层分别为 3.72 g/m^2 和 312 个/m^2。优势种纵带滩栖螺，分布较广遍布整个中潮区，在该潮区上层的生物量和栖息密度分别为 85.44 g/m^2 和 60 个/m^2，中层分别为 60.00 g/m^2 和 40 个/m^2，下层分别为 37.28 g/m^2 和 44 个/m^2。优势种清白招潮，分布在该潮区上、中层，在上层

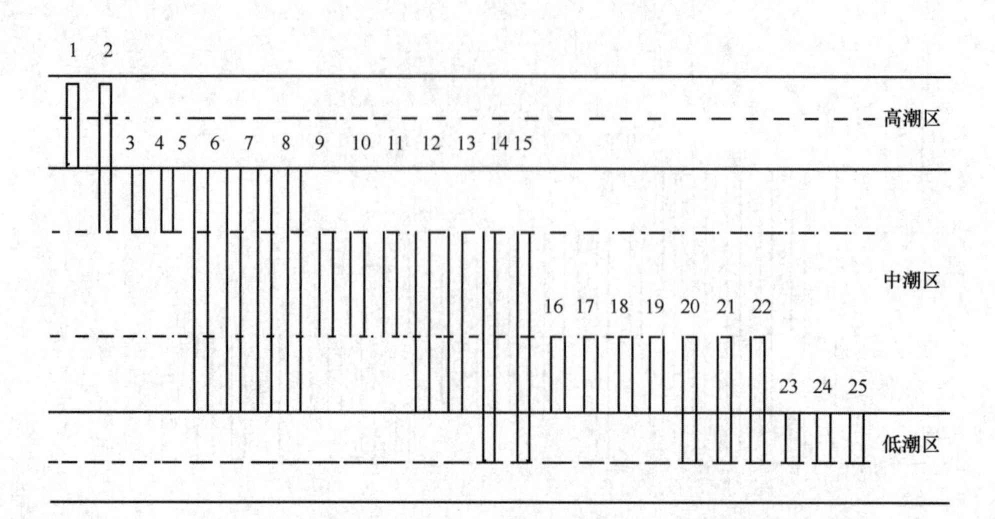

图 17-3 宝珠屿（Xch8）岩石滩群落主要种垂直分布

1. 粗糙滨螺；2. 黑口滨螺；3. 史氏背尖贝；4. 条浒苔；5. 弯齿围沙蚕；6. 多齿围沙蚕；7. 黑荞麦蛤；8. 僧帽牡蛎；9. 细毛背鳞虫；10. 日本菊花螺；11. 纹藤壶；12. 齿纹蜒螺；13. 小石花菜；14. 才女虫；15. 网纹纹藤壶；16. 纹斑棱蛤；17. 矮拟帽贝；18. 司氏酋妇蟹；19. 小相手蟹；20. 覆瓦小蛇螺；21. 黄口荔枝螺；22. 中国不等蛤；23. 斑鳍缨虫；24. 近辐蛇尾；25. 皮海绵

的生物量和栖息密度分别为26.80 g/m^2 和76个/m^2，中层分别为25.24 g/m^2 和32个/m^2。其他主要种和习见种有爱氏海葵（*Edwardsia* sp.）、裂虫（*Syllis* sp.）、异蚓虫、中蚓虫，古氏滩栖螺、珠带拟蟹守螺、秀丽织纹螺、淡水泥蟹等。凸壳肌蛤，在该潮区中层的生物量和栖息密度分别达222.40 g/m^2 和192个/m^2；小翼拟蟹守螺，在该潮区上层的生物量和栖息密度分别达160.00 g/m^2 和120个/m^2。养殖品种菲律宾蛤仔在该潮区的生物量和栖息密度分别为3 022.92 g/m^2 和724个/m^2。

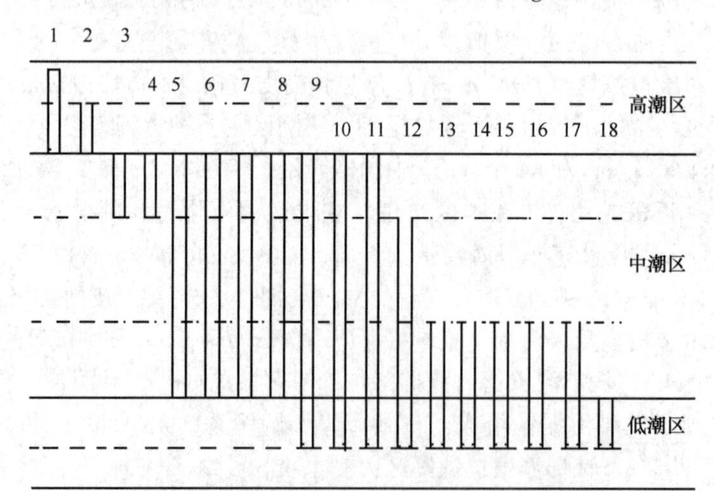

图 17-4 霞阳西侧（Xch3）泥沙滩群落主要种垂直分布

1. 黑口滨螺；2. 粗糙滨螺；3. 古氏滩栖螺；4. 爱氏海葵；5. 小翼拟蟹守螺；6. 纵带滩栖螺；7. 秀丽织纹螺；8. 清白招潮；9. 粗突齿沙蚕；10. 菲律宾蛤仔；11. 长吻吻沙蚕；12. 凸壳肌蛤；13. 丝鳃稚齿虫；14. 中蚓虫；15. 异蚓虫；16. 鸭嘴蛤；17. 鸭嘴海豆芽；18. 伊萨伯雪蛤

低潮区：长吻吻沙蚕—鸭嘴蛤—鸭嘴海豆芽带。该潮区代表种为长吻吻沙蚕，个体小，数量较低，在本区的生物量和栖息密度分别仅为4.00 g/m^2 和8个/m^2。鸭嘴蛤，数量相对较大，生物量和栖息密度分别为7.92 g/m^2 和36个/m^2。鸭嘴海豆芽，从中潮区下层可延伸至此，数量不高，在本区的生物量和栖息密度分别仅为 0.92 g/m² 和 4 个/m²。其他主要种和习见种有粗突齿沙蚕、中蚓虫、刺缨虫（*Potamilla* sp.）、凸壳肌蛤、伊萨伯雪蛤（*Clausinella isabellina*）、裂纹格特蛤（*Marcia hiantina*）、明秀大眼蟹等（图 17-4）。

（4）嵩屿（R2）岩石滩群落。该群落所处滩面底质类型高潮区至低潮区为花岗岩。

高潮区：粗糙滨螺—粒结节滨螺—白脊藤壶带。该潮区主要种为粗糙滨螺和粒结节滨螺，粗糙滨螺和粒结节滨螺的栖息密度分别为 1 107 个/m² 和 280 个/m²。白脊藤壶可向下分布至中潮区上层，生物量和栖息密度分别为 362.08 g/m² 和 628 个/m²。本区还有塔结节滨螺、短滨螺和海蟑螂等出现。

中潮区：僧帽牡蛎—棘刺牡蛎—鳞笠藤壶带。该潮区主要种为僧帽牡蛎，分布较广，在本区生物量和栖息密度分别为 448.50 g/m² 和 174 个/m²。棘刺牡蛎分布在本区中层和上层，生物量和栖息密度分别为 283.49 g/m² 和 134 个/m²。优势种鳞笠藤壶，仅在本区中层和上层出现，生物量和栖息密度分别为 1 224.61 g/m² 和 597 个/m²。其他主要种和习见种有小石花菜、铁丁菜、花石莼、孔石莼、扇形叉枝藻、羊栖菜、白脊藤壶、黑荞麦蛤、齿纹蜒螺、嫁戚、日本菊花螺、粒核果螺、日本笠藤壶、弯齿围沙蚕、栗色叶须虫、杂色伪沙蚕、小相手蟹、丽小核螺等。

低潮区：小珊瑚藻—中国不等蛤—覆瓦小蛇螺—高峰星藤壶带。该潮区主要种为小珊瑚藻，自中潮区下层至在本区均有出现，在本区的生物量为 23.86 g/m²。中国不等蛤，仅在本区出现，生物量可达 60.48 g/m²。优势种覆瓦小蛇螺，自中潮区下层至在本区均有出现，在本区的生物量和栖息密度分别高达 1 191.04 g/m² 和 256 个/m²。高峰星藤壶，仅在本区出现，呈镶嵌分布，生物量和栖息密度分别达 121.60 g/m² 和 72 个/m²。其他主要种和习见种有小杉藻、瓦氏马尾藻、宽扁叉节藻、沙菜、羊栖菜、鸡毛菜、敦氏猿头蛤、丽小核螺、跳钩虾（*Platorchestia* sp.）、厦门膜孔苔虫（*Membranipora amoyensis*）、近辐蛇尾等（图 17-5）。

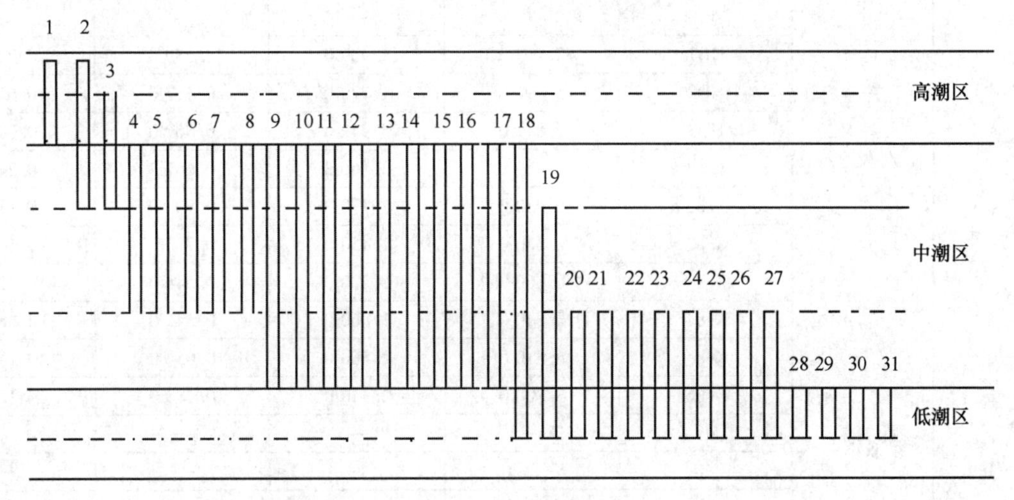

图 17-5　嵩屿（R2）岩石滩群落主要种垂直分布

1. 粒结节滨螺；2. 粗糙滨螺；3. 白脊藤壶；4. 棘刺牡蛎；5. 齿纹蜒螺；6. 嫁戚；7. 鳞笠藤壶；8. 日本笠藤壶；9. 黑荞麦蛤；10. 僧帽牡蛎；11. 日本菊花螺；12. 粒核果螺；13. 弯齿围沙蚕；14. 栗色叶须虫；15. 杂色伪沙蚕；16. 小石花菜；17. 花石莼；18. 小相手蟹；19. 丽小核螺；20. 羊栖菜；21. 扇形叉枝藻；22. 小杉藻；23. 覆瓦小蛇螺；24. 中国不等蛤；25. 高峰星藤壶；26. 小珊瑚藻；27. 鼠尾藻；28. 瓦氏马尾藻；29. 宽扁叉节藻；30. 沙菜；31. 敦氏猿头蛤

17.5.3　群落生态特征值

根据 Margalef 种类丰富度指数（*d*）、Shannon-Wiener 种类多样性指数（*H'*）、Pielous 种类均匀度指数（*J*）和 Simpson 优势度（*D*）显示，厦门港滨海湿地夏季岩石滩潮间带大型底栖生物丰富度指

数 d 值为 3.570 0，多样性指数 H' 值为 1.890 0，均匀度指数 J 值为 0.536 0，Simpson 优势度 D 值为 0.262 0。泥沙滩潮间带大型底栖生物丰富度指数 d 值夏季较高（5.459 8），春季较低（3.726 2）；多样性指数 H' 值夏季较高（3.160 3），秋季较低（2.408 2）；均匀度指数 J 值夏季较高（0.667 3），春季较低（0.582 0）；Simpson 优势度 D 值春季较高（0.280 8），夏季较低（0.243 0）。各断面群落生态特征值见表 17-14。

表 17-14　厦门港滨海湿地潮间带大型底栖生物群落生态特征值

群落	季节	断面	d	H'	J	D
岩石滩	夏季	Xch8	3.570 0	1.890 0	0.536 0	0.262 0
	四季	R2	—	—	—	—
		R4	—	—	—	—
泥沙滩	春季	Xch9	1.987 0	1.755 0	0.702 0	0.335 0
		M7	—	—	—	—
		M8	—	—	—	—
		T1	5.740 0	2.830 0	0.500 0	0.230 0
		T2	7.810 0	4.270 0	0.710 0	0.120 0
		T4	4.570 0	2.250 0	0.420 0	0.330 0
		T5	1.260 0	1.710 0	0.460 0	0.400 0
		T6	0.990 0	2.200 0	0.700 0	0.270 0
		平均	3.726 2	2.502 5	0.582 0	0.280 8
	夏季	Xch7	5.540 0	2.990 0	0.805 0	0.076 1
		M7	—	—	—	—
		M8	—	—	—	—
		HD1	2.967 0	2.939 0	0.680 0	0.238 0
		HD2	5.491 0	1.770 0	0.317 0	0.610 0
		HD3	7.841 0	4.942 0	0.867 0	0.048 0
		平均	5.459 8	3.160 3	0.667 3	0.243 0
	秋季	Xch1	6.230 0	2.770 0	0.807 0	0.111 0
		Xch2	4.380 0	2.450 0	0.782 0	0.119 0
		Xch3	6.460 0	2.200 0	0.548 0	0.228 0
		Xch4	3.840 0	1.860 0	0.542 0	0.286 0
		Xch5	6.310 0	2.560 0	0.654 0	0.154 0
		Xch6	3.300 0	2.440 0	0.788 0	0.129 0
		M7	—	—	—	—
		M8	—	—	—	—
		T1	5.210 0	2.190 0	0.400 0	0.490 0
		T2	5.580 0	4.100 0	0.780 0	0.100 0
		T4	6.450 0	2.380 0	0.420 0	0.440 0
		T5	1.170 0	1.690 0	0.490 0	0.440 0
		T6	0.930 0	1.850 0	0.720 0	0.330 0
		平均	4.532 7	2.408 2	0.630 1	0.257 0
	冬季	M7	—	—	—	—
		M8	—	—	—	—
		平均	—	—	—	—

17.5.4　群落稳定性

厦门港滨海湿地潮间带大型底栖生物杏林高集海堤外（Xch7）泥沙滩群落、宝珠屿（Xch8）岩石滩群落、霞阳滩涂西侧（Xch3）泥沙滩群落相对稳定，丰度生物量复合 k-优势度曲线不交叉、不翻转、不重叠，生物量优势度曲线始终位于丰度上方。但杏林高集海堤外（Xch7）泥沙滩群落的生物量累积百分优势度可达 57%以上，主要与优势种菲律宾蛤仔和海地瓜的生物量达 55.10 g/m^2 和 181.10 g/m^2 有关。宝珠屿（Xch8）岩石滩群落的生物量累积百分优势度可达近 83%，则主要与优势种黑荞麦蛤和僧帽牡蛎的生物量高达 245.68 g/m^2 和 4 904.00 g/m^2 有关。霞阳滩涂西侧（Xch3）泥沙滩群落生物量累积百分优势度高达 80%以上，主要与优势种纵带滩栖螺遍布整个中潮区，在该潮区上层的生物量为 85.44 g/m^2，中层为 60.00 g/m^2 和下层为 37.28 g/m^2；凸壳肌蛤在中潮区中层的生物量达 222.40 g/m^2，还有小翼拟蟹守螺在该潮区上层的生物量达 160.00 g/m^2 有关。总体而言，厦门港滨海湿地潮间带大型底栖生物群落结构相对稳定（图 17-6~图 17-8）。

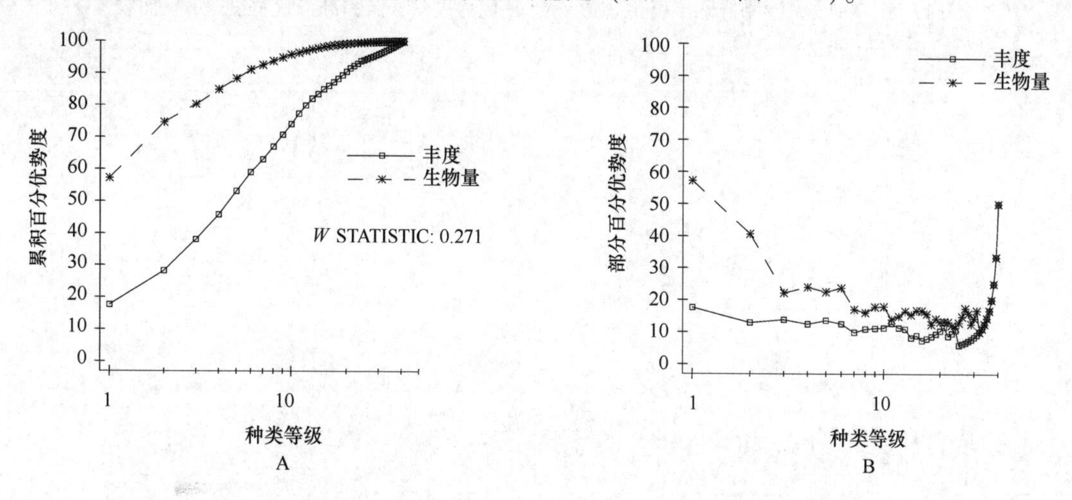

图 17-6　Xch7 泥沙滩群落丰度生物量复合 k-优势度（A）和部分优势度（B）曲线

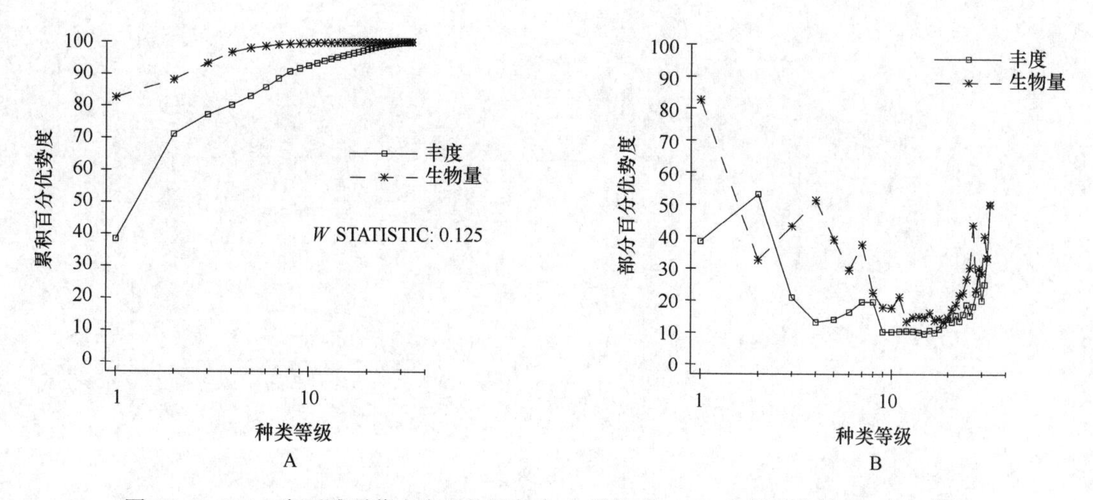

图 17-7　Xch8 岩石滩群落丰度生物量复合 k-优势度（A）和部分优势度（B）曲线

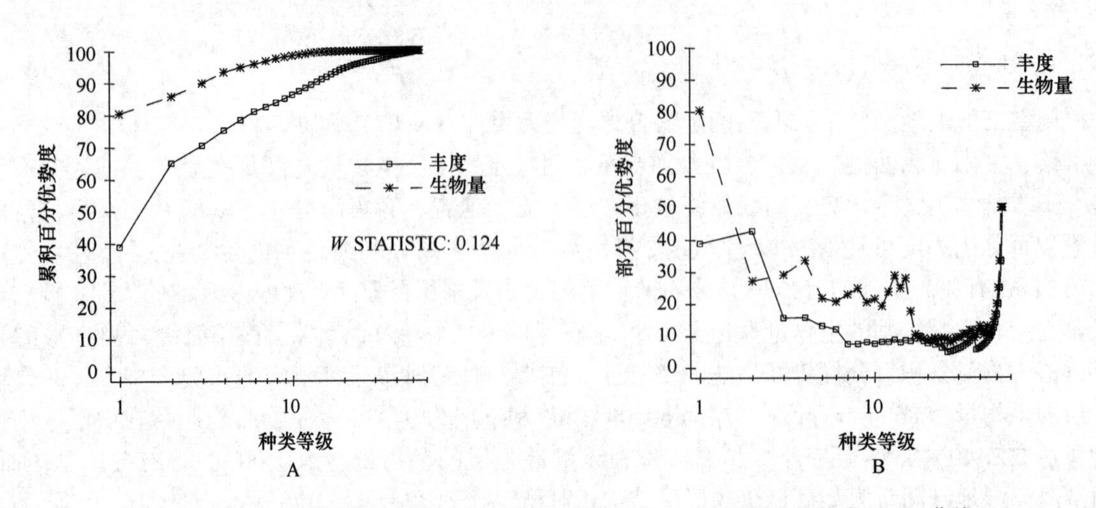

图 17-8 Xch3 泥沙滩群落丰度生物量复合 k-优势度（A）和部分优势度（B）曲线

第 18 章　九龙江口滨海湿地

18.1　自然环境特征

九龙江口滨海湿地分布于九龙江。九龙江位于福建南部，是福建省第二大河流，系由北溪、西溪和南溪组成，以北溪为主干，该溪发源于龙岩和漳平县境内的岩顶岩（1 813 m）和紫云洞山（1 629 m）。流经龙岩、漳平、华安、南靖、龙海、漳州和厦门 7 个县市，于龙海县福河附近和西溪汇合进入河口区，于草埔头会南溪如海和厦门港相连接。

九龙江河口是一个山溪性沉溺河口，其干流长约 263 km，流域面积为 1.36×10^4 km^2。流量和输沙量年际变化大，具明显的季节性特点。据草埔头站资料（1950—1979 年），年平均入海径流量为 148×10^8 m^3，年较大入海径流量为 288×10^8 m^3，年较小入海径流量为 99.6×10^8 m^3。年平均入海沙量为 307×10^4 t，主要集中在汛期（6—9 月）。港道中泥沙淤积严重，浅滩发育，港道逐年变浅，南港石码以下港道大部分水深只有 0.60~0.80 m。通航 120 吨级的海轮，只能乘潮而入，对河口航道交通有很大的影响。

九龙江河口三角洲是个湾内三角洲。三角洲前院为水下三角洲，水深一般为 2~5 m，较大水深为 10 m，河口湾内水下浅滩和水下沙坝发育，构成放射状的脊槽地貌，口门有拦门沙，与厦门港形成明显的分界。

九龙江口属正规半日潮。多年平均气温 21.0℃，7 月较高气温 28.8℃，1 月较低气温 12.5℃。多年平均降雨量 1 371.3 mm，较多年平均降雨量 1 848.7 mm，较少年平均降雨量 897.3 mm。多年平均相对湿度 80%，月较大相对湿度 89%，月较小相对湿度 63%。

九龙江口滨海湿地表层沉积物为黏土—砾质砂、中粗砂、中砂、中细砂、细砂、砂、粉砂质砂、黏土质砂、砂—粉砂—黏土、黏土质粉砂和粉砂质黏土 11 种类型。

18.2　断面与站位布设

1987 年 2 月、5 月、8 月和 11 月，2005 年 8 月，2006 年 1 月，2008 年 4 月，2009 年 5 月和 11 月对九龙江口鸡屿、屿仔尾、海沧镇、后井、浮宫、海门、贞埯、青礁、海门岛、友联船厂、沙头农场滨海湿地潮间带大型底栖生物进行调查取样，先后共布设 17 条断面（表 18-1、图 18-1）。

表 18-1　九龙江口滨海湿地潮间带大型底栖生物调查断面

序号	时间	断面	编号	经度（E）	纬度（N）	底质
1	1987 年 2 月、5 月、8 月、11 月	鸡屿	R1	118°00′14.75″	24°26′13.13″	岩石滩
2		屿仔尾	R5	118°03′54.72″	24°24′31.14″	
3		海沧镇	M2	117°58′41.25″	24°27′29.84″	泥沙滩
4		后井	M4	117°59′38.24″	24°27′15.34″	
5		屿仔尾	M6	118°01′41.39″	24°24′42.47″	
6		浮宫	M1	117°54′46.00″	24°23′40.39″	红树林区
7		海门	M3	117°57′13.39″	24°24′17.11″	
8		贞埯	M5	118°01′24.68″	24°26′40.91″	
9	2005 年 8 月	后井	Hch1	117°59′10.62″	24°27′27.84″	泥沙滩
10		海沧	Hch2	117°58′9.00″	24°27′42.96″	
11		青礁	Hch3	117°57′52.80″	24°27′46.80″	
12	2006 年 1 月	海门岛	H1	117°58′41.25″	24°24′35.82″	
13	2008 年 4 月	友联船厂	LD1	118°01′36.66″	24°24′47.62″	
14			LD2	118°01′14.49″	24°24′49.46″	
15	2009 年 5 月，11 月	沙头农场	L1	117°54′33.77″	24°26′45.88″	红树林区
16		海门	L2	117°56′16.91″	24°24′30.86″	
17		鸡屿	L3	118°00′04.18″	24°26′05.64″	

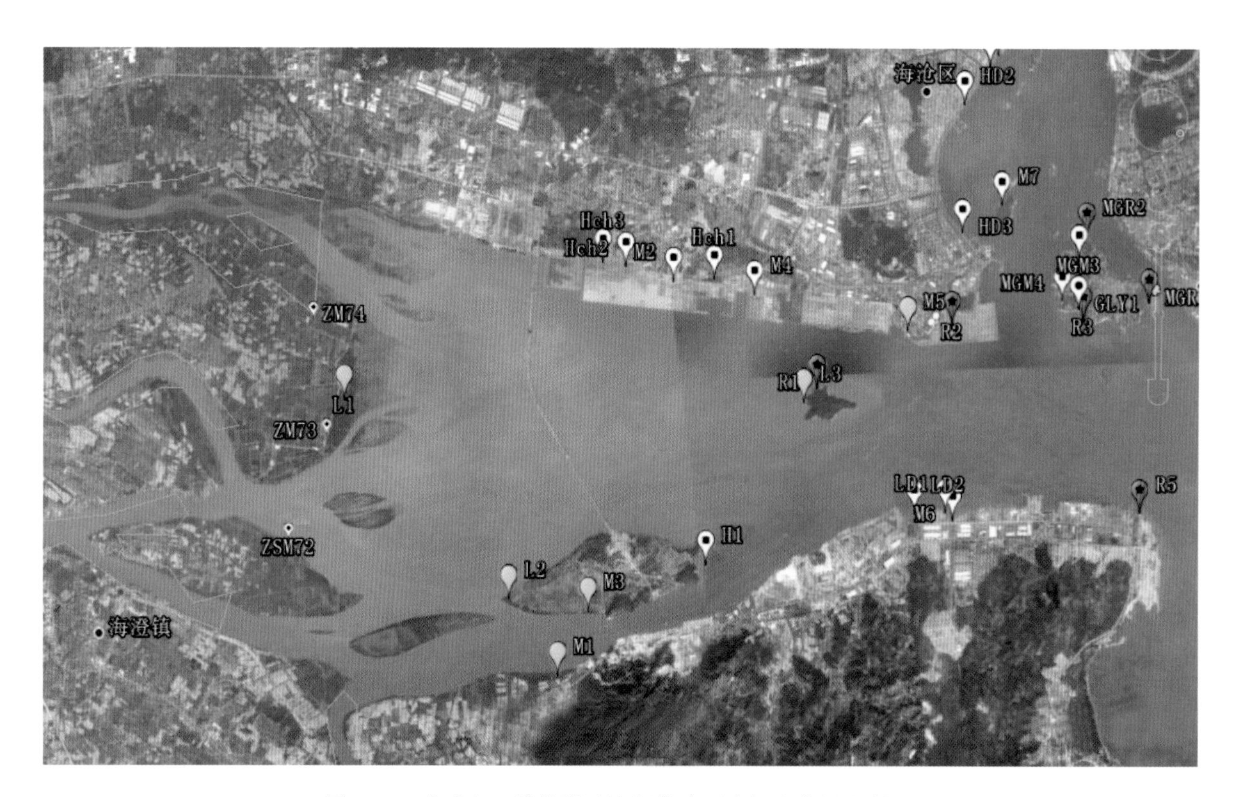

图 18-1　九龙江口滨海湿地潮间带大型底栖生物调查断面

18.3　物种多样性

18.3.1　种类组成与分布

九龙江口滨海湿地潮间带大型底栖生物 487 种，其中藻类 37 种，多毛类 146 种，软体动物 144 种，甲壳动物 111 种，棘皮动物 9 种和其他生物 40 种。多毛类、软体动物和甲壳动物占总种数的 82.34%，三者构成九龙江口滨海湿地潮间带大型底栖生物主要类群。

九龙江口滨海湿地岩石滩潮间带大型底栖生物 168 种，其中藻类 37 种，多毛类 34 种，软体动物 62 种，甲壳动物 25 种，棘皮动物 2 种和其他生物 8 种。藻类、多毛类和软体动物占岩石滩种数的 79.16%。

泥沙滩潮间带大型底栖生物 229 种，其中藻类 5 种，多毛类 77 种，软体动物 68 种，甲壳动物 54 种，棘皮动物 7 种和其他生物 18 种。多毛类、软体动物和甲壳动物占泥沙滩种数的 86.89%。

红树林区潮间带大型底栖生物 243 种，其中藻类 1 种，多毛类 79 种，软体动物 61 种，甲壳动物 73 种，棘皮动物 4 种和其他生物 25 种。多毛类、软体动物和甲壳动物占红树林区种数的 87.65%，三者构成红树林区潮间带大型底栖生物主要类群。

不同底质类型比较，九龙江口滨海湿地潮间带大型底栖生物种数以红树林区（243 种）大于泥沙滩（229 种）大于岩石滩（168 种）。断面间比较，岩石滩断面四季种数以 R5 断面较大（122 种），R1 断面较少（106 种）。泥沙滩断面，春季种数 LD2 断面较大（25 种），LD1 断面较少（20 种）；夏季种数 Hch3 断面较大（49 种），Hch2 断面较少（39 种）；四季种数以 M4 断面较大（114 种），M2 断面较少（106 种）。红树林区断面，春秋种数以 L3 断面较大（72 种），L2 断面较少（50 种）；四季种数以 M5 断面较大（135 种），M1 断面较少（56 种）（表 18-2）。

表 18-2　九龙江口滨海湿地潮间带大型底栖生物种类组成与分布　　单位：种

底质	断面	季节	藻类	多毛类	软体动物	甲壳动物	棘皮动物	其他生物	合计
岩石滩	R1	四季	16	22	48	15	1	4	106
	R5		18	25	55	19	1	4	122
	合计		37	34	62	25	2	8	168
泥沙滩	LD1	春季	0	15	2	1	0	2	20
	LD2		0	13	2	7	1	2	25
	Hch1	夏季	0	12	22	6	1	2	43
	Hch2		0	16	13	8	0	2	39
	Hch3		0	16	14	13	1	5	49
	H1	冬季	5	30	23	18	0	5	81
	M2	四季	0	44	30	25	2	5	106
	M4		0	41	28	31	7	7	114
	M6		0	38	28	29	5	8	108
	合计		5	77	68	54	7	18	229

续表 18-2

底质	断面	季节	藻类	多毛类	软体动物	甲壳动物	棘皮动物	其他生物	合计
红树林区	L1	春季	0	16	10	9	0	2	37
	L2		0	15	4	15	0	6	40
	L3		0	30	16	11	2	5	64
	L1	秋季	0	11	1	9	0	4	25
	L2		1	8	3	8	0	1	21
	L3		0	12	3	5	0	2	22
	L1	春秋	0	22	10	14	0	6	52
	L2		1	17	6	20	0	6	50
	L3		0	34	16	14	2	6	72
	M1	春季	0	3	7	12	0	5	27
	M3		0	8	5	9	0	3	25
	M5		0	14	10	18	3	7	52
	M1	夏季	0	4	8	12	0	6	30
	M3		0	9	8	8	0	6	31
	M5		0	15	9	15	3	8	50
	M1	秋季	0	3	3	14	0	3	23
	M3		0	7	7	9	0	5	28
	M5		0	20	23	21	1	8	73
	M1	冬季	0	6	7	9	0	6	28
	M3		0	10	9	14	0	2	35
	M5		0	19	19	23	3	7	71
	M1	四季	0	8	16	20	0	12	56
	M3		0	12	18	20	0	8	58
	M5		0	37	33	48	3	14	135
	合计		1	79	61	73	4	25	243
总计			37	146	144	111	9	40	487

18.3.2　优势种和主要种

根据数量和出现率，九龙江口滨海湿地潮间带大型底栖生物优势种和主要种有小石花菜、小珊瑚藻、侧花海葵、爱氏海葵、深钩毛虫（*Sigambra bassi*）、寡鳃齿吻沙蚕、中蚓虫、异蚓虫、毛背鳞虫、才女虫、扁蛰虫、小头虫、背蚓虫、不倒翁虫、寡节甘吻沙蚕、齿吻沙蚕、弓形革囊星虫、僧帽牡蛎、黑荞麦蛤、凸壳肌蛤、中国不等蛤、中国绿螂、渤海鸭嘴蛤、光滑河蓝蛤、粗糙滨螺、短拟沼螺、东方小藤壶、纹藤壶、三角藤壶、日本圆柱水虱、哥伦比亚刀钩虾、薄片蜾蠃蜚、强壮藻钩虾、模糊新短眼蟹、拟屠氏招潮（*Uca paradussumieri*）、明秀大眼蟹、秀丽长方蟹、弧边招潮、淡水泥蟹、莱氏异额蟹和小相手蟹等。

18.4 数量时空分布

18.4.1 数量组成与季节变化

九龙江口滨海湿地岩石滩、泥沙滩和红树林区潮间带大型底栖生物平均生物量为 547.55 g/m²，平均栖息密度为 1 731 个/m²。生物量以甲壳动物居第一位（347.68 g/m²），软体动物居第二位（179.92 g/m²）；栖息密度同样以甲壳动物居第一位（876 个/m²），软体动物居第二位（749 个/m²）。各类群数量组成与分布见表 18-3。

表 18-3　九龙江口滨海湿地潮间带大型底栖生物数量组成与分布

数量	底质	藻类	多毛类	软体动物	甲壳动物	棘皮动物	其他生物	合计
生物量（g/m²）	岩石滩	34.64	1.75	475.82	1 014.04	0	4.62	1 530.87
	泥沙滩	0.04	3.93	9.90	6.54	2.30	3.95	26.66
	红树林区	0	3.45	54.04	22.47	0.22	4.97	85.15
	平均	11.56	3.04	179.92	347.68	0.84	4.51	547.55
密度（个/m²）	岩石滩	—	58	1 951	2 339	0	42	4 390
	泥沙滩	—	78	69	134	2	18	301
	红树林区	—	106	227	156	1	13	503
	平均	—	81	749	876	1	24	1 731

不同底质类型比较，生物量从高到低依次为岩石滩（1 530.87 g/m²）、红树林区（85.15 g/m²）、泥沙滩（26.66 g/m²）；栖息密度同样从高到低依次为岩石滩（4 390 个/m²）、红树林区（503 个/m²）、泥沙滩（503 个/m²）。

数量季节变化，岩石滩潮间带大型底栖生物生物量从高到低依次为冬季（1 821.51 g/m²）、春季（1 807.07 g/m²）、夏季（1 382.05 g/m²）、秋季（1 112.89 g/m²）；栖息密度同样从高到低依次为冬季（8 440 个/m²）、春季（3 483 个/m²）、夏季（3 244 个/m²）、秋季（2 395 个/m²）。各类群数量组成与季节变化见表 18-4。

表 18-4　九龙江口滨海湿地岩石滩潮间带大型底栖生物数量组成与季节变化

数量	季节	藻类	多毛类	软体动物	甲壳动物	棘皮动物	其他生物	合计
生物量（g/m²）	春季	37.98	2.93	564.45	1 194.17	0	7.54	1 807.07
	夏季	15.12	1.73	492.91	865.78	0	6.51	1 382.05
	秋季	35.23	1.10	425.01	648.78	0	2.77	1 112.89
	冬季	50.24	1.25	420.92	1 347.43	0	1.67	1 821.51
	平均	34.64	1.75	475.82	1 014.04	0	4.62	1 530.87
密度（个/m²）	春季	—	47	1 695	1 716	0	25	3 483
	夏季	—	57	1 445	1 682	0	60	3 244
	秋季	—	59	1 101	1 190	0	45	2 395
	冬季	—	70	3 562	4 769	0	39	8 440
	平均	—	58	1 951	2 339	0	42	4 390

岩石滩潮间带大型底栖生物断面间数量季节变化，生物量春季以R5断面（2 489.34 g/m²）大于R1断面（1 124.79 g/m²），夏季以R5断面（1 704.64 g/m²）大于R1断面（1 059.43 g/m²），秋季以R5断面（1 454.81 g/m²）大于R1断面（770.94 g/m²），冬季以R1断面（1 883.34 g/m²）大于R5断面（1 759.65 g/m²）；栖息密度春季以R1断面（3 539个/m²）大于R5断面（3 425个/m²），夏季以R1断面（3 598个/m²）大于R5断面（2 889个/m²），秋季以R1断面（2 870个/m²）大于R5断面（1 917个/m²），冬季以R5断面（10 032个/m²）大于R1断面（6 847个/m²）。各类群数量组成与季节变化见表18-5。

表18-5 九龙江口滨海湿地岩石滩潮间带大型底栖生物数量组成与季节变化

数量	季节	断面	藻类	多毛类	软体动物	甲壳动物	棘皮动物	其他生物	合计
生物量（g/m²）	春季	R1	17.46	0.96	474.67	619.34	0	12.36	1 124.79
		R5	58.50	4.90	654.22	1 769.00	0	2.72	2 489.34
		平均	37.98	2.93	564.45	1 194.17	0	7.54	1 807.07
	夏季	R1	15.80	0.58	430.95	606.79	0	5.31	1 059.43
		R5	14.44	2.87	554.87	1 124.76	0	7.70	1 704.64
		平均	15.12	1.73	492.91	865.78	0	6.51	1 382.05
	秋季	R1	10.79	0.79	399.86	355.87	0	3.63	770.94
		R5	59.66	1.41	450.15	941.68	0	1.91	1 454.81
		平均	35.23	1.10	425.01	648.78	0	2.77	1 112.89
	冬季	R1	34.03	0.90	249.26	1 597.71	0	1.44	1 883.34
		R5	66.44	1.59	592.58	1 097.15	0	1.89	1 759.65
		平均	50.24	1.25	420.92	1 347.43	0	1.67	1 821.51
密度（个/m²）	春季	R1	—	30	1 677	1 809	0	23	3 539
		R5	—	64	1 713	1 622	0	26	3 425
		平均	—	47	1 695	1 716	0	25	3 483
	夏季	R1	—	36	1 304	2 181	0	77	3 598
		R5	—	77	1 586	1 183	0	43	2 889
		平均	—	57	1 445	1 682	0	60	3 244
	秋季	R1	—	29	1 068	1 717	0	56	2 870
		R5	—	88	1 133	662	0	34	1 917
		平均	—	59	1 101	1 190	0	45	2 395
	冬季	R1	—	44	1 355	5 410	0	38	6 847
		R5	—	95	5 769	4 128	0	40	10 032
		平均	—	70	3 562	4 769	0	39	8 440

泥沙滩潮间带大型底栖生物生物量从高到低依次为冬季（33.78 g/m²）、夏季（31.15 g/m²）、春季（24.12 g/m²）、秋季（17.55 g/m²）；栖息密度同样从高到低依次为冬季（706个/m²）、夏季（226个/m²）、春季（165个/m²）、秋季（106个/m²）。各类群数量组成与季节变化见表18-6。

表 18-6　九龙江口滨海湿地泥沙滩潮间带大型底栖生物数量组成与季节变化

数量	季节	藻类	多毛类	软体动物	甲壳动物	棘皮动物	其他生物	合计
生物量 (g/m^2)	春季	0	3.71	5.21	4.85	6.20	4.15	24.12
	夏季	0	3.57	18.33	5.11	1.51	2.63	31.15
	秋季	0	3.05	3.61	6.35	0.71	3.83	17.55
	冬季	0.16	5.39	12.43	9.84	0.79	5.17	33.78
	平均	0.04	3.93	9.90	6.54	2.30	3.95	26.66
密度 (个/m^2)	春季	—	69	54	23	2	17	165
	夏季	—	68	115	28	2	13	226
	秋季	—	38	12	42	3	11	106
	冬季	—	136	94	443	2	31	706
	平均	—	78	69	134	2	18	301

泥沙滩潮间带大型底栖生物断面间数量季节变化，生物量春季以 LD2 断面（35.29 g/m^2）较大，LD1 断面（5.21 g/m^2）较小；夏季以 Hch1 断面（77.46 g/m^2）较大，Hch3 断面（8.83 g/m^2）较小；秋季以 M4 断面（24.98 g/m^2）较大，M2 断面（9.83 g/m^2）较小；冬季以 M2 断面（54.37 g/m^2）较大，H1 断面（10.12 g/m^2）较小；栖息密度春季以 M2 断面（220 个/m^2）较大，LD2 断面（98 个/m^2）较小；夏季以 Hch1 断面（475 个/m^2）较大，Hch3 断面（114 个/m^2）较小；秋季以 M4 断面（163 个/m^2）较大，M2 断面（70 个/m^2）较小；冬季以 M2 断面（1 994 个/m^2）较大，M4 断面（200 个/m^2）较小。各类群数量组成与季节变化见表 18-7。

表 18-7　九龙江口滨海湿地泥沙滩潮间带大型底栖生物数量组成与季节变化

数量	季节	断面	藻类	多毛类	软体动物	甲壳动物	棘皮动物	其他生物	合计
生物量 (g/m^2)	春季	LD1	0	0.56	2.81	0.88	0	0.96	5.21
		LD2	0	0.39	0.70	5.52	28.68	0	35.29
		M2	0	2.00	6.77	7.12	0.16	17.07	33.12
		M4	0	11.07	1.96	10.26	1.54	1.06	25.89
		M6	0	4.54	13.80	0.45	0.62	1.67	21.08
		平均	0	3.71	5.21	4.85	6.20	4.15	24.12
	夏季	Hch1	0	0.92	68.65	7.70	0.13	0.06	77.46
		Hch2	0	1.01	5.91	4.01	0	0.58	11.51
		Hch3	0	1.46	4.77	1.42	1.11	0.07	8.83
		M2	0	1.92	13.47	4.82	0.04	9.04	29.29
		M4	0	10.17	6.96	6.32	6.33	2.82	32.60
		M6	0	5.94	10.19	6.41	1.45	3.20	27.19
		平均	0	3.57	18.33	5.11	1.51	2.63	31.15
	秋季	M2	0	2.23	2.21	3.32	0.01	2.06	9.83
		M4	0	4.40	5.06	8.53	0.74	6.25	24.98
		M6	0	2.53	3.56	7.19	1.39	3.19	17.86
		平均	0	3.05	3.61	6.35	0.71	3.83	17.55

续表 18-7

数量	季节	断面	藻类	多毛类	软体动物	甲壳动物	棘皮动物	其他生物	合计
生物量（g/m^2）	冬季	H1	0.65	1.38	6.19	1.78	0	0.12	10.12
		M2	0	5.16	3.43	27.24	0.07	18.47	54.37
		M4	0	12.16	1.63	6.03	0.41	1.61	21.84
		M6	0	2.84	38.46	4.29	2.66	0.46	48.71
		平均	0.16	5.39	12.43	9.84	0.79	5.17	33.78
密度（个/m^2）	春季	LD1	—	107	29	8	0	2	146
		LD2	—	35	4	54	5	0	98
		M2	—	44	99	7	2	68	220
		M4	—	116	20	40	2	12	190
		M6	—	41	120	7	1	4	173
		平均	—	69	54	23	2	17	165
	夏季	Hch1	—	36	413	24	1	1	475
		Hch2	—	69	50	25	0	3	147
		Hch3	—	52	35	24	1	2	114
		M2	—	67	51	20	1	37	176
		M4	—	141	24	40	2	20	227
		M6	—	45	115	33	5	15	213
		平均	—	68	115	28	2	13	226
	秋季	M2	—	26	14	14	1	15	70
		M4	—	62	10	78	2	11	163
		M6	—	25	12	35	5	8	85
		平均	—	38	12	42	3	11	106
	冬季	H1	—	220	133	40	0	1	394
		M2	—	189	50	1 650	1	104	1 994
		M4	—	120	15	46	6	13	200
		M6	—	14	177	35	2	6	234
		平均	—	136	94	443	2	31	706

红树林区潮间带大型底栖生物生物量从高到低依次为春季（218.47 g/m^2）、冬季（41.52 g/m^2）、夏季（41.15 g/m^2）、秋季（39.48 g/m^2）；栖息密度同样从高到低依次为春季（1 256 个/m^2）、夏季（325 个/m^2）、冬季（223 个/m^2）、秋季（209 个/m^2）。各类群数量组成与季节变化见表 18-8。

表 18-8 九龙江口滨海湿地红树林区潮间带大型底栖生物数量组成与季节变化

数量	季节	多毛类	软体动物	甲壳动物	棘皮动物	其他生物	合计
生物量（g/m^2）	春季	2.14	194.79	18.39	0.49	2.66	218.47
	夏季	2.01	5.03	27.76	0.12	6.23	41.15
	秋季	7.32	9.55	19.20	0.02	3.39	39.48
	冬季	2.33	6.79	24.55	0.25	7.60	41.52
	平均	3.45	54.04	22.47	0.22	4.97	85.15

续表 18-8

数量	季节	多毛类	软体动物	甲壳动物	棘皮动物	其他生物	合计
密度（个/m^2）	春季	308	841	76	3	28	1 256
	夏季	30	14	272	1	8	325
	秋季	50	24	129	0	6	209
	冬季	35	29	149	0	10	223
	平均	106	227	156	1	13	503

红树林区潮间带大型底栖生物断面间数量季节变化，生物量春季以L1断面（1 097.34 g/m^2）较大，M3断面（15.44 g/m^2）较小；夏季以M1断面（66.36 g/m^2）较大，M3断面（21.19 g/m^2）较小；秋季以M1断面（89.53 g/m^2）较大，L1断面（5.00 g/m^2）较小；冬季以M1断面（64.58 g/m^2）较大，M3断面（13.48 g/m^2）较小；栖息密度春季以L1断面（5 683个/m^2）较大，M5断面（115个/m^2）较小；夏季以M1断面（766个/m^2）较大，M3断面（74个/m^2）较小；秋季以M1断面（626个/m^2）较大，M3断面（51个/m^2）较小；冬季以M5断面（325个/m^2）较大，M3断面（125个/m^2）较小。各类群数量组成与季节变化见表18-9。

表18-9 九龙江口滨海湿地红树林区潮间带大型底栖生物数量组成与季节变化

数量	季节	断面	多毛类	软体动物	甲壳动物	棘皮动物	其他生物	合计
生物量（g/m^2）	春季	L1	3.32	1 085.40	8.36	0	0.26	1 097.34
		L2	1.23	7.11	32.35	0	2.94	43.63
		L3	1.49	53.81	8.76	2.48	2.01	68.55
		M1	0.53	3.18	39.63	0	1.30	44.64
		M3	2.84	1.66	8.19	0	2.75	15.44
		M5	3.40	17.56	13.03	0.46	6.69	41.14
		平均	2.14	194.79	18.39	0.49	2.66	218.47
	夏季	M1	1.26	4.56	54.38	0	6.16	66.36
		M3	1.16	2.12	17.36	0	0.55	21.19
		M5	3.61	8.41	11.54	0.36	12.00	35.92
		平均	2.01	5.03	27.76	0.12	6.23	41.15
	秋季	L1	0.58	0.01	3.99	0	0.42	5.00
		L2	0.88	5.71	11.85	0	0.27	18.71
		L3	0.24	2.35	9.95	0	0.03	12.57
		M1	0.90	10.73	70.32	0	7.58	89.53
		M3	37.71	7.10	5.06	0	2.12	51.99
		M5	3.62	31.40	14.04	0.14	9.91	59.11
		平均	7.32	9.55	19.20	0.02	3.39	39.48
	冬季	M1	1.41	0.97	54.36	0	7.84	64.58
		M3	3.64	1.10	6.98	0	1.76	13.48
		M5	1.96	18.29	12.30	0.76	13.19	46.50
		平均	2.33	6.79	24.55	0.25	7.60	41.52

续表 18-9

数量	季节	断面	多毛类	软体动物	甲壳动物	棘皮动物	其他生物	合计
密度（个/m^2）	春季	L1	1 338	4 294	46	0	5	5 683
		L2	107	17	110	0	74	308
		L3	239	690	81	15	68	1 093
		M1	7	5	146	0	4	162
		M3	134	11	30	0	4	179
		M5	25	29	43	4	14	115
		平均	308	841	76	3	28	1 256
	夏季	M1	21	11	728	0	6	766
		M3	24	8	40	0	2	74
		M5	44	24	47	2	15	132
		平均	30	14	272	1	8	325
	秋季	L1	31	1	26	0	5	63
		L2	85	25	20	0	3	133
		L3	62	22	74	0	6	164
		M1	10	23	584	0	9	626
		M3	26	6	17	0	2	51
		M5	87	67	51	1	13	219
		平均	50	24	129	0	6	209
	冬季	M1	16	3	189	0	9	217
		M3	67	9	46	0	3	125
		M5	22	73	211	1	18	325
		平均	35	29	149	0	10	223

18.4.2 数量分布

九龙江口滨海湿地泥沙滩潮间带大型底栖生物数量垂直分布，春季生物量从高到低依次为低潮区（44.11 g/m^2）、中潮区（12.66 g/m^2）、高潮区（4.01 g/m^2）；栖息密度从高到低依次为中潮区（248 个/m^2）、低潮区（84 个/m^2）、高潮区（36 个/m^2）。夏季生物量从高到低依次为中潮区（82.19 g/m^2）、高潮区（8.48 g/m^2）、低潮区（7.12 g/m^2）；栖息密度从高到低依次为中潮区（594 个/m^2）、低潮区（74 个/m^2）、高潮区（66 个/m^2）。冬季生物量从高到低依次为中潮区（17.94 g/m^2）、高潮区（10.08 g/m^2）、低潮区（0.40 g/m^2）；栖息密度从高到低依次为中潮区（985 个/m^2）、高潮区（112 个/m^2）、低潮区（88 个/m^2）。各断面数量垂直分布见表 18-10 和表 18-11。

表 18-10　九龙江口滨海湿地泥沙滩潮间带大型底栖生物生物量垂直分布　　单位：g/m²

潮区	季节	断面	多毛类	软体动物	甲壳动物	棘皮动物	其他生物	合计
高潮区	夏季	Hch1	0	5.28	0	0	0	5.28
		Hch2	0	10.40	0.32	0	0	10.72
		Hch3	0	9.44	0	0	0	9.44
		平均	0	8.37	0.11	0	0	8.48
	冬季	H1	0	10.08	0	0	0	10.08
	春季	LD1	0	7.52	0	0	0	7.52
		LD2	0	0	0.49	0	0	0.49
		平均	0	3.76	0.25	0	0	4.01
中潮区	夏季	Hch1	2.49	196.28	22.77	0.39	0.17	222.10
		Hch2	2.51	4.24	3.79	0	1.73	12.27
		Hch3	3.47	4.87	3.67	0	0.20	12.21
		平均	2.82	68.46	10.08	0.13	0.70	82.19
	冬季	H1	3.87	8.41	5.29	0	0.37	17.94
	春季	LD1	1.22	0	2.65	0	2.87	6.74
		LD2	0.43	2.10	16.03	0	0	18.56
		平均	0.83	1.05	9.34	0	1.44	12.66
低潮区	夏季	Hch1	0.28	4.40	0.32	0	0	5.00
		Hch2	0.52	3.08	7.92	0	0	11.52
		Hch3	0.92	0	0.60	3.32	0	4.84
		平均	0.57	2.49	2.95	1.11	0	7.12
	冬季	H1	0.28	0.08	0.04	0	0	0.40
	春季	LD1	0.45	0.90	0	0	0	1.35
		LD2	0.75	0	0.05	86.05	0	86.85
		平均	0.60	0.45	0.03	43.03	0	44.11

表 18-11　九龙江口滨海湿地泥沙滩潮间带大型底栖生物栖息密度垂直分布　　单位：个/m²

潮区	季节	断面	多毛类	软体动物	甲壳动物	棘皮动物	其他生物	合计
高潮区	夏季	Hch1	0	64	0	0	0	64
		Hch2	0	64	16	0	0	80
		Hch3	0	56	0	0	0	56
		平均	0	61	5	0	0	66
	冬季	H1	0	112	0	0	0	112
	春季	LD1	0	72	0	0	0	72
		LD2	0	0	0	0	0	0
		平均	0	36	0	0	0	36

续表 18-11

潮区	季节	断面	多毛类	软体动物	甲壳动物	棘皮动物	其他生物	合计
中潮区	夏季	Hch1	84	1 131	65	3	4	1 287
		Hch2	171	61	12	0	8	252
		Hch3	139	48	52	0	5	244
		平均	131	413	43	1	6	594
	冬季	H1	589	276	116	0	4	985
	春季	LD1	225	0	23	0	5	253
		LD2	70	12	158	0	0	240
		平均	148	6	91	0	3	248
低潮区	夏季	Hch1	24	44	8	0	0	76
		Hch2	36	24	48	0	0	108
		Hch3	16	0	20	4	0	40
		平均	25	23	25	1	0	74
	冬季	H1	72	12	4	0	0	88
	春季	LD1	95	15	0	0	0	110
		LD2	35	0	5	15	0	55
		平均	65	8	3	8	0	84

九龙江口滨海湿地红树林区潮间带大型底栖生物数量垂直分布，春、秋季 L1 断面生物量从高到低依次为低潮区（1 567.53 g/m²）、中潮区（79.65 g/m²）、高潮区（6.32 g/m²）；栖息密度从高到低依次为低潮区(6 377 个/m²)、中潮区（2 237 个/m²）、高潮区（8 个/m²）。春、秋季 L2 断面生物量从高到低依次为低潮区（42.94 g/m²）、中潮区（31.69 g/m²）、高潮区（18.92 g/m²）；栖息密度从高到低依次为中潮区（333 个/m²）、低潮区（289 个/m²）、高潮区（40 个/m²）。春、秋季 L3 断面生物量从高到低依次为中潮区（84.15 g/m²）、低潮区（29.44 g/m²）、高潮区（8.12 g/m²）；栖息密度从高到低依次为中潮区（1 273 个/m²）、低潮区（582 个/m²）、高潮区（32 个/m²）。各断面各季节数量垂直分布见表 18-12 和表 18-13。

表 18-12　九龙江口滨海湿地红树林区潮间带大型底栖生物生物量垂直分布　单位：g/m²

潮区	断面	季节	藻类	多毛类	软体动物	甲壳动物	棘皮动物	其他生物	合计
高潮区	L1	春季	0	0	12.64	0	0	0	12.64
		秋季	0	0	0	0	0	0	0
		平均	0	0	6.32	0	0	0	6.32
	L2	春季	0	0	6.80	0	0	0	6.80
		秋季	0	0	16.72	14.32	0	0	31.04
		平均	0	0	11.76	7.16	0	0	18.92
	L3	春季	0	0	10.40	0	0	0	10.40
		秋季	0	0	5.84	0	0	0	5.84
		平均	0	0	8.12	0	0	0	8.12

续表 18-12

潮区	断面	季节	藻类	多毛类	软体动物	甲壳动物	棘皮动物	其他生物	合计
中潮区	L1	春季	0	9.30	127.37	8.42	0	0.27	145.36
		秋季	0	1.48	0.03	11.16	0	1.27	13.94
		平均	0	5.39	63.70	9.79	0	0.77	79.65
	L2	春季	0	2.15	2.64	25.89	0	8.76	39.44
		秋季	0	1.78	0.32	21.04	0	0.77	23.91
		平均	0	1.97	1.48	23.47	0	4.77	31.69
	L3	春季	0	2.02	140.18	11.23	0	0.38	153.81
		秋季	0	0.28	0.80	13.35	0	0.05	14.48
		平均	0	1.15	70.49	12.29	0	0.22	84.15
低潮区	L1	春季	0	0.65	3 116.20	16.65	0	0.50	3 134.00
		秋季	0	0.25	0	0.80	0	0	1.05
		平均	0	0.45	1 558.10	8.73	0	0.25	1 567.53
	L2	春季	0	1.55	11.90	71.15	0	0.05	84.65
		秋季	0.05	0.85	0.10	0.20	0	0	1.20
		平均	0.03	1.20	6.00	35.68	0	0.03	42.94
	L3	春季	0	2.45	10.85	15.05	7.45	5.65	41.45
		秋季	0	0.45	0.40	16.50	0	0.05	17.40
		平均	0	1.45	5.63	15.78	3.73	2.85	29.44

表 18-13　九龙江口滨海湿地红树林区潮间带大型底栖生物栖息密度垂直分布　单位：个/m^2

潮区	断面	季节	多毛类	软体动物	甲壳动物	棘皮动物	其他生物	合计
高潮区	L1	春季	0	16	0	0	0	16
		秋季	0	0	0	0	0	0
		平均	0	8	0	0	0	8
	L2	春季	0	16	0	0	0	16
		秋季	0	56	8	0	0	64
		平均	0	36	4	0	0	40
	L3	春季	0	32	0	0	0	32
		秋季	0	32	0	0	0	32
		平均	0	32	0	0	0	32
中潮区	L1	春季	3 884	361	69	0	9	4 323
		秋季	68	3	64	0	15	150
		平均	1 976	182	67	0	12	2 237
	L2	春季	227	5	121	0	216	569
		秋季	44	8	37	0	8	97
		平均	135	7	79	0	112	333
	L3	春季	312	1 988	32	0	13	2 345
		秋季	107	28	63	0	2	200
		平均	209	1 008	48	0	8	1 273

续表 18-13

潮区	断面	季节	多毛类	软体动物	甲壳动物	棘皮动物	其他生物	合计
低潮区	L1	春季	130	12 505	70	0	5	12 710
		秋季	25	0	15	0	0	40
		平均	78	6 253	43	0	3	6 377
	L2	春季	95	30	210	0	5	340
		秋季	210	10	15	0	0	235
		平均	153	20	113	0	3	289
	L3	春季	405	50	210	45	190	900
		秋季	80	5	160	0	15	260
		平均	243	28	185	23	103	582

18.4.3　饵料生物

九龙江口滨海湿地潮间带大型底栖生物饵料水平分级平均为Ⅴ级，其中软体动物和甲壳动物较高，分别达Ⅴ级；多毛类、棘皮动物和其他生物较低，分别为Ⅰ级。不同底质类型比较，岩石滩和红树林区相近均为Ⅴ级，泥沙滩潮间带大型底栖生物饵料水平分级较低，仅Ⅳ级。岩石滩潮间带大型底栖生物饵料水平分级以软体动物和甲壳动物较高，分别达Ⅴ级；多毛类、棘皮动物和其他生物较低，分别为Ⅰ级。泥沙滩潮间带大型底栖生物饵料水平分级以软体动物和甲壳动物较高，为Ⅱ级；藻类、多毛类、棘皮动物和其他生物较低，分别为Ⅰ级。红树林区潮间带大型底栖生物饵料水平分级以软体动物较高，达Ⅴ级；藻类、多毛类、棘皮动物和其他生物较低，分别为Ⅰ级。不同底质类型潮间带大型底栖生物饵料水平分级季节变化见表 18-14。

表 18-14　九龙江口滨海湿地潮间带大型底栖生物饵料水平分级

底质	季节	藻类	多毛类	软体动物	甲壳动物	棘皮动物	其他生物	评价标准
岩石滩	春季	Ⅳ	Ⅰ	Ⅴ	Ⅴ	Ⅰ	Ⅱ	Ⅴ
	夏季	Ⅲ	Ⅰ	Ⅴ	Ⅴ	Ⅰ	Ⅱ	Ⅴ
	秋季	Ⅳ	Ⅰ	Ⅴ	Ⅴ	Ⅰ	Ⅰ	Ⅴ
	冬季	Ⅴ	Ⅰ	Ⅴ	Ⅴ	Ⅰ	Ⅰ	Ⅴ
	平均	Ⅳ	Ⅰ	Ⅴ	Ⅴ	Ⅰ	Ⅰ	Ⅴ
泥沙滩	春季	Ⅰ	Ⅰ	Ⅱ	Ⅰ	Ⅱ	Ⅰ	Ⅲ
	夏季	Ⅰ	Ⅰ	Ⅲ	Ⅱ	Ⅰ	Ⅰ	Ⅳ
	秋季	Ⅰ	Ⅰ	Ⅰ	Ⅱ	Ⅰ	Ⅰ	Ⅲ
	冬季	Ⅰ	Ⅱ	Ⅲ	Ⅱ	Ⅰ	Ⅱ	Ⅳ
	平均	Ⅰ	Ⅰ	Ⅱ	Ⅱ	Ⅰ	Ⅰ	Ⅳ
红树林区	春季	Ⅰ	Ⅰ	Ⅴ	Ⅲ	Ⅰ	Ⅰ	Ⅴ
	夏季	Ⅰ	Ⅰ	Ⅱ	Ⅳ	Ⅰ	Ⅱ	Ⅳ
	秋季	Ⅰ	Ⅱ	Ⅱ	Ⅲ	Ⅰ	Ⅰ	Ⅳ
	冬季	Ⅰ	Ⅰ	Ⅱ	Ⅲ	Ⅰ	Ⅱ	Ⅳ
	平均	Ⅰ	Ⅰ	Ⅴ	Ⅲ	Ⅰ	Ⅰ	Ⅴ
平均		Ⅲ	Ⅰ	Ⅴ	Ⅴ	Ⅰ	Ⅰ	Ⅴ

18.5　群落

18.5.1　群落类型

九龙江口滨海湿地潮间带大型底栖生物群落按地理位置和底质类型分为：

（1）后井（Hch1）泥沙滩群落。高潮区：粗糙滨螺—黑口滨螺带；中潮区：寡鳃齿吻沙蚕—中国绿螂—泥螺—明秀大眼蟹带；低潮区：奇异稚齿虫—豆形胡桃蛤—淡水泥蟹带。

（2）海沧（Hch2）泥沙滩群落。高潮区：黑口滨螺—白条地藤壶带；中潮区：寡鳃齿吻沙蚕—短拟沼螺—明秀大眼蟹带；低潮区：异蚓虫—金星蝶铰蛤—模糊新短眼蟹带。

（3）青礁（Hch3）泥沙滩群落。高潮区：粗糙滨螺—黑口滨螺带；中潮区：寡鳃齿吻沙蚕—短拟沼螺—明秀大眼蟹带；低潮区：长吻吻沙蚕—模糊新短眼蟹—棘刺锚参带。

（4）海门岛（H1）泥沙滩群落。高潮区：粗糙滨螺—粒结节滨螺带；中潮区：稚虫—短拟沼螺—哥伦比亚刀钩虾带；低潮区：独指虫—焦河蓝蛤—拟猛钩虾（*Harpinopsis* sp.）带。

（5）鸡屿（R1）岩石滩群落。高潮区：滨螺—白条地藤壶带；中潮区：僧帽牡蛎—白脊藤壶—鳞笠藤壶—泥藤壶带；低潮区：线形杉藻（*Gigartina tenella*）—中国不等蛤—高峰星藤壶带。

（6）浮宫（M1）红树林区群落。高潮区：彩拟蟹守螺—屠氏招潮带；中潮区：背蚓虫—缢蛏—彩虹明樱蛤—台湾泥蟹—莱氏异额蟹带；低潮区：长吻吻沙蚕—焦河蓝蛤—莱氏异额蟹带。

（7）沙头农场（L1）红树林区群落。高潮区：黑口滨螺带；中潮区：寡毛类—渤海鸭嘴蛤—短拟沼螺—宁波泥蟹带；低潮区：渤海鸭嘴蛤—光滑河蓝蛤—宁波泥蟹带。

18.5.2　群落结构

（1）后井（Hch1）泥沙滩群落。该群落所处滩面长度为 150~200 m，底质类型高潮区为石堤，中潮区主要由泥沙组成，且在上层覆盖有零星互花米草（*Spartina alteriflora*），还有呈斑块状的红树林白骨壤（*Avicennia marina*）和秋茄（*Kandelia candel*）；中潮区下层和低潮区由黏土质粉砂组成。

高潮区：粗糙滨螺—黑口滨螺带。该潮区下层代表种为粗糙滨螺，生物量和栖息密度分别为 5.28 g/m^2 和 64 个/m^2。定性可以采集到黑口滨螺等。

中潮区：寡鳃齿吻沙蚕—中国绿螂—泥螺—明秀大眼蟹带。该潮区优势种为寡鳃齿吻沙蚕，从该潮区分布延伸至低潮区上层，在本区较大，生物量和栖息密度分别为 1.20 g/m^2 和 76 个/m^2。优势种中国绿螂，分布在该潮区上层，生物量和栖息密度分别高达 550.88 g/m^2 和 2 256 个/m^2。优势种泥螺，分布在该潮区上、中层，栖息密度高达 848 个/m^2。明秀大眼蟹，分布在整个中潮区，在上层的生物量和栖息密度分别为 4.48 g/m^2 和 32 个/m^2；在中层的生物量和栖息密度分别为 0.36 g/m^2 和 36 个/m^2；在下层的生物量和栖息密度分别为 45.32 g/m^2 和 32 个/m^2。其他主要种和习见种有异蚓虫、中蚓虫、短拟沼螺、珠带拟蟹守螺、织纹螺、轭螺、拟捻螺（*Acteocina* sp.）、弧边招潮、淡水泥蟹和弹涂鱼等。

低潮区：奇异稚齿虫—豆形胡桃蛤—淡水泥蟹带。该潮区代表种为奇异稚齿虫，仅在本区出现，个体小，生物量和栖息密度分别为 0.08 g/m^2 和 8 个/m^2。豆形胡桃蛤，仅在本区出现，个体小，生物量和栖息密度分别为 0.80 g/m^2 和 12 个/m^2。淡水泥蟹，从中潮区可延伸至此，数量不高，生物量和栖息密度分别仅为 0.32 g/m^2 和 8 个/m^2。其他主要种和习见种有花冈钩毛虫、叶须内卷齿蚕、寡鳃齿吻沙蚕、异蚓虫、理蛤、金星蝶铰蛤和圆筒原盒螺等（图 18-2）。

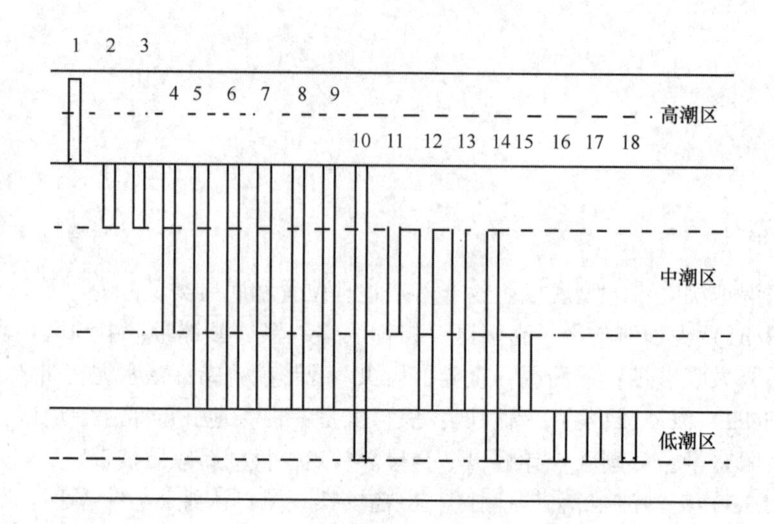

图 18-2　后井（Hch1）泥沙滩群落主要种垂直分布

1. 粗糙滨螺；2. 中国绿螂；3. 弧边招潮；4. 弹涂鱼；5. 短拟沼螺；6. 明秀大眼蟹；7. 淡水泥蟹；8. 轭螺；9. 拟捻螺；10. 寡鳃齿吻沙蚕；11. 长吻吻沙蚕；12. 织纹螺；13. 中蚓虫；14. 异蚓虫；15. 秀丽长方蟹；16. 奇异稚齿虫；17. 豆形胡桃蛤；18. 金星蝶铰蛤

（2）海沧（Hch2）泥沙滩群落。该群落所处滩面长度约 160 m，底质类型高潮区为石堤，中潮区上层有宽约 30 m 的人造秋茄红树林分布带，且覆盖有零星互花米草，中潮区和低潮区由黏土质粉砂组成。

高潮区：黑口滨螺—白条地藤壶带。该潮区代表种为黑口滨螺，仅在本区出现，生物量和栖息密度分别为 10.40 g/m² 和 64 个/m²。白条地藤壶，也仅在本区出现，数量不大，生物量和栖息密度分别为 0.32 g/m² 和 16 个/m²。定性可采集到粗糙滨螺。

中潮区：寡鳃齿吻沙蚕—短拟沼螺—明秀大眼蟹带。该区优势种为寡鳃齿吻沙蚕，从本潮区至低潮区上层均出现，在本区，上层较大，生物量和栖息密度分别为 1.40 g/m² 和 216 个/m²；下层较低，分别为 0.44 g/m² 和 12 个/m²。短拟沼螺，主要分布在中潮区中、上层，其中上层的生物量和栖息密度分别为 1.76 g/m² 和 32 个/m²；下层分别为 5.00 g/m² 和 112 个/m²。明秀大眼蟹，从本区可延伸至低潮区，在本区上层的生物量和栖息密度分别为 4.68 g/m² 和 8 个/m²；下层的生物量和栖息密度分别为 0.76 g/m² 和 8 个/m²。其他主要种和习见种有长吻吻沙蚕、异蚓虫、背蚓虫、中蚓虫、四索沙蚕、不倒翁虫、刀明樱蛤、焦河蓝蛤、珠带拟蟹守螺、斑玉螺、织纹螺、轭螺、双凹鼓虾、拟屠氏招潮和弹涂鱼等。

低潮区：异蚓虫—金星蝶铰蛤—模糊新短眼蟹带。该区代表种为异蚓虫，数量不高，生物量和栖息密度分别仅为 0.20 g/m² 和 20 个/m²。金星蝶铰蛤，仅在本区出现，在本区的生物量和栖息密度分别为 3.08 g/m² 和 24 个/m²。模糊新短眼蟹，自中潮区分布至本区上层，在本区的生物量和栖息密度分别为 3.44 g/m² 和 28 个/m²。其他主要种和习见种有角沙蚕、双齿围沙蚕、寡节甘吻沙蚕、双凹鼓虾和明秀大眼蟹等（图 18-3）。

（3）青礁（Hch3）泥沙滩群落。该群落所处滩面长度约 160 m，底质类型为高潮区石堤，中潮区上层有宽约 30 m 的人造秋茄红树林分布带，且覆盖有零星互花米草，中潮区和低潮区由黏土质粉砂组成。

高潮区：粗糙滨螺—黑口滨螺带。该潮区代表种为粗糙滨螺，仅在本区出现，生物量和栖息密度分别为 5.28 g/m² 和 48 个/m²。黑口滨螺，也仅在本区出现，数量不大，生物量和栖息密度分别为

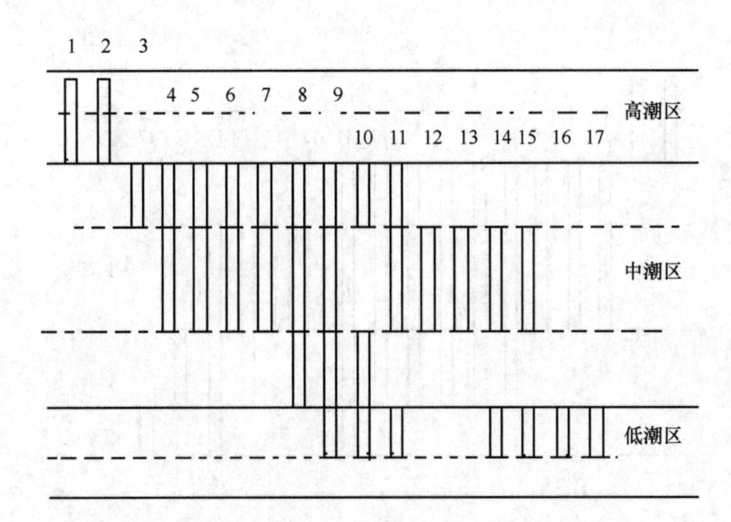

图 18-3　海沧（Hch2）泥沙滩群落主要种垂直分布

1. 黑口滨螺；2. 白条地藤壶；3. 刀明樱蛤；4. 中蚓虫；5. 短拟沼螺；6. 珠带拟蟹守螺；7. 弹涂鱼；8. 背蚓虫；9. 寡鳃齿吻沙蚕；10. 异蚓虫；11. 明秀大眼蟹；12. 轭螺；13. 拟屠氏招潮；14. 双凹鼓虾；15. 模糊新短眼蟹；16. 金星蝶铰蛤；17. 寡节甘吻沙蚕

4.16 g/m² 和 8 个/m²。可定性采集到白条地藤壶。

中潮区：寡鳃齿吻沙蚕—短拟沼螺—明秀大眼蟹带。该区优势种为寡鳃齿吻沙蚕，仅在本潮区出现，在本区，上层较大，生物量和栖息密度分别为 0.40 g/m² 和 56 个/m²；下层较低，分别为 0.56 g/m² 和 48 个/m²。短拟沼螺，主要分布在中潮区，其中上层的生物量和栖息密度分别为 2.52 g/m² 和 44 个/m²；下层较低，分别为 0.08 g/m² 和 4 个/m²。明秀大眼蟹，分布在整个中潮区，在本区上层的生物量和栖息密度分别为 1.60 g/m² 和 28 个/m²；下层的生物量和栖息密度分别为 1.04 g/m² 和 4 个/m²。其他主要种和习见种有日本爱氏海葵、长吻吻沙蚕、寡节甘吻沙蚕、丝鳃稚齿虫、异蚓虫、巴林虫、四索沙蚕、不倒翁虫、豆形胡桃蛤、拟衣角蛤、金星蝶铰蛤、微黄镰玉螺、轭螺、拟捻螺、长指鼓虾、莱氏异额蟹、淡水泥蟹和弹涂鱼等。

低潮区：长吻吻沙蚕—模糊新短眼蟹—棘刺锚参带。该区代表种为长吻吻沙蚕，数量不高，生物量和栖息密度分别仅为 0.68 g/m² 和 8 个/m²。模糊新短眼蟹，仅在本区出现，在本区的生物量和栖息密度分别为 0.60 g/m² 和 20 个/m²。棘刺锚参，在本区的生物量和栖息密度分别为 3.32 g/m² 和 4 个/m²。其他主要种和习见种有中蚓虫等（图 18-4）。

（4）海门岛（H1）泥沙滩群落。该群落位于海门岛东北侧，滩面长度约 800 m，底质类型高潮区为岩石，中、低潮区主要由泥沙和细砂组成。滩面有围网。

高潮区：粗糙滨螺—粒结节滨螺带。该潮区上层代表种为粗糙滨螺和粒结节滨螺，生物量分别为 8.00 g/m² 和 2.00 g/m²；栖息密度分别为 80 个/m² 和 24 个/m²。还有塔结节滨螺和短滨螺等出现。

中潮区：稚虫—短拟沼螺—哥伦比亚刀钩虾带。该潮区优势种为稚虫，主要分布在中潮区，在本区上层的数量较大，生物量和栖息密度分别为 1.60 g/m² 和 192 个/m²，下层分别为 0.28 g/m² 和 112 个/m²。优势种短拟沼螺，仅分布在中潮区上层，在该潮区上层的生物量和栖息密度分别达 6.78 g/m² 和 320 个/m²。优势种哥伦比亚刀钩虾，主要分布在该潮区上、中层，在上层的生物量和栖息密度分别为 0.24 g/m² 和 136 个/m²，中层较低，分别为 0.08 g/m² 和 16 个/m²。其他主要种和习见种有裂片石莼、花冈钩毛虫、长吻吻沙蚕、寡节甘吻沙蚕、齿吻沙蚕、中蚓虫、欧文虫、彩虹明樱蛤、渤海鸭嘴蛤、秀丽织纹螺、泥螺、拟捻螺、极地蚤钩虾、模糊新短眼蟹、弧边招潮、淡水泥

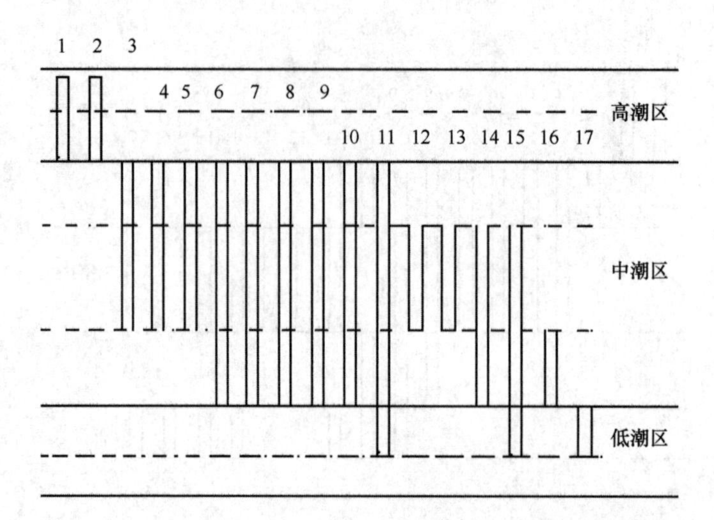

图 18-4　青礁（Hch3）泥沙滩群落主要种垂直分布

1. 粗糙滨螺；2. 黑口滨螺；3. 巴林虫；4. 鲰螺；5. 弹涂鱼；6. 寡鳃齿吻沙蚕；7. 异蚓虫；8. 短拟沼螺；9. 明秀大眼蟹；10. 不倒翁虫 11. 长吻吻沙蚕；12. 金星蝶铰蛤；13. 淡水泥蟹；14. 豆形胡桃蛤；15. 模糊新短眼蟹；16. 拟衣角蛤；17. 棘刺锚参

蟹、鸭嘴海豆芽和大弹涂鱼等。

低潮区：独指虫—焦河蓝蛤—拟猛钩虾带。该潮区代表种为独指虫，从中潮区延伸分布至此。个体小，数量较低，在本区的生物量和栖息密度分别为 0.04 g/m^2 和 20 个/m^2。焦河蓝蛤，从中潮区延伸分布至此，在本区的生物量和栖息密度分别为 0.08 g/m^2 和 12 个/m^2。拟猛钩虾，从中潮区下层可延伸至此，数量不高，在本区的生物量和栖息密度分别仅为 0.04 g/m^2 和 4 个/m^2。其他主要种和习见种有拟特须虫（*Paralacydonia paradoxa*）、齿吻沙蚕、球小卷吻沙蚕（*Micronephtys sphaerocirrata*）、才女虫和中蚓虫等（图 18-5）。

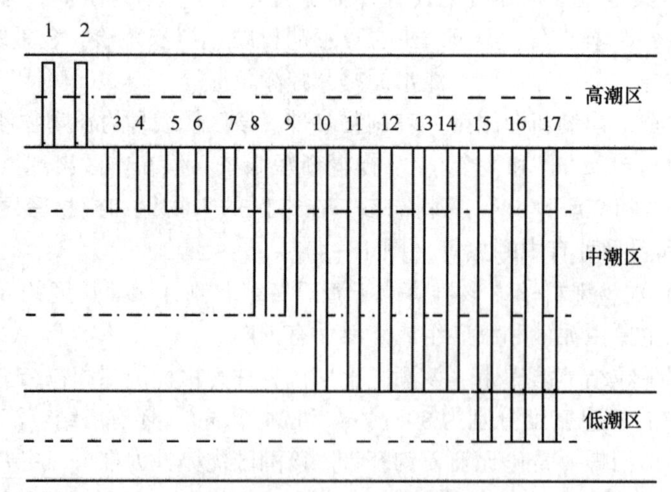

图 18-5　海门岛（H1）泥沙滩群落主要种垂直分布

1. 粗糙滨螺；2. 粒结节滨螺；3. 短拟沼螺；4. 弧边招潮；5. 异蚓虫；6. 淡水泥蟹；7. 渤海鸭嘴蛤；8. 哥伦比亚刀钩虾；9. 裂片石莼；10. 欧文虫；11. 彩虹明樱蛤；12. 稚虫；13. 拟捻螺；14. 寡节甘吻沙蚕；15. 中蚓虫；16. 齿吻沙蚕；17. 焦河蓝蛤

（5）鸡屿（R1）岩石滩群落。该群落底质类型自高潮区至低潮区为花岗岩。

高潮区：粗糙滨螺—粒结节滨螺—白条地藤壶带。该潮区主要种为粗糙滨螺，自本区向下分布至中潮区上层，在本区生物量和栖息密度分别为 4.16 g/m^2 和 288 个/m^2。粒结节滨螺，仅在本区出现，生物量和栖息密度分别为 8.03 g/m^2 和 301 个/m^2。优势种白条地藤壶，出现在本区下层，形成一条狭长带状，生物量和栖息密度分别高达 167.00 g/m^2 和 14 800 个/m^2。习见种有短滨螺和白脊藤壶等。

中潮区：僧帽牡蛎—白脊藤壶—鳞笠藤壶—泥藤壶带。优势种为僧帽牡蛎，在该区的平均生物量和栖息密度分别为 742.73 g/m^2 和 272 个/m^2，其中在上层的生物量为 159.88 g/m^2；在中层的为 1 409.60 g/m^2；在下层的为 658.72 g/m^2。优势种白脊藤壶自高潮区向下分布至本区上层，在本区生物量和栖息密度分别高达 5 416.81 g/m^2 和 11 275 个/m^2。鳞笠藤壶，主要分布在中潮区中上层，在中层的生物量和栖息密度分别为 423.91 g/m^2 和 106 个/m^2。泥藤壶，自本区中层向下延伸分布至低潮区上层，冬季较大，生物量和栖息密度分别高达 2 870.56 g/m^2 和 2 320 个/m^2。其他主要种和习见种有小石花菜、花石莼、栗色叶须虫、巧言虫、背鳞虫、黑荞麦蛤、嫁䗩、粒核果螺、丽小核螺、日本菊花螺、蜾蠃蜚、异毛蟹（*Heteropilumnus* sp.）、小相手蟹等。

低潮区：线形杉藻—中国不等蛤—高峰星藤壶带。该区主要种为线形杉藻，仅在本区出现，平均生物量为 36.52 g/m^2，冬季较高，可达 140.32 g/m^2。中国不等蛤自中潮区下层向下延伸分布至本区，在本区的生物量和栖息密度分别为 38.54 g/m^2 和 20 个/m^2。高峰星藤壶，自中潮区下层向下延伸分布至本区，冬季在本区的生物量和栖息密度分别为 323.20 g/m^2 和 320 个/m^2。其他主要种和习见种有扇形叉枝藻（*Gymnogongrus flabelliformis*）、羊栖菜（*Sargassum fusiforme*）、叶珊瑚（*Catalaphyllia* sp.）、双纹青蚶、珊瑚绒贻贝、厦门膜孔苔虫、网纹藤壶等（图 18-6）。

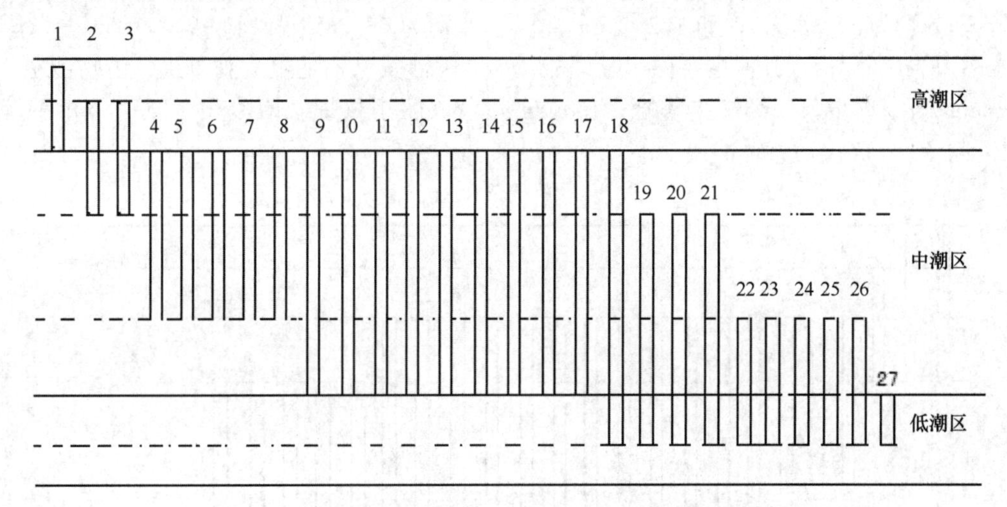

图 18-6　鸡屿（R1）岩石滩群落主要种垂直分布

1. 粒结节滨螺；2. 粗糙滨螺；3. 白脊藤壶；4. 棘刺牡蛎；5. 齿纹蜒螺；6. 嫁䗩；7. 鳞笠藤壶；8. 弯齿围沙蚕；9. 黑荞麦蛤；10. 僧帽牡蛎；11. 日本菊花螺；12. 粒核果螺；13. 栗色叶须虫；14. 巧言虫；15. 背鳞虫；16. 花石莼；17. 小石花菜；18. 小相手蟹；19. 丽小核螺；20. 小杉藻；21. 羊栖菜；22. 扇形叉枝藻；23. 中国不等蛤；24. 网纹藤壶；25. 高峰星藤壶；26. 线形杉藻；27. 泥藤壶

（6）浮宫（M1）红树林区群落。该群落所处高潮区至中潮区为红树林区，低潮区为泥质光滩。浮宫片区红树林面积约 62.23 hm^2，树高平均为 6.5 m，较高者可达 15 m，林带宽在 15~200 m 之间，主要种为秋茄、白骨壤、桐花树和无瓣海桑。

高潮区：彩拟蟹守螺—屠氏招潮带。该潮区主要种为彩拟蟹守螺，仅在本区出现，生物量和栖息密度仅为 1.96 g/m² 和 4 个/m²。屠氏招潮，冬季数量较高，生物量和栖息密度分别为 9.56 g/m² 和 36 个/m²，夏季分别为 1.08 g/m² 和 20 个/m²，秋季分别为 11.88 g/m² 和 40 个/m²。习见种有弧边招潮和海栖招潮（*Uca marionis*）等。

中潮区：背蚓虫—缢蛏—彩虹明樱蛤—台湾泥蟹—莱氏异额蟹带。该区主要种为背蚓虫，出现率高，数量不大，冬季的生物量和栖息密度分别为 0.36 g/m² 和 12 个/m²，春季分别为 2.16 g/m² 和 32 个/m²，夏季分别为 4.88 g/m² 和 44 个/m²，秋季分别为 0.16 g/m² 和 20 个/m²。缢蛏，冬季的生物量和栖息密度分别为 2.92 g/m² 和 4 个/m²。彩虹明樱蛤，夏季生物量和栖息密度分别为 6.08 g/m² 和 16 个/m²。台湾泥蟹，冬季生物量和栖息密度分别为 9.52 g/m² 和 44 个/m²，春季分别为 20.68 g/m² 和 172 个/m²，夏季分别为 4.88 g/m² 和 44 个/m²，秋季分别为 0.16 g/m² 和 20 个/m²。优势种莱氏异额蟹，冬季生物量和栖息密度分别为 143.24 g/m² 和 492 个/m²，春季分别为 124.72 g/m² 和 536 个/m²，夏季分别为 192.68 g/m² 和 2 256 个/m²，秋季分别为 301.68 g/m² 和 3 096 个/m²。其他主要种和习见种有齿吻沙蚕、长吻吻沙蚕、拟突齿沙蚕、钩毛虫、双齿围沙蚕、河蚬（*Corbicula fluminea*）、亮樱蛤、拟衣角蛤、光滑狭口螺、拟沼螺、光织纹螺、尖齿灯塔蛏（*Pharella acutidens*）、蜾蠃蜚、刺螯鼓虾（*A. hoplocheles*）、泥虾（*Laomedia astacina*）、东方长眼虾、屠氏招潮、弧边招潮、海栖招潮、锯脚泥蟹、宽身闭口蟹、秀丽长方蟹、长足长方蟹、六齿猴面蟹（*Camptandrium sexdentatum*）等。

低潮区：长吻吻沙蚕—焦河蓝蛤—莱氏异额蟹带。该区主要种为长吻吻沙蚕，中潮区下层向下延伸分布至本区，在本区，冬季生物量和栖息密度分别为 0.44 g/m² 和 12 个/m²。焦河蓝蛤仅在本区出现，夏季生物量和栖息密度分别为 0.88 g/m² 和 12 个/m²，秋季分别为 0.20 g/m² 和 8 个/m²，冬季分别为 0.36 g/m² 和 12 个/m²。优势种莱氏异额蟹，冬季生物量和栖息密度分别为 69.16 g/m² 和 512 个/m²，春季分别为 57.88 g/m² 和 172 个/m²，夏季分别为 63.24 g/m² 和 1944 个/m²，秋季分别为 71.84 g/m² 和 720 个/m²。其他主要种和习见种有双齿围沙蚕、钩毛虫、刺缨虫、齿吻沙蚕、锦蜒螺〔*N.*（*Amphinerita*）*polita*〕、缢蛏、紫蛤（*Hiatula* sp.）、丽小核螺、褶痕相手蟹、小相手蟹等（图 18-7）。

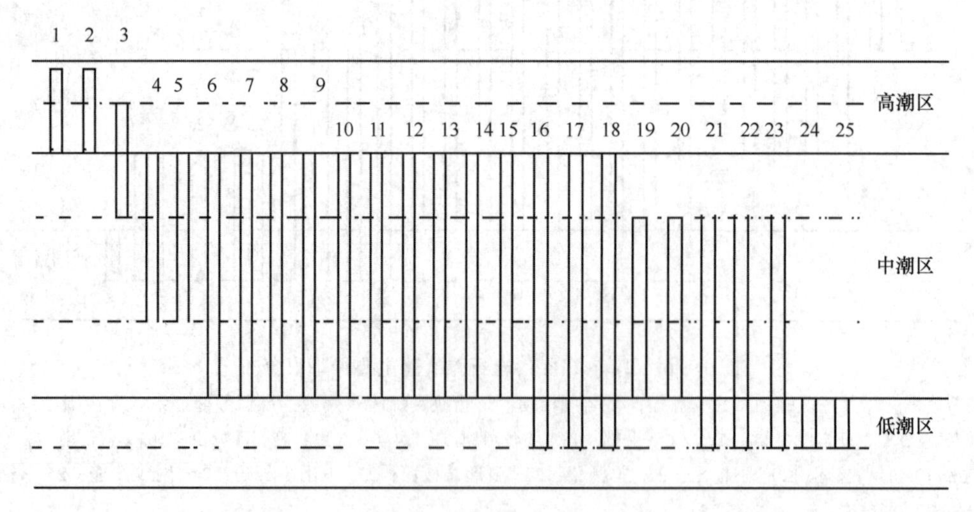

图 18-7　浮宫（M1）红树林区群落主要种垂直分布

1. 彩拟蟹守螺；2. 屠氏招潮；3. 弧边招潮；4. 海栖招潮；5. 齿吻沙蚕；6. 刺螯鼓虾；7. 泥虾；8. 河蚬；9. 彩虹明樱蛤；10. 亮樱蛤；11. 拟沼螺；12. 光织纹螺；13. 尖齿灯塔蛏；14. 东方长眼虾；15. 蜾蠃蜚；16. 长吻吻沙蚕；17. 背蚓虫；18. 缢蛏；19. 锯脚泥蟹；20. 宽身闭口蟹；21. 秀丽长方蟹；22. 台湾泥蟹；23. 莱氏异额蟹；24. 焦河蓝蛤；25. 小相手蟹

(7) 沙头农场 (L1) 红树林区群落。该断面位于甘文农场报警站旁的水闸北侧，甘文片区红树林主要分布在甘文农场外缘和紫泥大南坪农场沿岸两处，主要种类为秋茄、桐花树、白骨壤和老鼠簕，面积约为 180 hm^2，平均树高约 6 m，较高为 12 m。林带宽在 10~1 000 m 之间，其中甘文农场是红树林国家级自然保护区，人为干扰较少，是九龙江口滨海湿地红树林长势较佳的区域。底质类型高潮区为石堤，中、低潮区以泥沙、细砂为主。

高潮区：黑口滨螺带。该潮区种类贫乏，数量不高，代表种为黑口滨螺，生物量和栖息密度分别为 6.32 g/m^2 和 8 个/m^2。

中潮区：寡毛类—渤海鸭嘴蛤—短拟沼螺—宁波泥蟹带。优势种为寡毛类，春季在该区中上层大量分布，较大生物量和栖息密度分别高达 19.2 g/m^2 和 10 128 个/m^2，短拟沼螺，在本区的生物量和栖息密度分别为 1.85 g/m^2 和 60 个/m^2；宁波泥蟹在春、秋季都有分布，在本区的较大生物量和栖息密度分别为 8.15 g/m^2 和 50 个/m^2。渤海鸭嘴蛤仅在春季本区的下层出现，生物量和栖息密度分别为 283.15 g/m^2 和 655 个/m^2。其他主要种和习见种有光滑河蓝蛤、溪沙蚕 (*Namalycastis abiuma*)、小头虫、异蚓虫、中蚓虫、齿吻沙蚕、薄片蜾蠃蜚、弧边招潮、弓形革囊星虫、秀丽长方蟹和长足长方蟹等。

低潮区：渤海鸭嘴蛤—光滑河蓝蛤—宁波泥蟹带。该潮区春季优势种为渤海鸭嘴蛤和光滑河蓝蛤数量较高，渤海鸭嘴蛤的生物量和栖息密度分别高达 3 006.00 g/m^2 和 10 620 个/m^2。光滑河蓝蛤的生物量和栖息密度分别高达 103.55 g/m^2 和 1 675 个/m^2。宁波泥蟹由中潮区延伸到本区，较大生物量和栖息密度分别为 1.60 g/m^2 和 55 个/m^2。其他主要种和习见种有异蚓虫、凸壳肌蛤、短拟沼螺、秀丽长方蟹、锐足全刺沙蚕、齿吻沙蚕和中蚓虫等 (图 18-8)。

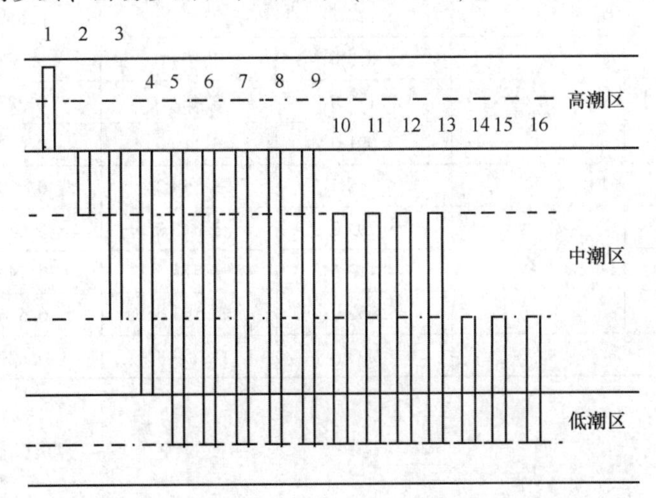

图 18-8　沙头农场 (L1) 红树林区群落主要种垂直分布

1. 黑口滨螺；2. 溪沙蚕；3. 寡毛类；4. 小头虫；5. 秀丽长方蟹；6. 齿吻沙蚕；7. 中蚓虫；8. 宁波泥蟹；9. 短拟沼螺；10. 异蚓虫；11. 凸壳肌蛤；12. 莱氏异额蟹；13. 光滑河蓝蛤；14. 渤海鸭嘴蛤；15. 东海刺沙蚕；16. 长吻吻沙蚕

18.5.3　群落生态特征值

根据 Shannon-Wiener 种类多样性指数 (H')、Pielous 种类均匀度指数 (J)、Margalef 种类丰富度指数 (d) 和 Simpson 优势度 (D) 显示，泥沙滩潮间带大型底栖生物群落春季、夏季和冬季丰富度指数 (d) 较大 (5.578 3)，红树林区群落春季和秋季较小 (4.294 5)；多样性指数 (H') 红树林区群落较大（3.059 8），泥沙滩潮间带大型底栖生物群落较小（2.593 3）；均匀度指数（J）泥沙滩潮间带大型底栖生物群落较大（0.723 3），红树林区群落较小（0.629 8）；Simpson 优势度（D）红树林区群落较大（0.243 4），泥沙滩潮间带大型底栖生物群落较小（0.176 5）。各群落生态特征值季节变化见表 18-15。

表 18-15 九龙江口滨海湿地潮间带大型底栖生物群落生态特征值

群落	断面	季节	d	H'	J	D
泥沙滩	LD1	春季	2.490 0	2.470 0	0.854 0	0.113 0
	LD2		2.860 0	1.630 0	0.542 0	0.387 0
	平均		2.675 0	2.050 0	0.698 0	0.250 0
	Hch1	夏季	5.400 0	1.470 0	0.410 0	0.486 0
	Hch2		5.720 0	2.550 0	0.742 0	0.131 0
	Hch3		6.850 0	3.030 0	0.846 0	0.068 6
	平均		5.990 0	2.350 0	0.666 0	0.228 5
	H1	冬季	8.070 0	3.380 0	0.806 0	0.051 0
	平均		5.578 3	2.593 3	0.723 3	0.176 5
红树林区	L1	春季	3.545 0	1.989 0	0.381 8	0.355 0
	L2		5.110 0	3.687 0	0.692 9	0.140 5
	L3		7.013 0	2.008 0	0.334 6	0.553 2
	平均		5.222 7	2.561 3	0.469 8	0.349 6
	L1	秋季	3.873 0	4.103 0	0.883 5	0.072 8
	L2		3.135 0	3.462 0	0.788 2	0.156 6
	L3		3.091 0	3.110 0	0.697 5	0.182 0
	平均		3.366 3	3.558 3	0.789 7	0.137 1
	L1	春秋	3.709 0	3.046 0	0.632 7	0.213 9
	L2		4.122 5	3.574 5	0.740 6	0.148 6
	L3		5.052 0	2.559 0	0.516 1	0.367 6
	平均		4.294 5	3.059 8	0.629 8	0.243 4

18.5.4 群落稳定性

九龙江口滨海湿地潮间带大型底栖生物后井（Hch1）泥沙滩群落相对稳定，其丰度生物量复合 k-优势度曲线不交叉、不重叠、不翻转，生物量优势度曲线始终位于丰度上方，但丰度和生物量累积百分优势度相对较高，其生物量累积百分优势度高达 80%多，丰度累积百分优势度高达 70%。海沧（Hch2）群落和青礁（Hch3）泥沙滩群落出现一定的扰动，其丰度生物量复合 k-优势度曲线出现交叉、重叠和翻转，部分生物量优势度曲线位于丰度下方。友联船厂（LD2）泥沙滩群落结构不稳定，丰度生物量复合 k-优势度和部分优势度曲线在前端出现交叉和重叠，且丰度生物量累积百分优势度高达 60%。海门岛（H1）泥沙滩群落相对稳定，丰度生物量复合 k-优势度和部分优势度曲线不交叉、不重叠、不翻转（图 18-9~图 18-13）。总体而言，九龙江口滨海湿地潮间带大型底栖生物群落相对稳定，但其丰度和生物量累积百分优势度相对较高，生物量累积百分优势度高达 70%，丰度累积百分优势度近 45%，且部分优势度曲线前端出现交叉（图 18-14）。

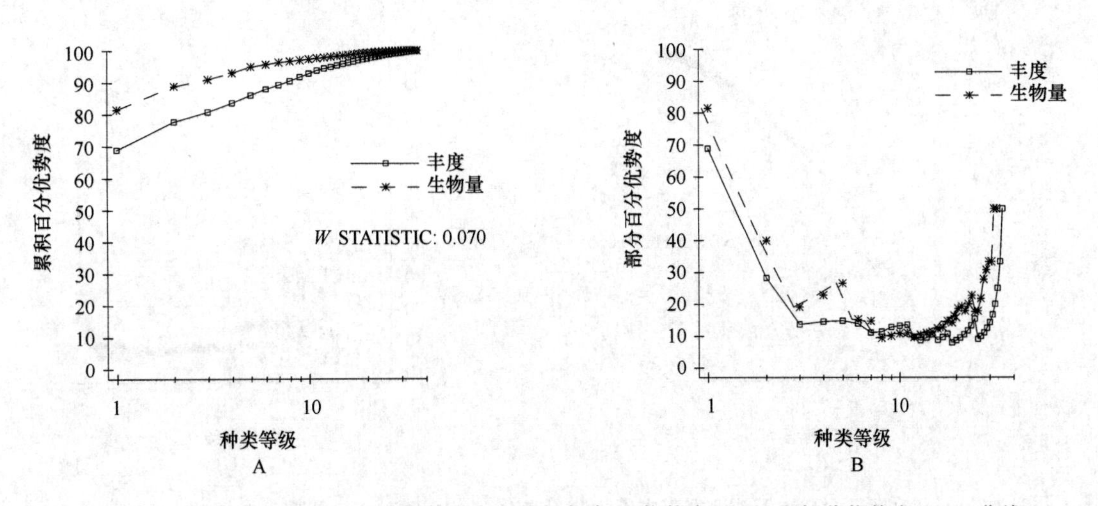

图 18-9 后井（Hch1）泥沙滩群落丰度生物量复合 k-优势度（A）和部分优势度（B）曲线

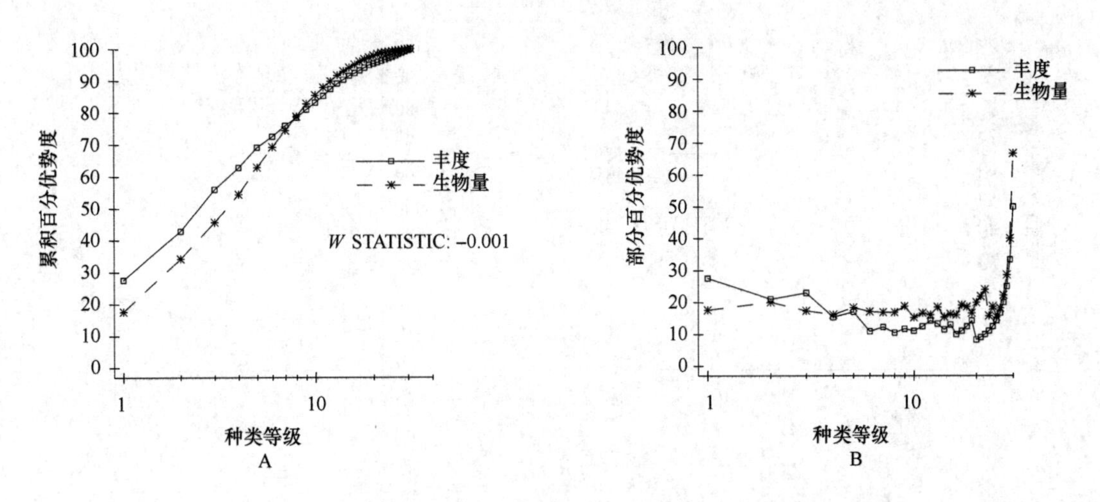

图 18-10 海沧（Hch2）泥沙滩群落丰度生物量复合 k-优势度（A）和部分优势度（B）曲线

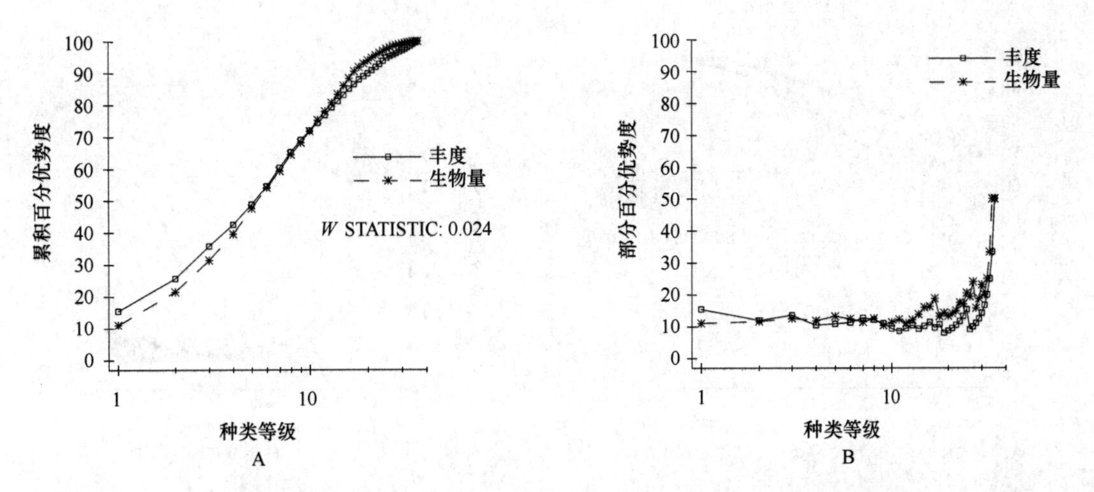

图 18-11 青礁（Hch3）泥沙滩群落丰度生物量复合 k-优势度（A）和部分优势度（B）曲线

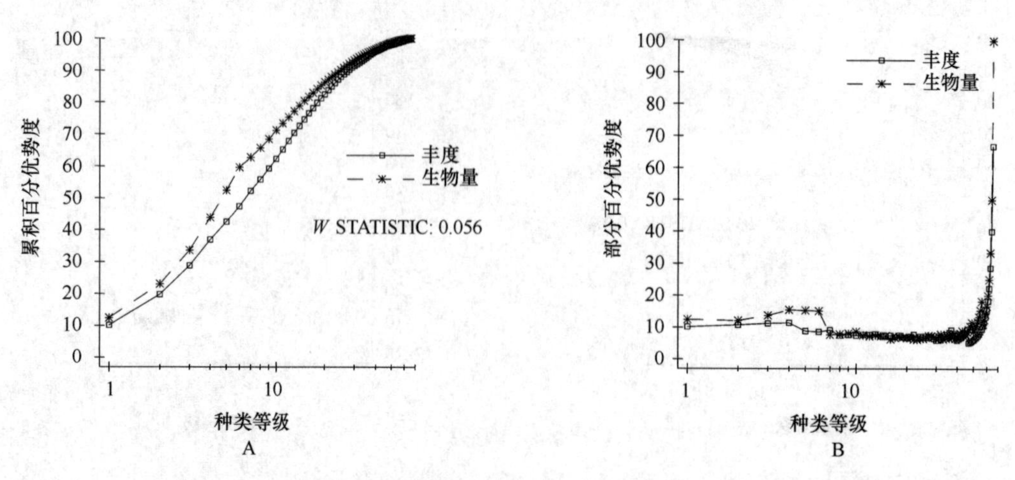

图 18-12　海门岛（H1）泥沙滩群落丰度生物量复合 k-优势度（A）和部分优势度（B）曲线

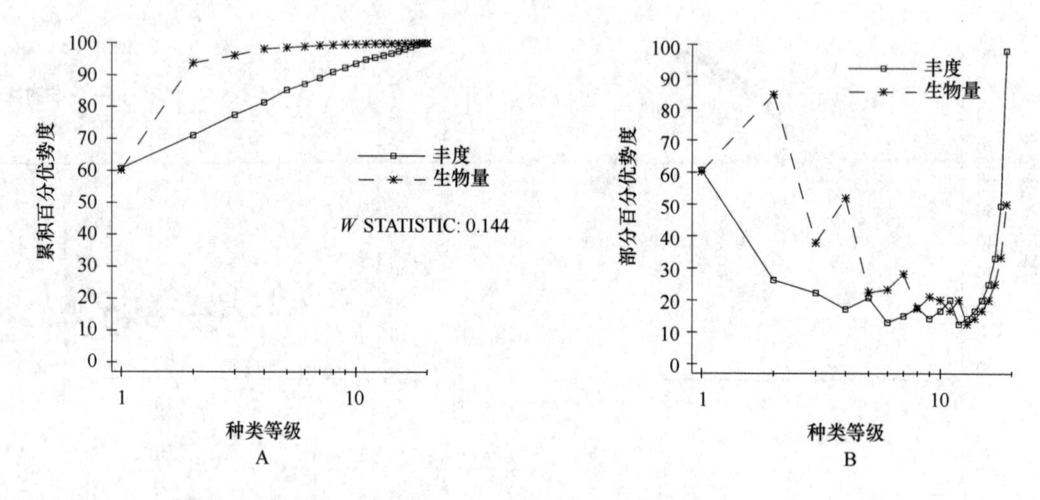

图 18-13　友联船厂（LD2）泥沙滩群落丰度生物量复合 k-优势度（A）和部分优势度（B）曲线

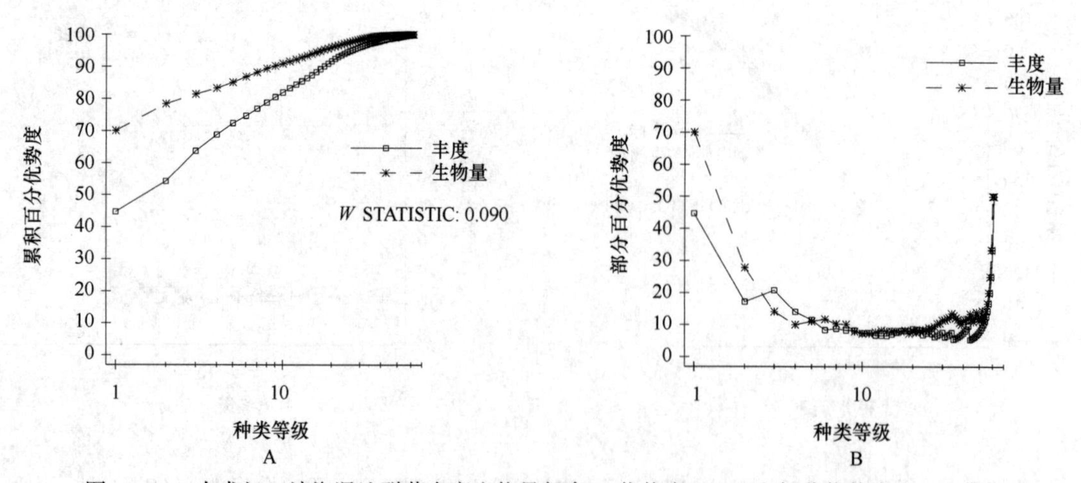

图 18-14　九龙江口滨海湿地群落丰度生物量复合 k-优势度（A）和部分优势度（B）曲线

第19章 佛昙湾滨海湿地

19.1 自然环境特征

佛昙湾滨海湿地分布于佛昙湾内，佛昙湾又称岱嵩湾，位于漳浦县东北部，地处佛昙镇东面。湾口朝南，呈不规则的扇形向北展布，长宽各约5 km，口门窄小，宽仅0.62 km。湾口有沙坝横亘，是一个近乎封闭的小型海湾，面积为24.83 km^2，其中滩涂面积22.83 km^2，0~5 m水域面积约2 km^2，岸线长度为26.75 km。

海湾周围多花岗岩和玄武岩组成的缓丘和台地，近岸多海积平原。湾内除潮汐通道外，整个海湾均被平坦的潮间浅滩占据。佛昙湾属于构造成因海湾，平均大、中、小潮的高、低潮容潮量分别为 13.207×10^7 m^3、10.548×10^7 m^3 和 7.558×10^7 m^3，大、中、小潮时海水的半交换期分别为1.3 d、1.7 d和2.3 d。

佛昙湾属正规半日潮。年平均气温21.0℃，7月较高气温28.3℃，1月较低气温12.7℃。5月水温23.30~24.45℃，平均水温23.66℃。多年平均降雨量1 430.6 mm，较多年平均降雨量2 101.7 mm，较少年平均降雨量835.9 mm。多年平均相对湿度78%，月较大相对湿度90%，月较小相对湿度57%。盐度的测值范围8.264~29.289，平均盐度22.542，呈现出由湾顶向湾口递增趋势。

佛昙湾滨海湿地沉积物类型比较简单，主要为砾砂、中粗砂、中细砂、砂、粉砂质砂、黏土质砂、砂—粉砂—黏土、粉砂质黏土8种类型。

19.2 断面与站位布设

2008年8月17日，在佛昙湾后社村东南部和井尾村西南部布设2条断面进行潮间带大型底栖生物取样（表19-1、图19-1）。

表19-1 佛昙湾滨海湿地潮间带大型底栖生物调查断面

序号	时间	断面	编号	经度（E）	纬度（N）	底质
1	2008年8月	后社村东南	Fch1	117°56′55.92″	24°9′25.68″	沙滩
2		井尾村西南	Fch2	117°58′4.62″	24°9′13.74″	岩石滩

19.3 物种多样性

19.3.1 种类组成与分布

佛昙湾滨海湿地潮间带大型底栖生物87种，其中藻类6种，多毛类12种，软体动物36种，甲

图 19-1　佛昙湾滨海湿地潮间带大型底栖生物调查断面

壳动物 20 种，棘皮动物 5 种和其他生物 8 种。多毛类、软体动物和甲壳动物占总种数的 78.16%，三者构成潮间带大型底栖生物主要类群。种类平面分布，种数以岩石滩 Fch2 断面较大（58 种），沙滩 Fch1 断面的种数较少（33 种），种类组成略有差异，但各断面的种类组成均以多毛类、软体动物和甲壳动物占多数（表 19-2）。

表 19-2　佛昙湾滨海湿地潮间带大型底栖生物种类组成与分布　单位：种

底质	断面	藻类	多毛类	软体动物	甲壳动物	棘皮动物	其他生物	合计
沙滩	Fch1	0	7	10	9	3	4	33
岩石滩	Fch2	6	6	27	13	2	4	58
合计		6	12	36	20	5	8	87

19.3.2 优势种和主要种

根据数量和出现率，佛昙湾滨海湿地潮间带大型底栖生物优势种和主要种有小珊瑚藻、叉节藻（*Amphiroa zonata*）、榛蚶（*Arca avellana*）、青蚶、黑荞麦蛤、变化短齿蛤、中国不等蛤、棘刺牡蛎、敦氏猿头蛤、狄氏斧蛤（*Chion dysoni*）、文蛤、巧环楔形蛤、等边浅蛤、肋昌螺、嫁戚、矮拟帽贝（*Patelloida pygmaea*）、双带盾桑葚螺（*Clypemorus bifasciatus*）、黄口荔枝螺、直背小藤壶、鳞笠藤壶、天草旁宽钩虾（*Pareurystheus amakusaensis*）、小相手蟹和细腕阳遂足等。

19.4 数量时空分布

19.4.1 数量组成

佛昙湾滨海湿地潮间带大型底栖生物平均生物量为 231.02 g/m^2，平均栖息密度为 257 个/m^2。生物量以软体动物居第一位（183.77 g/m^2），藻类居第二位（28.49 g/m^2）；栖息密度以软体动物居第一位（139 个/m^2），甲壳动物居第二位（61 个/m^2），棘皮动物居第三位（33 个/m^2）。生物量和栖息密度均以软体动物居第一位。岩石滩潮间带大型底栖生物平均生物量为 426.33 g/m^2，平均栖息密度为 369 个/m^2。生物量以软体动物居第一位（362.34 g/m^2），藻类居第二位（56.99 g/m^2）；栖息密度以软体动物居第一位（242 个/m^2），甲壳动物居第二位（100 个/m^2）。沙滩潮间带大型底栖生物平均生物量为 35.71 g/m^2，平均栖息密度为 146 个/m^2。生物量以棘皮动物居第一位（28.60 g/m^2），软体动物居第二位（5.20 g/m^2）；栖息密度以棘皮动物居第一位（66 个/m^2），软体动物居第二位（36 个/m^2），生物量和栖息密度以棘皮动物居第一位，各类群数量组成与分布见表 19-3。

表 19-3 佛昙湾滨海湿地潮间带大型底栖生物数量组成与分布

潮区	数量	断面	藻类	多毛类	软体动物	甲壳动物	棘皮动物	其他生物	合计
高潮区	密度（个/m^2）	Fch1	—	0	0	0	0	0	0
		Fch2	—	0	384	0	0	0	384
		平均	—	0	192	0	0	0	192
	生物量（g/m^2）	Fch1	0	0	0	0.23	0	0	0.23
		Fch2	0	0	22.48	0	0	0	22.48
		平均	0	0	11.24	0.12	0	0	11.36
中潮区	密度（个/m^2）	Fch1	—	12	99	41	1	0	153
		Fch2	—	3	285	195	0	0	483
		平均	—	7	192	118	1	0	318
	生物量（g/m^2）	Fch1	0	0.79	11.85	4.41	0.07	0	17.12
		Fch2	6.08	0.03	889.49	17.34	0	0	912.94
		平均	3.04	0.41	450.67	10.87	0.03	0	465.03
低潮区	密度（个/m^2）	Fch1	—	52	8	28	196	0	284
		Fch2	—	80	56	104	0	0	240
		平均	—	66	32	66	98	0	262
	生物量（g/m^2）	Fch1	0	0.20	3.76	0.10	85.72	0	89.78
		Fch2	164.88	0.48	175.04	3.16	0	0	343.56
		平均	82.44	0.34	89.40	1.63	42.86	0	216.67

续表 19-3

潮区	数量	断面	藻类	多毛类	软体动物	甲壳动物	棘皮动物	其他生物	合计
平均	密度（个/m²）	Fch1	—	21	36	23	66	0	146
		Fch2	—	28	242	100	0	0	369
		平均	—	24	139	61	33	0	257
	生物量（g/m²）	Fch1	0	0.33	5.20	1.58	28.60	0	35.71
		Fch2	56.99	0.17	362.34	6.83	0	0	426.33
		平均	28.49	0.25	183.77	4.21	14.30	0	231.02

19.4.2 数量分布

佛昙湾滨海湿地潮间带大型底栖生物平面数量分布，两断面不尽相同。生物量以岩石滩 Fch2 断面较大（426.33 g/m²），沙滩 Fch1 断面较小（35.71 g/m²）；栖息密度同样以岩石 Fch2 断面较大（369 个/m²），沙滩 Fch1 断面较小（146 个/m²）。两断面各类群数量组成与分布见表 19-3。

佛昙湾滨海湿地潮间带大型底栖生物数量垂直分布，生物量从高到低依次为中潮区（465.03 g/m²）、低潮区（216.67 g/m²）、高潮区（11.36 g/m²）；栖息密度从高到低依次为中潮区（318 个/m²）、低潮区（262 个/m²）、高潮区（192 个/m²）。生物量和栖息密度均以中潮区较大，高潮区较小。各断面数量垂直分布见表 19-3。

19.4.3 饵料生物水平

佛昙湾滨海湿地潮间带大型底栖生物平均饵料水平分级为Ⅴ级，其中软体动物较高，达Ⅴ级；多毛类、甲壳动物和其他生物较低，均为Ⅰ级。沙滩 Fch1 断面为Ⅳ级；以棘皮动物较高，达Ⅳ级；藻类、多毛类、甲壳动物和其他生物较低，均为Ⅰ级。岩石滩 Fch2 断面达Ⅴ级；以藻类和软体动物较高，达Ⅴ级；多毛类、甲壳动物和其他生物较低，均为Ⅰ级（表 19-4）。

表 19-4 佛昙湾滨海湿地潮间带大型底栖生物饵料水平分级

断面	藻类	多毛类	软体动物	甲壳动物	棘皮动物	其他生物	评价标准
Fch1	Ⅰ	Ⅰ	Ⅱ	Ⅰ	Ⅳ	Ⅰ	Ⅳ
Fch2	Ⅴ	Ⅰ	Ⅴ	Ⅱ	Ⅰ	Ⅰ	Ⅴ
平均	Ⅳ	Ⅰ	Ⅴ	Ⅰ	Ⅲ	Ⅰ	Ⅴ

19.5 群落

19.5.1 群落类型

佛昙湾滨海湿地潮间带大型底栖生物群落按地点和底质类型分为：

（1）后社村 Fch1 沙滩群落。高潮区：痕掌沙蟹带；中潮区：西奈索沙蚕—狄氏斧蛤—昌螺—异细螯寄居蟹带；低潮区：白合甲虫—巧环楔形蛤—葛氏胖钩虾—细腕阳遂足带。

（2）井尾村 Fch2 岩石滩群落。高潮区：粒结节滨螺—塔结节滨螺带；中潮区：棘刺牡蛎—双带盾桑葚螺—直背小藤壶—鳞笠藤壶带；低潮区：小珊瑚藻—榛蚶—敦氏猿头蛤—天草旁宽钩虾带。

19.5.2　群落结构

(1) 后社村 Fch1 沙滩群落。该群落所处滩面长度约 150 m。底质类型高潮区至低潮区以粗砂和细砂为主。

高潮区：痕掌沙蟹带。该潮区代表种为痕掌沙蟹，仅在本区出现，生物量和栖息密度较低，分别为 0.23 g/m^2 和 1 个/m^2。

中潮区：西奈索沙蚕—狄氏斧蛤—昌螺—异细螯寄居蟹带。该潮区主要种为西奈索沙蚕，仅在本区出现，生物量和栖息密度分别为 2.04 g/m^2 和 28 个/m^2。优势种狄氏斧蛤主要分布在该潮区上、中层，在上层的生物量和栖息密度较低，分别为 2.52 g/m^2 和 4 个/m^2，中层分别为 9.08 g/m^2 和 160 个/m^2。昌螺，仅在本区出现，在上层生物量和栖息密度分别为 1.48 g/m^2 和 28 个/m^2，中层分别为 2.84 g/m^2 和 28 个/m^2，下层分别为 1.28 g/m^2 和 16 个/m^2。异细螯寄居蟹，仅在本区中层出现，生物量和栖息密度分别为 12.52 g/m^2 和 48 个/m^2。其他主要种和习见种见图 19-2。

低潮区：白合甲虫—巧环楔形蛤—葛氏胖钩虾—细腕阳遂足带。该区主要种为白合甲虫，仅在本区出现，生物量和栖息密度分别为 0.04 g/m^2 和 16 个/m^2。巧环楔形蛤，自中潮区下层延伸分布至此，在本区的生物量和栖息密度分别为 3.76 g/m^2 和 8 个/m^2。葛氏胖钩虾，自中潮区下层分布至此，在本区的生物量和栖息密度分别为 0.10 g/m^2 和 28 个/m^2。其他主要种和习见种见图 19-2。

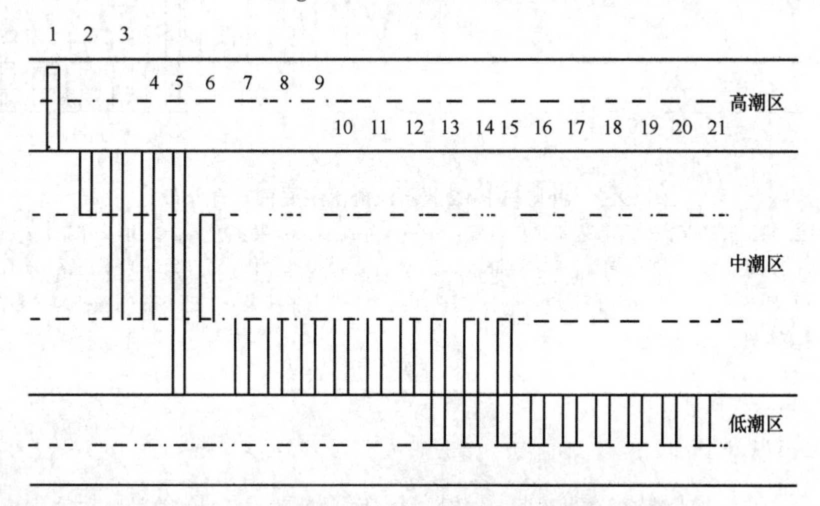

图 19-2　后社村 Fch1 沙滩群落主要种垂直分布

1. 痕掌沙蟹；2. 日本圆柱水虱；3. 狄氏斧蛤；4. 等边浅蛤；5. 昌螺；6. 异细螯寄居蟹；7. 中华内卷齿蚕；8. 西奈索沙蚕；9. 圆蛤；10. 楔樱蛤；11. 文蛤；12. 长额拟猛钩虾；13. 巧环楔形蛤；14. 葛氏胖钩虾；15. 细腕阳遂足；16. 白合甲虫；17. 才女虫；18. 中蚓虫；19. 索沙蚕；20. 扁平蛛网海胆；21. 曼氏孔楯海胆

(2) 井尾村 Fch2 岩石滩群落。该群落所处滩面长度约 60 m，底质类型高潮区至低潮区由不同大小的岩石块组成。

高潮区：粒结节滨螺—塔结节滨螺带。该潮区代表种为粒结节滨螺，生物量为 10.56 g/m^2，栖息密度为 144 个/m^2。塔结节滨螺，在本区的生物量和栖息密度分别为 11.92 g/m^2 和 240 个/m^2。其他种类还有粗糙滨螺和龟足等。

中潮区：棘刺牡蛎—双带盾桑葚螺—直背小藤壶—鳞笠藤壶带。该区优势种为棘刺牡蛎，仅在本区出现，分布宽度约 25 m，上层的生物量和栖息密度分别为 63.04 g/m^2 和 64 个/m^2，中层分别高达 2 242 g/m^2 和 464 个/m^2。双带盾桑葚螺仅在本区中层出现，生物量和栖息密度分别为 178.6 g/m^2 和

112 个/m²。直背小藤壶，主要分布在本区上层，生物量和栖息密度分别为 3.12 g/m² 和 408 个/m²。优势种鳞笠藤壶，垂直分布高度为 30~50 cm，生物量和栖息密度分别为 47.86 g/m² 和 152 个/m²。其他主要种和习见种见图 19-3。

低潮区：小珊瑚藻—榛蚶—敦氏猿头蛤—天草旁宽钩虾带。该区种类较少，小珊瑚藻，仅在本区出现，生物量达 84.00 g/m²。榛蚶，也仅在本区出现，生物量和栖息密度分别为 47.36 g/m² 和 32 个/m²。敦氏猿头蛤，自中潮区下层分布至此，在本区的生物量和栖息密度分别为 81.76 g/m² 和 8 个/m²。天草旁宽钩虾，也仅在本区出现，生物量和栖息密度分别为 0.08 g/m² 和 32 个/m²。其他主要种和习见种见图 19-3。

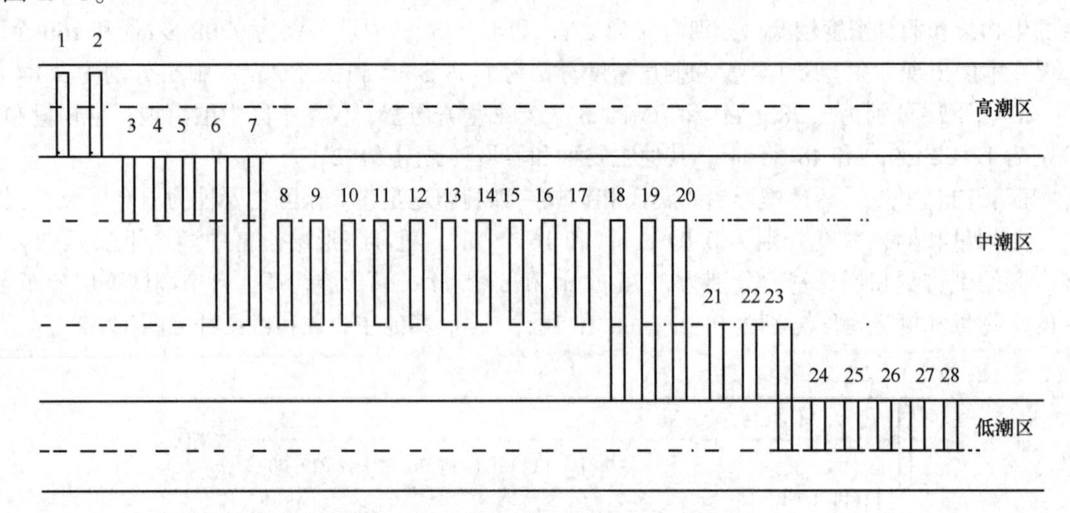

图 19-3 井尾村 Fch2 岩石滩群落主要种垂直分布

1. 粒结节滨螺；2. 塔结节滨螺；3. 黑荞麦蛤；4. 牡蛎；5. 直背小藤壶；6. 矮拟帽贝；7. 小石花菜；8. 青蚶；9. 变化短齿蛤；10. 棘刺牡蛎；11. 嫁䗩；12. 鸟爪拟帽贝；13. 双带盾桑葚螺；14. 单齿螺；15. 粒花冠小月螺；16. 渔舟蜒；17. 黄口荔枝螺；18. 鳞笠藤壶；19. 小相手蟹；20. 中国不等蛤；21. 锈凹螺；22. 敦氏猿头蛤；23. 小珊瑚藻；24. 叉节藻；25. 甲虫螺；26. 榛蚶；27. 天草旁宽钩虾；28. 粒神螺

19.5.3 群落生态特征值

根据 Shannon-Wiener 种类多样性指数（H'）、Pielous 种类均匀度指数（J）、Margalef 种类丰富度指数（d）和 Simpson 优势度（D）显示，佛昙湾滨海湿地潮间带大型底栖生物群落平均 d 值、H' 值、J 值和 D 值分别为 3.457 5、2.448 5、0.762 5 和 0.133 1。d 值以岩石滩群落 Fch2 断面较高（4.192 7），沙滩群落 Fch1 断面较小（2.722 3）；H' 值同样以岩石滩群落 Fch2 断面较高（2.576 1），沙滩群落 Fch1 断面较小（2.320 8）；J 值以沙滩群落 Fch1 断面较高（0.788 2），岩石滩群落 Fch2 断面较小（0.736 8）；D 值以沙滩群落 Fch1 断面较高（0.144 5），岩石滩群落 Fch2 断面较小（0.120 8）（表 19-5）。

表 19-5 佛昙湾滨海湿地潮间带大型底栖生物群落生态特征值

群落	断面	d	H'	J	D
沙滩	Fch1	2.722 3	2.320 8	0.788 2	0.145 5
岩石滩	Fch2	4.192 7	2.576 1	0.736 8	0.120 8
平均		3.457 5	2.448 5	0.762 5	0.133 1

19.5.4　群落稳定性

佛昙湾滨海湿地潮间带大型底栖生物群落结构相对稳定，其丰度生物量复合 k-优势度曲线不交叉、不翻转、不重叠，生物量优势度曲线始终位于丰度上方。但沙滩和岩石滩群落生物量累计百分优势度分别高达 62% 和 78%，这可能与 Fch2 岩石滩群落中潮区优势种棘刺牡蛎在上层和中层生物量分别高达 63.04 g/m^2 和 2 242.00 g/m^2，双带盾桑葚螺在本区中层生物量达 178.6 g/m^2 有关。总体趋势，佛昙湾滨海湿地潮间带大型底栖生物群落相对稳定（图 19-4～图 19-6）。

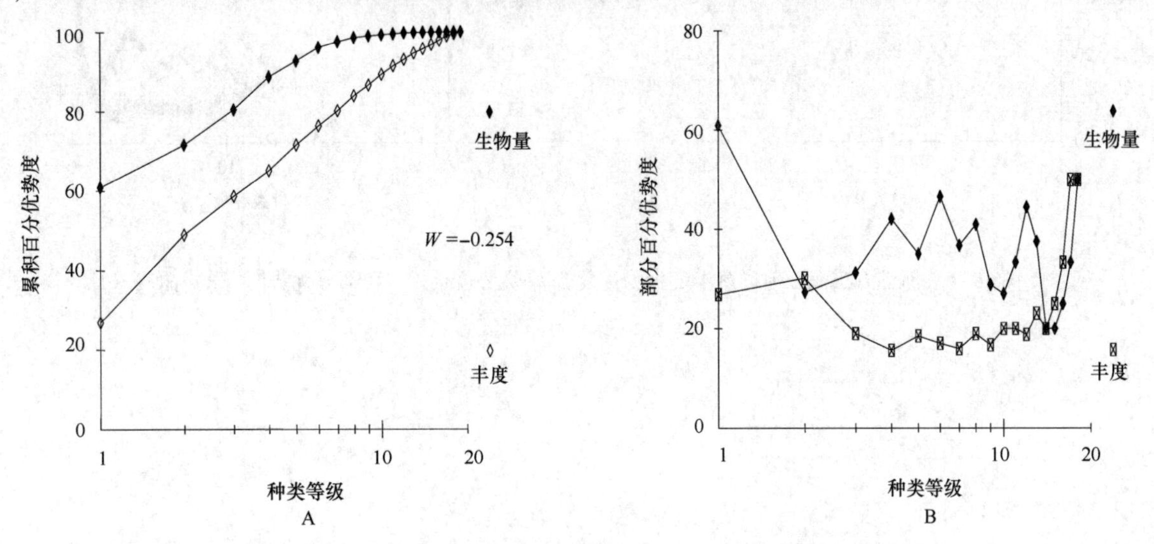

图 19-4　Fch1 沙滩群落丰度生物量复合 k-优势度（A）和部分优势度（B）曲线

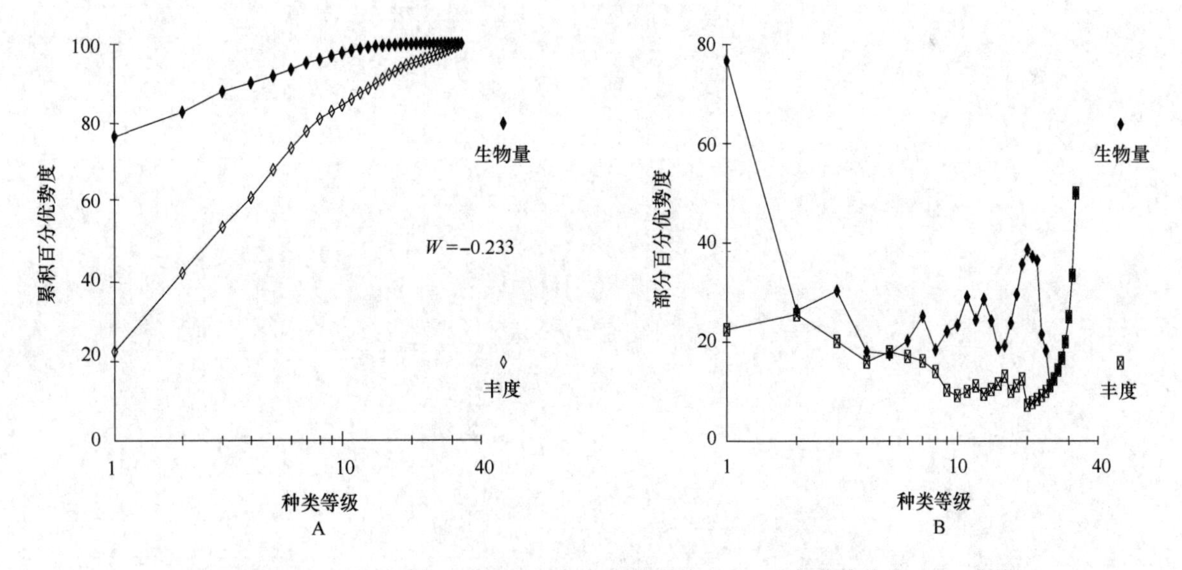

图 19-5　Fch2 岩石滩群落丰度生物量复合 k-优势度（A）和部分优势度（B）曲线

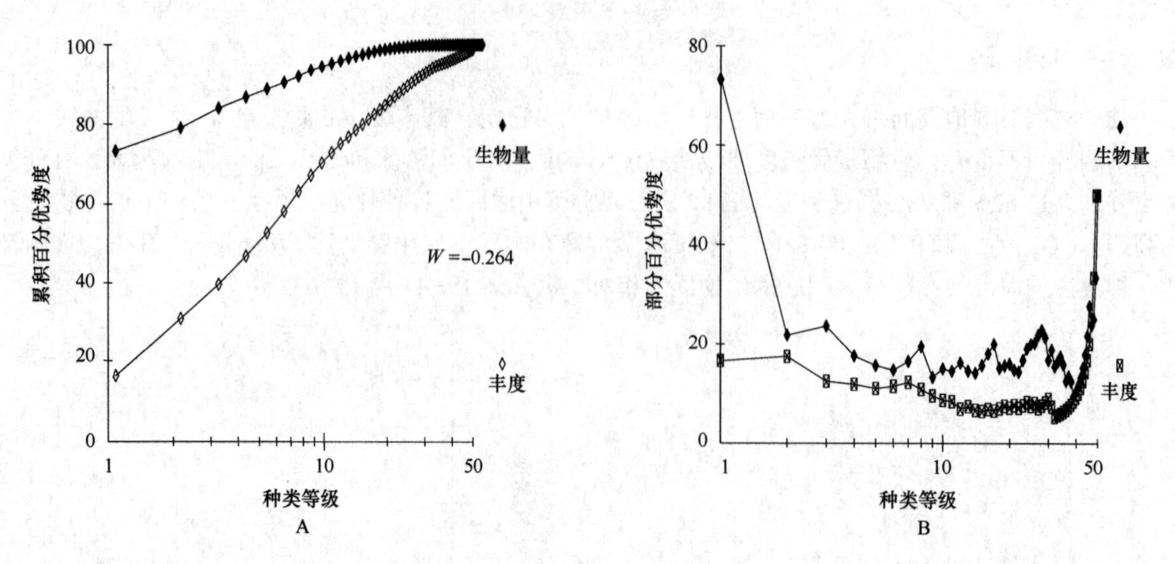

图 19-6　佛昙湾滨海湿地群落丰度生物量复合 k-优势度（A）和部分优势度（B）曲线

第 20 章　旧镇湾滨海湿地

20.1　自然环境特征

旧镇湾滨海湿地分布于旧镇湾内，旧镇湾位于古雷半岛和六鳌半岛之间，漳浦县城东南约 14 km 处，属浮头湾内澳。海湾略呈扇形南北展布，长约 10 km，宽约 8 km，岸线长 45.97 km，总面积为 69.64 km^2。湾内浅滩宽阔，除潮汐通道外，整个海湾均为潮间浅滩所占据，滩涂面积达 52.38 km^2，低潮时湾内大片浅滩干出，0 m 等深线以下水域面积仅有 16.96 km^2。其间主要水道有 2 条，由湾口深入直达湾顶与入海小河（鹿溪等）相连，水深 2~5 m。湾口朝南，口门狭窄，水深 5~10 m，较深达 20 m，形成一个长形的冲刷槽。

旧镇湾口两侧都有沙嘴分布，口外拦门沙发育，湾内浅滩淤积严重，水域日渐缩小，海湾趋于封闭，是漳浦县主要水产养殖基地之一。

旧镇湾属非正规半日潮，较高潮位 8.52 m，较大潮差 4.85 m，较小潮差 1.13 m，平均潮差 3.09 m。平均大、中、小潮的高、低潮容潮量分别为 3.317×10^8 m^3、2.643×10^8 m^3 和 1.869×10^8 m^3，大、中、小潮时海水的半交换期分别为 1.7 d、2.1 d 和 2.9 d。多年平均气温 21.0℃，7 月较高气温 28.3℃，1 月较低气温 12.7℃。5 月平均水温 23.9℃，8 月平均水温 28.5℃，11 月平均水温 22.4℃，3 月平均水温 13.2℃。多年平均降雨量 1 430.6 mm，较多年平均降雨量 2 101.7 mm，较少年平均降雨量 835.9 mm。多年平均相对湿度 78%，月较大相对湿度 90%，月较小相对湿度 57%。盐度的测值范围，5 月平均盐度 29.982，8 月平均盐度 28.071，11 月平均盐度 28.186，3 月平均盐度 29.630。

旧镇湾滨海湿地沉积物类型比较简单，主要为砾砂、中粗砂、中细砂、细砂、砂、黏土质砂、黏土质粉砂、砂质黏土、粉砂质黏土、砂—粉砂—黏土 10 种类型。

20.2　断面与站位布设

2001 年 11 月和 2010 年 11 月，先后在旧镇湾白石和六鳌布设 4 条泥沙滩断面进行潮间带大型底栖生物取样（表 20-1、图 20-1）。

表 20-1　旧镇湾滨海湿地泥沙滩潮间带大型底栖生物调查断面

序号	时间	断面	编号	经度（E）	纬度（N）
1	2001 年 11 月	白石	Jch1	117°41′28.94″	23°59′12.85″
2		六鳌	Jch2	117°44′55.34″	23°57′2.59″
3	2010 年 11 月	白石	Jch3	117°41′31.59″	23°58′36.74″
4		六鳌	Jch4	117°45′56.96″	23°58′22.42″

图 20-1　旧镇湾滨海湿地潮间带大型底栖生物调查断面

20.3　物种多样性

20.3.1　种类组成与分布

旧镇湾滨海湿地泥沙滩潮间带大型底栖生物 110 种，其中藻类 3 种，多毛类 46 种，软体动物 31 种，甲壳动物 22 种和其他生物 8 种。多毛类、软体动物和甲壳动物占总种数的 90.00%，三者构成泥沙滩潮间带大型底栖生物主要类群（表 20-2）。

2001 年 11 月，旧镇湾滨海湿地泥沙滩潮间带大型底栖生物种类平面分布，种数以 Jch2 断面较大（60 种），Jch1 断面的种数较少（47 种）；2010 年 11 月，种数以 Jch3 断面较大（36 种），Jch4 断面的种数较少（35 种）；种类数略有差异，但各断面的种类组成均以多毛类、软体动物和甲壳动物占多数。年度季节比较，2001 年 11 月种数较大（78 种），2010 年 11 月种数较少（53 种）（表 20-2）。

表 20-2　旧镇湾滨海湿地泥沙滩潮间带大型底栖生物种类组成与分布　　单位：种

断面	藻类	多毛类	软体动物	甲壳动物	棘皮动物	其他生物	合计
Jch1	0	25	14	7	0	1	47
Jch2	3	28	15	11	0	3	60
合计	3	35	22	14	0	4	78
Jch3	0	13	14	6	0	3	36
Jch4	0	17	7	9	0	2	35
合计	0	22	16	11	0	4	53
总计	3	46	31	22	0	8	110

20.3.2　优势种和主要种

根据数量和出现率，旧镇湾滨海湿地泥沙滩潮间带大型底栖生物优势种和主要种有红角沙蚕、软疣沙蚕、独指虫、独毛虫、斑角吻沙蚕、中蚓虫、双唇索沙蚕、斯氏印澳蛤（*Indoaustriella scarlatoi*）、拟衣角蛤、理蛤、文蛤、菲律宾蛤仔、青蛤、肋昌螺、珠带拟蟹守螺、纵带滩栖螺、古氏滩栖螺、薄片蜾蠃蜚、下齿细螯蟹寄居蟹、豆形短眼蟹、弧边招潮、长腕和尚蟹和长趾股窗蟹（*Scopimera longidactyla*）等。

20.4　数量时空分布

20.4.1　数量组成与年度季节变化

旧镇湾滨海湿地泥沙滩潮间带大型底栖生物年度秋季平均生物量为 50.69 g/m^2，平均栖息密度为 272 个/m^2。生物量以甲壳动物居第一位（24.07 g/m^2），软体动物居第二位（23.47 g/m^2）；栖息密度以多毛类居第一位（129 个/m^2），软体动物居第二位（72 个/m^2），甲壳动物居第三位（67 个/m^2）；生物量和栖息密度以甲壳动物和多毛类分居第一位。年度季节变化，生物量以 2010 年 11 月（70.72 g/m^2）大于 2001 年 11 月（30.67 g/m^2）；栖息密度以 2001 年 11 月（306 个/m^2）大于 2010 年 11 月（239 个/m^2），各断面各类群数量组成与年度季节变化见表 20-3。

表 20-3　旧镇湾滨海湿地潮间带大型底栖生物数量组成与年度季节变化

数量	日期	断面	藻类	多毛类	软体动物	甲壳动物	棘皮动物	其他生物	合计
密度（个/m^2）	2001 年 11 月	Jch1	—	256	68	25	0	1	350
		Jch2	—	121	100	30	0	8	259
		平均	—	189	84	28	0	5	306
	2010 年 11 月	Jch3	—	82	46	38	0	1	167
		Jch4	—	55	74	176	0	4	309
		平均	—	69	60	107	0	3	239
	平均		—	129	72	67	0	4	272

续表 20-3

数量	日期	断面	藻类	多毛类	软体动物	甲壳动物	棘皮动物	其他生物	合计
生物量（g/m²）	2001年11月	Jch1	0	4.31	17.41	4.35	0	0	26.07
		Jch2	0.14	1.42	18.81	13.20	0	1.67	35.24
		平均	0.07	2.87	18.11	8.78	0	0.84	30.67
	2010年11月	Jch3	0	2.21	42.00	23.07	0	0.40	67.68
		Jch4	0	2.20	15.65	55.65	0	0.24	73.74
		平均	0	2.21	28.83	39.36	0	0.32	70.72
	平均		0.04	2.53	23.47	24.07	0	0.58	50.69

20.4.2 数量分布

旧镇湾滨海湿地泥沙滩潮间带大型底栖生物数量平面分布，各断面不尽相同。生物量以 Jch4 断面较大（73.74 g/m²），Jch1 断面较小（26.07 g/m²）；栖息密度以 Jch1 断面较大（350 个/m²），Jch3 断面较小（167 个/m²）。各断面各类群数量分布见表 20-3。

旧镇湾滨海湿地泥沙滩潮间带大型底栖生物数量垂直分布，生物量从高到低依次为中潮区（117.02 g/m²）、高潮区（30.96 g/m²）、低潮区（4.07 g/m²）；栖息密度从高到低依次为中潮区（556 个/m²）、高潮区（169 个/m²）、低潮区（91 个/m²），生物量和栖息密度均以中潮区较大，低潮区较小。各断面数量组成与垂直分布见表 20-4。

表 20-4 旧镇湾滨海湿地潮间带大型底栖生物数量组成与垂直分布

潮区	数量	断面	藻类	多毛类	软体动物	甲壳动物	棘皮动物	其他生物	合计
高潮区	密度（个/m²）	Jch1	—	0	32	16	0	0	48
		Jch2	—	0	80	0	0	0	80
		Jch3	—	200	46	28	0	0	274
		Jch4	—	76	164	32	0	0	272
		平均	—	69	81	19	0	0	169
	生物量（g/m²）	Jch1	0	0	1.52	1.76	0	0	3.28
		Jch2	0	0	6.80	0	0	0	6.80
		Jch3	0	3.92	24.40	13.24	0	0	41.56
		Jch4	0	3.60	38.92	29.68	0	0	72.20
		平均	0	1.88	17.91	11.17	0	0	30.96
中潮区	密度（个/m²）	Jch1	—	667	173	25	0	3	868
		Jch2	—	299	121	51	0	0	471
		Jch3	—	45	92	85	0	4	226
		Jch4	—	90	57	497	0	13	658
		平均	—	275	111	165	0	5	556
	生物量（g/m²）	Jch1	0	6.02	50.71	11.10	0	0.01	67.84
		Jch2	0.18	2.72	47.79	39.04	0	0	89.73
		Jch3	0	2.71	101.59	55.97	0	1.19	161.46
		Jch4	0	3.00	8.04	137.27	0	0.73	149.04
		平均	0.05	3.61	52.03	60.85	0	0.48	117.02

续表 20-4

潮区	数量	断面	藻类	多毛类	软体动物	甲壳动物	棘皮动物	其他生物	合计
低潮区	密度（个/m^2）	Jch1	—	100	0	35	0	0	135
		Jch2	—	65	100	40	0	25	230
		Jch3	—	0	0	0	0	0	0
		Jch4	—	0	0	0	0	0	0
		平均	—	41	25	19	0	6	91
	生物量（g/m^2）	Jch1	0	6.90	0	0.20	0	0	7.10
		Jch2	0.25	1.55	1.85	0.55	0	5.00	9.20
		Jch3	0	0	0	0	0	0	0
		Jch4	0	0	0	0	0	0	0
		平均	0.06	2.11	0.46	0.19	0	1.25	4.07

20.4.3　饵料生物水平

旧镇湾滨海湿地泥沙滩潮间带大型底栖生物平均饵料水平分级均达Ⅴ级，其中软体动物和甲壳动物较高，均为Ⅳ级；藻类、多毛类、棘皮动物和其他生物较低，均为Ⅰ级。2001 年 11 月 Jch1 和 Jch2 泥沙滩断面较低，均为Ⅳ级；2010 年 11 月 Jch3 和 Jch4 泥沙滩断面较高，均达Ⅴ级。2001 年 11 月 Jch1 和 Jch2 泥沙滩断面以软体动物较高，为Ⅲ级，藻类、多毛类、棘皮动物和其他生物较低，均为Ⅰ级；2010 年 11 月 Jch3 泥沙滩断面以软体动物较高，达Ⅳ级；藻类、多毛类、棘皮动物和其他生物较低，均为Ⅰ级。2010 年 11 月 Jch4 泥沙滩断面以甲壳动物较高，达Ⅴ级；藻类、多毛类、棘皮动物和其他生物较低，均为Ⅰ级（表 20-5）。

表 20-5　旧镇湾滨海湿地泥沙滩潮间带大型底栖生物饵料水平分级

日期	断面	藻类	多毛类	软体动物	甲壳动物	棘皮动物	其他生物	评价标准
2001 年 11 月	Jch1	Ⅰ	Ⅰ	Ⅲ	Ⅰ	Ⅰ	Ⅰ	Ⅳ
	Jch2	Ⅰ	Ⅰ	Ⅲ	Ⅲ	Ⅰ	Ⅰ	Ⅳ
2010 年 11 月	Jch3	Ⅰ	Ⅰ	Ⅳ	Ⅲ	Ⅰ	Ⅰ	Ⅴ
	Jch4	Ⅰ	Ⅰ	Ⅲ	Ⅴ	Ⅰ	Ⅰ	Ⅴ
平均		Ⅰ	Ⅰ	Ⅲ	Ⅲ	Ⅰ	Ⅰ	Ⅴ

20.5　群落

20.5.1　群落类型

旧镇湾滨海湿地泥沙滩潮间带大型底栖生物群落按地点和底质类型分为：

（1）白石泥沙滩群落。高潮区：粗糙滨螺—短滨螺—纹藤壶带；中潮区：红角沙蚕—斯氏印澳蛤—珠带拟蟹守螺—弧边招潮；低潮区：独指虫—双唇索沙蚕—薄片蜾蠃蜚带。

（2）六鳌泥沙滩群落。高潮区：粒结节滨螺—塔结节滨螺带；中潮区：红角沙蚕—珠带拟蟹守螺—薄片蜾蠃蜚带；低潮区：无沟纽虫—理蛤—畸形链肢虫带。

20.5.2 群落结构

（1）白石 Jch1 泥沙滩群落。该群落所处滩面长度约 300 m。底质类型高潮区为石堤，中潮区至低潮区以泥沙为主。断面附近中潮区上、中层有牡蛎养殖。

高潮区：粗糙滨螺—短滨螺—纹藤壶带。该潮区代表种为粗糙滨螺，仅在本区出现，生物量和栖息密度分别为 1.28 g/m^2 和 24 个/m^2。短滨螺仅在本区出现，生物量和栖息密度分别为 0.24 g/m^2 和 8 个/m^2。下层还有纹藤壶等。

中潮区：红角沙蚕—斯氏印澳蛤—珠带拟蟹守螺—弧边招潮带。该潮区优势种为红角沙蚕，仅在本区出现，上层生物量和栖息密度分别为 4.40 g/m^2 和 200 个/m^2，中层较低，分别为 0.10 g/m^2 和 20 个/m^2，下层分别为 1.90 g/m^2 和 265 个/m^2。优势种斯氏印澳蛤主要分布在该潮区，上层生物量和栖息密度分别为 11.60 g/m^2 和 172 个/m^2，中层较低，分别为 1.00 g/m^2 和 80 个/m^2，下层分别为 0.70 g/m^2 和 15 个/m^2。珠带拟蟹守螺，仅在本区上层和中层出现，在上层生物量和栖息密度分别为 6.44 g/m^2 和 24 个/m^2，中层较高，分别为 33.15 g/m^2 和 60 个/m^2。弧边招潮，仅在本区上层出现，生物量和栖息密度分别为 25.04 g/m^2 和 20 个/m^2。其他主要种和习见种见图 20-2。

低潮区：独指虫—双唇索沙蚕—薄片蜾蠃蜚带。该区主要种为独指虫，自中潮区向下延伸分布至此，在本区的生物量和栖息密度分别为 0.25 g/m^2 和 20 个/m^2。双唇索沙蚕，自中潮区下层分布至此，在本区的生物量和栖息密度分别为 0.55 g/m^2 和 15 个/m^2。薄片蜾蠃蜚，自中潮区下层分布至此，在本区的生物量和栖息密度分别为 0.05 g/m^2 和 30 个/m^2。其他主要种和习见种见图 20-2。

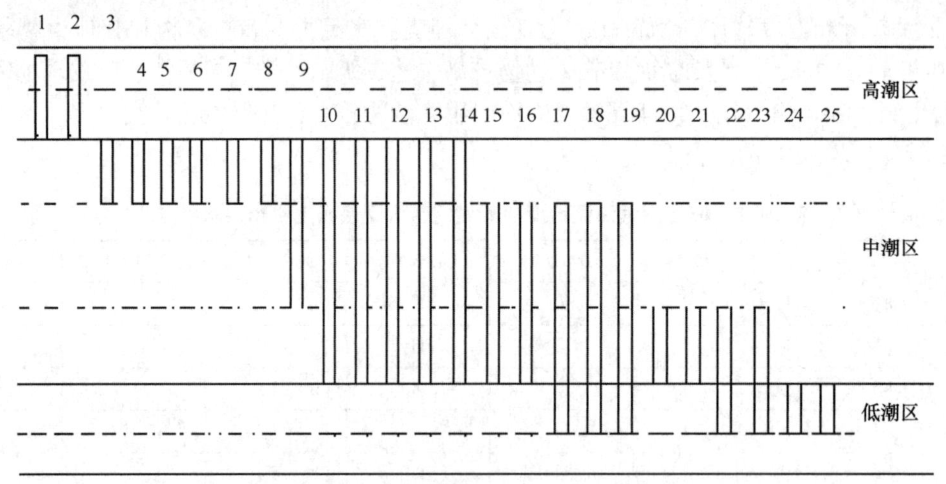

图 20-2 白石泥沙滩群落主要种垂直分布

1. 粗糙滨螺；2. 短滨螺；3. 纹藤壶；4. 刺沙蚕；5. 古氏滩栖螺；6. 短拟沼螺；7. 弧边招潮；8. 长碗和尚蟹；9. 珠带拟蟹守螺；10. 红角沙蚕；11. 中蚓虫；12. 异足索沙蚕；13. 斯氏印澳蛤；14. 纵带滩栖螺；15. 丝鳃稚齿虫；16. 青蛤；17. 拟突齿沙蚕；18. 独指虫；19. 独毛虫；20. 伊萨伯雪蛤；21. 剖刀鸭嘴蛤；22. 背蚓虫；23. 双唇索沙蚕；24. 无疣卷吻沙蚕；25. 齿腕拟盲蟹

（2）六鳌泥沙滩群落。该群落所处滩面长度约 150 m，底质类型高潮区上层为石堤，中潮区和低潮区由泥沙质组成。中潮区两侧有紫菜和牡蛎养殖。

高潮区：粒结节滨螺—塔结节滨螺带。该潮区代表种粒结节滨螺的生物量为 5.76 g/m^2，栖息密度为 64 个/m^2。塔结节滨螺，在本区的生物量和栖息密度分别为 0.40 g/m^2 和 8 个/m^2。其他种类还有粗糙滨螺等。

中潮区：红角沙蚕—珠带拟蟹守螺—薄片蜾蠃蜚带。该区优势种为红角沙蚕，仅在本区出现，上层生物量和栖息密度分别为 0.48 g/m^2 和 48 个/m^2，中层分别为 0.60 g/m^2 和 50 个/m^2，下层分别为

0.15 g/m² 和 70 个/m²。珠带拟蟹守螺分布较广，在本区上层，生物量和栖息密度分别为 9.52 g/m² 和 12 个/m²，中层分别为 55.40 g/m² 和 190 个/m²，下层分别为 5.10 g/m² 和 20 个/m²。薄片蜾蠃蜚，主要分布在中、下层，中层生物量和栖息密度分别为 0.05 g/m² 和 40 个/m²，下层分别为 0.05 g/m² 和 10 个/m²。其他主要种和习见种见图 20-3。

低潮区：无沟纽虫—理蛤—畸形链肢虫带。该区种类较少，无沟纽虫，仅在本区出现，生物量和栖息密度分别为 0.15 g/m² 和 15 个/m²。理蛤，也仅在本区出现，生物量和栖息密度分别为 1.70 g/m² 和 75 个/m²。畸形链肢虫，也仅在本区出现，生物量和栖息密度分别为 0.05 g/m² 和 30 个/m²。其他主要种和习见种见图 20-3。

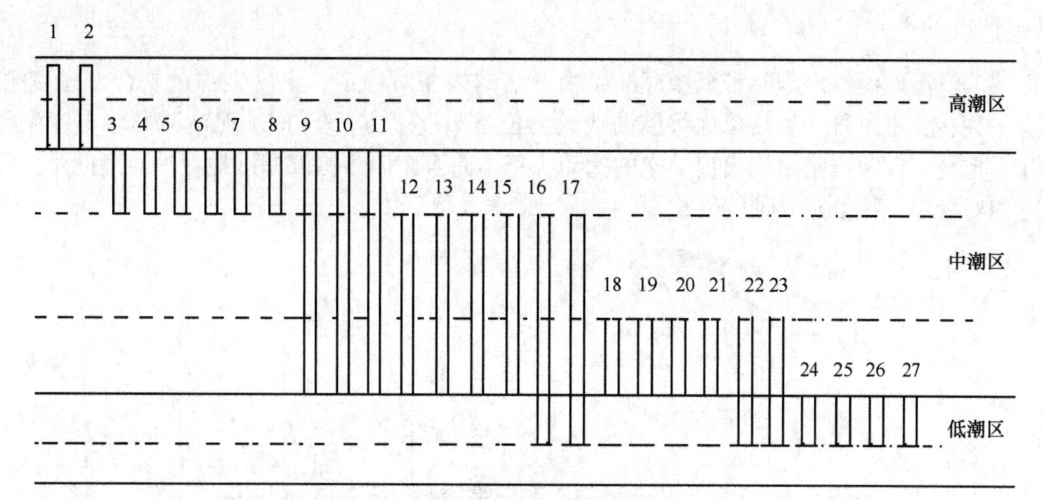

图 20-3　六鳌泥沙滩群落主要种垂直分布

1. 粒结节滨螺；2. 塔结节滨螺；3. 青蛤；4. 昌螺；5. 纵带滩栖螺；6. 古氏滩栖螺；7. 秀丽织纹螺；8. 长碗和尚蟹；9. 红角沙蚕；10. 稚齿虫；11. 珠带拟蟹守螺；12. 独指虫；13. 双唇索沙蚕；14. 薄片蜾蠃蜚；15. 模糊新短眼蟹；16. 独毛虫；17. 刀明樱蛤；18. 拟衣角蛤；19. 短竹蛏；20. 异细螯寄居蟹；21. 弧边招潮；22. 拟突齿沙蚕；23. 背蚓虫；24. 齿吻沙蚕；25. 不等蛤；26. 理蛤；27. 小相手蟹

20.5.3　群落生态特征值

根据 Shannon-Wiener 种类多样性指数（H'）、Pielous 种类均匀度指数（J）、Margalef 种类丰富度指数（d）和 Simpson 优势度（D）显示，旧镇湾滨海湿地泥沙滩潮间带大型底栖生物群落平均 d 值、H'值、J 值和 D 值分别为 5.377 2、2.720 0、0.731 1 和 0.159 1。d 值，2001 年较高（6.338 9），2010 年较低（4.415 5）；H'值，同样以 2001 年较高（3.170 0），2010 年较低（2.270 0）；J 值，2001 年较高（0.813 0），2010 年较低（0.649 2）；D 值，2001 年较低（0.066 4），2010 年较高（0.251 7）。断面间比较，d 值以 Jch2 断面较高（7.383 0），Jch4 断面较小（4.156 7）；H'值同样以 Jch2 断面较高（3.424 3），Jch4 断面较小（1.694 9）；J 值以 Jch2 断面较高（0.850 7），Jch4 断面较小（0.484 7）；D 值以 Jch4 断面较高（0.413 1），Jch2 断面较小（0.049 4）（表 20-6）。

表 20-6　旧镇湾滨海湿地泥沙滩潮间带大型底栖生物群落生态特征值

日期	断面	d	H'	J	D
2001 年 11 月	Jch1	5.294 8	2.915 7	0.775 2	0.083 5
	Jch2	7.383 0	3.424 3	0.850 7	0.049 4
	平均	6.338 9	3.170 0	0.813 0	0.066 4

续表 20-6

日期	断面	d	H'	J	D
2010 年 11 月	Jch3	4.674 3	2.845 0	0.813 7	0.090 3
	Jch4	4.156 7	1.694 9	0.484 7	0.413 1
	平均	4.415 5	2.270 0	0.649 2	0.251 7
平均		5.377 2	2.720 0	0.731 1	0.159 1

20.5.4　群落稳定性

旧镇湾滨海湿地泥沙滩潮间带大型底栖生物群落结构相对稳定，丰度生物量复合 k-优势度曲线不交叉、不翻转、不重叠，生物量优势度曲线始终位于丰度上方。但 Jch1 泥沙滩群落丰度生物量曲线前端几乎重叠，反映群落结构出现一定的扰动。总体而言，旧镇湾滨海湿地泥沙滩潮间带大型底栖生物群落相对稳定（图 20-4~图 20-6）。

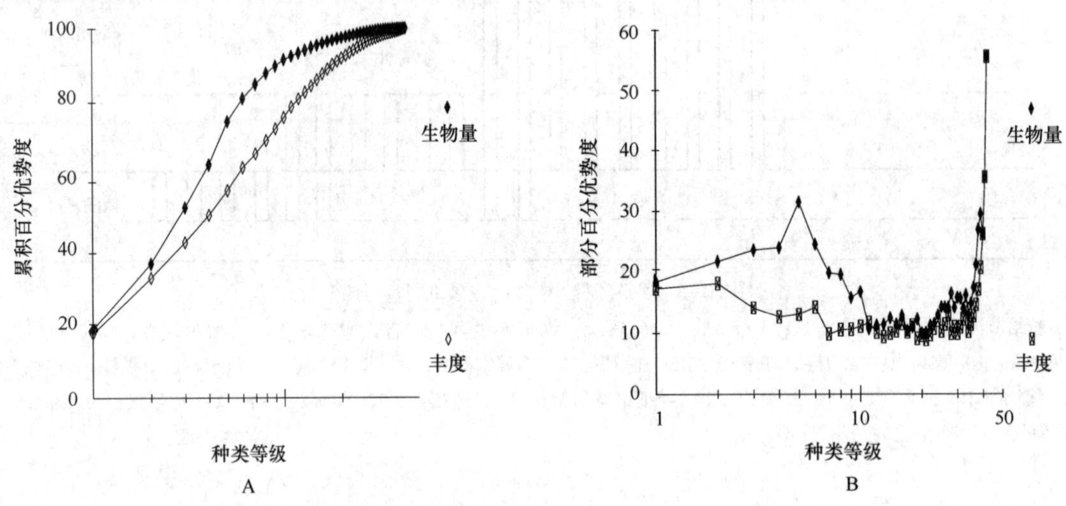

图 20-4　Jch1 泥沙滩群落丰度生物量复合 k-优势度（A）和部分优势度（B）曲线

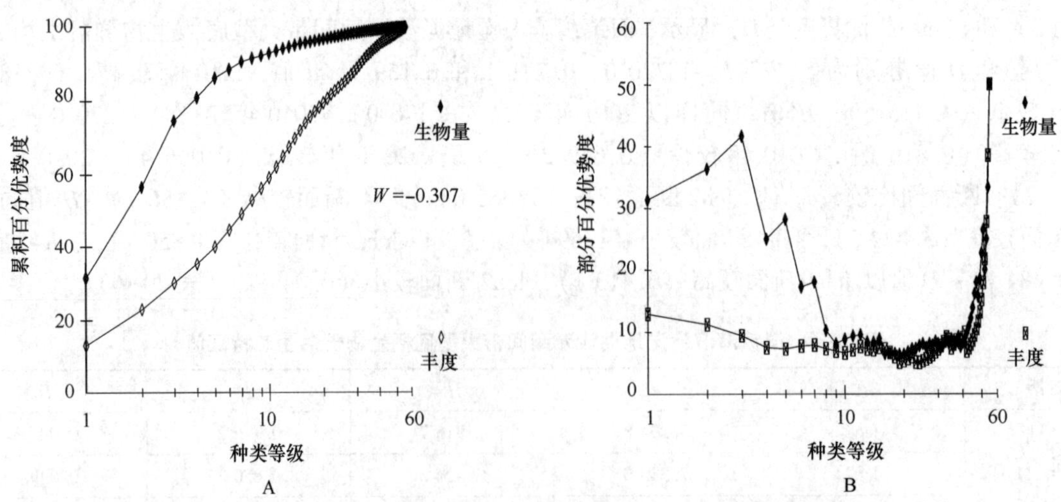

图 20-5　Jch2 泥沙滩群落丰度生物量复合 k-优势度（A）和部分优势度（B）曲线

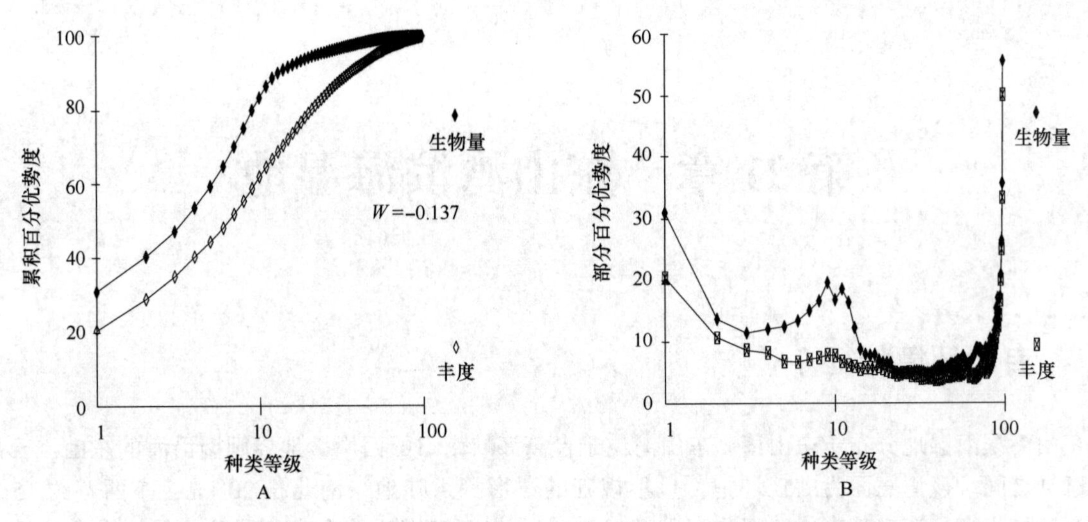

图 20-6　旧镇湾泥沙滩群落丰度生物量复合 k-优势度（A）和部分优势度（B）曲线

第21章　东山湾滨海湿地

21.1　自然环境特征

东山湾滨海湿地分布于东山湾，东山湾位于台湾海峡南口的西岸，地界闽南沿海的东山，云霄和漳浦三县之间。该湾三面为山丘环抱，呈不规则的梨形深入陆地，南北长20 km，东西宽约15 km，湾顶有漳江入海。湾口朝南，口门狭窄，宽仅5 km，其间有塔屿等大小岛屏障，是一个半封闭型的海湾。湾内海域面积247.89 km^2，其中滩涂面积92.36 km^2；0 m等深线以下海域面积155.5 km^2，其中0~5 m等深线海域面积117.2 km^2，约占整个海湾面积的一半；10~20 m等深线海域面积仅为11 km^2。水深20 m以上的深水区靠近湾口，由塔屿东西两个水道深入湾内，东水道水深较大，达30 m，宽约2 500 m；西水道水深为25 m，宽约700 m。

东山湾属非正规半日潮，较高潮位7.72 m，较大潮差4.14 m，较小潮差0.43 m，平均潮差2.30 m。平均大、中、小潮的高、低潮容潮量分别为1.134 33×10^9 m^3、0.914 142×10^9 m^3和0.602 918×10^9 m^3，小潮时海水的半交换期为10 d。多年平均气温20.8℃，7月、8月较高气温27.3℃，2月较低气温12.9℃。5月平均水温23.8℃，8月平均水温28.7℃，11月平均水温19.0℃，2月平均水温15.5℃。多年平均降雨量1 071.2 mm，较多年平均降雨量1 583.7 mm，较少年平均降雨量674.2 mm。多年平均相对湿度80%，月较大相对湿度92%，月较小相对湿度55%。盐度的测值范围，5月平均盐度32.00，8月平均盐度33.00，11月平均盐度29.62，2月平均盐度31.29。

东山湾滨海湿地沉积物类型主要为砾砂、中粗砂、中砂、中细砂、细砂、砂、砾砂—黏土质砂、粉砂质砂、黏土质砂、黏土质粉砂、粉砂质黏土、砂—粉砂—黏土12种类型。

21.2　断面与站位布设

1988年7月、11月，2002年4月，2008年8月至2009年4月，2009年5月、11月，2010年2月、8月，2011年5月，对东山湾滨海湿地赤屿、塔屿东门屿、列屿南山村东南部、城内村和古雷半岛的西林、油澳、西寮、下垵和竹塔断面进行潮间带大型底栖生物调查，共布设17条断面（表21-1、图21-1）。

表21-1　东山湾滨海湿地潮间带大型底栖生物调查断面

序号	时间	断面	编号	经度（E）	纬度（N）	底质
1	1988年7月，11月	下寨	DSD1	117°29′51.72″	23°55′2.64″	泥沙滩
2		下屈	DSD2	117°36′36.36″	23°50′34.80″	
3		龙口	DSD3	117°36′0.36″	23°46′41.16″	沙、泥沙
4		竹塔	DSD4	117°25′3.36″	23°55′26.76″	红树林区

续表 21-1

序号	时间	断面	编号	经度（E）	纬度（N）	底质
5	2002 年 4 月	赤屿	Dch4	117°31′11. 93″	23°42′48. 07″	岩石滩
6		塔屿	Dch5	117°32′38. 97″	23°44′0. 19″	
7	2008 年 4 月至 2009 年 2 月	南山村	Dch1	117°29′44. 76″	23°49′52. 26″	
8		南山村	Dch2	117°29′38. 88″	23°49′31. 32″	
9		城内	Dch3	117°28′15. 60″	23°49′15. 42″	泥沙滩
10	2011 年 5 月	西林	Dch6	117°36′6. 12″	23°51′36. 00″	
11		油澳	Dch7	117°36′47. 90″	23°49′12. 00″	
12		西寮	Dch8	117°34′58. 80″	23°46′18. 10″	
13		下垵	Dch9	117°35′30. 10″	23°44′35. 90″	岩石滩
14	2009 年 5 月，11 月 2010 年 2 月，8 月	竹塔	ZJ1	117°25′07. 78″	23°55′10. 57″	红树林区
15			ZJ2	117°25′00. 36″	23°55′14. 85″	
16			D1	117°26′20. 64″	23°55′21. 27″	海草区
17			D2	117°25′54. 50″	23°55′29. 80″	

图 21-1　东山湾滨海湿地潮间带大型底栖生物调查断面

21.3　物种多样性

21.3.1　种类组成与分布

东山湾滨海湿地潮间带大型底栖生物651种，其中藻类39种，多毛类166种，软体动物180种，甲壳动物176种，棘皮动物15种和其他生物75种。其中，多毛类种、软体动物和甲壳动物占总种数的80.18%，三者构成潮间带大型底栖生物主要类群。底质类型不同潮间带大型底栖生物种数不同，东山湾滨海湿地潮间带大型底栖生物种数从高到低依次为泥沙滩（363种）、岩石滩（259种）、红树林区（159种）、海草区（105种）（表21-2）。

表21-2　东山湾滨海湿地潮间带大型底栖生物种类组成与分布　　单位：种

底质	藻类	多毛类	软体动物	甲壳动物	棘皮动物	其他生物	合计
岩石滩	34	51	86	54	6	28	259
泥沙滩	7	121	83	110	13	29	363
红树林区	2	50	31	51	0	25	159
海草区	0	37	29	26	1	12	105
合计	39	166	180	176	15	75	651

东山湾滨海湿地岩石滩潮间带大型底栖生物259种，其中藻类34种，多毛类51种，软体动物86种，甲壳动物54种，棘皮动物6种和其他生物28种。多毛类种、软体动物和甲壳动物占种数的73.46%，三者构成岩石滩潮间带大型底栖生物主要类群。断面间比较，种数以Dch2断面较多（138种），Dch1断面较少（127种）。季节变化，春季以Dch2断面较大（74种），Dch9断面较小（51种）；夏季以Dch2断面较大（73种），Dch1断面较小（39种）；秋季以Dch2断面较大（71种），Dch1断面较小（57种）；冬季以Dch2断面较大（94种），Dch1断面较小（81种）（表21-3）。

表21-3　东山湾滨海湿地岩石滩潮间带大型底栖生物种类组成与季节变化　　单位：种

断面	季节	藻类	多毛类	软体动物	甲壳动物	棘皮动物	其他生物	合计
Dch1	春季	3	9	24	17	3	5	61
	夏季	1	0	21	11	2	4	39
	秋季	1	9	26	12	2	7	57
	冬季	4	20	28	16	1	12	81
	合计	5	30	47	29	0	16	127
Dch2	春季	6	12	30	14	3	9	74
	夏季	1	9	34	15	2	12	73
	秋季	1	9	34	15	0	12	71
	冬季	1	18	35	25	2	13	94
	合计	6	22	54	33	0	23	138
Dch4	春季	20	12	19	14	1	5	71
Dch5	春季	17	8	24	10	0	4	63
合计		27	14	44	24	1	8	118
Dch9	春季	10	9	18	11	0	3	51
合计		34	51	86	54	6	28	259

东山湾滨海湿地泥沙滩潮间带大型底栖生物363种，其中藻类7种，多毛类121种，软体动物83种，甲壳动物110种，棘皮动物13种和其他生物29种。多毛类种、软体动物和甲壳动物占种数的86.50%，三者构成泥沙滩潮间带大型底栖生物主要类群。断面间比较，夏秋季种数以DSD2断面较多（131种），DSD1断面较少（116种）；春季种数以Dch3断面较多（48种），Dch6断面较少（40种）。季节变化，种数以冬季较大（58种），秋季较小（42种）（表21-4）。

表21-4 东山湾滨海湿地泥沙滩潮间带大型底栖生物种类组成与季节变化 单位：种

断面	季节	藻类	多毛类	软体动物	甲壳动物	棘皮动物	其他生物	合计
DSD1	夏秋	0	32	28	43	3	10	116
DSD2		0	41	28	51	4	7	131
DSD23		0	40	28	34	6	12	120
Dch3	春季	1	22	13	11	1	0	48
	夏季	2	19	18	14	0	1	54
	秋季	0	14	12	10	2	4	42
	冬季	5	15	15	17	0	6	58
	合计	6	46	30	35	2	10	129
Dch6	春秋	0	21	17	2	0	0	40
Dch7		0	26	10	8	0	1	45
Dch8		3	22	10	6	1	0	42
合计		7	121	83	110	13	29	363

东山湾滨海湿地红树林区潮间带大型底栖生物159种，其中藻类2种，多毛类50种，软体动物31种，甲壳动物51种和其他生物25种。多毛类种、软体动物和甲壳动物占种数的83.01%，三者构成红树林区潮间带大型底栖生物主要类群。断面比较，种数以夏季DSD4断面较多（120种），四季ZJ1断面较少（59种）。季节变化，种数以秋季较大（51种），夏季较小（33种）。各断面种类组成与季节变化见表21-5。

东山湾滨海湿地海草区潮间带大型底栖生物105种，其中多毛类37种，软体动物29种，甲壳动物26种，棘皮动物1种和其他生物12种。多毛类种、软体动物和甲壳动物占种数的88.46%，三者构成海草区潮间带大型底栖生物主要类群。断面比较，种数以D2断面较多（77种），D1断面较少（58种）（表21-5）。

表21-5 东山湾滨海湿地海草区、红树林区潮间带大型底栖生物种类组成与季节变化 单位：种

底质	季节	断面	藻类	多毛类	软体动物	甲壳动物	棘皮动物	其他生物	合计
海草区	四季	D1	0	19	17	17	0	5	58
		D2	0	28	22	17	1	9	77
		合计	0	37	29	26	1	12	105
红树林区	春季	ZJ1	1	16	7	8	0	4	36
		ZJ2	0	8	5	8	0	2	23
		合计	1	16	8	10	0	4	39
	夏季	ZJ1	0	7	6	10	0	2	25
		ZJ2	0	10	5	6	0	2	23
		合计	0	12	8	10	0	3	33

续表 21-5

底质	季节	断面	藻类	多毛类	软体动物	甲壳动物	棘皮动物	其他生物	合计
红树林区	秋季	ZJ1	0	9	5	7	0	3	24
		ZJ2	0	8	7	16	0	15	46
		合计	0	10	7	18	0	16	51
	冬季	ZJ1	0	10	10	10	0	2	32
		ZJ2	0	12	8	6	0	2	28
		合计	0	14	12	12	0	3	41
	夏秋	DSD4	0	41	18	42	0	19	120
	四季	ZJ1	1	22	16	15	0	5	59
		ZJ2	0	16	13	20	0	16	65
		合计	1	38	26	39	0	19	123
	合计		2	50	31	51	0	25	159

21.3.2　优势种和主要种

根据数量和出现率，东山湾滨海湿地潮间带大型底栖生物优势种和主要种有小石花菜、无柄珊瑚藻（*Corallina sessilis*）、小珊瑚藻、边孢藻（*Marginiosporum* sp.）、海柏（*Polyopes polyideoides*）、钝形凹顶藻（*Laurencia obtusa*）、半叶马尾藻（*Sargassum hemiphyllum*）、花石莼、孔石莼、细毛背鳞虫、双齿围沙蚕、异蚓虫、背蚓虫、欧努菲虫、杂色伪沙蚕（*Perinereis variegata*）、奇异角沙蚕（*Ceratonereis mirabilis*）、伪才女虫、才女虫、异足索沙蚕、线沙蚕、独指虫、树蛰虫、对称拟蚶、黑荞麦蛤、凸壳肌蛤、棘刺牡蛎、团聚牡蛎（*Saccostrea glomerata*）、海菊蛤（*Spondyl* sp.）、缘角蛤、日本花棘石鳖、鸟爪拟帽贝、渔舟蜒螺［*Nerita*（*Theliostyla*）*albicilla*］、珠带拟蟹守螺、纵带滩栖螺、覆瓦小蛇螺、粒核果螺、日本菊花螺、婆罗囊螺（*Retusa boenensis*）、纹藤壶（*Amphibalanus amphitrite*）、网纹纹藤壶、三角藤壶、日本笠藤壶（*Tetraclita japonica*）、鳞笠藤壶、上野蜾蠃蜚、腔齿海底水虱（*Dynoides dentisinus*）、哈氏圆柱水虱、角玻璃钩虾、哥伦比刀钩虾、弧边招潮、小相手蟹、模糊新短眼蟹、淡水泥蟹、皮海绵、猫枭海葵（*Tealia felina*）和厥目革囊星虫等。

21.4　数量时空分布

21.4.1　数量组成

东山湾滨海湿地岩石滩、泥沙滩、红树林区和海草区潮间带大型底栖生物平均生物量为299.68 g/m^2，平均栖息密度为536个/m^2。生物量以软体动物居第一位（228.83 g/m^2），甲壳动物居第二位（47.35 g/m^2）；栖息密度以多毛类居第一位（183个/m^2），软体动物居第二位（172个/m^2）。不同底质类型潮间带大型底栖生物数量组成有差异，生物量从高到低依次为岩石滩（912.64 g/m^2）、海草区（120.66 g/m^2）、泥沙滩（90.57 g/m^2）、红树林区（74.85 g/m^2）；栖息密度从高到低依次为岩石滩（961个/m^2）、海草区（504个/m^2）、红树林区（499个/m^2）、泥沙滩（180个/m^2）。各类群数量组成与分布见表21-6。

表 21-6　东山湾滨海湿地潮间带大型底栖生物数量组成与分布

数量	底质	藻类	多毛类	软体动物	甲壳动物	棘皮动物	其他生物	合计
生物量（g/m²）	岩石滩	29. 87	1. 51	720. 53	140	0. 01	20. 72	912. 64
	泥沙滩	0. 86	2. 12	58. 03	5. 80	21. 02	2. 74	90. 57
	红树林区	0	2. 84	34. 92	35. 68	0	1. 41	74. 85
	海草区	0	10. 61	101. 85	7. 90	0	0. 30	120. 66
	平均	7. 68	4. 27	228. 83	47. 35	5. 26	6. 29	299. 68
密度（个/m²）	岩石滩	—	96	349	496	0	20	961
	泥沙滩	—	51	78	45	3	3	180
	红树林区	—	252	129	90	0	28	499
	海草区	—	331	133	38	0	2	504
	平均	—	183	172	167	1	13	536

东山湾滨海湿地岩石滩潮间带大型底栖生物平均生物量为 912. 64 g/m²，平均栖息密度为 961 个/m²。生物量以软体动物居第一位（720. 53 g/m²），甲壳动物居第二位（140 g/m²）；栖息密度以甲壳动物居第一位（496 个/m²），软体动物居第二位（349 个/m²）。数量季节变化，生物量从高到低依次为夏季（1 749. 26 g/m²）、秋季（1 063. 30 g/m²）、春季（626. 97 g/m²）、冬季（211. 02 g/m²）；栖息密度从高到低依次为秋季（1 457 个/m²）、春季（1 091 个/m²）、夏季（1 021 个/m²）、冬季（274 个/m²）。各类群数量组成与季节变化见表 21-7。

表 21-7　东山湾滨海湿地岩石滩潮间带大型底栖生物数量组成与季节变化

数量	季节	藻类	多毛类	软体动物	甲壳动物	棘皮动物	其他生物	合计
生物量（g/m²）	春季	114. 67	2. 15	418. 32	85. 91	0. 03	5. 89	626. 97
	夏季	3. 17	2. 50	1 323. 73	362. 45	0	57. 41	1 749. 26
	秋季	0. 90	0. 88	935. 71	107. 41	0	18. 40	1 063. 30
	冬季	0. 74	0. 52	204. 34	4. 24	0	1. 18	211. 02
	平均	29. 87	1. 51	720. 53	140. 00	0. 01	20. 72	912. 64
密度（个/m²）	春季	—	54	302	719	1	15	1 091
	夏季	—	180	481	324	0	36	1 021
	秋季	—	109	492	831	0	25	1 457
	冬季	—	42	122	108	0	2	274
	平均	—	96	349	496	0	20	961

东山湾滨海湿地泥沙滩潮间带大型底栖生物平均生物量为 90. 57 g/m²，平均栖息密度为 180 个/m²。生物量以软体动物居第一位（58. 03 g/m²），棘皮动物居第二位（21. 02 g/m²）；栖息密度以软体动物居第一位（78 个/m²），多毛类居第二位（51 个/m²）。数量季节变化，生物量从高到低依次为冬季（140. 67 g/m²）、秋季（87. 30 g/m²）、春季（86. 15 g/m²）、夏季（48. 13 g/m²）；栖息密度从高到低依次为秋季（229 个/m²）、夏季（183 个/m²）、冬季（182 个/m²）、春季（129 个/m²）。各类群数量组成与季节变化见表 21-8。

表 21-8　东山湾滨海湿地泥沙滩潮间带大型底栖生物数量组成与季节变化

数量	季节	藻类	多毛类	软体动物	甲壳动物	棘皮动物	其他生物	合计
生物量（g/m²）	春季	2.96	2.04	35.86	1.10	43.96	0.23	86.15
	夏季	0	3.38	25.09	7.95	9.90	1.81	48.13
	秋季	0	2.70	34.94	11.32	30.21	8.13	87.30
	冬季	0.49	0.34	136.23	2.83	0	0.78	140.67
	平均	0.86	2.12	58.03	5.80	21.02	2.74	90.57
密度（个/m²）	春季	—	52	61	15	1	0	129
	夏季	—	76	64	37	3	3	183
	秋季	—	49	107	57	7	9	229
	冬季	—	28	81	72	0	1	182
	平均	—	51	78	45	3	3	180

东山湾滨海湿地红树林区潮间带大型底栖生物平均生物量为 74.85 g/m²，平均栖息密度为 499 个/m²。生物量以甲壳动物居第一位（35.68 g/m²），软体动物居第二位（34.92 g/m²）；栖息密度以多毛类居第一位（252 个/m²），软体动物居第二位（129 个/m²）。数量季节变化，生物量从高到低依次为春季（83.17 g/m²）、夏季（76.58 g/m²）、秋季（71.43 g/m²）、冬季（68.24 g/m²）；栖息密度同样从高到低依次为春季（822 个/m²）、夏季（438 个/m²）、冬季（384 个/m²）、秋季（348 个/m²）。各类群数量组成与季节变化见表 21-9。

表 21-9　东山湾滨海湿地红树林区潮间带大型底栖生物数量组成与季节变化

数量	季节	多毛类	软体动物	甲壳动物	棘皮动物	其他生物	合计
生物量（g/m²）	春季	4.91	32.63	44.35	0	1.28	83.17
	夏季	2.39	30.27	41.67	0	2.25	76.58
	秋季	2.27	35.97	31.55	0	1.64	71.43
	冬季	1.79	40.83	25.15	0	0.47	68.24
	平均	2.84	34.92	35.68	0	1.41	74.85
密度（个/m²）	春季	603	92	89	0	38	822
	夏季	195	91	107	0	45	438
	秋季	140	70	120	0	18	348
	冬季	68	261	44	0	11	384
	平均	252	129	90	0	28	499

东山湾滨海湿地海草区潮间带大型底栖生物平均生物量为 120.66 g/m²，平均栖息密度为 504 个/m²。生物量以软体动物居第一位（101.85 g/m²），多毛类居第二位（10.61 g/m²）；栖息密度以多毛类居第一位（331 个/m²），软体动物居第二位（133 个/m²）。数量季节变化，生物量从高到低依次为秋季（139.11 g/m²）、夏季（118.88 g/m²）、冬季（114.28 g/m²）、春季（110.34 g/m²）；栖息密度从高到低依次为冬季（811 个/m²）、春季（611 个/m²）、秋季（356 个/m²）、夏季（233 个/m²）。各类群数量组成与季节变化见表 21-10。

表 21-10　东山湾滨海湿地海草区潮间带大型底栖生物数量组成与季节变化

数量	季节	多毛类	软体动物	甲壳动物	棘皮动物	其他生物	合计
生物量（g/m²）	春季	16.13	91.85	1.67	0	0.69	110.34
	夏季	4.21	96.65	18.02	0	0	118.88
	秋季	6.69	131.32	0.81	0	0.29	139.11
	冬季	15.41	87.57	11.08	0	0.22	114.28
	平均	10.61	101.85	7.90	0	0.30	120.66
密度（个/m²）	春季	382	223	5	0	1	611
	夏季	122	81	30	0	0	233
	秋季	198	146	9	0	3	356
	冬季	622	81	106	0	2	811
	平均	331	133	38	0	2	504

21.4.2　数量分布与季节变化

东山湾滨海湿地岩石滩潮间带大型底栖生物断面间数量有所差异，生物量春季以 Dch4 断面较大（1 345.94 g/m²），Dch1 断面较小（109.41 g/m²）；夏季以 Dch2 较大（2 423.86 g/m²），Dch1 断面较小（1 074.63 g/m²）；秋季以 Dch2 较大（1 533.29 g/m²），Dch1 断面较小（593.26 g/m²）；冬季以 Dch1 较大（316.50 g/m²），Dch2 断面较小（105.51 g/m²）。栖息密度春季以 Dch4 较大（2 700 个/m²），Dch2 断面较小（128 个/m²）；夏季以 Dch2 较大（1 448 个/m²），Dch1 断面较小（593 个/m²）；秋季以 Dch2 较大（2 430 个/m²），Dch1 断面较小（483 个/m²）；冬季以 Dch1 较大（408 个/m²），Dch2 断面较小（137 个/m²）。各断面各类群数量分布与季节变化见表 21-11。

表 21-11　东山湾滨海湿地岩石滩潮间带大型底栖生物数量分布与季节变化

数量	季节	断面	藻类	多毛类	软体动物	甲壳动物	棘皮动物	其他生物	合计
生物量（g/m²）	春季	Dch4	323.05	3.64	836.36	181.12	0.16	1.61	1 345.94
		Dch5	138.86	1.03	49.09	105.14	0	0.09	294.21
		Dch1	0.38	0.27	105.95	2.20	0	0.61	109.41
		Dch2	15.79	3.92	804.65	105.90	0	21.33	951.59
		Dch9	95.25	1.90	295.55	35.21	0	5.79	433.70
		平均	114.67	2.15	418.32	85.91	0.03	5.89	626.97
	夏季	Dch1	3.51	1.62	962.28	1.64	0	105.58	1 074.63
		Dch2	2.82	3.38	1 685.17	723.25	0	9.24	2 423.86
		平均	3.17	2.50	1 323.73	362.45	0	57.41	1 749.26
	秋季	Dch1	0.51	0.84	561.76	16.50	0	13.65	593.26
		Dch2	1.28	0.91	1 309.65	198.31	0	23.14	1 533.29
		平均	0.90	0.88	935.71	107.41	0	18.40	1 063.30
	冬季	Dch1	1.10	0.77	306.51	6.36	0	1.76	316.50
		Dch2	0.37	0.26	102.17	2.12	0	0.59	105.51
		平均	0.74	0.52	204.34	4.24	0	1.18	211.02
	平均		29.87	1.51	720.53	140.00	0.01	20.72	912.64

续表 21-11

数量	季节	断面	藻类	多毛类	软体动物	甲壳动物	棘皮动物	其他生物	合计
密度（个/m^2）	春季	Dch4	—	139	744	1 751	5	61	2 700
		Dch5	—	69	474	1 650	0	5	2 198
		Dch1	—	21	63	56	0	1	141
		Dch2	—	19	57	51	0	1	128
		Dch9	—	21	173	86	0	8	288
		平均	—	54	302	719	1	15	1 091
	夏季	Dch1	—	165	385	19	0	24	593
		Dch2	—	195	577	628	0	48	1 448
		平均	—	180	481	324	0	36	1 021
	秋季	Dch1	—	84	268	117	0	14	483
		Dch2	—	134	716	1 544	0	36	2 430
		平均	—	109	492	831	0	25	1 457
	冬季	Dch1	—	62	182	162	0	2	408
		Dch2	—	21	61	54	0	1	137
		平均	—	42	122	108	0	2	274
	平均		—	96	349	496	0	20	961

东山湾滨海湿地泥沙滩潮间带大型底栖生物断面间数量有所差异，生物量春季以 Dch3 断面较大（258.95 g/m^2），Dch7 断面较小（22.87 g/m^2）；夏季以 DSD3 断面较大（61.89 g/m^2），DSD2 断面较小（42.69 g/m^2）；秋季以 Dch3 断面较大（113.70 g/m^2），DSD1 断面较小（64.12 g/m^2）。季节变化，生物量从高到低依次为冬季（140.67 g/m^2）、秋季（87.28 g/m^2）、春季（86.14 g/m^2）、夏季（48.13 g/m^2）。栖息密度春季以 Dch6 断面较大（153 个/m^2），Dch3 断面较小（90 个/m^2）；夏季以 Dch3 断面较大（329 个/m^2），DSD2 断面较小（134 个/m^2）；秋季以 Dch3 断面较大（271 个/m^2），DSD3 断面较小（177 个/m^2）。季节变化，栖息密度从高到低依次为秋季（229 个/m^2）、夏季（183 个/m^2）、冬季（182 个/m^2）、春季（129 个/m^2）。各断面各类群数量分布与季节变化见表 21-12。

表 21-12　东山湾滨海湿地泥沙滩潮间带大型底栖生物数量分布与季节变化

数量	季节	断面	藻类	多毛类	软体动物	甲壳动物	棘皮动物	其他生物	合计
生物量（g/m^2）	春季	Dch6	0	1.00	26.16	0.08	0	0	27.24
		Dch7	0	3.75	18.02	0.18	0	0.92	22.87
		Dch8	11.82	2.16	20.25	1.24	0.04	0	35.51
		Dch3	0.02	1.23	79.01	2.90	175.79	0	258.95
		平均	2.96	2.04	35.86	1.10	43.96	0.23	86.15
	夏季	DSD1	0	3.04	30.42	8.04	0	1.52	43.02
		DSD2	0	2.83	26.34	11.86	0.21	1.45	42.69
		DSD3	0	5.34	3.96	8.93	39.39	4.27	61.89
		Dch3	0	2.30	39.63	2.98	0	0	44.91
		平均	0	3.38	25.09	7.95	9.90	1.81	48.13

续表 21-12

数量	季节	断面	藻类	多毛类	软体动物	甲壳动物	棘皮动物	其他生物	合计
生物量（g/m^2）	秋季	DSD1	0	2.40	24.34	8.01	25.70	3.67	64.12
		DSD2	0	1.96	57.46	8.49	21.73	0.92	90.56
		DSD3	0	3.37	12.68	25.23	33.26	6.21	80.75
		Dch3	0	3.05	45.26	3.55	40.13	21.71	113.70
		平均	0	2.70	34.94	11.32	30.21	8.13	87.30
	冬季	Dch3	0.49	0.34	136.23	2.83	0	0.78	140.67
	平均		0.86	2.12	58.03	5.80	21.02	2.74	90.57
密度（个/m^2）	春季	Dch6	—	46	102	5	0	0	153
		Dch7	—	94	38	13	0	1	146
		Dch8	—	54	62	7	2	0	125
		Dch3	—	14	40	36	0	0	90
		平均	—	52	61	15	1	0	129
	夏季	DSD1	—	51	56	41	0	5	153
		DSD2	—	30	85	14	1	4	134
		DSD3	—	30	20	49	12	2	113
		Dch3	—	191	95	43	0	0	329
		平均	—	76	64	37	3	3	183
	秋季	DSD1	—	33	106	69	4	13	225
		DSD2	—	30	151	43	2	13	239
		DSD3	—	37	28	89	19	4	177
		Dch3	—	94	141	27	3	6	271
		平均	—	49	107	57	7	9	229
	冬季	Dch3	—	28	81	72	0	1	182
	平均		—	51	78	45	3	3	180

东山湾滨海湿地红树林区潮间带大型底栖生物断面间数量有所差异，生物量春季以 ZJ2 断面较大（85.96 g/m^2），ZJ1 断面较小（80.38 g/m^2）；夏季以 ZJ1 断面较大（89.26 g/m^2），DSD4 断面较小（64.50 g/m^2）；秋季以 ZJ1 断面较大（104.25 g/m^2），ZJ2 断面较小（54.49 g/m^2）；冬季以 ZJ1 断面较大（74.50 g/m^2），ZJ2 断面较小（61.94 g/m^2）。季节变化，生物量以春季（83.17 g/m^2）大于夏季（76.58 g/m^2）大于秋季（71.43 g/m^2）大于冬季（68.24 g/m^2）。栖息密度春季以 ZJ1 断面较大（1 034 个/m^2），ZJ2 断面较小（609 个/m^2）；夏季以 ZJ2 断面较大（752 个/m^2），DSD4 断面较小（251 个/m^2）；秋季以 ZJ2 断面较大（509 个/m^2），DSD4 断面较小（260 个/m^2）；冬季以 ZJ1 断面较大（464 个/m^2），ZJ2 断面较小（300 个/m^2）。季节变化，栖息密度以春季（822 个/m^2）大于夏季（438 个/m^2）大于冬季（384 个/m^2）大于秋季（348 个/m^2）。各断面各类群数量分布与季节变化见表 21-13。

表 21-13　东山湾滨海湿地红树林区潮间带大型底栖生物数量分布与季节变化

数量	季节	断面	多毛类	软体动物	甲壳动物	棘皮动物	其他生物	合计
生物量 (g/m²)	春季	ZJ1	6.15	36.66	35.40	0	2.17	80.38
		ZJ2	3.67	28.60	53.30	0	0.39	85.96
		平均	4.91	32.63	44.35	0	1.28	83.17
	夏季	DSD4	0.84	4.60	54.90	0	4.16	64.50
		ZJ1	2.43	54.25	30.67	0	1.91	89.26
		ZJ2	3.89	31.95	39.44	0	0.69	75.97
		平均	2.39	30.27	41.67	0	2.25	76.58
	秋季	DSD4	0.51	0.47	50.62	0	3.97	55.57
		ZJ1	2.39	82.18	18.94	0	0.74	104.25
		ZJ2	3.92	25.25	25.10	0	0.22	54.49
		平均	2.27	35.97	31.55	0	1.64	71.43
	冬季	ZJ1	1.67	42.38	29.83	0	0.62	74.50
		ZJ2	1.90	39.27	20.46	0	0.31	61.94
		平均	1.79	40.83	25.15	0	0.47	68.24
	平均		2.84	34.92	35.68	0	1.41	74.85
密度 (个/m²)	春季	ZJ1	820	140	40	0	34	1 034
		ZJ2	386	43	138	0	42	609
		平均	603	92	89	0	38	822
	夏季	DSD4	14	60	168	0	9	251
		ZJ1	173	82	41	0	18	314
		ZJ2	399	132	113	0	108	752
		平均	195	91	107	0	45	438
	秋季	DSD4	17	7	230	0	6	260
		ZJ1	125	113	30	0	8	276
		ZJ2	279	90	101	0	39	509
		平均	140	70	120	0	18	348
	冬季	ZJ1	45	357	50	0	12	464
		ZJ2	90	164	37	0	9	300
		平均	68	261	44	0	11	384
	平均		252	129	90	0	28	499

东山湾滨海湿地海草区潮间带大型底栖生物断面间数量有所差异，生物量春季以 D1 断面较大（130.08 g/m²），D2 断面较小（90.58 g/m²）；夏季以 D1 断面较大（159.24 g/m²），D2 断面较小（78.51 g/m²）；秋季以 D1 断面较大（197.12 g/m²），D2 断面较小（81.08 g/m²）；冬季以 D1 断面较大（188.57 g/m²），D2 断面较小（39.98 g/m²）。季节变化从高到低依次为秋季（139.11 g/m²）、夏季（118.88 g/m²）、冬季（114.28 g/m²）、春季（110.34 g/m²）。栖息密度春季以 D2 断面较大（871 个/m²），D1 断面较小（351 个/m²）；夏季以 D1 断面较大（252 个/m²），D2 断面较小（213 个/m²）；秋季以 D1 断面较大（425 个/m²），D2 断面较小（283 个/m²）；冬季以 D2 断面较

大（1 142 个/m²），D1 断面较小（479 个/m²）。季节变化从高到低依次为冬季（811 个/m²）、春季（611 个/m²）、秋季（356 个/m²）、夏季（233 个/m²）。各断面各类群数量分布与季节变化见表 21-14。

表 21-14　东山湾滨海湿地海草区潮间带大型底栖生物数量分布与季节变化

数量	季节	断面	多毛类	软体动物	甲壳动物	棘皮动物	其他生物	合计
生物量（g/m²）	春季	D1	7.86	119.00	3.17	0	0.05	130.08
		D2	24.39	64.69	0.17	0	1.33	90.58
		平均	16.13	91.85	1.67	0	0.69	110.34
	夏季	D1	3.85	147.51	7.88	0	0	159.24
		D2	4.57	45.78	28.16	0	0	78.51
		平均	4.21	96.65	18.02	0	0	118.88
	秋季	D1	8.96	187.50	0.66	0	0	197.12
		D2	4.42	75.14	0.95	0	0.57	81.08
		平均	6.69	131.32	0.81	0	0.29	139.11
	冬季	D1	5.87	164.09	18.48	0	0.13	188.57
		D2	24.96	11.04	3.68	0	0.30	39.98
		平均	15.41	87.57	11.08	0	0.22	114.28
	平均		10.61	101.85	7.90	0	0.30	120.66
密度（个/m²）	春季	D1	136	207	7	0	1	351
		D2	629	239	2	0	1	871
		平均	382	223	5	0	1	611
	夏季	D1	92	144	16	0	0	252
		D2	152	17	44	0	0	213
		平均	122	81	30	0	0	233
	秋季	D1	237	179	9	0	0	425
		D2	158	112	8	0	5	283
		平均	198	146	9	0	3	356
	冬季	D1	149	145	182	0	3	479
		D2	1 095	16	30	0	1	1 142
		平均	622	81	106	0	2	811
	平均		331	133	38	0	2	504

2008—2009 年，东山湾滨海湿地潮间带大型底栖生物数量垂直分布，生物量从高到低依次为中潮区(2 622.08 g/m²)、低潮区（230.71 g/m²）、高潮区（11.65 g/m²）；栖息密度同样从高到低依次为中潮区（2 739 个/m²）、低潮区（464 个/m²）、高潮区（75 个/m²），生物量和栖息密度均以中潮区较大，高潮区较小（表 21-15）。

表 21-15　2008—2009 年东山湾滨海湿地潮间带大型底栖生物数量垂直分布

潮区	数量	断面	藻类	多毛类	软体动物	甲壳动物	棘皮动物	其他生物	合计
高潮区	生物量 (g/m^2)	Dch1	0	0	10.80	0	0	0	10.80
		Dch2	0	0	11.00	0	0	0	11.00
		Dch3	0	0	13.16	0	0	0	13.16
		平均	0	0	11.65	0	0	0	11.65
	密度 (个/m^2)	Dch1	—	0	86	0	0	0	86
		Dch2	—	0	96	0	0	0	96
		Dch3	—	0	44	0	0	0	44
		平均	—	0	75	0	0	0	75
中潮区	生物量 (g/m^2)	Dch1	4.11	3.69	2 514.44	52.36	0	9.76	2 584.36
		Dch2	28.13	11.40	4 244.32	819.77	0	30.25	5 133.87
		Dch3	0.05	6.57	131.00	10.34	0	0.04	148.00
		平均	10.76	7.22	2 296.59	294.16	0	13.35	2 622.08
	密度 (个/m^2)	Dch1	—	323	1 239	1 280	0	57	2 899
		Dch2	—	501	1 728	2 038	0	158	4 425
		Dch3	—	419	374	94	0	6	893
		平均	—	414	1 114	1 137	0	74	2 739
低潮区	生物量 (g/m^2)	Dch1	2.05	1.16	136.54	2.90	0	92.34	234.99
		Dch2	0.04	0.46	101.14	119.10	0	30.54	251.28
		Dch3	0	1.72	25.34	0.18	161.94	16.68	205.86
		平均	0.70	1.11	87.67	40.73	53.98	46.52	230.71
	密度 (个/m^2)	Dch1	—	86	48	24	0	12	170
		Dch2	—	152	54	820	0	2	1 028
		Dch3	—	106	58	19	6	4	193
		平均	—	115	53	288	2	6	464

2011 年春季，东山湾滨海湿地潮间带大型底栖生物数量垂直分布，各断面生物量垂直分布，Dch6 和 Dch9 断面从高到低依次为中潮区、低潮区、高潮区，Dch7 和 Dch8 断面从高到低依次为中潮区、高潮区、低潮区。各断面栖息密度垂直分布，Dch6 和 Dch7 断面从高到低依次为低潮区、中潮区、高潮区，Dch8 断面从高到低依次为中潮区、高潮区、低潮区，Dch9 断面从高到低依次为中潮区、高潮区、低潮区（表 21-16、表 21-17）。

表 21-16　2011 年春季东山湾滨海湿地潮间带大型底栖生物生物量垂直分布　　单位：g/m^2

断面	潮区	藻类	多毛类	软体动物	甲壳动物	棘皮动物	其他生物	合计
Dch6	高潮区	0	0	6.48	0	0	0	6.48
	中潮区	0	0.75	49.97	0.24	0	0	50.96
	低潮区	0	2.24	22.04	0	0	0	24.28
	平均	0	1.00	26.16	0.08	0	0	27.24

续表 21-16

断面	潮区	藻类	多毛类	软体动物	甲壳动物	棘皮动物	其他生物	合计
Dch7	高潮区	0	0	11.12	0	0	0	11.12
	中潮区	0	2.66	42.95	0.35	0	2.75	48.71
	低潮区	0	8.60	0	0.20	0	0	8.80
	平均	0	3.75	18.02	0.18	0	0.92	22.87
Dch8	高潮区	0	0	26.80	0	0	0	26.80
	中潮区	35.45	1.57	33.96	2.85	0	0	73.83
	低潮区	0	4.92	0	0.88	0.12	0	5.92
	平均	11.82	2.16	20.25	1.24	0.04	0	35.51
Dch9	高潮区	0	0	10.32	0	0	0	10.32
	中潮区	52.96	5.55	486.08	104.19	0	0.80	649.58
	低潮区	232.80	0.16	390.24	1.44	0	16.56	641.20
	平均	95.25	1.90	295.55	35.21	0	5.79	433.70

表 21-17　2011 年春季东山湾滨海湿地潮间带大型底栖生物栖息密度垂直分布　　单位：个/m^2

断面	潮区	多毛类	软体动物	甲壳动物	棘皮动物	其他生物	合计
Dch6	高潮区	0	32	0	0	0	32
	中潮区	51	141	15	0	0	207
	低潮区	88	132	0	0	0	220
	平均	46	102	5	0	0	153
Dch7	高潮区	0	56	0	0	0	56
	中潮区	77	59	11	0	3	150
	低潮区	204	0	28	0	0	232
	平均	94	38	13	0	1	146
Dch8	高潮区	0	120	0	0	0	120
	中潮区	53	67	15	0	0	135
	低潮区	108	0	6	5	0	119
	平均	54	62	7	2	0	125
Dch9	高潮区	0	240	0	0	0	240
	中潮区	56	184	193	0	8	441
	低潮区	8	96	64	0	16	184
	平均	21	173	86	0	8	288

21.4.3　饵料生物水平

东山湾滨海湿地潮间带大型底栖生物平均饵料水平分级均达Ⅴ级。其中，软体动物高达Ⅴ级，藻类、棘皮动物和其他生物均为Ⅱ级；多毛类较低，为Ⅰ级。不同底质类型比较，岩石滩、泥沙滩、红树林区和海草区潮间带大型底栖生物平均饵料水平分级均达Ⅴ级，其中岩石滩、泥沙滩和海草区软体动物较高，均达Ⅴ级；岩石滩、泥沙滩和红树林区多毛类较低，均为Ⅰ级。藻类在岩石滩较高，达Ⅳ

级；多毛类在海草区较高，为Ⅲ级；甲壳动物在岩石滩较高，达Ⅴ级；棘皮动物在泥沙滩较高，为Ⅲ级；其他生物在岩石滩较高，为Ⅲ级（表21-18）。

表21-18　东山湾滨海湿地潮间带大型底栖生物饵料水平分级

底质	藻类	多毛类	软体动物	甲壳动物	棘皮动物	其他生物	评价标准
岩石滩	Ⅳ	Ⅰ	Ⅴ	Ⅴ	Ⅰ	Ⅲ	Ⅴ
泥沙滩	Ⅰ	Ⅰ	Ⅴ	Ⅱ	Ⅲ	Ⅰ	Ⅴ
红树林区	Ⅰ	Ⅰ	Ⅳ	Ⅳ	Ⅰ	Ⅰ	Ⅴ
海草区	Ⅰ	Ⅲ	Ⅴ	Ⅱ	Ⅰ	Ⅰ	Ⅴ
平均	Ⅱ	Ⅰ	Ⅴ	Ⅳ	Ⅱ	Ⅱ	Ⅴ

21.5　群落

21.5.1　群落类型

东山湾滨海湿地潮间带大型底栖生物群落按底质类型分为：

（1）岩石滩群落（Dch1、Dch2断面）。高潮区：粗糙滨螺—粒结节滨螺—纹藤壶带；中潮区：伪才女虫—团聚牡蛎—网纹藤壶—猫枭海葵带；低潮区：独齿围沙蚕—中国不等蛤—吉村马特海笋—皮海绵带。

（2）泥沙滩群落（Dch3断面）。高潮区：粗糙滨螺—黑口滨螺带；中潮区：奇异角沙蚕—珠带拟蟹守螺—模糊新短眼蟹带；低潮区：多鳃齿吻沙蚕—塞切尔泥钩虾—张氏芋海参（*Molpadia changi*）带。

（3）红树林区群落。高潮区：弧边招潮—沈氏厚蟹带；中潮区：刀明樱蛤—谭氏泥蟹—秀丽长方蟹带；低潮区：对称拟蚶—刀明樱蛤—莱氏异额蟹带。

21.5.1　群落结构

（1）岩石滩群落。该群落位于列屿南山村东南部，断面所处滩面长度为50～100 m，高潮区至低潮区由大小不同的岩石组成。

高潮区：粗糙滨螺—粒结节滨螺带。该潮区下层的代表种粗糙滨螺可向下延伸至中潮区上层，本区的生物量和栖息密度较低，分别仅为3.44 g/m^{2}和40个/m^2。粒结节滨螺，数量更低，生物量和栖息密度分别仅为2.64 g/m^{2}和24个/m^2。其他习见种有海蟑螂等。

中潮区：伪才女虫—团聚牡蛎—网纹藤壶—猫枭海葵带。该潮区优势种为伪才女虫，自本潮区中层可延伸分布至低潮区上层，生物量和栖息密度在本区中层分别为2.80 g/m^{2}和416个/m^2，在下层分别为0.60 g/m^{2}和136个/m^2。优势种团聚牡蛎，仅在本区出现，垂直分布高度达3～5 m，数量较大，生物量和栖息密度在上层分别高达2 529.92 g/m^{2}和728个/m^2，中层分别高达11 956.8 g/m^{2}和2 752个/m^2。优势种网纹藤壶，仅在本区出现，呈斑块状分布，在中层的生物量和栖息密度分别高达6 409.44 g/m^{2}和4 800个/m^2。优势种猫枭海葵，分布本潮区中层，生物量和栖息密度分别为81.44 g/m^{2}和392个/m^2。其他主要种和习见种见图21-2。

低潮区：独齿围沙蚕—中国不等蛤—吉村马特海笋—皮海绵带。该潮区代表种为独齿围沙蚕，自中潮区延伸分布至此，在本潮区数量不高，生物量和栖息密度分别为0.08 g/m^{2}和16个/m^2。中国不等蛤，自中潮区下层可延伸分布至此，在本潮区数量不高，生物量为49.92 g/m^2，栖息密度为24个/m^2。吉村马特海笋，自中潮区延伸分布到本区，在本区的生物量和栖息密分别为2.64 g/m^{2}和40个/m^2。

皮海绵，仅在本区出现，生物量达 307.36 g/m²。其他主要种和习见种见图 21-2。

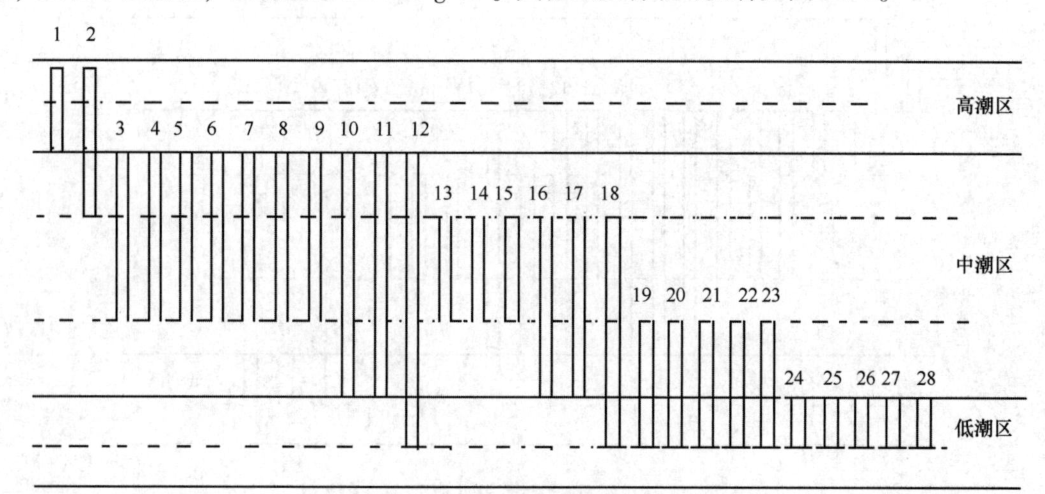

图 21-2　岩石滩群落主要种垂直分布

1. 粒结节滨螺；2. 粗糙滨螺；3. 纹藤壶；4. 弯齿围沙蚕；5. 黑荞麦蛤；6. 齿纹蜓螺；7. 单齿螺；8. 嫁㚆；9. 日本花棘石鳖；10. 青蚶；11. 团聚牡蛎；12. 矮拟帽贝；13. 细毛背鳞虫；14. 日本菊花螺；15. 网纹藤壶；16. 小相手蟹；17. 克氏无襟毛虫；18. 伪才女虫；19. 锈凹螺；20. 黄口荔枝螺；21. 中国不等蛤；22. 覆瓦小蛇螺；23. 甲虫螺；24. 小珊瑚藻；25. 革囊星虫；26. 皮海绵；27. 粒神螺；28. 吉村马特海笋

（2）泥沙滩群落。该群落位于列屿城附近，断面所处滩面长度约 600 m，高潮区石堤坝。底质类型中潮区上层为细砂，中层至低潮区以泥沙为主，中潮区附近有大片吊养牡蛎。

高潮区：粗糙滨螺—黑口滨螺带。该潮区下层的代表种为粗糙滨螺，仅在本区出现，生物量和栖息密度分别为 22.40 g/m² 和 88 个/m²。黑口滨螺，仅在本区出现，生物量和栖息密度分别为 7.52 g/m² 和 24 个/m²。

中潮区：奇异角沙蚕—珠带拟蟹守螺—模糊新短眼蟹带。该潮区主要种为奇异角沙蚕，仅在本区出现，生物量和栖息密度分别为 3.12 g/m² 和 560 个/m²。优势种为珠带拟蟹守螺，数量较高，夏季较大生物量和栖息密度分别为 40.40 g/m² 和 72 个/m²，秋季分别为 167.28 g/m² 和 592 个/m²。模糊新短眼蟹，仅在本区出现，夏季的较大生物量和栖息密度分别为 2.24 g/m² 和 152 个/m²，秋季分别为 2.40 g/m² 和 8 个/m²。其他主要种和习见种见图 21-3。

低潮区：多鳃齿吻沙蚕—塞切尔泥钩虾—张氏芋海参带。该潮区主要种为多鳃齿吻沙蚕，自中潮区延伸分布至此，在本潮区数量不高，夏季的生物量和栖息密度分别为 0.24 g/m² 和 120 个/m²，秋季分别为 0.08 g/m² 和 24 个/m²。塞切尔泥钩虾，自中潮区延伸分布至此，在本潮区数量不高，夏季的生物量和栖息密度分别为 0.08 g/m² 和 11 个/m²，秋季分别为 0.08 g/m² 和 8 个/m²。张氏芋海参，仅在本潮区出现，在本区秋季的生物量和栖息密分别为 120.40 g/m² 和 8 个/m²。其他主要种和习见种见图 21-3。

（3）红树林区群落。该群落位于东山湾滨海湿地西北部福建漳江口国家级红树林自然保护区，云霄县漳江入海口，是漳江及其支流的交汇处。位于云霄县东厦镇的船场村、竹塔村和东崎村之间。保护区在漳江口石矾塔以西广阔的滩涂湿地，总面积 2 360 hm²，其中核心区 700 hm²，缓冲区 460 hm²，实验区 1 200 hm²，海拔-6~8 m。漳江口红树林自然保护区成立于 1992 年 1 月，1997 年经福建省人民政府闽政［1997］文 182 号批复同意，成立省级自然保护区，面积 1 300 hm²。2003 年 6 月经国务院国办发［2003］54 号文批准，晋升为国家级自然保护区，是福建省唯一的国家级红树林自然保护

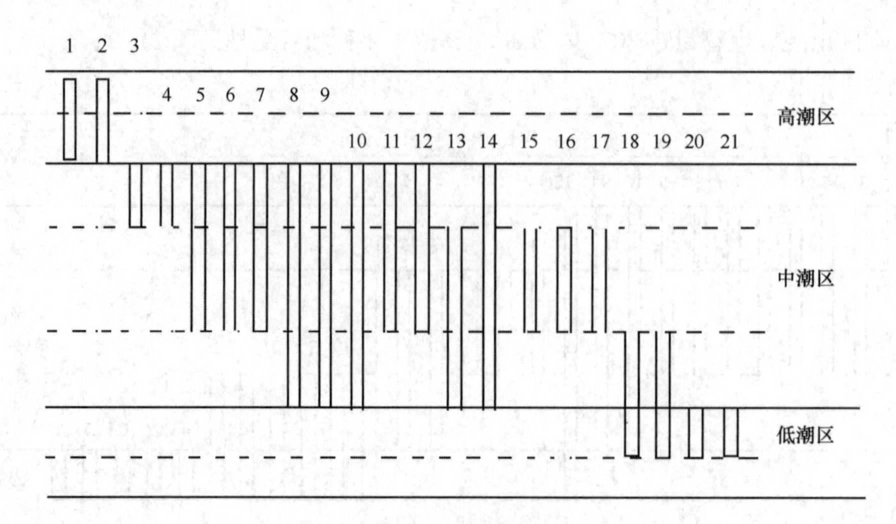

图 21-3　泥沙滩群落主要种垂直分布

1. 粗糙滨螺；2. 黑口滨螺；3. 米列虫；4. 中国绿螂；5. 腺带刺沙蚕；6. 纵带滩栖螺；7. 古氏滩栖螺；8. 珠带拟蟹守螺；9. 中蚓虫；10. 织纹螺；11. 弧边招潮；12. 淡水泥蟹；13. 模糊新短眼蟹；14. 秀丽织纹螺；15. 彩虹明樱蛤；16. 角蛤；17. 蛇杂毛虫；18. 多鳃齿吻沙蚕；19. 塞切尔泥钩虾；20. 张氏芋海参；21. 白沙箸海鳃

区。2008 年 2 月经《湿地公约》秘书处同意，被纳入国际重要湿地名录，是福建省首个国际重要湿地。保护区拥有我国天然分布较广的大面积红树林，红树林面积 117 hm^2，主要红树植物有秋茄（*Kandelia candel*）、桐花（*Aegiceras corniculatum*）、白骨壤（*Avicennia marina*）、木榄（*Bruguiera gymnorrhiza*）、老鼠勒（*Acanthus ilicifolius*）等。其中成片分布 20 hm^2 的白骨壤林为目前全国保存面积较大的一片，木榄成林也极为少见。海漆、木榄和卤蕨等红树植物天然分布的北界；历史上曾经有 100 hm^2 以上的木榄纯林（现已被毁）（福建省林业厅，2011）。海漆和卤蕨现已灭绝，目前保护区内互花米草危害严重。

高潮区：弧边招潮—沈氏厚蟹带。该潮区下层的代表种为弧边招潮，在本区下层至中潮区上层出现，夏季的生物量和栖息密度分别为 17.20 g/m^2 和 80 个/m^2，秋季分别为 55.56 g/m^2 和 80 个/m^2。沈氏厚蟹，仅在本区出现，夏季生物量和栖息密度分别为 89.68 g/m^2 和 20 个/m^2，秋季分别为 1.12 g/m^2 和 16 个/m^2。

中潮区：刀明樱蛤—谭氏泥蟹—秀丽长方蟹带。该潮区主要种为刀明樱蛤，自本区向下延伸至低潮区，夏季在本区中层的生物量和栖息密度分别为 1.20 g/m^2 和 38 个/m^2，下层分别为 0.20 g/m^2 和 6 个/m^2。优势种谭氏泥蟹，分布较广数量较高，夏季上层的生物量和栖息密度分别为 17.10 g/m^2 和 174 个/m^2，中层分别为 9.44 g/m^2 和 62 个/m^2，下层分别为 18.40 g/m^2 和 100 个/m^2；秋季上层的生物量和栖息密度分别为 5.10 g/m^2 和 36 个/m^2，中层分别为 11.28 g/m^2 和 238 个/m^2，下层分别为 37.98 g/m^2 和 238 个/m^2。秀丽长方蟹，仅在本区出现，夏季的生物量和栖息密度分别为 14.18 g/m^2 和 66 个/m^2，秋季上层的生物量和栖息密度分别为 35.14 g/m^2 和 166 个/m^2，中层分别为 44.52 g/m^2 和 122 个/m^2，下层分别为 5.00 g/m^2 和 18 个/m^2。其他主要种和习见种见图 21-4。

低潮区：对称拟蚶—刀明樱蛤—莱氏异额蟹带。该潮区主要种为对称拟蚶，仅在本区出现，夏季的生物量和栖息密度分别为 10.00 g/m^2 和 192 个/m^2，秋季分别为 8.00 g/m^2 和 8 个/m^2。刀明樱蛤，自中潮区延伸分布至此，在本潮区数量不高，夏季的生物量和栖息密度分别为 0.80 g/m^2 和 32 个/m^2。莱氏异额蟹，自中潮区延伸分布至此，夏季的生物量和栖息密度分别为 33.36 g/m^2 和 68 个/m^2，秋季分别为 15.82 g/m^2 和 46 个/m^2。其他主要种和习见种见图 21-4。

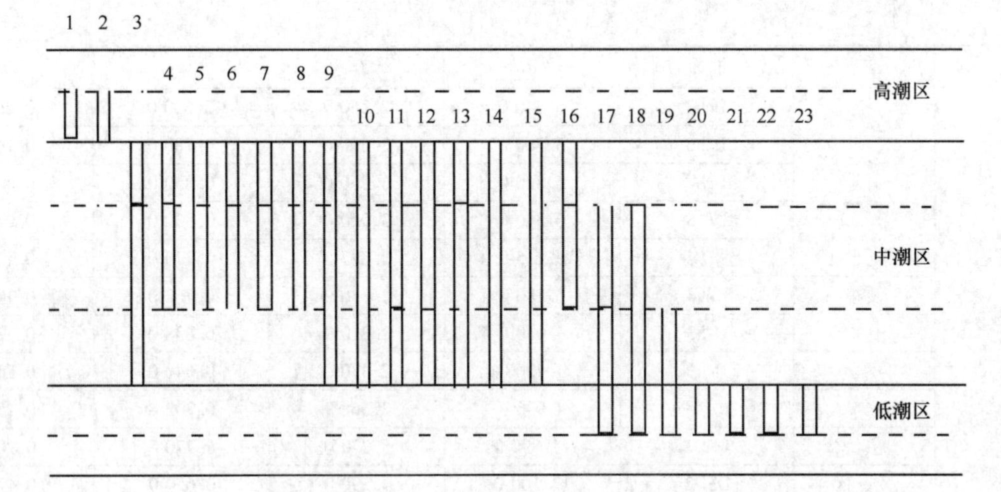

图21-4 红树林群落主要种垂直分布

1. 弧边招潮；2. 沈氏厚蟹；3. 锯脚泥螺；4. 线沙蚕；5. 双齿围沙蚕；6. 背蚓虫；7. 拟突齿沙蚕；8. 珠带拟蟹守螺；9. 褶痕相手蟹；10. 长足长方蟹；11. 异蚓虫；12. 刺螯鼓虾；13. 谭氏泥蟹；14. 淡水泥蟹；15. 秀丽长方蟹；16. 泥蟹；17. 刀明樱蛤；18. 莱氏异额蟹；19. 类异蚓虫；20. 对称拟蚶；21. 理蛤；22. 锯眼泥蟹；23. 中华栉孔鰕虎鱼

21.5.3 群落生态特征值

根据Margalef种类丰富度指数（d）、Shannon-Wiener种类多样性指数（H'）、Pielous均匀度指数（J）和Simpson优势度指数（D）显示，岩石滩群落丰富度指数（d）以冬季为大（5.010 0），夏季较小（3.105 0）；多样性指数（H'）以春季为大（2.770 0），夏季较小（1.920 0）；均匀度指数（J）以春季为大（0.762 3），夏季较小（0.573 5）；优势度指数（D）以夏季为大（0.277 0），春季较小（0.086 5），不同季节群落生态特征值变化见表21-19。

表21-19 东山湾滨海湿地潮间带大型底栖生物群落生态特征值

群落	季节	断面	d	H'	J	D
岩石滩	春季	Dch1	3.350 0	2.560 0	0.740 0	0.099 8
		Dch2	4.480 0	2.720 0	0.727 0	0.099 6
		Dch9	5.220 0	3.030 0	0.820 0	0.060 0
		平均	4.350 0	2.770 0	0.762 3	0.086 5
	夏季	Dch1	3.340 0	1.960 0	0.583 0	0.305 0
		Dch2	2.870 0	1.880 0	0.564 0	0.249 0
		平均	3.105 0	1.920 0	0.573 5	0.277 0
	秋季	Dch1	3.510 0	2.420 0	0.713 0	0.134 0
		Dch2	3.260 0	1.760 0	0.502 0	0.246 0
		平均	3.385 0	2.090 0	0.607 5	0.190 0
	冬季	Dch1	4.850 0	2.400 0	0.621 0	0.133 0
		Dch2	5.170 0	2.740 0	0.697 0	0.102 0
		平均	5.010 0	2.570 0	0.659 0	0.117 5
	平均		3.962 5	2.337 5	0.650 6	0.167 7

续表 21-19

群落	季节	断面	*d*	*H'*	*J*	*D*
泥沙滩	春季	Dch3	5.540 0	2.360 0	0.620 0	0.262 0
		Dch6	5.760 0	2.890 0	0.780 0	0.100 0
		Dch7	6.820 0	3.260 0	0.850 0	0.060 0
		Dch8	6.340 0	3.080 0	0.830 0	0.070 0
		平均	6.115 0	2.897 5	0.770 0	0.123 0
	夏季	Dch3	5.180 0	2.830 0	0.762 0	0.103 0
	秋季	Dch3	4.030 0	2.210 0	0.638 0	0.228 0
	冬季	Dch3	4.420 0	2.330 0	0.641 0	0.164 0
	平均		4.936 3	2.566 9	0.702 8	0.154 5
	夏、秋	DSD1	11.890 0	5.270 0	0.770 0	0.200 0
	夏、秋	DSD2	13.100 0	4.590 0	0.650 0	0.470 0
	夏、秋	DSD3	12.340 0	4.890 0	0.710 0	0.280 0
红树林区	夏、秋	DSD4	5.680 0	3.910 0	0.660 0	0.460 0

泥沙滩群落丰富度指数（*d*）值以春季较大（6.115 0），秋季较小（4.030 0）；多样性指数（*H'*）以春季较大（2.897 5），秋季较小（2.210 0）；均匀度指数（*J*）以春季较大（0.770 0），秋季较小（0.638 0）；优势度指数（*D*）以秋季较大（0.228 0），夏季较小（0.103 0），不同群落生态特征值见表 21-19。

21.5.4　群落稳定性

东山湾滨海湿地潮间带大型底栖生物岩石滩群落相对稳定，其丰度生物量复合 *k*-优势度曲线不交叉、不翻转，生物量优势度曲线始终位于丰度上方（图 21-5～图 21-16）。但岩石滩群落生物量累积百分优势度较高，Dch1 群落春季高达 90%，夏季高达 96%，秋季高达 88%，冬季高达 92%；Dch2 群落春季也高达 80%，夏季高达 67%，秋季高达 85%，冬季高达 88%，这主要在于岩石滩群落优势种团聚牡蛎，数量较大，生物量和栖息密度在中潮区上层分别高达 2 529.92 g/m² 和 728 个/m²，中层分别高达 11 956.8 g/m² 和 2 752 个/m² 以及优势种网纹纹藤壶，在中层的生物量和栖息密度分别高达 6 409.44 g/m² 和 4 800 个/m² 所致。总体而言，2008—2009 年东山湾滨海湿地潮间带大型底栖生物群落相对稳定（图 21-17）。

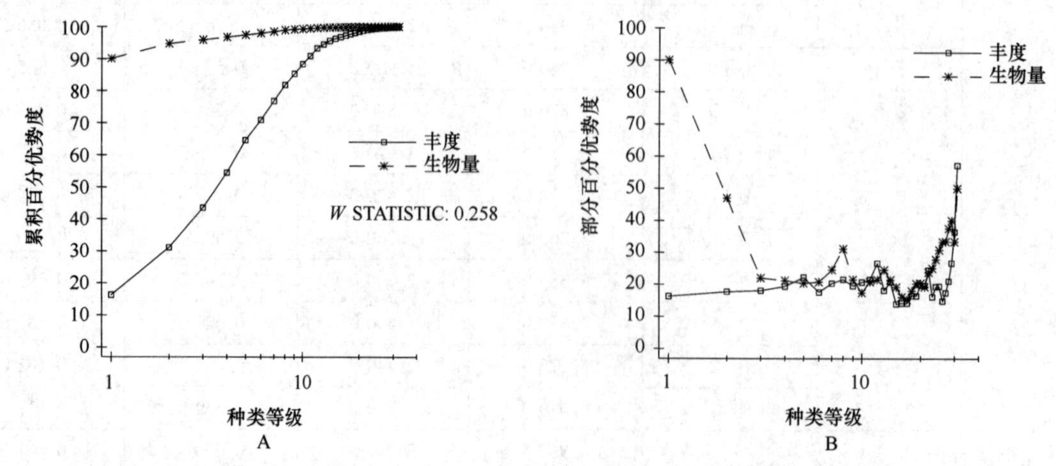

图 21-5　春季 Dch1 岩石滩群落丰度生物量复合 *k*-优势度（A）和部分优势度（B）曲线

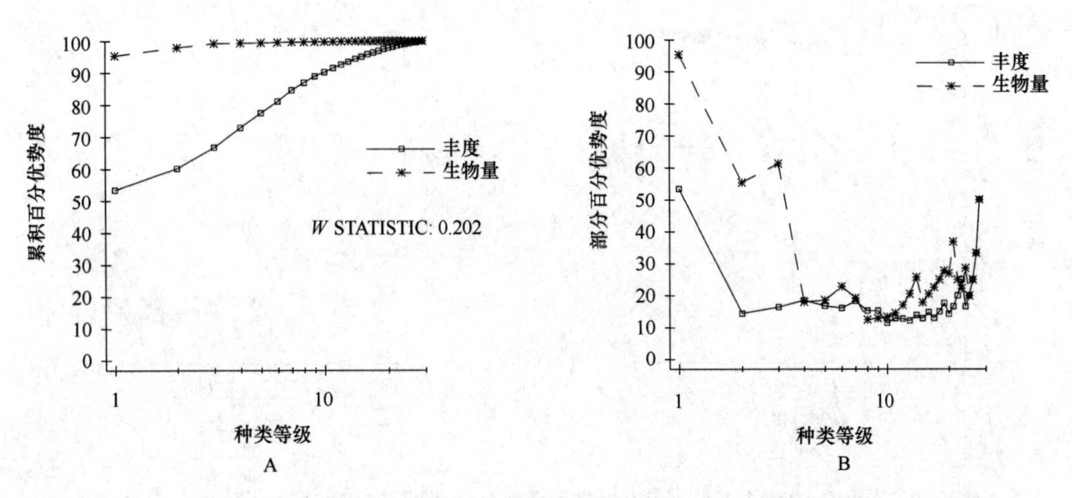

图 21-6　夏季 Dch1 岩石滩群落丰度生物量复合 k-优势度（A）和部分优势度（B）曲线

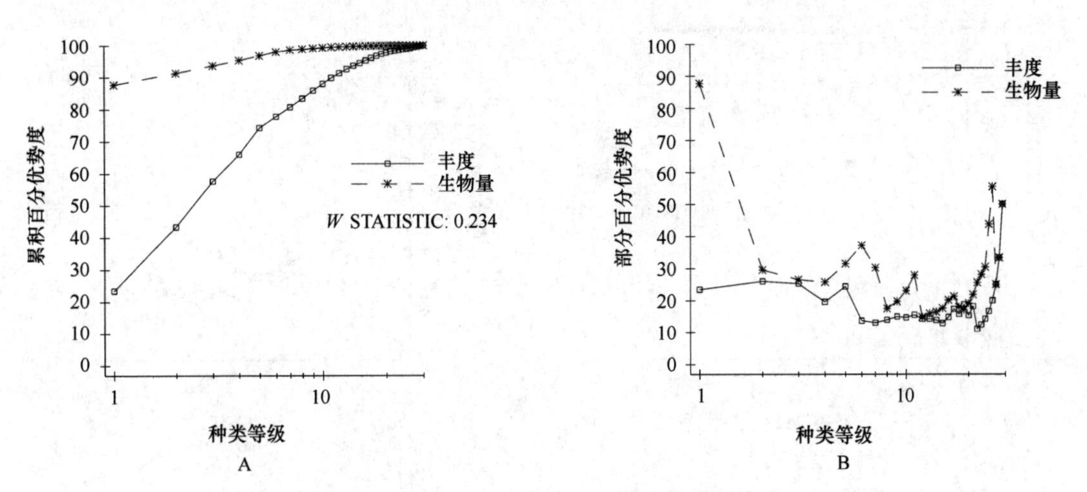

图 21-7　秋季 Dch1 岩石滩群落丰度生物量复合 k-优势度（A）和部分优势度（B）曲线

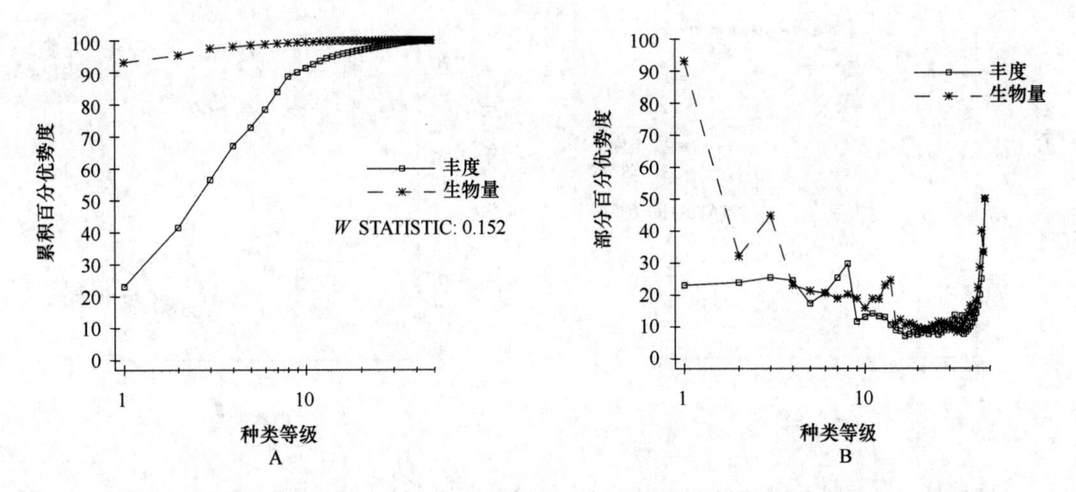

图 21-8　冬季 Dch1 岩石滩群落丰度生物量复合 k-优势度（A）和部分优势度（B）曲线

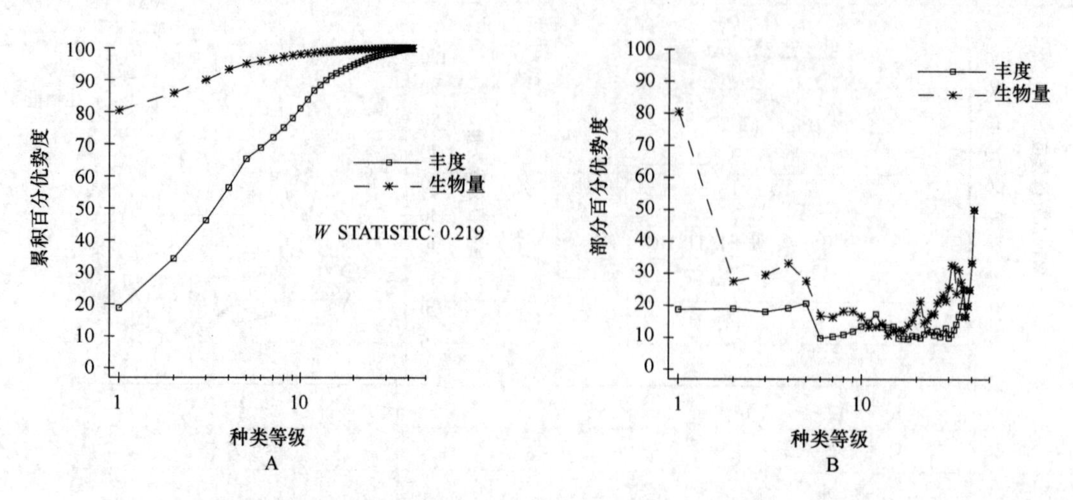

图 21-9　春季 Dch2 岩石滩群落丰度生物量复合 k-优势度（A）和部分优势度（B）曲线

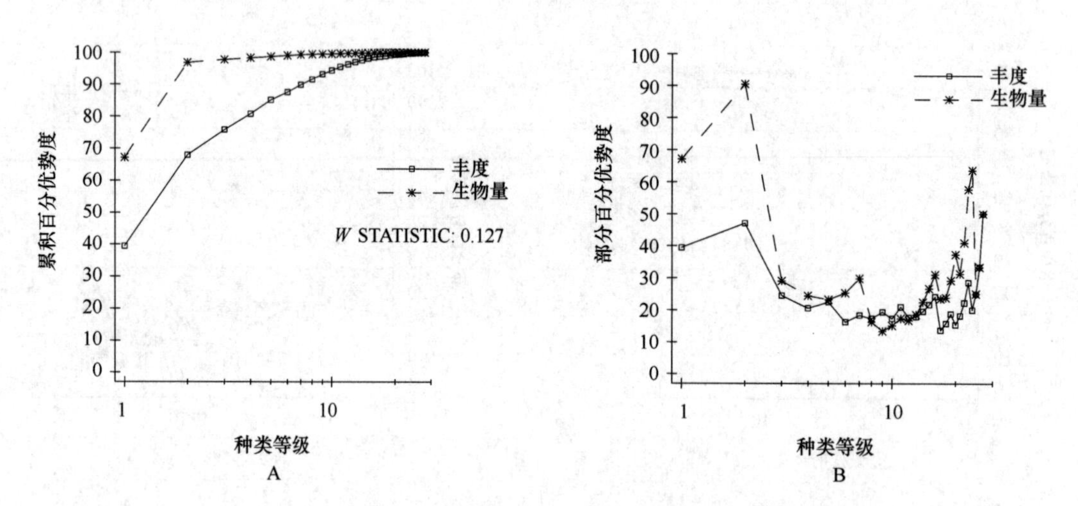

图 21-10　夏季 Dch2 岩石滩群落丰度生物量复合 k-优势度（A）和部分优势度（B）曲线

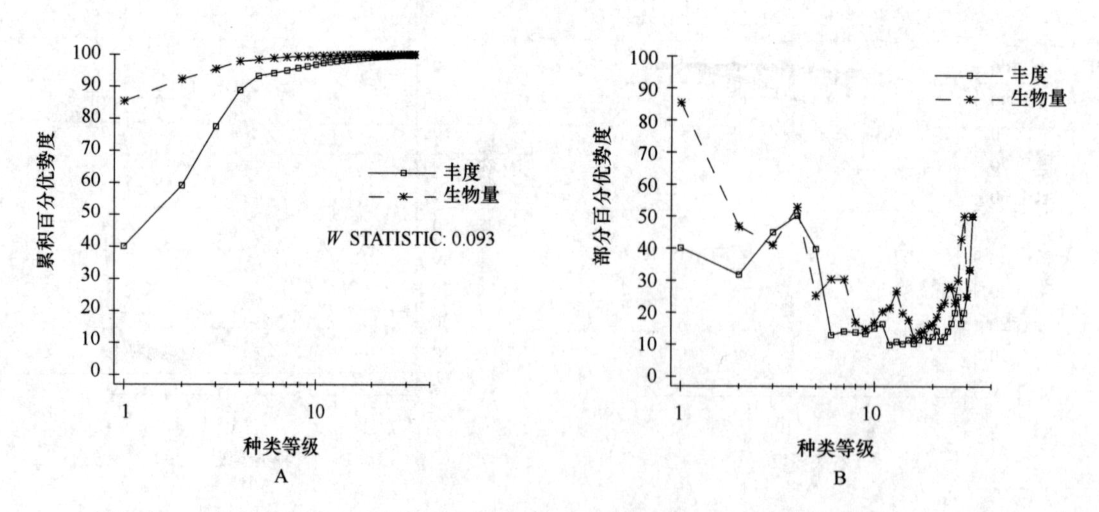

图 21-11　秋季 Dch2 岩石滩群落丰度生物量复合 k-优势度（A）和部分优势度（B）曲线

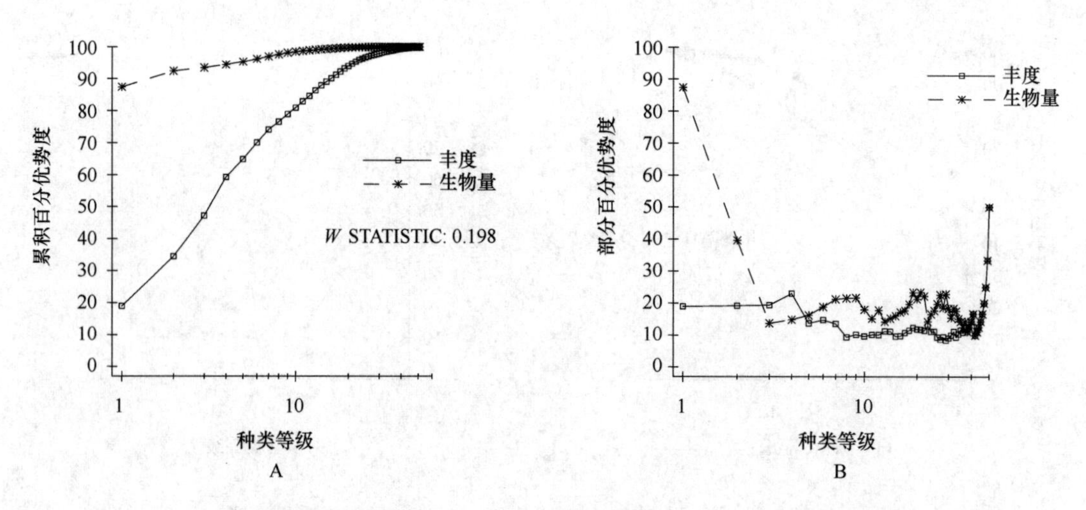

图 21-12　冬季 Dch2 岩石滩群落丰度生物量复合 k-优势度（A）和部分优势度（B）曲线

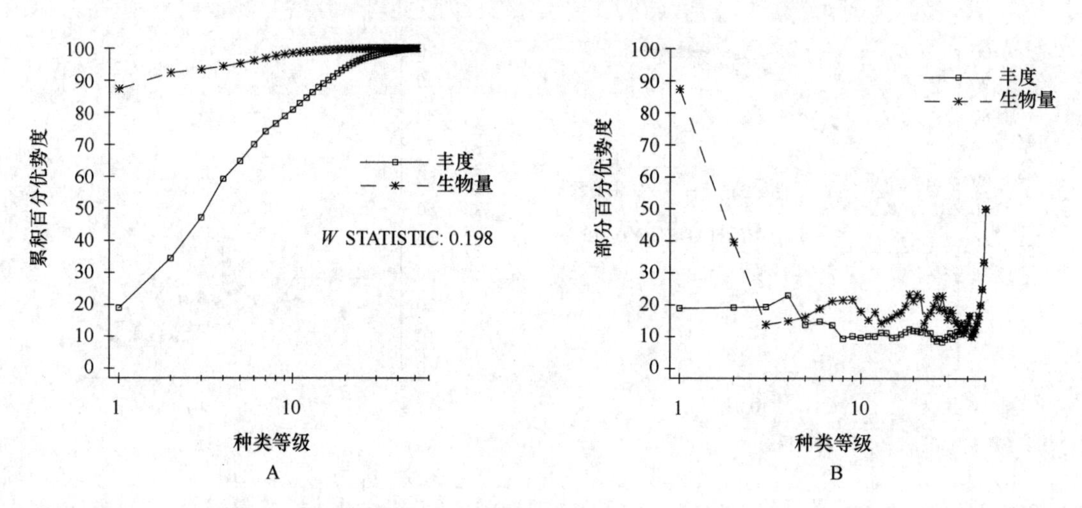

图 21-13　春季 Dch3 泥沙滩群落丰度生物量复合 k-优势度（A）和部分优势度（B）曲线

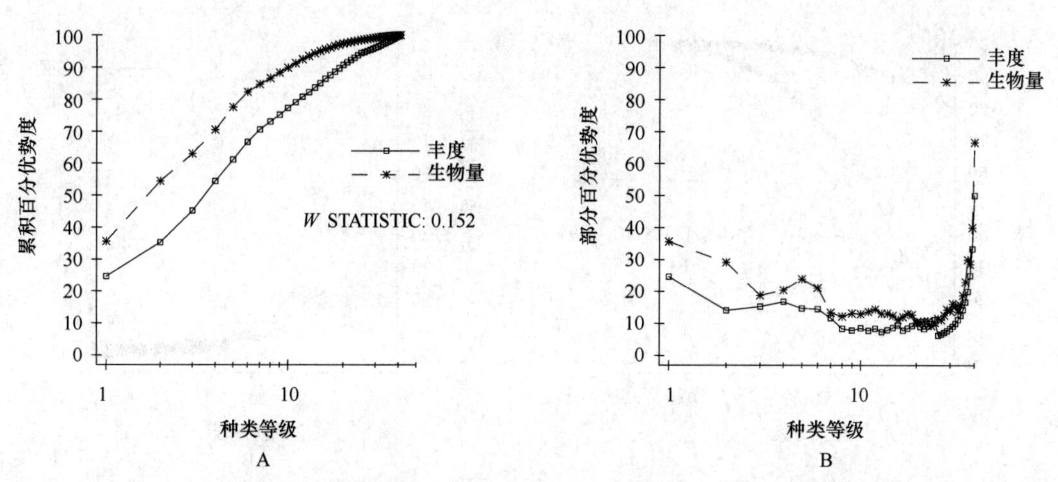

图 21-14　夏季 Dch3 泥沙滩群落丰度生物量复合 k-优势度（A）和部分优势度（B）曲线

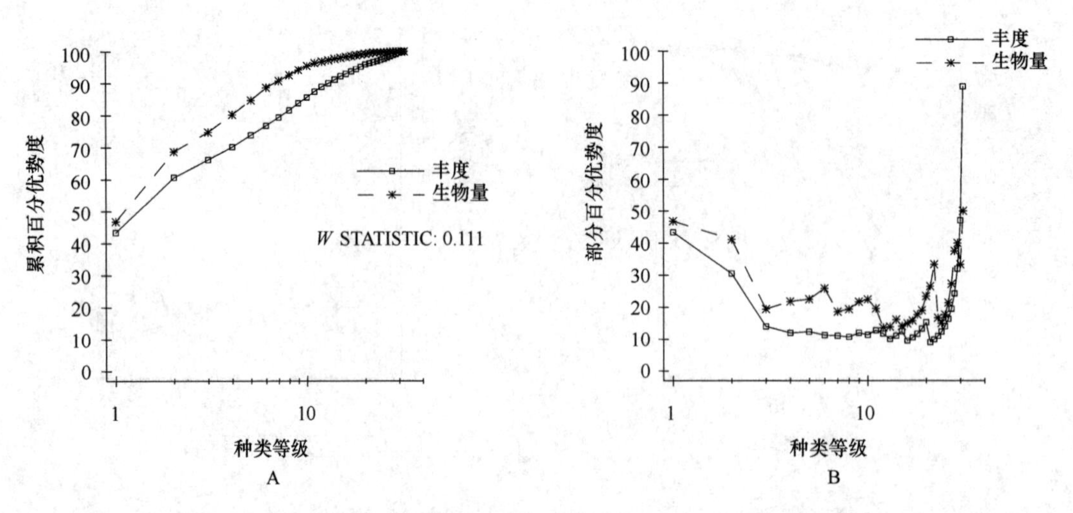

图 21-15　秋季 Dch3 泥沙滩群落丰度生物量复合 k-优势度（A）和部分优势度（B）曲线

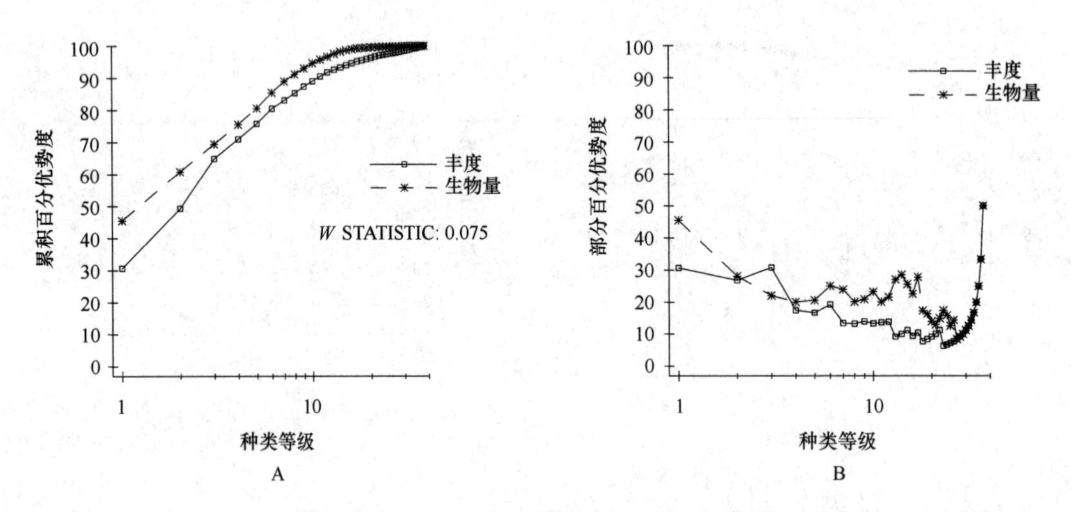

图 21-16　冬季 Dch3 泥沙滩群落丰度生物量复合 k-优势度（A）和部分优势度（B）曲线

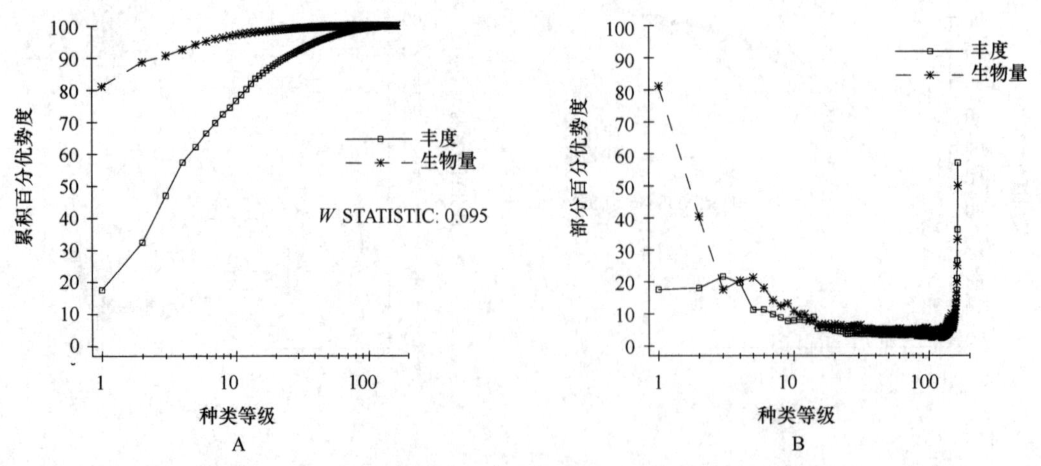

图 21-17　东山湾滨海湿地群落丰度生物量复合 k-优势度（A）和部分优势度（B）曲线

第 22 章　诏安湾滨海湿地

22.1　自然环境特征

诏安湾滨海湿地分布于诏安湾，诏安湾地处诏安县东南沿海，湾口朝南，口门有城州岛和西屿等岛屿屏障，宽约 7 km。海湾略呈南北伸展，长约 17 km，宽约 8 km，总面积为 152.66 km^2，岸线长为 61.49 km。该湾周围多剥蚀低丘陵和台地，岬角深入湾内，岬湾相间，港湾众多，较大的有西浦湾。

诏安湾内海底宽浅又平坦，0~5 m 等深线以浅的海域面积为 110 km^2，约占整个海湾面积的 2/3，其中滩涂面积为 30.4 km^2。湾口海底地形起伏，水深 5~10 m，多岛礁。

诏安湾属不正规半日潮，较大潮差 4.14 m，较小潮差 0.43 m，平均潮差 2.30 m。平均大、中、小潮的高、低潮容潮量分别为 6.78×10^8 m^3、5.53×10^8 m^3 和 4.30×10^8 m^3，大、中、小潮时海水的半交换期分别为 4.3 d、5.2 d 和 6.7 d。多年平均气温 21.3℃，7 月较高气温 28.2℃，1 月较低气温 13.1℃。5 月水温 26.88~23.90℃；10 月水温 23.80~22.95℃，平均水温 23.35℃。多年平均降雨量 1 420.8 mm，较多年平均降雨量 2 024.4 mm，较少年平均降雨量 920.6 mm。多年平均相对湿度 79%，月较大相对湿度 89%，月较小相对湿度 59%。5 月盐度的测值范围 31.88~29.83，平均盐度 30.93；10 月盐度的测值范围 31.99~30.64，平均盐度 31.32。

诏安湾滨海湿地沉积物类型主要为砾砂、粗砂、中粗砂、砂、中砂、细砂、砂质粉砂、粉砂质砂、黏土质砂、砂质黏土、黏土质粉砂、粉砂质黏土、砂—粉砂—黏土 13 种类型。

22.2　断面与站位布设

2001 年 11 月、2005 年 12 月至 2006 年 1 月和 2006 年 4 月对诏安湾滨海湿地顶头、田厝、邱厝、浮塘、西屿、大铲 6 条断面进行潮间带大型底栖生物取样（表 22-1、图 22-1）。

表 22-1　诏安湾滨海湿地潮间带大型底栖生物调查断面

序号	时间	断面	编号	经度（E）	纬度（N）	底质
1	2001 年 11 月	顶头	D5	117°21′23.37″	23°40′30.78″	泥沙滩
2	2001 年 11 月	田厝	T6	117°16′9.23″	23°39′0.55″	
3	2005 年 12 月 2006 年 1 月 2006 年 4 月	邱厝	Zch1	117°16′3.18″	23°43′7.32″	
4		浮塘	Zch2	117°21′50.64″	23°37′23.76″	
5		西屿	Zch3	117°18′46.14″	23°36′12.12″	岩石滩
6		大铲	Zch4	117°20′54.36″	23°43′38.52″	泥沙滩

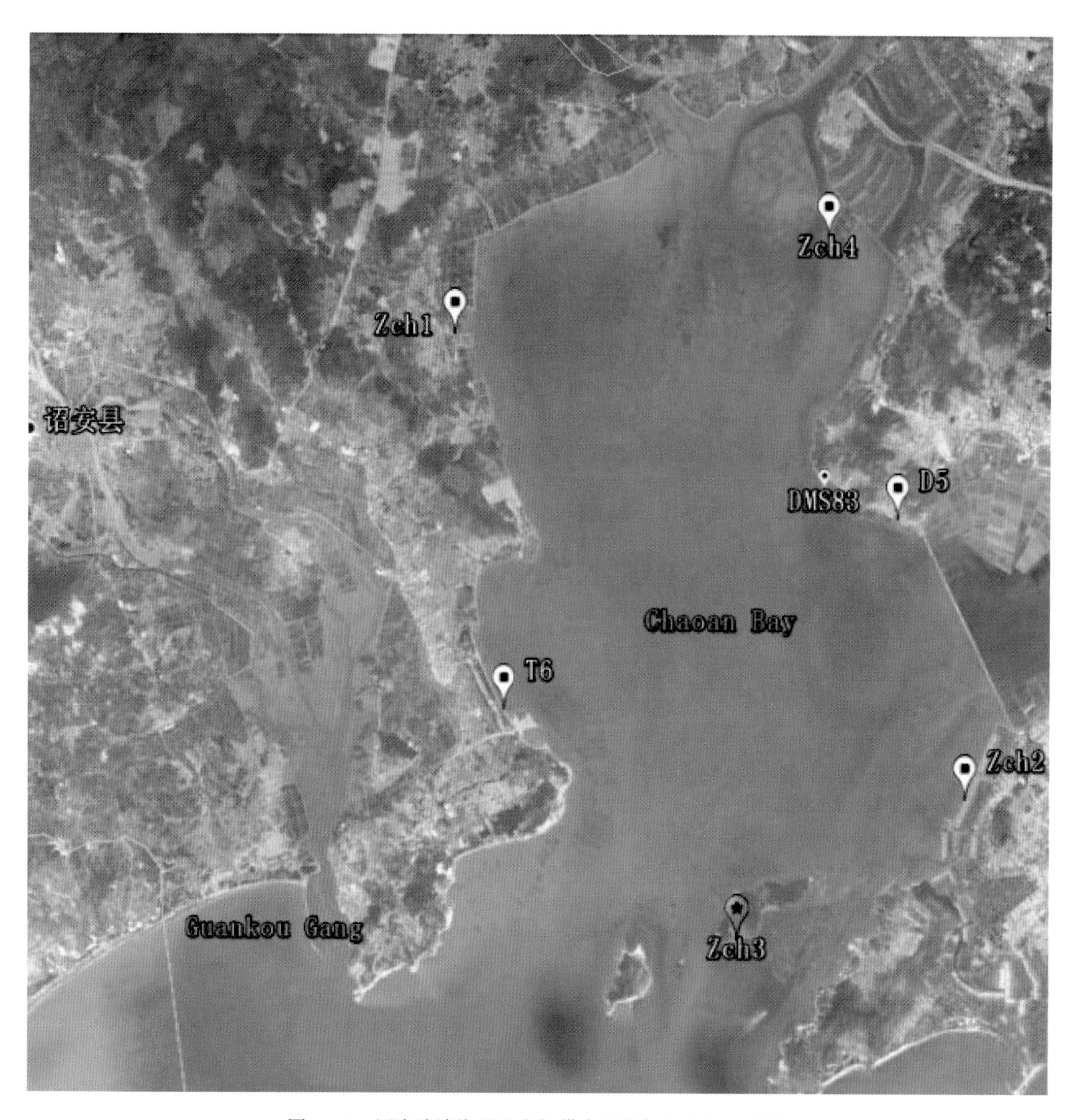

图 22-1　诏安湾滨海湿地潮间带大型底栖生物调查断面

22.3　物种多样性

22.3.1　种类组成与分布

诏安湾滨海湿地潮间带大型底栖生物 342 种，其中，藻类 48 种，多毛类 105 种，软体动物 100 种，甲壳动物 56 种，棘皮动物 7 种和其他生物 26 种。多毛类、软体动物和甲壳动物占种数的 76.31%，三者构成潮间带大型底栖生物主要类群。

岩石滩潮间带大型底栖生物 142 种，其中藻类 39 种，多毛类 18 种，软体动物 40 种，甲壳动物

29 种，棘皮动物 5 种和其他生物 11 种。藻类、软体动物和甲壳动物占种数的 76.05%，三者构成岩石滩潮间带大型底栖生物主要类群。

泥沙滩潮间带大型底栖生物 240 种，其中，藻类 17 种，多毛类 95 种，软体动物 58 种，甲壳动物 49 种，棘皮动物 6 种和其他生物 15 种。多毛类、软体动物和甲壳动物占种数的 84.16%，三者构成泥沙滩潮间带大型底栖生物主要类群。

诏安湾滨海湿地潮间带大型底栖生物断面间种数和种类组成不尽相同，种数以泥沙滩断面较多（240 种），岩石滩断面较少（142 种）。泥沙滩种数以大铲断面（Zch4）较多（126 种），田厝（T6）断面种数较少（36 种）。岩石滩断面种类组成以藻类、软体动物和甲壳动物占多数。泥沙滩断面种类组成均以多毛类、软体动物和甲壳动物占多数（表 22-2）。

表 22-2　诏安湾滨海湿地潮间带大型底栖生物种类组成与分布　单位：种

底质	断面	编号	藻类	多毛类	软体动物	甲壳动物	棘皮动物	其他生物	合计
泥沙滩	顶头	D5	0	21	17	7	1	4	50
	田厝	T6	0	12	18	4	1	1	36
	邱厝	Zch1	16	51	24	21	0	5	117
	浮塘	Zch2	8	43	20	26	1	4	102
	大铲	Zch4	12	60	23	28	0	3	126
	合计		17	95	58	49	6	15	240
岩石滩	西屿	Zch3	39	18	40	29	5	11	142
合计			48	105	100	56	7	26	342

诏安湾滨海湿地潮间带大型底栖生物种数季节变化，从高到低依次为春季（217 种）、冬季（180 种）、秋季（71 种）。泥沙滩邱厝（Zch1）断面，以春季（73 种）大于冬季（68 种）；浮塘（Zch2）断面春季（84 种）大于冬季（42 种）；大铲（Zch4）春季（94 种）大于冬季（54 种）；岩石滩西屿（Zch3）断面，同样以春季（85 种）大于冬季（83 种）；秋季以顶头 D5 断面（50 种）大于田厝（T6）断面（36 种）。各断面种数均以春季大于冬季（表 22-3）。

表 22-3　诏安湾滨海湿地潮间带大型底栖生物种类组成与季节变化　单位：种

断面	季节	藻类	多毛类	软体动物	甲壳动物	棘皮动物	其他生物	合计
D5	秋季	0	21	17	7	1	4	50
T6	秋季	0	12	18	4	1	1	36
合计		0	26	29	10	1	5	71
Zch1	冬季	9	27	12	15	0	5	68
	春季	8	39	19	7	0	0	73
	合计	16	51	24	21	0	5	117
Zch2	冬季	4	13	10	14	1	0	42
	春季	7	41	17	15	0	4	84
	合计	8	43	20	26	1	4	102

续表 22-3

断面	季节	藻类	多毛类	软体动物	甲壳动物	棘皮动物	其他生物	合计
Zch3	冬季	10	15	27	22	5	4	83
	春季	32	4	29	14	1	5	85
	合计	35	18	40	29	5	9	136
Zch4	冬季	6	30	9	9	0	0	54
	春季	7	46	19	19	0	3	94
	合计	12	60	23	28	0	3	126
春季		38	65	59	38	1	16	217
秋季		0	26	29	10	1	5	71
冬季		23	59	47	36	6	9	180
总计		48	105	100	56	7	26	342

22.3.2　优势种和主要种

根据数量和出现率，诏安湾滨海湿地岩石滩潮间带大型底栖生物优势种和主要种有鹿角沙菜、宽扁叉节藻、铁丁菜、网地藻、半叶马尾藻、瓦氏马尾藻、花石莼、变化短齿蛤、棘刺牡蛎、敦氏猿头蛤、鸟爪拟帽贝、单齿螺、黑凹螺、锈凹螺、粒花冠小月螺、渔舟蜒螺、齿纹蜒螺、粒结节滨螺、覆瓦小蛇螺、粒神螺、疣荔枝螺、黄口荔枝螺、褐棘螺、日本菊花螺、直背小藤壶、鳞笠藤壶、细螯原足虫、施氏玻璃钩虾、哥伦比亚刀钩虾、角突麦秆虫、细雕刻肋海胆、紫海胆（*Anthocidaris crassispina*）、近辐蛇尾、皱瘤海鞘（*Styela plicata*）等。

泥沙滩潮间带大型底栖生物优势种和主要种有条浒苔、背褶沙蚕、长锥虫、尖锥虫、持真节虫、四索沙蚕、似蛰虫、刺缨虫、凸壳肌蛤、伊萨伯雪蛤、斯氏印澳蛤、彩虹明樱蛤、珠带拟蟹守螺、小翼拟蟹守螺、纵带滩栖螺、粗糙滨螺、细螯原足虫、莫顿蜾蠃蜚（*Corophiium mortoni*）、美原双眼钩虾（*Ampelisca miharaensis*）、强壮藻钩虾、上野蜾蠃蜚和模糊新短眼蟹等。

22.4　数量时空分布

22.4.1　数量组成

诏安湾滨海湿地潮间带大型底栖生物春季、秋季和冬季平均生物量为 1 562.33 g/m^2，平均栖息密度为 1 538 个/m^2。生物量以藻类居第一位（1 334.51 g/m^2），甲壳动物居第二位（123.86 g/m^2），软体动物居第三位（74.57 g/m^2）；栖息密度以甲壳动物居第一位（1 054 个/m^2），多毛类居第二位（306 个/m^2），软体动物居第三位（168 个/m^2）。各类群数量组成见表 22-4。岩石滩潮间带大型底栖生物春季和冬季平均生物量为 4 449.69 g/m^2，平均栖息密度为 3 141 个/m^2。生物量以藻类居第一位（3 954.34 g/m^2），甲壳动物居第二位（345.19 g/m^2），软体动物居第三位（135.33 g/m^2）；栖息密度以甲壳动物居第一位（2 852 个/m^2），软体动物居第二位（234 个/m^2）。泥沙滩潮间带大型底栖生物春季、秋季和冬季平均生物量为 111.65 g/m^2，平均栖息密度为 897 个/m^2。生物量以软体动物居第一位（38.37 g/m^2），藻类居第二位（32.80 g/m^2）；栖息密度以多毛类居第一位（573 个/m^2），甲壳动物居第二位（202 个/m^2）（表 22-4）。

表22-4　诏安湾滨海湿地潮间带大型底栖生物数量组成

数量	底质	季节	藻类	多毛类	软体动物	甲壳动物	棘皮动物	其他生物	合计
生物量（g/m^2）	泥沙滩	秋季	0	2.00	61.69	19.48	28.38	28.09	139.64
		冬季	95.73	3.73	23.22	2.14	0	1.56	126.38
		春季	2.66	22.99	30.19	11.66	0	1.43	68.93
		平均	32.80	9.57	38.37	11.09	9.46	10.36	111.65
	岩石滩	冬季	126.52	1.56	135.48	249.09	0.03	6.61	519.29
		春季	7 782.15	0.06	135.17	441.29	0	21.41	8 380.08
		平均	3 954.34	0.81	135.33	345.19	0.01	14.01	4 449.69
	平均	秋季	0	2.00	61.69	19.48	28.38	28.09	139.64
		冬季	111.13	2.65	79.35	125.61	0.02	4.09	322.85
		春季	3 892.41	11.53	82.68	226.48	0	11.42	4 224.52
		平均	1 334.51	5.39	74.57	123.86	9.47	14.53	1 562.33
密度（个/m^2）	泥沙滩	秋季	—	38	192	11	4	8	253
		冬季	—	161	59	546	0	3	769
		春季	—	1 520	98	49	0	4	1 671
		平均	—	573	116	202	1	5	897
	岩石滩	冬季	—	72	305	4 959	3	9	5 348
		春季	—	8	164	745	0	17	934
		平均	—	40	234	2 852	2	13	3 141
	平均	秋季	—	38	192	11	4	8	253
		冬季	—	117	182	2 753	2	6	3 060
		春季	—	764	131	397	0	11	1 303
		平均	—	306	168	1 054	2	8	1 538

22.4.2　数量分布与季节变化

诏安湾滨海湿地潮间带大型底栖生物数量组成，各断面不尽相同。泥沙滩断面春冬季生物量以Zch4断面较大（192.66 g/m^2），Zch1断面较小（38.00 g/m^2）；栖息密度以Zch2断面较大（1 809个/m^2），Zch4断面较小（831个/m^2）。秋季生物量以T6断面较大（247.78 g/m^2），D5断面较小（31.46 g/m^2）；栖息密度同样以T6断面较大（396个/m^2），D5断面较小（108个/m^2）。数量季节变化，泥沙滩断面生物量从高到低依次为秋季（139.64 g/m^2）、冬季（126.38 g/m^2）、春季（68.93 g/m^2）；栖息密度从高到低依次为春季（1671个/m^2）、冬季（769个/m^2）、秋季（253个/m^2）。岩石滩断面生物量以春季（8 380.08 g/m^2）大于冬季（519.29 g/m^2）；栖息密度以冬季（5 348个/m^2）大于春季（934个/m^2）。各断面数量分布与季节变化见表22-5和表22-6。

表 22-5　诏安湾滨海湿地潮间带大型底栖生物生物量分布与季节变化　　单位：g/m²

底质	断面	季节	藻类	多毛类	软体动物	甲壳动物	棘皮动物	其他生物	合计
泥沙滩	D5	秋季	0	3.11	19.67	4.69	2.45	1.54	31.46
	T6	秋季	0	0.88	103.70	34.26	54.30	54.64	247.78
	平均		0	2.00	61.69	19.48	28.38	28.09	139.64
	Zch1	冬季	0.64	5.47	31.64	1.41	0	4.68	43.84
		春季	0.51	9.88	20.38	1.41	0	0.01	32.19
		平均	0.57	7.67	26.01	1.41	0	2.34	38.00
	Zch2	冬季	1.07	1.48	12.56	2.84	0.01	0	17.96
		春季	0.54	47.51	40.98	17.30	0	0.31	106.64
		平均	0.81	24.50	26.77	10.07	0	0.15	62.30
	Zch4	冬季	285.47	4.25	25.47	2.16	0	0	317.35
		春季	6.94	11.58	29.20	16.28	0	3.97	67.97
		平均	146.20	7.92	27.33	9.22	0	1.99	192.66
	平均	秋季	0	2.00	61.69	19.48	28.38	28.09	139.64
		冬季	95.73	3.73	23.22	2.14	0	1.56	126.38
		春季	2.66	22.99	30.19	11.66	0	1.43	68.93
		平均	32.80	9.57	38.37	11.09	9.46	10.36	111.65
岩石滩	Zch3	冬季	126.52	1.56	135.48	249.09	0.03	6.61	519.29
		春季	7 782.15	0.06	135.17	441.29	0	21.41	8 380.08
		平均	3 954.34	0.81	135.33	345.19	0.01	14.01	4 449.69

表 22-6　诏安湾滨海湿地潮间带大型底栖生物栖息密度分布与季节变化　　单位：个/m²

底质	断面	季节	多毛类	软体动物	甲壳动物	棘皮动物	其他生物	合计
泥沙滩	D5	秋季	56	29	16	0	7	108
	T6	秋季	20	355	6	7	8	396
	平均		38	192	11	4	8	253
	Zch1	冬季	193	78	473	0	8	752
		春季	1 187	64	30	0	7	1 288
		平均	690	71	252	0	8	1 021
	Zch2	冬季	111	28	1 065	0	0	1 204
		春季	2 260	116	33	0	4	2 413
		平均	1 186	72	549	0	2	1 809
	Zch4	冬季	178	71	100	0	0	349
		春季	1 113	115	85	0	1	1 314
		平均	645	93	92	0	1	831
	平均	秋季	38	192	11	4	8	253
		冬季	161	59	546	0	3	769
		春季	1 520	98	49	0	4	1 671
		平均	573	116	202	1	5	897
岩石滩	Zch3	冬季	72	305	4 959	3	9	5 348
		春季	8	164	745	0	17	934
		平均	40	234	2 852	2	13	3 141

诏安湾滨海湿地潮间带大型底栖生物数量垂直分布，春季生物量从高到低依次为低潮区（5 850.78 g/m²）、中潮区（570.57 g/m²）、高潮区（18.82 g/m²）；栖息密度从高到低依次为低潮区（2 607个/m²）、中潮区（1 770个/m²）、高潮区（84个/m²）。秋季生物量从高到低依次为低潮区（197.68 g/m²）、中潮区（175.39 g/m²）、高潮区（45.82 g/m²）；栖息密度从高到低依次为中潮区（449个/m²）、低潮区（296个/m²）、高潮区（12个/m²）。冬季生物量从高到低依次为中潮区（447.02 g/m²）、低潮区（212.51 g/m²）、高潮区（14.32 g/m²）；栖息密度从高到低依次为低潮区（3 118个/m²）、中潮区（2 478个/m²）、高潮区(144个/m²)。各断面数量垂直分布见表22-7~表22-9。

表22-7　春季诏安湾滨海湿地潮间带大型底栖生物数量垂直分布

潮区	数量	断面	藻类	多毛类	软体动物	甲壳动物	棘皮动物	其他生物	合计
高潮区	生物量（g/m²）	Zch1	0	0	14.00	0	0	0	14.00
		Zch2	0	0	14.32	24.00	0	0	38.32
		Zch3	0	0	14.24	0	0	0	14.24
		Zch4	0	0	8.72	0	0	0	8.72
		平均	0	0	12.82	6.00	0	0	18.82
	密度（个/m²）	Zch1	—	0	64	0	0	0	64
		Zch2	—	0	40	0	0	0	40
		Zch3	—	0	160	0	0	0	160
		Zch4	—	0	72	0	0	0	72
		平均	—	0	84	0	0	0	84
中潮区	生物量（g/m²）	Zch1	1.52	6.63	39.95	1.63	0	0.03	49.76
		Zch2	1.63	39.04	74.15	17.02	0	0.92	132.76
		Zch3	562.14	0.09	46.64	1 319.04	0	52.72	1 980.63
		Zch4	20.83	16.61	41.83	27.93	0	11.92	119.12
		平均	146.53	15.59	50.64	341.41	0	16.40	570.57
	密度（个/m²）	Zch1	—	804	121	27	0	20	972
		Zch2	—	2 100	236	84	0	12	2 432
		Zch3	—	15	291	1 632	0	34	1 972
		Zch4	—	1 343	184	175	0	4	1 706
		平均	—	1 065	208	479	0	18	1 770
低潮区	生物量（g/m²）	Zch1	0	23	7.20	2.60	0	0	32.80
		Zch2	0	103.48	34.48	10.88	0	0	148.84
		Zch3	22 784.32	0.08	344.64	4.84	0	11.52	23 145.4
		Zch4	0	18.12	37.04	20.92	0	0	76.08
		平均	5 696.08	36.17	105.84	9.81	0	2.88	5 850.78
	密度（个/m²）	Zch1	—	2 756	8	64	0	0	2 828
		Zch2	—	4 680	72	16	0	0	4 768
		Zch3	—	8	40	604	0	16	668
		Zch4	—	1 996	88	80	0	0	2 164
		平均	—	2 360	52	191	0	4	2 607

表 22-8　秋季诏安湾滨海湿地潮间带大型底栖生物数量垂直分布

数量	断面	潮区	多毛类	软体动物	甲壳动物	棘皮动物	其他动物	合计
生物量（g/m²）	D5	高潮区	0.12	0	0.08	0	0	0.20
		中潮区	4.29	21.81	6.64	7.36	4.15	44.25
		低潮区	4.92	37.2	7.36	0	0.48	49.96
		平均	3.11	19.67	4.69	2.45	1.54	31.46
	T6	高潮区	0	3.92	87.52	0	0	91.44
		中潮区	2.25	262.06	8.75	16.21	17.23	306.50
		低潮区	0.4	45.12	6.52	146.68	146.68	345.40
		平均	0.88	103.70	34.26	54.30	54.64	247.78
	平均	高潮区	0.06	1.96	43.80	0	0	45.82
		中潮区	3.27	141.94	7.70	11.79	10.69	175.39
		低潮区	2.66	41.16	6.94	73.34	73.58	197.68
		平均	2.00	61.69	19.48	28.38	28.09	139.64
密度（个/m²）	D5	高潮区	8	0	4	0	0	12
		中潮区	72	47	11	1	6	137
		低潮区	88	40	32	0	16	176
		平均	56	29	16	0	7	108
	T6	高潮区	0	8	4	0	0	12
		中潮区	40	697	11	4	8	760
		低潮区	20	360	4	16	16	416
		平均	20	355	6	7	8	396
	平均	高潮区	4	4	4	0	0	12
		中潮区	56	372	11	3	7	449
		低潮区	54	200	18	8	16	296
		平均	38	192	11	4	8	253

表 22-9　冬季诏安湾滨海湿地潮间带大型底栖生物数量垂直分布

潮区	数量	断面	藻类	多毛类	软体动物	甲壳动物	棘皮动物	其他生物	合计
高潮区	生物量（g/m²）	Zch1	0	0	6.88	0	0	0	6.88
		Zch2	0	0	5.84	0	0	0	5.84
		Zch3	0	0	23.36	15.20	0	0	38.56
		Zch4	0	0	6.00	0	0	0	6.00
		平均	0	0	10.52	3.80	0	0	14.32
	密度（个/m²）	Zch1	—	0	96	0	0	0	96
		Zch2	—	0	56	0	0	0	56
		Zch3	—	0	344	8	0	0	352
		Zch4	—	0	72	0	0	0	72
		平均	—	0	142	2	0	0	144

续表 22-9

潮区	数量	断面	藻类	多毛类	软体动物	甲壳动物	棘皮动物	其他生物	合计
中潮区	生物量（g/m²）	Zch1	1.84	3.52	87.71	3.03	0	4.47	100.57
		Zch2	3.22	3.93	29.88	2.23	0.03	0	39.29
		Zch3	343.49	1.33	359.57	728.40	0	19.52	1 452.31
		Zch4	169.48	4.84	21.28	0.25	0	0	195.85
		平均	129.51	3.41	124.61	183.48	0.01	6	447.02
	密度（个/m²）	Zch1	—	119	133	872	0	13	1 137
		Zch2	—	261	16	24	1	0	302
		Zch3	—	96	467	7549	1	3	8 116
		Zch4	—	269	52	36	0	0	357
		平均	—	186	167	2120	1	4	2 478
低潮区	生物量（g/m²）	Zch1	0.08	12.88	0.32	1.20	0	9.56	24.04
		Zch2	0	0.52	1.96	6.28	0	0	8.76
		Zch3	36.08	3.36	23.52	3.68	0.08	0.32	67.04
		Zch4	686.92	7.92	49.12	6.24	0	0	750.20
		平均	180.77	6.17	18.73	4.35	0.02	2.47	212.51
	密度（个/m²）	Zch1	—	460	4	548	0	12	1 024
		Zch2	—	72	12	3 172	0	0	3 256
		Zch3	—	120	104	7 320	8	24	7 576
		Zch4	—	264	88	264	0	0	616
		平均	—	229	52	2 826	2	9	3 118

22.4.3　饵料生物水平

诏安湾滨海湿地潮间带大型底栖生物平均饵料水平分级为Ⅴ级。其中，藻类、软体动物和甲壳动物均高达Ⅴ级；多毛类和棘皮动物较低，为Ⅱ级。泥沙滩断面为Ⅴ级。其中，藻类和软体动物较高，达Ⅳ级；多毛类和棘皮动物较低，均为Ⅱ级。岩石滩断面高达Ⅴ级，其中，藻类、软体动物和甲壳动物较高，均达Ⅴ级；多毛类和棘皮动物较低，均为Ⅰ级。季节比较，春季、秋季和冬季潮间带大型底栖生物平均饵料水平分级均达Ⅴ级。岩石滩和泥沙滩潮间带大型底栖生物各类型饵料水平分级季节变化见表 22-10。

表 22-10　诏安湾滨海湿地潮间带大型底栖生物饵料水平分级

底质	季节	藻类	多毛类	软体动物	甲壳动物	棘皮动物	其他生物	评价标准
泥沙滩	秋季	Ⅰ	Ⅰ	Ⅴ	Ⅲ	Ⅳ	Ⅳ	Ⅴ
	冬季	Ⅴ	Ⅰ	Ⅲ	Ⅰ	Ⅰ	Ⅰ	Ⅴ
	春季	Ⅰ	Ⅲ	Ⅳ	Ⅲ	Ⅰ	Ⅰ	Ⅴ
	平均	Ⅳ	Ⅱ	Ⅳ	Ⅲ	Ⅱ	Ⅲ	Ⅴ
岩石滩	冬季	Ⅴ	Ⅰ	Ⅴ	Ⅴ	Ⅰ	Ⅱ	Ⅴ
	春季	Ⅴ	Ⅰ	Ⅴ	Ⅴ	Ⅰ	Ⅲ	Ⅴ
	平均	Ⅴ	Ⅰ	Ⅴ	Ⅴ	Ⅰ	Ⅲ	Ⅴ

续表 22-10

底质	季节	藻类	多毛类	软体动物	甲壳动物	棘皮动物	其他生物	评价标准
平均	秋季	Ⅰ	Ⅰ	Ⅴ	Ⅲ	Ⅳ	Ⅳ	Ⅴ
	冬季	Ⅴ	Ⅰ	Ⅴ	Ⅴ	Ⅰ	Ⅰ	Ⅴ
	春季	Ⅴ	Ⅲ	Ⅴ	Ⅴ	Ⅰ	Ⅲ	Ⅴ
	平均	Ⅴ	Ⅱ	Ⅴ	Ⅴ	Ⅱ	Ⅲ	Ⅴ

22.5　群落

22.5.1　群落类型

诏安湾滨海湿地潮间带大型底栖生物群落按地点和底质类型分为：

（1）邱厝（Zch1）泥沙滩群落。高潮区：粒结节滨螺—粗糙滨螺带；中潮区：角海蛹（*Ophelina acuminata*）—伊萨伯雪蛤—纵带滩栖螺—上野蝶嬴蜚带；低潮区：须鳃虫—短竹蛏（*Solen dunkerianus*）—莫顿蝶嬴蜚带。

（2）浮塘（Zch2）泥沙滩群落。高潮区：粗糙滨螺—粒结节滨螺带；中潮区：腺带刺沙蚕—小翼拟蟹守螺—明秀大眼蟹带；低潮区：尖锥虫—大竹蛏（*Solen grandis*）—细螯原足虫带。

（3）西屿（Zch3）岩石滩群落。高潮区：粒结节滨螺—塔结节滨螺带；中潮区：铁丁菜—花石莼—变化短齿蛤—鳞笠藤壶带；低潮区：半叶马尾藻—瓦氏马尾藻—敦氏猿头蛤—覆瓦小蛇螺—施氏玻璃钩虾带。

（4）大铲（Zch4）泥沙滩群落。高潮区：粗糙滨螺带；中潮区：背褶沙蚕—凸壳肌蛤—日本大螯蜚带；低潮区：腺带刺沙蚕—短竹蛏—模糊新短眼蟹带。

22.5.2　群落结构

1）邱厝（Zch1）泥沙滩群落。该群落所处滩面底质类型高潮区为石堤，部分岸段为沙滩，中潮区上层以砂为主，中层至低潮区由泥沙组成。

高潮区：粒结节滨螺—粗糙滨螺带。该潮区种类贫乏，数量不高，代表种粒结节滨螺的生物量和栖息密度分别为 4.24 g/m^2 和 56 个/m^2。粗糙滨螺的生物量和栖息密度分别为 2.40 g/m^2 和 32 个/m^2。还有塔结节滨螺等。

中潮区：角海蛹—伊萨伯雪蛤—纵带滩栖螺—上野蝶嬴蜚带。该潮区主要种为角海蛹，自本区可向下延伸分布至低潮区，在本区上层的生物量和栖息密度分别为 0.04 g/m^2 和 4 个/m^2，中层分别为 2.00 g/m^2 和 80 个/m^2，下层分别为 1.40 g/m^2 和 52 个/m^2。伊萨伯雪蛤，仅在本区中层出现，生物量和栖息密度分别为 25.08 g/m^2 和 80 个/m^2。优势种纵带滩栖螺，仅在中潮区出现，生物量和栖息密度分别为 179.84 g/m^2 和 204 个/m^2。优势种上野蝶嬴蜚，自本区可向下延伸分布至低潮区，在本区上层的生物量和栖息密度分别为 1.32 g/m^2 和 512 个/m^2，中层分别为 4.16 g/m^2 和 1292 个/m^2，下层分别为 0.16 g/m^2 和 88 个/m^2。其他主要种和习见种有腺带刺沙蚕、红刺尖锥虫、须鳃虫、四索沙蚕、彩虹明樱蛤、薄片镜蛤〔*Dosinia*（*Dosinella*）*corrugata*〕、珠带拟蟹守螺、秀丽织纹螺、二齿半尖额涟虫（*Hemileucon bidentatus*）、美原双眼钩虾、强壮藻虾、莫顿蝶嬴蜚、纹尾长眼虾和乳突皮海鞘等。

低潮区；须鳃虫—短竹蛏—莫顿蝶嬴蜚带。该潮区主要种为须鳃虫，从中潮区可延伸分布至低潮区，在本区的生物量和栖息密度分别为4.80 g/m² 和192个/m²。短竹蛏，仅在本区出现，生物量和栖息密度分别仅为0.32 g/m² 和4个/m²。优势种莫顿蝶赢蜚，从中潮区下层延伸分布至低潮区上层，在本区的生物量和栖息密度分别为0.48 g/m² 和272个/m²。其他主要种和习见种有背褶沙蚕、寡节甘吻沙蚕、多鳃齿吻沙蚕、角海蛹、四索沙蚕、梳鳃虫、美原双眼钩虾、塞切尔泥钩虾、强壮藻虾、上野蝶赢蜚、纹尾长眼虾、变态蟳、乳突皮海鞘和犬牙细棘鰕虎鱼（*Acentrogobius caninus*）等（图22-2）。

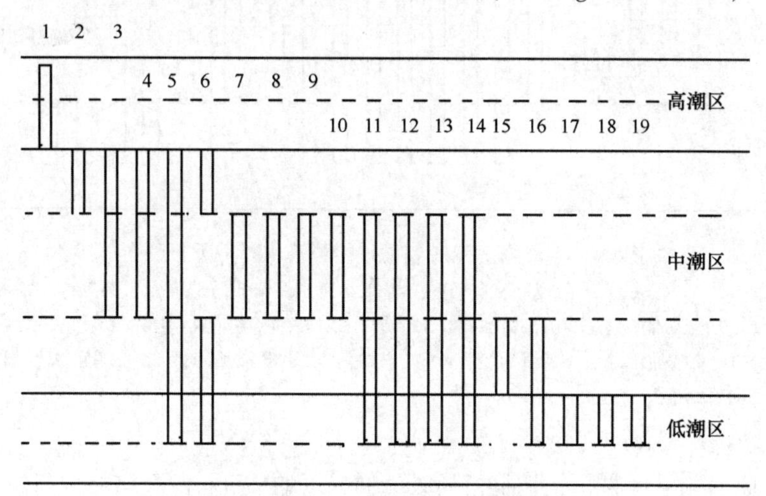

图22-2 邱厝（Zch1）泥沙滩群落主要种垂直分布

1. 粗糙滨螺；2. 织纹螺；3. 光滑河蓝蛤；4. 纵带滩栖螺；5. 珠带拟蟹守螺；6. 日本大螯蜚；7. 彩虹明樱蛤；8. 伊萨伯雪蛤；9. 焦河蓝蛤；10. 明秀大眼蟹；11. 背褶沙蚕；12. 持真节虫；13. 似蛰虫；14. 刺缨虫；15. 戈芬星虫；16. 莫顿蝶赢蜚；17. 秀丽织纹螺；18. 细螯原足虫；19. 短竹蛏

（2）浮塘（Zch2）泥沙滩群落。该群落所处滩面长度约700～800 m，底质类型高潮区为石堤，中潮区至低潮区底质以泥沙为主。

高潮区：粗糙滨螺—粒结节滨螺带。该潮区代表种为粗糙滨螺，数量不高，生物量和栖息密度分别为4.24 g/m² 和40个/m²。粒结节滨螺的生物量和栖息密度分别为1.60 g/m² 和16个/m²。

中潮区：腺带刺沙蚕—小翼拟蟹守螺—明秀大眼蟹带。该区优势种为腺带刺沙蚕，自本区可向下延伸分布至低潮区，在本区上层的生物量和栖息密度分别为8.00 g/m² 和1 012个/m²，中层分别为10 g/m² 和508个/m²，下层分别为2.00 g/m² 和140个/m²。优势种为小翼拟蟹守螺，在本区的生物量和栖息密度分别高达157.20 g/m² 和416个/m²。明秀大眼蟹，自本区可向下延伸分布至低潮区，在本区上层的生物量和栖息密度分别为11.86 g/m² 和32个/m²，中层分别为2.88 g/m² 和36个/m²。其他主要种和习见种有背褶沙蚕、长锥虫、独指虫、奇异稚齿虫、持真节虫、欧努菲虫、四索沙蚕、似蛰虫、树蛰虫、刺缨虫、斯氏印澳蛤、蹄蛤（*Phlyctiderma* sp.）、伊萨伯雪蛤、鸭嘴蛤、珠带拟蟹守螺、纵带滩栖螺、秀丽织纹螺、哥伦比亚刀钩虾、上野蝶赢蜚、弧边招潮、隆背大眼蟹和豆形拳蟹等。

低潮区：尖锥虫—大竹蛏—细螯原足虫带。该区优势种为尖锥虫，仅在本区出现，生物量和栖息密度分别为40.40 g/m² 和1 888个/m²。大竹蛏，自中潮区延伸分布至本区上层，在本区的生物量和栖息密度较低分别为0.92 g/m² 和4个/m²。优势种细螯原足虫，仅在本区出现，生物量和栖息密度分别为5.68 g/m² 和2 712个/m²。其他主要种和习见种有腺带刺沙蚕、红刺尖锥虫、直线竹蛏、美叶雪蛤、美原双眼钩虾、塞切尔泥钩虾、哥伦比亚刀钩虾、莫顿蝶赢蜚、上野蝶赢蜚、天草旁宽钩虾等（图22-3）。

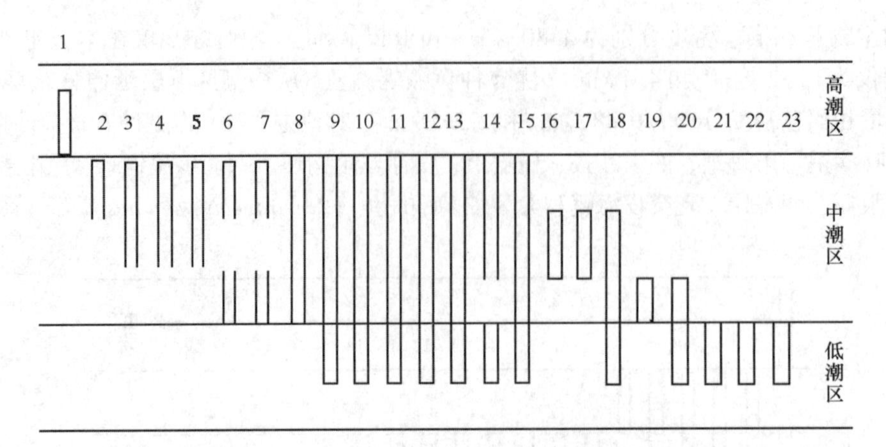

图22-3 浮塘（Zch2）泥沙滩群落主要种垂直分布

1. 粗糙滨螺；2. 隆背大眼蟹；3. 施氏玻璃钩虾；4. 哥伦比亚刀钩虾；5. 明秀大眼蟹；6. 蹄蛤；7. 鸭嘴蛤；8. 珠带拟蟹守螺；9. 腺带刺沙蚕；10. 长锥虫；11. 持真节虫；12. 欧努菲虫；13. 四索沙蚕；14. 斯氏印澳蛤；15. 红刺尖锥虫；16. 伊萨伯雪蛤；17. 弧边招潮 18. 大竹蛏 19. 小翼拟蟹守螺；20. 秀丽织纹螺；21. 尖锥虫；22. 短吻蛤；23. 细螯原足虫

（3）西屿（Zch3）岩石滩群落。该群落所处滩面长度约200 m，底质类型高潮区至低潮区以大块花岗岩为主。

高潮区：粒结节滨螺—塔结节滨螺带。该潮区代表种为粒结节滨螺，数量不高，生物量和栖息密度分别为9.04 g/m² 和104个/m²。塔结节滨螺的生物量和栖息密度分别为5.20 g/m² 和56个/m²。下层定性可采集到紫菜等。

中潮区：铁丁菜—花石莼—变化短齿蛤—鳞笠藤壶带。该区优势种为铁丁菜，仅在本区出现，生物量达1 142.56 g/m²。优势种花石莼，分布在本区中下层，在中层的生物量为69.68 g/m²，下层达245.36 g/m²。变化短齿蛤，分布整个中潮区，在本区上层的生物量和栖息密度分别为0.24 g/m² 和32个/m²，中层分别为0.60 g/m² 和116个/m²，下层分别为0.20 g/m² 和40个/m²。优势种鳞笠藤壶，分布在本区上、中层，在上层的生物量和栖息密度分别高达3 465.28 g/m² 和864个/m²，中层分别为480 g/m² 和224个/m²。其他主要种和习见种有鹿角沙菜、脆江蓠、小石花菜、小珊瑚藻、条浒苔、侧花海葵、可口革囊星虫、日本花棘石鳖、黑荞麦蛤、僧帽牡蛎、棘刺牡蛎、嫁戚、鸟爪拟帽贝、单齿螺、黑凹螺、渔舟蜒螺、齿纹蜒螺、粒花冠小月螺、疣荔枝螺、黄口荔枝螺、日本菊花螺、腔齿海底水虱、小头弹钩虾、施氏玻璃钩虾、日本大螯蜚、上野蜾蠃蜚、皱瘤海鞘和红贺海鞘（*Herdmania momus*）等。

低潮区：半叶马尾藻—瓦氏马尾藻—敦氏猿头蛤—覆瓦小蛇螺—施氏玻璃钩虾带。该区优势种为半叶马尾藻，春季的长度为60～80 cm，仅在本区出现，生物量高达20 000 g/m²。优势种瓦氏马尾藻，仅在本区出现，生物量高达1 760 g/m²。敦氏猿头蛤，仅在本区出现，生物量和栖息密度分别达145.20 g/m² 和8个/m²。覆瓦小蛇螺，仅在本区出现，生物量和栖息密度分别为120.80 g/m² 和16个/m²。施氏玻璃钩虾，自中潮区可延伸分布至本区，在本区的生物量和栖息密度分别为3.20 g/m² 和496个/m²。其他主要种和习见种有宽扁叉节藻（*Amphiroa dilatata*）、小珊瑚藻、网地藻（*Dictyota* sp.）、叉开松藻（*Codium divanicatum*）、太平洋侧花海葵、褐蚶（*Didimacar tenebrica*）、锈凹螺、角蝾螺、粒神螺、黄口荔枝螺、褐棘螺、腔齿海底水虱、强壮藻虾、夏威夷亮钩虾、分岐阳遂足、紫海胆、细雕刻肋海胆（*Temnopleurus toreumaticus*）和可疑翼手参等（图22-4）。

（4）大铲（Zch4）泥沙滩群落。该群落所处滩面长度约300 m，底质类型高潮区为石堤，中潮区

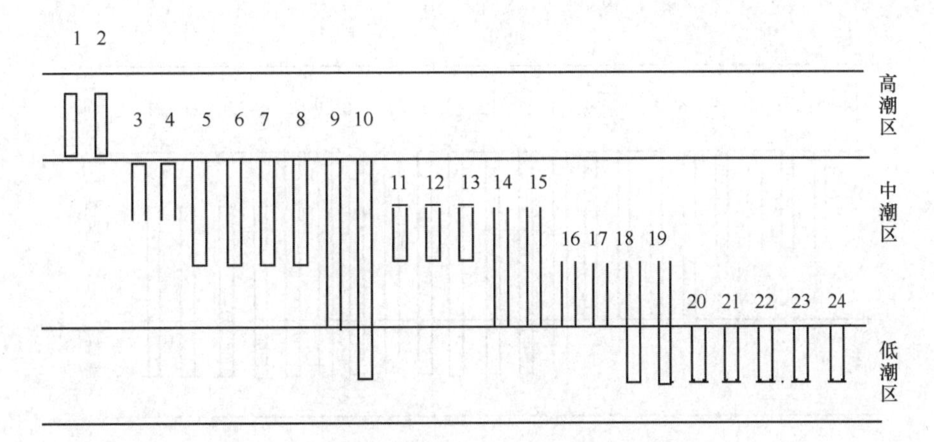

图 22-4　西屿（Zch3）岩石滩群落主要种垂直分布

1. 粒结节滨螺；2. 塔结节滨螺；3. 棘刺牡蛎；4. 日本菊花螺；5. 花石莼；6. 黑荞麦蛤；7. 鳞笠藤壶；8. 腔齿海底水虱；9. 变化短齿蛤；10. 施氏玻璃钩虾；11. 铁丁菜；12. 日本花棘石鳖；13. 鸟爪拟帽贝；14. 日本大螯蜚；15. 鹿角沙菜；16. 小头弹钩虾；17. 皱瘤海鞘；18. 上野蜾蠃蜚；19. 网地藻；20. 半叶马尾藻；21. 瓦氏马尾藻；22. 敦氏猿头蛤；23. 覆瓦小蛇螺；24. 粒神螺

至低潮区以泥沙为主。

高潮区：粗糙滨螺带。该潮区代表种为粗糙滨螺，数量不高，生物量和栖息密度分别为 8.72 g/m^2 和 72 个/m^2。

中潮区：背褶沙蚕—凸壳肌蛤—日本大螯蜚带。该区优势种为背褶沙蚕，自本区可向下延伸分布至低潮区，在本区上层的生物量和栖息密度分别为 0.80 g/m^2 和 440 个/m^2，中层分别为 0.80 g/m^2 和 224 个/m^2，下层分别为 0.16 g/m^2 和 24 个/m^2。优势种为凸壳肌蛤，仅在本区出现，生物量和栖息密度分别达 23.44 g/m^2 和 172 个/m^2。日本大螯蜚，仅在本潮区出现，在本区上层的生物量和栖息密度分别为 0.04 g/m^2 和 16 个/m^2，中层分别为 0.08 g/m^2 和 36 个/m^2，下层分别为 0.08 g/m^2 和 48 个/m^2。其他主要种和习见种有芋根江蓠（*Gracilaria blodgettii*）、腺带刺沙蚕、红角沙蚕、奇异角沙蚕、红刺尖锥虫、独指虫、伪才女虫、刚鳃虫、独毛虫、持真节虫、欧努菲虫、滑指矶沙蚕、四索沙蚕、似蛰虫、刺缨虫、古明圆蛤、蹄蛤、共生蛤、大竹蛏、伊萨伯雪蛤、鸭嘴蛤、珠带拟蟹守螺、蟹守螺（*Plesiotrochus* sp.）、秀丽织纹螺、中国鲎、三叶针尾涟虫（*Diastylis tricincta*）、腔齿海底水虱、小头弹钩虾、上野蜾蠃蜚、模糊新短眼蟹和下齿细螯蟹寄居蟹等。

低潮区：腺带刺沙蚕—短竹蛏—模糊新短眼蟹带。该区优势种为腺带刺沙蚕，自中潮区延伸分布至本区上层，在本区的生物量和栖息密度分别为 3.60 g/m^2 和 304 个/m^2。特征种为短竹蛏，仅在本区出现，生物量和栖息密度较低，分别为 0.12 g/m^2 和 4 个/m^2。模糊新短眼蟹，自中潮区延伸分布至本区上层，在本区的生物量和栖息密度分别为 18.84 g/m^2 和 44 个/m^2。其他主要种和习见种有背褶沙蚕、红刺尖锥虫、刚鳃虫、独毛虫、持真节虫、滑指矶沙蚕、四索沙蚕、梳鳃虫、西方似蛰虫、刺缨虫、蹄蛤、织纹螺、三角口螺（*Trigonaphera* sp.）、小头弹钩虾、梳肢片钩虾、上野蜾蠃蜚和短脊鼓虾等（图 22-5）。

22.5.3　群落生态特征值

根据 Shannon-Wiener 种类多样性指数（H'）、Pielous 种类均匀度指数（J）、Margalef 种类丰富度指数（d）和 Simpson 优势度（D）显示，诏安湾滨海湿地冬季丰富度指数（d）以邱厝（Zch1）泥沙滩断面较高（6.530 0），浮塘（Zch2）泥沙滩断面较低（4.430 0）；多样性指数（H'）以大铲

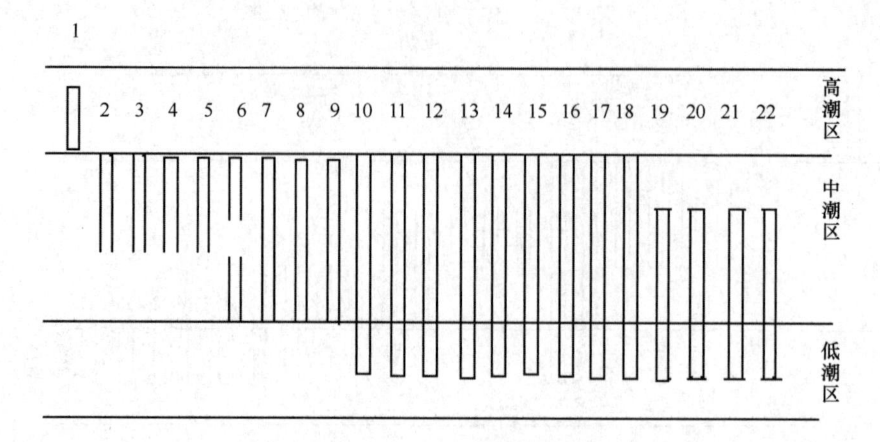

图 22-5 大铲（Zch4）泥沙滩群落主要种垂直分布

1. 粗糙滨螺；2. 凸壳肌蛤；3. 古明圆蛤；4. 鸭嘴蛤；5. 珠带拟蟹守螺；6. 共生蛤；7. 三叶针尾涟虫；8. 腔齿海底水虱；9. 日本大螯蜚；10. 上野螺赢蜚；11. 背褶沙蚕；12. 腺带刺沙蚕；13. 独毛虫；14. 持真节虫；15. 滑指矶沙蚕；16. 四索沙蚕；17. 索沙蚕；18. 刺缨虫；19. 蹄蛤；20. 蟹守螺；21. 小头弹钩虾；22. 模糊新短眼蟹

（Zch4）泥沙滩断面较高（2. 650 0），浮塘（Zch2）泥沙滩断面较低（1. 630 0）；均匀度指数（*J*）以大铲（Zch4）泥沙滩断面较高（0. 685 0），浮塘（Zch2）泥沙滩断面较低（0. 447 0）；Simpson 优势度（*D*）则相反，以浮塘（Zch2）泥沙滩断面较高（0. 428 0），大铲（Zch4）泥沙滩断面较低（0. 135 0）。春季丰富度指数（*d*）以大铲（Zch4）泥沙滩断面较高（9. 440 0），西屿（Zch3）岩石滩断面较低（4. 310 0）；多样性指数（*H'*）以大铲（Zch4）泥沙滩断面较高（3. 470 0），西屿（Zch3）岩石滩断面较低（2. 360 0）；均匀度指数（*J*）以大铲（Zch4）泥沙滩断面较高（0. 780 0），西屿（Zch3）岩石滩断面较低（0. 644 0）；Simpson 优势度（*D*）则相反，以西屿（Zch3）岩石滩断面较高（0. 162 0），大铲（Zch4）泥沙滩断面较低（0. 048 0）。秋季顶头 D5 断面群落的多样性指数（*H'*）值较高 3. 320 0，田厝（T6）断面群落相对较低（2. 460 0）；田厝断面群落的种类均匀度指数（*J*）较低（0. 686 0），顶头断面群落较高（0. 849 0）；顶头断面群落的丰富度指数（*d*）值较高为 7. 680 0，田厝断面群落的（*d*）值较低为 4. 430 0（表 22-11）。

表 22-11 诏安湾滨海湿地潮间带大型底栖生物群落生态特征值

季节	群落	断面	*d*	*H'*	*J*	*D*
春季	泥沙滩	Zch1	7. 500 0	2. 840 0	0. 677 0	0. 132 0
		Zch2	8. 190 0	2. 860 0	0. 657 0	0. 097 9
	岩石滩	Zch3	4. 310 0	2. 360 0	0. 644 0	0. 162 0
	泥沙滩	Zch4	9. 440 0	3. 470 0	0. 780 0	0. 048 0
秋季		D5	7. 680 0	3. 320 0	0. 849 0	—
		T6	4. 430 0	2. 460 0	0. 686 0	—
冬季		Zch1	6. 530 0	2. 330 0	0. 579 0	0. 220 0
		Zch2	4. 430 0	1. 630 0	0. 447 0	0. 428 0
	岩石滩	Zch3	5. 200 0	2. 250 0	0. 5600	0. 202 0
	泥沙滩	Zch4	6. 290 0	2. 650 0	0. 6850	0. 135 0

22.5.4　群落稳定性

春季和冬季诏安湾滨海湿地潮间带大型底栖生物邱厝（Zch1）、大铲（Zch4）泥沙滩群落和西屿（Zch3）岩石滩群落相对稳定，丰度生物量复合 *k*-优势度曲线不交叉、不翻转、不重叠，生物量优势度曲线始终位于丰度上方。浮塘（Zch2）泥沙滩群落丰度生物量复合 *k*-优势度曲线出现交叉和翻转，显示群落产生了一定的扰动，且冬季浮塘（Zch2）泥沙滩群落生物量累积百分优势度达 50%，丰度累积百分优势度高达 65%。这主要与优势种腺带刺沙蚕在中潮区上层栖息密度高达 1 012 个/m^2，尖锥虫在低潮区栖息密度高达 1 888 个/m^2，细螯原足虫在低潮区栖息密度高达 2 712 个/m^2 有关（图 22-6~ 图 22-13）。总体而言，春季和冬季诏安湾滨海湿地潮间带大型底栖生物群落相对稳定（图 22-14~图 22-16）。

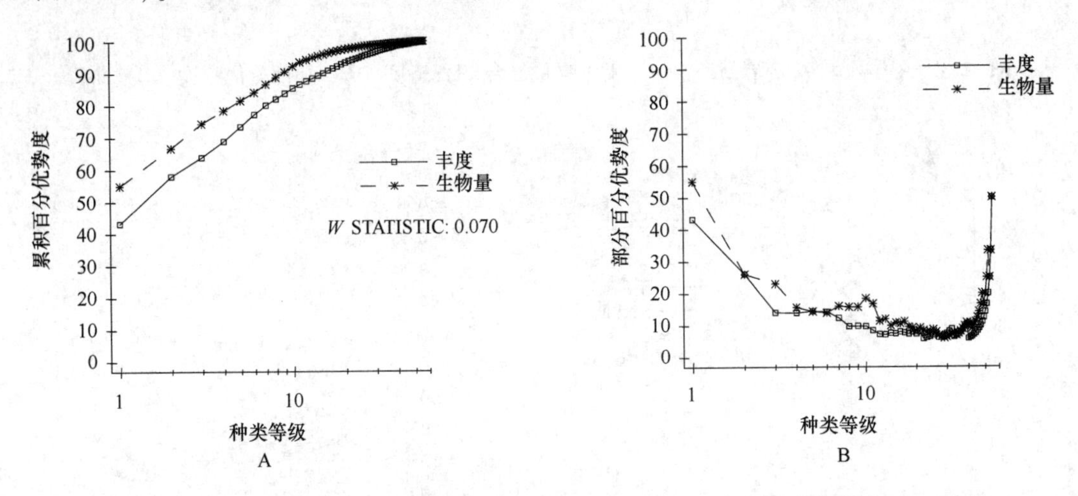

图 22-6　冬季 Zch1 泥沙滩群落丰度生物量复合 *k*-优势度（A）和部分优势度（B）曲线

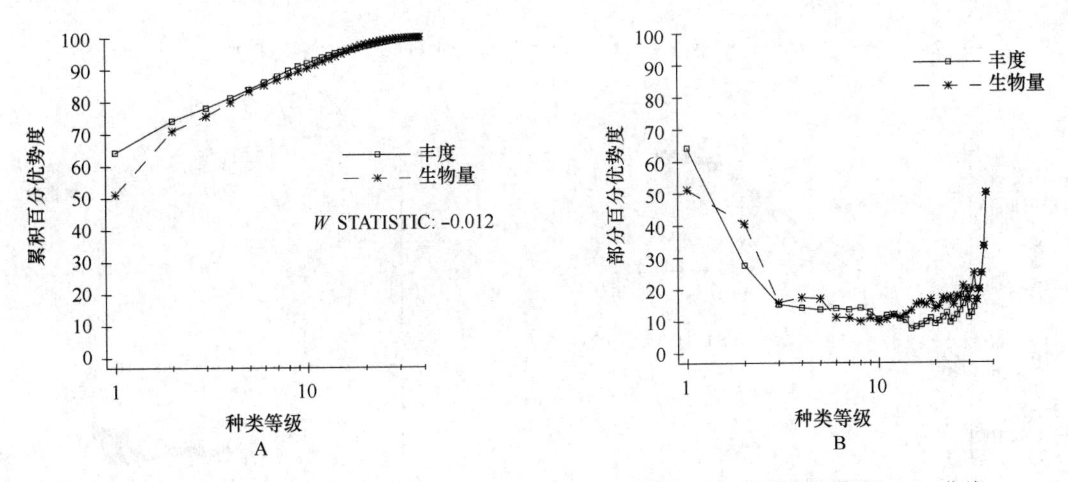

图 22-7　冬季 Zch2 泥沙滩群落丰度生物量复合 *k*-优势度（A）和部分优势度（B）曲线

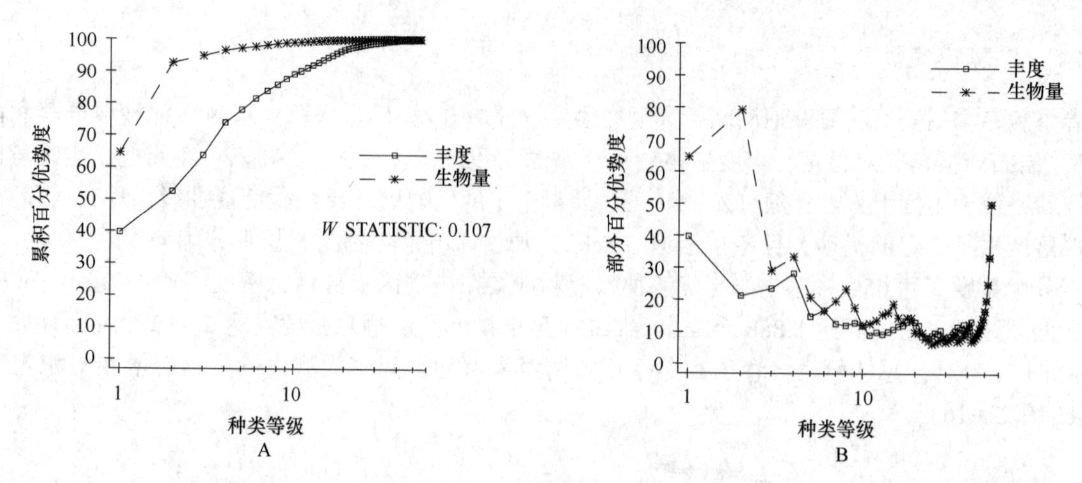

图 22-8 冬季西屿 Zch3 岩石滩群落丰度生物量复合 k-优势度（A）和部分优势度（B）曲线

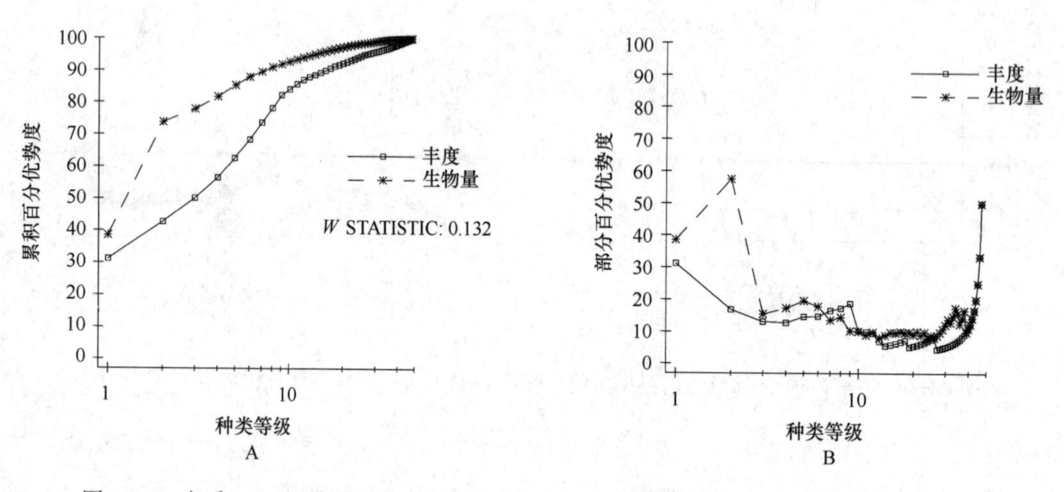

图 22-9 冬季 Zch4 泥沙滩群落丰度生物量复合 k-优势度（A）和部分优势度（B）曲线

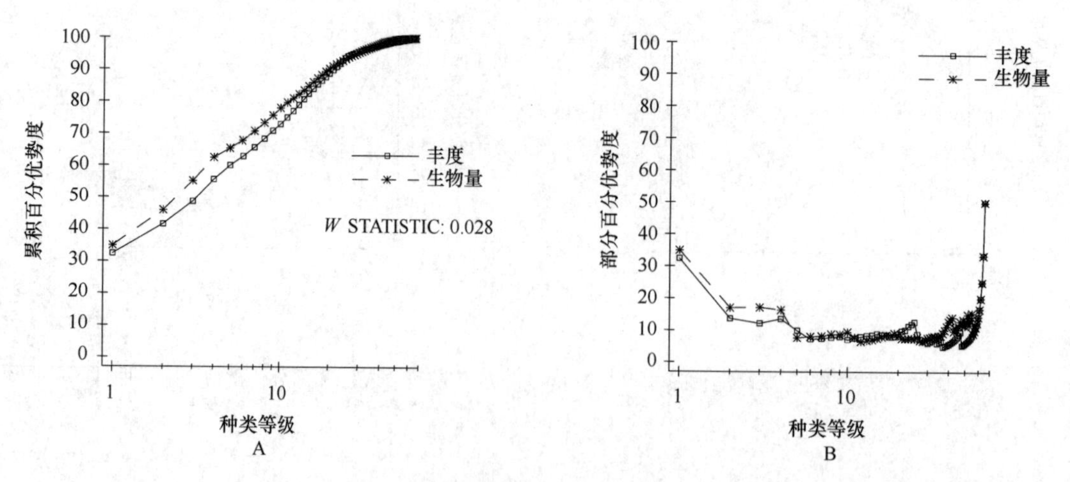

图 22-10 春季 Zch1 泥沙滩群落丰度生物量复合 k-优势度（A）和部分优势度（B）曲线

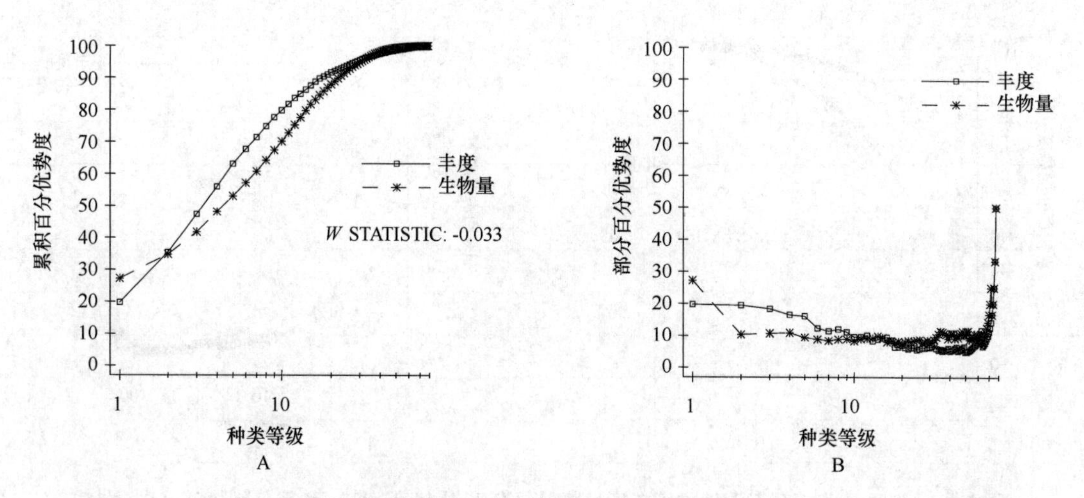

图 22-11　春季 Zch2 泥沙滩群落丰度生物量复合 k-优势度（A）和部分优势度（B）曲线

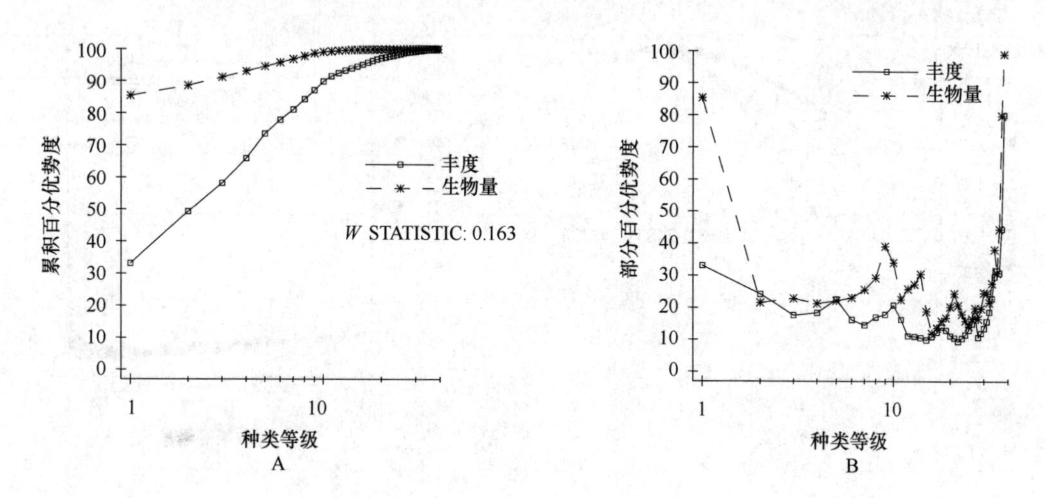

图 22-12　春季 Zch3 岩石滩群落丰度生物量复合 k-优势度（A）和部分优势度（B）曲线

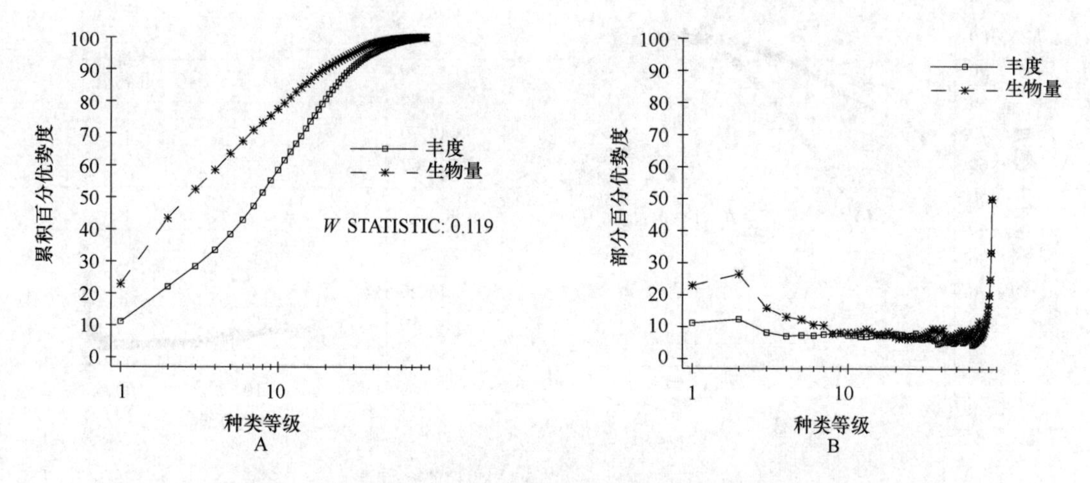

图 22-13　春季 Zch4 泥沙滩群落丰度生物量复合 k-优势度（A）和部分优势度（B）曲线

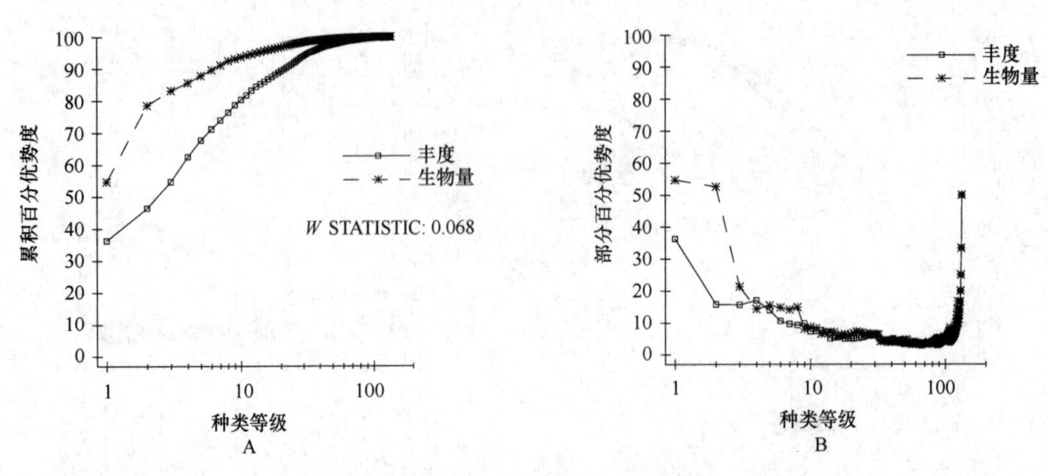

图 22-14 冬季诏安湾滨海湿地群落丰度生物量复合 *k*-优势度（A）和部分优势度（B）曲线

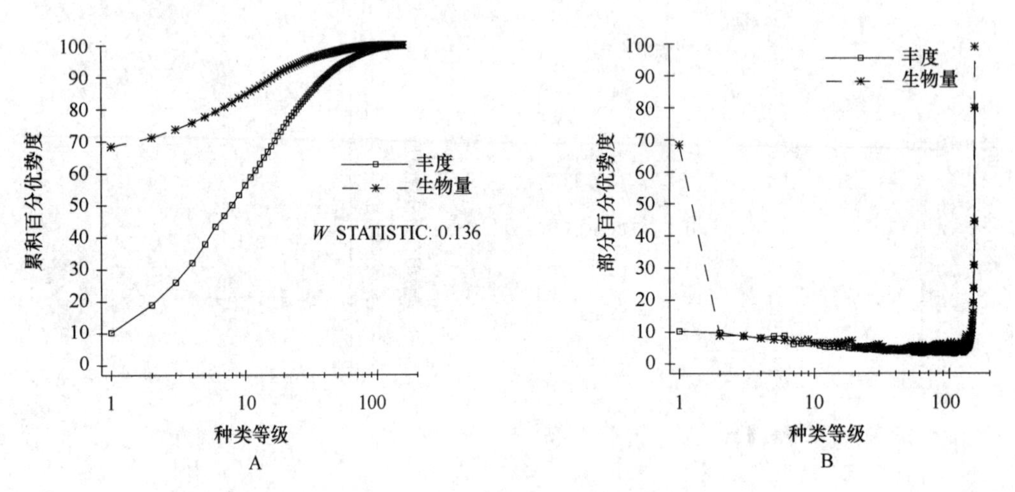

图 22-15 春季诏安湾滨海湿地群落丰度生物量复合 *k*-优势度（A）和部分优势度（B）曲线

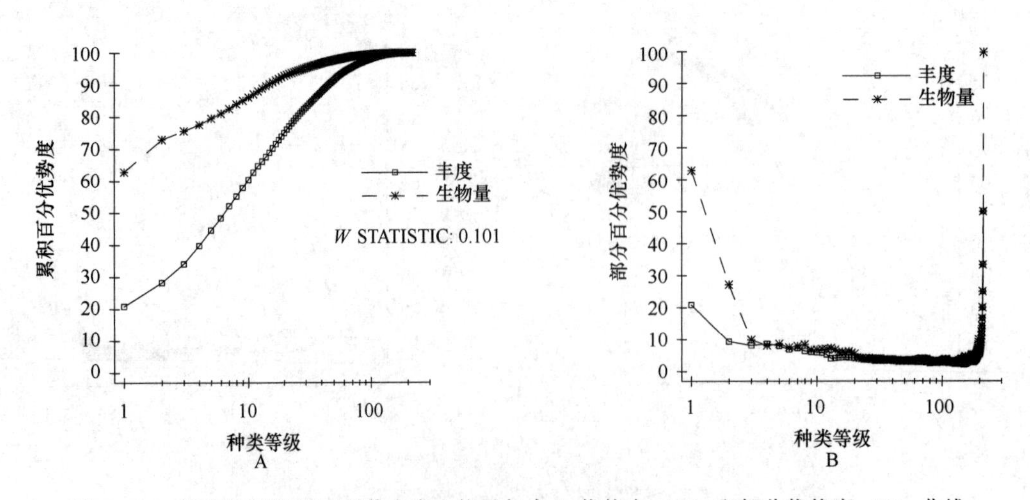

图 22-16 诏安湾滨海湿地群落丰度生物量复合 *k*-优势度（A）和部分优势度（B）曲线

第23章　福建重要海湾河口滨海湿地潮间带大型底栖生物基本特征

23.1　物种多样性

23.1.1　福建重要海湾河口滨海湿地潮间带大型底栖生物物种多样性

1987—2014年，在福建重要海湾河口滨海湿地先后布设了201条潮间带大型底栖生物调查断面，已鉴定潮间带大型底栖生物1 640种，其中藻类139种、多毛类408种，软体动物485种，甲壳动物353种，棘皮动物53种和其他生物202种。多毛类、软体动物和甲壳动物占种数的75.98%，三者构成潮间带大型底栖生物主要类群。海湾河口间潮间带大型底栖生物比较，种数以厦门港较多（719种），其次为湄洲湾和泉州湾（679种），其他有东山湾（651种）、九龙江口（487种）、同安湾（481种）、兴化湾（370种）、诏安湾（342种）、围头湾（273种）、闽江口（269种）、三沙湾和罗源湾（205种），少于200种的有福清湾（190种）、沙埕港（129种）、旧镇湾（110种），最少的为佛昙湾（87种）。滨海湿地海湾河口潮间带大型底栖生物种数多少，与在该海湾河口取样底质类型多样性有关，在泉州湾滨海湿地布设有岩石滩、沙滩、泥沙滩、红树林区和海草区，采集到潮间带大型底栖生物种数较多；潮间带大型底栖生物种数多少，与采集年限跨度有关，厦门港滨海湿地潮间带大型底栖生物样品取样自1987—2011年间陆陆续续，采集样品时间跨度长达20多年，采集到潮间带大型底栖生物种数较多；潮间带大型底栖生物种数多少，与采集断面和次数多少有关，2003—2011年湄洲湾滨海湿地潮间带大型底栖生物共布设了28条断面，先后进行了10多次取样，故采集到的潮间带大型底栖生物种数较多，而佛昙湾仅布设2条断面进行一次取样故采集到的潮间带大型底栖生物种数较少（表23-1）。

表23-1　福建重要海湾河口滨海湿地潮间带大型底栖生物种类组成与分布　　单位：种

海湾	底质	藻类	多毛类	软体动物	甲壳动物	棘皮动物	其他生物	合计
沙埕港	岩石滩	0	3	11	5	0	1	20
	泥沙滩	1	52	25	22	2	10	112
	合计	1	54	34	27	2	11	129
三沙湾	泥沙滩	6	78	44	43	3	15	189
	海草区	5	22	21	17	1	4	70
	合计	7	80	49	49	3	17	205
罗源湾	岩石滩	15	11	35	20	0	2	83
	泥沙滩	0	64	33	28	5	5	135
	海草区	0	13	5	10	0	1	29
	合计	15	71	63	45	5	6	205

续表 23-1

海湾	底质	藻类	多毛类	软体动物	甲壳动物	棘皮动物	其他生物	合计
闽江口	岩石滩	9	4	14	19	0	4	50
	沙滩	0	19	21	47	0	8	95
	泥沙滩	1	44	20	56	0	17	138
	海草区	0	34	17	44	0	13	108
	合计	10	65	53	111	0	30	269
福清湾	泥沙滩	3	73	41	62	5	6	190
	合计	3	73	41	62	5	6	190
兴化湾	岩石滩	10	27	51	25	5	11	129
	泥沙滩	8	123	59	73	10	21	294
	合计	15	133	99	85	14	24	370
湄洲湾	岩石滩	43	85	63	57	4	38	290
	泥沙滩	11	209	121	110	13	37	501
	合计	43	235	175	138	17	71	679
泉州湾	岩石滩	31	108	126	70	14	44	393
	沙滩	3	63	45	34	2	13	160
	泥沙滩	0	82	62	67	11	13	235
	红树林区	0	31	19	28	0	10	88
	海草区	0	23	18	22	0	11	74
	合计	33	192	218	149	20	67	679
围头湾	泥沙滩	12	80	59	53	5	13	222
	泥滩	0	28	20	14	1	13	76
	合计	12	95	73	66	8	19	273
同安湾	岩石滩	31	33	48	17	14	14	157
	泥沙滩	15	125	91	85	6	28	350
	红树林区	2	42	28	21	0	2	95
	合计	40	150	129	102	20	40	481
厦门港	岩石滩	35	52	87	48	8	22	252
	泥沙滩	8	176	128	138	15	50	515
	合计	43	213	202	171	22	68	719
九龙江口	岩石滩	37	34	62	25	2	8	168
	泥沙滩	5	77	68	54	7	18	229
	红树林区	1	79	61	73	4	25	243
	合计	37	146	144	111	9	40	487
佛昙湾	岩石滩	6	6	27	13	2	4	58
	沙滩	0	7	10	9	3	4	33
	合计	6	12	36	20	5	8	87
旧镇湾	泥沙滩	3	46	30	26	0	5	110
	合计	3	46	30	26	0	5	110

续表 23-1

海湾	底质	藻类	多毛类	软体动物	甲壳动物	棘皮动物	其他生物	合计
东山湾	岩石滩	34	51	86	54	6	28	259
	泥沙滩	7	121	83	110	13	29	363
	红树林区	2	50	31	51	0	25	159
	海草区	0	37	29	26	1	12	105
	合计	39	166	180	176	15	75	651
诏安湾	岩石	39	18	40	29	5	11	142
	泥沙滩	17	95	58	49	6	15	240
	合计	48	105	100	56	7	26	342
总计		139	408	485	353	53	202	1 640

23.1.2　福建重要海湾河口滨海湿地不同底质潮间带大型底栖生物物种多样性

福建重要海湾河口滨海湿地潮间带大型底栖生物不同底质类型比较，潮间带大型底栖生物种数以泥沙滩较多（1 053 种），依次为岩石滩（874 种）、红树林区（372 种）、沙滩（207 种）、海草区（191 种）和泥滩（76 种）。岩石滩断面间比较，种数以泉州湾较多（393 种），沙埕港较少（20 种）。沙滩断面间比较，种数以泉州湾较多（160 种），佛昙湾较少（33 种）。泥沙滩断面间比较，种数以厦门港较多（515 种），旧镇湾较少（110 种）。红树林区断面间比较，种数以九龙江口较多（243 种），泉州湾较少（88 种）。海草区断面间比较，种数以闽江口较多（108 种），罗源湾较少（29 种）（表 23-2）。

表 23-2　福建重要海湾河口滨海湿地不同底质潮间带大型底栖生物种类组成与分布　　单位：种

底质	海湾	藻类	多毛类	软体动物	甲壳动物	棘皮动物	其他生物	合计
岩石滩	沙埕港	0	3	11	5	0	1	20
	罗源湾	15	11	35	20	0	2	83
	闽江口	9	4	14	19	0	4	50
	兴化湾	10	27	51	25	5	11	129
	湄洲湾	43	85	63	57	4	38	290
	泉州湾	31	108	126	70	14	44	393
	同安湾	31	33	48	17	14	14	157
	厦门港	35	52	87	48	8	22	252
	九龙江口	37	34	62	25	2	8	168
	佛昙湾	6	6	27	13	2	4	58
	东山湾	34	51	86	54	6	28	259
	诏安湾	39	18	40	29	5	11	142
	合计	137	204	219	169	30	115	874
沙滩	闽江口	0	19	21	47	0	8	95
	泉州湾	3	63	45	34	2	13	160
	佛昙湾	0	7	10	9	3	4	33
	合计	3	69	55	55	4	21	207

续表 23-2

底质	海湾	藻类	多毛类	软体动物	甲壳动物	棘皮动物	其他生物	合计
泥沙滩	沙埕港	1	52	25	22	2	10	112
	三沙湾	6	78	44	43	3	15	189
	罗源湾	0	64	33	28	5	5	135
	闽江口	1	44	20	56	0	17	138
	福清湾	3	73	41	62	5	6	190
	兴化湾	8	123	59	73	10	21	294
	湄洲湾	11	209	121	110	13	37	501
	泉州湾	0	82	62	67	11	13	235
	围头湾	12	80	59	53	5	13	222
	同安湾	15	125	91	85	6	28	350
	厦门港	8	176	128	138	15	50	515
	九龙江口	5	77	68	54	7	18	229
	旧镇湾	3	46	30	26	0	5	110
	东山湾	7	121	83	110	13	29	363
	诏安湾	17	95	58	49	6	15	240
	合计	31	315	291	269	34	113	1 053
泥滩	围头湾	0	28	20	14	1	13	76
	合计	0	28	20	14	1	13	76
红树林区	泉州湾	0	31	19	28	0	10	88
	同安湾	2	42	28	21	0	2	95
	九龙江口	1	79	61	73	4	25	243
	东山湾	2	50	31	51	0	25	159
	合计	4	119	87	117	4	41	372
海草区	三沙湾	5	22	21	17	1	4	70
	罗源湾	0	13	5	10	0	1	29
	闽江口	0	34	17	44	0	13	108
	泉州湾	0	23	18	22	0	11	74
	东山湾	0	37	29	26	1	12	105
	合计	5	63	42	59	2	20	191

23.2　数量时空分布

福建重要海湾河口滨海湿地潮间带大型底栖生物四季平均生物量为 358.84 g/m^2，平均栖息密度为 1 183 个/m^2。生物量以软体动物居第一位（209.51 g/m^2），甲壳动物居第二位（97.08 g/m^2）；栖息密度以甲壳动物居第一位（693 个/m^2），软体动物居第二位（320 个/m^2）。数量季节变化，生物量以春季较大（452.74 g/m^2），秋季较小（263.61 g/m^2）；栖息密度以秋季较大（1 278 个/m^2），春季较小（958 个/m²）。各类群数量组成与季节变化见表 23-3。

表 23-3　福建重要海湾河口滨海湿地潮间带大型底栖生物数量组成与季节变化

数量	季节	藻类	多毛类	软体动物	甲壳动物	棘皮动物	其他生物	合计
生物量（g/m²）	春季	152.50	4.58	196.97	90.99	0.81	6.88	452.74
	夏季	3.50	2.04	243.96	107.74	3.00	6.47	366.71
	秋季	2.14	4.45	173.82	80.46	0.86	1.89	263.61
	冬季	11.02	4.00	223.27	109.12	0.29	4.58	352.29
	平均	42.29	3.77	209.51	97.08	1.24	4.96	358.84
密度（个/m²）	春季	—	279	329	345	1	12	958
	夏季	—	92	327	818	6	16	1 258
	秋季	—	118	190	960	0	10	1 278
	冬季	—	138	434	650	1	14	1 237
	平均	—	157	320	693	2	13	1 183

福建重要海湾河口滨海湿地不同底质类型潮间带大型底栖生物数量组成与季节变化，生物量春季以岩石滩较大（2 402.93 g/m²），沙滩较小（31.17 g/m²）；夏季以岩石滩较大（1 639.46 g/m²），沙滩较小（20.45 g/m²）；秋季以岩石滩较大（1 368.18 g/m²），沙滩较小（21.55 g/m²）；冬季以岩石滩较大（1 561.45 g/m²），沙滩较小（8.47 g/m²）（表 23-4）。栖息密度，春季以岩石滩较大（2 607 个/m²），沙滩较小（510 个/m²）；夏季以岩石滩较大（5 303 个/m²），沙滩较小（179 个/m²）；秋季以岩石滩较大（6 511 个/m²），沙滩较小（107 个/m²）；冬季以岩石滩较大（4 503 个/m²），沙滩较小（51 个/m²）（表 23-5）。

表 23-4　福建重要海湾河口滨海湿地潮间带大型底栖生物生物量组成与季节变化　　单位：g/m²

季节	底质	藻类	多毛类	软体动物	甲壳动物	棘皮动物	其他生物	合计
春季	岩石滩	912.74	4.96	987.26	462.60	0.20	35.17	2 402.93
	沙滩	0	2.07	18.83	10.17	0	0.10	31.17
	泥沙滩	2.25	5.11	29.10	12.81	4.54	2.65	56.47
	泥滩	0	6.62	6.84	19.89	0.02	0.04	33.41
	红树林区	0	3.22	88.89	19.14	0.12	1.56	112.93
	海草区	0	5.52	50.92	21.34	0	1.74	79.51
	平均	152.50	4.58	196.97	90.99	0.81	6.88	452.74
夏季	岩石滩	17.51	2.82	1 108.04	483.33	2.70	25.06	1 639.46
	沙滩	0	0.35	4.98	5.30	9.54	0.28	20.45
	泥沙滩	0	3.42	51.89	10.76	2.74	1.16	69.97
	红树林区	0	1.70	21.62	23.35	0.03	3.36	50.06
	海草区	0	1.90	33.28	15.97	0	2.47	53.62
	平均	3.50	2.04	243.96	107.74	3.00	6.47	366.71

续表 23-4

季节	底质	藻类	多毛类	软体动物	甲壳动物	棘皮动物	其他生物	合计
秋季	岩石滩	12.48	13.58	922.04	415.37	0.06	4.65	1 368.18
	沙滩	0.07	0.81	4.77	15.47	0.21	0.22	21.55
	泥沙滩	0.08	2.44	29.58	10.27	4.85	3.85	51.06
	泥滩	0.06	4.37	7.67	14.56	0	0.02	26.67
	红树林区	0	3.35	17.03	22.38	0.01	2.31	45.08
	海草区	0.14	2.12	61.80	4.73	0.05	0.30	69.14
	平均	2.14	4.45	173.82	80.46	0.86	1.89	263.61
冬季	岩石滩	44.71	4.39	1 010.99	486.91	0.05	14.40	1 561.45
	沙滩	0	0.90	1.28	4.65	0	1.64	8.47
	泥沙滩	10.40	3.02	31.15	11.46	1.32	2.54	59.89
	红树林区	0	2.02	35.94	17.88	0.08	3.12	59.04
	海草区	0	9.67	37.00	24.72	0	1.22	72.61
	平均	11.02	4.00	223.27	109.12	0.29	4.58	352.29

表 23-5　福建重要海湾河口滨海湿地潮间带大型底栖生物栖息密度组成与季节变化　单位：个/m^2

季节	底质	多毛类	软体动物	甲壳动物	棘皮动物	其他生物	合计
春季	岩石滩	141	964	1 479	1	22	2 607
	沙滩	202	33	274	0	1	510
	泥沙滩	284	290	110	1	15	700
	泥滩	414	45	59	1	10	529
	红树林区	325	491	65	1	19	901
	海草区	308	153	85	0	5	501
	平均	279	329	345	1	12	958
夏季	岩石滩	172	1 246	3 831	4	50	5 303
	沙滩	16	117	23	22	1	179
	泥沙滩	115	192	45	3	7	362
	红树林区	88	48	106	0	15	257
	海草区	68	30	83	0	6	187
	平均	92	327	818	6	16	1 258
秋季	岩石滩	231	828	5 421	0	31	6 511
	沙滩	38	14	54	0	1	107
	泥沙滩	114	95	59	2	8	279
	泥滩	57	40	32	0	1	130
	红树林区	84	60	90	0	13	247
	海草区	182	102	105	0	3	394
	平均	118	190	960	0	10	1 278

续表 23-5

季节	底质	多毛类	软体动物	甲壳动物	棘皮动物	其他生物	合计
冬季	岩石滩	132	1 484	2 852	2	33	4 503
	沙滩	13	3	34	0	1	51
	泥沙滩	126	175	192	2	17	512
	红树林区	49	206	71	0	14	340
	海草区	368	303	102	0	7	780
	平均	138	434	650	1	14	1 236

23.2.1　岩石滩潮间带大型底栖生物数量时空分布

福建重要海湾河口滨海湿地岩石滩潮间带大型底栖生物四季平均生物量为 1 743.00 g/m²，平均栖息密度为 4 732 个/m²。生物量以软体动物居第一位（1 007.08 g/m²），甲壳动物居第二位（462.05 g/m²）；栖息密度以甲壳动物居第一位（3 396 个/m²），软体动物居第二位（1 131 个/m²）。数量季节变化，生物量以春季较大（2 402.93 g/m²），秋季较小（1 368.18 g/m²）；栖息密度以秋季较大（6 511 个/m²），春季较小（2 607 个/m²）。各类群数量组成与季节变化见表 23-6。

表 23-6　福建重要海湾河口滨海湿地岩石滩潮间带大型底栖生物数量组成与季节变化

数量	季节	藻类	多毛类	软体动物	甲壳动物	棘皮动物	其他生物	合计
生物量（g/m²）	春季	912.74	4.96	987.26	462.60	0.20	35.17	2 402.93
	夏季	17.51	2.82	1 108.04	483.33	2.70	25.06	1 639.46
	秋季	12.48	13.58	922.04	415.37	0.06	4.65	1 368.18
	冬季	44.71	4.39	1 010.99	486.91	0.05	14.40	1 561.45
	平均	246.86	6.44	1 007.08	462.05	0.75	19.82	1 743.00
密度（个/m²）	春季	—	141	964	1 479	1	22	2 607
	夏季	—	172	1 246	3 831	4	50	5 303
	秋季	—	231	828	5 421	0	31	6 511
	冬季	—	132	1 484	2 852	2	33	4 503
	平均	—	169	1 131	3 396	2	34	4 732

福建重要海湾河口滨海湿地岩石滩潮间带大型底栖生物数量组成与分布，各个海湾河口各不相同。生物量春季以诏安湾较大（8 380.08 g/m²），依次为闽江口（3 636.85 g/m²），泉州湾（2 407.39 g/m²）等，兴化湾较小（413.70 g/m²）；夏季以闽江口较大（4 798.28 g/m²），依次为泉州湾（2 213.51 g/m²），东山湾（1 749.26 g/m²）等，罗源湾较小（261.92 g/m²）；秋季以闽江口较大（4 119.38 g/m²），依次为泉州湾（1 666.10 g/m²），九龙江口（1 112.88 g/m²）等，罗源湾较小（346.12 g/m²）；冬季以闽江口较大（5 339.86 g/m²），依次为泉州湾（2 400.98 g/m²），九龙江口（1 821.50 g/m²）等，兴化湾较小（99.93 g/m²）（表 23-7）。

栖息密度春季以泉州湾较大（7 004 个/m²），依次为九龙江口（3 482 个/m²），厦门港（2 978 个/m²）等，沙埕港较小（529 个/m²）；夏季以兴化湾较大（23 920 个/m²），依次为泉州湾（7 334 个/m²），闽江口（4 733 个/m²）等，佛昙湾较小（369 个/m²）；秋季以罗源湾较大（31 597 个/m²），依次为泉州湾（5 703 个/m²），九龙江口（2 394 个/m²）等，湄洲湾较小（601 个/m²）；冬季以厦门港较大（11 876 个/m²），依次为九龙江口（8 440 个/m²），诏安湾

（5 348 个/m²）等，东山湾较小（274 个/m²）（表 23-8）。

表 23-7 福建重要海湾河口滨海湿地岩石滩潮间带大型底栖生物生物量组成与分布 单位：g/m²

季节	海湾河口	藻类	多毛类	软体动物	甲壳动物	棘皮动物	其他生物	合计
春季	沙埕港	0	1.32	1 293.30	7.78	0	34.40	1 336.80
	闽江口	33.93	2.67	3 460.10	140.15	0	0	3 636.85
	兴化湾	5.02	1.08	136.67	269.82	0.11	1.00	413.70
	湄洲湾	150.95	0.63	442.59	941.62	0.29	128.05	1 664.13
	泉州湾	3.96	32.25	1 772.10	494.68	1.35	103.05	2 407.39
	厦门港	86.00	1.54	662.63	587.98	0	15.18	1 353.33
	九龙江口	37.98	2.93	564.45	1 194.17	0	7.54	1 807.07
	东山湾	114.67	2.15	418.32	85.91	0.03	5.89	626.97
	诏安湾	7 782.15	0.06	135.17	441.29	0	21.41	8 380.08
	平均	912.74	4.96	987.26	462.60	0.20	35.17	2 402.93
夏季	罗源湾	23.10	0.79	172.92	65.11	0	0	261.92
	闽江口	15.17	0.20	4 108.80	657.83	0	16.28	4 798.28
	兴化湾	10.04	1.10	269.65	594.38	23.71	3.40	902.28
	泉州湾	0	11.58	1 587.86	545.46	0	68.61	2 213.51
	同安湾	8.69	3.64	986.90	744.03	0.49	0.95	1 744.70
	厦门港	25.27	3.67	667.27	508.12	0.12	72.39	1 276.84
	九龙江口	15.12	1.73	492.91	865.78	0	6.51	1 382.05
	佛昙湾	56.99	0.17	362.34	6.83	0	0	426.33
	东山湾	3.17	2.50	1 323.73	362.45	0	57.41	1 749.26
	平均	17.51	2.82	1 108.04	483.33	2.70	25.06	1 639.46
秋季	罗源湾	13.40	7.10	258.50	67.12	0	0	346.12
	闽江口	0.61	0.76	3 279.48	837.61	0	0.92	4 119.38
	湄洲湾	21.40	2.44	17.60	610.22	0.41	1.06	653.13
	泉州湾	2.11	82.02	1 203.55	369.14	0.01	9.27	1 666.10
	厦门港	13.68	0.77	334.41	267.28	0	0.15	616.29
	九龙江口	35.23	1.10	425.01	648.78	0	2.77	1 112.89
	东山湾	0.90	0.88	935.71	107.41	0	18.40	1 063.30
	平均	12.48	13.58	922.04	415.37	0.06	4.65	1 368.18
冬季	闽江口	20.13	0.07	4 404.03	915.38	0	0.25	5 339.86
	兴化湾	0.03	0.46	78.29	20.94	0.11	0.10	99.93
	湄洲湾	30.62	18.29	882.31	74.62	0	77.72	1 083.56
	泉州湾	0	13.46	1 789.41	560.85	0	37.27	2 400.99
	同安湾	23.60	2.65	723.30	681.35	0.28	1.85	1 433.03
	厦门港	150.48	1.21	460.87	528.26	0	2.92	1 143.74
	九龙江口	50.24	1.25	420.92	1 347.43	0	1.67	1 821.51
	东山湾	0.74	0.52	204.34	4.24	0	1.18	211.02
	诏安湾	126.52	1.56	135.48	249.09	0.03	6.61	519.29
	平均	44.71	4.39	1 010.99	486.91	0.05	14.40	1 561.45

表 23-8　福建重要海湾河口滨海湿地岩石滩潮间带大型底栖生物栖息密度组成与分布　单位：个/m²

季节	海湾河口	多毛类	软体动物	甲壳动物	棘皮动物	其他生物	合计
春季	沙埕港	28	472	28	0	0	528
	闽江口	72	1 909	595	0	0	2 576
	兴化湾	103	253	2 433	6	4	2 799
	湄洲湾	38	1 206	809	1	13	2 067
	泉州湾	888	1 840	4 179	1	96	7 004
	厦门港	28	838	2 085	0	27	2 978
	九龙江口	47	1 695	1 716	0	25	3 483
	东山湾	54	302	719	1	15	1 091
	诏安湾	8	164	745	0	17	934
	平均	141	964	1 479	1	22	2 607
夏季	罗源湾	50	405	2 345	0	0	2 800
	闽江口	16	3 062	1 601	0	54	4 733
	兴化湾	43	1 678	22 190	2	7	23 920
	泉州湾	847	2 501	3 739	0	247	7 334
	同安湾	252	610	1 829	32	18	2 741
	厦门港	77	792	671	4	32	1 576
	九龙江口	57	1 445	1 682	0	60	3 244
	佛昙湾	28	242	100	0	0	370
	东山湾	180	481	324	0	36	1 021
	平均	172	1 246	3 831	4	50	5 303
秋季	罗源湾	56	330	31 211	0	0	31 597
	闽江口	18	1 591	847	0	9	2 465
	湄洲湾	211	97	282	2	9	601
	泉州湾	1 134	1 150	3 295	1	123	5 703
	厦门港	30	1 033	293	0	4	1 360
	九龙江口	59	1 101	1 190	0	45	2 395
	东山湾	109	492	831	0	25	1 457
	平均	231	828	5 421	0	31	6 511
冬季	闽江口	7	2 276	970	0	9	3 262
	兴化湾	41	44	993	3	9	1 090
	湄洲湾	186	2 051	409	0	20	2 666
	泉州湾	589	1 739	2 208	0	132	4 668
	同安湾	118	1 712	1 044	15	21	2 910
	厦门港	62	1 544	10 211	0	60	11 877
	九龙江口	70	3 562	4 769	0	39	8 440
	东山湾	42	122	108	0	2	274
	诏安湾	72	305	4 959	3	9	5 348
	平均	132	1 484	2 852	2	33	4 503

23.2.2　沙滩潮间带大型底栖生物数量时空分布

福建重要海湾河口滨海湿地沙滩潮间带大型底栖生物四季平均生物量为20.41 g/m²，平均栖息密度为212个/m²。生物量以甲壳动物居第一位（8.90 g/m²），软体动物居第二位（7.46 g/m²）；栖息密度以甲壳动物居第一位（96个/m²），多毛类居第二位（67个/m²）。数量季节变化，生物量以春季较大（31.17 g/m²），冬季较小（8.47 g/m²）；栖息密度以春季较大（510个/m²），冬季较小（51个/m²）。各类群数量组成与季节变化见表23-9。

表23-9　福建重要海湾河口滨海湿地沙滩潮间带大型底栖生物数量组成与季节变化

数量	季节	藻类	多毛类	软体动物	甲壳动物	棘皮动物	其他生物	合计
生物量（g/m²）	春季	0	2.07	18.83	10.17	0	0.10	31.17
	夏季	0	0.35	4.98	5.30	9.54	0.28	20.45
	秋季	0.07	0.81	4.77	15.47	0.21	0.22	21.55
	冬季	0	0.90	1.28	4.65	0	1.64	8.47
	平均	0.02	1.03	7.46	8.90	2.44	0.56	20.41
密度（个/m²）	春季	—	202	33	274	0	1	510
	夏季	—	16	117	23	22	1	179
	秋季	—	38	14	54	0	1	107
	冬季	—	13	3	34	0	1	51
	平均	—	67	42	96	6	1	212

福建重要海湾河口滨海湿地沙滩潮间带大型底栖生物数量组成与分布，各个海湾河口各不相同。生物量春季以泉州湾较大（50.33 g/m²），闽江口较小（12.00 g/m²）；夏季以佛昙湾较大（35.71 g/m²），泉州湾较小（5.32 g/m²）；秋季以闽江口较大（29.69 g/m²），泉州湾较小（13.38 g/m²）；冬季以闽江口较大（11.10 g/m²），泉州湾较小（5.82 g/m²）。栖息密度春季以泉州湾较大（854个/m²），闽江口较小（164个/m²）；夏季以闽江口较大（341个/m²），泉州湾较小（50个/m²）；秋季以泉州湾较大（113个/m²），闽江口较小（99个/m²）；冬季以泉州湾较大（87个/m²），闽江口较小（14个/m²）（表23-10）。

表23-10　福建重要海湾河口滨海湿地沙滩潮间带大型底栖生物数量组成与分布

数量	季节	海湾河口	藻类	多毛类	软体动物	甲壳动物	棘皮动物	其他生物	合计
生物量（g/m²）	春季	闽江口	0	0.12	3.03	8.65	0	0.20	12.00
		泉州湾	0	4.02	34.62	11.69	0	0	50.33
		平均	0	2.07	18.83	10.17	0	0.10	31.17
	夏季	闽江口	0	0.19	7.77	11.60	0	0.77	20.33
		泉州湾	0	0.54	1.97	2.72	0.01	0.08	5.32
		佛昙湾	0	0.33	5.20	1.58	28.60	0	35.71
		平均	0	0.35	4.98	5.30	9.54	0.28	20.45
	秋季	闽江口	0	0.29	1.84	27.35	0	0.21	29.69
		泉州湾	0.14	1.32	7.70	3.59	0.41	0.22	13.38
		平均	0.07	0.81	4.77	15.47	0.21	0.22	21.55

续表 23-10

数量	季节	海湾河口	藻类	多毛类	软体动物	甲壳动物	棘皮动物	其他生物	合计
生物量（g/m²）	冬季	闽江口	0	0.26	2.56	5.01	0	3.27	11.10
		泉州湾	0	1.54	0	4.28	0	0	5.82
		平均	0	0.90	1.28	4.65	0	1.64	8.47
密度（个/m²）	春季	闽江口	—	53	11	99	0	1	164
		泉州湾	—	350	55	449	0	0	854
		平均	—	202	33	274	0	1	510
	夏季	闽江口	—	2	314	24	0	1	341
		泉州湾	—	26	1	21	0	2	50
		佛昙湾	—	21	36	23	66	0	146
		平均	—	16	117	23	22	1	179
	秋季	闽江口	—	3	14	81	0	1	99
		泉州湾	—	73	14	26	0	0	113
		平均	—	38	14	54	0	1	107
	冬季	闽江口	—	1	5	6	0	2	14
		泉州湾	—	25	0	62	0	0	87
		平均	—	13	3	34	0	1	51

23.2.3　泥沙滩潮间带大型底栖生物数量时空分布

福建重要海湾河口滨海湿地泥沙滩潮间带大型底栖生物四季平均生物量为59.35 g/m²，平均栖息密度为463个/m²。生物量以软体动物居第一位（35.43 g/m²），甲壳动物居第二位（11.33 g/m²）；栖息密度以软体动物居第一位（188个/m²），多毛类居第二位（160个/m²）。数量季节变化，生物量以夏季较大（69.97 g/m²），秋季较小（51.06 g/m²）；栖息密度以春季较大（700个/m²），秋季较小（279个/m²）。各类群数量组成与季节变化见表23-11。

表 23-11　福建重要海湾河口滨海湿地泥沙滩潮间带大型底栖生物数量组成与季节变化

数量	季节	藻类	多毛类	软体动物	甲壳动物	棘皮动物	其他生物	合计
生物量（g/m²）	春季	2.25	5.11	29.10	12.81	4.54	2.65	56.47
	夏季	0	3.42	51.89	10.76	2.74	1.16	69.97
	秋季	0.08	2.44	29.58	10.27	4.85	3.85	51.06
	冬季	10.40	3.02	31.15	11.46	1.32	2.54	59.89
	平均	3.18	3.50	35.43	11.33	3.36	2.55	59.35
密度（个/m²）	春季	—	284	290	110	1	15	700
	夏季	—	115	192	45	3	7	362
	秋季	—	114	95	59	2	8	279
	冬季	—	126	175	192	2	17	512
	平均	—	160	188	102	2	12	463

福建重要海湾河口滨海湿地泥沙滩潮间带大型底栖生物数量组成与分布，各个海湾河口各不相同。生物量春季以泉州湾较大（112.18 g/m²），依次为同安湾（93.32 g/m²），东山湾（86.14 g/m²）等，围头湾较小（24.11 g/m²）；夏季以湄洲湾较大（227.29 g/m²），依次为厦门港（83.21 g/m²），兴化湾（71.68 g/m²）等，罗源湾较小（20.44 g/m²）；秋季以诏安湾较大（139.64 g/m²），依次为同安湾湾（118.23 g/m²），东山湾（87.30 g/m²）等，罗源湾较小（14.67 g/m²）；冬季以东山湾较大（140.67 g/m²），依次为诏安湾（126.38 g/m²），泉州湾（74.43 g/m²）等，闽江口较小（17.20 g/m²）（表23-12）。

表23-12　福建重要海湾河口滨海湿地泥沙滩潮间带大型底栖生物生物量组成与分布　单位：g/m²

季节	海湾河口	藻类	多毛类	软体动物	甲壳动物	棘皮动物	其他生物	合计
春季	沙埕港	0	2.13	7.65	11.59	0.02	8.08	29.47
	三沙湾	2.01	5.54	28.37	12.43	0	1.71	50.06
	罗源湾	0	4.26	29.68	6.72	0.60	0.48	41.74
	闽江口	0	0.67	0.84	72.94	0	1.00	75.45
	兴化湾	2.10	1.98	24.63	3.99	6.79	0.26	39.75
	湄洲湾	0.43	3.17	20.34	7.85	0.70	0.55	33.04
	泉州湾	0	1.18	97.57	12.17	0.10	1.15	112.17
	围头湾	3.32	5.59	11.99	1.88	0.27	1.07	24.12
	同安湾	4.35	4.38	73.44	9.87	0.01	1.27	93.32
	厦门港	11.47	8.75	12.58	9.51	0.31	13.13	55.75
	九龙江口	0	3.71	5.21	4.85	6.20	4.15	24.12
	东山湾	2.96	2.04	35.86	1.10	43.96	0.23	86.15
	诏安湾	2.66	22.99	30.19	11.66	0	1.43	68.93
	平均	2.25	5.11	29.10	12.81	4.54	2.65	56.47
夏季	三沙湾	0	13.26	17.88	4.22	0.61	0.22	36.19
	罗源湾	0	2.41	14.40	2.80	0.80	0.03	20.44
	闽江口	0	1.03	0.13	41.85	0	0.03	43.04
	兴化湾	0	2.38	57.75	4.20	5.77	1.58	71.68
	湄洲湾	0	0.80	221.81	3.72	0	0.96	227.29
	泉州湾	0	1.14	49.82	15.95	1.46	0.24	68.61
	厦门港	0.04	2.83	61.77	11.07	4.60	2.91	83.22
	九龙江口	0	3.57	18.33	5.11	1.51	2.63	31.15
	东山湾	0	3.38	25.09	7.95	9.90	1.81	48.13
	平均	0	3.42	51.89	10.76	2.74	1.16	69.97
秋季	沙埕港	0	1.05	9.52	12.73	0.48	6.36	30.14
	三沙湾	0.01	1.35	36.82	2.73	0.24	0.46	41.61
	罗源湾	0	5.40	4.67	2.37	2.23	0	14.67
	闽江口	0	0.66	1.13	26.31	0	1.24	29.34
	福清湾	0.04	3.81	37.28	3.92	0.30	0.11	45.46
	兴化湾	0	1.13	21.46	7.74	0.25	0.12	30.70

续表 23-12

季节	海湾河口	藻类	多毛类	软体动物	甲壳动物	棘皮动物	其他生物	合计
秋季	湄洲湾	0.02	1.39	37.61	2.13	2.11	0.29	43.55
	泉州湾	0	3.52	17.20	11.05	1.23	0.29	33.29
	围头湾	1.11	1.33	24.91	3.29	2.14	0.42	33.20
	同安湾	0	3.30	93.04	14.32	2.75	4.82	118.23
	厦门港	0	3.32	36.31	6.30	1.70	2.96	50.59
	九龙江口	0	3.05	3.61	6.35	0.71	3.83	17.55
	旧镇湾	0.04	2.53	23.47	24.07	0	0.58	50.69
	东山湾	0	2.70	34.94	11.32	30.21	8.13	87.30
	诏安湾	0	2.00	61.69	19.48	28.38	28.09	139.64
	平均	0.08	2.44	29.58	10.27	4.85	3.85	51.06
冬季	三沙湾	0.72	1.13	23.42	7.59	0	4.49	37.35
	闽江口	0	0.09	0	17.08	0	0.03	17.20
	福清湾	0.09	7.51	13.45	3.93	0.88	1.31	27.17
	兴化湾	0.11	1.09	8.04	10.97	2.07	2.61	24.89
	湄洲湾	2.79	2.43	12.17	34.63	8.07	7.65	67.74
	泉州湾	0	4.85	47.20	19.81	1.75	0.82	74.43
	同安湾	14.34	1.02	25.96	5.06	0	0.01	46.39
	厦门港	0	5.64	40.54	12.15	0.96	3.52	62.81
	九龙江口	0.16	5.39	12.43	9.84	0.79	5.17	33.78
	东山湾	0.49	0.34	136.23	2.83	0	0.78	140.67
	诏安湾	95.73	3.73	23.22	2.14	0	1.56	126.38
	平均	10.40	3.02	31.15	11.46	1.32	2.54	59.89

栖息密度春季以泉州湾较大（1 943 个/m^2），依次为诏安湾（1 671 个/m^2），闽江口（848 个/m^2）等，东山湾较小（129 个/m^2）；夏季以湄洲湾较大（1 018 个/m^2），依次为三沙湾（623 个/m^2），兴化湾（286 个/m^2）等，闽江口较小（189 个/m^2）；秋季以闽江口较大（559 个/m^2），依次为福清湾（381 个/m^2），泉州湾（375 个/m^2）等，九龙江口较小（106 个/m^2）；冬季以泉州湾较大（1 365 个/m^2），依次为福清湾（1 069 个/m^2），诏安湾（769 个/m^2）等，闽江口较小（110 个/m^2）（表 23-13）。

表 23-13　福建重要海湾河口滨海湿地泥沙滩潮间带大型底栖生物栖息密度组成与分布　单位：个/m^2

季节	海湾河口	多毛类	软体动物	甲壳动物	棘皮动物	其他生物	合计
春季	沙埕港	73	40	10	0	6	129
	三沙湾	284	372	16	0	5	677
	罗源湾	70	501	42	2	1	616
	闽江口	205	19	623	0	1	848
	兴化湾	167	130	66	4	8	375
	湄洲湾	385	127	118	2	123	755

续表 23-13

季节	海湾河口	多毛类	软体动物	甲壳动物	棘皮动物	其他生物	合计
春季	泉州湾	99	1 807	32	0	5	1 943
	围头湾	395	158	40	1	5	599
	同安湾	179	292	52	0	4	527
	厦门港	196	116	338	2	13	665
	九龙江口	69	54	23	2	17	165
	东山湾	52	61	15	1	0	129
	诏安湾	1 520	98	49	0	4	1 671
	平均	284	290	110	1	15	700
夏季	三沙湾	465	114	14	15	15	623
	罗源湾	128	95	18	3	1	245
	闽江口	26	4	158	0	1	189
	兴化湾	72	138	67	3	6	286
	湄洲湾	32	967	19	0	0	1 018
	泉州湾	74	115	31	0	12	232
	厦门港	91	116	29	2	11	249
	九龙江口	68	115	28	2	13	226
	东山湾	76	64	37	3	3	183
	平均	115	192	45	3	7	362
秋季	沙埕港	124	65	23	1	8	221
	三沙湾	84	229	22	1	3	339
	罗源湾	130	13	27	4	0	174
	闽江口	273	13	262	0	11	559
	福清湾	273	65	32	3	8	381
	兴化湾	88	46	93	1	1	229
	湄洲湾	126	117	60	1	23	327
	泉州湾	135	134	87	1	18	375
	围头湾	79	74	18	1	3	175
	同安湾	44	241	63	2	8	358
	厦门港	110	45	28	0	3	186
	九龙江口	38	12	42	3	11	106
	旧镇湾	129	72	67	0	4	272
	东山湾	49	107	57	7	9	229
	诏安湾	38	192	11	4	8	253
	平均	114	95	59	2	8	279
冬季	三沙湾	29	305	19	0	27	380
	闽江口	8	0	101	0	1	110
	福清湾	367	76	616	9	1	1 069
	兴化湾	86	63	43	2	32	226

续表 23-13

季节	海湾河口	多毛类	软体动物	甲壳动物	棘皮动物	其他生物	合计
冬季	湄洲湾	161	69	54	2	2	288
	泉州湾	279	910	102	1	73	1 365
	同安湾	44	64	40	0	1	149
	厦门港	91	207	74	1	12	385
	九龙江口	136	94	443	2	31	706
	东山湾	28	81	72	0	1	182
	诏安湾	161	59	546	0	3	769
	平均	126	175	192	2	17	512

23.2.4　泥滩潮间带大型底栖生物数量时空分布

福建重要海湾河口滨海湿地围头湾泥滩潮间带大型底栖生物数量组成与季节变化，春秋季平均生物量为 30.04 g/m^2，生物量以甲壳动物居第一位（17.23 g/m^2），软体动物居第二位（7.26 g/m^2）；栖息密度以多毛类居第一位（236 个/m^2），甲壳动物居第二位（46 个/m^2）。数量季节变化，生物量以春季较大（33.41 g/m^2），秋季较小（26.68 g/m^2）。栖息密度以春季较大（529 个/m^2），秋季较小（130 个/m^2）（表 23-14）。

表 23-14　福建滨海湿地围头湾泥滩潮间带大型底栖生物数量组成与季节变化

数量	季节	藻类	多毛类	软体动物	甲壳动物	棘皮动物	其他生物	合计
生物量（g/m^2）	春季	0	6.62	6.84	19.89	0.02	0.04	33.41
	秋季	0.06	4.37	7.67	14.56	0	0.02	26.68
	平均	0.03	5.50	7.26	17.23	0.01	0.03	30.04
密度（个/m^2）	春季	—	414	45	59	1	10	529
	秋季	—	57	40	32	0	1	130
	平均	—	236	43	46	1	6	329

23.2.5　红树林区潮间带大型底栖生物数量时空分布

福建重要海湾河口滨海湿地红树林区潮间带大型底栖生物四季平均生物量 66.78 g/m^2，平均栖息密度为 436 个/m^2。生物量以软体动物居第一位（40.87 g/m^2），甲壳动物居第二位（20.69 g/m^2）；栖息密度以软体动物居第一位（201 个/m^2），多毛类居第二位（137 个/m^2）。数量季节变化，生物量以春季较大（112.93 g/m^2），秋季较小（45.08 g/m^2）；栖息密度以春季较大（901 个/m^2），秋季较小（247 个/m^2），各类群数量组成与季节变化见表 23-15。

表 23-15 福建重要海湾河口滨海湿地红树林区潮间带大型底栖生物数量组成与季节变化

数量	季节	多毛类	软体动物	甲壳动物	棘皮动物	其他生物	合计
生物量（g/m^2）	春季	3.22	88.89	19.14	0.12	1.56	112.93
	夏季	1.70	21.62	23.35	0.03	3.36	50.06
	秋季	3.35	17.03	22.38	0.01	2.31	45.08
	冬季	2.02	35.94	17.88	0.08	3.12	59.04
	平均	2.57	40.87	20.69	0.06	2.59	66.78
密度（个/m^2）	春季	325	491	65	1	19	901
	夏季	88	48	106	0	15	257
	秋季	84	60	90	0	13	247
	冬季	49	206	71	0	14	340
	平均	137	201	83	0	15	436

福建重要海湾河口滨海湿地红树林区潮间带大型底栖生物数量组成与分布，各个海湾河口各不相同。生物量春季以九龙江口较大（218.46 g/m^2），泉州湾较小（72.25 g/m^2）；夏季以东山湾较大（76.58 g/m^2），泉州湾较小（21.80 g/m^2）；秋季以东山湾较大（71.43 g/m^2），泉州湾较小（24.31 g/m^2）；冬季以东山湾较大（68.24 g/m^2），九龙江口较小（41.52 g/m^2）（表 23-16）。

表 23-16 福建重要海湾河口滨海湿地红树林区潮间带大型底栖生物生物量组成与分布 单位：g/m^2

季节	海湾河口	多毛类	软体动物	甲壳动物	棘皮动物	其他生物	合计
春季	泉州湾	1.65	57.16	11.20	0	2.24	72.25
	同安湾	4.18	70.97	2.60	0	0.04	77.79
	九龙江口	2.13	194.79	18.39	0.49	2.66	218.46
	东山湾	4.91	32.63	44.35	0	1.28	83.17
	平均	3.22	88.89	19.14	0.12	1.56	112.93
夏季	泉州湾	0.17	14.99	4.19	0	2.45	21.80
	同安湾	2.24	36.17	19.79	0	2.52	60.72
	九龙江口	2.01	5.03	27.76	0.12	6.23	41.15
	东山湾	2.39	30.27	41.67	0	2.25	76.58
	平均	1.70	21.62	23.35	0.03	3.36	50.06
秋季	泉州湾	0.46	5.58	16.38	0	1.89	24.31
	九龙江口	7.32	9.55	19.2	0.02	3.39	39.48
	东山湾	2.27	35.97	31.55	0	1.64	71.43
	平均	3.35	17.03	22.38	0.01	2.31	45.08
冬季	泉州湾	1.93	60.20	3.95	0	1.29	67.37
	九龙江口	2.33	6.79	24.55	0.25	7.60	41.52
	东山湾	1.79	40.83	25.15	0	0.47	68.24
	平均	2.02	35.94	17.88	0.08	3.12	59.04

栖息密度春季以九龙江口较大（1 256 个/m^2），泉州湾较小（512 个/m^2）；夏季以东山湾较大（438 个/m^2），泉州湾较小（117 个/m^2）；秋季以东山湾较大（348 个/m^2），泉州湾较小（186 个/m^2）；冬季以泉州湾较大（413 个/m^2），九龙江口较小（223 个/m^2）（表 23-17）。

表 23-17　福建重要海湾河口滨海湿地红树林区潮间带大型底栖生物栖息密度组成与分布 单位：个/m²

季节	海湾河口	多毛类	软体动物	甲壳动物	棘皮动物	其他生物	合计
春季	泉州湾	246	219	40	0	7	512
	同安湾	144	810	56	0	1	1 011
	九龙江口	308	841	76	3	28	1 256
	东山湾	603	92	89	0	38	822
	平均	325	491	65	1	19	901
夏季	泉州湾	68	38	9	0	2	117
	同安湾	60	49	34	0	3	146
	九龙江口	30	14	272	1	8	325
	东山湾	195	91	107	0	45	438
	平均	88	48	106	0	15	257
秋季	泉州湾	63	87	21	0	15	186
	九龙江口	50	24	129	0	6	209
	东山湾	140	70	120	0	18	348
	平均	84	60	90	0	13	247
冬季	泉州湾	43	329	20	0	21	413
	九龙江口	35	29	149	0	10	223
	东山湾	68	261	44	0	11	384
	平均	49	206	71	0	14	340

23.2.6　海草区潮间带大型底栖生物数量时空分布

福建重要海湾河口滨海湿地海草区潮间带大型底栖生物四季平均生物量为 68.72 g/m²，平均栖息密度为 466 个/m²。生物量以软体动物居第一位（45.75 g/m²），甲壳动物居第二位（16.69 g/m²）；栖息密度以多毛类居第一位（232 个/m²），软体动物居第二位（147 个/m²）。数量季节变化，生物量以春季较大（79.51 g/m²），夏季较小（53.62 g/m²）；栖息密度以冬季较大（780 个/m²），夏季较小（187 个/m²）。各类群数量组成与季节变化见表 23-18。

表 23-18　福建重要海湾河口滨海湿地海草区潮间带大型底栖生物数量组成与季节变化

数量	季节	藻类	多毛类	软体动物	甲壳动物	棘皮动物	其他生物	合计
生物量（g/m²）	春季	0	5.52	50.92	21.34	0	1.74	79.51
	夏季	0	1.90	33.28	15.97	0	2.47	53.62
	秋季	0.14	2.12	61.80	4.73	0.05	0.30	69.14
	冬季	0	9.67	37.00	24.72	0	1.22	72.61
	平均	0.04	4.80	45.75	16.69	0.01	1.43	68.72
密度（个/m²）	春季	—	308	153	85	0	5	501
	夏季	—	68	30	83	0	6	187
	秋季	—	182	102	105	0	5	394
	冬季	—	368	303	102	0	7	780
	平均	—	232	147	94	0	6	466

福建重要海湾河口滨海湿地海草区潮间带大型底栖生物数量组成与分布，各个海湾河口各不相同。生物量春季以东山湾较大（110.34 g/m²），闽江口较小（51.65 g/m²）；夏季以东山湾较大（118.88 g/m²），泉州湾较小（14.95 g/m²）；秋季以东山湾较大（139.11 g/m²），闽江口较小（14.04 g/m²）；冬季以东山湾较大（114.28 g/m²），泉州湾较小（44.04 g/m²）（表 23-19）。

表 23-19　福建重要海湾河口滨海湿地海草区潮间带大型底栖生物生物量组成与分布　单位：g/m²

季节	海湾河口	藻类	多毛类	软体动物	甲壳动物	棘皮动物	其他生物	合计
春季	罗源湾	0	2.66	16.69	31.02	0	2.40	52.77
	闽江口	0	0.66	1.50	49.31	0	0.18	51.65
	泉州湾	0	2.62	93.62	3.35	0	3.68	103.27
	东山湾	0	16.13	91.85	1.67	0	0.69	110.34
	平均	0	5.52	50.92	21.34	0	1.74	79.51
夏季	闽江口	0	1.29	0.09	25.25	0	0.39	27.02
	泉州湾	0	0.19	3.09	4.64	0	7.03	14.95
	东山湾	0	4.21	96.65	18.02	0	0	118.88
	平均	0	1.90	33.28	15.97	0	2.47	53.62
秋季	三沙湾	0.56	0.63	9.53	3.91	0.21	0.16	15.00
	闽江口	0	0.69	1.88	10.81	0	0.66	14.04
	泉州湾	0	0.47	104.46	3.41	0	0.09	108.43
	东山湾	0	6.69	131.32	0.81	0	0.29	139.11
	平均	0.14	2.12	61.80	4.73	0.05	0.30	69.14
冬季	闽江口	0	1.03	0.17	57.93	0	0.36	59.49
	泉州湾	0	12.56	23.25	5.16	0	3.07	44.04
	东山湾	0	15.41	87.57	11.08	0	0.22	114.28
	平均	0	9.67	37.00	24.72	0	1.22	72.61

栖息密度春季以泉州湾较大（1 048 个/m²），闽江口较小（144 个/m²）；夏季以闽江口较大（296 个/m²），泉州湾较小（30 个/m²）；秋季以闽江口较大（611 个/m²），泉州湾较小（233 个/m²）；冬季以泉州湾较大（1 359 个/m²），闽江口较小（172 个/m²）（表 23-20）。

表 23-20　福建重要海湾河口滨海湿地海草区潮间带大型底栖生物栖息密度组成与分布　单位：个/m²

季节	海湾河口	多毛类	软体动物	甲壳动物	棘皮动物	其他生物	合计
春季	罗源湾	77	51	65	0	7	200
	闽江口	81	13	49	0	1	144
	泉州湾	691	326	20	0	11	1 048
	东山湾	382	223	5	0	1	611
	平均	308	153	35	0	5	501
夏季	闽江口	74	3	209	0	10	296
	泉州湾	7	7	9	0	7	30
	东山湾	122	81	30	0	0	233
	平均	68	30	83	0	6	187

续表 23-20

季节	海湾河口	多毛类	软体动物	甲壳动物	棘皮动物	其他生物	合计
秋季	三沙湾	247	94	26	1	11	379
	闽江口	194	30	383	0	4	611
	泉州湾	89	139	3	0	2	233
	东山湾	198	146	9	0	3	356
	平均	182	102	105	0	5	394
冬季	闽江口	26	2	138	0	6	172
	泉州湾	455	827	63	0	14	1 359
	东山湾	622	81	106	0	2	811
	平均	368	303	102	0	7	780

23.3　群落

福建重要海湾河口滨海湿地潮间带大型底栖生物群落按底质类型分为：岩石滩群落、沙滩群落、泥沙滩群落、泥滩群落、红树林区群落和海草区群落。

23.3.1　福建重要海湾河口滨海湿地岩石滩潮间带大型底栖生物群落

（1）内湾隐蔽型群落：厦门港宝珠屿（Xch8）岩石滩群落。高潮区：粗糙滨螺—黑口滨螺带；中潮区：才女虫—黑荞麦蛤—僧帽牡蛎—纹藤壶—小相手蟹；低潮区：斑鳍缨虫—中国不等蛤—近辐蛇尾带。

（2）半隐蔽型群落：湄洲湾西礁（Mch7）岩石滩群落。高潮区：粒结节滨螺—短滨螺—粗糙滨螺带；中潮区：孔石莼—僧帽牡蛎—鳞笠藤壶带；低潮区：小珊瑚藻—敦氏猿头蛤—甲虫螺带。

（3）开敞型群落：诏安湾西屿（Zch3）岩石滩群落。高潮区：粒结节滨螺—塔结节滨螺带；中潮区：铁丁菜—花石莼—变化短齿蛤—鳞笠藤壶带；低潮区：半叶马尾藻—瓦氏马尾藻—敦氏猿头蛤—覆瓦小蛇螺—施氏玻璃钩虾带。

23.3.2　福建重要海湾河口滨海湿地沙滩潮间带大型底栖生物群落

（1）闽江口鸡母沙沙滩群落。高潮区：痕掌沙蟹带；中潮区：异足索沙蚕—紫藤斧蛤—葛氏胖钩虾—韦氏毛带蟹带；低潮区：稚齿虫—巧环楔形蛤—葛氏胖钩虾—拟尖头钩虾带。

（2）泉州湾大厦 Qch10 沙滩群落。高潮区：痕掌沙蟹—紫藤斧蛤带；中潮区：尖锥虫—托氏昌螺—葛氏胖钩虾带；低潮区：枅状长手沙蚕—笋螺—东方长眼虾带。

23.3.3　福建重要海湾河口滨海湿地泥沙滩潮间带大型底栖生物群落

（1）沙埕港后港泥沙滩群落。高潮区：粗糙滨螺—黑口滨螺带；中潮区：独毛虫—中国绿螂—短拟沼螺—淡水泥蟹带；低潮区：中蚓虫—花冈钩毛虫—白樱蛤—明秀大眼蟹带。

（2）湄洲湾东吴（Mch4）泥沙滩群落。高潮区：粒结节滨螺—短滨螺带；中潮区：奇异稚齿虫—珠带拟蟹守螺—淡水泥蟹带；低潮区：似蛰虫—刀明樱蛤—模糊新短眼蟹带。

（3）诏安湾浮塘（Zch2）泥沙滩群落。高潮区：粗糙滨螺—粒结节滨螺带；中潮区：腺带刺沙蚕—小翼拟蟹守螺—明秀大眼蟹带；低潮区：尖锥虫—大竹蛏—细螯原足虫带。

23.3.4　福建重要海湾河口滨海湿地泥滩潮间带大型底栖生物群落

围头湾泥滩群落。高潮区：粗糙滨螺—黑口滨螺带；中潮区：才女虫—双齿围沙蚕—短拟沼螺—薄片蜾蠃蜚带；低潮区：才女虫—中蚓虫—秀丽长方蟹带。

23.3.5　福建重要海湾河口滨海湿地红树林区潮间带大型底栖生物群落

（1）泉州湾红树林群落。高潮区：黑口滨螺带；中潮区：齿吻沙蚕—短拟沼螺—弧边招潮—薄片蜾蠃蜚带；低潮区：齿吻沙蚕—理蛤—缢蛏带。

（2）九龙江口浮宫红树林群落。高潮区：彩拟蟹守螺—屠氏招潮带；中潮区：背蚓虫—缢蛏—彩虹明樱蛤—台湾泥蟹—莱氏异额蟹带；低潮区：长吻吻沙蚕—焦河篮蛤—莱氏异额蟹带。

23.3.6　福建重要海湾河口滨海湿地海草区潮间带大型底栖生物群落

（1）闽江口凤窝村海草区群落。高潮区：粗糙滨螺带；中潮区：疣吻沙蚕—寡毛类—宁波泥蟹带；低潮区：尖锥虫—细长涟虫—薄片蜾蠃蜚带。

（2）泉州湾海草区群落。高潮区：黑口滨螺—彩拟蟹守螺带；中潮区：齿吻沙蚕—异蚓虫—短拟沼螺—弧边招潮带；低潮区：齿吻沙蚕—理蛤—缢蛏带。

第四篇　福建重要海岛滨海湿地潮间带大型底栖生物

福建重要海岛滨海湿地分布于重要海岛内。海岛系指被海水包围的小块陆地，堤连岛系指因人工修筑海堤、码头或围垦的原海岛；河口岛系指河口线以内的河口区水域中的小块陆地；堤内岛系指垦区内的海岛。福建大陆海岸线长达 3 051.00 km，港湾岛屿众多，大潮平均高潮时面积大于 500 m^2 的岛屿总数 1 546 个，岸线总长度 2 804.40 km，岛屿总面积 1 400.13 km^2。浅海滩涂面积 693.30 km^2，养殖面积 193.30 km^2，其中大陆海岸线以外的海岛 1 352 个，岸线长度 2 086.11 km，岛屿面积 765.78 km^2。县（区）级以上岛有厦门岛、鼓浪屿、海坛岛和东山岛，乡级以上岛有大嵛山岛、西洋岛、三都岛、琅歧岛、粗芦岛、大练岛、东勤岛、屿头岛、草屿岛、江阴岛、南日岛、湄洲岛、大嶝岛、紫泥岛等岛屿，是本篇论述的重点（见下图）。福建重要海岛滨海湿地同样有两大类 10 种滨海湿地类型，天然滨海湿地主要有粉砂淤泥质海岸、砂质海岸、岩石性海岸、滨岸沼泽、红树林沼泽、海岸潟湖和河流及河口水域，人工湿地主要有养殖池塘、水田和盐田。

福建重要海岛滨海湿地多年平均气温 15.1～21℃，南部高于北部，南北温度差 5～6℃，闽江口以北海岛气温为 15.1～18.9℃，闽江口以南海岛气温为 19.3～21.0℃；最冷月（1 月）平均气温 5.6～12.9℃，南北温度差 7℃；最热月（8 月）平均气温 24.0～28.8℃，南北温度差 4℃左右。极端最低气温为-5.0～3.8℃，极端最高气温为 32.9～39.4℃；年日照时数为 1 815.3～2 340.8 h，年日照百分率为 41%～53%；无霜期长达 270～360 d。多年平均降水量在 1 019.2 ～2 068.8 mm 之间。南北海岛差别较大，北部明显高于南部。降水日数为 104.7～189.4 d，北部为 150～189 d，南部为 104～140 d。降水日数春季最多，夏季、冬季次之，秋季最少。最长连续降水日数为 27 d 左右，最长连续无降水日数最高达 74 d，极易造成严重干旱。年平均蒸发量 1 334.3～2 013.2 mm，南部的年蒸发量大于年降水量，且大于北部；年平均相对湿度为 79%～88%。水域年平均底温 18.5～22.5℃，多数为 20～21℃，年平均盐度 13.57～32.29，多数时间盐度在 30～31 之间。底层盐度除了夏季比较高外，其他季节无显著变化。

通过对 1987—2014 年福建重要海岛滨海湿地 117 条断面潮间带大型底栖生物资料分析研究，鉴定潮间带大型底栖生物 1 522 种，其中藻类 150 种、多毛类 381 种、软体动物 426 种、甲壳动物 330 种、棘皮动物 63 种和其他生物 172 种。多毛类、软体动物和甲壳动物占种数的 74.70%，三者构成福建重要海岛滨海湿地潮间带大型底栖生物主要类群。

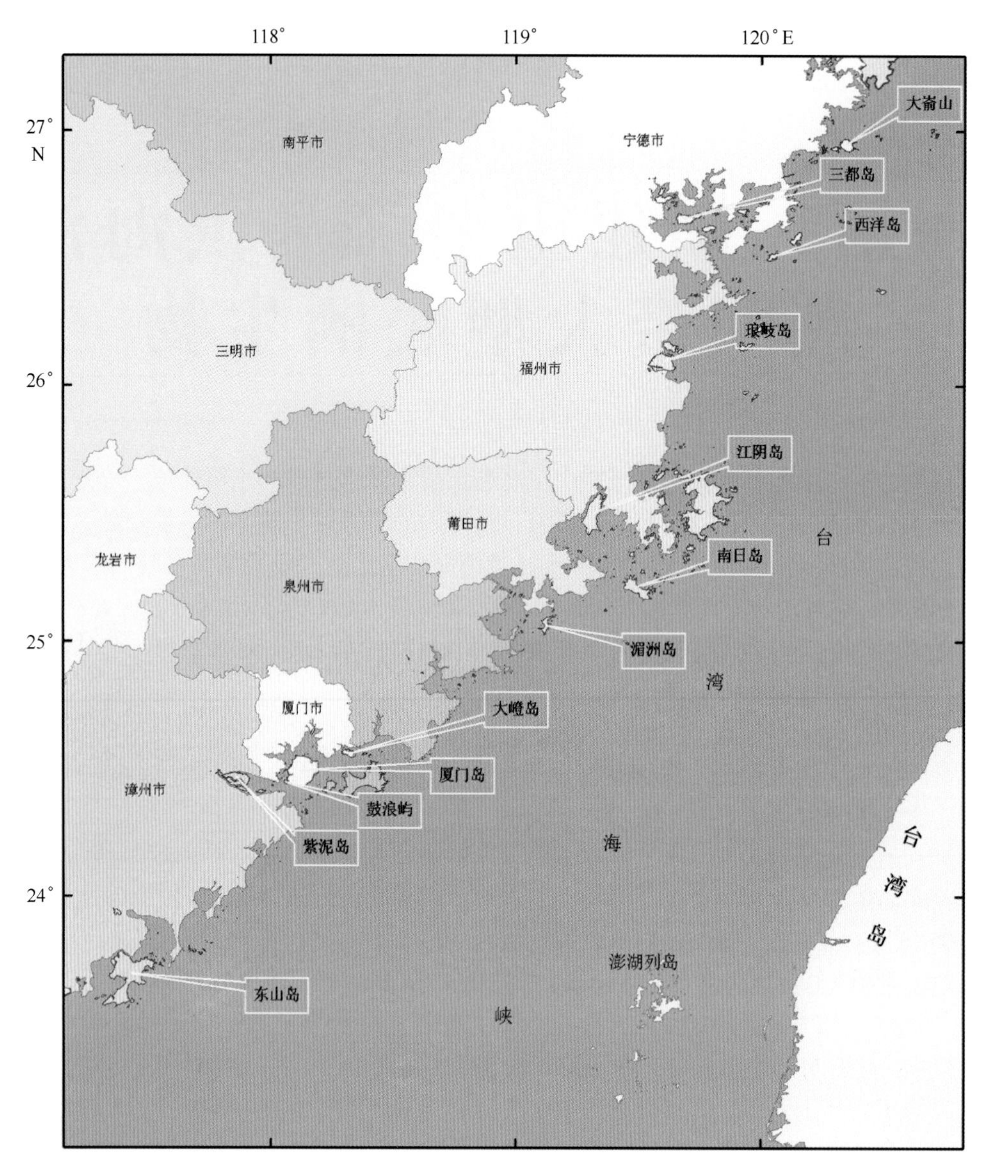

福建重要海岛滨海湿地分布

第 24 章　大嵛山岛滨海湿地

24.1　自然环境特征

大嵛山岛滨海湿地分布于大嵛山岛，大嵛山岛东西长 7.7 km，南北宽 2.76 km，面积 23.50 km^2，其中滩涂 0.705 4 km^2，岸线长 31.97 km，距大陆最近点 6.59 km。该岛共有大小澳口 36 个，大小山峰 20 余座，海拔 541.4 m，属福鼎市管辖。

大嵛山岛滨海湿地周围海域沉积物有砂砾、粗砂、粗中砂、中砂、细中砂、砂—粉砂—黏土及粉砂质黏土等。除岛屿湾澳潮间带沉积物粒径较粗外，四周海域沉积物类型简单，以砂质黏土为主，呈大片状均匀环岛分布。该岛海域 0 m 等深线几乎贴岸展布。海底地貌类型主要为水下岸坡，岛南北两侧海底平缓，坡度约 0.3~0.5。西侧与小嵛山岛之间有一呈北西—南东向的潮汐通道——福瑶门。

大嵛山岛滨海湿地属中亚热带海洋性季风气候，6—9 月盛行偏南风，其余月份盛行偏北风。本岛年均气温 15.1℃，最热月（8 月）均气温 24℃，最冷月（2 月）均气温 5.6℃，气温年较差 18.4℃。极端最高气温 32.9℃，极端最低气温-5℃，夏季凉爽，冬季有短暂的严寒期。多年均降水量 2 068.8 mm，年均蒸发量 1 334.3 mm，年均相对湿度 88%。

海水表层平均温度冬季最低，为 9.94℃；秋季次之，为 18.29℃；夏季最高，为 26.20℃；年变幅 16.26℃；底层水温变化在 9.96~25.38℃之间，冬季最低，夏季最高。海水表层平均盐度冬季最低，为 27.16；春季居次，为 28.61；夏季最高，为 33.62；年变幅 6.46；底层盐度也是冬季最低，夏季最高，盐度变化在 27.25~34.01 之间。

海水透明度冬季最小，平均透明度为 0.3~0.4 m；秋季居次，平均透明度为 1.0 m 左右；春夏季较大，平均透明度为 1.0~2.0 m。水色冬季最低，平均 20 号左右；春夏季最高，平均 8~16 号。

1973—1990 年潮汐资料统计分析，潮汐类型为正规半日潮。平均潮差 4.29 m，较大潮差达 7.01 m，平均涨潮历时 6 h 5 min，落潮历时 6 h 20 min，落潮历时比涨潮历时长 15 min。

该岛海域海水水质良好。其溶解氧丰富，溶解氧饱和度年平均达 98%，pH 值适中，营养盐较丰富。各要素表、底层含量的季节变化相似，并均在夏季出现低谷值（除铵和亚硝酸盐相反外）。而高峰值，溶解氧含量及饱和度在冬季；磷、硅及硝酸盐在秋季；pH 值在春季。

24.2　断面与站位布设

1990—1991 年春季、夏季、秋季和冬季分别对大嵛山岛滨海湿地东南部、西北部、西芦竹和大帅岙岩石滩、泥沙滩和沙滩 4 条断面进行潮间带大型底栖生物取样（表 24-1、图 24-1）。

表 24-1 大嵛山岛滨海湿地潮间带大型底栖生物调查断面

序号	时间	断 面	编号	经 度（E）	纬 度（N）	底质
1	1990—1991 年	大嵛山岛东南	MYR17	120°22′13.20″	26°55′45.00″	岩石滩
2		大嵛山岛西北	MYR19	120°19′19.20″	26°57′45.00″	
3		西芦竹	MYM18	120°19′16.90″	26°57′00.00″	泥沙滩
4		大帅岙	MYS20	120°19′39.00″	26°57′34.80″	沙滩

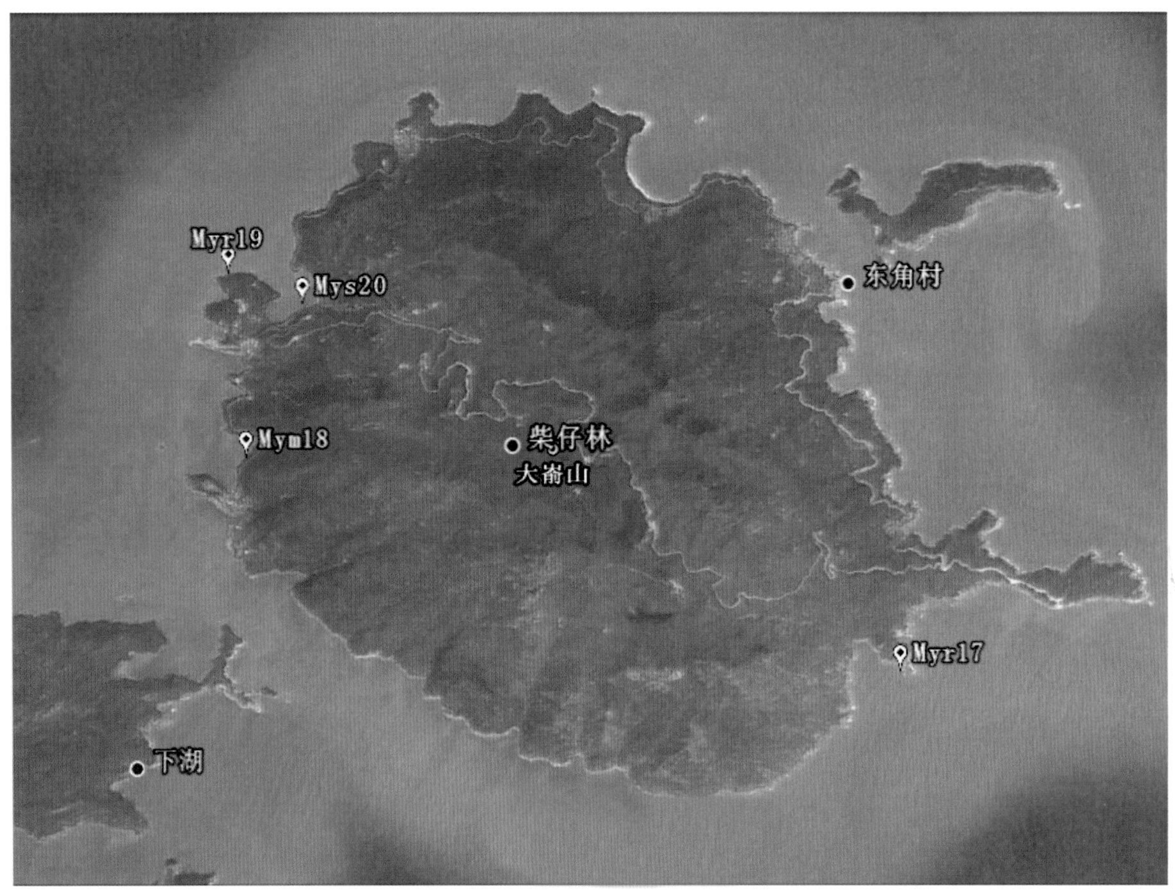

图 24-1 大嵛山岛滨海湿地潮间带大型底栖生物调查断面

24.3 物种多样性

24.3.1 种类组成与分布

大嵛山岛滨海湿地潮间带大型底栖生物 270 种，其中藻类 39 种，多毛类 69 种，软体动物 79 种，甲壳动物 47 种，棘皮动物 12 种和其他生物 18 种。多毛类、软体动物和甲壳动物占总种数的 74.44%，三者构成潮间带大型底栖生物主要类群。

大嵛山岛滨海湿地岩石滩潮间带大型底栖生物 168 种，其中藻类 39 种，多毛类 36 种，软体动物 52 种，甲壳动物 23 种，棘皮动物 5 种和其他生物 13 种。藻类、多毛类和软体动物占总种数的

75.59%，三者构成岩石滩潮间带大型底栖生物主要类群。

大嵛山岛滨海湿地沙滩潮间带大型底栖生物 56 种，其中多毛类 26 种，软体动物 14 种，甲壳动物 15 种和其他生物 1 种。多毛类、软体动物和甲壳动物占总种数的 98.21%，三者构成沙滩潮间带大型底栖生物主要类群。

大嵛山岛滨海湿地泥沙滩潮间带大型底栖生物 106 种，其中多毛类 34 种，软体动物 39 种，甲壳动物 19 种，棘皮动物 7 种和其他生物 7 种。多毛类、软体动物和甲壳动物占总种数的 86.79%，三者构成泥沙滩潮间带大型底栖生物主要类群。

在不同底质类型中，种数从高到低依次为岩石滩（168 种）、泥沙滩（106 种）、沙滩（56 种）。在岩石滩中，种数以 MYR19 断面（123 种）大于 MYR17 断面（118 种）（表 24-2）。

表 24-2　大嵛山岛滨海湿地潮间带大型底栖生物种类组成与分布　　单位：种

底质	断面	藻类	多毛类	软体动物	甲壳动物	棘皮动物	其他生物	合计
岩石滩	MYR17	33	23	43	11	3	5	118
	MYR19	14	23	51	20	3	12	123
合计		39	36	52	23	5	13	168
泥沙滩	MYM18	0	34	39	19	7	7	106
沙滩	MYS20	0	26	14	15	0	1	56
总计		39	75	79	47	12	18	270

24.3.2　优势种、主要种和经济种

根据数量和出现率，大嵛山岛滨海湿地岩石滩潮间带大型底栖生物优势种和主要种有小石花菜、铁丁菜、小珊瑚藻、羊栖菜、锈凹螺、日本笠藤壶、鳞笠藤壶、小相手蟹等。

泥沙滩和沙滩潮间带大型底栖生物优势种和主要种有双鳃内卷齿蚕、似蛰虫、美女白樱蛤、等边浅蛤、颗粒六足蟹［*Hexapus*（*H.*）*granuliferus*］、模糊新短眼蟹和平背蜞（*Gaetice depressus*）等。

岩石滩潮间带经济种主要有坛紫菜（*Porphyra haitanensis*）、小石花菜、鹿角海萝（*Gloiopeltis tenax*）、蜈蚣藻（*Grateloupia filicina*）、鹿角沙菜（*Hypnea cervicornus*）、长枝沙菜（*H. charoides*）、日本叉枝藻（*Gymnogongrus japonicus*）、小杉藻、粗枝软骨藻（*Chondria crassicaulis*）、铁丁菜、羊栖菜、鼠尾藻、礁膜、石莼（*Ulva lactuca*）、锐足全刺沙蚕、独齿围沙蚕、日本花棘石鳖、布氏蚶（*Arca boucardi*）、青蚶、僧帽牡蛎、棘刺牡蛎、敦氏猿头蛤、锈凹螺、单齿螺、粒花冠小月螺、齿纹蜒螺、红螺（*Rapana bezoar*）、疣荔枝螺、中国笔螺、石磺、龟足、平背蜞、紫海胆等。

泥沙滩和沙滩潮间带经济种主要有拟突齿沙蚕、倦旋吻沙蚕（*Glycera convoluta*）、浅古铜吻沙蚕（*Goniadidae subaenea*）、智利巢沙蚕、纳加索沙蚕、结蚶、彩虹明樱蛤、美女白樱蛤、缢蛏、等边浅蛤、渤海鸭嘴蛤、扁玉螺、日本蛸、模糊新短眼蟹、日本大眼蟹、海地瓜等。

24.4　数量时空分布

24.4.1　数量组成与季节变化

大嵛山岛滨海湿地岩石滩、沙滩和泥沙滩潮间带大型底栖生物平均生物量为 427.30 g/m^2，平均栖息密度为 1 603 个/m^2。生物量以甲壳动物居第一位（317.16 g/m^2），软体动物居第二位

(47.90 g/m^2);栖息密度以软体动物居第一位(1 209 个/m^2),甲壳动物居第二位(272 个/m^2)。不同底质类型比较,生物量从高到低依次为岩石滩(1 243.25 g/m^2)、泥沙滩(21.74 g/m^2)、沙滩(13.29 g/m^2);栖息密度同样从高到低依次为岩石滩(4 596 个/m^2)、泥沙滩(147 个/m^2)、沙滩(66 个/m^2)(表 24-3)。

表 24-3 大嵛山岛滨海湿地潮间带大型底栖生物数量组成

数量	底质	藻类	多毛类	软体动物	甲壳动物	棘皮动物	其他生物	合计
生物量 (g/m^2)	岩石滩	139.93	3.11	124.26	943.82	0.39	31.74	1 243.25
	沙滩	0	0.41	9.37	1.22	0.08	2.21	13.29
	泥沙滩	0	1.29	10.08	6.43	2.98	0.96	21.74
	平均	46.64	2.81	47.90	317.16	1.15	11.64	427.30
密度 (个/m^2)	岩石滩	—	236	3 555	763	4	38	4 596
	沙滩	—	17	26	21	1	1	66
	泥沙滩	—	61	47	31	5	3	147
	平均	—	105	1 209	272	3	14	1 603

大嵛山岛滨海湿地岩石滩潮间带大型底栖生物四季平均生物量为 1 243.25 g/m^2,平均栖息密度为 4 596 个/m^2。生物量以甲壳动物居第一位(943.82 g/m^2),藻类居第二位(139.93 g/m^2),软体动物居第三位(124.26 g/m^2);栖息密度以软体动物居第一位(3 555 个/m^2),甲壳动物居第二位(763 个/m^2)。数量季节变化,生物量以春季较大(1 449.06 g/m^2),秋季较小(947.84 g/m^2);栖息密度以冬季较大(14 311 个/m^2),春季较小(1 063 个/m^2)(表 24-4)。

表 24-4 大嵛山岛滨海湿地岩石滩潮间带大型底栖生物数量组成与季节变化

数量	季节	藻类	多毛类	软体动物	甲壳动物	棘皮动物	其他生物	合计
生物量 (g/m^2)	春季	261.33	2.44	106.50	1 018.02	1.22	59.55	1 449.06
	夏季	144.34	1.41	156.28	936.83	0.23	10.71	1 249.80
	秋季	51.99	3.92	100.33	759.79	0.04	31.77	947.84
	冬季	102.08	4.70	133.94	1 060.65	0.10	24.94	1 326.41
	平均	139.93	3.11	124.26	943.82	0.39	31.74	1 243.25
密度 (g/m^2)	春季	—	117	334	551	3	58	1 063
	夏季	—	57	505	786	3	19	1 370
	秋季	—	374	581	658	1	26	1 640
	冬季	—	397	12 800	1 058	8	48	14 311
	平均	—	236	3 555	763	4	38	4 596

大嵛山岛滨海湿地沙滩潮间带大型底栖生物四季平均生物量为 13.29 g/m^2,平均栖息密度为 66 个/m^2。生物量以软体动物居第一位(9.37 g/m^2),其他生物居第二位(2.21 g/m^2),软体动物居第三位(124.26 g/m^2);栖息密度以软体动物居第一位(26 个/m^2),甲壳动物居第二位(21 个/m^2)。数量季节变化,生物量以秋季较大(19.97 g/m^2),春季较小(0.82 g/m^2);栖息密度以夏季较大(220 个/m^2),冬季较小(11 个/m^2)(表 24-5)。

表 24-5　大嵛山岛滨海湿地沙滩潮间带大型底栖生物数量组成与季节变化

数量	季节	多毛类	软体动物	甲壳动物	棘皮动物	其他生物	合计
生物量 (g/m^2)	春季	0.20	0.09	0.53	0	0	0.82
	夏季	1.39	7.16	1.56	0.30	8.81	19.22
	秋季	0.01	19.18	0.78	0	0	19.97
	冬季	0.05	11.03	2.01	0	0.01	13.10
	平均	0.41	9.37	1.22	0.08	2.21	13.29
密度 (g/m^2)	春季	2	7	5	0	0	14
	夏季	63	81	69	2	5	220
	秋季	1	12	4	0	0	17
	冬季	1	5	5	0	0	11
	平均	17	26	21	1	1	66

大嵛山岛滨海湿地泥沙滩潮间带大型底栖生物四季平均生物量为 21.74 g/m^2，平均栖息密度为 147 个/m^2。生物量以软体动物居第一位（10.08 g/m^2），甲壳动物居第二位（139.93 g/m^2）；栖息密度以多毛类居第一位（61 个/m^2），软体动物居第二位（47 个/m^2）。数量季节变化，生物量以秋季较大（25.78 g/m^2），春季较小（20.09 g/m^2）；栖息密度以春季较大（191 个/m^2），秋季较小（101 个/m^2）（表 24-6）。

表 24-6　大嵛山岛滨海湿地泥沙滩潮间带大型底栖生物数量组成与季节变化

数量	季节	多毛类	软体动物	甲壳动物	棘皮动物	其他生物	合计
生物量 (g/m^2)	春季	1.65	6.21	3.73	5.64	2.86	20.09
	夏季	1.48	13.41	4.11	1.09	0.54	20.63
	秋季	0.67	13.43	11.45	0.22	0.01	25.78
	冬季	1.34	7.27	6.44	4.95	0.41	20.41
	平均	1.29	10.08	6.43	2.98	0.96	21.74
密度 (个/m^2)	春季	119	36	23	11	2	191
	夏季	41	43	17	5	4	110
	秋季	26	25	47	2	1	101
	冬季	58	84	38	3	3	186
	平均	61	47	31	5	3	147

24.4.2　数量分布

大嵛山岛滨海湿地岩石滩潮间带大型底栖生物数量垂直分布，生物量从高到低依次为中潮区（3 115.33 g/m^2）、低潮区（530.21 g/m^2）、高潮区（84.31 g/m^2）；栖息密度从高到低依次为低潮区（9 832 个/m^2）、中潮区（3 737 个/m^2）、高潮区（224 个/m^2）。断面间比较，MDR17 断面生物量从高到低依次为中潮区（3 541.52 g/m^2）、低潮区（718.16 g/m^2）、高潮区（134.97 g/m^2）；栖息密度从高到低依次为低潮区（2 526 个/m^2）、中潮区（2 416 个/m^2）、高潮区（207 个/m^2）。MDR19 断面生物量从高到低依次为中潮区（2 689.14 g/m^2）、低潮区（342.25 g/m^2）、高潮区（33.65 g/m^2）；栖息密度从高到低依次为低潮区（17 137 个/m^2）、中潮区（5 059 个/m^2）、高潮区

(240 个/m²)。生物量和栖息密度均以高潮区较小（表 24-7）。

表 24-7　大嵛山岛滨海湿地岩石滩潮间带大型底栖生物数量垂直分布

数量	断面	潮区	藻类	多毛类	软体动物	甲壳动物	棘皮动物	其他生物	合计
生物量 (g/m²)	MDR17	高潮区	114.60	0	20.37	0	0	0	134.97
		中潮区	319.37	2.52	87.84	3 111.46	0	20.33	3 541.52
		低潮区	375.61	13.66	180.00	6.44	0.32	142.13	718.16
		平均	269.86	5.39	96.07	1 039.30	0.11	54.15	1 464.88
	MDR19	高潮区	17.86	0	15.77	0	0	0.02	33.65
		中潮区	12.17	1.00	259.81	2 393.77	0	22.39	2 689.14
		低潮区	0	1.50	181.77	151.24	2.16	5.58	342.25
		平均	10.01	0.83	152.45	848.34	0.72	9.33	1 021.68
	平均	高潮区	66.23	0	18.07	0	0	0.01	84.31
		中潮区	165.77	1.76	173.82	2 752.62	0	21.36	3 115.33
		低潮区	187.81	7.58	180.88	78.84	1.24	73.86	530.21
		平均	139.94	3.11	124.26	943.82	0.41	31.74	1 243.28
密度 (个/m²)	MDR17	高潮区	—	0	207	0	0	0	207
		中潮区	—	151	329	1 887	0	49	2 416
		低潮区	—	1 160	1 032	160	16	158	2 526
		平均	—	437	523	682	5	69	1 716
	MDR19	高潮区	—	0	234	0	0	6	240
		中潮区	—	44	3 707	1 287	0	21	5 059
		低潮区	—	61	15 818	1 243	8	7	17 137
		平均	—	35	6 586	843	3	11	7 478
	平均	高潮区	—	0	221	0	0	3	224
		中潮区	—	97	2 018	1 587	0	35	3 737
		低潮区	—	611	8 425	701	12	83	9 832
		平均	—	236	3 555	763	4	40	4 598

大嵛山岛滨海湿地沙滩潮间带大型底栖生物数量垂直分布，生物量从高到低依次为中潮区(19.78 g/m²)、低潮区（19.76 g/m²)、高潮区（0.31 g/m²)；栖息密度从高到低依次为中潮区(137 个/m²)、低潮区(61 个/m²)、高潮区（1 个/m²）。生物量和栖息密度均以中潮区较大高潮区较小（表 24-8)。

表 24-8　大嵛山岛滨海湿地沙滩潮间带大型底栖生物数量垂直分布

数量	潮区	多毛类	软体动物	甲壳动物	棘皮动物	其他生物	合计
生物量 (g/m²)	高潮区	0	0	0.31	0	0	0.31
	中潮区	0.32	16.60	2.79	0	0.07	19.78
	低潮区	0.92	11.49	0.57	0.23	6.55	19.76
	平均	0.41	9.36	1.22	0.08	2.21	13.28

续表 24-8

数量	潮区	多毛类	软体动物	甲壳动物	棘皮动物	其他生物	合计
密度（个/m²）	高潮区	0	0	1	0	0	1
	中潮区	9	72	55	0	1	137
	低潮区	42	7	7	2	3	61
	平均	17	26	21	1	1	66

大嵛山岛滨海湿地泥沙滩潮间带大型底栖生物数量垂直分布，生物量从高到低依次为高潮区（29.91 g/m²）、中潮区（19.03 g/m²）、低潮区（16.25 g/m²），栖息密度从高到低依次为低潮区（218 个/m²）、高潮区（140 个/m²）、中潮区（85 个/m²）（表 24-9）。

表 24-9　大嵛山岛滨海湿地泥沙滩潮间带大型底栖生物数量垂直分布

数量	潮区	多毛类	软体动物	甲壳动物	棘皮动物	其他生物	合计
生物量（g/m²）	高潮区	0	17.76	12.10	0	0.05	29.91
	中潮区	0.95	9.36	2.14	4.13	2.45	19.03
	低潮区	2.90	3.12	5.06	4.80	0.37	16.25
	平均	1.28	10.08	6.43	2.98	0.95	21.72
密度（个/m²）	高潮区	0	115	24	0	1	140
	中潮区	48	8	19	7	3	85
	低潮区	135	18	51	9	5	218
	平均	61	47	31	5	3	147

24.4.3　饵料生物水平

大嵛山岛滨海湿地潮间带大型底栖生物平均饵料水平分级均为Ⅴ级。其中，甲壳动物最高，达Ⅴ级；藻类和软体动物较高，达Ⅳ级；多毛类和棘皮动物较低，均为Ⅰ级。岩石滩断面高，达Ⅴ级。其中，藻类、软体动物和甲壳动物较高，分别达Ⅴ级；多毛类和棘皮动物较低，均为Ⅰ级。沙滩断面为Ⅲ级。其中，软体动物较高，达Ⅱ级；其他类群较低，均为Ⅰ级。泥沙滩断面为Ⅲ级。其中，软体动物较高，达Ⅲ级；甲壳动物为Ⅱ级，其他类群较低，均为Ⅰ级（表 24-10）。

表 24-10　大嵛山岛滨海湿地潮间带大型底栖生物饵料水平分级

底质	藻类	多毛类	软体动物	甲壳动物	棘皮动物	其他生物	评价标准
岩石滩	Ⅴ	Ⅰ	Ⅴ	Ⅴ	Ⅰ	Ⅳ	Ⅴ
沙滩	Ⅰ	Ⅰ	Ⅱ	Ⅰ	Ⅰ	Ⅰ	Ⅲ
泥沙滩	Ⅰ	Ⅰ	Ⅲ	Ⅱ	Ⅰ	Ⅰ	Ⅲ
平均	Ⅳ	Ⅰ	Ⅳ	Ⅴ	Ⅰ	Ⅲ	Ⅴ

24.5　群落

24.5.1　群落类型

大嵛山岛滨海湿地潮间带大型底栖生物群落按底质类型可分为岩石滩群落、沙滩群落和泥沙滩群落。

（1）大嵛山岛滨海湿地岩石滩开敞型潮间带大型底栖生物群落位于岛屿东南面，该断面完全暴露，受风浪和潮流正面冲击，底质为花岗岩。高潮区：粒结节滨螺—塔结节滨螺带；中潮区：鼠尾藻—日本笠藤壶—鳞笠藤壶—短石蛏带；低潮区：亨氏马尾藻—小珊瑚藻—无襟毛虫（*Pomatoleios* sp.）—短石蛏带。

（2）大嵛山岛滨海湿地沙滩开敞型潮间带大型底栖生物群落位于岛屿西北面，滩面长约 400 m，该断面完全暴露，受风浪和潮流正面冲击，底质为中细砂、中砂和中粗砂，中潮区泥沙呈斑块状分布。高潮区：痕掌沙蟹带；中潮区：等边浅蛤—蛤蜊—日本大眼蟹带；低潮区：大海蛹（*Ophelina grandis*）—模糊新短眼蟹—小荚蛏（*Siliqua minima*）带。

24.5.2　群落结构

（1）大嵛山岛滨海湿地岩石滩开敞型潮间带大型底栖生物群落。高潮区：粒结节滨螺—塔结节滨螺带。该潮区代表种为粒结节滨螺和塔结节滨螺，主要分布在该潮区下层，春季生物量分别为 12.64 g/m^2 和 4.48 g/m^2，栖息密度分别为 152 个/m^2 和 32 个/m^2；夏季粒结节滨螺的栖息密度可达 176 个/m^2。其他习见种有龟足和海蟑螂等。

中潮区：鼠尾藻—日本笠藤壶—鳞笠藤壶—短石蛏带。该潮区优势种为鼠尾藻，自中潮区下层可延伸分布至低潮区上层，春季生物量高达 1 505.92 g/m^2；夏季达 614.48 g/m^2；秋季达 258.04 g/m^2；冬季较低，仅为 38.64 g/m^2。优势种日本笠藤壶，分布在本区上、中层，春季在本区的较大生物量和栖息密度分别高达 7 710.72 g/m^2 和 2 912 个/m^2；夏季分别高达 3 624.64 g/m^2 和 1 744 个/m^2；秋季分别高达 4 327.60 g/m^2 和 3 432 个/m^2；冬季分别高达 9 376.00 g/m^2 和 4 776 个/m^2。优势种鳞笠藤壶，分布在本区中、下层，春季的较大生物量和栖息密度分别为 108.32 g/m^2 和 16 个/m^2；夏季分别为 1 832.00 g/m^2 和 312 个/m^2；秋季分别为 2 114.80 g/m^2 和 2 448 个/m^2；冬季分别为 511.52 g/m^2 和 240 个/m^2。短石蛏，自本区下层可延伸分布至低潮区上层，春季生物量和栖息密度分别为 22.16 g/m^2 和 192 个/m^2；夏季分别为 34.00 g/m^2 和 264 个/m^2；秋季分别为 265.12 g/m^2 和 1 136 个/m^2；冬季较低，仅为 25.44 g/m^2 和 192 个/m^2。在隐蔽型断面，僧帽牡蛎在生物量和栖息密度分别高达 254.72~434.80 g/m^2 和 36 384~62 112 个/m^2。其他主要种和习见种有小珊瑚藻、小石花菜、小杉藻、铁丁菜、羊栖菜、巧言虫、独齿围沙蚕、无襟毛虫、红条毛肤石鳖、日本花棘石鳖、青蚶、带偏顶蛤、条纹隔贻贝（*Septifer virgatus*）、栗色拉沙蛤（*Lasaea nipponica*）、棘刺牡蛎、嫁㚎、疣荔枝螺、甲虫螺、日本菊花螺、光辉圆扇蟹、小相手蟹等。

低潮区：亨氏马尾藻—小珊瑚藻—无襟毛虫—短石蛏带。该潮区优势种为亨氏马尾藻，仅在本区出现，春季的生物量高达 1 163.84 g/m^2；夏季高达 769.12 g/m^2。主要种小珊瑚藻，仅在本区出现，秋季生物量为 104.64 g/m^2。主要种无襟毛虫，从中潮区下层可延伸分布至低潮区，春季在本区的生物量和栖息密度分别为 0.72 g/m^2 和 136 个/m^2；夏季分别为 0.48 g/m^2 和 48 个/m^2；秋季分别为 10.08 g/m^2 和 1 888 个/m^2；冬季分别为 2.56 g/m^2 和 332 个/m^2。优势种短石蛏，从中潮区下层可延伸分布至低潮区，春季在本区的较大生物量和栖息密度分别为 7.28 g/m^2 和 334 个/m^2；夏季分别为 39.12 g/m^2 和

440 个/m²；秋季分别为 331.52 g/m² 和 1 656 个/m²；冬季分别为 72.00 g/m² 和 760 个/m²。其他主要种和习见种有石花菜、繁枝蜈蚣藻（*Grateloupia ramosissima*）、鼠尾藻、小杉藻、羊栖菜、巧言虫、多齿沙蚕（*Nereis multignatha*）、盘管虫（*Hydroides* sp.）、日本宽板石鳖（*Placiphorella japonica*）、红条毛肤石鳖、条纹隔贻贝、带偏顶蛤、中国不等蛤、敦氏猿头蛤、丽口螺（*Calliostoma unicum*）、锈凹螺、银口凹螺（*Chlorostoma argyrostoma*）、覆瓦小蛇螺、粒神螺、丽核螺、甲虫螺、黄口荔枝螺、棘螺（*Chicoreus ramosus*）、棘巨藤壶（*Megabalanus volcano*）、光辉圆扇蟹、小相手蟹等（图 24-2）。

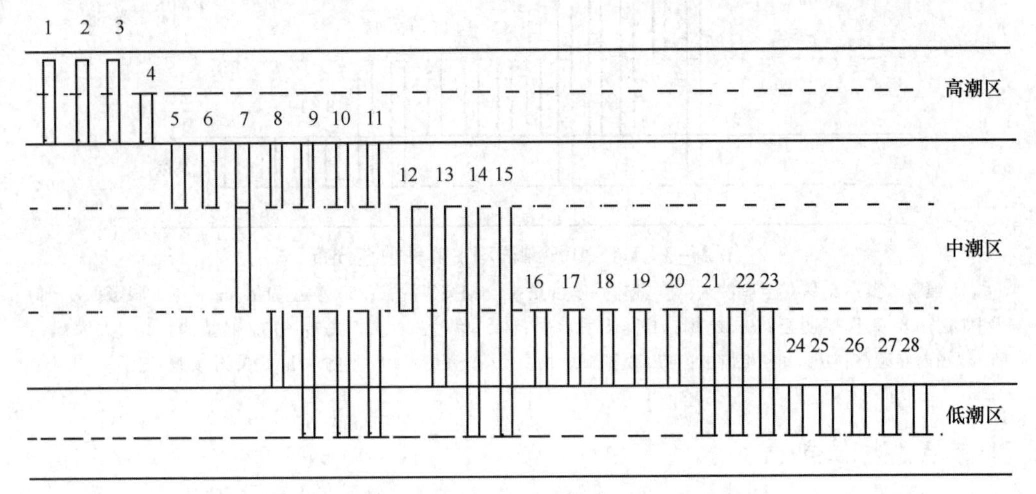

图 24-2　MYR17 岩石滩群落主要种垂直分布

1. 塔结节滨螺；2. 粒结节滨螺；3. 粗糙滨螺；4. 短滨螺；5. 日本菊花螺；6. 黑荞麦蛤；7. 日本笠藤壶；8. 齿裂虫；9. 多鳞虫；10. 青蚶；11. 光辉圆扇蟹；12. 小石花菜；13. 鳞笠藤壶；14. 沙蚕；15. 红条毛肤石鳖；16. 鼠尾藻；17. 矶沙蚕；18. 小卷海齿花；19. 近辐蛇尾；20. 侧花海葵；21. 羊栖菜；22. 模裂虫；23. 短石蛏；24. 小珊瑚藻；25. 巧言虫；26. 漂蚕；27. 太平洋侧花海葵；28. 革囊星虫

（2）大嵛山岛滨海湿地沙滩潮间带大型底栖生物群落。高潮区：痕掌沙蟹带。该区代表种为痕掌沙蟹，仅在本区出现，春季生物量和栖息密度分别为 0.53 g/m² 和 1 个/m²；夏季分别为 0.72 g/m² 和 1 个/m²；秋季分别为 0.53 g/m² 和 2 个/m²。

中潮区：等边浅蛤—蛤蜊—日本大眼蟹带。该区主要种为等边浅蛤，仅在本区出现，春季生物量和栖息密度分别为 0.44 g/m² 和 8 个/m²；夏季分别为 6.52 g/m² 和 20 个/m²；秋季分别为 92.20 g/m² 和 12 个/m²；冬季分别为 51.40 g/m² 和 12 个/m²。优势种蛤蜊，春季生物量和栖息密度分别为 0.20 g/m² 和 4 个/m²；夏季分别为 7.24 g/m² 和 628 个/m²；秋季分别为 0.56 g/m² 和 40 个/m²；冬季分别为 0.28 g/m² 和 20 个/m²。日本大眼蟹，春季生物量和栖息密度分别为 1.86 g/m² 和 2 个/m²；夏季分别为 5.34 g/m² 和 60 个/m²；秋季分别为 5.88 g/m² 和 14 个/m²；冬季分别为 6.40 g/m² 和 12 个/m²。其他主要种和习见种有伪锤稚虫（*Pseudomalacoceros* sp.）、长手沙蚕（*Magelona papillicornis*）、锐足全刺沙蚕、拟突齿沙蚕、彩虹明樱蛤、中国紫蛤（*Sanguinolaria chinensis*）、焦河蓝蛤、渤海鸭嘴蛤、淡水泥蟹、彭氏黎明蟹（*Matuta banksii*）、四齿大额蟹、沈氏厚蟹（*Helice sheni*）等。

低潮区：大海蛹—模糊新短眼蟹—小荚蛏带。该区主要种为大海蛹，仅在本区出现，夏季生物量和栖息密度分别为 0.84 g/m² 和 108 个/m²。中蚓虫，仅在本区出现，夏季生物量和栖息密度分别为 2.24 g/m² 和 8 个/m²。小荚蛏，夏季生物量和栖息密度分别为 3.72 g/m² 和 20 个/m²。其他主要种和习见种有海仙人掌、奇异稚齿虫、双鳃内卷齿蚕、长手沙蚕、不倒翁虫、紫蛤、文蛤、纵肋织纹螺、红线黎明蟹（*Matuta planipes*）、中华绒螯蟹（*Eriocheir sinensis*）、绒螯近方蟹、圆形肿须蟹（*Labuanium rotundatum*）等（图 24-3）

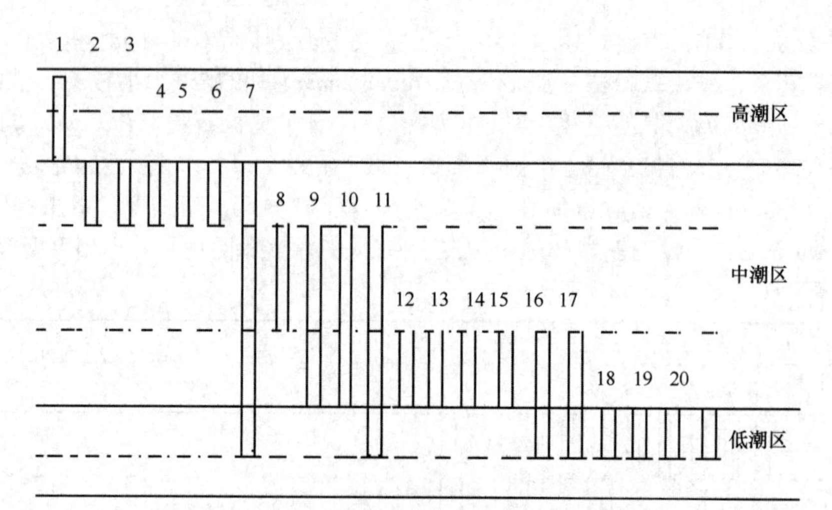

图 24-3　MYS20 沙滩群落主要种垂直分布

1. 痕掌沙蟹；2. 锐足全刺沙蚕；3. 浅古铜吻沙蚕；4. 拟突齿沙蚕；5. 等边浅蛤；6. 日本大眼蟹；7. 加州中蚓虫；8. 彭氏黎明蟹；9. 蛤蜊；10. 长手沙蚕；11. 单毛虫；12. 文蛤；13. 似蛰虫；14. 大海蛹；15. 双鳃内卷齿蚕；16. 奇异稚齿虫；17. 模糊新短眼蟹；18. 紫蛤；19. 不倒翁虫；20. 小荚蛏

24.5.3　群落生态特征值

根据 Shannon-Wiener 种类多样性指数（H'）、Pielous 种类均匀度指数（J）、Margalef 种类丰富度指数（d）和 Simpson 优势度（D）显示，大嵛山岛滨海湿地岩石滩群落丰富度指数（d）春季较大（4.665 0），冬季最小（1.965 0）；多样性指数（H'）春季较大（2.060 0），冬季最小（0.726 0）；均匀度指数（J）春季较大（0.552 0），冬季最小（0.233 5）；Simpson 优势度（D）冬季较大（0.716 0），秋季最小（0.236 0）。

泥沙滩群落丰富度指数（d）春季较大（5.990 0），冬季最小（4.110 0）；多样性指数（H'）春季较大（3.090 0），冬季最小（2.210 0）；均匀度指数（J）春季较大（0.821 0），冬季最小（0.649 0）；Simpson 优势度（D）冬季较大（0.204 0），春季最小（0.067 8）。

沙滩群落丰富度指数（d）夏季较大（4.510 0），秋季最小（1.240 0）；多样性指数（H'）冬季较大（2.040 0），秋季最小（1.460 0）；均匀度指数（J）冬季较大（0.887 0），夏季最小（0.556 0）；Simpson 优势度（D）夏季较大（0.332 0），冬季最小（0.158 0）（表 24-11）。

表 24-11　大嵛山岛滨海湿地潮间带大型底栖生物群落生态特征值

季节	群落	断面	d	H'	J	D
春季	岩石滩	MYR17	4.880 0	1.950 0	0.514 0	0.371 0
		MYR19	4.450 0	2.170 0	0.590 0	0.214 0
		平均	4.665 0	2.060 0	0.552 0	0.292 5
	泥沙滩	MYM18	5.990 0	3.090 0	0.821 0	0.067 8
	沙滩	MYS20	2.150 0	1.710 0	0.689 0	0.288 0
夏季	岩石滩	MYR17	3.060 0	1.660 0	0.504 0	0.354 0
		MYR19	3.100 0	1.880 0	0.547 0	0.215 0
		平均	3.080 0	1.770 0	0.525 5	0.284 5
	泥沙滩	MYM18	5.360 0	2.790 0	0.791 0	0.112 0
	沙滩	MYS20	4.510 0	1.940 0	0.556 0	0.332 0

续表 24-11

季节	群落	断面	d	H'	J	D
秋季	岩石滩	MYR17	3.410 0	1.840 0	0.527 0	0.212 0
		MYR19	2.770 0	1.720 0	0.534 0	0.260 0
		平均	3.090 0	1.780 0	0.530 5	0.236 0
	泥沙滩	MYM18	4.180 0	2.680 0	0.813 0	0.101 0
	沙滩	MYS20	1.240 0	1.460 0	0.749 0	0.299 0
冬季	岩石滩	MYR17	2.460 0	1.150 0	0.363 0	0.540 0
		MYR19	1.470 0	0.302 0	0.104 0	0.892 0
		平均	1.965 0	0.726 0	0.233 5	0.716 0
	泥沙滩	MYM18	4.110 0	2.210 0	0.649 0	0.204 0
	沙滩	MYS20	2.030 0	2.040 0	0.887 0	0.158 0

24.5.4　群落稳定性

应用丰度生物量比较法对大嵛山岛滨海湿地潮间带大型底栖生物群落结构进行分析，结果表明：MYR17 岩石滩群落相对稳定，丰度生物量复合 k-优势度曲线不翻转和不重叠。但春季、夏季和冬季生物量累积百分优势度分别高达 92%、78%和 96%，丰度累积百分优势度分别达 60%、58%、72%。这主要与优势种日本笠藤壶的数量有关，春季其生物量和栖息密度分别高达 7 710.72 g/m^2 和 2 912 个/m^2；夏季分别高达 3 624.64 g/m^2 和 1 744 个/m^2；秋季分别高达 4 327.60 g/m^2 和 3 432 个/m^2；冬季分别高达 9 376.00 g/m^2 和 4 776 个/m^2。其次，优势种鳞笠藤壶，夏季生物量和栖息密度分别达 1 832.00 g/m^2 和 312 个/m^2；秋季分别达 2 114.80 g/m^2 和 2 448 个/m^2。此外，优势种僧帽牡蛎冬季在中潮区下层和低潮区上层栖息密度分别高达 36 384 个/m^2 和 62 112 个/m^2。MYS20 沙滩群落春季和夏季不稳定，丰度生物量复合 k-优势度曲线出现交叉、翻转和重叠，秋季和冬季相对稳定，丰度生物量复合 k-优势度曲线不翻转和不重叠（图 24-4~图 24-11）。

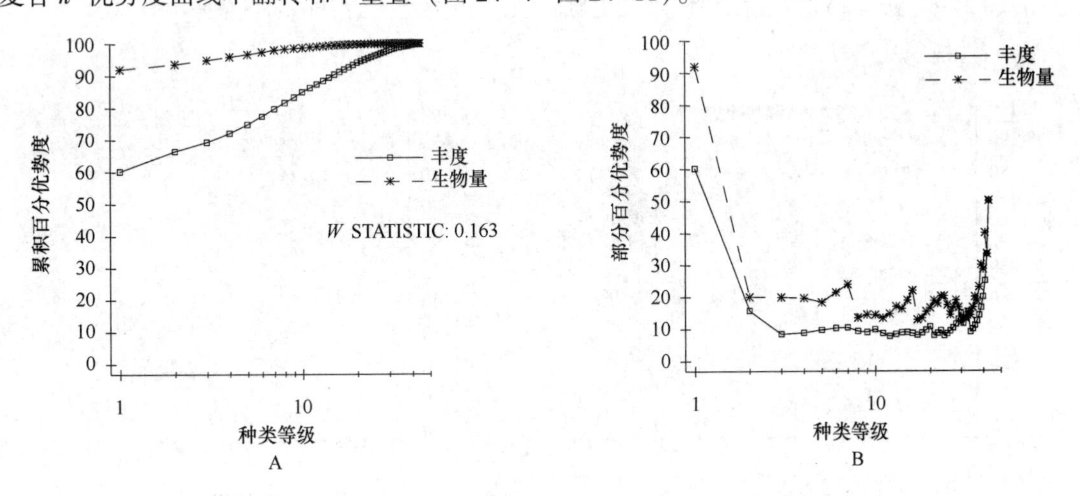

图 24-4　春季 MYR17 岩石滩群落丰度生物量复合 k-优势度（A）和部分优势度（B）曲线

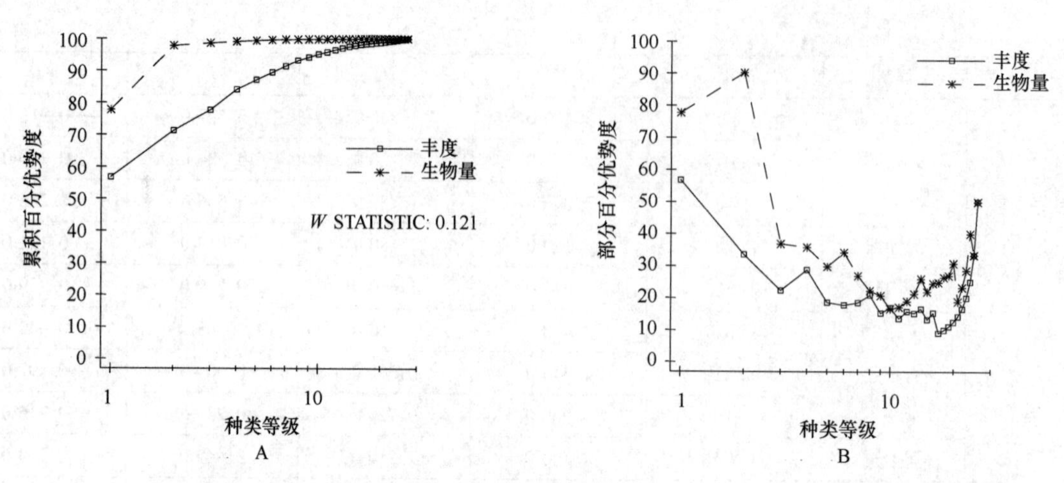

图 24-5　夏季 MYR17 岩石滩群落丰度生物量复合 k-优势度（A）和部分优势度（B）曲线

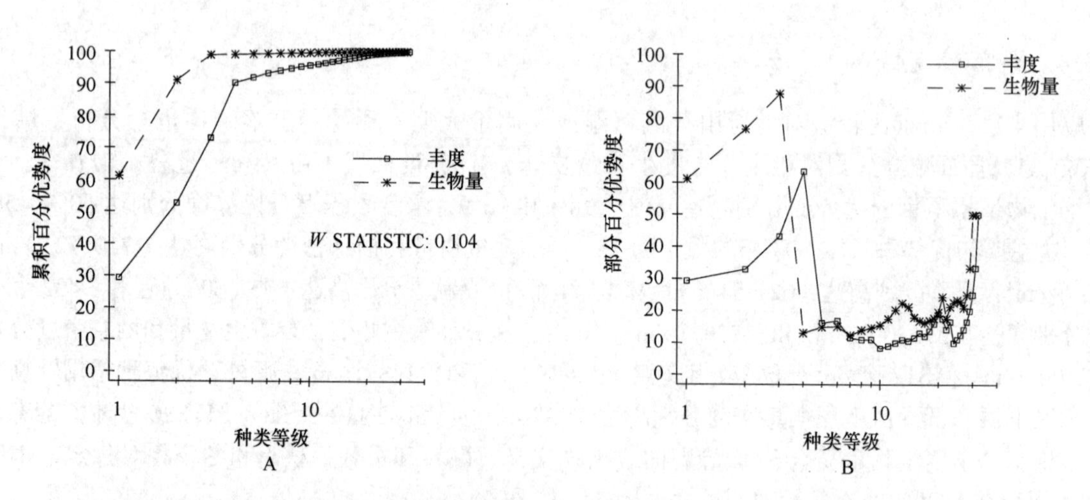

图 24-6　秋季 MYR17 岩石滩群落丰度生物量复合 k-优势度（A）和部分优势度（B）曲线

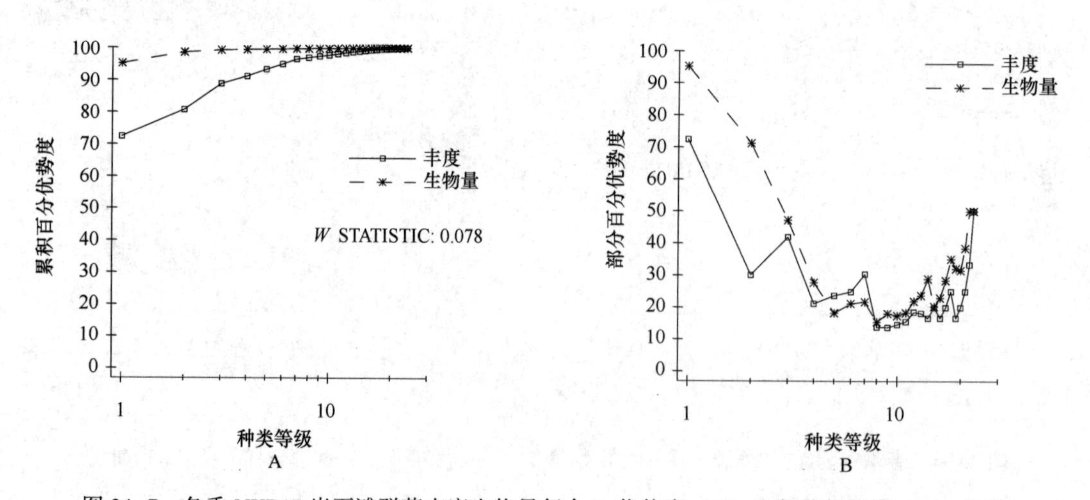

图 24-7　冬季 MYR17 岩石滩群落丰度生物量复合 k-优势度（A）和部分优势度（B）曲线

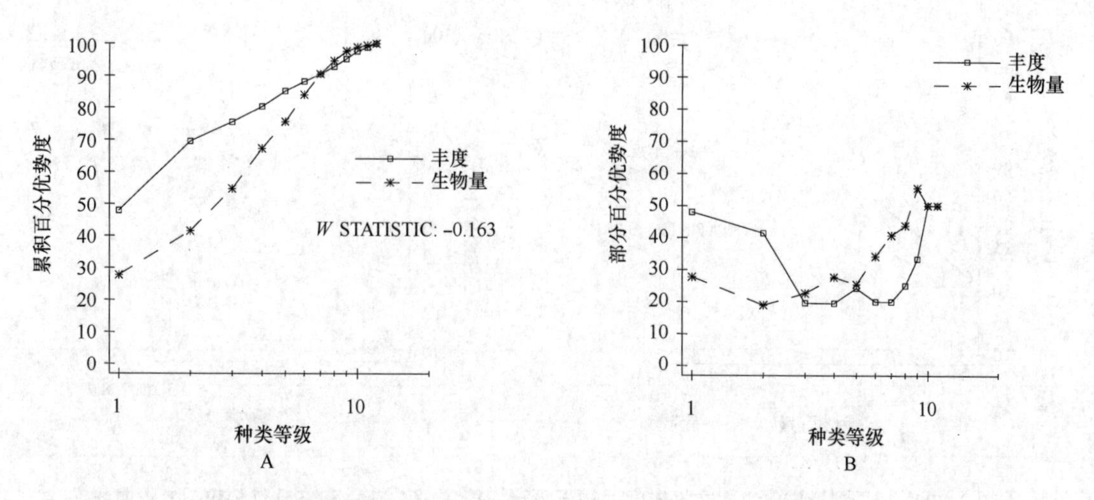

图 24-8　春季 MYS20 沙滩群落丰度生物量复合 k-优势度（A）和部分优势度（B）曲线

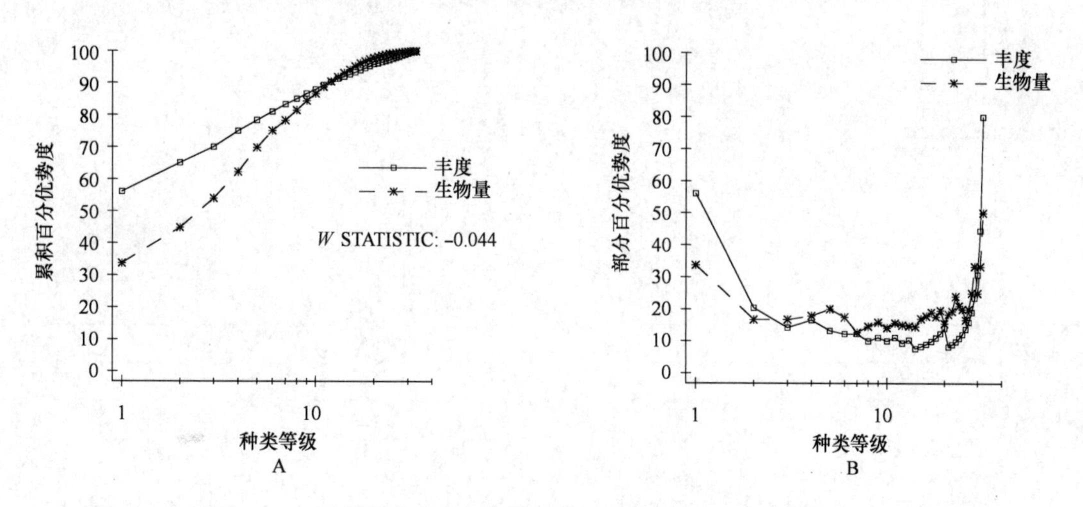

图 24-9　夏季 MYS20 沙滩群落丰度生物量复合 k-优势度（A）和部分优势度（B）曲线

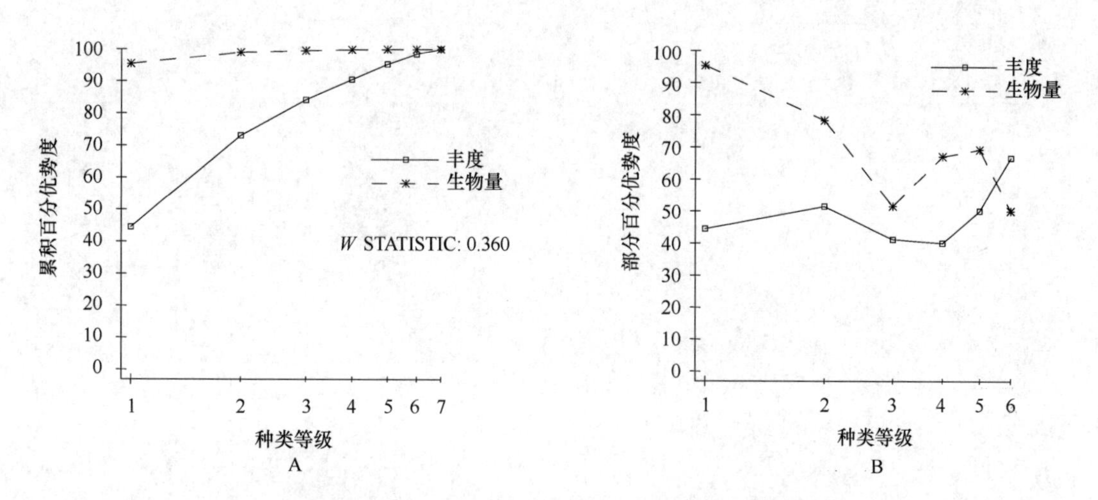

图 24-10　秋季 MYS20 沙滩群落丰度生物量复合 k-优势度（A）和部分优势度（B）曲线

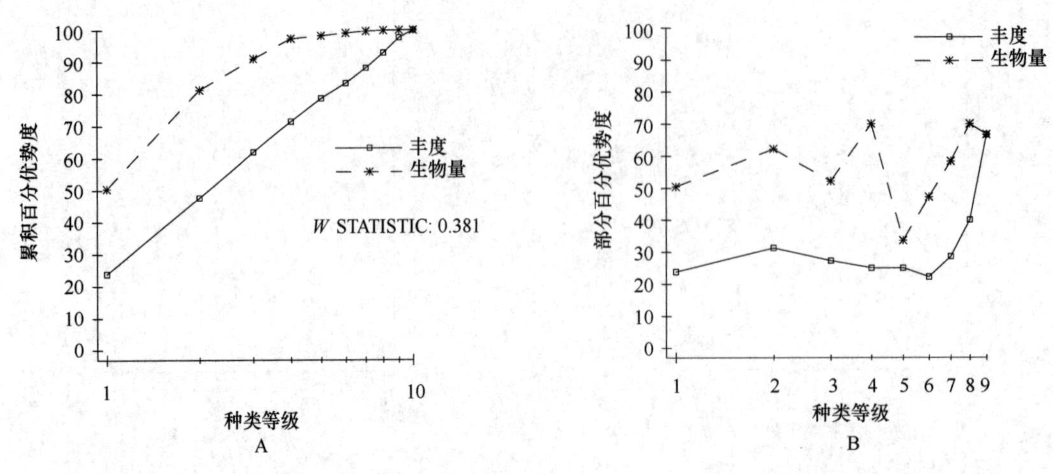

图 24-11　冬季 MYS20 沙滩群落丰度生物量复合 *k*-优势度（A）和部分优势度（B）曲线

第 25 章　西洋岛滨海湿地

25.1　自然环境特征

西洋岛滨海湿地分布于西洋岛，西洋岛南北长 5 km，东西宽 1.58 km，面积 8.46 km^2，其中砂质滩涂 0.341 3 km^2；岸线长 24.48 km，距大陆最近点 10.62 km，地形以低山丘陵为主，地势各有差异，海拔 366 m，属霞浦县管辖。

西洋岛滨海湿地沉积物有砂砾、砾石粗砂、粗砂、中粗砂、黏土质粉砂及粉砂质黏土。主要沉积物类型为黏土质粉砂及粉砂质黏土。其他粗颗粒沉积物主要分布于大湾澳潮间带。

该岛属中亚热带海洋性季风气候。每年 6—8 月盛行偏南风，其余月份盛行偏北风。年均气温 17.6℃，最热月（8 月）平均气温 26.8℃，最冷月（2 月）平均气温 8.2℃，气温年差 18.6℃，平均全年稳定≥10℃，积温 5 640.7℃。极端最高气温 33.4℃，极端最低气温-1.1℃。夏季凉爽宜人，冬季无严寒。年均降水量 1 096.9 mm，年均相对湿度 82%。降水量四季分配不均，春季（3—5 月）降水量为 605 mm，占全年降水总量的 55.2%；夏季（6—8 月）降水量为 257.8 mm，占年降水总量的 23.5%；秋冬季（9 月至翌年 2 月）降水量为 233.6 mm，占年降水总量的 21.3%。风速较大，年平均风速为 7.7 m/s；11 月风速较大，平均风速达 9.7 m/s；定时较大风速为 34 m/s。影响较大的灾害性天气有台风、大风、暴雨等。年平均大风（≥8 级）日数达 97.9 d，最多年份达 144 d。年均暴雨日数为 2.6 d，最多年份为 5 d。年均雾日 33.5 d，最多年份达 60 d。

海水表层水温，冬季最低（10.91℃），夏季最高（25.24℃），秋季水温 17.40℃，年变幅 14.33℃；底层水温变化在 11.16~24.65℃之间，冬季最低，夏季最高。海水表层盐度，冬季最低（27.82），夏季最高（33.87），春季盐度为 30.38，年变幅 6.05；底层盐度变化在 27.99~34.22 之间，冬季盐度最低，夏季盐度最高。

海水透明度，秋冬季最小，平均为 0.5 m 左右；夏季为 1.0~2.5 m，春季为 1.0~3.0 m。水色秋冬季最低，平均为 20 号左右；春季最高为 6~16 号。

西洋岛滨海湿地潮汐类型为正规半日潮，月平均潮差为 4.55 m，较大潮差为 6.51 m。月平均涨潮历时 6 h 11 min，月平均落潮历时 6 h 14 min，后者稍长于前者。

25.2　断面与站位布设

1990—1991 年春季、夏季、秋季和冬季分别对西洋岛滨海湿地北澳、南部、西北部和西南部岩石、泥沙滩和沙滩 4 条断面进行潮间带大型底栖生物取样（表 25-1，图 25-1）。

表 25-1 西洋岛滨海湿地潮间带大型底栖生物调查断面

序号	时间	断 面	编号	经 度（E）	纬 度（N）	底质
1	1990—1991 年	北澳	MXR13	120°3′19.80″	26°31′19.80″	岩石滩
2		西洋岛南部	MXR15	120°1′53.76″	26°29′34.60″	
3		西洋岛西北部	MXM14	120°3′4.20″	26°31′4.20″	泥沙滩
4		西洋岛西南部	MXS16	120°1′50.11″	26°30′9.50″	沙滩

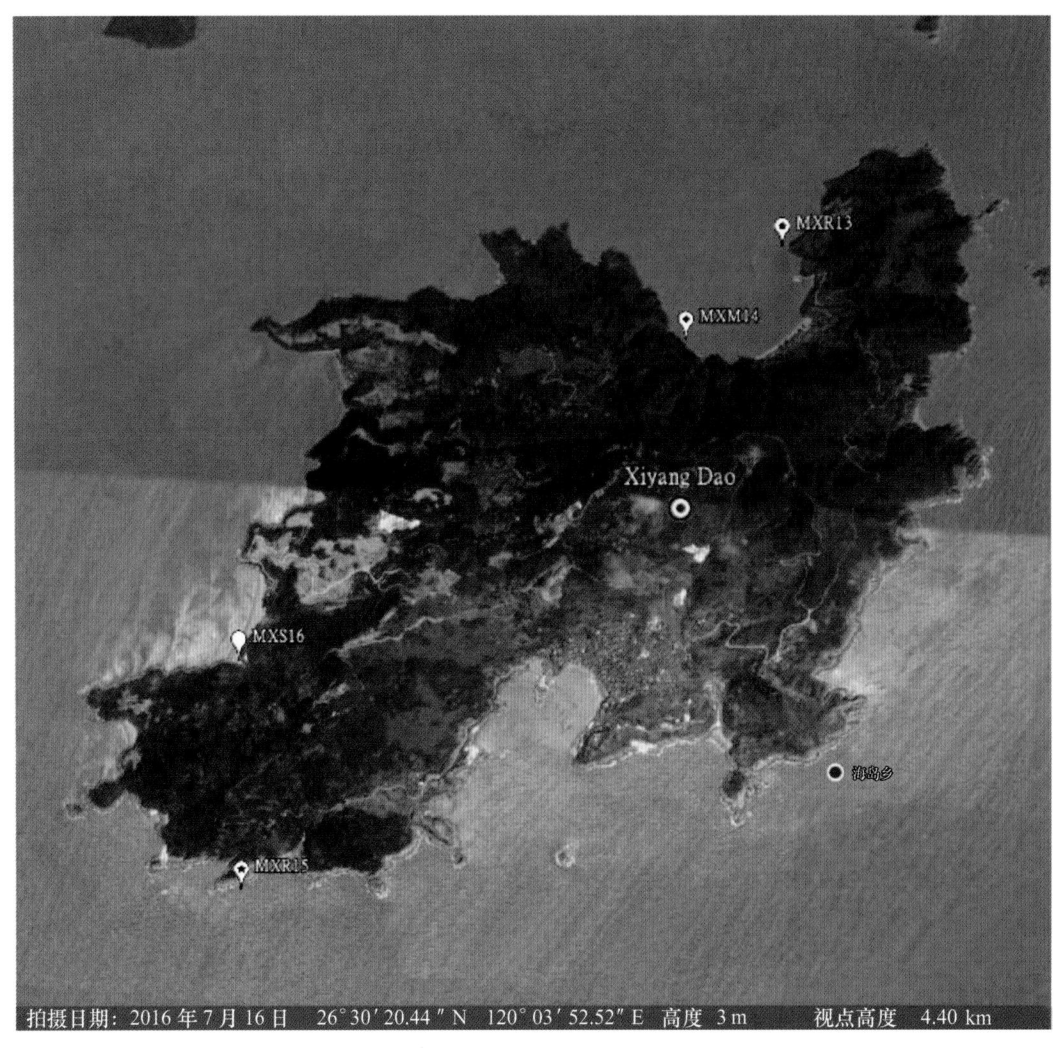

图 25-1 西洋岛滨海湿地潮间带大型底栖生物取样断面

25.3 物种多样性

25.3.1 种类组成与分布

西洋岛滨海湿地潮间带大型底栖生物 197 种，其中藻类 51 种，多毛类 44 种，软体动物 53 种，甲壳动物 22 种，棘皮动物 11 种和其他生物 16 种。藻类、多毛类和软体动物占总种数的 75.12%，三者构成潮间带大型底栖生物主要类群。

西洋岛滨海湿地岩石滩潮间带大型底栖生物 167 种，其中藻类 51 种，多毛类 26 种，软体动物 51 种，甲壳动物 19 种，棘皮动物 8 种和其他生物 12 种。藻类、多毛类和软体动物和甲壳动物占总种数的 76.64%，三者构成岩石滩潮间带大型底栖生物主要类群。

西洋岛滨海湿地沙滩潮间带大型底栖生物 6 种，主要为多毛类和甲壳动物。

西洋岛滨海湿地泥沙滩潮间带大型底栖生物 47 种，其中多毛类 16 种，软体动物 14 种，甲壳动物 7 种，棘皮动物 5 种和其他生物 5 种。多毛类、软体动物和甲壳动物占总种数的 78.72%，三者构成泥沙滩潮间带大型底栖生物主要类群。

不同底质类型比较，种数以岩石滩（167 种）大于泥沙滩（47 种）大于沙滩（6 种）。在岩石滩中，种数以 MXR13 断面（137 种）大于 MXR15 断面（111 种）（表 25-2）。

表 25-2 西洋岛滨海湿地潮间带大型底栖生物物种组成与分布

单位：种

底质	断面	藻类	多毛类	软体动物	甲壳动物	棘皮动物	其他生物	合计
岩石滩	MXR13	41	17	49	14	6	10	137
	MXR15	39	17	37	10	3	5	111
	小计	51	26	51	19	8	12	167
沙滩	MXS16	0	4	0	2	0	0	6
泥沙滩	MXM14	0	16	14	7	5	5	47
合计		51	44	53	22	11	16	197

25.3.2 优势种、主要种和经济种

根据数量和出现率，西洋岛滨海湿地岩石滩潮间带大型底栖生物优势种和主要种有粗枝软骨藻、铁丁菜、小珊瑚藻、鼠尾藻、羊栖菜、石莼、条纹隔贻贝、短石蛏、棘刺牡蛎、嫁戚、覆瓦小蛇螺、疣荔枝螺和日本笠藤壶等。

沙滩和泥沙滩潮间带大型底栖生物优势种和主要种有毡毛岩虫、梳鳃虫、平背蜞、绒毛细足蟹、肉球近方蟹等。

岩石滩潮间带经济种主要有坛紫菜、石花菜、小石花菜、海萝（*Gloiopeltis furcata*）、鹿角海萝、蜈蚣藻、鹿角沙菜、长枝沙菜、日本叉枝藻、小杉藻、粗枝软骨藻、铁丁菜、羊栖菜、鼠尾藻、礁膜、管浒苔（*Enteromorpha tubulosa*）、花石莼、石莼、独齿围沙蚕、日本花棘石鳖、布氏蚶、青蚶、草莓海菊蛤（*Spondylus fragum*）、棘刺牡蛎、敦氏猿头蛤、锈凹螺、单齿螺、角蝾螺、粒花冠小月螺、渔舟蜓螺、疣荔枝螺、石磺、龟足、平背蜞、紫海胆等。

泥沙滩潮间带经济种主要有浅古铜吻沙蚕、模糊新短眼蟹、裸体方格星虫等。

25.4 数量时空分布

25.4.1 数量组成与季节变化

西洋岛滨海湿地岩石滩、沙滩和泥沙滩潮间带大型底栖生物平均生物量为 513.99 g/m^2，平均栖息密度为 397 个/m^2。生物量以甲壳动物居第一位（396.96 g/m^2），藻类居第二位（70.66 g/m^2），软体动物居第三位（39.87 g/m^2）；栖息密度以甲壳动物居第一位（313 个/m^2），软体动物居第二位

(52 个/m^2)。不同底质类型比较，生物量从高到低依次为岩石滩（1 536.53 g/m^2）、泥沙滩（5.23 g/m^2）、沙滩（0.23 g/m^2）；栖息密度同样从高到低依次为岩石滩（1 165 个/m^2）、泥沙滩（22 个/m^2）、沙滩（2 个/m^2）（表 25-3）。

表 25-3　西洋岛滨海湿地滩潮间带大型底栖生物数量组成与分布

数量	底质	藻类	多毛类	软体动物	甲壳动物	棘皮动物	其他生物	合计
生物量 (g/m^2)	岩石滩	211.99	0.98	119.10	1 187.43	0.13	16.90	1 536.53
	沙滩	0	0.07	0	0.13	0	0.03	0.23
	泥沙滩	0	0.81	0.51	3.32	0.11	0.48	5.23
	平均	70.66	0.62	39.87	396.96	0.08	5.80	513.99
密度 (个/m^2)	岩石滩	—	27	154	931	1	52	1 165
	沙滩	—	1	0	1	0	0	2
	泥沙滩	—	12	1	7	1	1	22
	平均	—	13	52	313	1	18	397

西洋岛滨海湿地岩石滩潮间带大型底栖生物四季平均生物量为 1 536.53 g/m^2，平均栖息密度为 1 165 个/m^2。生物量以甲壳动物居第一位（1 187.43 g/m^2），藻类居第二位（211.99 g/m^2），软体动物居第三位（119.10 g/m^2）；栖息密度以甲壳动物居第一位（931 个/m^2），软体动物居第二位（154 个/m^2）。数量季节变化，生物量以春季较大（1 653.18 g/m^2），冬季较小（1 225.09 g/m^2）；栖息密度以夏季较大（1 592 个/m^2），春季较小（676 个/m^2）（表 25-4）。

表 25-4　西洋岛滨海湿地岩石滩潮间带大型底栖生物数量组成与季节变化

数量	季节	藻类	多毛类	软体动物	甲壳动物	棘皮动物	其他生物	合计
生物量 (g/m^2)	春季	229.33	1.44	138.77	1 253.32	0	30.32	1 653.18
	夏季	213.18	0.88	138.95	1 253.06	0	5.60	1 611.67
	秋季	210.39	1.03	160.32	1 271.81	0.24	12.40	1 656.19
	冬季	195.07	0.58	38.36	971.54	0.27	19.27	1 225.09
	平均	211.99	0.98	119.10	1 187.43	0.13	16.90	1 536.53
密度 (个/m^2)	春季	—	23	194	312	0	147	676
	夏季	—	29	160	1 394	0	9	1 592
	秋季	—	31	147	1 046	2	24	1 250
	冬季	—	23	114	971	1	26	1 135
	平均	—	27	154	931	1	52	1 165

西洋岛滨海湿地沙滩潮间带大型底栖生物四季平均生物量为 0.23 g/m^2，平均栖息密度为 2 个/m^2。生物量以甲壳动物居第一位（0.13 g/m^2），多毛类居第二位（0.07 g/m^2）；栖息密度以多毛类和甲壳动物居第一位（1 个/m^2）。数量季节变化，生物量以秋季较大（0.44 g/m^2），依次为冬季（0.40 g/m^2）；栖息密度以冬季较大（5 个/m^2），依次为春季和秋季（2 个/m^2）（表 25-5）。

表 25-5　西洋岛滨海湿地沙滩潮间带大型底栖生物数量组成与季节变化

数量	季节	多毛类	软体动物	甲壳动物	棘皮动物	其他生物	合计
生物量（g/m^2）	春季	0	0	0.07	0	0	0.07
	夏季	0	0	0	0	0	0
	秋季	0	0	0.44	0	0	0.44
	冬季	0.29	0	0	0	0.11	0.40
	平均	0.07	0	0.13	0	0.03	0.23
密度（个/m^2）	春季	0	0	2	0	0	2
	夏季	0	0	0	0	0	0
	秋季	0	0	2	0	0	2
	冬季	4	0	0	0	1	5
	平均	1	0	1	0	0	2

西洋岛滨海湿地泥沙滩潮间带大型底栖生物四季平均生物量为 5.23 g/m^2，平均栖息密度为 22 个/m^2。生物量以甲壳动物居第一位（3.32 g/m^2），多毛类居第二位（0.81 g/m^2），软体动物居第三位（0.51 g/m^2）；栖息密度以多毛类居第一位（12 个/m^2），甲壳动物居第二位（7 个/m^2）。数量季节变化，生物量以夏季较大（10.20 g/m^2），依次为冬季（5.40 g/m^2）和春季（5.34 g/m^2）；栖息密度以春季较大（51 个/m^2），依次为冬季（20 个/m^2）和夏季（10 个/m^2）（表 25-6）。

表 25-6　西洋岛滨海湿地泥沙滩潮间带大型底栖生物数量组成与季节变化

数量	季节	多毛类	软体动物	甲壳动物	棘皮动物	其他生物	合计
生物量（g/m^2）	春季	1.52	0.05	3.39	0.32	0.06	5.34
	夏季	0	1.98	8.22	0	0	10.20
	秋季	0	0	0	0	0	0
	冬季	1.73	0	1.68	0.12	1.87	5.40
	平均	0.81	0.51	3.32	0.11	0.48	5.23
密度（个/m^2）	春季	32	1	16	1	1	51
	夏季	0	1	9	0	0	10
	秋季	0	0	0	0	0	0
	冬季	15	0	1	1	3	20
	平均	12	1	7	1	1	22

25.4.2　数量分布

西洋岛滨海湿地 MXR13 断面岩石滩潮间带大型底栖生物平均生物量为 1 372.00 g/m^2，平均栖息密度为 928 个/m^2。生物量以甲壳动物居第一位（1 011.83 g/m^2），软体动物居第二位（190.06 g/m^2），藻类居第三位（164.62 g/m^2）；栖息密度以甲壳动物居第一位（702 个/m^2），软体动物居第二位（135 个/m^2）。MXR15 断面岩石滩潮间带大型底栖生物平均生物量为 1 703.53 g/m^2，平均栖息密度为 1 398 个/m^2。生物量以甲壳动物居第一位（1 363.03 g/m^2），藻类居第二位（259.36 g/m^2），软体动物居第三位（48.13 g/m^2）；栖息密度以甲壳动物居第一位（1 159 个/m^2），软体动物居第二位（172 个/m^2）。断面间比较，生物量以 MXR15 断面（1 703.53 g/m^2）大于 MXR13 断面（1 372.00 g/m^2），栖息密度同样以 MXR15 断面（1 398 个/m^2）大于 MXR13 断面（928 个/m^2）（表 25-7）。

表 25-7　西洋岛滨海湿地岩石滩潮间带大型底栖生物数量组成与分布

数量	季节	断面	藻类	多毛类	软体动物	甲壳动物	棘皮动物	其他生物	合计
生物量（g/m²）	春季	MXR13	149.32	1.15	230.52	1 150.84	0	0.39	1 532.22
		MXR15	309.33	1.73	47.01	1 355.79	0	60.24	1 774.10
		平均	229.33	1.44	138.77	1 253.32	0	30.32	1 653.18
	夏季	MXR13	184.01	0.72	214.45	1 023.72	0	0.04	1 422.94
		MXR15	242.35	1.04	63.44	1 482.40	0	11.16	1 800.39
		平均	213.18	0.88	138.95	1 253.06	0	5.60	1 611.67
	秋季	MXR13	209.37	1.73	255.76	936.04	0	4.11	1 407.01
		MXR15	211.40	0.33	64.88	1 607.58	0.48	20.69	1 905.41
		平均	210.39	1.03	160.32	1 271.81	0.24	12.40	1 656.21
	冬季	MXR13	115.76	0.37	59.51	936.73	0.53	2.93	1 115.84
		MXR15	274.37	0.79	17.20	1 006.34	0	35.60	1 334.30
		平均	195.07	0.58	38.36	971.54	0.27	19.27	1 225.07
	四季	MXR13	164.62	0.99	190.06	1 011.83	0.13	1.87	1 372.00
		MXR15	259.36	0.97	48.13	1 363.03	0.12	31.92	1 703.53
		平均	211.99	0.98	119.10	1 187.43	0.13	16.90	1 536.53
密度（个/m²）	春季	MXR13	—	21	183	178	0	258	640
		MXR15	—	24	205	446	0	36	711
		平均	—	23	194	312	0	147	676
	夏季	MXR13	—	29	155	1 446	0	1	1 631
		MXR15	—	29	164	1 342	0	16	1 551
		平均	—	29	160	1 394	0	9	1 592
	秋季	MXR13	—	34	137	156	0	11	338
		MXR15	—	28	156	1 936	3	36	2 159
		平均	—	31	147	1 046	2	24	1 250
	冬季	MXR13	—	9	65	1 027	1	1	1 103
		MXR15	—	37	162	914	0	51	1 164
		平均	—	23	114	971	1	26	1 135
	四季	MXR13	—	23	135	702	0	68	928
		MXR15	—	30	172	1 160	1	35	1 398
		平均	—	26	153	931	1	51	1 162

西洋岛滨海湿地岩石滩潮间带大型底栖生物数量垂直分布，生物量从高到低依次为中潮区（3 791.57 g/m²）、低潮区（570.47 g/m²）、高潮区（25.01 g/m²）；栖息密度同样从高到低依次为中潮区（2 138 个/m²）、低潮区（1 223 个/m²）、高潮区（155 个/m²）。断面间比较，MXR13 断面生物量从高到低依次为中潮区（2 933.68 g/m²）、低潮区（701.44 g/m²）、高潮区（23.36 g/m²），栖息密度从高到低依次为低潮区（1 931 个/m²）、中潮区（712 个/m²）、高潮区（135 个/m²）；MXR15 断面生物量从高到低依次为中潮区（4 649.11 g/m²）、低潮区（439.50 g/m²）、高潮区（26.64 g/m²），栖息密度从高到低依次为中潮区（3 565 个/m²）、低潮区（513 个/m²）、高潮区（174 个/m²），生物量和栖息密度

均以高潮区较小（表 25-8）。

表 25-8　西洋岛滨海湿地岩石滩潮间带大型底栖生物数量垂直分布

数量	断面	潮区	藻类	多毛类	软体动物	甲壳动物	棘皮动物	其他生物	合计
生物量（g/m^2）	MXR13	高潮区	8.31	0	15.05	0	0	0	23.36
		中潮区	382.08	0.83	60.04	2 488.24	0	2.49	2 933.68
		低潮区	103.46	2.14	495.09	97.26	0.40	3.09	701.44
		平均	164.62	0.99	190.06	861.83	0.13	1.86	1 219.49
	MXR15	高潮区	14.89	0	11.74	0.01	0	0	26.64
		中潮区	453.83	0.84	92.90	4 087.69	0	14.19	4 649.45
		低潮区	309.37	2.08	44.73	1.38	0.36	81.58	439.50
		平均	259.36	0.97	49.79	1 363.03	0.12	31.92	1 705.19
	平均	高潮区	11.60	0	13.40	0.01	0	0	25.01
		中潮区	417.96	0.84	76.47	3 287.96	0	8.34	3 791.57
		低潮区	206.42	2.11	269.91	49.32	0.38	42.33	570.47
		平均	211.99	0.98	119.92	1 112.43	0.13	16.89	1 462.34
密度（个/m^2）	MXR13	高潮区	—	0	135	0	0	0	135
		中潮区	—	17	46	455	0	194	712
		低潮区	—	52	224	1 645	1	9	1 931
		平均	—	23	135	700	0	68	926
	MXR15	高潮区	—	0	173	1	0	0	174
		中潮区	—	19	163	3 351	0	32	3 565
		低潮区	—	70	179	190	2	72	513
		平均	—	30	172	1 181	1	35	1 419
	平均	高潮区	—	0	154	1	0	0	155
		中潮区	—	18	104	1 903	0	113	2 138
		低潮区	—	61	202	917	2	41	1 223
		平均	—	26	153	940	1	51	1 171

西洋岛滨海湿地沙滩潮间带大型底栖生物数量垂直分布，生物量从高到低依次为高潮区（0.44 g/m^2）、低潮区（0.43 g/m^2）、中潮区（0.04 g/m^2）；栖息密度以低潮区（6 个/m^2）大于高、中潮区（1 个/m^2），生物量和栖息密度均以中潮区较小（表 25-9）。

表 25-9　西洋岛滨海湿地沙滩潮间带大型底栖生物数量垂直分布

数量	潮区	多毛类	软体动物	甲壳动物	棘皮动物	其他生物	合计
生物量（g/m^2）	高潮区	0	0	0.44	0	0	0.44
	中潮区	0	0	0.04	0	0	0.04
	低潮区	0.29	0	0.03	0	0.11	0.43
	平均	0.10	0	0.17	0	0.04	0.31
密度（个/m^2）	高潮区	0	0	1	0	0	1
	中潮区	0	0	1	0	0	1
	低潮区	4	0	1	0	1	6
	平均	1	0	1	0	0	2

西洋岛滨海湿地泥沙滩潮间带大型底栖生物数量垂直分布，生物量从高到低依次为中潮区（14.73 g/m^2）、低潮区（5.91 g/m^2）、高潮区（0.31 g/m^2）；栖息密度从高到低依次为低潮区（55 个/m^2）、中潮区（26 个/m^2）、高潮区（2 个/m^2），生物量和栖息密度均以高潮区较小（表25-10）。

表 25-10　西洋岛滨海湿地泥沙滩潮间带大型底栖生物数量垂直分布

数量	潮区	多毛类	软体动物	甲壳动物	棘皮动物	其他生物	合计
生物量（g/m^2）	高潮区	0	0	0.31	0	0	0.31
	中潮区	0.01	2.04	12.68	0	0	14.73
	低潮区	3.24	0	0.30	0.44	1.93	5.91
	平均	1.08	0.68	4.43	0.15	0.64	6.98
密度（个/m^2）	高潮区	0	0	2	0	0	2
	中潮区	0	3	23	0	0	26
	低潮区	47	0	2	3	3	55
	平均	16	1	9	1	1	28

25.4.3　饵料生物水平

西洋岛滨海湿地潮间带大型底栖生物平均饵料水平分级达Ⅴ级，其中：藻类和甲壳动物较高，达Ⅴ级，软体动物达Ⅳ级，多毛类和棘皮动物较低，为Ⅰ级。岩石滩断面高达Ⅴ级，其中：藻类、软体动物和甲壳动物较高，均达Ⅴ级，多毛类和棘皮动物较低，均为Ⅰ级。沙滩断面为Ⅰ级，各类群较低，均为Ⅰ级。泥沙滩断面为Ⅱ级，各类群较低，均为Ⅰ级（表25-11）。

表 25-11　西洋岛滨海湿地潮间带大型底栖生物饵料水平分级

底质	藻类	多毛类	软体动物	甲壳动物	棘皮动物	其他生物	评价标准
岩石滩	Ⅴ	Ⅰ	Ⅴ	Ⅴ	Ⅰ	Ⅲ	Ⅴ
沙滩	Ⅰ	Ⅰ	Ⅰ	Ⅰ	Ⅰ	Ⅰ	Ⅰ
泥沙滩	Ⅰ	Ⅰ	Ⅰ	Ⅰ	Ⅰ	Ⅰ	Ⅱ
平均	Ⅴ	Ⅰ	Ⅳ	Ⅴ	Ⅰ	Ⅱ	Ⅴ

25.5　群落

25.5.1　群落类型

西洋岛滨海湿地潮间带大型底栖生物按底质类型和所处的位置，受风浪、潮汐和潮流影响之强弱可划分为岩石滩、沙滩（由于该群落物种过于简单，不予以详细描述）、泥沙滩隐蔽型、半隐蔽型和开敞型群落。

（1）西洋岛岩石滩半隐蔽群落。高潮区：滨螺—紫菜带；中潮区：石莼—棘刺牡蛎—日本笠藤壶—羊栖菜带；低潮区：亨氏马尾藻—覆瓦小蛇螺—小珊瑚藻—短石蛏—三角藤壶带。

（2）西洋岛泥沙滩半隐蔽型群落。高潮区：痕掌沙蟹带；中潮区：平背蜞—肉球近方蟹带；低潮区：毡毛岩虫—梳鳃虫—模糊新短眼蟹带。

25.5.2　群落结构

（1）西洋岛滨海湿地岩石滩半隐蔽型群落。该群落位于岛屿北侧的北澳。

高潮区：滨螺—紫菜带。春季该潮区代表种为粒结节滨螺和短滨螺，生物量分别为0.24 g/m^{2}和7.76 g/m^2，栖息密度分别为24个/m^{2}和96个/m^2；夏季粒结节滨螺和塔结节滨螺的生物量分别为33.36 g/m^{2}和15.26 g/m^2，栖息密度分别为232个/m^{2}和104个/m^2；秋季粒结节滨螺和塔结节滨螺的生物量分别为15.60 g/m^{2}和6.80 g/m^2，栖息密度分别为136个/m^{2}和24个/m^2；冬季粗糙滨螺和短滨螺的生物量分别为0.64 g/m^{2}和11.20 g/m^2，栖息密度分别为24个/m^{2}和168个/m^2。其他习见种有紫菜、龟足和海蟑螂等。

中潮区：石莼—棘刺牡蛎—日本笠藤壶—羊栖菜带。该潮区优势种为石莼，分布中潮区，春季生物量以中层较大，达159.60 g/m^2，下层次之，为75.20 g/m^2，上层较低，仅为6.96 g/m^2；冬季下层为64.64 g/m^2。优势种棘刺牡蛎，仅在本区出现，春季中层生物量和栖息密度分别达225.60 g/m^{2}和32个/m^2。优势种日本笠藤壶，分布本区中、上层，春季上层生物量和栖息密度分别为3 790.24 g/m^{2}和520个/m^2；中层分别为3 966.72 g/m^{2}和894个/m^2。夏季上层的生物量和栖息密度分别为5 096.32 g/m^{2}和992个/m^2；中层分别为3 321.60 g/m^{2}和416个/m^2。秋季上层生物量和栖息密度分别为4 420.8 g/m^{2}和632个/m^2；中层分别为7 581.60 g/m^{2}和5 800个/m^2。冬季中层生物量和栖息密度分别为2 525.60 g/m^{2}和472个/m^2；下层分别为950 g/m^{2}和112个/m^2。羊栖菜，自本区下层可延伸分布至低潮区上层，春季本区上层和下层生物量分别为0.01 g/m^{2}和310.64 g/m^2；夏季分别为0.01 g/m^{2}和566.28 g/m^2；秋季分别为0.01 g/m^{2}和1 072.00 g/m^2；冬季本区中、下层分别为92.00 g/m^{2}和102.00 g/m^2。其他主要种和习见种有细毛石花菜、小杉藻、铁丁菜、粗枝软骨藻、鼠尾藻、独齿围沙蚕、青蚶、带偏顶蛤、条纹隔贻贝、敦氏猿头蛤、嫁䗩、锈凹螺、单齿螺、渔舟蜒螺、齿纹蜒螺、粒花冠小月螺、疣荔枝螺、甲虫螺、日本菊花螺、红条毛肤石鳖、日本花棘石鳖、粗腿厚纹蟹（*Pachygrapsus crassipes*）、隆线强蟹（*Eucrate crenata*）、小相手蟹等。

低潮区：亨氏马尾藻—覆瓦小蛇螺—小珊瑚藻—短石蛏—三角藤壶带。该潮区主要种为亨氏马尾藻，仅在本区出现，春季上层的生物量为6.16 g/m^2，下层为68.16 g/m^2。优势种覆瓦小蛇螺，从中潮区下层可延伸分布至低潮区，在本区春季上层的生物量和栖息密度分别为1 028.80 g/m^{2}和448个/m^2，下层分别为48.88 g/m^{2}和40个/m^2；夏季上层分别为410.80 g/m^{2}和184个/m^2，下层分别为296.32 g/m^{2}和128个/m^2；秋季上层分别为1 288.48 g/m^{2}和144个/m^2；冬季上层分别为106.80 g/m^{2}和56个/m^2，下层分别为28.80 g/m^{2}和8个/m^2。主要种小珊瑚藻，夏季生物量上层和下层分别为4.40 g/m^{2}和2.40 g/m^2；秋季上层和下层分别为82.56 g/m^{2}和46.40 g/m^2。主要种短石蛏，从中潮区下层可延伸分布至低潮区，春季在本区上层的生物量和栖息密度分别为10.16 g/m^{2}和40个/m^2；夏季上层分别为0.72 g/m^{2}和64个/m^2，下层分别为3.28 g/m^{2}和32个/m^2；秋季上层分别为24.24 g/m^{2}和176个/m^2；冬季上层分别为12.08 g/m^{2}和32个/m^2，下层分别为1.04 g/m^{2}和8个/m^2。优势种三角藤壶，秋季在本区上层的生物量和栖息密度分别为415.84 g/m^{2}和7 680个/m^2，下层分别为0.72 g/m^{2}和24个/m^2。其他主要种和习见种有大石花菜、石花菜、无柄珊瑚藻、鹿角沙菜、小杉藻、宽角叉珊藻（*Jania adhaerens*）、独齿围沙蚕、矶沙蚕、侧口乳蛰虫（*Thelepus plagiostoma*）、带偏顶蛤、敦氏猿头蛤、红底星螺、锈凹螺、角蝾螺、银口凹螺、粒神螺、丽核螺、甲虫螺、黄口荔枝螺、四齿矶蟹（*Pugettia quadridens*）、光辉圆扇蟹、隆线强蟹和小相手蟹等（图25-2）。

（2）西洋岛泥沙滩半隐蔽型群落。该群落位于岛屿北面，该断面高、中潮区底质砂砾、粉砂为主，低潮区以泥质砂为主。

高潮区：痕掌沙蟹带。该区代表种为痕掌沙蟹，仅在本区出现，数量较低，春季生物量和栖息密度分别仅为1.59 g/m^{2}和1个/m^2。

中潮区：索沙蚕—平背蜞—双带核螺带。该区主要种为索沙蚕，仅在本区出现，冬季生物量和栖息密度分别为0.13 g/m^{2}和4个/m^2。平背蜞，仅在本区出现，春季生物量和栖息密度分别为

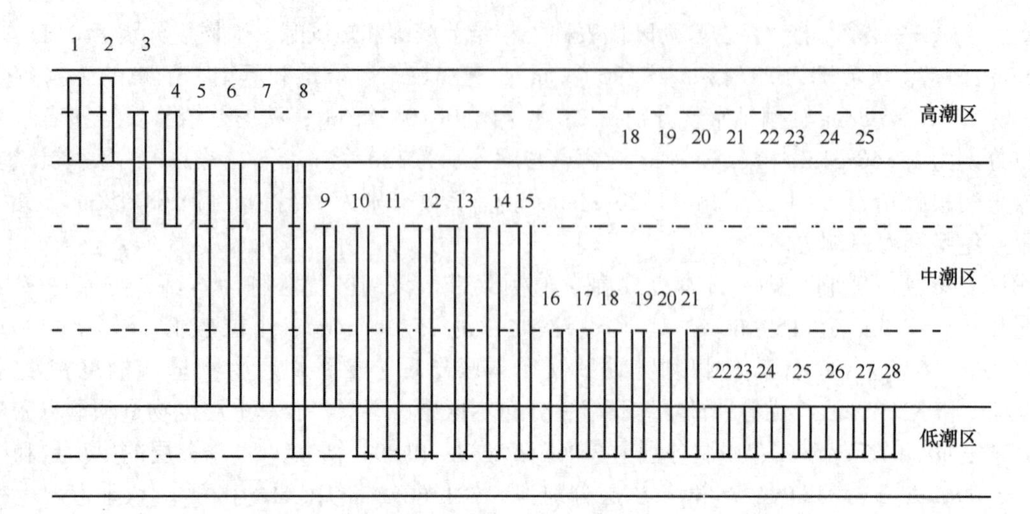

图 25-2 西洋岛 MXR13 岩石滩群落主要种垂直分布

1. 塔结节滨螺；2. 粒结节滨螺；3. 短滨螺；4. 坛紫菜；5. 日本笠藤壶；6. 铁丁菜；7. 石莼；8. 独齿围沙蚕；9. 疣荔枝螺；10. 条纹隔贻贝；11. 粗枝软骨藻；12. 小杉藻；13. 小相手蟹；14. 光辉圆扇蟹；15. 带偏顶蛤；16. 粒神螺；17. 覆瓦小蛇螺；18. 鼠尾藻；19. 羊栖菜；20. 石花菜；21. 敦氏猿头蛤；22. 小珊瑚藻；23. 三角藤壶；24. 短石蛏；25. 巧言虫；26. 日本海齿；27. 紫海胆；28. 艳丽管孔苔虫

24.67 g/m² 和 26 个/m²；夏季中层分别为 0.88 g/m² 和 3 个/m²，下层分别为 66.83 g/m² 和 63 个/m²；冬季下层分别为 15.10 g/m² 和 12 个/m²。主要种双带核螺，数量较低，夏季生物量和栖息密度分别为 0.05 g/m² 和 4 个/m²。其他主要种和习见种有索沙蚕、褐蚶、节织纹螺、肉球近方蟹、环纹蟳〔*Charybdis*（*C.*）*annulata*〕和特异大权蟹（*Macromedaeus distinguendus*）等。

低潮区：梳鳃虫—模糊新短眼蟹—光滑倍棘蛇尾带。该区主要种为梳鳃虫，仅在本区出现，春季上层的生物量和栖息密度分别为 0.12 g/m² 和 12 个/m²，下层分别为 2.44 g/m² 和 56 个/m²。主要种模糊新短眼蟹，仅在本区出现，春季下层的生物量和栖息密度分别为 1.68 g/m² 和 8 个/m²。主要种光滑倍棘蛇尾，仅在本区出现，春季上层的生物量和栖息密度分别为 0.32 g/m² 和 4 个/m²，冬季下层的生物量和栖息密度分别为 0.20 g/m² 和 4 个/m²。其他主要种和习见种有丝鳃稚齿虫、马氏独毛虫、印度节裂虫（*Mastobranchus indicus*）、背褶沙蚕、浅古铜吻沙蚕、弦毛内卷齿蚕（*Aglaophamus lyrochaeta*）、欧努菲虫（*Onuphis eremita*）、毡毛岩虫、扇毛虫（*Flabelligeridae* spp.）、印度锤稚虫（*Malacoceros indicus*）、伪锤稚虫、丝异蚓虫和滩栖阳遂足等（图 25-3）。

25.5.3 群落生态特征值

根据 Shannon-Wiener 种类多样性指数（H'）、Pielous 种类均匀度指数（J）、Margalef 种类丰富度指数（d）和 Simpson 优势度（D）显示，西洋岛岩石滩群落丰富度指数（d）秋季较大（3.060 0），冬季较小（1.855 0）；多样性指数（H'）春季较大（1.480 0），秋季较小（0.678 5）；均匀度指数（J）春季较大（0.503 5），秋季较小（0.200 5）；Simpson 优势度（D）秋季较大（0.785 5），春季较小（0.416 5）。

泥沙滩群落丰富度指数（d）夏季较大（2.950 0），秋季较小（0）；多样性指数（H'）春季较大（2.160 0），秋季较小（0）；均匀度指数（J）冬季较大（0.833 0），秋季最小（0）；Simpson 优势度（D）夏季较大（0.651 0），秋季较小（0）。

沙滩群落丰富度指数（d）冬季较大（0.944 0），春季、夏季和秋季均为 0；多样性指数（H'）

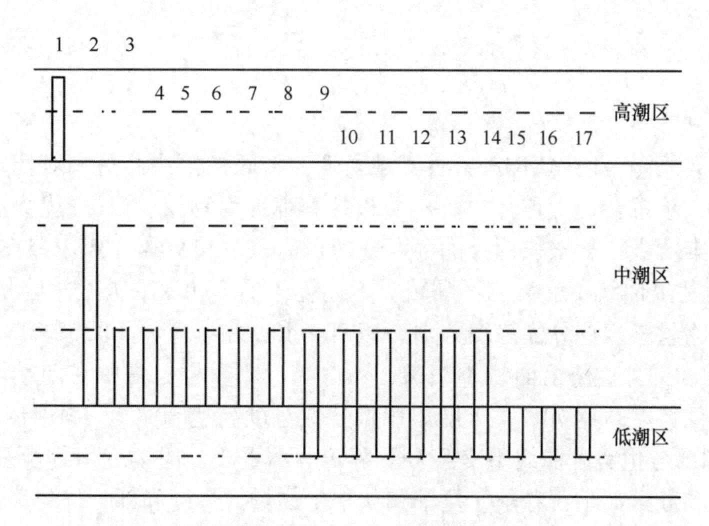

图 25-3 西洋岛滨海湿地 MXS14 沙滩群落主要种垂直分布

1. 痕掌沙蟹；2. 特异大权蟹；3. 索沙蚕；4. 肉球近方蟹；5. 褐蚶；6. 双带核螺；7. 节织纹螺；8. 平背蜞；9. 印度节裂虫；10. 背褶沙蚕；11. 浅古铜吻沙蚕；12. 马氏独毛虫；13. 毡毛岩虫；14. 梳鳃虫；15. 模糊新短眼蟹；16. 光滑倍棘蛇尾；17. 裸体方格星虫

冬季较大（1.240 0），春季、夏季和秋季均为0；均匀度指数（J）冬季较大（0.896 0），春季、夏季和秋季均为0；Simpson 优势度（D）冬季较大（0.333 0），春季、夏季和秋季均为0（表 25-12）。

表 25-12 西洋岛滨海湿地潮间带大型底栖生物群落生态特征值

季节	群落	断面	d	H'	J	D
春季	岩石滩	MXR13	2.150 0	1.680 0	0.581 0	0.315 0
		MXR15	2.310 0	1.280 0	0.426 0	0.518 0
		平均	2.230 0	1.480 0	0.503 5	0.416 5
	泥沙滩	MXS14	2.570 0	2.160 0	0.796 0	0.166 0
	沙滩	MXS16	0	0	0	0
夏季	岩石滩	MXR13	2.810 0	1.040 0	0.316 0	0.575 0
		MXR15	2.750 0	0.547 0	0.166 0	0.822 0
		平均	2.780 0	0.793 5	0.241 0	0.698 5
	泥沙滩	MXS14	2.950 0	0.977 0	0.370 0	0.651 0
	沙滩	MXS16	0	0	0	0
秋季	岩石滩	MXR13	3.470 0	0.826 0	0.238 0	0.735 0
		MXR15	2.650 0	0.531 0	0.163 0	0.836 0
		平均	3.060 0	0.678 5	0.200 5	0.785 5
	泥沙滩	MXS14	0	0	0	0
	沙滩	MXS16	0	0	0	0
冬季	岩石滩	MXR13	1.830 0	0.701 0	0.247 0	0.713 0
		MXR15	1.880 0	0.730 0	0.252 0	0.745 0
		平均	1.855 0	0.715 5	0.249 5	0.729 0
	泥沙滩	MXS14	1.720 0	1.830 0	0.833 0	0.228 0
	沙滩	MXS16	0.944 0	1.240 0	0.896 0	0.333 0

25.5.4 群落稳定性

春季和夏季西洋岛滨海湿地MXR13岩石滩潮间带大型底栖生物群落相对稳定，丰度生物量复合k-优势度曲线不交叉、不翻转、不重叠，而秋季和冬季丰度生物量复合k-优势度曲线相对靠近，尤其冬季几乎重叠，且丰度生物量累积百分优势度分别高达85%和90%。MXR15岩石滩群落相对稳定，丰度生物量复合k-优势度曲线不交叉、不翻转、不重叠，夏季和秋季丰度生物量复合k-优势度曲线相对靠近，且丰度生物量累积百分优势度分别高达90%和98%。春季和冬季MXS14泥沙滩群落丰度生物量复合k-优势度和部分优势度曲线不交叉、不翻转、不重叠，夏季在前端出现交叉和翻转，且群落生物量累积百分优势度高达78%，丰度累积百分优势度高达80%。冬季MXS16沙滩群落丰度生物量复合k-优势度和部分优势度曲线不交叉、不翻转、不重叠，但丰度生物量复合k-优势度曲线相对靠近，且由于种数和数量太小，春季、夏季和秋季生物量优势度和部分优势度曲线未能形成。总体而言，西洋岛滨海湿地潮间带大型底栖生物群落结构相对稳定，MXR13岩石滩群落丰度生物量累积百分优势度分别高达85%和90%，主要在于优势种日本笠藤壶，春季上层的生物量和栖息密度分别为3 790.24 g/m^{2}和520个/m^2，中层分别为3 966.72 g/m^{2}和894个/m^2；夏季在上层的生物量和栖息密度分别为5 096.32 g/m^{2}和992个/m^2，中层分别为3 321.60 g/m^{2}和416个/m^2；秋季在上层的生物量和栖息密度分别为4 420.8 g/m^{2}和632个/m^2，中层分别为7 581.60 g/m^{2}和5 800个/m^2；冬季在中层的生物量和栖息密度分别为2 525.60 g/m^{2}和472个/m^2，下层分别为950 g/m^{2}和112个/m^{2}所致。MXR15岩石滩群落丰度生物量累积百分优势度分别高达90%和98%，在于优势种日本笠藤壶，春季生物量和栖息密度分别高达6 064.08 g/m^{2}和1 400个/m^2，夏季分别高达6 808.32 g/m^{2}和6 232个/m^2，秋季分别高达7 581.60 g/m^{2}和5 800个/m^2，冬季分别高达5 241.84 g/m^{2}和5 320个/m^{2}所致（图25-4~图25-16）。

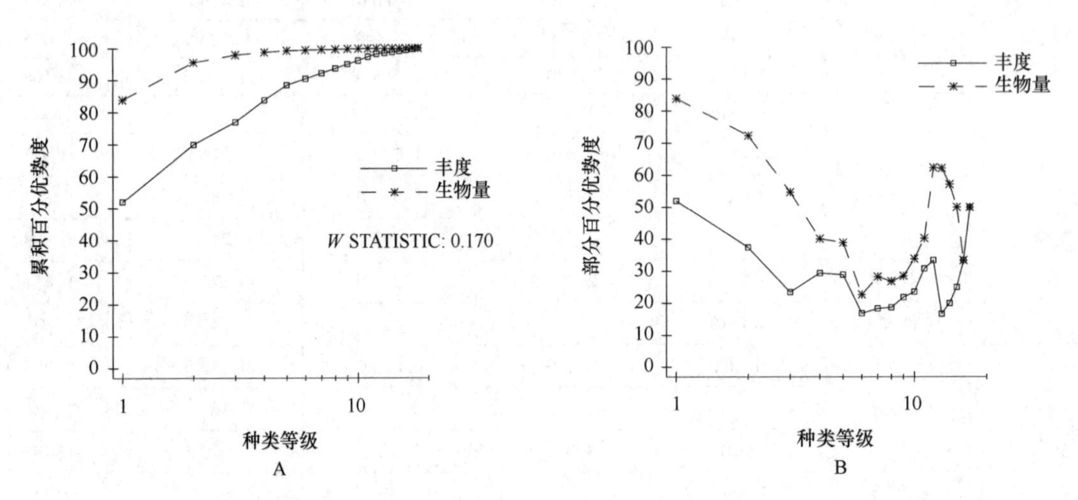

图25-4 春季MXR13岩石滩群落丰度生物量复合k-优势度（A）和部分优势度（B）曲线

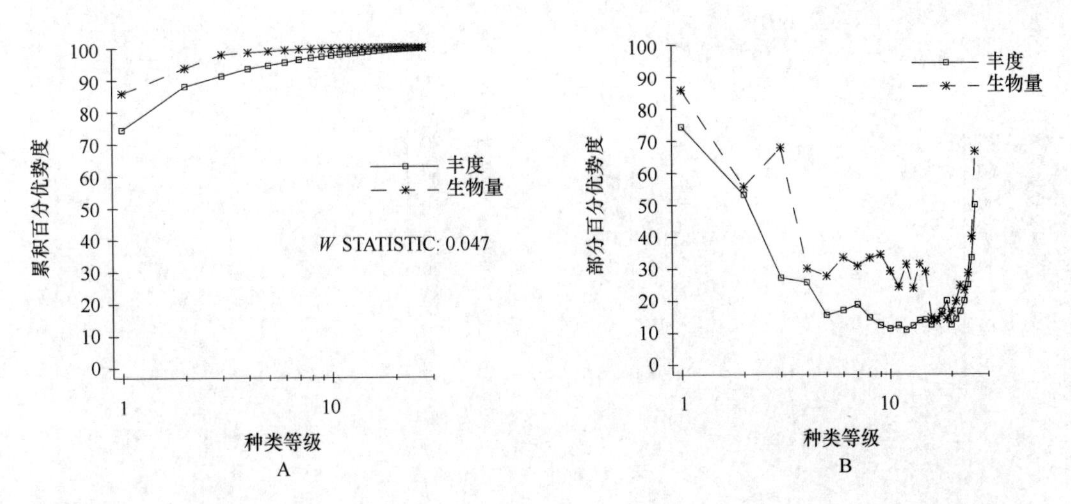

图 25-5　夏季 MXR13 岩石滩群落丰度生物量复合 k-优势度（A）和部分优势度（B）曲线

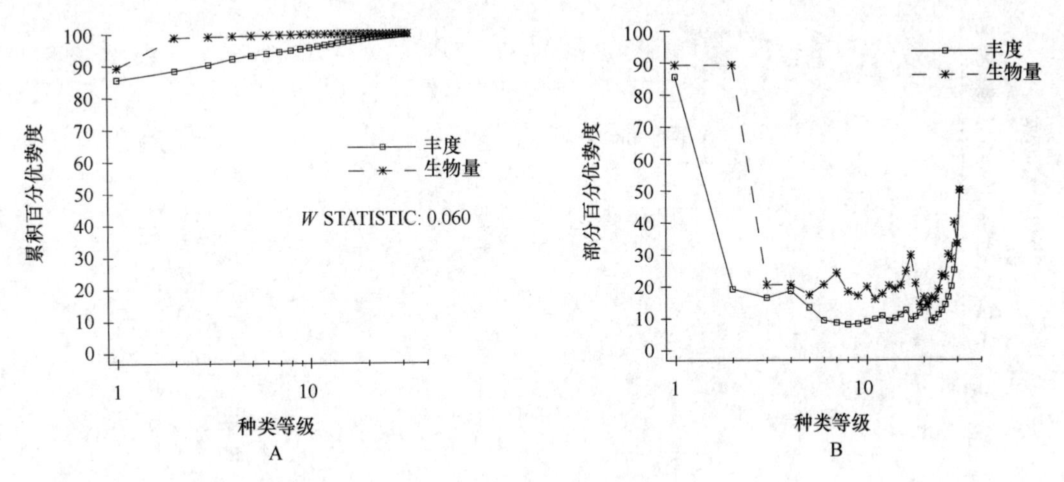

图 25-6　秋季 MXR13 岩石滩群落丰度生物量复合 k-优势度（A）和部分优势度（B）曲线

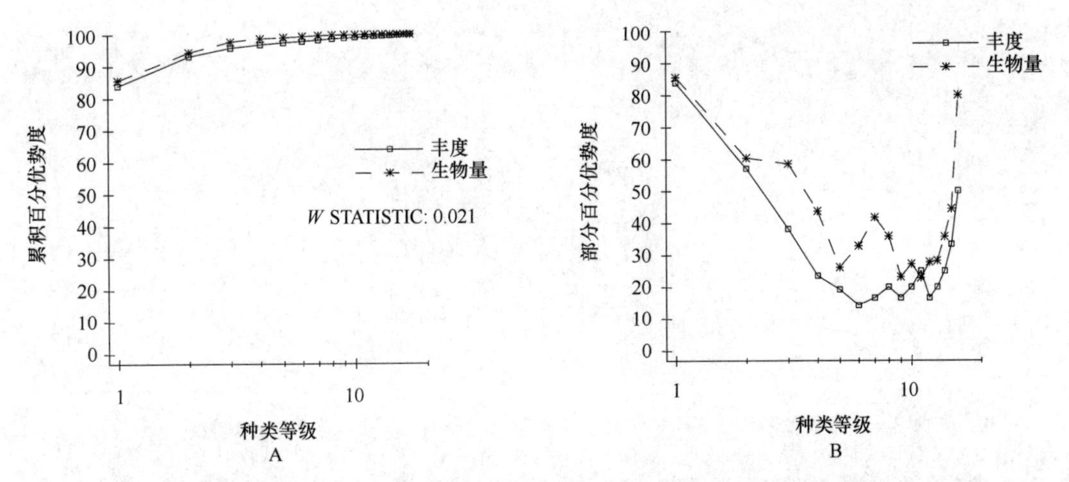

图 25-7　冬季 MXR13 岩石滩群落丰度生物量复合 k-优势度（A）和部分优势度（B）曲线

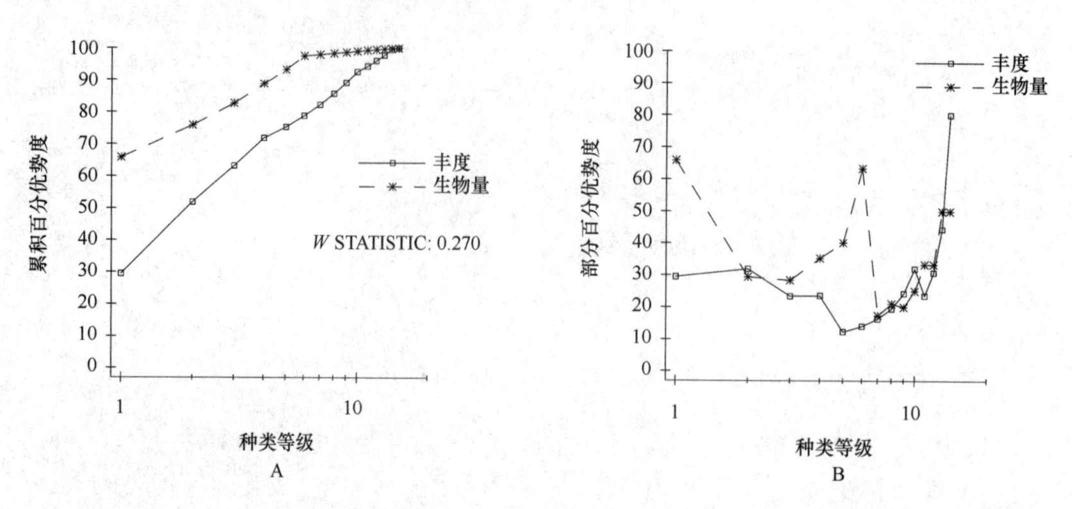

图 25-8　春季 MXS14 泥沙滩群落丰度生物量复合 k-优势度（A）和部分优势度（B）曲线

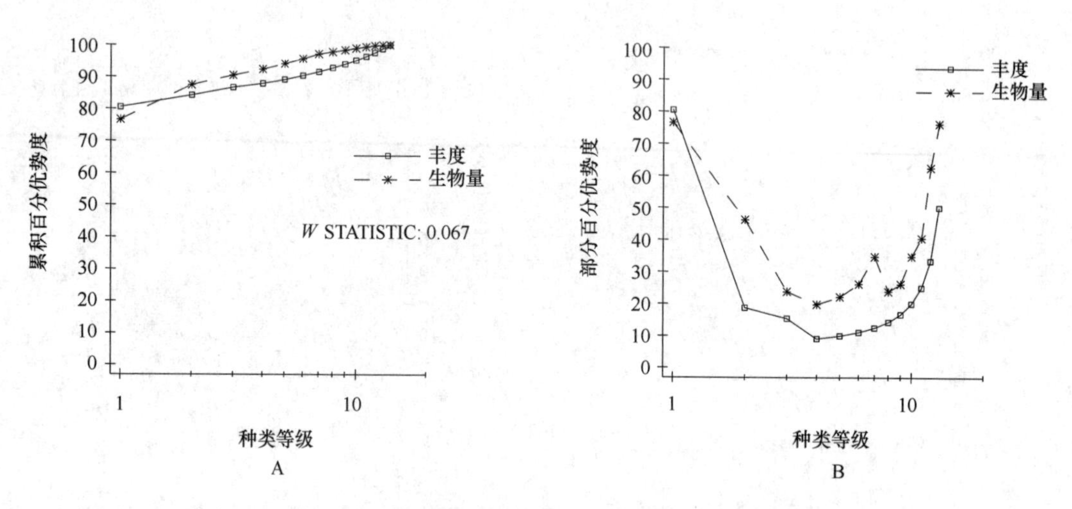

图 25-9　夏季 MXS14 泥沙滩群落丰度生物量复合 k-优势度（A）和部分优势度（B）曲线

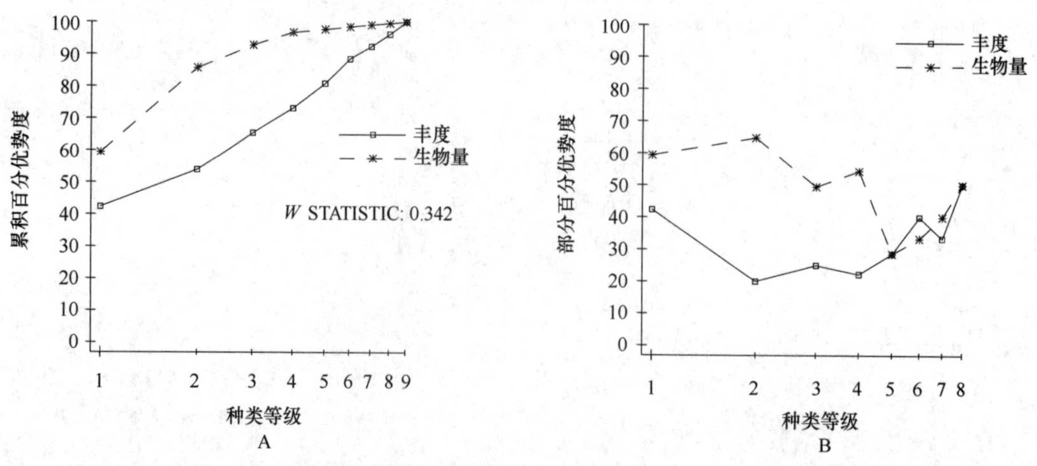

图 25-10　冬季 MXS14 沙滩群落丰度生物量复合 k-优势度（A）和部分优势度（B）曲线

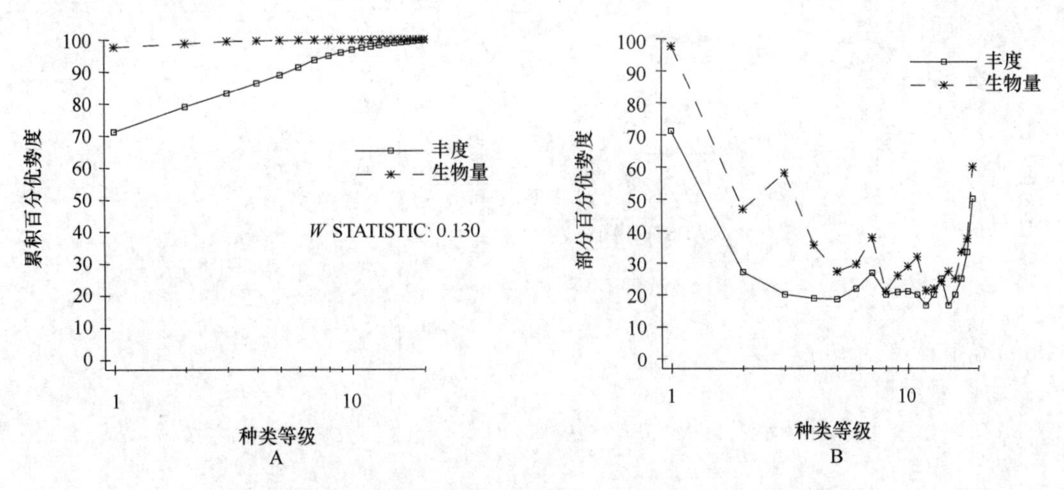

图 25-11　春季 MXR15 岩石滩群落丰度生物量复合 k-优势度（A）和部分优势度（B）曲线

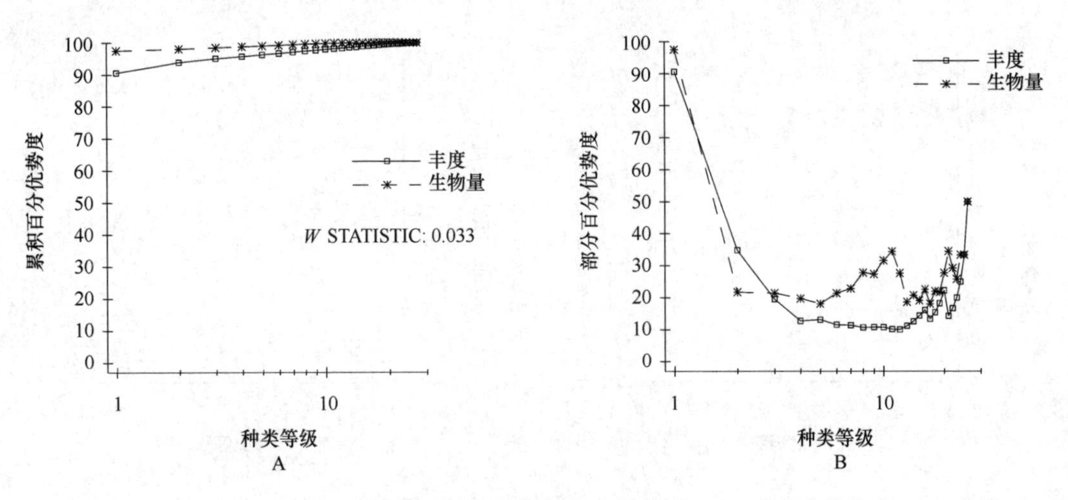

图 25-12　夏季 MXR15 岩石滩群落丰度生物量复合 k-优势度（A）和部分优势度（B）曲线

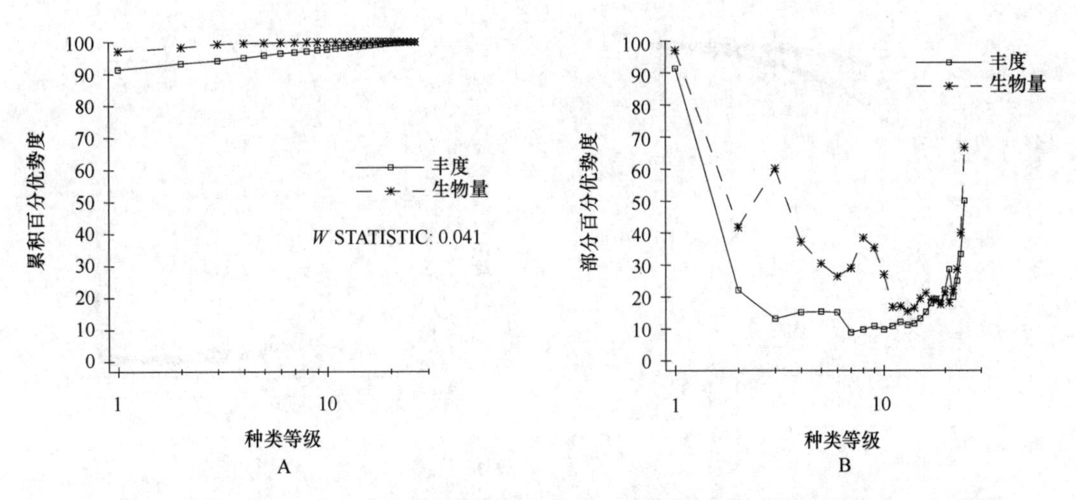

图 25-13　秋季 MXR15 岩石滩群落丰度生物量复合 k-优势度（A）和部分优势度（B）曲线

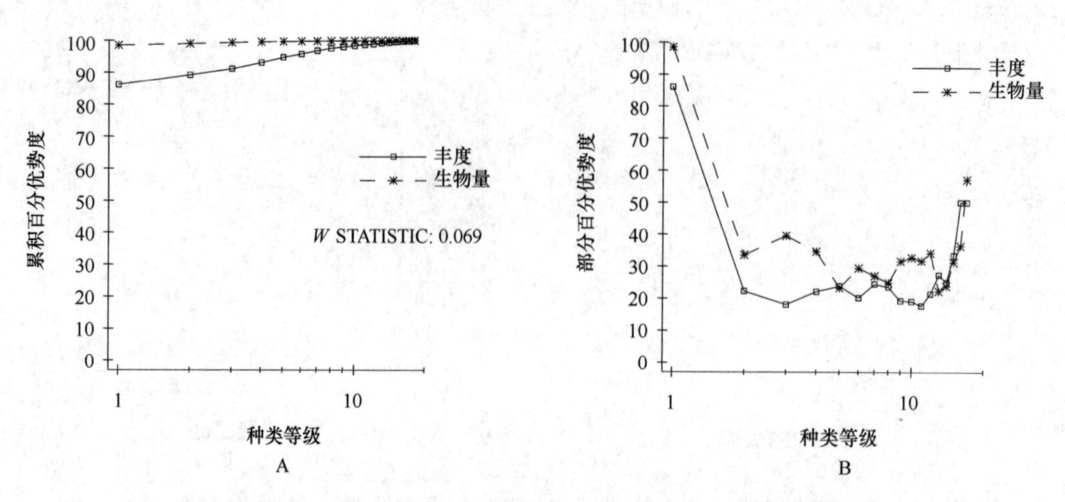

图 25-14　冬季 MXR15 岩石滩群落丰度生物量复合 k-优势度（A）和部分优势度（B）曲线

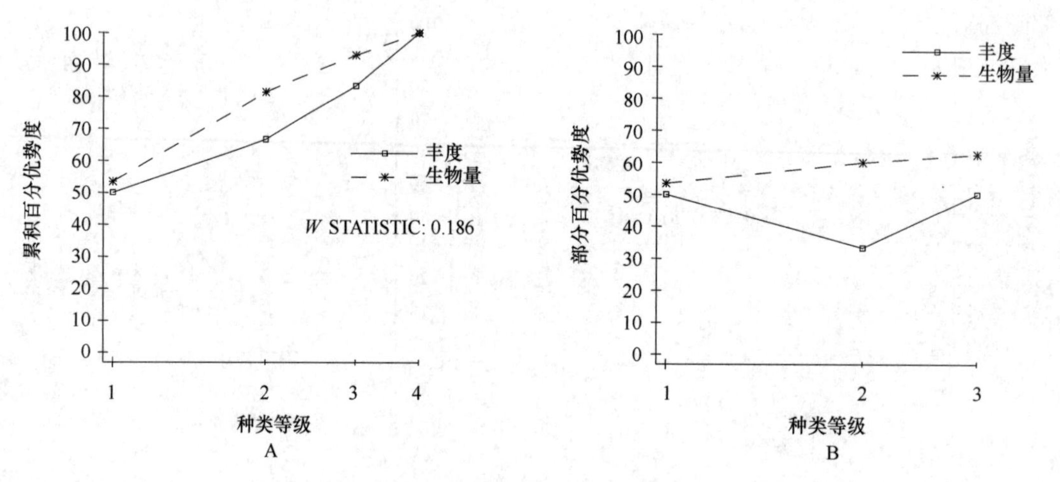

图 25-15　冬季 MXS16 沙滩群落丰度生物量复合 k-优势度（A）和部分优势度（B）曲线

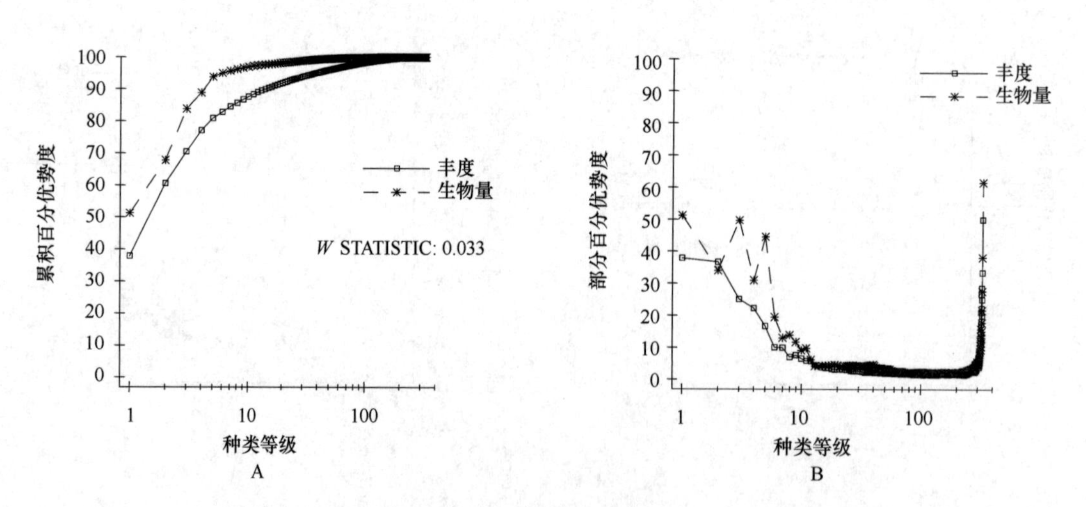

图 25-16　西洋岛滨海湿地群落丰度生物量复合 k-优势度（A）和部分优势度（B）曲线

第 26 章　三都、青山岛滨海湿地

26.1　自然环境特征

三都岛、青山岛滨海湿地分布于三都岛、青山岛。三都岛土地总面积 34.34 km^2，其中滩涂 4.764 9 km^2；陆地 29.57 km^2，岸线长 35.63 km，东西长 10.6 km，南北宽 2.3 km，距大陆最近点 2.038 3 km，海拔 460.6 m。青山岛面积约 9.84 km^2，东西长 5.75 km，南北宽 1.67 km，距大陆最近点 0.67 km，分别属宁德市管辖。

三都岛海域海底地形复杂，底质类型繁多。岛屿四周沉积物主要有粉砂质黏土、黏土质粉砂、砂—粉砂—黏土、黏土质砂、中细砂、中砂等。其中粉砂质黏土在岛西侧、东—东南侧及潮间带广泛分布，西部、东南部远岸地段分布有黏土质粉砂；中砂主要分布于南部水域，砂—粉砂—黏土主要分布于北侧三都浅滩。

该岛屿属中亚热带海洋性季风气候。全年盛行偏东风。气候温暖湿润，雨水充沛，热量资源丰富，是省内气候条件最好的岛屿之一。本岛年日照 1 810 h，日照百分率为 41%。年平均气温 18.9℃，最热月（7 月）平均气温 28.5℃，最冷月（2 月）平均气温 9.6℃，气温年较差 18.9℃，平均全年稳定≥10℃积温 6 206℃。极端最高气温 38.2℃，极端最低气温-0.6℃，年均日最高气温≥35℃日数有 7.4 d，冬无严寒，夏有短暂的酷暑期。多年平均降水量 1 643.2 mm，其中春季、夏季和秋冬季降水量分别占全年降水量的 48%、32.5%和 19.5%，秋冬季降水所占比率比中南部岛屿要大。年均蒸发量为 1 453.7 mm，年均相对湿度为 79%。本岛风速较小，年平均风速 3.2 m/s；平均风速 7 月、8 月最大，为 3.4 m/s。定时最大风速大于 40 m/s。

岛屿的主灾害性天气有干旱、台风、暴雨和“西南风”等。春、夏和秋冬季的平均连旱日数分别为 41.8 d、31.3 d 和 50.7 d，最长连旱日数分别为 68 d、77 d 和 72 d；年平均暴雨（日降水量≥50 mm）日数为 5.1 d，最多年份达 14 d，1971 年 9 月 19 日一天的降水量达 191.3 mm。平均大风日数为 17.4 d，最多年份为 33 d，以台风大风和雾雨大风为主。

海水表层平均温度冬季最低，为 13.42℃；秋季次之，为 19.32℃；夏季最高，为 28.41℃；年变幅 14.09℃。底层水温变化在 13.46~27.41℃之间，也是冬季最低，夏季最高。海水表层平均盐度春季最低，为 26.85；冬季次之，为 30.10；夏季最高，为 31.71，年变幅 14.86。底层盐度变化在 28.48~32.24 之间，也是春季最低，夏季最高。海水透明度秋冬季最小，透明度为 0.5~1.0 m，夏季为 1.0~1.5 m，春季最大为 1.0~2.0 m。秋冬季水色号为 17~20 号，春季水色号为 6~14 号。

潮汐类型为正规半日潮，平均潮差 5.36 m，最大潮差 8.54 m。平均涨潮历时 6 h 41 min，平均潮落历时 5 h 44 min，涨潮历时比落潮历时长达 57 min。

26.2 断面与站位布设

1990—1991年春季、夏季、秋季和冬季分别对三都岛池下、南澳，青山岛牛厝西北、岭头坪东北岩石和泥沙滩4条断面进行潮间带大型底栖生物取样（表26-1、图26-1）。

表26-1　三都、青山岛滨海湿地潮间带大型底栖生物调查断面

序号	时间	断面	编号	经度（E）	纬度（N）	底质
1	1990—1991年	池下	MSR9	119°45′24.00″	26°40′24.00″	岩石滩
2		牛厝西北	MQR11	119°47′41.66″	26°37′53.88″	
3		南澳	MSM10	119°43′12.00″	26°39′7.80″	泥滩
4		岭头坪东北	MQS12	119°46′37.80″	26°36′30.00″	泥沙滩

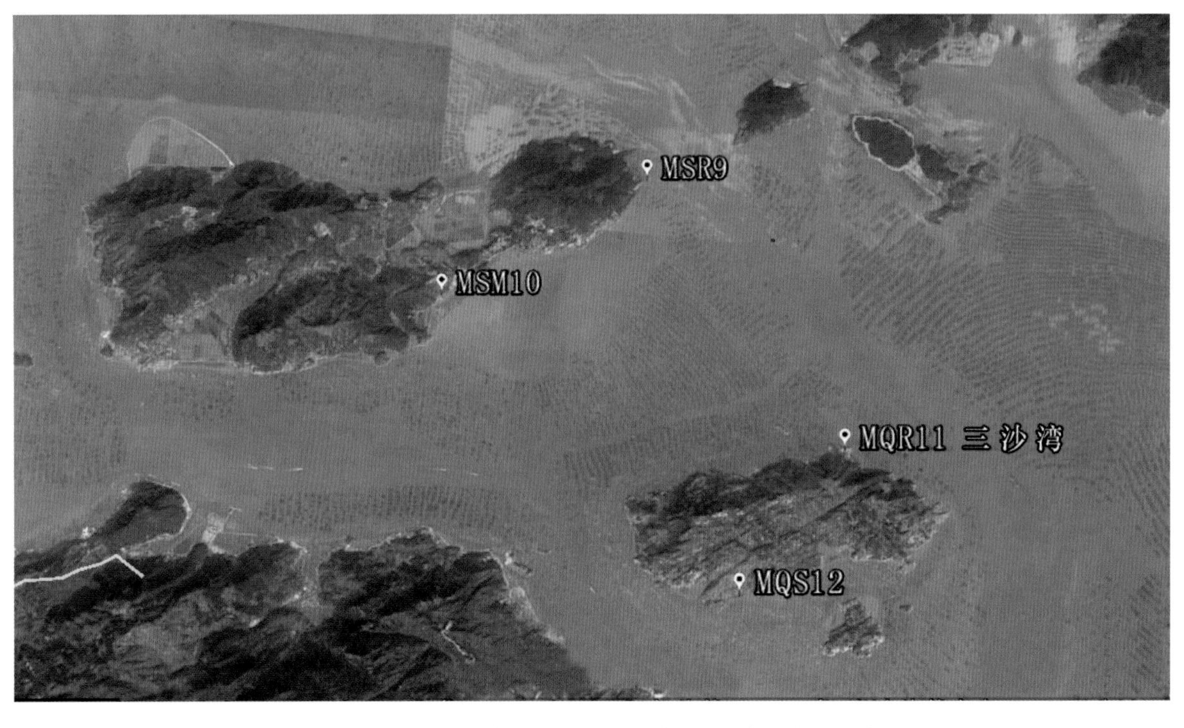

图26-1　三都、青山岛滨海湿地潮间带大型底栖生物调查断面

26.3 物种多样性

26.3.1 种类组成与分布

三都、青山岛滨海湿地潮间带大型底栖生物262种，其中藻类30种，多毛类63种，软体动物87种，甲壳动物43种，棘皮动物4种和其他生物35种。多毛类、软体动物和甲壳动物占总种数的73.66%，三者构成潮间带大型底栖生物主要类群。

三都、青山岛滨海湿地岩石滩潮间带大型底栖生物129种，其中藻类30种，多毛类15种，软体动物 53 种，甲壳动物 15 种，棘皮动物 3 种和其他生物 13 种。藻类、软体动物和甲壳动物占总种数的 83.05%，三者构成岩石滩潮间带大型底栖生物主要类群。

青山岛泥沙滩潮间带大型底栖生物 77 种，其中多毛类 38 种，软体动物 18 种，甲壳动物 15 种和其他生物 6 种。多毛类、软体动物和甲壳动物占总种数的 82.44%，三者构成泥沙滩潮间带大型底栖生物主要类群。

三都岛泥滩潮间带大型底栖生物 92 种，其中多毛类 21 种，软体动物 32 种，甲壳动物 18 种，棘皮动物 1 种和其他生物 20 种。多毛类、软体动物和其他生物占总种数的 79.34%，三者构成泥滩潮间带大型底栖生物主要类群（表 26-2）。

表 26-2　三都、青山岛滨海湿地潮间带大型底栖生物物种组成与分布　　单位：种

底质	断面	藻类	多毛类	软体动物	甲壳动物	棘皮动物	其他生物	合计
岩石滩	MSR9	19	9	47	12	2	6	95
	MQR11	21	9	44	8	3	9	94
	合计	30	15	53	15	3	13	129
泥沙滩	MQS12	0	38	18	15	0	6	77
泥滩	MSM10	0	21	32	18	1	20	92
总计		30	63	87	43	4	35	262

26.3.2　优势种、主要种和经济种

根据数量和出现率，三都、青山岛滨海湿地潮间带大型底栖生物优势种和主要种有半丰满鞘丝藻（*Lyngbya semiplena*）、下舌藻（*Hypoglossum barbatum*）、石花菜、细毛石花菜、红角沙蚕、东海刺沙蚕、浅古铜吻沙蚕、锥稚虫、黑荞麦蛤、凸壳肌蛤、僧帽牡蛎、棘刺牡蛎、渤海鸭嘴蛤、齿纹蜒螺、粗糙滨螺、短滨螺、嫁䗩、短拟沼螺、覆瓦小蛇螺、珠带拟蟹守螺、婆罗囊螺、日本菊花螺、鳞笠藤壶、日本大眼蟹、清白招潮、淡水泥蟹、小相手蟹等。

潮间带经济种主要有：石花菜、小石花菜、细毛石花菜、日本叉枝藻、小杉藻、礁膜、花石莼、石莼、弯齿围沙蚕、多齿围沙蚕、浅古铜吻沙蚕、智利巢沙蚕、岩虫（*Marphysa* sp.）、异足索沙蚕、纳加索沙蚕、日本花棘石鳖、泥蚶、青蚶、凸壳肌蛤、草莓海菊蛤、棘刺牡蛎、敦氏猿头蛤、彩虹明樱蛤、缢蛏、青蛤、渤海鸭嘴蛤、珠带拟蟹守螺、纵带滩栖螺、锈凹螺、单齿螺、粒花冠小月螺、斑玉螺、红螺、疣荔枝螺、甲虫螺、泥螺、石磺、龟足、平背蜞、锯缘青蟹、模糊新短眼蟹、日本大眼蟹、短吻栉鰕虎鱼（*Ctenogobius brevirostris*）和弹涂鱼等。

26.4　数量时空分布

26.4.1　数量组成与季节变化

三都、青山岛滨海湿地岩石滩、泥沙滩和泥滩潮间带大型底栖生物四季平均生物量为 211.27 g/m^2，平均栖息密度为 271 个/m^2。生物量以甲壳动物居第一位（119.55 g/m^2），软体动物居第二位（79.04 g/m^2）；栖息密度以软体动物居第一位（128 个/m^2），甲壳动物居第二位（121 个/m^2）。不同底质类型比较，生物量以岩石滩（600.75 g/m^2）大于泥沙滩（16.98 g/m^2）大于泥滩（16.07 g/m^2）；栖

息密度同样以岩石滩（571 个/m²）大于泥滩（158 个/m²）大于泥沙滩（84 个/m²）。各类群数量组成与分布见表 26-3。

表 26-3 三都、青山岛滨海湿地潮间带大型底栖生物数量组成与分布

数量	底质	藻类	多毛类	软体动物	甲壳动物	棘皮动物	其他生物	合计
生物量（g/m²）	岩石滩	32. 87	0. 11	218. 24	349. 38	0	0. 15	600. 75
	泥沙滩	0	1. 52	7. 54	6. 93	0. 12	0. 87	16. 98
	泥滩	0	0. 97	11. 35	2. 33	0. 72	0. 70	16. 07
	平均	10. 96	0. 87	79. 04	119. 55	0. 28	0. 57	211. 27
密度（个/m²）	岩石滩	—	8	245	317	0	1	571
	泥沙滩	—	42	16	24	0	2	84
	泥滩	—	8	123	21	1	5	158
	平均	—	19	128	121	0	3	271

三都、青山岛滨海湿地岩石滩潮间带大型底栖生物四季平均生物量为 600. 75 g/m²，平均栖息密度为 571 个/m²。生物量以甲壳动物居第一位（349. 38 g/m²），软体动物居第二位（218. 24 g/m²）；栖息密度同样以甲壳动物居第一位（317 个/m²），软体动物居第二位（245 个/m²）。数量季节变化，生物量以冬季较大（797. 74 g/m²），秋季较小（503. 25 g/m²）；栖息密度同样以冬季较大（816 个/m²），秋季较小（419 个/m²），各类群数量组成与季节变化见表 26-4。

表 26-4 三都、青山岛滨海湿地岩石滩潮间带大型底栖生物生物量组成与季节变化

数量	季节	藻类	多毛类	软体动物	甲壳动物	棘皮动物	其他生物	合计
生物量（g/m²）	春季	46. 93	0. 13	286. 99	245. 27	0	0. 05	579. 37
	夏季	5. 50	0. 03	220. 68	295. 85	0	0. 54	522. 60
	秋季	35. 88	0. 11	119. 27	347. 99	0	0	503. 25
	冬季	43. 18	0. 15	246. 02	508. 39	0	0	797. 74
	平均	32. 87	0. 11	218. 24	349. 38	0	0. 15	600. 75
密度（个/m²）	春季	—	7	254	193	0	1	455
	夏季	—	3	320	266	0	1	590
	秋季	—	10	173	236	0	0	419
	冬季	—	10	232	574	0	0	816
	平均	—	8	245	317	0	1	571

青山岛泥沙滩潮间带大型底栖生物四季平均生物量为 16. 98 g/m²，平均栖息密度为 84 个/m²。生物量以软体动物居第一位（7. 54 g/m²），甲壳动物居第二位（6. 93 g/m²）；栖息密度以多毛类居第一位（42 个/m²），甲壳动物居第二位（24 个/m²）。数量季节变化，生物量以春季较大（25. 67 g/m²），秋季较小（9. 98 g/m²）；栖息密度以夏季较大（118 个/m²），春季较小（38 个/m²）。各类群数量组成与季节变化见表 26-5。

表 26-5　青山岛泥沙滩潮间带大型底栖生物数量组成与季节变化

数量	季节	多毛类	软体动物	甲壳动物	棘皮动物	其他生物	合计
生物量（g/m^2）	春季	2.00	13.61	10.00	0	0.06	25.67
	夏季	1.82	8.87	10.04	0	0.81	21.54
	秋季	0.73	4.45	4.36	0.09	0.35	9.98
	冬季	1.52	3.22	3.30	0.39	2.27	10.70
	平均	1.52	7.54	6.93	0.12	0.87	16.98
密度（个/m^2）	春季	14	11	12	0	1	38
	夏季	47	21	47	0	3	118
	秋季	25	22	21	1	1	70
	冬季	80	10	17	0	4	111
	平均	42	16	24	0	2	84

三都岛泥滩潮间带大型底栖生物四季平均生物量为 16.07 g/m^2，平均栖息密度为 158 个/m^2。生物量以软体动物居第一位（11.35 g/m^2），甲壳动物居第二位（2.33 g/m^2）；栖息密度以软体动物居第一位（123 个/m^2），甲壳动物居第二位（21 个/m^2）。数量季节变化，生物量以秋季较大（23.58 g/m^2），春季较小（9.69 g/m^2）；栖息密度同样以秋季较大（189 个/m^2），春季较小（134 个/m^2）。各类群数量组成与季节变化见表 26-6。

表 26-6　三都岛泥滩潮间带大型底栖生物数量组成与季节变化

数量	季节	多毛类	软体动物	甲壳动物	棘皮动物	其他生物	合计
生物量（g/m^2）	春季	1.97	6.13	0.64	0	0.95	9.69
	夏季	0.42	7.16	2.87	0	0.57	11.02
	秋季	0.81	16.26	3.68	2.48	0.35	23.58
	冬季	0.66	15.86	2.13	0.39	0.94	19.98
	平均	0.97	11.35	2.33	0.72	0.70	16.07
密度（个/m^2）	春季	7	114	9	0	4	134
	夏季	11	112	35	0	6	164
	秋季	3	153	28	1	4	189
	冬季	12	112	11	1	6	142
	平均	8	123	21	1	5	158

26.4.2　数量分布

三都、青山岛滨海湿地岩石滩潮间带大型底栖生物数量分布，生物量以青山岛（MQR11）岩石滩较大（789.08 g/m^2），三都岛（MSR9）岩石滩较小（412.40 g/m^2）；栖息密度同样以青山岛（MQR11）岩石滩较大（763 个/m^2），三都岛（MSR9）岩石滩较小（376 个/m^2）。各断面数量分布与季节变化见表 26-7。

表 26-7　三都、青山岛滨海湿地岩石滩潮间带大型底栖生物数量分布与季节变化

数量	季节	断面	藻类	多毛类	软体动物	甲壳动物	棘皮动物	其他生物	合计
生物量（g/m²）	春季	MSR9	5.09	0.22	548.19	0.44	0	0	553.94
		MQR11	88.76	0.04	25.78	490.10	0	0.09	604.77
		平均	46.93	0.13	286.99	245.27	0	0.05	579.37
	夏季	MSR9	0.41	0.01	410.68	0	0	1.08	412.18
		MQR11	10.58	0.04	30.68	591.69	0	0	632.99
		平均	5.50	0.03	220.68	295.85	0	0.54	522.60
	秋季	MSR9	9.51	0.15	216.09	0.07	0	0	225.82
		MQR11	62.25	0.06	22.44	695.91	0	0	780.66
		平均	35.88	0.11	119.27	347.99	0	0	503.25
	冬季	MSR9	0.49	0.09	456.88	0.15	0	0	457.61
		MQR11	85.87	0.20	35.16	1 016.63	0	0	1 137.86
		平均	43.18	0.15	246.02	508.39	0	0	797.74
	四季	MSR9	3.88	0.12	407.96	0.17	0	0.27	412.40
		MQR11	61.87	0.09	28.52	698.58	0	0.02	789.08
		平均	32.88	0.10	218.24	349.37	0	0.15	600.74
密度（个/m²）	春季	MSR9	—	10	356	10	0	0	376
		MQR11	—	4	151	376	0	2	533
		平均	—	7	254	193	0	1	455
	夏季	MSR9	—	1	522	0	0	1	524
		MQR11	—	5	118	532	0	0	655
		平均	—	3	320	266	0	1	590
	秋季	MSR9	—	15	236	4	0	0	255
		MQR11	—	4	110	467	0	0	581
		平均	—	10	173	236	0	0	419
	冬季	MSR9	—	9	334	5	0	0	348
		MQR11	—	10	129	1 142	0	0	1 281
		平均	—	10	232	574	0	0	816
	四季	MSR9	—	9	362	5	0	0	376
		MQR11	—	6	127	629	0	1	763
		平均	—	8	245	317	0	1	571

三都、青山岛滨海湿地岩石滩潮间带大型底栖生物数量垂直分布，生物量从高到低依次为中潮区（1 691.82 g/m²）、低潮区（66.39 g/m²）、高潮区（43.95 g/m²）；栖息密度从高到低依次为中潮区（1 401 个/m²）、高潮区（285 个/m²）、低潮区（22 个/m²），生物量和栖息密度均以中潮区最大。断面间比较，MSR9 断面生物量从高到低依次为中潮区（1 196.00 g/m²）、高潮区（29.73 g/m²）、低潮区（11.40 g/m²），栖息密度同样从高到低依次为中潮区（795 个/m²）、高潮区（308 个/m²）、低潮区（24 个/m²）；MQR11 断面生物量从高到低依次为中潮区（2 187.64 g/m²）、低潮区（121.38 g/m²）、高潮区（58.16 g/m²），栖息密度从高到低依次为中潮区（2 004 个/m²）、高潮区（262 个/m²）、低潮区（20 个/m²），

生物量和栖息密度均以中潮区较大（表 26-8）。

表 26-8　三都、青山岛滨海湿地岩石滩潮间带大型底栖生物数量垂直分布

数量	断面	潮区	藻类	多毛类	软体动物	甲壳动物	棘皮动物	其他生物	合计
生物量 (g/m^2)	MSR9	高潮区	1.46	0	28.27	0	0	0	29.73
		中潮区	6.61	0.23	1 187.85	0.50	0	0.81	1 196.00
		低潮区	3.56	0.12	7.72	0	0	0	11.40
		平均	3.88	0.12	407.95	0.17	0	0.27	412.39
	MSR11	高潮区	42.40	0	15.76	0	0	0	58.16
		中潮区	31.91	0.12	59.89	2 095.69	0	0.03	2 187.64
		低潮区	111.28	0.14	9.90	0.06	0	0	121.38
		平均	61.86	0.09	28.52	698.58	0	0.01	789.06
	平均	高潮区	21.93	0	22.02	0	0	0	43.95
		中潮区	19.26	0.18	623.87	1 048.09	0	0.42	1 691.82
		低潮区	57.42	0.13	8.81	0.03	0	0	66.39
		平均	32.87	0.11	218.24	349.38	0	0.15	600.75
密度 (个/m^2)	MSR9	高潮区	—	0	308	0	0	0	308
		中潮区	—	14	766	14	0	1	795
		低潮区	—	12	12	0	0	0	24
		平均	—	9	362	5	0	0	376
	MSR11	高潮区	—	0	262	0	0	0	262
		中潮区	—	9	111	1 883	0	1	2 004
		低潮区	—	8	8	4	0	0	20
		平均	—	6	127	629	0	0	762
	平均	高潮区	—	0	285	0	0	0	285
		中潮区	—	12	439	949	0	1	1 401
		低潮区	—	10	10	2	0	0	22
		平均	—	8	245	317	0	1	571

青山岛泥沙滩潮间带大型底栖生物数量垂直分布，生物量从高到低依次为高潮区（20.85 g/m^2）、中潮区（15.20 g/m^2）、低潮区（3.20 g/m^2），栖息密度从高到低依次为高潮区（105 个/m^2）、中潮区（98 个/m^2）、低潮区（52 个/m^2），生物量和栖息密度均以低潮区较小（表 26-9）。

表 26-9　青山岛泥沙滩潮间带大型底栖生物数量垂直分布

数量	潮区	多毛类	软体动物	甲壳动物	棘皮动物	其他生物	合计
生物量 (g/m^2)	高潮区	0.59	8.52	10.54	0	1.20	20.85
	中潮区	1.40	5.40	6.87	0.36	1.17	15.20
	低潮区	2.57	0	0.38	0	0.25	3.20
	平均	1.52	4.64	5.93	0.12	0.87	13.08
密度 (个/m^2)	高潮区	45	25	34	0	1	105
	中潮区	32	25	36	1	4	98
	低潮区	47	0	3	0	2	52
	平均	41	17	24	0	2	84

三都岛泥滩潮间带大型底栖生物数量垂直分布，生物量从高到低依次为中潮区（24.91 g/m²）、低潮区（17.65 g/m²）、高潮区（5.65 g/m²），栖息密度从高到低依次为中潮区（302 个/m²）、低潮区（157 个/m²）、高潮区（12 个/m²），生物量和栖息密度均以中潮区较大高潮区较小（表 26-10）。

表 26-10 三都岛泥滩潮间带大型底栖生物数量垂直分布

数量	潮区	多毛类	软体动物	甲壳动物	棘皮动物	其他生物	合计
生物量（g/m²）	高潮区	0.05	3.20	2.40	0	0	5.65
	中潮区	1.99	17.38	1.98	2.15	1.41	24.91
	低潮区	0.85	13.48	2.62	0	0.70	17.65
	平均	0.96	11.35	2.33	0.72	0.70	16.06
密度（个/m²）	高潮区	1	8	3	0	0	12
	中潮区	10	252	31	1	8	302
	低潮区	14	108	28	0	7	157
	平均	8	123	21	0	5	157

26.4.3 饵料生物水平

三都、青山岛滨海湿地潮间带大型底栖生物平均饵料水平分级为Ⅴ级。其中软体动物和甲壳动物较高，达Ⅴ级；藻类达Ⅲ级；多毛类、棘皮动物和其他生物较低，均为Ⅰ级。岩石滩断面高达Ⅴ级；其中软体动物和甲壳动物较高，均达Ⅴ级；多毛类、棘皮动物和其他生物较低，均为Ⅰ级。泥沙滩断面为Ⅲ级；其中软体动物和甲壳动物分别为Ⅱ级；余各类群较低，均为Ⅰ级。泥滩断面为Ⅲ级；其中软体动物为Ⅲ级；其余各类群较低，均为Ⅰ级（表 26-11）。

表 26-11 三都、青山岛滨海湿地潮间带大型底栖生物饵料水平分级

底质	藻类	多毛类	软体动物	甲壳动物	棘皮动物	其他生物	评价标准
岩石滩	Ⅳ	Ⅰ	Ⅴ	Ⅴ	Ⅰ	Ⅰ	Ⅴ
泥沙滩	Ⅰ	Ⅰ	Ⅱ	Ⅱ	Ⅰ	Ⅰ	Ⅲ
泥滩	Ⅰ	Ⅰ	Ⅲ	Ⅰ	Ⅰ	Ⅰ	Ⅲ
平均	Ⅲ	Ⅰ	Ⅴ	Ⅴ	Ⅰ	Ⅰ	Ⅴ

26.5 群落

26.5.1 群落类型

三都、青山岛滨海湿地潮间带大型底栖生物按底质类型和所处的位置，受风浪、潮汐和潮流影响之强弱可划分为隐蔽型群落、半隐蔽型群落和开敞型群落。

（1）青山岛岩石滩开敞型群落。底质为花岗岩。高潮区：短滨螺—粗糙滨螺带；中潮区：细毛石花菜—鳞笠藤壶—棘刺牡蛎带；低潮区：亨氏马尾藻—下舌藻—粒神螺带。

（2）三都岛泥滩隐蔽型群落。高潮区：粗糙滨螺—短滨螺带；中潮区：珠带拟蟹守螺—渤海鸭嘴蛤—短拟沼螺—淡水泥蟹带；低潮区：索沙蚕—豆形胡桃蛤—长方蟹带。

26.5.2 群落结构

三都、青山岛滨海湿地岩石滩潮间带有半隐蔽型和开敞型两种类型的生物群落。半隐蔽型潮间带大型底栖生物群落位于三都岛东北面；开敞型群落位于青山东北部。开敞型群落的一个重要特征中潮区以鳞笠藤壶和棘刺牡蛎占绝对优势。

（1）青山岛岩石滩开敞型潮间带大型底栖生物群落。高潮区：短滨螺—粗糙滨螺带。该潮区代表种为粒结节滨螺，分布在该潮区上下层，春季上下层生物量和栖息密度分别为 0.80 g/m^2 和 8 个/m^2；冬季分别为 8.40 g/m^2 和 120 个/m^2。主要种短滨螺，分布在该潮区上下层，春季上层生物量和栖息密度分别为 9.68 g/m^2 和 176 个/m^2，下层分别为 8.08 g/m^2 和 168 个/m^2；夏季上层分别为 8.24 g/m^2 和 88 个/m^2；秋季上层分别为 17.68 g/m^2 和 272 个/m^2；冬季下层分别为 5.60 g/m^2 和 104 个/m^2。主要种粗糙滨螺，分布在该潮区上下层，夏季上层生物量和栖息密度分别为 13.28 g/m^2 和 208 个/m^2；秋季上层分别为 14.56 g/m^2 和 192 个/m^2；冬季下层分别为 3.60 g/m^2 和 48 个/m^2。其他习见种有塔结节滨螺和海蟑螂等。

中潮区：细毛石花菜—鳞笠藤壶—棘刺牡蛎带。该潮区主要种为细毛石花菜，春季在上层和中层的生物量分别为 0.08 g/m^2 和 6.24 g/m^2；夏季中层和下层分别为 81.84 g/m^2 和 8.48 g/m^2；秋季中层为 49.60 g/m^2；冬季中层为 136.16 g/m^2。优势种鳞笠藤壶，春季在本区的最大生物量和栖息密度分别为 2 129.68 g/m^2 和 1 352 个/m^2；夏季分别为 3 320.40 g/m^2 和 3 344 个/m^2；秋季分别为 3 582.40 g/m^2 和 2 368 个/m^2；冬季分别为 4 085.20 g/m^2 和 5 120 个/m^2。优势种棘刺牡蛎，春季在本区的生物量和栖息密度分别为 25.20 g/m^2 和 32 个/m^2；夏季分别为 145.12 g/m^2 和 136 个/m^2；秋季分别为 66.00 g/m^2 和 32 个/m^2；冬季分别为 124.00 g/m^2 和 104 个/m^2。其他主要种和习见种有肠浒苔（*Enteromorpha intestinalis*）、石莼、黑荞麦蛤、短石蛏、僧帽牡蛎、齿纹蜒螺、脉红螺（*Rapana venosa*）、疣荔枝螺、双带核螺、黑菊花螺（*Siphonaria atra*）、日本菊花螺、小相手蟹等。

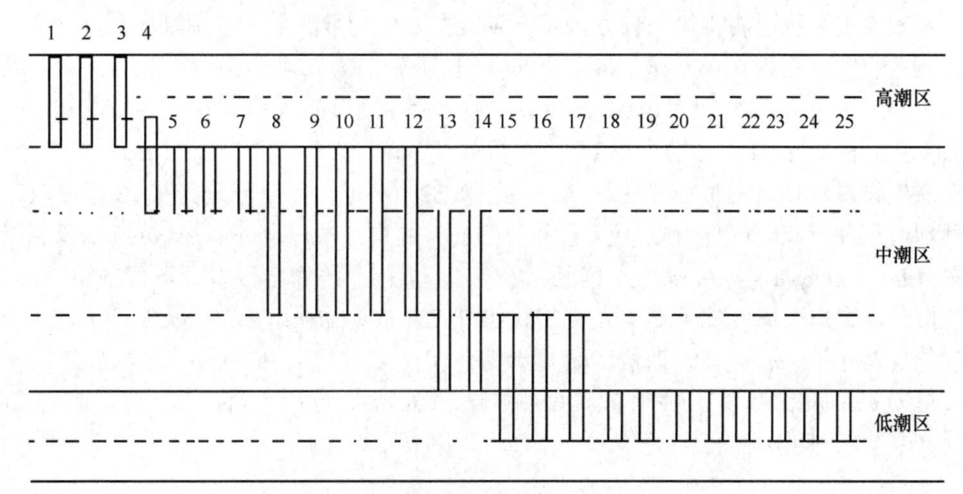

图 26-2　青山岛岩石滩群落主要种垂直分布

1. 粒结节滨螺；2. 粗糙滨螺；3. 短滨螺；4. 半丰满鞘丝藻；5. 弯齿围沙蚕；6. 齿纹蜒螺；7. 僧帽牡蛎；8. 黑荞麦蛤；9. 矮拟帽贝；10. 棘刺牡蛎；11. 鳞笠藤壶；12. 小相手蟹；13. 细毛石花菜；14. 日本菊花螺；15. 具爪叉珊藻；16. 掌状红皮藻；17. 下舌藻；18. 亨氏马尾藻；19. 粒神螺；20. 珊瑚藻；21. 小杉藻；22. 日本叉枝藻；23. 多齿沙蚕；24. 盘管虫；25. 榛蚶

低潮区：亨氏马尾藻—下舌藻—粒神螺带。该潮区主要种为亨氏马尾藻，仅在本区出现，春季的生物量达 73.36 g/m^2。主要种下舌藻，仅在本区出现，春季生物量为 143.08 g/m^2。主要种粒神螺，春季在本区的最大生物量和栖息密度分别为 0.56 g/m^2 和 16 个/m^2。其他主要种和习见种有具爪叉珊藻（*Jania ungulata*）、掌状红皮藻（*Rhodymenia palmata*）、石花菜、珊瑚藻（*Corallina officinalis*）、小杉藻、日本叉枝藻（*Gymnogongrus japonicus*）、多齿沙蚕、盘管虫和榛蚶等（见图 26-2）。

三都、青山岛滨海湿地软相潮间带大型底栖生物按底质类型可分为泥滩群落和泥沙滩群落，按受水动力作用之强弱又可分为隐蔽型群落和半隐蔽型群落。隐蔽型群落位于三都岛东南面，滩面长约 450 m，底质高潮区为砾石，中潮区和低潮区为粉砂质泥。

（2）三都岛泥滩隐蔽型潮间带大型底栖生物群落。高潮区：粗糙滨螺—短滨螺带。该区代表种为粗糙滨螺，仅在本区出现，冬季生物量和栖息密度分别为 0.64 g/m^2 和 4 个/m^2。主要种短滨螺，冬季生物量和栖息密度分别为 14.55 g/m^2 和 54 个/m^2。其他习见种有海蟑螂等。

中潮区：珠带拟蟹守螺—渤海鸭嘴蛤—短拟沼螺—淡水泥蟹带。该区主要种为珠带拟蟹守螺，仅在本区出现，春季生物量和栖息密度分别为 9.72 g/m^2 和 32 个/m^2；夏季分别为 0.24 g/m^2 和 4 个/m^2；秋季分别为 19.68 g/m^2 和 176 个/m^2；冬季分别为 59.68 g/m^2 和 220 个/m^2。主要种渤海鸭嘴蛤，春季中层生物量和栖息密度分别为 0.76 g/m^2 和 28 个/m^2；下层分别为 6.24 g/m^2 和 184 个/m^2。优势种短拟沼螺，春季生物量和栖息密度分别为 5.52 g/m^2 和 108 个/m^2；夏季上层分别为 8.80 g/m^2 和 200 个/m^2，中层分别为 9.50 g/m^2 和 360 个/m^2，下层分别为 2.68 g/m^2 和 64 个/m^2；秋季上层分别为 5.92 g/m^2 和 224 个/m^2，中层分别为 13.76 g/m^2 和 280 个/m^2，下层分别为 6.60 g/m^2 和 152 个/m^2；冬季中层分别为 28.56 g/m^2 和 520 个/m^2，下层分别为 0.36 g/m^2 和 8 个/m^2。淡水泥蟹，春季生物量和栖息密度分别为 4.60 g/m^2 和 52 个/m^2；夏季分别为 0.48 g/m^2 和 20 个/m^2；秋季分别为 2.04 g/m^2 和 92 个/m^2；冬季中层分别为 0.60 g/m^2 和 24 个/m^2。其他主要种和习见种有中华结海虫（*Leocrates chinensis*）、浅古铜吻沙蚕、寡鳃内卷齿蚕、须鳃虫、异足索沙蚕、高索沙蚕（*Lumbrineris meteorana*）、泥蚶、凸壳肌蛤、刀明樱蛤、明樱蛤（*Moerella* sp.）、理蛤、微黄镰玉螺、织纹螺、轭螺、婆罗囊螺、果坚壳蟹（*Ebalia malefactrix*）、橄榄拳蟹（*Philyra olivacea*）、真壮毛粒蟹（*Pilumnopeus eucratoides*）、锯缘青蟹、秀丽长方蟹、长方蟹（*Metaplax* sp.）、裸盲蟹（*Typhlocarcinus nudus*）、中国棘海鳃（*Pteroeides chinense*）、弹涂鱼和棘刺锚参等。

低潮区：索沙蚕—豆形胡桃蛤—长方蟹带。该区主要种为索沙蚕，自中潮区延伸分布至本区，春季生物量和栖息密度分别为 0.04 g/m^2 和 4 个/m^2；夏季分别为 0.40 g/m^2 和 12 个/m^2；秋季分别为 0.08 g/m^2 和 4 个/m^2；冬季分别为 0.04 g/m^2 和 4 个/m^2。豆形胡桃蛤，春季生物量和栖息密度分别为 0.32 g/m^2 和 8 个/m^2；夏季分别为 0.24 g/m^2 和 4 个/m^2；冬季分别为 0.24 g/m^2 和 4 个/m^2。长方蟹，夏季上层生物量和栖息密度分别为 3.32 g/m^2 和 32 个/m^2，下层分别为 2.28 g/m^2 和 76 个/m^2。其他主要种和习见种有双鳃内卷齿蚕、弦毛内卷齿蚕、仙虫（*Amphinome rostrata*）、智利巢沙蚕、卡氏无疣齿蚕（*Inermonnephtys gallardi*）、矛毛虫（*Phylo felix*）、纳加索沙蚕、不倒翁虫、纵肋织纹螺、婆罗囊螺、圆筒原盒螺、库叶球舌螺、宽壳胡桃蛤〔*Nucula*（*Leionucula*）*convexa*〕、刀明樱蛤、金星蝶铰蛤、忱蛤（*Pulvinus micans*）、理蛤、橄榄拳蟹、印度毛粒蟹（*Pilumnopeus indica*）、裸盲蟹、沈氏长方蟹（*Metaplax sheni*）、圆形肿须蟹、女神蛇尾（*Ophionephthy difficilis*）、海盘车（*Coscinasterias* sp.）和倍棘蛇尾等（图 26-3）。

26.5.3　群落生态特征值

根据 Shannon-Wiener 种类多样性指数（H'）、Pielous 种类均匀度指数（J）、Margalef 种类丰富度指数（d）和 Simpson 优势度（D）显示，三都、青山岛滨海湿地潮间带大型底栖生物群落丰富度指数（d），泥沙滩群落较大（4.302 5），岩石滩群落较小（1.718 8）；多样性指数（H'），泥沙滩群落较大（2.607 5），岩石滩群落较小（1.121 9）；均匀度指数（J），泥沙滩群落较大（0.782 3），岩石滩群落较小（0.416 0）；Simpson 优势度（D），岩石滩群落较大（0.519 4），泥沙滩群落较小（0.124 8）。不同群落各断面群落生态特征值季节变化见表 26-12。

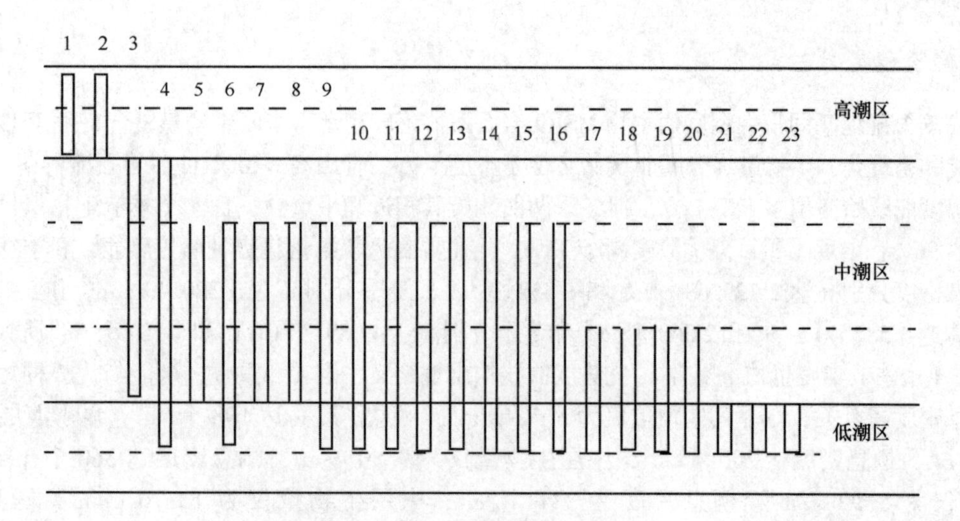

图 26-3　泥滩群落主要种垂直分布

1. 粗糙滨螺；2. 短滨螺；3. 索沙蚕；4. 卡氏无疣齿蚕；5. 淡水泥蟹；6. 长方蟹；7. 短拟沼螺；8. 珠带拟蟹守螺；9. 锯缘青蟹；10. 渤海鸭嘴蛤；11. 刀明樱蛤；12. 织纹螺；13. 微黄镰玉螺；14. 凸壳肌蛤；15. 中国棘海鳃；16. 弹涂鱼；17. 异足索沙蚕；18. 不倒翁虫；19. 豆形胡桃蛤；20. 婆罗囊螺；21. 女神蛇尾；22. 海盘车；23. 倍棘蛇尾

表 26-12　三都、青山岛滨海湿地潮间带大型底栖生物群落生态特征值

群落	季节	断面	*d*	*H′*	*J*	*D*
岩石滩	春季	MSR9	2.030 0	1.860 0	0.656 0	0.269 0
		MQR11	1.460 0	0.703 0	0.274 0	0.711 0
		平均	1.745 0	1.281 5	0.465 0	0.490 0
	夏季	MSR9	1.100 0	1.410 0	0.612 0	0.317 0
		MQR11	2.050 0	1.010 0	0.344 0	0.537 0
		平均	1.575 0	1.210 0	0.478 0	0.427 0
	秋季	MSR9	1.910 0	1.250 0	0.463 0	0.402 0
		MQR11	1.410 0	0.738 0	0.288 0	0.714 0
		平均	1.660 0	0.994 0	0.375 5	0.558 0
	冬季	MSR9	2.280 0	1.670 0	0.568 0	0.311 0
		MQR11	1.510 0	0.334 0	0.123 0	0.894 0
		平均	1.895 0	1.002 0	0.345 5	0.602 5
	平均		1.718 8	1.121 9	0.416 0	0.519 4
泥沙滩	春季	MQS12	4.580 0	2.520 0	0.756 0	0.157 0
	夏季		4.820 0	2.690 0	0.775 0	0.115 0
	秋季		3.320 0	2.490 0	0.804 0	0.117 0
	冬季		4.490 0	2.730 0	0.794 0	0.110 0
	平均		4.302 5	2.607 5	0.782 3	0.124 8
泥滩	春季	MSM10	3.880 0	2.220 0	0.674 0	0.163 0
	夏季		3.390 0	1.590 0	0.494 0	0.414 0
	秋季		2.200 0	1.400 0	0.493 0	0.342 0
	冬季		4.860 0	1.860 0	0.522 0	0.306 0
	平均		3.582 5	1.767 5	0.545 8	0.306 3

26.5.4　群落稳定性

三都岛滨海湿地潮间带大型底栖生物 MSR9 岩石滩群落较稳定，丰度生物量复合 k-优势度曲线不交叉、不翻转和不重叠，生物量优势度曲线始终位于丰度上方。青山岛（MQR11）岩石滩群落，4 个季节生物量优势度曲线始终位于丰度上方，但冬季两曲线极其相近几乎重叠，且 4 个季节生物量累积百分优势度均高达 96%，丰度累积百分优势度高于 72%。这主要在于该群落优势种鳞笠藤壶，春季在中潮区生物量和栖息密度分别高达 2 129.68 g/m^2 和 1 352 个/m^2，夏季分别高达 3 320.40 g/m^2 和 3 344 个/m^2，秋季分别高达 3 582.40 g/m^2 和 2 368 个/m^2 和冬季分别高达 4 085.20 g/m^2 和 5 120 个/m^2 所致。MSM10 泥滩群落，4 个季节丰度生物量复合 k-优势度曲线均出现交叉、翻转和重叠，可能与优势种短拟沼螺生物量低栖息密度高有关，春季其生物量仅为 5.52 g/m^2，栖息密度高达 108 个/m^2；夏季上层生物量仅为 8.80 g/m^2，栖息密度达 200 个/m^2，中层生物量仅为 9.50 g/m^2，栖息密度达 360 个/m^2；秋季上层生物量仅为 5.92 g/m^2，栖息密度达 224 个/m^2，中层生物量仅为 13.76 g/m^2，栖息密度达 280 个/m^2，下层生物量仅为 6.60 g/m^2，栖息密度达 152 个/m^2；冬季中层生物量仅为 28.56 g/m^2，栖息密度达 520 个/m^2。夏季 MQS12 泥沙滩不稳定，丰度生物量复合 k-优势度曲线出现交叉和翻转，但群落的生物量累积百分优势度和丰度累积百分优势度均不（见图 26-4~图 26-19）。

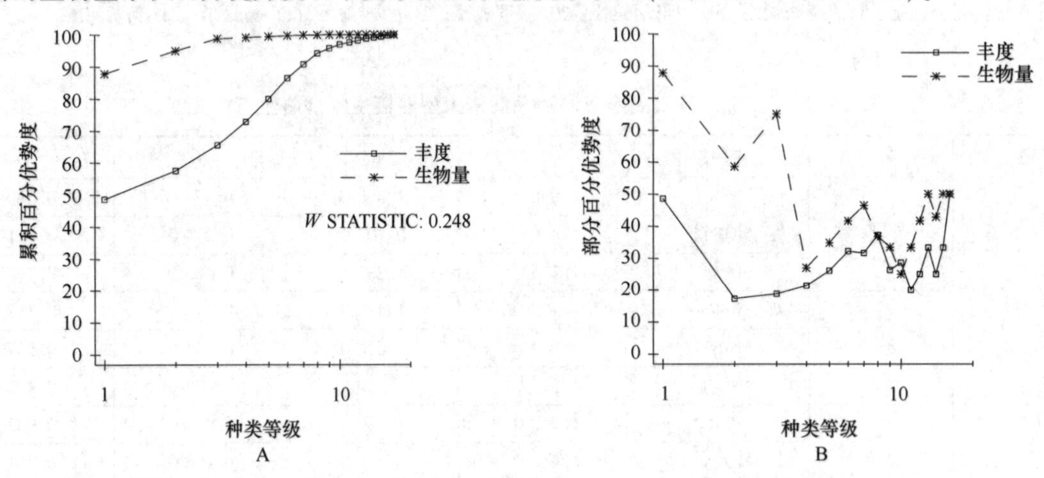

图 26-4　春季 MSR9 岩石滩群落丰度生物量复合 k-优势度（A）和部分优势度（B）曲线

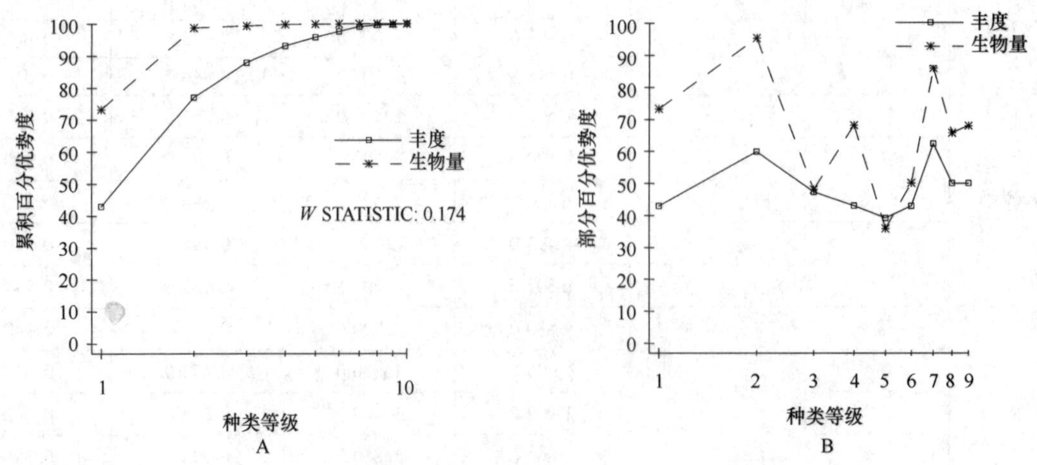

图 26-5　夏季 MSR9 岩石滩群落丰度生物量复合 k-优势度（A）和部分优势度（B）曲线

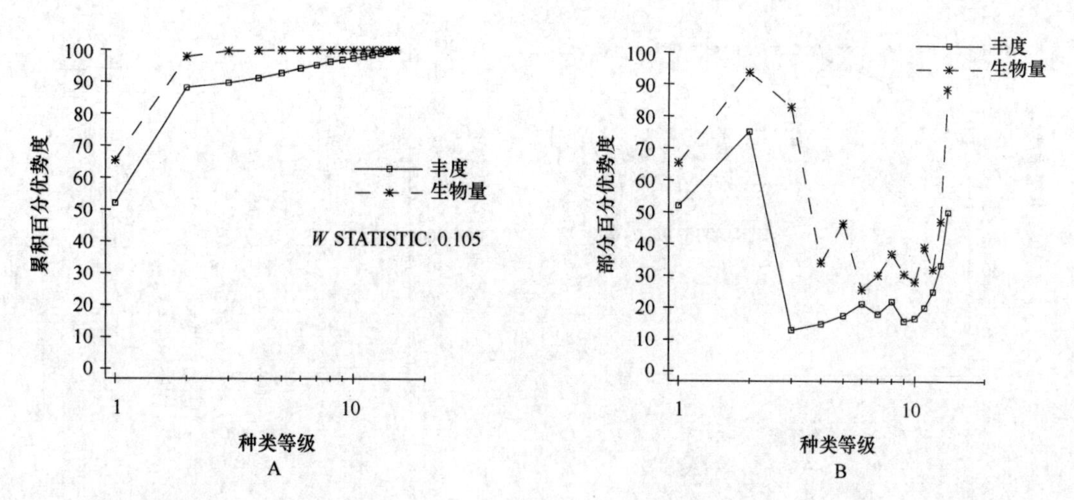

图 26-6　秋季 MSR9 岩石滩群落丰度生物量复合 k-优势度（A）和部分优势度（B）曲线

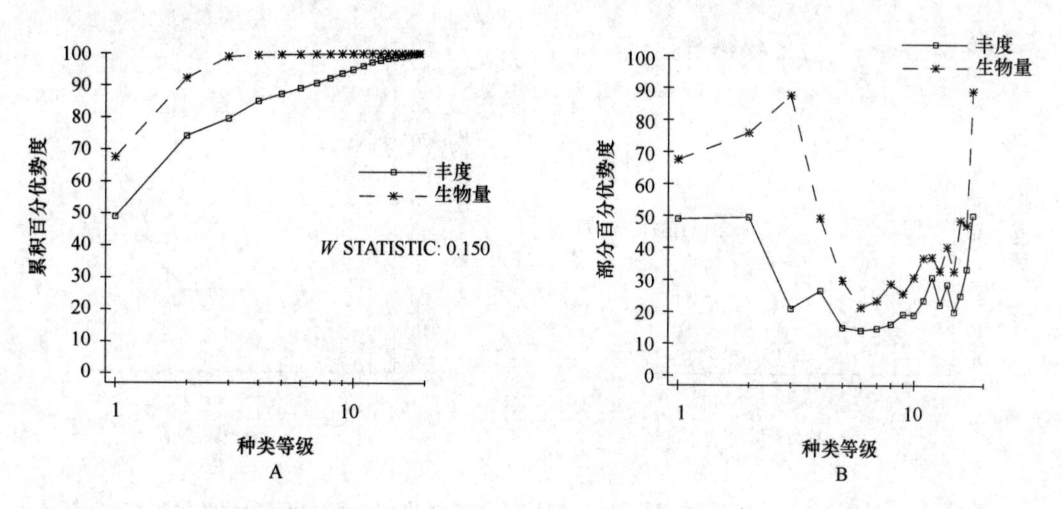

图 26-7　冬季 MSR9 岩石滩群落丰度生物量复合 k-优势度（A）和部分优势度（B）曲线

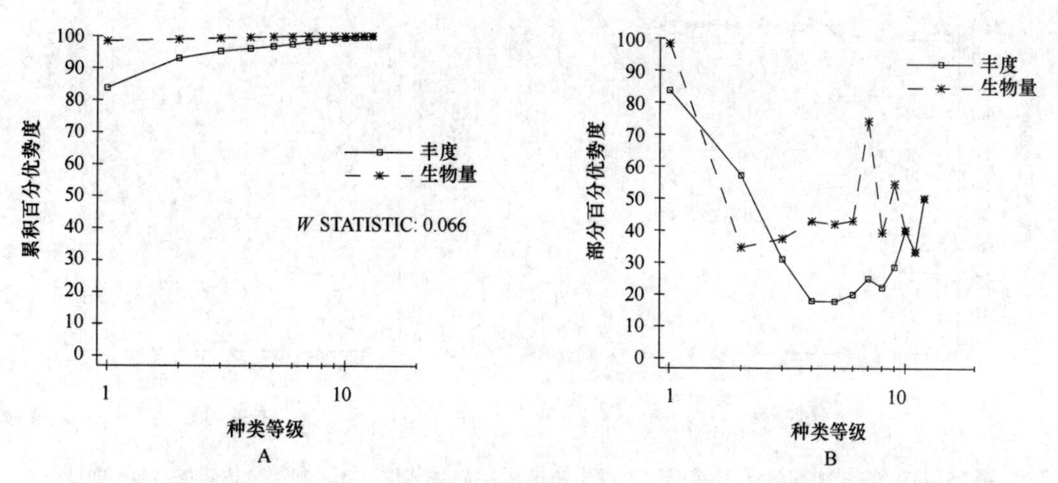

图 26-8　春季 MQR11 岩石滩群落丰度生物量复合 k-优势度（A）和部分优势度（B）曲线

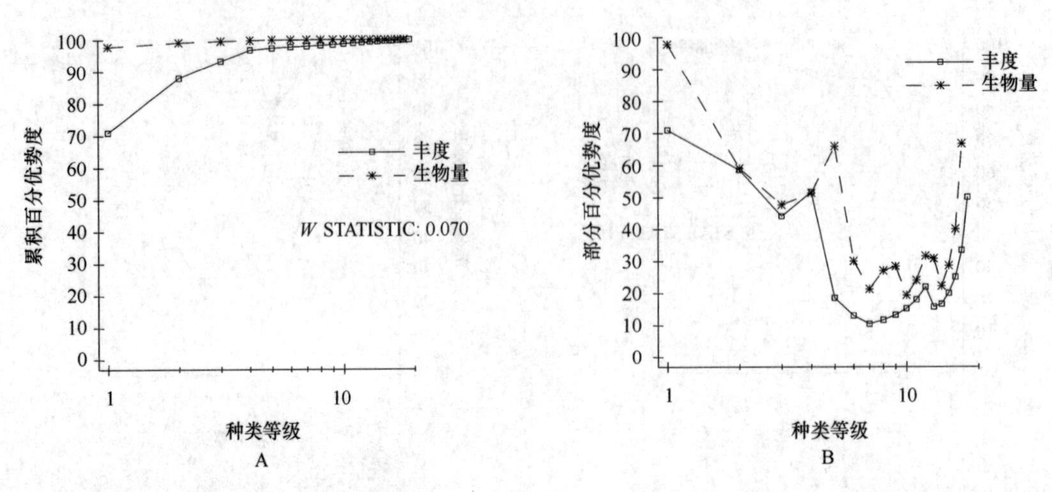

图 26-9　夏季 MQR11 岩石滩群落丰度生物量复合 k-优势度（A）和部分优势度（B）曲线

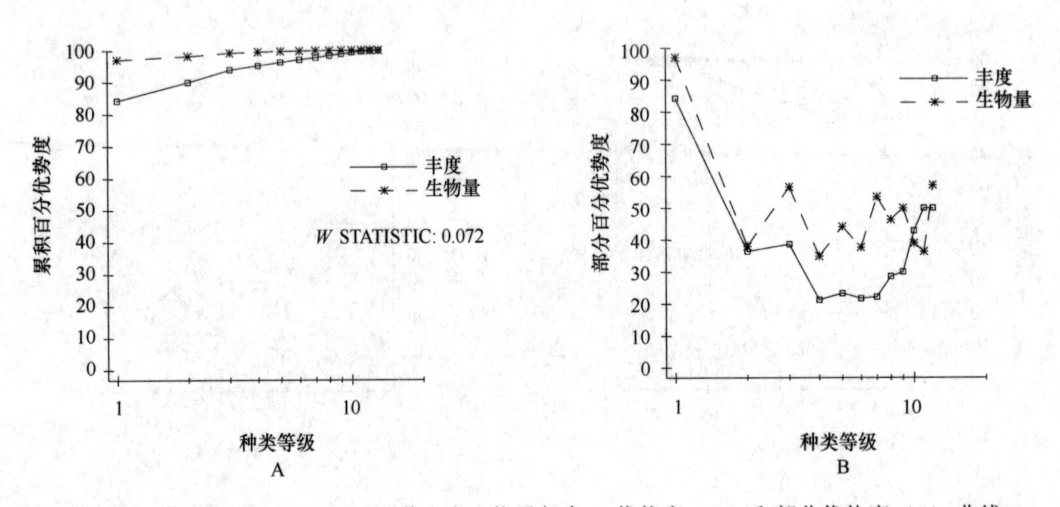

图 26-10　秋季 MQR11 岩石滩群落丰度生物量复合 k-优势度（A）和部分优势度（B）曲线

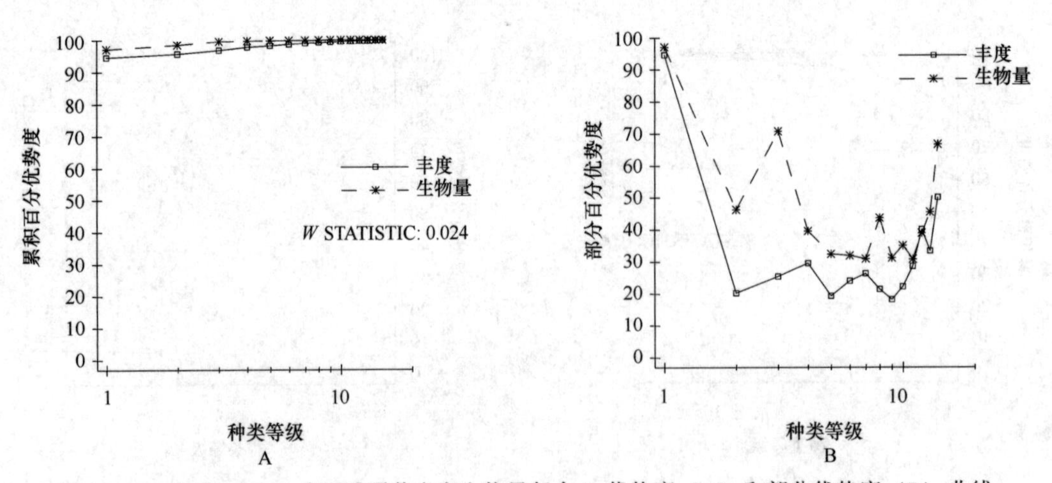

图 26-11　冬季 MQR11 岩石滩群落丰度生物量复合 k-优势度（A）和部分优势度（B）曲线

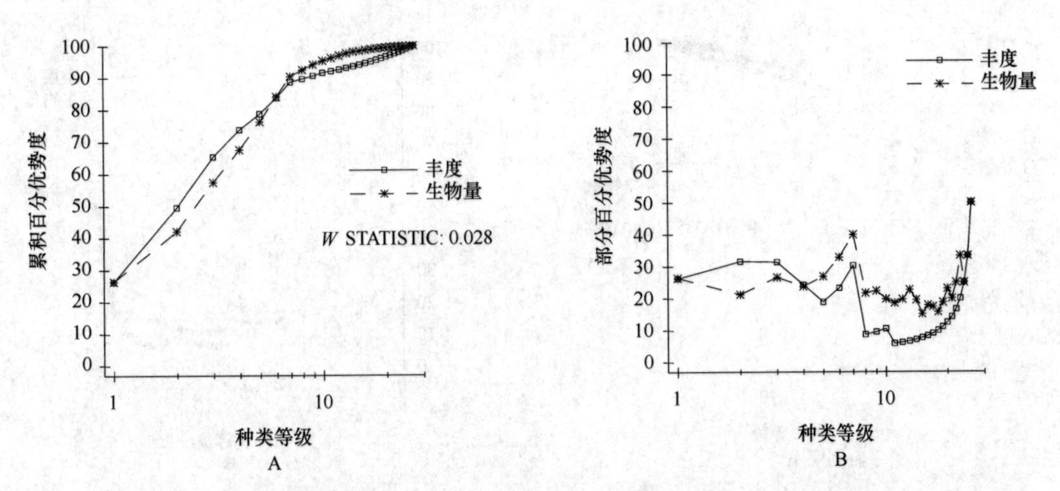

图 26-12　春季 MSM10 泥滩群落丰度生物量复合 k-优势度（A）和部分优势度（B）曲线

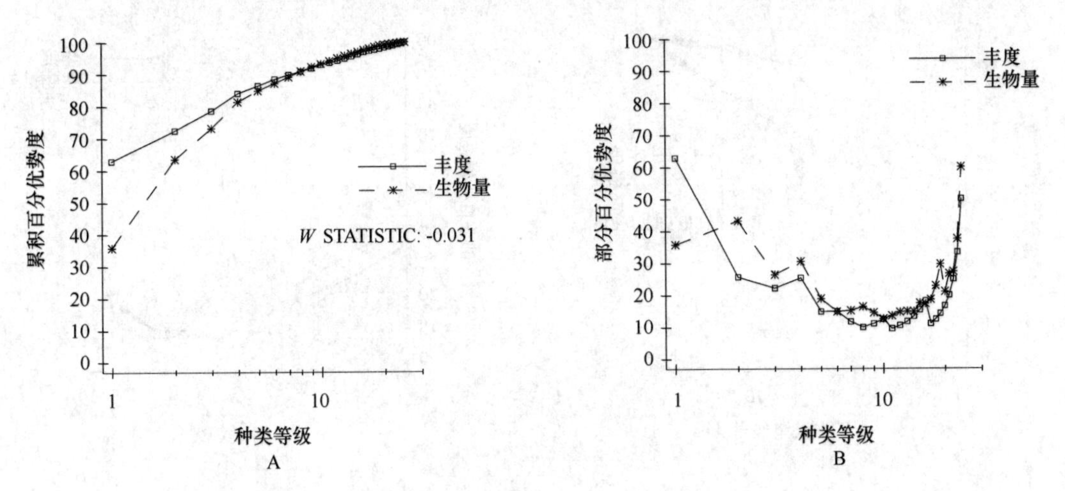

图 26-13　夏季 MSM10 泥滩群落丰度生物量复合 k-优势度（A）和部分优势度（B）曲线

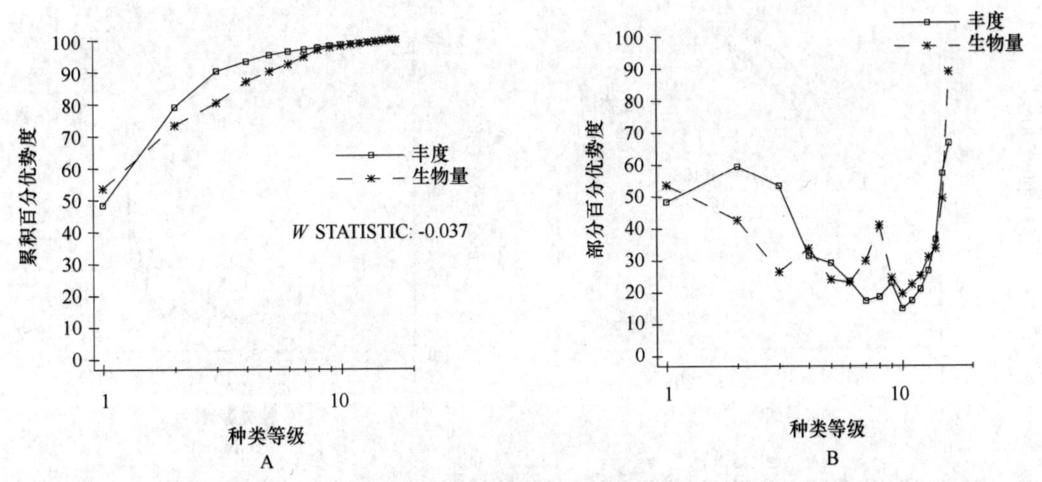

图 26-14　秋季 MSM10 泥滩群落丰度生物量复合 k-优势度（A）和部分优势度（B）曲线

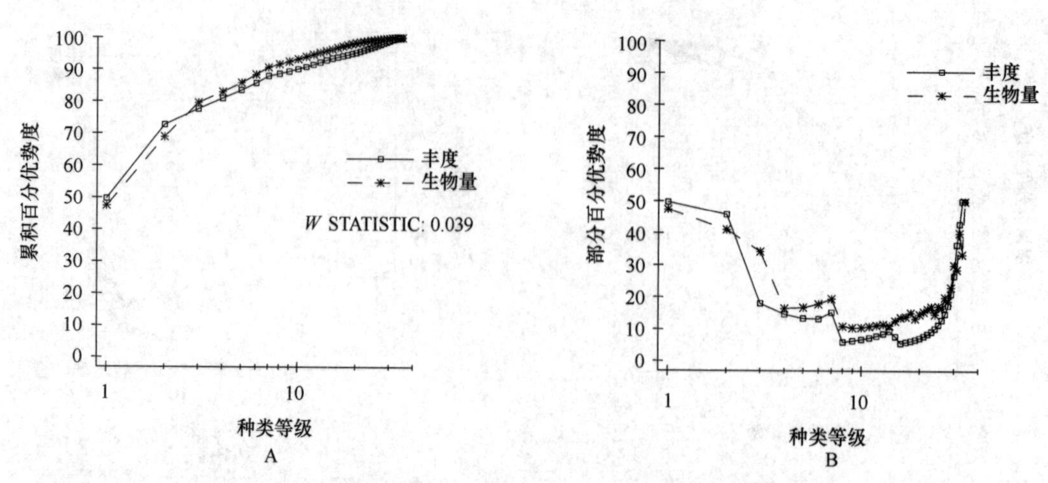

图 26-15　冬季 MSM10 泥滩群落丰度生物量复合 k-优势度（A）和部分优势度（B）曲线

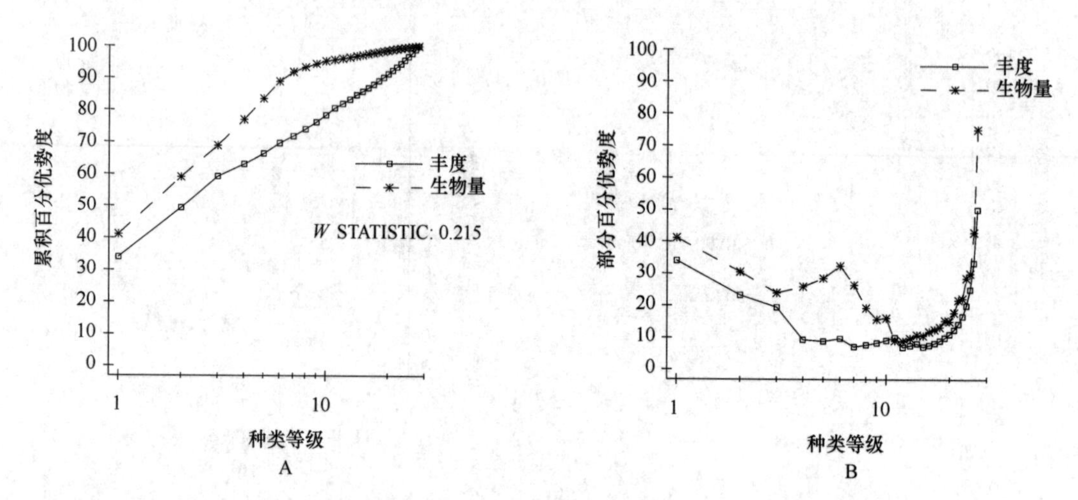

图 26-16　春季 MQS12 泥沙滩群落丰度生物量复合 k-优势度（A）和部分优势度（B）曲线

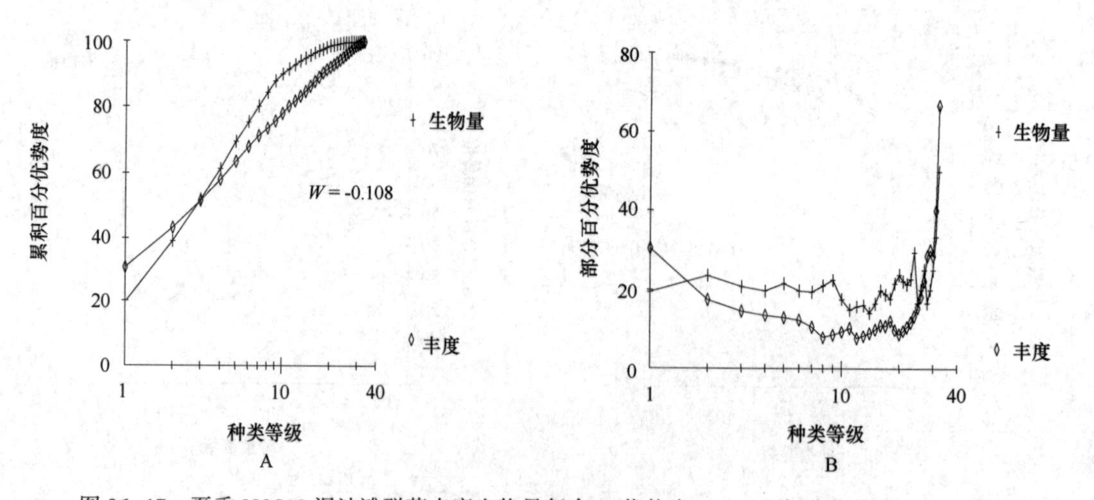

图 26-17　夏季 MQS12 泥沙滩群落丰度生物量复合 k-优势度（A）和部分优势度（B）曲线

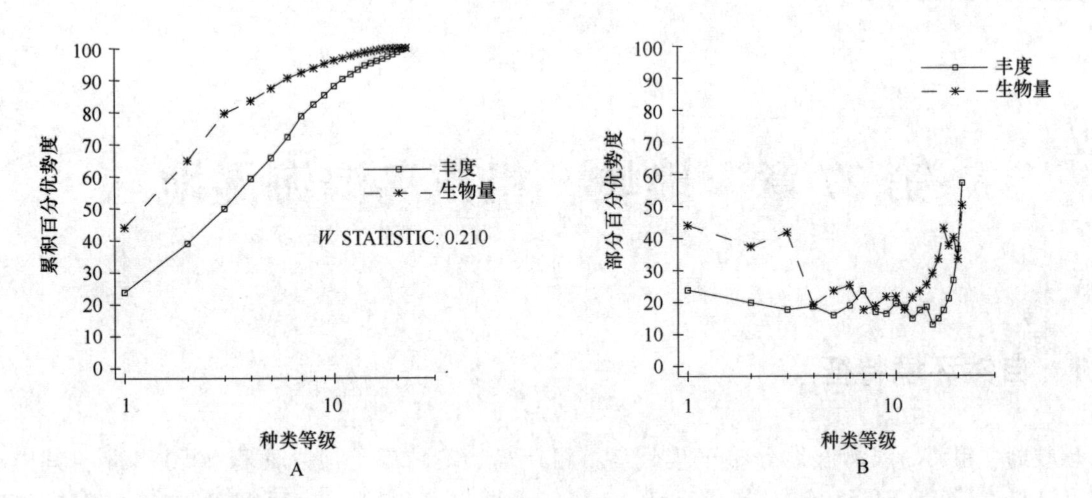

图 26-18　秋季 MQS12 泥沙滩群落丰度生物量复合 k-优势度（A）和部分优势度（B）曲线

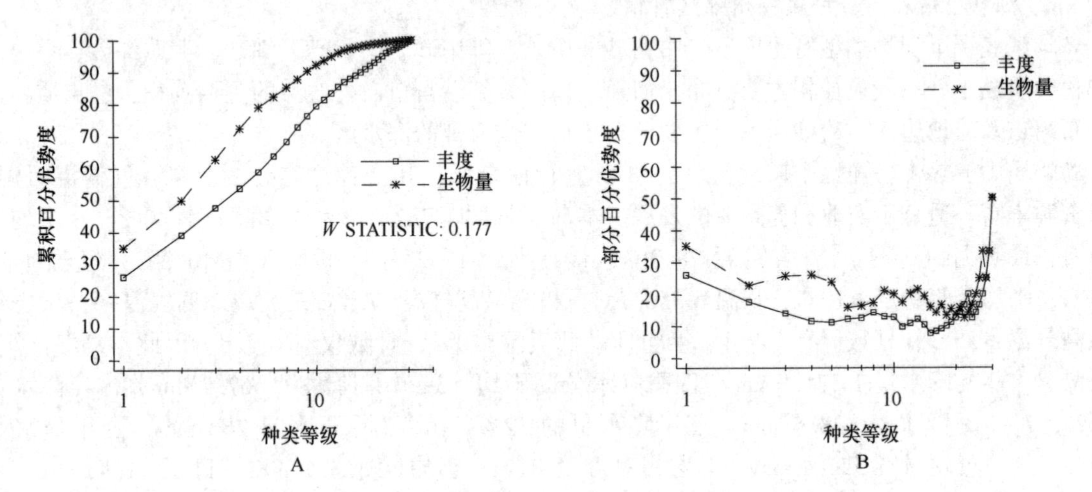

图 26-19　冬季 MQS12 泥沙滩群落丰度生物量复合 k-优势度（A）和部分优势度（B）曲线

第 27 章　琅岐、粗芦岛滨海湿地

27.1　自然环境特征

琅歧岛、粗芦岛滨海湿地分布于琅歧岛、粗芦岛。琅歧岛土地总面积 79.06 km^2，其中滩涂 14.405 9 km^2，陆地 64.65 km^2，岸线长 59.73 km，东西长 15.33 km，南北宽 8.10 km，海拔 275 m；粗芦岛土地总面积 13.67 km^2，距离陆地最近点 240 m，岸线长 30.16 km，东西长 6.2 km，南北宽 2.19 km，海拔 236 m，分别属福州郊区管辖。

岛屿区底层沉积物类型有粗中砂、中粗砂、中砂、细中砂、中细砂、细砂、泥质细砂、黏土质粉砂和粉砂质黏土。一般粒径相主要分布于河道、口门，细砂是口门外浅滩的主要沉积，黏土质粉砂主要分布河道及滩地边缘，粉砂质黏土主要分布于口门浅滩外的深水区。

岛屿属中亚热带海洋性季风气候。6—8 月盛行偏南风，其余各月盛行偏北风，气候温暖湿润，热量资源丰富，适宜于农业和养殖业的发展。本岛年日照 1 782.3 h，日照百分率 40%。年平均气温 19.3℃，最热月（7 月）平均气温 28.3℃，最冷月（1—2 月）平均气温 10.2℃，气温年较差 18.1℃，平均全年稳定≥10℃，积温 6 356.7℃，极端最高气温 37.4℃，极端最低气温-1.3℃，年均日最高气温≥35℃，日数仅有 1.7 d，年均日最低气温≤0℃，日数仅有 0.1 d，因此本岛冬无严寒，夏无酷暑。年均降水量 1 371.8 mm，四季降水分配不均，3—6 月降水量 667.1 mm，占年降水量的 48.6%，7—9 月降水量 438.6 mm，占年降水量的 32%，10—2 月降水量 266 mm，占年降水量的 19.4%。年均蒸发量 1 526.4 mm，年均相对湿度 81%。年均风速 4.1 m/s，11 月风速最大，平均 5.1 m/s。定时最大风速 34 m/s。

岛屿的主要灾害性天气有干旱、台风、大风、暴雨等。春、夏和秋冬旱的平均连旱日数分别为 59.3 d、38.2 d 和 47.2 d，最长连旱日数分别为 98 d、93 d 和 103 d。本岛年均有 29.4 个大风（≥8 级）日，最多年份达 80 个。年均暴雨（日降水量≥50 mm）日数有 4.4 d，最多年份达 11 d。

海水表层平均温度 1 月最低（12.73℃），8 月最高（28.65℃）。底层平均温度在 12.89 ~ 28.12℃。海水表层平均盐度春季最低（19.02），其次为秋季（20.07），依次为冬季（20.64），夏季最高（23.44）。底层盐度也是春季最低，夏季最高，盐度变化在 19.02 ~ 25.12 之间。琅岐岛附近，靠近陆地和闽江口水域水色号较大、透明度较小，外海域水色号较小，透明度较大。海水透明度冬季最小，小于 2.0 m；夏季海水透明度最大，可达 2.4 m。

潮汐类型为正规半日潮。平均潮差 4.11 m，最大潮差 6.48 m，高潮间隙 10 h 47 min，平均涨潮历时 5 h 12 min，平均落潮历时 7 h 14 min。

27.2　断面与站位布设

1990—1991 年春季、夏季、秋季和冬季，2006—2007 年春季、秋季和 2008 年春季、秋季分别对粗芦岛左上坑西北、龙沙村东北、深坞村南、琅岐荣光村东、云龙村东、琅岐岛正北、凤窝村和度假村岩石、泥沙滩和沙滩 9 条断面进行潮间带大型底栖生物取样（表 27-1、图 27-1）。

表 27-1　琅岐、粗芦岛滨海湿地潮间带大型底栖生物调查断面

序号	时间	断面	编号	经度（E）	纬度（N）	底质
1	1990—1991 年	粗芦岛左上坑	CM11	119°37′24″	26°10′30.00″	泥沙滩
2		琅岐岛荣光村	LM22	119°38′6.00″	26°6′30.00″	
3		粗芦岛龙沙村	CS13	119°39′9.78″	26°9′19.87″	沙滩
4		琅岐岛云龙村	LS23	119°39′00″	26°4′42.00″	
5		粗芦岛深坞村	CR12	119°38′55.84″	26°8′12.03″	岩石滩
6		琅岐岛正北	LR21	119°35′27.57″	26°8′00″	
7	2006—2007 年春季、秋季	琅岐岛凤窝村	F-LQ1	119°35′58.72″	26°7′40.35″	泥沙滩
8	2008 年春季、秋季	琅岐岛度假村	LD2	119°38′49.59″	26°5′33.94″	沙滩
9		琅岐岛凤窝村	LD3	119°36′0.96″	26°7′40.98″	泥沙滩

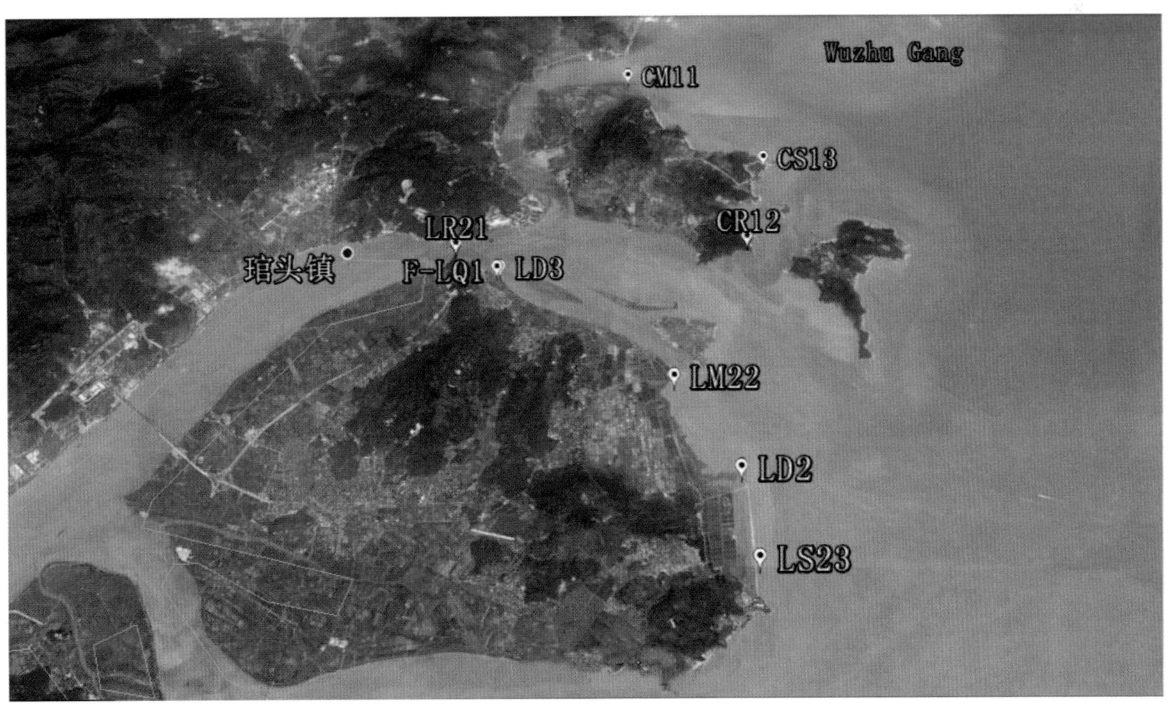

图 27-1　琅岐、粗芦岛滨海湿地潮间带大型底栖生物调查断面

27.3　物种多样性

27.3.1　种类组成与分布

琅岐、粗芦岛滨海湿地潮间带大型底栖生物 224 种，其中藻类 10 种，多毛类 57 种，软体动物 39 种，甲壳动物 95 种和其他生物 23 种。多毛类、软体动物和甲壳动物占总种数的 85.26%，三者构成

潮间带大型底栖生物主要类群。不同底质类型比较，种数以泥沙滩（144 种）大于沙滩（90 种）大于岩石滩（51 种）（表 27-2）。

表 27-2　琅岐、粗芦岛滨海湿地潮间带大型底栖生物物种组成与分布　　单位：种

底质	藻类	多毛类	软体动物	甲壳动物	棘皮动物	其他生物	合计
岩石滩	9	5	13	19	0	5	51
沙滩	0	13	20	47	0	10	90
泥沙滩	1	48	18	65	0	12	144
合计	10	57	39	95	0	23	224

琅岐、粗芦岛滨海湿地岩石滩潮间带大型底栖生物 51 种，其中藻类 9 种，多毛类 5 种，软体动物 13 种，甲壳动物 19 种和其他生物 5 种。藻类、软体动物和甲壳动物占总种数的 80.39%，三者构成岩石滩潮间带大型底栖生物主要类群。断面间比较，种数以 CR12 断面较多（35 种），LR21 断面较少（31 种）。

琅岐、粗芦岛滨海湿地沙滩潮间带大型底栖生物 90 种，其中多毛类 13 种，软体动物 20 种，甲壳动物 47 种和其他生物 10 种。多毛类、软体动物和甲壳动物占总种数的 88.88%，三者构成沙滩潮间带大型底栖生物主要类群。断面间比较，种数以 LS23 断面较多（43 种），CS13 断面较少（32 种）。

琅岐、粗芦岛滨海湿地泥沙滩潮间带大型底栖生物 144 种，其中藻类 1 种，多毛类 48 种，软体动物 18 种，甲壳动物 65 种和其他生物 12 种。多毛类、软体动物和甲壳动物占总种数的 90.97%，三者构成泥沙滩潮间带大型底栖生物主要类群。断面间比较，种数以 LM22 断面较多（55 种），F-LQ1 断面较少（23 种）（表 27-3）。

表 27-3　琅岐、粗芦岛滨海湿地潮间带大型底栖生物物种组成与分布　　单位：种

底质	断面	编号	藻类	多毛类	软体动物	甲壳动物	棘皮动物	其他生物	合计
泥沙滩	粗芦岛	CM11	0	10	11	23	0	5	49
	琅岐岛	LM22	1	18	3	29	0	4	55
		F-LQ1	0	9	3	9	0	2	23
		LD3	0	21	2	15	0	2	40
	合计		1	48	18	65	0	12	144
沙滩	粗芦岛	CS13	0	2	15	15	0	0	32
	琅岐岛	LS23	0	5	5	27	0	6	43
		LD2	0	8	5	17	0	5	35
	合计		0	13	20	47	0	10	90
岩石滩	粗芦岛	CR12	6	3	11	12	0	3	35
	琅岐岛	LR21	5	2	8	12	0	4	31
	合计		9	5	13	19	0	5	51
总计			10	57	39	95	0	23	224

27.3.2　优势种和主要种

根据数量和出现率，琅岐、粗芦岛滨海湿地潮间带大型底栖生物优势种和主要种有细毛石花菜、

小石花菜、长松藻、等指海葵、黄海葵、短角围沙蚕、中华齿吻沙蚕、线沙蚕、厥目革囊星虫、黑荞麦蛤、僧帽牡蛎、棘刺牡蛎、纹斑棱蛤、齿纹蜒螺、紫游螺、粒结节滨螺、黑口滨螺、短拟沼螺、珠带拟蟹守螺、彩拟蟹守螺、中国鲎、白条地藤壶、鳞笠藤壶、泥藤壶、白脊藤壶、网纹藤壶、糊斑藤壶、中华螺嬴蜚、中华新尖额蟹、谭氏泥蟹、圆球股窗蟹、龙牙克神苔虫等。

27.4　数量时空分布

27.4.1　数量组成与季节变化

琅岐、粗芦岛滨海湿地岩石滩、沙滩和泥沙滩潮间带大型底栖生物四季平均生物量为 1 512.24 g/m^2，平均栖息密度为 1 277 个/m^2。生物量以软体动物居第一位（1 272.47 g/m^2），甲壳动物居第二位（231.45 g/m^2）；栖息密度同样以软体动物居第一位（766 个/m^2），甲壳动物居第二位（445 个/m^2）。不同底质类型比较，生物量从高到低依次为岩石滩（4 473.58 g/m^2）、泥沙滩（42.95 g/m^2）、沙滩（20.21 g/m^2）；栖息密度同样从高到低依次为岩石滩（3 258 个/m^2）、泥沙滩（435 个/m^2）、沙滩（138 个/m^2）。各类群数量组成与分布见表 27-4。

表 27-4　琅岐、粗芦岛滨海湿地潮间带大型底栖生物数量组成与分布

数量	底质	藻类	多毛类	软体动物	甲壳动物	棘皮动物	其他生物	合计
生物量（g/m^2）	岩石滩	17.46	0.92	3 813.10	637.74	0	4.36	4 473.58
	沙滩	0	0.13	3.85	15.09	0	1.14	20.21
	泥沙滩	0	0.58	0.46	41.52	0	0.39	42.95
	平均	5.82	0.54	1 272.47	231.45	0	1.96	1 512.24
密度（个/m^2）	岩石滩	—	28	2 209	1 003	0	18	3 258
	沙滩	—	2	83	52	0	1	138
	泥沙滩	—	147	7	280	0	1	435
	平均	—	59	766	445	0	7	1 277

琅岐、粗芦岛滨海湿地岩石滩潮间带大型底栖生物四季平均生物量为 4 473.58 g/m^2，平均栖息密度为 3 258 个/m^2。生物量以软体动物居第一位（3 813.10 g/m^2），甲壳动物居第二位（637.74 g/m^2）；栖息密度同样以软体动物居第一位（2 209 个/m^2），甲壳动物居第二位（1 003 个/m^2）。数量季节变化，生物量以冬季较大（5 339.86 g/m^2），春季较小（3 636.84 g/m^2）；栖息密度以夏季较大（4 731 个/m^2），秋季较小（2 463 个/m^2）。各类群数量组成与季节变化见表 27-5。

表 27-5　琅岐、粗芦岛滨海湿地岩石滩潮间带大型底栖生物数量组成与季节变化

数量	季节	藻类	多毛类	软体动物	甲壳动物	棘皮动物	其他生物	合计
生物量（g/m^2）	春季	33.92	2.67	3 460.10	140.15	0	0	3 636.84
	夏季	15.17	0.19	4 108.80	657.83	0	16.28	4 798.27
	秋季	0.60	0.76	3 279.48	837.61	0	0.92	4 119.37
	冬季	20.13	0.07	4 404.03	915.38	0	0.25	5 339.86
	平均	17.46	0.92	3 813.10	637.74	0	4.36	4 473.58

续表 27-5

数量	季节	藻类	多毛类	软体动物	甲壳动物	棘皮动物	其他生物	合计
密度（个/m^2）	春季	—	72	1 908	595	0	0	2 575
	夏季	—	15	3 062	1 600	0	54	4 731
	秋季	—	17	1 591	847	0	8	2 463
	冬季	—	7	2 276	970	0	8	3 261
	平均	—	28	2 209	1 003	0	18	3 258

琅岐、粗芦岛滨海湿地沙滩潮间带大型底栖生物四季平均生物量为20.21 g/m^2，平均栖息密度为138个/m^2。生物量以甲壳动物居第一位（15.09 g/m^2），软体动物居第二位（3.85 g/m^2）；栖息密度以软体动物居第一位（83个/m^2），甲壳动物居第二位（52个/m^2）。数量季节变化，生物量以秋季较大（35.17 g/m^2），冬季较小（11.09 g/m^2）；栖息密度以夏季较大（340个/m^2），冬季较小（13个/m^2）。各类群数量组成与季节变化见表27-6。

表 27-6 琅岐、粗芦岛滨海湿地沙滩潮间带大型底栖生物数量组成与季节变化

数量	季节	多毛类	软体动物	甲壳动物	棘皮动物	其他生物	合计
生物量（g/m^2）	春季	0.04	3.42	10.49	0	0.24	14.19
	夏季	0.19	7.77	11.60	0	0.77	20.33
	秋季	0.01	1.65	33.24	0	0.27	35.17
	冬季	0.26	2.56	5.01	0	3.26	11.09
	平均	0.13	3.85	15.09	0	1.14	20.21
密度（个/m^2）	春季	3	8	88	0	1	100
	夏季	2	313	24	0	1	340
	秋季	1	6	91	0	0	98
	冬季	1	5	6	0	1	13
	平均	2	83	52	0	1	138

琅岐、粗芦岛滨海湿地泥沙滩潮间带大型底栖生物四季平均生物量为42.95 g/m^2，平均栖息密度为435个/m^2。生物量以甲壳动物居第一位（41.52 g/m^2），多毛类居第二位（0.58 g/m^2）；栖息密度以甲壳动物居第一位（280个/m^2），多毛类居第二位（147个/m^2）。数量季节变化，生物量以春季较大（75.45 g/m^2），冬季较小（17.19 g/m^2）；栖息密度同样以春季较大（848个/m^2），冬季较小（109个/m^2）。各类群数量组成与季节变化见表27-7。

表 27-7 琅岐、粗芦岛滨海湿地泥沙滩潮间带大型底栖生物数量组成与季节变化

数量	季节	多毛类	软体动物	甲壳动物	棘皮动物	其他生物	合计
生物量（g/m^2）	春季	0.67	0.84	72.94	0	1.00	75.45
	夏季	1.02	0.13	41.85	0	0.02	43.02
	秋季	0.54	0.88	34.20	0	0.51	36.13
	冬季	0.08	0	17.08	0	0.03	17.19
	平均	0.58	0.46	41.52	0	0.39	42.95

续表 27-7

数量	季节	多毛类	软体动物	甲壳动物	棘皮动物	其他生物	合计
密度（个/m^2）	春季	205	19	623	0	1	848
	夏季	25	3	158	0	1	187
	秋季	348	7	237	0	1	593
	冬季	8	0	100	0	1	109
	平均	147	7	280	0	1	435

27.4.2　数量分布与季节变化

琅岐、粗芦岛滨海湿地岩石滩潮间带大型底栖生物数量平面分布，生物量以粗芦岛（CR12）岩石滩较大（4 994.69 g/m^2），琅岐岛（LR21）岩石滩较小（3 952.49 g/m^2）；栖息密度同样以粗芦岛（CR12）岩石滩较大（4 854 个/m^2），琅岐岛（LR21）岩石滩较小（1 664 个/m^2）。各断面数量分布与季节变化见表 27-8。

表 27-8　琅岐、粗芦岛滨海湿地岩石滩潮间带大型底栖生物数量分布与季节变化

数量	季节	断面	藻类	多毛类	软体动物	甲壳动物	棘皮动物	其他生物	合计
生物量（g/m^2）	春季	CR12	38.50	5.33	3 928.65	276.07	0	0	4 248.55
		LR21	29.35	0	2 991.54	4.22	0	0	3 025.11
		平均	33.92	2.67	3 460.10	140.15	0	0	3 636.84
	夏季	CR12	25.39	0.39	3 367.31	1 255.19	0	5.22	4 653.50
		LR21	4.95	0	4 850.29	60.46	0	27.33	4 943.03
		平均	15.17	0.19	4 108.80	657.83	0	16.28	4 798.27
	秋季	CR12	0	1.42	3 576.21	1 606.62	0	1.83	5 186.08
		LR21	1.21	0.10	2 982.75	68.60	0	0	3 052.66
		平均	0.60	0.76	3 279.48	837.61	0	0.92	4 119.37
	冬季	CR12	34.50	0.06	4 032.98	1 822.57	0	0.50	5 890.61
		LR21	5.76	0.08	4 775.08	8.18	0	0	4 789.10
		平均	20.13	0.07	4 404.03	915.38	0	0.25	5 339.86
	四季	CR12	24.60	1.80	3 726.29	1 240.11	0	1.89	4 994.69
		LR21	10.32	0.05	3 899.92	35.37	0	6.83	3 952.49
		平均	17.46	0.92	3 813.10	637.74	0	4.36	4 473.58
密度（个/m^2）	春季	CR12	—	144	2 105	1 168	0	0	3 417
		LR21	—	0	1 712	22	0	0	1 734
		平均	—	72	1 908	595	0	0	2 575
	夏季	CR12	—	31	4 072	2 808	0	50	6 961
		LR21	—	0	2 052	393	0	58	2 503
		平均	—	15	3 062	1 600	0	54	4 731
	秋季	CR12	—	25	2 325	1 539	0	17	3 906
		LR21	—	10	856	155	0	0	1 021
		平均	—	17	1 591	847	0	8	2 463

续表 27-8

数量	季节	断面	藻类	多毛类	软体动物	甲壳动物	棘皮动物	其他生物	合计
密度（个/m²）	冬季	CR12	—	6	3 196	1 909	0	17	5 128
		LR21	—	8	1 356	30	0	0	1 394
		平均	—	7	2 276	970	0	8	3 261
	四季	CR12	—	52	2 925	1 856	0	21	4 854
		LR21	—	5	1 494	150	0	15	1 664
		平均	—	29	2 209	1 003	0	18	3 259

琅岐、粗芦岛滨海湿地沙滩潮间带大型底栖生物数量平面分布，生物量以粗芦岛（CS13）沙滩较大（27.84 g/m²），琅岐岛（LS23）沙滩较小（23.42 g/m²）；栖息密度同样以粗芦岛（CS13）沙滩较大（201 个/m²），琅岐岛（LS23）沙滩较小（31 个/m²）。各断面数量分布与季节变化见表 27-9。

表 27-9　琅岐、粗芦岛滨海湿地沙滩潮间带大型底栖生物数量分布与季节变化

数量	季节	断面	多毛类	软体动物	甲壳动物	棘皮动物	其他生物	合计
生物量（g/m²）	春季	CS13	0	9.31	11.11	0	0	20.42
		LS23	0	0.91	16.80	0	0.52	18.23
		LD2	0.13	0.05	3.57	0	0.21	3.96
		平均	0.04	3.42	10.49	0	0.24	14.19
	夏季	CS13	0	8.90	15.02	0	0	23.92
		LS23	0.38	6.63	8.18	0	1.54	16.73
		平均	0.19	7.77	11.60	0	0.77	20.33
	秋季	CS13	0	4.69	48.87	0	0	53.56
		LS23	0	0.27	48.90	0	0.80	49.97
		LD2	0.02	0	1.94	0	0	1.96
		平均	0.01	1.65	33.24	0	0.27	35.17
	冬季	CS13	0.40	5.12	7.93	0	0	13.45
		LS23	0.12	0	2.08	0	6.53	8.73
		平均	0.26	2.56	5.01	0	3.26	11.09
	四季	CS13	0.10	7.01	20.73	0	0	27.84
		LS23	0.13	1.95	18.99	0	2.35	23.42
		平均	0.12	4.48	19.86	0	1.17	25.63
密度（个/m²）	春季	CS13	0	20	10	0	0	30
		LS23	0	1	40	0	1	42
		LD2	10	4	213	0	3	230
		平均	3	8	88	0	1	100
	夏季	CS13	0	622	20	0	0	642
		LS23	4	5	27	0	2	38
		平均	2	313	24	0	1	340

续表 27-9

数量	季节	断面	多毛类	软体动物	甲壳动物	棘皮动物	其他生物	合计
密度（个/m^2）	秋季	CS13	0	17	94	0	0	111
		LS23	0	2	31	0	0	33
		LD2	3	0	147	0	0	150
		平均	1	6	91	0	0	98
	冬季	CS13	2	10	7	0	0	19
		LS23	0	0	5	0	3	8
		平均	1	5	6	0	1	13
	四季	CS13	1	167	33	0	0	201
		LS23	1	2	26	0	2	31
		平均	1	85	29	0	1	116

琅岐、粗芦岛滨海湿地泥沙滩潮间带大型底栖生物数量平面分布，生物量以琅岐岛（LM22）泥沙滩较大（65.91 g/m^2），粗芦岛（CM11）泥沙滩较小（43.59 g/m^2）；栖息密度同样以琅岐岛（LM22）泥沙滩较大（433 个/m^2），粗芦岛（CM11）泥沙滩较小（307 个/m^2）。各断面数量分布与季节变化见表 27-10。

表 27-10　琅岐、粗芦岛滨海湿地泥沙滩潮间带大型底栖生物数量分布与季节变化

数量	季节	断面	多毛类	软体动物	甲壳动物	棘皮动物	其他生物	合计
生物量（g/m^2）	春季	CM11	0.22	1.77	61.67	0	1.24	64.90
		LM22	1.12	0.48	152.93	0	1.76	156.29
		LD3	0.68	0.27	4.21	0	0	5.16
		平均	0.67	0.84	72.94	0	1.00	75.45
	夏季	CM11	1.67	0.20	29.03	0	0.01	30.91
		LM22	0.38	0.05	54.66	0	0.04	55.13
		平均	1.02	0.13	41.85	0	0.02	43.02
	秋季	CM11	0.14	0.11	54.78	0	0.01	55.04
		LM22	0.08	0	39.70	0	1.52	41.30
		LD3	1.39	2.53	8.12	0	0.01	12.05
		平均	0.54	0.88	34.20	0	0.51	36.13
	冬季	CM11	0.13	0	23.30	0	0.05	23.48
		LM22	0.04	0	10.85	0	0.01	10.90
		平均	0.08	0	17.08	0	0.03	17.19
	四季	CM11	0.54	0.52	42.20	0	0.33	43.59
		LM22	0.41	0.13	64.54	0	0.83	65.91
		平均	0.48	0.33	53.37	0	0.58	54.76
密度（个/m^2）	春季	CM11	11	17	616	0	2	646
		LM22	62	34	1 105	0	1	1 202
		LD3	543	5	147	0	0	695
		平均	205	19	623	0	1	848

续表 27-10

数量	季节	断面	多毛类	软体动物	甲壳动物	棘皮动物	其他生物	合计
密度（个/m^2）	夏季	CM11	19	3	69	0	0	91
		LM22	32	4	246	0	1	283
		平均	25	3	158	0	1	187
	秋季	CM11	16	0	307	0	1	324
		LM22	4	0	188	0	2	194
		LD3	1 024	21	217	0	1	1 263
		平均	348	7	237	0	1	593
	冬季	CM11	15	0	152	0	1	168
		LM22	1	0	49	0	1	51
		平均	8	0	100	0	1	109
	四季	CM11	15	5	286	0	1	307
		LM22	25	10	397	0	1	433
		平均	20	7	342	0	1	370

琅岐、粗芦岛滨海湿地岩石滩潮间带大型底栖生物数量垂直分布，粗芦岛（CR12）断面，生物量从高到低依次为低潮区（9 687.95 g/m^2）、中潮区（5 291.03 g/m^2）、高潮区（5.11 g/m^2）；栖息密度从高到低依次为中潮区（9 336 个/m^2）、低潮区（4 975 个/m^2）、高潮区（248 个/m^2）。琅岐岛（LR21）断面，生物量从高到低依次为低潮区（9 572.14 g/m^2）、中潮区（2 272.06 g/m^2）、高潮区（13.23 g/m^2）；栖息密度从高到低依次为低潮区（3 992 个/m^2）、中潮区（999 个/m^2）、高潮区（0 个/m^2）。琅岐、粗芦岛滨海湿地岩石滩断面生物量和栖息密度均以高潮区最小（表 27-11）。

表 27-11 琅岐、粗芦岛滨海湿地岩石滩潮间带大型底栖生物数量垂直分布

数量	断面	潮区	藻类	多毛类	软体动物	甲壳动物	棘皮动物	其他生物	合计
生物量（g/m^2）	CR12	高潮区	0	0	5.08	0.03	0	0	5.11
		中潮区	56.42	4.21	4 772.92	451.81	0	5.67	5 291.03
		低潮区	17.38	1.19	6 400.88	3 268.50	0	0	9 687.95
		平均	24.60	1.80	3 726.29	1 240.11	0	1.89	4 994.69
	LR21	高潮区	13.23	0	0	0	0	0	13.23
		中潮区	15.43	0	2 255.73	0.90	0	0	2 272.06
		低潮区	2.29	0.14	9 444.02	105.19	0	20.50	9 572.14
		平均	10.31	0.05	3 899.92	35.37	0	6.83	3 952.48
密度（个/m^2）	CR12	高潮区	—	0	244	4	0	0	248
		中潮区	—	129	6 249	2 895	0	63	9 336
		低潮区	—	25	2 281	2 669	0	0	4 975
		平均	—	51	2 925	1 856	0	21	4 853
	LR21	高潮区	—	0	0	0	0	0	0
		中潮区	—	0	967	32	0	0	999
		低潮区	—	14	3 515	419	0	44	3 992
		平均	—	5	1 494	150	0	15	1 664

琅岐、粗芦岛滨海湿地沙滩潮间带大型底栖生物数量垂直分布，粗芦岛（CS13）断面，生物量从高到低依次为低潮区（45.47 g/m^2）、中潮区（36.10 g/m^2）、高潮区（1.95 g/m^2）；栖息密度从高到低依次为低潮区(523 个/m^2）、中潮区（74 个/m^2）、高潮区（3 个/m^2）。琅岐岛（LS23）断面，生物量从高到低依次为低潮区（43.27 g/m^2）、中潮区（23.49 g/m^2）、高潮区（3.48 g/m^2）；栖息密度从高到低依次为低潮区（44 个/m^2）、中潮区（41 个/m^2）、高潮区（4 个/m^2）。琅岐、粗芦岛滨海湿地岩石滩断面生物量和栖息密度均以高潮区最小（表 27-12）。

表 27-12　琅岐、粗芦岛滨海湿地沙滩潮间带大型底栖生物数量垂直分布

数量	断面	潮区	多毛类	软体动物	甲壳动物	棘皮动物	其他生物	合计
生物量（g/m^2）	CS13	高潮区	0	0	1.95	0	0	1.95
		中潮区	0	15.13	20.97	0	0	36.10
		低潮区	0.30	5.89	39.28	0	0	45.47
		平均	0.10	7.01	20.73	0	0	27.84
	LS23	高潮区	0	0	3.45	0	0.03	3.48
		中潮区	0.12	1.66	19.98	0	1.73	23.49
		低潮区	0.25	4.20	33.53	0	5.29	43.27
		平均	0.12	1.95	18.99	0	2.35	23.41
密度（个/m^2）	CS13	高潮区	0	0	3	0	0	3
		中潮区	0	36	38	0	0	74
		低潮区	1	465	57	0	0	523
		平均	0	167	33	0	0	200
	LS23	高潮区	0	1	3	0	1	5
		中潮区	2	2	37	0	1	42
		低潮区	1	3	38	0	3	45
		平均	1	2	26	0	1	30

琅岐、粗芦岛滨海湿地泥沙滩潮间带大型底栖生物数量垂直分布，粗芦岛（CM11）断面，生物量从高到低依次为低潮区（69.86 g/m^2）、中潮区（55.53 g/m^2）、高潮区（5.36 g/m^2）；栖息密度从高到低依次为中潮区（537 个/m^2）、低潮区（261 个/m^2）、高潮区（127 个/m^2）。琅岐岛（LM22）断面，生物量从高到低依次为低潮区（151.36 g/m^2）、中潮区（37.61 g/m^2）、高潮区（8.74 g/m^2）；栖息密度从高到低依次为中潮区（643 个/m^2）、低潮区（377 个/m^2）、高潮区（279 个/m^2）。琅岐岛（F-LQ1）断面，生物量从高到低依次为中潮区（22.17 g/m^2）、低潮区（11.80 g/m^2）、高潮区（0 g/m^2）；栖息密度从高到低依次为低潮区（1 492 个/m^2）、中潮区（750 个/m^2）、高潮区（0 个/m^2）。琅岐、粗芦岛滨海湿地岩石滩断面生物量和栖息密度均以高潮区最小（表 27-13）。

表 27-13 琅岐、粗芦岛滨海湿地泥沙滩潮间带大型底栖生物数量垂直分布

数量	断面	潮区	多毛类	软体动物	甲壳动物	棘皮动物	其他生物	合计
生物量(g/m²)	CM11	高潮区	0.14	0.03	5.15	0	0.04	5.36
		中潮区	0.26	0.81	54.44	0	0.02	55.53
		低潮区	1.22	0.72	66.99	0	0.93	69.86
		平均	0.54	0.52	42.20	0	0.33	43.59
	LM22	高潮区	0.75	0.18	6.67	0	1.14	8.74
		中潮区	0.35	0.20	37.02	0	0.04	37.61
		低潮区	0.11	0.01	149.92	0	1.32	151.36
		平均	0.40	0.13	64.53	0	0.83	65.89
	F-LQ1	高潮区	0	0	0	0	0	0
		中潮区	1.16	0	20.99	0	0.02	22.17
		低潮区	1.16	3.80	6.84	0	0	11.80
		平均	0.77	1.27	9.28	0	0.01	11.33
密度(个/m²)	CM11	高潮区	17	2	107	0	1	127
		中潮区	18	6	512	0	1	537
		低潮区	11	8	239	0	3	261
		平均	15	5	286	0	1	307
	LM22	高潮区	37	14	227	0	1	279
		中潮区	29	14	598	0	2	643
		低潮区	9	1	366	0	1	377
		平均	25	9	397	0	1	432
	F-LQ1	高潮区	0	0	0	0	0	0
		中潮区	496	0	252	0	2	750
		低潮区	1 272	32	188	0	0	1 492
		平均	589	11	147	0	1	748

27.4.3 饵料生物水平

琅岐、粗芦岛滨海湿地潮间带大型底栖生物平均饵料水平分级为Ⅴ级。其中，软体动物和甲壳动物较高，达Ⅴ级；藻类Ⅱ级；多毛类、棘皮动物和其他生物较低，均为Ⅰ级。岩石滩断面高达Ⅴ级，其中：软体动物和甲壳动物较高，分别达Ⅴ级，多毛类、棘皮动物和其他生物较低，均为Ⅰ级。沙滩断面为Ⅲ级，其中甲壳动物Ⅲ级；其余各类群较低，均为Ⅰ级。泥沙滩断面为Ⅳ级，其中甲壳动物为Ⅳ级；其余各类群较低，均为Ⅰ级（表27-14）。

表 27-14 琅岐、粗芦岛滨海湿地潮间带大型底栖生物饵料水平分级

底质	藻类	多毛类	软体动物	甲壳动物	棘皮动物	其他生物	评价标准
岩石滩	Ⅲ	Ⅰ	Ⅴ	Ⅴ	Ⅰ	Ⅰ	Ⅴ
沙滩	Ⅰ	Ⅰ	Ⅰ	Ⅲ	Ⅰ	Ⅰ	Ⅲ
泥沙滩	Ⅰ	Ⅰ	Ⅰ	Ⅳ	Ⅰ	Ⅰ	Ⅳ
平均	Ⅱ	Ⅰ	Ⅴ	Ⅴ	Ⅰ	Ⅰ	Ⅴ

27.5 群落

27.5.1 群落类型

琅岐岛、粗芦岛滨海湿地潮间带大型底栖生物群落按地点和底质类型分为：

（1）凤窝村附近泥沙滩群落。高潮区：粗糙滨螺带；中潮区：疣吻沙蚕—寡毛类（Oligochaeta）—宁波泥蟹带；低潮区：尖锥虫—细长涟虫—薄片蜾蠃蜚带。

（2）琅歧度假村沙滩群落。高潮区：痕掌沙蟹带；中潮区：伪才女虫—焦河蓝蛤—葛氏胖钩虾带；低潮区：双须虫—日本稚齿虫带。

（3）粗芦岛岩石滩群落。高潮区：粒结节滨螺—粗糙滨螺带；中潮区：小石花菜—黑荞麦蛤—僧帽牡蛎—白条地藤壶—白脊藤壶—僧帽牡蛎带；低潮区：纹斑棱蛤—泥藤壶—小相手蟹带。

27.5.2 群落结构

（1）凤窝村附近泥沙滩群落。该群落所处滩面底质类型高潮区上层为石堤，下层和中潮区中上层为硬泥，覆盖茂密的芦苇草，高度大者达 1.5～2.0 m，低潮区底质由软泥组成。潮上带有锯缘青蟹养殖。

高潮区：粗糙滨螺带。该潮区代表种粗糙滨螺数量不高，在本区的生物量和栖息密度分别为 0.80 g/m^2 和 16 个/m^2。

中潮区：疣吻沙蚕—寡毛类—谭氏泥蟹带。该潮区主要种为疣吻沙蚕，分布在本区中、下层，生物量和栖息密度不高，分别为 0.24 g/m^2 和 8 个/m^2。优势种寡毛类，自本区中、下层可延伸分布至低潮区上层，在本区中层的生物量和栖息密度分别为 0.08 g/m^2 和 24 个/m^2，下层的生物量和栖息密度分别为 0.40 g/m^2 和 880 个/m^2。优势种谭氏泥蟹，秋季自本区中、下层延伸分布低潮区上层，在本区的生物量和栖息密度以中、下层较大，中层分别为 19.04 g/m^2 和 480 个/m^2，下层分别为 13.20 g/m^2 和 560 个/m^2。其他主要种和习见种有小头虫、异足索沙蚕、沼蛤、三角柄蜾蠃蜚、宁波泥蟹、弧边招潮、四齿大额蟹、双齿相手蟹和秀丽长方蟹等。

低潮区：寡毛类—稚齿虫—焦河蓝蛤—谭氏泥蟹带。该潮区优势种为寡毛类，秋季自中潮区下层可延伸分布至低潮区上层，在本区的生物量和栖息密度分别为 0.80 g/m^2 和 2 040 个/m^2。主要种稚齿虫，仅在本区出现，秋季数量不高，生物量和栖息密度分别为 0.40 g/m^2 和 256 个/m^2。秋季焦河蓝蛤，也仅在本区出现，生物量和栖息密度分别为 7.60 g/m^2 和 64 个/m^2。优势种谭氏泥蟹，从中潮区下层可延伸分布至低潮区上层，在本区的生物量和栖息密度分别为 13.44 g/m^2 和 240 个/m^2。其他主要种和习见种有才女虫、尖锥虫、小头虫、缨鳃虫（Sabellidae）、细长涟虫和薄片蜾蠃蜚等（见图 27-2）。

（2）琅歧度假村沙滩群落。该群落所处滩面底质类型高潮区至低潮区为粗砂和细砂，滩面宽度约 300 m。

高潮区：痕掌沙蟹带。该区代表种痕掌沙蟹的生物量和栖息密度不高，分别为 1.57 g/m^2 和 1 个/m^2。

中潮区：伪才女虫—焦河蓝蛤—葛氏胖钩虾带。该潮区主要种为伪才女虫，仅在本区出现，在本区上层的生物量和栖息密度分别为 0.04 g/m^2 和 8 个/m^2，中层的生物量和栖息密度分别为 0.08 g/m^2 和 24 个/m^2。焦河蓝蛤，仅在本区出现，生物量和栖息密度分别为 0.48 g/m^2 和 32 个/m^2。优势种葛氏胖钩虾，仅在本区出现，在本区上层的生物量和栖息密度分别为 1.48 g/m^2 和 1 300 个/m^2，中层

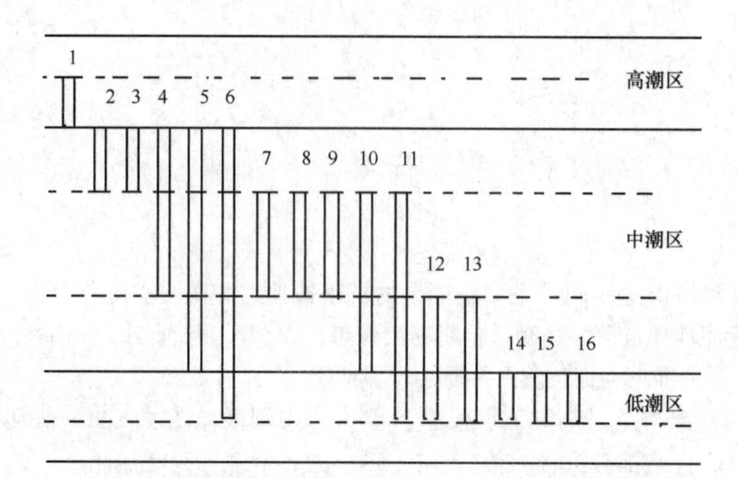

图 27-2　凤窝村附近泥滩群落主要种垂直分布

1. 粗糙滨螺；2. 三角柄蝶蠃蜚；3. 四齿大额蟹；4. 秀丽长方蟹；5. 宁波泥蟹；6. 寡毛类；7. 弧边招潮；8. 小头虫；9. 异足索沙蚕；10. 疣吻沙蚕；11. 谭氏泥蟹；12. 双齿相手蟹；13. 薄片蝶蠃蜚；14. 尖锥虫；15. 细长涟虫；16. 焦河蓝蛤

分别为 0.16 g/m² 和 296 个/m²。其他主要种和习见种有长吻吻沙蚕、毛齿吻沙蚕、新多鳃齿吻沙蚕、文蛤、弹钩虾、极地蚤钩虾、韦氏毛带蟹、宁波泥蟹和脑纽虫等。

低潮区：双须虫—日本稚齿虫带。该潮区主要种为双须虫，仅在本区出现，数量不高，生物量和栖息密度分别仅为 0.05 g/m² 和 5 个/m²。优势种日本稚齿虫，自中潮区延伸分布至低潮区，在本区的生物量和栖息密度分别为 0.40 g/m² 和 1 420 个/m²（图 27-3）。

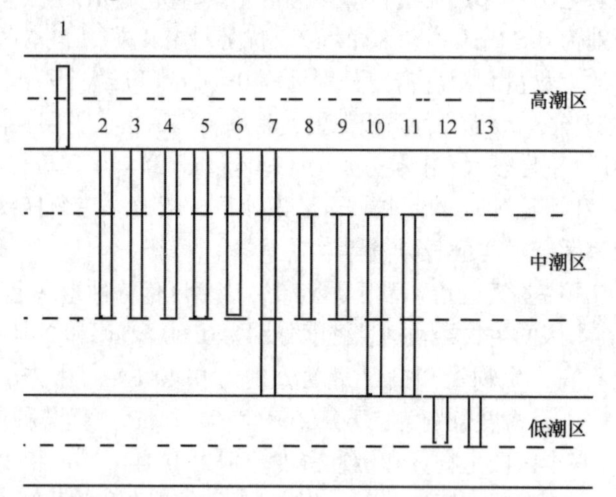

图 27-3　琅歧度假村沙滩群落主要种垂直分布

1. 痕掌沙蟹；2. 毛齿吻沙蚕；3. 伪才女虫；4. 极地蚤钩虾；5. 韦氏毛带蟹；6. 脑纽虫；7. 文蛤；8. 宁波泥蟹；9. 焦河蓝蛤；10. 弹钩虾；11. 葛氏胖钩虾；12. 日本稚齿虫；13. 双须虫

（3）粗芦岛岩石滩群落。该群落位于粗芦岛东南部，滩面长度约 150 m，底质类型高潮区至低潮区由花岗岩组成。

高潮区：粒结节滨螺—粗糙滨螺带。该潮区主要种为粒结节滨螺，春季在该区上层的生物量和栖息密度分别为 0.32 g/m² 和 24 个/m²，下层分别为 7.52 g/m² 和 528 个/m²。粗糙滨螺可以延伸分布至中潮区上层，在本区的生物量和栖息密度分别为 4.96 g/m² 和 224 个/m²。其他主要种和习见种有短滨螺等。

中潮区：小石花菜—黑荞麦蛤—僧帽牡蛎—白条地藤壶—白脊藤壶带。该潮区主要种为小石花菜，分布在本区中、下层，生物量分别为 63.00 g/m² 和 75.00 g/m²。优势种黑荞麦蛤，自本区上、中和下层均有分布，在上层的生物量和栖息密度分别为 15.28 g/m² 和 128 个/m²，在本区中层分别为 383.00 g/m² 和 2 600 个/m²，下层分别为 312.50 g/m² 和 1 550 个/m²。优势种僧帽牡蛎，遍布本区，在上层的生物量和栖息密度分别为 6 250.00 g/m² 和 3 450 个/m²，中层分别为 9 480.00 g/m² 和 2 450 个/m²，下层分别为 6 497.50 g/m² 和 1 850 个/m²。白条地藤壶分布在本区上、中层，在上层的生物量和栖息密度分别为 31.20 g/m² 和 1 624 个/m²，中层分别为 6.00 g/m² 和 6 000 个/m²。白脊藤壶，分布在本区上、中层，在上层的生物量和栖息密度分别为 55.68 g/m² 和 1 136 个/m²，中层分别为 642.50 g/m² 和 2 300 个/m²。其他主要种和习见种有石莼、侧花海葵、纵条肌海葵、厥目革囊星虫、短角围沙蚕、棘刺牡蛎、齿纹蜒螺、荔枝螺、鳞笠藤壶、四齿大额蟹、光辉圆扇蟹和戈氏小相手蟹（*Nanosesarma gordoni*）等。

低潮区：纹斑棱蛤—泥藤壶—小相手蟹带。该潮区主要种为纹斑棱蛤，自中潮区下层可延伸分布至低潮区上层，春季在本区的生物量和栖息密度分别为 94.00 g/m² 和 150 个/m²；夏季上层生物量和栖息密度分别为 187.50 g/m² 和 150 个/m²，下层分别为 355.00 g/m² 和 150 个/m²。优势种泥藤壶，仅在本区出现，春季上层的生物量和栖息密度分别为 687.00 g/m² 和 1 200 个/m²，下层分别为 363.00 g/m² 和 165 个/m²；夏季上层生物量和栖息密度分别为 3 412.50 g/m² 和 2 350 个/m²，下层分别为 2 070.00 g/m² 和 4 350 个/m²。秋季下层生物量和栖息密度分别为 2 882.00 g/m² 和 1 450 个/m²。小相手蟹，也仅在本区出现，春季下层生物量和栖息密度分别为 4.50 g/m² 和 200 个/m²。其他主要种和习见种有硬叉节藻（*Amphiroa rigida*）、侧花海葵、弯齿围沙蚕、厥目革囊星虫、荔枝螺、光辉圆扇蟹、四齿大额蟹、褶痕相手蟹（*Sesarma plicata*）等（图 27-4）。

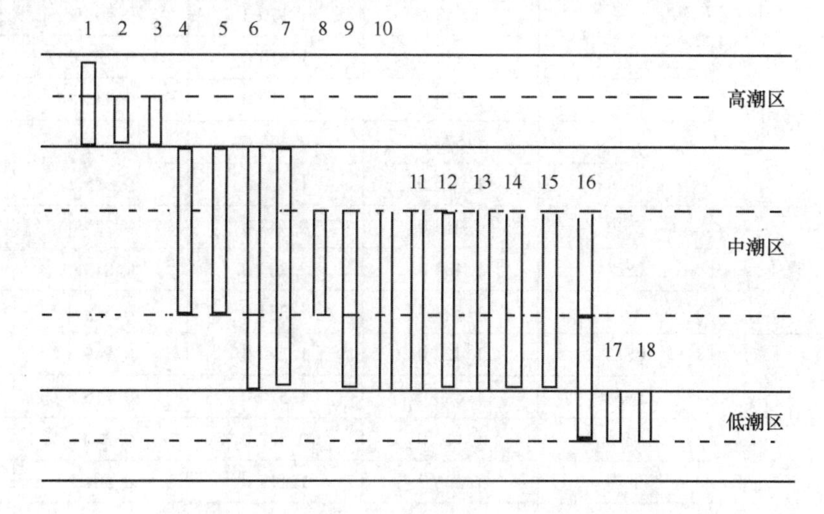

图 27-4　CR12 岩石滩群落主要种垂直分布

1. 粒结节滨螺；2. 粗糙滨螺；3. 短滨螺；4. 白条地藤壶；5. 白脊藤壶；6. 短角围沙蚕；7. 侧花海葵；8. 小石花菜；9. 石莼；10. 黑荞麦蛤；11. 僧帽牡蛎；12. 棘刺牡蛎；13. 纹斑棱蛤；14. 齿纹蜒螺；15. 荔枝螺；16. 四齿大额蟹；17. 泥藤壶；18. 光辉圆扇蟹

27.5.3　群落生态特征值

根据 Shannon-Wiener 种类多样性指数（H'）、Pielous 种类均匀度指数（J）、Margalef 种类丰富度指数（d）和 Simpson 优势度（D）显示，琅岐、粗芦岛滨海湿地潮间带大型底栖生物群落丰富度指数（d），泥沙滩群落较大（1.554 4），岩石滩群落较小（0.953 0）；多样性指数（H'），泥沙滩群落较大（1.276 0），岩石滩群落较小（1.110 3）；均匀度指数（J），泥沙滩群落较大（0.527 5），岩石滩群落较小（0.449 4）；Simpson 优势度（D），岩石滩群落较大（0.522 8），沙滩群落较小（0.393 1）。不同群落各断面群落生态特征值季节变化见表 27-15。

表 27-15　琅岐、粗芦岛滨海湿地潮间带大型底栖生物群落生态特征值与季节变化

群落	季节	断面	d	H'	J	D
岩石滩	春季	CR12	1.370 0	2.020 0	0.744 0	0.185 0
		LR21	0.641 0	0.217 0	0.112 0	0.927 0
		平均	1.005 5	1.118 5	0.428 0	0.556 0
	夏季	CR12	1.120 0	1.570 0	0.611 0	0.301 0
		LR21	0.620 0	0.600 0	0.308 0	0.723 0
		平均	0.870 0	1.085 0	0.459 5	0.512 0
	秋季	CR12	1.270 0	1.910 0	0.722 0	0.201 0
		LR21	0.685 0	0.574 0	0.295 0	0.714 0
		平均	0.977 5	1.242 0	0.508 5	0.457 5
	冬季	CR12	1.260 0	1.630 0	0.618 0	0.267 0
		LR21	0.658 0	0.361 0	0.185 0	0.864 0
		平均	0.959 0	0.995 5	0.401 5	0.565 5
	平均		0.953 0	1.110 3	0.449 4	0.522 8
沙滩	春季	CS13	1.820 0	1.910 0	0.795 0	0.196 0
		LS23	1.770 0	1.710 0	0.714 0	0.257 0
		LD2	1.570 0	0.945 0	0.368 0	0.621 0
		平均	1.720 0	1.521 7	0.625 7	0.358 0
	夏季	CS13	0.915 0	0.468 0	0.225 0	0.822 0
		LS23	2.480 0	2.200 0	0.813 0	0.159 0
		平均	1.697 5	1.334 0	0.519 0	0.490 5
	秋季	CS13	1.420 0	1.260 0	0.549 0	0.394 0
		LS23	1.480 0	1.570 0	0.716 0	0.302 0
		LD2	1.110 0	0.527 0	0.240 0	0.752 0
		平均	1.336 7	1.119 0	0.501 7	0.482 7
	冬季	CS13	1.270 0	1.610 0	0.825 0	0.240 0
		LS23	1.650 0	1.790 0	0.922 0	0.191 0
		平均	1.460 0	1.700 0	0.873 5	0.215 5
	平均		1.355 6	1.133 6	0.474 3	0.393 1

续表 27-15

群落	季节	断面	d	H'	J	D
泥沙滩	春季	CM11	2.090 0	0.748 0	0.254 0	0.647 0
		LM22	1.540 0	0.759 0	0.280 0	0.695 0
		F-LQ1	1.350 0	1.060 0	0.441 0	0.486 0
		LD3	1.110 0	1.410 0	0.611 0	0.309 0
		平均	1.522 5	0.994 3	0.396 5	0.534 3
	夏季	CM11	1.980 0	1.480 0	0.562 0	0.395 0
		LM22	2.590 0	1.750 0	0.576 0	0.263 0
		平均	2.285 0	1.615 0	0.569 0	0.329 0
	秋季	CM11	1.360 0	0.888 0	0.370 0	0.640 0
		LM22	1.800 0	1.470 0	0.557 0	0.317 0
		F-LQ1	1.040 0	1.090 0	0.474 0	0.466 0
		LD3	1.040 0	1.090 0	0.474 0	0.466 0
		平均	1.310 0	1.134 5	0.468 8	0.472 3
	冬季	CM11	1.310 0	1.360 0	0.593 0	0.390 0
		LM22	0.890 0	1.360 0	0.758 0	0.290 0
		平均	1.100 0	1.360 0	0.675 5	0.340 0
	平均		1.554 4	1.276 0	0.527 5	0.418 9

27.5.4　群落稳定性

春季和夏季粗芦岛滨海湿地（CM11）泥沙滩潮间带大型底栖生物群落，丰度生物量复合 k-优势度曲线出现交叉、翻转和重叠，秋季和冬季丰度生物量优势度和部分优势度曲线极为靠近，且春季生物量累积百分优势度达 58%，丰度累积百分优势度达近 80%；夏季分别达 51% 和 61%；秋季分别达 81% 和 80%；冬季分别达 65% 和 59%。这可能与优势种中华蜾蠃蜚春季在中潮区上层栖息密度达 4 160 个/m^2，莱氏异额蟹春季在中潮区栖息密度达 324 个/m^2，秋季在低潮区生物量和栖息密度分别达 115.12 g/m^2 和 636 个/m^2 有关（见图 27-5～图 27-8）。琅岐岛（LM22）泥沙滩群落，春季和秋季丰度生物量复合 k-优势度曲线出现交叉和重叠，且春季生物量和丰度累积百分优势度分别高达 82%，这主要与中华蜾蠃蜚春季在高潮区和中潮区栖息密度分别高达 1 648 个/m^2 和 4 248 个/m^2，莱氏异额蟹在低潮区生物量和栖息密度分别达 424.80 g/m^2 和 464 个/m^2 有关；夏季和冬季相对稳定，丰度生物量复合 k-优势度曲线不交叉、不翻转和不重叠，丰度优势度曲线始终位于生物量优势度曲线下方（图 27-9～图 27-12）。

春季、夏季和秋季粗芦岛滨海湿地（CS13）沙滩群落，丰度生物量复合 k-优势度曲线出现交叉、翻转和重叠，且夏季丰度累积百分优势度高达 90%；秋季分别高达 73% 和 58%。这主要与优势种透明美丽蛤夏季在低潮区上层栖息密度高达 1 800 个/m^2 有关（图 27-13～图 27-16）。春季、秋季和冬季琅岐岛（LS23）沙滩群落，丰度生物量复合 k-优势度曲线出现交叉、重叠和翻转；仅夏季相对稳定，丰度生物量复合 k-优势度曲线不交叉、不翻转和不重叠，丰度优势度曲线始终位于生物量优势度曲线下方（图 27-17～图 27-20）。

粗芦岛滨海湿地（CR12）岩石滩群落，四季丰度生物量复合 k-优势度曲线不交叉、不翻转和不重叠，丰度优势度曲线始终位于生物量优势度曲线下方，只是春季丰度累积百分优势度高达90%。这主要与优势种黑荞麦蛤，在中潮区中层栖息密度达2 600个/m^2，下层达1 550个/m^2；优势种僧帽牡蛎，在中潮区上层的栖息密度达3 450个/m^2，中层达2 450个/m^2，下层达1 850个/m^2；白条地藤壶分布在中潮区上层的栖息密度达1 624个/m^2，中层达6 000个/m^2；白脊藤壶在中潮区上层栖息密度达1 136个/m^2，中层达2 300个/m^2有关（图27-21~图27-24）。琅岐岛（LR21）岩石滩群落，四季丰度生物量复合k-优势度曲线近乎重叠，且四季生物量累积百分优势度高达95%以上，丰度累积百分优势度高达近85%以上。这主要与优势种僧帽牡蛎在该断面春季生物量和栖息密度分别达7 630.00 g/m^2和4 500个/m^2，夏季分别达13 060.00 g/m^2和5 600个/m^2，秋季分别达13 750.00 g/m^2和3 400个/m^2，冬季分别达13 260.00 g/m^2和3 900个/m^2有关（图27-25~图27-28）。

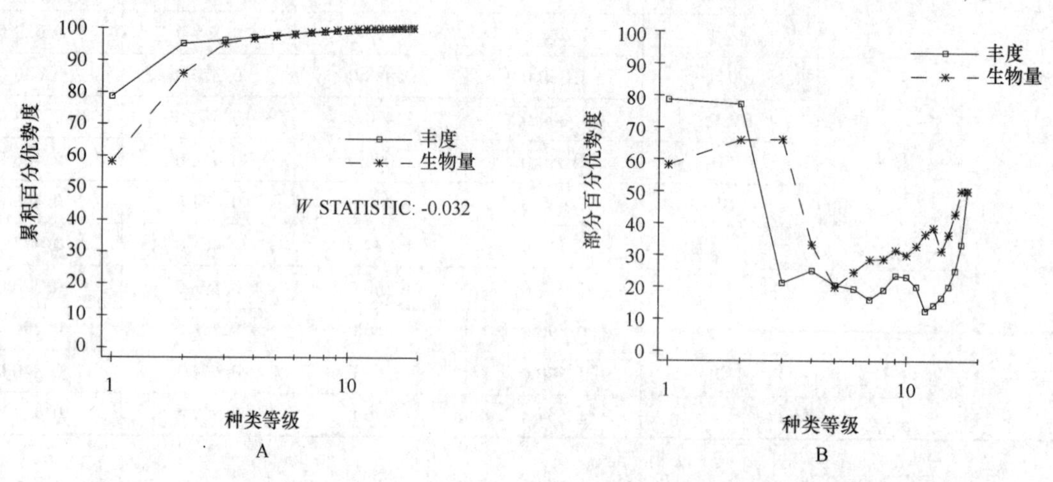

图27-5　春季CM11泥沙滩群落丰度生物量复合k-优势度（A）和部分优势度（B）曲线

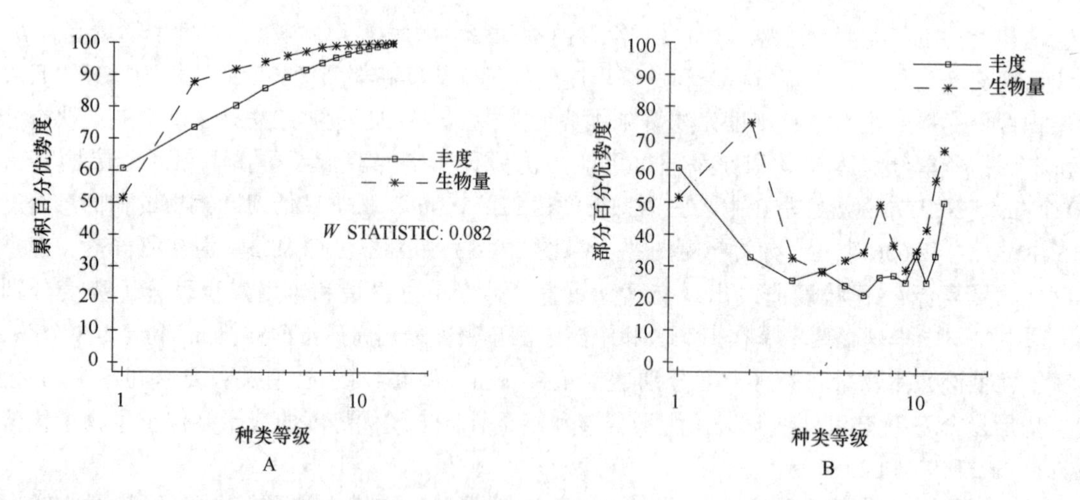

图27-6　夏季CM11泥沙滩群落丰度生物量复合k-优势度（A）和部分优势度（B）曲线

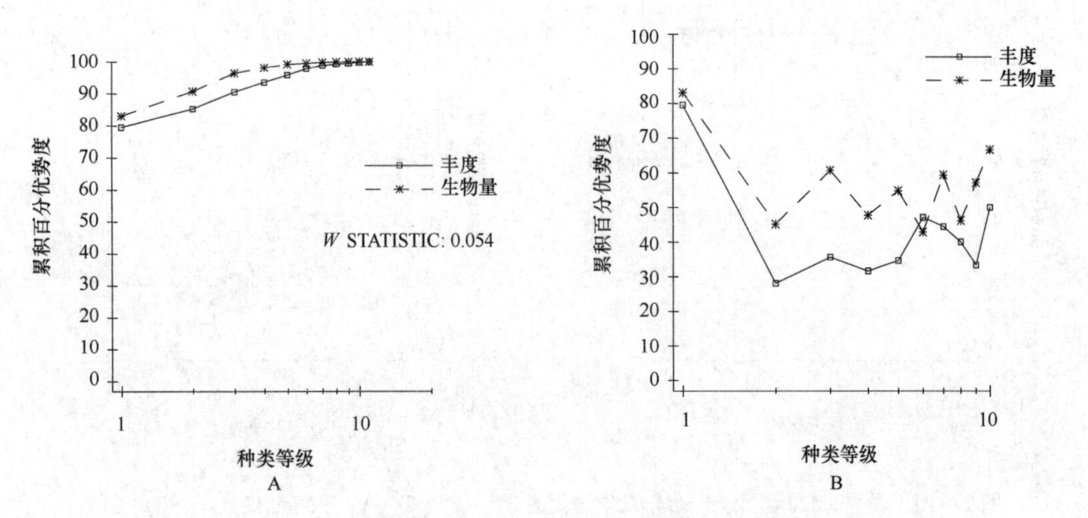

图 27-7　秋季 CM11 泥沙滩群落丰度生物量复合 k-优势度（A）和部分优势度（B）曲线

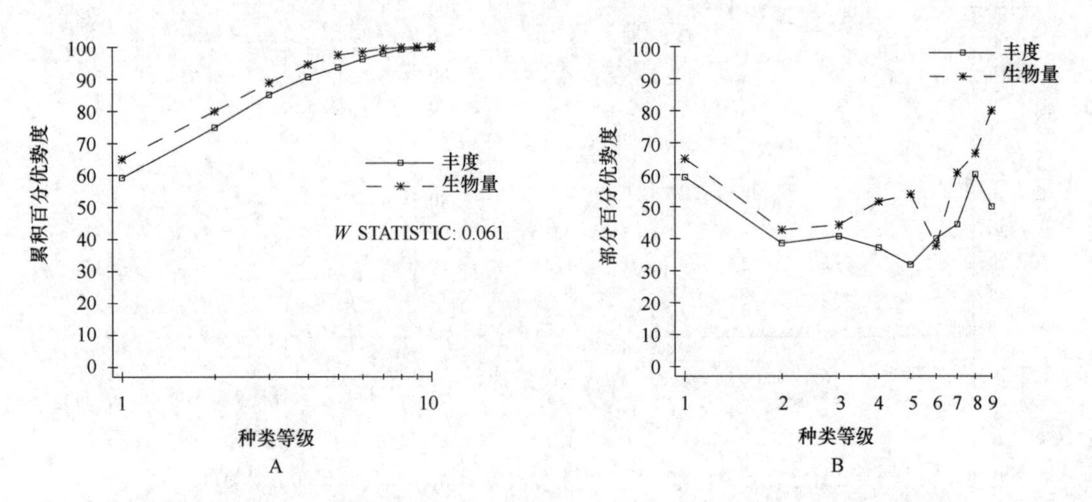

图 27-8　冬季 CM11 泥沙滩群落丰度生物量复合 k-优势度（A）和部分优势度（B）曲线

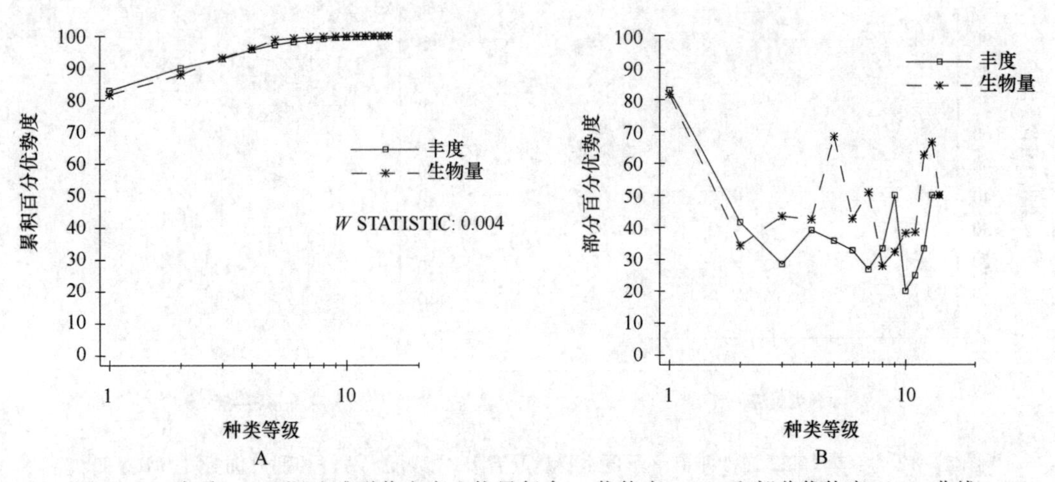

图 27-9　春季 LM22 泥沙滩群落丰度生物量复合 k-优势度（A）和部分优势度（B）曲线

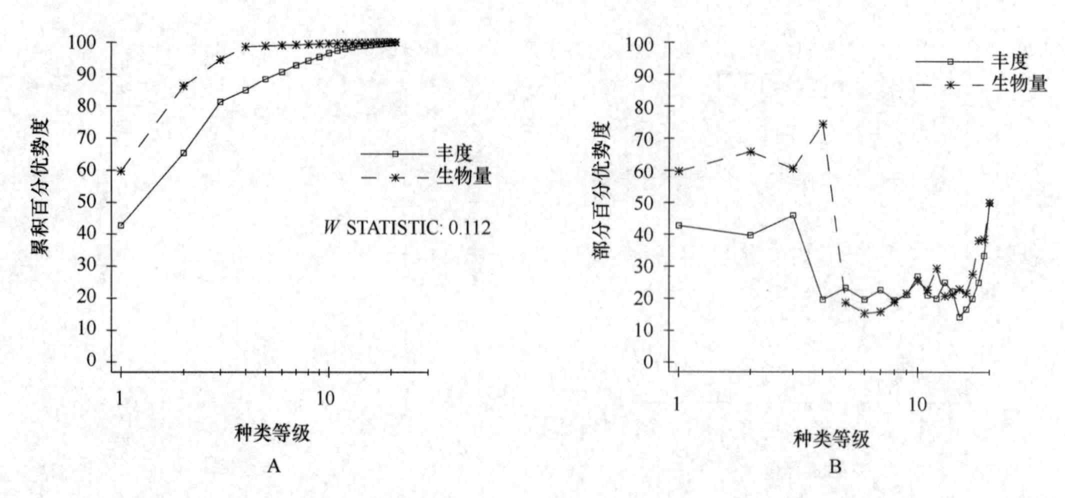

图 27-10　夏季 LM22 泥沙滩群落丰度生物量复合 k-优势度（A）和部分优势度（B）曲线

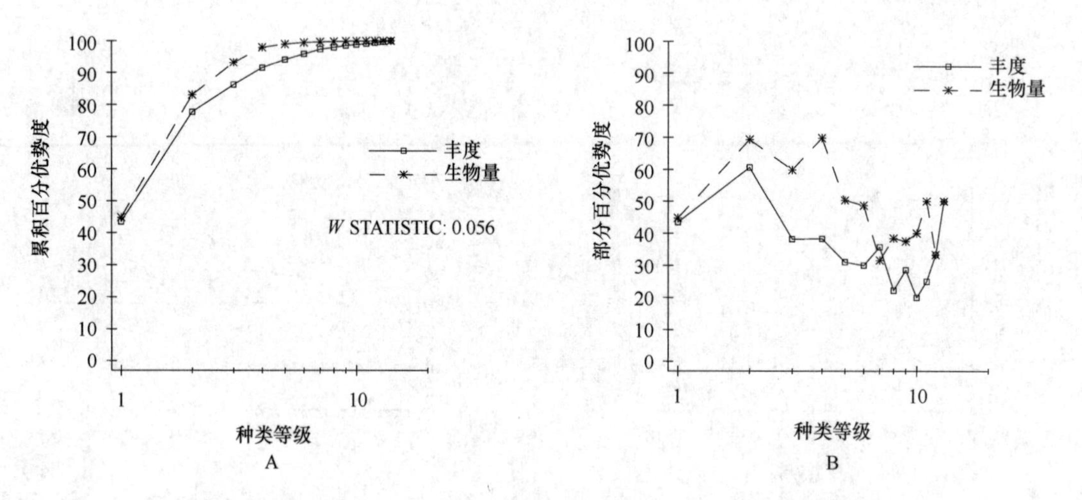

图 27-11　秋季 LM22 泥沙滩群落丰度生物量复合 k-优势度（A）和部分优势度（B）曲线

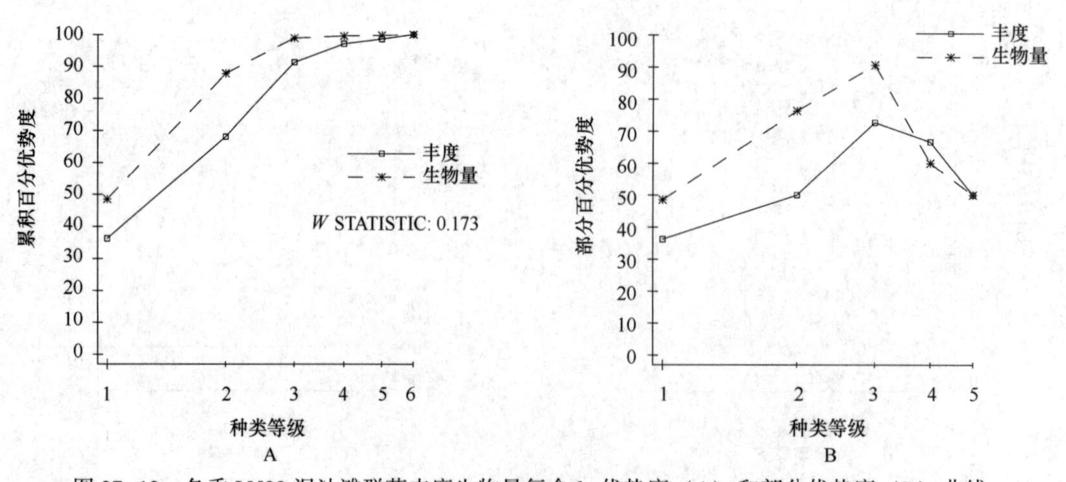

图 27-12　冬季 LM22 泥沙滩群落丰度生物量复合 k-优势度（A）和部分优势度（B）曲线

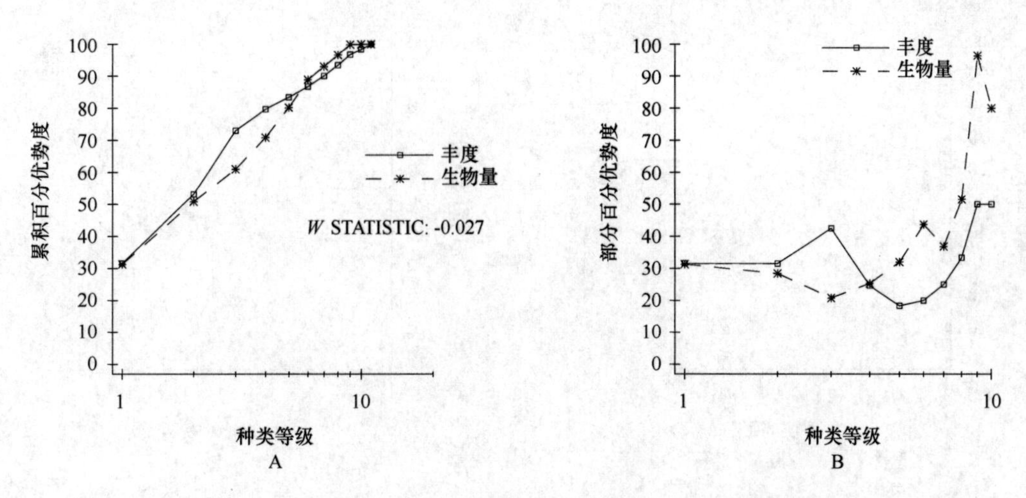

图 27-13 春季 CS13 沙滩群落丰度生物量复合 k-优势度（A）和部分优势度（B）曲线

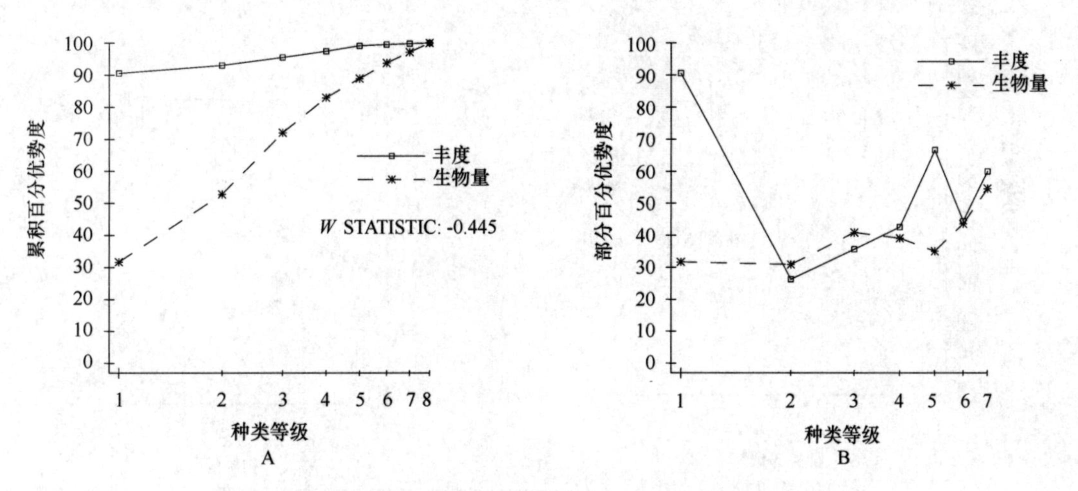

图 27-14 夏季 CS13 沙滩群落丰度生物量复合 k-优势度（A）和部分优势度（B）曲线

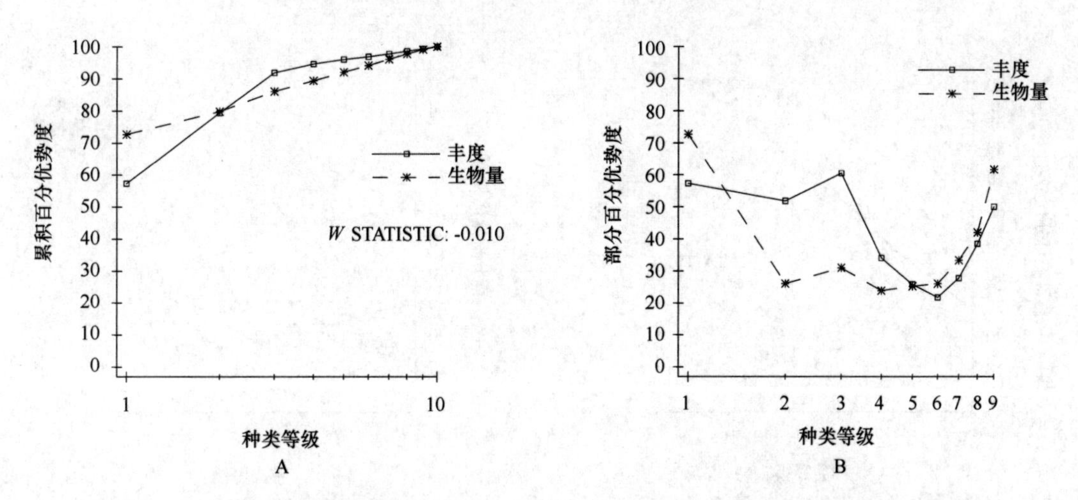

图 27-15 秋季 CS13 沙滩群落丰度生物量复合 k-优势度（A）和部分优势度（B）曲线

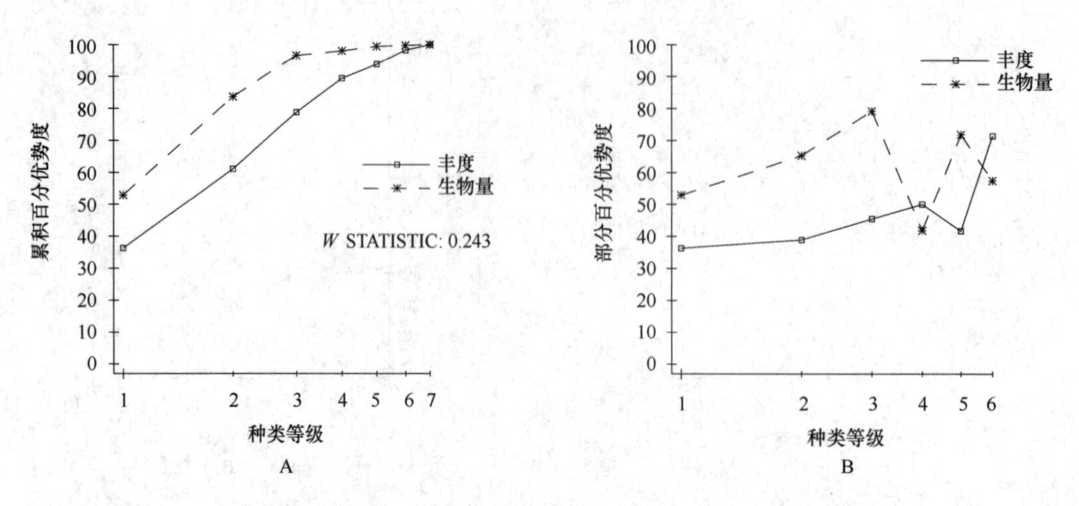

图 27-16　冬季 CS13 沙滩群落丰度生物量复合 k-优势度（A）和部分优势度（B）曲线

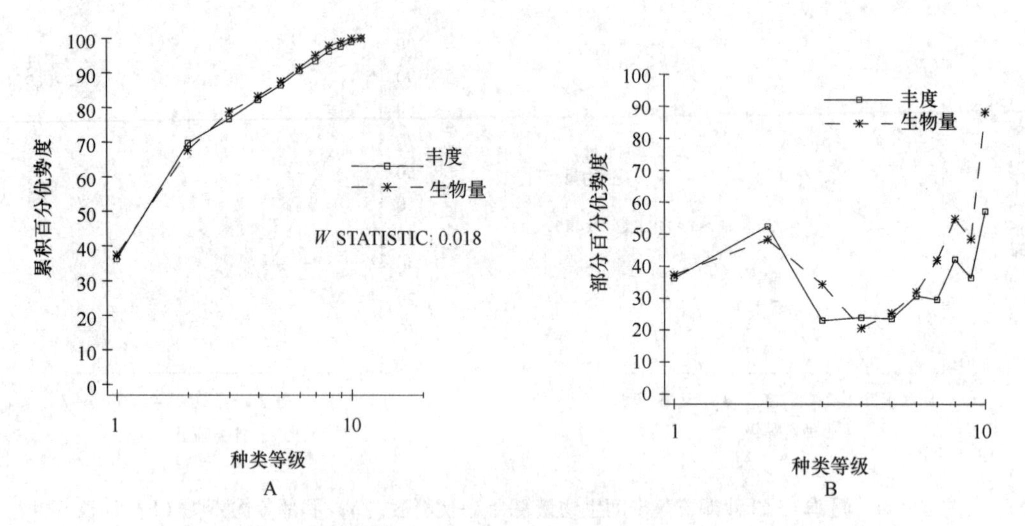

图 27-17　春季 LS23 沙滩群落丰度生物量复合 k-优势度（A）和部分优势度（B）曲线

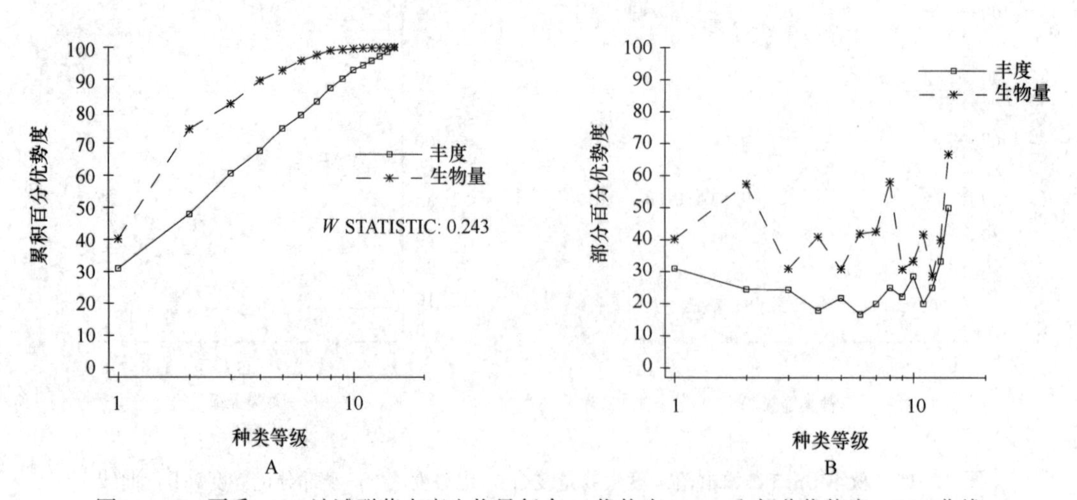

图 27-18　夏季 LS23 沙滩群落丰度生物量复合 k-优势度（A）和部分优势度（B）曲线

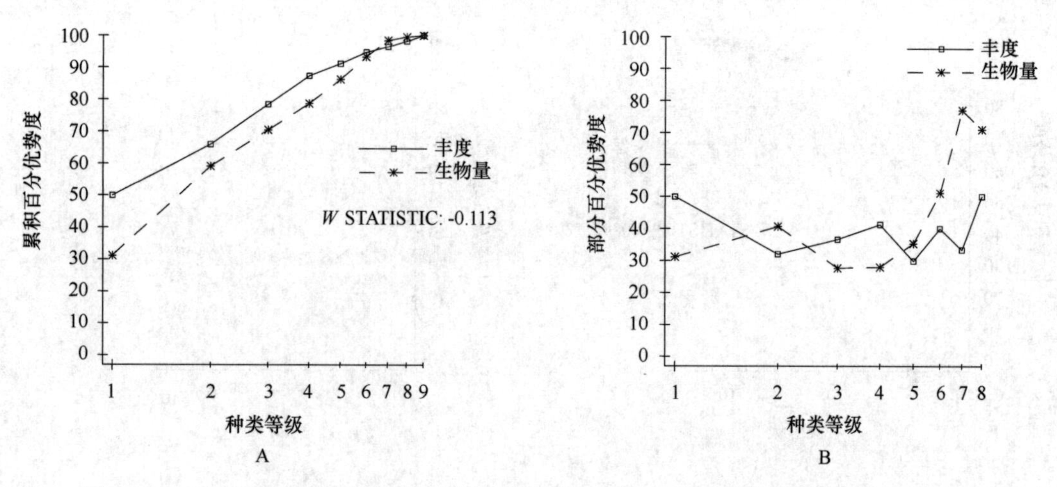

图 27-19　秋季 LS23 沙滩群落丰度生物量复合 k-优势度（A）和部分优势度（B）曲线

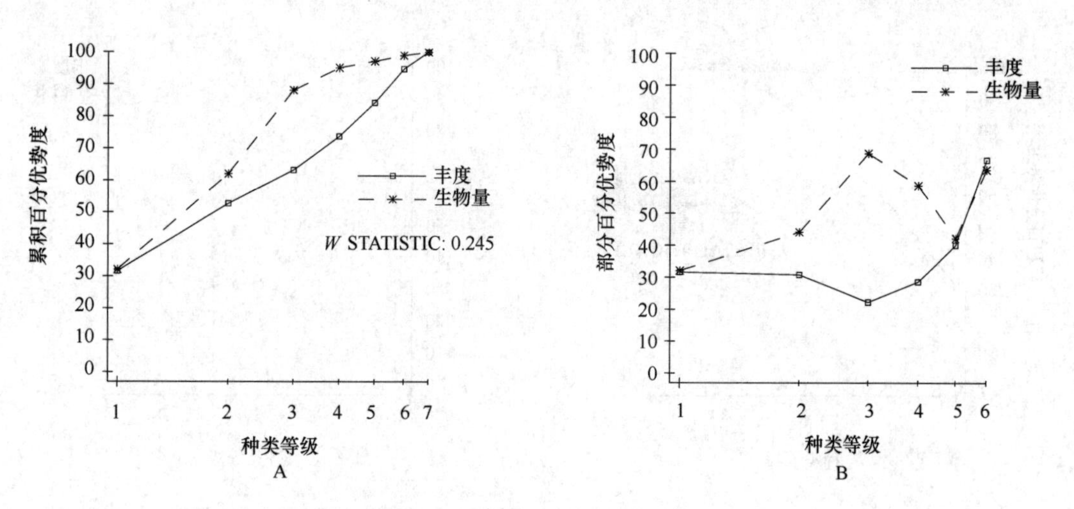

图 27-20　冬季 LS23 沙滩群落丰度生物量复合 k-优势度（A）和部分优势度（B）曲线

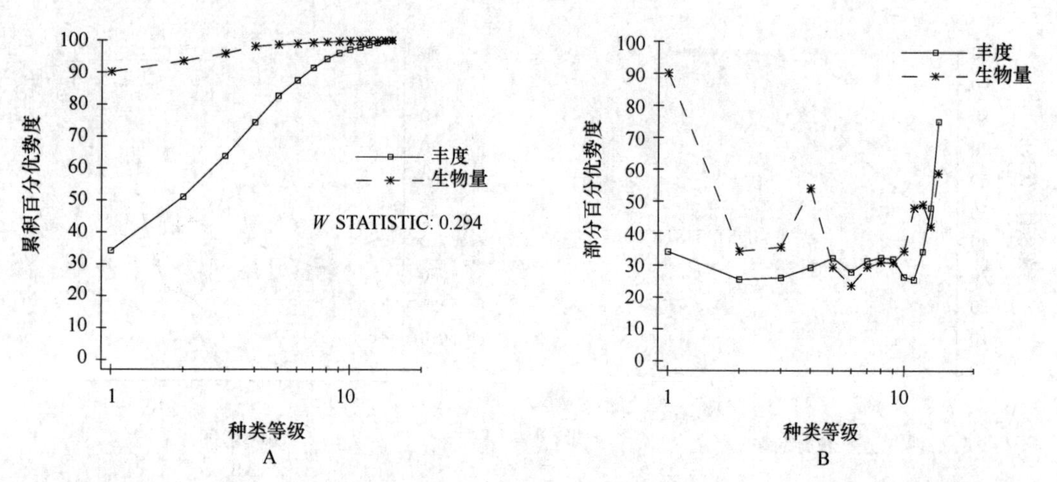

图 27-21　春季 CR12 岩石滩群落丰度生物量复合 k-优势度（A）和部分优势度（B）曲线

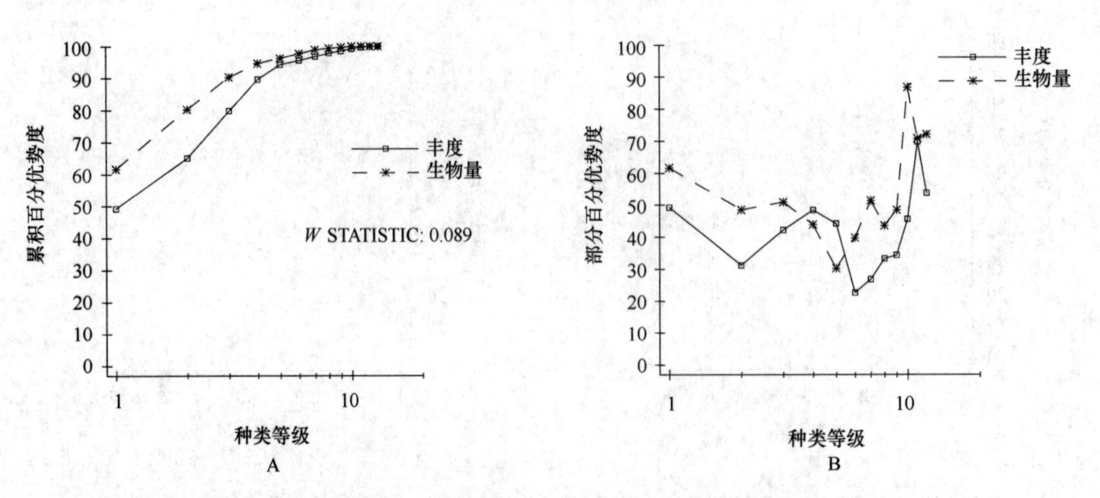

图 27-22　夏季 CR12 岩石滩群落丰度生物量复合 k-优势度（A）和部分优势度（B）曲线

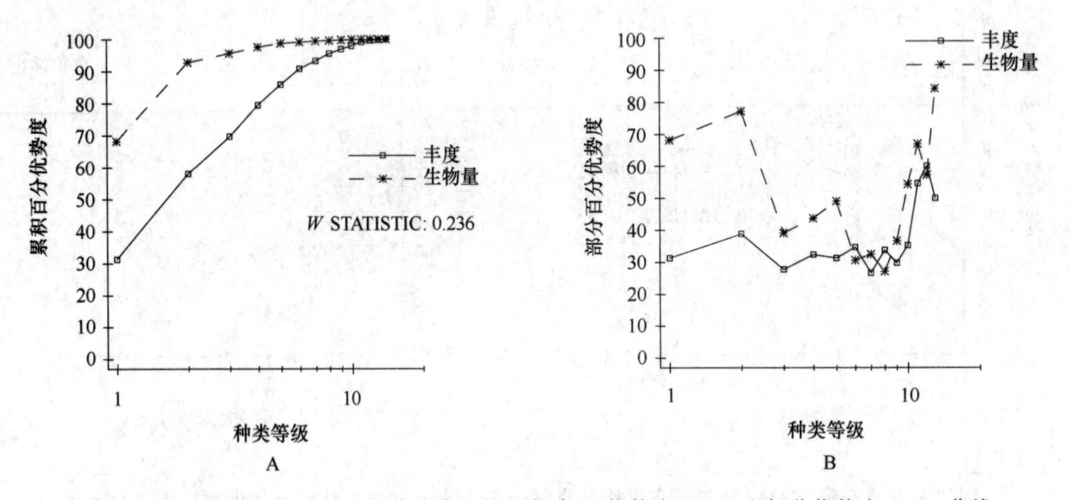

图 27-23　秋季 CR12 岩石滩群落丰度生物量复合 k-优势度（A）和部分优势度（B）曲线

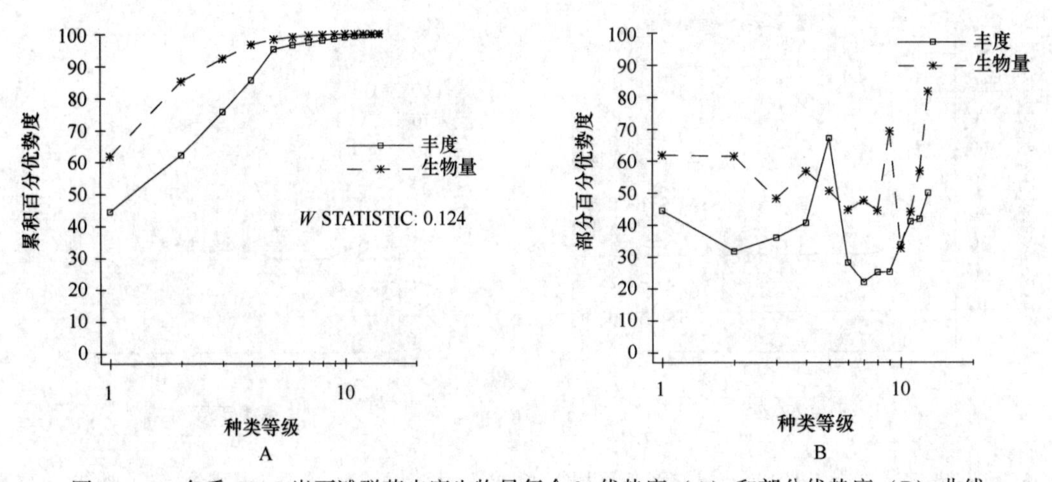

图 27-24　冬季 CR12 岩石滩群落丰度生物量复合 k-优势度（A）和部分优势度（B）曲线

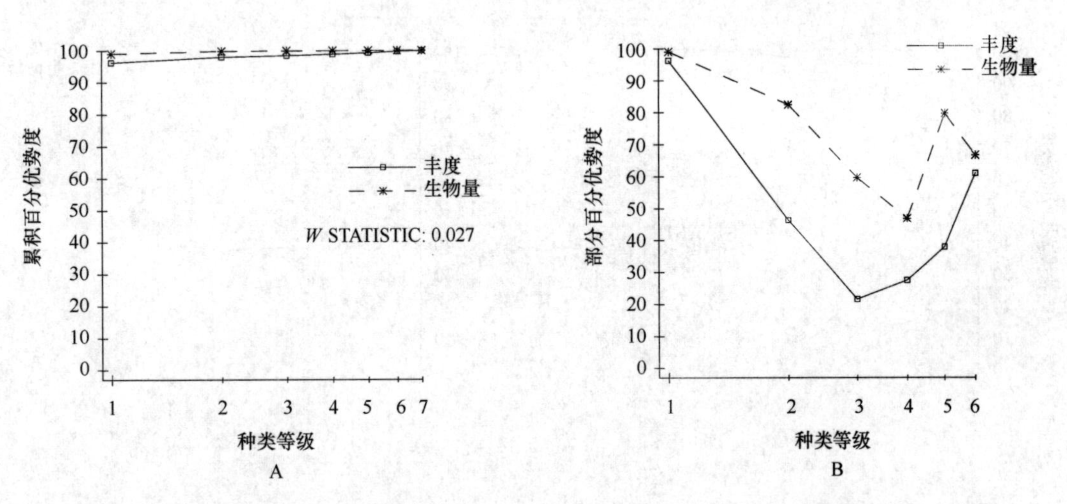

图 27-25 春季 LR21 岩石滩群落丰度生物量复合 k-优势度（A）和部分优势度（B）曲线

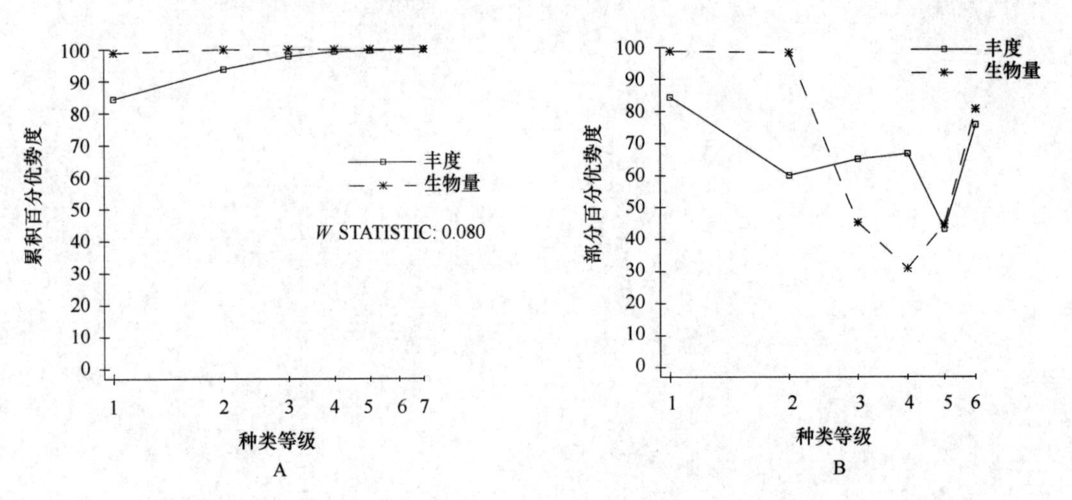

图 27-26 夏季 LR21 岩石滩群落丰度生物量复合 k-优势度（A）和部分优势度（B）曲线

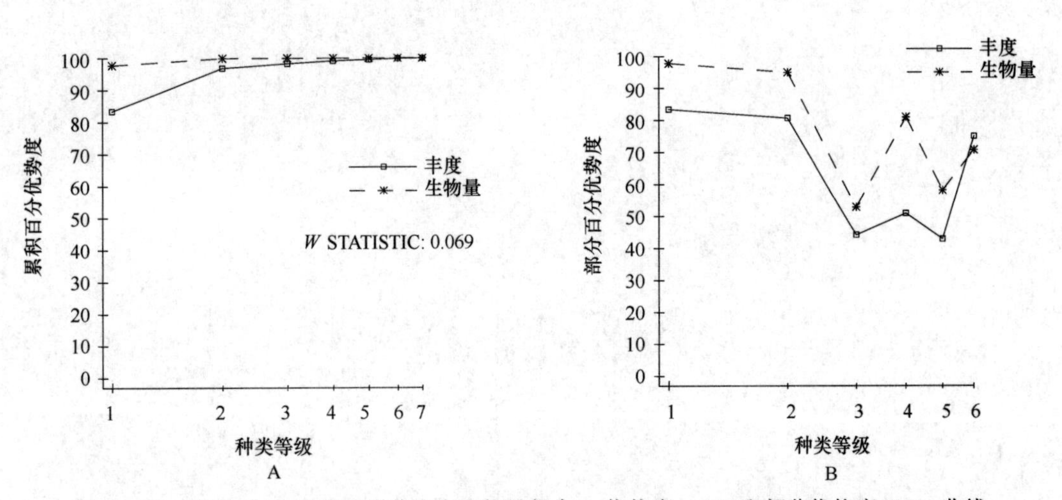

图 27-27 秋季 LR21 岩石滩群落丰度生物量复合 k-优势度（A）和部分优势度（B）曲线

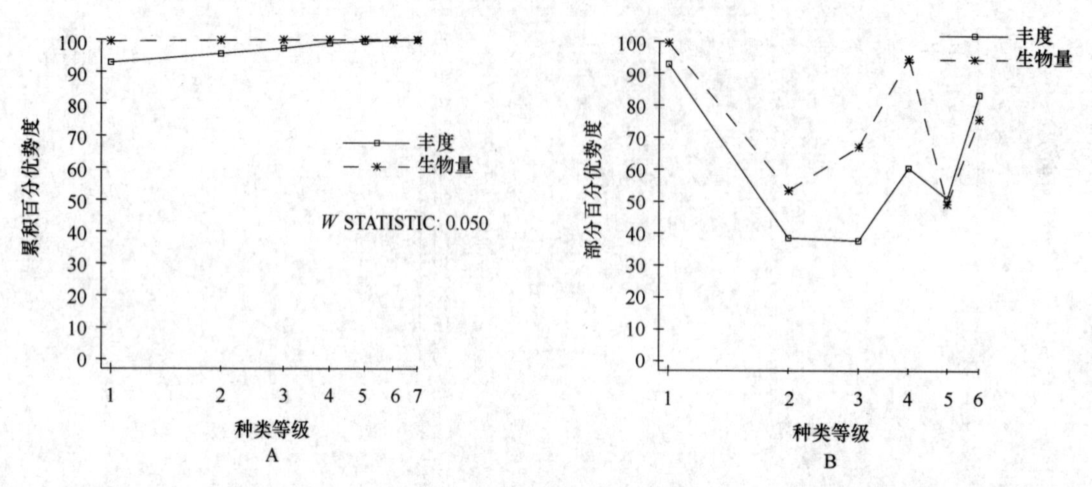

图 27-28　冬季 LR21 岩石滩群落丰度生物量复合 k-优势度（A）和部分优势度（B）曲线

第28章　海潭岛滨海湿地

28.1　自然环境特征

海潭岛滨海湿地分布于海潭岛，海潭岛土地总面积312.99 km²，其中滩涂38.66 km²，陆地274.33 km²，岸线长191.49 km，南北长29.0 km，东西宽19.0 km。地势北部、南部高，主要为丘陵分布区，地貌类型复杂多样，海拔438.2 m，属福州市管辖。

海潭岛滨海湿地潮间带沉积的基本特征可分三类：基岩海岸潮间带以砾石—砂质沉积为主，但在基岩—淤泥质海岸潮间带的中潮带或低潮带，沉积物主要为砂—粉砂—黏土、黏土质粉砂及粉砂质黏土；砂质海岸潮间带在开阔的海湾沉积物类型较单一，主要有细中砂、中细砂、细砂等，而在岬角间小海湾还有砾质砂、粗砂、中粗砂、粗中砂、混合砂等，其分造性和磨圆度均逊于前者；淤泥质海岸潮间带沉积物主要是砂—粉砂—黏土。海域沉积物有粗砂、中粗砂、粗中砂、中砂、细中砂、中细砂、细砂、混合砂、黏土质砂、砂—粉砂—黏土、黏土质粉砂和粉砂质黏土。其中砾质砂、粗砂、细砂与黏土质砂零星分布，其余分布范围较广，黏土质粉砂分布最广。其分布特征为砂质沉积物主要分布于水动力活跃的海坛海峡、岛与岛之间的水道及岛东部和北部近岸；沙泥混合沉积物主要分布于水动力较弱的潮流汇聚区域或砂质沉积与泥质沉积的过渡带；泥质沉积物主要分布于水动力较弱、地形较宽阔的海域。

海潭岛属南亚热带海洋性季风气候，6—8月盛行夏季风（偏南风），10—2月盛行冬季风（偏北风）。年日照1 815.3 h，日照百分率41%。年均气温19.5℃，最热月（7月）均气温27.8℃，最冷月（2月）均气温10.5℃，气温年较差17.3℃，年均稳定≥10℃，积温6 557.1℃，极端最高气温37.4℃，极端最低气温0.9℃，年均日最高气温≥35℃日数只有0.2 d，冬无严寒，夏无酷暑。多年均降水量1 191.6 mm，年均蒸发量1 940.5 mm，年均相对湿度81%。风速较大，年均风速6.4 m/s，11月月均风速8.3 m/s。10 min均最大风速29 m/s，定时最大风速40 m/s。灾害性天气危害较大的有干旱、台风、大风、暴雨和雾等。春旱、夏旱和秋冬旱的平均连旱日数分别为40.4 d、58.2 d和56.3 d，最长连旱日数分别为102 d、225 d和146 d。年均大风（≥8级）日数84.9 d，最多年份176 d，10—12月平均都在10 d以上，最长连续大风日数23 d。年均暴雨（日降水量≥50 mm）日数4.4 d，最多年份8 d，1974年6月22日一天的降水量达297 mm。年平均有24.1个雾日，最多年份39个。

海水表层平均温度1月最低（13.65℃）；8月最高（25.79℃）。底层水温变化在13.76~24.73℃。海水表层平均盐度秋季最低（28.37），其次为冬季（28.37），依次为春季（28.90），夏季最高（34.09）。底层盐度也是秋季最低，夏季最高，盐度变化在28.54~34.17之间。海水透明度冬季最小，为0.5~1.5 m；夏季海水透明度最大，为0.6~3.0 m。水色号冬季为11~20号；夏季为3~17号。

潮汐类型为正规半日潮。平均潮差4.29 m，最大潮差6.83 m，高潮间隙11 h 1 min，平均涨潮历时6 h 5 min，平均落潮历时6 h 15 min。

28.2　断面与站位布设

1990年4月—1991年5月，2003年5月，2006年11月和2007年4月，2011年7月分别对屿头岛、大练岛、大板屿、上楼、大吉岛、东庠岛、草屿等岩石滩、泥沙滩和沙滩20条断面进行潮间带大型底栖生物取样（表28-1、图28-1）。

表28-1　海潭岛滨海湿地潮间带大型底栖生物调查断面

序号	时间	断面	编号	经度（E）	纬度（N）	底质
1	1990年4月—1991年5月		PR33	119°52′12.00″	25°28′00″	岩石滩
2			PR321	119°42′30.00″	25°39′54.00″	
3			PR341	119°52′48.00″	25°35′00″	
4			PR311	119°36′54.00″	25°40′00″	
5		东庠岛	F-DQ1	119°52′49.56″	25°35′28.02″	
6		草屿	F-CY2	119°43′8.58″	25°22′26.83″	
7			PS32	119°42′24.00″	25°25′6.00″	沙滩
8			PS34	119°48′54.00″	25°31′48.00″	
9	2003年5月	芦洋	P2	119°43′23.82″	25°35′12.00″	
10	2006年11—2007年4月	上楼	F-HT4	119°48′15.24″	25°31′39.48″	
11		大练岛	F-DL2	119°40′21.12″	25°39′9.78″	
12	2011年7月		P4	119°48′37.00″	25°32′28.00″	
13			P7	119°48′15.00″	25°30′09.00″	
14	1990年4月—1991年5月		PM31	119°41′54.00″	25°34′30.00″	泥沙滩
15			PM322	119°41′30.00″	25°38′12.00″	
16			PM312	119°35′29.16″	25°29′28.52″	
17	2003年5月	蛇鼻下	P1	119°43′41.76″	25°33′48.90″	
18	2006年11月—2007年4月	屿头岛	F-YT1	119°35′35.34″	25°39′58.80″	
19		大板屿	F-DaB1	119°36′16.50″	25°33′8.58″	
20		大吉岛	F-HT9	119°42′49.50″	25°33′2.16″	

28.3　物种多样性

28.3.1　种类组成与分布

海潭岛滨海湿地潮间带大型底栖生物561种，其中藻类65种，多毛类134种，软体动物179种，甲壳动物124种，棘皮动物25种和其他生物34种。多毛类、软体动物和甲壳动物占总种数的77.89%，三者构成潮间带大型底栖生物主要类群。不同底质类型比较，种数以泥沙滩（305种）大于岩石滩（230种）大于沙滩（210种）（表28-2）。

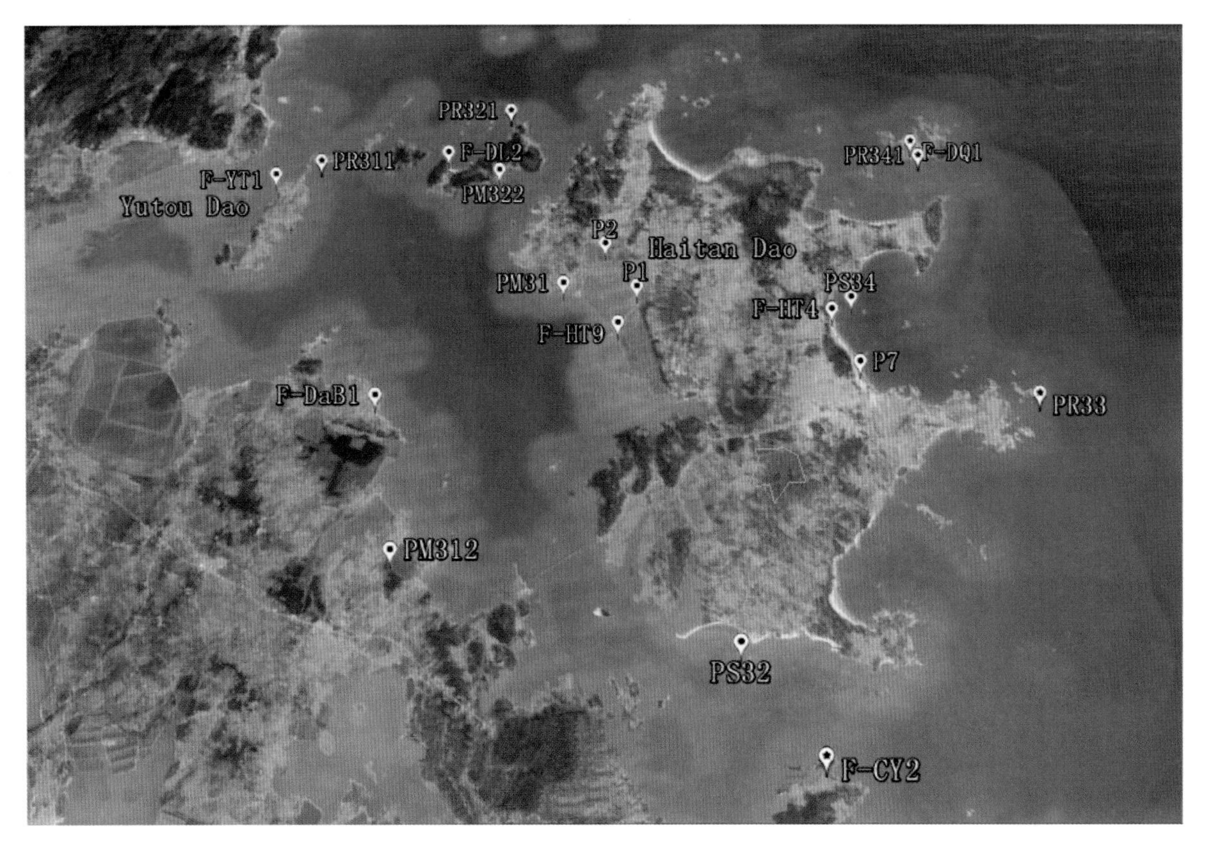

图 28-1　海潭岛滨海湿地潮间带大型底栖生物调查断面

表 28-2　海潭岛滨海湿地潮间带大型底栖生物物种组成　　单位：种

底质	藻类	多毛类	软体动物	甲壳动物	棘皮动物	其他生物	合计
岩石滩	63	34	78	37	8	10	230
沙滩	0	57	70	60	9	14	210
泥沙滩	4	108	84	79	12	18	305
合计	65	134	179	124	25	34	561

海潭岛滨海湿地岩石滩潮间带大型底栖生物 230 种，其中藻类 63 种，多毛类 34 种，软体动物 78 种，甲壳动物 37 种，棘皮动物 8 种和其他生物 10 种。藻类、软体动物和甲壳动物占总种数的 77.39%，三者构成岩石滩潮间带大型底栖生物主要类群。断面间比较，春季种数以 F-DQ1 断面较多（90 种），PR33 断面较少（26 种）；夏季种数以 PR311 断面较多（30 种），PR33 断面较少（26 种）；秋季种数以 PR341 断面较多（25 种），PR33 断面较少（18 种）；冬季种数以 PR311 断面较多（45 种），PR33 断面较少（40 种）（表 28-3）。

表 28-3　海潭岛滨海湿地岩石滩潮间带大型底栖生物种类组成与分布　　单位：种

季节	断面	藻类	多毛类	软体动物	甲壳动物	棘皮动物	其他生物	合计
春季	PR33	15	0	9	2	0	0	26
	PR321	12	0	17	6	0	0	35
	PR341	8	1	17	4	1	2	33
	小计	26	1	26	8	1	2	64
	F-DQ1	7	26	34	14	5	4	90
	F-CY2	10	12	34	15	1	6	78
夏季	PR33	3	0	17	6	0	0	26
	PR311	0	0	22	6	1	1	30
	小计	3	0	34	9	1	1	48
秋季	PR33	8	0	7	3	0	0	18
	PR321	10	0	12	1	0	0	23
	PR341	6	1	15	3	0	0	25
	小计	15	1	20	4	0	0	40
冬季	PR33	18	0	14	8	0	0	40
	PR311	10	1	28	4	2	0	45
	小计	28	1	33	10	2	0	74
合计		63	34	78	37	8	10	230

海潭岛滨海湿地沙滩潮间带大型底栖生物 210 种，其中多毛类 57 种，软体动物 70 种，甲壳动物 60 种，棘皮动物 9 种和其他生物 14 种。多毛类、软体动物和甲壳动物占总种数的 89.04%，三者构成沙滩潮间带大型底栖生物主要类群。断面间比较，春季种数以 P2 断面较多（54 种），PS34 断面较少（15 种）；夏季种数以 P4 断面较多（52 种），PS32 断面较少（19 种）；秋季种数以 F-DL2 断面较多（33 种），PS34 断面较少（10 种）；冬季种数 PS32 和 PS34 断面相同（14 种）（表 28-4）。

表 28-4　海潭岛滨海湿地沙滩潮间带大型底栖生物种类组成与分布　　单位：种

季节	断面	多毛类	软体动物	甲壳动物	棘皮动物	其他生物	合计
春季	PS32	1	7	7	2	0	17
	PS34	0	2	6	4	3	15
	小计	1	8	12	6	3	30
	P2	17	16	21	0	0	54
	F-DL2	14	6	10	0	4	34
	F-HT4	11	4	3	0	1	19
夏季	PS32	1	9	4	3	2	19
	PS34	2	21	4	1	0	28
	小计	3	27	6	3	2	41
	P4	13	18	17	0	4	52
	P7	10	7	7	0	2	26
	小计	18	20	18	0	5	61

续表 28-4

季节	断面	多毛类	软体动物	甲壳动物	棘皮动物	其他生物	合计
秋季	PS32	2	8	4	4	3	21
	PS34	3	4	2	1	0	10
	小计	4	9	6	5	3	27
	F-DL2	13	3	13	0	4	33
	F-HT4	7	2	7	0	2	18
	F-DQ1	4	2	5	0	1	12
	F-CY2	9	1	7	0	1	18
冬季	PS32	2	3	4	3	2	14
	PS34	3	4	4	1	2	14
	小计	4	6	7	3	2	22
合计		57	70	60	9	14	210

海潭岛滨海湿地泥沙滩潮间带大型底栖生物 305 种，其中藻类 4 种，多毛类 108 种，软体动物 84 种，甲壳动物 79 种，棘皮动物 12 种和其他生物 18 种。多毛类、软体动物和甲壳动物占总种数的 88.85%，三者构成泥沙滩潮间带大型底栖生物主要类群。断面间比较，春季种数以 F-HT9 断面较多（88 种），PM31 断面较少（21 种）；夏季种数以 PM31 断面较多（23 种），PM312 断面较少（22 种）；秋季种数以 F-YT1 断面较多（102 种），PM31 断面较少（19 种）；冬季种数以 PM312 断面较多（32 种），PM31 断面较少（21 种）。春秋季比较，种数以 F-YT1 断面较多（130 种），F-DaB1 断面较少（110 种）（表 28-5）。

表 28-5　海潭岛滨海湿地泥沙滩潮间带大型底栖生物种类组成与分布　　单位：种

季节	断面	藻类	多毛类	软体动物	甲壳动物	棘皮动物	其他生物	合计
春季	PM31	0	0	10	6	1	4	21
	PM322	0	6	17	14	4	5	46
	小计	0	6	24	16	5	8	59
	P1	0	37	23	13	0	0	73
	F-YT1	2	45	5	12	0	1	65
	F-DaB1	1	39	11	16	0	2	69
	F-HT9	0	47	16	22	0	3	88
夏季	PM31	0	1	18	3	0	1	23
	PM312	0	4	8	6	1	3	22
	小计	0	4	25	8	1	3	41
秋季	PM31	0	2	12	4	1	0	19
	PM322	0	4	17	11	1	4	37
	小计	0	6	23	13	2	4	48
	F-YT1	2	51	16	26	2	5	102
	F-DaB1	1	36	6	18	1	2	64
	F-HT9	4	26	13	13	0	4	60

续表 28-5

季节	断面	藻类	多毛类	软体动物	甲壳动物	棘皮动物	其他生物	合计
冬季	PM31	0	3	10	5	1	2	21
	PM312	0	1	16	8	4	3	32
	小计	0	3	22	13	5	4	47
春秋	F-YT1	4	70	18	31	2	5	130
	F-DaB1	2	60	17	27	1	3	110
	F-HT9	4	60	23	28	0	6	121
合计		4	108	84	79	12	18	305

28.3.2　优势种和主要种

根据数量和出现率，海潭岛滨海湿地潮间带大型底栖生物优势种和主要种有小珊瑚藻、小石花菜、中间软刺藻、鼠尾藻、铁丁菜、丝鳃稚齿虫、稚齿虫、独毛虫、中蚓虫、软须阿曼吉虫(*Armandia leptocirris*)、索沙蚕、细尖石蛏、棘刺牡蛎、等边浅蛤、菲律宾蛤仔、拟帽贝、肋昌螺、粒结节滨螺、覆瓦小蛇螺、珠带拟蟹守螺、鳞笠藤壶、马来小藤壶、直背小藤壶、腔齿海底水虱、葛氏胖钩虾、拟猛钩虾、施氏玻璃钩虾、淡水泥蟹、韦氏毛带蟹、小相手蟹、洼颚倍棘蛇尾和近辐蛇尾等。

28.4　数量时空分布

28.4.1　数量组成

海潭岛滨海湿地岩石滩、沙滩和泥沙滩潮间带大型底栖生物四季平均生物量为 131.01 g/m^2，平均栖息密度为 526 个/m^2。生物量以软体动物居第一位（66.39 g/m^2），甲壳动物居第二位（45.82 g/m^2）；栖息密度以甲壳动物居第一位（266 个/m^2），软体动物居第二位（186 个/m^2）。不同底质类型比较，生物量从高到低依次为岩石滩（329.41 g/m^2）、泥沙滩（32.98 g/m^2）、沙滩（30.65 g/m^2）；栖息密度从高到低依次为岩石滩（967 个/m^2）、沙滩（314 个/m^2）、泥沙滩（298 个/m^2）。各类群数量组成与分布见表 28-6。

表 28-6　海潭岛滨海湿地滩潮间带大型底栖生物数量组成与分布

数量	底质	藻类	多毛类	软体动物	甲壳动物	棘皮动物	其他生物	合计
生物量（g/m^2）	岩石滩	23.50	0.35	158.22	129.49	16.76	1.09	329.41
	沙滩	0	0.64	22.80	3.68	0.72	2.81	30.65
	泥沙滩	0.21	1.99	18.15	4.28	1.29	7.06	32.98
	平均	7.90	0.99	66.39	45.82	6.26	3.65	131.01
密度（个/m^2）	岩石滩	—	10	350	602	3	2	967
	沙滩	—	17	146	147	1	3	314
	泥沙滩	—	177	63	50	2	6	298
	平均	—	68	186	266	2	4	526

海潭岛滨海湿地岩石滩潮间带大型底栖生物四季平均生物量为 329.41 g/m^2，平均栖息密度为 967 个/m^2。生物量以软体动物居第一位（158.22 g/m^2），甲壳动物居第二位（129.49 g/m^2）；栖息密度以甲壳动物居第一位（602 个/m^2），软体动物居第二位（350 个/m^2）。数量季节变化，生物量以夏季较大（509.97 g/m^2），秋季较小（111.13 g/m^2）；栖息密度以春季较大（2 570 个/m^2），秋季较小（163 个/m^2）。各类群数量组成与季节变化见表 28-7。

表 28-7　海潭岛滨海湿地岩石滩潮间带大型底栖生物数量组成与季节变化

数量	季节	藻类	多毛类	软体动物	甲壳动物	棘皮动物	其他生物	合计
生物量（g/m^2）	春季	91.34	1.38	220.82	174.36	0.10	4.35	492.35
	夏季	0.57	0	210.35	232.13	66.92	0	509.97
	秋季	0	0	46.99	64.14	0	0	111.13
	冬季	2.10	0	154.72	47.33	0	0	204.15
	平均	23.50	0.35	158.22	129.49	16.76	1.09	329.41
密度（个/m^2）	春季	—	39	396	2 125	4	6	2 570
	夏季	—	0	646	199	8	0	853
	秋季	—	0	146	17	0	0	163
	冬季	—	0	212	67	0	0	279
	平均	—	10	350	602	3	2	967

海潭岛滨海湿地沙滩潮间带大型底栖生物四季平均生物量为 30.65 g/m^2，平均栖息密度为 314 个/m^2。生物量以软体动物居第一位（22.80 g/m^2），甲壳动物居第二位（3.68 g/m^2）；栖息密度以甲壳动物居第一位（147 个/m^2），软体动物居第二位（146 个/m^2）。数量季节变化，生物量以春季较大（62.78 g/m^2），秋季较小（8.92 g/m^2）；栖息密度以秋季较大（579 个/m^2），冬季较小（17 个/m^2）。各类群数量组成与季节变化见表 28-8。

表 28-8　海潭岛滨海湿地沙滩潮间带大型底栖生物数量组成与季节变化

数量	季节	多毛类	软体动物	甲壳动物	棘皮动物	其他生物	合计
生物量（g/m^2）	春季	0.99	51.39	8.48	0	1.92	62.78
	夏季	0.81	31.66	4.31	0.58	0.08	37.44
	秋季	0.39	4.72	0.93	1.70	1.18	8.92
	冬季	0.38	3.44	1.01	0.62	8.08	13.53
	平均	0.64	22.80	3.68	0.72	2.81	30.65
密度（个/m^2）	春季	12	412	41	0	3	468
	夏季	25	154	12	1	2	194
	秋季	30	10	535	3	1	579
	冬季	2	8	2	1	4	17
	平均	17	146	147	1	3	314

海潭岛滨海湿地泥沙滩潮间带大型底栖生物四季平均生物量为 32.98 g/m^2，平均栖息密度为 298 个/m^2。生物量以软体动物居第一位（18.15 g/m^2），其他生物居第二位（7.06 g/m^2）；栖息密度以多毛类居第一位（177 个/m^2），软体动物居第二位（63 个/m^2）。数量季节变化，生物量以春季较大（65.23 g/m^2），夏季较小（12.23 g/m^2）；栖息密度以秋季较大（698 个/m^2），夏季和冬季较小

(44 个/m²)。各类群数量组成与季节变化见表 28-9。

表 28-9　海潭岛滨海湿地泥沙滩潮间带大型底栖生物生物量组成与季节变化

数量	季节	藻类	多毛类	软体动物	甲壳动物	棘皮动物	其他生物	合计
生物量 (g/m²)	春季	0.30	3.41	38.74	5.68	3.54	13.56	65.23
	夏季	0	0.40	11.29	0.31	0	0.23	12.23
	秋季	0.53	3.02	19.67	3.72	0.14	0.42	27.50
	冬季	0	1.11	2.88	7.41	1.47	14.03	26.90
	平均	0.21	1.99	18.15	4.28	1.29	7.06	32.98
密度 (个/m²)	春季	—	202	143	53	1	6	405
	夏季	—	14	26	3	0	1	44
	秋季	—	485	49	142	6	16	698
	冬季	—	6	32	3	1	2	44
	平均	—	177	63	50	2	6	298

28.4.2　数量分布与季节变化

海潭岛滨海湿地岩石滩潮间带大型底栖生物数量平面分布，春季生物量以 F-DQ1 岩石滩较大 (992.23 g/m²)，PR33 岩石滩较小（125.14 g/m²）；栖息密度同样以 F-DQ1 岩石滩较大（7 620 个/m²），PR33 岩石滩较小（114 个/m²）。夏季生物量以 PR311 岩石滩较大（954.75 g/m²），PR33 岩石滩较小 (65.17 g/m²)；栖息密度同样以 PR311 岩石滩较大（1 553 个/m²），PR33 岩石滩较小（154 个/m²）。秋季生物量以 PR341 岩石滩较大（142.06 g/m²），PR33 岩石滩较小（92.32 g/m²）；栖息密度同样以 PR341 岩石滩较大（188 个/m²），PR33 岩石滩较小（128 个/m²）。冬季生物量以 PR311 岩石滩较大 (298.01 g/m²)，PR33 岩石滩较小（110.28 g/m²）；栖息密度同样以 PR311 岩石滩较大（317 个/m²），PR33 岩石滩较小（242 个/m²）。各断面数量分布与季节变化见表 28-10。

表 28-10　海潭岛滨海湿地岩石滩潮间带大型底栖生物数量分布与季节变化

数量	季节	断面	藻类	多毛类	软体动物	甲壳动物	棘皮动物	其他生物	合计
生物量 (g/m²)	春季	F-DQ1	355.21	4.60	150.56	481.68	0.03	0.15	992.23
		F-CY2	75.85	2.31	252.06	120.89	0.48	20.89	472.48
		PR33	21.72	0	9.15	94.27	0	0	125.14
		PR321	3.94	0	217.28	30.24	0	0	251.46
		PR341	0	0	475.06	144.72	0	0.72	620.50
		平均	91.34	1.38	220.82	174.36	0.10	4.35	492.35
	夏季	PR33	1.13	0	13.06	50.98	0	0	65.17
		PR311	0	0	407.64	413.28	133.83	0	954.75
		平均	0.57	0	210.35	232.13	66.92	0	509.97
	秋季	PR33	0	0	8.00	84.32	0	0	92.32
		PR321	0	0	82.57	16.44	0	0	99.01
		PR341	0	0	50.39	91.67	0	0	142.06
		平均	0	0	46.99	64.14	0	0	111.13

续表 28-10

数量	季节	断面	藻类	多毛类	软体动物	甲壳动物	棘皮动物	其他生物	合计
生物量（g/m^2）	冬季	PR33	4.20	0	62.92	43.16	0	0	110.28
		PR311	0	0	246.52	51.49	0	0	298.01
		平均	2.10	0	154.72	47.33	0	0	204.15
密度（个/m^2）	春季	F-DQ1	—	97	332	7174	3	14	7 620
		F-CY2	—	99	620	3 347	16	12	4 094
		PR33	—	0	78	36	0	0	114
		PR321	—	0	174	32	0	0	206
		PR341	—	0	778	36	0	6	820
		平均	—	39	396	2 125	4	6	2 570
	夏季	PR33	—	0	100	54	0	0	154
		PR311	—	0	1 192	344	17	0	1 553
		平均	—	0	646	199	8	0	853
	秋季	PR33	—	0	100	28	0	0	128
		PR321	—	0	169	3	0	0	172
		PR341	—	0	168	20	0	0	188
		平均	—	0	146	17	0	0	163
	冬季	PR33	—	0	165	77	0	0	242
		PR311	—	0	259	58	0	0	317
		平均	—	0	212	67	0	0	279

海潭岛滨海湿地沙滩潮间带大型底栖生物数量平面分布，春季生物量以 F-HT4 沙滩较大（175.12 g/m^2），F-DL2 沙滩较小（11.32 g/m^2）；栖息密度以 F-HT4 沙滩较大 1 652 个/m^2），PS32 沙滩较小（19 个/m^2）。夏季生物量以 P4 沙滩较大（78.35 g/m^2），PS34 沙滩较小（11.43 g/m^2）；栖息密度以 P4 沙滩较大（637 个/m^2），PS32 沙滩较小（22 个/m^2）。秋季生物量以 PS34 沙滩较大（24.20 g/m^2），F-DQ1 沙滩较小（0.58 g/m^2）；栖息密度以 F-DQ1 沙滩较大（2 988 个/m^2），PS32 沙滩较小（18 个/m^2）。冬季生物量以 PS32 沙滩较大（15.58 g/m^2），PS34 沙滩较小（11.47 g/m^2）；栖息密度以 PS34 沙滩较大（25 个/m^2），PS32 沙滩较小（7 个/m^2）。各断面数量分布与季节变化见表 28-11 和表 28-12。

表 28-11　海潭岛滨海湿地沙滩潮间带大型底栖生物生物量分布与季节变化　　单位：g/m^2

季节	断面	多毛类	软体动物	甲壳动物	棘皮动物	其他生物	合计
春季	F-DL2	0.80	9.28	1.21	0	0.03	11.32
	F-HT4	0.64	173.58	0.89	0	0.01	175.12
	PS32	0	4.53	12.87	0	0.93	18.33
	PS34	2.50	18.16	18.94	0	6.70	46.3
	平均	0.99	51.39	8.48	0	1.92	62.78

续表 28-11

季节	断面	多毛类	软体动物	甲壳动物	棘皮动物	其他生物	合计
夏季	P4	1.83	68.48	7.81	0	0.23	78.35
	P7	0.58	41.88	0.55	0	0.04	43.05
	PS32	0	7.41	8.60	0.87	0.04	16.92
	PS34	0.81	8.87	0.28	1.47	0	11.43
	平均	0.81	31.66	4.31	0.58	0.08	37.44
秋季	F-DL2	0.44	10.66	2.70	0	0.09	13.89
	F-HT4	1.11	0	0.22	0	0.02	1.35
	F-DQ1	0.04	0.03	0.50	0	0.01	0.58
	PS32	0.01	9.88	0.87	0	1.56	12.32
	PS34	0.05	7.73	1.00	10.17	5.25	24.20
	F-CY2	0.68	0	0.29	0	0.13	1.10
	平均	0.39	4.72	0.93	1.70	1.18	8.92
冬季	PS32	0	0.39	1.58	0	13.61	15.58
	PS34	0.76	6.50	0.43	1.24	2.54	11.47
	平均	0.38	3.44	1.01	0.62	8.08	13.53

表 28-12　海潭岛滨海湿地沙滩潮间带大型底栖生物栖息密度分布与季节变化　　单位：个/m²

季节	断面	多毛类	软体动物	甲壳动物	棘皮动物	其他生物	合计
春季	F-DL2	18	5	136	0	8	167
	F-HT4	24	1 618	9	0	1	1 652
	PS32	0	3	15	0	1	19
	PS34	5	20	3	0	1	29
	平均	12	412	41	0	3	468
夏季	P4	72	527	34	0	4	637
	P7	28	56	3	0	1	88
	PS32	0	12	8	1	1	22
	PS34	1	22	2	2	0	27
	平均	25	154	12	1	2	194
秋季	F-DL2	52	41	151	0	1	245
	F-HT4	30	0	17	0	2	49
	F-DQ1	4	3	2 980	0	1	2 988
	PS32	1	10	6	0	1	18
	PS34	2	6	1	16	2	27
	F-CY2	91	0	54	0	0	145
	平均	30	10	535	3	1	579
冬季	PS32	0	1	2	0	4	7
	PS34	4	14	1	2	4	25
	平均	2	8	2	1	4	17

海潭岛滨海湿地泥沙滩潮间带大型底栖生物数量平面分布，春季生物量以 P1 泥沙滩较大（152.43 g/m^2），F-YT1 泥沙滩较小（14.29 g/m^2）；栖息密度以 F-HT9 泥沙滩较大（822 个/m^2），PM31 泥沙滩较小（33 个/m^2）。夏季生物量以 PM31 泥沙滩较大（21.54 g/m^2），PM312 泥沙滩较小（2.92 g/m^2）；栖息密度同样以 PM31 泥沙滩较大（48 个/m^2），PM312 泥沙滩较小（39 个/m^2）。秋季生物量以 PM31 泥沙滩较大（55.57 g/m^2），F-DaB1 泥沙滩较小（5.53 g/m^2）；栖息密度以 F-YT1 泥沙滩较大（2 434 个/m^2），PM322 泥沙滩较小（45 个/m^2）。冬季生物量以 PM31 泥沙滩较大（50.31 g/m^2），PM312 泥沙滩较小（3.47 g/m^2）；栖息密度以 PM312 泥沙滩较大（65 个/m^2），PM31 泥沙滩较小（26 个/m^2）。各断面数量分布与季节变化见表 28-13 和表 28-14。

表 28-13　海潭岛滨海湿地泥沙滩潮间带大型底栖生物生物量分布与季节变化　单位：g/m^2

季节	断面	藻类	多毛类	软体动物	甲壳动物	棘皮动物	其他生物	合计
春季	PM31	0	0	10.88	2.32	19.47	79.55	112.22
	PM322	0	3.18	37.09	5.12	1.79	0.49	47.67
	P1	0	6.44	124.49	21.50	0	0	152.43
	F-YT1	1.23	2.78	8.94	1.31	0	0.03	14.29
	F-DaB1	0.56	4.78	24.14	1.35	0	1.18	32.01
	F-HT9	0	3.27	26.92	2.46	0	0.08	32.73
	平均	0.30	3.41	38.74	5.68	3.54	13.56	65.23
夏季	PM31	0	0.12	21.12	0.30	0	0	21.54
	PM312	0	0.67	1.46	0.33	0	0.46	2.92
	平均	0	0.40	11.29	0.31	0	0.23	12.23
秋季	PM31	0	0.66	52.78	2.13	0	0	55.57
	PM322	0	3.07	22.76	4.25	0	0.99	31.07
	F-YT1	0.01	7.07	3.76	3.49	0.68	0.89	15.90
	F-DaB1	0.04	2.66	0.80	1.95	0.02	0.06	5.53
	F-HT9	2.60	1.66	18.24	6.77	0	0.16	29.43
	平均	0.53	3.02	19.67	3.72	0.14	0.42	27.50
冬季	PM31	0	2.19	2.92	14.56	2.91	27.73	50.31
	PM312	0	0.02	2.83	0.25	0.04	0.33	3.47
	平均	0	1.11	2.88	7.41	1.47	14.03	26.90

表 28-14　海潭岛滨海湿地泥沙滩潮间带大型底栖生物栖息密度分布与季节变化　单位：个/m^2

季节	断面	多毛类	软体动物	甲壳动物	棘皮动物	其他生物	合计
春季	PM31	0	16	3	7	7	33
	PM322	10	69	4	1	1	85
	P1	271	148	60	0	0	479
	F-YT1	373	49	43	0	3	468
	F-DaB1	351	97	80	0	17	545
	F-HT9	207	481	126	0	8	822
	平均	202	143	53	1	6	405

续表 28-14

季节	断面	多毛类	软体动物	甲壳动物	棘皮动物	其他生物	合计
夏季	PM31	3	43	2	0	0	48
	PM312	25	9	3	0	2	39
	平均	14	26	3	0	1	44
秋季	PM31	5	44	8	0	0	57
	PM322	7	28	6	0	4	45
	F-YT1	1 759	74	509	26	66	2 434
	F-DaB1	357	23	119	3	5	507
	F-HT9	297	76	70	0	3	446
	平均	485	49	142	6	16	698
冬季	PM31	11	8	3	1	3	26
	PM312	1	57	4	1	2	65
	平均	6	32	3	1	2	44

2003 年 5 月，海潭岛滨海湿地泥沙滩潮间带大型底栖生物数量垂直分布，P1 断面生物量从高到低依次为中潮区（258.11 g/m^2）、高潮区（177.76 g/m^2）、低潮区（21.40 g/m^2）；栖息密度从高到低依次为中潮区（633 个/m^2）、低潮区（612 个/m^2）、高潮区（192 个/m^2）。沙滩 P2 断面，生物量从高到低依次为中潮区（703.02 g/m^2）、低潮区（332.51 g/m^2）、高潮区（24.96 g/m^2）；栖息密度从高到低依次为中潮区（2 743 个/m^2）、低潮区（904 个/m^2）、高潮区（112 个/m^2）。生物量和栖息密度均以中潮区最大（表 28-15）。

表 28-15　海潭岛滨海湿地幸福洋泥沙滩、沙滩潮间带大型底栖生物数量垂直分布

数量	断面	潮区	多毛类	软体动物	甲壳动物	棘皮动物	其他动物	合计
生物量（g/m^2）	P1	高潮区	0	148.16	29.60	0	0	177.76
		中潮区	9.91	217.07	31.13	0	0	258.11
		低潮区	9.40	8.24	3.76	0	0	21.40
		平均	6.44	124.49	21.50	0	0	152.43
	P2	高潮区	0	9.60	15.36	0	0	24.96
		中潮区	11.69	647.76	43.57	0	0	703.02
		低潮区	1.92	322.75	7.84	0	0	332.51
		平均	4.54	326.70	22.26	0	0	353.50
密度（个/m^2）	P1	高潮区	0	144	48	0	0	192
		中潮区	308	253	72	0	0	633
		低潮区	504	48	60	0	0	612
		平均	271	148	60	0	0	479
	P2	高潮区	0	40	72	0	0	112
		中潮区	303	1 835	605	0	0	2 743
		低潮区	200	576	128	0	0	904
		平均	168	817	268	0	0	1 253

2006 年秋季和 2007 年春季，海潭岛滨海湿地潮间带大型底栖生物数量垂直分布，生物量以中潮区较大的断面有 F-DL2、F-DaB1、F-DQ1 和 F-CY2 断面（春季和秋季）。以低潮区较大的断面有 F-YT1 断面（秋季）、F-HT4 和 F-HT9 断面（春季和秋季）；栖息密度以中潮区较大的有 F-YT1 断面（春季）、F-HT9 断面（秋季），F-DL2、F-DaB1、F-DQ1 和 F-CY2 断面（春季和秋季）。以低潮区较大的有：F-HT9 断面（春季），F-YT1 断面（秋季），F-HT4 断面（春季和秋季）。各断面各类群数量垂直分布与季节变化见表 28-16 和表 28-17。

表 28-16　海潭岛滨海湿地潮间带大型底栖生物生物量垂直分布与季节变化　　单位：g/m^2

断面	季节	潮区	藻类	多毛类	软体动物	甲壳动物	棘皮动物	其他生物	合计
F-YT1	春季	高潮区	0	0	18.56	0	0	0	18.56
		中潮区	0	3.08	7.95	3.63	0	0	14.66
		低潮区	3.70	5.25	0.30	0.30	0	0.10	9.65
		平均	1.23	2.78	8.94	1.31	0	0.03	14.29
	秋季	高潮区	0	0	8.48	0	0	0	8.48
		中潮区	0.03	7.45	0.45	3.97	0.55	0.28	12.73
		低潮区	0	13.75	2.35	6.50	1.50	2.40	26.50
		平均	0.01	7.07	3.76	3.49	0.68	0.89	15.90
F-DL2	春季	高潮区	0	0	0	0	0	0	0
		中潮区	0	1.56	27.73	3.03	0	0.01	32.33
		低潮区	0	0.84	0.12	0.60	0	0.08	1.64
		平均	0	0.80	9.28	1.21	0	0.03	11.32
	秋季	高潮期	0	0	0	0.04	0	0	0.04
		中潮区	0.69	1.33	31.97	8.06	0	0.27	42.32
		低潮区	0	0	0	0	0	0	0
		平均	0.23	0.44	10.66	2.70	0	0.09	14.12
F-DaB1	春季	高潮区	0	0	0	1.35	0	0	1.35
		中潮区	1.67	14.19	67.41	2.60	0	0.13	86.00
		低潮区	0	0.15	5.00	0.10	0	3.40	8.65
		平均	0.56	4.78	24.14	1.35	0	1.18	32.01
	秋季	高潮期	0	0	0	1.17	0	0	1.17
		中潮区	0.03	5.81	2.32	4.27	0.05	0.05	12.53
		低潮区	0.08	2.16	0.08	0.40	0	0.13	2.85
		平均	0.04	2.66	0.80	1.95	0.02	0.06	5.53
F-HT4	春季	高潮区	0	0	0	2.48	0	0	2.48
		中潮区	0	1.25	54.05	0.20	0	0.04	55.54
		低潮区	0	0.68	466.68	0	0	0	467.36
		平均	0	0.64	173.58	0.89	0	0.01	175.12
	秋季	高潮期	0	0	0	0.34	0	0	0.34
		中潮区	0	1.41	0	0.08	0	0.05	1.54
		低潮区	0	1.92	0	0.24	0	0	2.16
		平均	0	1.11	0	0.22	0	0.02	1.35

续表 28-16

断面	季节	潮区	藻类	多毛类	软体动物	甲壳动物	棘皮动物	其他生物	合计
F-HT9	春季	高潮区	0	0	24.48	0	0	0	24.48
		中潮区	0	4.45	17.77	4.88	0	0.09	27.19
		低潮区	0	5.35	38.50	2.50	0	0.15	46.5
		平均	0	3.27	26.92	2.46	0	0.08	32.73
	秋季	高潮期	0	0	7.68	0	0	0	7.68
		中潮区	1.89	3.47	13.60	16.64	0	0.48	36.08
		低潮区	5.92	1.52	33.44	3.68	0	0	44.56
		平均	2.60	1.66	18.24	6.77	0	0.16	29.43
F-DQ1	春季	高潮区	0	0	40.48	11.20	0	0	51.68
		中潮区	365.39	3.17	350.96	1 426.15	0	0.13	2 145.80
		低潮区	700.24	10.64	60.24	7.68	0.08	0.32	779.20
		平均	355.21	4.60	150.56	481.68	0.03	0.15	992.23
	秋季	高潮期	0	0	0	0.15	0	0	0.15
		中潮区	0	0.11	0.08	1.36	0	0.03	1.58
		低潮区	0	0	0	0	0	0	0
		平均	0	0.04	0.03	0.50	0	0.01	0.58
F-CY2	春季	高潮区	0	0	12.72	0	0	0	12.72
		中潮区	152.51	0.62	390.57	360.34	0	0.03	904.07
		低潮区	75.04	6.32	352.88	2.32	1.44	62.64	500.64
		平均	75.85	2.31	252.06	120.89	0.48	20.89	472.48
	秋季	高潮期	0	0	0	0.48	0	0	0.48
		中潮区	0.03	1.31	0	0.22	0	0	1.56
		低潮区	0	0.72	0	0.16	0	0.40	1.28
		平均	0.01	0.68	0	0.29	0	0.13	1.11

表 28-17　海潭岛滨海湿地潮间带大型底栖生物栖息密度垂直分布与季节变化　　单位：个/m^2

断面	季节	潮区	多毛类	软体动物	甲壳动物	棘皮动物	其他动物	合计
F-YT1	春季	高潮区	0	112	0	0	0	112
		中潮区	698	30	73	0	0	801
		低潮区	420	5	55	0	10	490
		平均	373	49	43	0	3	468
	秋季	高潮区	0	56	0	0	0	56
		中潮区	1 952	27	437	12	58	2 486
		低潮区	3 325	140	1 090	65	140	4 760
		平均	1 759	74	509	26	66	2 434

续表 28-17

断面	季节	潮区	多毛类	软体动物	甲壳动物	棘皮动物	其他动物	合计
F-DL2	春季	高潮区	0	0	0	0	0	0
		中潮区	33	11	331	0	4	379
		低潮区	20	4	76	0	20	120
		平均	18	5	136	0	8	167
	秋季	高潮期	0	0	0. 3	0	0	0. 3
		中潮区	155	123	453	0	3	734
		低潮区	0	0	0	0	0	0
		平均	52	41	151	0	1	245
F-DaB1	春季	高潮区	0	0	0. 2	0	0	0. 2
		中潮区	1 028	281	220	0	16	1 545
		低潮区	25	10	20	0	35	90
		平均	351	97	80	0	17	545
	秋季	高潮期	0	0	0. 2	0	0	0. 2
		中潮区	480	61	261	8	3	813
		低潮区	592	8	96	0	13	709
		平均	357	23	119	3	5	507
F-HT4	春季	高潮区	0	0	16	0	0	16
		中潮区	28	457	11	0	4	500
		低潮区	44	4 396	0	0	0	4 440
		平均	24	1 618	9	0	1	1 652
	秋季	高潮期	0	0	0. 2	0	0	0. 2
		中潮区	43	0	19	0	5	67
		低潮区	48	0	32	0	0	80
		平均	30	0	17	0	2	49
F-HT9	春季	高潮区	0	152	0	0	0	152
		中潮区	336	202	246	0	8	792
		低潮区	285	1 090	131	0	15	1 521
		平均	207	481	126	0	8	822
	秋季	高潮期	0	40	0	0	0	40
		中潮区	587	59	130	0	8	784
		低潮区	304	128	80	0	0	512
		平均	297	76	70	0	3	446
F-DQ1	春季	高潮区	0	336	504	0	0	840
		中潮区	123	483	19 010	0	11	19 627
		低潮区	168	176	2 008	8	32	2 392
		平均	97	332	7 174	3	14	7 620
	秋季	高潮期	0	0	0	0	0	0
		中潮区	13	8	8 941	0	3	8 965
		低潮区	0	0	0	0	0	0
		平均	4	3	2 980	0	1	2 988

续表 28-17

断面	季节	潮区	多毛类	软体动物	甲壳动物	棘皮动物	其他动物	合计
F-CY2	春季	高潮区	0	376	0	0	0	376
		中潮区	64	461	8 520	0	3	9 048
		低潮区	232	1 024	1 520	48	32	2 856
		平均	99	620	3 347	16	12	4 094
	秋季	高潮期	0	0	0	0	0	0
		中潮区	112	0	139	0	0	251
		低潮区	160	0	24	0	0	184
		平均	91	0	54	0	0	145

2011 年 7 月，海潭岛滨海湿地沙滩潮间带大型底栖生物数量垂直分布，生物量从高到低依次为中潮区（128.01 g/m^2）、低潮区（51.64 g/m^2）、高潮区（2.76 g/m^2）；栖息密度从高到低依次为中潮区（915 个/m^2）、低潮区（172 个/m^2）、高潮区（1 个/m^2）。生物量和栖息密度均以中潮区最大，高潮区最小。各断面数量垂直分布见表 28-18。

表 28-18　海潭岛滨海湿地沙滩潮间带大型底栖生物数量垂直分布

潮区	数量	断面	藻类	多毛类	软体动物	甲壳动物	棘皮动物	其他生物	合计
高潮区	密度（个/m^2）	P4	0	0	0	1	0	0	1
		P7	0	0	0	1	0	0	1
		平均	0	0	0	1	0	0	1
	生物量（g/m^2）	P4	0	0	0	5.02	0	0	5.02
		P7	0	0	0	0.49	0	0	0.49
		平均	0	0	0	2.76	0	0	2.76
中潮区	密度（个/m^2）	P4	0	41	1 553	53	0	4	1 651
		P7	0	20	148	7	0	3	178
		平均	0	31	851	30	0	3	915
	生物量（g/m^2）	P4	0.60	1.80	185.41	18.37	0	0.61	206.79
		P7	0	0.23	47.71	1.16	0	0.12	49.22
		平均	0.30	1.01	116.56	9.77	0	0.37	128.01
低潮区	密度（个/m^2）	P4	0	176	28	48	0	8	260
		P7	0	64	20	0	0	0	84
		平均	0	120	24	24	0	4	172
	生物量（g/m^2）	P4	0	3.68	20.04	0.04	0	0.08	23.84
		P7	0	1.52	77.92	0	0	0	79.44
		平均	0	2.60	48.98	0.02	0	0.04	51.64
平均	密度（个/m^2）	P4	0	72	527	34	0	4	637
		P7	0	28	56	3	0	1	88
		平均	0	50	292	18	0	2	362
	生物量（g/m^2）	P4	0.20	1.83	68.48	7.81	0	0.23	78.55
		P7	0	0.58	41.88	0.55	0	0.04	43.05
		平均	0.10	1.20	55.18	4.18	0	0.14	60.80

28.4.3　饵料生物水平

海潭岛滨海湿地潮间带大型底栖生物平均饵料水平分级为Ⅴ级，其中：软体动物较高，达Ⅴ级；藻类Ⅱ级；多毛类和其他生物较低，均为Ⅰ级。岩石滩断面高达Ⅴ级，其中软体动物和甲壳动物较高，均达Ⅴ级；多毛类和其他生物较低，均为Ⅰ级。沙滩断面为Ⅳ级，其中软体动物Ⅲ级；余各类群较低，均为Ⅰ级。泥沙滩断面为Ⅳ级，其中软体动物为Ⅲ级；除其他生物外，其余各类群较低，均为Ⅰ级（表 28-19）。

表 28-19　海潭岛滨海湿地潮间带大型底栖生物饵料水平分级

底质	藻类	多毛类	软体动物	甲壳动物	棘皮动物	其他生物	评价标准
岩石滩	Ⅲ	Ⅰ	Ⅴ	Ⅴ	Ⅲ	Ⅰ	Ⅴ
沙滩	Ⅰ	Ⅰ	Ⅲ	Ⅰ	Ⅰ	Ⅰ	Ⅳ
泥沙滩	Ⅰ	Ⅰ	Ⅲ	Ⅰ	Ⅰ	Ⅱ	Ⅳ
平均	Ⅱ	Ⅰ	Ⅴ	Ⅳ	Ⅱ	Ⅰ	Ⅴ

28.5　群落

28.5.1　群落类型

海潭岛滨海湿地潮间带大型底栖生物群落按底质类型分为：

（1）岩石滩群落（东庠岛）。高潮区：粒结节滨螺—塔结节滨螺—马来小藤壶带；中潮区：铁丁菜—棘刺牡蛎—鳞笠藤壶—马来小藤壶带；低潮区：小珊瑚藻—襟松虫—敦氏猿头蛤—粒神螺—施氏玻璃钩虾带。

（2）泥沙滩群落（大吉岛）。高潮区：粗糙滨螺—短滨螺带；中潮区：丝鳃稚齿虫—菲律宾蛤仔—珠带拟蟹守螺—薄片蜾蠃蜚带；低潮区：梯毛虫（*Scalibregma inflatum*）—缘角蛤（*Angulus emarginatus*）—菲律宾蛤仔—日本大螯蜚带。

（3）沙滩群落（大练岛）。高潮区：沙蟹—韦氏毛带蟹带；中潮区：丝鳃稚齿虫—紫藤斧蛤—等边浅蛤—葛氏胖钩虾带；低潮区：异足索沙蚕—光蛤蜊（*Mactrinula* sp.）—极地蚤钩虾带。

28.5.2　群落结构

（1）岩石滩群落（东庠岛）。该群落所处滩面底质类型自高潮区至低潮区由花岗岩岩石组成。

高潮区：粒结节滨螺—塔结节滨螺—马来小藤壶带。该潮区主要种为粒结节滨螺，生物量和栖息密度分别为 15.04 g/m^2 和 104 个/m^2。塔结节滨螺，生物量和栖息密度分别为 12.72 g/m^2 和 176 个/m^2。优势种马来小藤壶，分布在本区下层，在本区的生物量和栖息密度分别为 11.20 g/m^2 和 504 个/m^2。其他主要种和习见种有粗糙滨螺、短滨螺和海蟑螂。

中潮区：铁丁菜—棘刺牡蛎—鳞笠藤壶—马来小藤壶带。该潮区主要种为铁丁菜，分布在本区中、下层，宽度约 2 m，最大生物量达 153.80 g/m^2。优势种棘刺牡蛎，分布在本区中层，最大生物量和栖息密度分别为 728.24 g/m^2 和 600 个/m^2。优势种鳞笠藤壶，也分布在本区中层，生物量和栖息密度分别高达 3 806.64 g/m^2 和 854 个/m^2。优势种马来小藤壶，自高潮区下层延伸分布至本区中层，在本区上层的生物量和栖息密度分别高达 461.80 g/m^2 和 45 056 个/m^2，中层分别高达 209.20 g/m^2 和

9 984 个/m^2。其他主要种和习见种有小珊瑚藻、鼠尾藻、模裂虫、日本花棘石鳖、青蚶、隔贻贝、敦氏猿头蛤、拟帽贝、黑凹螺（*Chlorostoma nigerrima*）、银口凹螺、锈凹螺、粒花冠小月螺、黄口荔枝螺、疣荔枝螺、腔齿海底水虱和施氏玻璃钩虾等。

低潮区：小珊瑚藻—襟松虫—敦氏猿头蛤—粒神螺—施氏玻璃钩虾带。该潮区优势种为小珊瑚藻，自中潮区下层可延伸分布至低潮区上层，在本区的生物量高达 659.80 g/m^2。主要种襟松虫，自中潮区下层可延伸分布至低潮区上层，在本区的生物量和栖息密度分别为 4.16 g/m^2 和 40 个/m^2。敦氏猿头蛤，自中潮区下层可延伸分布至低潮区上层，在本区的生物量和栖息密度分别为 20.24 g/m^2 和 8 个/m^2。主要种粒神螺，从中潮区下层可延伸分布至低潮区上层，在本区的生物量和栖息密度分别为 15.28 g/m^2 和 8 个/m^2。优势种施氏玻璃钩虾，从中潮区中层可延伸分布至低潮区上层，个体小密度大，在本区的生物量和栖息密度分别为 3.12 g/m^2 和 1 904 个/m^2。其他主要种和习见种有千岛模裂虫（*Typosyllis adamantens*）、漂蚕（*Palola siciliensis*）、革囊星虫、红条毛肤石鳖、日本花棘石鳖、短石蛏、带偏顶蛤、杂色鲍（*Haliotis diversicolor*）、甲虫螺、小相手蟹、红中华五角海星（*Anthenea chinensis*）、紫海胆、黑囊皮参（*Stolus buccalis*）等（图 28-2）。

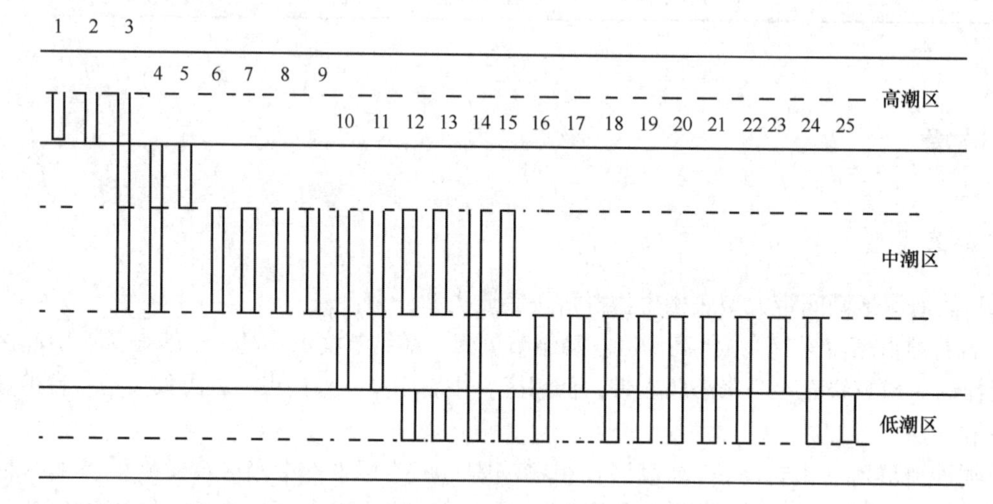

图 28-2　东庠岛岩石滩群落主要种垂直分布

1. 塔结节滨螺；2. 粒结节滨螺；3. 马来小藤壶；4. 直背小藤壶；5. 拟帽贝；6. 腔齿海底水虱；7. 棘刺牡蛎；8. 青蚶；9. 隔贻贝；10. 鳞笠藤壶；11. 疣荔枝螺；12. 日本花棘石鳖；13. 千岛模裂虫；14. 施氏玻璃钩虾；15. 小相手蟹；16. 小珊瑚藻；17. 铁丁菜；18. 鼠尾藻；19. 红条毛肤石鳖；20. 短石蛏；21. 敦氏猿头蛤；22. 粒神螺；23. 隆背强蟹；24. 甲虫螺；25. 革囊星虫

（2）泥沙滩群落（大吉岛）。该群落所处滩面底质类型高潮区为石砾，中潮区至低潮区由泥沙组成。

高潮区：粗糙滨螺—短滨螺带。该潮区主要种为粗糙滨螺，生物量和栖息密度分别为 13.52 g/m^2 和 128 个/m^2。短滨螺的生物量和栖息密度分别为 10.96 g/m^2 和 24 个/m^2。其他主要种和习见种有海蟑螂。

中潮区：丝鳃稚齿虫—菲律宾蛤仔—珠带拟蟹守螺—薄片螺嬴蜚带。该潮区主要种为丝鳃稚齿虫，分布在本区中、下层，在下层的数量较大，生物量和栖息密度分别为 1.60 g/m^2 和 110 个/m^2。优势种菲律宾蛤仔，分布在本区中、下层，最大生物量和栖息密度分别为 9.50 g/m^2 和 410 个/m^2。优势种珠带拟蟹守螺，分布在本区中、上层，在上层的生物量和栖息密度分别为 17.36 g/m^2 和 88 个/m^2；在中层的生物量和栖息密度分别为 22.80 g/m^2 和 76 个/m^2。优势种薄片螺嬴蜚，个体小，密度较大，分布在本区中层、下层，在本区中层的生物量和栖息密度分别为 0.08 g/m^2 和 192 个/m^2，下层分别为 0.05 g/m^2 和 15 个/m^2。其他主要种和习见种有寡节甘吻沙蚕、才女虫、独毛虫、梯毛虫、梳鳃虫、软疣沙蚕、彩虹明樱蛤、短拟沼螺、纵带滩栖螺、古氏滩栖螺、秀丽织纹螺、胆形织纹螺（*Nassarius thersites*）、婆罗囊螺、极地蚤钩虾、明秀大眼蟹、淡水泥蟹、秀丽长方蟹等。

低潮区：梯毛虫—缘角蛤—菲律宾蛤仔—日本大螯蜚带。该潮区主要种为梯毛虫，自中潮区下层可延伸分布至低潮区上层，在本区的生物量和栖息密度分别为 0.50 g/m² 和 50 个/m²。缘角蛤，自中潮区下层可延伸分布至低潮区上层，在本区的生物量和栖息密度分别为 0.30 g/m² 和 5 个/m²。菲律宾蛤仔，自中潮区下层可延伸分布至低潮区上层，在本区的生物量和栖息密度分别高达 33.70 g/m² 和 1 080 个/m²。主要种日本大螯蜚，从中潮区可延伸分布至低潮区上层，在本区的生物量和栖息密度分别为 0.50 g/m² 和 50 个/m²。其他主要种和习见种有白沙箸、多鳃齿吻沙蚕、婆罗囊螺、脆弱独指虫（*Aricidea fragilis*）、美原双眼钩虾、极地蚤钩虾、模糊新短眼蟹和变态蟳等（图 28-3）。

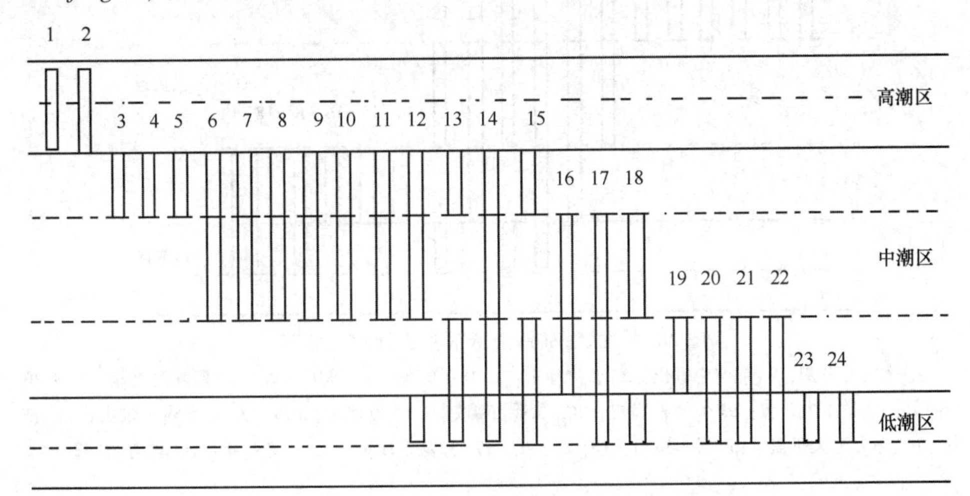

图 28-3 大吉岛泥沙滩群落主要种垂直分布

1. 粗糙滨螺；2. 短滨螺；3. 短拟沼螺；4. 织纹螺；5. 明秀大眼蟹；6. 中蚓虫；7. 异足索沙蚕；8. 淡水泥蟹；9. 纵带滩栖螺；10. 珠带拟蟹守螺；11. 胆形织纹螺；12. 不倒翁虫；13. 似蛰虫；14. 日本大螯蜚；15. 寡节甘吻沙蚕；16. 薄片蜾蠃蜚；17. 丝鳃稚齿虫；18. 多鳃齿吻沙蚕；19. 细螯原足虫；20. 梳鳃虫；21. 缘角蛤；22. 菲律宾蛤仔；23. 脆弱独指虫；24. 模糊新短眼蟹

（3）沙滩群落（大练岛）。该群落所处滩面宽度为 300~350 m，底质类型自高潮区至低潮区由粗砂和细砂组成。

高潮区：沙蟹—韦氏毛带蟹带。该潮区主要种为沙蟹，深居沙层下，未采集到标本，根据洞穴计算约 1 个/10 m²。韦氏毛带蟹，分布在该区下层，数量不高，生物量和栖息密度分别为 0.04 g/m² 和 0.3 个/m²。

中潮区：丝鳃稚齿虫—紫藤斧蛤—等边浅蛤—葛氏胖钩虾带。该潮区主要种为丝鳃稚齿虫，分布整个潮区，在本区上层的生物量和栖息密度分别为 0.64 g/m² 和 40 个/m²，中层分别为 0.48 g/m² 和 56 个/m²，下层分别为 0.16 g/m² 和 40 个/m²。紫藤斧蛤，分布在本区中、上层，在上层的生物量和栖息密度分别为 3.60 g/m² 和 24 个/m²，中层分别为 0.56 g/m² 和 80 个/m²。等边浅蛤，仅分布在本区，在上层的生物量和栖息密度分别为 90.16 g/m² 和 88 个/m²，下层分别为 1.44 g/m² 和 160 个/m²。优势种葛氏胖钩虾，个体小生物量低密度大，在本区上层的生物量和栖息密度分别为 0.80 g/m² 和 216 个/m²，中层分别为 0.24 g/m² 和 328 个/m²，下层分别为 0.40 g/m² 和 272 个/m²。其他主要种和习见种有花冈钩毛虫、平衡囊尖锥虫〔*Scoloplos*（*S.*）*marsupialis*〕、稚齿虫、古明圆蛤（*Cycladicama* sp.）、狄氏斧蛤、日本镜蛤〔*Dosinia*（*Phacosoma*）*japonica*〕、扁玉螺、红眼钩虾（*Sinoediceros* sp.）、小型大螯蜚（*Grandidierella minima*）、颗粒黎明蟹（*Matuta granulosa*）和长碗和尚蟹等。

低潮区：异足索沙蚕—斧光蛤蜊—极地蚤钩虾带。该潮区主要种为异足索沙蚕，自中潮区下层可延伸分布至低潮区上层，在本区的生物量和栖息密度分别为 0.60 g/m² 和 8 个/m²。主要种为斧光蛤蜊，自中潮区下层可延伸分布至低潮区上层，在本区的生物量和栖息密度分别为 0.12 g/m² 和 4 个/m²。极地蚤钩虾，仅在本区出现，生物量和栖息密度分别为 0.04 g/m² 和 36 个/m²。其他主要种和习见种有丝鳃稚齿虫、背蚓虫、葛氏胖钩虾、红点黎明蟹等（图 28-4）。

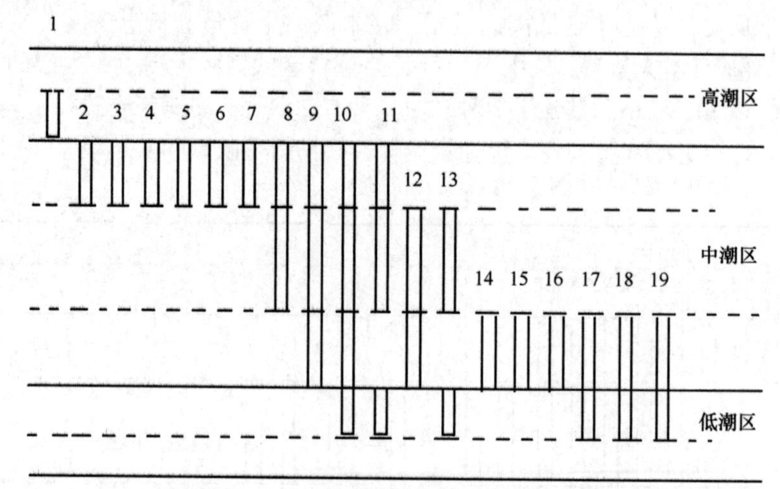

图 28-4　大练岛沙滩群落主要种垂直分布

1. 韦氏毛带蟹；2. 加州中蚓虫；3. 软疣沙蚕；4. 狄氏斧蛤；5. 等边浅蛤；6. 光背团水虱；7. 长碗和尚蟹；8. 日本大螯蜚；9. 丝鳃稚齿虫；10. 葛氏胖钩虾；11. 极地蚤钩虾；12. 平衡囊尖锥虫；13. 纽虫；14. 东方刺尖锥虫；15. 日本镜蛤；16. 扁玉螺；17. 异足索沙蚕；18. 斧光蛤蜊；19. 红点黎明蟹

28.5.3　群落生态特征值

根据 Shannon-Wiener 种类多样性指数（H'）、Pielous 种类均匀度指数（J）、Margalef 种类丰富度指数（d）和 Simpson 优势度（D）显示，海潭岛滨海湿地潮间带大型底栖生物群落丰富度指数（d），泥沙滩群落较大（4.349 6），岩石滩群落较小（2.264 6）；多样性指数（H'），泥沙滩群落较大（2.419 9），沙滩群落较小（1.667 6）；均匀度指数（J），泥沙滩群落较大（0.754 4），沙滩群落较小（0.623 1）；Simpson 优势度（D），沙滩群落较大（0.276 1），泥沙滩群落较小（0.162 9）。不同群落各断面群落生态特征值季节变化见表 28-20。

表 28-20　海潭岛滨海湿地潮间带大型底栖生物群落生态特征值

群落	季节	断面	d	H'	J	D
岩石滩	春季	F-DQ1	4.530 0	0.599 0	0.152 0	0.803 0
		F-CY2	5.430 0	1.560 0	0.387 0	0.426 0
		PR33	1.490 0	1.660 0	0.694 0	0.250 0
		PR321	1.810 0	2.070 0	0.783 0	0.161 0
		PR341	1.390 0	2.170 0	0.846 0	0.139 0
		平均	2.930 0	1.611 8	0.572 4	0.355 8
	夏季	PR33	2.860 0	1.640 0	0.538 0	0.277 0
		PR311	2.590 0	2.410 0	0.749 0	0.134 0
		平均	2.725 0	2.025 0	0.643 5	0.205 5

续表 28-20

群落	季节	断面	d	H'	J	D
岩石滩	秋季	PR33	1.330 0	1.610 0	0.699 0	0.273 0
		PR321	1.510 0	1.980 0	0.797 0	0.175 0
		PR341	1.550 0	2.100 0	0.845 0	0.151 0
		平均	1.463 3	1.896 7	0.780 3	0.199 7
	冬季	PR33	1.330 0	1.610 0	0.699 0	0.273 0
		PR311	2.550 0	1.840 0	0.663 0	0.265 0
		平均	1.940 0	1.725 0	0.681 0	0.269 0
		平均	2.264 6	1.814 6	0.669 3	0.257 5
沙滩	春季	PS32	2.560 0	1.900 0	0.720 0	0.276 0
		P2	5.370 0	1.670 0	0.427 0	—
		F-HT4	3.090 0	1.460 0	0.466 0	0.447 0
		F-DL2	1.840 0	0.222 0	0.078 2	0.935 0
		平均	3.215 0	1.313 0	0.422 8	0.414 5
	夏季	PS32	2.150 0	1.940 0	0.782 0	0.203 0
		P4	3.623 9	0.692 9	0.199 9	0.224 8
		P7	2.963 0	1.717 3	0.573 3	0.722 9
		平均	2.912 3	1.450 1	0.518 4	0.383 6
	秋季	PS32	2.150 0	2.230 0	0.928 0	0.124 0
		F-HT4	1.790 0	1.800 0	0.752 0	0.234 0
		F-DL2	3.640 0	2.180 0	0.647 0	0.189 0
		F-DQ1	0.980 0	0.086 5	0.036 1	0.975 0
		F-CY2	2.190 0	2.090 0	0.753 0	0.166 0
		平均	2.150 0	1.677 3	0.623 2	0.337 6
	冬季	PS32	2.150 0	2.230 0	0.928 0	0.124 0
	平均		2.606 8	1.667 6	0.623 1	0.276 1
泥沙滩	春季	PM322	2.980 0	1.830 0	0.610 0	0.294 0
		P1	8.860 0	3.500 0	0.820 0	—
		F-YT1	7.500 0	3.300 0	0.804 0	0.058 4
		F-DaB1	7.460 0	2.960 0	0.712 0	0.092 5
		F-HT9	8.930 0	2.870 0	0.666 0	0.157 0
		平均	7.146 0	2.892 0	0.722 4	0.120 4
	夏季	PM312	2.430 0	2.010 0	0.762 0	0.225 0
	秋季	PM322	2.550 0	1.840 0	0.663 0	0.265 0
		F-YT1	10.100 0	2.780 0	0.610 0	0.152 0
		F-DaB1	7.330 0	3.470 0	0.847 0	0.044 5
		F-HT9	5.270 0	3.100 0	0.825 0	0.063 8
		平均	6.312 5	2.797 5	0.736 3	0.131 3
	冬季	PM312	1.510 0	1.980 0	0.797 0	0.175 0
	平均		4.3496	2.419 9	0.754 4	0.162 9

28.5.4 群落稳定性

2007年春季海潭岛滨海湿地屿头岛、大板屿泥沙滩和东庠岛岩石滩潮间带大型底栖生物群落相对稳定，丰度生物量复合 k-优势度和部分优势度曲线不交叉、不翻转（图28-5、图28-7、图28-10）；大练岛和上楼沙滩群落，大吉岛泥沙滩群落、东庠岛和草屿岩石滩群落不稳定，丰度生物量复合 k-优势度和部分优势度曲线出现交叉、翻转和重叠，且上楼沙滩群落的生物量和丰度累积百分优势度分别高达96%（图28-6、图28-8、图28-9、图28-11）。2006年秋季大练岛沙滩群落、大板屿和大吉岛泥沙滩群落相对稳定，丰度生物量复合 k-优势度和部分优势度曲线不交叉、不翻转（图28-13、图28-14、图28-16）；屿头岛泥沙滩群落，上楼、东庠岛和草屿沙滩群落不稳定，丰度生物量复合 k-优势度和部分优势度曲线出现交叉、翻转和重叠，且屿头岛泥沙滩和东庠岛沙滩群落完全翻转，上楼沙滩群落几近重叠，东庠岛沙滩群落生物量累积百分优势度高达72%，丰度累积百分优势度高达98%（图28-12、图28-15、图28-17和图28-18）。

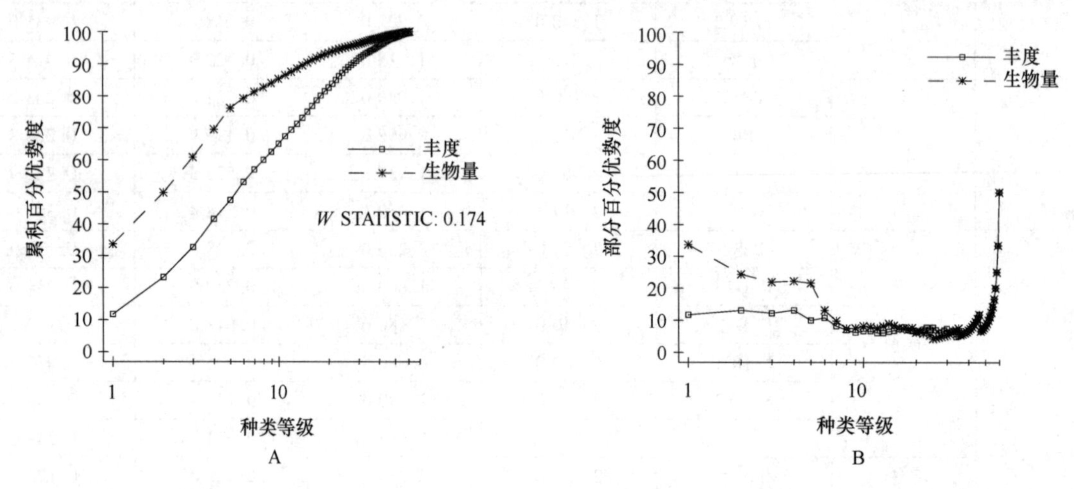

图28-5 春季屿头岛泥沙滩群落丰度生物量复合 k-优势度（A）和部分优势度（B）曲线

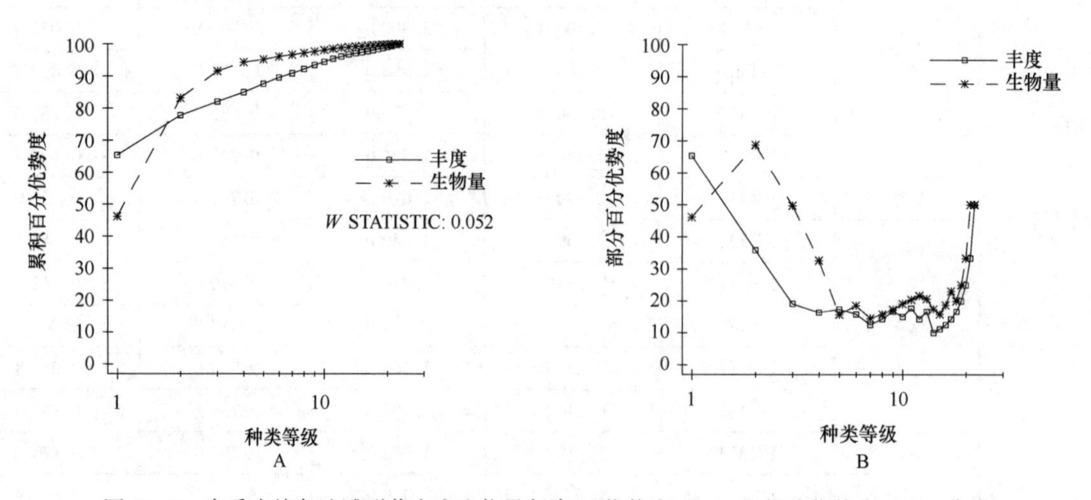

图28-6 春季大练岛沙滩群落丰度生物量复合 k-优势度（A）和部分优势度（B）曲线

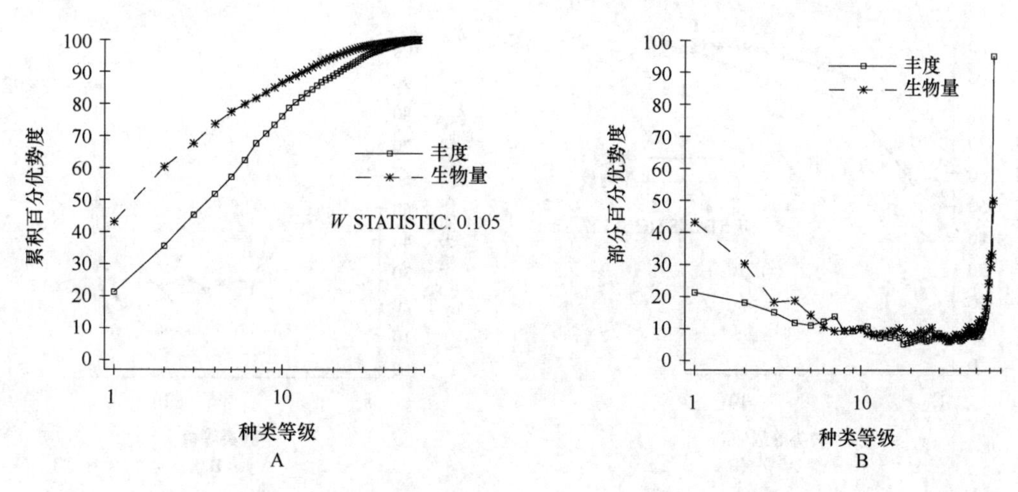

图 28-7　春季大板屿泥沙滩群落丰度生物量复合 k-优势度（A）和部分优势度（B）曲线

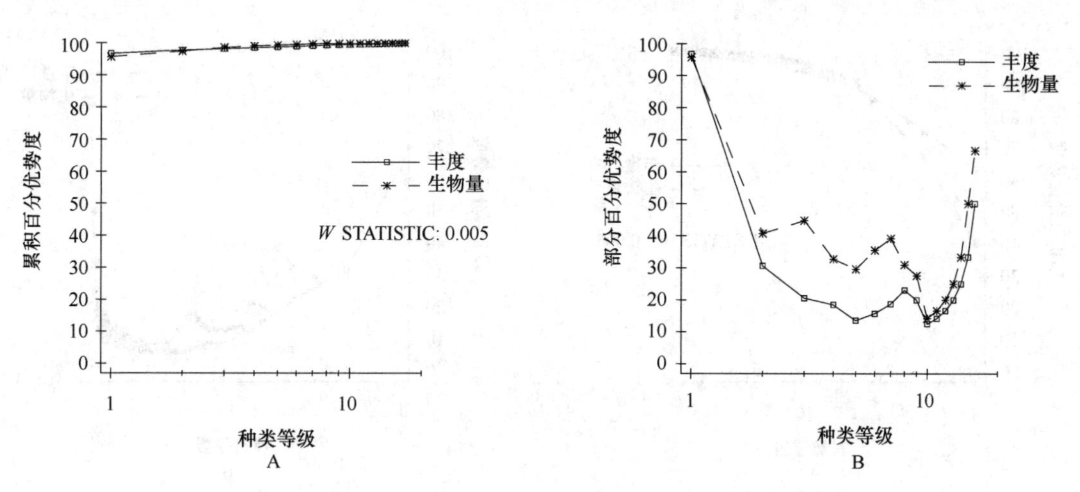

图 28-8　春季上楼沙滩群落丰度生物量复合 k-优势度（A）和部分优势度（B）曲线

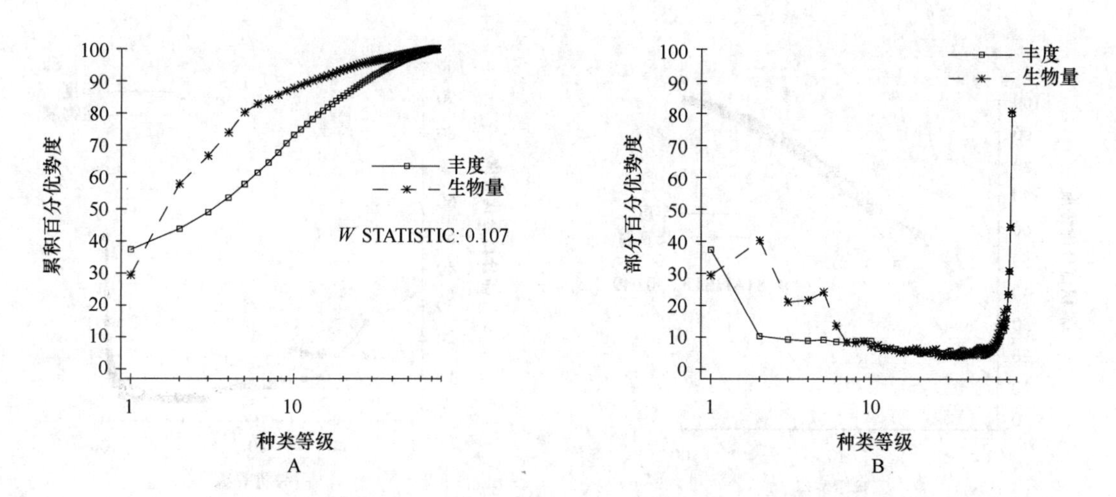

图 28-9　春季大吉岛泥沙滩群落丰度生物量复合 k-优势度（A）和部分优势度（B）曲线

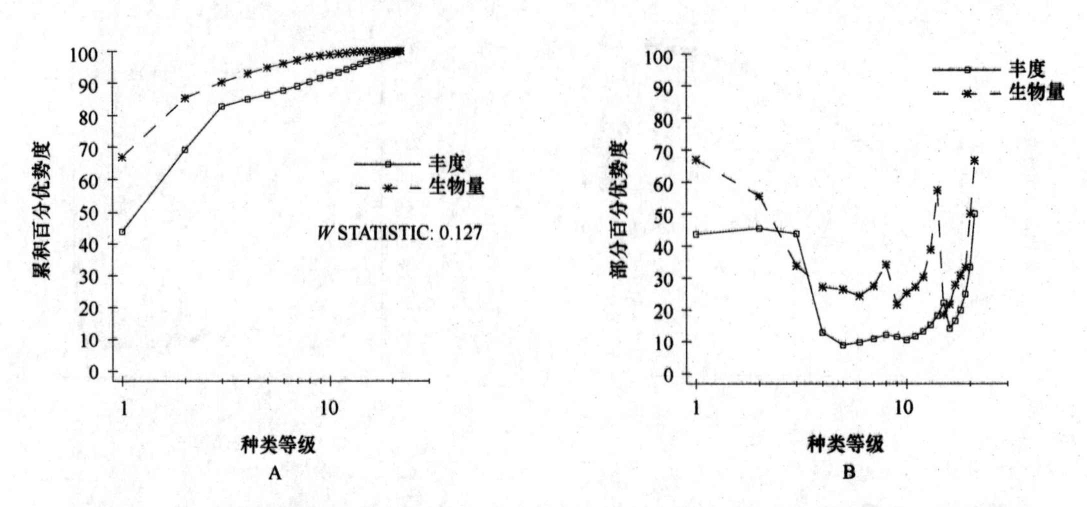

图 28-10　春季东庠岛岩石滩群落丰度生物量复合 k-优势度（A）和部分优势度（B）曲线

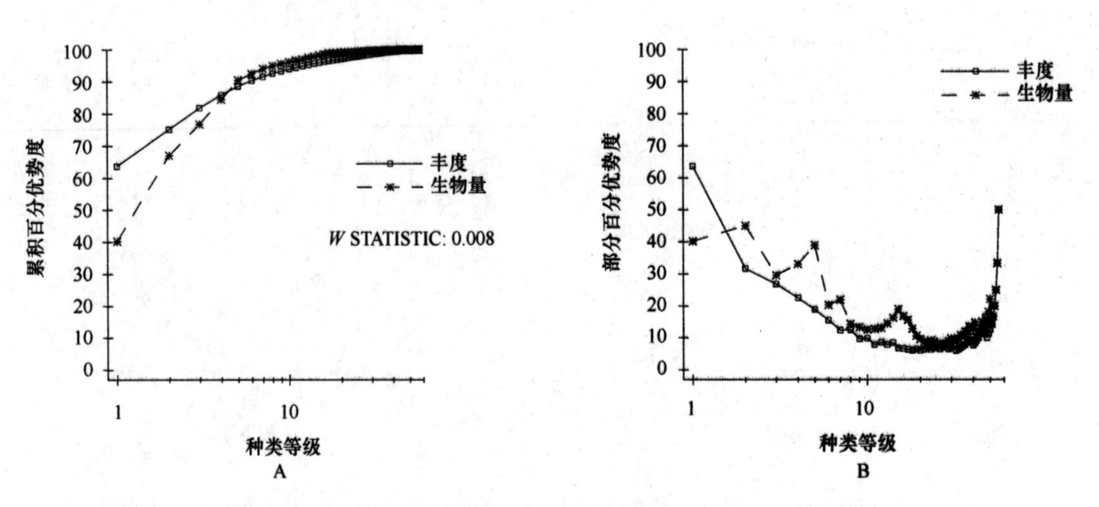

图 28-11　春季草屿岩石滩群落丰度生物量复合 k-优势度（A）和部分优势度（B）曲线

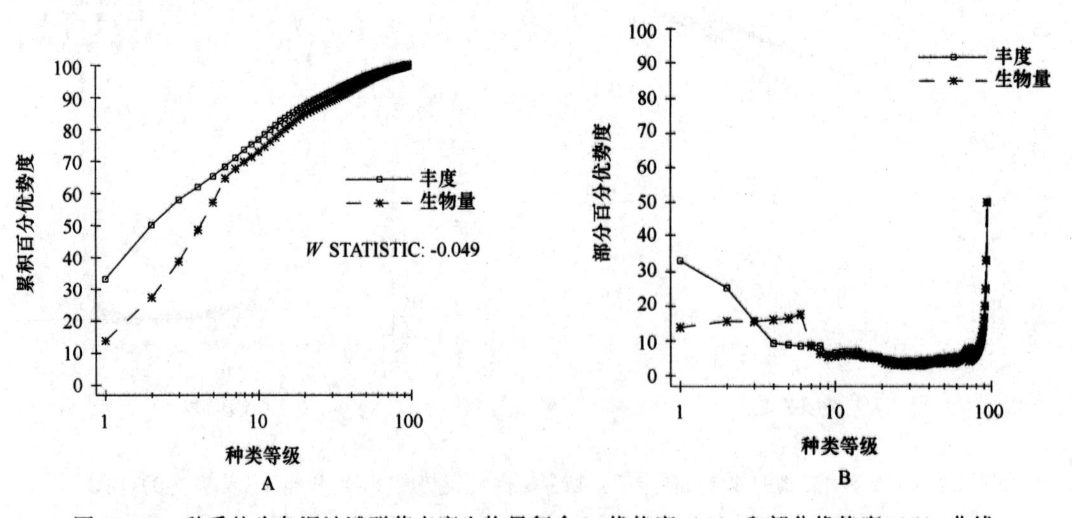

图 28-12　秋季屿头岛泥沙滩群落丰度生物量复合 k-优势度（A）和部分优势度（B）曲线

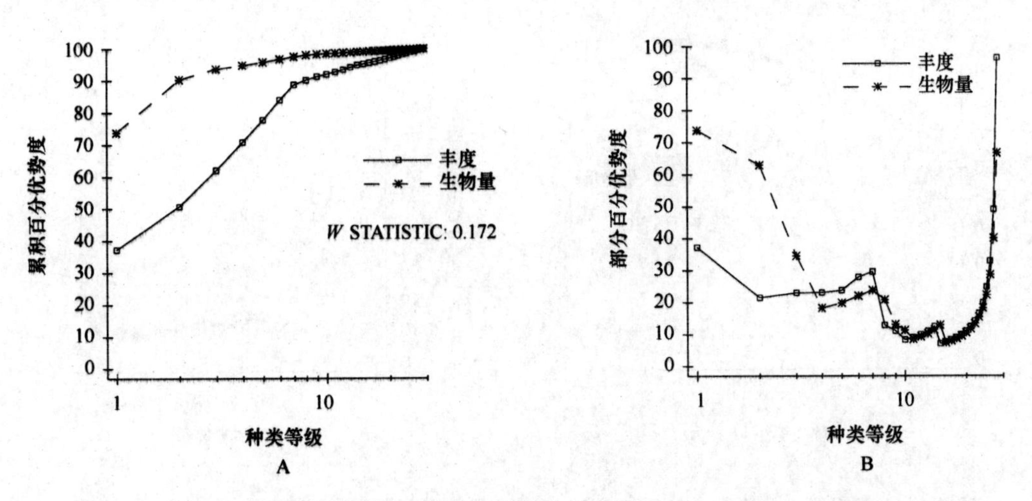

图 28-13　秋季大练岛沙滩群落丰度生物量复合 k-优势度（A）和部分优势度（B）曲线

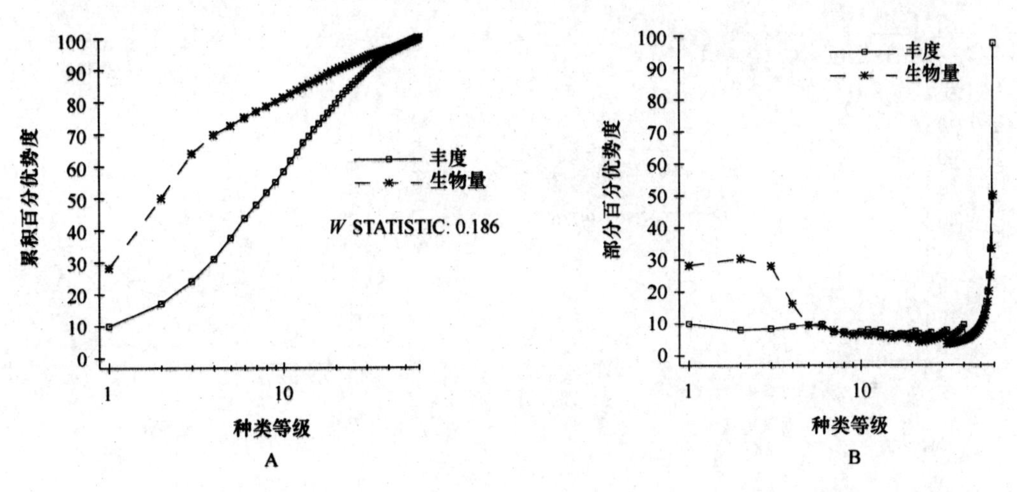

图 28-14　秋季大板屿泥沙滩群落丰度生物量复合 k-优势度（A）和部分优势度（B）曲线

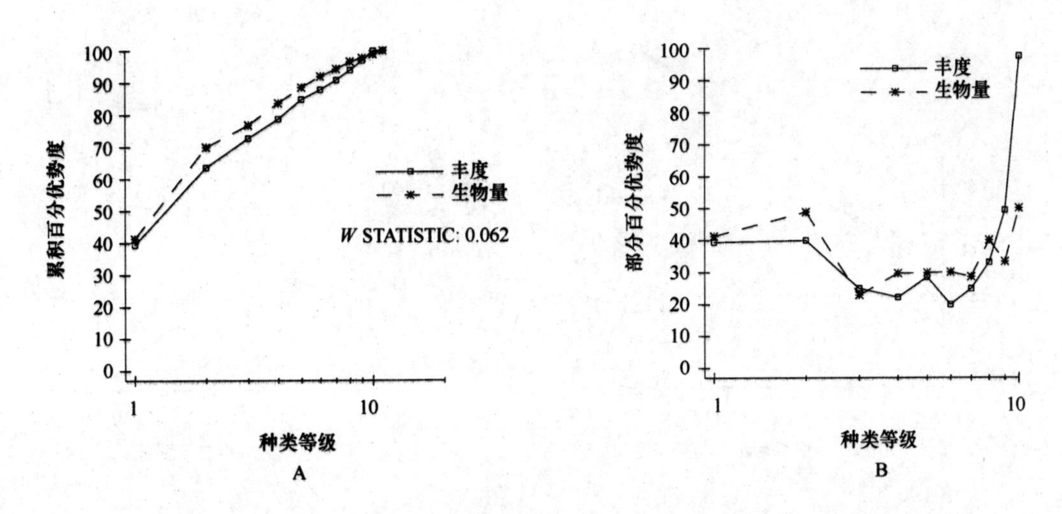

图 28-15　秋季上楼沙滩群落丰度生物量复合 k-优势度（A）和部分优势度（B）曲线

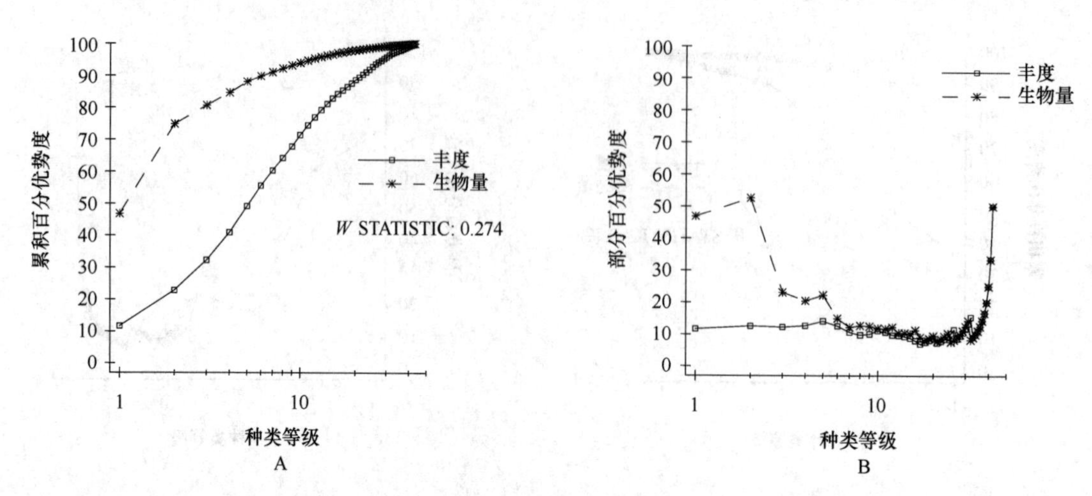

图 28-16　秋季大吉岛泥沙滩群落丰度生物量复合 k-优势度（A）和部分优势度（B）曲线

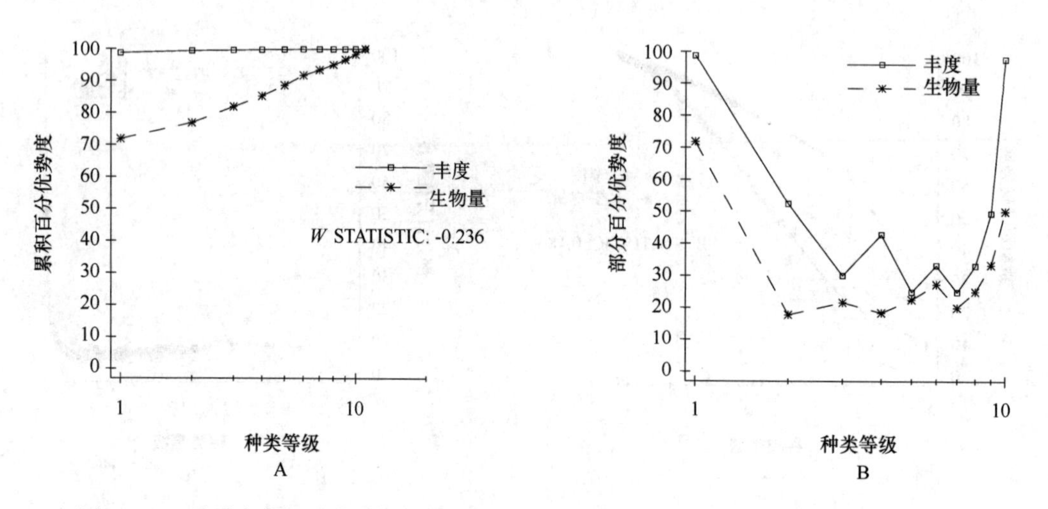

图 28-17　秋季东庠岛沙滩群落丰度生物量复合 k-优势度（A）和部分优势度（B）曲线

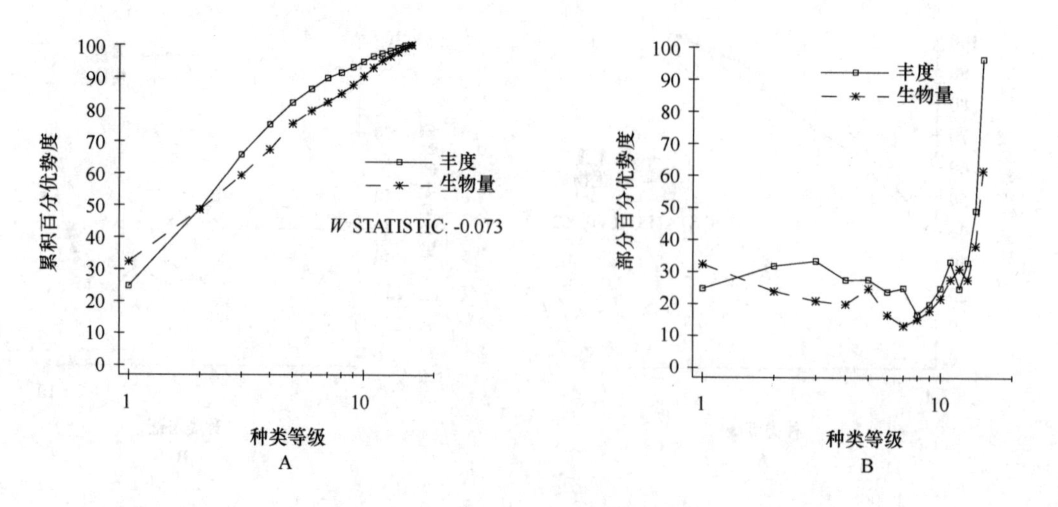

图 28-18　秋季草屿沙滩群落丰度生物量复合 k-优势度（A）和部分优势度（B）曲线

2003 年春季 P1 泥沙滩群落相对稳定，其丰度生物量复合 k-优势度曲线不交叉、不翻转，生物量优势度曲线始终位于丰度上方（图 28-19）。P2 沙滩群落结构不大稳定，部分优势度曲线在前端出现交叉、翻转。丰度和生物量累积百分数分别高达到 60%和 85%。这主要与优势种拟脊活额寄居蟹分布有关。拟脊活额寄居蟹在本区下层的最大的生物量和栖息密度分别达 66.86 g/m^2 和 1 058 个/m^2（图 28-20）。

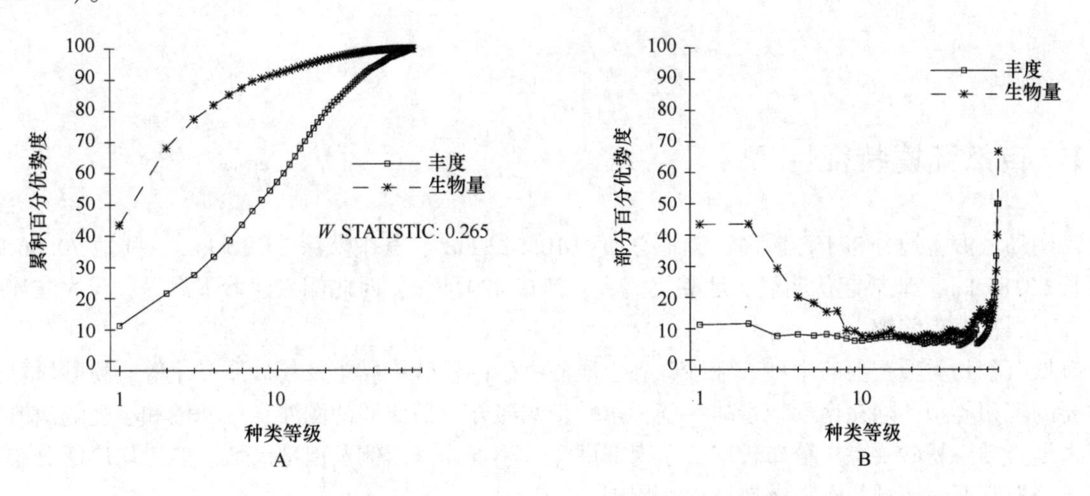

图 28-19　P1 泥沙滩群落丰度生物量复合 k-优势度（A）和部分优势度（B）曲线

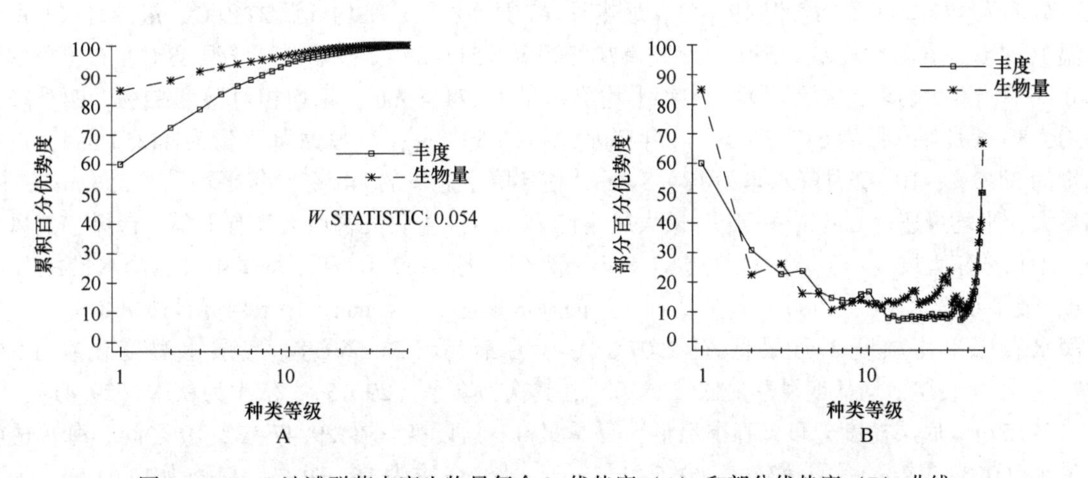

图 28-20　P2 沙滩群落丰度生物量复合 k-优势度（A）和部分优势度（B）曲线

第29章　江阴岛滨海湿地

29.1　自然环境特征

江阴岛滨海湿地分布于江阴岛，土地总面积105.22 km^2，其中滩涂29.15 km^2，陆地70.06 km^2，岸线长63.81 km。地势起伏明显，地貌类型多，海拔429.1 m，西北侧兴建岭下海堤，与大陆连接构成半岛，属福清市管辖。

海域沉积物类型主要有中砂、细砂、黏土质砂—砂—粉砂—黏土及粉砂质黏土等。粉砂质黏土是最主要的沉积类型，除东南部鹅蛋屿—壁头角一带潮滩外，岛四周的潮滩、东西港和小麦屿南海域均为其占据。砂—粉砂—黏土分布较广，东南部潮滩，小麦屿东西侧及南部海域主航道均广泛分布。砂则零星分布于西南海域、东岸潮滩及虎屿周围。

该岛属南亚热带海洋性季风气候，6—8月盛行偏南风，其余月份盛行偏北风。年日照2 093.3 h，日照百分率为47%。年平均气温19.6℃，最热月（7月、8月）平均气温27.9℃，最冷月（1月）平均气温10.4℃，气温年较差17.5℃。稳定≥10℃积温6 515.3℃，极端最高气温38℃左右，极端最低气温0~6℃，夏少酷暑，冬无严寒。多年平均降水量1 274.4 mm，年均相对湿度81%。四季降水分配不均，3—6月降水量为647.2 mm，占年降水总量的50.8%；7—9月降水量为442.3 mm，占年降水总量的34.7%；10—2月降水量为184.8 mm，占年降水总量的14.5%。年平均风速5.6 m/s，11月风速最大，平均风速达6.6 m/s。定时最大风速在18 m/s。主要灾害性天气有干旱、台风、大风和暴雨等。平均全年大风（≥8级）日数达87.8 d，最多年份达182 d。年平均暴雨（日降水量≥50 mm）日5 d，最多年份达8 d，1960年8月2日一天的降水量达173.4 mm。年平均雾日达7.8 d。

海水表层平均温度1月最低（12.07℃），8月最高（25.56℃）。底层水温变化在12.05~27.77℃。海水表层平均盐度夏季最低（18.00），其次为春季（29.15），依次为秋季（29.41），冬季最高（29.57）。底层盐度分布，春季最低，夏季最高，盐度变化在29.47~32.70之间。海水透明度冬季最小（0.3~0.7 m），夏季较大（0.5~1.5 m）。水色冬季为16~19号，夏季为13~17号。

潮汐类型为正规半日潮。平均潮差5.08 m，最大可能潮差9.26 m，高潮间隙11 h 40 min，涨潮历时5 h 50 min，平均落潮历时6 h 35 min。

29.2　断面与站位布设

1990—1991年春季、夏季、秋季和冬季，2003年12月，2004年5月，2006年秋季和2007年春季，对江阴岛滨海湿地潮间带大型底栖生物进行调查取样，共布设9条断面（表29-1、图29-1）。

表 29-1　江阴岛滨海湿地潮间带大型底栖生物调查断面

序号	时间	断面	编号	经 度（E）	纬 度（N）	底质
1	1990 年 5 月—1991 年 2 月		JS43	119°20′18. 00″	25°26′36. 00″	沙滩
2			JM42	119°17′00″	25°26′36. 00″	泥沙滩
3			JR44	119°20′42. 00″	25°25′42. 00″	岩石滩
4	2003 年 12 月	下楼	Jch1	119°20′4. 10″	25°26′7. 33″	泥沙滩
5		岭口	Jch2	119°19′55. 76″	25°29′11. 79″	
6	2004 年 5 月	翁西	Jch3	119°16′16. 33″	25°28′38. 92″	
7		沾泽	Jch4	119°16′38. 03″	25°27′14. 33″	
8		张厝	Jch5	119°16′44. 07″	25°25′24. 27″	
9	2006 年 10 月—2007 年 5 月		F-JN4	119°16′24. 60″	25°28′36. 00″	

图 29-1　江阴岛滨海湿地潮间带大型底栖生物调查断面

29. 3　物种多样性

29. 3. 1　种类组成与分布

江阴岛滨海湿地潮间带大型底栖生物 286 种，其中藻类 18 种，多毛类 89 种，软体动物 82 种，甲壳动物71种，棘皮动物6种和其他生物20种。多毛类、软体动物和甲壳动物占总种数的84.61%，三者构成潮间带大型底栖生物主要类群。不同底质类型比较，种数以泥沙滩（203种）大于岩石滩（82种）大于沙滩（75种）（表29-2）。

表29-2 江阴岛滨海湿地潮间带大型底栖生物种类组成 单位：种

底质	藻类	多毛类	软体动物	甲壳动物	棘皮动物	其他生物	合计
岩石滩	17	4	38	14	1	8	82
沙滩	0	18	19	31	1	6	75
泥沙滩	11	79	51	46	6	10	203
合计	18	89	82	71	6	20	286

江阴岛滨海湿地岩石滩潮间带大型底栖生物82种，其中藻类17种，多毛类4种，软体动物38种，甲壳动物14种，棘皮动物1种和其他生物8种。藻类、软体动物和甲壳动物占总种数的84.14%，三者构成岩石滩潮间带大型底栖生物主要类群。

沙滩潮间带大型底栖生物75种，其中多毛类18种，软体动物19种，甲壳动物31种，棘皮动物1种和其他生物6种。多毛类、软体动物和甲壳动物占总种数的90.66%，三者构成沙滩潮间带大型底栖生物主要类群。

泥沙滩潮间带大型底栖生物203种，其中藻类11种，多毛类79种，软体动物51种，甲壳动物46种，棘皮动物6种和其他生物10种。多毛类、软体动物和甲壳动物占总种数的86.69%，三者构成泥沙滩潮间带大型底栖生物主要类群。断面间比较，冬季种数以Jch2断面较多（51种），Jch1断面较少（44种）；春季种数以Jch5断面较多（84种），Jch3断面较少（55种）（表29-3）。

表29-3 江阴岛滨海湿地潮间带大型底栖生物种类组成与分布 单位：种

底质	季节	断面	藻类	多毛类	软体动物	甲壳动物	棘皮动物	其他生物	合计
岩石滩	四季	JR44	17	4	38	14	1	8	82
沙滩		JS43	0	18	19	31	1	6	75
泥沙滩		JM42	1	21	16	19	1	6	64
	冬季	Jch1	6	9	16	12	0	1	44
		Jch2	5	17	16	13	0	0	51
		小计	8	22	27	23	0	1	91
	春季	Jch3	2	18	15	16	1	3	55
		Jch4	3	28	17	15	0	3	66
		Jch5	7	37	19	16	1	4	84
		小计	7	51	31	28	1	6	124
	春季	F-JN4	1	28	15	16	1	3	64
	秋季	F-JN4	1	29	8	7	0	1	46
	小计		2	33	19	20	1	4	79
	合计		11	79	51	46	6	10	203
总计			18	89	82	71	6	20	286

29.3.2 优势种和主要种

根据数量和出现率，江阴岛滨海湿地潮间带大型底栖生物优势种和主要种有条浒苔、长吻吻沙蚕、齿吻沙蚕、双鳃内卷齿蚕、独毛虫、多鳃齿吻沙蚕、稚齿虫、欧文虫、等栉虫（*Isolda pulchella*）、中蚓虫、异蚓虫、背蚓虫、索沙蚕、不倒翁虫、疣吻沙蚕、豆形胡桃蛤、凸壳肌蛤、彩虹明樱蛤、美女白樱蛤、缢蛏、渤海鸭嘴蛤、短拟沼螺、珠带拟蟹守螺、秀丽织纹螺、泥螺、细长涟虫、三角柄蜾蠃蜚、薄片蜾蠃蜚、淡水泥蟹、宁波泥蟹、四齿大额蟹、秀丽长方蟹和棘刺锚参等。

29.4　数量时空分布

29.4.1　数量组成与季节变化

江阴岛滨海湿地岩石滩、沙滩和泥沙滩潮间带大型底栖生物平均生物量为 245.78 g/m^2，平均栖息密度为 452 个/m^2。生物量以软体动物居第一位（151.07 g/m^2），甲壳动物居第二位（86.45 g/m^2）；栖息密度以甲壳动物居第一位（272 个/m^2），软体动物居第二位（143 个/m^2）。不同底质类型比较，生物量从高到低依次为岩石滩（662.25 g/m^2）、泥沙滩（58.53 g/m^2）、沙滩（16.59 g/m^2）；栖息密度从高到低依次为岩石滩（918 个/m^2）、泥沙滩（417 个/m^2）、沙滩（21 个/m^2）。各类群数量组成与分布见表 29-4。

表 29-4　江阴岛滨海湿地潮间带大型底栖生物数量组成与分布

数量	底质	藻类	多毛类	软体动物	甲壳动物	棘皮动物	其他生物	合计
生物量（g/m^2）	岩石滩	2.62	0.22	401.01	250.47	0	7.93	662.25
	沙滩	0	1.25	6.60	3.32	0.74	4.68	16.59
	泥沙滩	3.12	1.18	45.59	5.57	2.45	0.62	58.53
	平均	1.91	0.88	151.07	86.45	1.06	4.41	245.78
密度（个/m^2）	岩石滩	—	29	272	615	0	2	918
	沙滩	—	9	5	5	0	2	21
	泥沙滩	—	63	153	196	1	4	417
	平均	—	34	143	272	0	3	452

江阴岛滨海湿地岩石滩潮间带大型底栖生物平均生物量为 662.25 g/m^2，平均栖息密度为 918 个/m^2。生物量以软体动物居第一位（401.01 g/m^2），甲壳动物居第二位（250.47 g/m^2）；栖息密度以甲壳动物居第一位（615 个/m^2），软体动物居第二位（272 个/m^2）。数量季节变化，生物量以春季较大（789.78 g/m^2），秋季较小（592.91 g/m^2）；栖息密度以春季较大（2 680 个/m^2），秋季较小（216 个/m^2）。各类群数量组成与季节变化见表 29-5。

表 29-5　江阴岛滨海湿地岩石滩潮间带大型底栖生物数量组成与季节变化

数量	季节	藻类	多毛类	软体动物	甲壳动物	棘皮动物	其他生物	合计
生物量（g/m^2）	春季	1.70	0.89	507.24	257.26	0	22.69	789.78
	夏季	3.19	0	312.68	285.09	0	6.96	607.92
	秋季	2.00	0	388.01	202.53	0	0.37	592.91
	冬季	3.61	0	396.13	257.00	0	1.69	658.43
	平均	2.62	0.22	401.01	250.47	0	7.93	662.25

续表 29-5

数量	季节	藻类	多毛类	软体动物	甲壳动物	棘皮动物	其他生物	合计
密度（个/m²）	春季	—	117	556	2 004	0	3	2 680
	夏季	—	0	146	92	0	3	241
	秋季	—	0	138	76	0	2	216
	冬季	—	0	250	289	0	1	540
	平均	—	29	272	615	0	2	918

江阴岛滨海湿地沙滩潮间带大型底栖生物平均生物为量为16.59 g/m²，平均栖息密度为21个/m²。生物量以软体动物居第一位（6.60 g/m²），其他生物居第二位（4.68 g/m²）；栖息密度以多毛类居第一位（9个/m²），软体动物和甲壳动物并居第二位（5个/m²）。数量季节变化，生物量以秋季较大（24.67 g/m²），冬季较小（9.42 g/m²）；栖息密度以春季较大（33个/m²），冬季较小（13个/m²）。各类群数量组成与季节变化见表29-6。

表 29-6 江阴岛滨海湿地沙滩潮间带大型底栖生物数量组成与季节变化

数量	季节	多毛类	软体动物	甲壳动物	棘皮动物	其他生物	合计
生物量（g/m²）	春季	2.74	3.85	1.50	2.97	0	11.06
	夏季	0.34	5.19	5.08	0	10.62	21.23
	秋季	0.10	11.86	4.63	0	8.08	24.67
	冬季	1.81	5.52	2.09	0	0	9.42
	平均	1.25	6.60	3.32	0.74	4.68	16.59
密度（个/m²）	春季	22	2	8	1	0	33
	夏季	10	4	4	0	5	23
	秋季	3	4	6	0	1	14
	冬季	2	10	1	0	0	13
	平均	9	5	5	0	2	21

江阴岛滨海湿地泥沙滩潮间带大型底栖生物平均生物量为58.53 g/m²，平均栖息密度为417个/m²。生物量以软体动物居第一位（45.59 g/m²），甲壳动物居第二位（5.57 g/m²）；栖息密度以甲壳动物居第一位（196个/m²），软体动物居第二位（153个/m²）。数量季节变化，生物量以夏季较大（108.82 g/m²），秋季较小（24.94 g/m²）；栖息密度以春季较大（864个/m²），夏季较小（125个/m²）。各类群数量组成与季节变化见表29-7。

表 29-7 江阴岛滨海湿地泥沙滩潮间带大型底栖生物数量组成与季节变化

数量	季节	藻类	多毛类	软体动物	甲壳动物	棘皮动物	其他生物	合计
生物量（g/m²）	春季	10.94	2.58	26.07	4.89	7.23	0.74	52.45
	夏季	0	0.59	100.01	7.94	0	0.28	108.82
	秋季	0.01	0.39	18.05	3.22	2.58	0.69	24.94
	冬季	1.54	1.14	38.22	6.22	0	0.75	47.87
	平均	3.12	1.18	45.59	5.57	2.45	0.62	58.53

续表 29-7

数量	季节	藻类	多毛类	软体动物	甲壳动物	棘皮动物	其他生物	合计
密度（个/m²）	春季	—	116	127	616	1	4	864
	夏季	—	14	76	33	0	2	125
	秋季	—	97	38	56	1	7	199
	冬季	—	23	371	78	0	1	473
	平均	—	63	153	196	1	4	417

29.4.2　数量分布

江阴岛滨海湿地泥沙滩潮间带大型底栖生物数量平面分布，春季生物量以 Jch4 泥沙滩较大（81.07 g/m²），F-JN4 泥沙滩较小（27.03 g/m²）；栖息密度以 Jch3 泥沙滩较大（1 820 个/m²），JM42 泥沙滩较小（88 个/m²）。秋季生物量以 JM42 泥沙滩较大（34.90 g/m²），F-JN4 泥沙滩较小（14.99 g/m²）；栖息密度以 F-JN4 泥沙滩较大（316 个/m²），JM42 泥沙滩较小（84 个/m²）。冬季生物量以 Jch2 泥沙滩较大（94.99 g/m²），Jch1 泥沙滩较小（23.03 g/m²）；栖息密度同样以 Jch2 泥沙滩较大（739 个/m²），Jch1 泥沙滩较小（199 个/m²）。各断面数量分布与季节变化见表 29-8。

表 29-8　江阴岛滨海湿地泥沙滩潮间带大型底栖生物数量分布与季节变化

数量	季节	断面	藻类	多毛类	软体动物	甲壳动物	棘皮动物	其他生物	合计
生物量（g/m²）	春季	JM42	0	0.33	53.97	6.74	0	0.72	61.76
		Jch3	0.90	2.45	10.77	6.76	6.43	0.29	27.60
		Jch4	44.70	3.20	30.96	1.86	0	0.35	81.07
		Jch5	8.21	4.49	24.44	2.32	23.29	2.07	64.82
		F-JN4	0.90	2.45	10.21	6.75	6.43	0.29	27.03
		平均	10.94	2.58	26.07	4.89	7.23	0.74	52.45
	夏季	JM42	0	0.59	100.01	7.94	0	0.28	108.82
	秋季	JM42	0	0.38	24.09	3.93	5.16	1.34	34.90
		F-JN4	0.02	0.39	12.02	2.51	0	0.05	14.99
		平均	0.01	0.39	18.05	3.22	2.58	0.69	24.94
	冬季	JM42	0	0.40	17.23	5.70	0	2.24	25.57
		Jch1	3.20	1.13	12.78	5.92	0	0	23.03
		Jch2	1.41	1.89	84.65	7.04	0	0	94.99
		平均	1.54	1.14	38.22	6.22	0	0.75	47.87
密度（个/m²）	春季	JM42	—	4	79	4	0	1	88
		Jch3	—	133	192	1 490	1	4	1 820
		Jch4	—	181	106	76	0	4	367
		Jch5	—	131	72	23	4	6	236
		F-JN4	—	133	184	1 489	1	4	1 811
		平均	—	116	127	616	1	4	864
	夏季	JM42	—	14	76	33	0	2	125

续表 29-8

数量	季节	断面	藻类	多毛类	软体动物	甲壳动物	棘皮动物	其他生物	合计
密度（个/m²）	秋季	JM42	—	12	21	38	3	10	84
		F-JN4	—	181	56	75	0	4	316
		平均	—	97	38	56	1	7	199
	冬季	JM42	—	14	412	53	0	4	483
		Jch1	—	19	36	144	0	0	199
		Jch2	—	37	665	37	0	0	739
		平均	—	23	371	78	0	1	473

数量垂直分布，1990—1992 年 JR44 岩石滩潮间带大型底栖生物数量垂直分布，生物量从高到低依次为低潮区（1 215.69 g/m²）、中潮区（759.03 g/m²）、高潮区（12.08 g/m²）；栖息密度从高到低依次为中潮区（2 120 个/m²）、低潮区（534 个/m²）、高潮区（105 个/m²）。生物量和栖息密度均以高潮区较小。

JS43 沙滩断面潮间带大型底栖生物数量垂直分布，生物量从高到低依次为低潮区（39.73 g/m²）、中潮区（9.40 g/m²）、高潮区（0.66 g/m²）；栖息密度从高到低依次为低潮区（45 个/m²）、中潮区（17 个/m²）、高潮区（2 个/m²）。生物量和栖息密度均以高潮区较小。

JM42 泥沙滩潮间带大型底栖生物数量垂直分布，生物量从高到低依次为中潮区（83.00 g/m²）、低潮区（82.24 g/m²）、高潮区（8.07 g/m²）；栖息密度从高到低依次为中潮区（442 个/m²）、低潮区（119 个/m²）、高潮区（26 个/m²）。生物量和栖息密度均以中潮区较大，高潮区较小（表 29-9）。

表 29-9 1990—1992 年江阴岛滨海湿地潮间带大型底栖生物数量组成与垂直分布

断面	数量	潮区	藻类	多毛类	软体动物	甲壳动物	棘皮动物	其他生物	合计
JM42	生物量（g/m²）	高潮区	0	0.10	2.80	3.53	0	1.64	8.07
		中潮区	0	0.59	75.51	5.94	0.47	0.49	83.00
		低潮区	0	0.59	68.17	8.77	3.40	1.31	82.24
		平均	0	0.42	48.83	6.08	1.29	1.14	57.76
	密度（个/m²）	高潮区	—	4	2	13	0	7	26
		中潮区	—	13	377	48	1	3	442
		低潮区	—	16	63	35	2	3	119
		平均	—	11	147	32	1	4	195
JS43	生物量（g/m²）	高潮区	0	0	0	0.66	0	0	0.66
		中潮区	0	1.51	0.72	5.71	0	1.46	9.40
		低潮区	0	2.24	19.09	3.60	2.23	12.57	39.73
		平均	0	1.25	6.60	3.32	0.74	4.68	16.59
	密度（个/m²）	高潮区	—	0	0	2	0	0	2
		中潮区	—	6	1	9	0	1	17
		低潮区	—	22	15	3	1	4	45
		平均	—	9	5	5	0	2	21

续表 29-9

断面	数量	潮区	藻类	多毛类	软体动物	甲壳动物	棘皮动物	其他生物	合计
JR44	生物量（g/m²）	高潮区	0	0	12.08	0	0	0	12.08
		中潮区	0.69	0	80.40	673.09	0	4.85	759.03
		低潮区	7.19	0.67	1 110.56	78.33	0	18.94	1 215.69
		平均	2.62	0.22	401.01	250.47	0	7.93	662.25
	密度（个/m²）	高潮区	—	0	105	0	0	0	105
		中潮区	—	0	328	1 789	0	3	2 120
		低潮区	—	88	384	58	0	4	534
		平均	—	29	272	615	0	2	918

2003年冬季，Jch1泥沙滩潮间带大型底栖生物数量垂直分布，生物量从高到低依次为低潮区（74.08 g/m²）、中潮区（62.22 g/m²）、高潮区（1.89 g/m²）；栖息密度从高到低依次为低潮区（492个/m²）、中潮区（104个/m²）、高潮区（1个/m²）。生物量和栖息密度均以高潮区较小。

Jch2泥沙滩潮间带大型底栖生物数量垂直分布，生物量从高到低依次为中潮区（488.88 g/m²）、低潮区（53.92 g/m²）、高潮区（27.14 g/m²）；栖息密度从高到低依次为中潮区（2 023个/m²）、低潮区（144个/m²）、高潮区（49个/m²）。生物量和栖息密度均以高潮区较小（表29-10）。

表29-10　2003年冬季江阴岛滨海湿地泥沙滩潮间带大型底栖生物数量组成与垂直分布

断面	数量	潮区	藻类	多毛类	软体动物	甲壳动物	棘皮动物	其他生物	合计
Jch1	生物量（g/m²）	高潮区	0	0	0	0.94	0	0.95	1.89
		中潮区	6.24	1.15	22.19	1.53	0	31.11	62.22
		低潮区	3.36	2.24	16.16	15.28	0	37.04	74.08
		平均	3.20	1.13	12.78	5.92	0	23.03	46.06
	密度（个/m²）	高潮区	—	0	0	0.4	0	0	0.4
		中潮区	—	0	72	32	0	0	104
		低潮区	—	56	36	400	0	0	492
		平均	—	19	36	144	0	0	199
Jch2	生物量（g/m²）	高潮区	0.02	0	13.52	0.03	0	13.57	27.14
		中潮区	0.09	2.03	232.04	10.28	0	244.44	488.88
		低潮区	4.12	3.64	8.40	10.80	0	26.96	53.92
		平均	1.41	1.89	84.65	7.04	0	94.99	189.98
	密度（个/m²）	高潮区	—	0	40	9	0	0	49
		中潮区	—	39	1 923	61	0	0	2 023
		低潮区	—	72	32	40	0	0	144
		平均	—	37	665	37	0	0	739

2004年春季，Jch3泥沙滩潮间带大型底栖生物数量垂直分布，生物量从高到低依次为中潮区（43.46 g/m²）、低潮区（36.00 g/m²）、高潮区（3.36 g/m²）；栖息密度同样从高到低依次为中潮区（4 617个/m²）、低潮区（796个/m²）、高潮区（48个/m²）。生物量和栖息密度均以中潮区较大高潮区较小。

Jch4 泥沙滩潮间带大型底栖生物数量垂直分布，生物量从高到低依次为中潮区（237.74 g/m²）、低潮区（5.40 g/m²）、高潮区（0.08 g/m²）；栖息密度同样从高到低依次为中潮区（744 个/m²）、低潮区（360 个/m²）、高潮区（1 个/m²）。生物量和栖息密度均以中潮区较大高潮区较小。

Jch5 泥沙滩潮间带大型底栖生物数量垂直分布，生物量从高到低依次为中潮区（107.45 g/m²）、低潮区（79.28 g/m²）、高潮区（7.76 g/m²）；栖息密度同样从高到低依次为中潮区（505 个/m²）、低潮区（156 个/m²）、高潮区（48 个/m²）。生物量和栖息密度均以中潮区较大高潮区较小（表 29-11）。

表 29-11　2004 年春季江阴岛滨海湿地泥沙滩潮间带大型底栖生物数量组成与垂直分布

断面	数量	潮区	藻类	多毛类	软体动物	甲壳动物	棘皮动物	其他生物	合计
Jch3	生物量（g/m²）	高潮区	0	0	3.36	0	0	0	3.36
		中潮区	2.71	1.39	19.40	19.53	0	0.43	43.46
		低潮区	0	5.96	9.56	0.76	19.28	0.44	36.00
		平均	0.90	2.45	10.77	6.76	6.43	0.29	27.60
	密度（个/m²）	高潮区	—	0	48	0	0	0	48
		中潮区	—	139	75	4 399	0	4	4 617
		低潮区	—	260	452	72	4	8	796
		平均	—	133	192	1 490	1	4	1 820
Jch4	生物量（g/m²）	高潮区	0.08	0	0	0	0	0	0.08
		中潮区	134.03	6.16	92.67	3.99	0	0.89	237.74
		低潮区	0	3.44	0.20	1.60	0	0.16	5.40
		平均	44.70	3.20	30.96	1.86	0	0.35	81.07
	密度（个/m²）	高潮区	—	0	0	0	0	0	0
		中潮区	—	328	303	105	0	8	744
		低潮区	—	216	16	124	0	4	360
		平均	—	181	106	76	0	4	367
Jch5	生物量（g/m²）	高潮区	0	0	7.76	0	0	0	7.76
		中潮区	24.32	11.55	61.37	6.57	0	3.64	107.45
		低潮区	0.32	1.92	4.20	0.40	69.88	2.56	79.28
		平均	8.21	4.49	24.44	2.32	23.29	2.07	64.82
	密度（个/m²）	高潮区	—	0	48	0	0	0	48
		中潮区	—	301	153	40	0	11	505
		低潮区	—	92	16	28	12	8	156
		平均	—	131	72	23	4	6	236

2006 年秋季和 2007 年春季，F-JN4 泥沙滩潮间带大型底栖生物数量垂直分布，生物量从高到低依次为中潮区（32.66 g/m²）、低潮区（18.47 g/m²）、高潮区（11.92 g/m²）；栖息密度同样从高到低依次为中潮区（2 622 个/m²）、低潮区（509 个/m²）、高潮区（60 个/m²），生物量和栖息密度均以中潮区较大高潮区较小（表 29-12）。

表 29-12 2006 年秋季和 2007 年春季泥沙滩潮间带大型底栖生物数量组成与垂直分布

数量	潮区	藻类	多毛类	软体动物	甲壳动物	棘皮动物	其他生物	合计
生物量（g/m²）	高潮区	0	0	11.92	0	0	0	11.92
	中潮区	1.36	0.99	16.48	13.54	0	0.29	32.66
	低潮区	0.03	3.28	4.96	0.34	9.64	0.22	18.47
	平均	0.46	1.42	11.12	4.63	3.21	0.17	21.01
密度（个/m²）	高潮区	—	0	60	0	0	0	60
	中潮区	—	230	71	2 313	0	8	2 622
	低潮区	—	240	229	34	2	4	509
	平均	—	157	100	782	1	4	1 044

29.4.3 饵料生物

江阴岛滨海湿地潮间带大型底栖生物平均饵料水平分级为Ⅴ级；软体动物和甲壳动物较高，分别达Ⅴ级；藻类、多毛类、棘皮动物和其他生物较低，均为Ⅰ级。岩石滩和泥沙滩断面相对较高，分别达Ⅴ级；藻类、多毛类和棘皮动物较低，均为Ⅰ级。沙滩断面仅Ⅲ级，其中软体动物较高，为Ⅱ级；藻类、多毛类、甲壳动物、棘皮动物和其他生物较低，均为Ⅰ级（表 29-13）。

表 29-13 江阴岛滨海湿地潮间带大型底栖生物饵料水平分级

底质	藻类	多毛类	软体动物	甲壳动物	棘皮动物	其他生物	评价标准
岩石滩	Ⅰ	Ⅰ	Ⅴ	Ⅴ	Ⅰ	Ⅱ	Ⅴ
沙滩	Ⅰ	Ⅰ	Ⅱ	Ⅰ	Ⅰ	Ⅰ	Ⅲ
泥沙滩	Ⅰ	Ⅰ	Ⅳ	Ⅱ	Ⅰ	Ⅰ	Ⅴ
平均	Ⅰ	Ⅰ	Ⅴ	Ⅴ	Ⅰ	Ⅰ	Ⅴ

29.5 群落

29.5.1 群落类型

江阴岛滨海湿地潮间带大型底栖生物群落按底质分为：

（1）Jch1 泥沙滩群落。高潮区：粗糙滨螺带；中潮区：奇异稚齿虫—珠带拟蟹守螺—短拟沼螺—薄片蜾蠃蜚—淡水泥蟹带；低潮区：不倒翁虫—豆形胡桃蛤—薄片蜾蠃蜚—棘刺锚参带。

（2）Jch2 泥沙滩群落。高潮区：条浒苔带；中潮区：中蚓虫—凸壳肌蛤—渤海鸭嘴蛤—珠带拟蟹守螺—薄片蜾蠃蜚带；低潮区：梳鳃虫—豆形胡桃蛤—模糊新短眼蟹带。

（3）Jch3 泥沙滩群落。高潮区：粗糙滨螺—短滨螺带；中潮区：欧文虫—凸壳肌蛤—缢蛏—珠带拟蟹守螺—明秀大眼蟹带；低潮区：多鳃齿吻沙蚕—塞切尔泥钩虾—棘刺锚参带。

（4）JR44 岩石滩群落。高潮区：粗糙滨螺—短滨螺带。中潮区：黑荞麦蛤—白条地藤壶—日本笠藤壶带。低潮区：细毛石花菜—紧卷蛇螺—石花虫带。

29.5.2　群落结构

（1）Jch1 泥沙滩群落。该群落所处滩面长度约 680 m，底质类型高潮区岩石，中潮区和低潮区为沙泥。

高潮区：粗糙滨螺带。该潮区种类贫乏，仅代表种粗糙滨螺在本区出现，生物量和栖息密度较低，分别为 3.36 g/m^2 和 48 个/m^2。

中潮区：奇异稚齿虫—珠带拟蟹守螺—短拟沼螺—薄片蜾蠃蜚—淡水泥蟹带。该潮区主要种为奇异稚齿虫，在本区的中层的生物量和栖息密度分别为 0.76 g/m^2 和 96 个/m^2；下层的生物量和栖息密度分别为 0.48 g/m^2 和 64 个/m^2。优势种珠带拟蟹守螺主要分布在本区中、上层，上层生物量和栖息密度分别为 26.80 g/m^2 和 16 个/m^2。短拟沼螺，自本区上层至低潮区均有分布，在本区的生物量和栖息密度分别为 5.28 g/m^2 和 104 个/m^2。薄片蜾蠃蜚，自本区中层至低潮区均有分布，该种类个体小，生物量较低，栖息密度较高，在本区中层的生物量和栖息密度分别为 24.72 g/m^2 和 12 896 个/m^2；下层的生物量和栖息密度分别为 0.28 g/m^2 和 96 个/m^2。淡水泥蟹，主要分布在中、下层，在本区中层的生物量和栖息密度分别为 3.88 g/m^2 和 68 个/m^2；下层的生物量和栖息密度分别为 1.28 g/m^2 和 20 个/m^2。其他主要种和习见种有条浒苔、多鳃齿吻沙蚕、中蚓虫、异蚓虫、索沙蚕、白樱蛤、织纹螺、漩阿地螺（*Diniatys* sp.）、角突麦杆虫、秀丽长方蟹、弧边招潮、拉氏绿虾蛄（*Clorida latreillei*）和日本爱氏海葵等。

低潮区：不倒翁虫—豆形胡桃蛤—薄片蜾蠃蜚—棘刺锚参带。该潮区主要种为不倒翁虫，自中潮区可延伸分布至本区，数量以本区为大，生物量和栖息密度分别为 1.52 g/m^2 和 148 个/m^2。豆形胡桃蛤，仅在本区出现，生物量为 5.72 g/m^2，栖息密度为 348 个/m^2。薄片蜾蠃蜚，自中潮区分布到本潮区，在本区的生物量为 0.20 g/m^2，栖息密度为 36 个/m^2。棘刺锚参，仅在本区出现，生物量和栖息密分别为 19.28 g/m^2 和 4 个/m^2。其他主要种和习见种有多鳃齿吻沙蚕、异蚓虫、后指虫、尖锥虫、梳鳃虫、美女白樱蛤、理蛤、角突麦杆虫、强壮藻钩虾和齿腕拟盲蟹等（图 29-2）。

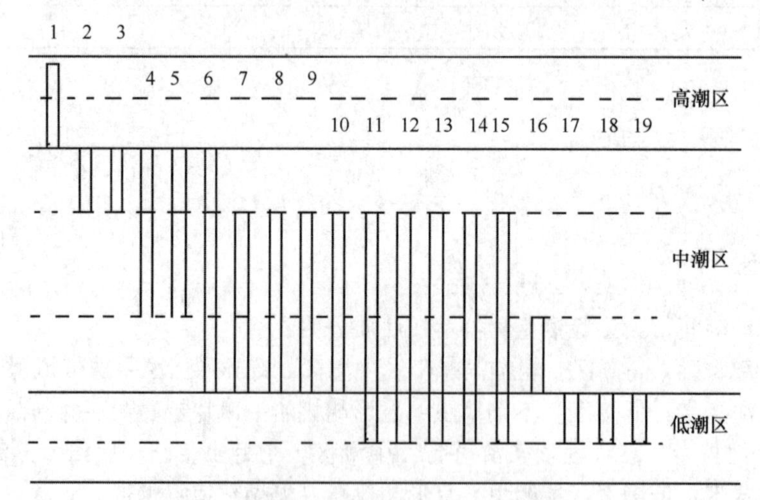

图 29-2　江阴岛 Jch1 泥沙滩群落主要种垂直分布

1. 粗糙滨螺；2. 漩阿地螺；3. 近轮螺；4. 珠带拟蟹守螺；5. 秀丽长方蟹；6. 短拟沼螺；7. 丝鳃稚齿虫；8. 中蚓虫；9. 白樱蛤；10. 淡水泥蟹；11. 多鳃齿吻沙蚕；12. 异蚓虫；13. 薄片蜾蠃蜚；14. 角突麦秆虫；15. 不倒翁虫；16. 日本爱氏海葵；17. 豆形胡桃蛤；18. 美女白樱蛤；19. 棘刺锚参

（2）Jch2 泥沙滩群落。该群落所处滩面长度约 2 500 m，底质类型较复杂，高潮区新建围堤；中潮区至低潮区为泥沙。

高潮区：条浒苔带。该潮区被石堤填埋，原生境的生物被掩埋在底下，新的生物尚未形成，只有少量的条浒苔出现在本区下层，且未采集到其他生物。

中潮区：中蚓虫—凸壳肌蛤—渤海鸭嘴蛤—珠带拟蟹守螺—薄片蜾蠃蜚带。该区主要种为中蚓虫，仅在本区出现，生物量和栖息密度以本区下层为大，最大可达 2.00 g/m² 和 152 个/m²；本区中层分别为 0.32 g/m² 和 36 个/m²。凸壳肌蛤仅在本区中层出现，生物量和栖息密度分别达 91.84 g/m² 和 104 个/m²。优势种渤海鸭嘴蛤，出现在本区中、下层，数量以下层为大，生物量和栖息密度分别达 95.56 g/m² 和 464 个/m²。珠带拟蟹守螺，分布较广，自本区上层延伸分布至下层，数量以中、下层为大，在本区下层的生物量和栖息密度分别为 17.36 g/m² 和 32 个/m²；中层分别为 24.00 g/m² 和 32 个/m²。薄片蜾蠃蜚，自本区上层延伸分布到低潮区，在本区上、中层的生物量分别为 0.24 g/m² 和 0.36 g/m²；栖息密度分别为 116 个/m² 和 144 个/m²。其他主要种和习见种有条浒苔、寡节甘吻沙蚕、多鳃齿吻沙蚕、索沙蚕、尖锥虫、异蚓虫、米列虫、彩虹明樱蛤、角蛤、小翼拟蟹守螺、短拟沼螺、秀丽织纹螺、泥螺、库页球舌螺、淡水泥蟹、长足长方蟹、秀丽长方蟹和下齿细螯寄居蟹等。

低潮区：梳鳃虫—豆形胡桃蛤—模糊新短眼蟹带。该区代表种为梳鳃虫，仅在本区出现，生物量和栖息密度不高，分别仅为 0.40 g/m² 和 56 个/m²。豆形胡桃蛤，分布较广，自中潮区可分布至低潮区，在本区的生物量和栖息密度分别为 0.12 g/m² 和 12 个/m²。模糊新短眼蟹，仅在本区出现，生物量和栖息密度分别为 0.32 g/m² 和 16 个/m²。其他主要种和习见种有长吻吻沙蚕、丝鳃稚齿虫、独毛虫、不倒翁虫、树蛰虫、寡节甘吻沙蚕、多鳃齿吻沙蚕、尖锥虫、圆筒原盒螺、细长涟虫、塞切尔泥钩虾、薄片蜾蠃蜚、颗粒六足蟹等（图 29-3）。

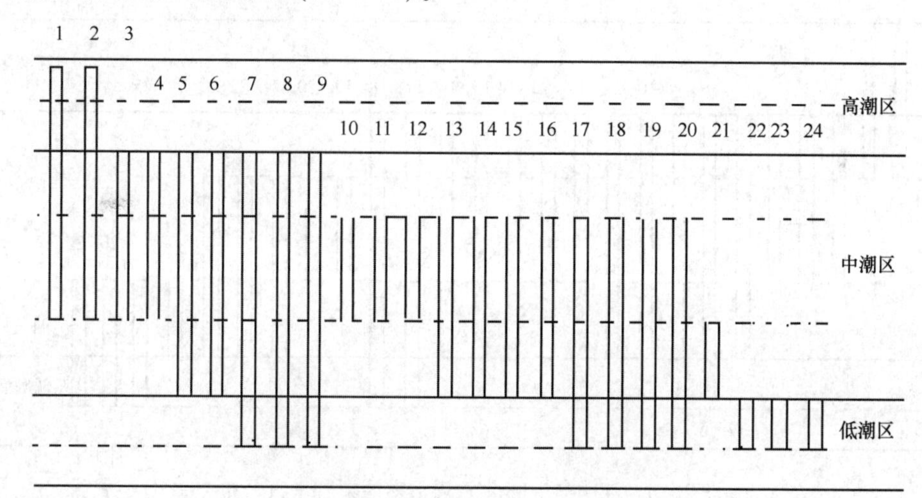

图 29-3　江阴岛 Jch2 泥沙滩群落主要种垂直分布

1. 肠浒苔；2. 条浒苔；3. 小翼拟蟹守螺；4. 秀丽长方蟹；5. 珠带拟蟹守螺；6. 中蚓虫；7. 多鳃齿吻沙蚕；8. 索沙蚕；9. 薄片蜾蠃蜚；10. 彩虹明樱蛤；11. 秀丽织纹螺；12. 泥螺；13. 渤海鸭嘴蛤；14. 短拟沼螺；15. 织纹螺；16. 日本爱氏海葵；17. 尖锥虫；18. 异蚓虫；19. 豆形胡桃蛤；20. 寡节甘吻沙蚕；21. 凸壳肌蛤；22. 梳鳃虫；23. 塞切尔泥钩虾；24. 模糊新短眼蟹

（3）Jch3 泥沙滩群落。该群落所处滩面长度约 850 m，底质类型较复杂，高潮区石堤；中潮区至低潮区为泥沙、软泥。

高潮区：粗糙滨螺—短滨螺带。该潮区代表种粗糙滨螺和短滨螺的生物量分别为 4.80 g/m² 和 2.96 g/m²；栖息密度分别为 40 个/m² 和 8 个/m²。

中潮区：欧文虫—凸壳肌蛤—缢蛏—珠带拟蟹守螺—明秀大眼蟹带。该区主要种为欧文虫，仅在本区出现，生物量和栖息密度以本区下层为大，最大可达 8.80 g/m² 和 112 个/m²；本区中层为 2.32 g/m² 和 20 个/m²；上层分别为 1.76 g/m² 和 24 个/m²。凸壳肌蛤仅在本区中、下层出现，中层生物量和栖息密度分别为 33.44 g/m² 和 84 个/m²；下层分别为 44.12 g/m² 和 64 个/m²。重要经济种为缢蛏，出现在本区上层，生物量和栖息密度分别为 14.32 g/m² 和 88 个/m²。珠带拟蟹守螺，分布较广，自本区上层延伸分布至低潮区上层，数量以中潮区下层为大，生物量和栖息密度分别为 43.60 g/m² 和 72 个/m²；上层分别为 7.36 g/m² 和 16 个/m²。明秀大眼蟹，仅在本区出现，在本区上、中和下层的生物量分别为 4.00 g/m²、6.16 g/m² 和 3.44 g/m²；栖息密度分别为 12 个/m²、24 个/m² 和 16 个/m²。其他主要种和习见种有条浒苔、肠浒苔、多鳃齿吻沙蚕、寡鳃齿吻沙蚕、尖锥虫、尖叶长手沙蚕（*Magelona cincta*）、中蚓虫、异蚓虫、索沙蚕、等栉虫、米列虫、光缨虫（*Sabellastarte* sp.）、泥蚶、彩虹明樱蛤、镜蛤、短拟沼螺、秀丽织纹螺、织纹螺、泥螺、强壮藻钩虾、近缘新对虾（*Metapenaeus affinis*）、淡水泥蟹、秀丽长方蟹和曲道喜石海葵（*Phellia gausapata*）等。

低潮区：多鳃齿吻沙蚕—塞切尔泥钩虾—棘刺锚参带。该区主要种为多鳃齿吻沙蚕，自中潮区延伸分布至低潮区，在本区的生物量和栖息密度不高，分别仅为 0.08 g/m² 和 12 个/m²。塞切尔泥钩虾，仅在本区出现，生物量和栖息密度分别为 0.12 g/m² 和 20 个/m²。棘刺锚参，仅在本区出现，个体大，栖息密度低，生物量和栖息密度分别为 69.88 g/m² 和 12 个/m²。其他主要种和习见种有狭细蛇潜虫、吻沙蚕、双鳃内卷齿蚕、锥头虫（*Orbina* sp.）、梳鳃虫、中蚓虫、索沙蚕、白樱蛤、薄片蜾蠃蜚、模糊新短眼蟹和纵条肌海葵等（图 29-4）。

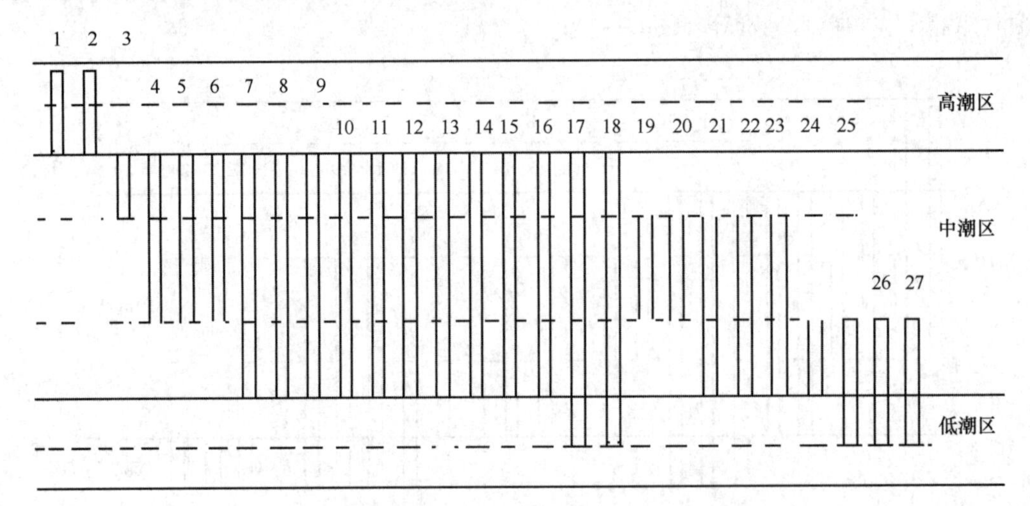

图 29-4　江阴岛 Jch3 泥沙滩群落主要种垂直分布

1. 粗糙滨螺；2. 短滨螺；3. 缢蛏；4. 镜蛤；5. 泥螺；6. 米列虫；7. 曲道喜石海葵；8. 尖锥虫；9. 异蚓虫；10. 欧文虫；11. 彩虹明樱蛤；12. 秀丽织纹螺；13. 织纹螺；14. 明秀大眼蟹；15. 条浒苔；16. 珠带拟蟹守螺；17. 多鳃齿吻沙蚕；18. 中蚓虫；19. 索沙蚕；20. 肠浒苔；21. 强壮藻钩虾；22. 等栉虫；23. 凸壳肌蛤；24. 短拟沼螺；25. 淡水泥蟹；26. 塞切尔泥钩虾；27. 棘刺锚参

（4）JR44 岩石滩群落。该群落所处滩面长度约 230 m，底质类型高潮区至低潮区为花岗岩。

高潮区：粗糙滨螺—短滨螺带。该潮区代表种粗糙滨螺和短滨螺的春季生物量分别为 14.24 g/m² 和 12.56 g/m²；栖息密度分别为 112 个/m² 和 104 个/m²；秋季生物量分别为 2.00 g/m² 和 5.92 g/m²；栖息密度分别为 24 个/m² 和 80 个/m²；冬季生物量分别为 5.44 g/m² 和 12.32 g/m²；栖息密度分别为 80 个/m² 和 136 个/m²。其他习见种有粒结节滨螺、塔结节滨螺和海蟑螂等。

中潮区：黑荞麦蛤—白条地藤壶—日本笠藤壶带。该区主要种为黑荞麦蛤，仅在本区上中层出现，春季生物量和栖息密度分别 5.70 g/m² 和 1 900 个/m²；秋季分别为 3.2 g/m² 和 72 个/m²；冬季分别为 8.8 g/m² 和 272 个/m²。主要种白条地藤壶仅在本区上中层出现，春季上层生物量和栖息密度分别为 11.8 g/m² 和 1 728 个/m²，中层分别为 69.00 g/m² 和 4 600 个/m²；夏季较低，上层生物量和栖息密度分别为 4.08 g/m² 和 72 个/m²；秋季也较低，上层生物量和栖息密度分别为 1.44 g/m² 和 40 个/m²；冬季上层生物量和栖息密度分别为 8.64 g/m² 和 416 个/m²，中层分别为 13.04 g/m² 和 144 个/m²。优势种日本笠藤壶，仅在中潮区出现，春季最大生物量和栖息密度分别达 1 100.00 g/m² 和 1 050 个/m²，夏季分别为 1 825.60 g/m² 和 480 个/m²，秋季分别为 796.16 g/m² 和 200 个/m²，冬季分别为 964.00 g/m² 和 304 个/m²。其他主要种和习见种有青蚶、白脊藤壶、僧帽牡蛎、棘刺牡蛎、中华盾戚、史氏背尖贝、单齿螺、粒花冠小月螺、齿纹蜒螺、石莼、日本花棘石鳖、小石花菜、黄海葵、疣荔枝螺和光辉圆扇蟹等。

低潮区：细毛石花菜—紧卷蛇螺—石花虫带。该区主要种为细毛石花菜，自中潮区延伸分布至低潮区，在本区的生物量春季为 3.20 g/m²；夏季为 5.20 g/m²；秋季 12.00 g/m²。优势种紧卷蛇螺，仅在本区出现，春季上层生物量和栖息密度分别为 896.40 g/m² 和 1 200 个/m²，下层分别为 1 904.00 g/m² 和 360 个/m²；夏季上层生物量和栖息密度分别为 676.80 g/m² 和 208 个/m²，下层分别为 836.00 g/m² 和 232 个/m²；秋季上层生物量和栖息密度分别为 892.80 g/m² 和 184 个/m²，下层分别为 1 204.00 g/m² 和 288 个/m²；冬季上层生物量和栖息密度分别为 708.00 g/m² 和 144 个/m²，下层分别为 1 460.00 g/m² 和 312 个/m²。石花虫，仅在本区出现，夏季生物量和栖息密度分别为 7.52 g/m² 和 232 个/m²。其他主要种和习见种有脉红螺、红条毛肤石鳖、甘桔荔枝海绵、褶瘤海鞘、盘管虫和五角瓜参等（图 29-5）。

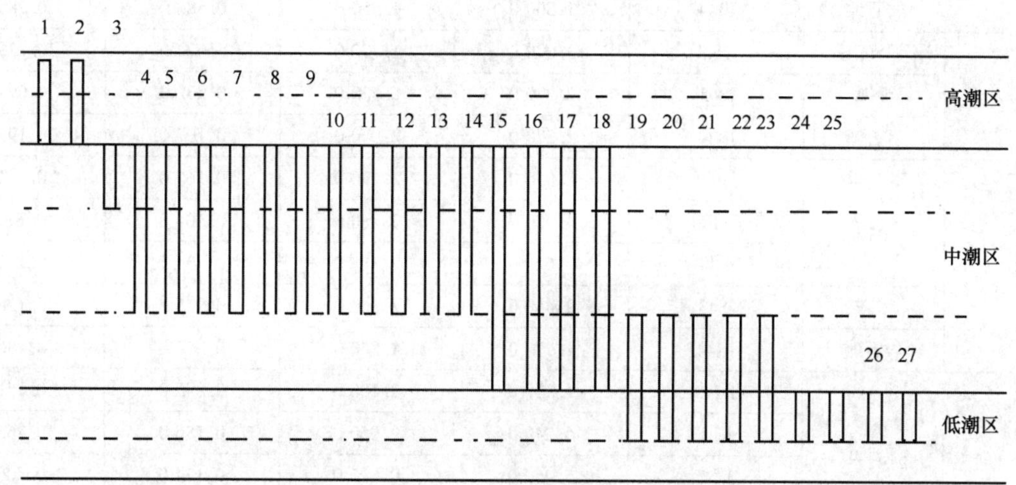

图 29-5　JR44 岩石滩群落主要种垂直分布

1. 粗糙滨螺；2. 短滨螺；3. 白条地藤壶；4. 青蚶；5. 黑荞麦蛤；6. 白脊藤壶；7. 僧帽牡蛎；8. 棘刺牡蛎；9. 中华盾戚；10. 史氏背尖贝；11. 单齿螺；12. 粒花冠小月螺；13. 齿纹蜒螺；14. 日本笠藤壶；15. 石莼；16. 日本花棘石鳖；17. 小石花菜；18. 疣荔枝螺；19. 甲虫螺；20. 细毛石花菜；21. 紧卷蛇螺；22. 脉红螺；23. 红条毛肤石鳖；24. 石花虫；25. 甘桔荔枝海绵；26. 褶瘤海鞘；27. 盘管虫

29.5.3　群落生态特征值

根据 Shannon-Wiener 种类多样性指数（H'）、Pielous 种类均匀度指数（J）、Margalef 种类丰富度指数（d）和 Simpson 优势度（D）显示，江阴岛滨海湿地岩石滩潮间带大型底栖生物群落丰富度指数（d），冬季较大（2.460 0），春季较小（1.300 0）；多样性指数（H'），冬季较大（2.300 0），春季较小（1.550 0）；均匀度指数（*J*），冬季较大（0.925 0），春季较小（0.586 0）；Simpson 优势度（*D*），春季较大（0.288 0），冬季较小（0.120 0）。

沙滩潮间带大型底栖生物群落丰富度指数（*d*），春季较大（2.980 0），秋季较小（2.460 0）；多样性指数（*H'*），夏季较大（2.520 0），春季较小（2.020 0）；均匀度指数（*J*），夏季较大（0.932 0），春季较小（0.714 0）；Simpson 优势度（*D*），春季较大（0.258 0），夏季较小（0.094 4）。

泥沙滩潮间带大型底栖生物群落丰富度指数（*d*），春季较大（7.014 0），夏季较小（3.090 0）；多样性指数（*H'*），秋季较大（2.385 0），冬季较小（1.592 3）；均匀度指数（*J*），秋季较大（0.734 5），春季较小（0.486 0）；Simpson 优势度（*D*），春季较大（0.411 6），秋季较小（0.141 0）（表 29-14）。

表 29-14　江阴岛滨海湿地潮间带大型底栖生物群落生态特征值

季节	群落	断面	*d*	*H'*	*J*	*D*
春季	泥沙滩	JM42	2.290 0	1.430 0	0.516 0	0.345 0
		Jch3	6.510 0	0.700 0	0.176 0	0.787 0
		Jch4	9.760 0	3.040 0	0.738 0	0.084 9
		Jch5	11.500 0	3.500 0	0.830 0	0.045 0
		F-JN4	5.010 0	0.663 0	0.170 0	0.796 0
		平均	7.014 0	1.866 6	0.486 0	0.411 6
	沙滩	JS43	2.980 0	2.020 0	0.714 0	0.258 0
	岩石滩	JR44	1.300 0	1.550 0	0.586 0	0.288 0
夏季	泥沙滩	JM42	3.090 0	1.770 0	0.574 0	0.276 0
	沙滩	JS43	2.970 0	2.520 0	0.932 0	0.094 4
	岩石滩	JR44	2.270 0	2.040 0	0.707 0	0.193 0
秋季	泥沙滩	JM42	2.950 0	2.290 0	0.765 0	0.142 0
		F-JN4	4.300 0	2.480 0	0.704 0	0.140 0
		平均	3.625 0	2.385 0	0.734 5	0.141 0
	沙滩	JS43	2.460 0	2.300 0	0.925 0	0.120 0
	岩石滩	JR44	1.770 0	1.980 0	0.752 0	0.186 0
冬季	泥沙滩	JM42	1.550 0	2.100 0	0.845 0	0.151 0
		Jch1	6.240 0	2.050 0	0.586 0	0.265 0
		Jch2	5.050 0	0.627 0	0.174 0	0.806 0
		平均	4.280 0	1.592 3	0.535 0	0.407 3
	沙滩	JS43	2.950 0	2.290 0	0.765 0	0.142 0
	岩石滩	JR44	2.460 0	2.300 0	0.925 0	0.120 0

29.5.4　群落稳定性

江阴岛滨海湿地 Jch4 和 Jch5 泥沙滩潮间带大型底栖生物群落相对稳定，其丰度生物量复合 *k*-优势度曲线不交叉、不重叠、也不翻转（图 29-7～图 29-8）。Jch3 泥沙滩群落丰度生物量复合 *k*-优势度和部分优势度曲线出现交叉、重叠和翻转，且群落丰度累积百分优势度高达 90%（图 29-6）。初步认为与优势种薄片蜾蠃蜚有关，该种类个体小，生物量较低，栖息密度高，在本区中层的生物量仅

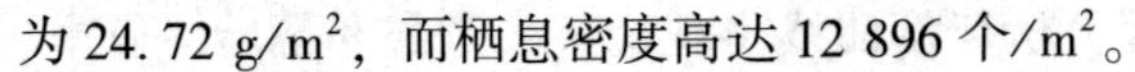
为 24.72 g/m²，而栖息密度高达 12 896 个/m²。

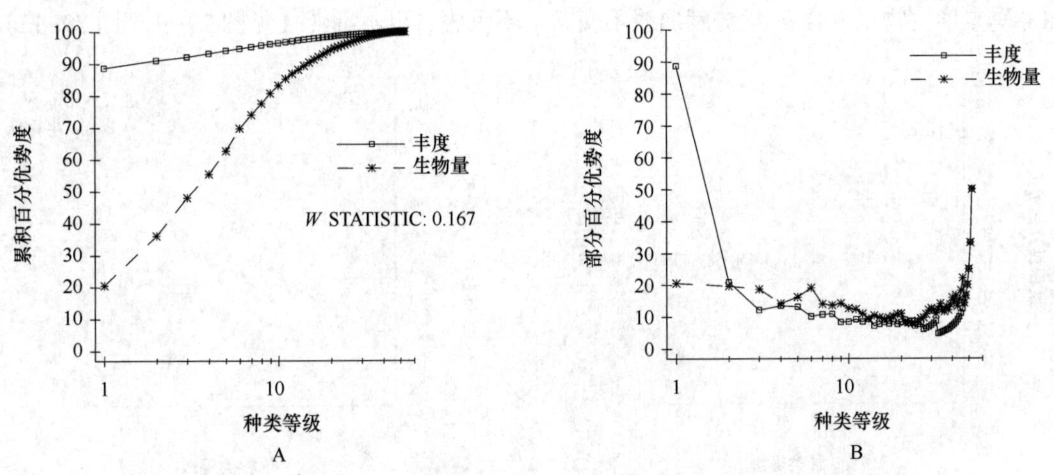

图 29-6　Jch3 泥沙滩群落丰度生物量复合 k-优势度（A）和部分优势度（B）曲线

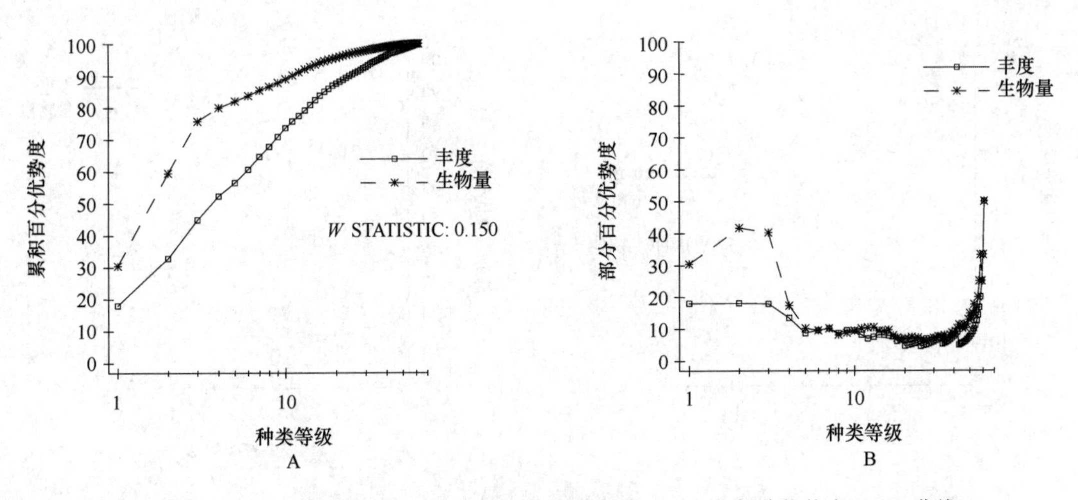

图 29-7　Jch4 泥沙滩群落丰度生物量复合 k-优势度（A）和部分优势度（B）曲线

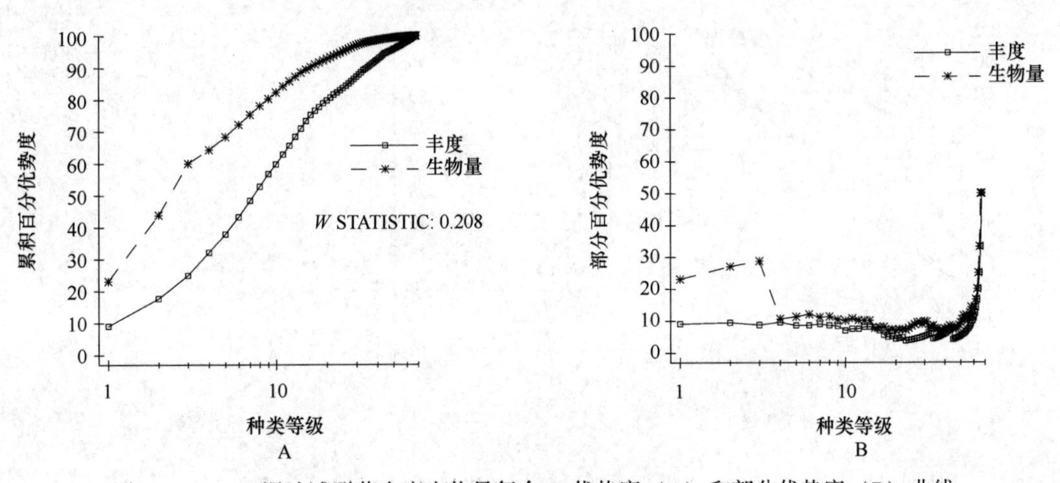

图 29-8　Jch5 泥沙滩群落丰度生物量复合 k-优势度（A）和部分优势度（B）曲线

沙滩群落，除春季丰度生物量复合 k-优势度和部分优势度曲线出现交叉、重叠和翻转，夏季、秋季和冬季丰度生物量复合 k-优势度曲线不交叉、不重叠、也不翻转（见图 29-9 至图 29-12）。

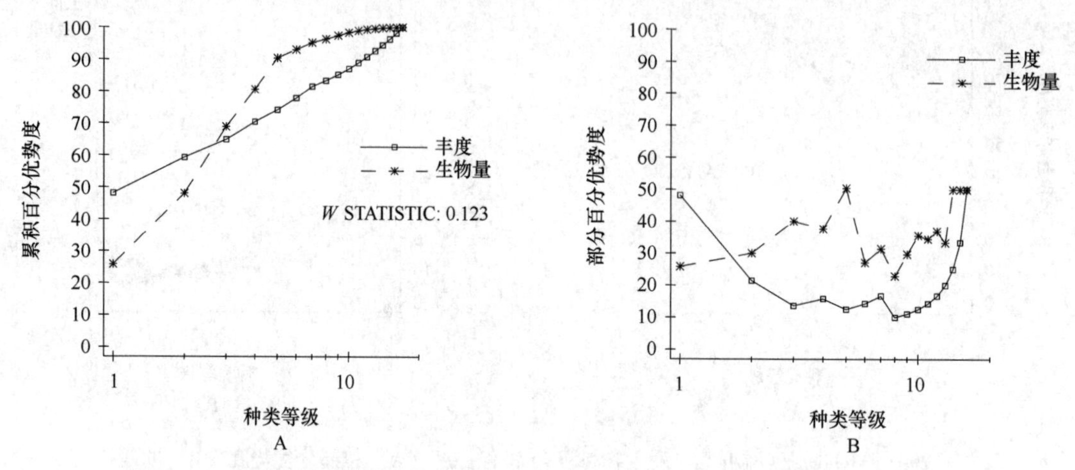

图 29-9　春季沙滩群落丰度生物量复合 k-优势度（A）和部分优势度（B）曲线

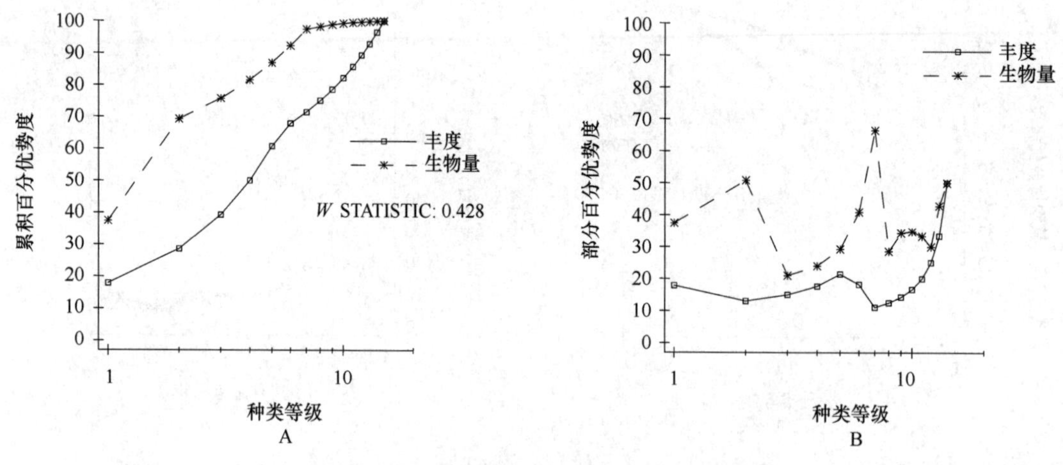

图 29-10　夏季沙滩群落丰度生物量复合 k-优势度（A）和部分优势度（B）曲线

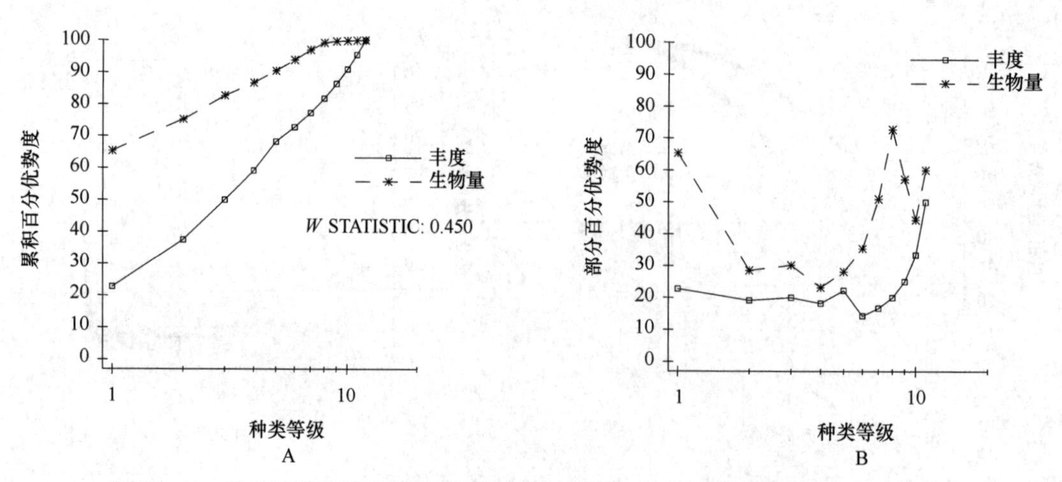

图 29-11　秋季沙滩群落丰度生物量复合 k-优势度（A）和部分优势度（B）曲线

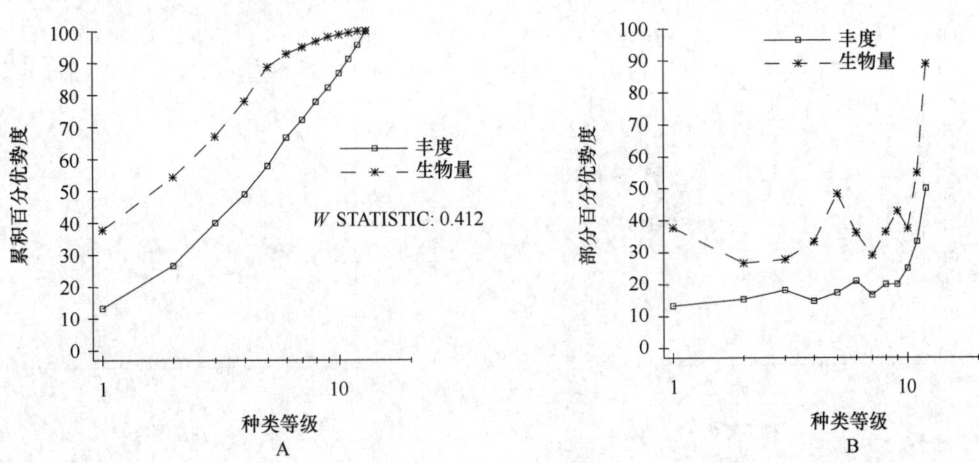

图 29-12　冬季沙滩群落丰度生物量复合 k-优势度（A）和部分优势度（B）曲线

岩石滩群落，除春季丰度生物量复合 k-优势度和部分优势度曲线出现交叉和重叠，夏季、秋季和冬季丰度生物量复合 k-优势度曲线不交叉、不重叠、也不翻转（图 29-13 至图 29-16）。

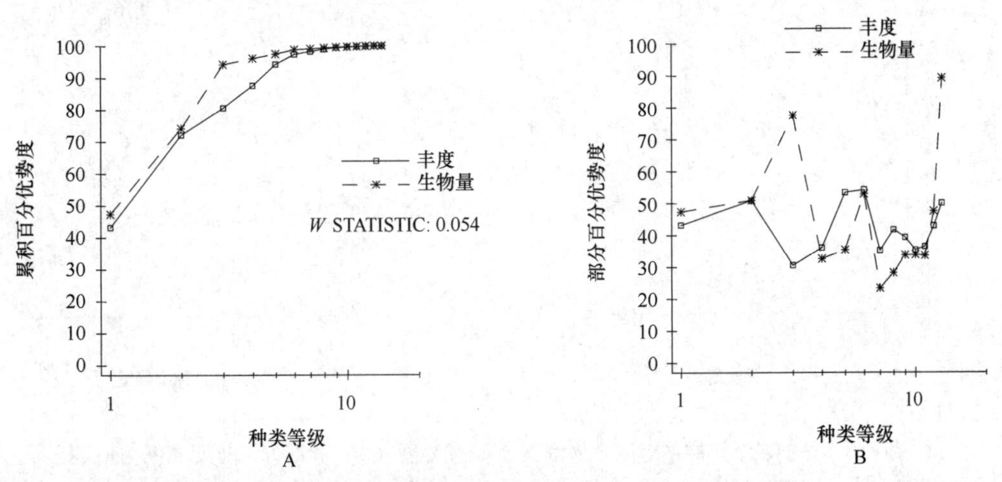

图 29-13　春季岩石滩群落丰度生物量复合 k-优势度（A）和部分优势度（B）曲线

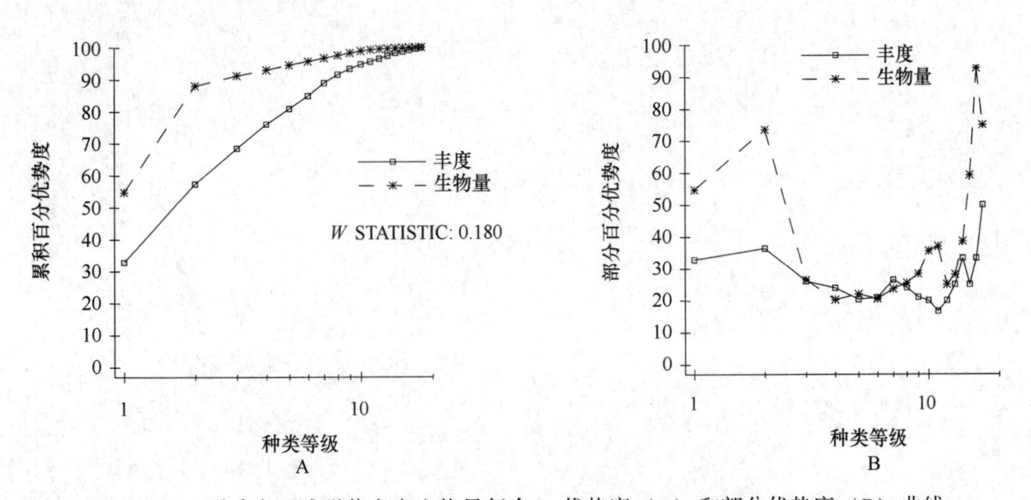

图 29-14　夏季岩石滩群落丰度生物量复合 k-优势度（A）和部分优势度（B）曲线

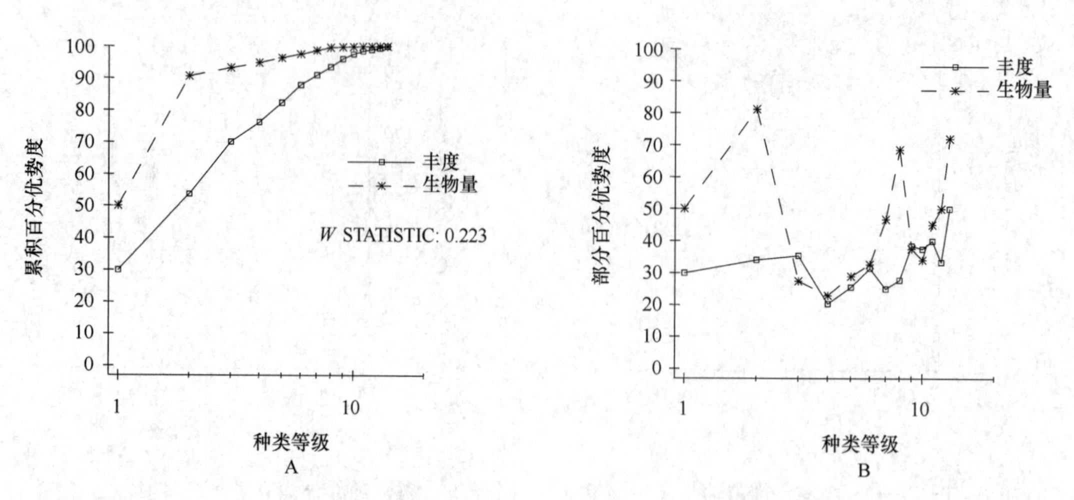

图 29-15 秋季岩石滩群落丰度生物量复合 k-优势度（A）和部分优势度（B）曲线

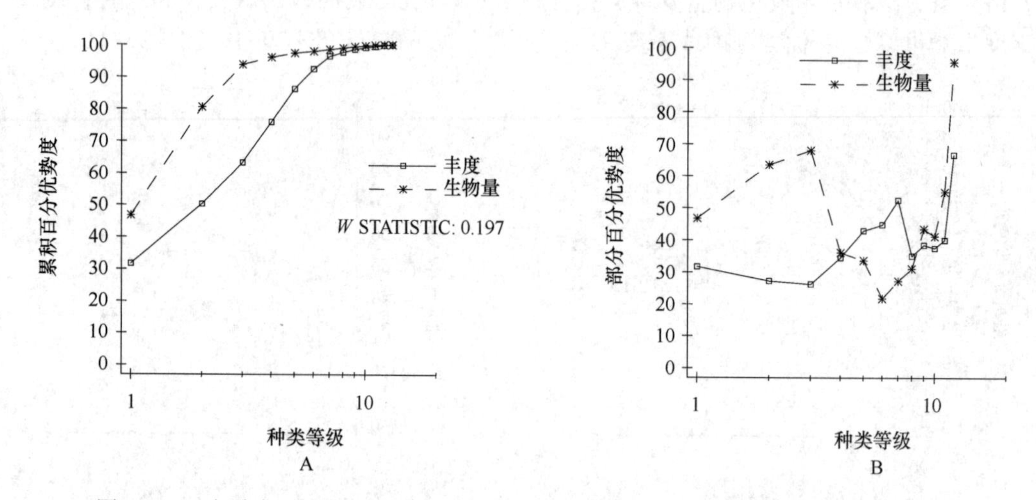

图 29-16 冬季岩石滩群落丰度生物量复合 k-优势度（A）和部分优势度（B）曲线

第30章　南日岛滨海湿地

30.1　自然环境特征

南日岛滨海湿地分布于南日岛，南日岛土地总面积49.36 km^2，其中滩涂4.28 km^2，陆地45.08 km^2，岸线长66.43 km，西距大陆最近点10.006 2 km，东西长14.0 km，南北最狭处3.0 km，海拔116.3 m，属莆田管辖。

该岛潮间带沉积物主要为细砂—粗砂之间的粒径类型。邻近海域沉积物类型有砾质砂、粉砂—砾质砂、粗砂、中砂、细中砂、中细砂、细砂、粉砂质砂，砂—粉砂—黏土和黏土质粉砂。黏土质粉砂是南日岛滨海湿地海域分布最广的沉积物类型，主要分布于岛屿东部、东南部海域，与台湾海峡西部的黏土质粉砂连成一片。同时在岛屿西部至石城的水道上也有较大面积的分布。

该岛属南亚热带海洋性季风气候。6—8月盛行偏南风，其余各月盛行偏北风。本岛年均气温10.7℃，最热月（8月）均气温27.8℃，最冷月（2月）均气温11.2℃，气温年较差16.6℃，极端最高气温34.3℃，极端最低气温1.3℃，冬无严寒，夏无酷暑。年均降水量1 019.2 mm，四季降水分配不均，3—6月降水量608.9 mm，占年降水总量的59.7%，7—9月降水量237 mm，占年降水总量的23.3%，10月至翌年2月降水量172 mm，占年降水总量的17%。年均风速9.1 m/s，是各岛中最大的。11月风速最大，月均风速达13.3 m/s。定时最大风速40 m/s。主要灾害性天气有台风、大风和暴雨等。年均大风日（≥8级）56.3 d，最多年份75 d。年均暴雨日（日降水量≥50 mm）3 d，最多年份有5 d。年均雾日23.8个，最多年份28个。

海水表层平均温度1月最低（14.84℃），8月最高（26.60℃）。底层水温变化在12.86~26.49℃。海水表层平均盐度秋季最低（29.84），依次为冬季（29.85），春季（30.93），夏季最高（33.62）。底层盐度也是秋季最低，夏季最高，盐度变化在29.84~33.69之间。海水透明度冬季最小（0.5~1.4 m），春季较大（1.6~2.6 m），水色号冬季为14~20号，秋季为8~14号。

潮汐类型为正规半日潮。最大潮差6.30 m，平均涨潮历时6 h 0 min，平均落潮历时6 h 18 min。

30.2　断面与站位布设

1990—1991年，对南日岛滨海湿地岩石滩（NR51）、沙滩（NS52）、泥沙滩（NS53）和泥滩（NM54）4条断面进行了潮间带大型底栖生物取样调查。2007年夏季，对南日岛滨海湿地岩石滩（Nch1）和英石村沙滩（Nch2）2条断面进行了潮间带大型底栖生物取样（表30-1，图30-1）。

表 30-1　南日岛滨海湿地潮间带大型底栖生物调查断面

序号	时间	断面	经度（E）	纬度（N）	底质
1	1990—1991 年	NR51	119°26′18.00″	25°13′54.00″	岩石滩
2		NS52	119°26′24.00″	25°13′12.00″	沙滩
3		NS53	119°30′12.89″	25°10′47.56″	泥沙滩
4		NM54	119°31′54.00″	25°12′24.00″	泥滩
5	2007 年 8 月	Nch1	119°29′39.54″	25°13′15.42″	岩石滩
6		Nch2	119°29′38.76″	25°13′46.74″	沙滩

图 30-1　南日岛滨海湿地潮间带大型底栖生物调查断面

30.3　物种多样性

30.3.1　种类组成与分布

南日岛滨海湿地潮间带大型底栖生物共有 453 种，其中藻类 22 种，多毛类 86 种，软体动物 184 种，甲壳动物 103 种，棘皮动物 18 种和其他生物 40 种。多毛类、软体动物和甲壳动物占总种数的 82.33%，三者构成潮间带大型底栖生物主要类群。不同底质类型比较，种数以泥滩（193 种）大于岩石滩（189 种）大于沙滩（106 种）大于泥沙滩（94 种）。

南日岛滨海湿地岩石滩潮间带大型底栖生物 189 种，其中藻类 20 种，多毛类 23 种，软体动物 92 种，甲壳动物 37 种，棘皮动物 8 种和其他生物 9 种。多毛类、软体动物和甲壳动物占总种数的 80.42%，三者构成岩石滩潮间带大型底栖生物主要类群。

沙滩潮间带大型底栖生物 106 种，其中多毛类 35 种，软体动物 39 种，甲壳动物 18 种，棘皮动物 7 种和其他生物 7 种。多毛类、软体动物和甲壳动物占总种数的 86.79%，三者构成沙滩潮间带大型底栖生物主要类群。

泥沙滩潮间带大型底栖生物 94 种，其中多毛类 12 种，软体动物 32 种，甲壳动物 27 种，棘皮动物 8 种和其他生物 15 种。软体动物、甲壳动物和其他生物占总种数的 78.72%，三者构成泥沙滩潮间带大型底栖生物主要类群。

泥滩潮间带大型底栖生物 193 种，其中藻类 4 种，多毛类 33 种，软体动物 76 种，甲壳动物 49 种，棘皮动物 3 种和其他生物 28 种。多毛类、软体动物和甲壳动物占总种数的 81.86%，三者构成泥滩潮间带大型底栖生物主要类群。

不同底质类型潮间带大型底栖生物种类组成与分布见表 30-2。

表 30-2　南日岛滨海湿地潮间带大型底栖生物种类组成与分布　　单位：种

底质	断面	季节	藻类	多毛类	软体动物	甲壳动物	棘皮动物	其他生物	合计
岩石滩	NR51	春季	4	3	21	8	2	1	39
		夏季	12	20	63	26	6	8	135
	Nch1		1	20	34	11	5	3	74
	NR51	秋季	9	0	29	8	0	2	48
		冬季	11	0	23	8	0	0	42
	合计		20	23	92	37	8	9	189
沙滩	NS52	春季	0	0	3	2	0	1	6
		夏季	0	35	23	17	2	2	79
	Nch2		0	31	18	15	2	2	68
	NS52	秋季	0	0	14	2	3	2	21
		冬季	0	2	2	0	2	2	8
	合计		0	35	39	18	7	7	106
泥沙滩	NS53	春季	0	3	9	9	3	4	28
		夏季	0	8	12	12	4	9	45
		秋季	0	3	10	5	2	5	25
		冬季	0	2	6	4	0	3	15
		合计	0	12	32	27	8	15	94
泥滩	NM54	春季	1	14	33	21	0	10	79
		夏季	3	13	30	16	0	12	74
		秋季	0	8	23	14	3	11	59
		冬季	0	8	16	14	0	6	44
		合计	4	33	76	49	3	28	193
总计			22	86	184	103	18	40	453

30.3.2　优势种和主要种

根据数量和出现率，南日岛滨海湿地潮间带大型底栖生物优势种和主要种有石花菜、小珊瑚藻、三角黑顶藻（*Sphacelaria tribuloides*）、马尾藻（*Sargassum* sp.）、丛簇羽藻（*Bryopsis caespitosa*）、纵条肌海葵、多齿围沙蚕、多鳃齿吻沙蚕、含糊拟刺虫（*Linopherus ambigua*）、矶沙蚕（*Eunice* sp.）、心旋鳃虫（*Spirobranchus semperi*）、裸体方格星虫、日本花棘石鳖、毛贻贝（*Trichomya hirsuta*）、凸壳肌蛤、黑荞麦蛤、中国不等蛤、僧帽牡蛎、棘刺牡蛎、敦氏猿头蛤、刀明樱蛤、拟衣角蛤、嫁䗩、奥莱彩螺（*Clithon oualaniensis*）、托氏昌螺（*Umbonium thomasi*）、覆瓦小蛇螺、紧卷蛇螺、珠带拟蟹守螺、纵带滩栖螺、渔舟蜒螺、齿纹蜒螺、疣荔枝螺、甲虫螺、秀丽织纹螺、中国鲎、白条地藤壶、鳞笠藤壶、高峰星藤壶、白脊藤壶、长腕和尚蟹、屠氏招潮〔*Uca*（*Deltuca*）*dussumieri*〕、长指近方蟹（*Hemigrapsus longitarsis*）、虾蛄（*Oratosquilla oratoria*）、黑斑绿虾蛄（*O. kempi*）和刘五店沙鸡子（*Phyllophorus liuwutiensis*）等。

30.4 数量时空分布

30.4.1 数量组成与季节变化

南日岛滨海湿地岩石滩、沙滩、泥沙滩和泥滩潮间带大型底栖生物平均生物量为142.67 g/m²，平均栖息密度为254个/m²。生物量以软体动物居第一位（89.57 g/m²），甲壳动物居第二位（42.35 g/m²）；栖息密度以甲壳动物居第一位（143个/m²），软体动物居第二位（96个/m²）。不同底质类型比较，生物量从高到低依次为岩石滩（461.85 g/m²）、泥滩（63.32 g/m²）、泥沙滩（42.82 g/m²）、沙滩（2.70 g/m²）；栖息密度从高到低依次为岩石滩（839个/m²）、泥滩（97个/m²）、沙滩（45个/m²）、泥沙滩（37个/m²）。各类群数量组成与分布见表30-3。

表30-3 南日岛滨海湿地潮间带大型底栖生物数量组成与分布

数量	底质	藻类	多毛类	软体动物	甲壳动物	棘皮动物	其他生物	合计
生物量(g/m²)	岩石滩	23.97	0.17	274.16	163.37	0.03	0.15	461.85
	沙滩	0	0.36	1.49	0.40	0.33	0.12	2.70
	泥沙滩	0	0.36	30.53	1.05	5.21	5.67	42.82
	泥滩	0	0.35	52.08	4.59	0	6.30	63.32
	平均	5.99	0.31	89.57	42.35	1.39	3.06	142.67
密度(个/m²)	岩石滩	—	11	265	561	1	1	839
	沙滩	—	22	19	3	1	0	45
	泥沙滩	—	5	25	2	4	2	38
	泥滩	—	10	75	7	0	5	97
	平均	—	12	96	143	1	2	254

南日岛滨海湿地岩石滩潮间带大型底栖生物四季平均生物量为461.85 g/m²，平均栖息密度为839个/m²。生物量以软体动物居第一位（274.16 g/m²），甲壳动物居第二位（163.37 g/m²）；栖息密度以甲壳动物居第一位（561个/m²），软体动物居第二位（265个/m²）。数量季节变化，生物量以夏季较大（505.71 g/m²），秋季较小（424.70 g/m²）；栖息密度同样以夏季较大（1 153个/m²），秋季较小（537个/m²）。各类群数量组成与季节变化见表30-4。

表 30-4　南日岛滨海湿地岩石滩潮间带大型底栖生物数量组成与季节变化

数量	季节	断面	藻类	多毛类	软体动物	甲壳动物	棘皮动物	其他生物	合计
生物量（g/m^2）	春季	NR51	13.13	0.02	315.23	102.05	0	0.53	430.96
	夏季	NR51	27.23	0	170.96	156.47	0	0	354.66
		Nch1	1.23	1.29	614.78	39.12	0.19	0.12	656.73
		平均	14.23	0.65	392.87	97.80	0.10	0.06	505.71
	秋季	NR51	9.77	0	273.63	141.30	0	0	424.70
	冬季	NR51	58.74	0	114.89	312.33	0	0	485.96
	平均		23.97	0.17	274.16	163.37	0.03	0.15	461.85
密度（个/m^2）	春季	NR51	—	1	324	440	0	1	766
	夏季	NR51	—	0	205	305	0	0	510
		Nch1	—	87	287	1 409	3	8	1 794
		平均	—	44	246	857	2	4	1 153
	秋季	NR51	—	0	252	285	0	0	537
	冬季	NR51	—	0	239	660	0	0	899
	平均		—	11	265	561	1	1	839

南日岛滨海湿地沙滩潮间带大型底栖生物四季平均生物量为 2.70 g/m^2，平均栖息密度为 45 个/m^2。生物量以软体动物居第一位（1.49 g/m^2），甲壳动物居第二位（0.40 g/m^2）；栖息密度以多毛类居第一位（22 个/m^2），软体动物居第二位（19 个/m^2）。数量季节变化，生物量以夏季较大（7.69 g/m^2），冬季较小（0.76 g/m^2）；栖息密度同样以夏季较大（155 个/m^2），冬季较小（5 个/m^2）。各类群数量组成与季节变化见表 30-5。

表 30-5　南日岛滨海湿地沙滩潮间带大型底栖生物数量组成与季节变化

数量	季节	断面	多毛类	软体动物	甲壳动物	棘皮动物	其他生物	合计
生物量（g/m^2）	春季	NS52	0.04	0.07	0.29	0.51	0	0.91
	夏季	NS52	0.02	0.55	0.22	0.10	0	0.89
		Nch2	2.61	9.09	2.27	0.14	0.36	14.47
		平均	1.32	4.82	1.25	0.12	0.18	7.69
	秋季	NS52	0	1.05	0.07	0	0.28	1.40
	冬季	NS52	0.07	0.02	0	0.67	0	0.76
	平均		0.36	1.49	0.40	0.33	0.12	2.70
密度（个/m^2）	春季	NS52	2	3	1	2	0	8
	夏季	NS52	2	4	14	1	0	21
		Nch2	161	118	7	0	0	286
		平均	82	61	11	1	0	155
	秋季	NS52	0	12	1	0	0	13
	冬季	NS52	3	1	0	1	0	5
	平均		22	19	3	1	0	45

南日岛滨海湿地泥沙滩潮间带大型底栖生物四季平均生物量为42.82 g/m²，平均栖息密度为38个/m²。生物量以软体动物居第一位（30.53 g/m²），其他生物居第二位（5.67 g/m²）；栖息密度以软体动物居第一位（25个/m²），多毛类居第二位（5个/m²）。数量季节变化，生物量以春季较大（65.50 g/m²），秋季较小（20.63 g/m²）；栖息密度以夏季较大（59个/m²），冬季较小（25个/m²）。各类群数量组成与季节变化见表30-6。

表30-6 南日岛滨海湿地泥沙滩潮间带大型底栖生物数量组成与季节变化

数量	季节	多毛类	软体动物	甲壳动物	棘皮动物	其他生物	合计
生物量（g/m²）	春季	0.01	32.80	1.55	16.63	14.51	65.50
	夏季	0.11	30.48	0.07	2.56	8.00	41.22
	秋季	0.14	17.90	0.95	1.63	0.01	20.63
	冬季	1.18	40.95	1.64	0	0.17	43.94
	平均	0.36	30.53	1.05	5.21	5.67	42.82
密度（个/m²）	春季	1	21	3	4	4	33
	夏季	4	44	2	5	4	59
	秋季	4	17	1	5	0	27
	冬季	9	16	0	0	0	25
	平均	5	25	2	4	2	38

南日岛滨海湿地泥滩潮间带大型底栖生物四季平均生物量为63.32 g/m²，平均栖息密度为97个/m²。生物量以软体动物居第一位（52.08 g/m²），其他生物居第二位（6.30 g/m²）；栖息密度以软体动物居第一位（75个/m²），多毛类居第二位（10个/m²）。数量季节变化，生物量以夏季较大（110.67 g/m²），冬季较小（21.45 g/m²）；栖息密度以夏季较大（164个/m²），春季较小（53个/m²）。各类群数量组成与季节变化见表30-7。

表30-7 南日岛滨海湿地泥滩潮间带大型底栖生物数量组成与季节变化

数量	季节	多毛类	软体动物	甲壳动物	棘皮动物	其他生物	合计
生物量（g/m²）	春季	0.54	24.54	8.17	0	10.65	43.90
	夏季	0.43	95.56	3.18	0	11.50	110.67
	秋季	0.16	67.40	6.71	0	3.00	77.27
	冬季	0.28	20.83	0.31	0	0.03	21.45
	平均	0.35	52.08	4.59	0	6.30	63.32
密度（个/m²）	春季	9	28	11	0	5	53
	夏季	18	137	5	0	4	164
	秋季	7	88	10	0	8	113
	冬季	6	46	2	0	1	55
	平均	10	75	7	0	5	97

30.4.2 数量分布

1990年5月至1991年2月，南日岛滨海湿地潮间带大型底栖生物数量垂直分布，生物量从高到低依次为中潮区（192.53 g/m²）、低潮区（192.22 g/m²）、高潮区（13.66 g/m²）；栖息密度从高到低依次为中潮区（404 个/m²）、低潮区（130 个/m²）、高潮区（83 个/m²），生物量和栖息密度均以高潮区最小。各断面数量垂直分布见表 30-8。

表 30-8　1990 年 5 月至 1991 年 2 月南日岛滨海湿地潮间带大型底栖生物数量垂直分布

断面	数量	潮区	藻类	多毛类	软体动物	甲壳动物	棘皮动物	其他生物	合计
NR51	生物量（g/m²）	高潮区	0	0	17.23	0	0	0	17.23
		中潮区	12.10	0.01	257.59	385.39	0	0	655.09
		低潮区	69.55	0	381.21	148.72	0	0.40	599.88
		平均	27.22	0	218.68	178.04	0	0.13	424.07
	密度（个/m²）	高潮区	—	0	226	0	0	0	226
		中潮区	—	1	304	1 143	0	0	1 448
		低潮区	—	0	236	125	0	1	362
		平均	—	0	255	423	0	0	678
NR52	生物量（g/m²）	高潮区	0	0	0	0.22	0	0	0.22
		中潮区	0	0.01	0.08	0.03	0.18	0.21	0.51
		低潮区	0	0.08	1.19	0.19	0.78	0	2.24
		平均	0	0.03	0.42	0.15	0.32	0.07	0.99
	密度（个/m²）	高潮区	—	0	0	1	0	0	1
		中潮区	—	1	3	1	1	0	6
		低潮区	—	4	12	10	3	0	29
		平均	—	2	5	4	1	0	12
NR53	生物量（g/m²）	高潮区	0	0	3.24	1.64	0	0	4.88
		中潮区	0	0.31	29.00	1.48	0	0.33	31.12
		低潮区	0	0.78	59.37	0.04	15.62	16.68	92.49
		平均	0	0.36	30.53	1.05	5.21	5.67	42.82
	密度（个/m²）	高潮区	—	0	6	3	0	0	9
		中潮区	—	3	29	2	0	2	36
		低潮区	—	11	38	1	11	5	66
		平均	—	5	24	2	4	2	37
NM54	生物量（g/m²）	高潮区	0	0.04	32.26	0	0	0.02	32.32
		中潮区	0.01	0.55	74.95	6.65	0	1.23	83.39
		低潮区	0	0.47	49.05	7.13	0	17.63	74.28
		平均	0	0.35	52.08	4.59	0	6.29	63.31
	密度（个/m²）	高潮区	—	1	95	0	0	1	97
		中潮区	—	12	95	13	0	6	126
		低潮区	—	17	34	8	0	7	66
		平均	—	10	75	7	0	4	96

续表 30-8

断面	数量	潮区	藻类	多毛类	软体动物	甲壳动物	棘皮动物	其他生物	合计
南日岛	生物量 (g/m²)	高潮区	0	0.01	13.18	0.46	0	0.01	13.66
		中潮区	3.03	0.22	90.40	98.39	0.05	0.44	192.53
		低潮区	17.39	0.33	122.70	39.02	4.10	8.68	192.22
		平均	6.80	0.19	75.43	45.96	1.38	3.04	132.80
	密度 (个/m²)	高潮区	—	0	82	1	0	0	83
		中潮区	—	4	108	290	0	2	404
		低潮区	—	8	80	36	3	3	130
		平均	—	4	90	109	1	2	206

2007 年 8 月，南日岛滨海湿地潮间带大型底栖生物数量垂直分布，Nch1 岩滩断面生物量从高到低依次为中潮区（1 211.20 g/m²）、低潮区（754.32 g/m²）、高潮区（4.64 g/m²）；栖息密度同样从高到低依次为中潮区（4 133 个/m²）、低潮区（1 104 个/m²）、高潮区（144 个/m²）。生物量和栖息密度均以中潮区较大高潮区最小。Nch2 沙滩断面生物量从高到低依次为中潮区（31.91 g/m²）、高潮区（5.86 g/m²）、低潮区（5.64 g/m²）；栖息密度从高到低依次为中潮区（564 个/m²）、低潮区（296 个/m²）、高潮区（1 个/m²）。生物量和栖息密度均以中潮区较大（表 30-9）。

表 30-9　2007 年 8 月南日岛滨海湿地潮间带大型底栖生物数量垂直分布

断面	数量	潮区	藻类	多毛类	软体动物	甲壳动物	棘皮动物	其他生物	合计
Nch1	生物量 (g/m²)	高潮区	0	0	4.64	0	0	0	4.64
		中潮区	3.68	2.19	1 116.98	88.08	0	0.27	1 211.20
		低潮区	0	1.68	722.72	29.28	0.56	0.08	754.32
		平均	1.23	1.29	614.78	39.12	0.19	0.12	656.73
	密度 (个/m²)	高潮区	—	0	144	0	0	0	144
		中潮区	—	101	573	3 443	0	16	4 133
		低潮区	—	160	144	784	8	8	1 104
		平均	—	87	287	1 409	3	8	1 794
Nch2	生物量 (g/m²)	高潮区	0	0	0	5.86	0	0	5.86
		中潮区	0	3.40	26.60	0.47	0.41	1.03	31.91
		低潮区	0	4.44	0.68	0.48	0	0.04	5.64
		平均	0	2.61	9.09	2.27	0.14	0.36	14.47
	密度 (个/m²)	高潮区	—	0	0	1	0	0	1
		中潮区	—	199	351	12	1	1	564
		低潮区	—	284	4	8	0	0	296
		平均	—	161	118	7	0	0	286

30.4.3　饵料生物

南日岛滨海湿地潮间带大型底栖生物 4 条断面饵料水平分级平均为Ⅴ级，其中软体动物较高，达Ⅴ级，甲壳动物达Ⅳ级，藻类达Ⅱ级，多毛类、棘皮动物和其他生物均为Ⅰ级；岩石滩和泥滩断面相对较高，达Ⅴ级；泥沙滩断面为Ⅳ级；沙滩断面较低，为Ⅰ级。岩石滩断面软体动物和甲壳动物较高，达Ⅴ级，藻类为Ⅲ级，多毛类、棘皮动物和其他生物均为Ⅰ级。泥滩断面软体动物较高，达Ⅴ级，藻类、多毛类、甲壳动物和棘皮动物均为Ⅰ级。泥沙滩断面，软体动物最高为Ⅳ级，棘皮动物和其他生物为Ⅱ级，藻类、多毛类、甲壳动物均为Ⅰ级。沙滩断面最低，各类群均为Ⅰ级（表30-10）。

表30-10 南日岛滨海湿地潮间带大型底栖生物饵料水平分级

底质	藻类	多毛类	软体动物	甲壳动物	棘皮动物	其他生物	评价标准
岩石滩	Ⅲ	Ⅰ	Ⅴ	Ⅴ	Ⅰ	Ⅰ	Ⅴ
沙滩	Ⅰ	Ⅰ	Ⅰ	Ⅰ	Ⅰ	Ⅰ	Ⅰ
泥沙滩	Ⅰ	Ⅰ	Ⅳ	Ⅰ	Ⅱ	Ⅱ	Ⅳ
泥滩	Ⅰ	Ⅰ	Ⅴ	Ⅰ	Ⅰ	Ⅱ	Ⅴ
平均	Ⅱ	Ⅰ	Ⅴ	Ⅳ	Ⅰ	Ⅰ	Ⅴ

30.5 群落

30.5.1 群落类型

南日岛滨海湿地潮间带大型底栖生物群落按底质类型分为：

（1）泥滩群落。高潮区：弧边招潮带；中潮区：多齿围沙蚕—珠带拟蟹守螺—纵带滩栖螺—长腕和尚蟹带；低潮区：管海葵—毡毛岩虫—镜蛤—鲜明鼓虾带。

（2）沙滩群落。高潮区：痕掌沙蟹带；中潮区：锥虫—昌螺—韦氏毛带蟹带；低潮区：背蚓虫—拟衣角蛤—无刺口虾蛄带。

（3）岩石滩群落。高潮区：粒结节滨螺—塔结节滨螺带；中潮区：细毛背鳞虫—棘刺牡蛎—马来小藤壶—覆瓦小蛇螺带；低潮区：短石蛏—覆瓦小蛇螺—三角藤壶带。

30.5.2 群落结构

（1）泥滩群落。该群落所处滩面宽度约1 200 m，高潮区下层至低潮区由砂质泥组成。

高潮区：弧边招潮带。该潮区种类贫乏，数量不高，代表种弧边招潮只是定性采集到标本。

中潮区：多齿围沙蚕—珠带拟蟹守螺—纵带滩栖螺—长腕和尚蟹带。该潮区主要种多齿围沙蚕，仅在本区上层出现，生物量和栖息密度分别为2.16 g/m^2 和20个/m^2。优势种珠带拟蟹守螺，夏季出现在本区中层，生物量和栖息密度分别为281.04 g/m^2 和204个/m^2，下层分别为70.40 g/m^2 和29个/m^2。优势种纵带滩栖螺，在中潮区上层生物量和栖息密度分别为134.6 g/m^2 和224个/m^2，下层分别为20.56 g/m^2 和52个/m^2。主要种长腕和尚蟹，春季上层生物量和栖息密度分别为1.48 g/m^2 和4个/m^2，中层分别为7.64 g/m^2 和16个/m^2。其他主要种和习见种有长吻吻沙蚕、异足索沙蚕、泥蚶、伊萨伯雪蛤、青蛤、菲律宾蛤仔、小翼拟蟹守螺、习见织纹螺、屠氏招潮、平背蜞、鲜明鼓虾（*Alpheus distinguendus*）等。

低潮区：管海葵—毡毛岩虫—镜蛤—鲜明鼓虾带。该潮区主要种管海葵，在本区数量不高，生物量和栖息密度分别为39.40 g/m^2 和8个/m^2。毡毛岩虫，主要分布在本区上层，生物量和栖息密度分别仅为0.16 g/m^2 和8个/m^2。镜蛤，仅在该潮区出现，生物量和栖息密度分别为27.20 g/m^2 和8个/m^2。鲜明鼓虾，仅在该潮区下层出现，生物量和栖息密度分别为23.92 g/m^2 和12个/m^2。其他主要种和习见种有侧花海葵、海仙人掌、加州齿吻沙蚕、小头虫、菲律宾偏顶蛤（*Modiolus philippi-*

narum）、伊萨伯雪蛤、螯下齿细螯寄居蟹、豆形拳蟹、四齿大额蟹、中华近方蟹（*Hemigrapsus sinensis*）、斑尾覆鰕虎鱼（*Synechogobius ommaturus*）等（图 30-2）。

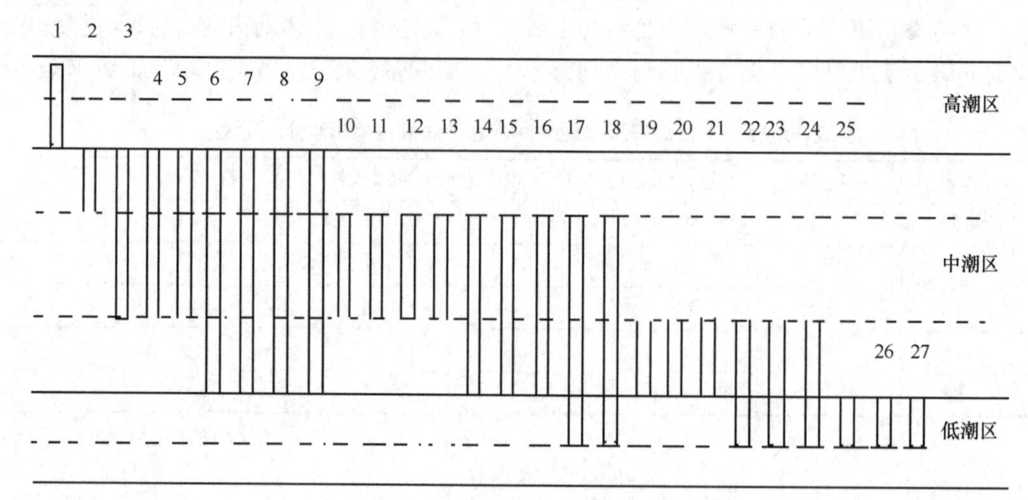

图 30-2　泥滩群落主要种垂直分布

1. 弧边招潮；2. 多齿围沙蚕；3. 小翼拟蟹守螺；4. 长腕和尚蟹；5. 鲜明鼓虾；6. 珠带拟蟹守螺；7. 纵带滩栖螺；8. 秀丽织纹螺；9. 平背蜞；10. 泥蚶；11. 蓝蛤；12. 丽核螺；13. 长足长方蟹；14. 青蛤；15. 微黄镰玉螺；16. 异足索沙蚕；17. 中华近方蟹；18. 伊萨伯雪蛤 19. 四角蛤蜊；20. 长吻吻沙蚕；21. 屠氏招潮；22. 海豆芽；23. 日本爱氏海葵；24. 海仙人掌；25. 管海葵；26. 毡毛岩虫；27. 镜蛤

（2）沙滩群落。该群落所处滩面约 250 m，高潮区由粗砂组成，中潮区和低潮区由中细砂组成。断面中潮区有紫菜养殖。

高潮区：痕掌沙蟹带。该潮区种类贫乏，数量不高，代表种痕掌沙蟹的生物量和栖息密度分别为 5.86 g/m^2 和 1 个/m^2。

中潮区：锥虫—昌螺—韦氏毛带蟹带。该潮区主要种为锥虫，自本区可向下延伸分布至低潮区，在本区上层的生物量和栖息密度分别为 0.04 g/m^2 和 32 个/m^2，中层分别为 0.36 g/m^2 和 28 个/m^2，下层分别为 1.60 g/m^2 和 28 个/m^2。优势种昌螺，仅在本区出现，上层的生物量和栖息密度分别为 64.28 g/m^2 和 852 个/m^2，中层分别为 13.44 g/m^2 和 182 个/m^2，下层分别为 0.48 g/m^2 和 8 个/m^2。主要种韦氏毛带蟹，仅在中潮区上层出现，分布宽度约为 50 m，生物量和栖息密度分别为 0.93 g/m^2 和 16 个/m^2。其他主要种和习见种有玛叶须虫（*Phyllodoce malmgreni*）、倦旋吻沙蚕（*Glycera tridactyla*）、东方刺尖锥虫、丝鳃稚齿虫、杂毛虫（*Poecilochaetus* sp.）、背蚓虫（*Notomastus latericeus*）、欧努菲虫（*Onuphis* sp.）、四索沙蚕、革囊星虫（*Phascolosoma* sp.）、丽文蛤（*Meretrix lusoria*）、拟衣角蛤、玉螺（*Natica vitellus*）、秀丽织纹螺、红点黎明蟹、宽额琴虾蛄（*Lysiosquilla latifrons*）、皱纹管孔苔虫（*Tubulipora rugatata*）、阳遂足（*Amphiura* sp.）等。

低潮区：背蚓虫—拟衣角蛤—无刺口虾蛄带。该潮区主要种背蚓虫，从中潮区可延伸分布至低潮区，在本区数量不高，生物量和栖息密度分别为 1.00 g/m^2 和 76 个/m^2。拟衣角蛤，自中潮区延伸分布至低潮区，在本区的生物量和栖息密度分别仅为 0.68 g/m^2 和 4 个/m^2。无刺口虾蛄，仅在本区出现，数量较低，生物量和栖息密度分别为 0.44 g/m^2 和 4 个/m^2。其他主要种和习见种有奇异稚齿虫、杂毛虫、刚鳃虫、丝鳃虫（*Cirratulus annamensis*）、加州中蚓虫、真节虫（*Euclymene* sp.）、欧努菲虫、异足索沙蚕、西方似蛰虫、异针尾涟虫（*Diamorphostylis* sp.）和皱纹管孔苔虫等（图 30-3）。

（3）岩石滩群落。该群落所处滩面长度约 100 m，高潮区至低潮区以花岗岩为主。

高潮区：粒结节滨螺—塔结节滨螺带。该潮区代表种为粒结节滨螺，数量不高，生物量和栖息密

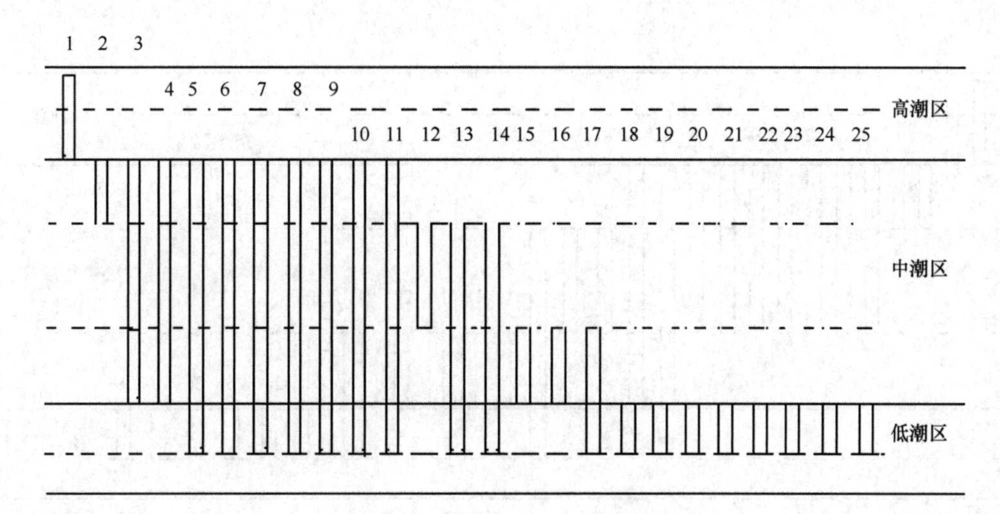

图30-3 沙滩群落主要种垂直分布

1. 痕掌沙蟹；2. 杂毛虫；3. 锥虫；4. 肋昌螺；5. 刺沙蚕；6. 长吻吻沙蚕；7. 欧努菲虫；8. 红点黎明蟹；9. 韦氏毛带蟹；10. 倦旋吻沙蚕；11. 玛叶须虫；12. 豆形胡桃蛤；13. 齿吻沙蚕；14. 丝鳃稚齿虫；15. 奇异稚齿虫；16. 丽文蛤；17. 东方刺尖锥虫；18. 背蚓虫；19. 拟衣角蛤；20. 无刺口虾蛄；21. 欧努菲虫；22. 西方似蛰虫；23. 异针尾涟虫；24. 刚鳃虫；25. 皱纹管孔苔虫

度分别为2.64 g/m² 和56个/m²。塔结节滨螺的生物量和栖息密度分别为2.00 g/m² 和88个/m²。

中潮区：细毛背鳞虫—棘刺牡蛎—马来小藤壶—覆瓦小蛇螺带。该区主要种细毛背鳞虫，主要分布在本区下层，生物量和栖息密度分别为0.48 g/m² 和128个/m²。优势种棘刺牡蛎，分布在本区上、中层，在上层的生物量和栖息密度分别达219.10 g/m² 和272个/m²；中层分别高达2 052.00 g/m² 和784个/m²。优势种马来小藤壶，分布在本区上层，生物量和栖息密度分别高达116.30 g/m² 和10 008个/m²。覆瓦小蛇螺，自本区下层可延伸分布至低潮区上层，在本区上层的生物量和栖息密度分别高达705.20 g/m² 和272个/m²。其他主要种和习见种有小珊瑚藻、钻穿裂虫（*Trypanosyllis* sp.）、弯齿围沙蚕、居虫（*Naineris* sp.）、矶沙蚕、革囊星虫、日本花棘石鳖、红条毛肤石鳖、青蚶、细尖石蛏、僧帽牡蛎、敦氏猿头蛤、粒花冠小月螺、齿纹蜒螺、渔舟蜒螺、双带盾荳椹螺、单齿螺、疣荔枝螺、鳞笠藤壶、三角藤壶、网纹纹藤壶、小相手蟹等。

低潮区：短石蛏—覆瓦小蛇螺—三角藤壶带。该区主要种短石蛏，仅在本区出现，生物量和栖息密度分别为10.80 g/m² 和32个/m²。主要种覆瓦小蛇螺，自中潮区下层延伸分布至本区上层，在本区的生物量和栖息密度分别为613.80 g/m² 和32个/m²。优势种三角藤壶，自中潮区延伸分布至本区上层，在本区的生物量和栖息密度分别为29.12 g/m² 和760个/m²。其他主要种和习见种有细毛背鳞虫、优鳞虫（*Eunoe* sp.）、白色盘管虫（*Hydroides albiceps*）、革囊星虫、锈凹螺、翡翠贻贝（*Perna viridis*）、粒神螺、黄口荔枝螺、锈狸螺（*Lataxiena blosvillei*）、中国笔螺、细雕刻肋海胆、沙海星（*Luidia* sp.）、可疑翼手参、黑囊皮参和近辐蛇尾等（图30-4）。

30.5.3 群落生态特征值

根据Shannon-Wiener种类多样性指数（H'）、Pielous种类均匀度指数（J）、Margalef种类丰富度指数（d）和Simpson优势度（D）显示，南日岛滨海湿地潮间带大型底栖生物群落丰富度指数（d）以泥滩群落较高（3.875 0），泥沙滩群落较低（2.080 0）；多样性指数（H'）同样以泥滩群落较高（2.342 5），沙滩群落较低（1.841 7）；均匀度指数（J）以泥沙滩群落较高（0.798 3），岩石滩群落较低（0.651 0）；Simpson优势度（D），以沙滩群落较高（0.271 2），泥滩群落较低（0.155 3）。各

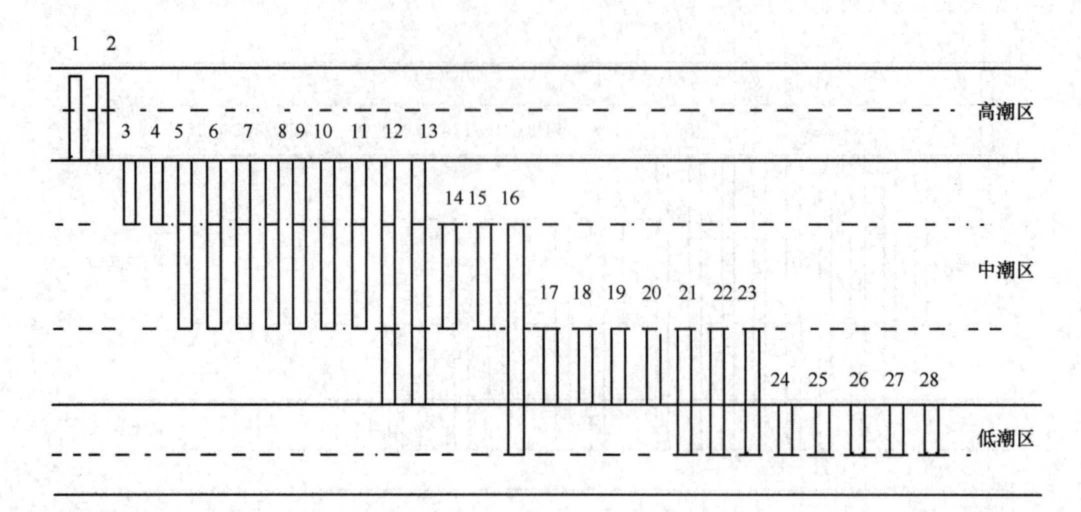

图 30-4 岩石滩群落主要种垂直分布

1. 粒结节滨螺；2. 塔结节滨螺；3. 马来小藤壶；4. 模裂虫；5. 疣荔枝螺；6. 棘刺牡蛎；7. 日本花棘石鳖；8. 粒花冠小月螺；9. 齿纹蜒螺；10. 鳞笠藤壶；11. 红条毛肤石鳖；12. 弯齿围沙蚕；13. 青蚶 14. 细毛背鳞虫；15. 小相手蟹；16. 小珊瑚藻；17. 革囊星虫；18. 细尖石蛏；19. 僧帽牡蛎；20. 钻穿裂虫；21. 扁蛰虫；22. 敦氏猿头蛤；23. 覆瓦小蛇螺；24. 三角藤壶；25. 网纹纹藤壶；26. 优鳞虫；27. 短石蛏；28. 粒神螺

群落不同季节生态特征值变化见表 30-11。

表 30-11 南日岛滨海湿地潮间带大型底栖生物群落生态特征值

群落	季节	断面	*d*	*H'*	*J*	*D*
岩石滩	春季	NR51	3.780 0	2.260 0	0.640 0	0.180 0
	夏季	NR51	3.120 0	2.190 0	0.665 0	0.180 0
		Nch1	5.360 0	1.260 0	0.319 0	0.549 0
		平均	4.240 0	1.725 0	0.492 0	0.364 5
	秋季	NR51	2.310 0	2.160 0	0.720 0	0.170 0
	冬季	NR51	1.770 0	1.980 0	0.752 0	0.186 0
	平均		3.025 0	2.031 3	0.651 0	0.225 1
沙滩	春季	NS52	0	0	0	0
	夏季	NS52	1.910 0	1.420 0	0.619 0	0.429 0
		Nch2	5.790 0	2.370 0	0.622 0	0.210 0
		平均	3.850 0	1.895 0	0.620 5	0.319 5
	秋季	NS52	1.350 0	1.470 0	0.758 0	0.324 0
	冬季	NS52	2.310 0	2.160 0	0.720 0	0.170 0
	平均		2.503 3	1.841 7	0.699 5	0.271 2
泥沙滩	春季	NS53	2.280 0	2.130 0	0.832 0	0.169 0
	夏季		2.850 0	1.990 0	0.689 0	0.239 0
	秋季		1.840 0	2.100 0	0.914 0	0.139 0
	冬季		1.350 0	1.470 0	0.758 0	0.324 0
	平均		2.080 0	1.922 5	0.798 3	0.217 8

续表

群落	季节	断面	d	H'	J	D
泥滩	春季	NM54	4. 970 0	2. 880 0	0. 848 0	0. 096 0
	夏季		4. 770 0	2. 130 0	0. 599 0	0. 216 0
	秋季		3. 920 0	2. 260 0	0. 684 0	0. 170 0
	冬季		1. 840 0	2. 100 0	0. 914 0	0. 139 0
	平均		3. 875 0	2. 342 5	0. 761 3	0. 155 3

30. 5. 4　群落稳定性

2007 年夏季南日岛滨海湿地沙滩潮间带大型底栖生物群落相对稳定，丰度生物量复合 k-优势度曲线不交叉、不翻转、不重叠，生物量优势度曲线始终位于丰度上方（图 30-5）；岩石滩群落丰度生物量复合 k-优势度曲线出现交叉和翻转，其原因可能在于该群落优势种马来小藤壶在中潮区上层栖息密度高达 10 008 个/m^2 所致（图 30-6）。1990—1991 年春季、夏季和秋季，岩石滩群落相对稳定，丰度生物量复合 k-优势度曲线不交叉、不翻转、不重叠，生物量优势度曲线始终位于丰度上方，但冬季群落丰度生物量复合 k-优势度曲线均有所交叉和翻转（图 30-7 至图 30-10）。1990—1991 年夏季 NS52 沙滩群落丰度生物量复合 k-优势度曲线有所交叉、翻转和重叠，秋季群落相对稳定（图 30-11 至图 30-12）。春季和夏季 NS53 泥沙滩群落丰度生物量复合 k-优势度曲线有所交叉、翻转和重叠，秋季和冬季群落相对稳定，但冬季泥沙滩群落生物量累积百分优势度高达 85%，丰度累积百分优势度高达 58%，主要与优势种凹线蛤蜊在中潮区生物量达 73. 92 g/m^2 有关（图 30-13 至图 30-16）。春季、秋季和冬季 NM54 泥滩群落丰度生物量复合 k-优势度曲线有所交叉和翻转，夏季群落相对稳定（图 30-17 至图 30-20）。

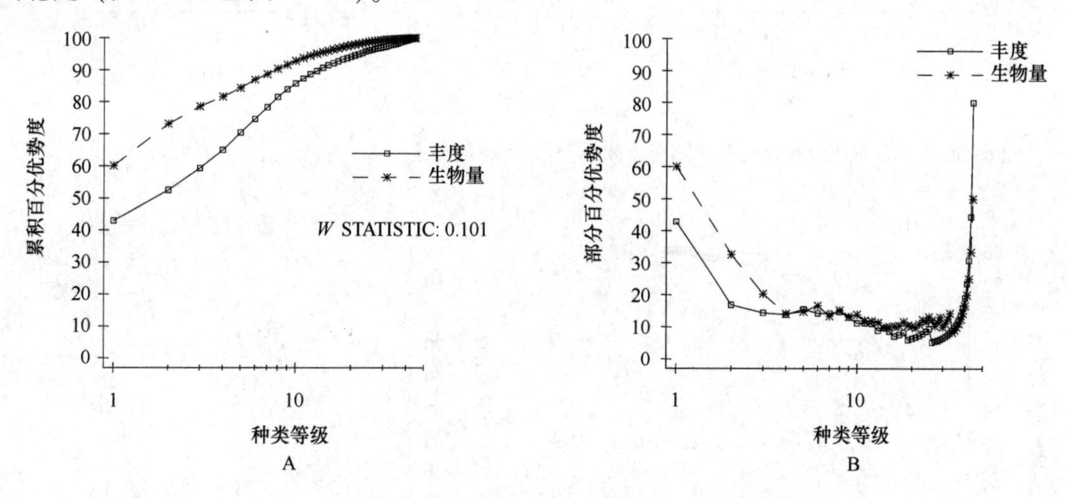

图 30-5　夏季 Nch2 沙滩群落丰度生物量复合 k-优势度（A）和部分优势度（B）曲线

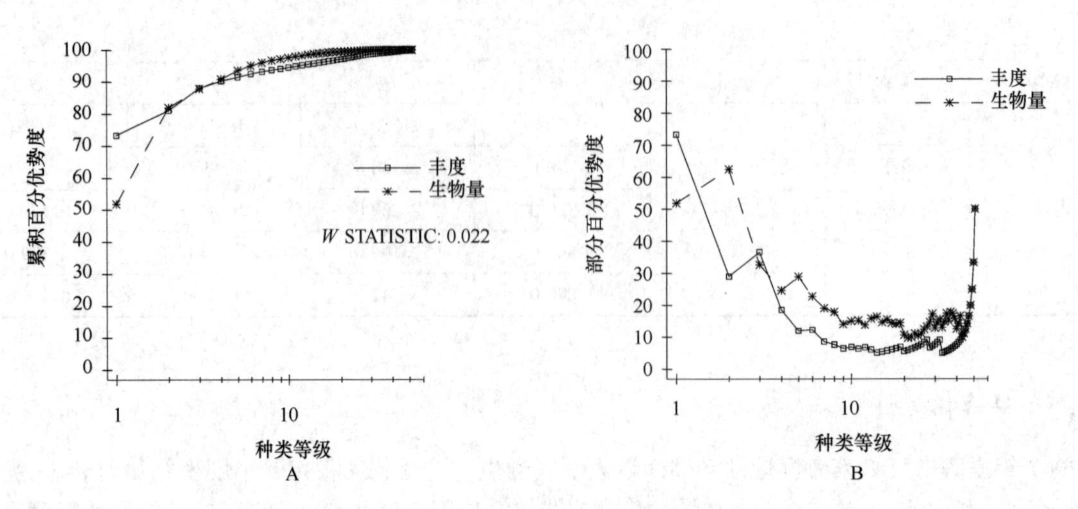

图 30-6　夏季 Nch1 岩石滩群落丰度生物量复合 k-优势度（A）和部分优势度（B）曲线

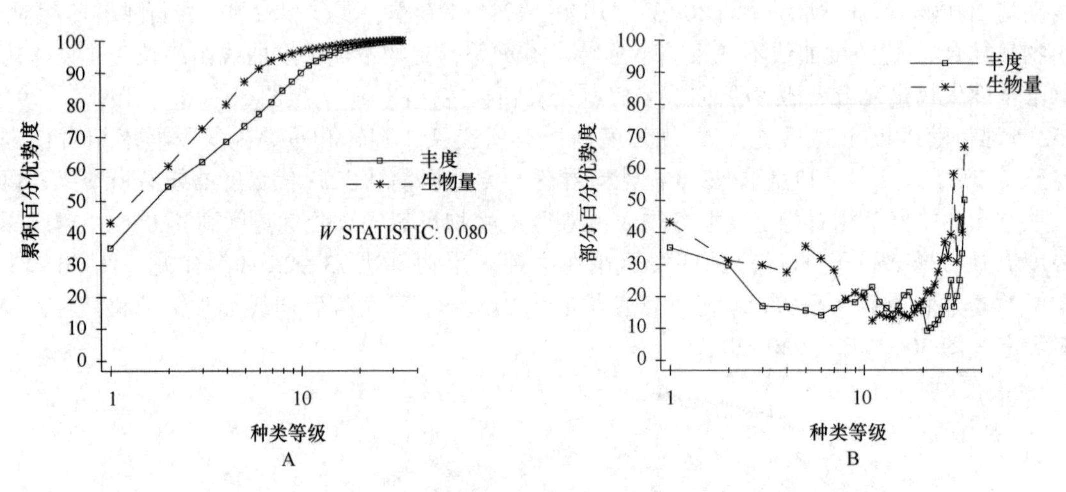

图 30-7　春季 NR51 岩石滩群落丰度生物量复合 k-优势度（A）和部分优势度（B）曲线

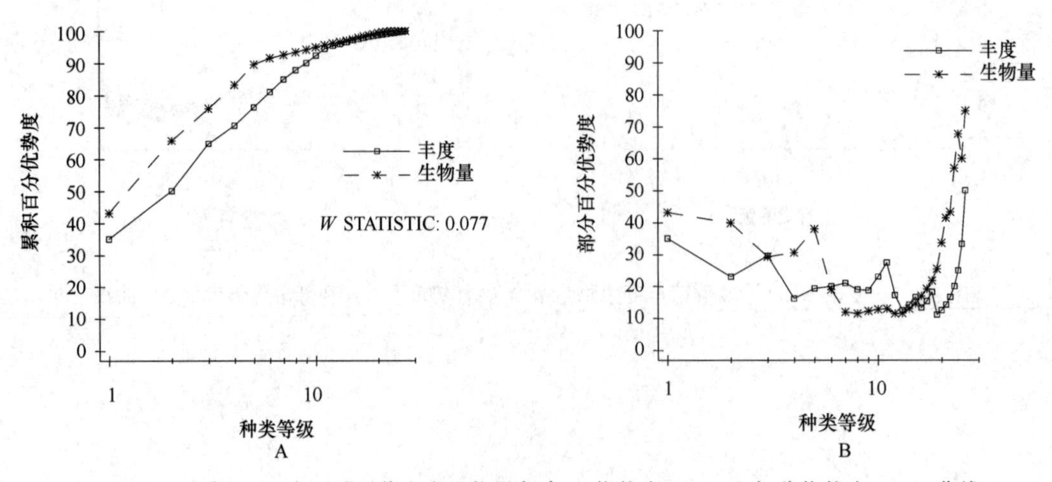

图 30-8　夏季 NR51 岩石滩群落丰度生物量复合 k-优势度（A）和部分优势度（B）曲线

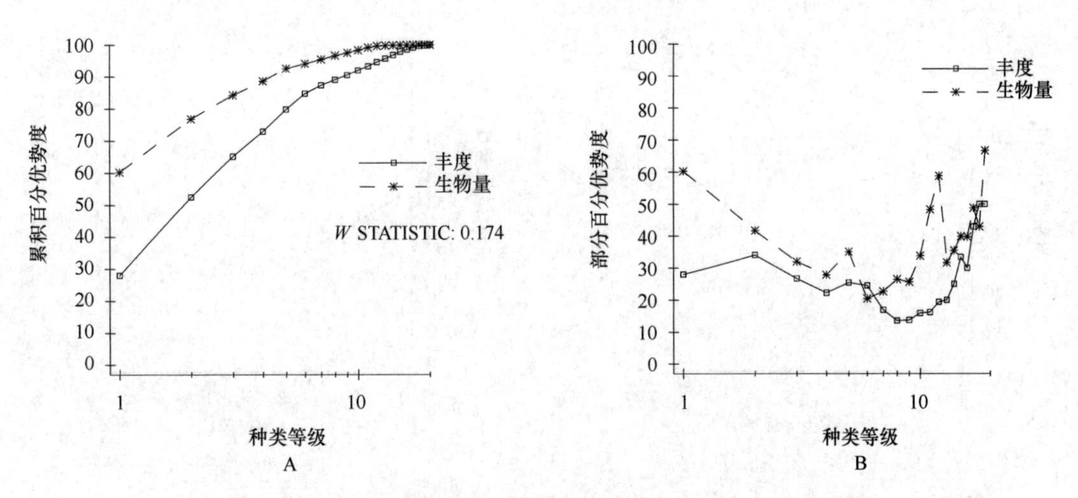

图 30-9　秋季 NR51 岩石滩群落丰度生物量复合 k-优势度（A）和部分优势度（B）曲线

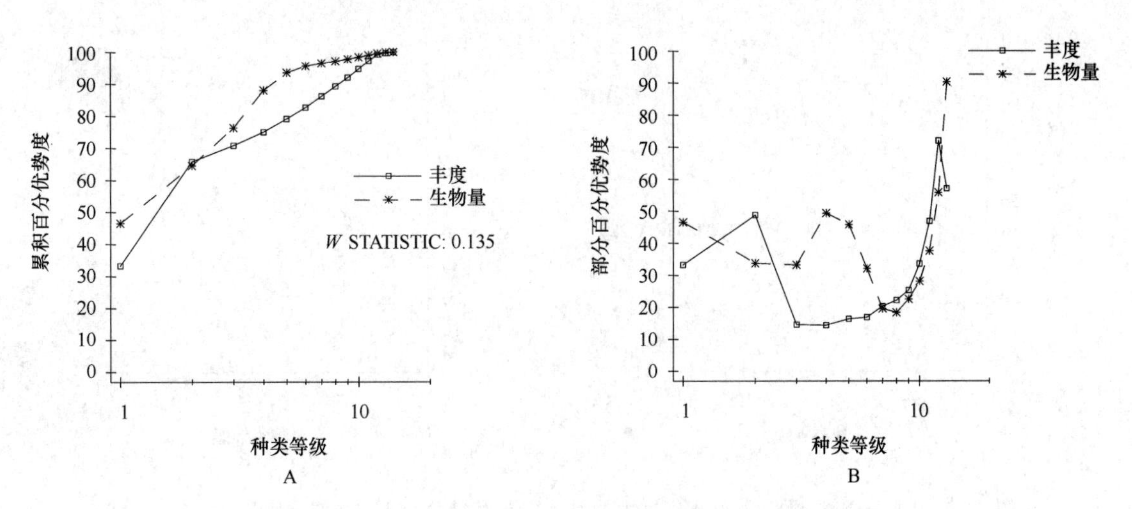

图 30-10　冬季 NR51 岩石滩群落丰度生物量复合 k-优势度（A）和部分优势度（B）曲线

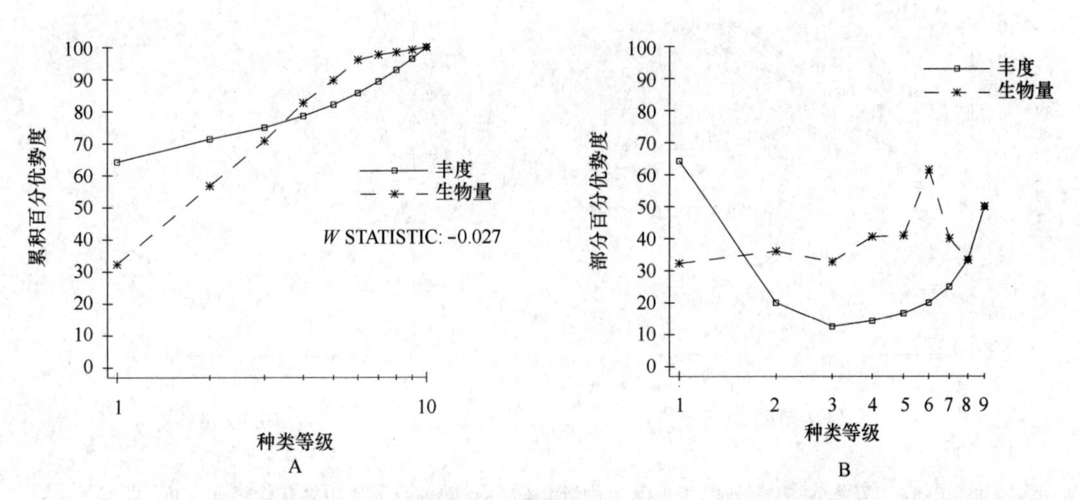

图 30-11　夏季 NS52 沙滩群落丰度生物量复合 k-优势度（A）和部分优势度（B）曲线

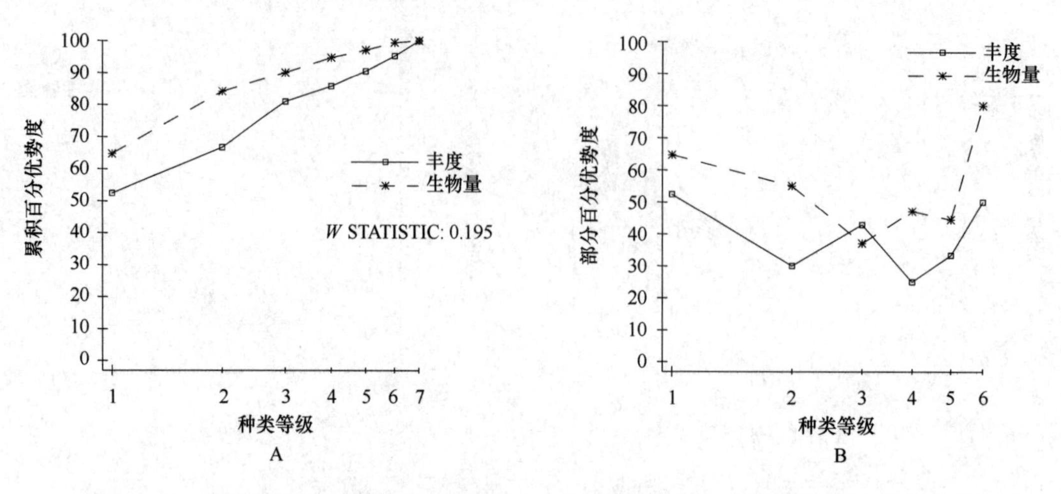

图 30-12 秋季 NS52 沙滩群落丰度生物量复合 k-优势度（A）和部分优势度（B）曲线

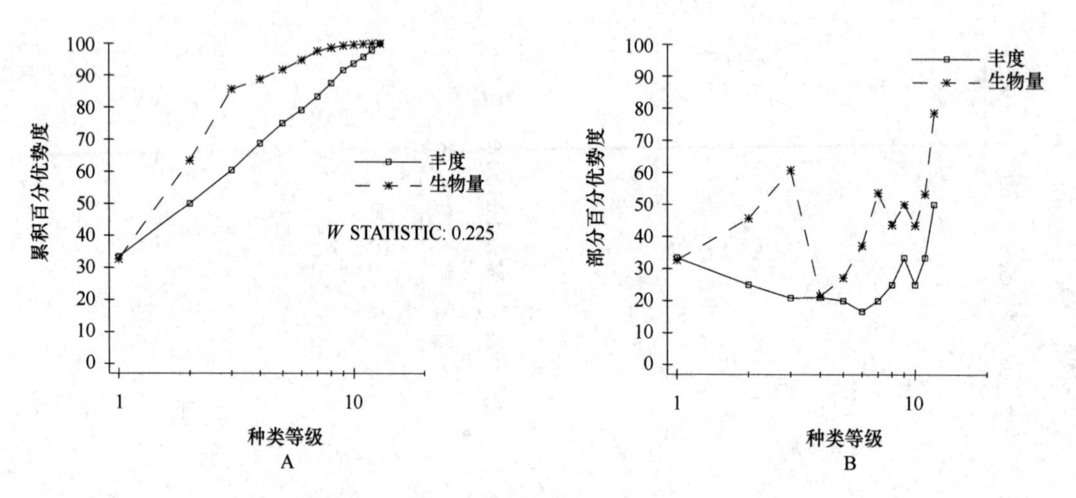

图 30-13 春季 NS53 泥沙滩群落丰度生物量复合 k-优势度（A）和部分优势度（B）曲线

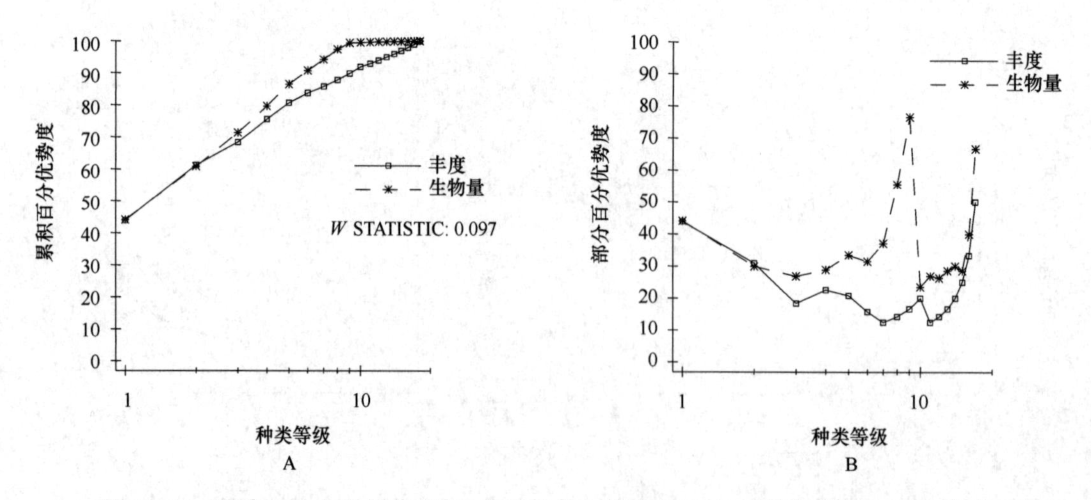

图 30-14 夏季 NS53 泥沙群落丰度生物量复合 k-优势度（A）和部分优势度（B）曲线

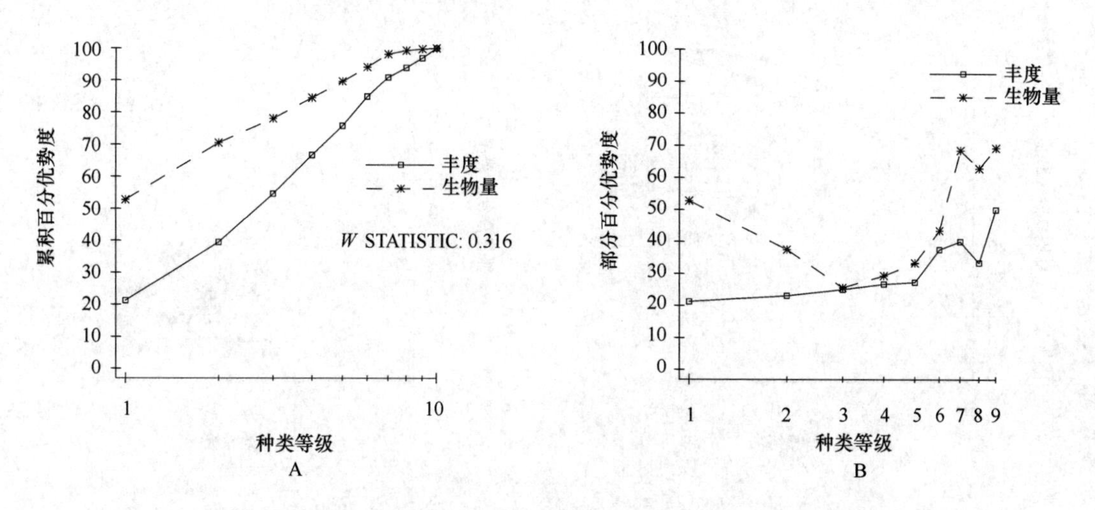

图 30-15　秋季 NS53 泥沙滩群落丰度生物量复合 k-优势度（A）和部分优势度（B）曲线

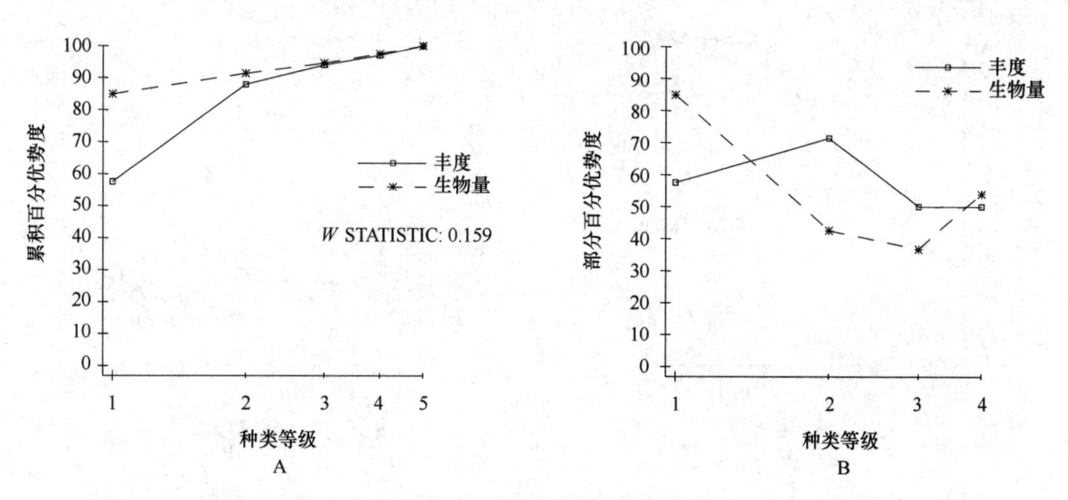

图 30-16　冬季 NS53 泥沙滩群落丰度生物量复合 k-优势度（A）和部分优势度（B）曲线

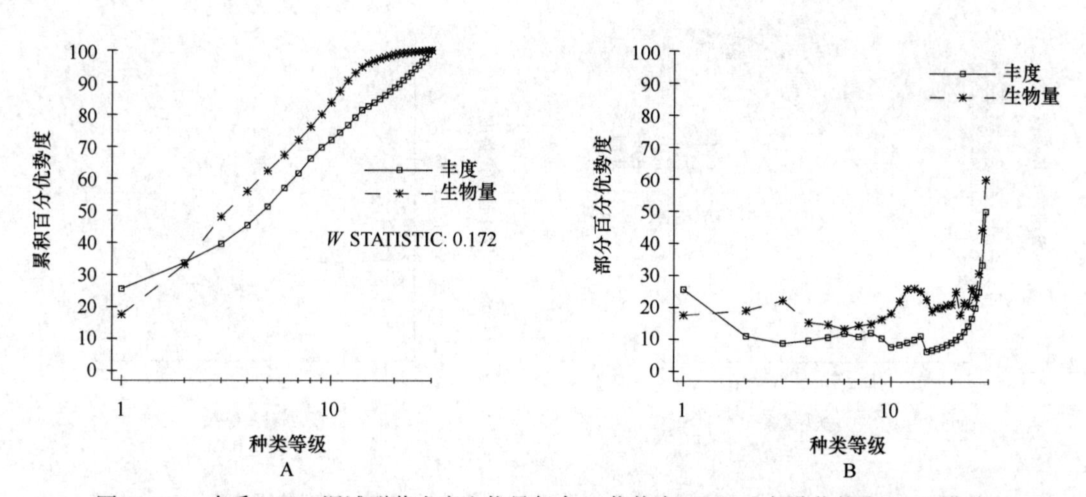

图 30-17　春季 NM54 泥滩群落丰度生物量复合 k-优势度（A）和部分优势度（B）曲线

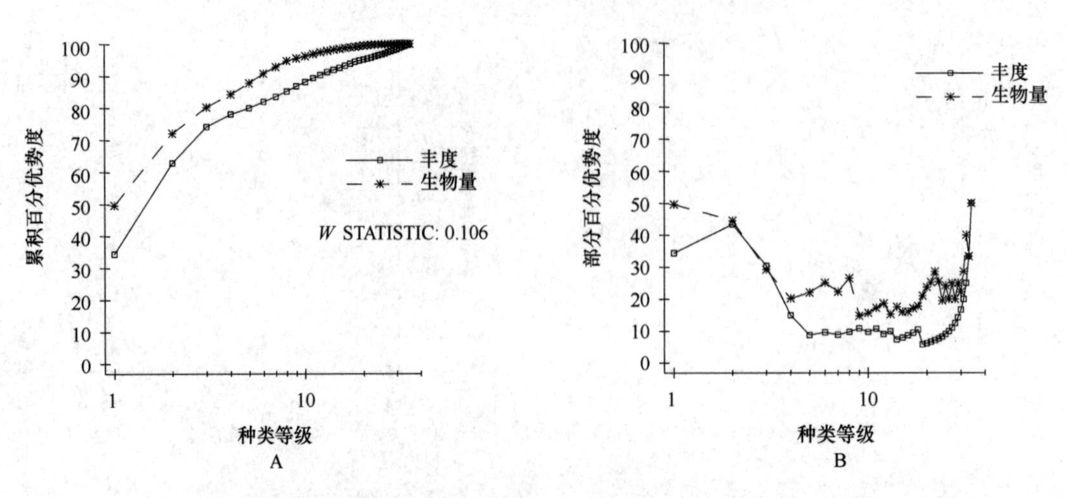

图 30-18　夏季 NM54 泥滩群落丰度生物量复合 k-优势度（A）和部分优势度（B）曲线

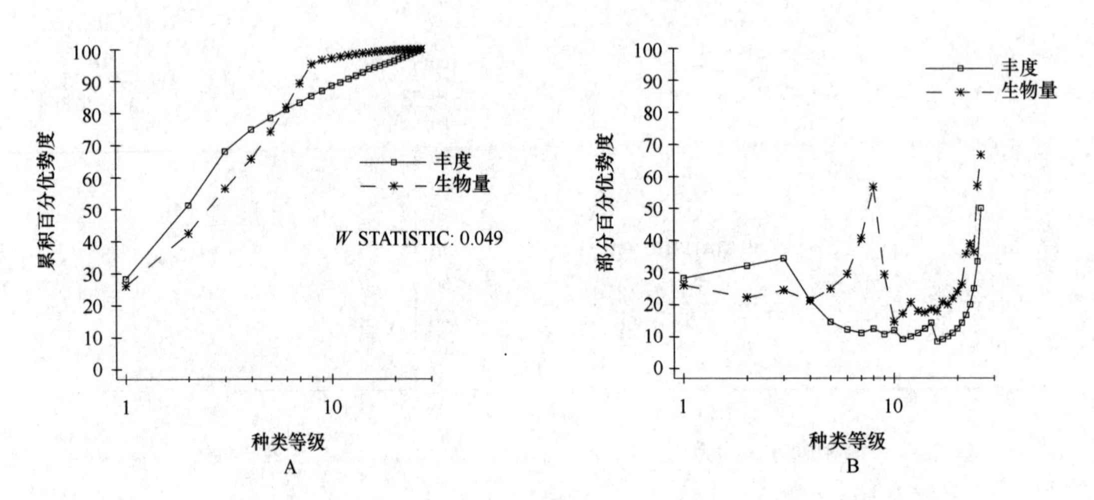

图 30-19　秋季 NM54 泥滩群落丰度生物量复合 k-优势度（A）和部分优势度（B）曲线

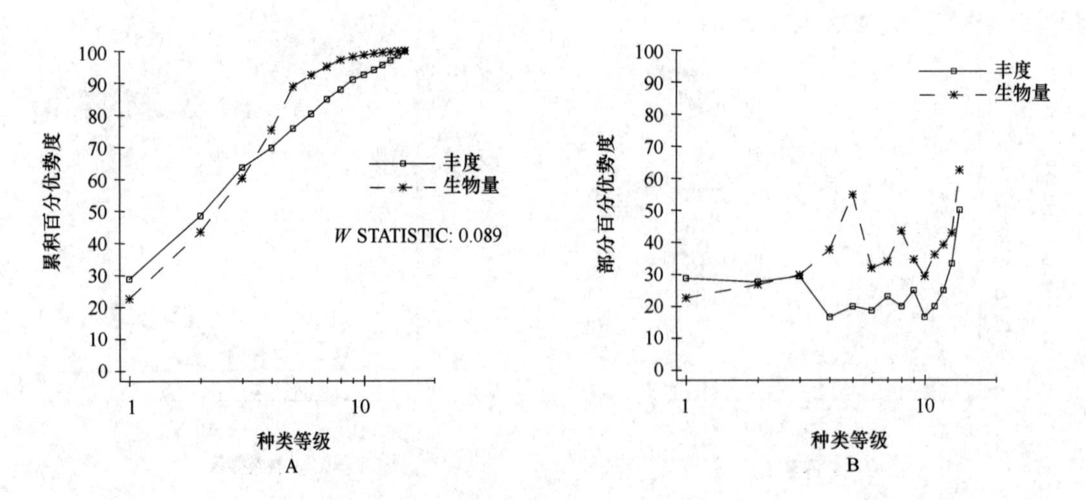

图 30-20　冬季 NM54 泥滩群落丰度生物量复合 k-优势度（A）和部分优势度（B）曲线

第 31 章　湄洲岛滨海湿地

31.1　自然环境特征

湄洲岛滨海湿地分布于湄洲岛，湄洲岛南北最长 9.0 km，东西宽 1.4～3.4 km，土地总面积 16.1 km^2，其中滩涂 1.890 6 km^2，陆地 14.25 km^2，岸线长 46.8 km，北距大陆最近点 2.964 8 km。地势南北高，中部低，海拔 95.2 m，属莆田市管辖。

该岛滨海湿地潮间带沉积可分为三种类型：基岩海岸潮间带沉积物类型为砾质砂和粗砂；砂质海岸潮间带沉积物主要有砾质砂、粗中砂、中粗砂、细中砂、中细砂和混合砂等；泥质海岸潮间带，高潮带一般为粗砂或中粗砂，中潮带至低潮带上部为黏土质粉砂或沙泥混合沉积，低潮带下部则为砂质沉积物。其邻近海域沉积物有砾质砂、粗砂、中粗砂、粗中砂、中细砂、细砂、砂—粉砂—黏土、黏土质粉砂和粉砂质黏土，总体呈西粗东细的特点。粗颗粒沉积物主要分布在进出湄洲湾的水道上，细颗粒沉积物主要分布在岛东部，与台湾海峡西部细颗粒沉积物连片。

该岛属南亚热带海洋性季风气候。6—8 月盛行偏南风，其余各月盛行偏北风。年均气温 19.30℃，最热月（8 月）均气温 27.4℃，最冷月（2 月）均气温 10.8℃，气温年较差 16.6℃。极端最高气温 35℃左右，极端最低气温 1℃左右，冬无严寒，夏无酷暑。年均降水量 1 000 mm 左右，年均风速 7 m/s 左右。灾害性天气有台风、大风和暴雨等，年均大风（≥8 级）日 60 d 左右，年均暴雨（日降水量≥50 mm）日 4 d 左右。年均雾日 25 个左右。

海水表层平均温度 1 月最低（13.41℃），8 月最高（25.00℃）。底层水温变化在 13.36～24.22℃。海水表层平均盐度冬季最低（30.19），依次为秋季（30.61），春季（31.30），夏季最高（33.70）。底层盐度也是冬季最低，夏季最高，盐度变化在 30.52～33.63 之间。海水透明度秋季最小（0.5～1.3 m），水色秋季为 9～18 号，夏季为 5～10 号。

潮汐类型为正规半日潮。最大潮差 7.59 m，平均潮差为 5.12 m。

31.2　断面与站位布设

1990—1991 年春季、夏季、秋季和冬季，2006 年 4 月，11 月和 2007 年 8 月，对湄洲岛滨海湿地进行了潮间带大型底栖生物取样调查，共涉及 6 个断面，具体断面布设和底质类型见表 31-1 和图 31-1。

表 31-1　湄洲岛滨海湿地潮间带大型底栖生物调查断面

序号	时间	断　面	编号	经度（E）	纬度（N）	底质
1	1990—1991 年	湄洲岛中部	MSM61	119°6′36.00″	25°4′54.00″	泥沙滩
2			MM62	119°6′48.00″	25°3′48.00″	泥滩
3		湄洲岛南部	MS63	119°6′54.00″	25°1′48.00″	沙滩
4			MR64	119°7′16.61″	25°1′33.88″	岩石滩

续表

序号	时间	断　面	编号	经度（E）	纬度（N）	底质
5	2006年4月，11月	湄洲岛北部	Mch6	119°7′31.98″	25°5′36.84″	泥沙滩
6	2007年8月		Mch5	119°8′6.86″	25°5′42.11″	岩石滩

图31-1　湄洲岛滨海湿地潮间带大型底栖生物调查断面

31.3　物种多样性

31.3.1　种类组成与分布

湄洲岛滨海湿地潮间带大型底栖生物381种，其中藻类15种，多毛类109种，软体动物110种，甲壳动物99种，棘皮动物15种和其他生物33种。多毛类、软体动物和甲壳动物占总种数的

83.46%，三者构成潮间带大型底栖生物主要类群。不同底质类型比较，种数以泥沙滩（223 种）大于岩石滩（139 种）大于泥滩（91 种）大于沙滩（13 种）。

湄洲岛滨海湿地岩石滩潮间带大型底栖生物 139 种，其中藻类 12 种，多毛类 26 种，软体动物 57 种，甲壳动物 31 种，棘皮动物 6 种和其他生物 7 种。多毛类、软体动物和甲壳动物占总种数的 82.01%，三者构成岩石滩潮间带大型底栖生物主要类群。

湄洲岛滨海湿地沙滩潮间带大型底栖生物 13 种，其中软体动物 6 种和甲壳动物 7 种，其他生物未出现。

湄洲岛滨海湿地泥沙滩潮间带大型底栖生物 223 种，其中藻类 3 种，多毛类 80 种，软体动物 42 种，甲壳动物 65 种，棘皮动物 9 种和其他生物 24 种。软体动物、甲壳动物和其他生物占总种数的 83.85%，三者构成泥沙滩潮间带大型底栖生物主要类群。

湄洲岛滨海湿地泥滩潮间带大型底栖生物 91 种，其中藻类 2 种，多毛类 23 种，软体动物 29 种，甲壳动物 29 种，棘皮动物 1 种和其他生物 7 种。多毛类、软体动物和甲壳动物占总种数的 89.01%，三者构成泥滩潮间带大型底栖生物主要类群。

不同底质类型潮间带大型底栖生物种类组成与分布情况见表 31-2。

表 31-2　湄洲岛滨海湿地潮间带大型底栖生物种类组成与分布

底质	断面	季节	藻类	多毛类	软体动物	甲壳动物	棘皮动物	其他生物	合计
岩石滩	MR64	四季	12	26	57	31	6	7	139
	Mch5	夏季	1	17	37	20	5	4	84
	合计		12	26	57	31	6	7	139
沙滩	MS63	四季	0	0	6	7	0	0	13
泥沙滩	MSM61	春季	0	7	6	6	1	3	23
		夏季	0	21	7	9	3	1	41
		秋季	0	7	4	5	1	0	17
		冬季	0	6	3	7	1	3	20
		四季	0	28	17	22	4	5	76
	Mch6	春季	0	46	8	17	3	10	84
		秋季	3	40	23	44	3	12	125
		合计	3	66	30	52	4	19	174
	合计		3	80	42	65	9	24	223
泥滩	MM62	四季	2	23	29	29	1	7	91
合计			15	109	110	99	15	33	381

31.3.2　优势种和主要种

根据数量和出现率，湄洲岛滨海湿地潮间带大型底栖生物优势种和主要种有孔石莼、东方刺尖锥虫、毡毛岩虫、似蛰虫、栉江珧［*Atrina*（*Servatrina*）*pectinata*］、僧帽牡蛎、红拉沙蛤、敦氏猿头蛤、刀明樱蛤、菲律宾蛤仔、凹螺（*Chlorostoma* sp.）、覆瓦小蛇螺、疣荔枝螺、细角螺（*Hemifusus ternatanus*）、日本菊花螺、直背小藤壶、鳞笠藤壶、白脊藤壶、哥伦比亚刀钩虾、日本大螯蜚、小相手蟹、绒螯近方蟹、细腕阳遂足、印痕倍棘蛇尾和厦门文昌鱼等。

31.4　数量时空分布

31.4.1　数量组成

湄洲岛滨海湿地岩石滩、沙滩、泥沙滩和泥滩潮间带大型底栖生物平均生物量为50.32 g/m^2，平均栖息密度为220个/m^2。生物量以软体动物居第一位（27.10 g/m^2），甲壳动物居第二位（9.08 g/m^2）；栖息密度以甲壳动物居第一位（139个/m^2），多毛类居第二位（48个/m^2）。不同底质类型比较，生物量以岩石滩（175.42 g/m^2）大于泥滩（13.08 g/m^2）大于泥沙滩（12.40 g/m^2）大于沙滩（0.38 g/m^2）；栖息密度以岩石滩（494个/m^2）大于泥沙滩（282个/m^2）大于沙滩（53个/m^2）大于泥滩（46个/m^2）。各类群数量组成与分布见表31-3。

表31-3　湄洲岛滨海湿地潮间带大型底栖生物数量组成与分布

数量	底质	藻类	多毛类	软体动物	甲壳动物	棘皮动物	其他生物	合计
生物量（g/m^2）	岩石滩	25.10	13.36	105.67	28.57	1.67	1.05	175.42
	沙滩	0	0	0	0.38	0	0	0.38
	泥沙滩	0.01	2.94	1.00	2.10	3.36	2.99	12.40
	泥滩	0	1.16	1.73	5.29	3.09	1.81	13.08
	平均	6.28	4.37	27.10	9.08	2.03	1.46	50.32
密度（个/m^2）	岩石滩	—	26	86	375	1	6	494
	沙滩	—	0	0	53	0	0	53
	泥沙滩	—	138	14	117	8	5	282
	泥滩	—	26	7	10	2	1	46
	平均	—	48	27	139	3	3	220

湄洲岛滨海湿地岩石滩潮间带大型底栖生物四季平均生物量为175.42 g/m^2，平均栖息密度为494个/m^2。生物量以软体动物居第一位（105.67 g/m^2），甲壳动物居第二位（28.57 g/m^2）；栖息密度以甲壳动物居第一位（375个/m^2），软体动物居第二位（86个/m^2）。数量季节变化特征明显，生物量以夏季较大（345.93 g/m^2），春季较小（93.09 g/m^2）；栖息密度以夏季较大（1 779个/m^2），冬季较小（56个/m^2）。各类群数量组成与季节变化见表31-4。

表31-4　湄洲岛滨海湿地岩石滩潮间带大型底栖生物数量组成与季节变化

数量	断面	季节	藻类	多毛类	软体动物	甲壳动物	棘皮动物	其他生物	合计
生物量（g/m^2）	MR64	春季	18.17	1.57	36.44	36.67	0.02	0.22	93.09
	MR64	夏季	22.50	3.78	29.50	27.95	1.56	0.98	86.27
	Mch5		18.63	1.24	515.93	67.69	0	2.07	605.56
	平均		20.57	2.51	272.72	47.82	0.78	1.53	345.93
	MR64	秋季	41.06	35.92	46.11	20.08	1.72	0.46	145.35
	MR64	冬季	20.58	13.44	67.41	9.69	4.16	1.97	117.25
	平均		25.10	13.36	105.67	28.57	1.67	1.05	175.42

续表 31-4

数量	断面	季节	藻类	多毛类	软体动物	甲壳动物	棘皮动物	其他生物	合计
密度（个/m^2）	MR64	春季	—	6	39	15	0	0	60
	MR64	夏季	—	25	30	69	0	2	126
	Mch5		—	131	435	2 848	0	15	3 429
	平均		—	78	233	1 459	0	9	1 779
	MR64	秋季	—	14	40	17	1	7	79
	MR64	冬季	—	7	32	8	3	6	56
	平均		—	26	86	375	1	6	494

湄洲岛滨海湿地沙滩潮间带大型底栖生物仅有甲壳动物出现，四季平均生物量为 0.38 g/m^2，平均栖息密度为 53 个/m^2。数量季节变化特征明显，生物量以夏季较大（1.50 g/m^2），秋季较小（0 g/m^2）；栖息密度同样以夏季较大（208 个/m^2），秋季较小（0 个/m^2）。数量组成与季节变化见表 31-5。

表 31-5　湄洲岛滨海湿地沙滩潮间带大型底栖生物数量组成与季节变化

数量	季节	多毛类	软体动物	甲壳动物	棘皮动物	其他生物	合计
生物量（g/m^2）	春季	0	0	0.01	0	0	0.01
	夏季	0	0	1.50	0	0	1.50
	秋季	0	0	0	0	0	0
	冬季	0	0	0.01	0	0	0.01
	平均	0	0	0.38	0	0	0.38
密度（个/m^2）	春季	0	0	2	0	0	2
	夏季	0	0	208	0	0	208
	秋季	0	0	0	0	0	0
	冬季	0	0	1	0	0	1
	平均	0	0	53	0	0	53

湄洲岛滨海湿地泥沙滩潮间带大型底栖生物四季平均生物量为 12.40 g/m^2，平均栖息密度为 282 个/m^2。生物量以棘皮动物居第一位（3.36 g/m^2），其他生物居第二位（2.99 g/m^2）；栖息密度以多毛类居第一位（138 个/m^2），甲壳动物居第二位（117 个/m^2）。数量季节变化特征明显，生物量以夏季较大（19.50 g/m^2），春季较小（7.64 g/m^2）；栖息密度以秋季较大（968 个/m^2），冬季较小（16 个/m^2）。各类群数量组成与季节变化见表 31-6。

表 31-6　湄洲岛滨海湿地泥沙滩潮间带大型底栖生物数量组成与季节变化

数量	断面	季节	藻类	多毛类	软体动物	甲壳动物	棘皮动物	其他生物	合计
生物量（g/m²）	MSM61	春季	0	0.67	1.70	0.40	0.08	0.90	3.75
	Mch6		0	0.84	1.66	1.80	0.54	6.67	11.51
	平均		0	0.76	1.68	1.10	0.31	3.79	7.64
	MSM61	夏季	0	8.78	0.29	4.07	6.23	0.13	19.50
	MSM61	秋季	0	1.00	0.28	0.38	5.15	0.05	6.86
	Mch6		0.03	2.59	3.74	3.16	0.11	6.07	15.70
	平均		0.02	1.80	2.01	1.77	2.63	3.06	11.29
	MSM61	冬季	0	0.44	0	1.44	4.28	4.99	11.15
	平均		0.01	2.94	1.00	2.10	3.36	2.99	12.40
密度（个/m²）	MSM61	春季	—	7	2	1	1	1	12
	Mch6		—	139	4	21	3	4	171
	平均		—	73	3	11	2	3	92
	MSM61	夏季	—	32	4	11	2	1	50
	MSM61	秋季	—	14	2	3	4	0	23
	Mch6		—	872	93	874	44	28	1 911
	平均		—	443	48	439	24	14	968
	MSM61	冬季	—	5	0	6	3	2	16
	平均		—	138	14	117	8	5	282

湄洲岛滨海湿地泥滩潮间带大型底栖生物四季平均生物量为 13.08 g/m²，平均栖息密度为 46 个/m²。生物量以甲壳动物居第一位（5.29 g/m²），棘皮动物居第二位（3.09 g/m²）；栖息密度以多毛类居第一位（26 个/m²），甲壳动物居第二位（10 个/m²）。数量季节变化特征明显，生物量以冬季较大（17.19 g/m²），春季较小（5.55 g/m²）；栖息密度以夏季较大（95 个/m²），春季较小（20 个/m²）。各类群数量组成与季节变化见表 31-7。

表 31-7　湄洲岛滨海湿地泥滩潮间带大型底栖生物生物量组成与季节变化

数量	季节	多毛类	软体动物	甲壳动物	棘皮动物	其他生物	合计
生物量（g/m²）	春季	1.34	0.83	3.38	0	0	5.55
	夏季	2.27	2.76	6.09	0	3.64	14.76
	秋季	0.45	3.20	10.22	0	0.95	14.82
	冬季	0.56	0.13	1.47	12.37	2.66	17.19
	平均	1.16	1.73	5.29	3.09	1.81	13.08
密度（个/m²）	春季	10	4	6	0	0	20
	夏季	58	20	14	0	3	95
	秋季	15	1	10	0	1	27
	冬季	20	1	10	9	1	41
	平均	26	7	10	2	1	46

31.4.2　数量分布

1990—1991 年湄洲岛滨海湿地潮间带大型底栖生物数量垂直分布，生物量从高到低依次为低潮区（201.16 g/m^2）、中潮区（124.41 g/m^2）、高潮区（5.90 g/m^2）；栖息密度从高到低依次为中潮区（115 个/m^2）、低潮区（84 个/m^2）、高潮区（43 个/m^2）。生物量和栖息密度均以高潮区较小。

泥沙滩（MSM61）潮间带大型底栖生物数量垂直分布，生物量从高到低依次为中潮区（15.70 g/m^2）、低潮区（14.89 g/m^2）、高潮区（0.35 g/m^2）；栖息密度从高到低依次为中潮区（39 个/m^2）、低潮区（36 个/m^2）、高潮区（1 个/m^2）。生物量和栖息密度均以中潮区较大，高潮区较小。

泥滩（MM62）潮间带大型底栖生物数量垂直分布，生物量从高到低依次为中潮区（28.33 g/m^2）、低潮区（10.19 g/m^2）、高潮区（0.72 g/m^2）；栖息密度从高到低依次为中潮区（118 个/m^2）、低潮区（19 个/m^2）、高潮区（2 个/m^2）。生物量和栖息密度均以中潮区较大，高潮区较小。

沙滩（MS63）潮间带大型底栖生物数量垂直分布，生物量从高到低依次为低潮区（0.58 g/m^2）、高潮区（0.40 g/m^2）、中潮区（0.16 g/m^2）；栖息密度从高到低依次为低潮区（116 个/m^2）、中潮区（32 个/m^2）、高潮区（10 个/m^2）。生物量和栖息密度均以低潮区较大。

岩石滩（MR64）潮间带大型底栖生物数量垂直分布，生物量从高到低依次为低潮区（701.87 g/m^2）、中潮区（423.27 g/m^2）、高潮区（20.46 g/m^2）；栖息密度从高到低依次为中潮区（247 个/m^2）、高潮区（150 个/m^2）、低潮区（143 个/m^2）（表 31-8）。

表 31-8　1990—1991 年湄洲岛滨海湿地潮间带大型底栖生物数量垂直分布

断面	数量	潮区	藻类	多毛类	软体动物	甲壳动物	棘皮动物	其他生物	合计
MSM61	生物量 (g/m^2)	高潮区	0	0	0	0.35	0	0	0.35
		中潮区	0	1.75	1.70	2.94	8.46	0.85	15.70
		低潮区	0	6.41	0	1.44	3.34	3.70	14.89
		平均	0	2.72	0.57	1.58	3.93	1.52	10.32
	密度 (个/m^2)	高潮区	—	0	0	1	0	0	1
		中潮区	—	22	6	7	2	2	39
		低潮区	—	23	0	7	5	1	36
		平均	—	15	2	5	2	1	25
MM62	生物量 (g/m^2)	高潮区	0	0	0	0.72	0	0	0.72
		中潮区	0	2.77	5.19	14.41	1.78	4.18	28.33
		低潮区	0	0.69	0	0.74	7.50	1.26	10.19
		平均	0	1.16	1.73	5.29	3.09	1.81	13.08
	密度 (个/m^2)	高潮区	—	0	0	2	0	0	2
		中潮区	—	70	19	24	2	3	118
		低潮区	—	8	0	4	5	2	19
		平均	—	26	6	10	2	1	45

续表 31-8

断面	数量	潮区	藻类	多毛类	软体动物	甲壳动物	棘皮动物	其他生物	合计
MS63	生物量 (g/m^2)	高潮区	0	0	0	0.40	0	0	0.40
		中潮区	0	0	0	0.16	0	0	0.16
		低潮区	0	0	0	0.58	0	0	0.58
		平均	0	0	0	0.38	0	0	0.38
	密度 (个/m^2)	高潮区	—	0	0	10	0	0	10
		中潮区	—	0	0	32	0	0	32
		低潮区	—	0	0	116	0	0	116
		平均	—	0	0	53	0	0	53
MR64	生物量 (g/m^2)	高潮区	0	0	14.40	6.06	0	0	20.46
		中潮区	24.00	18.69	140.16	240.25	0	0.17	423.27
		低潮区	252.15	106.86	342.36	0.10	0	0.40	701.87
		平均	92.05	41.85	165.64	82.14	0	0.19	381.87
	密度 (个/m^2)	高潮区	—	0	138	12	0	0	150
		中潮区	—	11	134	94	0	8	247
		低潮区	—	15	98	4	0	26	143
		平均	—	9	123	37	0	11	180
平均	生物量 (g/m^2)	高潮区	0	0	3.86	2.04	0	0	5.90
		中潮区	6.60	6.31	39.29	68.03	2.87	1.31	124.41
		低潮区	70.13	34.72	91.45	0.73	2.72	1.41	201.16
		平均	25.58	13.68	44.87	23.60	1.86	0.91	110.50
	密度 (个/m^2)	高潮区	—	0	37	6	0	0	43
		中潮区	—	26	42	42	1	4	115
		低潮区	—	13	27	33	3	8	84
		平均	—	13	35	27	1	4	80

2006年春秋季湄洲岛滨海湿地泥沙滩潮间带大型底栖生物数量垂直分布，生物量从高到低依次为低潮区（28.69 g/m^2）、中潮区（13.43 g/m^2）、高潮区（6.38 g/m^2）；栖息密度从高到低依次为中潮区（1 840个/m^2）、低潮区（1 282个/m^2）、高潮区（5个/m^2）。生物量和栖息密度均以高潮区较小（表31-9）。

表 31-9 2006年春秋季湄洲岛滨海湿地泥沙滩潮间带大型底栖生物数量垂直分布

数量	潮区	藻类	多毛类	软体动物	甲壳动物	棘皮动物	其他生物	合计
生物量 (g/m^2)	高潮区	0	0	0	6.38	0	0	6.38
	中潮区	0.02	3.14	5.82	2.08	0.89	1.48	13.43
	低潮区	0.03	2.00	2.29	2.91	0.10	21.36	28.69
	平均	0.02	1.71	2.70	3.79	0.33	7.61	16.16
密度 (个/m^2)	高潮区	—	0	0	5	0	0	5
	中潮区	—	869	108	822	19	22	1 840
	低潮区	—	649	37	519	52	25	1 282
	平均	—	506	48	449	24	16	1 043

2007年夏季，湄洲岛滨海湿地岩石滩潮间带大型底栖生物数量垂直分布，生物量从高到低依次为中潮区(1 418.61 g/m²)、低潮区（393.33 g/m²)、高潮区（4.72 g/m²)；栖息密度从高到低依次为低潮区(8 608个/m²)、中潮区（1 405个/m²)、高潮区（272个/m²)。生物量和栖息密度均以高潮区较小（表31-10)。

表31-10　2007年夏季湄洲岛滨海湿地岩石滩潮间带大型底栖生物数量垂直分布

数量	潮区	藻类	多毛类	软体动物	甲壳动物	棘皮动物	其他生物	合计
生物量(g/m²)	高潮区	0	0	4.72	0	0	0	4.72
	中潮区	55.89	2.67	1 193.95	165.09	0	1.01	1 418.61
	低潮区	0	1.04	349.12	37.97	0	5.20	393.33
	平均	18.63	1.24	515.93	67.69	0	2.07	605.55
密度(个/m²)	高潮区	—	0	272	0	0	0	272
	中潮区	—	280	784	312	0	29	1 405
	低潮区	—	112	248	8 232	0	16	8 608
	平均	—	131	435	2 848	0	15	3 429

31.4.3　饵料生物

湄洲岛滨海湿地潮间带大型底栖生物平均饵料水平分级为Ⅴ级，其中：软体动物较高，达Ⅳ级，多毛类、棘皮动物和其他生物均为Ⅰ级。岩石滩断面较高，达Ⅴ级，软体动物较高，达Ⅴ级，藻类和甲壳动物次之，均为Ⅳ级，棘皮动物和其他生物较低，均为Ⅰ级。沙滩断面（MS63）较低，为Ⅰ级，各类群均为Ⅰ级。泥沙滩断面为Ⅲ级，其中各类群均为Ⅰ级。泥滩断面为Ⅲ级，其中甲壳动物为Ⅱ级，其他各类群均为Ⅰ级（表31-11)。

表31-11　湄洲岛滨海湿地潮间带大型底栖生物饵料水平分级

底质	藻类	多毛类	软体动物	甲壳动物	棘皮动物	其他生物	评价标准
岩石滩	Ⅳ	Ⅲ	Ⅴ	Ⅳ	Ⅰ	Ⅰ	Ⅴ
沙滩	Ⅰ	Ⅰ	Ⅰ	Ⅰ	Ⅰ	Ⅰ	Ⅰ
泥沙滩	Ⅰ	Ⅰ	Ⅰ	Ⅰ	Ⅰ	Ⅰ	Ⅲ
泥滩	Ⅰ	Ⅰ	Ⅰ	Ⅱ	Ⅰ	Ⅰ	Ⅲ
平均	Ⅱ	Ⅰ	Ⅳ	Ⅱ	Ⅰ	Ⅰ	Ⅴ

31.5　群落

31.5.1　群落类型

湄洲岛滨海湿地潮间带大型底栖生物群落按底质类型分为：岩石滩群落、沙滩群落、泥沙滩群落和泥滩群落，以下重点介绍泥沙滩群落和岩石滩群落。

（1）泥沙滩群落。高潮区：痕掌沙蟹带；中潮区：似蛰虫—齿腕拟盲蟹—分岐阳遂足带；低潮区：东方刺尖锥虫—厚壳蛤（*Indocrassatella* sp.）—模糊新短眼蟹—近辐蛇尾带。

（2）岩石滩群落。高潮区：粒结节滨螺—塔结节滨螺带；中潮区：模裂虫—棘刺牡蛎—鳞笠藤壶带；低潮区：独齿围沙蚕—敦氏猿头蛤—覆瓦小蛇螺—三角藤壶带。

31.5.2　群落结构

（1）泥沙滩群落。该群落所处滩面底质类型高潮区为粗砂，中潮区为砂，低潮区由泥沙组成。

高潮区：痕掌沙蟹带。该潮区种类贫乏，数量不高，代表种痕掌沙蟹的生物量和栖息密度分别为 11.04 g/m^2 和 8 个/m^2。

中潮区：似蛰虫—齿腕拟盲蟹—分岐阳遂足带。该潮区主要种似蛰虫，自本区可向下延伸分布至低潮区，在本区上层的生物量和栖息密度分别为 0.04 g/m^2 和 20 个/m^2，下层分别为 0.04 g/m^2 和 80 个/m^2。齿腕拟盲蟹，仅在本区中层出现，生物量和栖息密度分别为 0.15 g/m^2 和 20 个/m^2。分岐阳遂足，仅在中潮区出现，生物量和栖息密度分别为 1.36 g/m^2 和 8 个/m^2。其他主要种和习见种有卷虫、背褶沙蚕、腺带刺沙蚕、寡鳃齿吻沙蚕、锥稚虫（*Aonides* sp.）、刚鳃虫、独毛虫、中蚓虫、滑指矶沙蚕、双唇索沙蚕、豆形胡桃蛤、满月无齿蛤（*Anodontia stearnsiana*）、渤海鸭嘴蛤、畸形链肢虫、三崎双眼钩虾（*A. misakiensis*）、好斗埃蜚、鼓虾（*Alpheus* sp.）、小五角蟹（*Nursia minor*）、光滑倍棘蛇尾等。

低潮区：东方刺尖锥虫—厚壳蛤—模糊新短眼蟹—近辐蛇尾带。该潮区主要种东方刺尖锥虫，从中潮区可延伸分布至低潮区，在本区数量不高，生物量和栖息密度分别为 0.04 g/m^2 和 12 个/m^2。厚壳蛤，主要分布在中潮区下层和该区上层，在本区的生物量和栖息密度分别仅为 3.08 g/m^2 和 4 个/m^2。模糊新短眼蟹，从中潮区延伸分布至低潮区上层，在本区的生物量和栖息密度分别为 0.68 g/m^2 和 8 个/m^2。近辐蛇尾，仅在本区出现，数量不高，生物量和栖息密度分别为 0.04 g/m^2 和 4 个/m^2。其他主要种和习见种有丛柳珊瑚（*Euplexaura* sp.）、背鳞虫（*Lepidonotus* sp.）、白合甲虫、后指虫、中蚓虫、双唇索沙蚕、好斗埃蜚、日本大螯蜚、毛刺蟹（*Plilumnus* sp.）、尼苔虫（*Nellia* sp.）和厦门文昌鱼等（图 31-2）。

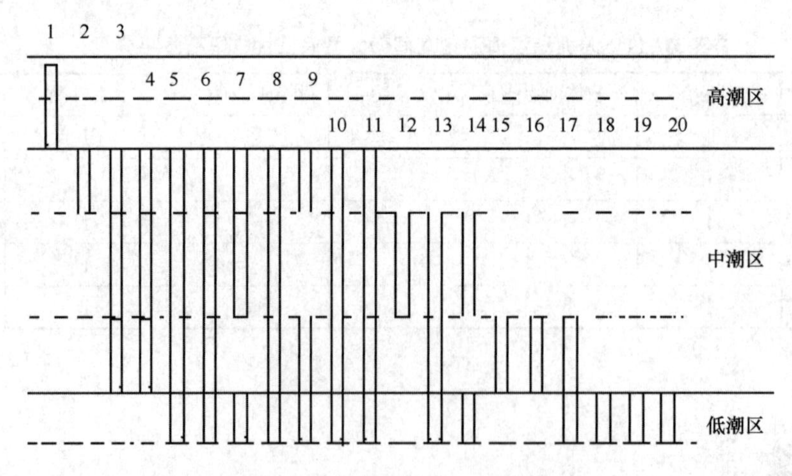

图 31-2　泥沙滩群落主要种垂直分布

1. 痕掌沙蟹；2. 光滑倍棘蛇尾；3. 锥稚虫；4. 独毛虫；5. 卷虫；6. 东方刺尖锥虫；7. 刚鳃虫；8. 异蚓虫；9. 双唇索沙蚕；10. 索沙蚕；11. 似蛰虫；12. 豆形胡桃蛤；13. 中蚓虫；14. 模糊新短眼蟹；15. 厚壳蛤；16. 齿腕拟盲蟹；17. 分岐阳遂足；18. 近辐蛇尾；19. 厦门文昌鱼；20. 好斗埃蜚

（2）岩石滩群落。该群落所处滩面长度约 250 m，底质类型高潮区至低潮区由花岗岩组成。

高潮区：粒结节滨螺—塔结节滨螺带。该潮区代表种粒结节滨螺，数量不高，生物量和栖息密度分别为5.92 g/m² 和232个/m²。塔结节滨螺的生物量和栖息密度分别为1.04 g/m² 和40个/m²。

中潮区：模裂虫—棘刺牡蛎—鳞笠藤壶带。该区主要种模裂虫，在本区上层的生物量和栖息密度分别为0.16 g/m² 和72个/m²，中层分别为0.64 g/m² 和216个/m²，下层分别为0.32 g/m² 和48个/m²。优势种棘刺牡蛎，分布在本区上、中、下层，在上层的生物量和栖息密度分别高达664.00 g/m² 和1 095个/m²，中层分别高达2 343.12 g/m² 和1 000个/m²，下层分别为47.20 g/m² 和8个/m²。优势种鳞笠藤壶，分布在本区上、中层，在上层的生物量和栖息密度分别为29.28 g/m² 和8个/m²，中层的生物量和栖息密度分别达638.24 g/m² 和208个/m²。其他主要种和习见种有扁齿围沙蚕（*Perinereis vancaurica*）、杂色伪沙蚕（*Pseudonereis variegata*）、白色盘管虫、克氏无襟毛虫、革囊星虫、红条毛肤石鳖、青蚶、黑荞麦蛤、珊瑚绒贻贝、细尖石蛏、短石蛏、红拉沙蛤、嫁戚、疣荔枝螺、直背小藤壶、梳肢片钩虾、小相手蟹等。

低潮区：独齿围沙蚕—敦氏猿头蛤—覆瓦小蛇螺—三角藤壶带。该区主要种独齿围沙蚕，自中潮区下层延伸分布至本区上层，在本区的生物量和栖息密度分别为1.52 g/m² 和32个/m²。主要种敦氏猿头蛤，仅在本区出现，生物量和栖息密度分别为1 176.00 g/m² 和40个/m²。覆瓦小蛇螺，自中潮区下层延伸分布至本区上层，在本区的生物量和栖息密度分别为768.80 g/m² 和144个/m²。优势种三角藤壶，仅在本区出现，生物量和栖息密度分别为1 188.16 g/m² 和8 208个/m²。其他主要种和习见种有柑橘荔枝海绵、刺柳珊瑚（*Echinogorgia* sp.）、细毛背鳞虫、矶沙蚕、襟松虫、布氏蚶、偏顶蛤（*Modiolus* sp.）、粒神螺、无花果奥兰螺（*Orania ficula*）、丽核螺、美丽唇齿螺（*Engina pulchra*）、高峰条藤壶、圆柱水虱（*Cirolana* sp.）、变态蟳、小卷海齿花、中华五角海星、细雕刻肋海胆、可疑翼手参和方柱翼手参等（图31-3）。

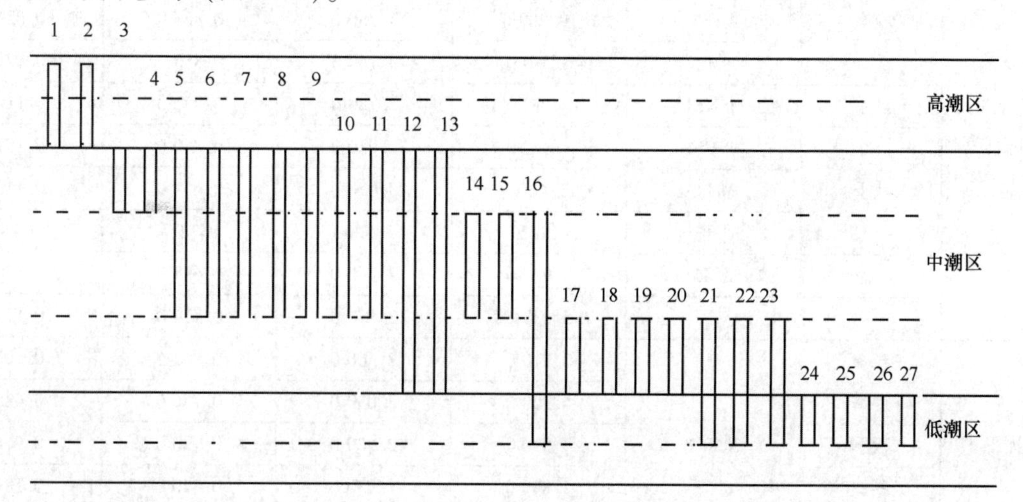

图31-3　岩石滩群落主要种垂直分布

1. 粒结节滨螺；2. 塔结节滨螺；3. 日本花棘石鳖；4. 直背小藤壶；5. 扁齿围沙蚕；6. 杂色伪沙蚕；7. 黑荞麦蛤；8. 嫁戚；9. 疣荔枝螺；10. 鳞笠藤壶；11. 小相手蟹；12. 模裂虫；13. 棘刺牡蛎；14. 大角玻璃钩虾；15. 小珊瑚藻；16. 细毛背鳞虫；17. 革囊星虫；18. 红条毛肤石鳖；19. 青蚶；20. 细尖石蛏；21. 独齿围沙蚕；22. 覆瓦小蛇螺；23. 斑纹圆柱水虱；24. 柑橘荔枝海绵；25. 敦氏猿头蛤；26. 粒神螺；27. 三角藤壶

31.5.3　群落生态特征值

根据Shannon-Wiener种类多样性指数（H'）、Pielous种类均匀度指数（J）、Margalef种类丰富度指数（d）和Simpson优势度（D）显示，湄洲岛滨海湿地潮间带大型底栖生物群落丰富度指数（d）以泥沙滩群落较高（5.638 8），沙滩群落较低（0.072 5）；多样性指数（H'）以岩石滩群落较高

(2.707 5)，沙滩群落较低（0.022 8）；均匀度指数（J）以泥滩群落较高（0.864 3），沙滩群落较低（0.020 7）；Simpson 优势度（D），以沙滩群落较高（0.242 0），泥滩群落较低（0.110 2）。各群落不同季节生态特征值变化见表 31-12。

表 31-12　湄洲岛滨海湿地潮间带大型底栖生物群落生态特征值

群落	季节	断面	d	H'	J	D
岩石滩	春季	MR64	4.790 0	2.990 0	0.835 0	0.070 3
	夏季	MR64	4.310 0	2.840 0	0.827 0	0.084 7
		Mch5	5.490 0	1.680 0	0.422 0	0.419 0
		平均	4.900 0	2.260 0	0.624 5	0.251 9
	秋季	MR64	3.600 0	2.790 0	0.845 0	0.079 6
	冬季	MR64	3.600 0	2.790 0	0.845 0	0.079 6
	平均		4.222 5	2.707 5	0.787 4	0.120 3
沙滩	春季	MS63	0	0	0	0
	夏季		0.290 0	0.091 1	0.082 9	0.968 0
	秋季		0	0	0	0
	冬季		0	0	0	0
	平均		0.072 5	0.022 8	0.020 7	0.242 0
泥沙滩	春季	MSM61	3.360 0	2.550 0	0.900 0	0.107 0
		Mch6	10.200 0	3.730 0	0.866 0	0.036 5
		平均	6.780 0	3.140 0	0.883 0	0.071 8
	夏季	MSM61	5.110 0	2.780 0	0.782 0	0.116 0
	秋季	MSM61	1.890 0	1.930 0	0.840 0	0.187 0
		Mch6	11.600 0	3.070 0	0.654 0	0.118 0
		平均	6.7450	2.5000	0.7470	0.1525
	冬季	MSM61	3.920 0	2.260 0	0.684 0	0.170 0
	平均		5.638 8	2.670 0	0.774 0	0.127 6
泥滩	春季	MM62	2.910 0	2.500 0	0.901 0	0.103 0
	夏季		6.900 0	3.030 0	0.786 0	0.085 9
	秋季		4.390 0	2.960 0	0.930 0	0.064 7
	冬季		1.890 0	1.930 0	0.840 0	0.187 0
	平均		4.022 5	2.605 0	0.864 3	0.110 2

31.5.4　群落稳定性

2007 年夏季湄洲岛滨海湿地 Mch5 岩石滩潮间带大型底栖生物群落，丰度生物量复合 k-优势度曲线出现交叉和翻转，其原因可能在于该群落优势种棘刺牡蛎具较高的栖息密度所致，在中潮区上层和中层其栖息密度分别高达 1 095 个/m^2 和 1 000 个/m^2（图 31-4 至图 31-7）。泥滩和泥沙滩群落相对稳定，丰度生物量复合 k-优势度曲线不交叉、不翻转、不重叠，生物量优势度曲线始终位于丰度上方。但冬季泥滩群落生物量累积百分优势度分别高达 80%；秋季和冬季，泥沙滩群落生物量累积百分优势度分别可达 65%和 66%（图 31-8 至图 31-17）。

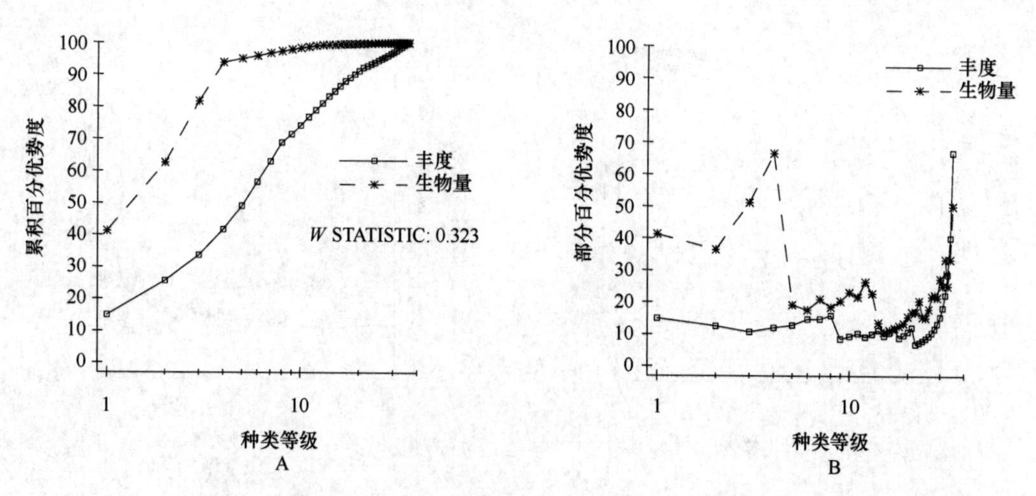

图 31-4 春季 MR64 岩石滩群落丰度生物量复合 k-优势度（A）和部分优势度（B）曲线

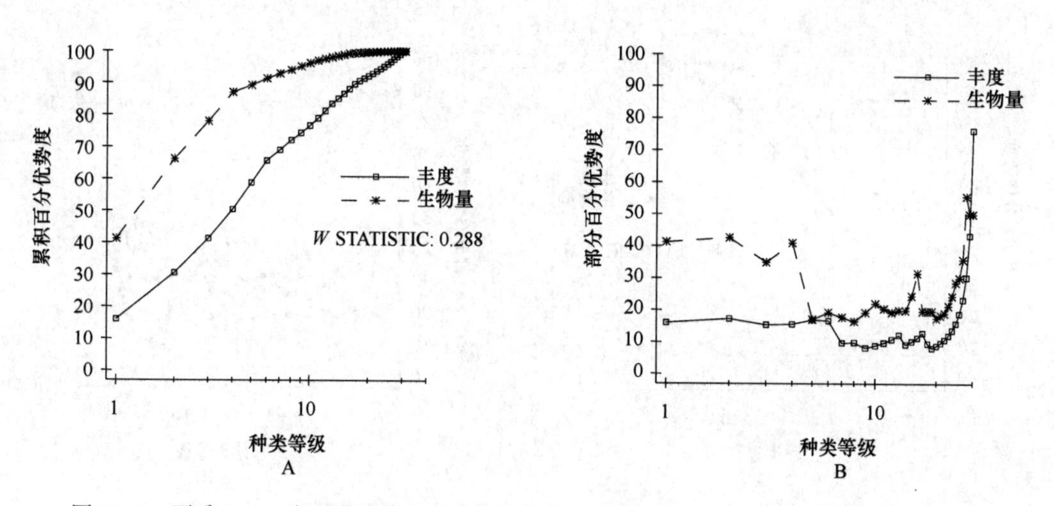

图 31-5 夏季 MR64 岩石滩群落丰度生物量复合 k-优势度（A）和部分优势度（B）曲线

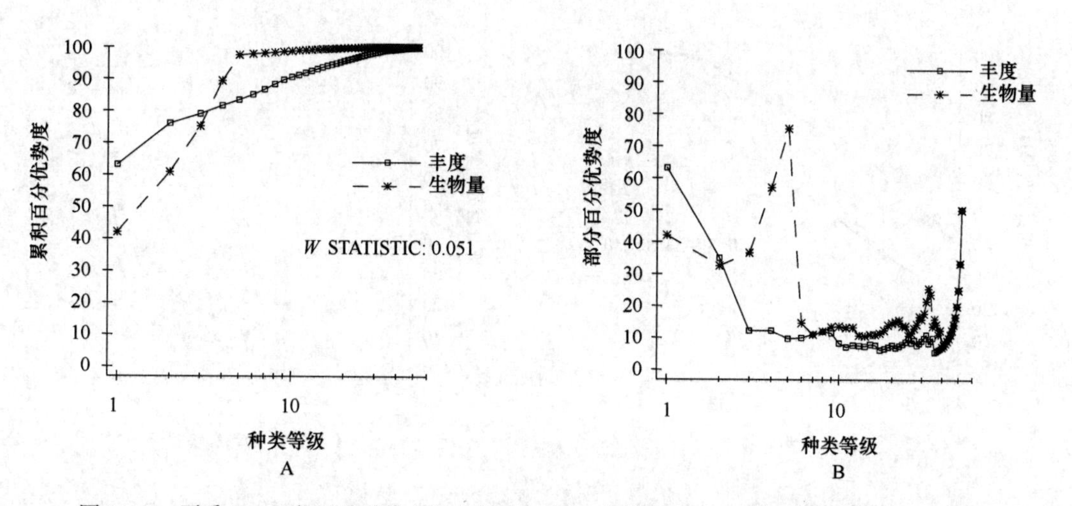

图 31-6 夏季 Mch5 岩石滩群落丰度生物量复合 k-优势度（A）和部分优势度（B）曲线

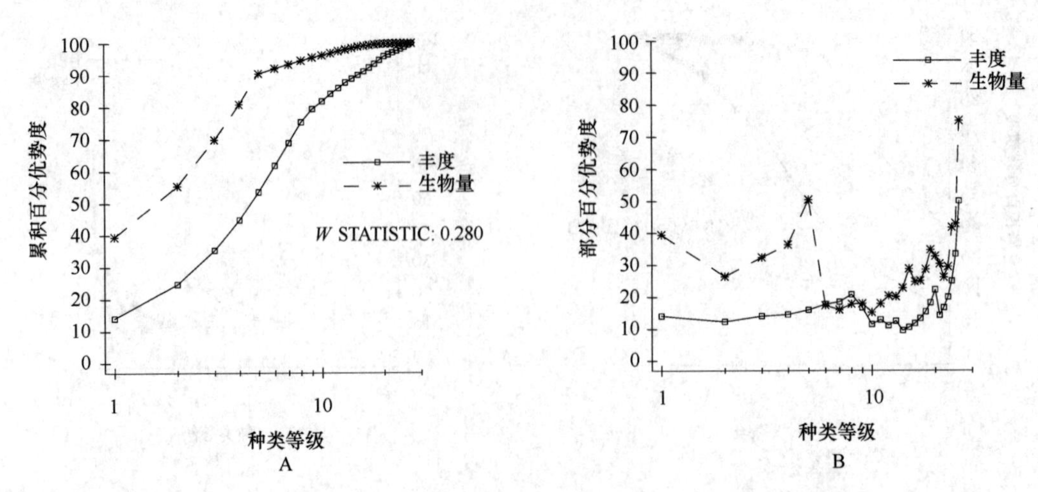

图 31-7　秋季 MR64 岩石滩群落丰度生物量复合 k-优势度（A）和部分优势度（B）曲线

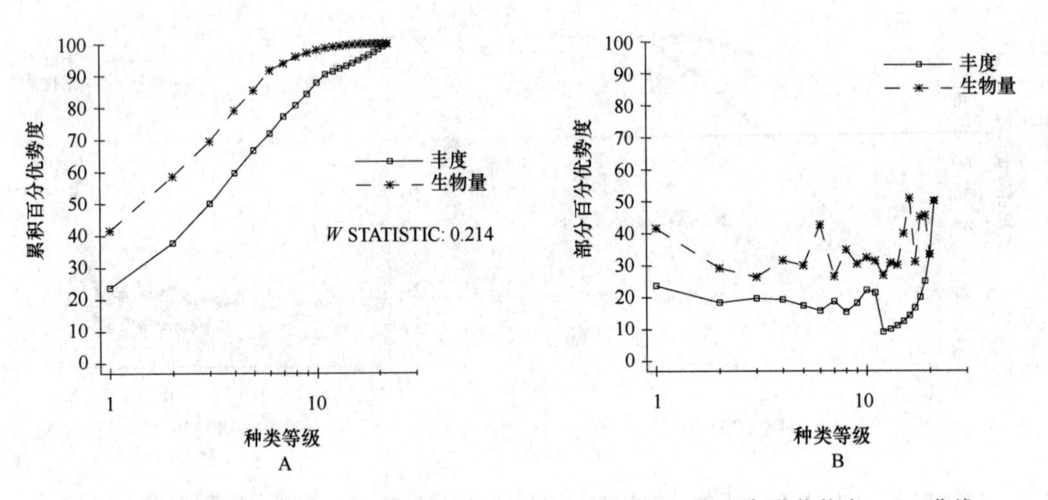

图 31-8　冬季 MR64 岩石滩群落丰度生物量复合 k-优势度（A）和部分优势度（B）曲线

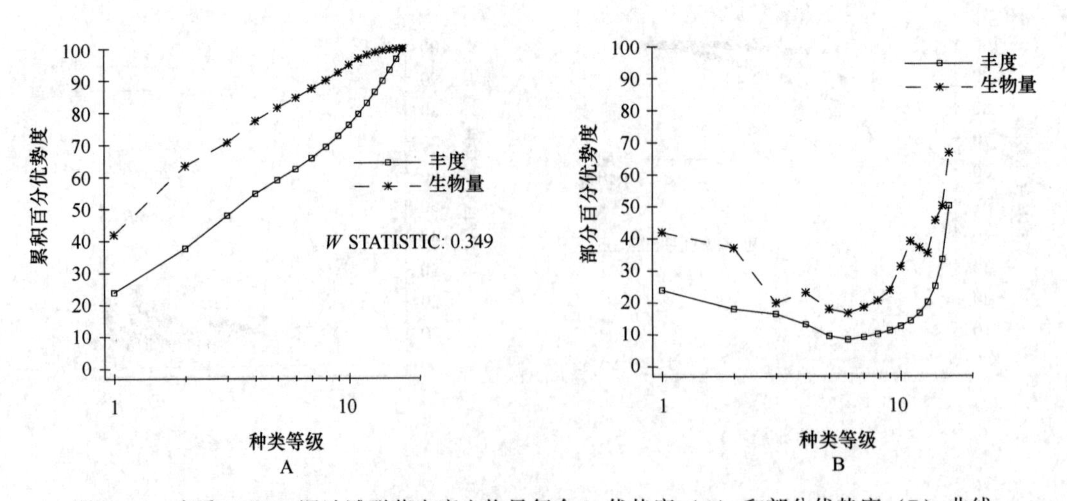

图 31-9　春季 MSM61 泥沙滩群落丰度生物量复合 k-优势度（A）和部分优势度（B）曲线

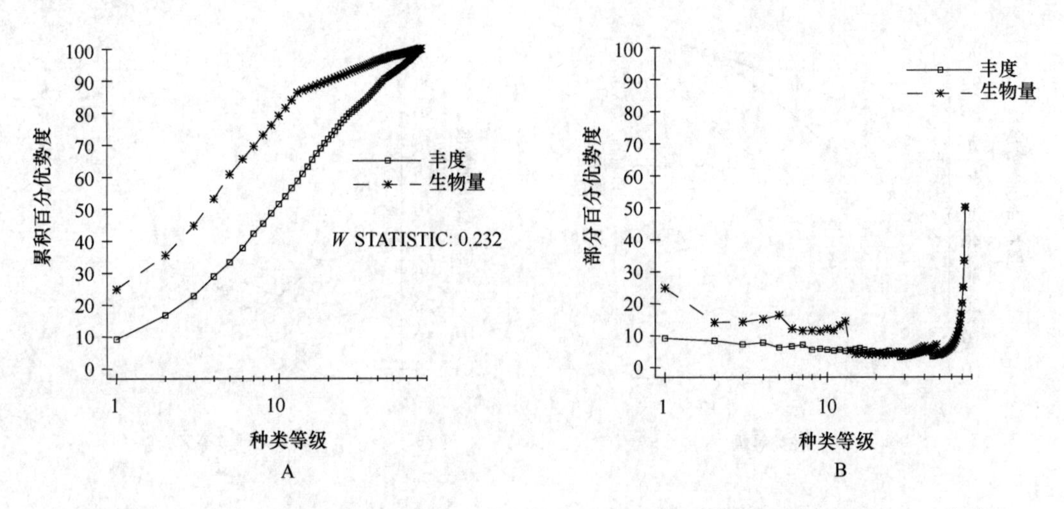

图 31-10 春季 Mch6 泥沙滩群落丰度生物量复合 k-优势度（A）和部分优势度（B）曲线

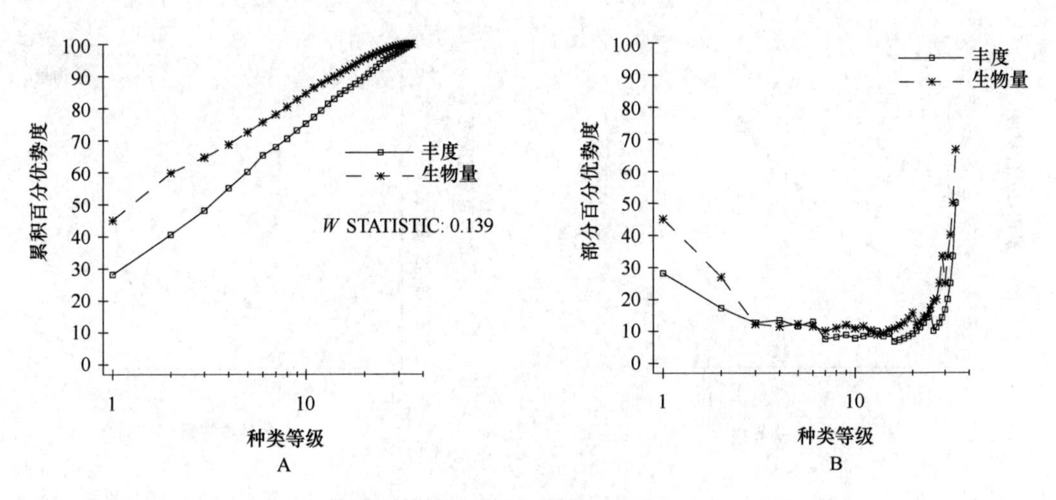

图 31-11 夏季 MSM61 泥沙滩群落丰度生物量复合 k-优势度（A）和部分优势度（B）曲线

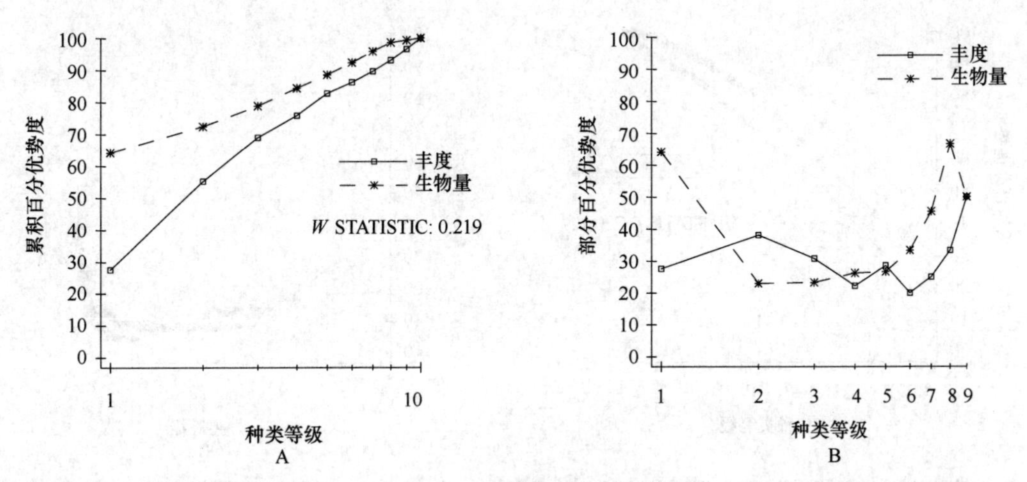

图 31-12 秋季 MSM61 泥沙滩群落丰度生物量复合 k-优势度（A）和部分优势度（B）曲线

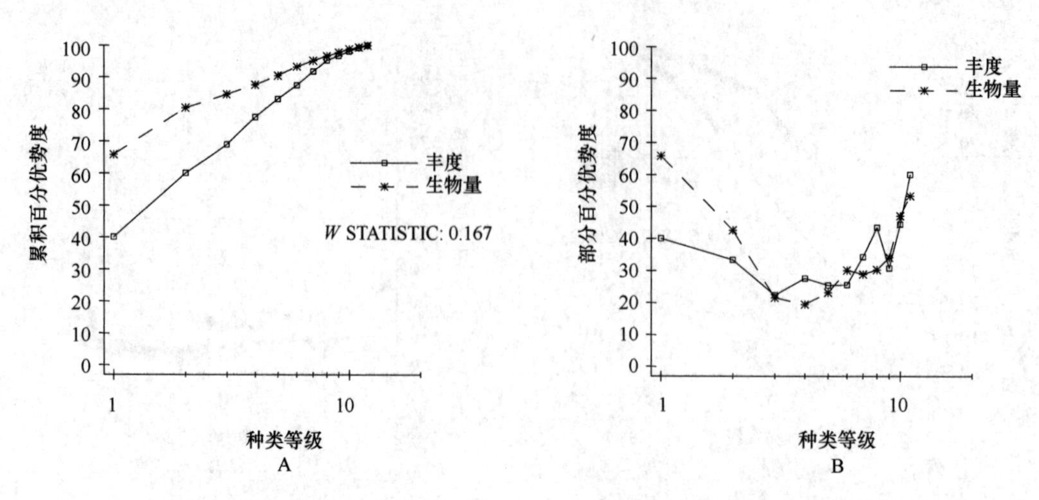

图 31-13　冬季 MSM61 泥沙滩群落丰度生物量复合 k-优势度（A）和部分优势度（B）曲线

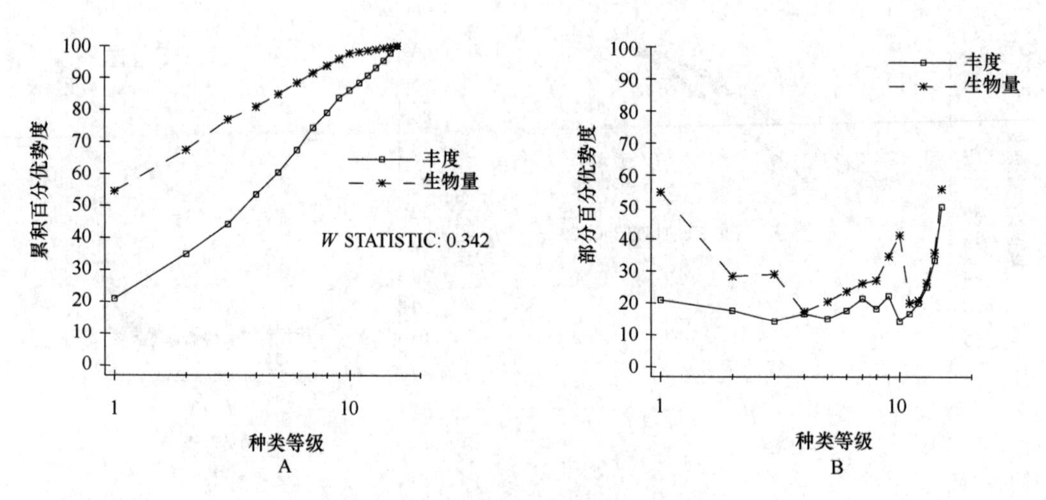

图 31-14　春季 MM62 泥滩群落丰度生物量复合 k-优势度（A）和部分优势度（B）曲线

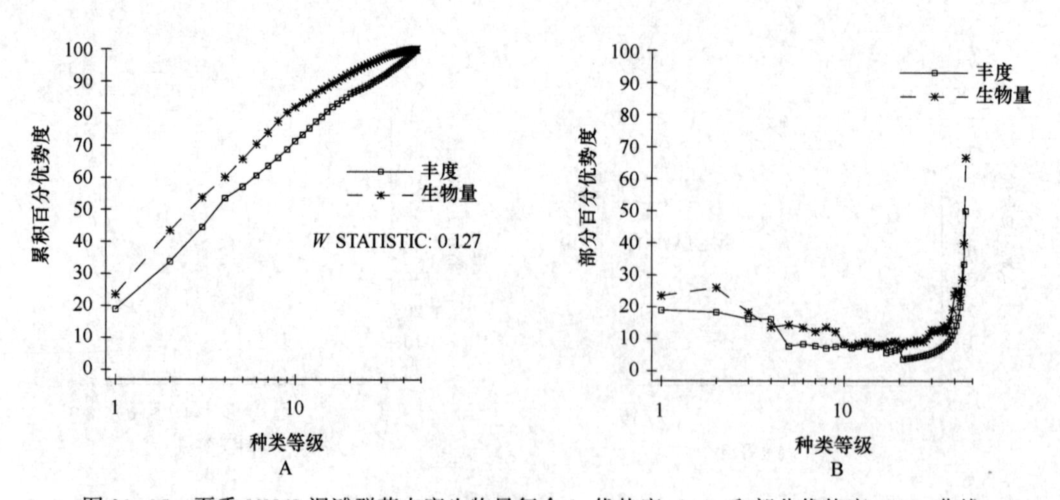

图 31-15　夏季 MM62 泥滩群落丰度生物量复合 k-优势度（A）和部分优势度（B）曲线

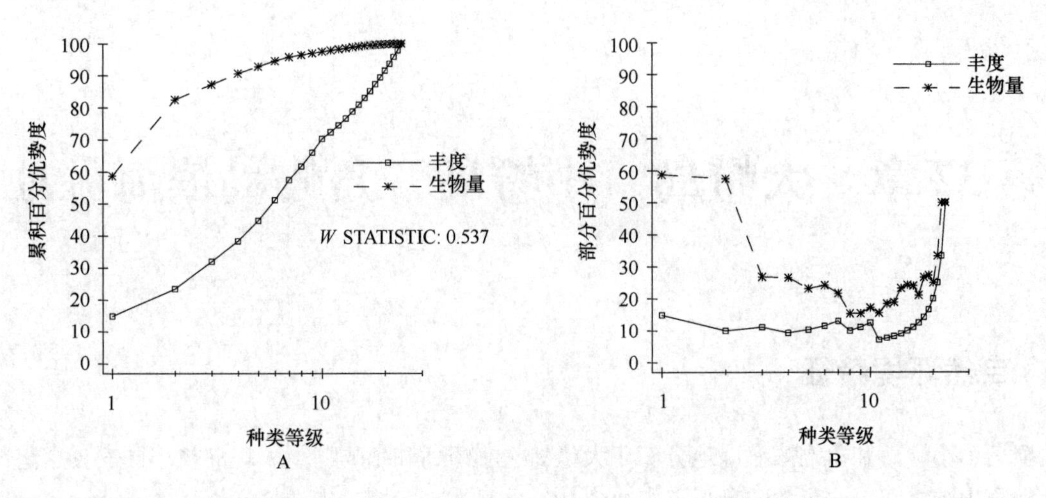

图 31-16　秋季 MM62 泥滩群落丰度生物量复合 k-优势度（A）和部分优势度（B）曲线

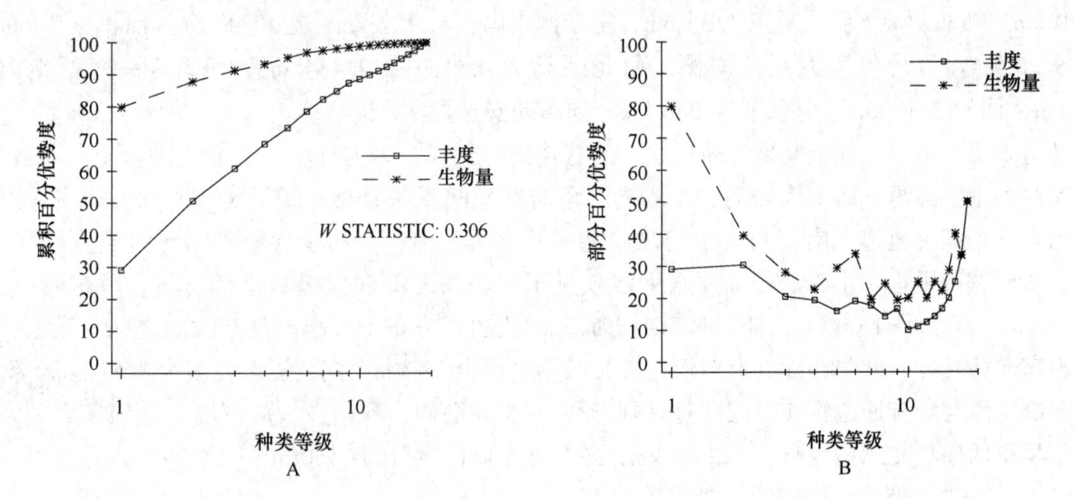

图 31-17　冬季 MM62 泥滩群落丰度生物量复合 k-优势度（A）和部分优势度（B）曲线

第32章 大嶝岛、小嶝岛、角屿岛滨海湿地

32.1 自然环境特征

大嶝岛、小嶝岛和角屿滨海湿地分布于大嶝岛、小嶝岛和角屿岛。大嶝岛位于同安县东南部，大嶝航道和金山港之间，北距大陆最近点1.297 1 km；呈东南—西北走向，长5.2 km，宽2.26 km，面积13.42 km^2，岸线长19.36 km；地势由南向北微倾，最高点寨仔山海拔41.8 m。小嶝岛位于大嶝岛东3.0 km，西北距离大陆最近点1.35 nm，呈东西走向，长1.7 km，宽0.48 km，面积1.2 km^2，岸线长8.06 km。角屿位于大嶝岛南侧，西北距离大陆最近点2.484 nm，呈北东—南西走向，长1.25 km，面积0.31 km^2，岸线长4.086 km，同属同安县管辖。

岛屿表层为第四系残积及现代冲积物，偶有花岗岩裸露，多赤红壤，有潮土和盐土。植被稀少，以木麻黄为主。大嶝三岛（大嶝岛、小嶝岛、角屿）潮间浅滩分布开阔，西部已和大陆浅滩连成一片，剩下一条潮流通道。南部与大金门之间为一片水下浅滩，分布于大嶝岛南部海域，最宽为5~6 km，海底宽阔平坦，水深1~3 m。水下沙坝见于小嶝岛北部和大嶝岛南部海域，呈东西向展布，长2~3 km，宽200~1 000 m，低潮时露出水面。潮流通道分布于大小嶝岛与大陆之间水道上，呈喇叭形由东向西延伸，并与西部滩上潮沟连接。东侧水深为2~3 m，向西逐渐变浅为0.5~1 m。潮沟分布于西部浅滩与潮流通道相连，低潮时只剩下宽3~5 m潮沟。深槽在大嶝三岛与金门岛之间海域有数条，呈东西向、北东向展布，长2~3 km，最长达6 km，宽100~150 m，水深5~10 m，最深20 m，深槽低于浅滩达3~5 m，为航线主要通道。

岛屿海域表层沉积物类型有砾砂、粗砂、中粗砂、粗中砂、细中砂、中细砂、砂、细砂、粉砂质砂、砂—粉砂—黏土、黏土质粉砂和粉砂质黏土。砾砂分布在角屿东西两侧潮下带，小嶝岛北侧潮间带，欧厝东南方部分低潮带。粗砂仅见于大嶝岛东南方局部潮下带。中粗砂分布在小嶝岛西侧潮间带、东侧潮下带，欧厝东南方部分潮下带和大嶝岛北侧航道。黏土质粉砂为该海域最主要沉积类型，并集中成片分布于大嶝岛西侧海域。其他沉积类型分布复杂，特别是在大嶝岛东侧海域，沉积类型多，区域变化大。大嶝岛东侧海域，欧厝—五沙水道海域，由于临近金门湾口，沉积环境开畅，水动力条件强劲而复杂，沉积物来源丰富，沉积了砾砂、粗砂、中粗砂、粗中砂、细中砂、中细砂、砂等以粗颗粒为主组成的多种沉积类型；大嶝岛西侧海域，地处湾内，有大金门、小金门和大嶝岛作为天然屏障，沉积环境隐蔽，水动力条件微弱，沉积了以细颗粒为主组成的较单一的沉积类型。

年平均气温20.9℃，1月平均气温13.0℃，7月平均气温28.2℃。年降雨量1 059.8 mm。夏秋之交易受台风影响。周围海域表层水温，1990年2—11月，1年中2月最低（14.23℃），9月最高（28.10℃）。表层盐度，冬季最低（29.97），夏季最高（31.90）；表层盐度最小值27.37，最大值32.40。

潮汐类型为正规半日潮。月平均潮差4.33 m，最大潮差5.86 m（1933年10月22日），最小潮差2.15 m，平均涨潮历时6.17 h，平均落潮历时6.27 h。

32.2　断面与站位布设

1990 年 2 月—1992 年 1 月、2005 年 3 月、2006 年 11 月、2007 年 5 月、2008 年 8 月和 2010 年 1 月对大嶝岛海域进行了潮间带大型底栖生物取样调查，共涉及 10 个断面，具体断面布设和底质类型见表 32-1，图 32-1。

表 32-1　大嶝岛海域滨海湿地潮间带大型底栖生物调查断面

序号	时间	断面	编号	经 度（E）	纬 度（N）	底质
1	1990 年 2 月—1992 年 1 月，2008 年 8 月	田乾	MDM5	118°19′27.00″	24°34′1.00″	泥沙滩
2		阳塘	MDS6	118°19′50.00″	24°32′39.00″	沙滩
3		角屿	MJR7	118°24′16.78″	24°33′22.23″	岩石滩
4		小嶝	MXR8	118°22′25.00″	24°33′15.00″	
5	2005 年 3 月	双沪	MDM9	118°18′49.86″	24°33′12.24″	泥沙滩
6		阳塘	MDM10	118°19′53.76″	24°32′39.84″	
7	2006 年 11 月—2007 年 5 月	田乾	MDM11	118°20′13.56″	24°34′1.56″	
8	2008 年 8 月	小嶝	MXM12	118°22′47.82″	24°33′42.82″	
9	2010 年 1 月	大嶝	E1	118°19′18.12″	24°34′19.32″	
10		大嶝	F1	118°17′42.75″	24°34′23.49″	

图 32-1　大嶝岛海域滨海湿地潮间带大型底栖生物调查断面

32.3 物种多样性

32.3.1 种类组成与分布

大嶝岛海域滨海湿地潮间带大型底栖生物662种，其中藻类85种，多毛类186种，软体动物178种，甲壳动物120种，棘皮动物36种和其他生物57种。多毛类、软体动物和甲壳动物占总种数的73.11%，三者构成潮间带大型底栖生物主要类群。不同底质类型比较，种数岩石滩（321种）大于泥沙滩（310种）大于沙滩（166种）。

大嶝岛海域滨海湿地岩石滩潮间带大型底栖生物321种，其中藻类77种，多毛类36种，软体动物103种，甲壳动物44种，棘皮动物31种和其他生物30种。藻类、软体动物和甲壳动物占总种数的69.78%，三者构成岩石滩潮间带大型底栖生物主要类群。

大嶝岛海域滨海湿地沙滩潮间带大型底栖生物166种，其中多毛类83种，软体动物40种，甲壳动物30种，棘皮动物5种和其他生物8种。软体动物、甲壳动物和其他生物占总种数的92.16%，三者构成沙滩潮间带大型底栖生物主要类群。

大嶝岛海域滨海湿地泥沙滩潮间带大型底栖生物310种，其中藻类8种，多毛类131种，软体动物67种，甲壳动物75种，棘皮动物6种和其他生物23种。多毛类、软体动物和甲壳动物占总种数的88.06%，三者构成泥沙滩潮间带大型底栖生物主要类群。

不同底质类型潮间带大型底栖生物种类组成与分布情况见表32-2。

表32-2　大嶝岛海域滨海湿地潮间带大型底栖生物种类组成与分布　　单位：种

底质	断面	季节	藻类	多毛类	软体动物	甲壳动物	棘皮动物	其他生物	合计
岩石滩	MJR7	春季	35	23	54	15	15	10	152
		夏季	21	19	62	8	5	11	126
		秋季	12	24	59	6	17	14	132
		冬季	19	24	54	7	5	7	116
		小计	57	36	88	24	22	17	244
	MXR8	春季	41	9	30	5	9	14	108
		夏季	11	10	41	18	14	12	106
		秋季	10	21	41	12	10	10	104
		冬季	18	8	34	5	2	8	75
		小计	55	27	67	21	20	22	212
	合计		77	36	103	44	31	30	321
沙滩	MDS6	春季	0	50	15	9	0	4	78
		夏季	0	43	13	19	1	3	79
		秋季	0	37	20	8	4	3	72
		冬季	0	31	14	9	0	3	57
		小计	0	83	40	30	5	8	166

续表

底质	断面	季节	藻类	多毛类	软体动物	甲壳动物	棘皮动物	其他生物	合计
泥沙滩	MDM5	春季	0	23	13	16	0	5	57
	MDM9		7	25	17	17	1	3	70
	MDM10		6	35	23	16	0	4	84
	合计		8	43	29	24	1	6	111
	MDM11	春季	3	29	16	15	0	2	65
	MDM5	夏季	0	15	18	13	1	2	49
	MXM12		0	28	14	17	0	2	61
	MDM5	秋季	0	17	13	10	4	3	47
	MDM11		3	33	4	19	0	5	64
	MDM5	冬季	0	32	20	11	2	5	70
	E1		0	38	15	16	0	3	72
	F1		3	33	16	12	0	1	65
	MDM5	小计	0	50	34	22	1	7	114
	合计		8	131	67	75	6	23	310
总计			85	186	178	120	36	57	662

32.3.2　优势种和主要种

根据数量和出现率，大嶝岛海域滨海湿地沙滩和泥沙滩潮间带大型底栖生物优势种和主要种有条浒苔、伪才女虫、异蚓虫、欧努菲虫、四索沙蚕、多鳃齿吻沙蚕、双形拟单指虫、丝鳃稚齿虫、独毛虫、中蚓虫、凸壳肌蛤、联球蚶、彩虹明樱蛤、刀明樱蛤、菲律宾蛤仔、绿螂、渤海鸭嘴蛤、鸭嘴蛤、秀丽织纹螺、缢蛏、短拟沼螺、珠带拟蟹守螺、古氏滩栖螺、泥螺、亚洲异针涟虫、中华蜾蠃蜚、美原双眼钩虾、日本大螯蜚、毛大螯蜚（*Grandidierella gilesi*）、三角柄蜾蠃蜚、薄片蜾蠃蜚、明秀大眼蟹、弧边招潮、淡水泥蟹等。

岩石滩潮间带大型底栖生物优势种和主要种有盘苔（*Blidingia minima*）、孔石莼、小珊瑚藻、鹿角沙菜、小石花菜、铁丁菜、石莼、长枝沙菜、三角凹顶藻（*Laurencia tristicha*）、黑顶藻（*Sphacelaria subfusca*）、羊栖菜、纵条肌海葵、独齿围沙蚕、细毛背鳞虫、双管阔沙蚕（*Platynereis bicanaliculata*）、珠须矶沙蚕（*Eunice antennata*）、襟松虫、侧口乳蛰虫、三角旋鳃虫、厥目革囊星虫、粒结节滨螺、粗糙滨螺、拟帽贝、粒花冠小月螺、渔舟蜒螺、齿纹蜒螺、锈凹螺、粒神螺、甲虫螺、覆瓦小蛇螺、疣荔枝螺、双带核螺、黑菊花螺、日本菊花螺、牡蛎、丽肋绒贻贝（*Gregariella splendida*）、双纹须蚶、带偏顶蛤、短石蛏、敦氏猿头蛤、日本花棘石鳖、红条毛肤石鳖、黑荞麦蛤、栗色拉沙蛤、鳞笠藤壶、小相手蟹、篦额尖额蟹（*Rhynchoplax messor*）、小卷海齿花、二色桌片参（*Mensamaria intercedens*）、沙氏辐蛇尾、隐板蛇尾（*Ophiomaza obscura*）和澳洲小齐海鞘等。

32.4　数量时空分布

32.4.1　数量组成与季节变化

大嶝岛海域滨海湿地岩石滩、沙滩和泥沙滩潮间带大型底栖生物平均生物量为 629.33 g/m^2，平均栖息密度为 924 个/m²。生物量以软体动物居第一位（309.55 g/m²），甲壳动物居第二位（222.35 g/m²）；栖息密度以甲壳动物居第一位（415 个/m²），软体动物居第二位（287 个/m²）。不同底质类型比较，生物量从高到低依次为岩石滩（1 788.16 g/m²）、泥沙滩（79.30 g/m²）、沙滩（20.52 g/m²）；栖息密度同样从高到低依次为岩石滩（1 823 个/m²）、泥沙滩（578 个/m²）、沙滩（375 个/m²）。各类群数量组成与分布见表 32-3。

表 32-3　大嶝岛海域滨海湿地潮间带大型底栖生物数量组成与分布

数量	底质	藻类	多毛类	软体动物	甲壳动物	棘皮动物	其他生物	合计
生物量（g/m²）	岩石滩	226.04	9.49	853.45	656.36	7.39	35.43	1 788.16
	沙滩	0	4.21	12.30	2.79	0.52	0.70	20.52
	泥沙滩	2.76	3.41	62.91	7.89	0.25	2.08	79.30
	平均	76.27	5.70	309.55	222.35	2.72	12.74	629.33
密度（个/m²）	岩石滩	—	133	557	1 042	21	70	1 823
	沙滩	—	216	44	110	2	3	375
	泥沙滩	—	216	261	94	0	7	578
	平均	—	188	287	415	8	26	924

角屿和小嶝岛岩石滩潮间带大型底栖生物四季平均生物量为 1 788.16 g/m²，平均栖息密度为 1 823 个/m²。生物量以软体动物居第一位（853.45 g/m²），甲壳动物居第二位（656.36 g/m²）；栖息密度以甲壳动物居第一位（1 042 个/m²），软体动物居第二位（557 个/m²）。数量季节变化，生物量以冬季较大（2 023.91 g/m²），夏季较小（1 571.54 g/m²）；栖息密度以春季较大（3 277 个/m²），夏季较小（901 个/m²）。各类群数量组成与季节变化见表 32-4。

表 32-4　角屿和小嶝岛岩石滩潮间带大型底栖生物数量组成与季节变化

数量	季节	断面	藻类	多毛类	软体动物	甲壳动物	棘皮动物	其他生物	合计
生物量（g/m²）	春季	MJR7	628.72	15.25	1 100.40	532.17	7.29	20.66	2 304.49
		MXR8	450.58	1.74	70.49	735.70	44.00	46.20	1 348.71
		平均	539.65	8.50	585.45	633.94	25.65	33.43	1 826.62
	夏季	MJR7	91.14	12.65	1 299.78	378.77	0.44	31.85	1 814.63
		MXR8	32.06	1.04	77.86	1 092.60	0.65	124.21	1 328.42
		平均	61.60	6.85	688.82	735.69	0.55	78.03	1 571.54
	秋季	MJR7	212.59	17.87	1 372.85	424.29	1.56	9.24	2 038.40
		MXR8	88.24	9.38	520.11	760.95	3.06	40.79	1 422.53
		平均	150.42	13.63	946.48	592.62	2.31	25.02	1 730.48
	冬季	MJR7	216.57	17.41	2 300.60	331.80	2.08	10.18	2 878.64
		MXR8	88.40	0.50	85.46	994.54	0	0.25	1 169.15
		平均	152.49	8.96	1 193.03	663.17	1.04	5.22	2 023.91
	平均		226.04	9.49	853.45	656.36	7.39	35.43	1 788.16

续表 32-4

数量	季节	断面	藻类	多毛类	软体动物	甲壳动物	棘皮动物	其他生物	合计
密度（个/m²）	春季	MJR7	—	222	893	3 181	12	52	4 360
		MXR8	—	22	133	2 018	10	9	2 192
		平均	—	122	513	2 600	11	31	3 277
	夏季	MJR7	—	193	715	286	15	50	1 259
		MXR8	—	31	111	388	8	4	542
		平均	—	112	413	337	12	27	901
	秋季	MJR7	—	276	805	267	72	203	1 623
		MXR8	—	127	241	340	19	44	771
		平均	—	202	523	304	46	124	1 199
	冬季	MJR7	—	169	1 179	314	32	189	1 883
		MXR8	—	19	381	1 537	0	6	1 943
		平均	—	94	780	926	16	98	1 914
	平均		—	133	557	1 042	21	70	1 823

大嶝岛沙滩潮间带大型底栖生物四季平均生物量为 20.52 g/m²，平均栖息密度为 375 个/m²。生物量以软体动物居第一位（12.30 g/m²），多毛类居第二位（4.21 g/m²）；栖息密度以多毛类居第一位（216 个/m²），甲壳动物居第二位（110 个/m²）。数量季节变化，生物量以秋季较大（31.72 g/m²），冬季较小（15.46 g/m²）；栖息密度以冬季较大（505 个/m²），夏季较小（226 个/m²）。各类群数量组成与季节变化见表 32-5。

表 32-5　大嶝岛沙滩潮间带大型底栖生物数量组成与季节变化

数量	季节	多毛类	软体动物	甲壳动物	棘皮动物	其他生物	合计
生物量（g/m²）	春季	5.42	8.04	1.79	0.04	1.08	16.37
	夏季	6.13	7.23	4.11	0.09	0.91	18.47
	秋季	3.43	24.22	2.47	1.33	0.27	31.72
	冬季	1.85	9.69	2.78	0.62	0.52	15.46
	平均	4.21	12.30	2.79	0.52	0.70	20.52
密度（个/m²）	春季	374	37	37	3	3	454
	夏季	187	26	9	1	3	226
	秋季	210	72	24	3	3	312
	冬季	92	41	368	2	2	505
	平均	216	44	110	2	3	375

大嶝和小嶝岛泥沙滩潮间带大型底栖生物四季平均生物量为 79.30 g/m²，平均栖息密度为 578 个/m²。生物量以软体动物居第一位（62.91 g/m²），甲壳动物居第二位（7.89 g/m²）；栖息密度以软体动物居第一位（261 个/m²），多毛类居第二位（216 个/m²）。数量季节变化，生物量以春季较大（151.49 g/m²），夏季较小（34.90 g/m²）；栖息密度同样以春季较大（847 个/m²），夏季较小（368 个/m²）。各类群数量组成与季节变化见表 32-6。

表 32-6　大、小嶝岛泥沙滩潮间带大型底栖生物数量组成与季节变化

数量	季节	断面	藻类	多毛类	软体动物	甲壳动物	棘皮动物	其他生物	合计
生物量（g/m²）	春季	MDM5	0	5.60	71.46	9.49	0	17.20	103.75
		MDM9	0	5.92	48.78	48.43	1.53	0	104.66
		MDM11	41.20	1.62	311.11	3.38	0	0.15	357.46
		MDM10	0	2.74	32.72	4.52	0	0.10	40.08
		平均	10.30	3.97	116.02	16.46	0.38	4.36	151.49
	夏季	MDM5	0	3.68	14.16	9.50	1.03	0.97	29.34
		MDM11	0	0.97	27.25	7.07	0	0	35.29
		MXM12	0	2.74	32.72	4.52	0	0.10	40.08
		平均	0	2.46	24.71	7.03	0.34	0.36	34.90
	秋季	MDM5	0	3.33	63.74	3.20	0.54	2.17	72.98
		MDM11	0.07	1.99	7.86	3.64	0	0.73	14.29
		平均	0.04	2.66	35.80	3.42	0.27	1.45	43.64
	冬季	MDM5	0.03	4.74	43.84	6.05	0	1.53	56.19
		E1	0	2.74	9.96	4.92	0	3.62	21.24
		F1	2.02	6.18	171.49	3.03	0	1.23	183.95
		平均	0.68	4.55	75.10	4.67	0	2.13	87.13
	平均		2.76	3.41	62.91	7.89	0.25	2.08	79.30
密度（个/m²）	春季	MDM5	—	129	84	20	0	2	235
		MDM9	—	264	400	128	0	0	792
		MDM11	—	96	1 603	38	0	6	1 743
		MDM10	—	216	313	89	0	0	618
		平均	—	176	600	69	0	2	847
	夏季	MDM5	—	62	36	18	1	1	118
		MDM11	—	104	59	31	0	0	194
		MXM12	—	265	400	128	0	0	793
		平均	—	144	165	59	0	0	368
	秋季	MDM5	—	35	152	30	1	4	222
		MDM11	—	668	39	326	0	17	1 050
		平均	—	352	96	178	1	11	638
	冬季	MDM5	—	77	102	33	0	3	215
		E1	—	222	45	59	0	11	337
		F1	—	273	400	124	0	26	823
		平均	—	191	182	72	0	13	458
	平均		—	216	261	94	0	7	578

32.4.2　数量分布

1990—1992 年大嶝岛海域滨海湿地潮间带大型底栖生物数量垂直分布，生物量从高到低依次为中潮区(1 934.99 g/m^2)、低潮区（707.09 g/m^2)、高潮区（104.64 g/m^2)；栖息密度同样从高到低依次为中潮区（1 462 个/m^2)、低潮区（1 132 个/m^2)、高潮区（566 个/m^2)。生物量和栖息密度均以中潮区较大，高潮区较小。

MDM5 泥沙滩潮间带大型底栖生物数量垂直分布，生物量从高到低依次为低潮区（86.59 g/m^2)、中潮区（57.13 g/m^2)、高潮区（52.99 g/m^2)；栖息密度从高到低依次为中潮区（217 个/m^2)、低潮区(203 个/m^2)、高潮区（176 个/m^2)。生物量和栖息密度均以高潮区较小。

MDS6 沙滩潮间带大型底栖生物数量垂直分布，生物量从高到低依次为中潮区（31.76 g/m^2)、低潮区（19.83 g/m^2)、高潮区（9.96 g/m^2)；栖息密度从高到低依次为高潮区（615 个/m^2)、低潮区(259 个/m^2)、中潮区（251 个/m^2)。

MJR7 岩石滩潮间带大型底栖生物数量垂直分布，生物量从高到低依次为中潮区（4 441.38 g/m^2)、低潮区（2 109.40 g/m^2)、高潮区（226.35 g/m^2)；栖息密度从高到低依次为低潮区（3 645 个/m^2)、中潮区(2 867 个/m^2)、高潮区（332 个/m^2)。生物量和栖息密度均以高潮区较小。

MXR8 岩石滩潮间带大型底栖生物数量垂直分布，生物量从高到低依次为中潮区（3 209.68 g/m^2)、低潮区（612.59 g/m^2)、高潮区（129.32 g/m^2)；栖息密度从高到低依次为中潮区（2 514 个/m^2)、高潮区（1 148 个/m^2)、低潮区（423 个/m^2)。生物量和栖息密度均以中潮区较小（表 32-7)。

表 32-7　1990—1992 年大嶝岛海域滨海湿地潮间带大型底栖生物数量组成与垂直分布

断面	数量	潮区	藻类	多毛类	软体动物	甲壳动物	棘皮动物	其他生物	合计
田乾 MDM5	生物量 (g/m^2)	高潮区	0.03	7.70	36.93	5.35	0	2.98	52.99
		中潮区	0	2.15	41.87	12.10	0	1.01	57.13
		低潮区	0	3.16	66.10	3.73	1.18	12.42	86.59
		平均	0.01	4.33	48.30	7.06	0.39	5.47	65.56
	密度 (个/m^2)	高潮区	—	91	65	16	0	4	176
		中潮区	—	41	129	45	0	2	217
		低潮区	—	96	87	16	2	2	203
		平均	—	76	93	25	1	2	197
阳塘 MDS6	生物量 (g/m^2)	高潮区	0	3.61	3.72	2.52	0.01	0.10	9.96
		中潮区	0	3.91	23.64	2.18	0.72	1.31	31.76
		低潮区	0	5.11	9.53	3.67	0.83	0.69	19.83
		平均	0	4.21	12.30	2.79	0.52	0.70	20.52
	密度 (个/m^2)	高潮区	—	323	17	273	1	1	615
		中潮区	—	124	92	31	1	3	251
		低潮区	—	200	24	25	5	5	259
		平均	—	216	44	109	2	3	374
角屿 MJR7	生物量 (g/m^2)	高潮区	207.87	0	16.09	2.06	0	0.33	226.35
		中潮区	161.26	11.12	3 066.89	1 195.41	0.31	6.39	4 441.38
		低潮区	492.64	36.26	1 472.25	52.80	8.22	47.23	2 109.40
		平均	287.26	15.79	1 518.41	416.76	2.84	17.98	2 259.04
	密度 (个/m^2)	高潮区	—	0	256	1	0	75	332
		中潮区	—	197	1 518	1 022	13	117	2 867
		低潮区	—	448	920	2 013	85	179	3 645
		平均	—	215	898	1 012	33	124	2 282

续表

断面	数量	潮区	藻类	多毛类	软体动物	甲壳动物	棘皮动物	其他生物	合计
小嶝 MXR8	生物量（g/m^2）	高潮区	53.48	0	18.75	57.09	0	0	129.32
		中潮区	242.65	3.50	420.71	2 528.61	0.13	14.08	3 209.68
		低潮区	198.32	5.99	125.98	102.14	35.65	144.51	612.59
		平均	164.82	3.16	188.48	895.95	11.93	52.86	1 317.20
	密度（个/m^2）	高潮区	—	0	336	812	0	0	1 148
		中潮区	—	63	226	2 191	5	29	2 514
		低潮区	—	86	88	209	22	18	423
		平均	—	50	217	1 071	9	16	1 363
平均	生物量（g/m^2）	高潮区	65.34	2.83	18.87	16.75	0	0.85	104.64
		中潮区	100.98	5.17	888.28	934.57	0.29	5.70	1 934.99
		低潮区	172.74	12.63	418.46	40.58	11.47	51.21	707.09
		平均	113.02	6.87	441.87	330.64	3.92	19.25	915.57
	密度（个/m^2）	高潮区	—	103	168	275	0	20	566
		中潮区	—	106	491	822	5	38	1 462
		低潮区	—	207	280	566	28	51	1 132
		平均	—	139	313	554	11	36	1 053

2005 年春季大嶝岛泥沙滩潮间带大型底栖生物数量垂直分布。MDM9 泥沙滩断面生物量从高到低依次为中潮区（157.82 g/m^2）、高潮区（115.80 g/m^2）、低潮区（40.36 g/m^2）；栖息密度从高到低依次为中潮区（1 289 个/m^2）、低潮区（560 个/m^2）、高潮区（4 个/m^2）。MDM10 泥沙滩断面生物量从高到低依次为中潮区（69.67 g/m^2）、低潮区（44.52 g/m^2）、高潮区（6.04 g/m^2）；栖息密度从高到低依次为低潮区（1 420 个/m^2）、中潮区（892 个/m^2）、高潮区（68 个/m^2）。生物量以中潮区较大，栖息密度以高潮区较小（表 32-8）。

表 32-8　2005 年春季大嶝岛泥沙滩潮间带大型底栖生物数量组成与垂直分布

断面	数量	潮区	藻类	多毛类	软体动物	甲壳动物	棘皮动物	其他生物	合计
MDM9	生物量（g/m^2）	高潮区	0	0	0	115.80	0	0	115.80
		中潮区	0	7.04	120.29	25.89	4.60	0	157.82
		低潮区	0	10.72	26.04	3.60	0	0	40.36
		平均	0	5.92	48.78	48.43	1.53	0	104.66
	密度（个/m^2）	高潮区	—	0	0	4	0	0	4
		中潮区	—	320	860	108	1.33	0	1 289
		低潮区	—	324	80	156	0	0	560
		平均	—	216	313	89	0.44	0	618
MDM10	生物量（g/m^2）	高潮区	0	0	6.04	0	0	0	6.04
		中潮区	0	4.03	52.88	12.47	0	0.29	69.67
		低潮区	0	4.20	39.24	1.08	0	0	44.52
		平均	0	2.74	32.72	4.52	0	0.10	40.08
	密度（个/m^2）	高潮区	—	0	68	0	0	0	68
		中潮区	—	344	404	143	0	1.33	892
		低潮区	—	452	728	240	0	0	1 420
		平均	—	264	400	128	0	0.44	793

2006 年秋季和 2007 年春季，大嶝岛 MDM11 泥沙滩潮间带大型底栖生物数量垂直分布。2007 年春季生物量从高到低依次为低潮区（896.60 g/m²）、中潮区（166.62 g/m²）、高潮区（9.12 g/m²）；栖息密度同样从高到低依次为低潮区（4 776 个/m²）、中潮区（406 个/m²）、高潮区（48 个/m²）。2006 年秋季生物量从高到低依次为中潮区（21.73 g/m²）、高潮区（16.24 g/m²）、低潮区（4.88 g/m²）；栖息密度从高到低依次为低潮区（2 080 个/m²）、中潮区（974 个/m²）、高潮区（96 个/m²）。栖息密度以高潮区较小（表 32-9）。

表 32-9　2006 年秋季和 2007 年春季大嶝岛 MDM11 泥沙滩潮间带大型底栖生物数量组成与垂直分布

季节	数量	潮区	藻类	多毛类	软体动物	甲壳动物	棘皮动物	其他生物	合计
2007 年春季	生物量（g/m²）	高潮区	0	0	9.12	0	0	0	9.12
		中潮区	112.23	3.25	42.77	7.93	0	0.44	166.62
		低潮区	11.36	1.60	881.44	2.20	0	0	896.60
		平均	41.20	1.62	311.11	3.38	0	0.15	357.46
	密度（个/m²）	高潮区	—	0	48	0	0	0	48
		中潮区	—	195	105	87	0	19	406
		低潮区	—	92	4 656	28	0	0	4 776
		平均	—	96	1 603	38	0	6	1 743
2006 年秋季	生物量（g/m²）	高潮区	0	0	16.24	0	0	0	16.24
		中潮区	0.13	3.33	7.33	9.15	0	1.79	21.73
		低潮区	0.08	2.64	0	1.76	0	0.40	4.88
		平均	0.07	1.99	7.86	3.64	0	0.73	14.29
	密度（个/m²）	高潮区	—	0	96	0	0	0	96
		中潮区	—	595	21	339	0	19	974
		低潮区	—	1 408	0	640	0	32	2 080
		平均	—	668	39	326	0	17	1 050

2008 年夏季，大嶝岛 MDS6 沙滩潮间带大型底栖生物数量垂直分布，生物量从高到低依次为中潮区（69.67 g/m²）、低潮区（44.52 g/m²）、高潮区（6.04 g/m²）；栖息密度从高到低依次为低潮区（1 420 个/m²）、中潮区（891 个/m²）、高潮区（68 个/m²）。小嶝岛 MXM12 泥沙滩生物量从高到低依次为中潮区（100.03 g/m²）、高潮区（3.84 g/m²）、低潮区（2.00 g/m²）；栖息密度从高到低依次为中潮区（349 个/m²）、低潮区（184 个/m²）、高潮区（48 个/m²）。生物量以中潮区较大，栖息密度以高潮区较小（表 32-10）。

表 32-10　2008 年夏季大嶝岛沙滩和小嶝岛泥沙滩潮间带大型底栖生物数量垂直分布

断面	数量	潮区	藻类	多毛类	软体动物	甲壳动物	棘皮动物	其他生物	合计
MDS6	生物量（g/m²）	高潮区	0	0	6.04	0	0	0	6.04
		中潮区	0	4.03	52.88	12.47	0	0.29	69.67
		低潮区	0	4.20	39.24	1.08	0	0	44.52
		平均	0	2.74	32.72	4.52	0	0.10	40.08
	密度（个/m²）	高潮区	—	0	68	0	0	0	68
		中潮区	—	343	404	143	0	1	891
		低潮区	—	452	728	240	0	0	1 420
		平均	—	265	400	128	0	0	793

续表 32-10

断面	数量	潮区	藻类	多毛类	软体动物	甲壳动物	棘皮动物	其他生物	合计
MXM12	生物量（g/m^2）	高潮区	0	0	3.84	0	0	0	3.84
		中潮区	0	1.15	77.92	20.96	0	0	100.03
		低潮区	0	1.76	0	0.24	0	0	2.00
		平均	0	0.97	27.25	7.07	0	0	35.29
	密度（个/m^2）	高潮区	—	0	48	0	0	0	48
		中潮区	—	192	128	29	0	0	349
		低潮区	—	120	0	64	0	0	184
		平均	—	104	59	31	0	0	194

32.4.3　饵料生物

大嶝岛海域滨海湿地潮间带大型底栖生物四季平均饵料水平分级为Ⅴ级，其中藻类、软体动物和甲壳动物较高，达Ⅴ级；棘皮动物较低，为Ⅰ级。岩石滩断面较高，达Ⅴ级，藻类、软体动物和甲壳动物较高，达Ⅴ级，多毛类和棘皮动物较低，均为Ⅱ级。沙滩断面较低，为Ⅲ级，软体动物较高，达Ⅲ级，其余各类群均为Ⅰ级。泥沙滩断面为Ⅴ级，软体动物较高，达Ⅴ级，藻类、多毛类、棘皮动物和其他生物较低，均为Ⅰ级（表 32-11）。

表 32-11　大嶝岛海域滨海湿地潮间带大型底栖生物饵料水平分级

底质	藻类	多毛类	软体动物	甲壳动物	棘皮动物	其他生物	评价标准
岩石滩	Ⅴ	Ⅱ	Ⅴ	Ⅴ	Ⅱ	Ⅳ	Ⅴ
沙滩	Ⅰ	Ⅰ	Ⅲ	Ⅰ	Ⅰ	Ⅰ	Ⅲ
泥沙滩	Ⅰ	Ⅰ	Ⅴ	Ⅱ	Ⅰ	Ⅰ	Ⅴ
平均	Ⅴ	Ⅱ	Ⅴ	Ⅴ	Ⅰ	Ⅲ	Ⅴ

32.5　群落

32.5.1　群落类型

大嶝岛海域滨海湿地潮间带大型底栖生物群落按地理位置和底质类型分为：

（1）双沪泥沙滩潮间带大型底栖生物群落。高潮区：角眼沙蟹（*Ocypode ceratophthalmus*）带；中潮区：四索沙蚕—短拟沼螺—淡水泥蟹带；低潮区：伪才女虫—彩虹明樱蛤—中华蜾蠃蜚带。

（2）阳塘泥沙滩潮间带大型底栖生物群落。高潮区：粗糙滨螺—粒结节滨螺带；中潮区：伪才女虫—珠带拟蟹守螺—淡水泥蟹带；低潮区：欧努菲虫—凸壳肌蛤—亚洲异针涟虫带。

（3）田乾泥沙滩潮间带大型底栖生物群落。高潮区：粗糙滨螺—黑口滨螺带；中潮区：条浒苔—丝鳃稚齿虫—凸壳肌蛤—短拟沼螺—淡水泥蟹带；低潮区：独毛虫—凸壳肌蛤—菲律宾蛤仔—哥伦比亚刀钩虾带。

（4）小嶝泥沙滩潮间带大型底栖生物群落。高潮区：粒结节滨螺—粗糙滨螺带；中潮区：多鳃齿吻沙蚕—绿螂—古氏滩栖螺—弧边招潮带；低潮区：叶须内卷齿蚕—塞切尔泥钩虾带。

（5）角屿岩石滩潮间带大型底栖生物群落。高潮区：滨螺—盘苔带；中潮区：孔石莼—牡蛎—鳞笠藤壶带；低潮区：小珊瑚藻—鹿角沙菜—丽肋绒贻贝—覆瓦小蛇螺带。

32.5.2　群落结构

（1）双沪泥沙滩潮间带大型底栖生物群落。该群落所处滩面宽度约 350 m，高潮区底质由砂—粗砂组成，中潮区和低潮区底质由粉砂泥组成。滩面中潮区有缢蛏和牡蛎养殖。

高潮区：角眼沙蟹带。该潮区种类贫乏，滩面仅分布有沙蟹穴，未采集到沙蟹活体。

中潮区：四索沙蚕—短拟沼螺—淡水泥蟹带。该潮区代表种四索沙蚕分布于整个潮区，在上层的生物量和栖息密度分别为 1. 60 g/m^2 和 128 个/m^2；中层的生物量和栖息密度较低，分别为 0. 60 g/m^2 和 56 个/m^2；下层的生物量和栖息密度分别为 5. 80 g/m^2 和 108 个/m^2。优势种短拟沼螺，分布于中潮区，在上层、中层和下层生物量分别为 3. 04 g/m^2、3. 36 g/m^2 和 1. 20 g/m^2，栖息密度分别为 172 个/m^2、152 个/m^2 和 120 个/m^2。淡水泥蟹分布于整个中潮区，上层的生物量和栖息密度分别为 0. 68 g/m^2 和 4 个/m^2，中层分别为 2. 72 g/m^2 和 40 个/m^2，下层分别为 11. 80 g/m^2 和 100 个/m^2。其他主要种和习见种有潵房江蓠（*Gracilaria coronopifolia*）、脆江蓠、管浒苔、丝鳃稚齿虫、奇异稚齿虫、中蚓虫、背蚓虫、青蛤、中国绿螂、在养殖区的缢蛏、光滑河蓝蛤、鸭嘴蛤、珠带拟蟹守螺、秀丽织纹螺、泥螺、明秀大眼蟹、弧边招潮和海地瓜等。

低潮区：伪才女虫—彩虹明樱蛤—中华蜾蠃蜚带。该潮区主要种伪才女虫，分布较广，从中潮区可分布至低潮区，数量不高，在本区生物量和栖息密度分别为 0. 40 g/m^2 和 60 个/m^2。彩虹明樱蛤，从中潮区可分布至低潮区，数量不高，在本区生物量和栖息密度分别为 0. 12 g/m^2 和 12 个/m^2。中华蜾蠃蜚，从中潮区下层可延伸分布至低潮区上层，在本区的数量较大，生物量和栖息密度分别为 1. 28 g/m^2 和 120 个/m^2。其他主要种和习见种有寡鳃齿吻沙蚕、丝鳃稚齿虫、背蚓虫、同掌华眼钩虾和齿腕拟盲蟹等（图 32-2）。

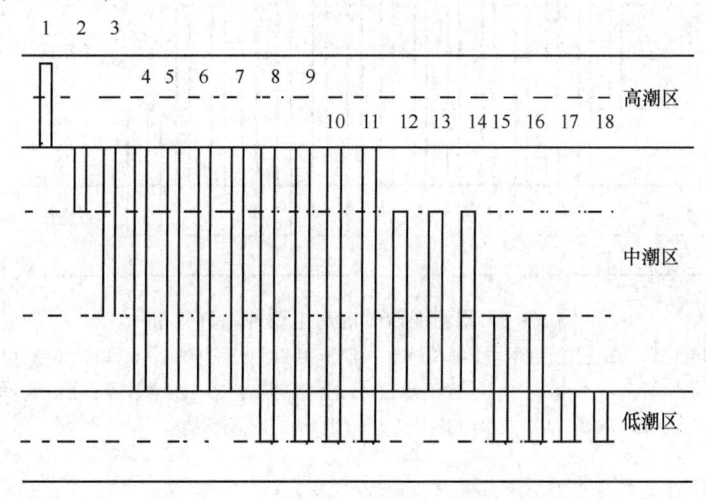

图 32-2　双沪泥沙滩群落主要种垂直分布

1. 角眼沙蟹；2. 中国绿螂；3. 秀丽织纹螺；4. 短拟沼螺；5. 珠带拟蟹守螺；6. 淡水泥蟹；7. 明秀大眼蟹；8. 奇异稚齿虫；9. 四索沙蚕；10. 中蚓虫；11. 伪才女虫；12. 青蛤；13. 缢蛏；14. 弧边招潮；15. 凸壳肌蛤；16. 中华蜾蠃蜚；17. 彩虹明樱蛤；18. 丝鳃稚齿虫

（2）阳塘泥沙滩潮间带大型底栖生物群落。该群落所处滩面底质类型高潮区为石堤，中潮区和低潮区底质由粉砂泥组成。滩面中潮区有缢蛏和条石牡蛎养殖。

高潮区：粗糙滨螺—粒结节滨螺带。该潮区主要种为粗糙滨螺和粒结节滨螺。粗糙滨螺的生物量和栖息密度分别为 4.32 g/m² 和 44 个/m²；粒结节滨螺的数量较低，生物量和栖息密度分别为 1.72 g/m² 和 24 个/m²。

中潮区：伪才女虫—珠带拟蟹守螺—淡水泥蟹带。该潮区主要种伪才女虫，分布较广，在本区上层，生物量不高，仅为 0.40 g/m²，栖息密度为 40 个/m²；中层生物量和栖息密度分别为 0.60 g/m² 和 48 个/m²；下层分别为 0.64 g/m² 和 132 个/m²。优势种珠带拟蟹守螺，分布在中潮区上、中和下层，生物量和栖息密度，上层分别为 17.24 g/m² 和 40 个/m²；中层分别为 24.52 g/m² 和 100 个/m²；下层分别为 50.52 g/m² 和 200 个/m²。淡水泥蟹在中潮区的生物量和栖息密度分别为 8.64 g/m² 和 152 个/m²。其他主要种和习见种有真江蓠（*Gracilaria asiatica*）、脆江蓠、肠浒苔、异蚓虫、背蚓虫、四索沙蚕、米列虫（Melinna cristata）、泥螺、细长涟虫、明秀大眼蟹、长吻吻沙蚕、凸壳肌蛤、青蛤、鸭嘴蛤、短拟沼螺、轭螺、日本大螯蜚、同掌华眼钩虾、下齿细螯寄居蟹、拟屠氏招潮和秀丽长方蟹等。

低潮区：欧努菲虫—凸壳肌蛤—亚洲异针涟虫带。该潮区主要种欧努菲虫，从中潮区下层延伸分布至本区，生物量不高，仅为 0.52 g/m²，而栖息密度达 136 个/m²。凸壳肌蛤从中潮区中层延伸分布至本区，由于个体小，生物量不大，仅为 2.00 g/m²，而栖息密度达 552 个/m²。亚洲异针涟虫，从中潮区下层可延伸分布至低潮区上层，在本区的生物量和栖息密度分别为 0.36 g/m² 和 140 个/m²。其他主要种和习见种有拟特须虫、长吻吻沙蚕、丝鳃稚齿虫、多鳃齿吻沙蚕、中蚓虫、持真节虫、角蛤、伊萨伯雪蛤、鸭嘴蛤、中华蜾蠃蜚、大蜾蠃蜚和模糊新短眼蟹等（图 32-3）。

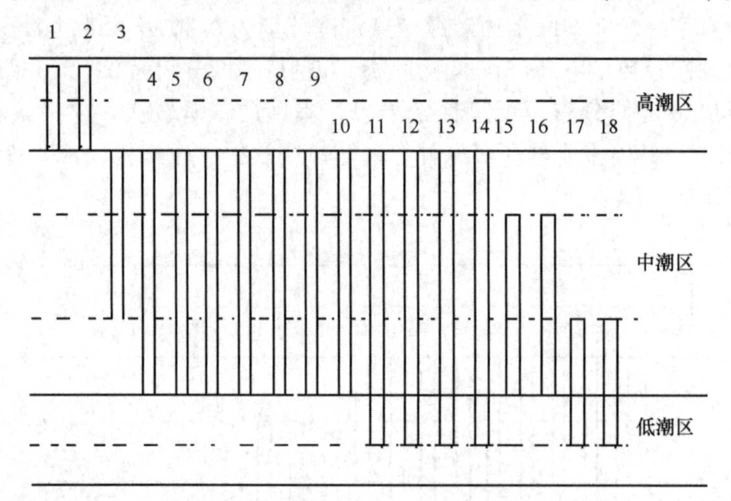

图 32-3 阳塘泥沙滩群落主要种垂直分布

1. 粒结节滨螺；2. 粗糙滨螺；3. 细长涟虫；4. 异蚓虫；5. 背蚓虫；6. 珠带拟蟹守螺；7. 泥螺；8. 明秀大眼蟹；9. 青蛤；10. 短拟沼螺；11. 伪才女虫；12. 四索沙蚕；13. 长吻吻沙蚕；14. 中华蜾蠃蜚；15. 轭螺；16. 淡水泥蟹；17. 凸壳肌蛤；18. 鸭嘴蛤

（3）田乾泥沙滩潮间带大型底栖生物群落。该群落所处滩面长度 500~600 m，底质类型高潮区为石堤，中潮区和低潮区为软泥。

高潮区：粗糙滨螺—黑口滨螺带。该潮区种类贫乏，代表种粗糙滨螺仅在本区出现，生物量和栖息密度较低，分别为 7.12 g/m² 和 40 个/m²。黑口滨螺数量较低，生物量和栖息密度分别为 2.00 g/m² 和 8 个/m²。

中潮区：条浒苔—丝鳃稚齿虫—凸壳肌蛤—短拟沼螺—淡水泥蟹带。该潮区主要种条浒苔，分布在本区的中下层，中层生物量为 164.60 g/m²；下层生物量为 172.10 g/m²。主要种丝鳃稚齿虫，自该潮区可向下延伸分布至低潮区，在本区上层生物量和栖息密度分别为0.72 g/m² 和48个/m²；下层分别为0.12 g/m² 和12个/m²。优势种凸壳肌蛤，自该潮区中层可向下延伸分布至低潮区，在本区下层的生物量和栖息密度分别为87.52 g/m² 和88个/m²。主要种短拟沼螺，仅在本区上层出现，生物量和栖息密度分别为2.64 g/m² 和72个/m²。优势种淡水泥蟹，分布在整个中潮区，在本区上层的生物量和栖息密度分别为2.88 g/m² 和88个/m²；中层较低，分别为0.12 g/m² 和4个/m²；下层分别为0.48 g/m² 和32个/m²。其他主要种和习见种有腹沟虫（*Scolelepis* sp.）、独毛虫、中蚓虫、异蚓虫、异足索沙蚕、西奈索沙蚕、刀明樱蛤、尖刀蛏、渤海鸭嘴蛤、珠带拟蟹守螺、小翼拟蟹守螺、织纹螺、强壮藻钩虾、三角柄蜾蠃蜚、弧边招潮、长碗和尚蟹、韦氏毛带蟹、四齿大额蟹、明秀大眼蟹和长足长方蟹等。

低潮区：独毛虫—凸壳肌蛤—菲律宾蛤仔—哥伦比亚刀钩虾带。该潮区主要种独毛虫，自中潮区可延伸分布至本区，在本区生物量和栖息密度分别为0.16 g/m² 和20个/m²。优势种凸壳肌蛤，自中潮区可延伸分布至本区，在本区的生物量和栖息密度分别为857.80 g/m² 和4 556个/m²。主要种菲律宾蛤仔，自中潮区下层分布到本潮区，在本区的生物量为19.08 g/m²，栖息密度为88个/m²。哥伦比亚刀钩虾，仅在本区出现，生物量和栖息密分别为0.04 g/m² 和16个/m²。其他主要种和习见种有双须虫、拟特须虫、多齿全刺沙蚕、寡节甘吻沙蚕、丝鳃稚齿虫、背蚓虫、织纹螺、强壮藻钩虾、日本大螯蜚和齿腕拟盲蟹等（图32-4）。

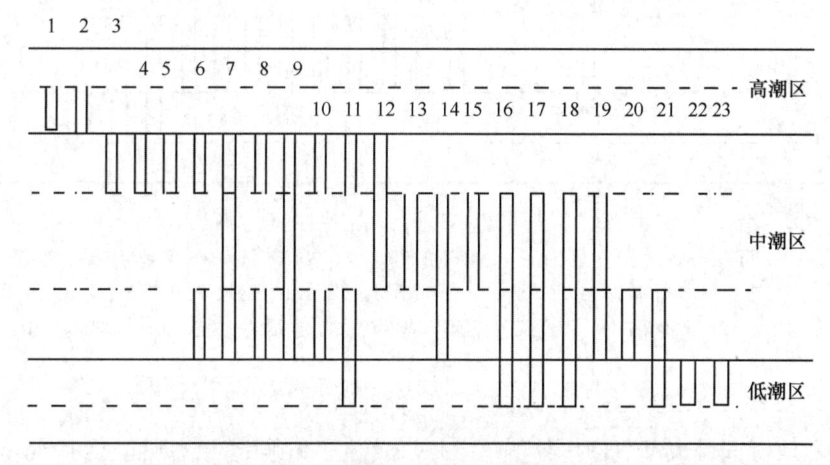

图32-4　田乾泥沙滩群落主要种垂直分布

1. 粗糙滨螺；2. 黑口滨螺；3. 虹光亮樱蛤；4. 渤海鸭嘴蛤；5. 短拟沼螺；6. 刀明樱蛤；7. 小翼拟蟹守螺；8. 三角柄蜾蠃蜚；9. 淡水泥蟹；10. 长足长方蟹；11. 丝鳃稚齿虫；12. 条浒苔；13. 丝鳃虫；14. 异蚓虫；15. 弧边招潮；16. 凸壳肌蛤；17. 织纹螺；18. 强壮藻钩虾；19. 珠带拟蟹守螺；20. 西奈索沙蚕；21. 菲律宾蛤仔；22. 哥伦比亚刀钩虾；23. 齿腕拟盲蟹

（4）小嶝泥沙滩潮间带大型底栖生物群落。该群落所处滩面宽度约350 m，底质类型高潮区为石堤，中潮区上层为砂，中下层为泥沙，低潮区为软泥。

高潮区：粒结节滨螺—粗糙滨螺带。该潮区种类贫乏，代表种粒结节滨螺生物量和栖息密度分别为1.84 g/m² 和32个/m²；粗糙滨螺的生物量和栖息密度分别为2.00 g/m² 和16个/m²。

中潮区：多鳃齿吻沙蚕—绿螂—古氏滩栖螺—弧边招潮带。该潮区代表种多鳃齿吻沙蚕，仅在中潮区出现，生物量和栖息密度分别为0.24 g/m² 和128个/m²。主要种绿螂，仅在中潮区出现，生物量和栖息密度分别为73.44 g/m² 和80个/m²。古氏滩栖螺分布在中潮区，生物量和栖息密度分别为101.28 g/m² 和136个/m²。弧边招潮出现在中潮区上、中层，在上层的生物量和栖息密度分别为

27.68 g/m² 和 36 个/m²，中层分别为 34.72 g/m² 和 56 个/m²。其他主要种和习见种有长吻吻沙蚕、寡节甘吻沙蚕、寡鳃齿吻沙蚕、长手沙蚕、异足索沙蚕、索沙蚕、寡毛类、环纹坚石蛤（*Atactodea striata*）、理蛤、青蛤、短拟沼螺、纵带滩栖螺、秀丽织纹螺、泥螺、石磺、蝶嬴蜚、长指鼓虾、下齿细螯寄居蟹、塞切尔泥钩虾、齿腕拟盲蟹和小相手蟹等。珠带拟蟹守螺在滩面的分布宽度为 30~50 m。

低潮区：叶须内卷齿蚕—塞切尔泥钩虾带。该潮区主要种叶须内卷齿蚕，仅在本区出现，数量不高，生物量和栖息密度分别为 0.24 g/m² 和 40 个/m²。塞切尔泥钩虾，仅在本区出现，个体小，生物量不高，在本区生物量和栖息密度分别为 0.08 g/m² 和 48 个/m²。其他主要种和习见种有拟特须虫、长吻吻沙蚕、中蚓虫、特矶蚕、西奈索沙蚕、日本拟花尾水虱和极地蚤钩虾等（图 32-5）。

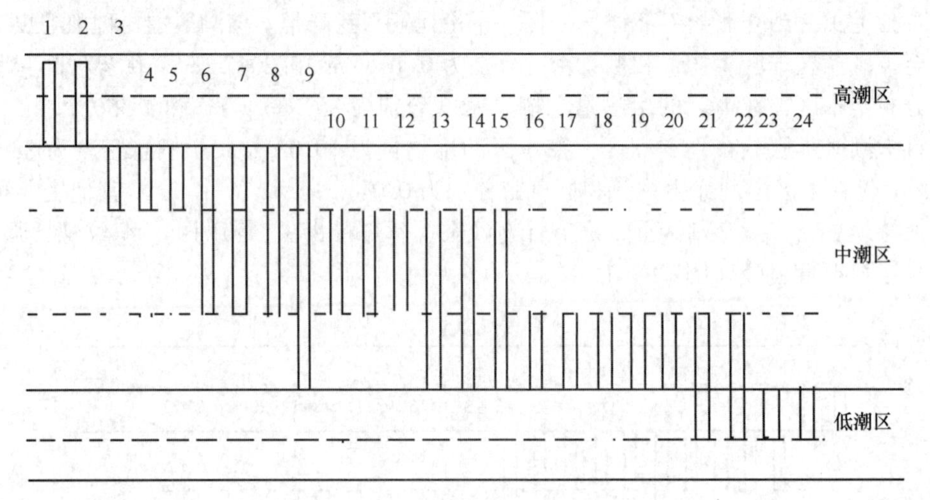

图 32-5 小嶝岛泥沙滩群落主要种垂直分布

1. 粒结节滨螺；2. 粗糙滨螺；3. 环纹坚石蛤；4. 纵带滩栖螺；5. 古氏滩栖螺；6. 秀丽织纹螺；7. 弧边招潮；8. 短拟沼螺；9. 珠带拟蟹守螺；10. 刺沙蚕；11. 角沙蚕；12. 绿螂；13. 青蛤；14. 泥螺；15. 石磺；16. 小相手蟹；17. 多鳃齿吻沙蚕；18. 长手沙蚕；19. 索沙蚕；20. 理蛤；21. 寡鳃齿吻沙蚕；22. 异足索沙蚕；23. 叶须内卷齿蚕；24. 塞切尔泥钩虾

（5）角屿岩石滩潮间带大型底栖生物群落。该群落位于角屿北端，滩面长约 250 m，底质由花岗岩构成。滩面受风浪、潮流影响属中等程度，属于半隐蔽型群落。

高潮区：滨螺—盘苔带。该潮区主要种为塔结节滨螺和粒结节滨螺，春季粒结节滨螺的生物量和栖息密度分别为 29.51 g/m² 和 536 个/m²。本区下层以盘苔为特征，分布宽度约 2.5 m，向下可延伸分布至中潮区上层，春季生物量为 324.72 g/m²。还有日本菊花螺和海蟑螂等。

中潮区：孔石莼—牡蛎—鳞笠藤壶带。该潮区主要种孔石莼，分布较广，遍布整个中潮区，在本区上层生物量不高，中层和下层分别为 194.72 g/m² 和 1 018.96 g/m²。优势种僧帽牡蛎，分布于中潮区，在本区上层生物量和栖息密度分别为 5 126.64 g/m² 和 1 080 个/m²，中层分别为 721.44 g/m² 和 240 个/m²，下层较低，分别为 64.56 g/m² 和 24 个/m²。优势种棘刺牡蛎，在本区上层的生物量和栖息密度分别为 542.96 g/m² 和 120 个/m²，中层分别为 360.72 g/m² 和 120 个/m²，下层分别为 663.12 g/m² 和 248 个/m²。优势种鳞笠藤壶，遍布整个中潮区，在上层生物量和栖息密度分别为 56.96 g/m² 和 32 个/m²，中层分别为 2 629.68 g/m² 和 1 288 个/m²，下层分别为 1 980.4 g/m² 和 1 728 个/m²。其他主要种和习见种有小石花菜、铁丁菜、石莼、细毛背鳞虫、日本花棘石鳖、红条毛肤石鳖、黑荞麦蛤、栗色拉沙蛤、拟帽贝、粒花冠小月螺、渔舟蜒螺、齿纹蜒螺、疣荔枝螺、双带核螺、黑菊花螺、日本菊花螺和小相手蟹等。

低潮区：小珊瑚藻—鹿角沙菜—丽肋绒贻贝—覆瓦小蛇螺带。该潮区主要种小珊瑚藻，仅在本区出现，生物量为 552.96 g/m²。鹿角沙菜，仅在本区出现，生物量高达 1 238.80 g/m²。丽肋绒贻贝，在本区的最大生物量和栖息密度分别为 59.04 g/m² 和 288 个/m²。覆瓦小蛇螺，也仅在本区出现，最大生物量和栖息密度分别为 137.36 g/m² 和 128 个/m²。其他主要种和习见种有长枝沙菜、三角凹顶藻、黑顶藻、羊栖菜、纵条肌海葵、独齿围沙蚕、双管阔沙蚕、珠须矶沙蚕、襟松虫、侧口乳蛰虫、三角旋鳃虫、厥目革囊星虫、双纹须蚶、带偏顶蛤、短石蛏、敦氏猿头蛤、锈凹螺、粒神螺、甲虫螺、篦额尖额蟹、小卷海齿花、二色桌片参、沙氏辐蛇尾、隐板蛇尾和澳洲小齐海鞘等（图 32-6）。

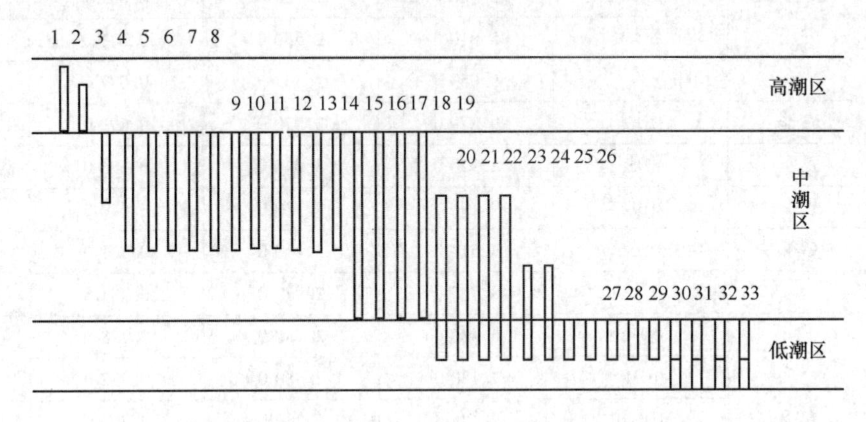

图 32-6　角屿岩石滩群落主要种垂直分布

1. 塔结节滨螺；2. 粒结节滨螺；3. 黑荞麦蛤；4. 小石花菜；5. 铁丁菜；6. 孔石莼；7. 青蚶；8. 僧帽牡蛎；9. 棘刺牡蛎；10. 嫁戚；11. 粒花冠小月螺；12. 渔舟蜒螺；13. 齿纹蜒螺；14. 鳞笠藤壶；15. 日本花棘石鳖；16. 疣荔枝螺；17. 日本菊花螺；18. 小相手蟹；19. 锈凹螺；20. 鹿角沙菜；21. 独齿围沙蚕；22. 襟松虫；23. 粒神螺；24. 林氏海燕；25. 小珊瑚藻；26. 纵条肌海葵；27. 厥目革囊星虫；28. 布氏蚶；29. 小卷海齿花；30. 带偏顶蛤；31. 丽肋绒贻贝；32. 敦氏猿头蛤；33. 覆瓦小蛇螺

32.5.3　群落生态特征值

根据 Shannon-Wiener 种类多样性指数（H'）、Pielous 种类均匀度指数（J）、Margalef 种类丰富度指数（d）和 Simpson 优势度（D）显示，大嶝岛海域滨海湿地潮间带大型底栖生物群落丰富度指数（d）以沙滩群落较高（8.725 0），岩石滩群落较低（6.053 8）；多样性指数（H'）以沙滩群落较高（2.975 0），岩石滩群落较低（2.307 5）；均匀度指数（J）以泥沙滩群落较高（0.703 3），岩石滩群落较低（0.577 6）；Simpson 优势度（D），以岩石滩群落较高（0.250 4），沙滩群落较低（0.116 7）。各群落各断面不同季节生态特征值变化见表 32-12。

表 32-12　大嶝岛海域滨海湿地潮间带大型底栖生物群落生态特征值

群落	季节	断面	d	H'	J	D
岩石滩	春季	MJR7	8.930 0	3.040 0	0.686 0	0.111 0
		MXR8	4.060 0	1.640 0	0.465 0	0.438 0
		平均	6.495 0	2.340 0	0.575 5	0.274 5
	夏季	MJR7	4.060 0	1.640 0	0.465 0	0.438 0
		MXR8	4.780 0	1.700 0	0.456 0	0.423 0
		平均	4.420 0	1.670 0	0.460 5	0.430 5

续表 32-12

群落	季节	断面	d	H'	J	D
岩石滩	秋季	MJR7	8.650 0	3.090 0	0.707 0	0.097 7
		MXR8	6.330 0	2.250 0	0.560 0	0.248 0
		平均	7.490 0	2.670 0	0.633 5	0.172 9
	冬季	MJR7	8.240 0	2.980 0	0.681 0	0.089 4
		MXR8	3.380 0	2.120 0	0.601 0	0.158 0
		平均	5.810 0	2.550 0	0.641 0	0.123 7
	平均		6.053 8	2.307 5	0.577 6	0.250 4
沙滩	春季	MDS6	9.270 0	3.020 0	0.699 0	0.114 0
	夏季	MDS6	8.930 0	3.040 0	0.686 0	0.111 0
	秋季	MDS6	9.190 0	2.730 0	0.640 0	0.160 0
	冬季	MDS6	7.510 0	3.110 0	0.781 0	0.081 9
	平均		8.725 0	2.975 0	0.701 5	0.116 7
泥沙滩	春季	MDM5	6.480 0	2.780 0	0.718 0	0.112 0
		MDM9	7.130 0	2.880 0	0.732 0	0.092 0
		MDM10	10.200 0	3.260 0	0.763 0	0.061 8
		MDM11	6.100 0	1.300 0	0.327 0	0.609 0
		平均	7.477 5	2.555 0	0.635 0	0.218 7
	夏季	MDM5	9.270 0	3.020 0	0.699 0	0.114 0
		MXM12	5.870 0	3.280 0	0.873 0	0.051 9
		平均	7.570 0	3.150 0	0.786 0	0.083 0
	秋季	MDM5	5.370 0	2.190 0	0.590 0	0.273 0
		MDM11	6.460 0	3.170 0	0.788 0	0.072 5
		平均	5.915 0	2.680 0	0.689 0	0.172 8
	冬季	MDM5	8.380 0	2.580 0	0.624 0	0.194 0
		E1	8.950 0	3.460 0	0.816 0	0.049 5
		F1	7.050 0	2.760 0	0.670 0	0.110 0
		平均	8.126 7	2.933 3	0.703 3	0.117 8
	平均		7.272 3	2.829 6	0.703 3	0.148 1

32.5.4 群落稳定性

春季大嶝岛海域滨海湿地双沪和阳塘潮间带大型底栖生物群落相对稳定，丰度生物量复合 k-优势度曲线不交叉、不翻转、不重叠，生物量优势度曲线始终位于丰度上方（图 32-7 和图 32-8）。春季和秋季田乾群落丰度生物量复合 k-优势度和部分优势度曲线不交叉、不重叠和不翻转，生物量复合 k-优势度曲线始终位于丰度上方，群落结构相对稳定。但秋季群落生物量丰度累积优势度分别高达 90%和 78%，可能由于优势种凸壳肌蛤在低潮区生物量和栖息密度分别为 857.80 g/m^2 和 4 556 个/m^2 所致(图 32-9 至图 32-10)。小嶝群落相对稳定，丰度生物量复合 k-优势度曲线不交叉、不翻转、不重叠，生物量优势度曲线始终位于丰度上方（图 32-11)。角屿岩石滩群落相对稳定，4 个季节丰度生

物量复合 k-优势度曲线不交叉、不翻转、不重叠，生物量优势度曲线始终位于丰度上方（图 32-12 至图 32-15）。

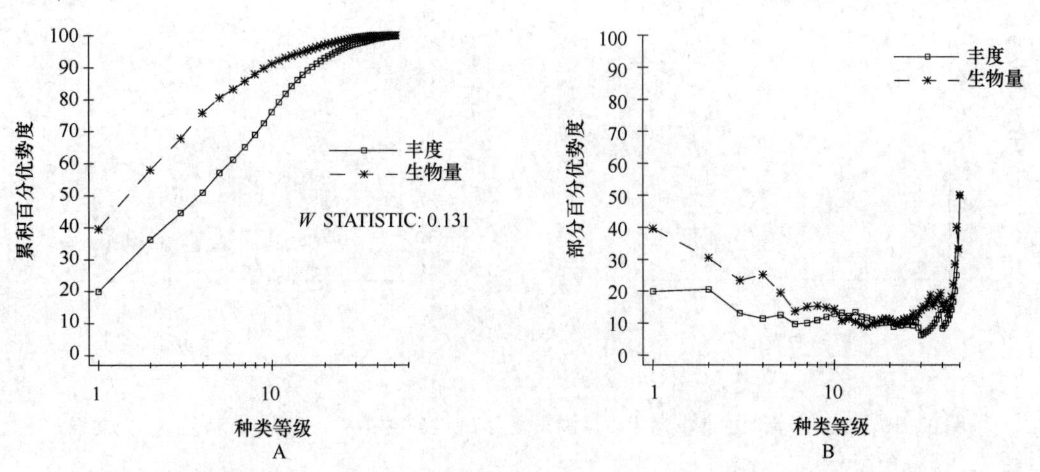

图 32-7　双沪泥沙滩群落丰度生物量复合 k-优势度（A）和部分优势度（B）曲线

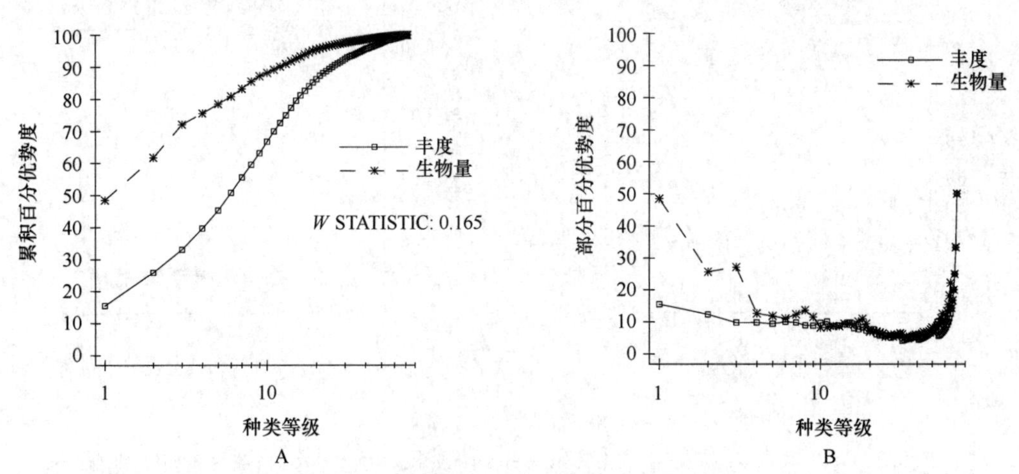

图 32-8　阳塘泥沙滩群落丰度生物量复合 k-优势度（A）和部分优势度（B）曲线

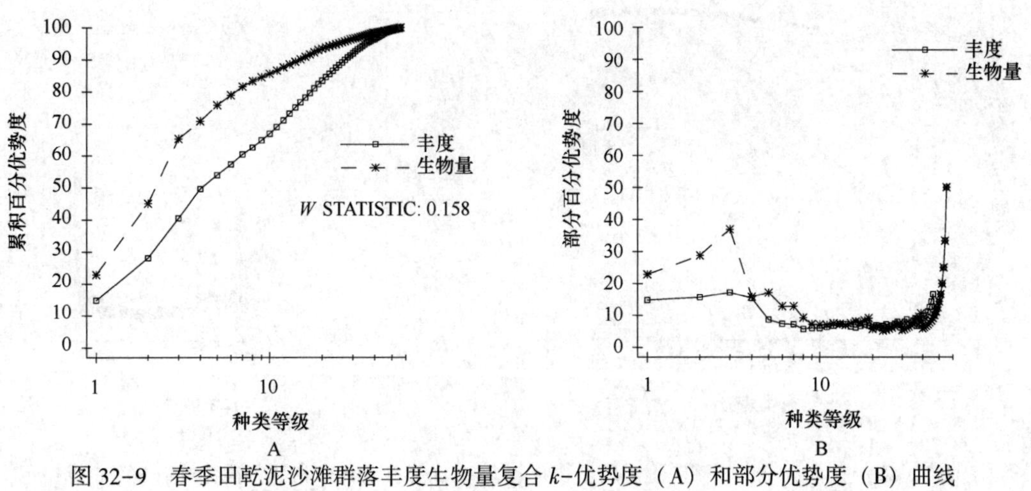

图 32-9　春季田乾泥沙滩群落丰度生物量复合 k-优势度（A）和部分优势度（B）曲线

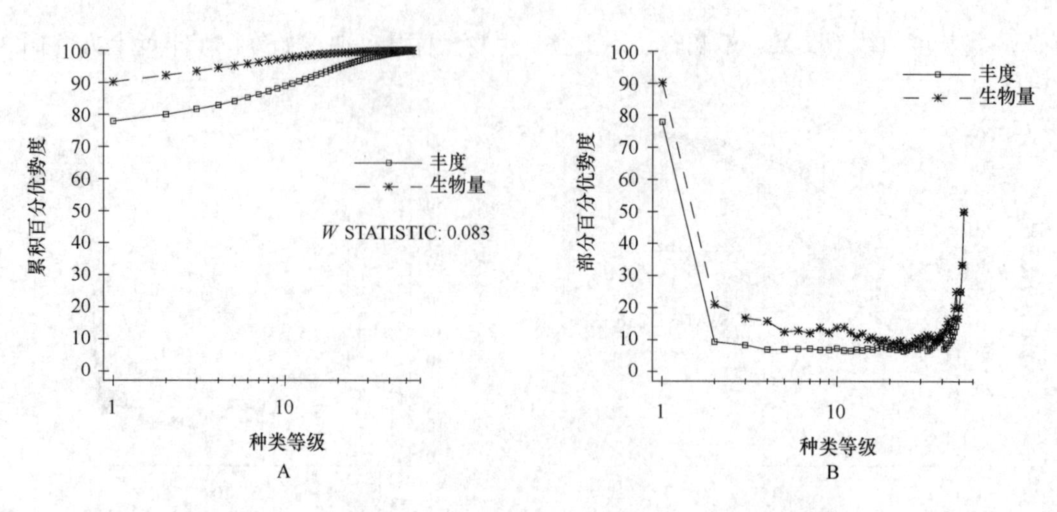

图 32-10　秋季田乾泥沙滩群落丰度生物量复合 k-优势度（A）和部分优势度（B）曲线

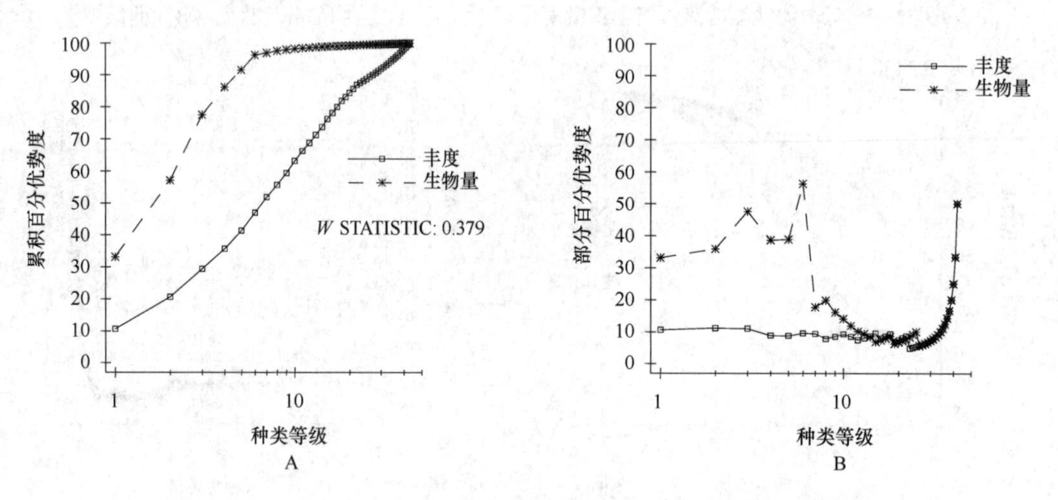

图 32-11　小嶝泥沙滩群落丰度生物量复合 k-优势度（A）和部分优势度（B）曲线

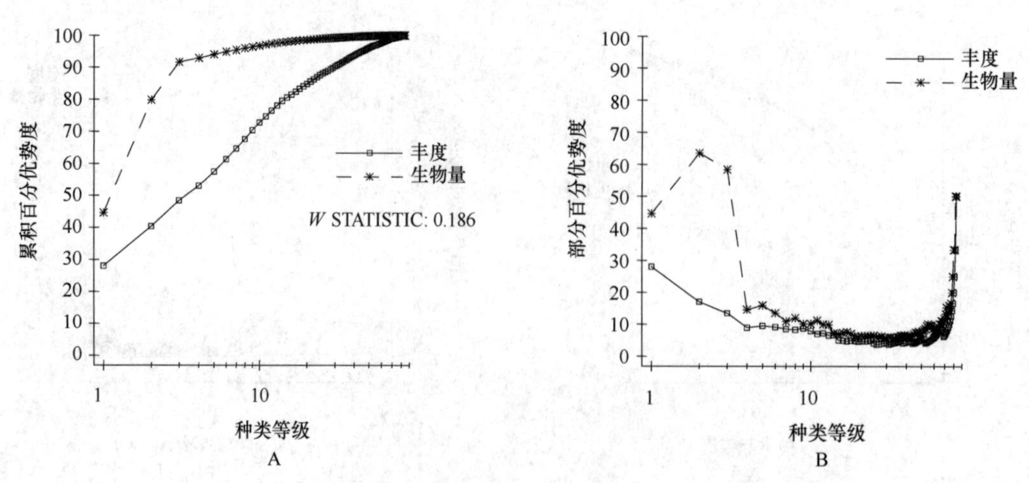

图 32-12　春季角屿岩石滩群落丰度生物量复合 k-优势度（A）和部分优势度（B）曲线

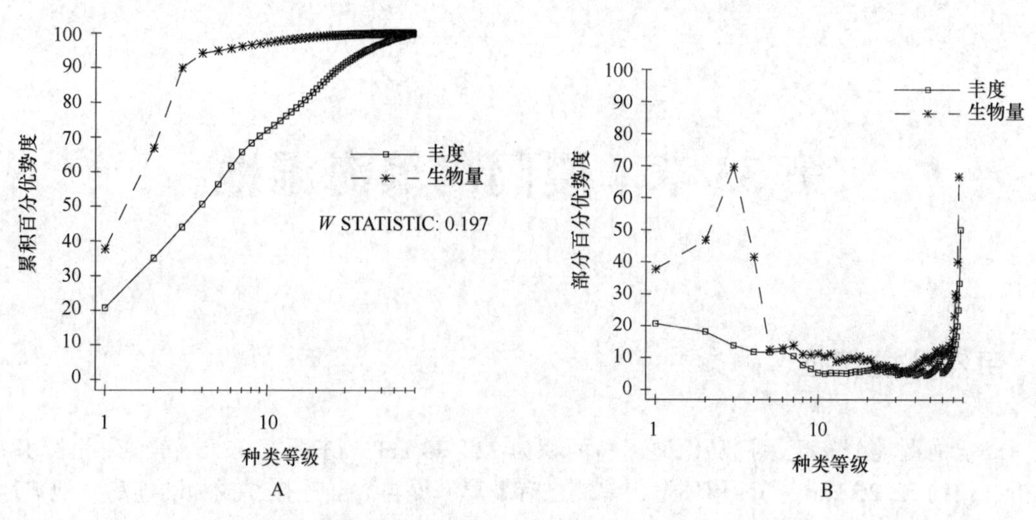

图 32-13　夏季角屿岩石滩群落丰度生物量复合 k-优势度（A）和部分优势度（B）曲线

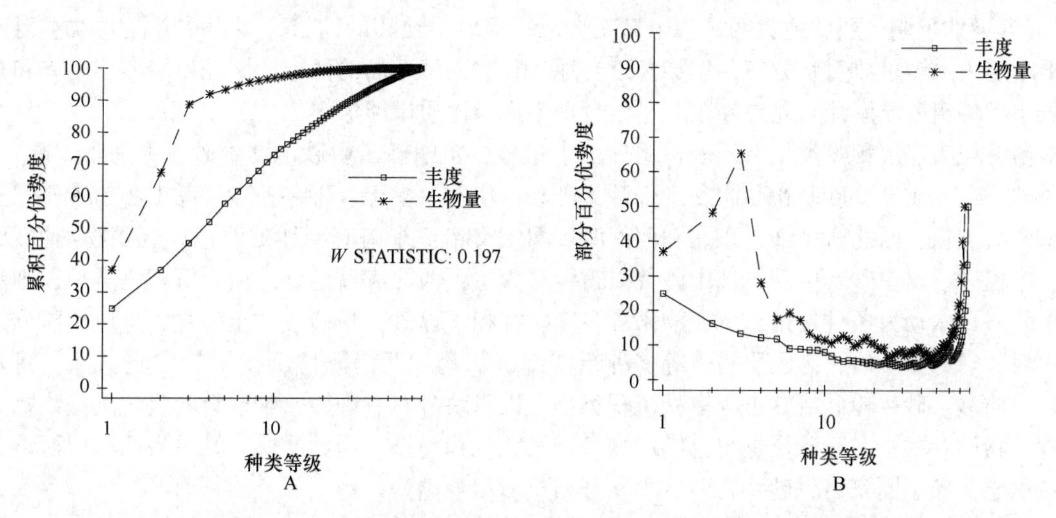

图 32-14　秋季角屿岩石滩群落丰度生物量复合 k-优势度（A）和部分优势度（B）曲线

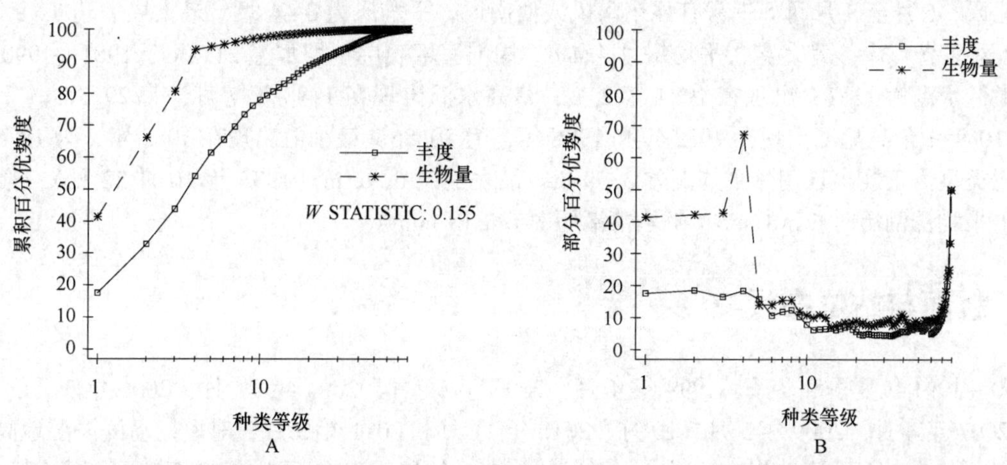

图 32-15　冬季角屿岩石滩群落丰度生物量复合 k-优势度（A）和部分优势度（B）曲线

第33章　厦门岛滨海湿地

33.1　自然环境特征

厦门岛滨海湿地分布于厦门岛，厦门岛面积为127.78 km^2，东西宽12.5 km，南北长13.7 km，岸线曲折，长约52.26 km。岛四周环海，北侧已有高集海堤与大陆连接，成为陆连岛。地势西南高，东北低，地形由西南向东北降低。西南部多山，地势由南向北倾斜，西北部较为平坦，南部多山，海拔339.6 m，东北部为宽坦台地，地形波状起伏、开阔平坦。从岛中部海拔200 m以上高丘陵，到滨海10 m以下的平原，层状地貌明显。本岛无大河，源出于丘陵的沟谷，多为季节性间歇小河流。长为数千米之内，多呈放射状分布，切穿丘陵台地，独立入海。岛的西岸为淤泥质岸滩，南岸和东南岸多基岩小型岬湾砂质岸滩，北岸和东北岸以台地土崖沙泥质岸滩居多。

本岛海域表层沉积物类型有砾砂、粗砂、中粗砂、粗中砂、中砂、细中砂、中细砂、砂、细砂、粉砂质砂、黏土质砂、砂质粉砂、黏土砾砂、砾砂—粉砂—黏土、砂—粉砂—黏土和粉砂质黏土。厦门岛东南海域粗，西北海域细，东北和西南海域粗细交错：东南海域地处湾口，沉积物类型以砾砂、粗砂、中粗砂、粗中砂、中砂、细中砂等以粗颗粒为主；西北海域地处湾内，沉积物类型以细颗粒为主；东北海域水动力条件复杂，沉积物来源多向，沉积了以砂—粉砂—黏土为主，呈斑块状分布着砾砂、中粗砂、黏土质砂，黏土质粉砂等多种粗或细沉积物；西南海域沉积了粉砂质黏土、黏土质粉砂、黏土质砂、砂—粉砂—黏土等多种沉积类型，以斑块分布着砾砂、细砂等粗沉积类型。黏土质粉砂、砂—粉砂—黏土和粉砂质黏土为厦门岛海域三大沉积类型。粉砂质黏土几乎占据厦门西港，砂—粉砂—黏土分布于同安湾，砂—粉砂—黏土分布于厦门外港。

该岛属南亚热带海洋性季节气候，冬无严寒，夏无酷暑，雨量适中，气候宜人。年均气温21.0℃，年均降雨量1 100 mm，多年均风速3.2 m/s。强风向东北，最大风速28 m/s。9月至翌年4月多东北风，5月至8月间下午常有强东南风或西南风，平均风力3~4级，最大风力达7~8级，7—9月为台风季节。3—5月多雾，平均每月4.4 d。周围海域表层年均水温21.3℃，1981—1990年，10年中月最低水温为12℃，出现在1984年2月，最高水温出现在1988年7月，为29.3℃。年均盐度27.56，10年中最高盐度出现在1982年和1986年，为30.86，最小值出现在1983年，为18.55。

潮汐类型为正规半日潮。平均潮差3.99 m，最大潮差6.92 m（1933年10月22日），最小潮差0.99 m，平均涨潮历时6 h 8 min，平均落潮历时6 h 18 min。

33.2　断面与站位布设

1990—1991年夏季和冬季，1999年4月，2000年12月，2004年11月，2006年3月，2006年11月，2007年4月，2009年5月、10月，2010年11月和2011年5月，对厦门岛滨海湿地高崎、中埔、石塘、井头、下后滨、前浦、浦口、五通、香山、长尾礁、白石头等23条断面进行潮间带大型底栖生物取样调查，其中厦门岛滨海湿地岩石滩4条（XXR4、XXR7B、XX7A、XXR5、L4），泥滩、泥沙滩和沙滩共 19 条（表 33-1，图 33-1）。

表 33-1　厦门海岛滨海湿地潮间带大型底栖生物调查断面

序号	时间	断面	编号	经度（E）	纬度（N）	底质
1	1990 年 1 月，1991 年 8 月	浦口	XXM1	118°11′37.54″	24°30′36.00″	泥沙滩
2		五通	XXM2	118°11′8.51″	24°31′48.78″	泥滩
3		高崎机场	XXM3	118°8′00″	24°32′48.00″	
4		高崎机场	XXR4	118°7′51.00″	24°33′5.00″	岩石滩
5		白石头	XXR5	118°7′42.51″	24°25′30.64″	
6		前浦	XXS6	118°10′6.00″	24°27′12.00″	沙滩
7		五通	XXR7A	118°11′32.00″	24°31′50.00″	岩石滩
8		五通	XXR7B	118°11′35.24″	24°31′42.31″	
9	1999 年 4 月	五通（HM1）	XXM8	118°10′53.46″	24°32′9.87″	泥滩
10		高崎机场（HM2）	XXM9	118°8′28.41″	24°33′30.37″	
11		高崎（HM3）	XXM10	118°6′32.33″	24°33′16.15″	
12	2000 年 12 月	香山（XH1）	XXS11	118°11′38.87″	24°29′33.95″	泥沙滩
13		长尾礁（XH2）	XXS12	118°11′40.26″	24°30′8.04″	
14		浦口（XH3）	XXS13	118°11′34.34″	24°30′30.29″	
15	2004 年 11 月	高崎	XXM14	118°6′4.93″	24°33′4.80″	
16	2006 年 3 月	高崎（Xch1）	XXM15	118°8′16.38″	24°33′11.40″	
17		中埔（Xch2）	XXM16	118°7′15.66″	24°33′5.64″	
18	2006 年 11 月—2007 年 4 月	浦口	XMD5	118°11′12.00″	24°31′4.26″	
19	2009 年 5—10 月	白石头	L4	118°7′42.51″	24°25′30.64″	岩石滩
20	2010 年 11 月，2011 年 5 月	香山（Xch1）	XXS17	118°11′42.98″	24°29′16.48″	沙滩
21		观音山（Xch2）	XXS18	118°11′42.10″	24°30′4.00″	
22		会展中心（Qch1）	XXM19	118°10′51.00″	24°27′57.00″	泥沙滩
23		甲胄头（Qch2）	XXM20	118°10′40.00″	24°27′42.00″	

33.3　物种多样性

33.3.1　种类组成、分布与季节变化

厦门岛滨海湿地潮间带大型底栖生物 741 种，其中藻类 69 种，多毛类 228 种，软体动物 177 种，甲壳动物 156 种，棘皮动物 34 种和其他生物 77 种。多毛类、软体动物和甲壳动物占总种数的 75.71%，三者构成潮间带大型底栖生物主要类群。不同底质类型比较，以岩石滩种数（316 种）大于泥沙滩（290 种）大于沙滩（271 种）大于泥滩（224 种）。

厦门岛滨海湿地岩石滩潮间带大型底栖生物 316 种，其中藻类 66 种，多毛类 65 种，软体动物 75 种，甲壳动物 54 种，棘皮动物 23 种和其他生物 33 种。藻类、软体动物和甲壳动物占总种数的 65.18%，三者构成岩石滩潮间带大型底栖生物主要类群。

图 33-1 厦门岛滨海湿地潮间带大型底栖生物调查断面

厦门岛滨海湿地沙滩潮间带大型底栖生物 271 种，其中藻类 5 种，多毛类 111 种，软体动物 43 种，甲壳动物 77 种，棘皮动物 10 种和其他生物 25 种。多毛类、软体动物和甲壳动物占总种数的 85.23%，三者构成沙滩潮间带大型底栖生物主要类群。

厦门岛滨海湿地泥沙滩潮间带大型底栖生物 290 种。其中藻类 7 种，多毛类 124 种，软体动物 62 种，甲壳动物 62 种，棘皮动物 9 种和其他生物 26 种。多毛类、软体动物和甲壳动物占总种数的 85.51%，三者构成泥沙滩潮间带大型底栖生物主要类群。

厦门岛滨海湿地泥滩潮间带大型底栖生物 224 种。其中藻类 3 种，多毛类 90 种，软体动物 73 种，甲壳动物 37 种，棘皮动物 7 种和其他生物 14 种。多毛类、软体动物和甲壳动物占总种数的 89.28%，三者构成泥滩潮间带大型底栖生物主要类群。

不同底质类型潮间带大型底栖生物种类组成、分布与季节变化见表 33-2。

表 33-2　厦门岛滨海湿地潮间带大型底栖生物物种组成、分布与季节变化　　单位：种

底质	断面	季节	藻类	多毛类	软体动物	甲壳动物	棘皮动物	其他生物	合计
岩石滩	XXR4	夏季	0	10	25	16	3	9	63
		冬季	5	13	30	14	7	7	76
		小计	5	16	35	21	9	12	98
	XXR5	夏季	16	15	36	13	7	8	95
		冬季	32	23	26	12	9	3	105
		小计	41	29	39	19	12	8	148
	XXR7A	夏季	2	18	33	4	6	6	69
		冬季	27	24	35	14	9	8	117
		小计	27	30	45	14	10	9	135
	XXR7B	夏季	2	16	24	5	6	5	58
		冬季	14	20	28	8	5	7	82
		小计	16	25	36	9	9	10	105
	L4	春季	0	28	25	22	3	26	104
		秋季	0	23	34	15	1	9	82
		小计	0	36	43	26	3	28	136
	合计		66	65	75	54	23	33	316
沙滩	XXS6	夏季	0	38	8	16	4	8	74
		冬季	3	30	3	6	3	7	52
		小计	3	47	11	17	5	14	97
	XXS17	春季	4	18	6	7	2	3	40
		秋季	0	22	1	4	1	0	28
		小计	4	34	7	11	3	3	62
	XXS18	春季	5	15	8	9	1	9	47
		秋季	0	21	7	13	1	2	44
		小计	5	28	15	20	2	10	80
	合计		5	111	43	77	10	25	271
泥沙滩	XXM1	春季	3	43	23	30	0	8	107
		夏季	0	33	27	20	6	10	96
		秋季	1	26	19	24	1	6	77
		冬季	0	27	8	4	3	4	46
		小计	4	77	73	41	5	28	228
	XMD5	春季	3	43	29	30	0	8	107
		秋季	1	26	19	24	1	6	77
		小计	4	59	36	43	1	13	156
	XXM15	春季	5	45	15	25	0	4	94
	XXM16		4	40	22	15	0	3	84
	XXM14	秋季	0	16	5	5	0	1	27
	XXM19		0	40	5	10	3	7	65
	XXM20		0	43	12	15	2	7	79
	XXS11	冬季	0	21	13	20	2	4	60

续表 33-2

底质	断面	季节	藻类	多毛类	软体动物	甲壳动物	棘皮动物	其他生物	合计
泥滩	XXS12		0	40	15	24	1	4	84
	XXS13		0	37	11	23	2	2	75
	合计		7	124	62	62	9	26	290
泥滩	XXM8	春季	0	21	15	7	0	2	45
	XXM2	夏季	0	37	36	21	1	6	101
		冬季	3	16	19	5	3	5	51
		小计	3	70	65	30	4	8	180
	XXM3	夏季	0	39	21	15	3	5	83
		冬季	0	24	10	9	2	2	47
		小计	0	48	28	18	4	5	103
	XXM9	春季	0	19	20	11	0	0	50
	XXM10		0	22	26	5	0	2	55
	合计		3	90	73	37	7	14	224
总计			69	228	177	156	34	77	741

33.3.2　优势种、主要种和经济种

根据数量和出现频率，厦门岛滨海湿地潮间带大型底栖生物优势种和主要种有珊瑚藻、无柄珊瑚藻、羊栖菜、鼠尾藻、黑荞麦蛤、僧帽牡蛎、棘刺牡蛎、敦氏猿头蛤、覆瓦小蛇螺、疣荔枝螺、日本菊花螺、白脊藤壶、鳞笠藤壶、小相手蟹、渤海鸭嘴蛤、凸壳肌蛤、菲律宾蛤仔、珠带拟蟹守螺、纵带滩栖螺、织纹螺、衣角蛤、果坚壳蟹等。

经济种主要有多齿全刺沙蚕、锐足全刺沙蚕、多齿围沙蚕、卷旋吻沙蚕、异足索沙蚕、裸体方格星虫、可口革囊星虫、泥蚶、青蚶、凸壳肌蛤、四角蛤蜊、彩虹明樱蛤、直线竹蛏、尖刀蛏、缢蛏、日本镜蛤、菲律宾蛤仔、渤海鸭嘴蛤、扁玉螺、斑玉螺、泥螺、日本对虾、模糊新短眼蟹、黑斑口虾蛄、中国鲎、白氏文昌鱼、短吻栉鰕虎鱼、大弹涂鱼、红毛菜、细毛石花菜、小石花菜、鸡毛菜、舌状蜈蚣藻、鹿角沙菜、小杉藻、铁丁菜、羊栖菜、鼠尾藻、礁膜、浒苔、蛎菜、石莼、弯齿围沙蚕、青蚶、翡翠贻贝、新加坡掌扇贝、棘刺海菊蛤、僧帽牡蛎、棘刺牡蛎、敦氏猿头蛤、锈凹螺、单齿螺、粒花冠小月螺、齿纹蜒螺、覆瓦小蛇螺、疣荔枝螺、龟足、日本大眼蟹和紫海胆等。其中主要为贝藻类。

33.4　数量时空分布

33.4.1　数量组成与季节变化

厦门岛滨海湿地岩石滩、沙滩、泥沙滩和泥滩潮间带大型底栖生物平均生物量为 481.45 g/m^2，平均栖息密度为 1 834 个/m^2。生物量以软体动物居第一位（324.56 g/m^2），甲壳动物居第二位（132.73 g/m^2）；栖息密度以甲壳动物居第一位（967 个/m^2），软体动物居第二位（683 个/m^2）。不同底质类型比较，生物量从高到低依次为岩石滩（1 726.30 g/m^2）、泥滩（138.20 g/m^2）、泥沙滩（47.18 g/m^2）、沙滩（14.05 g/m^2）；栖息密度同样从高到低依次为岩石滩（6 533 个/m^2）、泥沙滩（397 个/m^2）、泥滩（285 个/m^2）、沙滩（117 个/m^2）。各类群数量组成与分布见表 33-3。

表 33-3 厦门岛滨海湿地潮间带大型底栖生物数量组成与分布

数量	底质	藻类	多毛类	软体动物	甲壳动物	棘皮动物	其他生物	合计
生物量 (g/m^2)	岩石滩	10.73	4.39	1 142.75	509.52	0.35	58.56	1 726.30
	沙滩	0	3.97	1.50	6.63	0.26	1.69	14.05
	泥沙滩	0.69	4.27	29.15	10.46	0.28	2.33	47.18
	泥滩	0	3.60	124.83	4.29	0.36	5.12	138.20
	平均	2.86	4.06	324.56	132.73	0.31	16.93	481.45
密度 (个/m^2)	岩石滩	—	232	2 454	3 739	16	92	6 533
	沙滩	—	68	16	26	3	4	117
	泥沙滩	—	227	85	74	4	7	397
	泥滩	—	75	178	27	2	3	285
	平均	—	151	683	967	6	27	1 834

厦门岛滨海湿地岩石滩潮间带大型底栖生物四季平均生物量为 1 726.30 g/m^2，平均栖息密度为 6 533 个/m^2。生物量以软体动物居第一位（1 142.75 g/m^2），甲壳动物居第二位（509.52 g/m^2）；栖息密度以甲壳动物居第一位（3 739 个/m^2），软体动物居第二位（2 454 个/m^2）。数量季节变化，生物量以秋季较大（2 719.52 g/m^2），冬季较小（1 124.88 g/m^2）；栖息密度以春季较大（12 524 个/m^2），冬季较小（2 838 个/m^2）。各断面类群数量组成与季节变化见表 33-4 至表 33-6。

表 33-4 厦门岛滨海湿地岩石滩潮间带大型底栖生物数量组成与季节变化

数量	季节	藻类	多毛类	软体动物	甲壳动物	棘皮动物	其他生物	合计
生物量 (g/m^2)	春季	0	6.81	958.48	418.27	0.61	156.41	1 540.58
	夏季	21.46	3.53	686.20	796.19	0.37	12.42	1 520.17
	秋季	0	3.94	2 315.33	341.46	0.21	58.58	2 719.52
	冬季	21.45	3.26	610.97	482.16	0.22	6.82	1 124.88
	平均	10.73	4.39	1 142.75	509.52	0.35	58.56	1 726.30
密度 (个/m^2)	春季	—	393	4 906	7 057	19	149	12 524
	夏季	—	189	1 108	2 036	17	80	3 430
	秋季	—	220	1 983	5 014	16	108	7 341
	冬季	—	126	1 819	849	12	32	2 838
	平均	—	232	2 454	3 739	16	92	6 533

表 33-5 厦门岛滨海湿地岩石滩各断面潮间带大型底栖生物生物量组成与季节变化 单位：g/m^2

季节	断面	藻类	多毛类	软体动物	甲壳动物	棘皮动物	其他生物	合计
春季	L4	0	6.81	958.48	418.27	0.61	156.41	1 540.58
夏季	XXR4	0	2.17	337.46	1 042.11	0.47	11.86	1 394.07
	XXR5	68.47	4.66	433.54	654.58	0.01	35.92	1 197.18
	XXR7A	11.38	4.16	889.32	988.50	0.77	1.30	1 895.43
	XXR7B	5.99	3.11	1 084.48	499.56	0.21	0.59	1 593.94
	平均	21.46	3.53	686.20	796.19	0.37	12.42	1 520.17

续表

季节	断面	藻类	多毛类	软体动物	甲壳动物	棘皮动物	其他生物	合计
秋季	L4	0	3.94	2 315.33	341.46	0.21	58.58	2 719.52
冬季	XXR4	0	0.94	571.40	108.47	0.08	12.31	693.20
	XXR5	38.61	6.82	425.87	457.47	0.24	11.25	940.26
	XXR7A	30.35	3.09	407.59	878.98	0.51	3.00	1 323.52
	XXR7B	16.85	2.20	1 039.01	483.71	0.05	0.70	1 542.52
	平均	21.45	3.26	610.97	482.16	0.22	6.82	1 124.88

表 33-6　厦门岛滨海湿地岩石滩各断面潮间带大型底栖生物栖息密度组成与季节变化　单位：个/m²

季节	断面	多毛类	软体动物	甲壳动物	棘皮动物	其他生物	合计
春季	L4	393	4 906	7 057	19	149	12 524
夏季	XXR4	62	1 452	2 267	3	177	3 961
	XXR5	189	1 758	2 220	1	106	4 274
	XXR7A	401	613	2 500	52	22	3 588
	XXR7B	102	607	1 157	11	14	1 891
	平均	189	1 108	2 036	17	80	3 430
秋季	L4	220	1 983	5 014	16	108	7 341
冬季	XXR4	102	682	124	3	2	913
	XXR5	166	3 171	1 184	16	83	4 620
	XXR7A	84	2 068	800	27	15	2 994
	XXR7B	151	1 356	1 287	3	27	2 824
	平均	126	1 819	849	12	32	2 838

厦门岛滨海湿地沙滩潮间带大型底栖生物四季平均生物量为 14.05 g/m²，平均栖息密度为 117 个/m²。生物量以甲壳动物居第一位（6.63 g/m²），多毛类居第二位（3.97 g/m²）；栖息密度以多毛类居第一位（68 个/m²），甲壳动物居第二位（26 个/m²）。数量季节变化，生物量以春季较大（22.62 g/m²），冬季较小（4.04 g/m²）；栖息密度以秋季较大（157 个/m²），冬季较小（50 个/m²）。各断面类群数量组成与季节变化见表 33-7 和表 33-8。

表 33-7　厦门岛滨海湿地沙滩潮间带大型底栖生物数量组成与季节变化

数量	季节	多毛类	软体动物	甲壳动物	棘皮动物	其他生物	合计
生物量（g/m²）	春季	6.57	5.28	6.52	0	4.25	22.62
	夏季	5.24	0.55	3.30	0.64	0.18	9.91
	秋季	3.16	0.09	16.29	0.05	0.02	19.61
	冬季	0.90	0.08	0.41	0.33	2.32	4.04
	平均	3.97	1.50	6.63	0.26	1.69	14.05
密度（个/m²）	春季	40	50	37	0	7	134
	夏季	90	9	13	6	6	124
	秋季	108	1	47	0	1	157
	冬季	34	2	6	6	2	50
	平均	68	16	26	3	4	117

表 33-8　厦门岛滨海湿地沙滩各断面潮间带大型底栖生物数量组成与季节变化

数量	季节	断面	多毛类	软体动物	甲壳动物	棘皮动物	其他生物	合计
生物量 (g/m²)	春季	XXS17	8.90	0.86	7.39	0	4.86	22.01
		XXS18	4.24	9.70	5.65	0	3.64	23.23
		平均	6.57	5.28	6.52	0	4.25	22.62
	夏季	XXS6	5.24	0.55	3.30	0.64	0.18	9.91
	秋季	XXS17	2.68	0	1.90	0.09	0	4.67
		XXS18	3.63	0.18	30.67	0.01	0.04	34.53
		平均	3.16	0.09	16.29	0.05	0.02	19.61
	冬季	XXS6	0.90	0.08	0.41	0.33	2.32	4.04
密度 (个/m²)	春季	XXS17	36	8	55	0	2	101
		XXS18	44	92	19	0	12	167
		平均	40	50	37	0	7	134
	夏季	XXS6	90	9	13	6	6	124
	秋季	XXS17	100	0	17	0	0	117
		XXS18	115	1	77	0	2	195
		平均	108	1	47	0	1	157
	冬季	XS6	34	2	6	6	2	50

厦门岛滨海湿地泥沙滩潮间带大型底栖生物四季平均生物量为 47.18 g/m²，平均栖息密度为 397 个/m²。生物量以软体动物居第一位（29.15 g/m²），甲壳动物居第二位（10.46 g/m²）；栖息密度以多毛类居第一位（227 个/m²），软体动物居第二位（85 个/m²）。数量季节变化，生物量以秋季较大（86.30 g/m²），冬季较小（20.77 g/m²）；栖息密度以秋季较大（667 个/m²），夏季较小（105 个/m²）。各断面类群数量组成与季节变化见表 33-9~表 33-11。

表 33-9　厦门岛滨海湿地泥沙滩潮间带大型底栖生物数量组成与季节变化

数量	季节	藻类	多毛类	软体动物	甲壳动物	棘皮动物	其他生物	合计
生物量 (g/m²)	春季	2.74	5.15	39.69	10.14	0	1.63	59.35
	夏季	0	2.74	3.13	14.00	0.42	1.98	22.27
	秋季	0	6.91	64.74	11.55	0.24	2.86	86.30
	冬季	0	2.26	9.04	6.16	0.48	2.83	20.77
	平均	0.69	4.27	29.15	10.46	0.28	2.33	47.18
密度 (个/m²)	春季	—	317	196	113	0	11	637
	夏季	—	60	7	30	4	4	105
	秋季	—	457	97	98	7	8	667
	冬季	—	73	41	55	5	4	178
	平均	—	227	85	74	4	7	397

表 33-10　厦门岛滨海湿地泥沙滩各断面潮间带大型底栖生物生物量组成与季节变化　单位：g/m²

季节	断面	藻类	多毛类	软体动物	甲壳动物	棘皮动物	其他生物	合计
春季	XXS17	0	5.77	13.95	3.86	0	0.52	24.10
	XXS18	2.86	5.13	122.86	6.17	0	3.67	140.69
	XXM19	0.50	4.05	16.76	22.18	0	0.15	43.64
	XXM20	0.01	2.59	14.52	10.09	0	0.02	27.23
	XMD5	10.32	8.23	30.34	8.42	0	3.77	61.08
	平均	2.74	5.15	39.69	10.14	0	1.63	59.35
夏季	XXM1	0	2.74	3.13	14.00	0.42	1.98	22.27
秋季	XMD5	0.01	1.10	6.46	12.22	0.15	0.66	20.60
	XXM19	0	12.55	2.93	10.45	0.64	5.32	31.89
	XXM20	0	13.42	232.60	22.72	0.15	5.08	273.97
	XXM14	0	0.57	16.97	0.82	0	0.36	18.72
	平均	0	6.91	64.74	11.55	0.24	2.86	86.30
冬季	XXM1	0	1.25	1.27	2.11	1.83	0.62	7.08
	XXS11	0	0.91	7.58	4.81	0.02	0.47	13.79
	XXS12	0	3.11	25.04	14.66	0.04	8.43	51.28
	XXS13	0	3.77	2.25	3.05	0.01	1.80	10.88
	平均	0	2.26	9.04	6.16	0.48	2.83	20.77

表 33-11　厦门岛滨海湿地泥沙滩各断面潮间带大型底栖生物栖息密度组成与季节变化　单位：个/m²

季节	断面	多毛类	软体动物	甲壳动物	棘皮动物	其他生物	合计
春季	XXS17	339	153	194	0	2	688
	XXS18	421	594	40	0	2	1 057
	XXM19	304	78	34	0	14	430
	XXM20	233	54	66	0	5	358
	XMD5	287	100	233	0	32	652
	平均	317	196	113	0	11	637
夏季	XXM1	60	7	30	4	4	105
秋季	XMD5	136	124	89	23	18	390
	XXM19	928	96	116	5	9	1 154
	XXM20	697	145	178	1	3	1 024
	XXM14	68	24	8	0	1	101
	平均	457	97	98	7	8	667
冬季	XXM1	25	9	19	6	4	63
	XXS11	39	31	43	1	5	119
	XXS12	79	99	67	11	2	258
	XXS13	147	26	89	1	3	266
	平均	73	41	55	5	4	178

厦门岛滨海湿地泥滩潮间带大型底栖生物平均生物量为 138.20 g/m²，平均栖息密度为 285 个/m²。生物量以软体动物居第一位（124.83 g/m²），甲壳动物居第二位（4.29 g/m²）；栖息密度以软体动物居第一位（178 个/m²），多毛类居第二位（75 个/m²）。数量季节变化，生物量以夏季较大（346.64 g/m²），冬季较小（16.79 g/m²）；栖息密度以夏季较大（591 个/m²），冬季较小（123 个/m²）。各断面类群数量组成与季节变化见表 33-12 和表 33-13。

表 33-12 厦门岛滨海湿地泥滩潮间带大型底栖生物数量组成与季节变化

数量	季节	多毛类	软体动物	甲壳动物	棘皮动物	其他生物	合计
生物量（g/m²）	春季	2.15	42.50	5.37	0	1.18	51.20
	夏季	5.50	322.68	4.27	0.63	13.56	346.64
	秋季	—	—	—	—	—	—
	冬季	3.16	9.32	3.24	0.46	0.61	16.79
	平均	3.60	124.83	4.29	0.36	5.12	138.20
密度（个/m²）	春季	53	76	12	0	2	143
	夏季	124	410	46	5	6	591
	秋季	—	—	—	—	—	—
	冬季	49	49	22	1	2	123
	平均	75	178	27	2	3	285

表 33-13 厦门岛滨海湿地泥滩各断面潮间带大型底栖生物数量组成与季节变化

数量	季节	断面	多毛类	软体动物	甲壳动物	棘皮动物	其他生物	合计
生物量（g/m²）	春季	XXM8	2.10	9.84	9.36	0	1.33	22.63
		XXM9	2.28	89.10	2.58	0	0	93.96
		XXM10	2.08	28.57	4.17	0	2.21	37.03
		平均	2.15	42.50	5.37	0	1.18	51.20
	夏季	XXM2	5.45	101.82	4.15	0.02	6.34	117.78
		XXM3	5.54	543.54	4.38	1.24	20.77	575.47
		平均	5.50	322.68	4.27	0.63	13.56	346.64
	冬季	XXM2	2.13	11.99	0.54	0	0.24	14.90
		XXM3	4.18	6.64	5.94	0.92	0.98	18.66
		平均	3.16	9.32	3.24	0.46	0.61	16.79
密度（个/m²）	春季	XXM8	56	28	7	0	4	95
		XXM9	48	89	11	0	0	148
		XXM10	54	111	19	0	3	187
		平均	53	76	12	0	2	143
	夏季	XXM2	162	159	65	1	7	394
		XXM3	85	660	27	9	4	785
		平均	124	410	46	5	6	591
	冬季	XXM2	26	38	10	0	1	75
		XXM3	71	59	33	1	3	167
		平均	49	49	22	1	2	123

33.4.2　数量分布

1990—1991 年厦门岛滨海湿地岩石滩潮间带大型底栖生物数量垂直分布，生物量从高到低依次为中潮区（2 366.83 g/m²）、低潮区（1 251.14 g/m²）、高潮区（68.72 g/m²）；栖息密度同样从高到低依次为中潮区（7 534 个/m²）、低潮区（1 429 个/m²）、高潮区（437 个/m²）。生物量和栖息密度均以中潮区较大，高潮区较小。各断面数量垂直分布见表 33-14。

表 33-14　1990—1991 年厦门岛滨海湿地岩石滩潮间带大型底栖生物数量垂直分布

断面	数量	潮区	藻类	多毛类	软体动物	甲壳动物	棘皮动物	其他生物	合计
XXR4	生物量（g/m²）	高潮区	0	0	17.40	71.80	0	0.04	89.24
		中潮区	0	1.29	272.16	1 595.85	0	17.89	1 887.19
		低潮区	0	3.38	1 073.74	58.22	0.82	18.32	1 154.48
		平均	0	1.56	454.43	575.29	0.27	12.08	1 043.63
	密度（个/m²）	高潮区	—	0	192	312	0	0	504
		中潮区	—	52	2 065	3 195	0	138	5 450
		低潮区	—	194	943	80	8	130	1 355
		平均	—	82	1 067	1 196	3	89	2 437
XXR5	生物量（g/m²）	高潮区	0	0	37.00	64.72	0	0	101.72
		中潮区	68.43	4.25	657.41	1 566.64	0.23	16.81	2 313.77
		低潮区	92.20	12.97	594.70	36.72	0.16	53.94	790.69
		平均	53.54	5.74	429.70	556.03	0.13	23.58	1 068.72
	密度（个/m²）	高潮区	—	0	208	544	0	0	752
		中潮区	—	119	6 816	4 369	12	93	11 409
		低潮区	—	414	370	194	14	190	1 182
		平均	—	178	2 465	1 702	9	94	4 448
XXR7A	生物量（g/m²）	高潮区	0	0	25.80	0	0	0	25.80
		中潮区	10.99	3.55	788.59	2 507.47	0.35	0.51	3 311.46
		低潮区	51.60	7.32	1 130.96	293.74	1.58	5.94	1 491.14
		平均	20.86	3.62	648.45	933.74	0.64	2.15	1 609.46
	密度（个/m²）	高潮区	—	0	240	0	0	0	240
		中潮区	—	222	3 330	4 501	17	21	8 091
		低潮区	—	506	452	448	102	34	1 542
		平均	—	243	1 341	1 650	40	18	3 292
XXR7B	生物量（g/m²）	高潮区	23.44	0	34.68	0	0	0	58.12
		中潮区	7.99	1.60	752.39	1 192.29	0	0.57	1 954.84
		低潮区	2.84	6.36	2 398.16	282.60	0.40	1.36	2 691.72
		平均	11.42	2.65	1 061.74	491.63	0.13	0.64	1 568.21
	密度（个/m²）	高潮区	—	0	252	0	0	0	252
		中潮区	—	144	2 101	2 911	0	29	5 185
		低潮区	—	236	592	756	20	32	1 636
		平均	—	127	982	1 222	7	20	2 358

续表

断面	数量	潮区	藻类	多毛类	软体动物	甲壳动物	棘皮动物	其他生物	合计
平均	生物量（g/m²）	高潮区	5.86	0	28.72	34.13	0	0.01	68.72
		中潮区	21.85	2.68	617.64	1 715.57	0.14	8.95	2 366.83
		低潮区	38.81	6.58	965.29	220.08	0.67	19.71	1 251.14
		平均	22.17	3.09	537.21	656.59	0.27	9.56	1 228.89
	密度（个/m²）	高潮区	—	0	223	214	0	0	437
		中潮区	—	134	3 578	3 744	7	71	7 534
		低潮区	—	338	589	370	36	96	1 429
		平均	—	157	1 463	1 442	14	56	3 132

1990—1991 年厦门岛滨海湿地沙滩、泥沙滩和泥滩潮间带大型底栖生物数量垂直分布，生物量从高到低依次为中潮区（263.89 g/m²）、低潮区（13.08 g/m²）、高潮区（11.81 g/m²）；栖息密度同样从高到低依次为中潮区（425 个/m²）、低潮区（129 个/m²）、高潮区（108 个/m²）。生物量和栖息密度均以中潮区较大，高潮区较小。各断面数量垂直分布见表 33-15。

表 33-15　1990—1991 年厦门岛滨海湿地沙滩、泥沙滩和泥滩潮间带大型底栖生物数量垂直分布

断面	数量	潮区	多毛类	软体动物	甲壳动物	棘皮动物	其他生物	合计
XXM1	生物量（g/m²）	高潮区	0.80	0.87	9.65	1.48	0.10	12.90
		中潮区	2.43	4.97	10.07	0.59	2.51	20.57
		低潮区	2.76	0.76	4.44	1.31	1.30	10.57
		平均	2.00	2.20	8.05	1.13	1.30	14.68
	密度（个/m²）	高潮区	15	6	16	6	3	46
		中潮区	42	14	41	5	4	106
		低潮区	70	4	17	3	5	99
		平均	42	8	24	5	4	83
XXM2	生物量（g/m²）	高潮区	3.43	23.10	1.78	0	0.18	28.49
		中潮区	5.05	144.92	5.17	0	1.15	156.29
		低潮区	2.89	2.69	0.09	0.03	8.53	14.23
		平均	3.79	56.90	2.35	0.01	3.29	66.34
	密度（个/m²）	高潮区	112	104	79	0	1	296
		中潮区	68	165	32	0	6	271
		低潮区	102	26	2	2	5	137
		平均	94	98	38	1	4	235
XXM3	生物量（g/m²）	高潮区	2.97	0.49	2.16	0	0	5.62
		中潮区	5.31	822.51	6.54	1.69	31.65	867.70
		低潮区	6.30	2.28	6.77	1.54	0.97	17.86
		平均	4.86	275.09	5.16	1.08	10.87	297.06
	密度（个/m²）	高潮区	49	21	7	0	0	77
		中潮区	75	1 045	42	9	5	1 176
		低潮区	111	12	41	6	5	175
		平均	78	359	30	5	4	476

续表

断面	数量	潮区	多毛类	软体动物	甲壳动物	棘皮动物	其他生物	合计
XXS6	生物量 (g/m²)	高潮区	0.01	0	0.25	0	0	0.26
		中潮区	4.67	0.20	1.25	1.35	3.53	11.00
		低潮区	4.53	0.74	4.06	0.10	0.23	9.66
		平均	3.07	0.31	1.85	0.48	1.25	6.96
	密度 (个/m²)	高潮区	6	0	1	0	0	7
		中潮区	113	4	11	17	5	150
		低潮区	68	12	17	1	7	105
		平均	62	5	10	6	4	87
平均	生物量 (g/m²)	高潮区	1.80	6.11	3.46	0.37	0.07	11.81
		中潮区	4.36	243.15	5.76	0.91	9.71	263.89
		低潮区	4.12	1.62	3.84	0.74	2.76	13.08
		平均	3.43	83.63	4.35	0.67	4.18	96.26
	密度 (个/m²)	高潮区	46	33	26	2	1	108
		中潮区	74	307	31	8	5	425
		低潮区	88	13	19	3	6	129
		平均	69	118	25	4	4	220

1999 年 4 月，厦门岛滨海湿地泥滩潮间带大型底栖生物数量垂直分布，生物量从高到低依次为中潮区（131.41 g/m²）、高潮区（18.77 g/m²）、低潮区（3.43 g/m²）；栖息密度从高到低依次为中潮区（331 个/m²）、低潮区（64 个/m²）、高潮区（36 个/m²）。生物量和栖息密度均以中潮区较大。各断面数量垂直分布见表 33-16。

表 33-16　1999 年 4 月厦门岛滨海湿地泥滩潮间带大型底栖生物数量垂直分布

断面	数量	潮区	多毛类	软体动物	甲壳动物	棘皮动物	其他生物	合计
XXM8	生物量 (g/m²)	高潮区	0.08	0.04	0	0	0	0.12
		中潮区	5.73	28.80	28.09	0	3.75	66.37
		低潮区	0.48	0.68	0	0	0.24	1.40
	密度 (个/m²)	高潮区	8	8	0	0	0	16
		中潮区	140	67	21	0	7	235
		低潮区	20	8	0	0	4	32
XXM9	生物量 (g/m²)	高潮区	0	44.04	0	0	0	44.04
		中潮区	4.63	222.81	6.93	0	0	234.37
		低潮区	2.20	0.44	0.80	0	0	3.44
	密度 (个/m²)	高潮区	0	36	0	0	0	36
		中潮区	97	228	25	0	0	350
		低潮区	48	4	8	0	0	60

续表

断面	数量	潮区	多毛类	软体动物	甲壳动物	棘皮动物	其他生物	合计
XXM10	生物量 (g/m²)	高潮区	0	12.16	0	0	0	12.16
		中潮区	5.11	69.21	12.52	0	6.64	93.48
		低潮区	1.12	4.32	0	0	0	5.44
	密度 (个/m²)	高潮区	0	56	0	0	0	56
		中潮区	107	235	57	0	9	408
		低潮区	56	44	0	0	0	100
平均	生物量 (g/m²)	高潮区	0.03	18.74	0	0	0	18.77
		中潮区	5.16	106.94	15.85	0	3.46	131.41
		低潮区	1.27	1.81	0.27	0	0.08	3.43
	密度 (个/m²)	高潮区	3	33	0	0	0	36
		中潮区	115	176	35	0	5	331
		低潮区	41	19	3	0	1	64

2010—2011 年春季和秋季，厦门岛滨海湿地沙滩潮间带大型底栖生物数量垂直分布，生物量从高到低依次为中潮区（32.24 g/m²）、低潮区（28.87 g/m²）、高潮区（2.24 g/m²）；栖息密度从高到低依次为低潮区（222 个/m²）、中潮区（216 个/m²）、高潮区（1 个/m²）。生物量和栖息密度均以中潮区较大高潮区较小。各断面数量垂直分布见表 33-17。

表 33-17　2010—2011 年春季和秋季厦门岛滨海湿地沙滩潮间带大型底栖生物数量垂直分布

数量	潮区	季节	多毛类	软体动物	甲壳动物	棘皮动物	其他生物	合计
生物量 (g/m²)	高潮区	秋季	0	0	1.23	0	0	1.23
		春季	0	0	3.25	0	0	3.25
		平均	0	0	2.24	0	0	2.24
	中潮区	秋季	4.72	0.27	24.01	0.16	0.07	29.23
		春季	9.32	15.45	5.54	0	4.93	35.24
		平均	7.02	7.86	14.78	0.08	2.50	32.24
	低潮区	秋季	4.74	0	23.62	0	0.00	28.36
		春季	10.40	0.38	10.78	0	7.82	29.38
		平均	7.57	0.19	17.20	0	3.91	28.87
	平均	秋季	3.15	0.09	16.29	0.05	0.02	19.60
		春季	6.57	5.28	6.52	0	4.25	22.62
		平均	4.86	2.68	11.41	0.03	2.14	21.12
密度 (个/m²)	高潮区	秋季	0	0	0.10	0	0	0.10
		春季	0	0	0.50	0	0	0.50
		平均	0	0	0.30	0	0	0.30
	中潮区	秋季	130	2	47	1	3	183
		春季	59	140	42	0	4	245
		平均	95	71	45	1	4	216

续表 33-17

数量	潮区	季节	多毛类	软体动物	甲壳动物	棘皮动物	其他生物	合计
密度（个/m²）	低潮区	秋季	192	0	94	0	0	286
		春季	62	10	68	0	18	158
		平均	127	5	81	0	9	222
	平均	秋季	107	1	47	0	1	156
		春季	40	50	37	0	7	134
		平均	74	25	42	0	4	145

33.4.3　饵料生物

厦门岛滨海湿地潮间带大型底栖生物平均饵料水平分级为Ⅴ级，其中：软体动物和甲壳动物较高，达Ⅴ级；藻类、多毛类和棘皮动物较低，均为Ⅰ级。岩石滩断面较高，达Ⅴ级，其中：软体动物、甲壳动物和其他生物较高，达Ⅴ级，多毛类和棘皮动物较低，均为Ⅰ级。沙滩断面较低，为Ⅲ级，各类群饵料水平分级均为Ⅰ级。泥沙滩断面为Ⅳ级，其中软体动物较高，达Ⅳ级，甲壳动物次之，为Ⅲ级，藻类、多毛类、棘皮动物和其他生物均为Ⅰ级。泥滩断面较高，达Ⅴ级，其中软体动物较高，达Ⅴ级，藻类、多毛类、甲壳动物和棘皮动物较低，均为Ⅰ级（表 33-18）。

表 33-18　厦门岛滨海湿地潮间带大型底栖生物饵料水平分级

底质	藻类	多毛类	软体动物	甲壳动物	棘皮动物	其他生物	评价标准
岩石滩	Ⅲ	Ⅰ	Ⅴ	Ⅴ	Ⅰ	Ⅴ	Ⅴ
沙滩	Ⅰ	Ⅰ	Ⅰ	Ⅰ	Ⅰ	Ⅰ	Ⅲ
泥沙滩	Ⅰ	Ⅰ	Ⅳ	Ⅲ	Ⅰ	Ⅰ	Ⅳ
泥滩	Ⅰ	Ⅰ	Ⅴ	Ⅰ	Ⅰ	Ⅱ	Ⅴ
平均	Ⅰ	Ⅰ	Ⅴ	Ⅴ	Ⅰ	Ⅲ	Ⅴ

33.5　群落

33.5.1　群落类型

厦门岛滨海湿地潮间带大型底栖生物群落按地点和底质类型分为：

（1）白石头（XXR5）岩石滩群落。高潮区：滨螺—白脊藤壶带；中潮区：黑荞麦哈—僧帽牡蛎—鳞笠藤壶—覆瓦小蛇螺带；低潮区：无柄珊瑚藻—叉珊藻—覆瓦小蛇螺带。

（2）观音山（XXS18）沙滩群落。高潮区：痕掌沙蟹带；中潮区：锥稚虫—四索沙蚕—模糊新短眼蟹带；低潮区：中阿曼吉虫（*Armandia intermedia*）—模糊新短眼蟹—隆背大眼蟹（*Macrophalmus convexus*）带。

（3）高崎机场（XXM15）泥沙滩群落。高潮区：粗糙滨螺—黑口滨螺带；中潮区：梳鳃虫—珠带拟蟹守螺—凸壳肌蛤带；低潮区：似蛰虫—畸形链肢虫—塞切尔泥钩虾带。

（4）五通（XXM8）泥滩隐蔽型群落。高潮区：宽身大眼蟹带；中潮区：渤海鸭嘴蛤—珠带拟蟹守螺—淡水泥蟹带；低潮区：梳鳃虫—豆形胡桃蛤—光滑倍棘蛇尾带。

33.5.2　群落结构

（1）白石头（XXR5）岩石滩群落。该群落位于厦门岛滨海湿地南端，底质由大小不一的花岗岩岩块组成。

高潮区：滨螺—白脊藤壶带。粒结节滨螺和白脊藤壶为该区的代表种。其中，粒结节滨螺冬季栖息密度为 336 个/m^2，生物量为 7.68 g/m^2。白脊藤壶分布在高潮区下层至中潮区上层，垂直分布高度约 40 cm。该种生物量和栖息密度均为本区较高，冬季的生物量高达 1 176.08 g/m^2，栖息密度高达 5 648 个/m^2。马来小藤壶，虽分布范围不大，一般仅附着在白脊藤壶上界，其生物量和栖息密度也分别达到 43.52 g/m^2 和 1 280 个/m^2。本区的习见种还有海蟑螂、短滨螺、粗糙滨螺以及固着在石缝中的龟足。在本区东侧开敞的岩滩处，覆盖着一条宽约 13 m 的苔垢菜（*Calothrix crustacea*）。

中潮区：黑荞麦蛤—僧帽牡蛎—鳞笠藤壶—覆瓦小蛇螺带。该区上层生境半隐蔽，优势种黑荞麦蛤冬季生物量可达 623.44 g/m^2，栖息密度高达 23 328 个/m^2。僧帽牡蛎，生物量和栖息密度分别为 62.4 g/m^2 和 32 个/m^2。在白脊藤壶壳中，尚附着有大量的粗糙滨螺幼体，栖息密度可达 1 288 个/m^2。该层的分布带约有 6 m，其间定性可采到紫菜。白脊藤壶、黑荞麦蛤和僧帽牡蛎在该层覆盖面为 80%~90%。冬季，该区中层优势种鳞笠藤壶生物量高达 2 362.88 g/m^2，栖息密度达 1 552 个/m^2。鳞笠藤壶的分布宽度为 9 m，其间匍匐着日本菊花螺、疣荔枝螺等。中潮区下层以覆瓦小蛇螺、铁丁菜和珊瑚藻的量较大，其中覆瓦小蛇螺、羊栖菜、鼠尾藻、珊瑚藻等皆可延伸至低潮区上层。

低潮区：无柄珊瑚藻—叉珊藻—覆瓦小蛇螺带。该区以覆瓦小蛇螺的数量较大，冬季生物量和栖息密度分别为 459.44 g/m^2 和 200 个/m^2，下层减少，分别为 338.00 g/m^2 和 40 个/m^2，该种自中潮区下层延伸至此。无柄珊瑚藻和叉珊藻在本区的覆盖面可达 40%~50%，前者冬季的生物量为 107.68 g/m^2，后者夏季的生物量在上层为 41.92 g/m^2。纵条肌海葵的栖息密度为 35 个/m^2，且呈均匀分布。还有一些种类生物量不高但密度也很大，如星虫、襟松虫和近辐蛇尾等。本区习见种还有苔藓虫、柳珊瑚、紫海胆和马粪海胆等（图 33-2）。

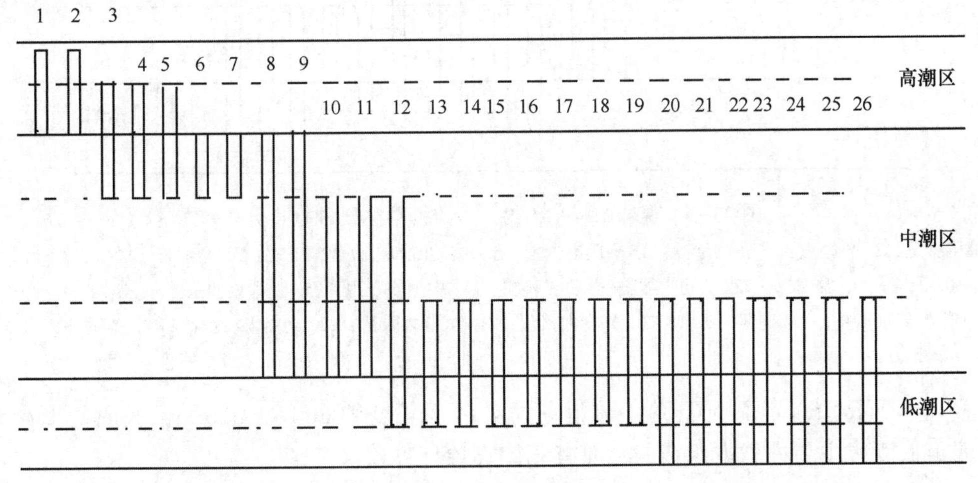

图 33-2　白石头（XXR5）岩石滩群落主要种垂直分布

1. 苔垢菜；2. 粒结节滨螺；3. 粗糙滨螺；4. 马来小藤壶；5. 白脊藤壶；6. 僧帽牡蛎；7. 黑荞麦蛤；8. 小相手蟹；9. 鳞笠藤壶；10. 日本菊花螺；11. 铁丁菜；12. 疣荔枝螺；13. 珊瑚藻；14. 端足类；15. 叉珊藻；16. 羊栖菜；17. 鼠尾藻；18. 敦氏猿头蛤；19. 锈凹螺；20. 粒神螺；21. 细毛背鳞虫；22. 襟松虫；23. 侧口乳蛰虫；24. 覆瓦小蛇螺；25. 瓜参；26. 星虫

（2）观音山（XXS18）沙滩群落。该群落所处滩面底质类型高潮区为粗砂，中潮区上层为粗砂，中层为砂，下层和低潮区为表沙底泥。滩面宽度约 150 m。

高潮区：痕掌沙蟹带。该潮区种类贫乏，代表种痕掌沙蟹的生物量和栖息密度分别为 0.42 g/m² 和 1 个/m²。

中潮区：锥稚虫—四索沙蚕—模糊新短眼蟹带。该潮区优势种锥稚虫，自中潮区延伸分布至低潮区，中潮区中层生物量和栖息密度分别为 0.52 g/m² 和 300 个/m²，下层分别为 0.04 g/m² 和 28 个/m²。主要种四索沙蚕，本区延伸分布至低潮区，在中潮区中层生物量和栖息密度分别为 1.2 g/m² 和 52 个/m²，下层分别为 2.0 g/m² 和 60 个/m²。模糊新短眼蟹，自中潮区延伸分布至低潮区，中潮区中层的生物量和栖息密度分别为 10.56 g/m² 和 16 个/m²，下层分别为 112.3 g/m² 和 172 个/m²。其他主要种和习见种有异触虫（*Pisione* sp.）、双齿围沙蚕、独指虫、长吻吻沙蚕、智利巢沙蚕、扁蛰虫、辐乳虫（*Axiothella* sp.）、丽核螺、轭螺、东方长眼虾、尖尾细螯虾、极地蚤钩虾、异细螯寄居蟹（*Clibanarius inaequalis*）、宽身大眼蟹（*Marcrophthalmus dilataun*）、无刺口虾蛄（*Oratosquilla inornata*）、金菊蠕形海葵、脑纽虫和模式辐瓜参等。

低潮区：中阿曼吉虫—模糊新短眼蟹—隆背大眼蟹带。该潮区主要种中阿曼吉虫，自中潮区中层向下延伸分布至本区，在本区的生物量和栖息密度分别为 0.04 g/m² 和 36 个/m²。模糊新短眼蟹，自中潮区中层向下延伸分布至本区，在本区的生物量和栖息密度分别为 43.24 g/m² 和 124 个/m²。隆背大眼蟹，生物量和栖息密度分别为 0.52 g/m² 和 8 个/m²。其他主要种和习见种有狭细蛇潜虫、光突齿沙蚕（*Leonnates persica*）、长吻吻沙蚕、独指虫、智利巢沙蚕、日本大螯蜚和日本毛虾等（图 33-3）。

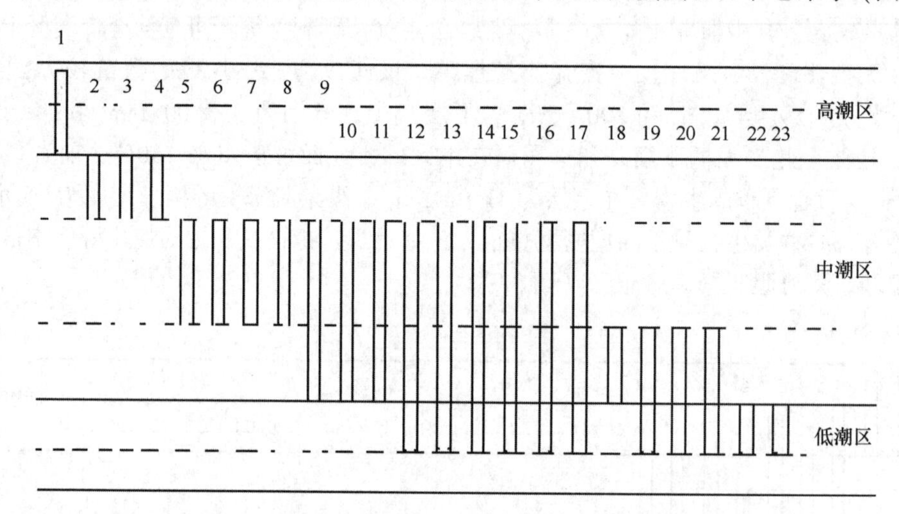

图 33-3　观音山（XXS18）沙滩群落主要种垂直分布

1. 痕掌沙蟹；2. 异触虫；3. 角吻沙蚕；4. 韦氏毛带蟹；5. 须鳃虫；6. 微黄镰玉螺；7. 异细螯寄居蟹；8. 宽身大眼蟹；9. 轭螺；10. 泥螺；11. 脑纽虫；12. 长吻吻沙蚕；13. 锥稚虫；14. 中阿曼吉虫；15. 智利巢沙蚕；16. 四索沙蚕；17. 模糊新短眼蟹；18. 模式辐瓜参；19. 狭细蛇潜虫；20. 日本大螯蜚；21. 隆背大眼蟹；22. 光突齿沙蚕；23. 日本毛虾

（3）高崎（XXM15）泥沙滩群落。该群落所处滩面长度约 800~1 000 m，底质类型高潮区为石堤，中潮区至低潮区主要由软泥组成，滩面有菲律宾蛤仔养殖。

高潮区：粗糙滨螺—黑口滨螺带。该潮区代表种为粗糙滨螺，生物量和栖息密度分别为 12.80 g/m² 和 128 个/m²。定性可以采集到黑口滨螺等。

中潮区：梳鳃虫—珠带拟蟹守螺—凸壳肌蛤带。优势种梳鳃虫，自中潮区分布延伸至低潮区上层，在中潮区的生物量和栖息密度分别为 1.20 g/m² 和 152 个/m²。优势种珠带拟蟹守螺，在中潮区上层的生物量和栖息密度分别为 21.00 g/m² 和 80 个/m²，中层分别为 9.76 g/m² 和 40 个/m²，下层分别为 7.52 g/m² 和 8 个/m²。优势种凸壳肌蛤，仅分布在该潮区上层，生物量和栖息密度分别为

44.72 g/m² 和 792 个/m²。其他主要种和习见种有锐足全刺沙蚕、长吻吻沙蚕、多鳃齿吻沙蚕、越南锥头虫、丝鳃稚齿虫、中蚓虫、四索沙蚕、不倒翁虫、金星蝶铰蛤、短拟沼螺、织纹螺、博氏双眼钩虾、双凹鼓虾、齿腕拟盲蟹和异蚓虫等。其中在该潮区中层，养殖的菲律宾蛤仔生物量和栖息密度分别为 954.64 g/m² 和 10 336 个/m²。

低潮区：似蛰虫—畸形链肢虫—塞切尔泥钩虾带。该潮区代表种似蛰虫从中潮区可延伸至此，数量以本区为大，生物量和栖息密度分别为 2.24 g/m² 和 112 个/m²。畸形链肢虫，仅在本区出现，个体小、重量轻，生物量和栖息密度分别为 0.24 g/m² 和 196 个/m²。塞切尔泥钩虾，仅在本区出现，个体小、重量轻，生物量和栖息密度分别仅为 0.44 g/m² 和 184 个/m²。其他主要种和习见种有纵条肌海葵、小健足虫（*Micropodarke* sp.）、背褶沙蚕、独指虫、独毛虫、西方似蛰虫、杯尾水虱、博氏双眼钩虾、弯指伊氏钩虾、日本大螯蜚和鞭碗虾等（图 33-4）。

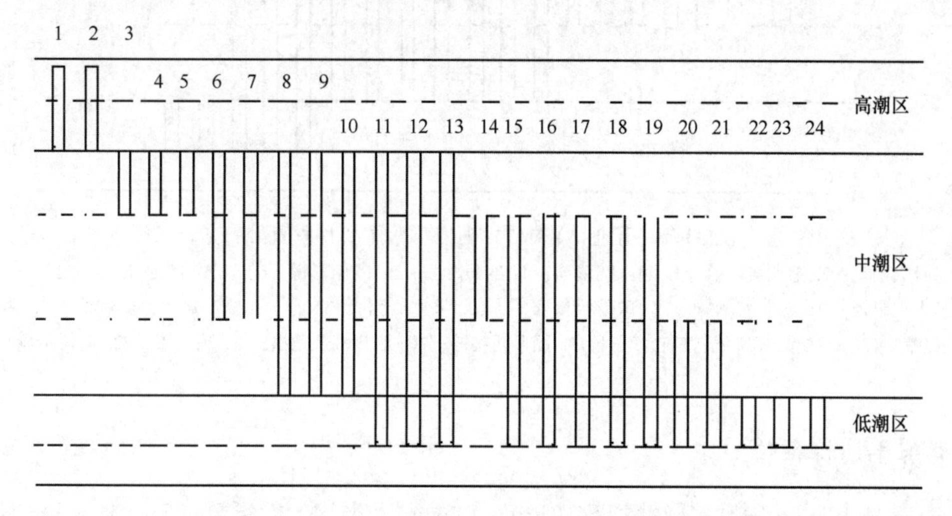

图 33-4　高崎（XXM15）泥沙滩群落主要种垂直分布

1. 粗糙滨螺；2. 黑口滨螺；3. 异足索沙蚕；4. 凸壳肌蛤；5. 短拟沼螺；6. 锐足全刺沙蚕；7. 织纹螺；8. 长吻吻沙蚕；9. 珠带拟蟹守螺；10. 索沙蚕；11. 多鳃齿吻沙蚕；12. 丝鳃稚齿虫；13. 中蚓虫；14. 菲律宾蛤仔；15. 似蛰虫；16. 树蛰虫；17. 独毛虫；18. 大蝶蠃蜚；19. 齿腕拟盲蟹；20. 梳鳃虫；21. 越南锥头虫；22. 畸形链肢虫；23. 塞切尔泥钩虾；24. 鞭碗虾

（4）五通（XXM8）泥滩隐蔽型群落。高潮区底质为中砂和泥沙，中潮区为泥沙，低潮区为粉砂—黏土，即整个滩面的底质不均匀，成镶嵌型，夏季水温为 30.1℃，盐度为 29.25。

该群落的一个重要特征为渤海鸭嘴蛤、珠带拟蟹守螺占绝对优势。

高潮区：宽身大眼蟹带。本区上层的种类十分贫乏，自下层种类有所增加，主要种宽身大眼蟹的个体小生物量不高，栖息密度达 194 个/m²。

中潮区：渤海鸭嘴蛤—珠带拟蟹守螺—淡水泥蟹带。优势种渤海鸭嘴蛤，分布在中潮区上层至中层，数量以中潮区的上层为大，冬季生物量和栖息密度分别为 604.00 g/m² 和 276 个/m²。珠带拟蟹守螺，分布在中潮区上层至中潮区下层，数量以中潮区上层为大，冬季的生物量和栖息密度分别为 80.80 g/m² 和 100 个/m²。淡水泥蟹的生物量不大，但栖息密度达 68 个/m²。其他主要种还有欧文虫、拟衣角蛤、透明美丽蛤、短拟沼螺、纵带滩栖螺、织纹螺、泥螺、果坚壳蟹、裸盲蟹、弧边招潮、日本大眼蟹、中国鲎、鸭嘴蛤、海豆芽和犬牙细棘鰕虎鱼等。

低潮区：梳鳃虫—豆形胡桃蛤—光滑倍棘蛇尾带。本区的种类和数量均比中潮区少。代表种梳鳃虫在冬季的生物量和栖息密度分别为 2.60 g/m² 和 120 个/m²，在低潮区上层分别减少到 2.00 g/m² 和 72 个/m²。该种向上可分布至中潮区的下层。豆形胡桃蛤自中潮区中层向下延伸分布至此。生物量和栖息密度不高，在本区的生物量和栖息密度仅为 0.80 g/m² 和 7 个/m²。光滑倍棘蛇尾为该区的特征种，数量不高，生物量和栖息密度分别为 0.12 g/m² 和 4 个/m²。其他见习种有亚热带杂毛虫、浅古铜吻沙蚕、泥螺和棕板蛇尾等（图 33-5）。

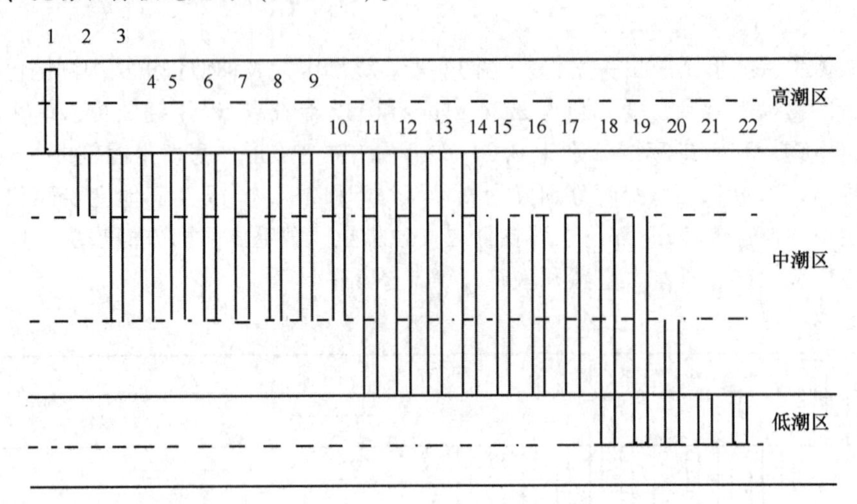

图 33-5 五通（XXM8）泥滩群落主要种垂直分布

1. 宽身大眼蟹；2. 透明美丽蛤；3. 渤海鸭嘴蛤；4. 红角沙蚕；5. 多色彩螺；6. 弧边招潮；7. 欧文虫；8. 拟衣角蛤；9. 日本大眼蟹；10. 纵带滩栖螺；11. 珠带拟蟹守螺；12. 果坚壳蟹；13. 淡水泥蟹；14. 短拟沼螺；15. 鸭嘴海豆芽；16. 泥螺；17. 织纹螺；18. 浅古铜吻沙蚕；19. 豆形胡桃蛤；20. 亚热带杂毛虫；21. 梳鳃虫；22. 光滑倍棘蛇尾

33.5.3 群落生态特征值

根据 Shannon-Wiener 种类多样性指数（H'）、Pielous 种类均匀度指数（J）、Margalef 种类丰富度指数（d）和 Simpson 优势度（D）显示，厦门岛滨海湿地潮间带大型底栖生物群落丰富度指数（d）以泥沙滩群落较高（8.588 7），岩石滩群落较低（5.583 6）；多样性指数（H'）同样以泥沙滩群落较高（3.386 0），岩石滩群落较低（1.813 8）；均匀度指数（J）以泥沙滩群落较高（0.828 9），岩石滩群落较低（0.495 0）；Simpson 优势度（D），以岩石滩群落较高（0.391 3），泥沙滩群落较低（0.064 2）。各群落各断面不同季节生态特征值变化见表 33-19。

表 33-19 厦门岛滨海湿地潮间带大型底栖生物群落生态特征值

群落	季节	断面	d	H'	J	D
岩石滩	春季	L4	6.541 0	1.858 0	0.297 4	0.434 5
	夏季	XXR4	4.140 0	1.680 0	0.443 0	0.333 0
		XXR5	4.870 0	1.710 0	0.434 0	0.314 0
		XXR7A	4.680 0	1.760 0	0.455 0	0.314 0
		XXR7B	3.900 0	1.600 0	0.447 0	0.432 0
		平均	4.397 5	1.687 5	0.444 8	0.348 3
	秋季	L4	6.066 0	1.742 0	0.286 1	0.507 5

续表 33-19

群落	季节	断面	d	H'	J	D
岩石滩	冬季	XXR4	4. 920 0	2. 410 0	0. 625 0	0. 147 0
		XXR5	4. 750 0	1. 520 0	0. 387 0	0. 418 0
		XXR7A	6. 520 0	1. 940 0	0. 461 0	0. 295 0
		XXR7B	5. 130 0	2. 000 0	0. 507 0	0. 240 0
		平均	5. 330 0	1. 967 5	0. 495 0	0. 275 0
	平均		5. 583 6	1. 813 8	0. 380 8	0. 391 3
沙滩	春季	XXS17	4. 779 6	2. 521 0	0. 734 1	0. 165 9
		XXS18	3. 809 9	1. 700 5	0. 510 3	0. 386 8
		平均	4. 294 8	2. 110 8	0. 622 2	0. 276 4
	夏季	XXS6	7. 980 0	3. 570 0	0. 890 0	0. 040 9
	秋季	XXS17	3. 979 5	2. 743 1	0. 852 2	0. 083 0
		XXS18	5. 056 4	2. 348 3	0. 650 3	0. 161 6
		平均	4. 518 0	2. 545 7	0. 751 3	0. 122 3
	冬季	XXS6	6. 550 0	3. 360 0	0. 912 0	0. 046 0
	平均		5. 835 7	2. 896 6	0. 793 9	0. 121 4
泥沙滩	春季	XXM15	10. 300 0	3. 430 0	0. 771 0	0. 071 6
		XXM16	8. 840 0	2. 740 0	0. 633 0	0. 158 0
		XMD5	9. 560 0	3. 810 0	0. 869 0	0. 031 8
		平均	9. 566 7	3. 326 7	0. 757 7	0. 087 1
	夏季	XXM1	9. 490 0	3. 720 0	0. 893 0	0. 035 2
	秋季	XXM14	4. 380 0	2. 450 0	0. 782 0	0. 119 0
		XMD5	8. 5700	3. 680 0	0. 873 0	0. 035 7
		平均	6. 4750	3. 065 0	0. 827 5	0. 077 4
	冬季	XXM1	7. 180 0	3. 350 0	0. 886 0	0. 057 0
		XXS11	7. 711 0	3. 206 0	0. 804 0	—
		XXS12	11. 190 0	3. 722 0	0. 845 0	—
		XXS13	9. 211 0	3. 451 0	0. 815 0	—
		平均	8. 823 0	3. 432 3	0. 837 5	0. 057 0
	平均		8. 588 7	3. 386 0	0. 828 9	0. 064 2
泥滩	春季	XXM8	6. 221 0	3. 282 0	0. 878 0	—
		XXM9	6. 718 0	2. 411 0	0. 623 0	—
		XXM10	6. 844 0	2. 951 0	0. 754 0	—
		平均	6. 594 3	2. 161 0	0. 563 8	—
	夏季	XXM2	9. 350 0	3. 240 0	0. 750 0	0. 069 6
		XXM3	7. 840 0	1. 580 0	0. 372 0	0. 457 0
		平均	8. 595 0	2. 410 0	0. 561 0	0. 263 3
	冬季	XXM2	6. 080 0	2. 970 0	0. 812 0	0. 096 3
		XXM3	6. 020 0	2. 910 0	0. 774 0	0. 097 1
		平均	6. 050 0	2. 940 0	0. 793 0	0. 096 7
	平均		7. 079 8	2. 503 7	0. 639 3	0. 180 0

33.5.4 群落稳定性

厦门岛滨海湿地潮间带大型底栖生物白石头（XXR5）岩石滩群落不稳定，夏季和冬季丰度生物量复合 k-优势度曲线出现交叉和翻转，且冬季生物量累积百分优势度高达近 50%，丰度累积百分优势度大于 60%（图 33-6 和图 33-7）。秋季观音山沙滩群落相对稳定，丰度生物量复合 k-优势度曲线不交叉、不翻转、不重叠，生物量优势度曲线始终位于丰度上方。但观音山群落的生物量累积百分优势度高达 75%以上，这主要与该群落优势种模糊新短眼蟹在中潮区下层的生物量高达 112.30 g/m^2 和低潮区的生物量仅为 43.24 g/m^2 有关。春季观音山沙滩群落出现一定扰动，丰度生物量复合 k-优势度曲线前端出现部分交叉和翻转（图 33-8，图 33-9）。高崎、香山和长尾礁泥沙滩群落相对稳定，其丰度生物量复合 k-优势度曲线不交叉、不重叠、不翻转，生物量优势度曲线始终位于丰度上方，冬季群落丰度和生物量累积百分优势度相对较高，其丰度累积百分优势度高达 70%，生物量累积百分优势度也近 36%，初步认为在于优势种珠带拟蟹守螺，在中潮区下层生物量和栖息密度分别高达 314.88 g/m^2 和 1 536 个/m^2 所致（图 33-10 至图 33-12）。泥滩群落相对稳定，其丰度生物量复合 k-优势度曲线不交叉、不重叠、不翻转，生物量优势度曲线始终位于丰度上方（图 33-13 和图 33-14）。

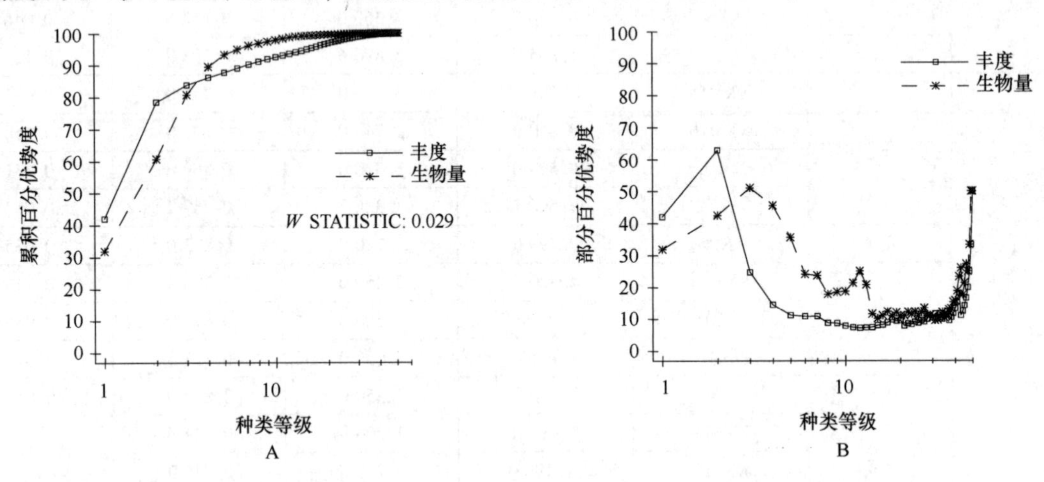

图 33-6 夏季岩石滩群落丰度生物量复合 k-优势度（A）和部分优势度（B）曲线

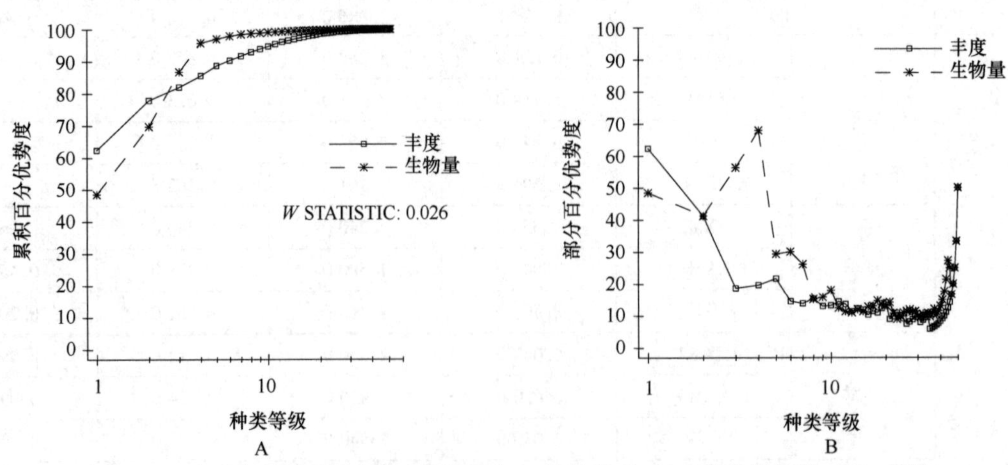

图 33-7 冬季岩石滩群落丰度生物量复合 k-优势度（A）和部分优势度（B）曲线

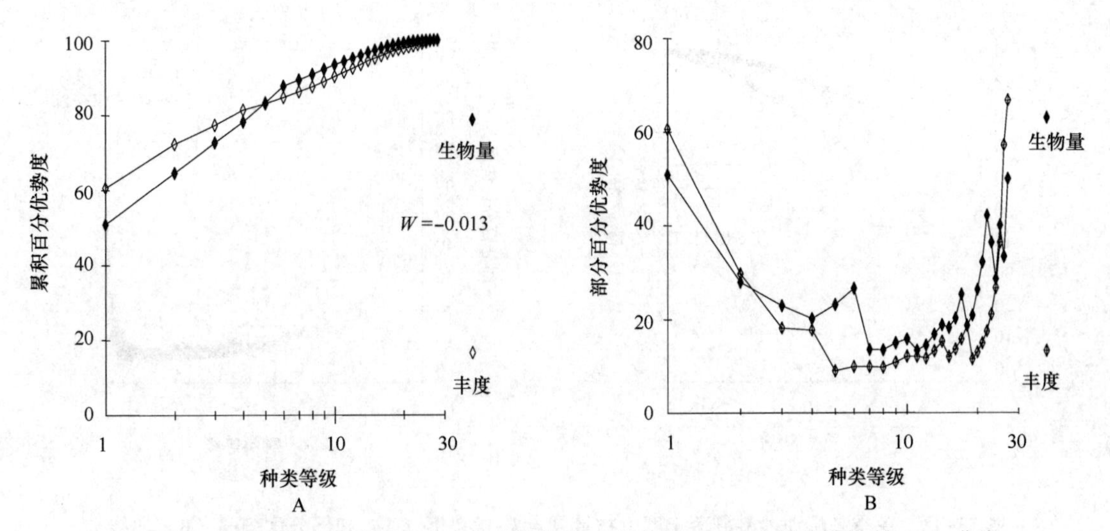

图 33-8　春季观音山沙滩群落丰度生物量复合 k-优势度（A）和部分优势度（B）曲线

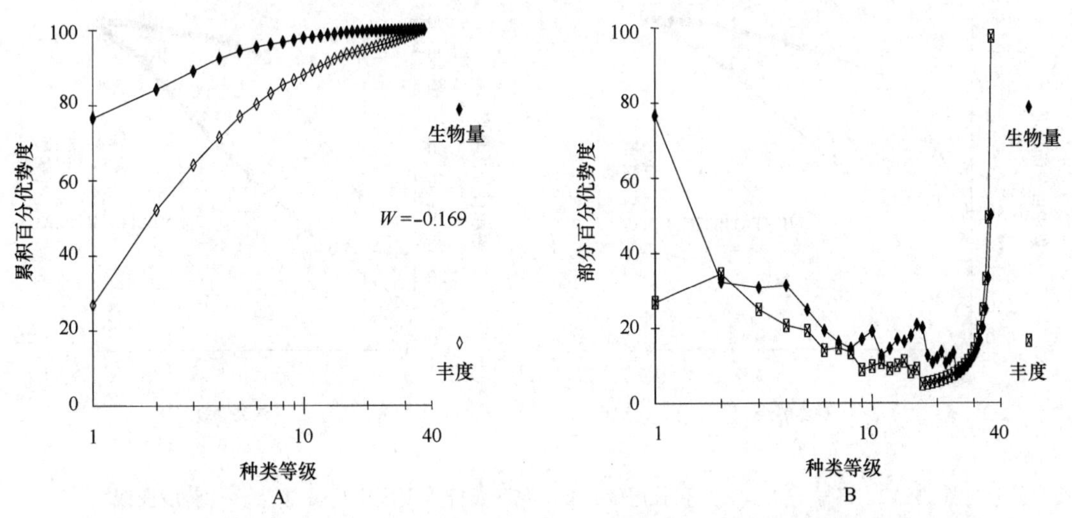

图 33-9　秋季观音山沙滩群落丰度生物量复合 k-优势度（A）和部分优势度（B）曲线

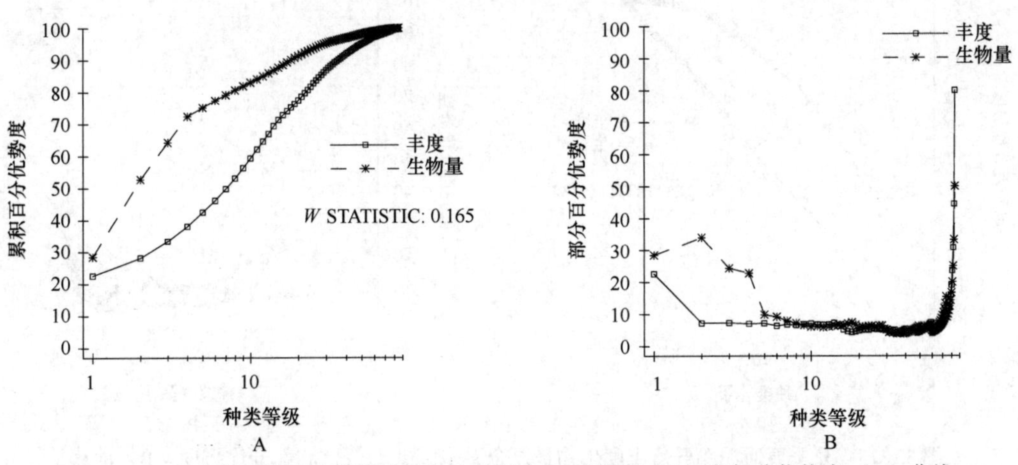

图 33-10　春季高崎泥沙滩群落丰度生物量复合 k-优势度（A）和部分优势度（B）曲线

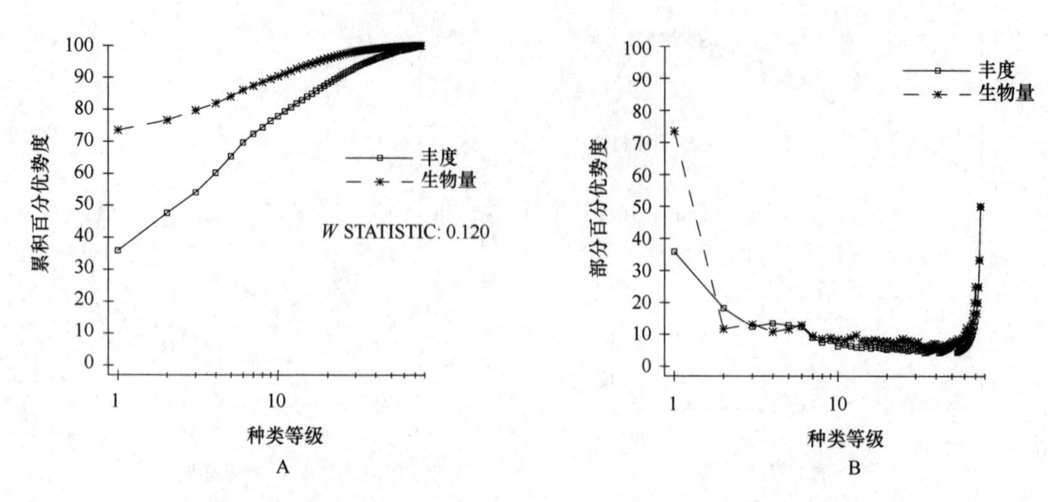

图 33-11　冬季高崎泥沙滩群落丰度生物量复合 k-优势度（A）和部分优势度（B）曲线

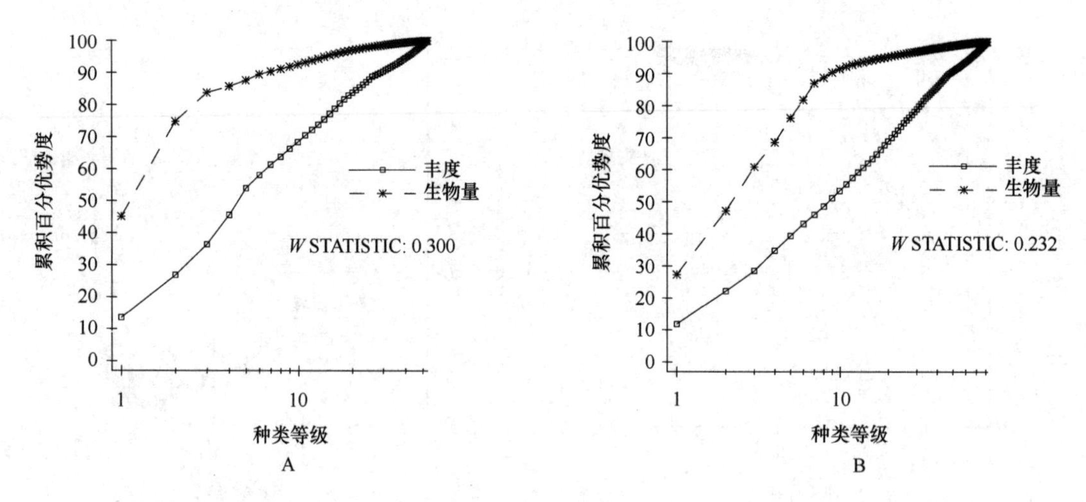

图 33-12　冬季香山（A）和长尾礁（B）泥沙滩群落丰度生物量复合 k-优势度曲线

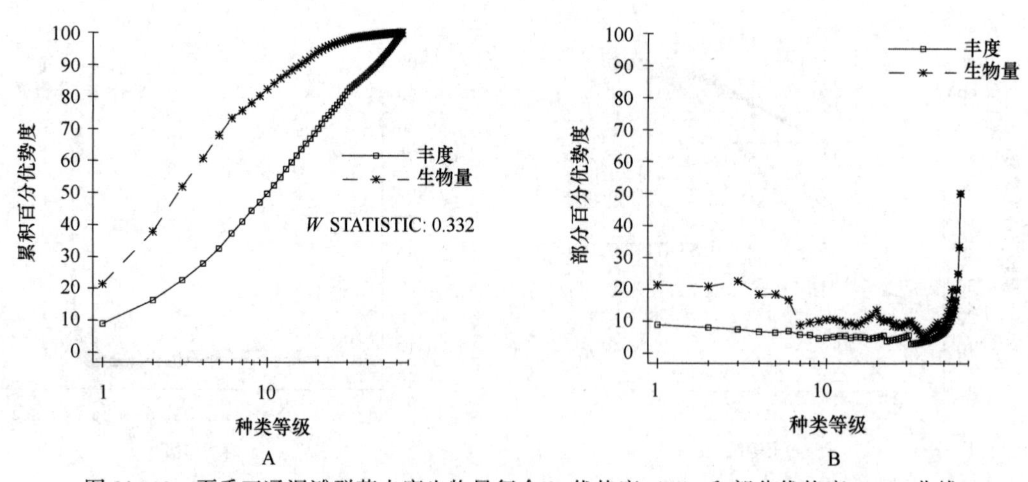

图 33-13　夏季五通泥滩群落丰度生物量复合 k-优势度（A）和部分优势度（B）曲线

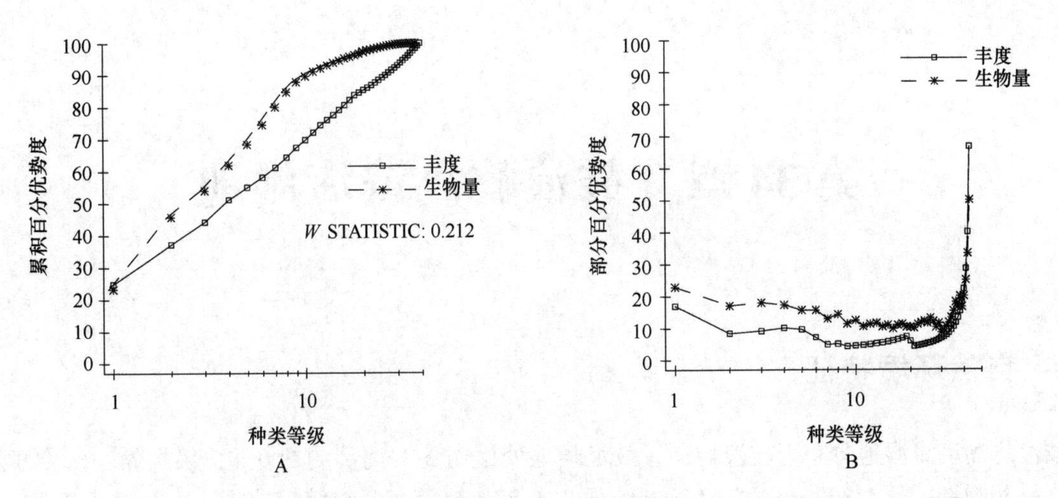

图 33-14　冬季五通泥滩群落丰度生物量复合 k-优势度（A）和部分优势度（B）曲线

第34章 鼓浪屿岛滨海湿地

34.1 自然环境特征

鼓浪屿岛滨海湿地分布于鼓浪屿岛，鼓浪屿地处厦门岛西南部约500 m，仅相隔一条鹭江水道。岛屿略呈椭圆形，长1 800 m、宽1 000 m，面积1.87 km^2。海岸线蜿蜒曲折，有9个小半岛，10处礁石群，7处峭壁带，地质以中生代花岗岩为主。岛屿沿岸为狭窄的冲积平原与海滩地，岸滩较高。近港口段多为岩石陡崖，海蚀崖发育。南岸以沙滩为主，宽者数百米；北岸为泥或泥沙滩。

34.2 断面与站位布设

1987年春季、夏季、秋季和冬季，1990—1992年春季、夏季、秋季和冬季，2006年秋季和2007年春季，对鼓浪屿岛滨海湿地潮间带布设6条断面进行大型底栖生物取样（表34-1，图34-1）。

表34-1 鼓浪屿岛滨海湿地潮间带大型底栖生物调查断面

序号	时间	断面	经度（E）	纬度（N）	底质
1	1987年	R3	118°3′30.35″	24°26′32.76″	岩石滩
2	1990—1992年	MGR1	118°4′18.94″	24°26′37.78″	
3		MGR2	118°3′39.85″	24°27′23.44″	
4		MGM3	118°3′32.64″	24°27′10.43″	泥沙滩
5		MGM4	118°3′17.25″	24°26′46.62″	
6	2006—2007年	Gly1	118°3′28.08″	24°26′39.80″	沙滩

34.3 物种多样性

34.3.1 种类组成与分布

鼓浪屿岛滨海湿地潮间带大型底栖生物495种，其中藻类78种，多毛类127种，软体动物138种，甲壳动物79种，棘皮动物23种和其他生物50种。多毛类、软体动物和甲壳动物占总种数的69.49%，三者构成潮间带大型底栖生物主要类群。

鼓浪屿岛滨海湿地潮间带有硬相和软相之分，软相包括泥沙滩和沙滩，鼓浪屿岛滨海湿地南端多为沙滩，西部和北部的滩面多为泥沙滩，即成镶嵌型。硬相岩石滩潮间带大型底栖生物有294种，其中藻类78种，多毛类32种，软体动物88种，甲壳动物38种，棘皮动物19种和其他生物39种。泥沙滩潮间带大型底栖生物167种，其中多毛类59种，软体动物57种，甲壳动物32种，棘皮动物6

图 34-1　鼓浪屿岛滨海湿地潮间带大型底栖生物调查断面

种和其他生物 13 种。沙滩潮间带大型底栖生物 87 种，其中：多毛类 56 种，软体动物 3 种，甲壳动物 21 种，棘皮动物 1 种和其他生物 4 种。

鼓浪屿岛滨海湿地潮间带大型底栖生物平面分布，种数以岩石滩（294 种）大于泥沙滩（167 种）大于沙滩（87 种）。断面间比较，岩石滩种数以 MGR1 断面较大（164 种），GR3 断面较小（150 种）；泥沙滩断面以 MGM3 断面较大（106 种），MGM4 较小（103 种）（表 34-2）。

表 34-2　鼓浪屿岛滨海湿地潮间带大型底栖生物物种组成与分布　　单位：种

底质	断面	季节	藻类	多毛类	软体动物	甲壳动物	棘皮动物	其他生物	合计
岩石滩	GR3	四季	46	21	55	18	4	6	150
	MGR1	夏冬	23	21	61	23	17	19	164
	MGR2	夏冬	34	18	66	11	3	22	154
	合计		78	32	88	38	19	39	294

续表

底质	断面	季节	藻类	多毛类	软体动物	甲壳动物	棘皮动物	其他生物	合计
沙滩	Gly1	春季	0	40	2	10	1	1	54
		秋季	0	31	3	14	1	4	53
	合计		0	56	5	21	1	4	87
泥沙滩	MGM3	夏冬	0	38	35	21	2	10	106
	MGM4	夏冬	0	36	37	18	5	7	103
	合计		0	59	57	32	6	13	167
合计			78	127	138	79	23	50	495

34.3.2 优势种、主要种和经济种

根据种类的数量和出现率，鼓浪屿岛滨海湿地岩相潮间带大型底栖生物优势种和主要种有鹿角沙菜、瓦氏马尾藻、黑荞麦蛤、僧帽牡蛎、棘刺牡蛎、敦氏猿头蛤、覆瓦小蛇螺、白脊藤壶、鳞笠藤壶、日本笠藤壶、小相手蟹、厦门真枝螅等。软相潮间带优势种有：欧文虫、拟衣角蛤、金星蝶铰蛤、珠带拟蟹守螺、纵带滩栖螺、滩栖阳遂足等。

鼓浪屿岛滨海湿地岩相潮间带大型底栖生物主要经济种有小石花菜、鹿角海萝、蜈蚣藻、鹿角沙菜、芋根江蓠、小杉藻、鹧鸪菜、铁丁菜、羊栖菜、鼠尾藻、瓦氏马尾藻、礁膜、管浒苔、蛎菜、石莼、弯齿围沙蚕、翡翠贻贝、条纹隔贻贝、僧帽牡蛎、棘刺牡蛎、敦氏猿头蛤、嫁戚、锈凹螺、粒花冠小月螺、红螺、石磺、平背蜞、紫海胆等，多数为藻类和软体动物。

软相潮间带大型底栖生物经济种有30种，其中主要的经济种有锐足全刺沙蚕、多齿围沙蚕、智利巢沙蚕、岩虫、裸体方格星虫、结蚶、凸壳肌蛤、栉江珧、彩虹明樱蛤、尖刀蛏、青蛤、菲律宾蛤仔、中国绿螂、渤海鸭嘴蛤、纵带滩栖螺、珠带拟蟹守螺、泥螺、日本大眼蟹和孔鰕虎鱼等。

34.4 数量时空分布

34.4.1 数量组成与季节变化

鼓浪屿岛滨海湿地潮间带年均生物量为706.61 g/m^2，其中：藻类66.26 g/m^2，多毛类2.01 g/m^2，软体动物433.76 g/m^2，甲壳动物194.89 g/m^2，棘皮动物0.24 g/m^{2}和其他生物9.45 g/m^2；年均栖息密度为2 212个/m^2，其中多毛类112个/m^2，软体动物363个/m^2，甲壳动物1 714个/m^2，棘皮动物12个/m^{2}和其他生物14个/m^2。生物量以软体动物居首位，甲壳动物居第二位，藻类居第三位；栖息密度以甲壳动物占第一位，软体动物居第二位，三者构成潮间带大型底栖生物主要类群（表34-3）。

表34-3 鼓浪屿岛滨海湿地潮间带大型底栖生物数量组成与分布

数量	底质	藻类	多毛类	软体动物	甲壳动物	棘皮动物	其他生物	合计
生物量(g/m^2)	岩石滩	198.77	2.62	1 260.28	579.78	0.23	26.32	2 068.00
	沙滩	0	1.64	4.40	1.99	0.02	0.02	8.07
	泥沙滩	0	1.78	36.61	2.89	0.48	2.00	43.76
	平均	66.26	2.01	433.76	194.89	0.24	9.45	706.61

续表 34-3

数量	底质	藻类	多毛类	软体动物	甲壳动物	棘皮动物	其他生物	合计
密度（个/m^2）	岩石滩	—	91	1 032	5 096	16	29	6 264
	沙滩	—	210	12	34	18	2	276
	泥沙滩	—	35	44	11	3	3	96
	平均	—	112	363	1 714	12	11	2 212

鼓浪屿岛滨海湿地岩石滩潮间带大型底栖生物数量组成与季节变化，生物量从高到低依次为夏季（2 210.27 g/m^2）、冬季（2 200.88 g/m^2）、秋季（2 152.10 g/m^2）、春季（1 708.67 g/m^2）；栖息密度从高到低依次为冬季（13 715 个/m^2）、秋季（4 366 个/m^2）、春季（4 007 个/m^2）、夏季（2 965 个/m^2）（表 34-4）。

表 34-4　鼓浪屿岛滨海湿地岩石滩潮间带大型底栖生物数量组成与季节变化

数量	季节	藻类	多毛类	软体动物	甲壳动物	棘皮动物	其他生物	合计
生物量（g/m^2）	春季	153.22	2.79	1 024.46	470.12	0.24	57.84	1 708.67
	夏季	192.14	2.99	1 577.37	418.88	0.18	18.71	2 210.27
	秋季	220.82	1.11	1 104.27	815.90	0.05	9.95	2 152.10
	冬季	228.91	3.58	1 335.00	614.20	0.43	18.76	2 200.88
	平均	198.77	2.62	1 260.28	579.78	0.23	26.32	2 068.00
密度（个/m^2）	春季	—	92	768	3 092	10	45	4 007
	夏季	—	123	785	2 026	9	22	2 965
	秋季	—	50	1 112	3 188	2	14	4 366
	冬季	—	100	1 461	12 079	42	33	13 715
	平均	—	91	1 032	5 096	16	29	6 264

鼓浪屿岛滨海湿地沙滩潮间带大型底栖生物数量组成与季节变化，生物量以秋季较大（13.21 g/m^2），春季较小（2.90 g/m^2）；栖息密度以春季较大（372 个/m^2），秋季较小（176 个/m^2）（表 34-5）。

表 34-5　鼓浪屿岛滨海湿地沙滩潮间带大型底栖生物数量组成与季节变化

数量	季节	多毛类	软体动物	甲壳动物	棘皮动物	其他生物	合计
生物量（g/m^2）	春季	1.62	0.52	0.73	0.02	0.01	2.90
	秋季	1.65	8.27	3.25	0.02	0.02	13.21
	平均	1.64	4.40	1.99	0.02	0.02	8.07
密度（个/m^2）	春季	315	3	25	28	1	372
	秋季	104	20	43	7	2	176
	平均	210	12	34	18	2	276

鼓浪屿岛滨海湿地泥沙滩潮间带大型底栖生物数量组成与季节变化，生物量从高到低依次为夏季（147.05 g/m^2）、秋季（16.99 g/m^2）、冬季（6.21 g/m^2）、春季（4.75 g/m^2）；栖息密度从高到低依次为夏季（190 个/m^2）、秋季（83 个/m^2）、冬季（78 个/m^2）、春季（26 个/m^2）（表 34-6）。

表 34-6　鼓浪屿岛滨海湿地泥沙滩潮间带大型底栖生物数量组成与季节变化

数量	季节	多毛类	软体动物	甲壳动物	棘皮动物	其他生物	合计
生物量 (g/m^2)	春季	0.47	3.22	0.28	0.50	0.28	4.75
	夏季	3.17	132.39	7.14	0.78	3.57	147.05
	秋季	1.83	8.96	3.84	0.44	1.92	16.99
	冬季	1.63	1.87	0.28	0.20	2.23	6.21
	平均	1.78	36.61	2.89	0.48	2.00	43.76
密度 (个/m^2)	春季	7	15	1	2	1	26
	夏季	46	119	18	3	4	190
	秋季	39	19	19	4	2	83
	冬季	48	21	4	2	3	78
	平均	35	44	11	3	3	96

34.4.2　数量分布

鼓浪屿岛滨海湿地潮间带大型底栖生物数量平面分布，不同底质类型比较，生物量以岩石滩较大（2 068.00 g/m^2），沙滩较小（8.07 g/m^2）；栖息密度以岩石滩较大（6 264 个/m^2），泥沙滩较小（96 个/m^2）。断面间比较，岩石滩断面生物量以 MGR1 断面较大（2 596.64 g/m^2），R3 断面较小（1 775.23 g/m^2）；栖息密度以 MGR2 断面最大（9 486 个/m^2），MGR1 断面较小（4 027 个/m^2）（表 34-7）。泥沙滩断面，生物量以 MGM3 断面较大（80.86 g/m^2），MGM4 断面较小（6.62 g/m^2）；栖息密度以 MGM3 断面较大（126 个/m^2），MGM4 断面较小（59 个/m^2）（表 34-11，表 34-12）。

鼓浪屿岛滨海湿地潮间带大型底栖生物数量的垂直分布，岩石滩 R3 断面生物量从高到低依次为中潮区（3 407.31 g/m^2）、低潮区（1 515.70 g/m^2）、高潮区（402.66 g/m^2），MGR1 断面生物量从高到低依次为中潮区（5 523.84 g/m^2）、低潮区（1 966.56 g/m^2）、高潮区（299.52 g/m^2），MGR2 断面生物量从高到低依次为中潮区（4 712.05 g/m^2）、低潮区（591.64 g/m^2）、高潮区（192.48 g/m^2）；栖息密度 R3 断面从高到低依次为中潮区（9 641 个/m^2）、高潮区（3 916 个/m^2）、低潮区（2 266 个/m^2），MGR1 断面从高到低依次为低潮区（6 981 个/m^2）、高潮区（3 566 个/m^2）、中潮区（1 532 个/m^2），MGR2 断面从高到低依次为中潮区（15 016 个/m^2）、低潮区（11 839 个/m^2）、高潮区（1 604 个/m^2）。岩石滩各断面数量垂直分布与季节变化见表 34-8 和表 34-9。

表 34-7　鼓浪屿岛滨海湿地岩石滩潮间带大型底栖生物数量垂直分布

数量	断面	潮区	藻类	多毛类	软体动物	甲壳动物	棘皮动物	其他生物	合计
生物量 (g/m^2)	R3	高潮区	0.06	0.04	29.26	373.24	0	0.06	402.66
		中潮区	183.35	2.54	1 709.00	1 504.99	0	7.43	3 407.31
		低潮区	1 395.40	2.46	55.40	8.50	0	53.94	1 515.70
		平均	526.27	1.68	597.89	628.91	0	20.48	1 775.23
	MGR1	高潮区	43.29	0.12	27.05	229.05	0	0.01	299.52
		中潮区	10.89	5.32	5 365.27	129.44	0.35	12.57	5 523.84
		低潮区	81.99	6.00	1 786.41	7.18	1.14	83.84	1 966.56
		平均	45.39	3.81	2 392.91	121.89	0.50	32.14	2 596.64

续表 34-7

数量	断面	潮区	藻类	多毛类	软体动物	甲壳动物	棘皮动物	其他生物	合计
生物量（g/m²）	MGR2	高潮区	0	0	14.35	178.13	0	0	192.48
		中潮区	18.33	3.77	2 045.76	2 643.68	0.02	0.49	4 712.05
		低潮区	55.66	3.30	309.95	143.75	0.52	78.46	591.64
		平均	24.66	2.36	790.02	988.52	0.18	26.32	1 832.06
密度（个/m²）	R3	高潮区	—	4	1 830	2 070	0	12	3 916
		中潮区	—	91	2 336	7 189	0	25	9 641
		低潮区	—	54	500	1 684	0	28	2 266
		平均	—	50	1 555	3 648	0	22	5 275
	MGR1	高潮区	—	4	427	3 134	0	1	3 566
		中潮区	—	202	1 044	201	33	52	1 532
		低潮区	—	145	667	6 072	88	9	6 981
		平均	—	117	713	3 136	40	21	4 027
	MGR2	高潮区	—	0	691	913	0	0	1 604
		中潮区	—	208	1 274	13 450	1	83	15 016
		低潮区	—	111	514	11 152	16	46	11 839
		平均	—	106	826	8 505	6	43	9 486

表 34-8　鼓浪屿岛滨海湿地岩石滩潮间带大型底栖生物生物量垂直分布与季节变化　　单位：g/m²

断面	季节	潮区	藻类	多毛类	软体动物	甲壳动物	棘皮动物	其他生物	合计
MGR1	春	高潮区	130.12	0	5.20	283.76	0	0.04	419.12
		中潮区	10.80	6.37	4 443.65	103.79	0.35	7.07	4 572.03
		低潮区	85.20	3.56	1 006.44	10.16	0.44	332.96	1 438.76
		平均	75.37	3.31	1 818.43	132.57	0.26	113.36	2 143.30
	夏	高潮区	0	0	0.48	287.52	0	0	288.00
		中潮区	10.40	5.71	6 572.19	20.51	0.08	32.91	6 641.80
		低潮区	3.96	11.88	3 310.52	3.32	1.16	2.36	3 333.20
		平均	4.79	5.86	3 294.40	103.78	0.41	11.76	3 421.00
	秋	高潮区	43.03	0.48	86.94	278.10	0	0	408.55
		中潮区	13.87	2.16	4 625.57	74.83	0	5.01	4 721.44
		低潮区	124.80	3.76	1 670.64	0.24	0.48	0	1 799.92
		平均	60.57	2.13	2 127.72	117.72	0.16	1.67	2 309.97
	冬	高潮区	0	0	15.56	66.80	0	0	82.36
		中潮区	8.49	7.05	5 819.68	318.64	0.99	5.29	6 160.14
		低潮区	114.00	4.80	1 158.05	15.00	2.48	0.05	1 294.38
		平均	40.83	3.95	2 331.10	133.48	1.16	1.78	2 512.30
	平均	高潮区	43.29	0.12	27.05	229.05	0	0.01	299.52
		中潮区	10.89	5.32	5 365.27	129.44	0.35	12.57	5 523.84
		低潮区	81.99	6.00	1 786.41	7.18	1.14	83.84	1 966.56
		平均	45.39	3.81	2 392.91	121.89	0.50	32.14	2 596.64

续表 34-8

断面	季节	潮区	藻类	多毛类	软体动物	甲壳动物	棘皮动物	其他生物	合计
MGR2	春	高潮区	0	0	11.60	0	0	0	11.60
		中潮区	25.44	4.19	1 957.76	2 184.35	0.03	0.40	4 172.17
		低潮区	26.40	4.96	276.16	17.92	1.36	179.84	506.64
		平均	17.28	3.05	748.51	734.09	0.46	60.08	1 563.47
	夏	高潮区	0	0	16.56	0	0	0	16.56
		中潮区	3.79	3.12	2 271.23	1 942.64	0	0.21	4 220.99
		低潮区	36.80	2.24	751.56	0.16	0.40	72.84	864.00
		平均	13.53	1.79	1 013.12	647.60	0.13	24.35	1 700.52
	秋	高潮区	0	0	11.70	712.50	0	0	724.20
		中潮区	34.96	1.31	1 760.93	4 219.23	0	0.32	6 016.75
		低潮区	5.36	0.48	109.16	547.40	0	21.20	683.60
		平均	13.44	0.60	627.26	1 826.38	0	7.17	2 474.85
	冬	高潮区	0	0	17.52	0	0	0	17.52
		中潮区	9.12	6.45	2 193.12	2 228.52	0.05	1.01	4 438.27
		低潮区	154.08	5.52	102.92	9.52	0.32	39.96	312.32
		平均	54.40	3.99	771.19	746.01	0.12	13.66	1 589.37
	平均	高潮区	0	0	14.35	178.13	0	0	192.48
		中潮区	18.33	3.77	2 045.76	2 643.68	0.02	0.49	4 712.05
		低潮区	55.66	3.30	309.95	143.75	0.52	78.46	591.64
		平均	24.66	2.36	790.02	988.52	0.18	26.32	1 832.06

表 34-9　鼓浪屿岛滨海湿地岩石滩潮间带大型底栖生物栖息密度垂直分布与季节变化　单位：个/m^2

断面	季节	潮区	多毛类	软体动物	甲壳动物	棘皮动物	其他生物	合计
MGR1	春	高潮区	0	76	2 712	0	4	2 792
		中潮区	221	949	219	11	29	1 429
		低潮区	100	416	4 176	40	9	4 741
		平均	107	480	2 369	17	14	2 987
	夏	高潮区	0	48	5 520	0	0	5 568
		中潮区	309	1 205	256	5	85	1 860
		低潮区	292	1 320	6 872	60	28	8 572
		平均	200	858	4 216	22	38	5 334
	秋	高潮区	16	788	2 965	0	0	3 769
		中潮区	136	863	128	0	51	1 178
		低潮区	64	416	24	16	0	520
		平均	72	689	1 039	5	17	1 822

续表 34-9

断面	季节	潮区	多毛类	软体动物	甲壳动物	棘皮动物	其他生物	合计
MGR1	冬	高潮区	0	796	1 340	0	0	2 136
		中潮区	143	1 159	203	117	41	1 663
		低潮区	124	516	13 216	236	0	14 092
		平均	89	824	4 920	118	14	5 965
	平均	高潮区	4	427	3 134	0	1	3 566
		中潮区	202	1 044	201	33	52	1 532
		低潮区	145	667	6 072	88	9	6 981
		平均	117	713	3 136	40	21	4 027
MGR2	春	高潮区	0	496	0	0	0	496
		中潮区	261	1 064	7 184	3	272	8 784
		低潮区	160	1 024	11 856	32	88	13 160
		平均	140	861	6 347	12	120	7 480
	夏	高潮区	0	536	0	0	0	536
		中潮区	312	789	2 507	0	11	3 619
		低潮区	80	188	28	12	12	320
		平均	131	504	845	4	8	1 492
	秋	高潮区	0	804	3 650	0	0	4 454
		中潮区	75	1 088	1 891	0	8	3 062
		低潮区	72	696	17 448	0	4	18 220
		平均	49	863	7 663	0	4	8 579
	冬	高潮区	0	928	0	0	0	928
		中潮区	184	2 155	42 219	3	40	44 601
		低潮区	132	148	15 276	20	80	15 656
		平均	105	1 077	19 165	8	40	20 395
	平均	高潮区	0	691	913	0	0	1 604
		中潮区	208	1 274	13 450	1	83	15 016
		低潮区	111	514	11 152	16	46	11 839
		平均	106	826	8 505	6	43	9 486

沙滩潮间带大型底栖生物数量的垂直分布，生物量春季从高到低依次为低潮区（4.85 g/m^2）、中潮区（3.76 g/m^2）、高潮区（0.10 g/m^2），秋季从高到低依次为中潮区（32.36 g/m^2）、低潮区（5.80 g/m^2）、高潮区（1.48 g/m^2）；栖息密度，春季从高到低依次为低潮区（745 个/m^2）、中潮区（370 个/m^2）、高潮区（1 个/m^2），秋季从高到低依次为中潮区（301 个/m^2）、低潮区（230 个/m^2）、高潮区（1 个/m^2）。数量垂直分布与季节变化见表 34-10。

表 34-10　鼓浪屿岛滨海湿地沙滩潮间带大型底栖生物数量垂直分布与季节变化

季节	数量	潮区	多毛类	软体动物	甲壳动物	棘皮动物	其他生物	合计
春季	生物量（g/m^2）	高潮区	0	0	0.10	0	0	0.10
		中潮区	1.41	1.22	1.09	0.02	0.02	3.76
		低潮区	3.45	0.35	1.00	0.05	0	4.85
		平均	1.62	0.52	0.73	0.02	0.01	2.90
	密度（个/m^2）	高潮区	0	0	0.2	0	0	0.2
		中潮区	340	5	20	3	2	370
		低潮区	605	5	55	80	0	745
		平均	315	3	25	28	1	372
秋季	生物量（g/m^2）	高潮区	0	0	1.48	0	0	1.48
		中潮区	2.05	24.80	5.42	0.02	0.07	32.36
		低潮区	2.90	0	2.85	0.05	0	5.80
		平均	1.65	8.27	3.25	0.02	0.02	13.21
	密度（个/m^2）	高潮区	0	0	0.2	0	0	0.2
		中潮区	168	59	60	7	7	301
		低潮区	145	0	70	15	0	230
		平均	104	20	43	7	2	176

泥沙滩潮间带大型底栖生物数量的垂直分布，生物量 MGM3 断面从高到低依次为高潮区（162.60 g/m^2）、中潮区（68.71 g/m^2）、低潮区（11.27 g/m^2），MGM4 从高到低依次为中潮区（13.15 g/m^2）、低潮区（6.71 g/m^2）、高潮区（0.02 g/m^2）；栖息密度 MGM3 断面从高到低依次为高潮区（205 个/m^2）、中潮区（137 个/m^2）、低潮区（43 个/m^2），MGM4 从高到低依次为中潮区（147个/m^2）、低潮区（31 个/m^2）、高潮区（1 个/m^2）。数量垂直分布与季节变化见表 34-12 和表 34-13。

表 34-11　鼓浪屿岛滨海湿地泥沙滩潮间带大型底栖生物数量垂直分布

数量	断面	潮区	多毛类	软体动物	甲壳动物	棘皮动物	其他生物	合计
生物量（g/m^2）	MGM3	高潮区	3.50	145.41	13.06	0	0.63	162.60
		中潮区	1.40	61.09	1.71	0.42	4.09	68.71
		低潮区	2.32	2.36	1.44	0.09	5.06	11.27
		平均	2.41	69.62	5.40	0.17	3.26	80.86
	MGM4	高潮区	0	0	0	0	0.02	0.02
		中潮区	2.15	7.70	0.91	1.23	1.16	13.15
		低潮区	1.27	3.10	0.17	1.11	1.06	6.71
		平均	1.14	3.60	0.36	0.78	0.74	6.62
密度（个/m^2）	MGM3	高潮区	64	115	25	0	1	205
		中潮区	41	79	11	2	4	137
		低潮区	23	8	8	1	3	43
		平均	42	67	14	1	2	126
	MGM4	高潮区	0	0	0	0	1	1
		中潮区	67	52	17	7	4	147
		低潮区	14	7	4	4	2	31
		平均	27	20	7	3	2	59

表 34-12　鼓浪屿岛滨海湿地泥沙滩潮间带大型底栖生物量垂直分布与季节变化　单位：g/m^2

断面	季节	潮区	多毛类	软体动物	甲壳动物	棘皮动物	其他生物	合计
MGM3	春	高潮区	0	0	0	0	0	0
		中潮区	0.49	8.79	0.83	1.24	0.21	11.56
		低潮区	0.92	0.88	0	0.25	0.62	2.67
		平均	0.47	3.22	0.28	0.50	0.28	4.75
	夏	高潮区	7.30	577.48	33.10	0	0	617.88
		中潮区	1.81	195.02	3.11	0	6.63	206.57
		低潮区	5.22	6.32	5.30	0	12.56	29.40
		平均	4.78	259.61	13.84	0	6.40	284.63
	秋	高潮区	5.80	3.22	19.14	0	0.24	28.40
		中潮区	1.76	35.43	1.79	0.29	5.40	44.67
		低潮区	2.04	1.84	0.46	0	5.74	10.08
		平均	3.20	13.50	7.13	0.10	3.79	27.72
	冬	高潮区	0.88	0.92	0	0	2.26	4.06
		中潮区	1.55	5.11	1.12	0.13	4.13	12.04
		低潮区	1.10	0.40	0	0.10	1.30	2.90
		平均	1.18	2.14	0.37	0.08	2.56	6.33
MGM4	春	高潮区	0	0	0	0	0	0
		中潮区	0.49	8.79	0.83	1.24	0.21	11.56
		低潮区	0.92	0.88	0	0.25	0.62	2.67
		平均	0.47	3.22	0.28	0.50	0.28	4.75
	夏	高潮区	0	0	0	0	0.06	0.06
		中潮区	1.77	6.17	0.95	1.51	2.09	12.49
		低潮区	2.90	9.30	0.36	3.14	0.06	15.76
		平均	1.56	5.16	0.44	1.55	0.74	9.45
	秋	高潮区	0	0	0	0	0	0
		中潮区	0.91	11.04	1.37	1.27	0	14.59
		低潮区	0.48	2.20	0.24	1.06	0.16	4.14
		平均	0.46	4.41	0.54	0.78	0.05	6.24
	冬	高潮区	0	0	0	0	0	0
		中潮区	5.44	4.80	0.48	0.92	2.33	13.97
		低潮区	0.78	0	0.07	0	3.38	4.23
		平均	2.07	1.60	0.18	0.31	1.90	6.06

表 34-13 鼓浪屿岛滨海湿地泥沙滩潮间带大型底栖生物栖息密度垂直分布与季节变化 单位：个/m^2

断面	季节	潮区	多毛类	软体动物	甲壳动物	棘皮动物	其他生物	合计
MGM3	春	高潮区	0	0	0	0	0	0
		中潮区	7	35	3	3	1	49
		低潮区	14	11	0	3	2	30
		平均	7	15	1	2	1	26
	夏	高潮区	118	446	56	0	0	620
		中潮区	81	197	13	0	4	295
		低潮区	34	10	18	0	4	66
		平均	78	218	29	0	3	328
	秋	高潮区	98	10	42	0	2	152
		中潮区	53	45	25	3	5	131
		低潮区	40	6	12	0	2	60
		平均	64	20	26	1	3	114
	冬	高潮区	40	4	0	0	2	46
		中潮区	20	37	3	3	4	67
		低潮区	2	6	0	2	2	12
		平均	21	16	1	2	3	43
MGM4	春	高潮区	0	0	0	0	0	0
		中潮区	7	35	3	3	1	49
		低潮区	14	11	0	3	2	30
		平均	7	15	1	2	1	26
	夏	高潮区	0	0	0	0	2	2
		中潮区	20	47	16	12	9	104
		低潮区	20	12	6	2	2	42
		平均	13	20	7	5	4	49
	秋	高潮区	0	0	0	0	0	0
		中潮区	31	49	33	8	0	121
		低潮区	8	6	4	10	2	30
		平均	13	18	12	6	1	50
	冬	高潮区	0	0	0	0	0	0
		中潮区	211	77	16	4	4	312
		低潮区	14	0	6	0	2	22
		平均	75	26	7	1	2	111

34.4.3 饵料生物

鼓浪屿岛滨海湿地潮间带大型底栖生物平均饵料水平分级为Ⅴ级，其中藻类、软体动物和甲壳动物较高，分别达Ⅴ级，多毛类和棘皮动物较低，均为Ⅰ级，其他生物为Ⅱ级。岩石滩断面为Ⅴ级，藻类、软体动物和甲壳动物较高，分别达Ⅴ级，多毛类和和棘皮动物较低，均为Ⅰ级，其他生物Ⅳ级。

沙滩断面饵料水平Ⅱ级，各类群较低，均为Ⅰ级。泥沙滩断面饵料水平为Ⅳ级，软体动物较高，达Ⅳ级，其他各类群较低，均为Ⅰ级（表 34-14）。

表 34-14　鼓浪屿岛滨海湿地潮间带大型底栖生物饵料水平分级

底质	藻类	多毛类	软体动物	甲壳动物	棘皮动物	其他生物	评价标准
岩石滩	Ⅴ	Ⅰ	Ⅴ	Ⅴ	Ⅰ	Ⅳ	Ⅴ
沙滩	Ⅰ	Ⅰ	Ⅰ	Ⅰ	Ⅰ	Ⅰ	Ⅱ
泥沙滩	Ⅰ	Ⅰ	Ⅳ	Ⅰ	Ⅰ	Ⅰ	Ⅳ
平均	Ⅴ	Ⅰ	Ⅴ	Ⅴ	Ⅰ	Ⅱ	Ⅴ

34.5　群落

34.5.1　群落类型

鼓浪屿岛滨海湿地潮间带大型底栖生物群落按底质类型分为：

（1）MGR1 岩石滩隐蔽型群落。高潮区：滨螺—白脊藤壶带；中潮区：牡蛎—覆瓦小蛇螺—小相手蟹带；低潮区：珊瑚藻—覆瓦小蛇螺—沙氏辐蛇尾—石花虫带。

（2）R3 岩石滩开敞型群落。高潮区：滨螺—白脊藤壶带；中潮区：牡蛎—鳞笠藤壶—日本笠藤壶带；低潮区：马尾藻—沙菜—覆瓦小蛇螺—敦氏猿头蛤带。

（3）MGM4 泥沙滩半隐蔽型群落。高潮区：痕掌沙蟹带；中潮区：欧文虫—拟衣角蛤—珠带拟蟹守螺—淡水泥蟹带；低潮区：尖刀蛏—滩栖阳遂足—裸体方格星虫带。

（4）Gly1 沙滩开敞型群落。高潮区：平掌沙蟹带；中潮区：丝鳃稚齿虫—珠带拟蟹守螺—模糊新短眼蟹带；低潮区：丝鳃稚齿虫—模糊新短眼蟹—洼颚倍棘蛇尾带。

34.5.2　群落结构

鼓浪屿岛滨海湿地岩石滩潮间带大型底栖生物可分为隐蔽型群落和开敞型群落。开敞型群落位于东南部升旗山一带和西南部；隐蔽型群落位于北端造船厂外。隐蔽型潮间带大型底栖生物群落的一个重要特征为僧帽牡蛎在中潮区占绝对优势。

（1）MGR1 岩石滩隐蔽型群落。高潮区：滨螺—白脊藤壶带。该区代表种为粗糙滨螺和粒结节滨螺，二者春季的生物量分别为 4.64 g/m^2 和 2.16 g/m^2，栖息密度分别为 112 个/m^2 和 32 个/m^2。本区下层春季白脊藤壶的生物量和栖息密度分别可高达 567.36 g/m^2 和 5 400 个/m^2，成为该区主要优势种。该种可向下延伸分布至中潮区上层，在高潮区和中潮区交界处形成一条宽为 60~70 cm 的狭长分布带。苔后菜在该区上层的生物量达 370.24 g/m^2，其分布宽度可达近 3 m。其他习见种还有短滨螺、马来小藤壶等。

中潮区：牡蛎—覆瓦小蛇螺—小相手蟹带。本区的优势种僧帽牡蛎数量大，春季生物量在中层高达 6 381.20 g/m^2，上层也高达 3 476.64 g/m^2；栖息密度分别为 584 个/m^2 和 592 个/m^2。该种在中潮区的垂直分布高度约有 3 m。棘刺牡蛎与僧帽牡蛎分布在同一层次，其生物量和栖息密度分别为 704.56 g/m^2 和 64 个/m^2，在上层相对减小。覆瓦小蛇螺在本区下层的生物量和栖息密度分别为 2 067.68 g/m^2 和 264 个/m^2，该种向下可延伸分布至低潮区，但数量渐少。小相手蟹生物量不大，但栖息密度最高可达 320 个/m^2，分布范围较广，自中潮区上层可一直延伸至低潮区下层，栖息密度以中潮区中、下层为大。其他主要种和习见种有鹧鸪菜、石莼、弯齿围沙蚕、黑荞麦蛤、中国不等蛤、疣荔枝螺、日本菊花螺、纵条肌海葵等。

低潮区：珊瑚藻—覆瓦小蛇螺—沙氏辐蛇尾—石花虫带。代表种珊瑚藻自中潮区下层延伸至此，数量以本区为大，高达 50.88 g/m²。覆瓦小蛇螺仍为本区的优势种，春季上层的生物量和栖息密度分别为 978.32 g/m² 和 180 个/m²，下层分别减少至 351.44 g/m² 和 96 个/m²。沙氏辐蛇尾在本区的数量较大，上层的生物量并不高（8.80 g/m²），而栖息密度却高达 784 个/m²，下层的数量相对减少。该种自中潮区下层至本区交替分布。石花虫是本区的特征种，数量自上层至下层呈渐增趋势，夏季最高生物量可达 287.66 g/m²。本区的主要种还有细毛背鳞虫、中国不等蛤、粒神螺、小相手蟹、黄五角星、近辐蛇尾、厦门真枝螅等。值得一提的是，端足类在本区的生物量并不高，但栖息密度却高达 8 240 个/m²（图 34-2）。

该群落由 159 种生物组成，平均生物量为 2 521.65 g/m²，平均栖息密度为 4 006 个/m²。

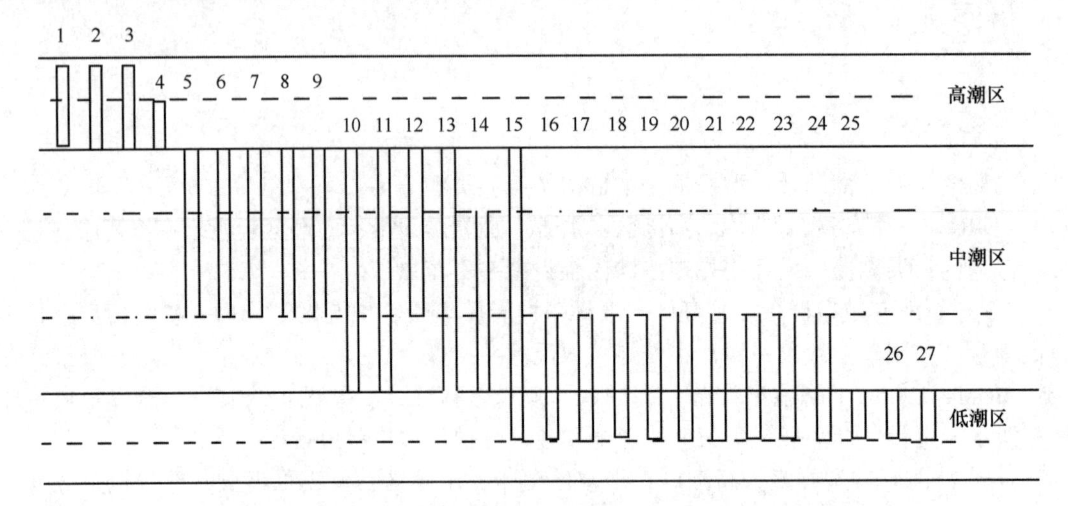

图 34-2　MGR1 岩石滩隐蔽型群落主要种垂直分布

1. 苔后菜；2. 粒结节滨螺；3. 短滨螺；4. 粗糙滨螺；5. 白脊藤壶；6. 鹧鸪菜；7. 弯齿围沙蚕；8. 僧帽牡蛎；9. 棘刺牡蛎；10. 疣荔枝螺；11. 石莼；12. 黑荞麦蛤；13. 日本菊花螺；14. 纵条肌海葵；15. 小相手蟹；16. 珊瑚藻；17. 细毛背鳞虫；18. 光辉圆扇蟹；19. 粒神螺；20. 中国不等蛤；21. 覆瓦小蛇螺；22. 襟松虫；23. 沙氏辐蛇尾；24. 日本板蟹；25. 黄五角星；26. 近辐蛇尾；27. 石花虫

（2）R3 岩石滩开敞型群落。开敞型群落与隐蔽型群落比较，在高潮区无大差异，代表种为粗糙滨螺、粒结节滨螺等。所不同的是中潮区隐蔽型群落以僧帽牡蛎占绝对优势；开敞型群落则以鳞笠藤壶、棘刺牡蛎取而代之。高潮区：滨螺—白脊藤壶带。该区代表种为粗糙滨螺、粒结节滨螺和塔结节滨螺，栖息密度分别为 1 336 个/m²、642 个/m² 和 88 个/m²。白脊藤壶分布在本区下层，生物量和栖息密度分别为 373.18 g/m² 和 2 082 个/m²。此外还有黑口滨螺和海蟑螂。

中潮区：牡蛎—鳞笠藤壶—日本笠藤壶带。该区优势种棘刺牡蛎的生物量和栖息密度分别高达 1 508.72 g/m² 和 467 个/m²。特征种鳞笠藤壶的生物量和栖息密度分别高达 886.63 g/m² 和 381 个/m²。日本笠藤壶的生物量和栖息密度分别高达 1 167.20 g/m² 和 160 个/m²。其他主要种和习见种还有小石花菜、海萝、鞘丝藻、蛎菜、鹧鸪菜、粟色叶须虫、杂色伪沙蚕、嫁戚、齿纹蜒螺、疣荔枝螺、丽核螺、日本菊花螺、黑荞麦蛤、小相手蟹等。

低潮区：马尾藻—沙菜—覆瓦小蛇螺—敦氏猿头蛤带。该区优势种瓦氏马尾藻的平均生物量高达 1 069.90 g/m²。沙菜的冬季最大生物量可达 900.80 g/m²。覆瓦小蛇螺的栖息密度不高（4 个/m²），生物量为 44.16 g/m^2。其他主要种和习见种还有鼠尾藻、叉枝藻、叉节藻、繁枝蜈蚣藻、小珊瑚藻、甲虫螺、粒神螺、小卷海齿花、近辐蛇尾、柑橘荔枝海绵等（图 34-3）。

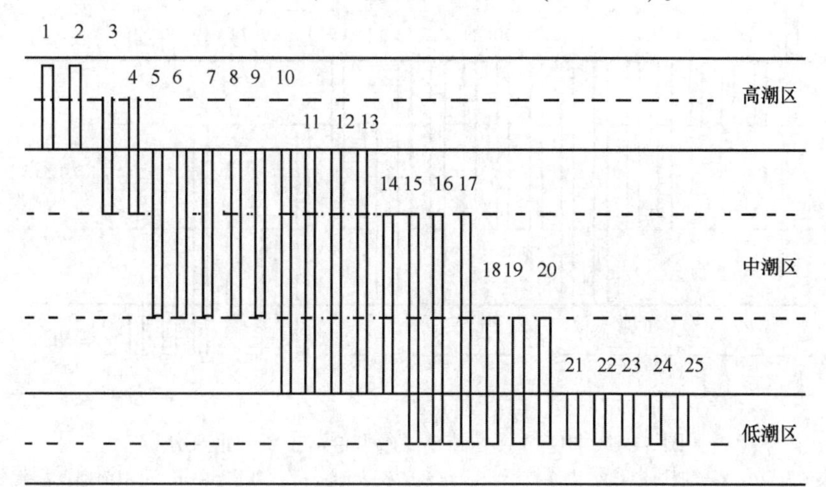

图 34-3　R3 岩石滩开敞型群落主要种垂直分布

1. 粒结节滨螺；2. 塔结节滨螺；3. 粗糙滨螺；4. 白脊藤壶；5. 黑荞麦蛤；6. 僧帽牡蛎；7. 棘刺牡蛎；8. 齿纹蜒螺；9. 嫁䗩；10. 日本菊花螺；11. 疣荔枝螺；12. 鳞笠藤壶；13. 日本笠藤壶；14. 小石花菜；15. 扇形叉枝藻；16. 小相手蟹；17. 丽核螺；18. 小杉藻；19. 覆瓦小蛇螺；20. 中国不等蛤；21. 高峰藤壶；22. 小珊瑚藻；23. 珊瑚藻；24. 沙菜；25. 瓦氏马尾藻

鼓浪屿岛滨海湿地软相潮间带大型底栖生物群落可相应划分为隐蔽型群落、半隐蔽型群落和沙滩开敞型群落。隐蔽型群落位于鼓浪屿岛滨海湿地西北端，造船厂外。高潮区底质以中粗砂为主，中潮区为粉砂黏土，低潮区为砂—粉砂—黏土。该群落在中潮区上层有较大数量的凸壳肌蛤、渤海鸭嘴蛤、中国绿螂，中潮区和低潮区的种类组成与半隐蔽群落的种类组成差异不甚明显。半隐蔽型群落位于鼓浪屿岛滨海湿地西岸，民用船泊处，滩面长约 200 m。高潮区至中潮区上层为中细砂、砾砂；中潮区为黏土质粉砂；低潮区为粉砂质砂。有机质含量为 1.26，水温为 16.1～28.2℃，盐度为 27.01～24.46。

（3）MGM4 泥沙滩半隐蔽型群落。高潮区：痕掌沙蟹带。该区的种类极为贫乏，除定性取到痕掌沙蟹和小个体的海跳蚤外，没有采到其他种类。

中潮区：欧文虫—拟衣角蛤—珠带拟蟹守螺—淡水泥蟹带。本区的代表种欧文虫，分布在上层，其冬季的生物量为 7.52 g/m^2，栖息密度为 480 个/m^2，为该群落中栖息密度较高者。拟衣角蛤分布在整个潮区，数量以上层为大，生物量和栖息密度分别为 6.64 g/m^2 和 40 个/m^2，下层相对较小，分别仅为 0.94 g/m^2 和 4 个/m^2。珠带拟蟹守螺在该区分布较广，春季的生物量为 9.96 g/m^2，冬季的栖息密度达 104 个/m^2。淡水泥蟹自本区上层向下层延伸分布至低潮区上层，数量以本区上层为高，生物量和栖息密度分别为 1.88 g/m^2 和 64 个/m^2。其他主要种和习见种还有不倒翁虫、彩虹明樱蛤、鸭嘴蛤、短拟沼螺、纵带滩栖螺、小翼拟蟹守螺、泥螺、裸盲蟹、福建余氏蟹、洼颚倍棘蛇尾等。

低潮区：尖刀蛏—滩栖阳遂足—裸体方格星虫带。代表种尖刀蛏，自中潮区下层延伸至此，在该区的生物量和栖息密度分别为 1.40 g/m^2 和 4 个/m^2。滩栖阳遂足的分布范围较广，中潮区中层至低潮区下层均有分布，数量以低潮区下层为大，生物量和栖息密度分别为 1.12 g/m^2 和 12 个/m^2。裸体方格星虫在其他潮区未出现，冬季生物量为 6.67 g/m^2，栖息密度为 4 个/m^2。其他习见种有浅古铜吻沙蚕、金星蝶铰蛤、泥螺等（图 34-4）。

该群落共有 86 种，其特征优势种的数量不高。

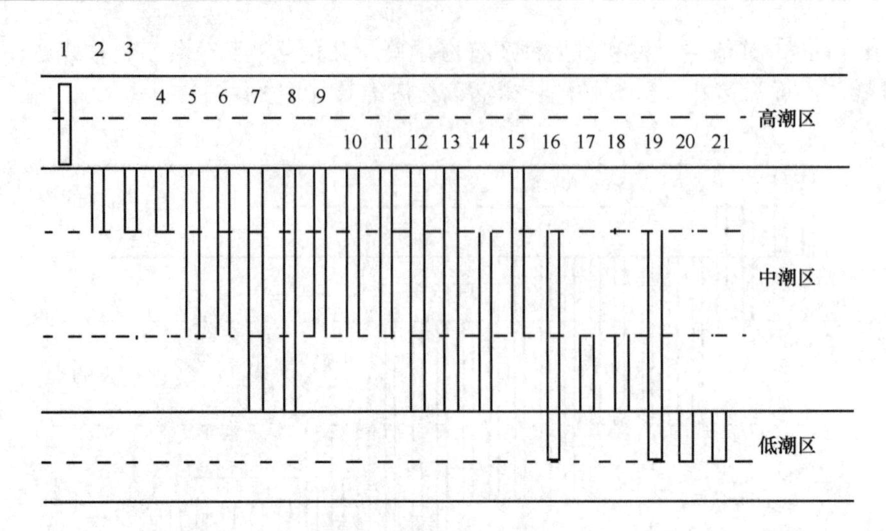

图 34-4 MGM4 泥沙滩半隐蔽型群落主要种垂直分布

1. 角眼沙蟹；2. 彩虹明樱蛤；3. 渤海鸭嘴蛤；4. 浅古铜吻沙蚕；5. 欧文虫；6. 短拟沼螺；7. 泥螺；8. 织纹螺；9. 小翼拟蟹守螺；10. 珠带拟蟹守螺；11. 淡水泥蟹；12. 不倒翁虫；13. 拟衣角蛤；14. 洼颚倍棘蛇尾；15. 纵带滩栖螺；16. 金星蝶铰蛤；17. 裸盲蟹；18. 福建余氏蟹；19. 滩栖阳遂足；20. 尖刀蛏；21. 裸体方格星虫

（4）Gly1 沙滩开敞型群落。该群落所处滩面长度为 250～300 m，高潮区和中潮区上层为沙滩，中潮区中下层和低潮区主要为泥沙。

高潮区：平掌沙蟹带。该潮区种类贫乏，代表种平掌沙蟹仅在本区出现，生物量和栖息密度较低，分别为 1.48 g/m² 和 0.2 个/m²。

中潮区：丝鳃稚齿虫—珠带拟蟹守螺—模糊新短眼蟹带。该潮区优势种丝鳃稚齿虫，分布较广，自中潮区可向下延伸至低潮区，在本区上层的生物量和栖息密度分别为 0.95 g/m² 和 200 个/m²；中层分别为 0.15 g/m² 和 10 个/m²；下层分别为 0.05 g/m² 和 40 个/m²。优势种珠带拟蟹守螺，仅在本区出现，上层的生物量和栖息密度分别为 28.08 g/m² 和 48 个/m²；中层分别为 31.84 g/m² 和 72 个/m²。主要种模糊新短眼蟹，自中潮区可向下延伸至低潮区，在本区上层的生物量和栖息密度分别为 2.45 g/m² 和 15 个/m²；下层分别为 8.55 g/m² 和 105 个/m²。其他主要种和习见种有叶须内卷齿蚕、长手沙蚕、独毛虫、异蚓虫、中蚓虫、不倒翁虫、短拟沼螺、织纹螺、毛大螯蜚、日本鼓虾、隆背强蟹、齿腕拟盲蟹等。

低潮区：丝鳃稚齿虫—模糊新短眼蟹—洼颚倍棘蛇尾带。该潮区主要种丝鳃稚齿虫，自中潮区延伸分布至低潮区，在本区的生物量和栖息密度分别为 1.40 g/m² 和 95 个/m²。模糊新短眼蟹，自中潮区延伸分布至本区，在本区的生物量和栖息密度分别为 2.50 g/m² 和 35 个/m²。主要种洼颚倍棘蛇尾，自中潮区下层分布到本潮区，秋季在本区的生物量为 0.05 g/m²，栖息密度为 15 个/m²。其他主要种和习见种有狭细蛇潜虫、独指虫、中蚓虫、特矶蚕、纳加索沙蚕、不倒翁虫、沟栉虫、扁蛰虫、宽甲古涟虫、盲沙钩虾、冠角钩虾、塞切尔泥钩虾和颗粒六足蟹等（图 34-5）。

34.5.3 群落生态特征值

根据 Shannon-Wiener 种类多样性指数（H'），Pielous 种类均匀度指数（J）、Margalef 种类丰富度指数（d）和 Simpson 优势度指数（D）显示，鼓浪屿岛滨海湿地岩石滩潮间带大型底栖生物群落的 d 值以冬季较大（5.485 0），秋季较小（4.370 0）；H'值春季较大（2.285 0），秋季较小（1.870 0）；J 值春季较大（0.601 5），秋季较小（0.493 0）；D 值秋季较大（0.291 0），春季较小（0.225 0）。

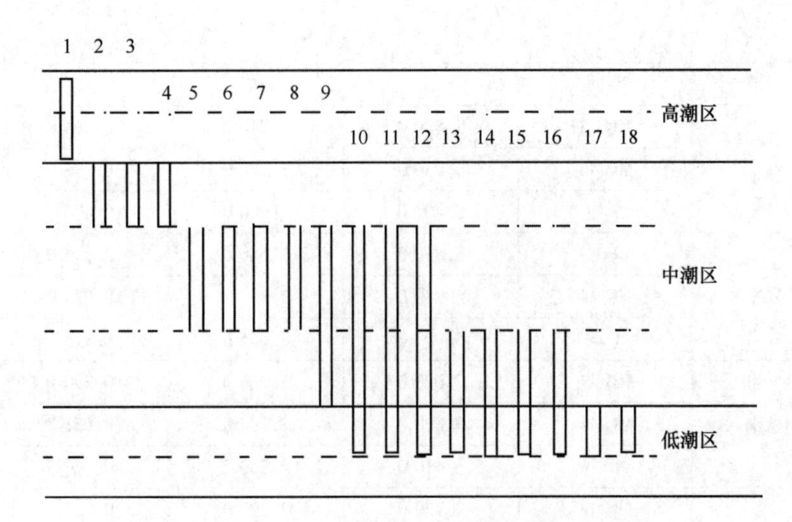

图 34-5　Gly1 沙滩开敞型群落主要种垂直分布

1. 痕掌沙蟹；2. 日本角吻沙蚕；3. 斑纹圆柱水虱；4. 强壮藻钩虾；5. 光突齿沙蚕；6. 长手沙蚕；7. 珠带拟蟹守螺；8. 短拟沼螺；9. 模糊新短眼蟹；10. 才女虫；11. 丝鳃稚齿虫；12. 极地蚤钩虾；13. 拟特须虫；14. 多鳃齿吻沙蚕；15. 不倒翁虫；16. 洼颚倍棘蛇尾；17. 背毛背蚓虫；18. 中华拟亮钩虾

鼓浪屿岛滨海湿地沙滩潮间带大型底栖生物群落的 d 值以春季较大（6.800 0），秋季较小（6.710 0）；H'值秋季较大（2.790 0），春季较小（2.630 0）；J 值秋季较大（0.720 0），春季较小（0.665 0）；D 值春季较大（0.211 0），秋季较小（0.136 0）。泥沙滩潮间带大型底栖生物群落的 d 值以夏季较大（5.905 0），冬季较小（4.145 0）；H'值夏季较大（3.005 0），冬季较小（2.345 0）；J 值春季较大（0.870 0），冬季较小（0.729 0）；D 值冬季较大（0.176 0），春季较小（0.077 9）。各群落生态特征值季节变化见表 34-15。

表 34-15　鼓浪屿岛滨海湿地潮间带大型底栖生物群落生态特征值

群落	季节	断面	d	H'	J	D
岩石滩	春季	MRG1	4.870 0	2.000 0	0.523 0	0.300 0
		MRG2	4.720 0	2.570 0	0.680 0	0.150 0
		平均	4.795 0	2.285 0	0.601 5	0.225 0
	夏季	MRG1	5.640 0	2.350 0	0.586 0	0.176 0
		MRG2	4.710 0	1.930 0	0.508 0	0.357 0
		平均	5.175 0	2.140 0	0.547 0	0.266 5
	秋季	MRG1	4.380 0	1.980 0	0.528 0	0.289 0
		MRG2	4.360 0	1.760 0	0.458 0	0.293 0
		平均	4.370 0	1.870 0	0.493 0	0.291 0
	冬季	MRG1	6.090 0	2.630 0	0.648 0	0.117 0
		MRG2	4.880 0	1.800 0	0.461 0	0.364 0
		平均	5.485 0	2.215 0	0.554 5	0.240 5
沙滩	春季	Gly1	6.800 0	2.630 0	0.665 0	0.211 0
	秋季		6.710 0	2.790 0	0.720 0	0.136 0
	平均		6.755 0	2.710 0	0.692 5	0.173 5

续表 34-15

群落	季节	断面	*d*	*H'*	*J*	*D*
泥沙滩	春季	MGM3	3.880 0	2.710 0	0.864 0	0.089 1
		MGM4	6.930 0	3.270 0	0.876 0	0.066 6
		平均	5.405 0	2.990 0	0.870 0	0.077 9
	夏季	MGM3	5.830 0	2.660 0	0.695 0	0.118 0
		MGM4	5.980 0	3.350 0	0.935 0	0.043 2
		平均	5.905 0	3.005 0	0.815 0	0.080 6
	秋季	MGM3	7.020 0	3.060 0	0.790 0	0.085 7
		MGM4	3.800 0	2.700 0	0.851 0	0.095 6
		平均	5.410 0	2.880 0	0.820 5	0.090 7
	冬季	MGM3	2.720 0	2.290 0	0.807 0	0.136 0
		MGM4	5.570 0	2.400 0	0.651 0	0.216 0
		平均	4.145 0	2.345 0	0.729 0	0.176 0

34.5.4　群落稳定性

鼓浪屿岛滨海湿地 MRG1 岩石滩潮间带大型底栖生物群落丰度生物量复合 *k*-优势度和部分优势度曲线不交叉和不翻转，生物量复合 *k*-优势度曲线始终位于丰度上方，群落结构相对稳定（图 34-6 至图 34-9）。秋季 MGM4 泥沙滩群落丰度生物量复合 *k*-优势度和部分优势度曲线前端交叉，冬季重叠和翻转，丰度复合 *k*-优势度曲线始终位于生物量上方，群落结构不稳定（图 34-10 至图 34-13）。春季 Gly1 沙滩群落丰度生物量复合 *k*-优势度和部分优势度曲线出现交叉、重叠和翻转，丰度复合 *k*-优势度曲线始终位于生物量上方，初步认为主要在于优势种丝鳃稚齿虫个体小、密度高所致；秋季群落丰度生物量复合 *k*-优势度和部分优势度曲线不交叉和不翻转，群落生物量累积优势度较高，达 58%，表明该群落个体较大的类群软体动物的优势种珠带拟蟹守螺等在生物量方面占了很大的优势（图 34-14 至图 34-15）。

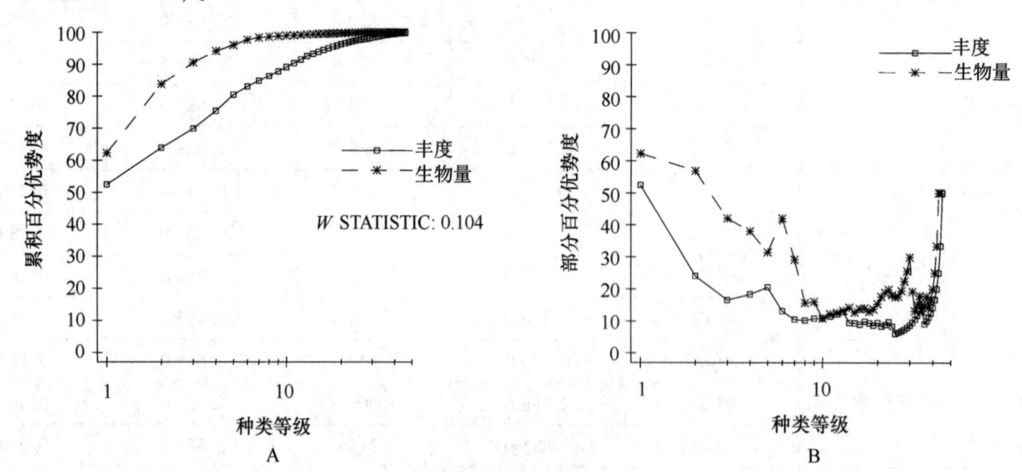

图 34-6　春季 MRG1 岩石滩群落丰度生物量复合 *k*-优势度（A）和部分优势度（B）曲线

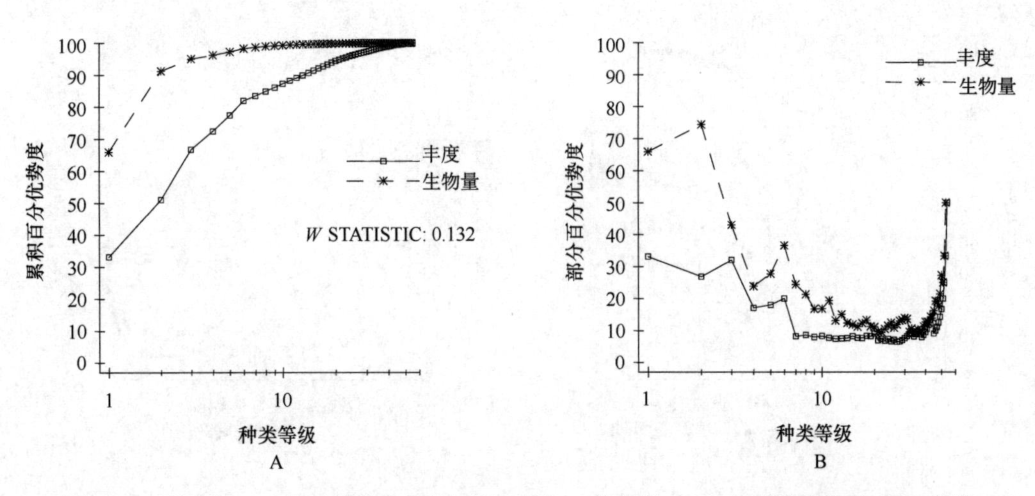

图 34-7　夏季 MRG1 岩石滩群落丰度生物量复合 k-优势度（A）和部分优势度（B）曲线

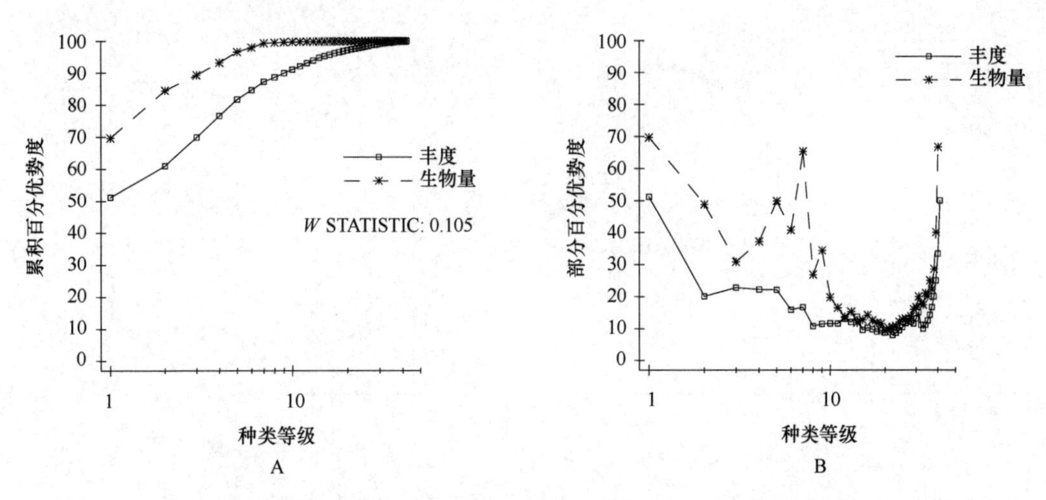

图 34-8　秋季 MRG1 岩石滩群落丰度生物量复合 k-优势度（A）和部分优势度（B）曲线

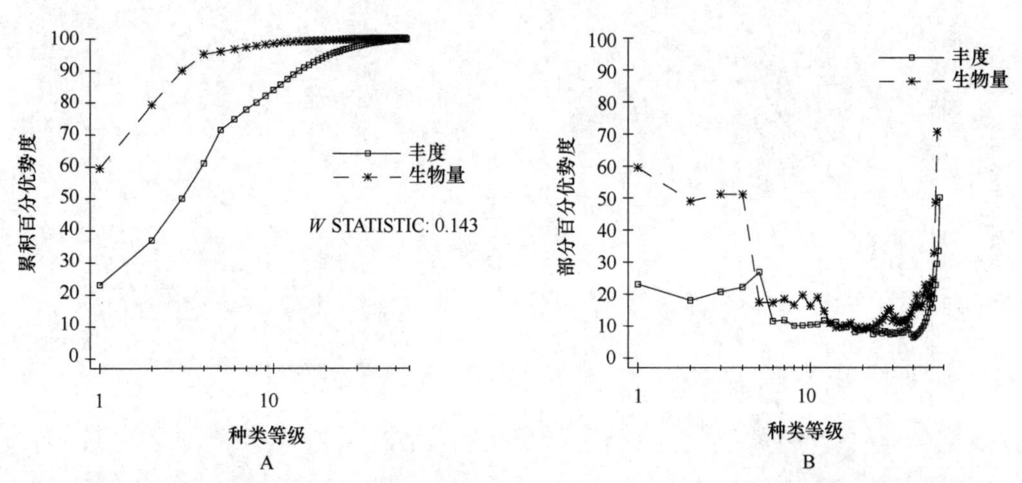

图 34-9　冬季 MRG1 岩石滩群落丰度生物量复合 k-优势度（A）和部分优势度（B）曲线

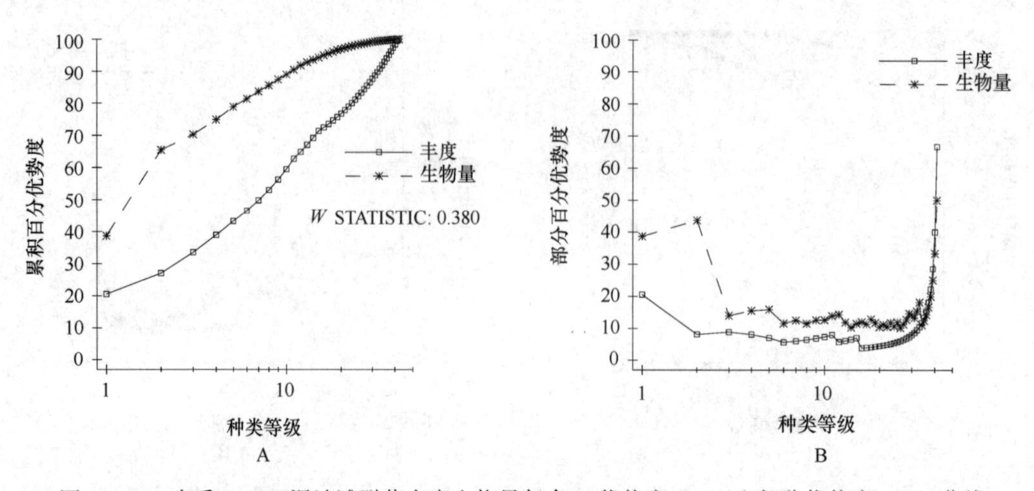

图 34-10　春季 MGM4 泥沙滩群落丰度生物量复合 k-优势度（A）和部分优势度（B）曲线

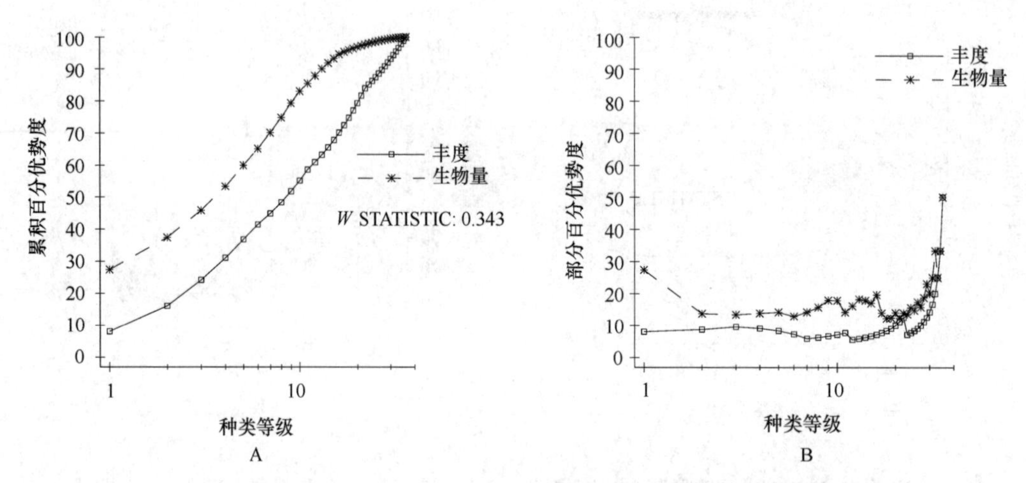

图 34-11　夏季 MGM4 泥沙滩群落丰度生物量复合 k-优势度（A）和部分优势度（B）曲线

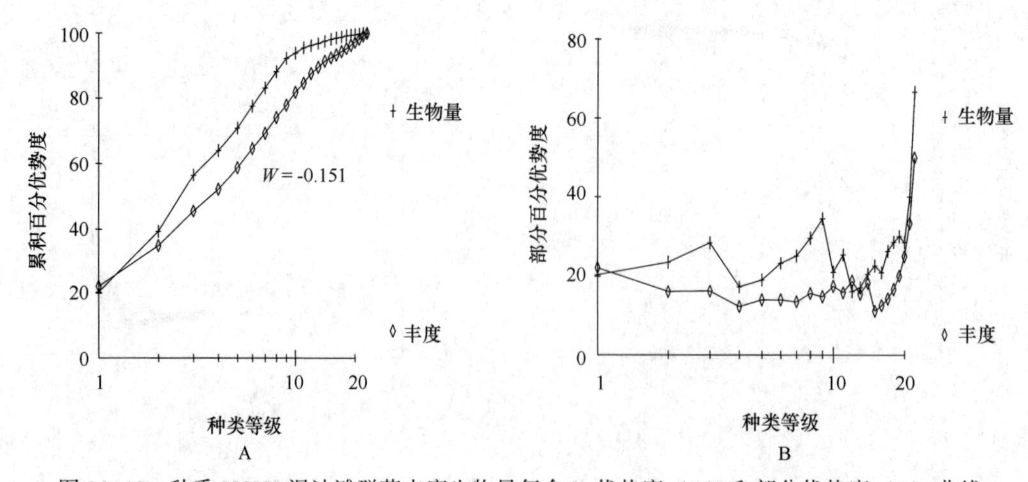

图 34-12　秋季 MGM4 泥沙滩群落丰度生物量复合 k-优势度（A）和部分优势度（B）曲线

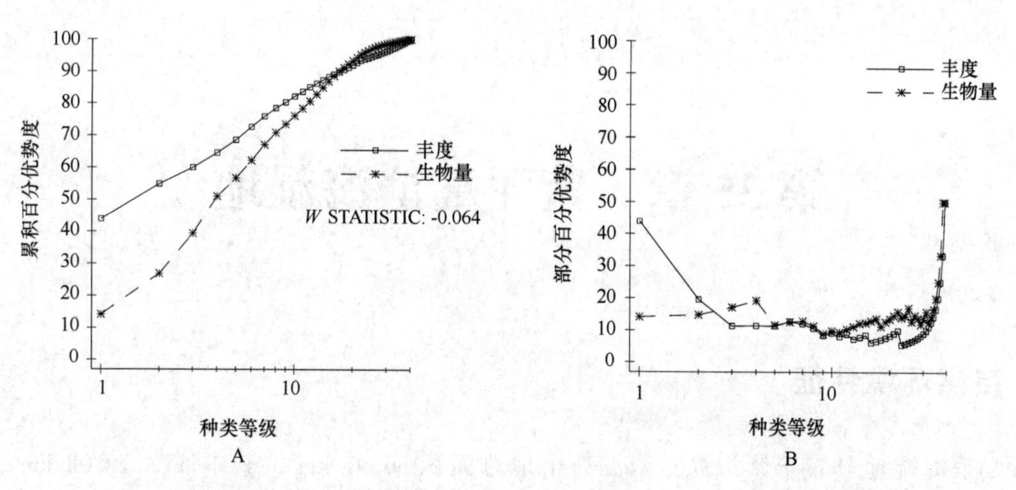

图 34-13　冬季 MGM4 泥沙滩群落丰度生物量复合 k-优势度（A）和部分优势度（B）曲线

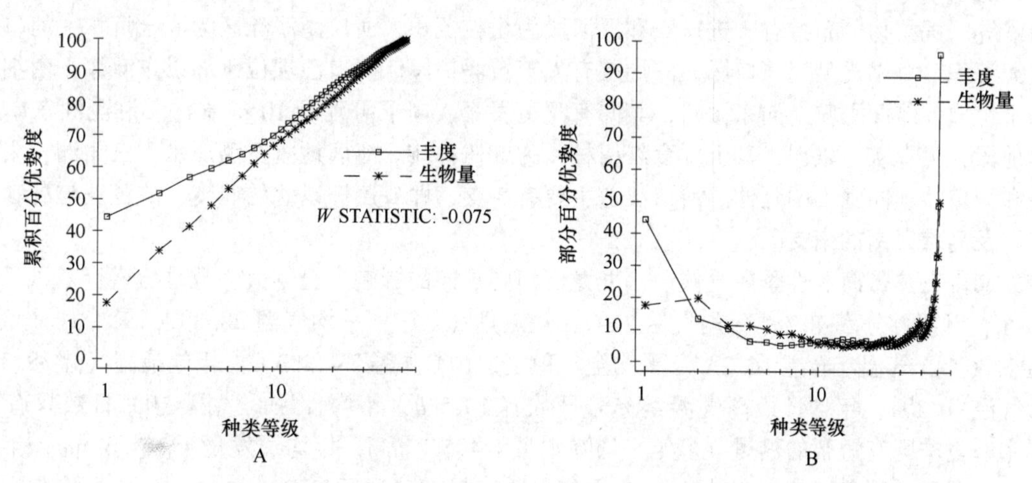

图 34-14　春季 Gly1 沙滩群落丰度生物量复合 k-优势度（A）和部分优势度（B）曲线

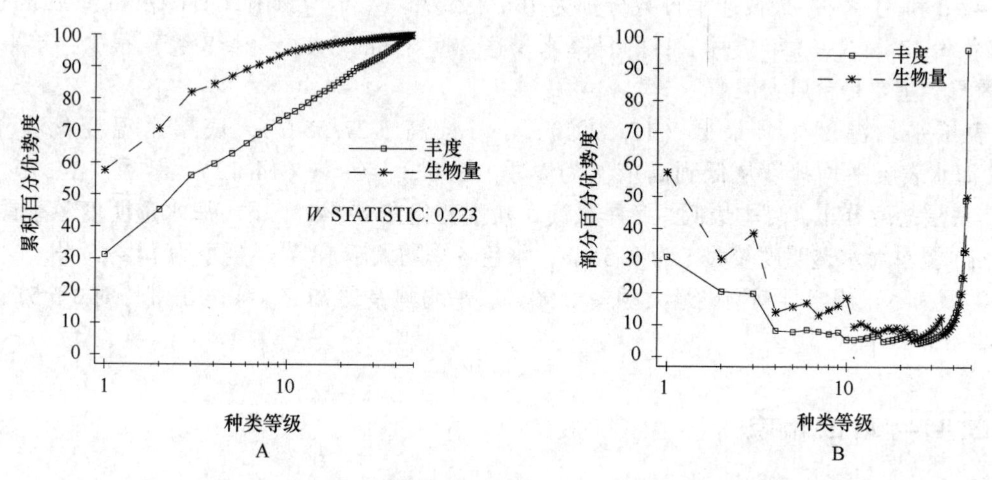

图 34-15　秋季 Gly1 沙滩群落丰度生物量复合 k-优势度（A）和部分优势度（B）曲线

第35章　紫泥岛滨海湿地

35.1　自然环境特征

紫泥岛滨海湿地分布于紫泥岛，紫泥岛土地总面积66.07 km^2，其中滩涂19.08 km^2，陆地46.87 km^2，岸线长38.23 km，为河口岛，属龙海市管辖。

岛屿周围水下沉积物类型有中粗砂、粗中砂、中细砂、细砂、砂—粉砂—黏土、粉砂质黏土和黏土质粉砂等。沉积物分布特点，进口段和汊河段为粗粒沉积，河口湾浅滩区为混合沉积，河口湾深水区为软泥沉积。海岸类型属河口岸，岛周围有人工筑堤护岸。河口沙坝位于岛以东滩涂，由细砂及粉砂质黏土组成，滩面平整，向东微斜，其间有汊道发育，向下可延至10 m水深。浒茂洲东岸及海门岛西岸地段，为青灰色软泥，其上发育红树林，为红树林滩。海底地貌类型属水下三角洲，主要为河口汊道和河口沙坝向水下的延伸。河口汊道主要有3支，即浒茂洲以北的北支，浒茂洲与岛礁洲间的中支，以及岛礁以南的南支。

该岛属南亚热带海洋性季风气候。因九龙江河谷走向的影响，全年大多数月份盛行东风。年日照2 138.8 h，日照百分率48%。年均气温21℃，最热月（7月）平均气温28.8℃，最冷月（1月）平均气温12.6℃，气温年较差16.2℃。平均全年稳定≥10℃积温7 412.3℃。极端最高气温38.3℃，极端最低气温-0.2℃，年均日最高气温≥35℃日数有10.5 d，年均日最低气温≤0℃日数只有0.1 d，冬无严寒，夏季则有短暂的酷暑。多年平均降水量1 405.2 mm，年均蒸发量1 548.6 mm，年均相对湿度80%。年平均风速2.5 m/s，10—11月平均风速最大，也只有2.6 m/s。10 min平均最大风速12.3 m/s，定时最大风速28 m/s。主要灾害性天气有干旱、台风、暴雨等。春旱和夏旱的平均连旱日数分别为42 d和31.8 d，最长连旱日数分别为106 d和78 d。年均暴雨（日降水量≥50 mm）日数5 d，最多年份12 d，1963年7月1日的日降水量达209.6 mm。大风（≥8级）很少，年平均只有3.5个大风日，主要是台风大风。

海水表层平均温度1月最低（15.29℃），8月最高（27.55℃）。底层水温变化在15.24~27.33℃。海水表层平均盐度从低到高依次为春季（8.02）、冬季（14.12）、秋季（14.70）、夏季（17.44）。底层盐度分布，夏季最低，冬季最高，盐度变化在17.49上下。海水透明度冬季最小，均小于0.2 m，夏季海水透明度较大，为0.51 m，水色冬季均大于18号，夏季为14~15号。

潮汐类型为不正规半日潮型。最大潮差4.90 m，平均潮差2.75 m。平均涨潮历时3 h 57 min，平均落潮历时8 h 27 min。

35.2　断面与站位布设

1990年2月至1992年1月，2009年春季和秋季，对紫泥岛滨海湿地进行了潮间带大型底栖生物取样调查，共布设5条断面（表35-1，图35-1）。

表 35-1　紫泥岛滨海湿地潮间带大型底栖生物调查断面

序号	时间	断面	编号	经度（E）	纬度（N）	底质
1	1990—1992 年		ZS71	117°48′6.00″	24°28′36.00″	沙滩
2			ZSM72	117°53′42.00″	24°25′24.00″	泥沙滩
3			ZM73	117°54′18.00″	25°26′24.00″	红树林区
4			ZM74	117°54′48.00″	24°27′36.00″	泥沙滩
5	2009 年	沙头农场	L1	117°54′33.77″	24°26′45.88″	红树林区

图 35-1　紫泥岛滨海湿地潮间带大型底栖生物调查断面

35.3　物种多样性

35.3.1　种类组成、分布与季节变化

紫泥岛滨海湿地潮间带大型底栖生物 111 种，其中藻类 1 种，多毛类 37 种，软体动物 20 种，甲壳动物 42 种，棘皮动物 1 种和其他生物 10 种。多毛类、软体动物和甲壳动物占总种数的 89.18%，三者构成紫泥岛滨海湿地潮间带大型底栖生物主要类群。不同底质类型比较，种数以红树林区（75 种）大于泥沙滩（55 种）大于沙滩（15 种）。

紫泥岛滨海湿地沙滩潮间带大型底栖生物 15 种，其中多毛类 3 种，软体动物 4 种，甲壳动物 6 种和其他生物 2 种。多毛类、软体动物和甲壳动物占总种数的 86.66%，三者构成沙滩潮间带大型底栖生物主要类群。

紫泥岛滨海湿地泥沙滩潮间带大型底栖生物55种，其中多毛类15种，软体动物7种，甲壳动物26种，棘皮动物1种和其他生物6种。多毛类、软体动物和甲壳动物占总种数的87.27%，三者构成泥沙滩潮间带大型底栖生物主要类群。

紫泥岛滨海湿地红树林区潮间带大型底栖生物75种，其中藻类1种，多毛类28种，软体动物14种，甲壳动物25种和其他生物7种。多毛类、软体动物和甲壳动物占总种数的89.33%，三者构成红树林区潮间带大型底栖生物主要类群。

不同底质类型潮间带大型底栖生物种类组成与季节变化见表35-2。

表35-2　紫泥岛滨海湿地潮间带大型底栖生物种类组成与季节变化　单位：种

底质	断面	季节	藻类	多毛类	软体动物	甲壳动物	棘皮动物	其他生物	合计
沙滩	ZS71	春季	0	3	3	5	0	1	12
		夏季	0	2	1	1	0	0	4
		秋季	0	1	2	0	0	1	4
		冬季	0	1	2	1	0	0	4
		合计	0	3	4	6	0	2	15
泥沙滩	ZSM72	春季	0	1	3	6	0	2	12
	ZM74		0	2	4	8	0	1	15
	小计		0	3	5	11	0	2	21
	ZSM72	夏季	0	4	4	8	0	0	16
	ZM74		0	2	2	10	0	1	15
	小计		0	6	5	14	0	1	26
	ZSM72	秋季	0	3	1	11	1	3	19
	ZM74		0	5	3	6	0	4	18
	小计		0	6	3	12	1	5	27
	ZSM72	冬季	0	3	2	4	0	4	13
	ZM74		0	7	3	5	0	2	17
	小计		0	9	5	7	0	5	26
	合计		0	15	7	26	1	6	55
红树林区	ZM73	春季	1	4	4	6	0	3	18
		夏季	0	2	2	6	0	1	11
		秋季	0	3	0	6	0	1	10
		冬季	1	2	2	4	0	2	11
	L1	春季	0	16	10	9	0	2	37
		秋季	0	11	1	9	0	4	25
		小计	0	22	10	14	0	6	52
	合计		1	28	14	25	0	7	75
总计			1	37	20	42	1	10	111

35.3.2　优势种、主要种和经济种

根据种类的数量和出现率，紫泥岛滨海湿地潮间带大型底栖生物优势种和主要种有溪沙蚕、寡毛

类、小头虫、卷吻沙蚕、加州齿吻沙蚕、中蚓虫、异蚓虫、东海刺沙蚕、长吻吻沙蚕、凸壳肌蛤、樱蛤、缢蛏、河蚬（*Corbicula flumina*）、光滑河蓝蛤、渤海鸭嘴蛤、黑口滨螺、短拟沼螺、纹藤壶、弧边招潮、淡水泥蟹、宁波泥蟹、莱氏异额蟹、小相手蟹、长足长方蟹、秀丽长方蟹等。

紫泥岛滨海湿地潮间带大型底栖生物主要经济种有鹧鸪菜、可口革囊星虫、凸壳肌蛤、樱蛤、缢蛏、河蚬、中华蜾蠃蜚、日本大眼蟹、弹涂鱼等。

35.4 数量时空分布

35.4.1 数量组成与季节变化

紫泥岛滨海湿地沙滩、泥沙滩和红树林区潮间带大型底栖生物平均生物量为58.71 g/m^2，其中多毛类0.29 g/m^2，软体动物49.51 g/m^2，甲壳动物8.09 g/m^2 和其他生物0.82 g/m^2；平均栖息密度为314 个/m^2，其中多毛类63 个/m^2，软体动物206 个/m^2，甲壳动物43 个/m^2 和其他生物 2 个/m^2。不同底质类型比较，生物量从高到低依次为红树林区（151.86 g/m^2）、沙滩（15.33 g/m^2）、泥沙滩（8.94 g/m^2）；栖息密度从高到低依次为红树林区（818 个/m^2）、泥沙滩（96 个/m^2）、沙滩（29 个/m^2）。各类群数量组成与分布见表 35-3。

表 35-3　紫泥岛滨海湿地潮间带大型底栖生物数量组成与分布

数量	底质	多毛类	软体动物	甲壳动物	棘皮动物	其他生物	合计
生物量（g/m^2）	沙滩	0.13	8.87	5.08	0	1.25	15.33
	泥沙滩	0.14	2.65	5.61	0	0.54	8.94
	红树林区	0.59	137.02	13.59	0	0.66	151.86
	平均	0.29	49.51	8.09	0	0.82	58.71
密度（个/m^2）	沙滩	4	16	5	0	4	29
	泥沙滩	3	39	53	0	1	96
	红树林区	183	562	71	0	2	818
	平均	63	206	43	0	2	314

紫泥岛滨海湿地沙滩潮间带大型底栖生物四季平均生物量为 15.33 g/m^2，平均栖息密度为29 个/m^2。生物量以软体动物居第一位（8.87 g/m^2），甲壳动物居第二位（5.08 g/m^2）；栖息密度以软体动物居第一位（16 个/m^2），甲壳动物居第二位（5 个/m^2）。数量季节变化，生物量以春季较大（29.02 g/m^2），秋季较小（7.28 g/m^2）；栖息密度以冬季较大（36 个/m^2），秋季较小（13 个/m^2）。各类群数量组成与季节变化见表 35-4。

表 35-4　紫泥岛滨海湿地沙滩潮间带大型底栖生物数量组成与季节变化

数量	季节	多毛类	软体动物	甲壳动物	棘皮动物	其他生物	合计
生物量（g/m^2）	春季	0	5.05	18.97	0	5.00	29.02
	夏季	0.53	7.60	0	0	0	8.13
	秋季	0	7.27	0	0	0.01	7.28
	冬季	0	15.57	1.33	0	0	16.90
	平均	0.13	8.87	5.08	0	1.25	15.33

续表 35-4

数量	季节	多毛类	软体动物	甲壳动物	棘皮动物	其他生物	合计
密度（g/m²）	春季	0	5	12	0	14	31
	夏季	16	17	0	0	0	33
	秋季	0	12	0	0	1	13
	冬季	0	28	8	0	0	36
	平均	4	16	5	0	4	29

紫泥岛滨海湿地泥沙滩潮间带大型底栖生物四季平均生物量为 8.94 g/m²，平均栖息密度为 96 个/m²。生物量以甲壳动物居第一位（5.61 g/m²），软体动物居第二位（2.65 g/m²）；栖息密度同样以甲壳动物居第一位（53 个/m²），软体动物居第二位（39 个/m²）。数量季节变化，生物量以秋季较大（12.16 g/m²），春季较小（5.49 g/m²）；栖息密度同样以秋季较大（170 个/m²），冬季较小（64 个/m²）。各断面各类群数量组成与季节变化见表 35-5 和表 35-6。

表 35-5　紫泥岛滨海湿地泥沙滩潮间带大型底栖生物数量组成与季节变化

数量	季节	多毛类	软体动物	甲壳动物	棘皮动物	其他生物	合计
生物量（g/m²）	春季	0.32	1.09	3.76	0	0.32	5.49
	夏季	0.05	1.19	4.96	0	1.20	7.40
	秋季	0.03	1.53	10.22	0	0.38	12.16
	冬季	0.15	6.81	3.50	0	0.25	10.71
	平均	0.14	2.65	5.61	0	0.54	8.94
密度（个/m²）	春季	3	36	39	0	1	79
	夏季	3	21	51	0	1	76
	秋季	2	89	78	0	1	170
	冬季	2	13	47	0	2	64
	平均	3	39	53	0	1	96

表 35-6　紫泥岛滨海湿地各断面泥沙滩潮间带大型底栖生物数量组成与季节变化

数量	季节	断面	多毛类	软体动物	甲壳动物	棘皮动物	其他生物	合计
生物量（g/m²）	春季	ZS72	0	0.84	0.34	0	0.64	1.82
		ZM74	0.64	1.34	7.17	0	0	9.15
		平均	0.32	1.09	3.76	0	0.32	5.49
	夏季	ZS72	0.04	2.24	1.06	0	0	3.34
		ZM74	0.06	0.14	8.86	0	2.39	11.45
		平均	0.05	1.19	4.96	0	1.20	7.40
	秋季	ZS72	0.04	3.01	14.36	0	0.22	17.63
		ZM74	0.01	0.05	6.07	0	0.54	6.67
		平均	0.03	1.53	10.22	0	0.38	12.16
	冬季	ZS72	0.23	7.06	3.04	0	0.5	10.83
		ZM74	0.07	6.55	3.95	0	0	10.57
		平均	0.15	6.81	3.50	0	0.25	10.71

续表 35-6

数量	季节	断面	多毛类	软体动物	甲壳动物	棘皮动物	其他生物	合计
密度（个/m^2）	春季	ZS72	0	14	13	0	2	29
		ZM74	6	58	64	0	0	128
		平均	3	36	39	0	1	79
	夏季	ZS72	5	38	36	0	0	79
		ZM74	1	3	65	0	1	70
		平均	3	21	51	0	1	76
	秋季	ZS72	2	174	75	0	1	252
		ZM74	1	3	80	0	1	85
		平均	2	89	78	0	1	170
	冬季	ZS72	1	21	29	0	2	53
		ZM74	3	4	64	0	1	72
		平均	2	13	47	0	2	64

紫泥岛滨海湿地红树林区潮间带大型底栖生物四季平均生物量为 151.86 g/m^2，平均栖息密度为 818 个/m^2。生物量以软体动物居第一位（137.02 g/m^2），甲壳动物居第二位（13.59 g/m^2）；栖息密度同样以软体动物居第一位（562 个/m^2），多毛类居第二位（183 个/m^2）。数量季节变化，生物量以春季较大（560.43 g/m^2），秋季较小（7.59 g/m^2）；栖息密度同样以春季较大（2 976 个/m^2），秋季较小（50 个/m^2）。各断面各类群数量组成与季节变化见表 35-7 和表 35-8。

表 35-7　紫泥岛滨海湿地红树林区潮间带大型底栖生物数量组成与季节变化

数量	季节	多毛类	软体动物	甲壳动物	棘皮动物	其他生物	合计
生物量（g/m^2）	春季	1.80	544.35	13.90	0	0.38	560.43
	夏季	0.18	3.66	24.60	0	0.92	29.36
	秋季	0.29	0.01	6.96	0	0.33	7.59
	冬季	0.09	0.04	8.91	0	1.01	10.05
	平均	0.59	137.02	13.59	0	0.66	151.86
密度（个/m^2）	春季	677	2 231	65	0	3	2 976
	夏季	14	14	136	0	0	164
	秋季	16	1	28	0	5	50
	冬季	23	3	56	0	1	83
	平均	183	562	71	0	2	818

表 35-8　紫泥岛滨海湿地红树林区各断面潮间带大型底栖生物数量组成与季节变化

数量	季节	断面	多毛类	软体动物	甲壳动物	棘皮动物	其他生物	合计
生物量（g/m²）	春季	ZM73	0.28	3.30	19.43	0	0.50	23.51
		L1	3.32	1 085.40	8.36	0	0.26	1 097.34
		平均	1.80	544.35	13.90	0	0.38	560.43
	夏季	ZM73	0.18	3.66	24.60	0	0.92	29.36
	秋季	ZM73	0	0	9.93	0	0.24	10.17
		L1	0.58	0.01	3.99	0	0.42	5.00
		平均	0.29	0.01	6.96	0	0.33	7.59
	冬季	ZM73	0.09	0.04	8.91	0	1.01	10.05
密度（个/m²）	春季	ZM73	15	167	84	0	0	266
		L1	1 338	4 294	46	0	5	5 683
		平均	677	2 231	65	0	3	2 976
	夏季	ZM73	14	14	136	0	0	164
	秋季	ZM73	0	0	29	0	4	33
		L1	31	1	26	0	5	63
		平均	16	1	28	0	5	50
	冬季	ZM73	23	3	56	0	1	83

35.4.2　数量分布

1990—1992 年紫泥岛滨海湿地潮间带大型底栖生物数量的垂直分布，生物量从高到低依次为中潮区（21.45 g/m²）、低潮区（9.14 g/m²）、高潮区（8.01 g/m²）；栖息密度从高到低依次为低潮区（119 个/m²）、中潮区（112 个/m²）、高潮区（37 个/m²），数量以高潮区最小。各断面数量垂直分布见表 35-9 和表 35-10。

表 35-9　1990—1992 年紫泥岛滨海湿地潮间带大型底栖生物生物量垂直分布　单位：g/m²

底质	断面	潮区	多毛类	软体动物	甲壳动物	棘皮动物	其他生物	合计
沙滩	ZS71	高潮区	0	1.10	1.00	0	0.01	2.11
		中潮区	0.20	20.52	14.20	0	3.74	38.66
		低潮区	0.20	5.00	0.03	0	0.01	5.24
		平均	0.13	8.87	5.08	0	1.25	15.33
泥沙滩	ZS72	高潮区	0.02	0.07	9.82	0	0.16	10.07
		中潮区	0.20	3.43	3.70	0	0.84	8.17
		低潮区	0.02	6.37	0.58	0	0.02	6.99
		平均	0.08	3.29	4.70	0	0.34	8.41
	ZS74	高潮区	0.01	4.57	0.09	0	0	4.67
		中潮区	0.07	1.14	9.78	0	0.41	11.40
		低潮区	0.51	0.35	9.68	0	1.79	12.33
		平均	0.19	2.02	6.51	0	0.73	9.45

续表 35-9

底质	断面	潮区	多毛类	软体动物	甲壳动物	棘皮动物	其他生物	合计
红树林区	ZS73	高潮区	0.03	2.66	12.36	0	0.15	15.20
		中潮区	0.14	0.72	24.88	0	1.86	27.60
		低潮区	0.24	1.87	9.91	0	0	12.02
		平均	0.14	1.75	15.72	0	0.67	18.28
平均		高潮区	0.01	2.10	5.82	0	0.08	8.01
		中潮区	0.15	6.45	13.14	0	1.71	21.45
		低潮区	0.24	3.40	5.05	0	0.45	9.14
		平均	0.14	3.98	8.00	0	0.75	12.87

表 35-10　1990—1992 年紫泥岛滨海湿地潮间带大型底栖生物栖息密度垂直分布　单位：个/m²

底质	断面	潮区	多毛类	软体动物	甲壳动物	棘皮动物	其他生物	合计
沙滩	ZS71	高潮区	0	8	6	0	1	15
		中潮区	6	26	5	0	9	46
		低潮区	6	13	4	0	1	24
		平均	4	16	5	0	4	29
泥沙滩	ZS72	高潮区	2	6	53	0	1	62
		中潮区	3	26	52	0	1	82
		低潮区	2	153	10	0	2	167
		平均	2	62	38	0	1	103
	ZS74	高潮区	1	3	3	0	0	7
		中潮区	1	46	122	0	2	171
		低潮区	7	2	79	0	1	89
		平均	3	17	68	0	1	89
红树林区	ZS73	高潮区	3	10	53	0	1	67
		中潮区	9	33	101	0	3	146
		低潮区	27	95	74	0	0	196
		平均	13	46	76	0	1	136
平均		高潮区	1	6	29	0	1	37
		中潮区	5	33	70	0	4	112
		低潮区	10	66	42	0	1	119
		平均	5	35	47	0	2	89

2009 年紫泥岛滨海湿地潮间带大型底栖生物数量的垂直分布，春季生物量从高到低依次为低潮区（3 134.00 g/m²）、中潮区（145.36 g/m²）、高潮区（12.64 g/m²）；栖息密度同样从高到低依次为低潮区（12 710 个/m²）、中潮区（4 323 个/m²）、高潮区（16 个/m²）；秋季生物量从高到低依次为中潮区（13.94 g/m²）、低潮区（1.05 g/m²）、高潮区（0 g/m²）；栖息密度同样从高到低依次为中潮区（150 个/m²）、低潮区（40 个/m²）、高潮区（0 个/m²）。各类群数量垂直分布见表 35-11。

表 35-11　2009 年紫泥岛滨海湿地潮间带大型底栖生物数量垂直分布

数量	季节	潮区	多毛类	软体动物	甲壳动物	棘皮动物	其他生物	合计
生物量（g/m^2）	春季	高潮区	0	12.64	0	0	0	12.64
		中潮区	9.30	127.37	8.42	0	0.27	145.36
		低潮区	0.65	3 116.20	16.65	0	0.50	3 134.00
		平均	3.32	1 085.40	8.36	0	0.26	1 097.34
	秋季	高潮区	0	0	0	0	0	0
		中潮区	1.48	0.03	11.16	0	1.27	13.94
		低潮区	0.25	0	0.80	0	0	1.05
		平均	0.58	0.01	3.99	0	0.42	5.00
密度（个/m^2）	春季	高潮区	0	16	0	0	0	16
		中潮区	3 884	361	69	0	9	4 323
		低潮区	130	12 505	70	0	5	12 710
		平均	1 338	4 294	46	0	5	5 683
	秋季	高潮区	0	0	0	0	0	0
		中潮区	68	3	64	0	15	150
		低潮区	25	0	15	0	0	40
		平均	31	1	26	0	5	63

35.4.3　饵料生物

紫泥岛滨海湿地潮间带大型底栖生物平均饵料水平分级为Ⅴ级，其中软体动物较高，达Ⅳ级，多毛类、棘皮动物和其他生物较低，均为Ⅰ级。沙滩断面饵料水平Ⅲ级，其中软体动物和甲壳动物均为Ⅱ级，多毛类、棘皮动物和其他生物较低，均为Ⅰ级。泥沙滩断面饵料水平为Ⅱ级，其中：甲壳动物Ⅱ级，余各类群均为Ⅰ级。红树林区断面为Ⅴ级，其中：软体动物较高，达Ⅴ级，多毛类、棘皮动物和其他生物均为Ⅰ级（表 35-12）。

表 35-12　紫泥岛滨海湿地潮间带大型底栖生物饵料水平分级

底质	多毛类	软体动物	甲壳动物	棘皮动物	其他生物	评价标准
沙滩	Ⅰ	Ⅱ	Ⅱ	Ⅰ	Ⅰ	Ⅲ
泥沙滩	Ⅰ	Ⅰ	Ⅱ	Ⅰ	Ⅰ	Ⅱ
红树林区	Ⅰ	Ⅴ	Ⅲ	Ⅰ	Ⅰ	Ⅴ
平均	Ⅰ	Ⅳ	Ⅱ	Ⅰ	Ⅰ	Ⅴ

35.5　群落

35.5.1　群落类型

紫泥岛滨海湿地潮间带大型底栖生物群落按地点和底质分为：

（1）沙头农场（L1）红树林区群落。高潮区：黑口滨螺带；中潮区：寡毛类—渤海鸭嘴蛤—短拟沼螺—宁波泥蟹带；低潮区：异蚓虫—渤海鸭嘴蛤—光滑河蓝蛤—宁波泥蟹带。

（2）ZM72 泥沙滩群落。高潮区：弧边招潮带；中潮区：加州齿吻沙蚕—河蚬—淡水泥蟹带；低潮区：加州齿吻沙蚕—河蚬—婆罗囊螺—中华蜾蠃蜚带。

35.5.2　群落结构

（1）沙头农场（L1）红树林区群落。该群落位于甘文农场报警站旁的水闸北侧，红树林生长旺盛，密集成林，树高 2~3 m，分布宽度约 80 m。高潮区为石堤，中、低潮区底质以泥沙、细砂为主。

高潮区：黑口滨螺带。该潮区种类贫乏，数量不高，代表种黑口滨螺的生物量和栖息密度分别为 6.32 g/m^2 和 8 个/m^2。

中潮区：寡毛类—渤海鸭嘴蛤—短拟沼螺—宁波泥蟹带。优势种寡毛类，春季在该区中上层大量分布，生物量和栖息密度分别高达 19.2 g/m^2 和 10 128 个/m^2。优势种渤海鸭嘴蛤仅在本区的下层出现，春季生物量和栖息密度分别为 283.15 g/m^2 和 655 个/m^2。短拟沼螺，出现在本区下层，春季生物量和栖息密度分别为 1.85 g/m^2 和 60 个/m^2；秋季较低，在上层生物量和栖息密度分别仅为 0.08 g/m^2 和 8 个/m^2。宁波泥蟹，出现在本区下层，春季生物量和栖息密度分别为 8.15 g/m^2 和 50 个/m^2；秋季上层生物量和栖息密度分别为 0.72 g/m^2 和 24 个/m^2，中层分别为 5.35 g/m^2 和 50 个/m^2。其他主要种和习见种有光滑河蓝蛤、溪沙蚕、小头虫、异蚓虫、卷吻沙蚕、薄片蜾蠃蜚、弧边招潮、弓形革囊星虫、秀丽长方蟹和长足长方蟹等。

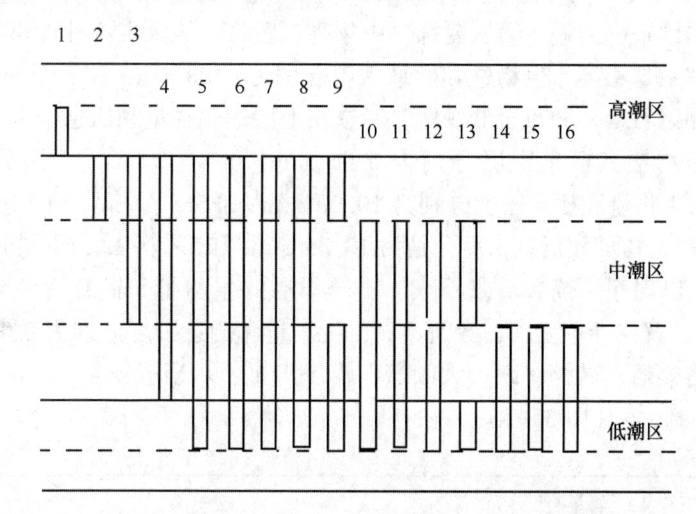

图 35-2　沙头农场（L1）红树林区群落主要种垂直分布

1. 黑口滨螺；2. 溪沙蚕；3. 寡毛类；4. 小头虫；5. 秀丽长方蟹；6. 卷吻沙蚕；7. 中蚓虫；8. 宁波泥蟹；9. 短拟沼螺；10. 异蚓虫；11. 凸壳肌蛤；12. 莱氏异额蟹；13. 光滑河蓝蛤；14. 渤海鸭嘴蛤；15. 东海刺沙蚕；16. 长吻吻沙蚕

低潮区：异蚓虫—渤海鸭嘴蛤—光滑河蓝蛤—宁波泥蟹带。主要种异蚓虫，自中潮区向下延伸分布至低潮区，春季本区的生物量和栖息密度分别为 0.30 g/m^2 和 65 个/m^2。优势种渤海鸭嘴蛤和光滑河蓝蛤数量较高，春季渤海鸭嘴蛤生物量和栖息密度分别高达 3 006.00 g/m^2 和 10 620 个/m^2，光滑河蓝蛤分别高达 103.55 g/m^2 和 1 675 个/m^2。宁波泥蟹由中潮区延伸至本区，生物量和栖息密度分别为 1.60 g/m^2 和 55 个/m^2。其他主要种和习见种有凸壳肌蛤、短拟沼螺、秀丽长方蟹、锐足全刺沙蚕、卷吻沙蚕和中蚓虫等（图 35-2 ）。

（2）ZM72 泥沙滩群落。该断面位于玉枕洲东北侧，滩面长度约 800 m。高潮区底质为砂质泥，中潮区至低潮区为泥质砂。

高潮区：弧边招潮带。该区代表种弧边招潮主要出现在本区下层，秋季生物量和栖息密度分别为28.80 g/m² 和24 个/m²。

中潮区：加州齿吻沙蚕—河蚬—淡水泥蟹带。该区主要种加州齿吻沙蚕，夏季在本区中层生物量和栖息密度分别为0.08 g/m² 和8 个/m²，下层分别为0.04 g/m² 和4 个/m²；秋季在本区下层生物量和栖息密度分别为0.12 g/m² 和4 个/m²；冬季分别为2.04 g/m² 和12 个/m²。优势种河蚬，出现率高，分布广自中潮区可延伸分布至低潮区，春季在上层生物量和栖息密度分别为0.36 g/m² 和8 个/m²，下层分别为2.24 g/m² 和20 个/m²；夏季在上层生物量和栖息密度分别为0.88 g/m² 和64 个/m²，中层分别为1.48 g/m² 和72 个/m²，下层分别为13.40 g/m² 和32 个/m²；秋季在中层的生物量和栖息密度分别为0.24 g/m² 和8 个/m²；冬季在中层的生物量和栖息密度分别为14.8 g/m² 和32 个/m²，下层分别为6.56 g/m² 和10 个/m²。主要种淡水泥蟹，春季在下层的生物量和栖息密度分别为0.48 g/m² 和8 个/m²；夏季在上层的生物量和栖息密度分别为0.04 g/m² 和8 个/m²；秋季在中层的生物量和栖息密度分别为16.64 g/m² 和224 个/m²，下层分别为0.44 g/m² 和4 个/m²。其他主要种和习见种有异蚓虫、滑蚓虫（*Leiochrides* sp.）、齿吻沙蚕、疣吻沙蚕（*Tylorrhychus* sp.）、围沙蚕、绯拟沼螺（*Assiminea latericea*）、樱蛤（*Tellina* sp.）、蜾蠃蜚（*Corophium* sp.）、脊尾白虾（*Exopalaemon carinicauda*）、长臂虾（*Palaemon* sp.）、伍氏厚蟹（*Helice wuana*）、平背蜞（*Gaetice depressus*）、相手蟹（*Sesarma* sp.）、弹涂鱼、中华须鳗（*Cirrhimuraena chinensis*）和鰕虎鱼等。

低潮区：加州齿吻沙蚕—河蚬—婆罗囊螺—中华蜾蠃蜚带。该区主要种加州齿吻沙蚕自中潮区延伸分布至低潮区，秋季数量不高，生物量和栖息密度分别为0.08 g/m² 和8 个/m²。优势种河蚬，出现率高分布广，自中潮区可延伸分布至低潮区，春季在上层的生物量和栖息密度分别为1.52 g/m² 和12 个/m²；夏季上层生物量和栖息密度分别为0.96 g/m² 和44 个/m²，下层分别为0.84 g/m² 和16 个/m²；秋季上层的生物量和栖息密度分别为10.00 g/m² 和568 个/m²，下层分别为7.92 g/m² 和472 个/m²；冬季上层的生物量和栖息密度分别为10.35 g/m² 和53 个/m²，下层分别为17.33 g/m² 和21 个/m²。婆罗囊螺，出现率不高，数量不大，夏季下层的生物量和栖息密度分别为0.36 g/m² 和12 个/m²。中华蜾蠃蜚，仅在春季出现，数量不高，生物量和栖息密度分别为0.48 g/m² 和32 个/m²。其他主要种和习见种有樱蛤、鼓虾、四齿大额蟹、锯缘青蟹、双扇股窗蟹（*Scopimera bitympana*）和口虾蛄（*Squilla oratoria*）等（图35-3）。

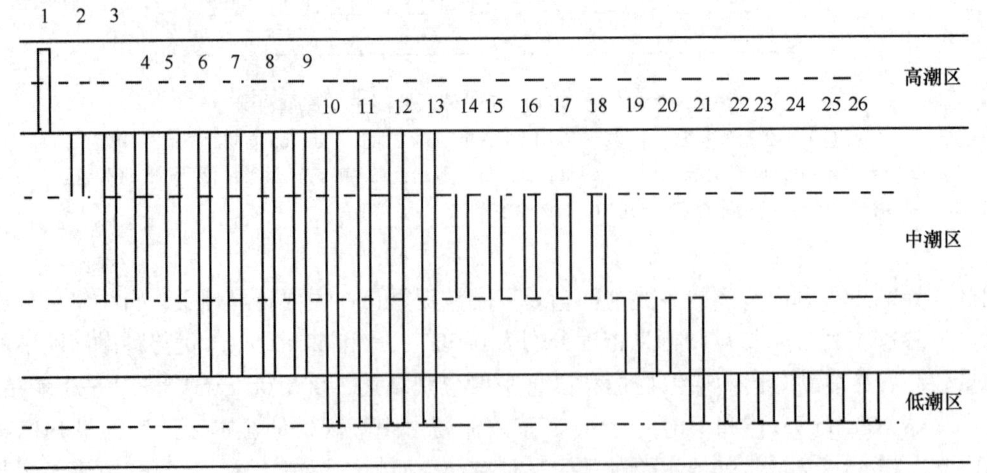

图35-3　ZM72 泥沙滩群落主要种垂直分布

1. 弧边招潮；2. 疣吻沙蚕；3. 齿吻沙蚕；4. 长臂虾；5. 鰕虎鱼；6. 淡水泥蟹；7. 绯拟沼螺；8. 脊尾白虾；9. 弹涂鱼；10. 加州齿吻沙蚕；11. 河蚬；12. 樱蛤；13. 平背蜞；14. 滑蚓虫；15. 围沙蚕；16. 伍氏厚蟹；17. 相手蟹；18. 中华须鳗；19. 异蚓虫；20. 蜾蠃蜚；21. 中华蜾蠃蜚；22. 鼓虾；23. 四齿大额蟹；24. 锯缘青蟹；25. 双扇股窗蟹；26. 口虾蛄

35.5.3　群落生态特征值

根据 Shannon-Wiener 种类多样性指数（H'）、Pielous 种类均匀度指数（J）、Margalef 种类丰富度指数（d）和 Simpson 优势度（D）显示，紫泥岛滨海湿地潮间带大型底栖生物群落丰富度指数（d）以红树林区群落较高（1.596 8），沙滩群落较低（0.553 3）；多样性指数（H'）以红树林区群落较高（1.514 9），ZM74 泥沙滩群落较低（0.799 5）；均匀度指数（J）以沙滩群落较高（0.901 5），ZM72 泥沙滩群落较低（0.509 0）；Simpson 优势度（D），以 ZM74 泥沙滩群落较高（0.597 5），沙滩群落较低（0.444 8）。各群落各断面不同季节生态特征值变化见表 35-13。

表 35-13　紫泥岛滨海湿地潮间带大型底栖生物群落生态特征值

群落	断 面	季节	d	H'	J	D
沙滩	ZS71	春季	1.290 0	1.630 0	0.911 0	0.222 0
		夏季	0.217 0	0.692 0	0.999 0	0.501 0
		秋季	0.279 0	0.687 0	0.991 0	0.506 0
		冬季	0.427 0	0.774 0	0.705 0	0.550 0
		平均	0.553 3	0.945 8	0.901 5	0.444 8
泥沙滩	ZSM72	春季	1.230 0	1.610 0	0.828 0	0.234 0
		夏季	1.850 0	1.850 0	0.722 0	0.211 0
		秋季	1.480 0	1.010 0	0.407 0	0.489 0
		冬季	0.578 0	0.142 0	0.079 0	0.952 0
		平均	1.284 5	1.153 0	0.509 0	0.471 5
	ZM74	春季	1.180 0	1.340 0	0.612 0	0.364 0
		夏季	0.217 0	0.692 0	0.999 0	0.501 0
		秋季	0.949 0	0.496 0	0.255 0	0.799 0
		冬季	1.090 0	0.670 0	0.322 0	0.726 0
		平均	0.859 0	0.799 5	0.547 0	0.597 5
红树林区	ZM73	春季	0.776 0	1.530 0	0.784 0	0.251 0
	L1		3.545 0	1.989 0	0.381 8	0.355 0
	平均		2.160 5	1.759 5	0.582 9	0.303 0
	ZM73	夏季	1.330 0	1.800 0	0.783 0	0.206 0
	ZM73	秋季	0.584 0	0.183 0	0.102 0	0.926 0
	L1		3.873 0	4.103 0	0.883 5	0.072 8
	平均		2.228 5	2.143 0	0.492 8	0.499 4
	ZM73	冬季	0.668 0	0.357 0	0.184 0	0.866 0
	平均		1.596 8	1.514 9	0.510 7	0.468 6

35.5.4　群落稳定性

春季紫泥岛滨海湿地潮间带大型底栖生物沙滩群落丰度生物量复合 k-优势度曲线未出现交叉、重叠和翻转，但生物量累积百分优势度高达 90%以上，显示群落结构不稳定（图 35-4）。春季和夏季泥沙滩 ZSM72 群落相对稳定，其丰度生物量复合 k-优势度曲线不交叉、不重叠、不翻转，生物量优势度曲线始终位于丰度上方，但秋季和冬季群落丰度生物量复合 k-优势度曲线出现交叉、重叠和翻转，且冬季生物量累积百分优势度高达 70%，丰度累积百分优势度高达 98%（图 35-5 至图 35-8）。春季和夏季 ZM73 红树林区群落相对稳定，丰度生物量复合 k-优势度曲线不交叉、不重叠、不翻转，但秋季和冬季群落丰度生物量复合 k-优势度曲线出现不同程度交叉、重叠和翻转，且生物量累积百分优势度高达 95%，丰度累积百分优势度高达 90%以上（图 35-9 至图 35-12）。

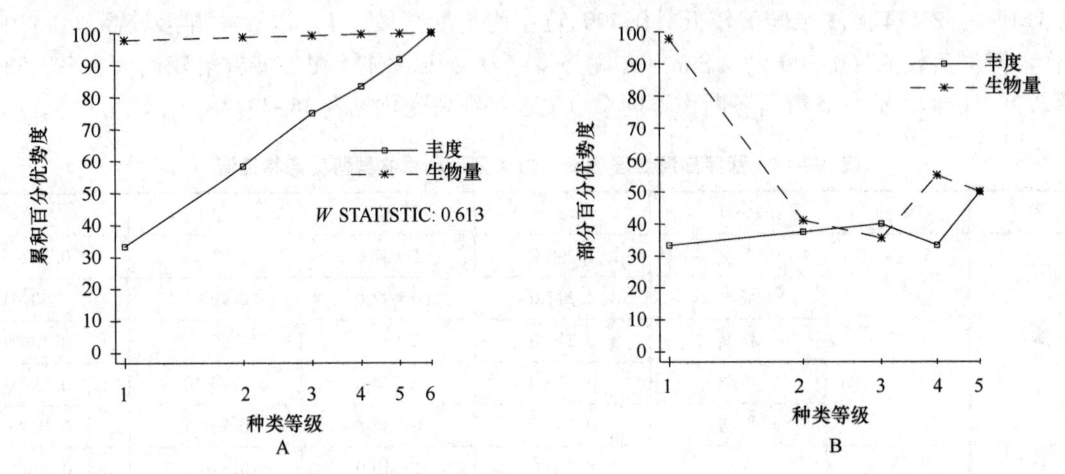

图 35-4　春季 ZSM71 沙滩群落丰度生物量复合 k-优势度（A）和部分优势度（B）曲线

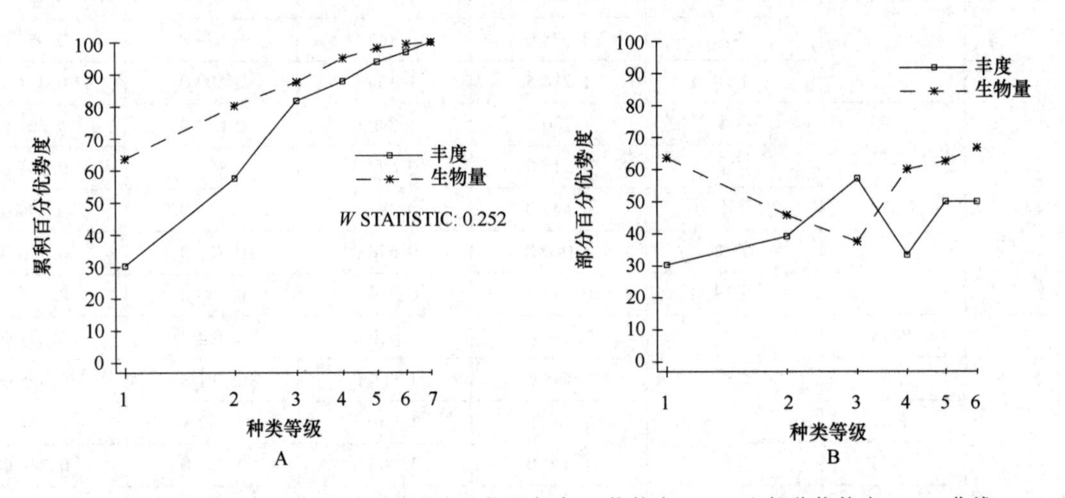

图 35-5　春季 ZSM72 泥沙滩群落丰度生物量复合 k-优势度（A）和部分优势度（B）曲线

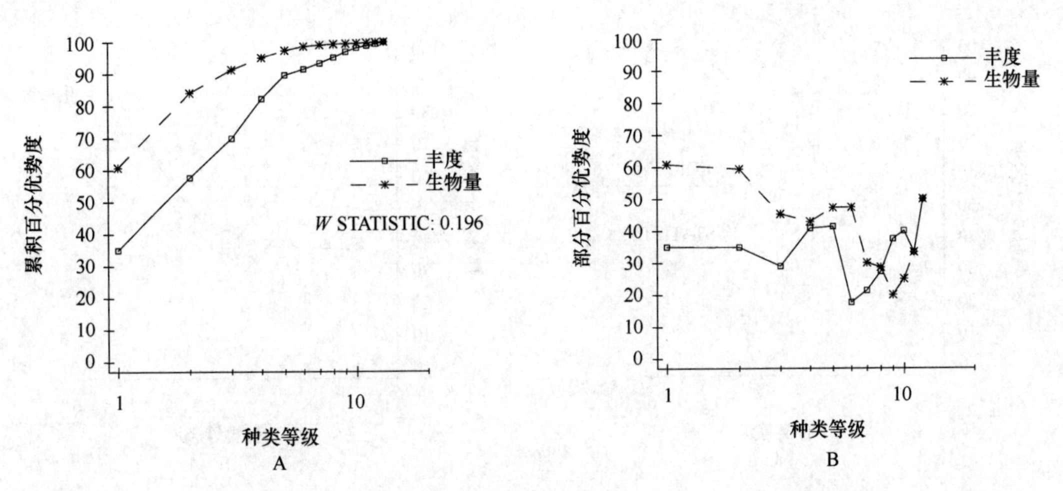

图 35-6　夏季 ZSM72 泥沙滩群落丰度生物量复合 k-优势度（A）和部分优势度（B）曲线

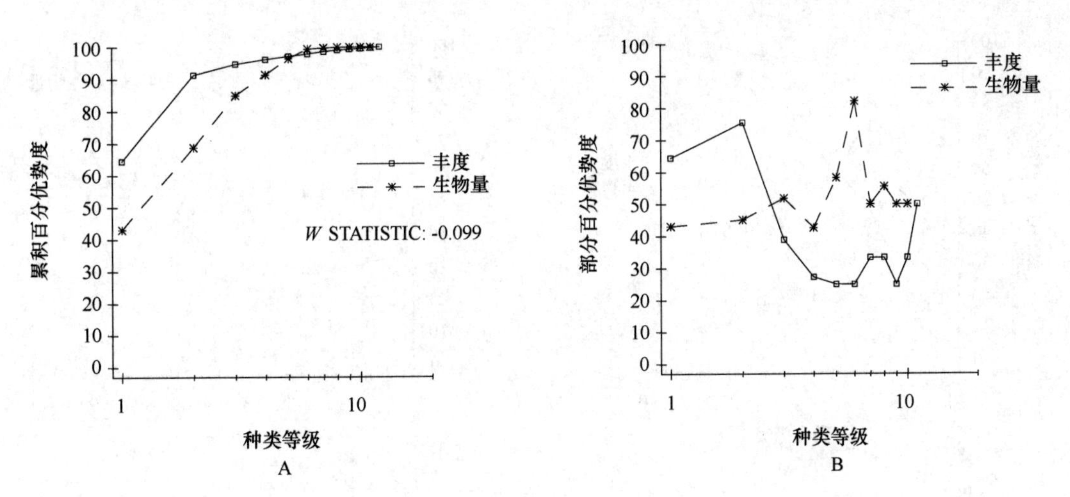

图 35-7　秋季 ZSM72 泥沙滩群落丰度生物量复合 k-优势度（A）和部分优势度（B）曲线

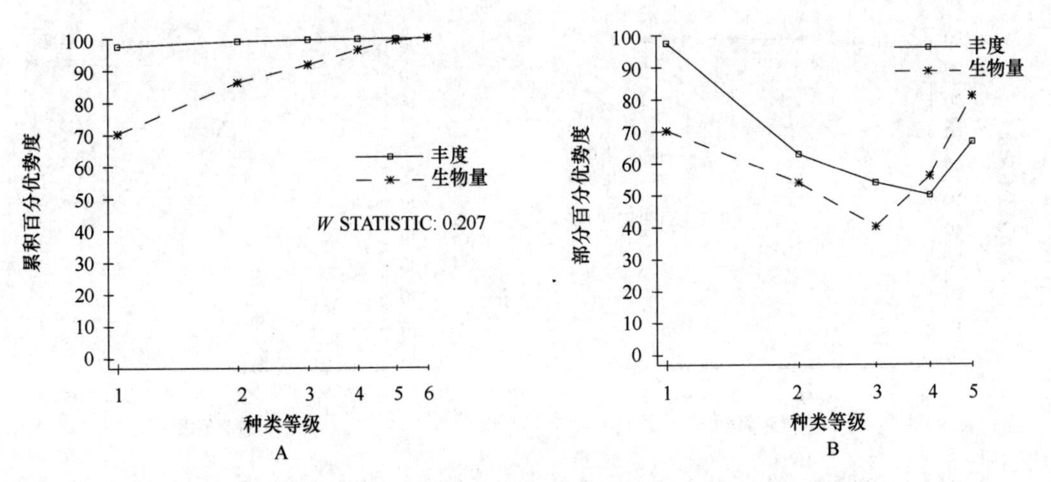

图 35-8　冬季 ZSM72 泥沙滩群落丰度生物量复合 k-优势度（A）和部分优势度（B）曲线

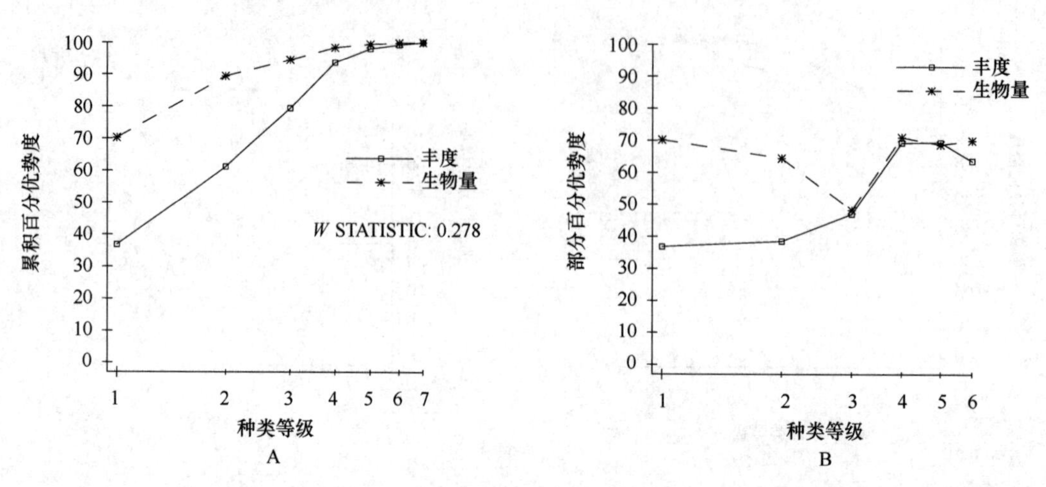

图 35-9　春季 ZSM73 红树林区群落丰度生物量复合 k-优势度（A）和部分优势度（B）曲线

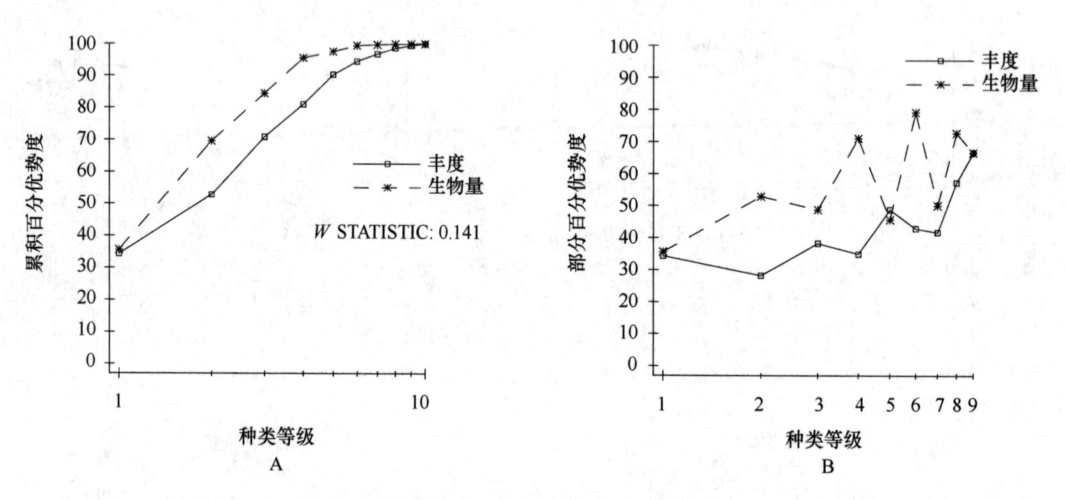

图 35-10　夏季 ZSM73 红树林区群落丰度生物量复合 k-优势度（A）和部分优势度（B）曲线

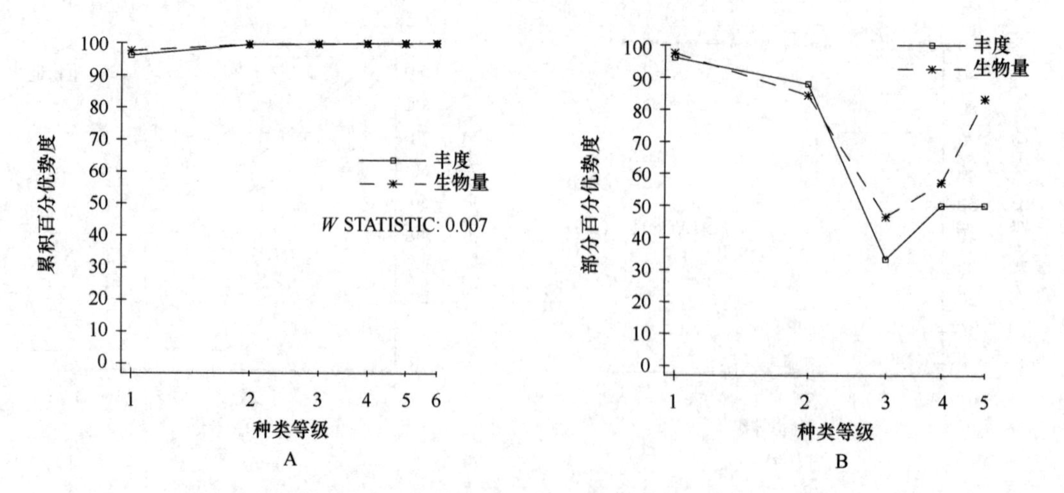

图 35-11　秋季 ZSM73 红树林区群落丰度生物量复合 k-优势度（A）和部分优势度（B）曲线

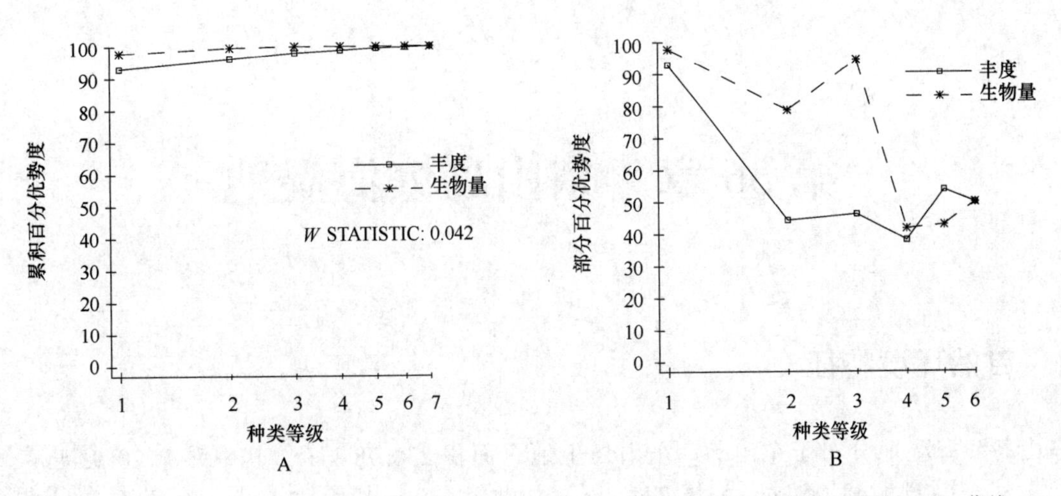

图 35-12　冬季 ZSM73 红树林区群落丰度生物量复合 k-优势度（A）和部分优势度（B）曲线

第 36 章　东山岛滨海湿地

36.1　自然环境特征

东山岛滨海湿地分布于东山岛。东山岛土地总面积 238.78 km^2，其中滩涂 20.93 km^2，陆地 217.85 km^2，岸线长 148.06 km，海拔 274.3 m；西北经 620 m 长的“八尺门”海堤，同大陆接壤，成为陆连岛。

岛内石英砂资源丰富，现已探明梧龙、山只 2 处大型玻璃砂—型砂共生矿床，探明玻璃砂和型砂储量分别占全省探明储量的 80%和 30%。该岛潮间带沉积的基本特征可分为三类：基岩海岸潮间带为砂质沉积，沉积物有砾质砂、粗砂、中粗砂等，但一些岬角潮间带多为海蚀平台，或有巨砾堆积；砂质海岸潮间带沉积物有砾质砂、粗砂、中粗砂、粗中砂、中细砂和细砂等，在岬角间小海湾规模较小，但在开阔海湾规模大，且分选较好；淤泥质海岸潮间带见于诏安湾内。在西埔港以北至湾顶的淤泥质潮间带宽达 2 km，中潮带以下为含泥较多的细砂和粉砂。该岛邻近海域沉积物类型有砾质砂、粗砂、中粗砂、粗中砂、细中砂、中细砂、细砂、混合砂、粉砂质砂、黏土质砂、砂—粉砂—黏土及粉砂质黏土等，其分布特征为，砂质沉积物主要分布于东部、东南部、南部和东山湾的东南部、岛西北的大山近岸等水动力较活跃的海域；泥质沉积物主要分布岛的西南部、西部诏安湾、北部八尺门附近以及东山湾等处水动力较弱的海域；沙泥混合沉积主要分布在砂质与泥质沉积之间或分布于东山湾顶河流及溪流影响的海域。

该岛属南亚热带海洋性季风气候，6—8 月盛行夏季风（偏南风），10 月至翌年 2 月盛行冬季风（偏北风），9 月为夏季风向冬季风的过渡期，3—5 月为冬季风向夏季风的过渡期。全年日照 2 340.8 h，年日照百分率为 53%。年平均气温 20.8℃，最热月（8 月）平均气温 27.4℃，最冷月（2 月）平均气温 12.9℃，气温年较差 14.5℃，全年平均稳定≥10℃积温 7 504.3℃，岛上多年极端最高气温 36.6℃，极端最低气温 3.8℃，全年平均日最高气温≥35℃日数只有 0.2 d。冬无严寒，夏无酷暑。多年平均降水量 1 113.9 mm，平均蒸发量为 2 013.2 mm，年均相对湿度为 80%。年平均风速 6.8 m/s，11 月平均风速达 8.8 m/s，10 min 平均最大风速达 48 m/s。灾害性天气有干旱、台风、大风和暴雨等。春旱、夏旱和秋冬旱发生的频率分别为 87%、94%和 90%，平均连旱日数分别为 44.2 d、36.9 d 和 74.3 d，最长连旱日数分别为 126 d、122 d 和 173 d。年平均大风（≥8 级）日数 117.5 d，最多年份达 165 d，10 月至翌年 2 月各月平均大风日数都在 14 d 以上，最长连续大风日数 23 d。年均暴雨（日降水量≥50 mm）日数为 5.1 d，最多年份达 11 d，1990 年 6 月 3 日一天的降水量达 310.5 mm。平均全年有 29.9 个雾日，最多年份达 46 个。

海水表层平均温度 1 月最低（15.06℃），8 月最高（24.36℃）。底层水温变化在 15.02～23.51℃。海水表层平均盐度冬季最低（30.74），依次为秋季（31.95）和夏季（32.04），春季最高（32.54）。底层盐度分布也是冬季最低，春季最高，盐度变化在 30.87～33.01 之间。海水透明度冬季最小（0.5～0.7 m），春季较大（1.0～3.2 m），水色冬季为 14～18 号，夏季为 8～15 号。

潮汐类型为不正规半日潮型。平均潮差 2.30 m，最大潮差为 4.14 m，高潮间隙 35 min，平均涨潮历时 6 h 31 min，平均落潮历时 5 h 15 min。

36.2　断面与站位布设

1990 年 2 月—1992 年 1 月、2002 年 4 月、2005—2006 年冬季和春季，对东山岛滨海湿地潮间带大型底栖生物进行了取样调查，共布设 10 条断面（表 36-1，图 36-1）。

表 36-1　东山岛滨海湿地潮间带大型底栖生物调查断面

序号	时间	断面	编号	经度（E）	纬度（N）	底质
1	1990—1992 年	八尺门	DR81	117°24′41.33″	23°46′ 8.30″	岩石滩
2			DM82	117°25′29.14″	23°45′32.57″	泥滩
3		西坑	DMS83	117°20′30.00″	23°40′54.00″	泥沙滩
4		东山	DR84	117°26′30.00″	23°35′00″	岩石滩
5		东山	DS85	117°25′24.00″	23°35′6.00″	沙滩
6		东山	DR86	117°31′30.00″	23°44′42.00″	岩石滩
7	2002 年 4 月	赤屿	Dsh1	117°31′24.28″	23°43′21.69″	
8		东门屿	Dsh2	117°32′38.76″	23°43′58.25″	
9	2005—2006 年	浮塘	Zch2	117°21′50.64″	23°37′23.76″	泥沙滩
10		大铲	Zch4	117°20′54.36″	23°43′38.52″	

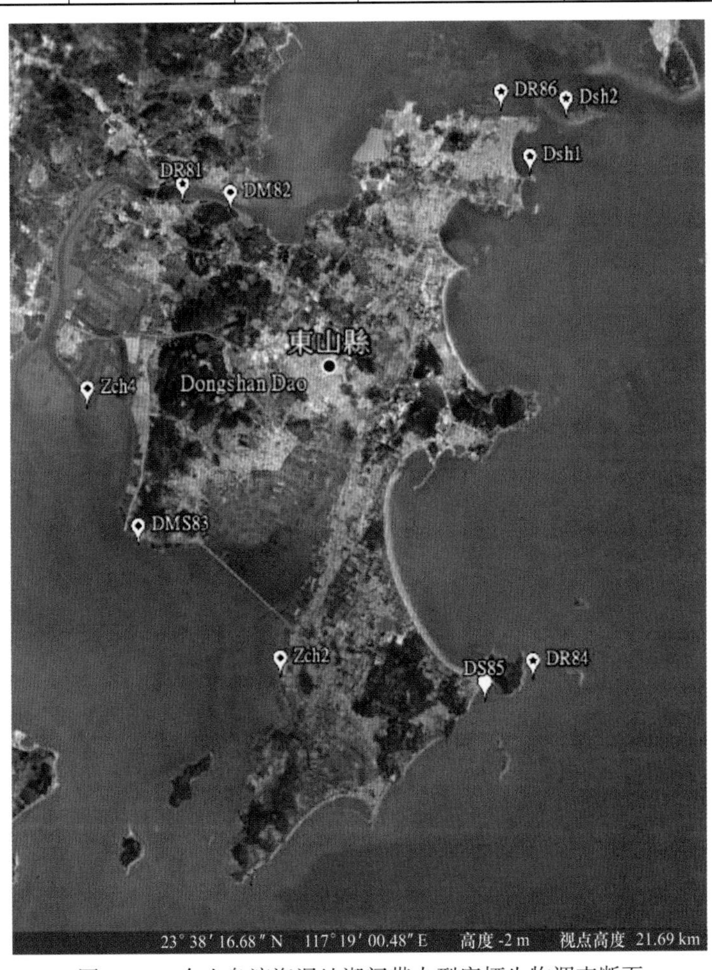

图 36-1　东山岛滨海湿地潮间带大型底栖生物调查断面

36.3 物种多样性

36.3.1 种类组成、分布与季节变化

东山岛滨海湿地潮间带大型底栖生物 539 种，其中藻类 73 种，多毛类 122 种，软体动物 165 种，甲壳动物 113 种，棘皮动物 18 种和其他生物 48 种。多毛类、软体动物和甲壳动物占总种数的 74.21%，三者构成潮间带大型底栖生物主要类群。

潮间带有硬相和软相之分，软相包括泥滩、泥沙滩和沙滩，东山岛南端多为沙滩，西部和北部的滩面多以泥滩和泥沙滩交替出现，即成镶嵌型。硬相岩石滩潮间带大型底栖生物 254 种，其中：藻类 65 种，多毛类 28 种，软体动物 81 种，甲壳动物 40 种，棘皮动物 9 种和其他生物 31 种。软相潮间带中，沙滩潮间带大型底栖生物 52 种，其中多毛类 3 种，软体动物 19 种，甲壳动物 14 种，棘皮动物 11 种和其他生物 5 种。泥沙滩潮间带大型底栖生物 309 种，其中藻类 8 种，多毛类 102 种，软体动物 93 种，甲壳动物 80 种，棘皮动物 8 种和其他生物 18 种。泥滩潮间带大型底栖生物 146 种，其中多毛类 40 种，软体动物 60 种，甲壳动物 34 种，棘皮动物 5 种和其他生物 7 种（表 36-2）。

表 36-2　东山岛滨海湿地潮间带大型底栖生物物种组成与分布　单位：种

底质	藻类	多毛类	软体动物	甲壳动物	棘皮动物	其他生物	合计
岩石滩	65	28	81	40	9	31	254
沙滩	0	3	19	14	11	5	52
泥沙滩	8	102	93	80	8	18	309
泥滩	0	40	60	34	5	7	146
合计	73	122	165	113	18	48	539

东山岛滨海湿地潮间带大型底栖生物种数季节变化，岩石滩潮间带大型底栖生物种数从高到低依次为夏季（132 种）、冬季（111 种）、秋季（108 种）、春季（106 种）；沙滩潮间带大型底栖生物种数从高到低依次为夏季（29 种）、春季（26 种）、秋季（22 种）、冬季（14 种）；泥沙滩潮间带大型底栖生物种数从高到低依次为春季（115 种）、秋季（103 种）、夏季（95 种）、冬季（64 种）；泥滩潮间带大型底栖生物种数从高到低依次为春季（78 种）、夏季（62 种）、秋季（56 种）、冬季（52 种）。断面间比较，岩石滩潮间带大型底栖生物种数从高到低依次为 DR86 断面（138 种）、DR84 断面（132 种）、DR81 断面（67 种）；泥沙滩潮间带大型底栖生物种数春季从高到低依次为 Zch4 断面（94 种）、Zch2 断面（84 种）、DMS83 断面（55 种），冬季从高到低依次为 Zch4 断面（54 种）、Zch2 断面（42 种）、DMS83 断面（17 种）。东山岛滨海湿地潮间带大型底栖生物种数垂直分布，种数从高到低依次为低潮区（311 种）、中潮区（262 种）、高潮区（27 种）（表 36-3 至表 36-7）。

表 36-3　东山岛滨海湿地岩石滩潮间带大型底栖生物物种组成与季节变化　　单位：种

季节	断面	藻类	多毛类	软体动物	甲壳动物	棘皮动物	其他生物	合计
春季	Dsh1	20	12	19	14	1	5	71
	Dsh2	17	8	24	10	0	4	63
	合计	27	14	44	24	1	8	118
	DR81	0	0	21	5	0	3	29
	DR84	10	5	28	8	2	4	57
	DR86	16	2	24	12	2	11	67
	合计	21	7	45	15	4	14	106
夏季	DR81	1	0	20	7	0	6	34
	DR84	16	9	36	15	2	9	87
	DR86	12	1	33	12	5	15	78
	合计	22	9	52	23	6	20	132
秋季	DR81	4	1	18	13	0	3	39
	DR84	11	2	27	10	2	1	53
	DR86	13	0	27	10	2	14	66
	合计	20	2	45	23	4	14	108
冬季	DR81	3	2	20	9	0	7	41
	DR84	14	5	24	13	2	2	60
	DR86	10	10	23	8	1	6	58
	合计	20	16	39	21	3	12	111
四季	DR81	5	3	30	18	0	11	67
	DR84	27	18	50	21	6	10	132
	DR86	25	12	45	23	6	27	138
合计		65	28	81	40	9	31	254

表 36-4　东山岛滨海湿地沙滩潮间带大型底栖生物物种组成与季节变化　　单位：种

季节	多毛类	软体动物	甲壳动物	棘皮动物	其他生物	合计
春季	3	8	7	4	4	26
夏季	1	11	7	7	3	29
秋季	1	8	6	4	3	22
冬季	1	6	4	1	2	14
合计	3	19	14	11	5	52

表 36-5　东山岛滨海湿地泥沙滩潮间带大型底栖生物物种组成与季节变化　　单位：种

季节	断面	藻类	多毛类	软体动物	甲壳动物	棘皮动物	其他生物	合计
春季	Zch2	7	41	17	15	0	4	84
冬季		4	13	10	14	1	0	42
合计		8	43	20	26	1	4	102

续表 36-5

季节	断面	藻类	多毛类	软体动物	甲壳动物	棘皮动物	其他生物	合计
春季	Zch4	7	46	19	19	0	3	94
冬季		6	30	9	9	0	0	54
合计		12	60	23	28	0	3	126
春季	DMS83	1	20	14	13	3	4	55
夏季		0	10	20	12	3	5	50
秋季		1	18	21	15	5	1	61
冬季		0	1	8	7	1	0	17
四季		2	35	42	32	6	8	125
合计		8	102	93	80	8	18	309

表 36-6　东山岛滨海湿地泥滩潮间带大型底栖生物物种组成与季节变化　　单位：种

季节	多毛类	软体动物	甲壳动物	棘皮动物	其他生物	合计
春季	22	33	15	4	4	78
夏季	11	37	11	0	3	62
秋季	15	29	10	0	2	56
冬季	12	25	10	2	3	52
合计	40	60	34	5	7	146

表 36-7　东山岛滨海湿地潮间带大型底栖生物物种垂直分布　　单位：种

潮区	断面	藻类	多毛类	软体动物	甲壳动物	棘皮动物	其他生物	合计
高潮区	DR81	0	0	5	1	0	0	6
	DM82	0	0	3	0	0	0	3
	DMS83	0	4	1	5	0	1	11
	DR84	0	0	10	3	0	0	13
	DS85	0	0	0	3	0	0	3
	DR86	0	0	8	2	0	0	10
	合计	0	4	13	9	0	1	27
中潮区	DR81	2	0	24	11	0	2	39
	DM82	0	27	48	24	2	5	106
	DMS83	1	19	28	15	4	5	72
	DR84	14	10	36	13	0	3	76
	DS85	0	2	9	6	2	3	22
	DR86	13	5	32	15	0	8	73
	合计	19	55	110	57	6	15	262

续表 36-7

潮区	断面	藻类	多毛类	软体动物	甲壳动物	棘皮动物	其他生物	合计
低潮区	DR81	5	3	19	13	0	9	49
	DM82	0	24	32	17	4	5	82
	DMS83	1	20	28	20	5	4	78
	DR84	24	10	38	14	6	9	101
	DS85	0	1	16	8	9	4	38
	DR86	24	8	29	13	6	23	103
	合计	35	50	108	61	17	40	311

36.3.2　优势种、主要种和经济种

根据数量和出现率，东山岛滨海湿地潮间带大型底栖生物优势种和主要种有小石花菜、无柄珊瑚藻、边孢藻、海柏、钝形凹顶藻、半叶马尾藻、花石莼、孔石莼、杂色伪沙蚕、细毛背鳞虫、厥目革囊星虫、凸壳肌蛤、海菊蛤、棘刺牡蛎、日本花棘石鳖、鸟爪拟帽贝、渔舟蜒螺、粒结节滨螺、塔结节滨螺、覆瓦小蛇螺、珠带拟蟹守螺、纵带滩栖螺、小翼拟蟹守螺、粒核果螺、日本菊花螺、诺氏原足虫、网纹藤壶、日本笠藤壶、鳞笠藤壶、直背小藤壶（*Chthamalus moro*）、腔齿海底水虱、角玻璃钩虾、哥伦比刀钩虾、上野蜾蠃蜚等。

岩石滩潮间带大型底栖生物主要经济种有小石花菜、鹿角海萝、羊栖菜、鼠尾藻、瓦氏马尾藻、翡翠贻贝、条纹隔贻贝、僧帽牡蛎、青蚶、棘刺牡蛎、敦氏猿头蛤、嫁戚、锈凹螺、粒花冠小月螺、疣荔枝螺、四齿大额蟹、粗腿厚纹蟹、紫海胆等。

软相潮间带大型底栖生物经济种有双齿围沙蚕、多齿全刺沙蚕、裸体方格星虫、凸壳肌蛤、日本镜蛤、伊萨伯雪蛤、美叶雪蛤、青蛤、波纹巴非蛤、菲律宾蛤仔、缢蛏、纵带滩栖螺、珠带拟蟹守螺、斑玉螺、红点黎明蟹、锯缘青蟹、海地瓜、棘刺锚参、弹涂鱼和斑尾覆虾虎鱼等。

36.4　数量时空分布

36.4.1　数量组成

东山岛滨海湿地潮间带大型底栖生物平均生物量为 529.17 g/m^2，其中藻类 96.86 g/m^2，多毛类 2.47 g/m^2，软体动物 241.27 g/m^2，甲壳动物 137.30 g/m^2，棘皮动物 24.87 g/m^2 和其他生物 26.40 g/m^2；平均栖息密度为 613 个/m^2，其中：多毛类 92 个/m^2，软体动物 215 个/m^2，甲壳动物 281 个/m^2，棘皮动物 11 个/m^2 和其他生物 14 个/m^2。生物量以软体动物居首位，甲壳动物居第二位，藻类居第三位；栖息密度以甲壳动物占第一位，软体动物居第二位。不同底质类型比较，生物量以岩石滩较大（1 767.13 g/m^2），沙滩较小（7.32 g/m^2）；栖息密度以岩石滩较大（1 730 个/m^2），沙滩较小（21 个/m^2）（表 36-8）。

表 36-8 东山岛滨海湿地潮间带大型底栖生物数量组成与分布

数量	底质	藻类	多毛类	软体动物	甲壳动物	棘皮动物	其他生物	合计
生物量 (g/m²)	岩石滩	362.93	1.15	760.96	539.31	3.53	99.25	1 767.13
	沙滩	0	0.25	3.97	1.39	0.37	1.34	7.32
	泥沙滩	24.50	6.81	28.33	6.54	93.79	0.60	160.57
	泥滩	0	1.68	171.82	1.96	1.78	4.40	181.64
	平均	96.86	2.47	241.27	137.30	24.87	26.40	529.17
密度 (个/m²)	岩石滩	—	24	660	990	4	52	1730
	沙滩	—	2	12	5	1	1	21
	泥沙滩	—	317	40	120	38	1	516
	泥滩	—	25	149	9	0	2	185
	平均	—	92	215	281	11	14	613

东山岛滨海湿地岩石滩潮间带大型底栖生物平均生物量为 1 767.13 g/m²，其中藻类 362.93 g/m²，多毛类 1.15 g/m²，软体动物 760.96 g/m²，甲壳动物 539.31 g/m²，棘皮动物 3.53 g/m² 和其他生物 99.25 g/m²；平均栖息密度为 1 730 个/m²，其中：多毛类 24 个/m²，软体动物 660 个/m²，甲壳动物 990 个/m²，棘皮动物 4 个/m² 和其他生物 52 个/m²。生物量以软体动物居首位，甲壳动物居第二位，藻类居第三位；栖息密度以甲壳动物占第一位，软体动物居第二位。数量组成与季节变化见表 36-9。

表 36-9 东山岛滨海湿地岩石滩潮间带大型底栖生物数量组成与季节变化

数量	季节	藻类	多毛类	软体动物	甲壳动物	棘皮动物	其他生物	合计
生物量 (g/m²)	春季	223.27	1.19	585.67	186.15	7.50	29.68	1 033.46
	夏季	225.20	0.39	263.17	274.04	1.30	50.21	814.31
	秋季	229.55	0.24	616.66	566.57	3.02	25.67	1 441.71
	冬季	773.68	2.79	1 578.32	1 130.46	2.31	291.44	3 779.00
	平均	362.93	1.15	760.96	539.31	3.53	99.25	1 767.13
密度 (个/m²)	春季	—	51	700	1 062	6	32	1 851
	夏季	—	8	377	792	1	29	1 207
	秋季	—	5	532	695	5	72	1 309
	冬季	—	33	1 031	1 409	3	74	2 550
	平均	—	24	660	990	4	52	1 730

东山岛滨海湿地沙滩潮间带大型底栖生物平均生物量为 7.32 g/m²，其中多毛类 0.25 g/m²，软体动物 3.97 g/m²，甲壳动物 1.39 g/m²，棘皮动物 0.37 g/m² 和其他生物 1.34 g/m²；平均栖息密度为 21 个/m²，其中多毛类 2 个/m²，软体动物 12 个/m²，甲壳动物 5 个/m²，棘皮动物 1 个/m² 和其他生物 1 个/m²。生物量以软体动物居首位，甲壳动物居第二位；栖息密度以软体动物占第一位，甲壳动物居第二位。数量组成与季节变化见表 36-10。

表 36-10　东山岛滨海湿地沙滩潮间带大型底栖生物数量组成与季节变化

数量	季节	多毛类	软体动物	甲壳动物	棘皮动物	其他生物	合计
生物量（g/m²）	春季	0.14	4.60	2.09	0	1.53	8.36
	夏季	0.05	3.57	2.65	0.80	0.66	7.73
	秋季	0.83	3.44	0.57	0.69	1.81	7.34
	冬季	0	4.28	0.24	0	1.34	5.86
	平均	0.25	3.97	1.39	0.37	1.34	7.32
密度（个/m²）	春季	4	13	6	0	1	24
	夏季	1	8	11	2	1	23
	秋季	3	8	3	1	1	16
	冬季	0	19	0	0	2	21
	平均	2	12	5	1	1	21

东山岛滨海湿地泥沙滩潮间带大型底栖生物平均生物量为 160.57 g/m²，其中藻类 24.50 g/m²，多毛类 6.81 g/m²，软体动物 28.33 g/m²，甲壳动物 6.54 g/m²，棘皮动物 93.79 g/m² 和其他生物 0.60 g/m²；平均栖息密度为 516 个/m²，其中多毛类 317 个/m²，软体动物 40 个/m²，甲壳动物 120 个/m²，棘皮动物 38 个/m² 和其他生物 1 个/m²。生物量以棘皮动物居首位，软体动物居第二位；栖息密度以多毛类占第一位，甲壳动物居第二位，软体动物居第三位。数量组成与季节变化见表 36-11。

表 36-11　东山岛滨海湿地泥沙滩潮间带大型底栖生物数量组成与季节变化

数量	季节	藻类	多毛类	软体动物	甲壳动物	棘皮动物	其他生物	合计
生物量（g/m²）	春季	2.49	20.87	33.93	12.35	16.01	1.53	87.18
	夏季	0	0.13	24.91	4.74	134.62	0	164.40
	秋季	0	4.17	40.94	7.32	214.53	0	266.96
	冬季	95.51	2.06	13.54	1.76	9.98	0.88	123.73
	平均	24.50	6.81	28.33	6.54	93.79	0.60	160.57
密度（个/m²）	春季	—	1 135	84	45	5	2	1 271
	夏季	—	3	19	8	52	0	82
	秋季	—	26	20	36	79	0	161
	冬季	—	102	38	389	15	1	545
	平均	—	317	40	120	38	1	516

东山岛滨海湿地泥滩潮间带大型底栖生物平均生物量为 181.64 g/m²，其中多毛类 1.68 g/m²，软体动物 171.82 g/m²，甲壳动物 1.96 g/m²，棘皮动物 1.78 g/m² 和其他生物 4.40 g/m²；平均栖息密度为 185 个/m²，其中多毛类 25 个/m²，软体动物 149 个/m²，甲壳动物 9 个/m²，棘皮动物 1 个/m² 和其他生物 2 个/m²。生物量以软体动物居首位，其他生物居第二位，甲壳动物居第三位；栖息密度以软体动物占第一位，多毛类居第二位。数量组成与季节变化见表 36-12。

表 36-12　东山岛滨海湿地泥滩潮间带大型底栖生物数量组成与季节变化

数量	季节	多毛类	软体动物	甲壳动物	棘皮动物	其他生物	合计
生物量（g/m²）	春季	2.32	118.72	1.73	7.13	4.39	134.29
	夏季	2.24	213.90	2.43	0	3.58	222.15
	秋季	0.23	185.60	0.70	0	8.90	195.43
	冬季	1.91	169.06	2.98	0	0.72	174.67
	平均	1.68	171.82	1.96	1.78	4.40	181.64
密度（个/m²）	春季	48	122	18	1	1	190
	夏季	23	139	6	0	2	170
	秋季	7	140	6	0	3	156
	冬季	21	195	5	0	0	221
	平均	25	149	9	0	2	185

36.4.2　数量分布

东山岛滨海湿地岩石滩潮间带大型底栖生物数量平面分布，生物量春季以 DR81 断面较大（1 821.44 g/m²），Dsh2 断面较小（294.21 g/m²）；夏季以 DR84 断面较大（1 401.50 g/m²），DR81 断面较小（423.52 g/m²）；秋季以 DR81 断面较大（1 610.57 g/m²），DR86 断面较小（1 320.65 g/m²）；冬季以 DR84 断面较大（4 918.10 g/m²），DR86 断面较小（2 070.40 g/m²）。栖息密度，春季以 DR81 断面较大（3 495 个/m²），DR86 断面较小（411 个/m²）；夏季以 DR84 断面较大（2 348 个/m²），DR86 断面较小（347 个/m²）；秋季以 DR81 断面较大（2 287 个/m²），DR84 断面较小（726 个/m²）；冬季以 DR81 断面较大（5 616 个/m²），DR86 断面较小（935 个/m²）（表 36-13，表 36-14）。

表 36-13　东山岛滨海湿地岩石滩潮间带大型底栖生物生物量组成与分布　　单位：g/m²

季节	断面	藻类	多毛类	软体动物	甲壳动物	棘皮动物	其他生物	合计
春季	Dsh1	323.05	3.64	836.36	181.12	0.16	1.61	1 345.94
	Dsh2	138.86	1.03	49.09	105.14	0	0.09	294.21
	DR81	0	0	1 524.47	165.83	0	131.14	1 821.44
	DR84	379.26	0.30	383.44	178.03	37.33	14.01	992.37
	DR86	275.17	1.00	135.00	300.63	0	1.55	713.35
	平均	223.27	1.19	585.67	186.15	7.50	29.68	1 033.46
夏季	DR81	0	0	240.62	64.13	0	118.77	423.52
	DR84	562.79	1.16	337.64	499.63	0	0.28	1 401.50
	DR86	112.81	0.01	211.25	258.36	3.91	31.57	617.91
	平均	225.20	0.39	263.17	274.04	1.30	50.21	814.31
秋季	DR81	2.22	0.17	833.73	709.78	0	64.67	1 610.57
	DR84	357.23	0.56	455.92	566.98	9.06	4.17	1 393.92
	DR86	329.21	0	560.32	422.95	0	8.17	1 320.65
	平均	229.55	0.24	616.66	566.57	3.02	25.67	1 441.71

续表 36-13

季节	断面	藻类	多毛类	软体动物	甲壳动物	棘皮动物	其他生物	合计
冬季	DR81	5.67	0.25	1 735.95	1 768.46	0	838.17	4 348.50
	DR84	1 967.57	2.65	2 166.46	759.06	6.92	15.44	4 918.10
	DR86	347.80	5.48	832.56	863.86	0	20.70	2 070.40
	平均	773.68	2.79	1 578.32	1 130.46	2.31	291.44	3 779.00

表 36-14　东山岛滨海湿地岩石滩潮间带大型底栖生物栖息密度组成与分布　　单位：个/m^2

季节	断面	多毛类	软体动物	甲壳动物	棘皮动物	其他生物	合计
春季	Dsh1	139	744	1 751	5	61	2 700
	Dsh2	69	474	1 650	0	5	2 198
	DR81	0	1 797	1 668	0	30	3 495
	DR84	20	295	77	25	35	452
	DR86	26	192	166	0	27	411
	平均	51	700	1 062	6	32	1 851
夏季	DR81	0	454	452	0	20	926
	DR84	20	507	1 809	0	12	2 348
	DR86	3	169	115	4	56	347
	平均	8	377	792	1	29	1 207
秋季	DR81	8	726	1 528	0	25	2 287
	DR84	6	402	254	14	50	726
	DR86	0	467	304	0	142	913
	平均	5	532	695	5	72	1 309
冬季	DR81	17	2 129	3 312	0	158	5 616
	DR84	37	568	468	8	20	1 101
	DR86	46	397	448	0	44	935
	平均	33	1 031	1 409	3	74	2 550

东山岛滨海湿地泥沙滩潮间带大型底栖生物数量平面分布，生物量春季以 Zch2 断面较大（106.64 g/m^2），Zch4 断面较小（67.97 g/m^2）；冬季以 Zch4 断面较大（317.35 g/m^2），Zch2 断面较小（17.96 g/m^2）。栖息密度，春季以 Zch2 断面较大（2 413 个/m^2），DMS83 断面较小（85 个/m^2）；冬季以 Zch2 断面较大（1 205 个/m^2），DMS83 断面较小（81 个/m^2）（表 36-15，表 36-16）。

表 36-15　东山岛滨海湿地泥沙滩潮间带大型底栖生物生物量组成与分布　　单位：g/m^2

季节	断面	藻类	多毛类	软体动物	甲壳动物	棘皮动物	其他生物	合计
春季	Zch4	6.94	11.58	29.20	16.28	0	3.97	67.97
	DMS83	0	3.53	31.61	3.48	48.02	0.32	86.96
	Zch2	0.54	47.51	40.98	17.30	0	0.31	106.64
	平均	2.49	20.87	33.93	12.35	16.01	1.53	87.18
夏季	DMS83	0	0.13	24.91	4.74	134.62	0	164.40

续表 36-15

季节	断面	藻类	多毛类	软体动物	甲壳动物	棘皮动物	其他生物	合计
秋季	DMS83	0	4. 17	40. 94	7. 32	214. 53	0	266. 96
冬季	DMS83	0	0. 45	2. 58	0. 28	29. 94	2. 64	35. 89
	Zch2	1. 07	1. 48	12. 56	2. 84	0. 01	0	17. 96
	Zch4	285. 47	4. 25	25. 47	2. 16	0	0	317. 35
	平均	95. 51	2. 06	13. 54	1. 76	9. 98	0. 88	123. 73

表 36-16　东山岛滨海湿地泥沙滩潮间带大型底栖生物栖息密度组成与分布　单位：个/m²

季节	断面	多毛类	软体动物	甲壳动物	棘皮动物	其他生物	合计
春季	Zch4	1 113	115	85	0	1	1 314
	DMS83	32	21	16	15	1	85
	Zch2	2 260	116	33	0	4	2 413
	平均	1 135	84	45	5	2	1 271
夏季	DMS83	3	19	8	52	0	82
秋季	DMS83	26	20	36	79	0	162
冬季	DMS83	18	14	2	44	3	81
	Zch2	111	28	1 065	0	0	1 205
	Zch4	178	71	100	0	0	348
	平均	102	38	389	15	1	545

东山岛滨海湿地岩石滩潮间带大型底栖生物数量垂直分布，生物量 DR81 断面从高到低依次为低潮区（3 178. 63 g/m²）、中潮区（2 960. 95 g/m²）、高潮区（13. 44 g/m²），DR84 断面从高到低依次为低潮区（4 126. 88 g/m²）、中潮区（2 389. 46 g/m²）、高潮区（13. 07 g/m²），DR86 断面从高到低依次为中潮区（2 059. 71 g/m²）、低潮区（1 450. 56 g/m²）、高潮区（31. 47 g/m²）；栖息密度，DR81 断面从高到低依次为中潮区（7 557 个/m²）、低潮区（1 480 个/m²）、高潮区（207 个/m²），DR84 断面从高到低依次为低潮区（1 973 个/m²）、中潮区（1 164 个/m²）、高潮区（333 个/m²），DR86 断面从高到低依次为中潮区（1 085 个/m²）、低潮区（650 个/m²）、高潮区（219 个/m²）。各断面数量垂直分布与季节变化见表 36-17 和表 36-18。

表 36-17　东山岛滨海湿地岩石滩潮间带大型底栖生物生物量垂直分布　单位：g/m²

断面	季节	潮区	藻类	多毛类	软体动物	甲壳动物	棘皮动物	其他生物	合计
DR81	春	高潮区	0	0	23. 12	0	0	0	23. 12
		中潮区	0	0	2 394. 00	440. 17	0	0. 33	2 834. 50
		低潮区	0	0	2 156. 29	57. 33	0	393. 08	2 606. 70
		平均	0	0	1 524. 47	165. 83	0	131. 14	1 821. 44
	夏	高潮区	0	0	23. 64	0	0	0	23. 64
		中潮区	0	0	391. 95	171. 44	0	0	563. 39
		低潮区	0	0	306. 28	20. 96	0	356. 32	683. 56
		平均	0	0	240. 62	64. 13	0	118. 77	423. 52

续表 36-17

断面	季节	潮区	藻类	多毛类	软体动物	甲壳动物	棘皮动物	其他生物	合计
DR81	秋	高潮区	0	0	3.68	0	0	0	3.68
		中潮区	6.67	0	455.00	2 027.33	0	0	2 489.00
		低潮区	0	0.50	2 042.50	102.00	0	194.00	2 339.00
		平均	2.22	0.17	833.73	709.78	0	64.67	1 610.57
	冬	高潮区	0	0	3.32	0	0	0	3.32
		中潮区	17.00	0	1 781.03	4 156.89	0	2.00	5 956.92
		低潮区	0	0.75	3 423.50	1 148.50	0	2 512.50	7 085.25
		平均	5.67	0.25	1 735.95	1 768.46	0	838.17	4 348.50
	平均	高潮区	0	0	13.44	0	0	0	13.44
		中潮区	5.92	0	1 255.49	1 698.96	0	0.58	2 960.95
		低潮区	0	0.31	1 982.14	332.20	0	863.98	3 178.63
		平均	1.97	0.10	1 083.69	677.05	0	288.19	2 051.00
DR84	春	高潮区	0	0	12.32	0	0	0	12.32
		中潮区	88.64	0	963.20	534.08	0	0	1 585.92
		低潮区	1 049.15	0.89	174.79	0	112.00	42.04	1 378.87
		平均	379.26	0.30	383.44	178.03	37.33	14.01	992.37
	夏	高潮区	0	0	14.20	0	0	0	14.20
		中潮区	54.79	0.43	820.12	941.73	0	0.45	1 817.52
		低潮区	1 633.59	3.06	178.60	557.16	0	0.40	2 372.81
		平均	562.79	1.16	337.64	499.63	0	0.28	1 401.50
	秋	高潮区	0	0	11.00	0	0	0	11.00
		中潮区	252.11	0	249.60	1 007.68	0	0	1 509.39
		低潮区	819.59	1.67	1 107.17	693.25	27.17	12.50	2 661.35
		平均	357.23	0.56	455.92	566.98	9.06	4.17	1 393.92
	冬	高潮区	0	0	14.76	0	0	0	14.76
		中潮区	1 100.22	7.94	1 345.36	2 145.93	0	45.56	4 645.01
		低潮区	4 802.50	0	5 139.25	131.25	20.75	0.75	10 094.50
		平均	1 967.57	2.65	2 166.46	759.06	6.92	15.44	4 918.10
	平均	高潮区	0	0	13.07	0	0	0	13.07
		中潮区	373.94	2.09	844.57	1 157.36	0	11.50	2 389.46
		低潮区	2 076.21	1.40	1 649.95	345.42	39.98	13.92	4 126.88
		平均	816.72	1.17	835.86	500.92	13.33	8.48	2 176.48
DR86	春	高潮区	0	0	17.40	0	0	0	17.40
		中潮区	96.08	0.32	248.08	898.77	0	0	1 243.25
		低潮区	729.44	2.68	139.52	3.12	0	4.64	879.40
		平均	275.17	1.00	135.00	300.63	0	1.55	713.35

续表 36-17

断面	季节	潮区	藻类	多毛类	软体动物	甲壳动物	棘皮动物	其他生物	合计
DR86	夏	高潮区	0	0	6.16	0	0	0	6.16
		中潮区	0	0.03	288.60	772.45	0	26.67	1 087.75
		低潮区	338.44	0	339.00	2.64	11.72	68.03	759.83
		平均	112.81	0.01	211.25	258.36	3.91	31.57	617.91
	秋	高潮区	0	0	17.92	0	0	0	17.92
		中潮区	76.13	0	624.30	1 199.59	0	0	1 900.02
		低潮区	911.50	0	1 038.75	69.25	0	24.50	2 044.00
		平均	329.21	0	560.32	422.95	0	8.17	1 320.65
	冬	高潮区	0	0	78.76	5.64	0	0	84.40
		中潮区	154.22	3.78	1 780.75	2 023.93	0	45.11	4 007.79
		低潮区	889.17	12.67	638.16	562.01	0	17.00	2 119.01
		平均	347.80	5.48	832.56	863.86	0	20.70	2 070.40
	平均	高潮区	0	0	30.06	1.41	0	0	31.47
		中潮区	81.61	1.03	735.43	1 223.69	0	17.95	2 059.71
		低潮区	717.14	3.84	538.86	159.25	2.93	28.54	1 450.56
		平均	266.25	1.62	434.78	461.45	0.98	15.50	1 180.58

表 36-18　东山岛滨海湿地岩石滩潮间带大型底栖生物栖息密度垂直分布　单位：个/m²

断面	季节	潮区	多毛类	软体动物	甲壳动物	棘皮动物	其他生物	合计
DR81	春	高潮区	0	240	0	0	0	240
		中潮区	0	4 467	4 800	0	17	9 284
		低潮区	0	685	203	0	72	960
		平均	0	1 797	1 668	0	30	3 495
	夏	高潮区	0	216	0	0	0	216
		中潮区	0	1 011	1 269	0	0	2 280
		低潮区	0	136	88	0	60	284
		平均	0	454	452	0	20	926
	秋	高潮区	0	212	0	0	0	212
		中潮区	0	1 267	4 333	0	0	5 600
		低潮区	25	700	250	0	75	1 050
		平均	8	726	1 528	0	25	2 287
	冬	高潮区	0	160	0	0	0	160
		中潮区	0	4 753	8 261	0	50	13 064
		低潮区	50	1 475	1 675	0	425	3 625
		平均	17	2 129	3 312	0	158	5 616
	平均	高潮区	0	207	0	0	0	207
		中潮区	0	2 874	4 666	0	17	7 557
		低潮区	19	749	554	0	158	1 480
		平均	6	1 277	1 740	0	58	3 081

续表 36-18

断面	季节	潮区	多毛类	软体动物	甲壳动物	棘皮动物	其他生物	合计
DR84	春	高潮区	0	520	0	0	0	520
		中潮区	0	285	232	0	0	517
		低潮区	60	80	0	75	106	321
		平均	20	295	77	25	35	452
	夏	高潮区	0	348	0	0	0	348
		中潮区	13	807	611	0	19	1 450
		低潮区	48	368	4 816	0	16	5 248
		平均	20	507	1 809	0	12	2 348
	秋	高潮区	0	200	0	0	0	200
		中潮区	0	189	387	0	0	576
		低潮区	17	817	375	42	150	1 401
		平均	6	402	254	14	50	726
	冬	高潮区	0	264	0	0	0	264
		中潮区	111	639	1 355	0	11	2 116
		低潮区	0	800	50	25	50	925
		平均	37	568	468	8	20	1 101
	平均	高潮区	0	333	0	0	0	333
		中潮区	31	480	646	0	7	1 164
		低潮区	31	516	1 310	35	81	1 973
		平均	21	443	652	12	29	1 157
DR86	春	高潮区	0	356	0	0	0	356
		中潮区	11	157	443	0	0	612
		低潮区	68	64	56	0	80	268
		平均	26	192	166	0	27	411
	夏	高潮区	0	160	0	0	0	160
		中潮区	9	160	312	0	8	489
		低潮区	0	188	32	12	160	392
		平均	3	169	115	4	56	347
	秋	高潮区	0	204	0	0	0	204
		中潮区	0	671	737	0	0	1 408
		低潮区	0	525	175	0	425	1 125
		平均	0	467	304	0	142	913
	冬	高潮区	0	144	12	0	0	156
		中潮区	22	662	1 115	0	33	1 832
		低潮区	116	384	217	0	100	817
		平均	46	397	448	0	44	935
	平均	高潮区	0	216	3	0	0	219
		中潮区	10	413	652	0	10	1 085
		低潮区	46	290	120	3	191	650
		平均	19	306	258	1	67	651

东山岛滨海湿地 DS85 沙滩潮间带大型底栖生物数量垂直分布，生物量从高到低依次为低潮区（11.63 g/m²）、中潮区（9.16 g/m²）、高潮区（1.19 g/m²）；栖息密度从高到低依次为中潮区（36 个/m²）、低潮区（26 个/m²）、高潮区（1 个/m²）。数量垂直分布与季节变化见表 36-19。

表 36-19　东山岛滨海湿地 DS85 沙滩潮间带大型底栖生物数量垂直分布

数量	季节	潮区	多毛类	软体动物	甲壳动物	棘皮动物	其他生物	合计
生物量（g/m²）	春	高潮区	0	0	4.76	0	0	4.76
		中潮区	0.12	11.16	0.27	0	0	11.55
		低潮区	0.30	2.64	1.24	0	4.60	8.78
		平均	0.14	4.60	2.09	0	1.53	8.36
	夏	高潮区	0	0	0	0	0	0
		中潮区	0	7.92	1.35	1.20	0.01	10.48
		低潮区	0.16	2.80	6.60	1.20	1.96	12.72
		平均	0.05	3.57	2.65	0.80	0.66	7.73
	秋	高潮区	0	0	0	0	0	0
		中潮区	0	9.35	0.12	0	0	9.47
		低潮区	2.48	0.96	1.60	2.08	5.44	12.56
		平均	0.83	3.44	0.57	0.69	1.81	7.34
	冬	高潮区	0	0	0	0	0	0
		中潮区	0	3.40	0.71	0	1.01	5.12
		低潮区	0	9.44	0	0	3.00	12.44
		平均	0	4.28	0.24	0	1.34	5.86
	平均	高潮区	0	0	1.19	0	0	1.19
		中潮区	0.03	7.96	0.61	0.30	0.26	9.16
		低潮区	0.74	3.96	2.36	0.82	3.75	11.63
		平均	0.25	3.97	1.39	0.37	1.34	7.32
密度（个/m²）	春	高潮区	0	0	4	0	0	4
		中潮区	5	29	11	0	0	45
		低潮区	8	10	2	0	2	22
		平均	4	13	6	0	1	24
	夏	高潮区	0	0	0	0	0	0
		中潮区	0	19	29	1	1	50
		低潮区	4	6	4	4	2	20
		平均	1	8	11	2	1	23
	秋	高潮区	0	0	0	0	0	0
		中潮区	0	20	4	0	0	24
		低潮区	8	4	4	4	4	24
		平均	3	8	3	1	1	16

续表 36-19

数量	季节	潮区	多毛类	软体动物	甲壳动物	棘皮动物	其他生物	合计
密度（个/m^2）	冬	高潮区	0	0	0	0	0	0
		中潮区	0	24	1	0	1	26
		低潮区	0	32	0	0	4	36
		平均	0	19	0	0	2	21
	平均	高潮区	0	0	1	0	0	1
		中潮区	1	23	11	0	1	36
		低潮区	5	13	3	2	3	26
		平均	2	12	5	1	1	21

东山岛滨海湿地 DMS83 泥沙滩潮间带大型底栖生物数量垂直分布，生物量从高到低依次为低潮区（260.29 g/m^2）、中潮区（149.5 g/m^2）、高潮区（5.82 g/m^2）；栖息密度从高到低依次为低潮区（178 个/m^2）、中潮区（102 个/m^2）、高潮区（28 个/m^2）。数量垂直分布与季节变化见表 36-20。

表 36-20　东山岛滨海湿地 DMS83 泥沙滩潮间带大型底栖生物数量垂直分布

数量	季节	潮区	多毛类	软体动物	甲壳动物	棘皮动物	其他生物	合计
生物量（g/m^2）	春	高潮区	0.38	0	0.42	0	0	0.80
		中潮区	1.43	38.41	1.87	37.84	0	79.55
		低潮区	8.80	56.42	8.15	106.22	0.96	180.55
		平均	3.53	31.61	3.48	48.02	0.32	86.96
	夏	高潮区	0	0	6.12	0	0	6.12
		中潮区	0.29	39.56	7.81	109.13	0	156.79
		低潮区	0.10	35.18	0.28	294.74	0	330.30
		平均	0.13	24.91	4.74	134.62	0	164.40
	秋	高潮区	0	0	15.70	0	0	15.70
		中潮区	0.19	41.23	0.41	298.03	0	339.86
		低潮区	12.32	81.58	5.84	345.55	0	445.29
		平均	4.17	40.94	7.32	214.53	0	266.96
	冬	高潮区	0	0	0.65	0	0	0.65
		中潮区	0.26	5.03	0.08	15.96	0.68	22.01
		低潮区	1.11	2.72	0.11	73.85	7.24	85.03
		平均	0.45	2.58	0.28	29.94	2.64	35.89
	平均	高潮区	0.10	0	5.72	0	0	5.82
		中潮区	0.54	31.06	2.54	115.24	0.17	149.55
		低潮区	5.58	43.97	3.60	205.09	2.05	260.29
		平均	2.07	25.01	3.95	106.78	0.74	138.55
密度（个/m^2）	春	高潮区	12	0	32	0	0	44
		中潮区	31	49	4	13	0	97
		低潮区	54	14	12	32	2	114
		平均	32	21	16	15	1	85

续表 36-20

数量	季节	潮区	多毛类	软体动物	甲壳动物	棘皮动物	其他生物	合计
密度（个/m²）	夏	高潮区	0	0	4	0	0	4
		中潮区	4	34	17	15	0	70
		低潮区	4	24	2	142	0	172
		平均	3	19	8	52	0	82
	秋	高潮区	0	0	65	0	0	65
		中潮区	8	33	16	113	0	170
		低潮区	70	28	28	124	0	250
		平均	26	20	36	79	0	161
	冬	高潮区	0	0	1	0	0	1
		中潮区	19	25	4	24	1	73
		低潮区	34	16	2	108	8	168
		平均	18	14	2	44	3	81
	平均	高潮区	3	0	25	0	0	28
		中潮区	15	36	10	41	0	102
		低潮区	41	21	11	102	3	178
		平均	20	19	15	48	1	103

东山岛滨海湿地 DM82 泥滩潮间带大型底栖生物数量垂直分布，生物量从高到低依次为中潮区（349.71 g/m²）、低潮区（195.21 g/m²）、高潮区（0 g/m²）；栖息密度从高到低依次为中潮区（393 个/m²）、低潮区（160 个/m²）、高潮区（0 个/m²）。数量垂直分布与季节变化见表 36-21。

表 36-21　东山岛滨海湿地 DM82 泥滩潮间带大型底栖生物数量垂直分布

数量	季节	潮区	多毛类	软体动物	甲壳动物	棘皮动物	其他生物	合计
生物量（g/m²）	春	高潮区	0	0	0	0	0	0
		中潮区	6.21	235.52	5.16	0	0	246.89
		低潮区	0.76	120.64	0.04	21.40	13.16	156.00
		平均	2.32	118.72	1.73	7.13	4.39	134.29
	夏	高潮区	0	0	0	0	0	0
		中潮区	1.71	405.47	7.12	0	4.95	419.25
		低潮区	5.02	236.22	0.18	0	5.80	247.22
		平均	2.24	213.90	2.43	0	3.58	222.15
	秋	高潮区	0	0	0	0	0	0
		中潮区	0.51	434.96	1.63	0	26.69	463.79
		低潮区	0.18	121.84	0.48	0	0	122.50
		平均	0.23	185.60	0.70	0	8.90	195.43
	冬	高潮区	0	0	0	0	0	0
		中潮区	5.40	261.23	0.15	0	2.16	268.94
		低潮区	0.32	245.96	8.80	0	0	255.08
		平均	1.91	169.06	2.98	0	0.72	174.67

续表 36-21

数量	季节	潮区	多毛类	软体动物	甲壳动物	棘皮动物	其他生物	合计
生物量（g/m²）	平均	高潮区	0	0	0	0	0	0
		中潮区	3.46	334.29	3.51	0	8.45	349.71
		低潮区	1.57	181.17	2.38	5.35	4.74	195.21
		平均	1.68	171.82	1.96	1.78	4.40	181.64
密度（个/m²）	春	高潮区	0	0	0	0	0	0
		中潮区	109	276	51	0	0	436
		低潮区	34	89	2	2	4	131
		平均	48	122	18	1	1	190
	夏	高潮区	0	0	0	0	0	0
		中潮区	20	308	7	0	1	336
		低潮区	48	110	10	0	4	172
		平均	23	139	6	0	2	170
	秋	高潮区	0	0	0	0	0	0
		中潮区	11	311	4	0	9	335
		低潮区	10	110	14	0	0	134
		平均	7	140	6	0	3	156
	冬	高潮区	0	0	0	0	0	0
		中潮区	52	408	4	0	1	465
		低潮区	12	176	12	0	0	200
		平均	21	195	5	0	0	221
	平均	高潮区	0	0	0	0	0	0
		中潮区	48	326	16	0	3	393
		低潮区	26	121	10	1	2	160
		平均	25	149	9	0	2	185

36.4.3　饵料生物

东山岛滨海湿地潮间带大型底栖生物平均饵料水平分级为Ⅴ级，其中：藻类、软体动物和甲壳动物较高，分别达Ⅴ级，多毛类较低，为Ⅰ级，棘皮动物Ⅲ级，其他生物Ⅳ级。岩石滩断面为Ⅴ级，其中藻类、软体动物、甲壳动物和其他生物较高，分别达Ⅴ级，多毛类和棘皮动物较低，为Ⅰ级。沙滩断面饵料水平为Ⅱ级，各类群较低，均为Ⅰ级。泥沙滩断面饵料水平为Ⅴ级，其中棘皮动物较高，达Ⅴ级，软体动物次之，为Ⅳ级，其他生物较低，为Ⅰ级。泥滩断面为Ⅴ级，其中软体动物较高，达Ⅴ级，多毛类、甲壳动物、棘皮动物和其他生物均为Ⅰ级（表36-22）。

表 36-22　东山岛滨海湿地潮间带大型底栖生物饵料水平分级

底质	藻类	多毛类	软体动物	甲壳动物	棘皮动物	其他生物	评价标准
岩石滩	Ⅴ	Ⅰ	Ⅴ	Ⅴ	Ⅰ	Ⅴ	Ⅴ
沙滩	Ⅰ	Ⅰ	Ⅰ	Ⅰ	Ⅰ	Ⅰ	Ⅱ
泥沙滩	Ⅲ	Ⅱ	Ⅳ	Ⅱ	Ⅴ	Ⅰ	Ⅴ
泥滩	Ⅰ	Ⅰ	Ⅴ	Ⅰ	Ⅰ	Ⅰ	Ⅴ
平均	Ⅴ	Ⅰ	Ⅴ	Ⅴ	Ⅲ	Ⅳ	Ⅴ

36.5 群落

36.5.1 群落类型

东山岛滨海湿地潮间带大型底栖生物群落按底质类型分为：

（1）DR86 岩石滩潮间带大型底栖生物群落。高潮区：塔结节滨螺—粒结节滨螺—粗糙滨螺带；中潮区：孔石莼—棘刺牡蛎—鳞笠藤壶带；低潮区：小珊瑚藻—刺柳珊瑚（*Echinogorgia praelonga*）—厥目革囊星虫—覆瓦小蛇螺—光辉圆扇蟹带。

（2）Zch2 泥沙滩潮间带大型底栖生物群落。高潮区：粗糙滨螺—粒结节滨螺带；中潮区：腺带刺沙蚕—小翼拟蟹守螺—明秀大眼蟹带；低潮区：尖锥虫（*Scoloplos armiger*）—大竹蛏—细螯原足虫带。

（3）Zch4 泥沙滩潮间带大型底栖生物群落。高潮区：粗糙滨螺带；中潮区：背褶沙蚕—凸壳肌蛤—日本大螯蜚带；低潮区：腺带刺沙蚕—短竹蛏—模糊新短眼蟹带。

36.5.2 群落结构

（1）DR86 岩石滩潮间带大型底栖生物群落。该群落位于东山岛滨海湿地东北部东山湾口渔港附近，滩面长度约 250 m，底质为花岗岩。

高潮区：塔结节滨螺—粒结节滨螺—粗糙滨螺带。该区代表种塔结节滨螺，春季在本区上层生物量和栖息密度为 3.40 g/m^2 和 88 个/m^2；粒结节滨螺，在本区下层生物量和栖息密度分别为 5.44 g/m^2 和 144 个/m^2；粗糙滨螺，在本区下层生物量和栖息密度分别为 15.12 g/m^2 和 264 个/m^2。习见种还有短滨螺、龟足、海蟑螂等。

中潮区：孔石莼—棘刺牡蛎—鳞笠藤壶带。本区主要种孔石莼，春季生物量在中层达 159.20 g/m^2，冬季上层为 23.00 g/m^2。主要种棘刺牡蛎，春季在中潮区中层的生物量和栖息密度分别为 105.60 g/m^2 和 64 个/m^2；秋季上层分别为 967.5 g/m^2 和 850 个/m^2，中层分别为 511.5 g/m^2 和 200 个/m^2；冬季上层分别为 80.16 g/m^2 和 40 个/m^2。优势种鳞笠藤壶，遍布整个中潮区，春季上层生物量和栖息密度分别为 517.60 g/m^2 和 216 个/m^2，中层分别为 1 308.80 g/m^2 和 384 个/m^2，下层分别为 408.00 g/m^2 和 128 个/m^2。其他主要种和习见种有小石花菜、铁钉菜、侧花海葵、日本花棘石鳖、红条毛肤石鳖、黑荞麦蛤、僧帽牡蛎、嫁戚、史氏背尖贝、鸟爪拟帽贝、粒花冠小月螺、疣荔枝螺、日本菊花螺、白条地藤壶、日本笠藤壶等。

低潮区：小珊瑚藻—刺柳珊瑚—厥目革囊星虫—覆瓦小蛇螺—光辉圆扇蟹带。该区代表种小珊瑚藻，自中潮区下层延伸至此，数量以本区为大，春季为 80.00 g/m^2，夏季高达 628.80 g/m^2，秋季高达 1 066.50 g/m^2，冬季高达 617.67 g/m^2。刺柳珊瑚为本区特征种，仅在本区出现。主要种厥目革囊星虫，仅在本区出现，上层生物量和栖息密度分别为 2.24 g/m^2 和 56 个/m^2，下层分别为 7.04 g/m^2 和 104 个/m^2。覆瓦小蛇螺自中潮区下层至本区交替分布，在本区春季的生物量和栖息密度分别为 180.96 g/m^2 和 80 个/m^2。主要种光辉圆扇蟹，在本区的数量不大，上层的生物量和栖息密度分别为 2.08 g/m^2 和 16 个/m^2。其他主要种和习见种有石花菜、叉节藻（*Amphiroa* sp.）、异边孢藻（*Marginiosporum aberrans*）、海萝、扁江蓠（*G. textorii*）、羊栖菜、亨氏马尾藻（*S. henslowianum*）、鼠尾藻、侧花海葵、棘柳珊瑚、厚丛柳珊瑚（*Hicksonella* sp.）、粗糙菊花珊瑚（*Goniastrea aspera*）、石花虫（*Telesto* sp.）、长吻吻沙蚕、日本宽板石鳖、敦氏猿头蛤、锈凹螺、银口凹螺、角突麦杆虫、日本英雄蟹（*Achaeus japonicus*）、小卷海齿花、紫海胆、星座褶胃海鞘（*Amaroucium constellatum*）等（图 36-2）。

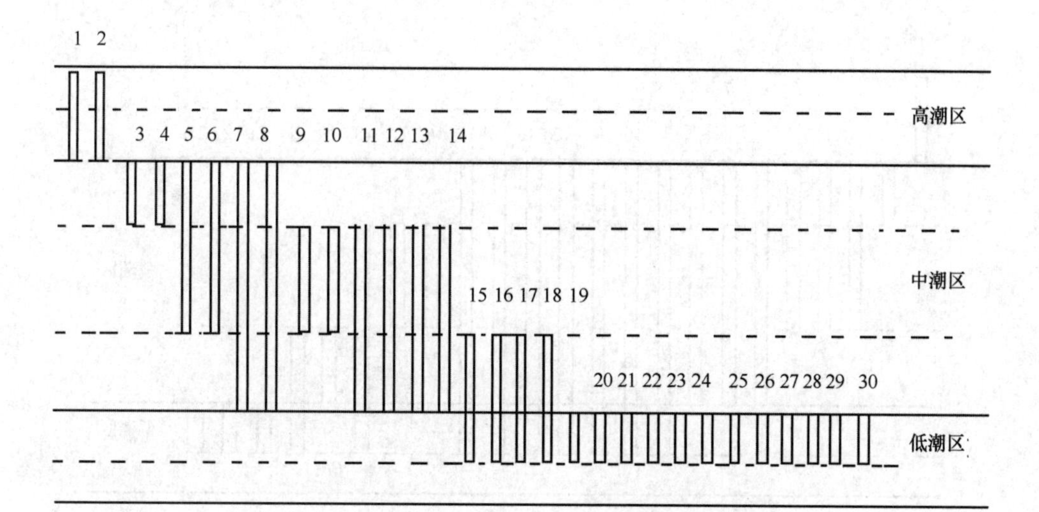

图 36-2　DR86 岩石滩群落主要种垂直分布

1. 塔结节滨螺；2. 粒结节滨螺；3. 黑荞麦蛤；4. 白条地藤壶；5. 粒花冠小月螺；6. 铁钉菜；7. 日本笠藤壶；8. 疣荔枝螺；9. 棘刺牡蛎；10. 孔石莼；11. 小石花菜；12. 日本花棘石鳖；13. 嫁䗩；14. 日本菊花螺；15. 海萝；16. 锈凹螺；17. 覆瓦小蛇螺；18. 小珊瑚藻；19. 石花菜；20. 扁江蓠；21. 羊栖菜；22. 鼠尾藻；23. 马尾藻；24. 日本宽板石鳖；25. 甘橘荔枝海绵；26. 刺柳珊瑚；27. 厥目革囊星虫；28. 银口凹螺；29. 日本英雄蟹；30. 光辉圆扇蟹

（2）Zch2 泥沙滩潮间带大型底栖生物群落。该群落所处滩面长度为 700~800 m，高潮区为石堤，中潮区至低潮区底质以泥沙为主。

高潮区：粗糙滨螺—粒结节滨螺带。该潮区代表种粗糙滨螺，数量不高，生物量和栖息密度分别为 4.24 g/m^2 和 40 个/m^2。粒结节滨螺，生物量和栖息密度分别为 1.60 g/m^2 和 16 个/m^2。

中潮区：腺带刺沙蚕—小翼拟蟹守螺—明秀大眼蟹带。该区优势种腺带刺沙蚕，自本区可向下延伸分布至低潮区，在本区上层的生物量和栖息密度分别为 8.00 g/m^2 和 1 012 个/m^2，中层分别为 10.00 g/m^2 和 508 个/m^2，下层分别为 2.00 g/m^2 和 140 个/m^2。优势种小翼拟蟹守螺，在本区的生物量和栖息密度分别高达 157.20 g/m^2 和 416 个/m^2。明秀大眼蟹，自本区可向下延伸分布至低潮区，在本区上层的生物量和栖息密度分别为 11.86 g/m^2 和 32 个/m^2，中层分别为 2.88 g/m^2 和 36 个/m^2。其他主要种和习见种有背褶沙蚕、长锥虫、独指虫、奇异稚齿虫、持真节虫、欧努菲虫、四索沙蚕、似蛰虫、树蛰虫、刺缨虫、斯氏印澳蛤、蹄蛤、伊萨伯雪蛤、鸭嘴蛤、珠带拟蟹守螺、纵带滩栖螺、秀丽织纹螺、哥伦比亚刀钩虾、上野蜾蠃蜚、弧边招潮、隆背大眼蟹和豆形拳蟹等。

低潮区：尖锥虫—大竹蛏—细螯原足虫带。该区优势种尖锥虫，仅在本区出现，生物量和栖息密度分别为 40.40 g/m^2 和 1 888 个/m^2。大竹蛏，自中潮区延伸分布至本区上层，在本区的生物量和栖息密度较低，分别为 0.92 g/m^2 和 4 个/m^2。优势种细螯原足虫，仅在本区出现，生物量和栖息密度分别为 5.68 g/m^2 和 2 712 个/m^2。其他主要种和习见种有腺带刺沙蚕、东方尖锥虫、直线竹蛏、美叶雪蛤（*Clausinella calophylla*）、美原双眼钩虾、塞切尔泥钩虾、哥伦比亚刀钩虾、莫顿蜾蠃蜚、上野蜾蠃蜚、天草旁宽钩虾等（图 36-3）。

（3）Zch4 泥沙滩潮间带大型底栖生物群落。该群落所处滩面长度约 300 m，高潮区石堤，中潮区至低潮区底质以泥沙为主。

高潮区：粗糙滨螺带。该潮区代表种为粗糙滨螺，数量不高，生物量和栖息密度分别为 8.72 g/m^2 和 72 个/m^2。

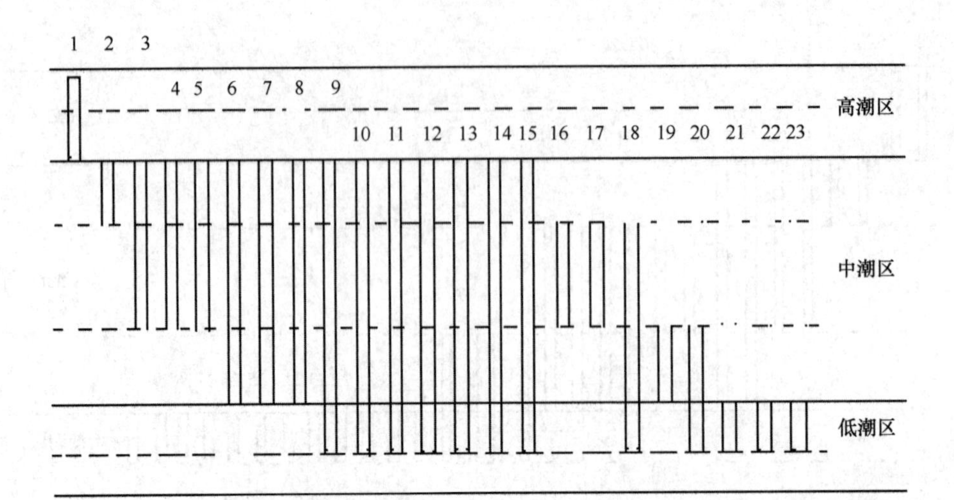

图 36-3 Zch2 泥沙滩群落主要种垂直分布

1. 粗糙滨螺；2. 隆背大眼蟹；3. 施氏玻璃钩虾；4. 哥伦比亚刀钩虾；5. 明秀大眼蟹；6. 蹄蛤；7. 鸭嘴蛤；8. 珠带拟蟹守螺；9. 腺带刺沙蚕；10. 长锥虫；11. 持真节虫；12. 欧努菲虫；13. 四索沙蚕；14. 斯氏印澳蛤；15. 红刺尖锥虫；16. 伊萨伯雪蛤；17. 弧边招潮；18. 大竹蛏；19. 小翼拟蟹守螺；20. 秀丽织纹螺；21. 尖锥虫；22. 短吻蛤；23. 细螯原足虫

中潮区：背褶沙蚕—凸壳肌蛤—日本大螯蜚带。该区优势种背褶沙蚕，自本区可向下延伸分布至低潮区，在本区上层的生物量和栖息密度分别为 0.80 g/m^2 和 440 个/m^2，中层分别为 0.80 g/m^2 和 224 个/m^2，下层分别为 0.16 g/m^2 和 24 个/m^2。优势种凸壳肌蛤，仅在本区出现，生物量和栖息密度分别为 23.44 g/m^2 和 172 个/m^2。日本大螯蜚，仅在本潮区出现，在本区上层的生物量和栖息密度分别为 0.04 g/m^2 和 16 个/m^2，中层分别为 0.08 g/m^2 和 36 个/m^2，下层分别为 0.08 g/m^2 和 48 个/m^2。其他主要种和习见种有芋根江蓠、腺带刺沙蚕、红角沙蚕、奇异角沙蚕、红刺尖锥虫、独指虫、伪才女虫、刚鳃虫、独毛虫、持真节虫、欧努菲虫、滑指矶沙蚕、四索沙蚕、似蛰虫、刺缨虫（*Potamilla* sp.）、古明圆蛤、蹄蛤、共生蛤、大竹蛏、伊萨伯雪蛤、鸭嘴蛤、珠带拟蟹守螺、近轮螺（*Plesiotrochus* sp.）、秀丽织纹螺、中国鲎、三叶针尾涟虫、腔齿海底水虱、小头弹钩虾（*Orchomene breviceps*）、上野蜾蠃蜚、模糊新短眼蟹和下齿细螯寄居蟹等。

低潮区：腺带刺沙蚕—短竹蛏—模糊新短眼蟹带。该区优势种腺带刺沙蚕，自中潮区延伸分布至本区上层，在本区的生物量和栖息密度分别为 3.60 g/m^2 和 304 个/m^2。特征种短竹蛏，仅在本区出现，生物量和栖息密度较低，分别为 0.12 g/m^2 和 4 个/m^2。模糊新短眼蟹，自中潮区延伸分布至本区上层，在本区的生物量和栖息密度分别为 18.84 g/m^2 和 44 个/m^2。其他主要种和习见种有背褶沙蚕、东方尖锥虫、刚鳃虫、独毛虫、持真节虫、滑指矶沙蚕、四索沙蚕、梳鳃虫、西方似蛰虫、刺缨虫、蹄蛤、织纹螺、三角口螺、小头弹钩虾、梳肢片钩虾、上野蜾蠃蜚和短脊鼓虾等（图 36-4）。

36.5.3 群落生态特征值

根据 Shannon-Wiener 种类多样性指数（H'），Pielous 种类均匀度指数（J）、Margalef 种类丰富度指数（d）和 Simpson 优势度指数（D）显示，东山岛滨海湿地岩石滩潮间带大型底栖生物群落 d 值为 2.597 5，H'值为 2.167 5，J 值为 0.690 9 和 D 值为 0.200 1。季节比较，d 值以夏季较大（3.136 7），秋季较小（2.240 0）；H'值秋季较大（2.316 7），夏季最小（1.896 7）；J 值秋季较大（0.763 0），

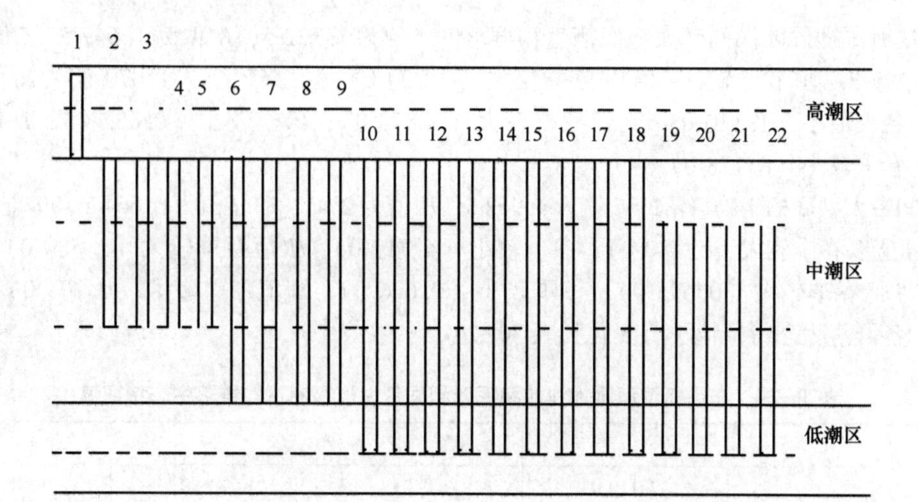

图 36-4　Zch4 泥沙滩群落主要种垂直分布

1. 粗糙滨螺；2. 凸壳肌蛤；3. 古明圆蛤；4. 鸭嘴蛤；5. 珠带拟蟹守螺；6. 共生蛤；7. 三叶针尾涟虫；8. 腔齿海底水虱；9. 日本大螯蜚；10. 背褶沙蚕；11. 腺带刺沙蚕；12. 独毛虫；13. 持真节虫；14. 滑指矶沙蚕；15. 四索沙蚕；16. 索沙蚕；17. 刺缨虫；18. 上野蝶蠃蜚；19. 蹄蛤；20. 近轮螺；21. 小头弹钩虾；22. 模糊新短眼蟹

夏季较小（0.585 3）；*D* 值夏季较大（0.274 0），春季较小（0.164 0）。各群落生态特征值季节变化见表 36-23。

表 36-23　东山岛滨海湿地岩石滩潮间带大型底栖生物群落生态特征值

季节	断面	*d*	*H'*	*J*	*D*
春季	DR81	1.650 0	1.830 0	0.631 0	0.241 0
	DR84	3.090 0	2.400 0	0.737 0	0.129 0
	DR86	2.910 0	2.530 0	0.797 0	0.122 0
	平均	2.550 0	2.253 3	0.721 7	0.164 0
夏季	DR81	1.560 0	1.580 0	0.584 0	0.281 0
	DR84	4.350 0	1.830 0	0.488 0	0.365 0
	DR86	3.500 0	2.280 0	0.684 0	0.176 0
	平均	3.136 7	1.896 7	0.585 3	0.274 0
秋季	DR81	1.460 0	1.560 0	0.576 0	0.363 0
	DR84	2.960 0	2.680 0	0.822 0	0.108 0
	DR86	2.300 0	2.710 0	0.891 0	0.088 0
	平均	2.240 0	2.316 7	0.763 0	0.186 3
冬季	DR81	1.600 0	1.800 0	0.622 0	0.224 0
	DR84	2.760 0	2.240 0	0.687 0	0.167 0
	DR86	3.030 0	2.570 0	0.772 0	0.137 0
	平均	2.463 3	2.203 3	0.693 7	0.176 0
平均		2.597 5	2.167 5	0.690 9	0.200 1

东山岛滨海湿地沙滩潮间带大型底栖生物群落的 d 值为1.732 5，H'值为1.647 5，J 值为0.742 8和 D 值为0.299 3。季节比较，d 值以夏季较大（2.200 0），冬季较小（1.070 0）；H'值春季较大（2.040 0），冬季最小（1.110 0）；J 值秋季较大（0.877 0），冬季较小（0.622 0）；D 值冬季较大（0.451 0），春季较小（0.178 0）。

泥滩潮间带大型底栖生物群落的 d 值为4.962 5，H'值为2.417 5，J 值为0.664 5和 D 值为0.166 8。季节比较，d 值以春季较大（5.480 0），冬季较小（4.710 0）；H'值春季较大（2.580 0），冬季最小（2.260 0）；J 值春季较大（0.695 0），冬季较小（0.626 0）；D 值冬季较大（0.204 0），春季较小（0.129 0）。各群落生态特征值季节变化见表36-24。

表36-24　东山岛滨海湿地沙滩和泥滩潮间带大型底栖生物群落生态特征值

季节	群落	d	H'	J	D
春季	沙滩	2.110 0	2.040 0	0.819 0	0.178 0
夏季		2.200 0	1.620 0	0.653 0	0.370 0
秋季		1.550 0	1.820 0	0.877 0	0.198 0
冬季		1.070 0	1.110 0	0.622 0	0.451 0
平均		1.732 5	1.647 5	0.742 8	0.299 3
春季	泥滩	5.480 0	2.580 0	0.695 0	0.129 0
夏季		4.930 0	2.450 0	0.672 0	0.173 0
秋季		4.730 0	2.380 0	0.665 0	0.161 0
冬季		4.710 0	2.260 0	0.626 0	0.204 0
平均		4.962 5	2.417 5	0.664 5	0.166 8

东山岛滨海湿地泥沙滩潮间带大型底栖生物群落的 d 值为5.149 2，H'值为2.121 8，J 值为0.595 6和 D 值为0.305 6。季节比较，d 值以春季较大（7.603 3），冬季较小（3.703 3）；H'值春季较大（3.100 0），冬季最小（1.517 0）；J 值春季较大（0.759 7），冬季较小（0.507 7）；D 值冬季较大（0.473 7），春季较小（0.073 7）。群落生态特征值季节变化见表36-25。

表36-25　东山岛滨海湿地泥沙滩潮间带大型底栖生物群落生态特征值

季节	断面	d	H'	J	D
春季	DMS83	5.180 0	2.970 0	0.8420	0.075 1
	Zch2	8.190 0	2.860 0	0.657 0	0.097 9
	Zch4	9.440 0	3.470 0	0.780 0	0.048 0
	平均	7.603 3	3.100 0	0.759 7	0.073 7
夏季	DMS83	3.740 0	1.670 0	0.519 0	0.412 0
秋季	DMS83	5.550 0	2.200 0	0.596 0	0.263 0
冬季	DMS83	0.390 0	0.271 0	0.391 0	0.858 0
	Zch2	4.430 0	1.630 0	0.447 0	0.428 0
	Zch4	6.290 0	2.650 0	0.685 0	0.135 0
	平均	3.703 3	1.517 0	0.507 7	0.473 7
平均		5.149 2	2.121 8	0.595 6	0.305 6

36.5.4　群落稳定性

东山岛滨海湿地潮间带大型底栖生物四季 DR86 岩石滩群落和冬季、春季 Zch4 泥沙滩群落丰度生物量复合 k-优势度和部分优势度曲线不交叉和不翻转，生物量复合 k-优势度曲线始终位于丰度上方，群落结构相对稳定（图 36-5 至图 36-8，图 36-10，图 36-12）。冬季、春季浮塘 Zch2 泥沙滩群落丰度生物量复合 k-优势度和部分优势度曲线出现交叉、重叠和翻转，群落结构不稳定（图 36-9，图 36-11）。Zch2 泥沙滩群落的不稳定，主要在于中潮区优势种腺带刺沙蚕在本区上层的栖息密度高达 1 012 个/m^2，中层高达 508 个/m^2，下层达 140 个/m^2；优势种尖锥虫在低潮区栖息密度高达 1 888 个/m^2 以及优势种细螯原足虫栖息密度高达 2 712 个/m^2 所致。

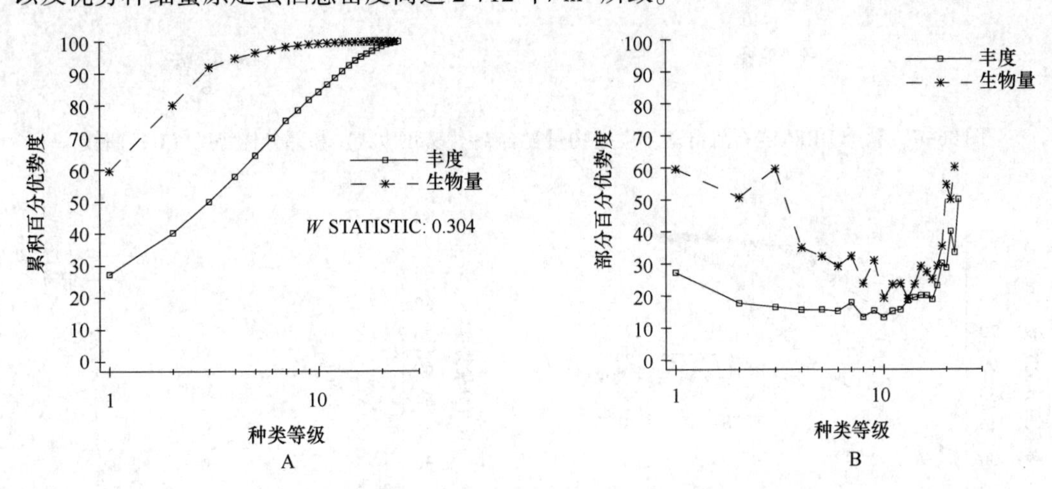

图 36-5　春季 DR86 岩石滩群落丰度生物量复合 k-优势度（A）和部分优势度（B）曲线

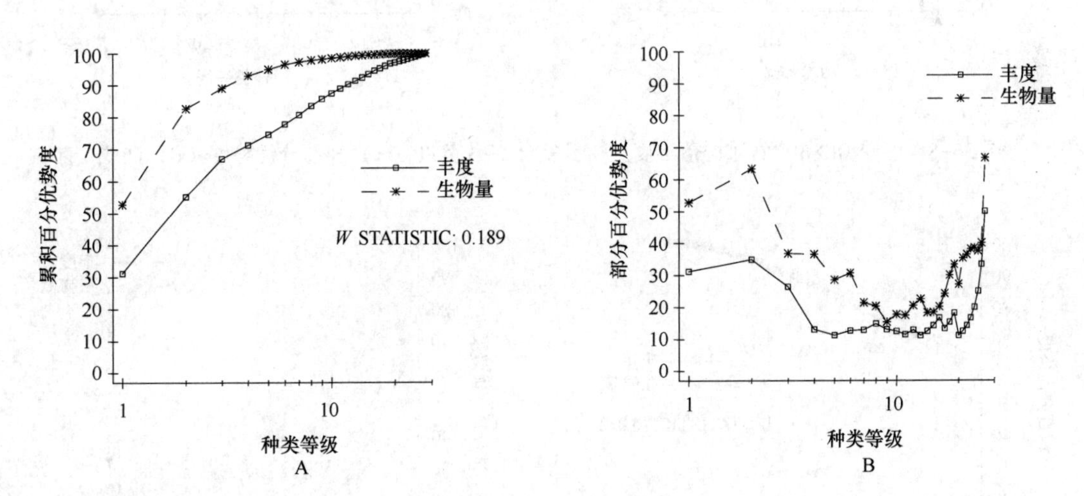

图 36-6　夏季 DR86 岩石滩群落丰度生物量复合 k-优势度（A）和部分优势度（B）曲线

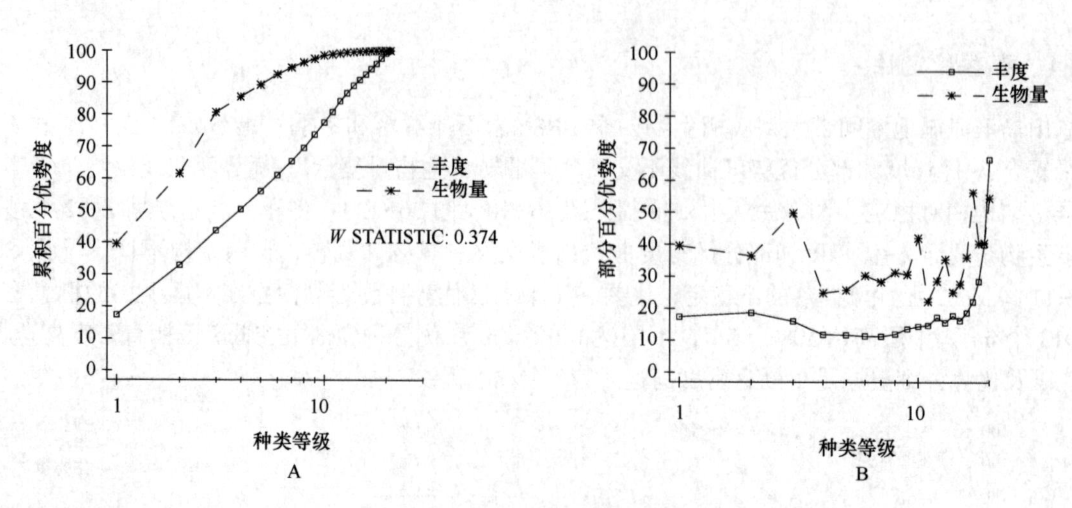

图 36-7　秋季 DR86 岩石滩群落丰度生物量复合 k-优势度（A）和部分优势度（B）曲线

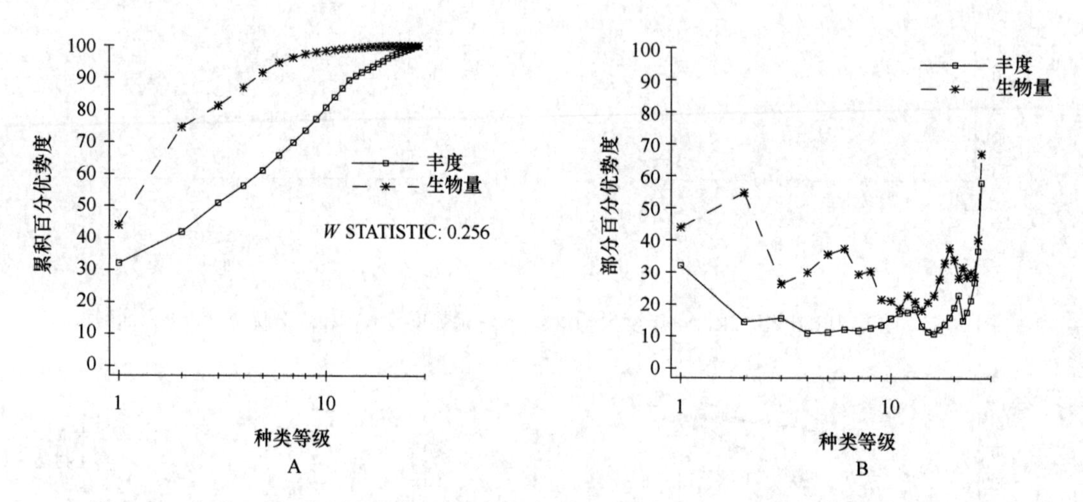

图 36-8　冬季 DR86 岩石滩群落丰度生物量复合 k-优势度（A）和部分优势度（B）曲线

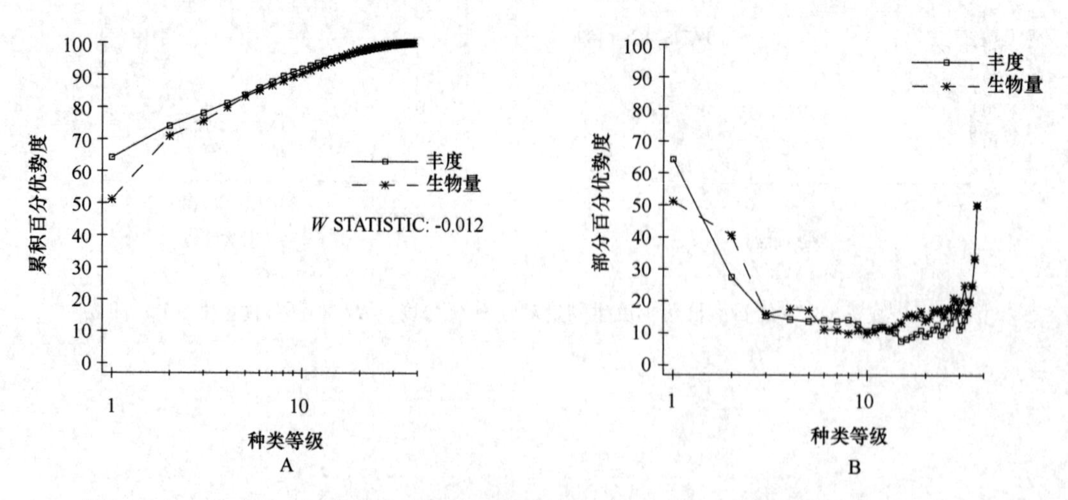

图 36-9　冬季 Zch2 泥沙滩群落丰度生物量复合 k-优势度（A）和部分优势度（B）曲线

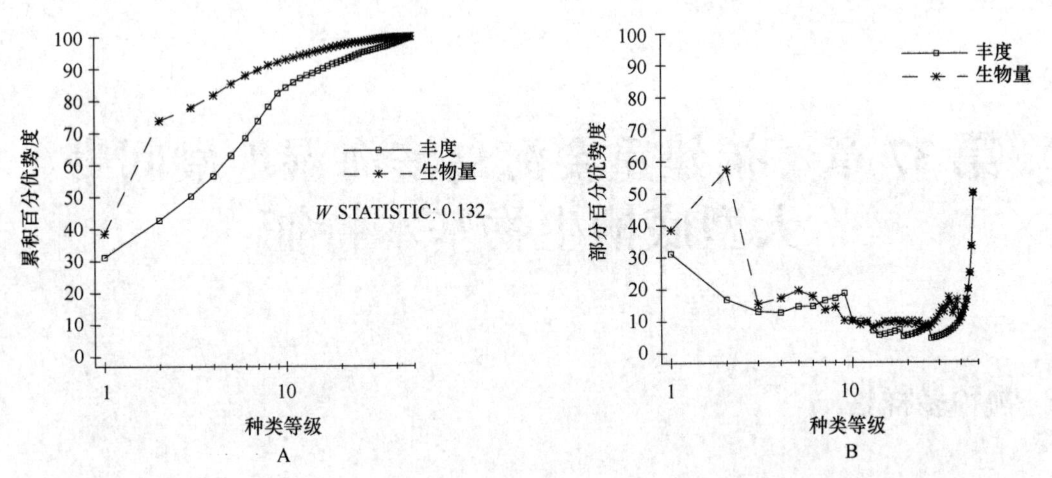

图 36-10 冬季 Zch4 泥沙滩群落丰度生物量复合 k-优势度（A）和部分优势度（B）曲线

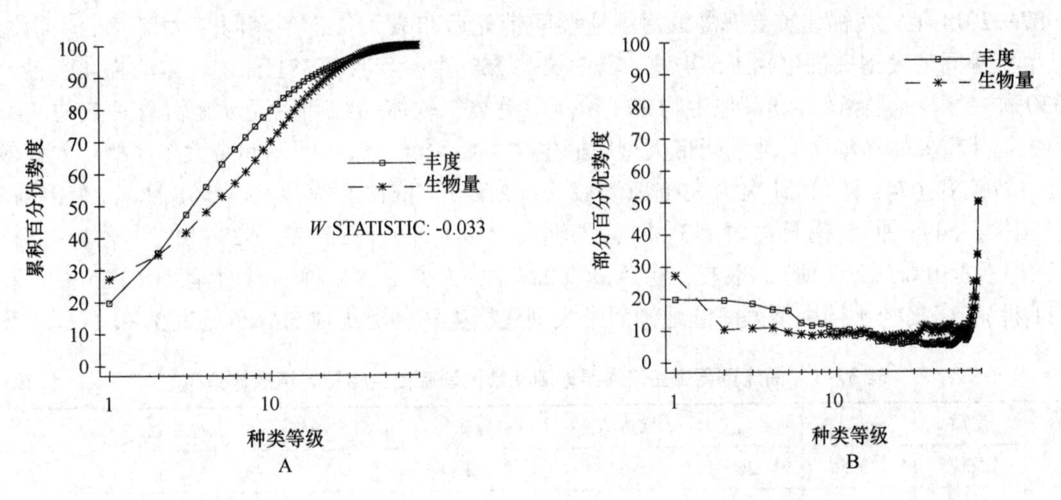

图 36-11 春季 Zch2 泥沙滩群落丰度生物量复合 k-优势度（A）和部分优势度（B）曲线

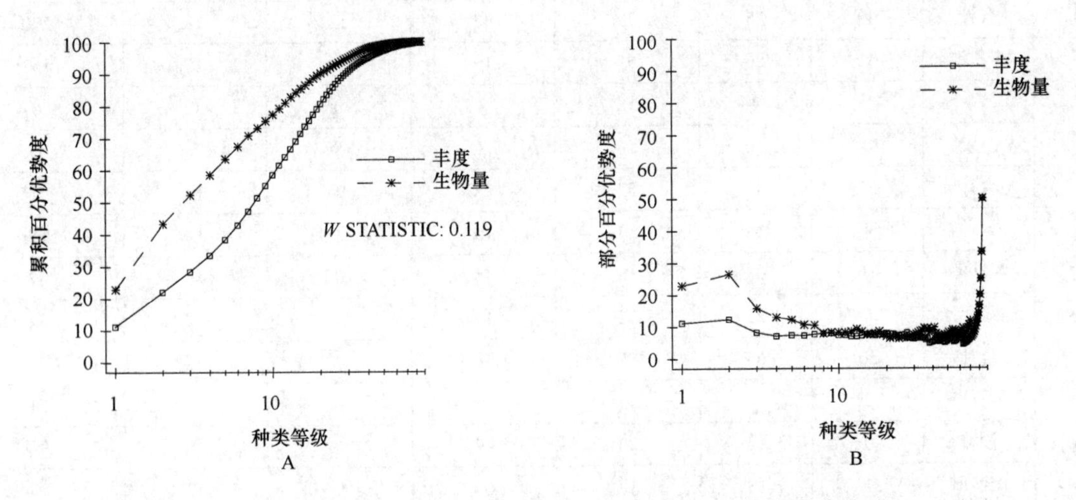

图 36-12 春季 Zch4 泥沙滩群落丰度生物量复合 k-优势度（A）和部分优势度（B）曲线

第 37 章　福建重要海岛滨海湿地潮间带大型底栖生物基本特征

37.1　物种多样性

37.1.1　福建重要海岛滨海湿地潮间带大型底栖生物物种多样性

1987—2014 年，在福建重要海岛滨海湿地潮间带先后布设了 117 条潮间带大型底栖生物调查断面，已鉴定潮间带大型底栖生物 1 524 种，其中藻类 152 种、多毛类 381 种，软体动物 426 种，甲壳动物 330 种，棘皮动物 63 种和其他生物 172 种。多毛类、软体动物和甲壳动物占总种数的 74.61%，三者构成福建重要海岛滨海湿地潮间带大型底栖生物主要类群。海岛间潮间带大型底栖生物比较，种数以厦门岛较多（741 种），其次为大嶝岛海域（662 种），依次有海潭岛（561 种），东山岛（539 种），鼓浪屿（495 种），南日岛（453 种），湄洲岛（381 种），江阴岛（286 种），大嵛山岛（270 种），三都、青山岛（262 种），琅岐、粗芦岛（224 种），少于 200 种的有西洋岛（197 种）和紫泥岛（111 种）。各岛屿不同类型滨海湿地潮间带大型底栖生物种类组成与分布见表 37-1。

表 37-1　福建重要海岛滨海湿地潮间带大型底栖生物种类组成与分布　　单位：种

海岛	底质	藻类	多毛类	软体动物	甲壳动物	棘皮动物	其他生物	合计
大嵛山岛	岩石滩	39	36	52	23	5	13	168
	沙滩	0	26	14	15	0	1	56
	泥沙滩	0	34	39	19	7	7	106
	合计	39	75	79	47	12	18	270
西洋岛	岩石滩	51	26	51	19	8	12	167
	沙滩	0	4	0	2	0	0	6
	泥沙滩	0	16	14	7	5	5	47
	合计	51	44	53	22	11	16	197
三都、青山岛	岩石滩	30	15	53	15	3	13	129
	泥沙滩	0	38	18	15	0	6	77
	泥滩	0	21	32	18	1	20	92
	合计	30	63	87	43	4	35	262
琅岐、粗芦岛	岩石滩	9	5	13	19	0	5	51
	沙滩	0	13	20	47	0	10	90
	泥沙滩	1	48	18	65	0	12	144
	合计	10	57	39	95	0	23	224

续表 37-1

海岛	底质	藻类	多毛类	软体动物	甲壳动物	棘皮动物	其他生物	合计
海潭岛	岩石滩	63	34	78	37	8	10	230
	沙滩	0	57	70	60	9	14	210
	泥沙滩	4	108	84	79	12	18	305
	合计	65	134	179	124	25	34	561
江阴岛	岩石滩	17	4	38	14	1	8	82
	沙滩	0	18	19	31	1	6	75
	泥沙滩	11	79	51	46	6	10	203
	合计	18	89	82	71	6	20	286
南日岛	岩石滩	20	23	92	37	8	9	189
	沙滩	0	35	39	18	7	7	106
	泥沙滩	0	12	32	27	8	15	94
	泥滩	4	33	76	49	3	28	193
	合计	22	86	184	103	18	40	453
湄洲岛	岩石滩	12	26	57	31	6	7	139
	沙滩	0	0	6	7	0	0	13
	泥沙滩	3	80	42	65	9	24	223
	泥滩	2	23	29	29	1	7	91
	合计	15	109	110	99	15	33	381
大嶝岛、小嶝岛、角屿岛	岩石滩	77	36	103	44	31	30	321
	沙滩	0	83	40	30	5	8	166
	泥沙滩	8	131	67	75	6	23	310
	合计	85	186	178	120	36	57	662
厦门岛	岩石滩	66	65	75	54	23	33	316
	沙滩	5	111	43	77	10	25	271
	泥沙滩	7	124	62	62	9	26	290
	泥滩	3	90	73	37	7	14	224
	合计	69	228	177	156	34	77	741
鼓浪屿	岩石滩	78	32	88	38	19	39	294
	沙滩	0	56	5	21	1	4	87
	泥沙滩	0	59	57	32	6	13	167
	合计	78	127	138	79	23	50	495
紫泥岛	沙滩	0	3	4	6	0	2	15
	泥沙滩	0	15	7	26	1	6	55
	红树林区	1	28	14	25	0	7	75
	合计	1	37	20	42	1	10	111
东山岛	岩石滩	65	28	81	40	9	31	254
	沙滩	0	3	19	14	11	5	52
	泥沙滩	8	102	93	80	8	18	309
	泥滩	0	40	60	34	5	7	146
	合计	73	122	165	113	18	48	539
总计		152	381	426	330	63	172	1 524

37.1.2　福建重要海岛不同类型滨海湿地潮间带大型底栖生物物种多样性

福建重要海岛不同类型滨海湿地潮间带大型底栖生物种数比较，种数以泥沙滩较多（904种），依次为岩石滩（759种），沙滩（635种），泥滩（339种）和红树林区（75种）。岩石滩断面间比较，种数以大嵛岛海域较多（321种），琅岐、粗芦岛较少（51种）。沙滩断面间比较，种数以厦门岛较多（271种），西洋岛较少（6种）。泥沙滩断面间比较，种数以大嵛岛海域较多（310种），西洋岛较少（47种）。泥滩断面间比较，种数以厦门岛较多（224种），湄洲岛较少（91种）（表37-2）。

表37-2　福建重要海岛不同类型滨海湿地潮间带大型底栖生物种数比较　　单位：种

底质	海岛	藻类	多毛类	软体动物	甲壳动物	棘皮动物	其他生物	合计
岩石滩	大嵛山岛	39	36	52	23	5	13	168
	西洋岛	51	26	51	19	8	12	167
	青山岛	30	15	53	15	3	13	129
	琅岐、粗芦岛	9	5	13	19	0	5	51
	平潭岛	63	34	78	37	8	10	230
	江阴岛	17	4	38	14	1	8	82
	南日岛	20	23	92	37	8	9	189
	湄洲岛	12	26	57	31	6	7	139
	大嶝	77	36	103	44	31	30	321
	厦门岛	66	65	75	54	23	33	316
	鼓浪屿	78	32	88	38	19	39	294
	东山岛	65	28	81	40	9	31	254
	合计	138	146	201	140	48	86	759
沙滩	大嵛山岛	0	26	14	15	0	1	56
	西洋岛	0	4	0	2	0	0	6
	琅岐、粗芦岛	0	13	20	47	0	10	90
	平潭岛	0	57	70	60	9	14	210
	江阴岛	0	18	19	31	1	6	75
	南日岛	0	35	39	18	7	7	106
	湄洲岛	0	0	6	7	0	0	13
	大嶝	0	83	40	30	5	8	166
	厦门岛	5	111	43	77	10	25	271
	鼓浪屿	0	56	5	21	1	4	87
	紫泥岛	0	3	4	6	0	2	15
	东山岛	0	3	19	14	11	5	52
	合计	5	209	151	194	28	48	635

续表 37-2

底质	海岛	藻类	多毛类	软体动物	甲壳动物	棘皮动物	其他生物	合计
泥沙滩	大嵛山岛	0	34	39	19	7	7	106
	西洋岛	0	16	14	7	5	5	47
	青山岛	0	38	18	15	0	6	77
	琅岐、粗芦岛	1	48	18	65	0	12	144
	平潭岛	4	108	84	79	12	18	305
	江阴岛	11	79	51	46	6	10	203
	南日岛	0	12	32	27	8	15	94
	湄洲岛	3	80	42	65	9	24	223
	大嶝	8	131	67	75	6	23	310
	厦门岛	7	124	62	62	9	26	290
	鼓浪屿	0	59	57	32	6	13	167
	紫泥岛	0	15	7	26	1	6	55
	东山岛	8	102	93	80	8	18	309
	合计	30	271	245	234	29	95	904
泥滩	三都岛	0	21	32	18	1	20	92
	南日岛	4	33	76	49	3	28	193
	湄洲岛	2	23	29	29	1	7	91
	厦门岛	3	90	73	37	7	14	224
	东山岛	0	40	60	34	5	7	146
	合计	6	115	113	68	9	28	339
红树林区	紫泥岛	1	28	14	25	0	7	75
总计		152	381	426	330	63	172	1 524

37.2　数量时空分布

福建重要海岛滨海湿地潮间带大型底栖生物平均生物量为338.12 g/m^2，平均栖息密度为754个/m^2。生物量以软体动物居第一位（200.63 g/m^2），甲壳动物居第二位（105.37 g/m^2）；栖息密度以软体动物居第一位（349个/m^2），甲壳动物居第二位（308个/m^2）。不同底质类型比较，生物量从高到低依次为岩石滩（1 402.71 g/m^2）、红树林区（151.86 g/m^2）、泥滩（79.45 g/m^2）、泥沙滩（44.10 g/m^2）、沙滩（12.48 g/m^2）；栖息密度从高到低依次为岩石滩（2 430个/m^2）、红树林区（818个/m^2）、泥沙滩（261个/m^2）、泥滩（146个/m^2）、沙滩（114个/m^2）。各类群数量组成与分布见表37-3。

表 37-3　福建重要海岛滨海湿地潮间带大型底栖生物数量组成与分布

数量	底质	藻类	多毛类	软体动物	甲壳动物	棘皮动物	其他生物	合计
生物量（g/m²）	岩石滩	106.33	3.08	769.27	497.94	2.54	23.57	1 402.71
	沙滩	0	1.06	6.32	3.52	0.26	1.40	12.48
	泥沙滩	2.41	2.08	21.04	8.05	8.49	2.05	44.10
	泥滩	0	1.39	69.53	3.75	1.21	3.57	79.45
	红树林区	0	0.59	137.01	13.59	0	0.66	151.86
	平均	21.75	1.64	200.63	105.37	2.50	6.25	338.12
密度（个/m²）	岩石滩	—	71	987	1 336	5	30	2 430
	沙滩	—	40	33	39	2	2	114
	泥沙滩	—	111	61	81	5	3	261
	泥滩	—	26	103	14	1	3	146
	红树林区	—	182	562	71	0	2	818
	平均	—	86	349	308	3	8	754

37.2.1　福建重要海岛滨海湿地岩石滩潮间带大型底栖生物数量时空分布

福建重要海岛滨海湿地岩石滩潮间带大型底栖生物四季平均生物量为1 402.71 g/m²，平均栖息密度为2 430个/m²。生物量以软体动物居第一位（769.27 g/m²），甲壳动物居第二位（497.94 g/m²）；栖息密度以甲壳动物居第一位（1 336个/m²），软体动物居第二位（987个/m²）。数量季节变化，生物量以冬季较大（1 606.96 g/m²），春季较小（1 269.95 g/m²）；栖息密度以冬季较大（3 526个/m²），夏季较小（1 734个/m²）。各类群数量组成与季节变化见表37-4。

表 37-4　福建重要海岛岩石滩潮间带大型底栖生物数量组成与季节变化

数量	季节	藻类	多毛类	软体动物	甲壳动物	棘皮动物	其他生物	合计
生物量（g/m²）	春季	134.33	2.49	685.51	411.30	2.95	32.92	1 269.50
	夏季	76.43	1.62	752.41	502.60	5.87	16.75	1 355.68
	秋季	79.37	5.06	783.07	496.82	0.63	13.76	1 378.71
	冬季	135.17	3.13	856.07	581.02	0.71	30.86	1 606.96
	平均	106.33	3.08	769.27	497.94	2.54	23.57	1 402.71
密度（个/m²）	春季	—	87	908	1 671	4	39	2 709
	夏季	—	55	667	987	4	21	1 734
	秋季	—	77	602	1 032	6	32	1 749
	冬季	—	66	1 771	1 655	7	27	3 526
	平均	—	71	987	1 336	5	30	2 430

福建重要海岛滨海湿地岩石滩潮间带大型底栖生物数量组成与季节变化，各岛屿间不尽相同。生物量，春季以琅岐、粗芦岛较大（3 636.84 g/m²），湄洲岛较小（93.09 g/m²）；夏季以琅岐、粗芦岛较大（4 798.27 g/m²），湄洲岛较小（345.93 g/m²）；秋季以琅岐、粗芦岛较大（4 119.37 g/m²），海潭岛较小（111.13 g/m²）；冬季以琅岐、粗芦岛较大（5 339.86 g/m²），湄洲岛较小（117.25 g/m²）。栖息密度，春季以厦门岛较大（12 524个/m²），湄洲岛较小（60个/m²）；夏季以琅岐、粗芦岛较大（4 731个/m²），江阴岛较小（241 个/m²）；秋季以厦门岛较大（7 341 个/m²），湄洲岛较小

(79 个/m²)；冬季以大嵛山岛较大（14 311 个/m²），湄洲岛较小（56 个/m²）。各类群数量组成与季节变化见表 37-5 和表 37-6。

表 37-5　福建重要海岛岩石滩潮间带大型底栖生物生物量组成与季节变化　单位：g/m²

季节	海岛	藻类	多毛类	软体动物	甲壳动物	棘皮动物	其他生物	合计
春季	大嵛山岛	261.33	2.44	106.50	1 018.02	1.22	59.55	1 449.06
	西洋岛	229.33	1.44	138.77	1 253.32	0	30.32	1 653.18
	三都、青山岛	46.93	0.13	286.99	245.27	0	0.05	579.37
	琅岐、粗芦岛	33.92	2.67	3 460.10	140.15	0	0	3 636.84
	海潭岛	91.34	1.38	220.82	174.36	0.10	4.35	492.35
	江阴岛	1.70	0.89	507.24	257.26	0	22.69	789.78
	南日岛	13.13	0.02	315.23	102.05	0	0.53	430.96
	湄洲岛	18.17	1.57	36.44	36.67	0.02	0.22	93.09
	角屿、小嶝岛	539.65	8.50	585.45	633.94	25.65	33.43	1 826.62
	厦门岛	0	6.81	958.48	418.27	0.61	156.41	1 540.58
	鼓浪屿	153.22	2.79	1 024.46	470.12	0.24	57.84	1 708.67
	东山岛	223.27	1.19	585.67	186.15	7.50	29.68	1 033.46
	平均	134.33	2.49	685.51	411.30	2.95	32.92	1 269.50
夏季	大嵛山岛	144.34	1.41	156.28	936.83	0.23	10.71	1 249.80
	西洋岛	213.18	0.88	138.95	1 253.06	0	5.60	1 611.67
	三都、青山岛	5.50	0.03	220.68	295.85	0	0.54	522.60
	琅岐、粗芦岛	15.17	0.19	4 108.80	657.83	0	16.28	4 798.27
	海潭岛	0.57	0	210.35	232.13	66.92	0	509.97
	江阴岛	3.19	0	312.68	285.09	0	6.96	607.92
	南日岛	14.23	0.65	392.87	97.80	0.10	0.06	505.71
	湄洲岛	20.57	2.51	272.72	47.82	0.78	1.53	345.93
	角屿、小嶝岛	61.60	6.85	688.82	735.69	0.55	78.03	1 571.54
	厦门岛	21.46	3.53	686.20	796.19	0.37	12.42	1 520.17
	鼓浪屿	192.14	2.99	1 577.37	418.88	0.18	18.71	2 210.27
	东山岛	225.20	0.39	263.17	274.04	1.30	50.21	814.31
	平均	76.43	1.62	752.41	502.60	5.87	16.75	1 355.68
秋季	大嵛山岛	51.99	3.92	100.33	759.79	0.04	31.77	947.84
	西洋岛	210.39	1.03	160.32	1 271.81	0.24	12.40	1 656.19
	三都、青山岛	35.88	0.11	119.27	347.99	0	0	503.25
	琅岐、粗芦岛	0.60	0.76	3 279.48	837.61	0	0.92	4 119.37
	海潭岛	0	0	46.99	64.14	0	0	111.13
	江阴岛	2.00	0	388.01	202.53	0	0.37	592.91
	南日岛	9.77	0	273.63	141.30	0	0	424.70
	湄洲岛	41.06	35.92	46.11	20.08	1.72	0.46	145.35
	角屿、小嶝岛	150.42	13.63	946.48	592.62	2.31	25.02	1 730.48
	厦门岛	0	3.94	2 315.33	341.46	0.21	58.58	2 719.52
	鼓浪屿	220.82	1.11	1 104.27	815.90	0.05	9.95	2 152.10
	东山岛	229.55	0.24	616.66	566.57	3.02	25.67	1 441.71
	平均	79.37	5.06	783.07	496.82	0.63	13.76	1 378.71

续表 37-5

季节	海岛	藻类	多毛类	软体动物	甲壳动物	棘皮动物	其他生物	合计
冬季	大嵛山岛	102.08	4.70	133.94	1 060.65	0.10	24.94	1 326.41
	西洋岛	195.07	0.58	38.36	971.54	0.27	19.27	1 225.09
	三都、青山岛	43.18	0.15	246.02	508.39	0	0	797.74
	琅岐、粗芦岛	20.13	0.07	4 404.03	915.38	0	0.25	5 339.86
	海潭岛	2.10	0	154.72	47.33	0	0	204.15
	江阴岛	3.61	0	396.13	257.00	0	1.69	658.43
	南日岛	58.74	0	114.89	312.33	0	0	485.96
	湄洲岛	20.58	13.44	67.41	9.69	4.16	1.97	117.25
	角屿、小嶝岛	152.49	8.96	1 193.03	663.17	1.04	5.22	2 023.91
	厦门岛	21.45	3.26	610.97	482.16	0.22	6.82	1 124.88
	鼓浪屿	228.91	3.58	1 335.00	614.20	0.43	18.76	2 200.88
	东山岛	773.68	2.79	1 578.32	1 130.46	2.31	291.44	3 779.00
	平均	135.17	3.13	856.07	581.03	0.71	30.86	1 606.96

表 37-6　福建重要海岛岩石滩潮间带大型底栖生物栖息密度组成与季节变化　　单位：个/m²

季节	海岛	多毛类	软体动物	甲壳动物	棘皮动物	其他生物	合计
春季	大嵛山岛	117	334	551	3	58	1 063
	西洋岛	23	194	312	0	147	676
	三都、青山岛	7	254	193	0	1	455
	琅岐、粗芦岛	72	1 908	595	0	0	2 575
	海潭岛	39	396	2 125	4	6	2 570
	江阴岛	117	556	2 004	0	3	2 680
	南日岛	1	324	440	0	1	766
	湄洲岛	6	39	15	0	0	60
	角屿、小嶝岛	122	513	2 600	11	31	3 277
	厦门岛	393	4 906	7 057	19	149	12 524
	鼓浪屿	92	768	3 092	10	45	4 007
	东山岛	51	700	1 062	6	32	1 851
	平均	87	908	1 671	4	39	2 709
夏季	大嵛山岛	57	505	786	3	19	1 370
	西洋岛	29	160	1 394	0	9	1 592
	三都、青山岛	3	320	266	0	1	590
	琅岐、粗芦岛	15	3 062	1 600	0	54	4 731
	海潭岛	0	646	199	8	0	853
	江阴岛	0	146	92	0	3	241
	南日岛	44	246	857	2	4	1 153
	湄洲岛	78	233	1 459	0	9	1 779

续表 37-6

季节	海岛	多毛类	软体动物	甲壳动物	棘皮动物	其他生物	合计
夏季	角屿、小嶝岛	112	413	337	12	27	901
	厦门岛	189	1 108	2 036	17	80	3 430
	鼓浪屿	123	785	2 026	9	22	2 965
	东山岛	8	377	792	1	29	1 207
	平均	55	667	987	4	21	1 734
秋季	大嵛山岛	374	581	658	1	26	1 640
	西洋岛	31	147	1 046	2	24	1 250
	三都、青山岛	10	173	236	0	0	419
	琅岐、粗芦岛	17	1591	847	0	8	2 463
	海潭岛	0	146	17	0	0	163
	江阴岛	0	138	76	0	2	216
	南日岛	0	252	285	0	0	537
	湄洲岛	14	40	17	1	7	79
	角屿、小嶝岛	202	523	304	46	124	1 199
	厦门岛	220	1983	5 014	16	108	7 341
	鼓浪屿	50	1 112	3 188	2	14	4 366
	东山岛	5	532	695	5	72	1 309
	平均	77	602	1 032	6	32	1 749
冬季	大嵛山岛	397	12 800	1 058	8	48	14 311
	西洋岛	23	114	971	1	26	1 135
	三都、青山岛	10	232	574	0	0	816
	琅岐、粗芦岛	7	2 276	970	0	8	3 261
	海潭岛	0	212	67	0	0	279
	江阴岛	0	250	289	0	1	540
	南日岛	0	239	660	0	0	899
	湄洲岛	7	32	8	3	6	56
	角屿、小嶝岛	94	780	926	16	98	1 914
	厦门岛	126	1 819	849	12	32	2 838
	鼓浪屿	100	1 461	12 079	42	33	13 715
	东山岛	33	1 031	1 409	3	74	2 550
	平均	66	1 771	1 655	7	27	3 526

37.2.2　福建重要海岛滨海湿地沙滩潮间带大型底栖生物数量时空分布

福建重要海岛滨海湿地沙滩潮间带大型底栖生物四季平均生物量为 12.56 g/m^2，平均栖息密度为 114 个/m^2。生物量以软体动物居第一位（6.32 g/m^2），甲壳动物居第二位（3.52 g/m^2）；栖息密度以多毛类居第一位（40 个/m^2），甲壳动物居第二位（39 个/m^2），软体动物居第三位（33 个/m^2）。数量季节变化，生物量以秋季较大（14.14 g/m^2），冬季较小（8.23 g/m^2）；栖息密度以夏季较大

(141 个/m²)，冬季较小 (62 个/m²)。各类群数量组成与季节变化见表 37-7。

表 37-7　福建重要海岛沙滩潮间带大型底栖生物数量组成与季节变化

数量	季节	多毛类	软体动物	甲壳动物	棘皮动物	其他生物	合计
生物量 (g/m²)	春季	1.48	6.86	4.29	0.30	1.17	14.09
	夏季	1.45	6.87	3.21	0.23	2.02	13.79
	秋季	0.80	6.81	5.22	0.32	1.00	14.14
	冬季	0.51	4.74	1.35	0.20	1.42	8.23
	平均	1.06	6.32	3.52	0.26	1.40	12.56
密度 (个/m²)	春季	65	45	22	3	3	137
	夏季	43	61	33	1	2	141
	秋季	38	13	63	1	1	116
	冬季	13	11	36	1	1	62
	平均	40	33	39	2	2	114

福建重要海岛滨海湿地沙滩潮间带大型底栖生物数量组成与分布，各岛屿间不尽相同。生物量，春季以海潭岛较大 (62.78 g/m²)，湄洲岛较小 (0.01 g/m²)；夏季以海潭岛较大 (37.44 g/m²)，西洋岛较小 (0 g/m²)；秋季以琅岐、粗芦岛较大 (35.17 g/m²)，湄洲岛较小 (0 g/m²)；冬季以紫泥岛较大 (16.90 g/m²)，湄洲岛较小 (0.01 g/m²)。栖息密度，春季以海潭岛较大 (468 个/m²)，西洋岛和湄洲岛较小 (2 个/m²)；夏季以琅岐、粗芦岛较大 (340 个/m²)，西洋岛较小 (0 个/m²)；秋季以海潭岛较大 (579 个/m²)，湄洲岛较小 (0 个/m²)；冬季以大嶝岛海域较大 (505 个/m²)，湄洲岛较小 (1 个/m²)。各类群数量组成与季节变化见表 37-8 和表 37-9。

表 37-8　福建重要海岛沙滩潮间带大型底栖生物生物量组成与季节变化　　单位：g/m²

季节	海岛	多毛类	软体动物	甲壳动物	棘皮动物	其他生物	合计
春季	大嵛山岛	0.20	0.09	0.53	0	0	0.82
	西洋岛	0	0	0.07	0	0	0.07
	琅岐、粗芦岛	0.04	3.42	10.49	0	0.24	14.19
	海潭岛	0.99	51.39	8.48	0	1.92	62.78
	江阴岛	2.74	3.85	1.50	2.97	0	11.06
	南日岛	0.04	0.07	0.29	0.51	0	0.91
	湄洲岛	0	0	0.01	0	0	0.01
	大嶝	5.42	8.04	1.79	0.04	1.08	16.37
	厦门岛	6.57	5.28	6.52	0	4.25	22.62
	鼓浪屿	1.62	0.52	0.73	0.02	0.01	2.90
	紫泥岛	0	5.05	18.97	0	5.00	29.02
	东山岛	0.14	4.60	2.09	0	1.53	8.36
	平均	1.48	6.86	4.29	0.30	1.17	14.09

续表 37-8

季节	海岛	多毛类	软体动物	甲壳动物	棘皮动物	其他生物	合计
夏季	大嵛山岛	1.39	7.16	1.56	0.30	8.81	19.22
	西洋岛	0	0	0	0	0	0
	琅岐、粗芦岛	0.19	7.77	11.60	0	0.77	20.33
	海潭岛	0.81	31.66	4.31	0.58	0.08	37.44
	江阴岛	0.34	5.19	5.08	0	10.62	21.23
	南日岛	1.32	4.82	1.25	0.12	0.18	7.69
	湄洲岛	0	0	1.50	0	0	1.50
	大嶝	6.13	7.23	4.11	0.09	0.91	18.47
	厦门岛	5.24	0.55	3.30	0.64	0.18	9.91
	紫泥岛	0.53	7.60	0	0	0	8.13
	东山岛	0.05	3.57	2.65	0.80	0.66	7.73
	平均	1.45	6.87	3.21	0.23	2.02	13.79
秋季	大嵛山岛	0.01	19.18	0.78	0	0	19.97
	西洋岛	0	0	0.44	0	0	0.44
	琅岐、粗芦岛	0.01	1.65	33.24	0	0.27	35.17
	海潭岛	0.39	4.72	0.93	1.70	1.18	8.92
	江阴岛	0.10	11.86	4.63	0	8.08	24.67
	南日岛	0	1.05	0.07	0	0.28	1.40
	湄洲岛	0	0	0	0	0	0
	大嶝	3.43	24.22	2.47	1.33	0.27	31.72
	厦门岛	3.16	0.09	16.29	0.05	0.02	19.61
	鼓浪屿	1.65	8.27	3.25	0.02	0.02	13.21
	紫泥岛	0	7.27	0	0	0.01	7.28
	东山岛	0.83	3.44	0.57	0.69	1.81	7.34
	平均	0.80	6.81	5.22	0.32	1.00	14.14
冬季	大嵛山岛	0.05	11.03	2.01	0	0.01	13.10
	西洋岛	0.29	0	0	0	0.11	0.40
	琅岐、粗芦岛	0.26	2.56	5.01	0	3.26	11.09
	海潭岛	0.38	3.44	1.01	0.62	8.08	13.53
	江阴岛	1.81	5.52	2.09	0	0	9.42
	南日岛	0.07	0.02	0	0.67	0	0.76
	湄洲岛	0	0	0.01	0	0	0.01
	大嶝	1.85	9.69	2.78	0.62	0.52	15.46
	厦门岛	0.90	0.08	0.41	0.33	2.32	4.04
	紫泥岛	0	15.57	1.33	0	0	16.90
	东山岛	0	4.28	0.24	0	1.34	5.86
	平均	0.51	4.74	1.35	0.20	1.42	8.23

表 37-9 福建重要海岛沙滩潮间带大型底栖生物栖息密度组成与季节变化 单位：个/m^2

季节	海岛	多毛类	软体动物	甲壳动物	棘皮动物	其他生物	合计
春季	大嵛山岛	2	7	5	0	0	14
	西洋岛	0	0	2	0	0	2
	琅岐、粗芦岛	3	8	88	0	1	100
	海潭岛	12	412	41	0	3	468
	江阴岛	22	2	8	1	0	33
	南日岛	2	3	1	2	0	8
	湄洲岛	0	0	2	0	0	2
	大嶝	374	37	37	3	3	454
	厦门岛	40	50	37	0	7	134
	鼓浪屿	315	3	25	28	1	372
	紫泥岛	0	5	12	0	14	31
	东山岛	4	13	6	0	1	24
	平均	65	45	22	3	3	137
夏季	大嵛山岛	63	81	69	2	5	220
	西洋岛	0	0	0	0	0	0
	琅岐、粗芦岛	2	313	24	0	1	340
	海潭岛	25	154	12	1	2	194
	江阴岛	10	4	4	0	5	23
	南日岛	82	61	11	1	0	155
	湄洲岛	0	0	208	0	0	208
	大嶝	187	26	9	1	3	226
	厦门岛	90	9	13	6	6	124
	紫泥岛	16	17	0	0	0	33
	东山岛	1	8	11	2	1	23
	平均	43	61	33	1	2	141
秋季	大嵛山岛	1	12	4	0	0	17
	西洋岛	0	0	2	0	0	2
	琅岐、粗芦岛	1	6	91	0	0	98
	海潭岛	30	10	535	3	1	579
	江阴岛	3	4	6	0	1	14
	南日岛	0	12	1	0	0	13
	湄洲岛	0	0	0	0	0	0
	大嶝	210	72	24	3	3	312
	厦门岛	108	1	47	0	1	157
	鼓浪屿	104	20	43	7	2	176
	紫泥岛	0	12	0	0	1	13
	东山岛	3	8	3	1	1	16
	平均	38	13	63	1	1	116

续表 37-9

季节	海岛	多毛类	软体动物	甲壳动物	棘皮动物	其他生物	合计
冬季	大嵛山岛	1	5	5	0	0	11
	西洋岛	4	0	0	0	1	5
	琅岐、粗芦岛	1	5	6	0	1	13
	海潭岛	2	8	2	1	4	17
	江阴岛	2	10	1	0	0	13
	南日岛	3	1	0	1	0	5
	湄洲岛	0	0	1	0	0	1
	大嶝	92	41	368	2	2	505
	厦门岛	34	2	6	6	2	50
	紫泥岛	0	28	8	0	0	36
	东山岛	0	19	0	0	2	21
	平均	13	11	36	1	1	62

37.2.3　福建重要海岛滨海湿地泥沙滩潮间带大型底栖生物数量时空分布

福建重要海岛滨海湿地泥沙滩潮间带大型底栖生物四季平均生物量为 44.10 g/m^2，平均栖息密度为 261 个/m^2。生物量以软体动物居第一位（21.04 g/m^2），棘皮动物居第二位（8.49 g/m^2），甲壳动物居第三位（8.05 g/m^2）；栖息密度以多毛类居第一位（111 个/m^2），甲壳动物居第二位（81 个/m^2），软体动物居第三位（61 个/m^2）。数量季节变化，生物量以夏季较大（50.24 g/m^2），冬季较小（33.24 g/m^2）；栖息密度以春季较大（414 个/m^2），夏季较小（117 个/m^2）。各类群数量组成与季节变化见表 37-10。

表 37-10　福建重要海岛泥沙滩潮间带大型底栖生物数量组成与季节变化

数量	季节	藻类	多毛类	软体动物	甲壳动物	棘皮动物	其他生物	合计
生物量（g/m^2）	春季	2.06	3.34	24.15	11.25	3.89	3.44	48.13
	夏季	0	1.75	27.14	8.81	11.23	1.32	50.24
	秋季	0.05	1.76	17.57	7.39	17.14	0.90	44.79
	冬季	7.52	1.48	15.30	4.74	1.68	2.53	33.24
	平均	2.41	2.08	21.04	8.05	8.49	2.05	44.10
密度（个/m^2）	春季	—	185	99	125	2	3	414
	夏季	—	33	42	34	5	2	117
	秋季	—	177	41	104	10	5	337
	冬季	—	48	62	62	2	3	177
	平均	—	111	61	81	5	3	261

福建重要海岛滨海湿地泥沙滩潮间带大型底栖生物数量组成与分布，各岛屿间不尽相同。生物量，春季以大嶝岛海域较大（151.49 g/m^2），鼓浪屿较小（4.75 g/m^2）；夏季以东山岛较大（164.40 g/m^2），紫泥岛较小（7.40 g/m^2）；秋季以东山岛较大（266.96 g/m^2），西洋岛较小（0 g/m^2）；冬季以东山

岛较大（123.73 g/m²），西洋岛较小（5.40 g/m²）。栖息密度，春季以东山岛较大（1 271 个/m²），鼓浪屿较小（26 个/m²）；夏季以大嶝岛海域较大（368 个/m²），西洋岛较小（10 个/m²）；秋季以湄洲岛较大（968 个/m²），西洋岛较小（0 个/m²）；冬季以东山岛较大（545 个/m²），湄洲岛较小（16 个/m²）。各类群数量组成与季节变化见表 37-11 和表 37-12。

表 37-11　福建重要海岛泥沙滩潮间带大型底栖生物生物量组成与季节变化　　单位：g/m²

季节	海岛	藻类	多毛类	软体动物	甲壳动物	棘皮动物	其他生物	合计
春季	大嵛山岛	0	1.65	6.21	3.73	5.64	2.86	20.09
	西洋岛	0	1.52	0.05	3.39	0.32	0.06	5.34
	三都、青山岛	0	2.00	13.61	10.00	0	0.06	25.67
	琅岐、粗芦岛	0	0.67	0.84	72.94	0	1.00	75.45
	海潭岛	0.30	3.41	38.74	5.68	3.54	13.56	65.23
	江阴岛	10.94	2.58	26.07	4.89	7.23	0.74	52.45
	南日岛	0	0.01	32.80	1.55	16.63	14.51	65.50
	湄洲岛	0	0.76	1.68	1.10	0.31	3.79	7.64
	大嶝	10.30	3.97	116.02	16.46	0.38	4.36	151.49
	厦门岛	2.74	5.15	39.69	10.14	0	1.63	59.35
	鼓浪屿	0	0.47	3.22	0.28	0.50	0.28	4.75
	紫泥岛	0	0.32	1.09	3.76	0	0.32	5.49
	东山岛	2.49	20.87	33.93	12.35	16.01	1.53	87.18
	平均	2.06	3.34	24.15	11.25	3.89	3.44	48.13
夏季	大嵛山岛	0	1.48	13.41	4.11	1.09	0.54	20.63
	西洋岛	0	0	1.98	8.22	0	0	10.20
	三都、青山岛	0	1.82	8.87	10.04	0	0.81	21.54
	琅岐、粗芦岛	0	1.02	0.13	41.85	0	0.02	43.02
	海潭岛	0	0.40	11.29	0.31	0	0.23	12.23
	江阴岛	0	0.59	100.01	7.94	0	0.28	108.82
	南日岛	0	0.11	30.48	0.07	2.56	8.00	41.22
	湄洲岛	0	8.78	0.29	4.07	6.23	0.13	19.50
	大嶝	0	2.46	24.71	7.03	0.34	0.36	34.90
	厦门岛	0	2.74	3.13	14.00	0.42	1.98	22.27
	鼓浪屿	0	3.17	132.39	7.14	0.78	3.57	147.05
	紫泥岛	0	0.05	1.19	4.96	0	1.20	7.40
	东山岛	0	0.13	24.91	4.74	134.62	0	164.40
	平均	0	1.75	27.14	8.81	11.23	1.32	50.24
秋季	大嵛山岛	0	0.67	13.43	11.45	0.22	0.01	25.78
	西洋岛	0	0	0	0	0	0	0
	三都、青山岛	0	0.73	4.45	4.36	0.09	0.35	9.98
	琅岐、粗芦岛	0	0.54	0.88	34.20	0	0.51	36.13
	海潭岛	0.53	3.02	19.67	3.72	0.14	0.42	27.50

续表 37-11

季节	海岛	藻类	多毛类	软体动物	甲壳动物	棘皮动物	其他生物	合计
秋季	江阴岛	0.01	0.39	18.05	3.22	2.58	0.69	24.94
	南日岛	0	0.14	17.90	0.95	1.63	0.01	20.63
	湄洲岛	0.02	1.80	2.01	1.77	2.63	3.06	11.29
	大嶝	0.04	2.66	35.80	3.42	0.27	1.45	43.64
	厦门岛	0	6.91	64.74	11.55	0.24	2.86	86.30
	鼓浪屿	0	1.83	8.96	3.84	0.44	1.92	16.99
	紫泥岛	0	0.03	1.53	10.22	0	0.38	12.16
	东山岛	0	4.17	40.94	7.32	214.53	0	266.96
	平均	0.05	1.76	17.57	7.39	17.14	0.90	44.79
冬季	大嵛山岛	0	1.34	7.27	6.44	4.95	0.41	20.41
	西洋岛	0	1.73	0	1.68	0.12	1.87	5.40
	三都、青山岛	0	1.52	3.22	3.30	0.39	2.27	10.70
	琅岐、粗芦岛	0	0.08	0	17.08	0	0.03	17.19
	海潭岛	0	1.11	2.88	7.41	1.47	14.03	26.90
	江阴岛	1.54	1.14	38.22	6.22	0	0.75	47.87
	南日岛	0	1.18	40.95	1.64	0	0.17	43.94
	湄洲岛	0	0.44	0	1.44	4.28	4.99	11.15
	大嶝	0.68	4.55	75.10	4.67	0	2.13	87.13
	厦门岛	0	2.26	9.04	6.16	0.48	2.83	20.77
	鼓浪屿	0	1.63	1.87	0.28	0.20	2.23	6.21
	紫泥岛	0	0.15	6.81	3.50	0	0.25	10.71
	东山岛	95.51	2.06	13.54	1.76	9.98	0.88	123.73
	平均	7.52	1.48	15.30	4.74	1.68	2.53	33.24

表 37-12　福建重要海岛泥沙滩潮间带大型底栖生物栖息密度组成与季节变化　　单位：个/m^2

季节	海岛	多毛类	软体动物	甲壳动物	棘皮动物	其他生物	合计
春季	大嵛山岛	119	36	23	11	2	191
	西洋岛	32	1	16	1	1	51
	三都、青山岛	14	11	12	0	1	38
	琅岐、粗芦岛	205	19	623	0	1	848
	海潭岛	202	143	53	1	6	405
	江阴岛	116	127	616	1	4	864
	南日岛	1	21	3	4	4	33
	湄洲岛	73	3	11	2	3	92
	大嶝	176	600	69	0	2	847
	厦门岛	317	196	113	0	11	637
	鼓浪屿	7	15	1	2	1	26
	紫泥岛	3	36	39	0	1	79
	东山岛	1 135	84	45	5	2	1 271
	平均	185	99	125	2	3	414

续表 37-12

季节	海岛	多毛类	软体动物	甲壳动物	棘皮动物	其他生物	合计
夏季	大嵛山岛	41	43	17	5	4	110
	西洋岛	0	1	9	0	0	10
	三都、青山岛	47	21	47	0	3	118
	琅岐、粗芦岛	25	3	158	0	1	187
	海潭岛	14	26	3	0	1	44
	江阴岛	14	76	33	0	2	125
	南日岛	4	44	2	5	4	59
	湄洲岛	32	4	11	2	1	50
	大嶝	144	165	59	0	0	368
	厦门岛	60	7	30	4	4	105
	鼓浪屿	46	119	18	3	4	190
	紫泥岛	3	21	51	0	1	76
	东山岛	3	19	8	52	0	82
	平均	33	42	34	5	2	117
秋季	大嵛山岛	26	25	47	2	1	101
	西洋岛	0	0	0	0	0	0
	三都、青山岛	25	22	21	1	1	70
	琅岐、粗芦岛	348	7	237	0	1	593
	海潭岛	485	49	142	6	16	698
	江阴岛	97	38	56	1	7	199
	南日岛	4	17	1	5	0	27
	湄洲岛	443	48	439	24	14	968
	大嶝	352	96	178	1	11	638
	厦门岛	457	97	98	7	8	667
	鼓浪屿	39	19	19	4	2	83
	紫泥岛	2	89	78	0	1	170
	东山岛	26	20	36	79	0	161
	平均	177	41	104	10	5	337
冬季	大嵛山岛	58	84	38	3	3	186
	西洋岛	15	0	1	1	3	20
	三都、青山岛	80	10	17	0	4	111
	琅岐、粗芦岛	8	0	100	0	1	109
	海潭岛	6	32	3	1	2	44
	江阴岛	23	371	78	0	1	473
	南日岛	9	16	0	0	0	25
	湄洲岛	5	0	6	3	2	16
	大嶝	191	182	72	0	13	458
	厦门岛	73	41	55	5	4	178
	鼓浪屿	48	21	4	2	3	78
	紫泥岛	2	13	47	0	2	64
	东山岛	102	38	389	15	1	545
	平均	48	62	62	2	3	177

37.2.4　福建重要海岛滨海湿地泥滩潮间带大型底栖生物数量时空分布

福建重要海岛滨海湿地泥滩潮间带大型底栖生物四季平均生物量为 79.45 g/m^2，平均栖息密度为 146 个/m^2。生物量以软体动物居第一位（69.53 g/m^2），甲壳动物居第二位（3.75 g/m^2）；栖息密度以软体动物居第一位（103 个/m^2），多毛类居第二位（26 个/m^2）。数量季节变化，生物量以夏季较大（141.05 g/m^2），春季较小（48.93 g/m^2）；栖息密度以夏季较大（237 个/m^2），春季较小（108 个/m^2）。各类群数量组成与季节变化见表 37-13。

表 37-13　福建重要海岛泥滩潮间带大型底栖生物数量组成与季节变化

数量	季节	多毛类	软体动物	甲壳动物	棘皮动物	其他生物	合计
生物量（g/m^2）	春季	1.66	38.54	3.86	1.43	3.43	48.93
	夏季	2.17	128.41	3.77	0.13	6.57	141.05
	秋季	0.41	68.12	5.33	0.62	3.30	77.78
	冬季	1.31	43.04	2.03	2.64	0.99	50.02
	平均	1.39	69.53	3.75	1.21	3.57	79.45
密度（个/m^2）	春季	25	69	11	0	2	108
	夏季	47	164	21	1	4	237
	秋季	8	96	14	0	4	121
	冬季	22	81	10	2	2	116
	平均	26	103	14	1	3	146

福建重要海岛滨海湿地泥滩潮间带大型底栖生物数量组成与季节变化，各岛屿间不尽相同。生物量，春季以东山岛较大（134.29 g/m^2），湄洲岛较小（5.55 g/m^2）；夏季以厦门岛较大（346.64 g/m^2），三都、青山岛较小（11.02 g/m^2）；秋季以东山岛较大（195.43 g/m^2），湄洲岛较小（14.82 g/m^2）；冬季以东山岛较大（174.67 g/m^2），湄洲岛较小（17.19 g/m^2）。栖息密度，春季以东山岛较大（190 个/m^2），湄洲岛较小（20 个/m^2）；夏季以厦门岛较大（591 个/m^2），湄洲岛较小（95 个/m^2）；秋季以三都、青山岛较大（189 个/m^2），湄洲岛较小（27 个/m^2）；冬季以东山岛较大（221 个/m^2），湄洲岛较小（41 个/m^2）。各类群数量组成与季节变化见表 37-14 和表 37-15。

表 37-14　福建重要海岛泥滩潮间带大型底栖生物生物量组成与季节变化　　单位：g/m^2

季节	海岛	多毛类	软体动物	甲壳动物	棘皮动物	其他生物	合计
春季	三都、青山岛	1.97	6.13	0.64	0	0.95	9.69
	南日岛	0.54	24.54	8.17	0	10.65	43.90
	湄洲岛	1.34	0.83	3.38	0	0	5.55
	厦门岛	2.15	42.50	5.37	0	1.18	51.20
	东山岛	2.32	118.72	1.73	7.13	4.39	134.29
	平均	1.66	38.54	3.86	1.43	3.43	48.93
夏季	三都、青山岛	0.42	7.16	2.87	0	0.57	11.02
	南日岛	0.43	95.56	3.18	0	11.50	110.67
	湄洲岛	2.27	2.76	6.09	0	3.64	14.76
	厦门岛	5.50	322.68	4.27	0.63	13.56	346.64
	东山岛	2.24	213.90	2.43	0	3.58	222.15
	平均	2.17	128.41	3.77	0.13	6.57	141.05

续表 37-14

季节	海岛	多毛类	软体动物	甲壳动物	棘皮动物	其他生物	合计
秋季	三都、青山岛	0.81	16.26	3.68	2.48	0.35	23.58
	南日岛	0.16	67.40	6.71	0	3.00	77.27
	湄洲岛	0.45	3.20	10.22	0	0.95	14.82
	东山岛	0.23	185.60	0.70	0	8.90	195.43
	平均	0.41	68.12	5.33	0.62	3.30	77.78
冬季	三都、青山岛	0.66	15.86	2.13	0.39	0.94	19.98
	南日岛	0.28	20.83	0.31	0	0.03	21.45
	湄洲岛	0.56	0.13	1.47	12.37	2.66	17.19
	厦门岛	3.16	9.32	3.24	0.46	0.61	16.79
	东山岛	1.91	169.06	2.98	0	0.72	174.67
	平均	1.31	43.04	2.03	2.64	0.99	50.02

表 37-15　福建重要海岛泥滩潮间带大型底栖生物栖息密度组成与季节变化　单位：个/m²

季节	海岛	多毛类	软体动物	甲壳动物	棘皮动物	其他生物	合计
春季	三都、青山岛	7	114	9	0	4	134
	南日岛	9	28	11	0	5	53
	湄洲岛	10	4	6	0	0	20
	厦门岛	53	76	12	0	2	143
	东山岛	48	122	18	1	1	190
	平均	25	69	11	0	2	108
夏季	三都、青山岛	11	112	35	0	6	164
	南日岛	18	137	5	0	4	164
	湄洲岛	58	20	14	0	3	95
	厦门岛	124	410	46	5	6	591
	东山岛	23	139	6	0	2	170
	平均	47	164	21	1	4	237
秋季	三都、青山岛	3	153	28	1	4	189
	南日岛	7	88	10	0	8	113
	湄洲岛	15	1	10	0	1	27
	东山岛	7	140	6	0	3	156
	平均	8	96	14	0	4	121
冬季	三都、青山岛	12	112	11	1	6	142
	南日岛	6	46	2	0	1	55
	湄洲岛	20	1	10	9	1	41
	厦门岛	49	49	22	1	2	123
	东山岛	21	195	5	0	0	221
	平均	22	81	10	2	2	116

37.2.5　福建重要海岛滨海湿地红树林区潮间带大型底栖生物数量时空分布

福建重要海岛滨海湿地红树林区潮间带大型底栖生物四季平均生物量为151.86 g/m²，平均栖息密度为818个/m²。生物量以软体动物居第一位（137.01 g/m²），甲壳动物居第二位（13.59 g/m²）；栖息密度以软体动物居第一位（562个/m²），多毛类居第二位（182个/m²），甲壳动物居第三位（71个/m²）。数量季节变化，生物量以春季较大（560.42 g/m²），秋季较小（7.59 g/m²）；栖息密度以春季较大（2 976个/m²），秋季较小（50个/m²）。各类群数量组成与季节变化见表37-16。

表37-16　福建紫泥岛红树林区潮间带大型底栖生物数量组成与季节变化

数量	季节	多毛类	软体动物	甲壳动物	棘皮动物	其他生物	合计
生物量（g/m²）	春季	1.80	544.35	13.90	0	0.38	560.42
	夏季	0.18	3.66	24.60	0	0.92	29.36
	秋季	0.29	0.01	6.96	0	0.33	7.59
	冬季	0.09	0.04	8.91	0	1.01	10.05
	平均	0.59	137.01	13.59	0	0.66	151.86
密度（个/m²）	春季	677	2 231	65	0	3	2 976
	夏季	14	14	136	0	0	164
	秋季	16	1	28	0	5	50
	冬季	23	3	56	0	1	83
	平均	182	562	71	0	2	818

37.3　群落

福建重要海岛滨海湿地潮间带大型底栖生物群落按底质类型分为：岩石滩群落、沙滩群落、泥沙滩群落、泥滩群落和红树林区群落。

37.3.1　福建重要海岛滨海湿地岩石滩潮间带大型底栖生物群落

粗芦岛岩石滩群落，属内湾隐蔽型群落。高潮区：粒结节滨螺和粗糙滨螺带；中潮区：小石花菜—黑荞麦蛤—僧帽牡蛎—白条地藤壶—白脊藤壶—僧帽牡蛎带；低潮区：纹斑棱蛤—泥藤壶—小相手蟹带。

西洋岛岩石滩群落，属半隐蔽型群落。位于岛屿北侧的北澳，高潮区：滨螺—紫菜带；中潮区：石莼—棘刺牡蛎—日本笠藤壶—羊栖菜带；低潮区：亨氏马尾藻—覆瓦小蛇螺—小珊瑚藻—短石蛏—三角藤壶带。

大嵛山岛岩石滩群落，属开敞型群落。位于岛屿东南面，该断面完全暴露，受风浪和潮流正面冲击，底质为花岗岩。高潮区：粒结节滨螺—塔结节滨螺带；中潮区：鼠尾藻—日本笠藤壶—鳞笠藤壶—短石蛏带；低潮区：亨氏马尾藻—小珊瑚藻—无襟毛虫—短石蛏带。

37.3.2　福建重要海岛滨海湿地沙滩潮间带大型底栖生物群落

大嵛山岛沙滩开敞型潮间带大型底栖生物群落，位于岛屿西北面，滩面长约400 m，该断面完全暴露，受风浪和潮流正面冲击，底质为中细沙、中沙和中粗沙，中潮区泥沙呈斑块状分布。高潮区：

痕掌沙蟹带；中潮区：等边浅蛤—蛤蜊—日本大眼蟹带；低潮区：大海蛹—模糊新短眼蟹—小荚蛏带。

南日岛 Nch2 沙滩群落。高潮区：痕掌沙蟹带；中潮区：锥虫—昌螺—韦氏毛带蟹带；低潮区：背蚓虫—拟衣角蛤—无刺口虾蛄带。

厦门岛观音山（XXS18）沙滩群落。高潮区：痕掌沙蟹带；中潮区：锥稚虫—四索沙蚕—模糊新短眼蟹带；低潮区：中阿曼吉虫—模糊新短眼蟹—隆背大眼蟹带。

海潭岛沙滩群落（大练岛）。高潮区：沙蟹—韦氏毛带蟹带；中潮区：丝鳃稚齿虫—紫藤斧蛤—等边浅蛤—葛氏胖钩虾带；低潮区：异足索沙蚕—光蛤蜊（*Mactrinula* sp.）—极地蚤钩虾带。

37.3.3　福建重要海岛滨海湿地泥沙滩潮间带大型底栖生物群落

江阴岛 Jch2 泥沙滩群落，高潮区：条浒苔带；中潮区：中蚓虫—凸壳肌蛤—渤海鸭嘴蛤—珠带拟蟹守螺—薄片螺赢蜚带；低潮区：梳鳃虫—豆形胡桃蛤—模糊新短眼蟹带。

海潭岛泥沙滩群落（大吉岛）。高潮区：粗糙滨螺—短滨螺带；中潮区：丝鳃稚齿虫—菲律宾蛤仔—珠带拟蟹守螺—薄片螺赢蜚带；低潮区：梯毛虫—缘角蛤—菲律宾蛤仔—日本大螯蜚带。

小嶝岛泥沙滩群落。高潮区：粒结节滨螺—粗糙滨螺带；中潮区：多鳃齿吻沙蚕—绿螂—古氏滩栖螺—弧边招潮带；低潮区：叶须内卷齿蚕—塞切尔泥钩虾。

厦门岛高崎机场（XXM15）泥沙滩群落。高潮区：粗糙滨螺—黑口滨螺带；中潮区：梳鳃虫—珠带拟蟹守螺—凸壳肌蛤带；低潮区：似蛰虫—畸形链肢虫—塞切尔泥钩虾带。

东山岛浮塘 Zch2 泥沙滩群落。高潮区：粗糙滨螺—粒结节滨螺带；中潮区：腺带刺沙蚕—小翼拟蟹守螺—明秀大眼蟹带；低潮区：尖锥虫—大竹蛏—细螯原足虫带。

37.3.4　福建重要海岛滨海湿地泥滩潮间带大型底栖生物群落

三都岛泥滩隐蔽型潮间带大型底栖生物群落。高潮区：粗糙滨螺—短滨螺带。中潮区：珠带拟蟹守螺—渤海鸭嘴蛤—短拟沼螺—淡水泥蟹带。低潮区：索沙蚕—豆形胡桃蛤—长方蟹带。

南日岛 Nch54 泥滩群落。高潮区：弧边招潮带；中潮区：多齿围沙蚕—珠带拟蟹守螺—纵带滩栖螺—长腕和尚蟹带；低潮区：管海葵—毡毛岩虫—镜蛤带。

厦门岛五通（XXM8）泥滩隐蔽型群落。高潮区：宽身大眼蟹带；中潮区：渤海鸭嘴蛤—珠带拟蟹守螺—淡水泥蟹带；低潮区：梳鳃虫—豆形胡桃蛤—光滑倍棘蛇尾带。

37.3.5　福建重要海岛滨海湿地红树林区潮间带大型底栖生物群落

紫泥岛沙头农场（L1）红树林区群落。高潮区：黑口滨螺带；中潮区：寡毛类—渤海鸭嘴蛤—短拟沼螺—宁波泥蟹带；低潮区：异蚓虫—渤海鸭嘴蛤—光滑河蓝蛤—宁波泥蟹带。

第五篇　福建海岸带滨海湿地潮间带大型底栖生物

福建海岸带滨海湿地介于117°03′~120°30′E，23°25′~27°25′N，大陆岸线北起沙埕港虎头鼻南到诏安铁炉岗，直线长度535 km，曲线长度3 051 km，曲折率达1∶5.7，大陆岸线曲折率居全国首位。

闽江口以北滨海湿地岸线，由沙埕至闽江口的长门，直线距离140 km，海岸线长度达775 km，曲率为1∶5.53。海岸多属岩岸，山体直逼海滨，深入内陆的河口海湾较多，海岸和港湾的外表形态具有明显的沉溺特征。大部分港湾底部地形较为复杂，港湾深邃。

闽江口至厦门港之间滨海湿地，岸线最为曲折，由长乐石壁至晋江围头角，直线距离200 km，岸线长达1 163 km，曲率为1∶5.8。低山丘陵和红土台地直逼岸边，海岸在新构造运动作用下，呈现出差异性断块升降现象，近岸海底地形崎岖不平，岛屿星罗棋布，共有大小岛屿近300个。特别是平潭岛至南日岛之间的海底地形尤其复杂，海峡、峡谷、礁石、岛屿等交错分布，和陆地一样，明显受“X”形断裂控制。

厦门港以南滨海湿地岸线较平直，由龙海镇海角至诏安宫口，直线距离115 km，岸线长为450 km，曲率仅为1∶3.9。海岸具明显上升特征，并以砂质海岸为主，由于受区域性断裂构造控制和沿岸流及风浪的影响，海底地形复杂。曲折的海岸形成了众多的大小不等的马蹄形海湾，而且是湾中有湾，港中有港，层层嵌套。福建浅海地形平坦，生态类型多样，拥有众多的海湾、河口与岛屿。全省总计有大小港湾125个，较大的港湾主要有沙埕港、福宁湾、三沙湾、罗源湾、兴化湾、湄洲湾、泉州湾、厦门港、东山湾和诏安湾。港湾分为狭口形与开口形两种。狭口形港湾，湾口与湾内宽度之比在1∶1.2以上，俗称口小腹大形。如三都湾、罗源湾、佛昙湾、旧镇湾、东山湾等处，湾口朝向为东南或东。其特征是溪流从湾底流入，将滩涂分隔成两块或两块以上，潮水沟较少，受风面相对较小。开口形港湾，湾口与湾内宽度之比为2∶1以上，如福宁湾、闽江口至鳌江口段、兴化湾、福清湾、湄洲湾、泉州湾等，湾口朝向为东或东南，其特征是滩涂分隔多，潮水沟多。受风面大，水较混浊。

全省有大潮高潮线以上、面积超过500 m^2 的大小岛屿1 546个，较大的岛屿主要有大嵛山岛、西洋岛、三都岛、琅歧岛、海坛岛、江阴岛、南日岛、湄洲岛、厦门岛、鼓浪屿、大嶝岛、紫泥岛、东山岛。岛屿岸线总长1 779.26 km，岛屿总面积654.01 km^2。潮间带滩涂面积有0.189 2×10^4 km^2，滩涂底质细质沉积占57.7%，松散沉积占42.3%。以九龙江口为界，以北海区滩涂细质沉积占79.6%，松散沉积占20.4%；以南海区滩涂细质沉积占28.6%，松散沉积占71.4%。按沉积类型划分，可分成泥沙质、泥质、砂质和岩石4种类型，以泥沙质类型居多，其次是砂质类型。0~10 m等深线浅海面积约0.413 1×10^4 km^2。底质，南部以砂质泥为主，北部多泥质砂。

福建北部近海及海峡中部泥质沉积物。浙江沿岸水系并不在浙江外海消失，而是继续向西南伸展，进入海峡西侧海区，加入福建沿岸流。这股沿岸水系一边将长江等河流输入的泥沙沿途沉积，一边又汇集了瓯江、飞云江、闽江等带来的泥沙，像接力赛一样，在其流经的闽北外海和海峡中部沉积了现代泥质沉积物，构成海峡现代细粒沉积区。

福建中、南部沿岸砂质沉积物。福建沿岸流在其南下的途中，受到平潭岛的阻挡，主流进入海峡中部，沿岸分支势头大减，水体中悬浮体含量也减低。因此，平潭以南的福建沿岸沉积物，主源于闽中、南部山溪性河流输入的泥沙，构成砂质粗粒沉积区。

福建海岸带滨海湿地同样有 2 大类 10 种滨海湿地类型，天然滨海湿地主要有粉砂淤泥质海岸、砂质海岸、岩石性海岸、滨岸沼泽、红树林沼泽、海岸潟湖和河流及河口水域；人工湿地主要有养殖池塘、水田和盐田。

通过对 1987—2014 年福建海岸带滨海湿地 80 条断面潮间带大型底栖生物资料分析研究，鉴定潮间带大型底栖生物 916 种，其中藻类 73 种、多毛类 265 种，软体动物 275 种，甲壳动物 215 种，棘皮动物 15 种和其他生物 73 种。多毛类、软体动物和甲壳动物占总种数的 82.42%，三者构成福建海岸带滨海湿地潮间带大型底栖生物主要类群。

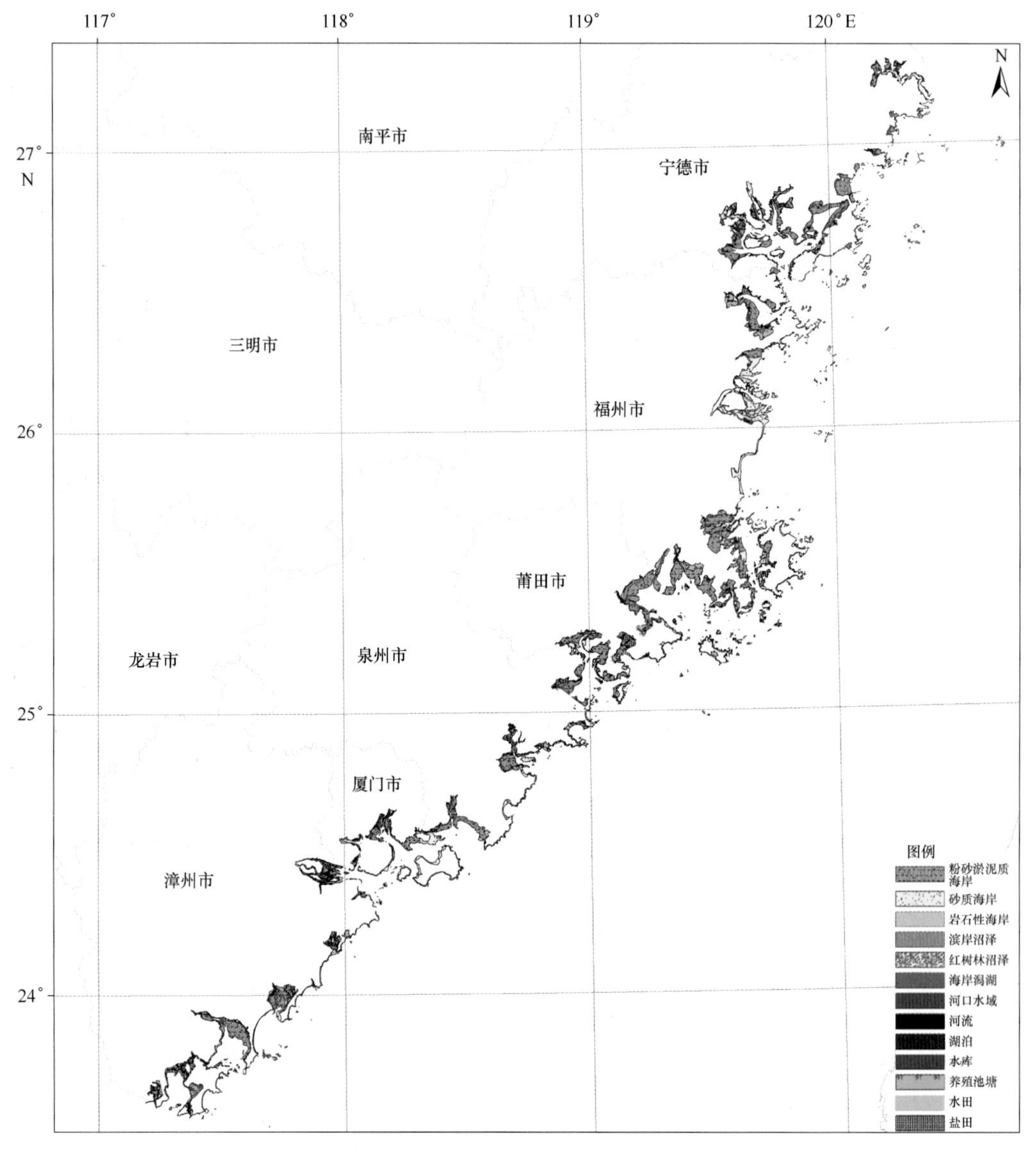

福建海岸带滨海湿地分布图

第 38 章 福鼎海岸带滨海湿地

38.1 自然环境特征

福鼎海岸带滨海湿地分布于福鼎，福鼎市位于福建省东北部，东南濒东海，东北界浙江省苍南县，西北邻浙江省泰顺县，西接柘荣县，南连霞浦县，位于 119°55′~120°43′E，26°52′~27°26′N。东西最大横距 79.3 km，南北最大纵距 57.4 km，陆地面积 1 461.7 km^2，海域面积 14 959.7 km^2，海岸线长 432.7 km，其中泥岸长 168 km，沿岸多港湾。沿海海域水深一般为 10~20 m，岛礁外侧水深大多为 30~40 m，水温 18~20℃，盐度 18~30.8，境内主要水系水北溪、照澜溪、百步溪等多条水流注入，带来丰富的饵料，适宜鱼类栖息生长，可养殖海域面积 91.7 km^2。福鼎海域共有大小岛屿 81 个，台山渔场是主要渔区。

福鼎市属东亚热带海洋性季风气候，气候温和，温暖湿润，雨量充沛。多年平均气温 18.4℃，1 月平均气温 8.9℃，极端最低气温-5.2℃（1999 年 12 月 23 日）；7 月平均气温 28.2℃，极端最高气温 40.6℃（1989 年 7 月 20 日）。最低月均气温 6.1℃（1963 年 1 月），最高月均气温 29.6℃（1988 年 7 月）。平均气温年较差 19.5℃。无霜期年平均 270 d，最长达 309 d，最短为 221 d。年平均日照时数 1 621.7 h。0℃以上持续期 365 d。年平均降水量 1 668.3 mm，年平均降雨日数为 172 d，最多达 207 d（1975 年），最少为 136 d（1971 年）。极端年最大雨量 2 484.4 mm（1973 年），极端年最少雨量 1 045.5 mm（1967 年）。降雨集中在每年 5—9 月，8 月最多。

38.2 断面与站位布设

2002 年 10 月，2006 年 5 月、10 月，11 月，2007 年 4 月和 2010 年 8 月、10 月分别在过镜岛、文渡湾、茶塘港、宁德核电站、渔井、坑墩、后港和牛郎岗布设 10 条断面进行潮间带大型底栖生物取样（表 38-1，图 38-1）。

表 38-1 福鼎海岸带滨海湿地潮间带大型底栖生物调查断面

序号	断面	编号	日期	经 度（E）	纬 度（N）	底质
1	过镜岛	Fch1	2002 年 10 月	120°17′25.48″	27°2′6.45″	岩石滩
2	文渡湾	Fch3		120°15′7.24″	27°3′6.17″	泥沙滩
3	茶塘港	Fch2		120°15′27.39″	27°5′47.42″	
4	宁德核电站	Ch1	2006 年 5 月，10 月	120°16′45.36″	27°2′41.64″	岩石滩
5	渔井	Ch2		120°15′54.54″	27°1′41.76″	
6	宁德核电站	D1		120°17′19.98″	27°1′57.06″	
7	坑墩	D2		120°15′25.08″	27°1′43.74″	泥沙滩

续表 38-1

序号	断面	编号	日期	经　度（E）	纬　度（N）	底质
8	后港	FJ-C009	2006 年 11 月，2007 年 4 月	120°23′4.26″	27°10′31.20″	石堤、泥沙滩
9	宁德核电站	D3	2010 年 8 月，10 月	120°17′10.68″	27°3′4.50″	岩石滩
10	牛郎岗	D4		120°16′48.96″	27°3′29.22″	

图 38-1　福鼎海岸带滨海湿地潮间带大型底栖生物调查断面

38.3　物种多样性

38.3.1　种类组成与分布

福鼎海岸带滨海湿地潮间带大型底栖生物 254 种，其中藻类 16 种，多毛类 67 种，软体动物 85 种，甲壳动物 56 种，棘皮动物 6 种和其他生物 24 种。多毛类、软体动物和甲壳动物占总种数的 81.88%，三者构成海岸带潮间带大型底栖生物主要类群。

福鼎海岸带滨海湿地岩石滩潮间带大型底栖生物 185 种，其中藻类 15 种，多毛类 47 种，软体动物 65 种，甲壳动物 35 种，棘皮动物 4 种和其他生物 19 种。多毛类、软体动物和甲壳动物占总种数的 79.45%，三者构成岩石滩潮间带大型底栖生物主要类群。

福鼎海岸带滨海湿地泥沙滩潮间带大型底栖生物 77 种，其中藻类 2 种，多毛类 23 种，软体动物 22 种，甲壳动物 23 种，棘皮动物 2 种和其他生物 5 种。多毛类、软体动物和甲壳动物占总种数的 88.31%，三者构成泥沙滩潮间带大型底栖生物主要类群。

在不同底质类型中，种数以岩石滩（185 种）大于泥沙滩（77 种）。岩石滩潮间带大型底栖生物种数，春季以 ch2 断面较多（85 种），D1 断面较少（51 种）；春秋季以 ch2 断面较多（119 种），ch1 断面较少（101 种）；夏秋季以 D3 断面较多（75 种），D4 断面较少（67 种）。泥沙滩种数，以春秋季 D2 断面较多（63 种），FJ-C009 断面较少（39 种）（表 38-2）。

表 38-2　福鼎海岸带滨海湿地潮间带大型底栖生物物种组成与分布　　单位：种

底质	断面	编号	季节	藻类	多毛类	软体动物	甲壳动物	棘皮动物	其他生物	合计
岩石滩	核电站	ch1	春季	2	31	22	7	0	2	64
	渔井	ch2		7	22	31	18	1	6	85
	合计			9	35	37	19	1	6	107
	核电站	ch1	秋季	2	15	28	15	1	5	66
	渔井	ch2		5	14	36	15	0	3	73
	合计			5	18	49	20	1	8	101
	核电站	ch1	春秋	4	36	37	16	1	7	101
	渔井	ch2		9	29	47	24	1	9	119
	合计			11	45	56	28	2	13	155
	过镜岛	Fch1	秋季	8	11	25	13	1	5	63
	核电站	D1	春季	2	9	23	12	0	5	51
			秋季	2	9	24	7	0	0	42
			合计	3	14	34	15	0	5	71
	核电站	D3	夏季	0	15	20	12	1	2	50
			秋季	0	14	21	13	0	2	50
			合计	0	24	28	18	1	4	75
	牛郎岗	D4	夏季	5	7	19	12	0	5	48
			秋季	7	12	17	10	0	4	50
			合计	8	14	24	14	0	7	67
	合计			15	47	65	35	4	19	185

续表 38-2

底质	断面	编号	季节	藻类	多毛类	软体动物	甲壳动物	棘皮动物	其他生物	合计
泥沙滩	后港	FJ-C009	春季	0	1	7	2	0	1	11
			秋季	1	15	7	9	0	2	34
			合计	1	15	10	10	0	3	39
	文渡湾	Fch3	秋季	0	11	9	8	2	2	32
	茶塘港	Fch2	秋季	0	4	12	11	1	1	29
	坑墩	D2	春季	0	20	10	9	0	3	42
			秋季	0	24	7	1	3	2	37
			合计	0	32	15	9	3	4	63
	合计			2	23	22	23	2	5	77
总计				16	67	85	56	6	24	254

38.3.2 优势种和主要种

根据数量和出现率，福鼎海岸带滨海湿地潮间带大型底栖生物优势种和主要种有小珊瑚藻、小石花菜、细毛背鳞虫、裂虫、独齿围沙蚕、齿吻沙蚕、中蚓虫、才女虫、独指虫、双形拟单指虫、花冈钩毛虫、盘管虫、龙介虫、克氏无襟毛虫、青蚶、黑荞麦蛤、变化短齿蛤、短石蛏、棘刺牡蛎、僧帽牡蛎、小荚蛏、缢蛏、中国绿螂、光滑河蓝蛤、吉村马特海笋、嫁戚、锈凹螺、粗糙滨螺、粒结节滨螺、拟帽贝、覆瓦小蛇螺、短拟沼螺、疣荔枝螺、日本菊花螺、直背小藤壶、东方小藤壶、鳞笠藤壶、纹藤壶、网纹藤壶、腔齿海底水虱、大角玻璃钩虾、上野蜾蠃蜚、淡水泥蟹、秀明长方蟹、明秀大眼蟹、小相手蟹、模糊新短眼蟹、棘刺锚参和光滑倍棘蛇尾等。

38.4 数量时空分布

38.4.1 数量组成与季节变化

福鼎海岸带滨海湿地岩石滩潮间带大型底栖生物春季、夏季和秋季平均生物量为 1 262.56 g/m^2，平均栖息密度为 4 160 个/m^2。生物量以软体动物居第一位（686.66 g/m^2），甲壳动物居第二位（507.81 g/m^2）；栖息密度以软体动物居第一位（1 573 个/m^2），甲壳动物居第二位（1 386 个/m^2）。数量季节变化，生物量夏季较大（1 544.88 g/m^2），秋季较小（1 019.82 g/m^2）；栖息密度秋季较大（5 238 个/m^2），春季较小（3 159 个/m^2）（表 38-3）。

表 38-3 福鼎海岸带滨海湿地岩石滩潮间带大型底栖生物数量组成与季节变化

数量	季节	藻类	多毛类	软体动物	甲壳动物	棘皮动物	其他生物	合计
生物量（g/m^2）	春季	37.07	9.03	650.74	497.63	0	28.53	1 223.00
	夏季	81.13	3.78	1 046.13	413.33	0	0.51	1 544.88
	秋季	28.57	6.55	363.11	612.47	0	9.12	1 019.82
	平均	48.92	6.45	686.66	507.81	0	12.72	1 262.56
密度（个/m^2）	春季	—	1 062	983	1 111	0	3	3 159
	夏季	—	645	2 211	1 226	0	1	4 083
	秋季	—	1 887	1 525	1 820	0	6	5 238
	平均	—	1 198	1 573	1 386	0	3	4 160

福鼎海岸带滨海湿地泥沙滩潮间带大型底栖生物春季和秋季平均生物量为 51.70 g/m^2，平均栖息密度为 372 个/m^2。生物量以软体动物居第一位（35.84 g/m^2），棘皮动物居第二位（7.64 g/m^2）；栖息密度以多毛类居第一位（135 个/m^2），甲壳动物居第二位（134 个/m^2）。数量季节变化，生物量春季较大（61.02 g/m^2），秋季较小（42.35 g/m^2）；栖息密度秋季较大（441 个/m^2），春季较小（299 个/m^2）（表 38-4）。

表 38-4　福鼎海岸带滨海湿地泥沙滩潮间带大型底栖生物数量组成与季节变化

数量	季节	藻类	多毛类	软体动物	甲壳动物	棘皮动物	其他生物	合计
生物量（g/m^2）	春季	0	1.63	54.80	2.91	0	1.68	61.02
	秋季	0.01	1.11	16.87	8.58	15.28	0.50	42.35
	平均	0.01	1.37	35.84	5.75	7.64	1.09	51.70
密度（个/m^2）	春季	—	106	81	105	0	7	299
	秋季	—	163	90	163	13	12	441
	平均	—	135	86	134	7	10	372

38.4.2　数量分布

福鼎海岸带滨海湿地潮间带大型底栖生物数量分布，不同底质类型比较，春季生物量以岩石滩（1 223.00 g/m^2）大于泥沙滩（61.02 g/m^2），栖息密度同样以岩石滩（3 159 个/m^2）大于泥沙滩（458 个/m^2）；秋季生物量以岩石滩（1 019.82 g/m^2）大于泥沙滩（42.35 g/m^2），栖息密度同样以岩石滩（5 238 个/m^2）大于泥沙滩（441 个/m^2）。

岩石滩潮间带大型底栖生物断面间数量也不尽相同，春季生物量以 Ch2 断面较大（1 451.20 g/m^2），D1 断面较小（1 051.80 g/m^2）；夏季生物量以 D3 断面较大（2 171.43 g/m^2），D4 断面较小（918.30 g/m^2）；秋季生物量以 ch2 断面较大（1 373.97 g/m^2），D1 断面较小（739.68 g/m^2）。泥沙滩潮间带大型底栖生物断面，春季生物量以 D2 断面较大（111.76 g/m^2），FJ-C009 断面较小（10.27 g/m^2）；秋季生物量以 Fch3 断面较大（90.00 g/m^2），D2 断面较小（9.17 g/m^2）（表 38-5）。

表 38-5　福鼎海岸带滨海湿地潮间带大型底栖生物生物量组成与分布　　单位：g/m^2

底质	断面	季节	藻类	多毛类	软体动物	甲壳动物	棘皮动物	其他生物	合计
岩石滩	Ch1	春季	0.02	13.40	974.68	175.28	0	2.61	1 165.99
	Ch2		54.12	12.33	470.29	898.82	0	15.64	1 451.20
	D1		57.08	1.35	507.26	418.78	0	67.33	1 051.80
	平均		37.07	9.03	650.74	497.63	0	28.53	1 223.00
	D3	夏季	0	2.10	2 054.44	114.88	0	0.01	2 171.43
	D4		162.25	5.46	37.82	711.77	0	1.00	918.30
	平均		81.13	3.78	1 046.13	413.33	0	0.51	1 544.88
	Ch1	秋季	8.30	2.42	537.16	380.65	0	1.07	929.60
	Ch2		36.64	8.27	587.11	733.62	0	8.33	1 373.97
	Fch1		10.60	2.32	61.38	1 111.78	0	39.87	1 225.95
	D1		7.77	14.87	231.39	485.65	0	0	739.68
	D3		0	1.47	681.98	83.96	0	0.59	768.00
	D4		108.12	9.96	79.61	879.15	0	4.85	1 081.69
	平均		28.57	6.55	363.11	612.47	0	9.12	1 019.82

续表 38-5

底质	断面	季节	藻类	多毛类	软体动物	甲壳动物	棘皮动物	其他生物	合计
泥沙滩	FJ-C009	春季	0	0.51	4.31	3.99	0	1.46	10.27
	D2		0	2.75	105.28	1.83	0	1.90	111.76
	平均		0	1.63	54.80	2.91	0	1.68	61.02
	FJ-C009	秋季	0.02	0.57	12.34	5.52	0	0.11	18.56
	Fch3		0	2.52	18.96	13.84	53.08	1.60	90.00
	Fch2		0	0.68	30.20	14.72	5.88	0.16	51.64
	D2		0	0.66	5.99	0.24	2.17	0.11	9.17
	平均		0.01	1.11	16.87	8.58	15.28	0.50	42.35

栖息密度，岩石滩潮间带大型底栖生物断面，春季以 ch2 断面较大（4 496 个/m^2），D1 断面较小（2 342 个/m^2）；夏季以 D3 断面较大（5 052 个/m^2），D4 断面较小（3 112 个/m^2）；秋季以 D1 断面较大（10 101 个/m^2），Fch1 断面较小（1 428 个/m^2）。泥沙滩潮间带大型底栖生物断面，春季以 D2 断面较大（556 个/m^2），FJ-C009 断面较小（39 个/m^2）；秋季以 Fch3 断面较大（704 个/m^2），D2 断面较小（193 个/m^2）（表 38-6）。

表 38-6　福鼎海岸带滨海湿地潮间带大型底栖生物栖息密度组成与分布　单位：个/m^2

底质	断面	季节	多毛类	软体动物	甲壳动物	棘皮动物	其他生物	合计
岩石滩	Ch1	春季	1 897	654	84	0	5	2 640
	Ch2		1 073	1 915	1 505	0	3	4 496
	D1		217	381	1 744	0	0	2 342
	平均		1 062	983	1 111	0	3	3 159
	D3	夏季	264	4 061	727	0	0	5 052
	D4		1 025	361	1 724	0	2	3 112
	平均		645	2 211	1 226	0	1	4 083
	Ch1	秋季	613	2 931	408	0	13	3 965
	Ch2		1 312	2 142	553	0	14	4 021
	Fch1		166	192	1 070	0	0	1 428
	D1		5 124	688	4 289	0	0	10 101
	D3		500	2 979	4 243	0	3	7 725
	D4		3 607	218	354	0	3	4 182
	平均		1 887	1 525	1 820	0	6	5 238
泥沙滩	FJ-C009	春季	2	34	2	0	1	39
	D2		209	127	207	0	13	556
	平均		106	81	105	0	7	299
	FJ-C009	秋季	283	135	32	0	8	458
	Fch3		212	56	372	40	24	704
	Fch2		52	88	244	8	12	404
	D2		103	82	3	3	2	193
	平均		163	90	163	13	12	441

福鼎海岸带滨海湿地潮间带大型底栖生物数量垂直分布，2006 年春季岩石滩潮间带大型底栖生物生物量从高到低依次为中潮区（2 376.38 g/m²）、低潮区（1 532.20 g/m²）、高潮区（17.20 g/m²）；栖息密度同样从高到低依次为中潮区（6 028 个/m²）、低潮区（4 520 个/m²）、高潮区（156 个/m²）（表 38-7，表 38-8）。

表 38-7　2006 年春季福鼎海岸带滨海湿地岩石滩潮间带大型底栖生物生物量垂直分布　单位：g/m²

潮区	断面	藻类	多毛类	软体动物	甲壳动物	棘皮动物	其他生物	合 计
高潮区	ch1	0	0	19.12	0	0	0	19.12
	ch2	0	0	15.28	0	0	0	15.28
	平均	0	0	17.20	0	0	0	17.20
中潮区	ch1	0.05	9.79	751.79	525.75	0	0	1 287.38
	ch2	160.69	12.51	596.08	2 695.82	0	0.29	3 465.39
	平均	80.37	11.15	673.93	1 610.78	0	0.15	2 376.38
低潮区	ch1	0	30.40	2 153.12	0.08	0	7.84	2 191.44
	ch2	1.68	24.48	799.52	0.64	0	46.64	872.96
	平均	0.84	27.44	1 476.32	0.36	0	27.24	1 532.20

表 38-8　2006 年春季福鼎海岸带滨海湿地岩石滩潮间带大型底栖生物栖息密度垂直分布　单位：个/m²

潮区	断面	多毛类	软体动物	甲壳动物	棘皮动物	其他生物	合 计
高潮区	ch1	0	136	0	0	0	136
	ch2	0	176	0	0	0	176
	平均	0	156	0	0	0	156
中潮区	ch1	1 963	1 083	245	0	0	3 291
	ch2	819	3 576	4 363	0	8	8 766
	平均	1 391	2 329	2 304	0	4	6 028
低潮区	ch1	3 728	744	8	0	16	4 496
	ch2	2 400	1 992	152	0	0	4 544
	平均	3 064	1 368	80	0	8	4 520

2006 年秋季岩石滩潮间带大型底栖生物生物量从高到低依次为中潮区（2 682.10 g/m²）、低潮区（752.58 g/m²）、高潮区（20.64 g/m²）；栖息密度同样从高到低依次为中潮区（6 503 个/m²）、低潮区（5 264 个/m²）、高潮区（212 个/m²）（表 38-9，表 38-10）。

表 38-9　2006 年秋季福鼎海岸带滨海湿地岩石滩潮间带大型底栖生物生物量垂直分布　单位：g/m²

潮区	断面	藻类	多毛类	软体动物	甲壳动物	棘皮动物	其他生物	合 计
高潮区	ch1	0	0	20.16	0	0	0	20.16
	ch2	0	0	21.12	0	0	0	21.12
	平均	0	0	20.64	0	0	0	20.64
中潮区	ch1	24.91	4.53	1 252.19	1 138.99	0	3.04	2 423.66
	ch2	87.04	4.48	650.40	2 198.61	0	0.03	2 940.56
	平均	55.97	4.51	951.29	1 668.80	0	1.53	2 682.10

续表 38-9

潮区	断面	藻类	多毛类	软体动物	甲壳动物	棘皮动物	其他生物	合 计
低潮区	ch1	0	2.72	339.12	2.96	0	0.16	344.96
	ch2	22.88	20.32	1 089.80	2.24	0	24.96	1 160.20
	平均	11.44	11.52	714.46	2.60	0	12.56	752.58

表 38-10 2006 年秋季福鼎海岸带滨海湿地岩石滩潮间带大型底栖生物栖息密度垂直分布 单位：个/m²

潮区	断面	多毛类	软体动物	甲壳动物	棘皮动物	其他生物	合 计
高潮区	ch1	0	232	0	0	0	232
	ch2	0	192	0	0	0	192
	平均	0	212	0	0	0	212
中潮区	ch1	752	4 184	1 080	0	24	6 040
	ch2	688	4 867	1 410	0	3	6 968
	平均	720	4 525	1 245	0	13	6 503
低潮区	ch1	1 088	4 376	144	0	16	5 624
	ch2	3 248	1 368	248	0	40	4 904
	平均	2 168	2 872	196	0	28	5 264

2006 年和 2010 年春季、夏季和秋季，福鼎海岸带滨海湿地潮间带大型底栖生物数量垂直分布，生物量从高到低依次为中潮区（2 178.49 g/m²）、低潮区（590.01 g/m²）、高潮区（7.77 g/m²）；栖息密度同样从高到低依次为中潮区（7 412 个/m²）、低潮区（3 472 个/m²）、高潮区（200 个/m²）（表 38-11，表 38-12）。

表 38-11 2006 年和 2010 年福鼎海岸带滨海湿地潮间带大型底栖生物生物量垂直分布 单位：g/m²

潮区	季节	藻类	多毛类	软体动物	甲壳动物	棘皮动物	其他生物	合计
高潮区	春季	0	0	6.32	0.84	0	0	7.16
	夏季	0	0	10.64	0	0	0	10.64
	秋季	0	0	5.52	0	0	0	5.52
	平均	0	0	7.49	0.28	0	0	7.77
中潮区	春季	85.63	2.35	758.77	627.24	0	2.77	1 476.76
	夏季	240.93	4.37	1 856.44	1 133.25	0	1.00	3 235.99
	秋季	67.75	1.15	673.45	1 078.18	1.63	0.58	1 822.74
	平均	131.44	2.62	1 096.22	946.22	0.54	1.45	2 178.49
低潮区	春季	0	3.80	153.72	2.84	0	101.08	261.44
	夏季	2.44	6.96	1 271.32	106.72	0	0.52	1 387.96
	秋季	19.16	19.07	70.26	8.57	0	3.58	120.64
	平均	7.20	9.94	498.43	39.38	0	35.06	590.01

表 38-12　2006 年和 2010 年福鼎海岸带滨海湿地潮间带大型底栖生物栖息密度垂直分布　单位：个/m²

潮区	季节	多毛类	软体动物	甲壳动物	棘皮动物	其他生物	合计
高潮区	春季	0	220	68	0	0	288
	夏季	0	140	0	0	0	140
	秋季	0	170	0	0	0	170
	平均	0	177	23	0	0	200
中潮区	春季	219	487	2 647	0	8	3 361
	夏季	633	5 725	3 257	0	4	9 619
	秋季	161	2 565	6 519	2	5	9 252
	平均	338	2 926	4 141	1	6	7 412
低潮区	春季	420	56	212	0	12	700
	夏季	1 300	768	420	0	0	2 488
	秋季	6 840	240	147	0	0	7 227
	平均	2 853	355	260	0	4	3 472

38. 4. 3　饵料生物水平

福鼎海岸带滨海湿地岩石滩潮间带大型底栖生物春季、夏季和秋季平均饵料水平分级均为Ⅴ级，其中：软体动物和甲壳动物较高，达Ⅴ级，藻类达Ⅳ级，其他生物为Ⅲ级，棘皮动物较低，为Ⅰ级。泥沙滩断面春季和秋季平均饵料水平分级分别为Ⅴ级和Ⅳ级，其中软体动物较高，达Ⅳ级，甲壳动物和棘皮动物均为Ⅱ级，藻类、多毛类和其他生物较低，均为Ⅰ级（表 38-13）。

表 38-13　福鼎海岸带滨海湿地潮间带大型底栖生物饵料水平分级

底质	季节	藻类	多毛类	软体动物	甲壳动物	棘皮动物	其他生物	评价标准
岩石滩	春季	Ⅳ	Ⅱ	Ⅴ	Ⅴ	Ⅰ	Ⅳ	Ⅴ
	夏季	Ⅴ	Ⅰ	Ⅴ	Ⅴ	Ⅰ	Ⅰ	Ⅴ
	秋季	Ⅳ	Ⅱ	Ⅴ	Ⅴ	Ⅰ	Ⅱ	Ⅴ
	平均	Ⅳ	Ⅱ	Ⅴ	Ⅴ	Ⅰ	Ⅲ	Ⅴ
泥沙滩	春季	Ⅰ	Ⅰ	Ⅴ	Ⅰ	Ⅰ	Ⅰ	Ⅴ
	秋季	Ⅰ	Ⅰ	Ⅲ	Ⅱ	Ⅲ	Ⅰ	Ⅳ
	平均	Ⅰ	Ⅰ	Ⅳ	Ⅱ	Ⅱ	Ⅰ	Ⅴ

38. 5　群落

38. 5. 1　群落类型

福鼎海岸带滨海湿地潮间带大型底栖生物群落主要有：

（1）Fch1 岩石滩间带生物群落。高潮区：粒结节滨螺—塔结节滨螺—拟帽贝带；中潮区：克氏无襟毛虫—疣荔枝螺—鳞笠藤壶—小相手蟹带；低潮区：细毛背鳞虫—粒神螺—三角藤壶—光辉圆扇蟹带。

（2）ch1 岩石滩群落。高潮区：粒结节滨螺—塔结节滨螺带；中潮区：克氏无襟毛虫—黑荞麦蛤—鳞笠藤壶带；低潮区：克氏无襟毛虫—敦氏猿头蛤—甲虫螺带。

（3）ch2 岩石滩群落。高潮区：粒结节滨螺—塔结节滨螺带；中潮区：小石花菜—中间软刺藻—棘刺牡蛎—鳞笠藤壶带；低潮区：克氏无襟毛虫—短石蛏—敦氏猿头蛤—上野蜾蠃蜚带。

（4）D2 泥沙滩群落。高潮区：粒结节滨螺—粗糙滨螺带；中潮区：花冈钩毛虫—齿吻沙蚕—小亮樱蛤—婆罗囊螺—同掌华眼钩虾带；低潮区：奇异稚齿虫—尖刀蛏—薄片蜾蠃蜚带。

38.5.2　群落结构

（1）Fch1 岩石滩间带生物群落。该群落位于福鼎过镜岛东南，断面所处滩面长度约 80 m，高潮区至中潮区上界岩石陡峭。

高潮区：粒结节滨螺—塔结节滨螺—拟帽贝带。该潮区优势种粒结节滨螺，分布广，分布带约 3.5 m，数量大，个体小，生物量和栖息密度分别为 8.72 g/m^2 和 96 个/m^2。塔结节滨螺，主要分布在本区中、上层，生物量和栖息密度分别为 0.16 g/m^2 和 24 个/m^2。拟帽贝，自本区下层可延伸分布至中潮区，在本区的生物量和栖息密度分别为 1.52 g/m^2 和 8 个/m^2。习见种还有龟足和海蟑螂等。

中潮区：克氏无襟毛虫—疣荔枝螺—鳞笠藤壶—小相手蟹带。该潮区主要种克氏无襟毛虫，自本区下层可延伸分布至低潮区，数量以本区为大，最大生物量和栖息密度分别为 0.96 g/m^2 和 208 个/m^2。疣荔枝螺，主要分布在本区的上、中层，生物量和栖息密度分别为 20.60 g/m^2 和 29 个/m^2。优势种鳞笠藤壶，分布在本区中、下层，分布带约 4.5 m，最大生物量和栖息密度分别高达 3 135.01 g/m^2 和 2 480 个/m^2。小相手蟹，仅在本区出现，生物量和栖息密度分别为 0.69 g/m^2 和 51 个/m^2。其他主要种和习见种有花石莼、小石花菜、石花菜、小珊瑚藻、多毛类巧言虫、裂虫、日本花棘石鳖、偏顶蛤、锉石蛏、嫁戚、渔舟蜒螺和大角玻璃钩虾等。

低潮区：细毛背鳞虫—粒神螺—三角藤壶—光辉圆扇蟹带。该潮区主要种细毛背鳞虫，自中潮区下界分布到本潮区，数量不高，生物量和栖息密度分别为 1.60 g/m^2 和 32 个/m^2。粒神螺，仅在本区出现，个体大，生物量为 46.40 g/m^2，栖息密度为 24 个/m^2。优势种三角藤壶，仅在本区出现，生物量和栖息密分别达 91.92 g/m^2 和 472 个/m^2。光辉圆扇蟹，自中潮区延伸分布到本潮区，生物量和栖息密以本区为大，分别达 20.88 g/m^2 和 112 个/m^2。其他主要种和习见种有匍匐石花菜、鸡毛菜、小珊瑚藻姐妹变型、小杉藻、海鳞虫、刺沙蚕、杂色伪沙蚕、布氏蚶、青蚶、翡翠贻贝、锉石蛏、沟海笋（*Zirfaea* sp.）、锈凹螺、黄口荔枝螺、甲虫螺、桧叶螅（*Sertularia* sp.）、花群体海葵（*Zoanthus* sp.）和石花虫等（图 38-2）。

（2）ch1 岩石滩群落。该群落所处滩面底质类型为大小不一的岩石块。

高潮区：粒结节滨螺—塔结节滨螺带。该潮区种类贫乏，数量不高，代表种粒结节滨螺的生物量和栖息密度分别为 12.88 g/m^2 和 80 个/m^2。塔结节滨螺的生物量和栖息密度分别为 6.24 g/m^2 和 56 个/m^2。

中潮区：克氏无襟毛虫—黑荞麦蛤—鳞笠藤壶带。该潮区优势种克氏无襟毛虫，自本区可向下延伸分布至低潮区，在本区下层的生物量和栖息密度分别为 14.24 g/m^2 和 5 344 个/m^2。黑荞麦蛤，仅在本区出现，在上层的生物量和栖息密度分别为 0.24 g/m^2 和 64 个/m^2；中层较大，分别为 4.88 g/m^2 和 1 456 个/m^2；下层分别为 0.16 g/m^2 和 32 个/m^2。优势种鳞笠藤壶，仅在中潮区出现，生物量和栖息密度分别高达 1 573.92 g/m^2 和 616 个/m^2。其他主要种和习见种有细毛背鳞虫、异须沙蚕、独齿围沙蚕、棘刺牡蛎、红拉沙蛤、拟帽贝、疣荔枝螺、大角玻璃钩虾、上野蜾蠃蜚和小相手蟹等。

低潮区：克氏无襟毛虫—敦氏猿头蛤—甲虫螺带。该潮区优势种克氏无襟毛虫，从中潮区可延伸分布至低潮区，在本区数量较大，生物量和栖息密度分别为 21.04 g/m^2 和 2 600 个/m^2。敦氏猿头

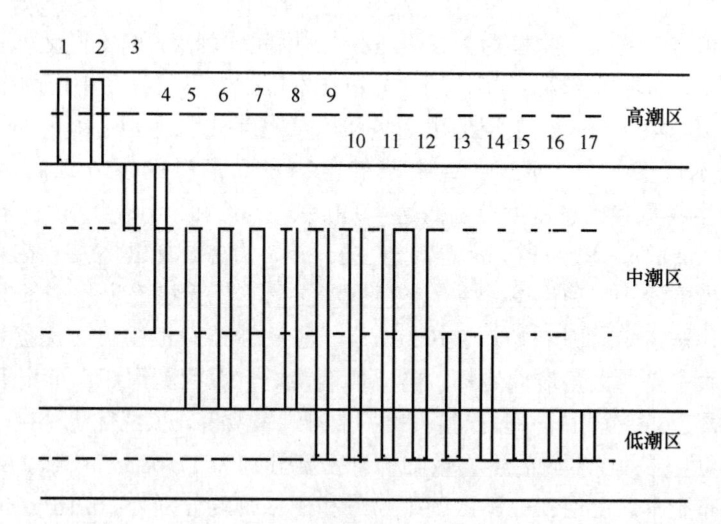

图 38-2　Fch1 岩石滩群落主要种垂直分布

1. 塔结节滨螺；2. 粒结节滨螺；3. 嫁䗩；4. 渔舟蜒螺；5. 石花菜；6. 疣荔枝螺；7. 小相手蟹；8. 鳞笠藤壶；9. 克氏无襟毛虫；10. 细毛背鳞虫；11. 锉石蛏；12. 光辉圆扇蟹；13. 粒神螺；14. 甲虫螺；15. 布氏蚶；16. 三角藤壶；17. 石花虫

蛤，仅在本区出现，生物量和栖息密度分别为 2 117.92 g/m^2 和 72 个/m^2。甲虫螺，仅在本区出现，数量不高，生物量和栖息密度分别为 29.44 g/m^2 和 16 个/m^2。其他主要种和习见种有非拟海鳞虫、格鳞虫、豆维虫（*Schistomeringos* sp.）、分离盘管虫、旋鳃虫（*Spirobranchus giganteus*）、布纹蚶、细尖石蛏、红拉沙蛤、核螺、小杂螺（*Zafra* sp.）和管孔苔虫（*Tubulipora* sp.）等（图 38-3）。

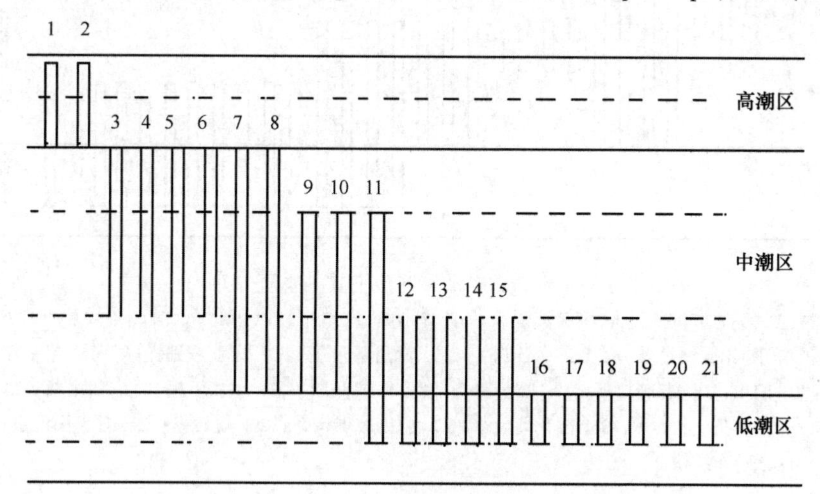

图 38-3　ch1 岩石滩群落主要种垂直分布

1. 粒结节滨螺；2. 塔结节滨螺；3. 棘刺牡蛎；4. 齿纹蜒螺；5. 鳞笠藤壶；6. 大角玻璃钩虾；7. 黑荞麦蛤；8. 疣荔枝螺；9. 拟帽贝；10. 小相手蟹；11. 红拉沙蛤；12. 叶须虫；13. 独齿围沙蚕；14. 异须沙蚕；15. 克氏无襟毛虫；16. 格鳞虫；17. 分离盘管虫；18. 布纹蚶；19. 敦氏猿头蛤；20. 甲虫螺；21. 细尖石蛏

（3）ch2 岩石滩群落。该群落所处滩面底质类型高潮区至低潮区以花岗岩为主。

高潮区：粒结节滨螺—塔结节滨螺带。该潮区代表种粒结节滨螺，数量不高，生物量和栖息密度分别为 8.96 g/m^2 和 104 个/m^2。塔结节滨螺的生物量和栖息密度分别为 6.32 g/m^2 和 72 个/m^2。

中潮区：小石花菜—中间软刺藻—棘刺牡蛎—鳞笠藤壶带。该区优势种小石花菜，主要分布在本区中层，形成一条分布带，最大生物量达 242.48 g/m²。中间软刺藻，自本潮区可延伸至低潮区，在本潮区的生物量达 187.84 g/m²。优势种僧帽牡蛎，分布在本区中、下层，在中层的生物量和栖息密度分别高达 1 288.24 g/m² 和 440 个/m²；下层的生物量和栖息密度分别达 149.04 g/m² 和 24 个/m²。优势种鳞笠藤壶，分布在本区上、中、下层，在上层的生物量和栖息密度分别高达 2 977.44 g/m² 和 1 376 个/m²；中层的生物量和栖息密度分别高达 4 950.96 g/m² 和 1 816 个/m²；下层的生物量和栖息密度较低，分别为 19.52 g/m² 和 24 个/m²。其他主要种和习见种有鼠尾藻、花石莼、细毛背鳞虫、裂虫、异须沙蚕、弯齿围沙蚕、独齿围沙蚕、杂色围沙蚕、克氏无襟毛虫、红条毛肤石鳖、青蚶、黑荞麦蛤、短石蛏、变化短齿蛤、凯利蛤（*Kellia* sp.）、红拉沙蛤、拟帽贝、疣荔枝螺、日本菊花螺、直背小藤壶、腔齿海底水虱、大角玻璃钩虾、施氏玻璃钩虾、强壮藻钩虾、小相手蟹等。

低潮区：克氏无襟毛虫—短石蛏—敦氏猿头蛤—上野蝶赢蜚带。该区优势种克氏无襟毛虫，自中潮区下层延伸分布至本区上层，在本区的生物量和栖息密度分别为 17.68 g/m² 和 1 728 个/m²。短石蛏，自中潮区下层延伸分布至本区上层，在本区的生物量和栖息密度分别为 26.16 g/m² 和 288 个/m²。优势种敦氏猿头蛤，仅在本区出现，生物量和栖息密度分别为 659.84 g/m² 和 32 个/m²。其他主要种和习见种有小珊瑚藻、巧言虫、独齿围沙蚕、肾齿缨虫（*Potamilla reniformis*）、分离盘管虫、青蚶、布纹蚶、凯利蛤、马特海笋、覆瓦小蛇螺、甲虫螺、施氏玻璃钩虾、高襟仿卫胞苔虫（*Phylactellipora collaris*）等（图 38-4）。

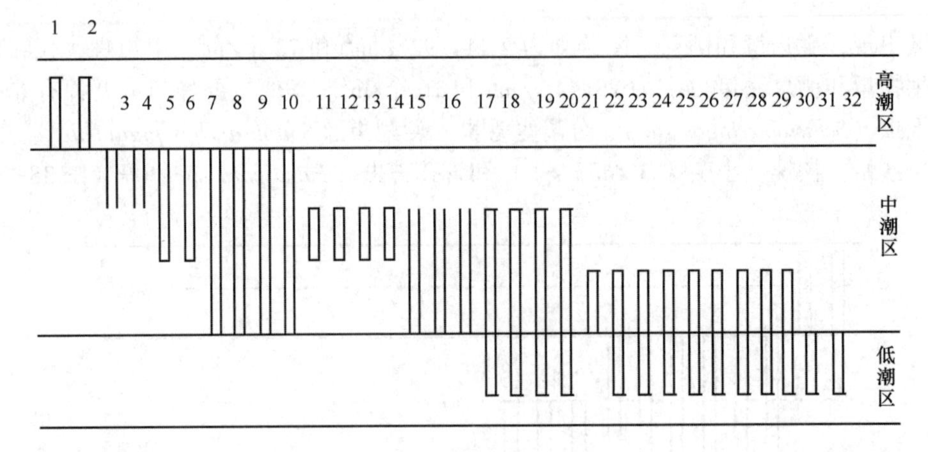

图 38-4　ch2 岩石滩群落主要种垂直分布

1. 粒结节滨螺；2. 塔结节滨螺；3. 粗糙滨螺；4. 直背小藤壶；5. 红拉沙蛤；6. 大角玻璃钩虾；7. 杂色围沙蚕；8. 黑荞麦蛤；9. 拟帽贝；10. 鳞笠藤壶；11. 小石花菜；12. 弯齿围沙蚕；13. 疣荔枝螺；14. 日本菊花螺；15. 花石莼；16. 细毛背鳞虫；17. 裂虫；18. 棘刺牡蛎；19. 强壮藻钩虾；20. 凯利蛤；21. 小相手蟹；22. 鼠尾藻；23. 中间软刺藻；24. 克氏无襟毛虫；25. 红条毛肤石鳖；26. 变化短齿蛤；27. 施氏玻璃钩虾；28. 短石蛏；29. 独齿围沙蚕；30. 覆瓦小蛇螺；31. 敦氏猿头蛤；32. 布纹蚶

（4）D2 泥沙滩群落。该群落所处滩面底质类型高潮区为花岗岩，中潮区至低潮区为泥沙滩，滩面长度约 300 m。

高潮区：粒结节滨螺—粗糙滨螺带。该潮区代表种粒结节滨螺，数量不高，生物量和栖息密度分别为 1.04 g/m² 和 32 个/m²。粗糙滨螺，生物量和栖息密度分别为 7.68 g/m² 和 160 个/m²。

中潮区：花冈钩毛虫—齿吻沙蚕—小亮樱蛤—婆罗囊螺—同掌华眼钩虾带。该区主要种花冈钩毛虫，仅分布在本区，在本区上层的生物量和栖息密度分别为 0.16 g/m² 和 16 个/m²；中层分别为 0.80 g/m² 和 152 个/m²；下层分别为 0.16 g/m² 和 16 个/m²。齿吻沙蚕，仅分布在本区，在本区上层的生物量和栖息密度分别为 0.64 g/m² 和 56 个/m²；中层分别为 1.28 g/m² 和 200 个/m²；下层分别为 0.48 g/m² 和 120 个/m²。小亮樱蛤，分布在本区上、中层，在上层的生物量和栖息密度分别为 0.16 g/m² 和 8 个/m²；中层分别为 0.32 g/m² 和 32 个/m²。婆罗囊螺，分布在本区上、中层，在上层的生物量和栖息密度分别为 3.04 g/m² 和 104 个/m²；中层分别为 0.08 g/m² 和 8 个/m²。同掌华眼钩虾，分布在本区上、中层，在上层的生物量和栖息密度分别为 0.08 g/m² 和 40 个/m²；中层分别为 0.08 g/m² 和 24 个/m²。其他主要种和习见种有稚齿虫、才女虫、中引虫、背毛背蚓虫、索沙蚕、似蛰虫、理蛤、拟紫口玉螺、泥螺、卵圆涟虫、薄片蜾蠃蜚和中华钝牙鰕虎鱼等。

低潮区：奇异稚齿虫—尖刀蛏—薄片蜾蠃蜚带。该区优势种奇异稚齿虫，仅在本区出现，生物量和栖息密度分别为 2.72 g/m² 和 112 个/m²。尖刀蛏，也仅在本区出现，生物量和栖息密度分别为 0.48 g/m² 和 8 个/m²。薄片蜾蠃蜚，自中潮区可延伸分布至此，在本区的生物量和栖息密度分别为 1.44 g/m² 和 344 个/m²。其他主要种和习见种有长吻吻沙蚕、独毛虫、中引虫、不倒翁虫、索沙蚕、圆筒原盒螺、三叶针尾涟虫、贪精武蟹、模糊新短眼蟹、白沙箸海鳃和脑纽虫等（图 38-5）。

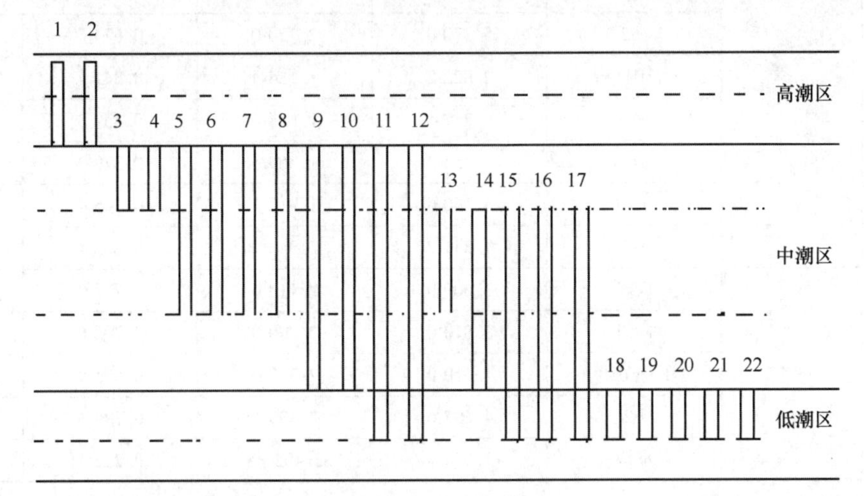

图 38-5 D2 泥沙滩群落主要种垂直分布

1. 粗糙滨螺；2. 粒结节滨螺；3. 东方小藤壶；4. 拟紫口玉螺；5. 才女虫；6. 小亮樱蛤；7. 婆罗囊螺；8. 同掌华眼钩虾；9. 齿吻沙蚕；10. 稚齿虫；11. 索沙蚕；12. 中引虫；13. 背毛背蚓虫；14. 泥螺；15. 长吻吻沙蚕；16. 不倒翁虫；17. 尖刀蛏；18. 奇异稚齿虫；19. 贪精武蟹；20. 圆筒原盒螺；21. 模糊新短眼蟹；22. 白沙箸海鳃

38.5.3 群落生态特征值

根据 Margalef 种类丰富度指数（d），Shannon-Wiener 种类多样性指数（H'），Pielous 种类均匀度指数（J）和 Simpson 优势度指数（D）显示，福鼎海岸带滨海湿地岩石滩群落丰富度指数（d）春季较大（4.896 4），夏季最小（3.254 3）；多样性指数（H'）春季较大（1.949 7），夏季较小（1.809 6）；均匀度指数（J）夏季较大（0.511 9），春季较小（0.494 5）；Simpson 优势度（D）夏季较大（0.717 7），春季较小（0.288 7）。泥沙滩群落丰富度指数（d）春季较大（4.841 2），秋季较小（3.954 4）；多样性指数（H'）春季较大（2.943 3），秋季较小（2.402 35）；均匀度指数（J）春季较大（0.803 4），秋季较小（0.722 1）；Simpson 优势度（D）秋季较大（0.158 7），春季较小（0.079 8）（表 38-14）。

表 38-14 福鼎海岸带滨海湿地潮间带大型底栖生物群落生态特征值

群落	季节	断面	d	H'	J	D
岩石滩	春季	ch1	5.430 0	2.010 0	0.507 0	0.320 0
		ch2	6.010 0	2.690 0	0.648 0	0.123 0
		D1	3.249 3	1.149 1	0.328 6	0.423 2
		平均	4.896 4	1.949 7	0.494 5	0.288 7
	夏季	D3	3.287 6	1.626 9	0.454 0	0.689 0
		D4	3.220 9	1.992 3	0.569 8	0.746 4
		平均	3.254 3	1.809 6	0.511 9	0.717 7
	秋季	Fch1	4.420 0	1.860 0	0.512 0	0.356 0
		ch1	5.350 0	2.680 0	0.666 0	0.109 0
		ch2	5.370 0	2.720 0	0.674 0	0.124 0
		D1	2.822 2	1.184 4	0.341 7	0.539 1
		D3	3.247 4	1.658 4	0.459 3	0.751 2
		D4	3.754 2	1.369 5	0.379 3	0.514 9
		平均	4.160 6	1.912 1	0.505 4	0.399 0
泥沙滩	春季	D2	4.841 2	2.943 3	0.803 4	0.079 8
	秋季	Fch2	3.000 0	2.110 0	0.717 0	0.184 0
		Fch3	3.810 0	2.290 0	0.702 0	0.206 0
		FJ-C009	4.110 0	2.370 0	0.671 0	0.155 0
		D2	4.897 6	2.839 4	0.798 6	0.089 6
		平均	3.954 4	2.402 35	0.722 1	0.158 7

38.5.4 群落稳定性

应用丰度生物量比较法对福鼎海岸带滨海湿地 Fch1 岩石滩潮间带大型底栖生物群落结构进行分析，结果表明：虽然生物量累积百分优势度高达 90%，丰度累积百分优势度高达 58%，但群落结构相对稳定，其丰度生物量复合 k-优势度曲线和部分优势度曲线不交叉、不翻转，生物量优势度曲线始终位于丰度上方（图 38-6）。

ch2 岩石滩群落相对稳定，丰度生物量复合 k-优势度曲不交叉、不翻转、不重叠，生物量优势度曲线始终位于丰度上方。ch1 岩石滩群落的丰度生物量复合 k-优势度曲线出现交叉，显示该群落产生了一定的扰动，且 ch1 岩石滩群落丰度累积百分优势度高达 55%。ch1 岩石滩群落高丰度累积百分优势度主要与黑荞麦蛤在中潮区中层的栖息密度高达 1 456 个/m^2 以及优势种克氏无襟毛虫在低潮区的栖息密度高达 2 600 个/m^2 有关（图 38-7 和图 38-8）。

D2 泥沙滩群落相对稳定，丰度生物量复合 k-优势度曲不交叉、不翻转、不重叠，生物量优势度曲线始终位于丰度上方，但春季生物量累积百分优势度高达 92%（图 38-9 和图 38-10）。

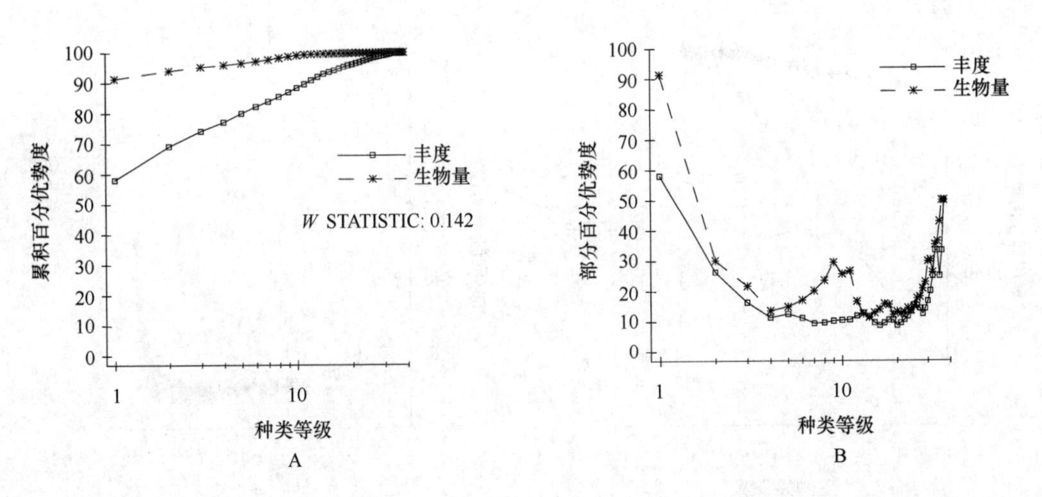

图 38-6　Fch1 岩石滩群落丰度生物量复合 k-优势度（A）和部分优势度（B）曲线

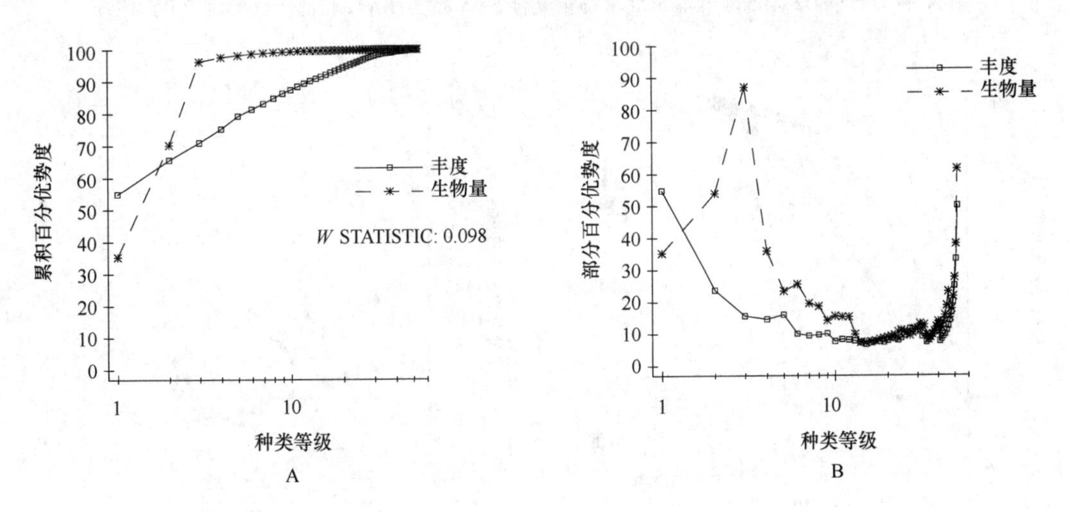

图 38-7　ch1 岩石滩群落丰度生物量复合 k-优势度（A）和部分优势度（B）曲线

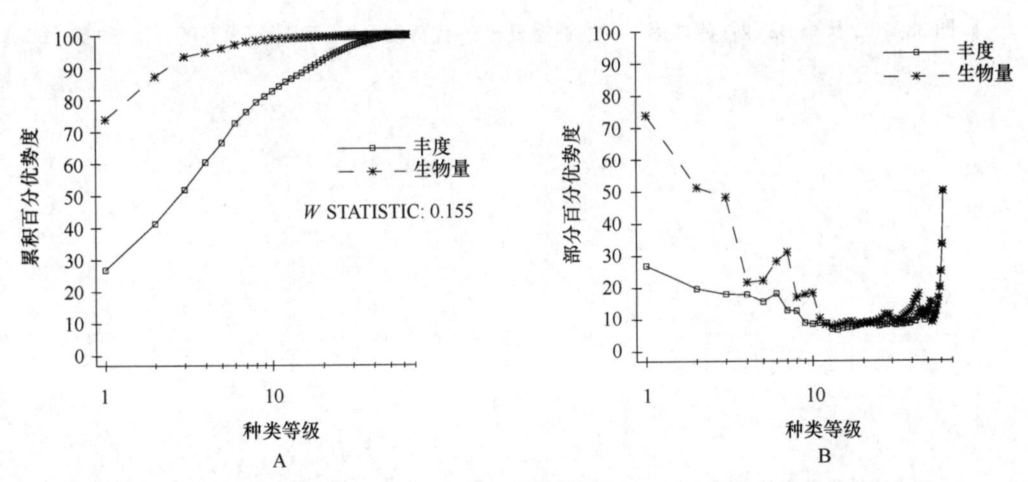

图 38-8　ch2 岩石滩群落丰度生物量复合 k-优势度（A）和部分优势度（B）曲线

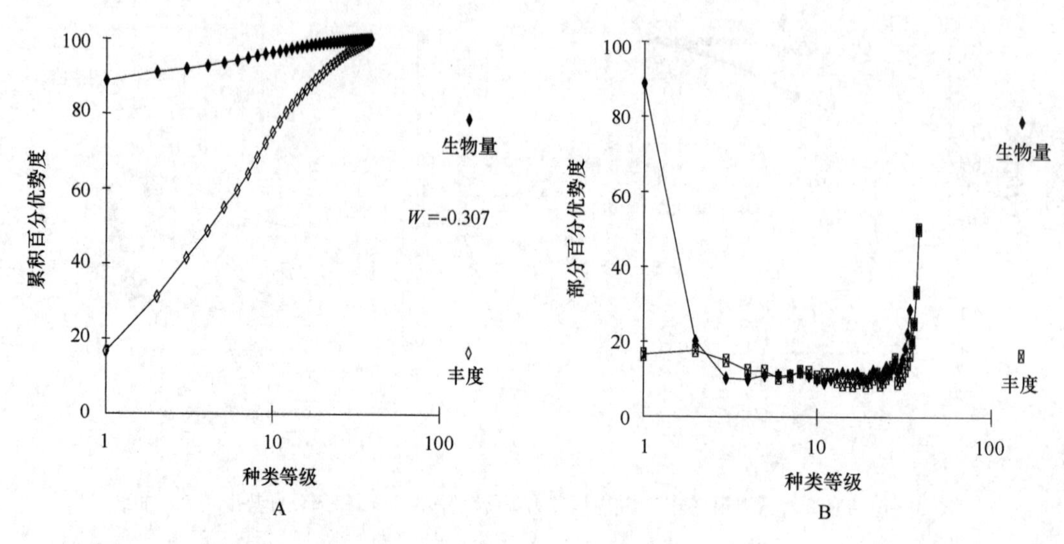

图 38-9　春季 D2 泥沙滩群落丰度生物量复合 k-优势度（A）和部分优势度（B）曲线

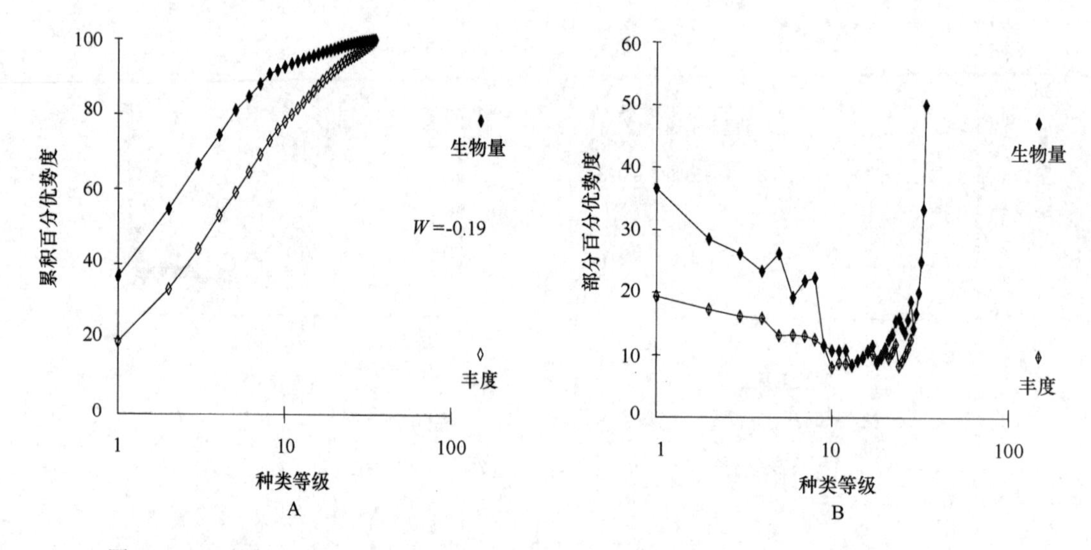

图 38-10　秋季 D2 泥沙滩群落丰度生物量复合 k-优势度（A）和部分优势度（B）曲线

第39章　霞浦海岸带滨海湿地

39.1　自然环境特征

霞浦海岸带滨海湿地分布于霞浦境内，霞浦县位居台湾海峡西北岸，地处福建省东北部，位于119°46′~120°26′E，26°25′~27°07′N，是中国东南沿海海峡西岸经济区东北翼港口城市，是“中国海带之乡”“中国紫菜之乡”，素有“闽浙要冲”“鱼米之乡”“海滨邹鲁”的美誉。

霞浦县年平均气温16~19℃，年降雨量1 357.9 mm，无霜期299 d，春多雨水，夏多台风，冬暖夏凉，霜雪少见。受海洋气候影响，季风特点明显。灾害性天气以台风、暴雨为主，有影响的台风年均3次。

霞浦县海洋资源丰富。海域面积29 592.6 km^2，占全省海域面积的21.76%，海洋渔场28 897 km^2，浅海、滩涂696 km^2，分别占全省的30.17%和23.76%，捕捞、养殖、航运等海洋经济在闽东地区属首屈一指。霞浦全县14个乡镇有10个靠海，陆地面积1 489.6 km^2，境内海岸线长404 km，占全省的1/8，港湾众多，岛屿星罗棋布，有大小196个岛屿，港口138个。霞浦是闽东最具潜力的沿海大县，海岸线绵延曲折，大港口水深面阔，在闽东环三都大开发中，霞浦具有其他沿岸无法替代、一方独有的核心地位与地理优势。

39.2　断面与站位布设

2006年10月和2007年5月分别在下岐山、北壁和溪南布设3条断面进行潮间带大型底栖生物取样（表39-1，图39-1）。

表39-1　霞浦海岸带滨海湿地潮间带大型底栖生物调查断面

序号	断面	编号	日期	经　度（E）	纬　度（N）	底质
1	下岐山	FJ-C019	2006年10月，2007年5月	120°3′0.24″	26°49′5.04″	石堤、泥沙滩
2	北壁	FJ-C024		119°57′24.12″	26°37′41.88″	
3	溪南	FJ-C029		119°50′6.00″	26°41′48.12″	

39.3　物种多样性

39.3.1　种类组成与季节变化

霞浦海岸带滨海湿地泥沙滩潮间带大型底栖生物140种，其中藻类7种，多毛类65种，软体动物29种，甲壳动物30种和其他生物9种。多毛类、软体动物和甲壳动物占总种数的88.57%，三者

图 39-1 霞浦海岸带滨海湿地潮间带大型底栖生物调查断面

构成霞浦海岸带泥沙滩潮间带大型底栖生物主要类群。

霞浦海岸带滨海湿地泥沙滩潮间带大型底栖生物平面分布，断面间比较，种数以 FJ-C029 断面较大（80 种），FJ-C019 断面较小（52 种）。季节变化，FJ-C019 断面以秋季较大（32 种），春季较小（27 种）；FJ-C024 断面以秋季较大（53 种），春季较小（33 种）；FJ-C029 断面以秋季较大（53 种），春季较小（44 种）（表 39-2）。

表 39-2 霞浦海岸带滨海湿地泥沙滩潮间带大型底栖生物物种组成与分布 单位：种

断面	季节	藻类	多毛类	软体动物	甲壳动物	棘皮动物	其他生物	合计
FJ-C019	春季	1	10	5	10	0	1	27
	秋季	0	14	6	10	0	2	32
	合计	1	23	8	18	0	2	52
FJ-C024	春季	2	17	7	6	0	1	33
	秋季	3	20	11	14	0	5	53
	合计	5	31	16	16	0	5	73

续表 39-2

断面	季节	藻类	多毛类	软体动物	甲壳动物	棘皮动物	其他生物	合计
FJ-C029	春季	1	29	6	5	0	3	44
	秋季	5	23	13	8	0	4	53
	合计	6	42	16	11	0	5	80
总计		7	65	29	30	0	9	140

39.3.2 优势种和主要种

根据数量和出现率，霞浦海岸带滨海湿地泥沙滩潮间带大型底栖生物优势种和主要种有：加州齿吻沙蚕、寡鳃齿吻沙蚕、新多鳃齿吻沙蚕、加州中蚓虫、花冈钩毛虫、独指虫、双形拟单指虫、稚齿虫、双唇索沙蚕、短拟沼螺、中国绿螂、宁波泥蟹、薄片蜾蠃蜚、明秀大眼蟹、秀丽长方蟹等。

39.4 数量时空分布

39.4.1 数量组成与季节变化

霞浦海岸带滨海湿地泥沙滩潮间带大型底栖生物春季和秋季平均生物量为 103.83 g/m^2，平均栖息密度为 2 239 个/m^2。生物量以甲壳动物居第一位（89.65 g/m^2），软体动物居第二位（10.95 g/m^2）；栖息密度以甲壳动物居第一位（1 900 个/m^2），多毛类居第二位（179 个/m^2）。数量季节变化，生物量秋季较大（153.39 g/m^2），春季较小（54.25 g/m^2）；栖息密度春季较大（2 608 个/m^2），秋季较小（1 868 个/m^2）（表 39-3）。

表 39-3 霞浦海岸带滨海湿地泥沙滩潮间带大型底栖生物数量组成与季节变化

数量	季节	藻类	多毛类	软体动物	甲壳动物	棘皮动物	其他生物	合计
生物量 (g/m^2)	春季	2.05	1.51	8.79	41.70	0	0.20	54.25
	秋季	0.09	0.70	13.11	137.59	0	1.90	153.39
	平均	1.07	1.11	10.95	89.65	0	1.05	103.83
密度 (个/m^2)	春季	—	129	74	2 396	0	9	2 608
	秋季	—	228	201	1 404	0	35	1 868
	平均	—	179	138	1 900	0	22	2 239

39.4.2 数量分布

霞浦海岸带滨海湿地泥沙滩潮间带大型底栖生物数量分布，断面间数量也不尽相同，春季生物量以 FJ-C024 断面较大（90.19 g/m^2），FJ-C029 断面较小（14.03 g/m^2）；秋季生物量以 FJ-C024 断面较大（425.83 g/m^2），FJ-C029 断面较小（8.11 g/m^2）。栖息密度，春季以 FJ-C029 断面较大（6 898 个/m^2），FJ-C019 断面较小（413 个/m^2）；秋季以 FJ-C024 断面较大（5 156 个/m^2），FJ-C019 断面较小（95 个/m^2）（表 39-4）。

表 39-4　霞浦海岸带滨海湿地泥沙滩潮间带大型底栖生物数量组成与分布

数量	断面	季节	藻类	多毛类	软体动物	甲壳动物	棘皮动物	其他生物	合计
生物量（g/m^2）	FJ-C019	春季	0	1.42	18.83	38.05	0	0.23	58.53
	FJ-C024		6.15	0.73	3.76	79.47	0	0.08	90.19
	FJ-C029		0.01	2.37	3.77	7.59	0	0.29	14.03
	平均		2.05	1.51	8.79	41.70	0	0.20	54.25
	FJ-C019	秋季	0	0.84	20.06	5.33	0	0.02	26.25
	FJ-C024		0.06	0.64	14.81	404.71	0	5.61	425.83
	FJ-C029		0.21	0.62	4.46	2.74	0	0.08	8.11
	平均		0.09	0.70	13.11	137.59	0	1.90	153.39
密度（个/m^2）	FJ-C019	春季	—	62	170	164	0	17	413
	FJ-C024		—	97	31	376	0	9	513
	FJ-C029		—	229	20	6 648	0	1	6 898
	平均		—	129	74	2 396	0	9	2 608
	FJ-C019	秋季	—	28	48	19	0	0	95
	FJ-C024		—	373	518	4 167	0	98	5 156
	FJ-C029		—	284	38	26	0	6	354
	平均		—	228	201	1 404	0	35	1 868

霞浦海岸带滨海湿地泥沙滩潮间带大型底栖生物春季和秋季数量垂直分布，生物量，FJ-C019 断面从高到低依次为低潮区（70.89 g/m^2）、中潮区（52.50 g/m^2）、高潮区（4.28 g/m^2），FJ-C024 断面从高到低依次为中潮区（1 000.44 g/m^2）、低潮区（15.96 g/m^2）、高潮区（6.56 g/m^2），FJ-C029 断面从高到低依次为低潮区（15.09 g/m^2）、中潮区（12.42 g/m^2）、高潮区（6.04 g/m^2）；栖息密度，FJ-C019 断面从高到低依次为低潮区（549 个/m^2）、中潮区（189 个/m^2）、高潮区（24 个/m^2），FJ-C024 断面从高到低依次为中潮区（7 727 个/m^2）、低潮区（711 个/m^2）、高潮区（68 个/m^2），FJ-C029 断面从高到低依次为低潮区（10 486 个/m^2）、中潮区（367 个/m^2）、高潮区（28 个/m^2）（表 39-5，表 39-6）。

表 39-5　霞浦海岸带滨海湿地泥沙滩潮间带大型底栖生物生物量垂直分布　单位：g/m^2

潮区	断面	季节	藻类	多毛类	软体动物	甲壳动物	棘皮动物	其他生物	合计
高潮区	FJ-C019	春季	0	0	0	0	0	0	0
		秋季	0	0	8.56	0	0	0	8.56
		平均	0	0	4.28	0	0	0	4.28
	FJ-C024	春季	0	0	6.16	0	0	0	6.16
		秋季	0	0	6.96	0	0	0	6.96
		平均	0	0	6.56	0	0	0	6.56
	FJ-C029	春季	0	0	9.12	0	0	0	9.12
		秋季	0	0	2.96	0	0	0	2.96
		平均	0	0	6.04	0	0	0	6.04

续表 39-5

潮区	断面	季节	藻类	多毛类	软体动物	甲壳动物	棘皮动物	其他生物	合计
中潮区	FJ-C019	春季	0	1.89	37.05	14.00	0	0.05	52.99
		秋季	0	1.71	30.01	20.04	0	0.25	52.01
		平均	0	1.80	33.53	17.02	0	0.15	52.50
	FJ-C024	春季	0.07	1.13	36.03	1 212.03	0	0.08	1 249.34
		秋季	7.96	1.24	19.30	722.90	0	0.14	751.54
		平均	4.02	1.19	27.67	967.47	0	0.11	1 000.44
	FJ-C029	春季	0.13	1.17	7.18	4.07	0	0.18	12.73
		秋季	0.08	1.41	4.37	5.72	0	0.53	12.11
		平均	0.11	1.29	5.78	4.90	0	0.36	12.42
低潮区	FJ-C019	春季	0	2.72	33.52	88.08	0	0.25	124.57
		秋季	0	0.64	14.56	2.00	0	0	17.20
		平均	0	1.68	24.04	45.04	0	0.13	70.89
	FJ-C024	春季	2.60	0.85	2.55	4.65	0	0.05	10.70
		秋季	0.10	0.80	1.45	2.10	0	16.75	21.20
		平均	1.35	0.83	2.00	3.38	0	8.40	15.96
	FJ-C029	春季	0	5.45	0.65	15.40	0	0	21.50
		秋季	0.50	0.70	3.25	4.15	0	0.05	8.65
		平均	0.25	3.08	1.95	9.78	0	0.03	15.09

表 39-6　霞浦海岸带滨海湿地泥沙滩潮间带大型底栖生物栖息密度垂直分布　单位：个/m^2

潮区	断面	季节	多毛类	软体动物	甲壳动物	棘皮动物	其他生物	合计
高潮区	FJ-C019	春季	0	0	0	0	0	0
		秋季	0	48	0	0	0	48
		平均	0	24	0	0	0	24
	FJ-C024	春季	0	40	0	0	0	40
		秋季	0	96	0	0	0	96
		平均	0	68	0	0	0	68
	FJ-C029	春季	0	40	0	0	0	40
		秋季	0	16	0	0	0	16
		平均	0	28	0	0	0	28
中潮区	FJ-C019	春季	65	5	125	0	21	216
		秋季	43	88	29	0	0	160
		平均	54	47	77	0	11	189
	FJ-C024	春季	75	19	1 083	0	8	1 185
		秋季	368	1 434	12 457	0	10	14 269
		平均	222	726	6 770	0	9	7 727
	FJ-C029	春季	172	16	45	0	3	236
		秋季	383	67	38	0	7	495
		平均	278	42	42	0	5	367

续表 39-6

潮区	断面	季节	多毛类	软体动物	甲壳动物	棘皮动物	其他生物	合计
低潮区	FJ-C019	春季	120	504	368	0	30	1 022
		秋季	40	8	28	0	0	76
		平均	80	256	198	0	15	549
	FJ-C024	春季	215	35	45	0	20	315
		秋季	750	25	45	0	285	1 105
		平均	483	30	45	0	153	711
	FJ-C029	春季	515	5	19 900	0	0	20 420
		秋季	470	30	40	0	10	550
		平均	493	18	9 970	0	5	10 486

39.4.3　饵料生物水平

霞浦海岸带滨海湿地泥沙滩潮间带大型底栖生物春季平均饵料水平分级为Ⅴ级，其中：甲壳动物较高，达Ⅳ级，软体动物为Ⅱ级，其余各类群较低，均为Ⅰ级。秋季平均饵料水平分级为Ⅴ级，其中：甲壳动物较高，达Ⅴ级，软体动物为Ⅲ级，其余各类群较低，均为Ⅰ级。不同季节各断面潮间带大型底栖生物饵料水平分级评价标准见表 39-7。

表 39-7　霞浦海岸带滨海湿地泥沙滩潮间带大型底栖生物饵料水平分级

断面	季节	藻类	多毛类	软体动物	甲壳动物	棘皮动物	其他生物	评价标准
FJ-C019	春季	Ⅰ	Ⅰ	Ⅲ	Ⅳ	Ⅰ	Ⅰ	Ⅴ
FJ-C024		Ⅱ	Ⅰ	Ⅰ	Ⅴ	Ⅰ	Ⅰ	Ⅴ
FJ-C029		Ⅰ	Ⅰ	Ⅰ	Ⅱ	Ⅰ	Ⅰ	Ⅲ
平均		Ⅰ	Ⅰ	Ⅱ	Ⅳ	Ⅰ	Ⅰ	Ⅴ
FJ-C019	秋季	Ⅰ	Ⅰ	Ⅲ	Ⅱ	Ⅰ	Ⅰ	Ⅳ
FJ-C024		Ⅰ	Ⅰ	Ⅲ	Ⅴ	Ⅰ	Ⅱ	Ⅴ
FJ-C029		Ⅰ	Ⅰ	Ⅰ	Ⅰ	Ⅰ	Ⅰ	Ⅱ
平均		Ⅰ	Ⅰ	Ⅲ	Ⅴ	Ⅰ	Ⅰ	Ⅴ

39.5　群落

39.5.1　群落类型

霞浦海岸带滨海湿地泥沙滩潮间带大型底栖生物群落有：

FJ-C019 泥沙滩群落。高潮区：粗糙滨螺带；中潮区：加州齿吻沙蚕—中国绿螂—彩拟蟹守螺—短拟沼螺—长腕和尚蟹带；低潮区：花冈钩毛虫—对称拟蚶—薄片蜾蠃蜚带。

39.5.2　群落结构

FJ-C019 泥沙滩群落。该群落位于霞浦沙塘港南部，断面所处滩面长度约 150 m，高潮区多为砾石，中潮区至上低潮区为泥沙滩。

高潮区：粗糙滨螺带。该潮区主要种为粗糙滨螺，分布在高潮区，秋季生物量和栖息密度分别为 8.56 g/m^2 和 48 个/m^2。

中潮区：加州齿吻沙蚕—中国绿螂—彩拟蟹守螺—短拟沼螺—长腕和尚蟹带。该潮区主要种加州齿吻沙蚕，自本区中层和下层均有分布，春季中层的生物量和栖息密度分别为 0.88 g/m^2 和 136 个/m^2；下层的生物量和栖息密度分别为 1.44 g/m^2 和 64 个/m^2。中国绿螂，主要分布在本区的上层，秋季生物量和栖息密度分别为 107.00 g/m^2 和 200 个/m^2。彩拟蟹守螺，分布在本区上层，秋季生物量和栖息密度分别为 3.48 g/m^2 和 16 个/m^2。优势种短拟沼螺，仅在本区出现，最大生物量和栖息密度分别为 36.10 g/m^2 和 520 个/m^2。长腕和尚蟹，仅在本区上层出现，春季生物量和栖息密度分别为 3.80 g/m^2 和 8 个/m^2；秋季分别为 4.08 g/m^2 和 24 个/m^2。其他主要种和习见种有花冈钩毛虫、双齿围沙蚕、加州中蚓虫、尖刀蛏、秀丽织纹螺、双凹鼓虾、明秀大眼蟹、弧边招潮、宁波泥蟹、长足长方蟹、秀丽长方蟹等（图 39-2）。

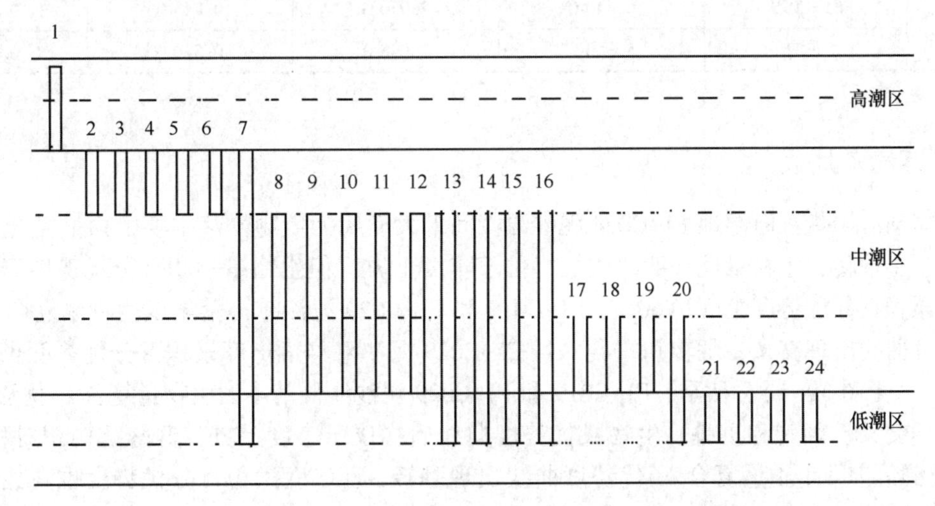

图 39-2　FJ-C019 泥沙滩群落主要种垂直分布

1. 粗糙滨螺；2. 双齿围沙蚕；3. 小头虫；4. 中国绿螂；5. 彩拟蟹守螺；6. 长腕和尚蟹；7. 纽虫；8. 长吻吻沙蚕；9. 加州齿吻沙蚕；10. 短拟沼螺；11. 明秀大眼蟹；12. 对称拟蚶；13. 花冈钩毛虫；14. 加州中蚓虫；15. 薄片蜾蠃蜚；16. 宁波泥蟹；17. 秀丽织纹螺；18. 独指虫；19. 多鳃齿吻沙蚕；20. 尖刀蛏；21. 不倒翁虫；22. 褐蚶；23. 日本鼓虾；24. 秀丽长方蟹

低潮区：花冈钩毛虫—对称拟蚶—薄片蜾蠃蜚带。该潮区主要种花冈钩毛虫，自中潮区下界分布到本潮区，数量不高，秋季生物量和栖息密度分别为 0.16 g/m^2 和 24 个/m^2。对称拟蚶，自中潮区下界延伸至本区，春季生物量为 8.16 g/m^2，栖息密度为 8 个/m^2。优势种薄片蜾蠃蜚，自中潮区延伸至本区，春季生物量和栖息密分别为 0.32 g/m^2 和 296 个/m^2。其他主要种和习见种有纽虫、多鳃齿吻沙蚕、稚齿虫、巴林虫、加州中蚓虫、不倒翁虫、褐蚶、锯齿巨颚水虱、日本鼓虾、明秀大眼蟹和秀丽长方蟹等（图 39-2）。

39.5.3　群落生态特征值

根据 Margalef 种类丰富度指数（d），Shannon-Wiener 种类多样性指数（H'），Pielous 种类均匀度指数（J）和 Simpson 优势度指数（D）显示，霞浦海岸带滨海湿地泥沙滩潮间带大型底栖生物群落丰富度指数（d）秋季较大（5.350 0），春季较小（4.000 0）；多样性指数（H'）秋季较大

(2.038 0)，春季较小（1.186 3）；均匀度指数（J）秋季较大（0.544 0），春季较小（0.336 4）；Simpson优势度（D）春季较大（0.532 3），秋季较小（0.353 3）。各断面群落生态特征值变化见表39-8。

表39-8　霞浦海岸带滨海湿地泥沙滩潮间带大型底栖生物群落生态特征值

季节	断面	d	H	J	D
春季	FJ-C019	3.970 0	1.740 0	0.497 0	0.294 0
	FJ-C024	3.850 0	1.470 0	0.420 0	0.401 0
	FJ-C029	4.180 0	0.349 0	0.092 2	0.902 0
	平均	4.000 0	1.186 3	0.336 4	0.532 3
秋季	FJ-C019	4.480 0	2.500 0	0.722 0	0.182 0
	FJ-C024	4.930 0	0.664 0	0.167 0	0.786 0
	FJ-C029	6.640 0	2.950 0	0.743 0	0.091 8
	平均	5.350 0	2.038 0	0.544 0	0.353 3

39.5.4　群落稳定性

春季，霞浦海岸带滨海湿地FJ-C024泥沙滩潮间带大型底栖生物群落丰度生物量复合k-优势度曲线不交叉、不翻转，生物量优势度曲线始终位于丰度上方，但生物量累积百分优势度高达90%以上，且丰度累积百分优势度也高达60%；FJ-C019和FJ-C029泥沙滩群落丰度生物量复合k-优势度和部分优势度曲线出现交叉、翻转和重叠，且FJ-C029泥沙滩群落丰度累积百分优势度也高达90%以上（图39-3至图39-5）。秋季，FJ-C019和FJ-C029泥沙滩群落丰度生物量复合k-优势度和部分优势度曲线不交叉、翻转和重叠，生物量优势度曲线始终位于丰度上方，群落结构相对稳定；FJ-C024泥沙滩群落丰度生物量复合k-优势度曲线出现翻转，且丰度累积百分优势度也高达80%以上（图39-6至图39-8）。

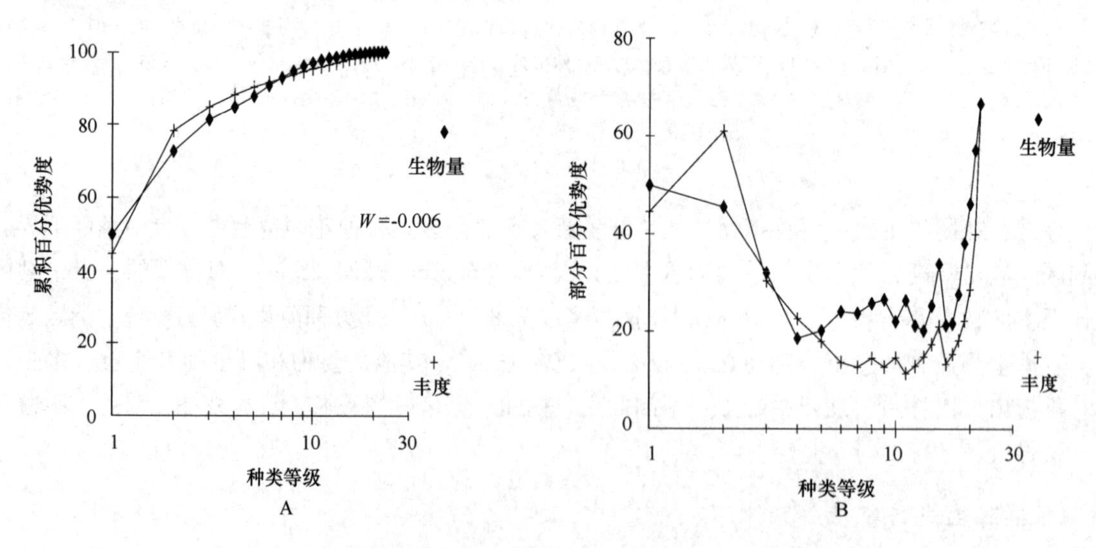

图39-3　春季FJ-C019泥沙滩群落丰度生物量复合k-优势度（A）和部分优势度（B）曲线

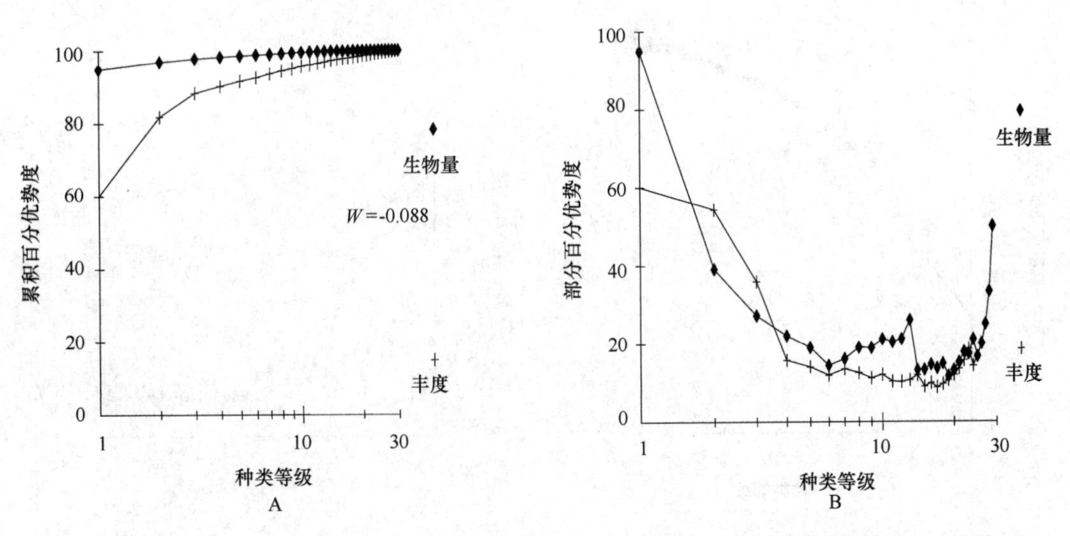

图 39-4　春季 FJ-C024 泥沙滩群落丰度生物量复合 k-优势度（A）和部分优势度（B）曲线

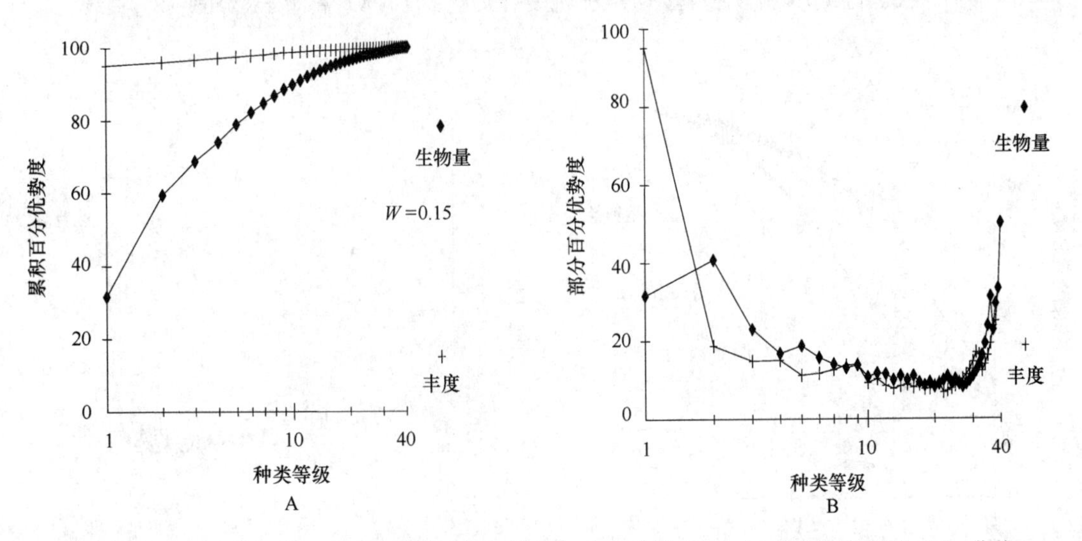

图 39-5　春季 FJ-C029 泥沙滩群落丰度生物量复合 k-优势度（A）和部分优势度（B）曲线

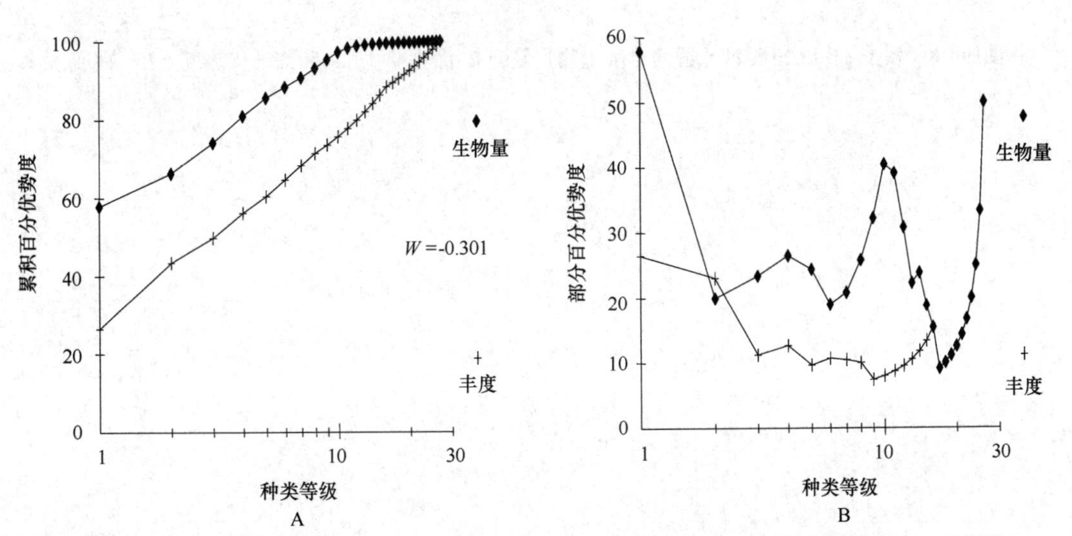

图 39-6　秋季 FJ-C019 泥沙滩群落丰度生物量复合 k-优势度（A）和部分优势度（B）曲线

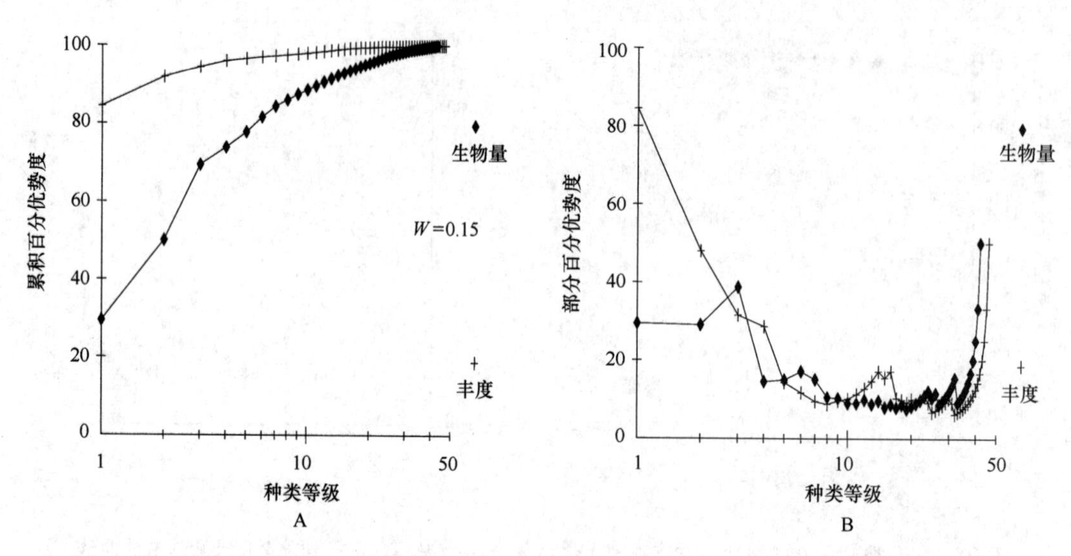

图 39-7　秋季 FJ-C024 泥沙滩群落丰度生物量复合 k-优势度（A）和部分优势度（B）曲线

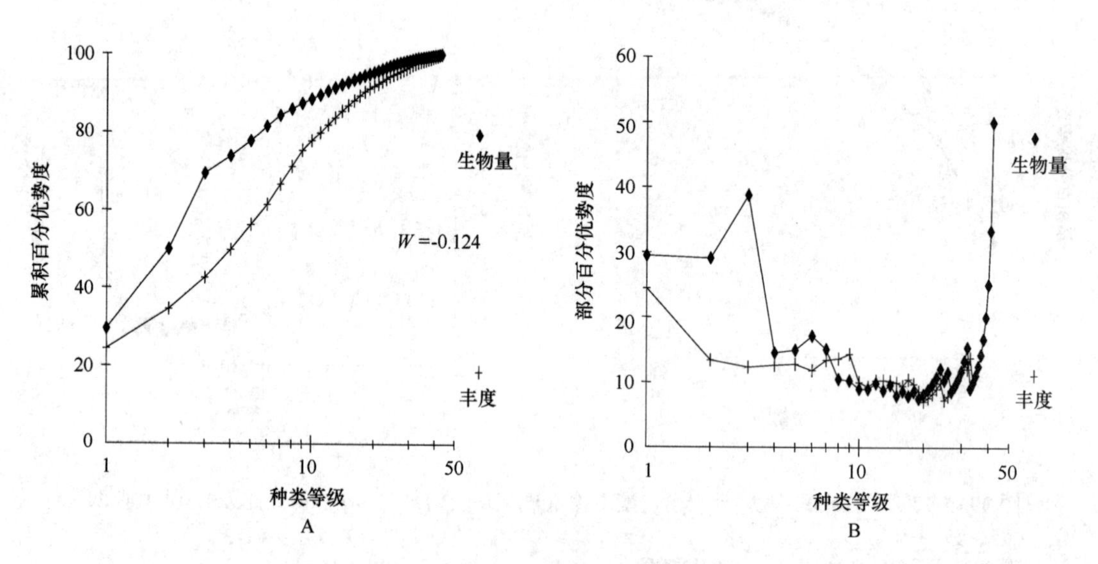

图 39-8　秋季 FJ-C029 泥沙滩群落丰度生物量复合 k-优势度（A）和部分优势度（B）曲线

第 40 章　福安海岸带滨海湿地

40.1　自然环境特征

福安海岸带滨海湿地分布于福安境内，福安位于福建省东北部，地处鹫峰山脉东南坡，太姥山脉西南部、洞宫山脉东南延伸部分；位于 119°23′—119°52′E ，26°41′—27°24′N。东邻柘荣县、宁德县，西连周宁县，北毗寿宁县、浙江省泰顺县，南接宁德市、三沙湾。东西相距 37 km，南北相距 80 km，总面积 1 880. 1 km^2。沿海岛屿 10 个以上，赛岐港、白马港海轮通沿海各主要口岸。

福安地区气候温暖湿润，属中亚热带海洋性季风气候。由于所处地理纬度低，濒临东海，受季风环流影响，具有四季分明，夏季稍长，冬季稍短；光热充足，无霜期长，季风明显，台风频繁；雨量集中，夏旱突出等特点。又由于福安、宁德背山临海，境内以山地为主的地貌，类型多样，高低悬殊，气候还具有明显的垂直分布区域性特点。极端最低气温-9. 5℃（1961 年 1 月 18 日），极端最高气温为 43. 2℃（1967 年 7 月 17 日），无霜期 240～330 d，木兰溪以南几乎全年无霜。年平均降水量 800～1 900 mm。春季气温呈波动性回升，气温变化大。晴雨天气交替出现，以阴雨天居多，降水强度较大。夏季春末夏初多梅雨，降水强度增大。盛夏有短暂的酷暑，境内的河谷小盆地是福建省的高温中心之一，多台风暴雨。秋季气温逐渐下降，天气晴朗少雨，温度较春季高。冬季除山区外一般无严寒，霜雪少见，南部受海洋的调节，霜雪更少。

40.2　断面与站位布设

2002 年 10 月，2009 年 9 月分别在福安湖塘、白马港和福屿布设 3 条断面进行潮间带大型底栖生物取样（表 40-1，图 40-1）。

表 40-1　福安海岸带滨海湿地潮间带大型底栖生物调查断面

序号	断面	编号	日期	经 度（E）	纬 度（N）	底质
1	湖塘	FAHT	2002 年 10 月	119°41′17. 49″	26°47′1. 91″	海草、泥沙滩
2	白马港	FABM	2003 年 9 月	119°43′30. 00″	26°44′12. 00″	泥沙滩
3	福屿	FAFY		119°38′26. 28″	26°45′29. 82″	泥沙滩

40.3　物种多样性

40.3.1　种类组成与季节变化

福安海岸带滨海湿地泥沙滩潮间带大型底栖生物 46 种，其中多毛类 8 种，软体动物 20 种，甲壳

图 40-1　福安海岸带滨海湿地潮间带大型底栖生物调查断面

动物 12 种，棘皮动物 2 种和其他生物 4 种。多毛类、软体动物和甲壳动物占总种数的 86.95%，三者构成海岸带泥沙滩潮间带大型底栖生物主要类群。

福安海岸带滨海湿地泥沙滩潮间带大型底栖生物平面分布，断面间比较，秋季种数以 FAHT 断面较大（25 种），FABM 断面较小（21 种）（表 40-2）。

表 40-2　福安海岸带滨海湿地泥沙滩潮间带大型底栖生物物种组成与分布　单位：种

断面	季节	多毛类	软体动物	甲壳动物	棘皮动物	其他生物	合计
FAHT	秋季	5	10	6	1	3	25
FABM		2	10	6	1	2	21
FAFY		4	8	8	0	2	22
合计		8	20	12	2	4	46

40.3.2　优势种和主要种

根据数量和出现率，福安海岸带滨海湿地泥沙滩潮间带大型底栖生物优势种和主要种有可口革囊星虫、后指虫、稚齿虫、齿吻沙蚕、中蚓虫、尖锥虫、中锐吻沙蚕、不倒翁虫、缢蛏、小翼拟蟹守螺、光滑狭口螺、短拟沼螺、珠带拟蟹守螺、泥螺、薄片蜾蠃蜚、弧边招潮、秀丽长方蟹和光滑背棘蛇尾等。

40.4　数量时空分布

40.4.1　数量组成

福安海岸带滨海湿地泥沙滩潮间带大型底栖生物秋季平均生物量为 41.50 g/m^2，平均栖息密度为 145 个/m^2。生物量以软体动物居第一位（26.95 g/m^2），甲壳动物居第二位（11.73 g/m^2）；栖息密度以软体动物和甲壳动物并列第一位（56 个/m^2）。断面间比较，生物量以 FAHT 断面较大（107.14 g/m^2），FAFY 断面较小（6.18 g/m^2）；栖息密度以 FAHT 断面较大（322 个/m^2），FAFY 断面较小（54 个/m^2）（表 40-3）。

表 40-3　福安海岸带滨海湿地泥沙滩潮间带大型底栖生物数量组成与分布

数量	断面	多毛类	软体动物	甲壳动物	棘皮动物	其他生物	合计
生物量（g/m^2）	FAHT	1.36	71.76	28.38	0.76	4.88	107.14
	FABM	0.10	5.80	5.03	0.16	0.07	11.16
	FAFY	0.64	3.30	1.77	0	0.47	6.18
	平均	0.70	26.95	11.73	0.31	1.81	41.50
密度（个/m^2）	FAHT	30	118	130	12	32	322
	FABM	1	32	25	1	1	60
	FAFY	20	18	14	0	2	54
	平均	17	56	56	4	12	145

40.4.2　数量分布

福安海岸带滨海湿地泥沙滩潮间带大型底栖生物数量垂直分布，生物量从高到低依次为高潮区（19.39 g/m^2）、中潮区（15.91 g/m^2）、低潮区（6.20 g/m^2），这与当时潮区划分的原因有关；栖息密度从高到低依次为中潮区（73 个/m^2）、低潮区（57 个/m^2）、高潮区（47 个/m^2）。各断面数量垂直分布见表 40-4。

表 40-4　福安海岸带滨海湿地泥沙滩潮间带大型底栖生物数量垂直分布

数量	潮区	断面	多毛类	软体动物	甲壳动物	棘皮动物	其他生物	合计
生物量（g/m^2）	高潮区	FAHT	0	49.32	3.20	0	0.04	52.56
		FABM	0	4.40	0	0	0	4.40
		FAFY	0	1.20	0	0	0	1.20
		平均	0	18.31	1.07	0	0.01	19.39

续表 40-4

数量	潮区	断面	多毛类	软体动物	甲壳动物	棘皮动物	其他生物	合计
生物量（g/m^2）	中潮区	FAHT	0.25	7.48	8.22	0	1.39	17.34
		FABM	0.31	12.49	12.00	0.49	0.21	25.50
		FAFY	0.47	0.79	2.23	0	1.41	4.90
		平均	0.34	6.92	7.48	0.16	1.00	15.91
	低潮区	FAHT	0.60	0	0.52	0.76	0.68	2.56
		FABM	0	0.52	3.08	0	0	3.60
		FAFY	1.44	7.92	3.08	0	0	12.44
		平均	0.68	2.81	2.23	0.25	0.23	6.20
密度（个/m^2）	高潮区	FAHT	0	80	4	0	4	88
		FABM	0	36	4	0	0	40
		FAFY	0	8	4	0	0	12
		平均	0	41	4	0	1	46
	中潮区	FAHT	6	13	41	0	8	68
		FABM	4	55	40	1	4	104
		FAFY	4	15	23	0	5	47
		平均	5	28	35	0	6	73
	低潮区	FAHT	12	0	2	12	4	30
		FABM	0	4	32	0	0	36
		FAFY	56	32	16	0	0	104
		平均	23	12	17	4	1	57

40.4.3　饵料生物水平

福安海岸带滨海湿地泥沙滩潮间带大型底栖生物秋季平均饵料水平分级为Ⅳ级，其中软体动物较高，达Ⅳ级，甲壳动物为Ⅲ级，其余各类群较低，均为Ⅰ级。不同断面泥沙滩潮间带大型底栖生物饵料水平分级评价标准见表 40-5。

表 40-5　福安海岸带滨海湿地泥沙滩潮间带大型底栖生物饵料水平分级

断面	多毛类	软体动物	甲壳动物	棘皮动物	其他生物	评价标准
FAHT	Ⅰ	Ⅴ	Ⅳ	Ⅰ	Ⅰ	Ⅴ
FABM	Ⅰ	Ⅱ	Ⅱ	Ⅰ	Ⅰ	Ⅲ
FAFY	Ⅰ	Ⅰ	Ⅰ	Ⅰ	Ⅰ	Ⅱ
平均	Ⅰ	Ⅳ	Ⅲ	Ⅰ	Ⅰ	Ⅳ

40.5　群落

40.5.1　群落类型

福安海岸带滨海湿地泥沙滩潮间带大型底栖生物群落有：

（1）白马港泥沙滩群落。高潮区：粗糙滨螺—黑口滨螺带；中潮区：中蚓虫—短拟沼螺—弧边招潮带；低潮区：纵助织纹螺—双凹鼓虾—明秀大眼蟹带。

（2）福屿泥沙滩群落。高潮区：粗糙滨螺—海蟑螂带；中潮区：短拟沼螺—秀丽长方蟹—可口革囊星虫带；低潮区：不倒翁虫—金星蝶铰蛤—明秀大眼蟹带。

40.5.2　群落结构

（1）白马港泥沙滩群落。该群落所处滩面长度约 350 m。高潮区为石块围堤；中潮区上、中层生长茂密的互花米草和大米草，底质为泥沙；低潮区底质为泥沙。

高潮区：粗糙滨螺—黑口滨螺带。该潮区主要种为粗糙滨螺和黑口滨螺，生物量分别为 1.40 g/m^2 和 3.00 g/m^2，栖息密度均为 8 个/m^2。另有自由活动的弹涂鱼等。

中潮区：中蚓虫—短拟沼螺—弧边招潮带。该潮区代表种中蚓虫仅在本区出现，生物量和栖息密度较低，分别为 0.20 g/m^2 和 4 个/m^2。优势种短拟沼螺，个体小，遍布整个中潮区，在本区中层的栖息密度为 36 个/m^2，生物量为 1.88 g/m^2。优势种弧边招潮，自中潮区可延伸分布至低潮区，在本区上层的生物量和栖息密度分别为 28.28 g/m^2 和 24 个/m^2；下层较低，分别为 0.36 g/m^2 和 8 个/m^2。其他主要种和习见种有彩虹明樱蛤、缢蛏、河蓝蛤、小翼拟蟹守螺、织纹螺、秀丽长方蟹、模式辐瓜参和可口革囊星虫等。

低潮区：纵助织纹螺—双凹鼓虾—明秀大眼蟹带。该潮区代表种纵助织纹螺仅在本区出现，数量不高，生物量和栖息密度分别仅为 0.54 g/m^2 和 4 个/m^2。双凹鼓虾的生物量不高，仅为 0.12 g/m^2，栖息密度为 4 个/m^2，该种自中潮区中层可延伸分布至低潮区。明秀大眼蟹，仅分布在低潮区，生物量不高，仅为 1.68 g/m^2，栖息密度为 8 个/m^2。其他主要种和习见种有淡水泥蟹和弧边招潮等（图 40-2）。

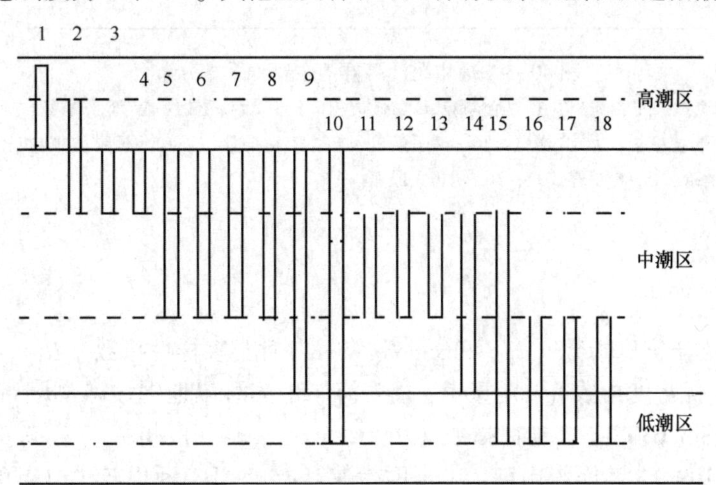

图 40-2　白马港泥沙滩群落主要种垂直分布

1. 粗糙滨螺；2. 黑口滨螺；3. 彩虹明樱蛤；4. 纵沟纽虫；5. 织纹螺；6. 可口革囊星虫；7. 小翼拟蟹守螺；8. 秀丽长方蟹；9. 短拟沼螺；10. 弧边招潮；11 缢蛏；12. 河蓝蛤；13. 模式辐瓜参；14. 中蚓虫；15. 双凹鼓虾；16. 纵助织纹螺；17. 明秀大眼蟹；18. 淡水泥蟹

（2）福屿泥沙滩群落。该群落所处滩面长度约 180 m。高潮区为石块围堤；中潮区上、中层生长有互花米草和大米草，底质为泥沙；低潮区底质为泥沙。

高潮区：粗糙滨螺—海蟑螂带。该潮区代表种粗糙滨螺，数量不高，生物量为 1.20 g/m²，栖息密度仅为 8 个/m²。海蟑螂为自由活动种类，密度也不大。

中潮区：短拟沼螺—秀丽长方蟹—可口革囊星虫带。该区代表种短拟沼螺，数量不大，生物量为 0.68 g/m²，栖息密度为 20 个/m²。秀丽长方蟹，主要分布在中、下层，中层生物量和栖息密度分别为 0.72 g/m² 和 16 个/m²；下层生物量和栖息密度分别为 2.84 g/m² 和 16 个/m²。可口革囊星虫，主要分布在中、下层，中层生物量和栖息密度分别为 1.36 g/m² 和 8 个/m²；下层生物量和栖息密度分别为 2.84 g/m² 和 4 个/m²。其他主要种和习见种有智利巢沙蚕、不倒翁虫、双凹鼓虾、仿倒颚蟹、淡水泥蟹、弧边招潮等。

低潮区：不倒翁虫—金星蝶铰蛤—明秀大眼蟹带。该区主要种不倒翁虫，自中潮区下层可分布延伸至低潮区，在本区的生物量和栖息密度分别为 1.00 g/m² 和 24 个/m²。金星蝶铰蛤，仅在本区出现，数量不高，生物量和栖息密度分别仅为 0.88 g/m² 和 8 个/m²。明秀大眼蟹，也仅在本区出现，生物量和栖息密度分别仅为 2.60 g/m² 和 4 个/m²。其他主要种和习见种有后指虫、背蚓虫、豆形胡桃蛤、织纹螺、薄片蜾蠃蜚和双凹鼓虾等（图 40-3）。

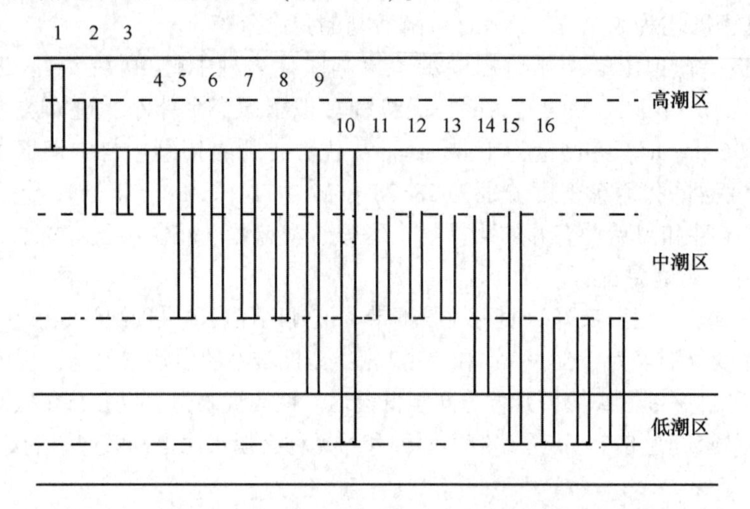

图 40-3　福屿泥沙滩群落主要种垂直分布

1. 粗糙滨螺；2. 海蟑螂；3. 仿倒颚蟹；4. 弧边招潮；5. 短拟沼螺；6. 淡水泥蟹；7. 秀丽长方蟹；8. 可口革囊星虫；9. 织纹螺；10. 双凹鼓虾；11. 智利巢沙蚕；12. 不倒翁虫；13. 后指虫；14. 豆形胡桃蛤；15. 金星蝶铰蛤；16. 明秀大眼蟹

40.5.3　群落生态特征值

根据 Margalef 种类丰富度指数（d），Shannon-Wiener 种类多样性指数（H'），Pielous 种类均匀度指数（J）和 Simpson 优势度指数（D）显示，福安海岸带滨海湿地泥沙滩潮间带大型底栖生物群落丰富度指数（d）平均 3.630 0，多样性指数（H'）2.576 7，均匀度指数（J）0.835 3，Simpson 优势度（D）较低，为 0.109 9。断面间比较，丰富度指数（d）FAHT 断面较大（4.040 0），FABM 断面较小（3.050 0）；多样性指数（H'）FAFY 断面较大（2.820 0），FABM 断面较小（2.410 0）；均匀度指数（J）FAFY 断面较大（0.910 0），FAHT 断面较小（0.777 0）；Simpson 优势度（D）FAHT 断面较大（0.131 0），FAFY 断面较小（0.073 8）。各断面群落生态特征值变化见表 40-6。

表 40-6　福安海岸带滨海湿地泥沙滩潮间带大型底栖生物群落生态特征值

断面	d	H'	J	D
FAHT	4.040 0	2.500 0	0.777 0	0.131 0
FABM	3.050 0	2.410 0	0.819 0	0.125 0
FAFY	3.800 0	2.820 0	0.910 0	0.073 8
平均	3.630 0	2.576 7	0.835 3	0.109 9

40.5.4　群落稳定性

福安海岸带滨海湿地泥沙滩潮间带大型底栖生物白马港和福屿泥沙滩群落相对稳定，其丰度生物量复合 k-优势度和部分优势度曲线不交叉、不翻转，生物量优势度曲线始终位于丰度上方（图 40-4，图 40-5）。

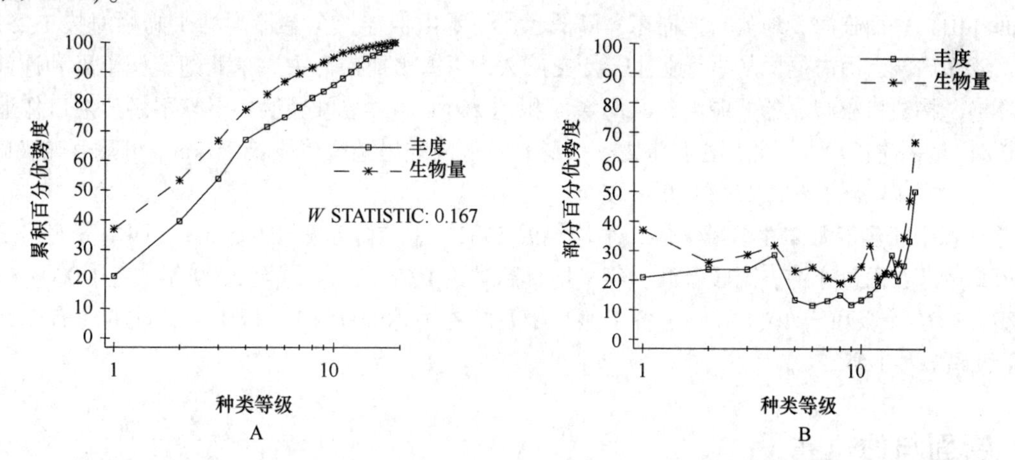

图 40-4　白马港泥沙滩群落丰度生物量复合 k-优势度（A）和部分优势度（B）曲线

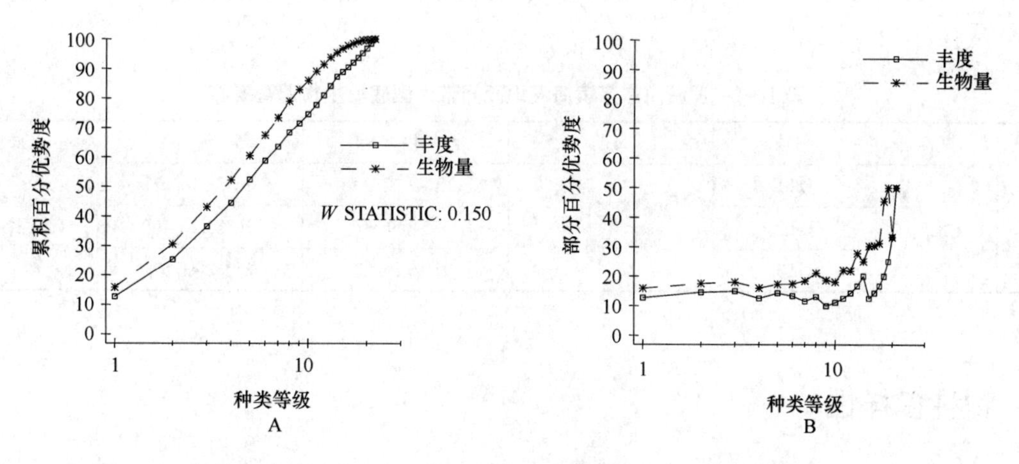

图 40-5　福屿泥沙滩群落丰度生物量复合 k-优势度（A）和部分优势度（B）曲线

第41章　罗源海岸带滨海湿地

41.1　自然环境特征

罗源海岸带滨海湿地分布于罗源境内，罗源县位于福建省东北沿海，福州市东北部，位于119°07′~119°54′E，26°23′~26°39′N，东濒东海，西与闽侯县交界，南与连江县相邻，北与宁德市接壤。三面环山，一面临海，地势自西而东，高低起伏。禾山似雕，全县最高峰牛姆峰海拔1 251 m。罗源海域、滩涂广阔，沿海居民从事渔业生产历史悠久，以海水捕捞为主。东北的鉴江半岛和连江县黄岐半岛相环抱，构成口小腹大的罗源湾，其海域面积达240 km^2，避风遏浪，不冻不淤，港口作业时间年平均360 d，是福建省六大天然深水良港之一。县辖罗源湾北岸港区岸线长25 km，可建万吨级以上深水泊位37个，约14 km的岸线水深在10 m以上。

罗源县属中亚热带海洋性季风气候，平均气温19℃，平均降水量1 645 mm。四季分明，夏长无酷暑，冬短无严寒，雨量充沛，温暖湿润，年平均日照时数1 691. 1 h。截至2009年，有1 000~5 000 t级码头4座、3×10^4 t级和5×10^4 t级码头各1座，年吞吐能力达800×10^4 t以上，在建的还有5×10^4 t级、15×10^4 t级码头各1座。

41.2　断面与站位布设

2007年11月至2008年3月，在罗源鉴江布设3条断面进行潮间带大型底栖生物取样（表41-1，图41-1）。

表41-1　罗源海岸带滨海湿地潮间带大型底栖生物调查断面

序号	断面	编号	日期	经　度（E）	纬　度（N）	底质
1	鉴江	Lch1	2007年11月，2008年3月	119°47′22. 20″	26°33′16. 02″	泥沙滩
2		Lch2		119°46′9. 90″	26°33′26. 16″	
3		Lch3		119°46′35. 22″	26°32′41. 52″	

41.3　物种多样性

41.3.1　种类组成与季节变化

罗源海岸带滨海湿地泥沙滩潮间带大型底栖生物117种，其中藻类7种，多毛类61种，软体动物17种，甲壳动物23种，棘皮动物5种和其他生物4种。多毛类、软体动物和甲壳动物占总种数的86. 32%，三者构成海岸带泥沙滩潮间带大型底栖生物主要类群。

图 41-1　罗源海岸带滨海湿地潮间带大型底栖生物调查断面

罗源海岸带滨海湿地泥沙滩潮间带大型底栖生物平面分布，断面间比较，种数以 Lch2 断面较大（70 种），Lch1 断面较小（67 种）。季节变化，Lch1 断面以秋季较大（50 种），春季较小（42 种）；Lch2 断面以春季较大（53 种），秋季较小（38 种）；Lch3 断面以秋季较大（48 种），春季较小（44 种）（表 41-2）。

表 41-2　罗源海岸带滨海湿地泥沙滩潮间带大型底栖生物物种组成与分布　　单位：种

断面	季节	藻类	多毛类	软体动物	甲壳动物	棘皮动物	其他生物	合计
Lch1	秋季	4	31	4	6	3	2	50
	春季	5	25	5	6	1	0	42
	合计	6	39	7	10	3	2	67
Lch2	秋季	3	25	3	5	0	2	38
	春季	3	28	11	10	0	1	53
	合计	5	38	12	12	0	3	70
Lch3	秋季	2	30	2	8	2	0	44
	春季	3	32	3	8	2	0	48
	合计	4	45	4	12	4	0	69
秋季		5	45	8	16	4	3	81
春季		6	43	13	16	2	1	81
总计		7	61	17	23	5	4	117

41.3.2 优势种和主要种

根据数量和出现率，罗源海岸带滨海湿地泥沙滩潮间带大型底栖生物优势种和主要种有叶须内卷齿蚕、齿吻沙蚕、丝鳃稚齿虫、奇异稚齿虫、刚鳃虫、独毛虫、中蚓虫、背毛背蚓虫、索沙蚕、西奈索沙蚕、不倒翁虫、粗糙滨螺、短滨螺、三叶针尾涟虫、日本拟花尾水虱、塞切尔泥钩虾、薄片蜾蠃蜚、模糊新短眼蟹、明秀大眼蟹和光亮倍棘蛇尾等。

41.4 数量时空分布

41.4.1 数量组成

春季和秋季罗源海岸带滨海湿地泥沙滩潮间带大型底栖生物平均生物量为6.72 g/m²，平均栖息密度为180个/m²。生物量以软体动物居第一位（3.24 g/m²），多毛类居第二位（1.22 g/m²）；栖息密度以多毛类居第一位（121个/m²），软体动物居第二位（35个/m²）。各断面数量组成见表41-3。

表41-3 罗源海岸带滨海湿地泥沙滩潮间带大型底栖生物数量组成

数量	断面	藻类	多毛类	软体动物	甲壳动物	棘皮动物	其他生物	合计
生物量（g/m²）	Lch1	0.40	1.41	5.10	0.06	1.23	0.01	8.21
	Lch2	0.07	1.22	2.37	2.16	0	1.06	6.88
	Lch3	0.10	1.02	2.26	0.95	0.72	0	5.05
	平均	0.19	1.22	3.24	1.06	0.65	0.36	6.72
密度（个/m²）	Lch1	—	118	43	7	3	1	172
	Lch2	—	138	27	36	0	1	202
	Lch3	—	107	34	19	2	0	162
	平均	—	121	35	21	2	1	180

41.4.2 数量分布与季节变化

罗源海岸带滨海湿地泥沙滩潮间带大型底栖生物数量分布，断面间比较，生物量以Lch1断面较大（8.21 g/m²），Lch3断面较小（5.05 g/m²）；栖息密度，Lch2断面较大（202个/m²），Lch3断面较小（162个/m²）（表41-3）。

春季和秋季罗源海岸带滨海湿地泥沙滩潮间带大型底栖生物数量垂直分布，生物量从高到低依次为高潮区（8.30 g/m²）、中潮区（7.82 g/m²）、低潮区（4.04 g/m²），其原因在于潮区划分所致；栖息密度从高到低依次为中潮区（270个/m²）、低潮区（173个/m²）、高潮区（97个/m²）（表41-4，表41-5）。

表 41-4　罗源海岸带滨海湿地泥沙滩潮间带大型底栖生物数量垂直分布

数量	潮区	藻类	多毛类	软体动物	甲壳动物	棘皮动物	其他生物	合计
生物量（g/m²）	高潮区	0	0	8.30	0	0	0	8.30
	中潮区	0.40	1.68	1.14	1.74	1.80	1.06	7.82
	低潮区	0.18	1.97	0.29	1.43	0.16	0.01	4.04
	平均	0.19	1.22	3.24	1.06	0.65	0.36	6.72
密度（个/m²）	高潮区	—	0	97	0	0	0	97
	中潮区	—	210	5	49	4	2	270
	低潮区	—	154	3	14	1	1	173
	平均	—	121	35	21	2	1	180

表 41-5　春秋季罗源海岸带滨海湿地泥沙滩潮间带大型底栖生物数量垂直分布

数量	潮区	季节	藻类	多毛类	软体动物	甲壳动物	棘皮动物	其他生物	合 计
生物量（g/m²）	高潮区	春季	0	0	10.24	0	0	0	10.24
		秋季	0	0	6.36	0	0	0	6.36
		平均	0	0	8.30	0	0	0	8.30
	中潮区	春季	0.65	1.80	0.99	2.47	1.74	2.09	9.74
		秋季	0.14	1.56	1.29	1.01	1.85	0.03	5.88
		平均	0.40	1.68	1.14	1.74	1.80	1.06	7.82
	低潮区	春季	0.13	2.85	0.47	1.35	0	0	4.80
		秋季	0.22	1.08	0.10	1.50	0.32	0.02	3.24
		平均	0.18	1.97	0.29	1.43	0.16	0.01	4.04
	平均	春季	0.26	1.55	3.90	1.27	0.58	0.70	8.26
		秋季	0.12	0.88	2.58	0.84	0.72	0.02	5.16
		平均	0.19	1.22	3.24	1.06	0.65	0.36	6.72
密度（个/m²）	高潮区	春季	—	0	149	0	0	0	149
		秋季	—	0	45	0	0	0	45
		平均	—	0	97	0	0	0	97
	中潮区	春季	—	249	7	81	3	1	341
		秋季	—	171	2	17	4	2	196
		平均	—	210	5	49	4	2	270
	低潮区	春季	—	215	3	12	0	0	230
		秋季	—	92	2	15	2	2	113
		平均	—	154	3	14	1	1	173
	平均	春季	—	155	53	31	1	0	240
		秋季	—	88	16	11	2	1	118
		平均	—	121	35	21	2	1	180

春季罗源海岸带滨海湿地泥沙滩潮间带大型底栖生物数量垂直分布，生物量从高到低依次为高潮区（10.24 g/m^2）、中潮区（9.74 g/m^2）、低潮区（4.80 g/m^2），原因在于当时潮区划分所致；栖息密度从高到低依次为中潮区（341个/m^2）、低潮区（230个/m^2）、高潮区（149个/m^2）。各断面数量垂直分布见表41-6。

表41-6　春季罗源海岸带滨海湿地泥沙滩潮间带大型底栖生物数量垂直分布

数量	潮区	断面	藻类	多毛类	软体动物	甲壳动物	棘皮动物	其他生物	合计
生物量（g/m^2）	高潮区	Lch1	0	0	16.64	0	0	0	16.64
		Lch2	0	0	5.76	0	0	0	5.76
		Lch3	0	0	8.32	0	0	0	8.32
		平均	0	0	10.24	0	0	0	10.24
	中潮区	Lch1	1.40	2.08	0	0.18	5.18	0	8.84
		Lch2	0.30	2	2.88	7.07	0	6.28	18.53
		Lch3	0.25	1.32	0.10	0.17	0.03	0	1.87
		平均	0.65	1.80	0.99	2.47	1.74	2.09	9.74
	低潮区	Lch1	0.05	3.85	0.70	0	0	0	4.60
		Lch2	0.05	3.85	0.70	0.15	0	0	4.75
		Lch3	0.30	0.85	0	3.90	0	0	5.05
		平均	0.13	2.85	0.47	1.35	0	0	4.80
密度（个/m^2）	高潮区	Lch1	—	0	200	0	0	0	200
		Lch2	—	0	104	0	0	0	104
		Lch3	—	0	144	0	0	0	144
		平均	—	0	149	0	0	0	149
	中潮区	Lch1	—	192	0	18	7	0	217
		Lch2	—	388	17	182	0	2	589
		Lch3	—	167	3	42	3	0	215
		平均	—	249	7	81	3	1	341
	低潮区	Lch1	—	225	5	0	0	0	230
		Lch2	—	225	5	15	0	0	245
		Lch3	—	195	0	20	0	0	215
		平均	—	215	3	12	0	0	230

秋季罗源海岸带滨海湿地泥沙滩潮间带大型底栖生物数量垂直分布，生物量从高到低依次为高潮区（6.36 g/m^2）、中潮区（5.88 g/m^2）、低潮区（3.24 g/m^2），原因在于当时潮区划分所致；栖息密度从高到低依次为中潮区（196个/m^2）、低潮区（113个/m^2）、高潮区（45个/m^2）。各断面数量垂直分布见表41-7。

表 41-7　秋季罗源海岸带滨海湿地泥沙滩潮间带大型底栖生物数量垂直分布

数量	潮区	断面	藻类	多毛类	软体动物	甲壳动物	棘皮动物	其他生物	合计
生物量 (g/m²)	高潮区	Lch1	0	0	9.84	0	0	0	9.84
		Lch2	0	0	4.48	0	0	0	4.48
		Lch3	0	0	4.75	0	0	0	4.75
		平均	0	0	6.36	0	0	0	6.36
	中潮区	Lch1	0.33	1.30	3.10	0.10	1.25	0.02	6.10
		Lch2	0.03	1.07	0.37	2.75	0	0.07	4.29
		Lch3	0.05	2.32	0.40	0.17	4.30	0	7.24
		平均	0.14	1.56	1.29	1.01	1.85	0.03	5.88
	低潮区	Lch1	0.60	1.20	0.30	0.05	0.95	0.05	3.15
		Lch2	0.05	0.40	0	3	0	0	3.45
		Lch3	0	1.65	0	1.45	0	0	3.10
		平均	0.22	1.08	0.10	1.50	0.32	0.02	3.24
密度 (个/m²)	高潮区	Lch1	—	0	48	0	0	0	48
		Lch2	—	0	32	0	0	0	32
		Lch3	—	0	56	0	0	0	56
		平均	—	0	45	0	0	0	45
	中潮区	Lch1	—	198	2	18	5	2	225
		Lch2	—	187	2	17	0	3	209
		Lch3	—	127	2	17	8	0	154
		平均	—	171	2	17	4	2	196
	低潮区	Lch1	—	95	5	5	5	5	115
		Lch2	—	25	0	5	0	0	30
		Lch3	—	155	0	35	0	0	190
		平均	—	92	2	15	2	2	113

41.4.3　饵料生物水平

罗源海岸带滨海湿地泥沙滩潮间带大型底栖生物春秋季平均饵料水平分级为Ⅱ级，其中：各类群较低，均为Ⅰ级。不同断面间比较，各断面大型底栖生物饵料水平分级评价标准也均为Ⅱ级，显然较其他海岸带泥沙滩潮间带低得多（表 41-8）。

表 41-8　罗源海岸带滨海湿地泥沙滩潮间带大型底栖生物饵料水平分级

断面	藻类	多毛类	软体动物	甲壳动物	棘皮动物	其他生物	评价标准
Lch1	Ⅰ	Ⅰ	Ⅱ	Ⅰ	Ⅰ	Ⅰ	Ⅱ
Lch2	Ⅰ	Ⅰ	Ⅰ	Ⅰ	Ⅰ	Ⅰ	Ⅱ
Lch3	Ⅰ	Ⅰ	Ⅰ	Ⅰ	Ⅰ	Ⅰ	Ⅱ
平均	Ⅰ	Ⅰ	Ⅰ	Ⅰ	Ⅰ	Ⅰ	Ⅱ

41.5　群落

41.5.1　群落类型

罗源海岸带滨海湿地泥沙滩潮间带大型底栖生物群落按断面和所处位置分为：

（1）Lch1 泥沙滩群落。高潮区：粗糙滨螺—短滨螺带；中潮区：背毛背蚓虫—日本拟花尾水虱—光亮倍棘蛇尾带；低潮区：后指虫—圆筒原盒螺—塞切尔泥钩虾—光滑倍棘蛇尾带。

（2）Lch2 泥沙滩群落。高潮区：粗糙滨螺—短滨螺带；中潮区：索沙蚕—对称拟蚶—薄片蜾蠃蜚—淡水泥蟹带；低潮区：奇异稚齿虫—齿吻沙蚕—近缘新对虾带。

（3）Lch3 泥沙滩群落。高潮区：粗糙滨螺—粒结节滨螺带；中潮区：独毛虫—塞切尔泥钩虾—光亮倍棘蛇尾带；低潮区：背毛背蚓虫—塞切尔泥钩虾—模糊新短眼蟹带。

41.5.2　群落结构

（1）Lch1 泥沙滩群落。该群落位于鉴江湾北侧，所处滩面底质类型在高潮区为岩石，中潮区至低潮区为软泥。断面周围有大量紫菜养殖。

高潮区：粗糙滨螺—短滨螺带。该潮区种类贫乏，数量不高，代表种粗糙滨螺的生物量和栖息密度不高。短滨螺的生物量和栖息密度分别为 9.84 g/m^2 和 48 个/m^2。此外还有海蟑螂等。

中潮区：背毛背蚓虫—日本拟花尾水虱—光亮倍棘蛇尾带。该潮区优势种背毛背蚓虫，自本区可向下延伸分布至低潮区，在本区上层的生物量和栖息密度分别为 0.05 g/m^2 和 20 个/m^2，中层分别为 0.05 g/m^2 和 15 个/m^2，下层分别为 0.40 g/m^2 和 75 个/m^2。日本拟花尾水虱，仅在本区出现，在上层的生物量和栖息密度分别为 0.05 g/m^2 和 25 个/m^2。光亮倍棘蛇尾，仅在中潮区下层出现，生物量和栖息密度分别为 3.30 g/m^2 和 10 个/m^2。其他主要种和习见种有缘管浒苔、花冈钩毛虫、叶须内卷齿蚕、齿吻沙蚕、独指虫、刚鳃虫、不倒翁虫、弯指伊氏钩虾、好斗埃蜚、弯六足蟹、模糊新短眼蟹、阳遂足等。

低潮区：后指虫—圆筒原盒螺—塞切尔泥钩虾—光滑倍棘蛇尾带。该潮区主要种后指虫，从中潮区可延伸分布至低潮区，在本区的生物量和栖息密度分别为 0.10 g/m^2 和 10 个/m^2。圆筒原盒螺，仅在本区出现，生物量和栖息密度分别为 0.30 g/m^2 和 5 个/m^2。塞切尔泥钩虾，从中潮区下层延伸分布至低潮区上层，在本区的生物量和栖息密度分别为 0.05 g/m^2 和 5 个/m^2。光滑倍棘蛇尾，仅在本区出现，生物量和栖息密度分别为 0.95 g/m^2 和 5 个/m^2。其他主要种和习见种有多齿全刺沙蚕、刚鳃虫、中蚓虫、异蚓虫、背蚓虫、智利巢沙蚕、纳加索沙蚕等（图 41-2）。

（2）Lch2 泥沙滩群落。该群落位于鉴江湾西侧，所处滩面底质类型在高潮区为石堤，中潮区至低潮区为软泥。断面周围有大量紫菜养殖。

高潮区：粗糙滨螺—短滨螺带。该潮区代表种粗糙滨螺，数量不高，生物量和栖息密度分别为 1.12 g/m^2 和 16 个/m^2。短滨螺的生物量和栖息密度分别为 3.36 g/m^2 和 16 个/m^2。此外还有海蟑螂。

中潮区：索沙蚕—对称拟蚶—薄片蜾蠃蜚—淡水泥蟹带。该区优势种索沙蚕，自本区上层可向下延伸分布至下层，在上层的生物量和栖息密度分别为 0.20 g/m^2 和 20 个/m^2，中层分别为 0.25 g/m^2 和 40 个/m^2，下层分别为 0.30 g/m^2 和 60 个/m^2。对称拟蚶，仅在本区采集到，在本区的生物量和栖息密度分别为 1.10 g/m^2 和 5 个/m^2。薄片蜾蠃蜚，仅在本区采集到，在上层的生物量和栖息密度分别为 0.05 g/m^2 和 10 个/m^2，下层分别为 0.05 g/m^2 和 5 个/m^2。淡水泥蟹，仅在本区出现，生物量和栖息密度分别为 0.70 g/m^2 和 25 个/m^2。其他主要种和习见种有水云、条浒苔、长吻吻沙蚕、新多鳃

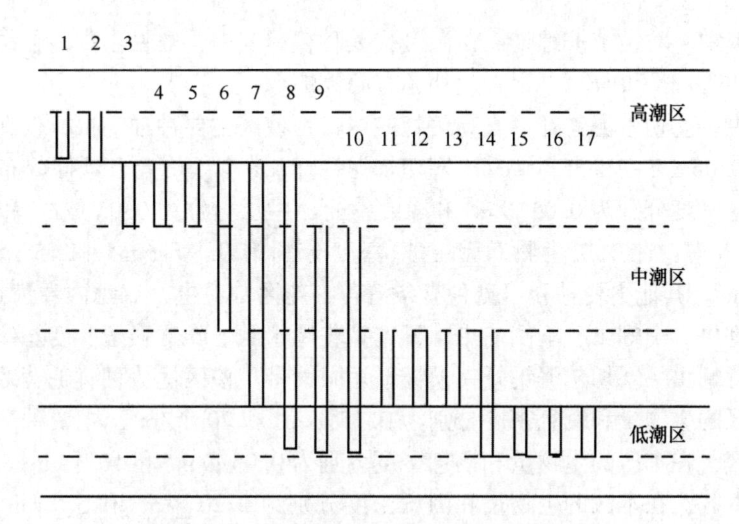

图 41-2　Lch1 泥沙滩群落主要种垂直分布

1. 粗糙滨螺；2. 短滨螺；3. 丝鳃稚齿虫；4. 双唇索沙蚕；5. 日本拟花尾水虱；6. 齿吻沙蚕；7. 叶须内卷齿蚕；8. 背毛背蚓虫；9. 刚鳃虫；10. 不倒翁虫；11. 好斗埃蜚；12. 模糊新短眼蟹；13. 光亮倍棘蛇尾；14. 塞切尔泥钩虾；15. 圆筒原盒螺；16. 毛头梨体星虫；17. 光滑倍棘蛇尾

齿吻沙蚕、独指虫、丝鳃稚齿虫、独毛虫、智利巢沙蚕、不倒翁虫、三叶针尾涟虫和鰕虎鱼等。

低潮区：奇异稚齿虫—齿吻沙蚕—近缘新对虾带。该区主要种奇异稚齿虫，自中潮区延伸分布至此，在本区的生物量和栖息密度分别为 0.10 g/m^2 和 5 个/m^2。齿吻沙蚕，自中潮区中层延伸分布至此，在本区的生物量和栖息密度较低，分别为 0.05 g/m^2 和 5 个/m^2。近缘新对虾，仅在本区出现，生物量和栖息密度分别为 3.00 g/m^2 和 5 个/m^2。其他主要种和习见种有长吻吻沙蚕、异足索沙蚕等（图 41-3）。

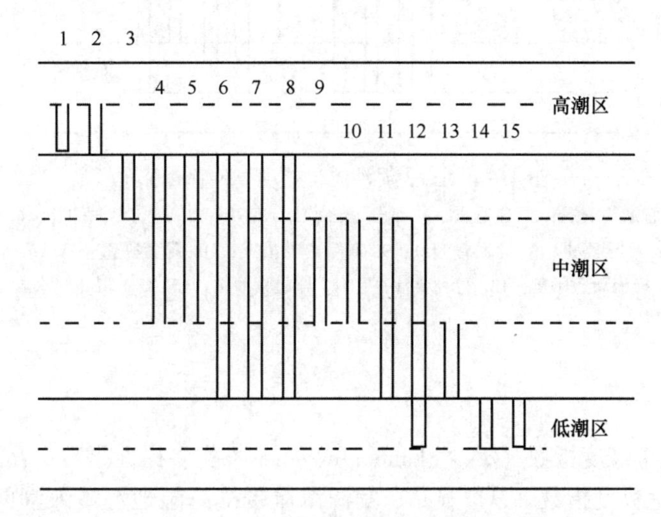

图 41-3　Lch2 泥沙滩群落主要种垂直分布

1. 粗糙滨螺；2. 短滨螺；3. 淡水泥蟹；4. 独毛虫；5. 新多鳃齿吻沙蚕；6. 索沙蚕；7. 刚鳃虫；8. 丝鳃稚齿虫；9. 三叶针尾涟虫；10. 明秀大眼蟹；11. 智利巢沙蚕；12. 齿吻沙蚕；13. 对称拟蚶；14. 近缘新对虾；15. 异足索沙蚕

（3）Lch3 泥沙滩群落。该群落位于鉴江湾南侧，所处滩面底质类型在高潮区为岩石，中潮区至低潮区为泥砂。断面周围有大量紫菜养殖。

高潮区：粗糙滨螺—粒结节滨螺带。该潮区代表种粗糙滨螺，数量不高。粒结节滨螺，生物量和栖息密度分别为4.75 g/m^2 和56个/m^2。此外还有海蟑螂。

中潮区：独毛虫—塞切尔泥钩虾—光亮倍棘蛇尾带。该区主要种独毛虫，仅在本区出现，生物量和栖息密度分别为0.05 g/m^2 和35个/m^2。塞切尔泥钩虾，自本区可向下延伸分布至低潮区，在本区上层的生物量和栖息密度分别为0.05 g/m^2 和30个/m^2，中层分别为0.05 g/m^2 和10个/m^2。光亮倍棘蛇尾，仅在本区出现，在中层生物量和栖息密度分别为9.80 g/m^2 和15个/m^2，下层分别为2.50 g/m^2 和5个/m^2。其他主要种和习见种有条浒苔、花冈钩毛虫、双鳃内卷齿蚕、叶须内卷齿蚕、奇异稚齿虫、细丝鳃虫、中蚓虫、不倒翁虫、日本拟花尾水虱、隆背强蟹、变态蟳和倍棘蛇尾等。

低潮区：背毛背蚓虫—塞切尔泥钩虾—模糊新短眼蟹带。该区优势种背毛背蚓虫，自中潮区延伸分布至本区，在本区的生物量和栖息密度分别为0.15 g/m^2 和70个/m^2。主要种塞切尔泥钩虾，自中潮区延伸分布至本区，在本区的生物量和栖息密度分别为0.05 g/m^2 和10个/m^2。模糊新短眼蟹，自中潮区延伸分布至本区，在本区的生物量和栖息密度分别为0.20 g/m^2 和5个/m^2。其他主要种和习见种有花冈钩毛虫、长吻吻沙蚕、双鳃内卷齿蚕、叶须内卷齿蚕、后指虫、刚鳃虫、强壮藻钩虾和隆线强蟹等（图41-4）。

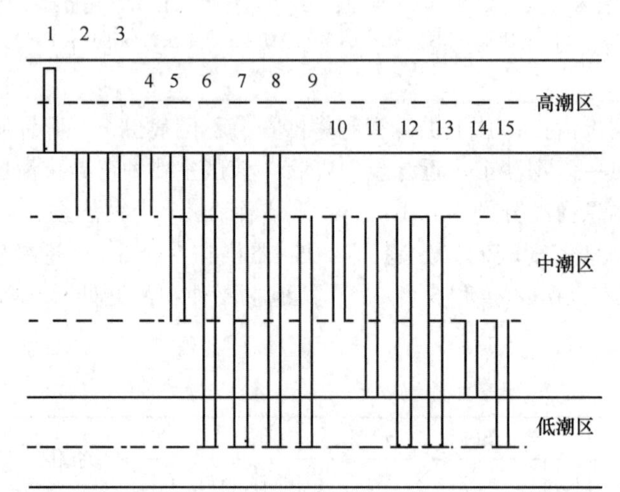

图41-4 Lch3泥沙滩群落主要种垂直分布

1. 粒结节滨螺；2. 独毛虫；3. 细丝鳃虫；4. 变态蟳；5. 塞切尔泥钩虾；6. 叶须内卷齿蚕；7. 刚鳃虫；8. 背毛背蚓虫；9. 双鳃内卷齿蚕；10. 隆背强蟹；11. 光亮倍棘蛇尾；12. 模糊新短眼蟹；13. 智利巢沙蚕；14. 异足索沙蚕；15. 日本拟花尾水虱

41.5.3 群落生态特征值

根据Margalef种类丰富度指数（d），Shannon-Wiener种类多样性指数（H'），Pielous种类均匀度指数（J）和Simpson优势度指数（D）显示，罗源海岸带滨海湿地泥沙滩潮间带大型底栖生物群落丰富度指数（d）平均值春季较高（5.930 0），秋季较低（5.803 3）；多样性指数（H'）春季较低（3.066 7），秋季较高（3.106 7）；均匀度指数（J）春季较低（0.815 0），秋季较高（0.847 3）；Simpson优势度（D）春季较高（0.075 0），秋季较低（0.073 2）。各断面群落生态特征值变化见表41-9。

表 41-9　罗源海岸带滨海湿地泥沙滩潮间带大型底栖生物群落生态特征值

季节	断面	d	H'	J	D
秋季	Lch1	6.250 0	3.140 0	0.834 0	0.073 8
	Lch2	4.910 0	2.970 0	0.848 0	0.077 8
	Lch3	6.250 0	3.210 0	0.860 0	0.067 9
	平均	5.803 3	3.106 7	0.847 3	0.073 2
春季	Lch1	5.150 0	3.110 0	0.862 0	0.064 5
	Lch2	6.270 0	3.000 0	0.772 0	0.086 0
	Lch3	6.370 0	3.090 0	0.811 0	0.074 5
	平均	5.930 0	3.066 7	0.815 0	0.075 0

41.5.4　群落稳定性

罗源海岸带滨海湿地 Lch1、Lch2 和 Lch3 泥沙滩潮间带大型底栖生物群落相对稳定，丰度生物量复合 k-优势度曲线不交叉、不翻转、不重叠，生物量优势度曲线始终位于丰度上方，只是春季泥沙滩潮间带大型底栖生物群落丰度生物量复合 k-优势度曲线在前端有所交叉（图 41-5 至图 41-9）。总体而言，罗源海岸带滨海湿地泥沙滩潮间带大型底栖生物群落相对稳定（图 41-10）。

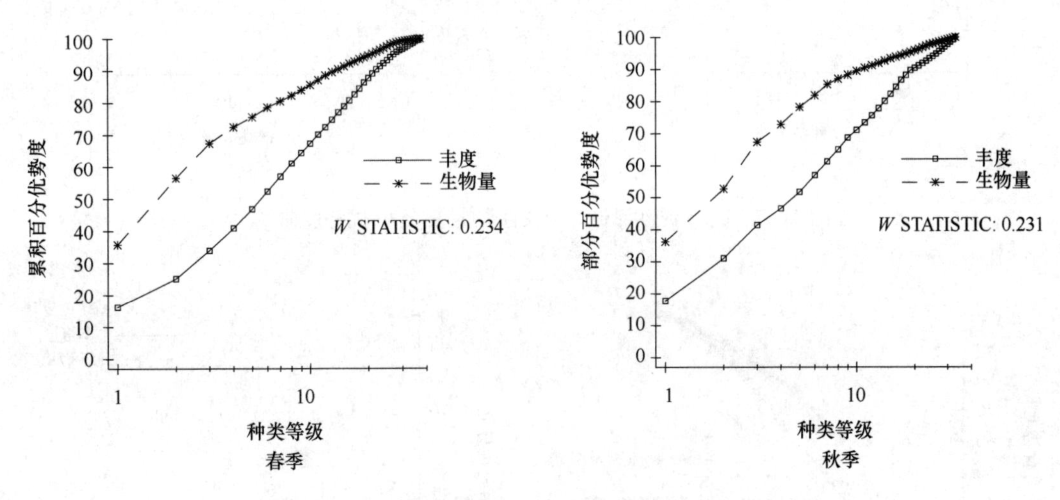

图 41-5　Lch1 泥沙滩群落丰度生物量复合 k-优势度曲线

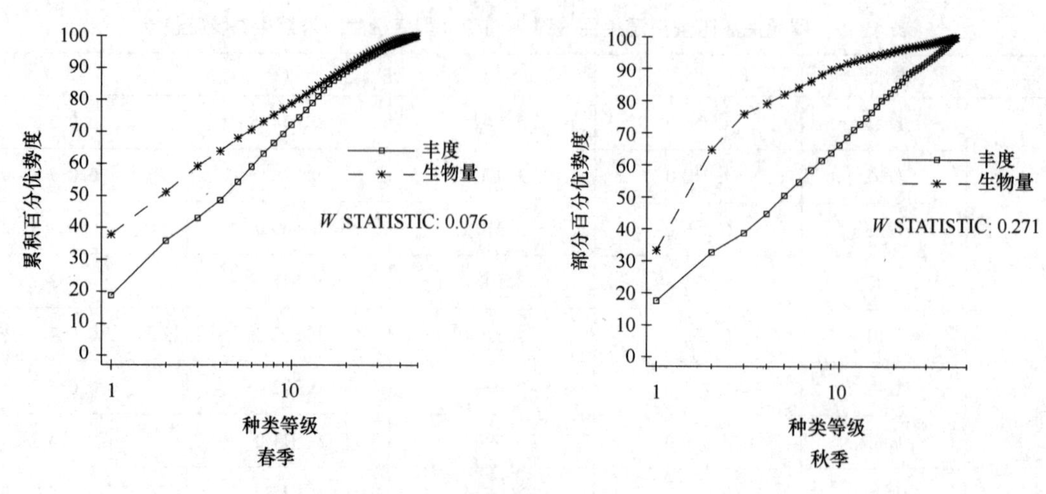

图 41-6 Lch2 泥沙滩群落丰度生物量复合 k-优势度曲线

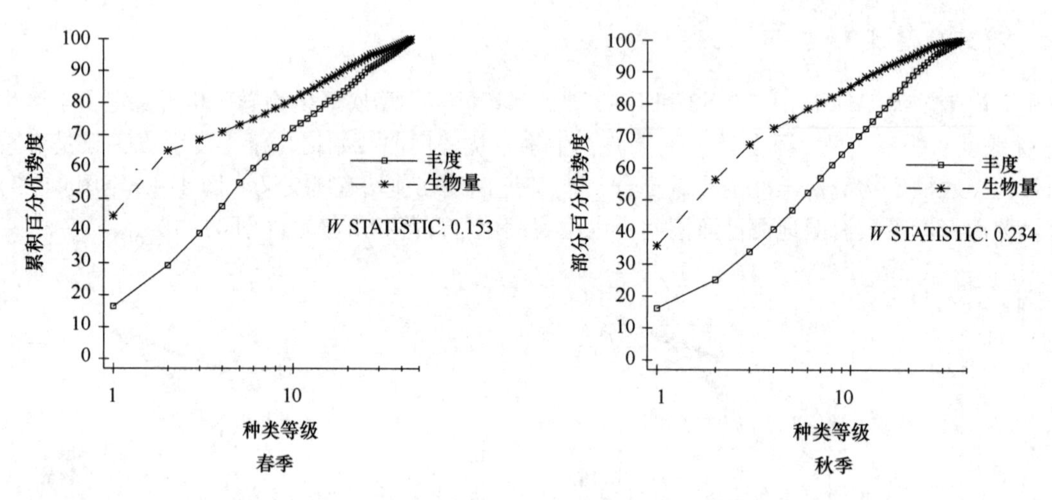

图 41-7 Lch3 泥沙滩群落丰度生物量复合 k-优势度曲线

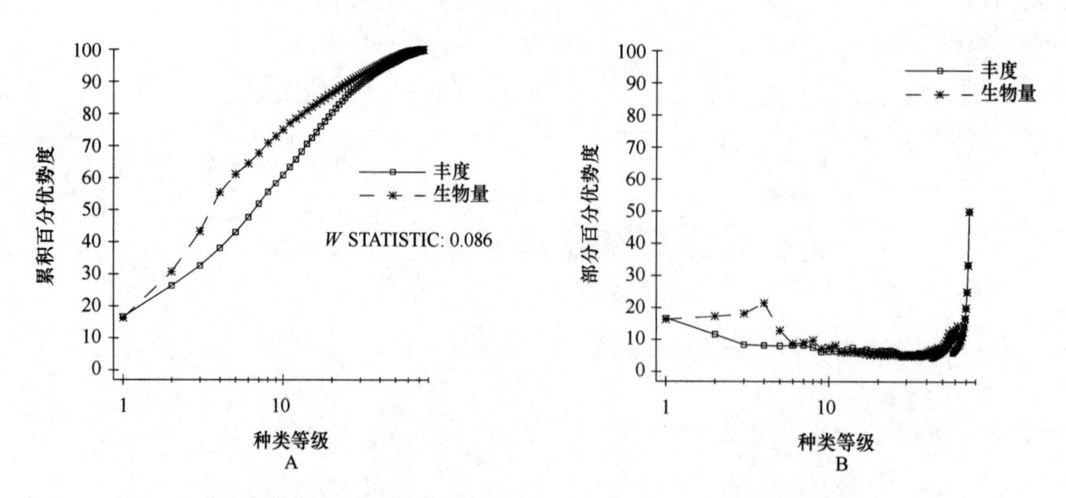

图 41-8 春季泥沙滩群落丰度生物量复合 k-优势度（A）和部分优势度（B）曲线

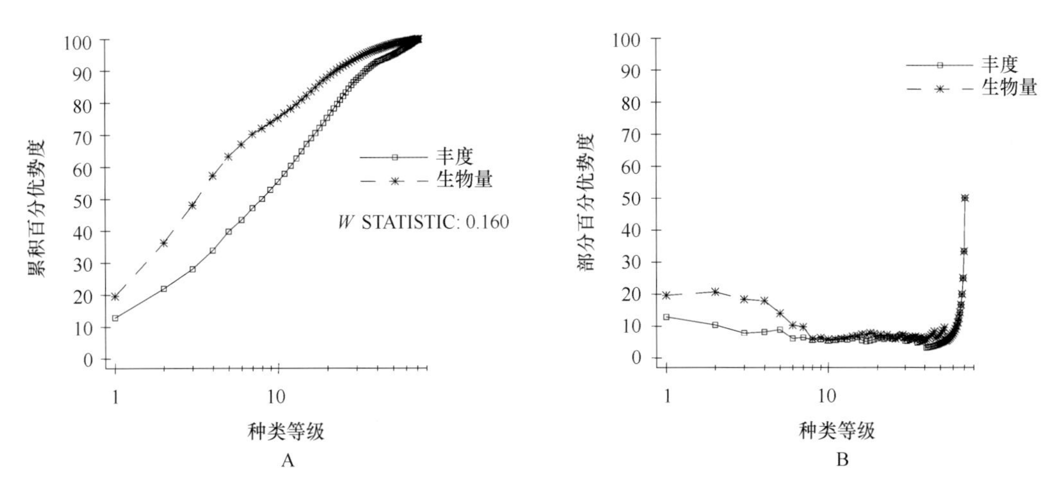

图 41-9　秋季泥沙滩群落丰度生物量复合 k-优势度（A）和部分优势度（B）曲线

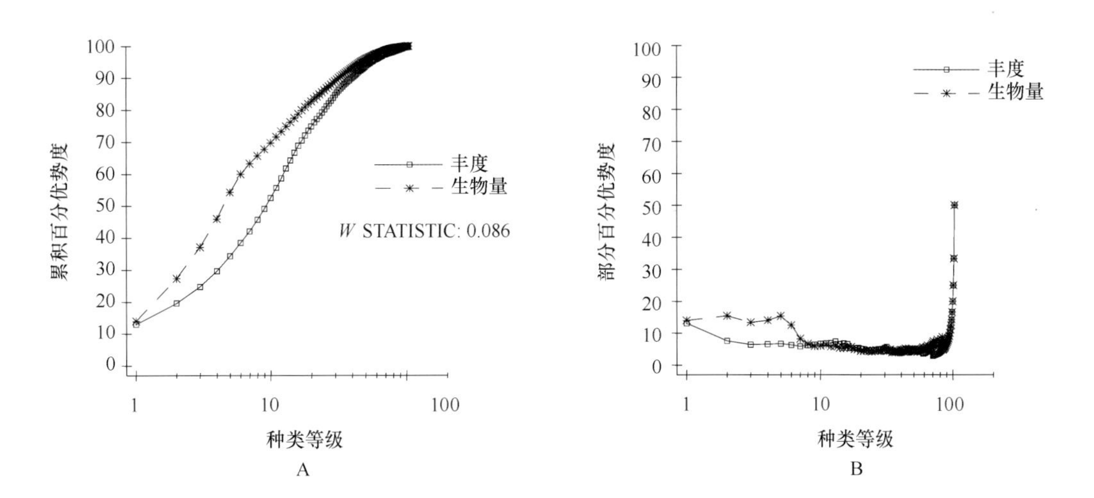

图 41-10　罗源泥沙滩群落丰度生物量复合 k-优势度（A）和部分优势度（B）曲线

第 42 章　连江海岸带滨海湿地

42.1　自然环境特征

连江海岸带滨海湿地分布于连江境内，连江县位于福建东部沿海台湾海峡正北方，位于 119°17′~120°31′E，26°03′~26°27′N，面临闽江口、敖江口和罗源湾，面积 1 193.1 km^2（含马祖列岛 23.5 km^2）。地势由西北、东北向东、东南倾斜。全县最高峰缺鼻峰海拔 1 029 m。多海岸良港，岛屿 110 多个。海洋能资源丰富，大官坂垦区是全国最大的潮差区之一，可建设装机容量 8×10^4 kW 的潮汐电站。主要河流有敖江，闽江支流大北溪和独流入海的鲤溪。

年平均气温 19.1℃，年降雨量 1 548 mm，全年无霜期 304 d。

42.2　断面与站位布设

2006 年 10 月和 2007 年 4 月分别在连江合丰和浦口山坑布设 2 条断面进行潮间带大型底栖生物取样（表 42-1，图 42-1）。

表 42-1　连江海岸带滨海湿地潮间带大型底栖生物调查断面

序号	断面	编号	日期	经　度（E）	纬　度（N）	底质
1	合丰	FJ-C048	2006 年 10 月，2007 年 4 月	119°39′55.38″	26°24′55.68″	石堤、泥沙滩
2	浦口山坑	FJ-C055		119°39′41.76″	26°16′22.32″	海草、石堤、泥沙滩

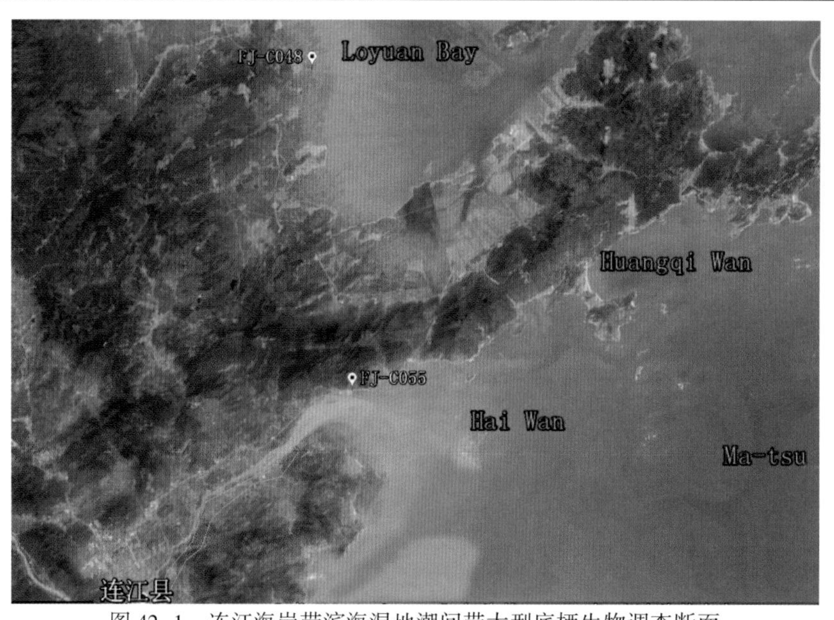

图 42-1　连江海岸带滨海湿地潮间带大型底栖生物调查断面

42.3　物种多样性

42.3.1　种类组成与季节变化

连江海岸带滨海湿地泥沙滩潮间带大型底栖生物 140 种，其中藻类 3 种，多毛类 67 种，软体动物 22 种，甲壳动物 42 种，棘皮动物 1 种和其他生物 5 种。多毛类、软体动物和甲壳动物占总种数的 93.57%，三者构成海岸带泥沙滩潮间带大型底栖生物主要类群。

连江海岸带滨海湿地泥沙滩潮间带大型底栖生物断面间比较，种数以 FJ-C048 断面较多（98 种），FJ-C055 断面较少（58 种）。季节变化，FJ-C048 断面以春季较多（70 种），秋季较少（55 种）；FJ-C055 断面以秋季较多（41 种），春季较少（27 种）（表 42-2）。

表 42-2　连江海岸带滨海湿地泥沙滩潮间带大型底栖生物物种组成与季节变化　　单位：种

断面	季节	藻类	多毛类	软体动物	甲壳动物	棘皮动物	其他生物	合计
FJ-C048	春季	2	39	6	20	1	2	70
	秋季	1	29	8	13	1	3	55
	合计	3	50	12	28	1	4	98
FJ-C055	春季	0	11	7	9	0	0	27
	秋季	0	15	9	15	0	2	41
	合计	0	22	13	21	0	2	58
合计		3	67	22	42	1	5	140

42.3.2　优势种和主要种

根据数量和出现率，连江海岸带滨海湿地泥沙滩潮间带大型底栖生物优势种和主要种有稚齿虫、中蚓虫、索沙蚕、独毛虫、独指虫、树蛰虫、异蚓虫、长吻吻沙蚕、多鳃齿吻沙蚕、粗糙滨螺、黑口滨螺、短拟沼螺、凸壳肌蛤、毛大鳌蜚、薄片蜾蠃蜚、三角柄蜾蠃蜚、葛氏胖钩虾、哥伦比亚刀钩虾、明秀大眼蟹、韦氏毛带蟹和光亮倍棘蛇尾等。

42.4　数量时空分布

42.4.1　数量组成与季节变化

春季和秋季连江海岸带滨海湿地泥沙滩潮间带大型底栖生物平均生物量为 18.53 g/m^2，平均栖息密度为 581 个/m^2。生物量以软体动物居第一位（6.76 g/m^2），甲壳动物居第二位（5.69 g/m^2）；栖息密度以甲壳动物居第一位（362 个/m^2），多毛类居第二位（140 个/m^2）。数量季节变化，生物量春季较大（20.72 g/m^2），秋季较小（16.33 g/m^2）；栖息密度秋季较大（621 个/m^2），春季较小（540 个/m^2）（表 42-3）。各断面数量组成与季节变化见表 42-4。

表 42-3　连江海岸带滨海湿地泥沙滩潮间带大型底栖生物数量组成与季节变化

数量	季节	藻类	多毛类	软体动物	甲壳动物	棘皮动物	其他生物	合计
生物量（g/m²）	春季	0.40	4.18	8.60	1.11	6.11	0.32	20.72
	秋季	0	1.13	4.91	10.27	0	0.02	16.33
	平均	0.20	2.66	6.76	5.69	3.06	0.17	18.53
密度（个/m²）	春季	—	241	70	197	21	11	540
	秋季	—	38	54	527	0	2	621
	平均	—	140	62	362	11	7	581

表 42-4　连江海岸带滨海湿地泥沙滩潮间带大型底栖生物数量组成与季节变化

数量	季节	断面	藻类	多毛类	软体动物	甲壳动物	棘皮动物	其他生物	合计
生物量	春季	FJ-C048	0.77	6.04	11.02	0.39	8.90	0.18	27.30
		FJ-C055	0	0.24	5.20	1.58	0	0	7.02
		平均	0.39	3.14	8.11	0.99	4.45	0.09	17.16
	秋季	FJ-C048	0.02	2.31	6.17	1.83	3.32	0.46	14.11
		FJ-C055	0	2.02	4.61	18.95	0	0.04	25.62
		平均	0.01	2.17	5.39	10.39	1.66	0.25	19.87
	春秋季	FJ-C048	0.40	4.18	8.60	1.11	6.11	0.32	20.72
		FJ-C055	0	1.13	4.91	10.27	0	0.02	16.33
		平均	0.20	2.66	6.76	5.69	3.06	0.17	18.53
密度	春季	FJ-C048	—	271	83	132	24	8	518
		FJ-C055	—	43	61	32	0	0	136
		平均	—	157	72	82	12	4	327
	秋季	FJ-C048	—	210	57	261	17	13	558
		FJ-C055	—	33	47	1021	0	4	1105
		平均	—	122	52	641	9	9	832
	春秋季	FJ-C048	—	241	70	197	21	11	540
		FJ-C055	—	38	54	527	0	2	621
		平均	—	140	62	362	11	7	581
生物量	春季	FJ-C048	0.77	6.04	11.02	0.39	8.90	0.18	27.30
	秋季		0.02	2.31	6.17	1.83	3.32	0.46	14.11
	平均		0.40	4.18	8.60	1.11	6.11	0.32	20.71
	春季	FJ-C055	0	0.24	5.20	1.58	0	0	7.02
	秋季		0	2.02	4.61	18.95	0	0.04	25.62
	平均		0	1.13	4.91	10.27	0	0.02	16.32
	春秋季	FJ-C048	0.40	4.18	8.60	1.11	6.11	0.32	20.71
		FJ-C055	0	1.13	4.91	10.27	0	0.02	16.32
		平均	0.20	2.65	6.75	5.69	3.06	0.17	18.51

续表 42-4

数量	季节	断面	藻类	多毛类	软体动物	甲壳动物	棘皮动物	其他生物	合计
密度	春季	FJ-C048	—	271	83	132	24	8	518
	秋季		—	210	57	261	17	13	558
	平均		—	241	70	197	21	11	538
	春季	FJ-C055	—	43	61	32	0	0	136
	秋季		—	33	47	1021	0	4	1 105
	平均		—	38	54	527	0	2	621
	春秋季	FJ-C048	—	241	70	197	21	11	540
		FJ-C055	—	38	54	527	0	2	621
		平均	—	140	62	362	11	7	581

42.4.2　数量分布

连江海岸带滨海湿地泥沙滩潮间带大型底栖生物数量分布，春季生物量以 FJ-C048 断面较大（27.30 g/m²），FJ-C055 断面较小（7.02 g/m²）；栖息密度，同样以 FJ-C048 断面较大（518 个/m²），FJ-C055 断面较小（136 个/m²）。秋季生物量以 FJ-C055 断面较大（25.62 g/m²），FJ-C048 断面较小（14.11 g/m²）；栖息密度，同样以 FJ-C055 断面较大（1 105 个/m²），FJ-C048 断面较小（558 个/m²）。数量垂直分布，春季生物量 FJ-C048 断面低潮区较大（35.78 g/m²），中潮区较小（17.06 g/m²）；FJ-C055 断面高潮区较大（14.40 g/m²），低潮区较小（0.56 g/m²）。栖息密度，FJ-C048 断面低潮区较大（1 235 个/m²），高潮区较小（104 个/m²）；FJ-C055 断面低潮区较大（160 个/m²），中潮区较小（113 个/m²）（表 42-5）。

表 42-5　春季连江海岸带滨海湿地泥沙滩潮间带大型底栖生物数量垂直分布

数量	断面	潮区	藻类	多毛类	软体动物	甲壳动物	棘皮动物	其他生物	合计
生物量（g/m²）	FJ-C048	高潮区	0	0	29.04	0	0	0	29.04
		中潮区	1.05	11.28	3.02	0.18	1.10	0.43	17.06
		低潮区	1.25	6.83	1.00	1.00	25.60	0.10	35.78
		平均	0.77	6.04	11.02	0.39	8.90	0.18	27.30
	FJ-C055	高潮区	0	0	14.40	0	0	0	14.40
		中潮区	0	0.31	1.21	4.59	0	0	6.11
		低潮区	0	0.40	0	0.16	0	0	0.56
		平均	0	0.24	5.20	1.58	0	0	7.02
密度（个/m²）	FJ-C048	高潮区	—	0	104	0	0	0	104
		中潮区	—	112	75	20	3	3	213
		低潮区	—	700	70	375	70	20	1 235
		平均	—	271	83	132	24	8	518
	FJ-C055	高潮区	—	0	136	0	0	0	136
		中潮区	—	17	48	48	0	0	113
		低潮区	—	112	0	48	0	0	160
		平均	—	43	61	32	0	0	136

秋季生物量，FJ-C048 断面中潮区较大（20.25 g/m²），高潮区较小（3.28 g/m²）；FJ-C055 断面中潮区较大（36.63 g/m²），高潮区较小（6.72 g/m²）。栖息密度，FJ-C048 断面低潮区较大（1 470 个/m²），高潮区较小（8 个/m²）；FJ-C055 断面低潮区较大（2 440 个/m²），高潮区较小（64 个/m²）（表 42-6）。

各断面数量垂直分布与季节变化见表 42-7 和表 42-8。

表 42-6　秋季连江海岸带滨海湿地泥沙滩潮间带大型底栖生物数量垂直分布

数量	断面	潮区	藻类	多毛类	软体动物	甲壳动物	棘皮动物	其他生物	合计
生物量（g/m²）	FJ-C048	高潮区	0	0	3.28	0	0	0	3.28
		中潮区	0	0.82	15.12	4.29	0	0.02	20.25
		低潮区	0.05	6.10	0.10	1.20	9.95	1.35	18.75
		平均	0.02	2.31	6.17	1.83	3.32	0.46	14.11
	FJ-C055	高潮区	0	0	6.72	0	0	0	6.72
		中潮区	0	1.41	4.08	31.01	0	0.13	36.63
		低潮区	0	4.64	3.04	25.84	0	0	33.52
		平均	0	2.02	4.61	18.95	0	0.04	25.62
密度（个/m²）	FJ-C048	高潮区	—	0	8	0	0	0	8
		中潮区	—	25	149	22	0	0	196
		低潮区	—	605	15	760	50	40	1 470
		平均	—	210	57	261	17	13	558
	FJ-C055	高潮区	—	0	64	0	0	0	64
		中潮区	—	35	53	712	0	11	811
		低潮区	—	64	24	2 352	0	0	2 440
		平均	—	33	47	1 021	0	4	1 105

表 42-7　连江海岸带滨海湿地泥沙滩潮间带大型底栖生物生物量垂直分布　单位：g/m²

潮区	断面	季节	藻类	多毛类	软体动物	甲壳动物	棘皮动物	其他生物	合计
高潮区	FJ-C048	春季	0	0	29.04	0	0	0	29.04
		秋季	0	0	3.28	0	0	0	3.28
		平均	0	0	16.16	0	0	0	16.16
	FJ-C055	春季	0	0	14.40	0	0	0	14.40
		秋季	0	0	6.72	0	0	0	6.72
		平均	0	0	10.56	0	0	0	10.56
中潮区	FJ-C048	春季	1.05	11.28	3.02	0.18	1.10	0.43	17.06
		秋季	0	0.82	15.12	4.29	0	0.02	20.25
		平均	0.53	6.05	9.07	2.24	0.55	0.22	18.66
	FJ-C055	春季	0	0.31	1.21	4.59	0	0	6.11
		秋季	0	1.41	4.08	31.01	0	0.13	36.63
		平均	0	0.86	2.65	17.80	0	0.07	21.38
低潮区	FJ-C048	春季	1.25	6.83	1.00	1.00	25.60	0.10	35.78
		秋季	0.05	6.10	0.10	1.20	9.95	1.35	18.75
		平均	0.65	6.47	0.55	1.10	17.78	0.73	27.28
	FJ-C055	春季	0	0.40	0	0.16	0	0	0.56
		秋季	0	4.64	3.04	25.84	0	0	33.52
		平均	0	2.52	1.52	13.00	0	0	17.04

表 42-8　连江海岸带滨海湿地泥沙滩潮间带大型底栖生物栖息密度垂直分布　　单位：个/m²

潮区	断面	季节	多毛类	软体动物	甲壳动物	棘皮动物	其他生物	合计
高潮区	FJ-C048	春季	0	104	0	0	0	104
		秋季	0	8	0	0	0	8
		平均	0	56	0	0	0	56
	FJ-C055	春季	0	136	0	0	0	136
		秋季	0	64	0	0	0	64
		平均	0	100	0	0	0	100
中潮区	FJ-C048	春季	112	75	20	3	3	213
		秋季	25	149	22	0	0	196
		平均	68	112	21	2	1	204
	FJ-C055	春季	17	48	48	0	0	113
		秋季	35	53	712	0	11	811
		平均	26	51	380	0	5	462
低潮区	FJ-C048	春季	700	70	375	70	20	1 235
		秋季	605	15	760	50	40	1 470
		平均	653	43	568	60	30	1 354
	FJ-C055	春季	112	0	48	0	0	160
		秋季	64	24	2 52	0	0	2 440
		平均	88	12	1 200	0	0	1 300

42.4.3　饵料生物水平

连江海岸带滨海湿地泥沙滩潮间带大型底栖生物春秋季平均饵料水平分级为Ⅲ级，其中：软体动物和棘皮动物较高，均为Ⅱ级，其余各类群较低，均为Ⅰ级。不同季节泥沙滩潮间带大型底栖生物饵料水平分级评价结果见表 42-9。

表 42-9　连江海岸带滨海湿地泥沙滩潮间带大型底栖生物饵料水平分级

季节	藻类	多毛类	软体动物	甲壳动物	棘皮动物	其他生物	评价标准
春季	Ⅰ	Ⅱ	Ⅲ	Ⅰ	Ⅱ	Ⅰ	Ⅳ
秋季	Ⅰ	Ⅰ	Ⅱ	Ⅰ	Ⅰ	Ⅰ	Ⅲ
平均	Ⅰ	Ⅰ	Ⅱ	Ⅰ	Ⅱ	Ⅰ	Ⅲ

42.5　群落

42.5.1　群落类型

连江海岸带滨海湿地泥沙滩潮间带大型底栖生物群落有：

合丰泥沙滩群落。高潮区：粗糙滨螺—黑口滨螺带；中潮区：独毛虫—薄云母蛤—凸壳肌蛤—短拟沼螺—秀丽长方蟹带；低潮区：树蛰虫—金星蝶铰蛤—薄片蜾蠃蜚—光亮倍棘蛇尾带。

42.5.2　群落结构

合丰泥沙滩群落。该群落所处滩面底质类型在高潮区为石块围堤，中潮区上、中层至低潮区为泥沙。

高潮区：粗糙滨螺—黑口滨螺带。该潮区主要种为粗糙滨螺和黑口滨螺，生物量分别为6.96 g/m^{2}和22.10 g/m^2，栖息密度分别为40个/m^{2}和64个/m^2。

中潮区：独毛虫—薄云母蛤—凸壳肌蛤—短拟沼螺—秀丽长方蟹带。该潮区代表种独毛虫仅在本区中、下层出现，中层生物量和栖息密度分别为0.80 g/m^{2}和150个/m^2；下层较低，分别为0.15 g/m^{2}和10个/m^2。优势种薄云母蛤，自中潮区可延伸分布至低潮区，在本区中层的生物量和栖息密度较高，分别为5.05 g/m^{2}和120个/m^2；下层较低，分别为0.45 g/m^{2}和10个/m^2。优势种凸壳肌蛤，仅在中潮区上层出现，生物量和栖息密度分别达31.40 g/m^{2}和120个/m^2。优势种短拟沼螺，仅在中潮区上层出现，生物量和栖息密度分别达11.40 g/m^{2}和312个/m^2。主要种秀丽长方蟹，仅在中潮区上、中层出现，上层的生物量和栖息密度分别为8.88 g/m^{2}和32个/m^2；中层较低，分别为1.20 g/m^{2}和15个/m^2。其他主要种和习见种有双齿围沙蚕、多鳃齿吻沙蚕、独指虫、丝鳃稚齿虫、稚齿虫、索沙蚕、缢蛏、鸭嘴蛤、彩拟蟹守螺、织纹螺、同掌华眼钩虾、天草旁宽钩虾、夏威夷亮钩虾和淡水泥蟹等。

低潮区：树蛰虫—金星蝶铰蛤—薄片蜾蠃蜚—光亮倍棘蛇尾带。该潮区主要种树蛰虫仅在本区出现，生物量不高，仅为0.50 g/m^2，栖息密度达175个/m^2。金星蝶铰蛤，生物量不高，仅为0.25 g/m^2，栖息密度为35个/m^2，该种自中潮区下层延伸分布至低潮区。薄片蜾蠃蜚，仅在低潮区出现，生物量不高，仅为0.05 g/m^2，栖息密度为90个/m^2。光亮倍棘蛇尾，自中潮区下层可延伸分布至低潮区，在本区的生物量和栖息密度分别为25.60 g/m^{2}和70个/m^2。其他主要种和习见种有纽虫、狭细蛇潜虫、独指虫、丝鳃稚齿虫、刚鳃虫、纳加索沙蚕、似蛰虫、豆形胡桃蛤、薄云母蛤、畸形链肢虫、美原双眼钩虾、日本大螯蜚和中华拟亮钩虾等（图42-2）。

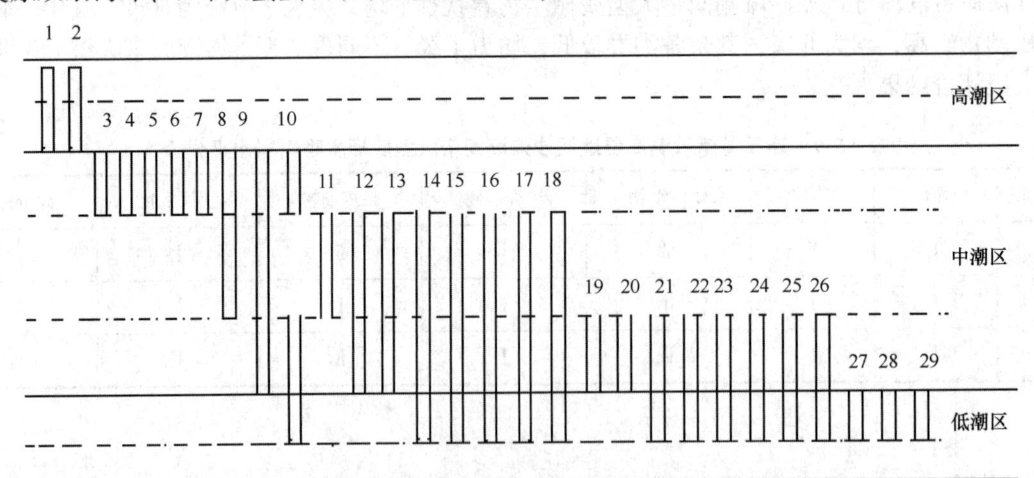

图42-2　合丰泥沙滩群落主要种垂直分布

1. 粗糙滨螺；2. 黑口滨螺；3. 双齿围沙蚕；9. 稚齿虫；4. 革囊星虫；5. 凸壳肌蛤；6. 彩拟蟹守螺；7. 短拟沼螺；8. 秀丽长方蟹；10. 同掌华眼钩虾；11. 双鳃内卷齿蚕；14. 独指虫；12. 独毛虫；15. 似蛰虫；16. 薄云母蛤；17. 夏威夷亮钩虾；18. 光亮倍棘蛇尾；21. 多鳃齿吻沙蚕；22. 丝鳃稚齿虫；23. 纳加索沙蚕；24. 梳鳃虫；25. 豆形胡桃蛤；19. 鸭嘴蛤；26. 金星蝶铰蛤；13. 淡水泥蟹；20. 织纹螺；27. 树蛰虫；28. 美原双眼钩虾；29. 薄片蜾蠃蜚

42.5.3　群落生态特征值

根据 Margalef 种类丰富度指数（*d*），Shannon-Wiener 种类多样性指数（*H'*），Pielous 种类均匀度指数（*J*）和 Simpson 优势度指数（*D*）显示，连江海岸带滨海湿地泥沙滩潮间带大型底栖生物群落丰富度指数（*d*）FJ-C048 断面较高（7.770 0），FJ-C055 断面较低（4.320 0）；多样性指数（*H'*），FJ-C048 断面较高（3.240 0），FJ-C055 断面较低（2.260 0）；均匀度指数（*J*），FJ-C048 断面较高（0.788 5），FJ-C055 断面较低（0.654 0）；Simpson 优势度（*D*），FJ-C055 断面较高（0.187 0），FJ-C048 断面较低（0.066 4）。各断面群落生态特征值季节变化见表 42-10。

表 42-10　连江海岸带滨海湿地泥沙滩潮间带大型底栖生物群落生态特征值

断面	季节	*d*	*H'*	*J*	*D*
FJ-C048	春季	8.830 0	3.600 0	0.860 0	0.036 3
	秋季	6.710 0	2.880 0	0.717 0	0.096 5
	平均	7.770 0	3.240 0	0.788 5	0.066 4
FJ-C055	春季	3.980 0	2.640 0	0.800 0	0.102 0
	秋季	4.660 0	1.880 0	0.508 0	0.272 0
	平均	4.320 0	2.260 0	0.654 0	0.187 0

42.5.4　群落稳定性

春季连江海岸带滨海湿地合丰和山坑泥沙滩潮间带大型底栖生物群落和秋季合丰泥沙滩群落相对稳定，其丰度生物量复合 *k*-优势度和部分优势度曲线不交叉、不翻转，生物量优势度曲线始终位于丰度上方（图 42-3 至图 42-5）。但秋季山坑泥沙滩群落出现一定的扰动，丰度生物量复合 *k*-优势度和部分优势度曲线出现翻转（图 42-6）。这可能与秋季葛氏胖钩虾在中潮区生物量仅为 0.88 g/m^2，栖息密度高达 1 512 个/m^2 和三角柄蜾蠃蜚在低潮区生物量仅为 4.32 g/m^2，而栖息密度高达 2 256 个/m^2 有关。

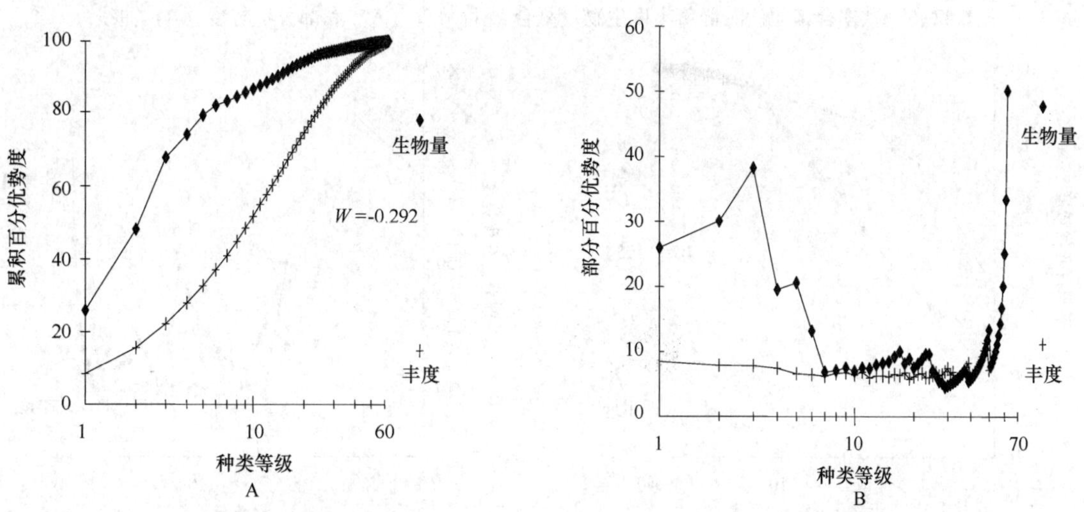

图 42-3　春季合丰泥沙滩群落丰度生物量复合 *k*-优势度（A）和部分优势度（B）曲线

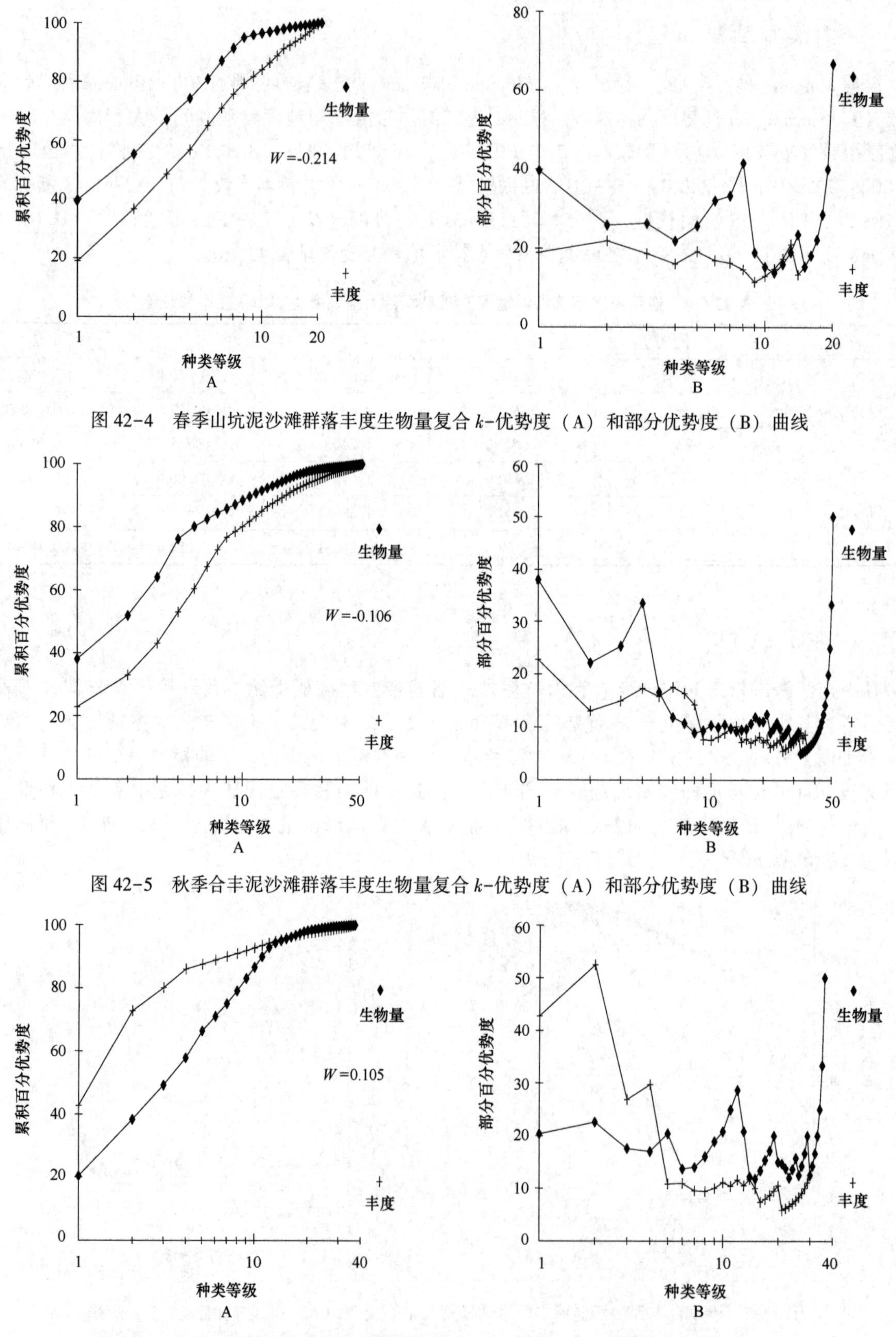

图 42-4　春季山坑泥沙滩群落丰度生物量复合 k-优势度（A）和部分优势度（B）曲线

图 42-5　秋季合丰泥沙滩群落丰度生物量复合 k-优势度（A）和部分优势度（B）曲线

图 42-6　秋季山坑泥沙滩群落丰度生物量复合 k-优势度（A）和部分优势度（B）曲线

第 43 章　长乐海岸带滨海湿地

43.1　自然环境特征

长乐海岸带滨海湿地分布于长乐境内，长乐市位于福建省东部沿海、闽江口南岸，与台湾岛隔海相望，东濒台湾海峡，西与闽侯县毗邻，南与福清市相连，北与马尾区隔江相望。位于 119°24′~119°59′E，25°40′~26°04′N。陆地面积 717.5 km^2，海域面积 1 237 km^2。西部属闽江流域平原，东部为海滨平原。闽江流经长乐市北部入海。海岸线长 96 km，岛屿 36 个。

长乐是一个准半岛，地貌属低山丘陵区。低山丘陵略成“工”字形，分布于中部和南部。东部为开阔的滨海平原，梗以花岗岩残丘，最低处海拔 2~5 m。西部为营前—玉田平原，贯以溪川，属福州平原一部分。

境内山丘属戴云山脉东翼的延伸支脉。西部有大象山、灵隐墓、龙卷墓、黄晶岭，走向北东。蟛蜞山、天台岭、大寨山等为天然屏障雄峙北部。天险、大埔尾、六平、董奉诸山直贯中部，大埔尾为全境之最，天险山次之，崩山、旗山、风洞、御国诸山横踞南部。

闽江横贯北境，是长乐境内最主要的河流，自黄石至梅花入海，全程约 35 km。西部较大的河流有上洞江、下洞江，其余河流均较短小，长度仅在 11~16 km 之间，多源自南部诸山，注入江海。河网密度平均 0.5~1 km/km^2，平原地区 2 km/km^2。另有西湖、东湖、福湖、天塌湖等小湖泊，面积仅为 1~2 km^2。海域面积 1 237 km^2 余，浅海滩涂面积 2.7×10^4 hm^2。

长乐属中亚热带海洋性季风气候区，暖和湿润，夏长少酷暑，冬短少霜雪。年平均气温 19.3℃。1 月平均气温 10.3℃，极端低温-1.3℃；7 月平均气温 28.3℃，极端高温 37.4℃。无霜期 333 d。降水量 1 382.3 mm。年平均风速 4.1 m/s，大多东北风。自然灾害以风、涝、旱灾最重。风、涝灾多由台风引起。台风一般发生在 6—9 月，有“六月风初、七月风半”之说，平均每年 5 次。旱灾受大区气候影响，因境内植被覆盖率较低，蒸发量大于降水量，所以干旱发生几率较高。

43.2　断面与站位布设

1984 年 10 月和 1985 年 4 月，2006 年 10 月和 2007 年 5 月，2007 年 11 月，2008 年 5 月和 10 月，2010 年 11 月和 2011 年 4 月，2012 年 11 月先后在长乐漳港、鸡母沙、松下、石文和克风村等地布设 9 条断面进行潮间带大型底栖生物取样（表 43-1，图 43-1）。

表 43-1　长乐海岸带滨海湿地潮间带大型底栖生物调查断面

序号	断面	编号	日期	经　度（E）	纬　度（N）	底质
1	石文	LD1	2008 年 5 月，10 月	119°36′43.98″	26°2′22.98″	海草、石堤、泥滩
2	鸡母沙	FJ-C061	2006 年 10 月，2007 年 5 月	119°42′42.84″	26°0′51.12″	粗砂、细砂
3	漳港	Zg	1984 年 10 月，1985 年 4 月	119°38′18.15″	25°54′26.09″	沙滩
4	松下	Dch1	2007 年 11 月	119°36′57.42″	25°46′19.56″	沙滩
5		Dch2		119°35′55.02″	25°42′34.68″	沙滩
6	指头村	Sd1	2010 年 11 月，2011 年 4 月	119°37′00″	25°46′27.00″	沙滩
7	午山村	Sd2		119°36′57.00″	25°44′33.00″	岩石滩
8	下水洋	Sd3		119°36′5.00″	25°43′15.00″	岩石滩
9	克凤村	LQD3	2012 年 11 月	119°39′28.15″	26°01′10.68″	海草、泥滩

图 43-1　长乐海岸带滨海湿地潮间带大型底栖生物调查断面

43.3　物种多样性

43.3.1　种类组成与季节变化

长乐海岸带滨海湿地潮间带大型底栖生物 216 种，其中藻类 13 种，多毛类 57 种，软体动物 75 种，甲壳动物 56 种，棘皮动物 3 种和其他生物 12 种。多毛类、软体动物和甲壳动物占总种数的 87.03%，三者构成海岸带潮间带大型底栖生物主要类群。

长乐海岸带滨海湿地岩石滩潮间带大型底栖生物 148 种，其中藻类 12 种，多毛类 32 种，软体动物 61 种，甲壳动物 36 种，棘皮动物 2 种和其他生物 5 种。多毛类、软体动物和甲壳动物占总种数的 87.16%，三者构成海岸带岩石滩潮间带大型底栖生物主要类群。

长乐海岸带滨海湿地沙滩潮间带大型底栖生物 84 种，其中藻类 2 种，多毛类 26 种，软体动物 25 种，甲壳动物 24 种，棘皮动物 2 种和其他生物 5 种。多毛类、软体动物和甲壳动物占总种数的 89.28%，三者构成海岸带沙滩潮间带大型底栖生物主要类群。

长乐海岸带滨海湿地海草区潮间带大型底栖生物 36 种，其中多毛类 13 种，软体动物 5 种，甲壳动物 15 种和其他生物 3 种。多毛类、软体动物和甲壳动物占总种数的 91.66%，三者构成海岸带海草区潮间带大型底栖生物主要类群。

长乐海岸带滨海湿地潮间带大型底栖生物物种平面分布与季节变化见表 43-2。岩石滩春秋季种数以 Sd2 断面较多（95 种），Sd3 断面较少（76 种）。沙滩，春季种数以 FJ-C061 断面较多（25 种），Sd1 断面较少（22 种）；秋季种数以 Dch2 断面较多（38 种），FJ-C061 断面较少（15 种）。海草区，秋季种数以 LQD3 断面较多（30 种），LD1 断面较少（11 种）。

表 43-2　长乐海岸带滨海湿地潮间带大型底栖生物物种组成与季节变化　　单位：种

底质	断面	季节	藻类	多毛类	软体动物	甲壳动物	棘皮动物	其他生物	合计
岩石滩	Sd2	春季	6	11	24	10	0	0	51
		秋季	3	14	29	21	2	3	72
		小计	8	17	42	23	2	3	95
	Sd3	春季	2	8	18	4	0	0	32
		秋季	4	15	23	12	1	4	59
		小计	6	18	33	14	1	4	76
	合计		12	32	61	36	2	5	148
沙滩	FJ-C061	春季	0	4	11	10	0	0	25
		秋季	0	3	3	6	0	3	15
		小计	0	6	12	13	0	3	34
	Dch1	秋季	1	7	10	7	0	2	27
	Dch2		1	20	6	9	1	2	38
		小计	2	23	13	14	1	3	56
	Sd1	春季	0	10	5	7	0	0	22
		秋季	0	1	8	6	0	1	16
		小计	0	11	11	10	0	1	33
	Zg	春秋	0	19	24	11	2	4	60
	合计		2	26	25	24	2	5	84

续表 43-2

底质	断面	季节	藻类	多毛类	软体动物	甲壳动物	棘皮动物	其他生物	合计
海草区	LD1	春季	0	4	2	3	0	0	9
		秋季	0	4	1	6	0	0	11
		小计	0	7	3	8	0	0	18
	LQD3	秋季	0	10	4	13	0	3	30
	合计		0	13	5	15	0	3	36
总计			13	57	75	56	3	12	216

43.3.2　优势种和主要种

根据数量和出现率，长乐海岸带滨海湿地潮间带大型底栖生物优势种和主要种有中间软刺藻、铁丁菜、侧花海葵、桂山厚丛柳珊瑚、裂虫、侧口乳蛰虫、多齿沙蚕、稚齿虫、不倒翁虫、僧帽牡蛎、黑荞麦蛤、带偏顶蛤、短石蛏、红拉沙蛤、等边浅蛤、文蛤、紫藤斧蛤、日本镜蛤、古琴拟口螺、粗糙滨螺、短滨螺、扁玉螺、黄口荔枝螺、疣荔枝螺、覆瓦小蛇螺、红条毛肤石鳖、东方小藤壶、三角藤壶、东方小藤壶、直背小藤壶、鳞笠藤壶、网纹藤壶、日本圆柱水虱、哈氏圆柱水虱、梳肢片钩虾、痕掌沙蟹、光辉圆扇蟹、韦氏毛带蟹、小相手蟹、日本美人虾和光滑倍棘蛇尾等。

43.4　数量时空分布

43.4.1　数量组成与分布

长乐海岸带滨海湿地潮间带大型底栖生物平均生物量为260.91 g/m^2，平均栖息密度为1 862个/m^2。生物量以软体动物居第一位（168.64 g/m^2），甲壳动物居第二位（87.06 g/m^2）；栖息密度以甲壳动物居第一位（1 187个/m^2），软体动物居第二位（197个/m^2）。不同底质类型比较，生物量以岩石滩较大（768.34 g/m^2），海草区较小（2.57 g/m^2）；栖息密度同样以岩石滩较大（5 442个/m^2），海草区较小（63个/m^2）。各类群数量组成与分布见表43-3。

表 43-3　春秋季长乐海岸带滨海湿地潮间带大型底栖生物数量组成与分布

数量	底质	藻类	多毛类	软体动物	甲壳动物	棘皮动物	其他生物	合计
生物量（g/m^2）	岩石滩	3.58	3.26	496.29	257.76	0.09	7.36	768.34
	沙滩	0	0.73	9.14	1.71	0.03	0.19	11.80
	海草区	0	0.09	0.48	1.70	0	0.30	2.57
	平均	1.19	1.36	168.64	87.06	0.04	2.62	260.91
密度（个/m^2）	岩石滩	—	130	1 800	3 501	6	5	5 442
	沙滩	—	18	29	29	1	2	79
	海草区	—	17	15	30	0	1	63
	平均	—	55	615	1 187	2	3	1 862

春季和秋季长乐海岸带滨海湿地岩石滩潮间带大型底栖生物平均生物量为768.34 g/m^2，平均

栖息密度为 5 442 个/m^2。生物量以软体动物居第一位（496.29 g/m^2），甲壳动物居第二位（257.76 g/m^2）；栖息密度以甲壳动物居第一位（3 501 个/m^2），软体动物居第二位（1 800 个/m^2）。数量季节变化，生物量秋季较大（1 110.43 g/m^2），春季较小（426.22 g/m^2）；栖息密度同样以秋季较大（8 218 个/m^2），春季较小（2 664 个/m^2）。各断面数量组成与季节变化见表 43-4。

表 43-4　长乐海岸带滨海湿地岩石滩潮间带大型底栖生物数量组成与季节变化

数量	断面	季节	藻类	多毛类	软体动物	甲壳动物	棘皮动物	其他生物	合计
生物量（g/m^2）	Sd2	春季	0.60	5.15	396.35	83.64	0	0	485.74
		秋季	5.92	2.34	522.44	681.01	0.16	12.70	1 224.57
		平均	3.26	3.75	459.40	382.33	0.08	6.35	855.17
	Sd3	春季	1.36	1.57	326.60	37.16	0	0	366.69
		秋季	6.43	3.96	739.75	229.23	0.18	16.72	996.27
		平均	1.36	1.57	326.60	37.16	0	0	366.69
密度（个/m^2）	Sd2	春季	—	113	960	3 422	0	0	4 495
		秋季	—	230	3 072	7 049	5	11	1 0367
		平均	—	172	2 016	5 236	3	6	7 433
	Sd3	春季	—	52	555	223	0	0	830
		秋季	—	122	2 611	3 309	18	6	6 066
		平均	—	87	1 583	1 766	9	3	3 448
生物量（g/m^2）	Sd2	春季	0.60	5.15	396.35	83.64	0	0	485.74
	Sd3		1.36	1.57	326.60	37.16	0	0	366.69
	平均		0.98	3.36	361.48	60.40	0	0	426.22
	Sd2	秋季	5.92	2.34	522.44	681.01	0.16	12.70	1 224.57
	Sd3		6.43	3.96	739.75	229.23	0.18	16.72	996.27
	平均		6.18	3.15	631.10	455.12	0.17	14.71	1 110.43
密度（个/m^2）	Sd2	春季	—	113	960	3 422	0	0	4 495
	Sd3		—	52	555	223	0	0	830
	平均		—	83	758	1 823	0	0	2 664
	Sd2	秋季	—	230	3 072	7 049	5	11	10 367
	Sd3		—	122	2 611	3 309	18	6	6 066
	平均		—	176	2 842	5 179	12	9	8 218

长乐海岸带滨海湿地沙滩潮间带大型底栖生物平均生物量为 11.80 g/m^2，平均栖息密度为 79 个/m^2。生物量以软体动物居第一位（9.14 g/m^2），甲壳动物居第二位（1.71 g/m^2）；栖息密度以软体动物和甲壳动物并列第一位（29 个/m^2），多毛类居第二位（18 个/m^2）。数量季节变化，生物量春季较大（29.07 g/m^2），秋季较小（9.35 g/m^2）；栖息密度秋季较大（138 个/m^2），春季较小（134 个/m^2）。各断面数量组成与季节变化见表 43-5。

表 43-5　长乐海岸带滨海湿地沙滩潮间带大型底栖生物数量组成与季节变化

数量	断面	季节	多毛类	软体动物	甲壳动物	棘皮动物	其他生物	合　计
生物量 (g/m^2)	FJ-C061	春季	0.23	10.35	1.53	0	0	12.11
	Sd1		2.27	42.36	1.39	0	0	46.02
	平均		1.25	26.36	1.46	0	0	29.07
	FJ-C061	秋季	0.25	6.8	4.57	0	0.03	11.65
	Dch1		0.15	0.88	1.20	0	0.08	2.31
	Dch2		1.13	5.75	3.90	0.38	1.01	12.17
	Sd1		0.24	8.41	2.59	0	0	11.24
	平均		0.44	5.46	3.07	0.10	0.28	9.35
	春秋		0.85	15.91	2.27	0.05	0.14	19.22
	Zg	春秋	0.60	2.36	1.15	0	0.24	4.35
	平均		0.73	9.14	1.71	0.03	0.19	11.80
密度 (个/m^2)	FJ-C061	春季	6	19	70	0	0	95
	Sd1		32	103	38	0	0	173
	平均		19	61	54	0	0	134
	FJ-C061	秋季	5	33	41	0	3	82
	Dch1		17	2	10	0	3	32
	Dch2		129	2	68	10	5	214
	Sd1		4	132	83	0	1	220
	平均		39	42	51	3	3	138
	春秋		29	52	53	2	2	138
	Zg	春秋	7	5	4	0	1	17
	平均		18	29	29	1	2	79

春季和秋季长乐海岸带滨海湿地海草区潮间带大型底栖生物平均生物量为 2.57 g/m^2，平均栖息密度为 63 个/m^2。生物量以甲壳动物居第一位（1.70 g/m^2），软体动物居第二位（0.48 g/m^2）；栖息密度以甲壳动物居第一位（30 个/m^2），多毛类居第二位（17 个/m^2）。数量季节变化，生物量秋季较大（4.23 g/m^2），春季较小（0.87 g/m^2）；栖息密度秋季较大（102 个/m^2），春季较小（22 个/m^2）。各断面数量组成与季节变化见表 43-6。

表 43-6　长乐海岸带滨海湿地海草区潮间带大型底栖生物数量组成与季节变化

数量	断面	季节	多毛类	软体动物	甲壳动物	棘皮动物	其他生物	合计
生物量 (g/m^2)	LD1	春季	0.06	0.80	0.01	0	0	0.87
		秋季	0.08	0	2.37	0	0	2.45
	LQD3	秋季	0.14	0.29	4.38	0	1.17	5.98
	秋季		0.11	0.15	3.38	0	0.59	4.23
	春秋		0.09	0.48	1.70	0	0.30	2.57
密度 (个/m^2)	LD1	春季	16	4	2	0	0	22
		秋季	11	0	15	0	0	26
	LQD3	秋季	22	49	100	0	3	174
	秋季		17	25	58	0	2	102
	春秋		17	15	30	0	1	63

43.4.2　数量分布

长乐海岸带滨海湿地岩石滩潮间带大型底栖生物数量分布，断面间数量也不尽相同，春季生物量以 Sd2 断面较大（485.74 g/m^2），Sd3 断面较小（366.69 g/m^2）；秋季生物量同样以 Sd2 断面较大（1 224.57 g/m^2），Sd3 断面较小（996.27 g/m^2）。栖息密度，春季以 Sd2 断面较大（4 495 个/m^2），Sd3 断面较小（830 个/m^2）；秋季同样以 Sd2 断面较大（10 367 个/m^2），Sd3 断面较小（6 066 个/m^2）。

长乐海岸带滨海湿地岩石滩潮间带底栖生物和数量垂直分布，Sd2 断面，春季生物量从高到低依次为中潮区（1 284.40 g/m^2）、低潮区（148.40 g/m^2）、高潮区（24.40 g/m^2），秋季生物量从高到低依次为中潮区（2 440.93 g/m^2）、低潮区（1 225.60 g/m^2）、高潮区（7.20 g/m^2）；栖息密度，春季从高到低依次为中潮区（12 590 个/m^2）、高潮区（480 个/m^2）、低潮区（416 个/m^2），秋季从高到低依次为中潮区（22 710 个/m^2）、低潮区（8 144 个/m^2）、高潮区（248 个/m^2）。Sd3 断面春季生物量从高到低依次为中潮区（661.04 g/m^2）、低潮区（399.68 g/m^2）、高潮区（39.36 g/m^2），秋季生物量从高到低依次为中潮区（2 237.97 g/m^2）、低潮区（719.68 g/m^2）、高潮区（31.12 g/m^2）；栖息密度，春季从高到低依次为中潮区（1 768 个/m^2）、高潮区（672 个/m^2）、低潮区（48 个/m^2），秋季从高到低依次为中潮区（12 560 个/m^2）、低潮区（5 494 个/m^2）、高潮区（144 个/m^2）（表 43-7，表 43-8）。

表 43-7　长乐海岸带滨海湿地岩石滩潮间带大型底栖生物生物量垂直分布　　单位：g/m^2

断面	季节	潮区	藻类	多毛类	软体动物	甲壳动物	棘皮动物	其他生物	合计
Sd2	春季	高潮区	0	0	24.40	0	0	0	24.40
		中潮区	1.79	7.20	1 024.48	250.93	0	0	1 284.40
		低潮区	0	8.24	140.16	0	0	0	148.40
		平均	0.60	5.15	396.35	83.64	0	0	485.74
	秋季	高潮区	0	0	7.20	0	0	0	7.20
		中潮区	17.12	4.05	1309.73	1 109.52	0	0.51	2 440.93
		低潮区	0.64	2.96	250.40	933.52	0.48	37.60	1 225.60
		平均	5.92	2.34	522.44	681.01	0.16	12.70	1 224.57
Sd3	春季	高潮区	0	0	39.36	0	0	0	39.36
		中潮区	0	3.60	545.95	111.49	0	0	661.04
		低潮区	4.08	1.12	394.48	0	0	0	399.68
		平均	1.36	1.57	326.60	37.16	0	0	366.69
	秋季	高潮区	0	0	31.12	0	0	0	31.12
		中潮区	18.72	7.39	1 707.25	504.00	0.53	0.08	2 237.97
		低潮区	0.56	4.48	480.88	183.68	0	50.08	719.68
		平均	6.43	3.96	739.75	229.23	0.18	16.72	996.27

表 43-8　长乐海岸带滨海湿地岩石滩潮间带大型底栖生物栖息密度垂直分布　　单位：个/m²

断面	季节	潮区	多毛类	软体动物	甲壳动物	棘皮动物	其他生物	合计
Sd2	春季	高潮区	0	480	0	0	0	480
		中潮区	107	2 216	10 267	0	0	12 590
		低潮区	232	184	0	0	0	416
		平均	113	960	3 422	0	0	4 495
	秋季	高潮区	0	248	0	0	0	248
		中潮区	299	8 256	14 131	0	24	22 710
		低潮区	392	712	7 016	16	8	8 144
		平均	230	3 072	7 049	5	11	10 367
Sd3	春季	高潮区	0	672	0	0	0	672
		中潮区	131	968	669	0	0	1 768
		低潮区	24	24	0	0	0	48
		平均	52	555	223	0	0	830
	秋季	高潮区	0	144	0	0	0	144
		中潮区	165	6 139	6 200	53	3	12 560
		低潮区	200	1 550	3 728	0	16	5 494
		平均	122	2 611	3 309	18	6	6 066

2007 年秋季长乐海岸带滨海湿地沙滩潮间带大型底栖生物数量垂直分布，生物量以中潮区较大（16.74 g/m²），高潮区较小（1.04 g/m²）；栖息密度，低潮区较大（298 个/m²），高潮区较小（1 个/m²）。各断面数量垂直分布见表 43-9。

表 43-9　2007 年秋季长乐海岸带滨海湿地沙滩潮间带大型底栖生物数量垂直分布

潮区	数量	断面	藻类	多毛类	软体动物	甲壳动物	棘皮动物	其他生物	合　计
高潮区	生物量 (g/m²)	Dch1	0	0	0	0.61	0	0	0.61
		Dch2	0	0	0	1.47	0	0	1.47
		平均	0	0	0	1.04	0	0	1.04
	密度 (个/m²)	Dch1	—	0	0	1	0	0	1
		Dch2	—	0	0	0	0	0	0
		平均	—	0	0	1	0	0	1
中潮区	生物量 (g/m²)	Dch1	0.01	0.04	2.64	2.83	0	0	5.52
		Dch2	0	0.69	17.24	7.03	0	2.99	27.95
		平均	0.01	0.37	9.94	4.93	0	1.50	16.74
	密度 (个/m²)	Dch1	—	5	5	25	0	0	35
		Dch2	—	36	7	63	0	1	107
		平均	—	21	6	44	0	1	71

续表 43-9

潮区	数量	断面	藻类	多毛类	软体动物	甲壳动物	棘皮动物	其他生物	合 计
低潮区	生物量 (g/m²)	Dch1	0	0.40	0	0.15	0	0.25	0.80
		Dch2	0	2.70	0	3.20	1.15	0.05	7.10
		平均	0	1.55	0	1.68	0.58	0.15	3.95
	密度 (个/m²)	Dch1	—	45	0	5	0	10	60
		Dch2	—	350	0	140	30	15	535
		平均	—	198	0	73	15	13	298
高潮区	生物量 (g/m²)	Dch1	0	0	0	0.61	0	0	0.61
中潮区			0.01	0.04	2.64	2.83	0	0	5.52
低潮区			0	0.40	0	0.15	0	0.25	0.80
平均			0	0.15	0.88	1.20	0	0.08	2.31
高潮区		Dch2	0	0	0	1.47	0	0	1.47
中潮区			0	0.69	17.24	7.03	0	2.99	27.95
低潮区			0	2.70	0	3.20	1.15	0.05	7.10
平均			0	1.13	5.75	3.90	0.38	1.01	12.17
高潮区	密度 (个/m²)	Dch1	—	0	0	1	0	0	1
中潮区			—	5	5	25	0	0	35
低潮区			—	45	0	5	0	10	60
平均			—	17	2	10	0	3	32
高潮区		Dch2	—	0	0	0	0	0	0
中潮区			—	36	7	63	0	1	107
低潮区			—	350	0	140	30	15	535
平均			—	129	2	68	10	5	214

2010 年秋季和 2011 年春季，长乐海岸带滨海湿地 Sd1 断面沙滩潮间带大型底栖生物数量垂直分布，春季，生物量以低潮区较大（129.88 g/m²），高潮区较小（0.01 g/m²）；栖息密度，低潮区较大（296 个/m²），高潮区较小（0 个/m²）。秋季，生物量以中潮区较大（15.26 g/m²），高潮区较小（7.20 g/m²）；栖息密度，中潮区较大（317 个/m²），低潮区较小（64 个/m²）（表 43-10）。

表 43-10　2010 年秋季和 2011 年春季沙滩潮间带大型底栖生物数量垂直分布

季节	数量	潮区	多毛类	软体动物	甲壳动物	棘皮动物	其他生物	合计
春季	生物量 (g/m²)	高潮区	0	0	0.01	0	0	0.01
		中潮区	0.57	3.57	4.03	0	0	8.17
		低潮区	6.24	123.52	0.12	0	0	129.88
		平均	2.27	42.36	1.39	0	0	46.02
	密度 (个/m²)	高潮区	0	0	0	0	0	0
		中潮区	43	68	111	0	0	222
		低潮区	52	240	4	0	0	296
		平均	32	103	38	0	0	173

续表 43-10

季节	数量	潮区	多毛类	软体动物	甲壳动物	棘皮动物	其他生物	合计
秋季	生物量 (g/m²)	高潮区	0	4.80	2.40	0	0	7.20
		中潮区	0.73	9.23	5.29	0	0.01	15.26
		低潮区	0	11.20	0.08	0	0	11.28
		平均	0.24	8.41	2.59	0	0	11.24
	密度 (个/m²)	高潮区	0	192	88	0	0	280
		中潮区	12	161	141	0	3	317
		低潮区	0	44	20	0	0	64
		平均	4	132	83	0	1	220
春季	生物量 (g/m²)		2.27	42.36	1.39	0	0	46.02
秋季			0.24	8.41	2.59	0	0	11.24
平均			1.26	25.39	1.99	0	0	28.64
春季	密度 (个/m²)		32	103	38	0	0	173
秋季			4	132	83	0	1	220
平均			18	118	61	0	1	198

长乐海岸带滨海湿地海草区泥滩潮间带大型底栖生物数量垂直分布，生物量以中潮区较大（6.85 g/m²），低潮区较小（4.56 g/m²）；栖息密度以低潮区较大（304 个/m²），高潮区较小（2 个/m²）（表 43-11）。

表 43-11　长乐海岸带滨海湿地海草区泥滩潮间带大型底栖生物数量垂直分布

数量	潮区	多毛类	软体动物	甲壳动物	棘皮动物	其他生物	合计
生物量 (g/m²)	高潮区	0	0	6.54	0	0	6.54
	中潮区	0.15	0.23	6.32	0	0.15	6.85
	低潮区	0.28	0.64	0.28	0	3.36	4.56
	平均	0.14	0.29	4.38	0	1.17	5.98
密度 (个/m²)	高潮区	0	0	2	0	0	2
	中潮区	25	20	165	0	4	214
	低潮区	40	128	132	0	4	304
	平均	22	49	100	0	3	174

43.4.3　饵料生物水平

春秋季长乐海岸带滨海湿地潮间带大型底栖生物平均饵料水平分级为Ⅴ级，其中：软体动物和甲壳动物较高，达Ⅴ级，其余各类群较低，均为Ⅰ级。不同类型底质比较，岩石滩潮间带大型底栖生物饵料水平分级较高（Ⅴ），海草区泥滩较低（Ⅰ）。不同底质类型潮间带大型底栖生物饵料水平分级评价标准见表 43-12。

表 43-12　长乐海岸带滨海湿地潮间带大型底栖生物饵料水平分级

底质	藻类	多毛类	软体动物	甲壳动物	棘皮动物	其他生物	评价标准
岩石滩	I	I	V	V	I	Ⅱ	V
沙滩	I	I	Ⅱ	I	I	I	Ⅲ
泥滩	I	I	I	I	I	I	I
平均	I	I	V	V	I	I	V

43.5　群落

43.5.1　群落类型

长乐海岸带滨海湿地潮间带大型底栖生物群落按底质类型分为：

（1）Sd2 岩石滩群落。高潮区：短滨螺带；中潮区：裂虫—僧帽牡蛎—东方小藤壶—鳞笠藤壶带；低潮区：侧口乳蛰虫—覆瓦小蛇螺—三角藤壶带。

（2）Dch1 沙滩群落。高潮区：痕掌沙蟹带；中潮区：稚齿虫—紫藤斧蛤—韦氏毛带蟹带；低潮区：丝鳃稚齿虫—东方长眼虾—纽虫带。

（3）Dch2 沙滩群落。高潮区：痕掌沙蟹带；中潮区：稚齿虫—等边浅蛤—文蛤—韦氏毛带蟹带；低潮区：不倒翁虫—杯尾水虱—日本美人虾—光滑倍棘蛇尾带。

43.5.2　群落结构

（1）Sd2 岩石滩群落。该群落位于长乐午山村，所处滩面为大小不一的岩石块组成。

高潮区：短滨螺带。该潮区种类贫乏，代表种短滨螺自高潮区可向下延伸分布至中潮区上层，在本区的生物量和栖息密度分别为 7.20 g/m^2 和 248 个/m^2。

中潮区：裂虫—僧帽牡蛎—东方小藤壶—鳞笠藤壶带。该潮区主要种裂虫，自本区上层可向下延伸分布至下层，在上层的生物量和栖息密度分别为 0.08 g/m^2 和 16 个/m^2，中层分别为 2.40 g/m^2 和 176 个/m^2，下层分别为 1.60 g/m^2 和 224 个/m^2。优势种僧帽牡蛎，仅在本区出现，中层的生物量和栖息密度分别高达 3 496.00 g/m^2 和 1 232 个/m^2。东方小藤壶，仅在本区上层出现，数量较高，生物量和栖息密度分别高达 731.44 g/m^2 和 32 000 个/m^2。鳞笠藤壶，仅在本区下层出现，生物量和栖息密度分别高达 1 870.08 g/m^2 和 320 个/m^2。其他主要种和习见种有小石花菜、铁丁菜、今岛柄涡虫、多齿沙蚕、才女虫、青蚶、变化短齿蛤、黑荞麦蛤、红拉沙蛤、嫁䗩、拟帽贝、单齿螺、粒花冠小月螺、渔舟蜑螺、疣荔枝螺、斑龟小核螺、直背小藤壶、网纹藤壶、哈氏圆柱水虱、大角玻璃钩虾和小相手蟹等。

低潮区：侧口乳蛰虫—覆瓦小蛇螺—三角藤壶带。该潮区主要种侧口乳蛰虫，仅在本区出现，生物量和栖息密度分别为 1.12 g/m^2 和 256 个/m^2。覆瓦小蛇螺，仅在本区出现，生物量和栖息密度分别为 142.40 g/m^2 和 336 个/m^2。优势种三角藤壶，仅在本区出现，生物量和栖息密度分别高达 932.40 g/m^2 和 6 688 个/m^2。其他主要种和习见种有桂山厚丛柳珊瑚、细毛背鳞虫、翡翠贻贝、带偏顶蛤、红条毛肤石鳖、锈凹螺、黄口荔枝螺、核螺、唇齿螺、夏威夷亮钩虾、光辉圆扇蟹、小相手蟹、细雕刻肋海胆和近辐蛇尾等（图 43-2）。

（2）Dch1 沙滩群落。该群落位于长乐首址下沙南侧，所处滩面底质类型自高潮区、中潮区至低潮区均为粗细砂。

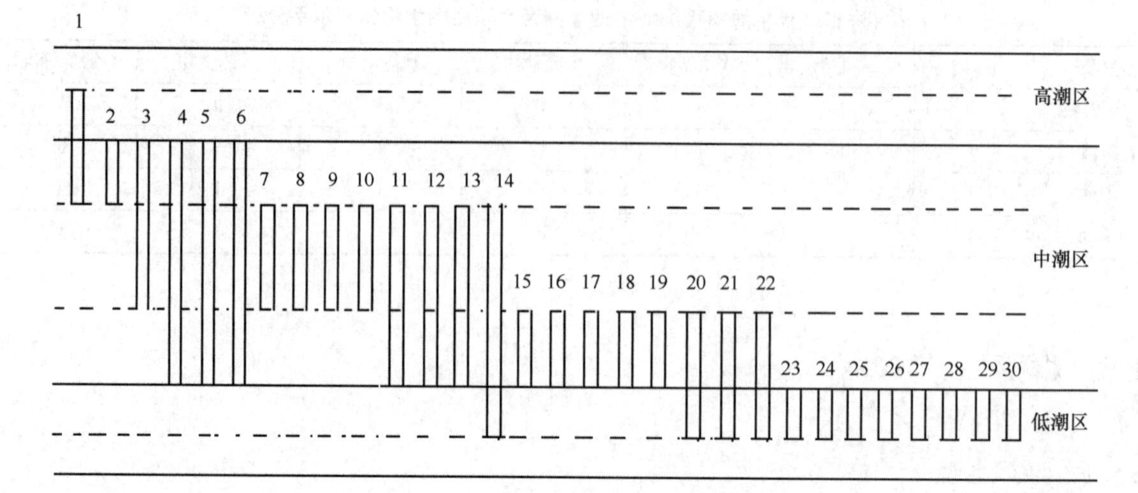

图 43-2　Sd2 岩石滩群落主要种垂直分布

1. 短滨螺；2. 东方小藤壶；3. 红拉沙蛤；4. 僧帽牡蛎；5. 裂虫；6. 黑荞麦蛤；7. 青蚶；8. 粒花冠小月螺；9. 渔舟蜒螺；10. 直背小藤壶；11. 拟帽贝；12. 小石花菜；13. 疣荔枝螺；14. 小相手蟹；15. 铁丁菜；16. 今岛柄涡虫；17. 变化短齿蛤；18. 鳞笠藤壶；19. 网纹藤壶；20. 细毛背鳞虫；21. 锈凹螺；22. 红条毛肤石鳖；23. 侧口乳蛰虫；24. 翡翠贻贝；25. 覆瓦小蛇螺；26. 黄口荔枝螺；27. 三角藤壶；28. 核螺；29. 唇齿螺；30. 夏威夷亮钩虾

高潮区：痕掌沙蟹带。该潮区种类贫乏，数量不高，代表种痕掌沙蟹的生物量和栖息密度不高，分别为 0.61 g/m^2 和 1 个/m^2。

中潮区：稚齿虫—紫藤斧蛤—韦氏毛带蟹带。该潮区主要种稚齿虫，自本区上层可向下延伸分布至中层，数量不高，在上层的生物量和栖息密度分别为 0.04 g/m^2 和 8 个/m^2，中层分别为 0.04 g/m^2 和 4 个/m^2。紫藤斧蛤，仅在本区下层出现，生物量和栖息密度分别为 2.56 g/m^2 和 12 个/m^2。韦氏毛带蟹，在本区上层向下延伸分布至中层，分布滩面宽度约 50 m，数量较高，在上层的生物量和栖息密度分别为 7.55 g/m^2 和 60 个/m^2，中层分别为 0.70 g/m^2 和 5 个/m^2。其他主要种和习见种有小头虫、等边浅蛤、文蛤、扁玉螺、日本圆柱水虱和红点黎明蟹等。

低潮区：丝鳃稚齿虫—东方长眼虾—纽虫带。该潮区主要种丝鳃稚齿虫，仅在本区出现，生物量和栖息密度分别为 0.10 g/m^2 和 10 个/m^2。东方长眼虾，仅在本区出现，生物量和栖息密度分别为 0.15 g/m^2 和 5 个/m^2。纽虫，在本区的生物量和栖息密度分别为 0.25 g/m^2 和 10 个/m^2。其他主要种和习见种有花冈钩毛虫、寡节甘吻沙蚕、日本镜蛤、图氏刮刀蛤、日本蟳、海仙人掌和异蚓虫等（图 43-3）。

（3）Dch 2 沙滩群落。该群落位于长乐松下东侧，所处滩面底质类型自高潮区、中潮区至低潮区均为粗、细沙。

高潮区：痕掌沙蟹带。该潮区代表种为痕掌沙蟹，数量不高，生物量和栖息密度分别为 1.47 g/m^2 和 1 个/m^2。

中潮区：稚齿虫—等边浅蛤—文蛤—韦氏毛带蟹带。该区主要种稚齿虫，自本区中层可向下延伸分布至下层，在中层的生物量和栖息密度分别为 0.12 g/m^2 和 4 个/m^2，下层分别为 0.88 g/m^2 和 72 个/m^2。特征种等边浅蛤，仅在本区上层采集到，生物量和栖息密度分别为 17.36 g/m^2 和 8 个/m^2。特征种文蛤，仅在本区出现，生物量和栖息密度分别为 34.12 g/m^2 和 4 个/m^2。优势种韦氏毛带蟹，仅在本区采集到，分布滩面宽度约 80 m，在上层的生物量和栖息密度分别为 20.24 g/m^2 和 176 个/m^2，中层分别为 0.08 g/m^2 和 8 个/m^2。其他主要种和习见种有吻沙蚕、异足索沙蚕、圆蛤、光背团水虱、

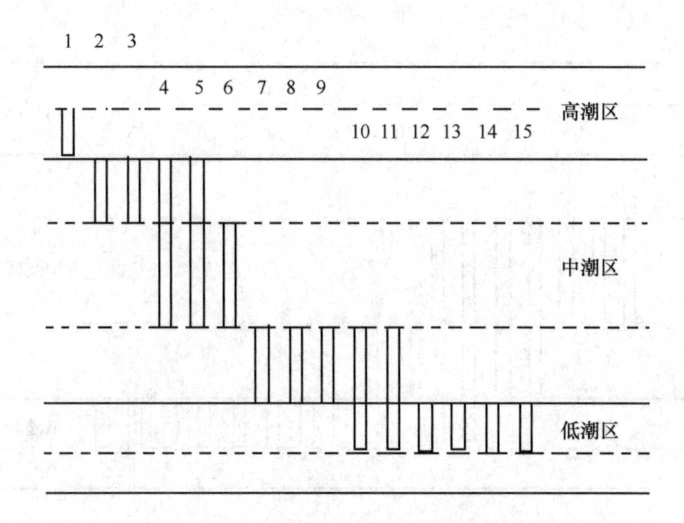

图 43-3　Dch1 沙滩群落主要种垂直分布

1. 痕掌沙蟹；2. 小头虫；3. 等边浅蛤；4. 稚齿虫；5. 韦氏毛带蟹；6. 文蛤；7. 紫藤斧蛤；8. 日本镜蛤；9. 日本圆柱水虱；10. 扁玉螺；11. 海仙人掌；12. 花冈钩毛虫；13. 丝鳃稚齿虫；14. 异蚓虫；15. 东方长眼虾

扁玉螺和海仙人掌等。

低潮区：不倒翁虫—杯尾水虱—日本美人虾—光滑倍棘蛇尾带。该区主要种不倒翁虫，仅在本区出现，生物量和栖息密度分别为 0.20 g/m² 和 70 个/m²。杯尾水虱，仅在本区出现，生物量和栖息密度分别为 0.10 g/m² 和 60 个/m²。日本美人虾，仅在本区出现，生物量和栖息密度分别为 2.95 g/m² 和 60 个/m²。光滑倍棘蛇尾，仅在本区出现，生物量和栖息密度分别为 1.15 g/m² 和 30 个/m²。其他主要种和习见种有叶须虫、狭细蛇潜虫、红刺锥虫、丝鳃稚齿虫、小头虫、双唇索沙蚕、盲沙钩虾和三崎双眼钩虾等（图 43-4）。

43.5.3　群落生态特征值

根据 Margalef 种类丰富度指数（d），Shannon-Wiener 种类多样性指数（H'），Pielous 种类均匀度指数（J）和 Simpson 优势度指数（D）显示，长乐海岸带滨海湿地岩石滩潮间带大型底栖生物群落丰富度指数（d）秋季较高（4.876 0），春季较低（2.680 7）；多样性指数（H'），秋季较高（1.714 3），春季较低（1.352 2）；均匀度指数（J），春季较高（0.436 4），秋季较低（0.428 6）；Simpson 优势度（D），春季较高（0.423 5），秋季较低（0.296 5）。

沙滩潮间带大型底栖生物群落丰富度指数（d）春季较高（3.429 0），秋季较低（2.835 3）；多样性指数（H'），秋季较高（2.108 8），春季较低（2.004 3）；均匀度指数（J），秋季较高（0.727 7），春季较低（0.631 0）；Simpson 优势度（D），春季较高（0.212 7），秋季较低（0.184 1）。

海草区泥滩潮间带大型底栖生物群落丰富度指数（d）秋季较高（3.437 5），春季较低（1.290 0）；多样性指数（H'），秋季较高（2.607 0），春季较低（1.840 0）；均匀度指数（J），春季较高（0.945 0），秋季较低（0.737 5）；Simpson 优势度（D），秋季较高（0.201 0），春季较低（0.175 0）。各断面群落生态特征值季节变化见表 43-13。

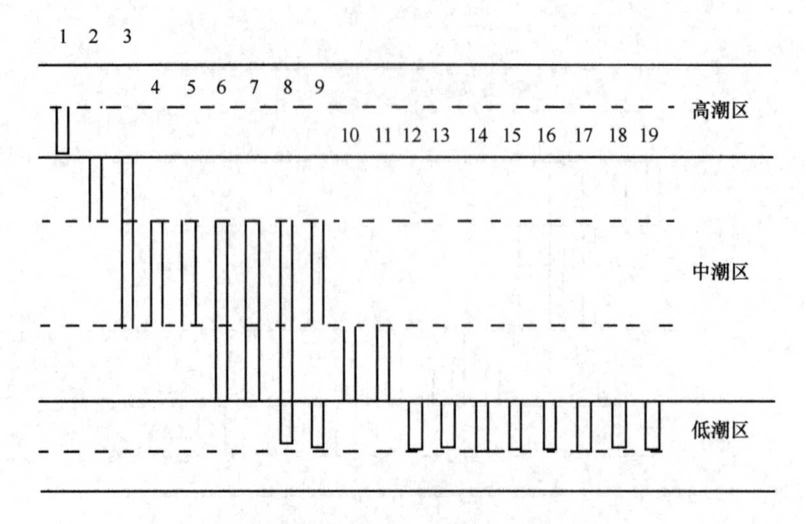

图 43-4　Dch2 沙滩群落主要种垂直分布

1. 痕掌沙蟹；2. 等边浅蛤；3. 韦氏毛带蟹；4. 圆蛤；5. 光背团水虱；6. 稚齿虫；7. 异足索沙蚕；8. 吻沙蚕；9. 丝鳃稚齿虫；10. 文蛤；11. 海仙人掌；12. 红刺锥虫；13. 小头虫；14. 双唇索沙蚕；15. 不倒翁虫；16. 杯尾水虱；17. 盲沙钩虾；18. 日本美人虾；19. 光滑倍棘蛇尾

表 43-13　长乐海岸带滨海湿地潮间带大型底栖生物群落生态特征值

群落	断面	季节	*d*	*H'*	*J*	*D*
岩石滩	Sd2	春季	3.408 2	0.909 8	0.252 0	0.629 8
	Sd3		1.953 2	1.794 6	0.620 9	0.217 3
	平均		2.680 7	1.352 2	0.436 4	0.423 5
	Sd2	秋季	5.068 8	1.841 2	0.453 5	0.260 6
	Sd3		4.683 3	1.587 5	0.403 7	0.332 4
	平均		4.876 0	1.714 3	0.428 6	0.296 5
沙滩	FJ-C061	春季	3.800 0	1.990 0	0.609 0	0.229 0
	Sd1		3.058 1	2.018 6	0.653 0	0.196 5
	平均		3.429 0	2.004 3	0.631 0	0.212 7
	FJ-C061	秋季	2.120 0	1.700 0	0.6260	0.244 0
	Dch1		2.372 7	2.027 4	0.790 4	0.209 0
	Dch2		4.755 7	2.725 4	0.779 5	0.101 0
	Sd1		2.092 9	1.982 2	0.714 9	0.182 5
	平均		2.835 3	2.108 8	0.727 7	0.184 1
泥滩	LD1	春季	1.290 0	1.840 0	0.945 0	0.175 0
		秋季	1.280 0	1.560 0	0.749 0	0.284 0
	LQD3		5.595 0	3.654 0	0.726 0	0.118 0
	平均		3.437 5	2.607 0	0.737 5	0.201 0

43.5.4　群落稳定性

长乐海岸带滨海湿地 Sd2 岩石滩潮间带大型底栖生物群落出现一定的扰动，其丰度生物量复合

k-优势度和部分优势度曲线出现交叉、翻转和重叠，且春季丰度生物量累积百分优势度分别高达 75%和 80%（图 43-5 和图 43-6）。Sd3 岩石滩和 Sd1 沙滩群落相对稳定（图 43-7 至图 43-10）。春季海草区泥滩群落稳定，秋季群落出现一定的扰动，丰度生物量复合 k-优势度和部分优势度曲线出现交叉和翻转（图 43-11 和图 43-12）。

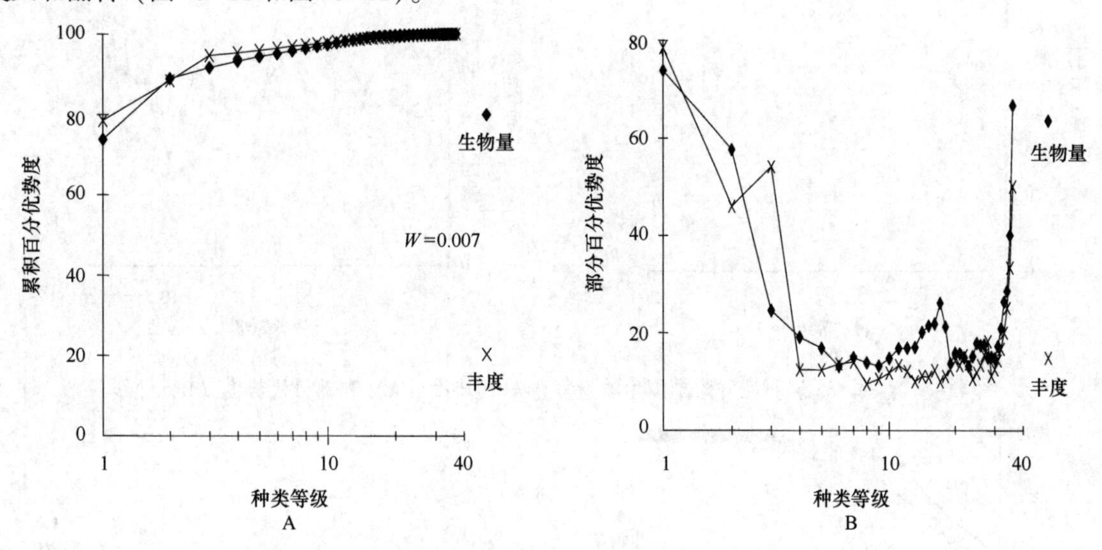

图 43-5　春季 Sd2 岩石滩群落丰度生物量复合 k-优势度（A）和部分优势度（B）曲线

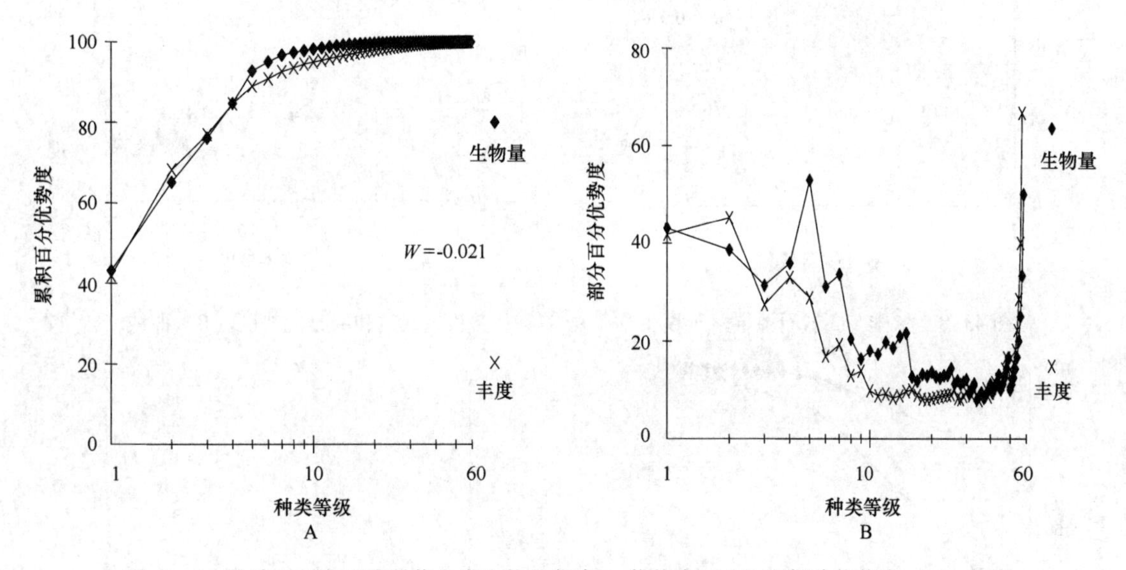

图 43-6　秋季 Sd2 岩石滩群落丰度生物量复合 k-优势度（A）和部分优势度（B）曲线

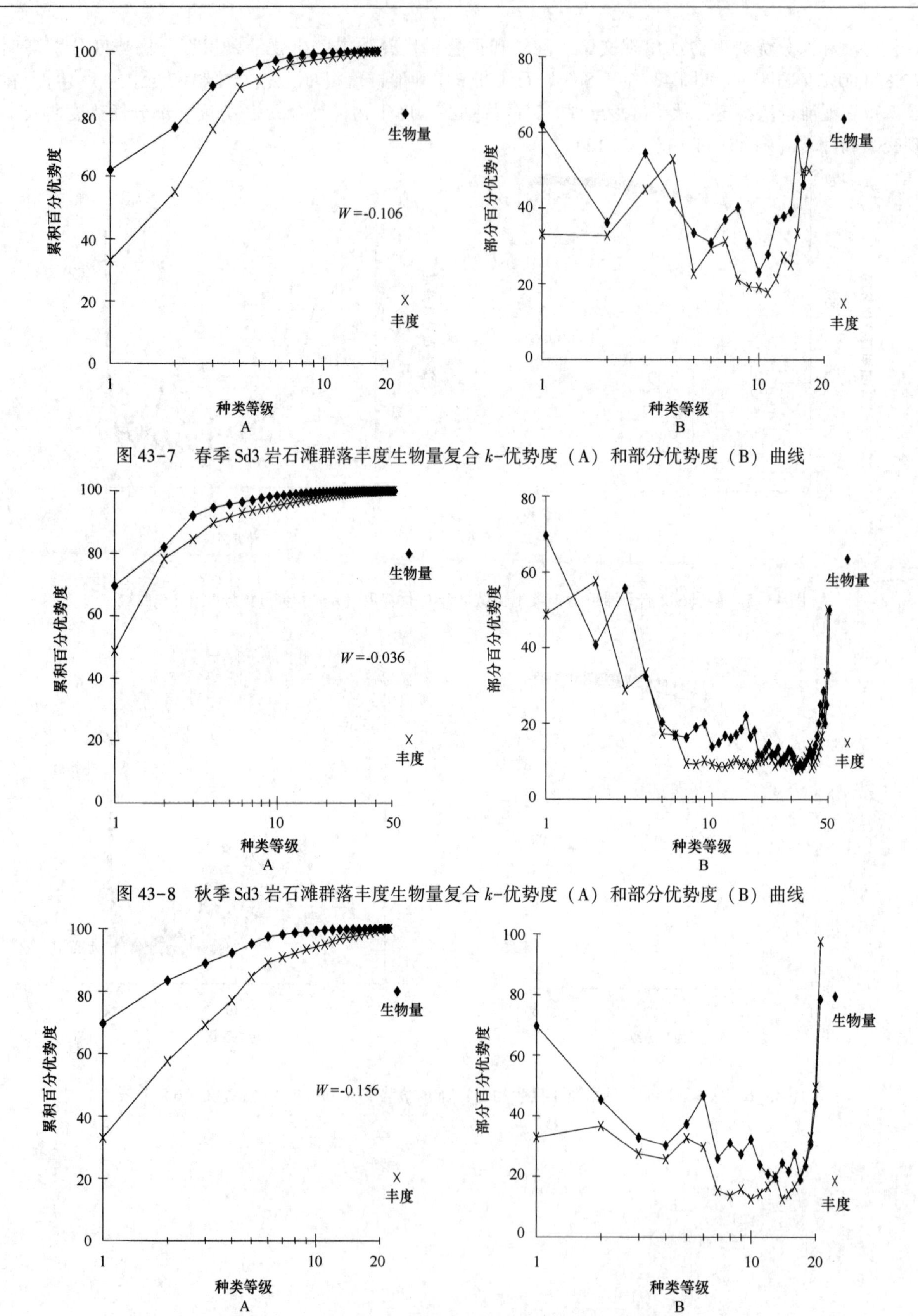

图 43-7 春季 Sd3 岩石滩群落丰度生物量复合 k-优势度（A）和部分优势度（B）曲线

图 43-8 秋季 Sd3 岩石滩群落丰度生物量复合 k-优势度（A）和部分优势度（B）曲线

图 43-9 春季 Sd1 沙滩群落丰度生物量复合 k-优势度（A）和部分优势度（B）曲线

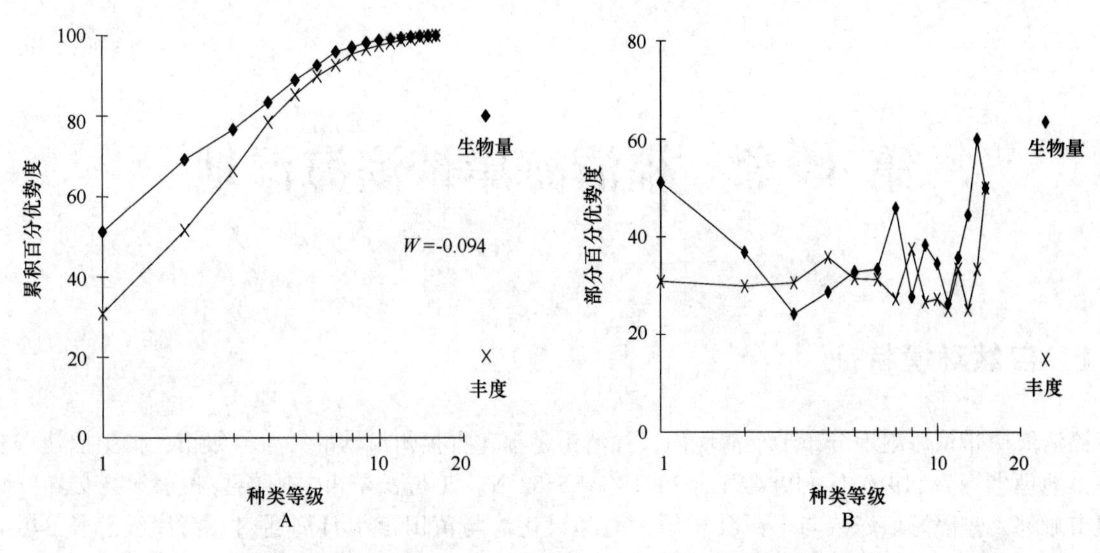

图 43-10　秋季 Sd1 沙滩群落丰度生物量复合 k-优势度（A）和部分优势度（B）曲线

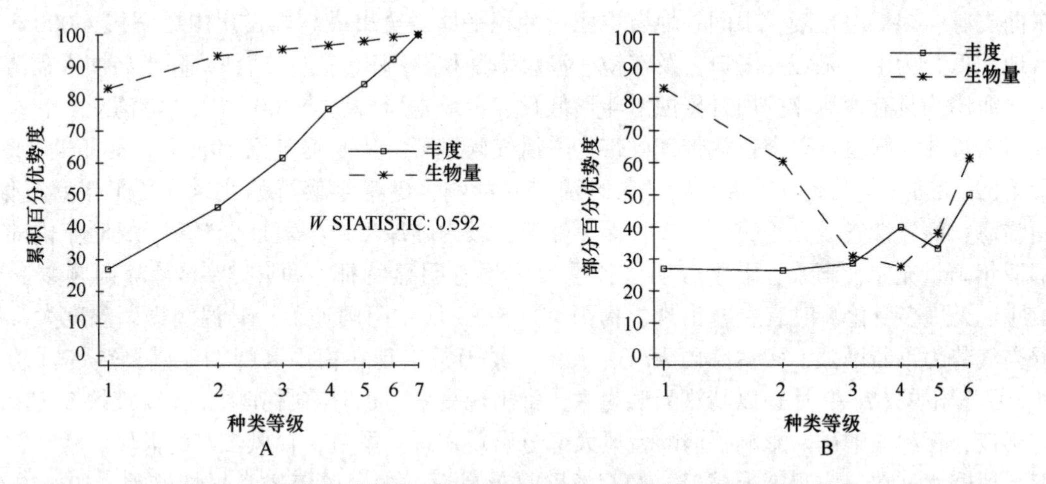

图 43-11　春季 LD1 海草区泥滩群落丰度生物量复合 k-优势度（A）和部分优势度（B）曲线

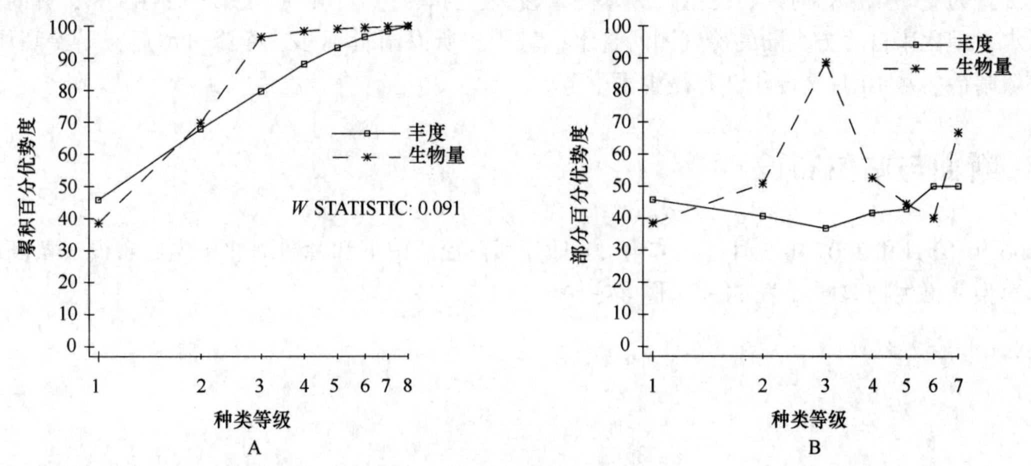

图 43-12　秋季 LD1 海草区泥滩群落丰度生物量复合 k-优势度（A）和部分优势度（B）曲线

第44章　福清海岸带滨海湿地

44.1　自然环境特征

福清海岸带滨海湿地分布于福清境内，福清市是福建省福州市辖的一个县级市，位于福建省东部沿海，地理坐标为119°03′~119°42′E，25°18′~25°52′N。北与长乐市、闽侯县和永泰县交界，西与莆田市毗邻，东隔海坛海峡与平潭县相望，南濒兴化湾与莆田市南日岛遥对。海岸线总长348 km，有大小岛礁866个。总面积1 931.7 km^2。

福清市地势由西北向东南倾斜，福清—南澳大断裂带大致经融城至渔溪斜贯中部。西北部属戴云山脉东向支脉，多低山丘陵，山间谷地有洪积—冲积平原，全市最高峰古崖山尾海拔1 000 m；东南部以台地、低丘为主，融城—海口，及江镜、渔溪为冲积—海积平原；南部龙高半岛楔入福清湾、兴化湾中。海岸为具有沙泥滩的回升侵蚀漏斗形低丘、台地岩岸，岛屿100多个，港湾众多。

福清南近北回归线，属南亚热带气候带，季风气候显著。年平均气温19.6℃，无霜期346 d，年降水量1 326 mm。全年受西风带及副热带环流交互影响，冬半年盛行偏北风，夏半年盛行偏南风。因三面临海，海洋性气候尤为突出。夏长而无酷暑，较内陆凉爽；冬短且少严寒，又暖于内陆。

福清年雨量充沛，雨季、干季分明，各季气候均有明显特征。每年3—6月降雨频繁。春雨季（3—4月）天气多变化，时有春寒出现；梅雨季（5—6月）阴雨连绵，升温缓慢，湿度大。梅雨后期暖湿空气势力不断增强，多雷阵雨天气，大雨、暴雨常出现在梅雨高峰期。盛夏热带风暴（俗称台风）、雷阵雨季（7—9月）以晴热天气为主，常出现夏旱，也时有雷阵雨，往往连续3 d出现在午后到上半夜，俗称三晡雨。影响福清的台风大部分出现在这一季节，台风带来的大风、暴雨常造成灾害。但台风降水又在一定程度上减轻，乃至解除夏秋旱情，少台风年经常旱情严重。10—12月中旬初为从夏到冬的过渡季节，多晴天，湿度小，气温高于春季，冷暖宜人，但少雨多旱。12月中旬末至翌年2月为冬季风全盛时期，冷空气频繁南下侵袭，强冷空气影响时沿海一般有大风，并时常伴有短时降水。但因来自北方大陆的冷气团所含水汽较少，所以雨量不多。冷锋过境后，受冷高压控制，天气一般晴冷。从10月至翌年2月是少雨季节。

44.2　断面与站位布设

2006年10月和2007年5月，2007年11月分别在福清瑄下和福清湾北岸先后布设2条断面进行潮间带大型底栖生物取样（表44-1，图44-1）。

表 44-1　福清海岸带滨海湿地潮间带大型底栖生物调查断面

序号	断面	编号	日期	经　度（E）	纬　度（N）	底质
1	琯下	FJ-C075	2006 年 10 月，2007 年 5 月	119°30′42.12″	25°23′53.88″	石堤、泥沙滩
2		Dch3	2007 年 11 月	119°34′30.54″	25°41′11.94″	

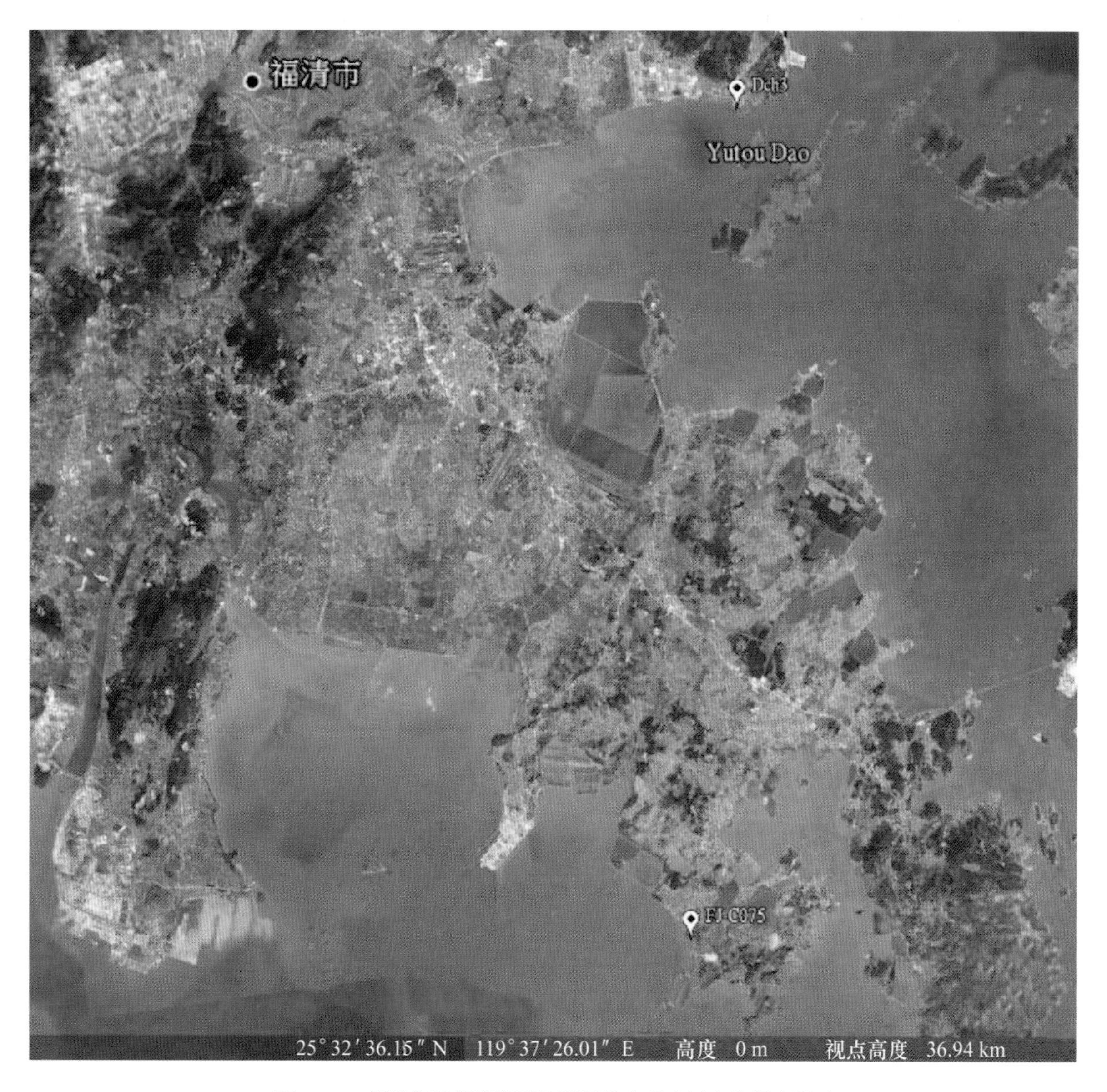

图 44-1　福清海岸带滨海湿地潮间带大型底栖生物调查断面

44.3　物种多样性

44.3.1　种类组成与季节变化

福清海岸带滨海湿地泥沙滩潮间带大型底栖生物 149 种，其中藻类 2 种，多毛类 91 种，软体动物 18 种，甲壳动物 30 种，棘皮动物 4 种和其他生物 4 种。多毛类、软体动物和甲壳动物占总种数的 93.28%，三者构成海岸带泥沙滩潮间带大型底栖生物主要类群。

福清海岸带滨海湿地泥沙滩潮间带大型底栖生物物种平面分布，断面间比较，秋季种数以 Dch3 断面较多（65 种），FJ-C075 断面较少（62 种）。季节变化，FJ-C075 断面春季种数较多（68 种），秋季较少（62 种）。各断面物种组成与季节变化见表 44-2。

表 44-2　福清海岸带滨海湿地泥沙滩潮间带大型底栖生物物种组成与季节变化　　单位：种

断面	季节	藻类	多毛类	软体动物	甲壳动物	棘皮动物	其他生物	合计
Dch3	秋季	1	28	12	18	3	3	65
FJ-C075	春季	2	47	6	13	0	0	68
	秋季	0	42	1	17	1	1	62
	小计	2	66	9	23	1	1	102
合计		2	91	18	30	4	4	149

44.3.2　优势种和主要种

根据数量和出现率，福清海岸带滨海湿地泥沙滩潮间带大型底栖生物优势种和主要种有独指虫、小头虫、双鳃内卷齿蚕、独毛虫、丝鳃稚齿虫、角沙蚕、双唇索沙蚕、中蚓虫、背蚓虫、不倒翁虫、马氏独毛虫、粗糙滨螺、短滨螺、珠带拟蟹守螺、纵带滩栖螺、古氏滩栖螺、织纹螺、长耳珠母贝、角蛤、葛氏胖钩虾、极地蚤钩虾、塞切尔泥钩虾、日本拟花尾水虱、东方长眼虾、明秀大眼蟹、长碗和尚蟹、痕掌沙蟹、模糊新短眼蟹和光滑倍棘蛇尾等。

44.4　数量时空分布

44.4.1　数量组成与分布

福清海岸带滨海湿地泥沙滩潮间带大型底栖生物平均生物量为 14.73 g/m^2，平均栖息密度为 279 个$/m^2$。生物量以甲壳动物居第一位（7.42 g/m^2），软体动物居第二位（5.17 g/m^2）；栖息密度以多毛类第一位（220 个$/m^2$），甲壳动物居第二位（37 个$/m^2$）。断面间比较，秋季生物量以 Dch3 断面较大（32.60 g/m^2），FJ-C075 断面较小（20.16 g/m^2）；栖息密度同样 Dch3 断面较大（611 个$/m^2$），FJ-C075 断面较小（222 个$/m^2$）。季节间比较，生物量以秋季较大（26.38 g/m^2），春季较小（3.05 g/m^2）；栖息密度同样秋季较大（418 个$/m^2$），春季较小（137 个$/m^2$）（表 44-3）。

表 44-3　福清海岸带滨海湿地泥沙滩潮间带大型底栖生物数量组成与分布

数量	断面	季节	藻类	多毛类	软体动物	甲壳动物	棘皮动物	其他生物	合计
生物量（g/m^2）	FJ-C075	春季	0	1.21	0.20	1.64	0	0	3.05
	FJ-C075	秋季	0	1.26	0.07	18.32	0.47	0.04	20.16
	Dch3	秋季	0.12	3.07	20.20	8.06	0.91	0.24	32.60
	平均	秋季	0.06	2.16	10.14	13.19	0.69	0.14	26.38
	平均		0.03	1.69	5.17	7.42	0.35	0.07	14.73
密度（个/m^2）	FJ-C075	春季	—	109	8	20	0	0	137
	FJ-C075	秋季	—	144	0	77	1	0	222
	Dch3	秋季	—	515	38	31	10	17	611
	平均	秋季	—	330	19	54	6	9	418
	平均		—	220	14	37	3	5	279

44.4.2　数量分布

2006 年 10 月和 2007 年 5 月，福清海岸带滨海湿地 FJ-C075 泥沙滩潮间带大型底栖生物数量垂直分布，生物量以高潮区较大（19.60 g/m^2），中潮区较小（3.68 g/m^2）；栖息密度以低潮区较大（379 个/m^2），高潮区较小（4 个/m^2）（表 44-4）。

表 44-4　福清海岸带滨海湿地 FJ-C075 泥沙滩潮间带大型底栖生物数量垂直分布

数量	潮区	季节	多毛类	软体动物	甲壳动物	棘皮动物	其他生物	合计
生物量（g/m^2）	高潮区	春季	0	0	0	0	0	0
		秋季	0	0	39.20	0	0	39.20
		平均	0	0	19.60	0	0	19.60
	中潮区	春季	1.12	0.11	1.60	0	0	2.83
		秋季	2.39	0.21	1.81	0	0.12	4.53
		平均	1.75	0.16	1.71	0	0.06	3.68
	低潮区	春季	2.52	0.48	3.32	0	0	6.32
		秋季	1.40	0	13.96	1.40	0	16.76
		平均	1.96	0.24	8.64	0.70	0	11.54
密度（个/m^2）	高潮区	春季	0	0	0	0	0	0
		秋季	0	0	8	0	0	8
		平均	0	0	4	0	0	4
	中潮区	春季	11	11	5	0	0	27
		秋季	221	0	64	0	1	286
		平均	116	5	34	0	1	156
	低潮区	春季	316	12	56	0	0	384
		秋季	212	0	158	4	0	374
		平均	264	6	107	2	0	379

2007 年 11 月，福清海岸带滨海湿地 Dch3 泥沙滩潮间带大型底栖生物数量垂直分布，生物量以中潮区较大（80.93 g/m^2），高潮区较小（5.84 g/m^2）；栖息密度以低潮区较大（1 325 个/m^2），高潮区较小（88 个/m^2）（表 44-5）。

表 44-5　福清海岸带滨海湿地 Dch3 泥沙滩潮间带大型底栖生物数量垂直分布

数量	潮区	藻类	多毛类	软体动物	甲壳动物	棘皮动物	其他生物	合计
生物量（g/m^2）	高潮区	0	0	5.84	0	0	0	5.84
	中潮区	0	1.97	52.60	23.62	2.72	0.02	80.93
	低潮区	0.35	7.25	2.15	0.55	0	0.70	11.00
	平均	0.12	3.07	20.20	8.06	0.91	0.24	32.60
密度（个/m^2）	高潮区	—	0	88	0	0	0	88
	中潮区	—	320	17	48	30	7	422
	低潮区	—	1 225	10	45	0	45	1 325
	平均	—	515	38	31	10	17	611

44.4.3　饵料生物水平

春秋季福清海岸带滨海湿地泥沙滩潮间带大型底栖生物平均饵料水平分级为Ⅲ级，其中软体动物和甲壳动物较高，均为Ⅱ级，其余各类群较低，均为Ⅰ级。断面间比较，秋季 Dch3 断面潮间带大型底栖生物饵料水平分级较高（Ⅳ），FJ-C075 断面较低（Ⅲ）。季节间比较，FJ-C075 断面秋季较高（Ⅲ），春季较低（Ⅰ）（表 44-6）。

表 44-6　福清海岸带滨海湿地泥沙滩潮间带大型底栖生物饵料水平分级

断面	季节	藻类	多毛类	软体动物	甲壳动物	棘皮动物	其他生物	评价标准
FJ-C075	春季	Ⅰ	Ⅰ	Ⅰ	Ⅰ	Ⅰ	Ⅰ	Ⅰ
	秋季	Ⅰ	Ⅰ	Ⅰ	Ⅲ	Ⅰ	Ⅰ	Ⅲ
Dch3		Ⅰ	Ⅰ	Ⅲ	Ⅱ	Ⅰ	Ⅰ	Ⅳ
平均		Ⅰ	Ⅰ	Ⅲ	Ⅲ	Ⅰ	Ⅰ	Ⅳ
平均		Ⅰ	Ⅰ	Ⅱ	Ⅱ	Ⅰ	Ⅰ	Ⅲ

44.5　群落

44.5.1　群落类型

福清海岸带滨海湿地泥沙滩潮间带大型底栖生物群落有：

Dch3 泥沙滩群落。高潮区：粗糙滨螺—短滨螺带；中潮区：独指虫—古氏滩栖螺—长腕和尚蟹—光滑倍棘蛇尾带；低潮区：马氏独毛虫—古明圆蛤—日本拟花尾水虱带。

44.5.2　群落结构

Dch3 泥沙滩群落。该群落位于福清湾口北侧，所处滩面底质类型在高潮区为石堤和砾石，中潮区至低潮区为泥沙滩镶嵌斑块沙滩。断面周围有紫菜养殖。

高潮区：粗糙滨螺—短滨螺带。该潮区代表种粗糙滨螺，数量不高，生物量和栖息密度分别为 4.00 g/m² 和 72 个/m²。短滨螺的生物量和栖息密度分别为 1.84 g/m² 和 16 个/m²。此外还有海蟑螂。

中潮区：独指虫—古氏滩栖螺—长腕和尚蟹—光滑倍棘蛇尾带。该区主要种独指虫，仅在本区出现，生物量和栖息密度分别为 0.50 g/m² 和 160 个/m²。特征种古氏滩栖螺，自本区上层可向下延伸分布至中层，在上层的生物量和栖息密度分别为 20.85 g/m² 和 30 个/m²。优势种长腕和尚蟹，仅在本区出现，在中层形成一条 50~100 m 的分布带，生物量和栖息密度分别为 58.95 g/m² 和 15 个/m²。光滑倍棘蛇尾，自本区中层可向下延伸分布至下层，在中层的生物量和栖息密度分别为 0.05 g/m² 和 5 个/m²，下层分别为 2.80 g/m² 和 75 个/m²。其他主要种和习见种有角沙蚕、长吻吻沙蚕、红刺锥虫、丝鳃稚齿虫、独毛虫、长耳珠母贝、角蛤、珠带拟蟹守螺、纵带滩栖螺、秀丽织纹螺、葛氏胖钩虾、模糊新短眼蟹、弧边招潮、明秀大眼蟹、近辐蛇尾和伪指刺锚参等。

低潮区：马氏独毛虫—古明圆蛤—日本拟花尾水虱带。该区优势种马氏独毛虫，仅在本区出现，数量较大，生物量和栖息密度分别为 4.65 g/m² 和 1 050 个/m²。主要种古明圆蛤，仅在本区出现，数量较低，生物量和栖息密度分别为 2.15 g/m² 和 10 个/m²。日本拟花尾水虱，自中潮区延伸分布至本区，在本区的生物量和栖息密度分别为 0.05 g/m² 和 25 个/m²。其他主要种和习见种有锥虫、丝鳃稚齿虫、背蚓虫、青蛤、菲律宾蛤仔、拟尖头钩虾、变态蟳、齿腕拟盲蟹、模糊新短眼蟹和白沙箸海鳃等（图 44-2）。

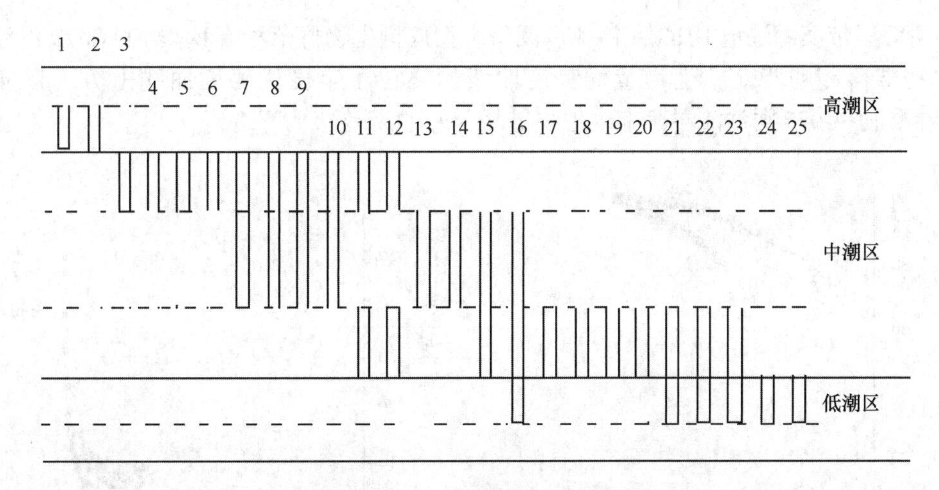

图 44-2　Dch3 泥沙滩潮间带大型底栖生物群落主要种垂直分布

1. 粗糙滨螺；2. 短滨螺；3. 独指虫；4. 小头虫；5. 葛氏胖钩虾；6. 明秀大眼蟹；7. 珠带拟蟹守螺；8. 纵带滩栖螺；9. 古氏滩栖螺；10. 织纹螺；11. 长吻吻沙蚕；12. 独毛虫；13. 东方长眼虾；14. 长腕和尚蟹；15. 光滑倍棘蛇尾；16. 丝鳃稚齿虫；17. 角沙蚕；18. 中蚓虫；19. 长耳珠母贝；20. 角蛤；21. 模糊新短眼蟹；22. 背蚓虫；23. 不倒翁虫；24. 马氏独毛虫；25. 日本拟花尾水虱

44.5.3　群落生态特征值

根据 Margalef 种类丰富度指数（d），Shannon-Wiener 种类多样性指数（H'），Pielous 种类均匀度指数（J）和 Simpson 优势度指数（D）显示，春秋季福清海岸带滨海湿地泥沙滩潮间带大型底栖生物群落平均丰富度指数（d）较高（9.066 3），多样性指数（H'）适中（3.173 6），均匀度指数（J）较高（0.806 6），Simpson 优势度（D）较低（0.089 1）。

断面间比较，秋季丰富度指数（d）以 Dch3 断面较高（7.117 2），FJ-C075 断面较低（5.180 7）；多样性指数（H'），FJ-C075 断面较高（2.684 0），Dch3 断面较低（2.616 2）；均匀度指数（J），FJ-C075 断面较高（0.814 3），Dch3 断面较低（0.647 1）；Simpson 优势度（D），Dch3 断面较高（0.185 8），FJ-C075 断面较低（0.111 7）。

季节变化，FJ-C075 断面丰富度指数（d）以春季较高（11.983 6），秋季较低（5.180 7）；多样性指数（H'），春季较高（3.697 0），秋季较低（2.684 0）；均匀度指数（J），春季较高（0.882 4），秋季较低（0.814 3）；Simpson 优势度（D），秋季较高（0.111 7），春季较低（0.029 3）（表 44-7）。

表 44-7　福清海岸带滨海湿地泥沙滩潮间带大型底栖生物群落生态特征值

断面	季节	d	H'	J	D
FJ-C075	春季	11.983 6	3.697 0	0.882 4	0.029 3
	秋季	5.180 7	2.684 0	0.814 3	0.111 7
Dch3		7.117 2	2.616 2	0.647 1	0.185 8
平均		6.149 0	2.650 1	0.730 7	0.148 8
平均		9.066 3	3.173 6	0.806 6	0.089 1

44.5.4　群落稳定性

秋季福清海岸带滨海湿地 Dch3 泥沙滩潮间带大型底栖生物群落和春秋季 FJ-C075 泥沙滩潮间带大型底栖生物群落相对稳定，生物量优势度曲线始终位于丰度优势度曲线上方（图 44-3 至图 44-5）。但春季 FJ-C075 泥沙滩群落丰度生物量复合 k-优势度极为靠近。

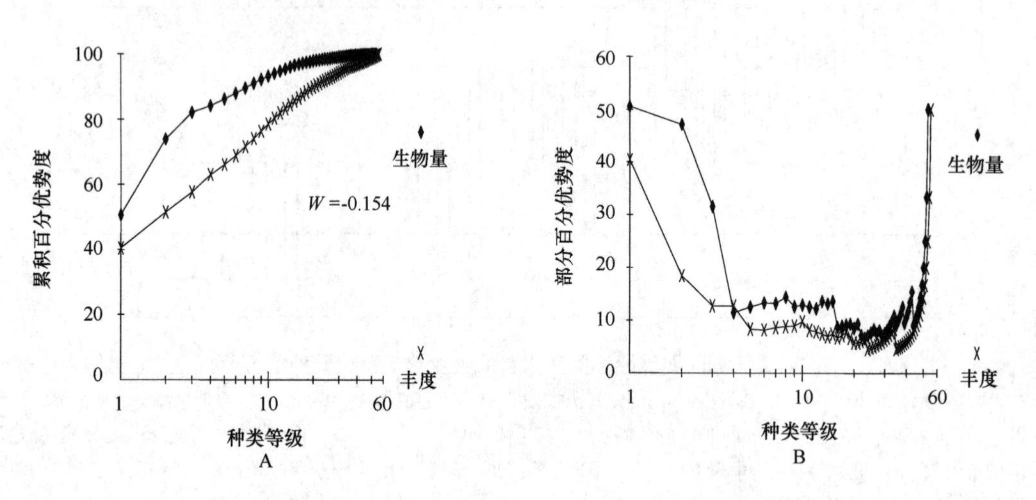

图 44-3　Dch3 泥沙滩群落丰度生物量复合 k-优势度（A）和部分优势度（B）曲线

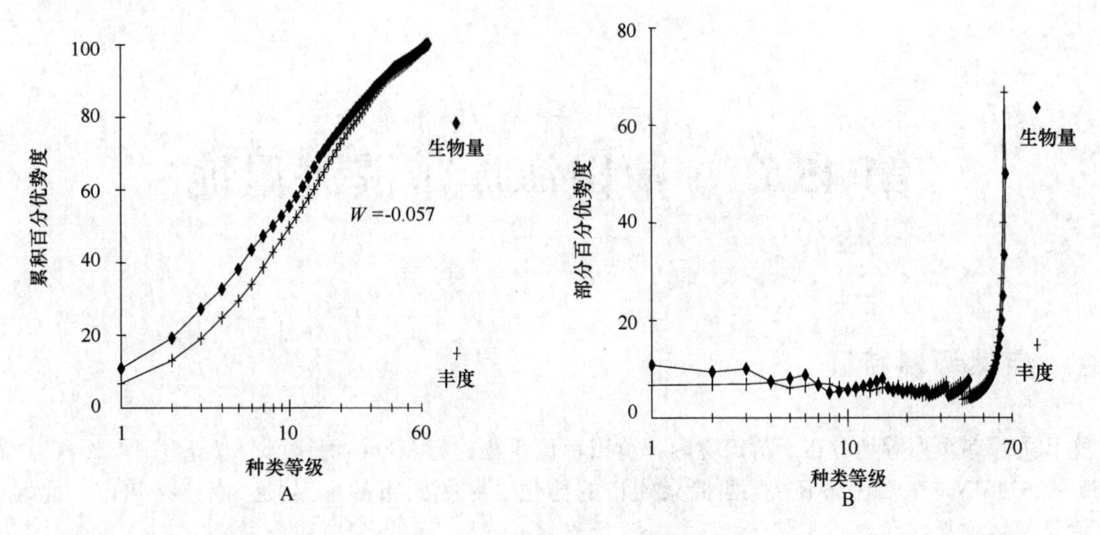

图 44-4　春季 FJ-C075 泥沙滩群落丰度生物量复合 k-优势度（A）和部分优势度（B）曲线

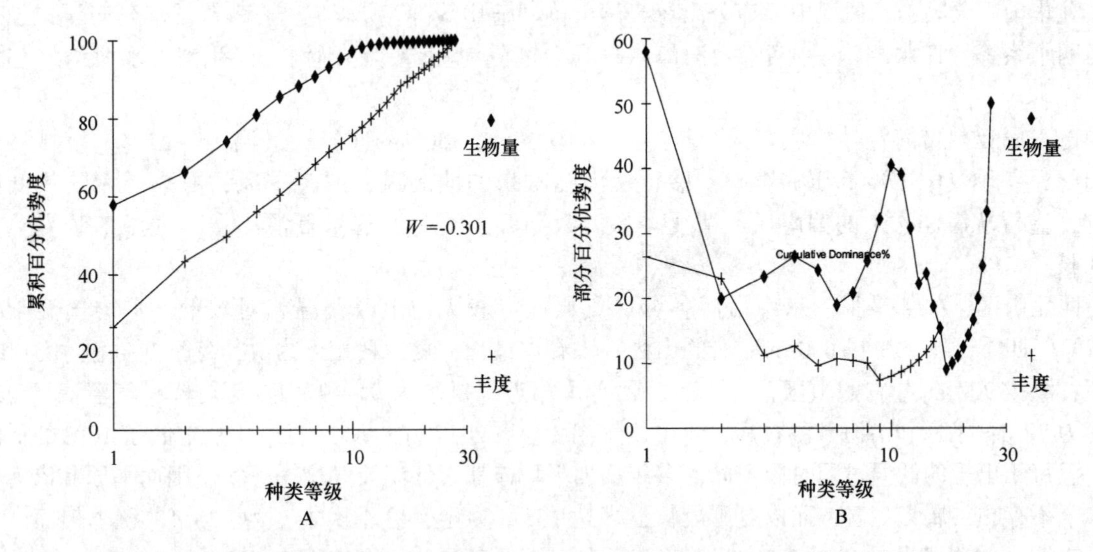

图 44-5　秋季 FJ-C075 泥沙滩群落丰度生物量复合 k-优势度（A）和部分优势度（B）曲线

第 45 章 莆田海岸带滨海湿地

45.1 自然环境特征

莆田海岸带滨海湿地分布于莆田境内，莆田市位于福建省东部沿海中部，位于 118°27′~119°56′E，24°59′~25°46′N。东临台湾海峡，西接泉州市的德化县和福州市的永泰县，南连泉州市，北邻福清市。总面积 4 119 km^2。

莆田境内有兴化、平海、湄洲 3 个海湾及 127 个大小岛屿，木兰溪横贯平原中部注入兴化湾。囊山、九华山、天马山、凤凰山、壶公山等自然山体“五山簇拥”；木兰溪、秋芦溪、延寿溪以及南北洋河网水系等“四水相依”；濒临台湾海峡、与台湾隔海相望，湄洲湾、兴化湾、平海湾“三湾环绕”。

莆田属亚热带海洋性季风气候，年降水量 1 000~2 300 mm，年均气温 15~21℃。境域靠近北回归线，冬季受蒙古冷高压的影响，盛行从大陆吹来的偏北风，谓冬季风；夏季受大陆热低压的影响，盛行从海洋吹来的偏南风，谓夏季风。太阳辐射充足，热量资源丰富。气温冬暖夏热，无霜期长。

西北山区、中部平原、东南沿海各分区气候差异较大。山区气温相对较低，平均气温 15.5~19.9℃，四季分明。海拔 600 m 左右的山区，以春季最长，夏、秋相近为次，冬季（气温小于 10℃）最短；海拔 900 m 左右的山区，春、冬、秋三季相近，每季为 91~97 d，夏、秋（气温高于 22℃）最短为 82 d；平原和沿海气温较高，年平均气温 19.7~20.7℃，每年有 20 d 左右低于 10℃的低温天气，但每年出现的低温过程时段不同，多年累加平均掩盖了低温天气这一事实，因而平原和沿海冬季基本上不存在，属无冬区，而以夏季最长，多达 158 d 以上，春季次之，为 125 d，秋季最短。山区雨量充沛，年均降水 1 600~2 200 mm，平原次之，沿海和岛屿平均降水仅 800~1 100 mm。沿海风大，夏、秋常有台风袭击。

45.2 断面与站位布设

2003 年 2 月，2005 年 2 月，2006 年 10 月和 2007 年 5 月，2010 年 11 月，2011 年 5 月分别在莆田秀屿、文甲、西沙、港里、妈祖城、沪面、翁厝和石城先后布设 12 条断面进行潮间带大型底栖生物取样（表 45-1，图 45-1）。

表 45-1　莆田海岸带滨海湿地潮间带大型底栖生物调查断面

序号	断面	编号	日期	经　度（E）	纬　度（N）	底质
1	秀屿	XR1	2003 年 2 月	118°59′33.02″	25°12′39.93″	岩石滩
2	秀屿	XM2		118°59′36.36″	25°12′27.90″	泥沙滩
3	文甲	WJ	2005 年 2 月	119°8′57.00″	25°7′57.00″	
4	西沙	XL		119°7′41.70″	25°8′14.10″	
5	港里	GL		119°6′46.68″	25°7′56.34″	泥滩
6		FJ-C083	2006 年 10 月，2007 年 5 月	119°8′0.33″	25°23′16.72″	石堤、粉砂
7		FJ-C093		119°0′39.93″	25°13′34.06″	石堤、中细砂、砂质粉砂、粉砂
8	妈祖城	WDS1	2010 年 11 月	119°8′51.76″	25°8′56.07″	沙滩
9	文甲	WDR2		119°9′18.58″	25°7′35.66″	岩石滩
10	沪面	PDch1	2011 年 5 月	119°17′38.90″	25°11′20.02″	沙滩
11	翁厝	PDch2		119°18′29.49″	25°14′24.18″	
12	石城	PDch3		119°21′43.37″	25°15′27.72″	

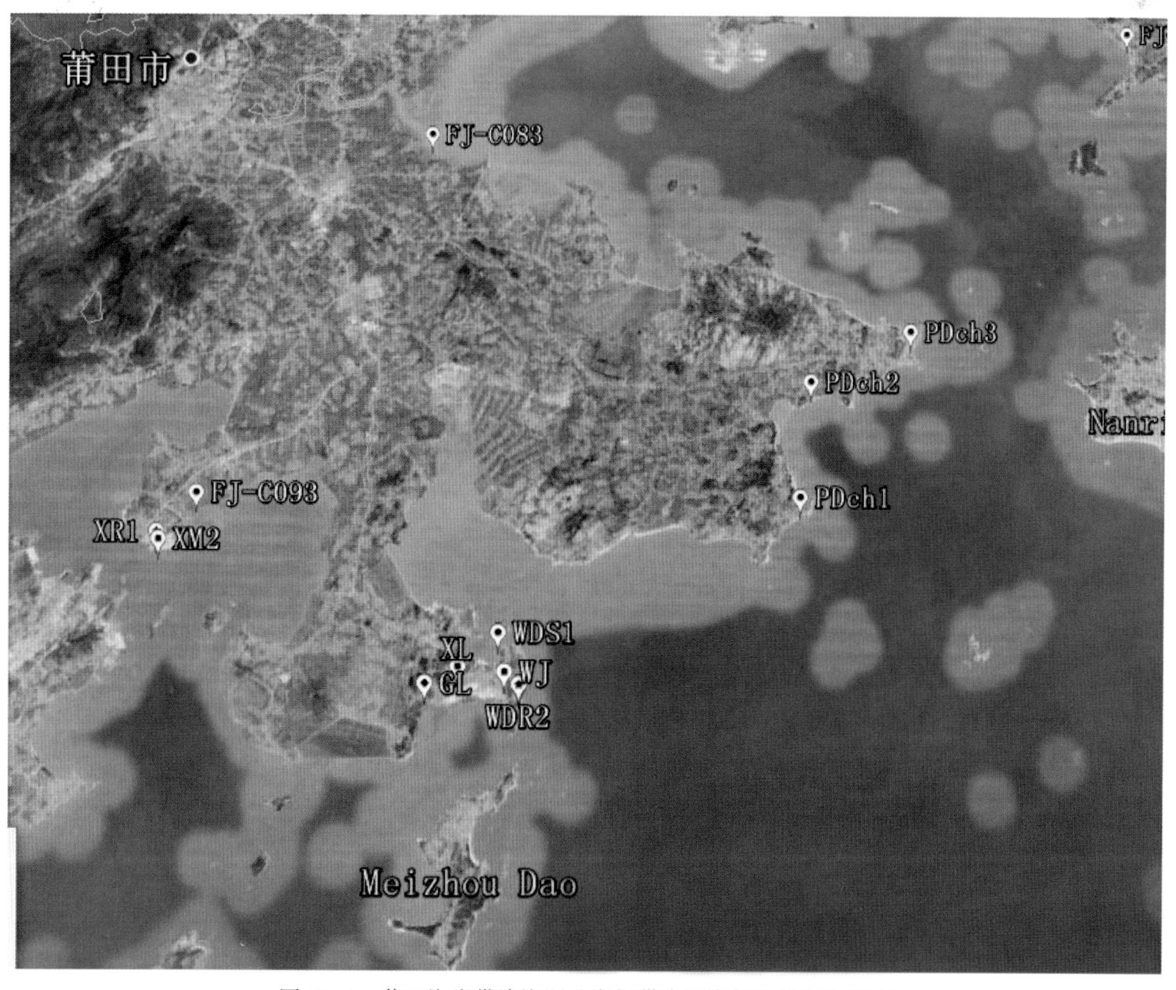

图 45-1　莆田海岸带滨海湿地潮间带大型底栖生物调查断面

45.3　物种多样性

45.3.1　种类组成与分布

莆田海岸带滨海湿地潮间带大型底栖生物299种，其中藻类16种，多毛类135种，软体动物60种，甲壳动物56种，棘皮动物7种和其他生物25种。多毛类、软体动物和甲壳动物占总种数的83.94%，三者构成海岸带潮间带大型底栖生物主要类群。

莆田海岸带滨海湿地岩石滩潮间带大型底栖生物86种，其中藻类12种，多毛类23种，软体动物25种，甲壳动物20种和其他生物6种。多毛类、软体动物和甲壳动物占总种数的79.06%，三者构成海岸带岩石滩潮间带大型底栖生物主要类群。

莆田海岸带滨海湿地沙滩潮间带大型底栖生物117种，其中多毛类55种，软体动物35种，甲壳动物22种，棘皮动物1种和其他生物4种。多毛类、软体动物和甲壳动物占总种数的95.72%，三者构成海岸带沙滩潮间带大型底栖生物主要类群。

莆田海岸带滨海湿地泥沙滩潮间带大型底栖生物133种，其中藻类8种，多毛类60种，软体动物25种，甲壳动物20种，棘皮动物5种和其他生物15种。多毛类、软体动物和甲壳动物占总种数的78.94%，三者构成海岸带泥沙滩潮间带大型底栖生物主要类群。

莆田海岸带滨海湿地泥滩潮间带大型底栖生物69种，其中藻类4种，多毛类38种，软体动物10种，甲壳动物13种和其他生物4种。多毛类、软体动物和甲壳动物占总种数的88.40%，三者构成海岸带泥滩潮间带大型底栖生物主要类群。

莆田海岸带滨海湿地潮间带大型底栖生物物种平面分布，断面间比较，岩石滩冬季种数以XR1断面较少（54种），秋季WDR2断面较多（61种）。沙滩春季种数以FJ-C093断面较多（69种），PDch2断面较少（19种）；秋季种数以FJ-C093断面较多（66种），FJ-C083断面较少（27种）。泥沙滩冬季种数以XM2断面较多（90种），XL断面较少（35种）。各断面物种组成与分布见表45-2。

表45-2　莆田海岸带滨海湿地潮间带大型底栖生物物种组成与分布　单位：种

底质	断面	季节	藻类	多毛类	软体动物	甲壳动物	棘皮动物	其他生物	合计
岩石滩	XR1	冬季	8	14	17	9	0	6	54
	WDR2	秋季	4	19	22	16	0	0	61
	合计		12	23	25	20	0	6	86
沙滩	FJ-C083	春季	0	10	11	4	0	2	27
		秋季	0	7	8	10	0	2	27
		合计	0	13	16	12	0	3	44
	FJ-C093	春季	0	33	25	9	0	2	69
		秋季	0	35	14	14	0	3	66
		合计	0	50	33	17	0	3	103
	WDS1	秋季	2	35	7	13	1	3	61
	PDch1	春季	0	6	3	12	0	0	21
	PDch2		0	13	2	3	0	1	19
	PDch3		0	9	8	4	1	0	22
	合计		0	19	11	15	1	1	47
	合计		0	55	35	22	1	4	117

续表 45-2

底质	断面	季节	藻类	多毛类	软体动物	甲壳动物	棘皮动物	其他生物	合计
泥沙滩	XM2	冬季	4	32	19	16	4	15	90
	WJ		3	41	8	2	1	1	56
	XL		6	18	2	8	0	1	35
	合计		8	60	25	20	5	15	133
泥滩	GL	冬季	4	38	10	13	0	4	69
总计			16	135	60	56	7	25	299

45.3.2　优势种和主要种

根据数量和出现率，莆田海岸带滨海湿地岩石滩潮间带大型底栖生物优势种和主要种有异须沙蚕、独齿围沙蚕、高突革囊星虫、小头虫、独毛虫、腹沟虫、裂虫、细毛背鳞虫、棘刺牡蛎、粒结节滨螺、短滨螺、粗糙滨螺、覆瓦小蛇螺、锈凹螺、条地小藤壶、纹藤壶、东方小藤壶、三角藤壶、鳞笠藤壶、日本笠藤壶、白脊藤壶、强壮藻钩虾、小相手蟹等。

莆田海岸带滨海湿地沙滩潮间带大型底栖生物优势种和主要种有中阿曼吉虫、新多鳃齿吻沙蚕、四索沙蚕、稚齿虫、膜囊尖锥虫、倦旋吻沙蚕、小头虫、寡节角吻沙蚕、腹沟虫、独毛虫、加州中蚓虫、彩虹蛤蜊、新对虾、日本中燐虫、塞切尔泥钩虾、明秀大眼蟹、平掌沙蟹和韦氏毛带蟹等。

莆田海岸带滨海湿地泥滩和泥沙滩潮间带大型底栖生物优势种和主要种有内卷齿蚕、独指虫、锥稚虫、丝鳃稚齿虫、独毛虫、中蚓虫、梳鳃虫、索沙蚕、联球蚶、菲律宾蛤仔、彩虹明樱蛤、珠带拟蟹守螺、秀丽织纹螺、塞切尔泥钩虾和明秀大眼蟹等。

45.4　数量时空分布

45.4.1　数量组成与分布

秋冬季莆田海岸带滨海湿地岩石滩潮间带大型底栖生物平均生物量为910.68 g/m²，平均栖息密度为3 605个/m²。生物量以软体动物居第一位（732.07 g/m²），甲壳动物居第二位（94.45 g/m²）；栖息密度以甲壳动物第一位（2 500个/m²），软体动物居第二位（999个/m²）。数量季节变化，生物量冬季较大（1 145.95 g/m²），秋季较小（675.38 g/m²）；栖息密度以秋季较大（6 381个/m²），冬季较小（825个/m²）。

春季和秋季莆田海岸带滨海湿地沙滩潮间带大型底栖生物平均生物量为29.22 g/m²，平均栖息密度为614个/m²。生物量以软体动物居第一位（21.80 g/m²），甲壳动物居第二位（4.70 g/m²）；栖息密度以多毛类居第一位（296个/m²），软体动物居第二位（204个/m²）。数量季节变化，生物量春季较大（34.04 g/m²），秋季较小（24.36 g/m²）；栖息密度同样以春季较大（750个/m²），秋季较小（475个/m²）。

冬季莆田海岸带滨海湿地泥沙滩潮间带大型底栖生物生物量为36.87 g/m²，平均栖息密度为162个/m²。生物量以其他生物居第一位（17.31 g/m²），软体动物居第二位（8.48 g/m²）；栖息密度以多毛类居第一位（88个/m²），软体动物居第二位（58个/m²）。

冬季莆田海岸带滨海湿地泥滩潮间带大型底栖生物平均生物量为20.82 g/m²，平均栖息密度为

235 个/m²。生物量以软体动物居第一位（12.00 g/m²），多毛类居第二位（4.90 g/m²）；栖息密度以多毛类居第一位（124 个/m²），软体动物居第二位（54 个/m²）。

各断面数量组成与季节变化见表 45-3 至表 45-6。

表 45-3　莆田海岸带滨海湿地潮间带大型底栖生物生物量组成与季节变化　　单位：g/m²

底质	季节	藻类	多毛类	软体动物	甲壳动物	棘皮动物	其他生物	合计
岩石滩	秋季	0.21	0.61	530.64	143.64	0	0.28	675.38
	冬季	9.40	3.05	933.49	45.26	0	154.75	1 145.95
	平均	4.81	1.83	732.07	94.45	0	77.52	910.68
沙滩	春季	0	1.94	28.98	2.72	0.02	0.38	34.04
	秋季	0.75	1.50	14.62	6.67	0.01	0.81	24.36
	平均	0.38	1.72	21.80	4.70	0.02	0.60	29.22
泥沙滩	冬季	6.37	2.16	8.48	1.76	0.79	17.31	36.87
泥滩	冬季	0.40	4.90	12.00	2.22	0	1.30	20.82

表 45-4　莆田海岸带滨海湿地潮间带大型底栖生物栖息密度组成与季节变化　　单位：个/m²

底质	季节	多毛类	软体动物	甲壳动物	棘皮动物	其他生物	合计
岩石滩	秋季	74	1 556	4 748	0	3	6 381
	冬季	111	441	251	0	22	825
	平均	93	999	2 500	0	13	3 605
沙滩	春季	324	335	75	0	16	750
	秋季	267	73	124	1	10	475
	平均	296	204	100	1	13	614
泥沙滩	冬季	88	58	13	2	1	162
泥滩	冬季	124	54	52	0	5	235

表 45-5　莆田海岸带滨海湿地潮间带大型底栖生物生物量组成与季节变化　　单位：g/m²

底质	断面	季节	藻类	多毛类	软体动物	甲壳动物	棘皮动物	其他生物	合计
岩石滩	XR1	冬季	9.40	3.05	933.49	45.26	0	154.75	1 145.95
	WDR2	秋季	0.21	0.61	530.64	143.64	0	0.28	675.38
	平均		4.81	1.83	732.07	94.45	0	77.52	910.68
沙滩	FJ-C083	春季	0	3.29	119.02	3.33	0	1.44	127.08
	FJ-C093		0	3.27	21.49	5.38	0	0.41	30.55
	PDch1		0	0.34	0	1.25	0	0	1.59
	PDch2		0	1.72	1.73	3.48	0	0.04	6.97
	PDch3		0	1.06	2.66	0.18	0.08	0	3.98
	平均		0	1.94	28.98	2.72	0.02	0.38	34.04
	FJ-C083	秋季	0	0.04	9.10	8.09	0	2.09	19.32
	FJ-C093		0	2.85	26.80	3.31	0	0.25	33.21
	WDS1		2.26	1.60	7.95	8.61	0.04	0.09	20.55
	平均		0.75	1.50	14.62	6.67	0.01	0.81	24.36

续表 45-5

底质	断面	季节	藻类	多毛类	软体动物	甲壳动物	棘皮动物	其他生物	合计
泥沙滩	XM2	冬季	16.56	2.52	7.48	2.76	1.16	51.74	82.22
	WJ		0.15	3.28	16.40	1.02	1.22	0.01	22.08
	XL		2.39	0.68	1.57	1.49	0	0.17	6.30
	平均		6.37	2.16	8.48	1.76	0.79	17.31	36.87
泥滩	GL	冬季	0.40	4.90	12.00	2.22	0	1.30	20.82

表 45-6　莆田海岸带滨海湿地潮间带大型底栖生物栖息密度组成与季节变化　　单位：个/m^2

底质	断面	季节	多毛类	软体动物	甲壳动物	棘皮动物	其他生物	合计
岩石滩	XR1	冬季	111	441	251	0	22	825
	WDR2	秋季	74	1 556	4 748	0	3	6 381
	平均		93	999	2 500	0	13	3 605
沙滩	FJ-C083	春季	988	1 503	92	0	53	2 636
	FJ-C093		549	164	244	0	24	981
	PDch1		23	0	15	0	0	38
	PDch2		43	4	8	0	1	56
	PDch3		16	4	17	1	0	38
	平均		324	335	75	0	16	750
	FJ-C083	秋季	31	160	248	0	4	443
	FJ-C093		381	38	85	0	10	514
	WDS1		389	21	38	2	16	466
	平均		267	73	124	1	10	475
泥沙滩	XM2	冬季	100	85	28	4	1	218
	WJ		132	81	4	1	1	219
	XL		32	7	8	0	1	48
	平均		88	58	13	2	1	162
泥滩	GL	冬季	124	54	52	0	5	235

45.4.2　数量分布

莆田海岸带滨海湿地潮间带大型底栖生物数量分布，断面间数量平面分布不尽相同，数量垂直分布也不同。

秀屿泥沙滩潮间带大型底栖生物数量垂直分布，生物量从高到低依次为低潮区（194.37 g/m^2）、中潮区（43.22 g/m^2）、高潮区（9.04 g/m^2）；栖息密度从高到低依次为中潮区（498 个/m^2）、低潮区（88 个/m^2）、高潮区（68 个/m^2）（表 45-7）。

表 45-7　莆田海岸带滨海湿地秀屿泥沙滩潮间带大型底栖生物数量垂直分布

数量	潮区	藻类	多毛类	软体动物	甲壳动物	棘皮动物	其他生物	合计
生物量（g/m²）	高潮区	0	0	3.12	5.92	0	0	9.04
	中潮区	1.48	4.70	8.95	2.00	0.04	26.05	43.22
	低潮区	48.20	2.85	10.36	0.36	3.44	129.16	194.37
	平均	16.56	2.52	7.48	2.76	1.16	51.74	82.22
密度（个/m²）	高潮区	—	0	52	16	0	0	68
	中潮区	—	255	182	56	1	4	498
	低潮区	—	44	20	12	12	0	88
	平均	—	100	85	28	4	1	218

泥沙滩和泥滩潮间带大型底栖生物数量垂直分布，生物量，文甲断面从高到低依次为低潮区（33.84 g/m²）大于中潮区（31.94 g/m²）大于高潮区（0.50 g/m²），西沙断面以中潮区（11.79 g/m²）大于高潮区（0.80 g/m²），港里断面从高到低依次为中潮区（28.91 g/m²）、低潮区（21.54 g/m²）、高潮区（12.00 g/m²）；栖息密度，文甲断面从高到低依次为中潮区（358 个/m²）、低潮区（296 个/m²）、高潮区（1 个/m²），西沙断面以中潮区（91 个/m²）大于高潮区（1 个/m²），港里断面从高到低依次为低潮区（328 个/m²）、中潮区（275 个/m²）、高潮区（104 个/m²）（表 45-8，表 45-9）。

表 45-8　莆田海岸带滨海湿地泥沙滩和泥滩潮间带大型底栖生物生物量垂直分布　　单位：g/m²

断面	潮区	藻类	多毛类	软体动物	甲壳动物	棘皮动物	其他生物	合计
文甲	高潮区	0	0	0	0.50	0	0	0.50
	中潮区	0.37	1.64	23.65	2.57	3.67	0.04	31.94
	低潮区	0.08	8.20	25.56	0	0	0	33.84
	平均	0.15	3.28	16.40	1.02	1.22	0.01	22.08
西沙	高潮区	0	0	0	0.80	0	0	0.80
	中潮区	4.78	1.37	3.13	2.18	0	0.33	11.79
	低潮区	—	—	—	—	—	—	—
	平均	2.39	0.68	1.57	1.49	0	0.17	6.30
港里	高潮区	0	0	12.00	0	0	0	12.00
	中潮区	0.81	4.81	22.93	0.35	0	0.01	28.91
	低潮区	0.40	9.88	1.08	6.30	0	3.88	21.54
	平均	0.40	4.90	12.00	2.22	0	1.30	20.82

表 45-9　莆田海岸带滨海湿地泥沙滩和泥滩潮间带大型底栖生物栖息密度垂直分布　　单位：个/m²

断面	潮区	多毛类	软体动物	甲壳动物	棘皮动物	其他动物	合计
文甲	高潮区	0	0	1	0	0	1
	中潮区	168	175	13	1	1	358
	低潮区	228	68	0	0	0	296
	平均	132	81	4	0	0	217

续表 45-9

断面	潮区	多毛类	软体动物	甲壳动物	棘皮动物	其他动物	合计
西沙	高潮区	0	0	1	0	0	1
	中潮区	63	13	15	0	0	91
	低潮区	—	—	—	—	—	—
	平均	32	7	8	0	0	47
港里	高潮区	0	104	0	0	0	104
	中潮区	204	55	16	0	0	275
	低潮区	168	4	140	0	16	328
	平均	124	54	52	0	5	235

莆田海岸带滨海湿地沙滩潮间带大型底栖生物数量垂直分布，生物量，FJ-C083 断面春季从高到低依次为低潮区（211.51 g/m^2）、中潮区（127.16 g/m^2）、高潮区（42.58 g/m^2），秋季从高到低依次为高潮区（29.67 g/m^2）、低潮区（14.85 g/m^2）、中潮区（13.43 g/m^2）；FJ-C093 断面春季从高到低依次为中潮区（43.38 g/m^2）、低潮区（42.13 g/m^2）、高潮区（6.13 g/m^2），秋季从高到低依次为高潮区（78.74 g/m^2）、中潮区（11.11 g/m^2）、低潮区（9.75 g/m^2）。栖息密度，FJ-C083 断面春季从高到低依次为低潮区（4 240 个/m^2）、中潮区（2 152 个/m^2）、高潮区（1 516 个/m^2），秋季从高到低依次为高潮区（776 个/m^2）、低潮区（328 个/m^2）、中潮区（224 个/m^2）；FJ-C093 断面春季从高到低依次为中潮区（1 293 个/m^2）、低潮区（948 个/m^2）、高潮区（704 个/m^2），秋季从高到低依次为中潮区（565 个/m^2）、高潮区（524 个/m^2）、低潮区（452 个/m^2）（表 45-10，表 45-11）。

表 45-10　莆田海岸带滨海湿地沙滩潮间带大型底栖生物生物量垂直分布　单位：g/m^2

断面	季节	潮区	多毛类	软体动物	甲壳动物	棘皮动物	其他生物	合计
FJ-C083	春季	高潮区	4.01	29.15	9.30	0	0.12	42.58
		中潮区	2.20	121.59	0.34	0	3.03	127.16
		低潮区	3.68	206.32	0.34	0	1.17	211.51
		平均	3.30	119.02	3.33	0	1.44	127.09
	秋季	高潮区	0.02	8.88	14.64	0	6.13	29.67
		中潮区	0.07	12.75	0.47	0	0.14	13.43
		低潮区	0.02	5.67	9.16	0	0	14.85
		平均	0.04	9.10	8.09	0	2.09	19.32
FJ-C093	春季	高潮区	2.01	2.34	1.77	0	0.01	6.13
		中潮区	4.29	31.89	7.05	0	0.15	43.38
		低潮区	3.52	30.23	7.30	0	1.08	42.13
		平均	3.27	21.49	5.37	0	0.41	30.54
	秋季	高潮区	1.67	73.78	3.28	0	0.01	78.74
		中潮区	2.37	2.95	5.06	0	0.73	11.11
		低潮区	4.50	3.66	1.59	0	0	9.75
		平均	2.85	26.80	3.31	0	0.25	33.21

表 45-11　莆田海岸带滨海湿地沙滩潮间带大型底栖生物栖息密度垂直分布　单位：个/m^2

断面	季节	潮区	多毛类	软体动物	甲壳动物	棘皮动物	其他生物	合计
FJ-C083	春季	高潮区	820	600	76	0	20	1 516
		中潮区	1 500	484	84	0	84	2 152
		低潮区	644	3 424	116	0	56	4 240
		平均	988	1 503	92	0	53	2 636
	秋季	高潮区	28	284	456	0	8	776
		中潮区	36	120	64	0	4	224
		低潮区	28	76	224	0	0	328
		平均	31	160	248	0	4	443
FJ-C093	春季	高潮区	516	88	92	0	8	704
		中潮区	676	361	228	0	28	1 293
		低潮区	456	44	412	0	36	948
		平均	549	164	244	0	24	981
	秋季	高潮区	364	84	72	0	4	524
		中潮区	397	13	132	0	23	565
		低潮区	380	16	52	0	4	452
		平均	380	38	85	0	10	513

45.4.3　饵料生物水平

秋冬季莆田海岸带滨海湿地岩石滩潮间带大型底栖生物平均饵料水平分级为Ⅴ级，其中软体动物和甲壳动物较高，达Ⅴ级，其余各类群较低，均为Ⅰ级。春秋季沙滩平均饵料水平分级为Ⅳ级，其中：软体动物较高，达Ⅲ级，其余各类群较低，均为Ⅰ级。冬季泥沙滩饵料水平分级为Ⅳ级，其中其他生物较高，为Ⅲ级，藻类和软体动物为Ⅱ级，其余各类群较低，均为Ⅰ级。冬季泥滩饵料水平分级为Ⅲ级，其中软体动物较高，达Ⅲ级，其余各类群较低，均为Ⅰ级。不同底质类型潮间带大型底栖生物饵料水平分级评价标准见表 45-12。

表 45-12　莆田海岸带滨海湿地潮间带大型底栖生物饵料水平分级

底质	季节	藻类	多毛类	软体动物	甲壳动物	棘皮动物	其他生物	评价标准
岩石滩	秋季	Ⅰ	Ⅰ	Ⅴ	Ⅴ	Ⅰ	Ⅰ	Ⅴ
	冬季	Ⅱ	Ⅰ	Ⅴ	Ⅳ	Ⅰ	Ⅴ	Ⅴ
	平均	Ⅰ	Ⅰ	Ⅴ	Ⅴ	Ⅰ	Ⅴ	Ⅴ
沙滩	春季	Ⅰ	Ⅰ	Ⅳ	Ⅰ	Ⅰ	Ⅰ	Ⅳ
	秋季	Ⅰ	Ⅰ	Ⅲ	Ⅱ	Ⅰ	Ⅰ	Ⅲ
	平均	Ⅰ	Ⅰ	Ⅲ	Ⅰ	Ⅰ	Ⅰ	Ⅳ
泥沙滩	冬季	Ⅱ	Ⅰ	Ⅱ	Ⅰ	Ⅰ	Ⅲ	Ⅳ
泥滩	冬季	Ⅰ	Ⅰ	Ⅲ	Ⅰ	Ⅰ	Ⅰ	Ⅲ

45.5　群落

45.5.1　群落类型

莆田海岸带滨海湿地潮间带大型底栖生物群落主要有：

（1）秀屿泥沙滩群落。高潮区：短滨螺—纹藤壶带；中潮区：寡鳃齿吻沙蚕—鸭嘴蛤—珠带拟蟹守螺—薄片蜾蠃蜚带；低潮区：有眼特矶沙蚕—织纹螺—近辐蛇尾带。

（2）文甲泥沙滩群落。高潮区：沙蟹带；中潮区：独指虫—菲律宾蛤仔—明秀大眼蟹带；低潮区：锥稚虫—中蚓虫—梳鳃虫带。

（3）港里泥滩群落。高潮区：短滨螺—粒结节滨螺带；中潮区：锥稚虫—珠带拟蟹守螺—模糊新短眼蟹带；低潮区：独毛虫—肋变角贝—日本大螯蜚带。

45.5.2　群落结构

（1）秀屿泥沙滩群落。该群落所处滩面底质类型在高潮区上层为石堤，下层、中潮区和低潮区底质由粉砂泥组成。邻处有牡蛎养殖。

高潮区：短滨螺—纹藤壶带。该潮区种类贫乏，数量不高，上层代表种短滨螺的生物量和栖息密度分别为2.72 g/m^2 和28 个/m^2。纹藤壶，分布在下层，生物量和栖息密度分别为5.92 g/m^2 和16个/m^2。主要种还有粗糙滨螺。

中潮区：寡鳃齿吻沙蚕—鸭嘴蛤—珠带拟蟹守螺—薄片蜾蠃蜚带。该潮区代表种寡鳃齿吻沙蚕主要分布在本区上层，生物量和栖息密度分别为2.96 g/m^2 和296 个/m^2。鸭嘴蛤，仅在本区上层出现，生物量和栖息密度分别为5.44 g/m^2 和320 个/m^2。珠带拟蟹守螺，分布在整个中潮区，生物量和栖息密度以上层较大，分别为11.84 g/m^2 和64 个/m^2。其他主要种和习见种有索沙蚕、似蛰虫、伪才女虫、胡桃蛤、彩虹明樱蛤、古氏滩栖螺、秀丽织纹螺、囊螺、强壮藻钩虾、锯齿长臂虾、贪精武蟹、模糊新短眼蟹、淡水泥蟹和三崎柱头虫等。

低潮区：有眼特矶沙蚕—织纹螺—近辐蛇尾带。该潮区主要种有眼特矶沙蚕，仅在本区出现，数量不高，生物量和栖息密度分别为2.32 g/m^2 和12 个/m^2。织纹螺，主要分布在中潮区下层和该区层上层，在本区的生物量和栖息密度分别仅为1.32 g/m^2 和8 个/m^2。近辐蛇尾，从中潮区下层可延伸分布至低潮区上层，在本区的生物量和栖息密度分别为0.08 g/m^2 和8 个/m^2。其他主要种和习见种有方背鳞虫、中华内卷齿蚕、中蚓虫、异足索沙蚕、荚蛏、双凹鼓虾、下齿细螯寄居蟹和林氏海燕等(图45-2)。

（2）文甲泥沙滩群落。该群落所处滩面底质在高潮区为砂—粗砂，中潮区和低潮区由粉砂泥组成。滩面有条石牡蛎养殖。

高潮区：沙蟹带。该潮区种类贫乏，滩面仅分布有沙蟹，数量很低，生物量和栖息密度分别为0.50 g/m^2 和0.10 个/m^2。

中潮区：独指虫—菲律宾蛤仔—明秀大眼蟹带。该潮区代表种独指虫主要分布在本区上、中层，在上层的生物量和栖息密度分别为0.40 g/m^2 和52 个/m^2；中层分别为0.80 g/m^2 和8 个/m^2。优势种珠带拟蟹守螺，分布在中潮区，生物量和栖息密度以中层较大，分别为2.12 g/m^2 和240 个/m^2；下层较低，分别为0.16 g/m^2 和88 个/m^2。明秀大眼蟹分布在整个中潮区，上层的生物量和栖息密度分别为5.96 g/m^2 和12 个/m^2；中层分别为0.92 g/m^2 和16 个/m^2；下层分别为0.80 g/m^2 和8 个/m^2。其他主要种和习见种有脆江蓠、丝鳃稚齿虫、独毛虫、异蚓虫、真节虫、索沙蚕、梳鳃虫、联球蚶、

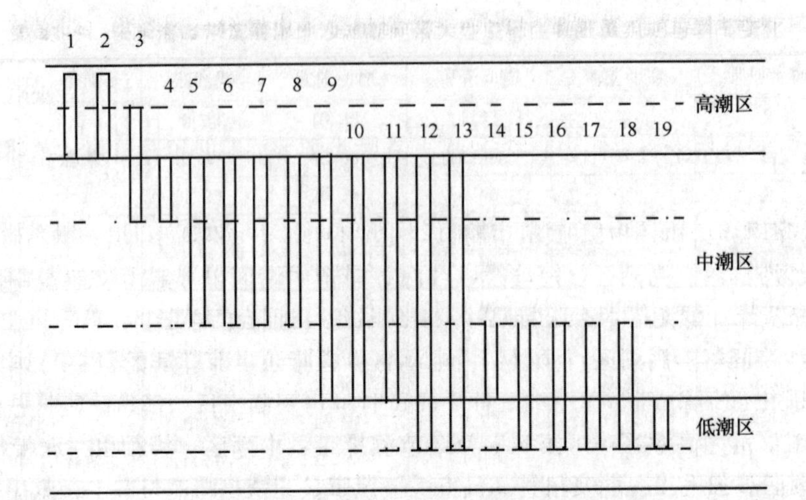

图 45-2　秀屿泥沙滩群落主要种垂直分布

1. 短滨螺；2. 粗糙滨螺；3. 纹藤壶；4. 寡鳃齿吻沙蚕；5. 渤海鸭嘴蛤；6. 彩虹明樱蛤；7. 珠带拟蟹守螺；8. 索沙蚕；9. 强壮藻钩虾；10. 薄片蜾蠃蜚；11. 蛤仔；12. 双凹鼓虾；13. 小相手蟹；14. 囊螺；15. 织纹螺；16. 下齿细螯寄居蟹；17. 柱头虫；18. 近辐蛇尾；19. 林氏海燕

彩虹明樱蛤、微黄镰玉螺和施氏玻璃钩虾等。

低潮区：锥稚虫—中蚓虫—梳鳃虫带。该潮区主要种锥稚虫，数量不高，生物量和栖息密度分别为 0.12 g/m^2 和 20 个/m^2。中蚓虫，仅在本区出现，生物量和栖息密度分别为 0.16 g/m^2 和 32 个/m^2。梳鳃虫，从中潮区下层可延伸分布至低潮区上层，在本区的数量较大，生物量和栖息密度分别为 0.40 g/m^2 和 20 个/m^2。其他主要种和习见种有吻沙蚕、锥头虫、异蚓虫、新异蚓虫、岩虫和异足索沙蚕等（图 45-3）。

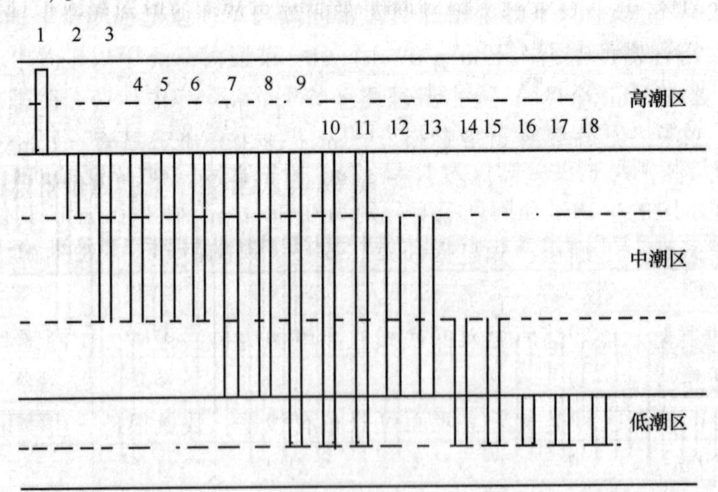

图 45-3　文甲泥沙滩群落主要种垂直分布

1. 沙蟹；2. 彩虹明樱蛤；3. 独指虫；4. 丝鳃稚齿虫；5. 中蚓虫；6 独毛虫；7. 明秀大眼蟹；8. 索沙蚕；9. 梳鳃虫；10. 联球蚶；11. 珠带拟蟹守螺；12. 锥稚虫；13. 菲律宾蛤仔；14. 中蚓虫；15. 岩虫；16. 施氏玻璃钩虾；17. 异蚓虫；18. 足索沙蚕

（3）港里泥滩群落。该群落所处滩面底质类型在高潮区为石堤，中潮区和低潮区由软泥组成。滩面中潮区有条石牡蛎养殖。

高潮区：短滨螺—粒结节滨螺带。该潮区主要种为短滨螺和粒结节滨螺，短滨螺的生物量和栖息密度分别为 10.40 g/m^2 和 88 个/m^2。粒结节滨螺的数量较低，生物量和栖息密度分别为 1.60 g/m^2 和 16 个/m^2。

中潮区：锥稚虫—珠带拟蟹守螺—模糊新短眼蟹带。该潮区优势种锥稚虫主要分布在本区上层，生物量不高，仅为 1.32 g/m^2，栖息密度高达 280 个/m^2。优势种珠带拟蟹守螺，分布在中潮区上、中层，生物量和栖息密度以上层较大，分别达 35.70 g/m^2 和 120 个/m^2；下层较低，分别为 3.92 g/m^2 和 16 个/m^2。模糊新短眼蟹分布在中潮区，生物量和栖息密度分别为 0.24 g/m^2 和 8 个/m^2。其他主要种和习见种有脆江蓠、花石莼、长吻吻沙蚕、寡鳃齿吻沙蚕、红刺尖锥虫、丝鳃稚齿虫、拟节虫、毡毛岩虫、树蛰虫、奥莱彩螺、纵带滩栖螺、秀丽织纹螺、亚洲异针涟虫、弯指伊氏钩虾、鼓虾和小相手蟹等。

低潮区：独毛虫—肋变角贝—日本大螯蜚带。该潮区主要种独毛虫，从中潮区延伸分布至本区，生物量不高，仅为 0.40 g/m^2，而栖息密度可达 28 个/m^2。肋变角贝，仅在本区出现，数量不高，生物量和栖息密度分别为 1.08 g/m^2 和 4 个/m^2。日本大螯蜚，从中潮区下层可延伸分布至低潮区上层，在本区的生物量和栖息密度分别为 0.05 g/m^2 和 10 个/m^2。其他主要种和习见种有花冈钩毛虫、寡节甘吻沙蚕、内卷齿蚕、后指虫、异蚓虫、智利巢沙蚕、四索沙蚕、似蛰虫、亚洲异针涟虫、塞切尔泥钩虾、模糊新短眼蟹、七刺栗壳蟹、日本爱氏海葵和梨体星虫等（图 45-4）。

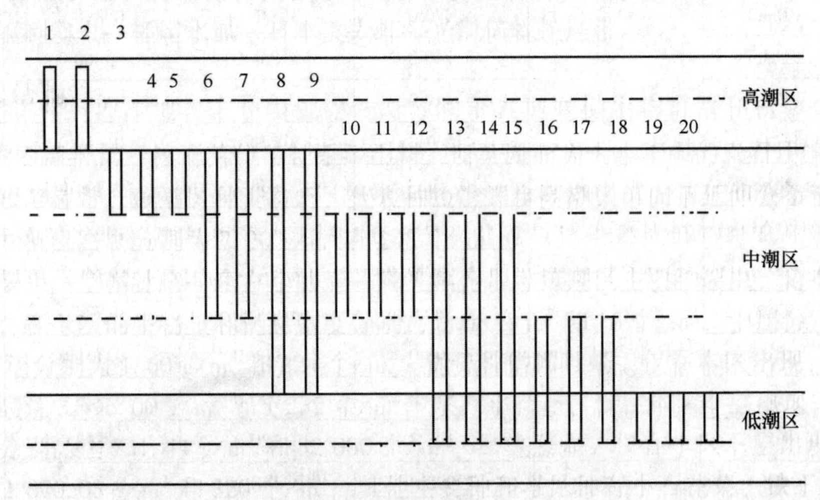

图 45-4　港里泥滩群落主要种垂直分布

1. 粗糙滨螺；2. 粒结节滨螺；3. 锥稚虫；4. 纵带滩栖螺；5. 奥莱彩螺；6. 鼓虾；7. 珠带拟蟹守螺；8. 梳鳃虫；9. 秀丽织纹螺；10. 寡鳃齿吻沙蚕；11. 长吻吻沙蚕；12. 内卷齿蚕；13. 小相手蟹；14. 独毛虫；15. 日本沙钩虾；16. 塞切尔泥钩虾；17. 模糊新短眼蟹；18. 七刺栗壳蟹；19. 肋变角贝；20. 日本爱氏海葵

45.5.3　群落生态特征值

根据 Margalef 种类丰富度指数（d），Shannon-Wiener 种类多样性指数（H'），Pielous 种类均匀度指数（J）和 Simpson 优势度指数（D）显示，莆田海岸带滨海湿地岩石滩潮间带大型底栖生物群落丰富度指数（d）冬季较高（4.180 0），秋季较低（3.760 0）；多样性指数（H'），冬季较高（2.310 0），秋季较低（0.989 0）；均匀度指数（J），冬季较高（0.640 0），秋季较低（0.265 0）；Simpson 优势度（*D*），秋季较高（0.569 0），冬季较低（0.157 0）。

沙滩潮间带大型底栖生物群落丰富度指数（*d*）秋季较高（6.692 8），春季较低（5.449 9）；多样性指数（*H′*），春季较高（3.115 6），秋季较低（2.820 2）；均匀度指数（*J*），春季较高（0.755 8），秋季较低（0.746 5）；Simpson 优势度（*D*），春季较高（0.135 2），秋季较低（0.102 3）。

冬季泥沙滩潮间带大型底栖生物群落丰富度指数（*d*）为 7.103 3，多样性指数（*H′*）为 3.120 0，均匀度指数（*J*）为 0.818 0，Simpson 优势度（*D*）为 0.078 0。

冬季泥滩潮间带大型底栖生物群落丰富度指数（*d*）为 7.990 0，多样性指数（*H′*）为 3.140 0，均匀度指数（*J*）为 0.774 0，Simpson 优势度（*D*）为 0.084 7。各断面群落生态特征值季节变化见表 45-13。

表 45-13　莆田海岸带滨海湿地潮间带大型底栖生物群落生态特征值

群落	断面	季节	*d*	*H′*	*J*	*D*
岩石滩	XR1	冬季	4.180 0	2.310 0	0.640 0	0.157 0
	WDR2	秋季	3.760 0	0.989 0	0.265 0	0.569 0
	平均		3.970 0	1.649 5	0.452 5	0.363 0
沙滩	FJ-C083	春季	3.180 2	1.631 9	0.500 9	0.291 8
	FJ-C093		9.448 2	3.104 2	0.738 3	0.071 3
	PDch1		4.403 0	3.195 0	0.782 0	0.156 0
	PDch2		4.472 0	3.813 0	0.898 0	0.070 0
	PDch3		5.746 0	3.834 0	0.860 0	0.087 0
	平均		5.449 9	3.1156	0.755 8	0.135 2
	FJ-C083	秋季	4.267 3	2.142 4	0.650 0	0.180 1
	FJ-C093		10.211 1	3.208 2	0.768 6	0.062 7
	WDS1		5.600 0	3.110 0	0.821 0	0.064 0
	平均		6.692 8	2.820 2	0.746 5	0.102 3
泥沙滩	XM2	冬季	9.300 0	3.290 0	0.774 0	0.080 5
	WJ		7.200 0	2.980 0	0.751 0	0.096 9
	XL		4.810 0	3.090 0	0.929 0	0.056 5
	平均		7.103 3	3.120 0	0.818 0	0.078 0
泥滩	GL	冬季	7.990 0	3.140 0	0.774 0	0.084 7

45.5.4　群落稳定性

莆田海岸带滨海湿地秀屿泥沙滩潮间带大型底栖生物群落相对稳定，丰度生物量复合 *k*-优势度曲线不交叉、不翻转、不重叠，生物量优势度曲线始终位于丰度上方，群落的生物量累积百分优势度高达 70%，部分优势度曲线显示，秀屿泥沙滩群落第二个物种的丰度生物量倒置，曲线出现交叉翻转（图 45-5）。

文甲泥沙滩和港里泥滩群落相对稳定，丰度生物量复合 *k*-优势度曲线不交叉、不翻转、不重叠，生物量优势度曲线始终位于丰度上方（图 45-6，图 45-7）。但文甲断面群落的生物量累积百分优势度高达 60%以上，港里断面群落部分优势度曲线显示，在曲线中部出现重叠。

春秋季 FJ-C083 沙滩群落不稳定，丰度生物量复合 *k*-优势度曲线出现交叉、翻转和重叠，生物

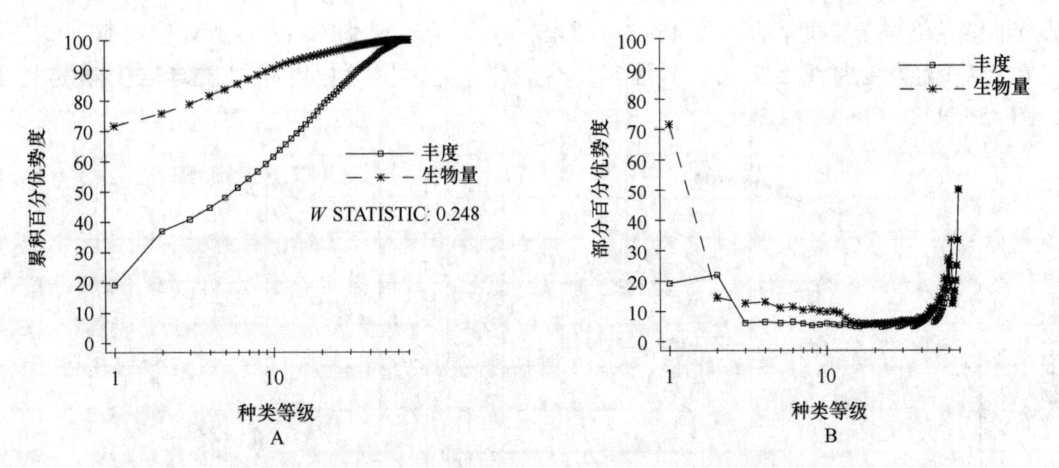

图 45-5　秀屿泥沙滩群落丰度生物量复合 k-优势度（A）和部分优势度（B）曲线

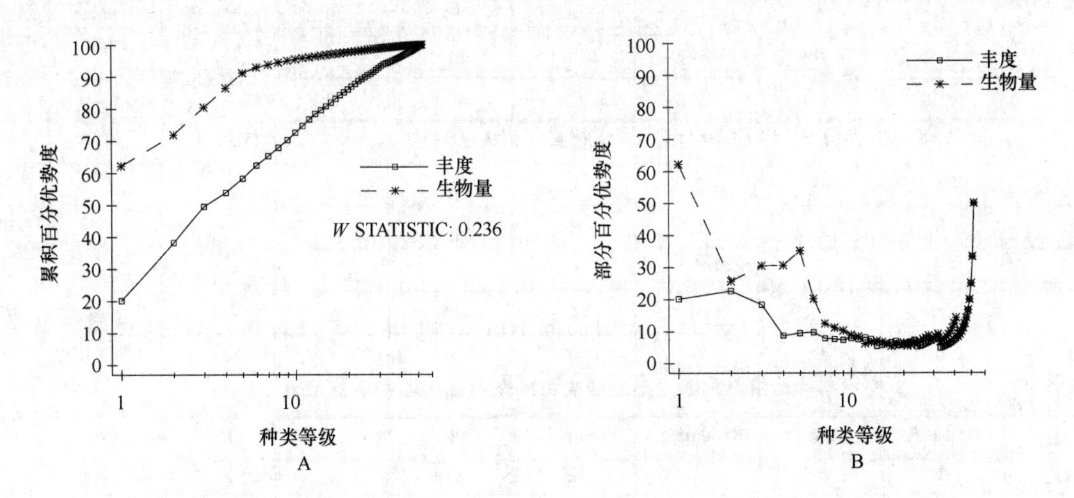

图 45-6　文甲泥沙滩群落丰度生物量复合 k-优势度（A）和部分优势度（B）曲线

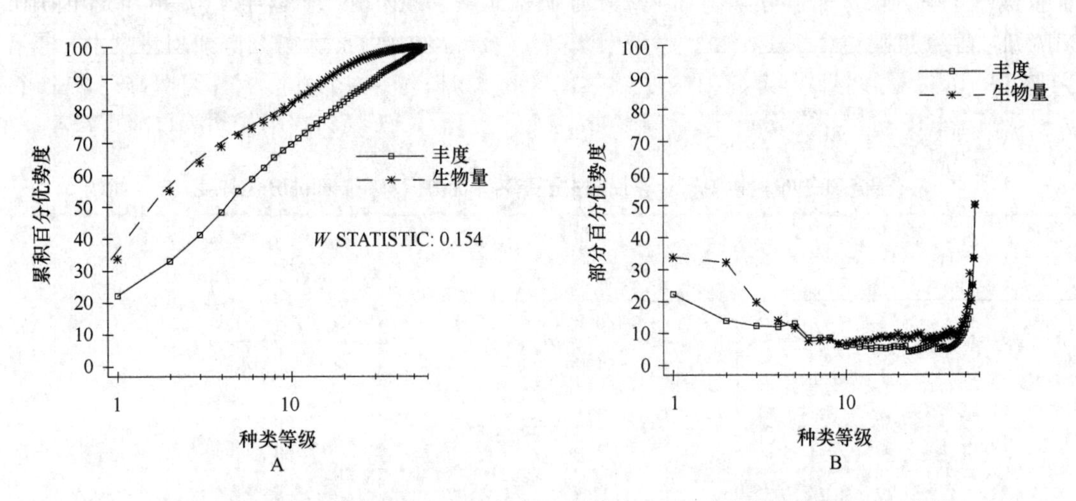

图 45-7　港里泥滩群落丰度生物量复合 k-优势度（A）和部分优势度（B）曲线

量优势度曲线始终位于丰度下方（图 45-8，图 45-10）。但春秋季 FJ-C093 沙滩群落相对稳定，丰度生物量复合 k-优势度曲线不交叉、不翻转、不重叠，生物量优势度曲线始终位于丰度上方（图 45-9，图 45-11）。

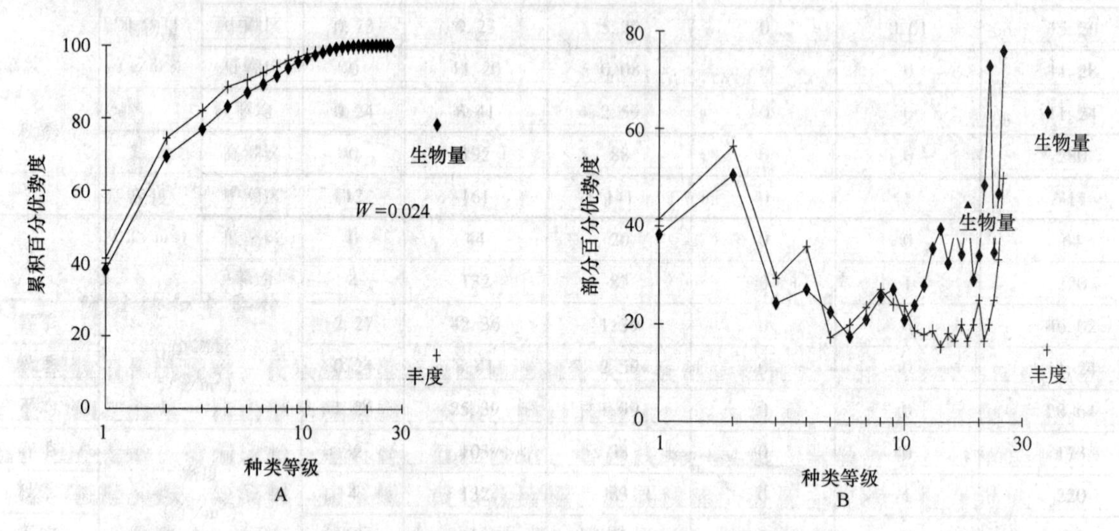

图 45-8　春季 FJ-C083 沙滩群落丰度生物量复合 k-优势度（A）和部分优势度（B）曲线

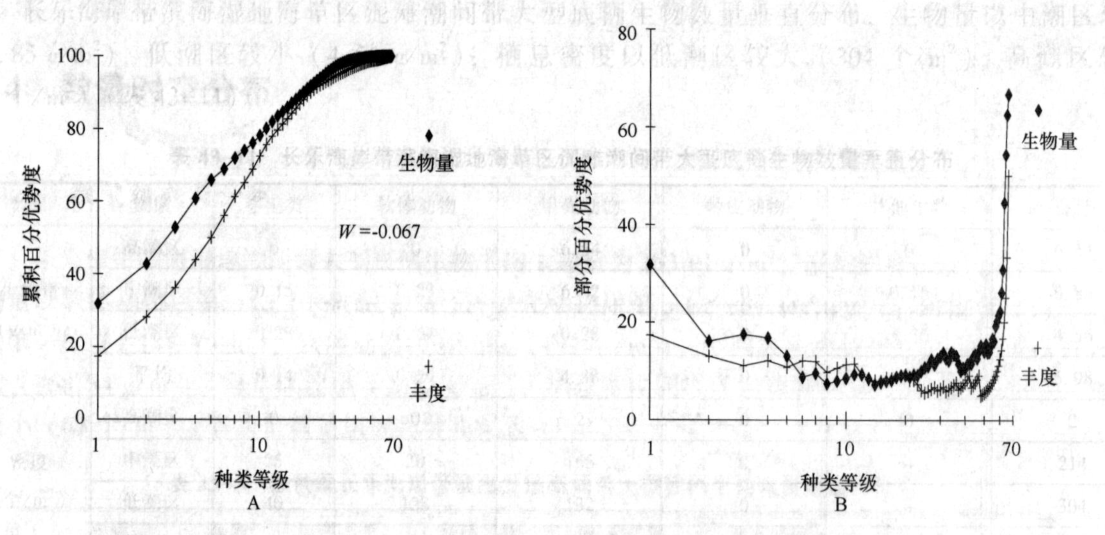

图 45-9　春季 FJ-C093 沙滩群落丰度生物量复合 k-优势度（A）和部分优势度（B）曲线

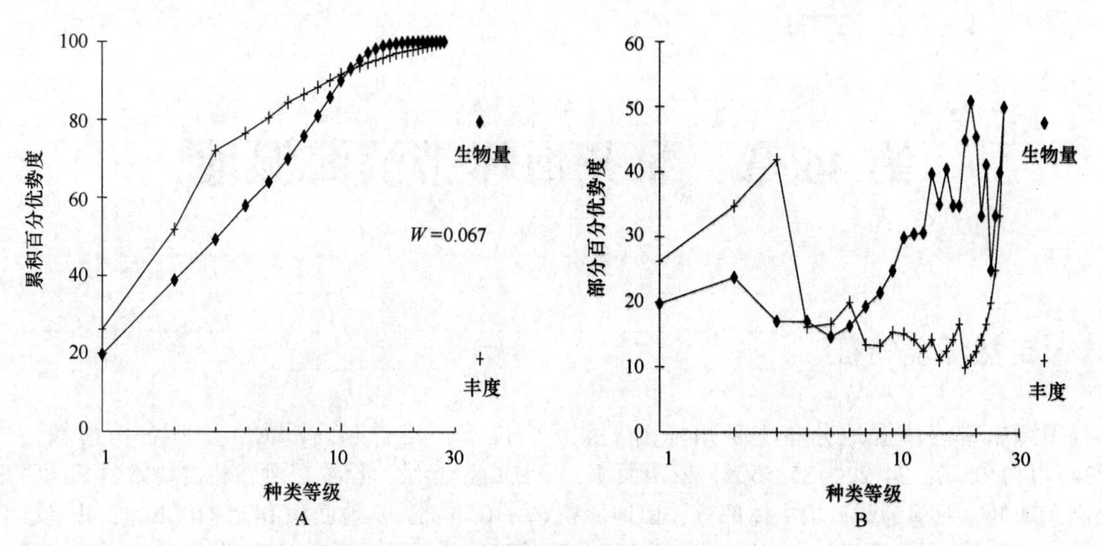

图 45-10　秋季 FJ-C083 沙滩群落丰度生物量复合 *k*-优势度（A）和部分优势度（B）曲线

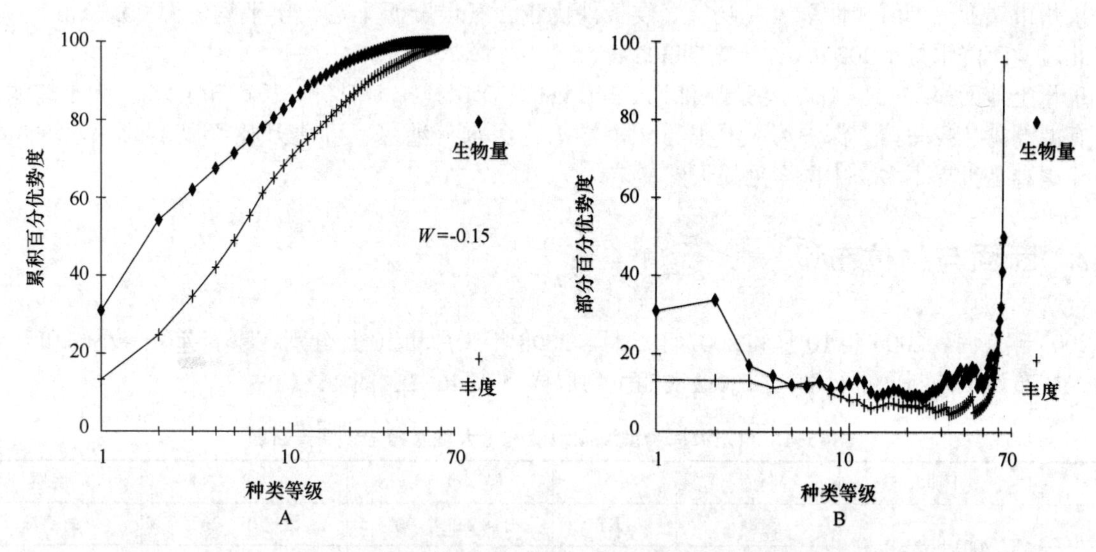

图 45-11　秋季 FJ-C093 沙滩群落丰度生物量复合 *k*-优势度（A）和部分优势度（B）曲线

第46章　泉州海岸带滨海湿地

46.1　自然环境特征

泉州海岸带滨海湿地分布于泉州境内，泉州市位于福建省东南沿海，南临台湾海峡，位于117°34′~119°05′E，24°22′~25°56′N，依山面海，境内山峦起伏，丘陵、河谷、盆地错落其间，地势西北高东南低，西部为戴云山主体部分，山地面积67×10^4 hm^2，耕地面积14.5×10^4 hm^2，山地、丘陵占土地总面积的4/5，俗称“八山一水一分田”。地处闽东山地中段和闽东南沿海丘陵平原中段。晋江东溪和西溪在南安双溪口汇合，东注泉州湾。

泉州市属亚热带海洋性季风气候，气候条件优越，气候资源丰富，年平均气温20.7℃，冬季盛行东北风，年降水量1 202 mm，无霜期306 d。

泉州土地面积11 244 km^2，海域面积11 360 km^2，海岸线蜿蜒曲折，长达541 km，大小岛屿208个，有湄洲湾、泉州湾、深沪湾、围头湾4个港湾，深水良港多，可建万吨级以上的深水泊位123个，斗尾港是世界不多、中国罕见的天然良港。

46.2　断面与站位布设

2003年2月，2006年10月和2007年5月，2008年5月和10月分别在惠安莲峰、小咋和泉港区等处先后布设7条断面进行潮间带大型底栖生物取样（表46-1，图46-1）。

表46-1　泉州海岸带滨海湿地潮间带大型底栖生物调查断面

序号	日期	断面	编号	经　度（E）	纬　度（N）	底质
1	2003年2月	莲峰	LR1	118°59′33.90″	25° 0′7.20″	岩石滩
2			LM2	118°57′32.22″	24°57′54.84″	泥沙滩
3	2006年10月，2007年5月	泉港区	FJ-C097	118°56′30.60″	25°07′54.40″	
4			FJ-C108	118°38′26.60″	24°50′57.60″	
5	2008年5月，10月	小咋	Lch1	118°58′50.22″	24°57′12.24″	
6			Lch2	119°0′42.06″	24°57′32.22″	岩石滩
7			Lch3	119°1′29.22″	24°57′29.40″	

46.3　物种多样性

46.3.1　种类组成与季节变化

泉州海岸带滨海湿地潮间带大型底栖生物有378种，其中藻类40种，多毛类124种，软体动物

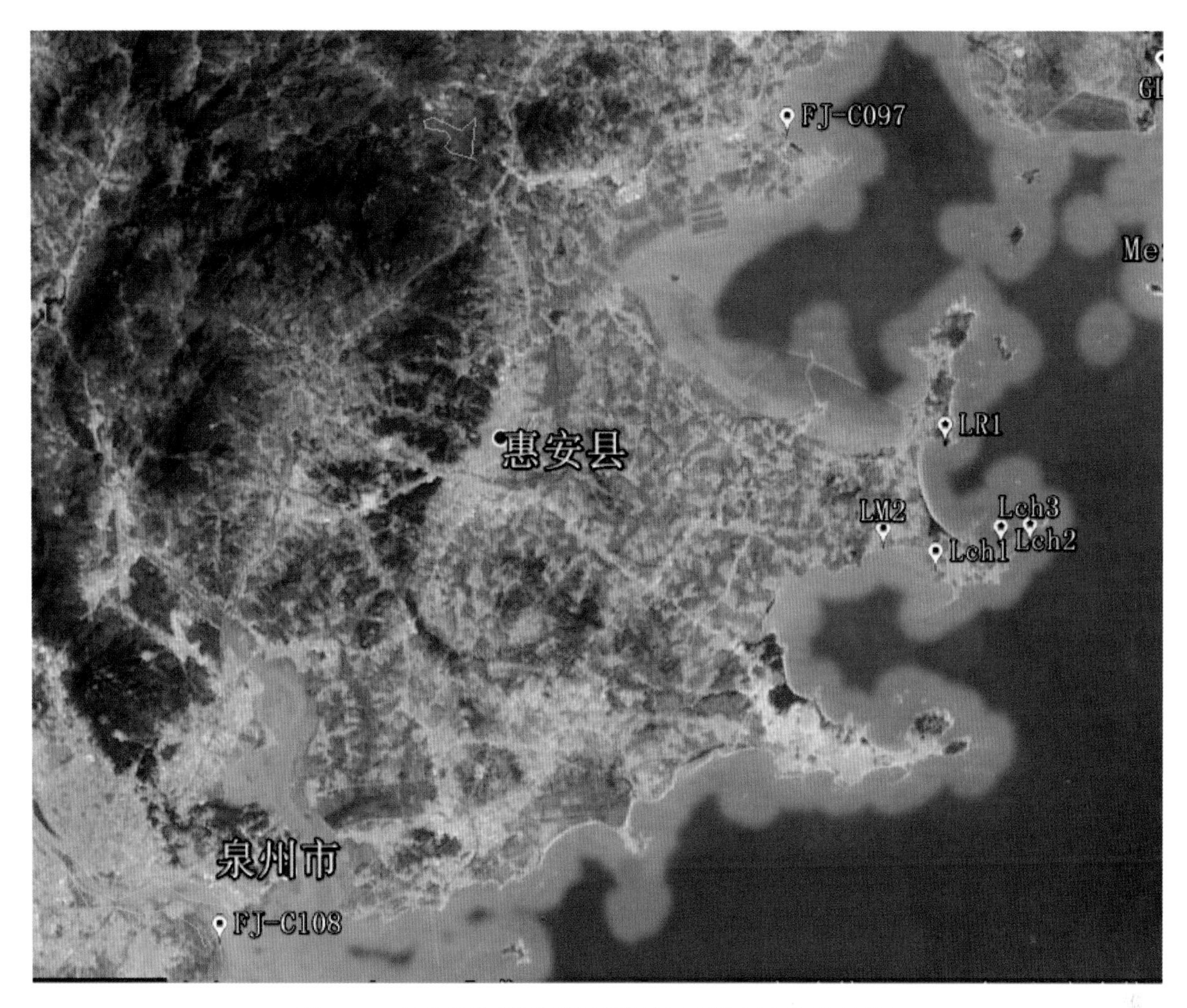

图 46-1　泉州海岸带滨海湿地潮间带大型底栖生物调查断面

101 种，甲壳动物 76 种，棘皮动物 9 种和其他生物 28 种。多毛类、软体动物和甲壳动物占总种数的 79.62%，三者构成海岸带潮间带大型底栖生物主要类群。

泉州海岸带滨海湿地岩石滩潮间带大型底栖生物 241 种，其中藻类 32 种，多毛类 32 种，软体动物 84 种，甲壳动物 66 种，棘皮动物 9 种和其他生物 18 种。多毛类、软体动物和甲壳动物占总种数的 75.51%，三者构成海岸带岩石滩潮间带大型底栖生物主要类群。

泉州海岸带滨海湿地泥沙滩潮间带大型底栖生物 232 种，其中藻类 6 种，多毛类 82 种，软体动物 55 种，甲壳动物 62 种，棘皮动物 5 种和其他生物 22 种。多毛类、软体动物和甲壳动物占总种数的 85.77%，三者构成海岸带泥沙滩潮间带大型底栖生物主要类群。

泉州海岸带滨海湿地潮间带大型底栖生物物种平面分布，断面间比较，春秋季岩石滩种数以 Lch3 断面较多（137 种），Lch2 断面较少（122 种）；泥沙滩种数以 Lch1 断面较多（130 种），FJ-C108 断面较少（62 种）。

季节变化，春季岩石滩种数以 Lch2 断面较多（91 种），Lch3 断面较少（87 种）。泥沙滩种数以 Lch1 断面较多（78 种），FJ-C108 断面较少（46 种）。秋季岩石滩种数以 Lch3 断面较多（91 种），Lch2 断面较少（72 种）。泥沙滩种数以 Lch1 断面较多（86 种），FJ-C108 断面较少（35 种）（表 46-2）。

表 46-2　泉州海岸带滨海湿地潮间带大型底栖生物物种组成与季节变化　单位：种

底质	断面	季节	藻类	多毛类	软体动物	甲壳动物	棘皮动物	其他生物	合计
岩石滩	Lch2	春季	18	19	35	13	2	4	91
		秋季	6	21	26	13	2	4	72
		合计	19	29	44	20	2	8	122
	Lch3	春季	23	10	32	14	3	5	87
		秋季	6	22	34	21	6	2	91
		合计	24	27	46	26	8	6	137
	LR1	冬季	9	12	18	15	0	1	55
	合计		32	32	84	66	9	18	241
泥沙滩	FJ-C097	春季	0	33	19	13	0	4	69
		秋季	0	30	14	15	0	4	63
		合计	0	50	26	25	0	7	108
	FJ-C108	春季	0	21	11	10	0	4	46
		秋季	0	14	11	7	0	3	35
		合计	0	28	15	13	0	6	62
	合计		0	67	28	32	0	14	141
	Lch1	春季	2	36	15	22	0	3	78
		秋季	6	35	16	23	1	5	86
		合计	6	52	24	40	1	7	130
	LM2	冬季	4	38	25	21	5	15	108
	合计		6	82	55	62	5	22	232
总计			40	124	101	76	9	28	378

46. 3. 2　优势种和主要种

根据数量和出现率，泉州海岸带滨海湿地潮间带大型底栖生物优势种和主要种有小石花菜、中间软刺藻、鹧鸪菜、珊瑚藻、环节藻、具柄绒线藻、圆锥凹顶藻、裂片石莼、花石莼、模裂虫、背毛背蚓虫、襟松虫、花冈钩毛虫、日本刺沙蚕、中锐吻沙蚕、加州齿吻沙蚕、毛齿吻沙蚕、澳克兰稚齿虫、小蛇稚齿虫、加州中蚓虫、结节刺缨虫、厥目革囊星虫、日本花棘石鳖、石蛏、凸壳肌蛤、僧帽牡蛎、敦氏猿头蛤、彩虹明樱蛤、理蛤、缢蛏、绿螂、光滑河蓝蛤、鸭嘴蛤、昌螺、肋昌螺、粒结节滨螺、短滨螺、覆瓦小蛇螺、光滑狭口螺、珠带拟蟹守螺、双带盾桑甚螺、秀丽织纹螺、织纹螺、泥螺、囊螺、日本菊花螺、纹藤壶、白脊藤壶、直背小藤壶、鳞笠藤壶、腔齿海底水虱、大角玻璃钩虾、施氏玻璃钩虾、哥伦比亚刀钩虾、日本大螯蜚、中华蜾蠃蜚、弧边招潮、宁波泥蟹、淡水泥蟹、沈氏长方蟹、小相手蟹、角眼沙蟹、下齿细螯寄居蟹、长足长方蟹和扁平蛛网海胆等。

46.4　数量时空分布

46.4.1　数量组成与分布

泉州海岸带滨海湿地岩石滩潮间带大型底栖生物春秋冬季平均生物量为 2 126.74 g/m²，平均栖息密度为 7 519 个/m²。生物量，以软体动物居第一位（1 533.04 g/m²），甲壳动物居第二位（328.39 g/m²）；栖息密度以甲壳动物第一位（5 835 个/m²），软体动物居第二位（1 465 个/m²）。数量季节变化，生物量以冬季较大（4 102.70 g/m²），秋季较小（840.60 g/m²）；栖息密度以秋季较大（9 614 个/m²），冬季较小（4 499 个/m²）。

泉州海岸带滨海湿地泥沙滩潮间带大型底栖生物春秋冬季平均生物量为 140.87 g/m²，平均栖息密度为689 个/m²。生物量，以甲壳动物居第一位（81.89 g/m²），软体动物居第二位（33.68 g/m²）；栖息密度，以软体动物居第一位（366 个/m²），多毛类居第二位（187 个/m²）。数量季节变化，生物量以冬季较大（290.65 g/m²），春季较小（64.73 g/m²）；栖息密度以春季较大（1 176 个/m²），冬季较小（233 个/m²）。各断面数量组成与季节变化见表 46-3 至表 46-6。

表 46-3　泉州海岸带滨海湿地潮间带大型底栖生物生物量组成与季节变化　单位：g/m²

底质	季节	藻类	多毛类	软体动物	甲壳动物	棘皮动物	其他生物	合计
岩石滩	春季	526.87	6.65	341.65	552.43	0.12	9.20	1 436.92
	秋季	156.18	4.81	349.76	328.84	0.98	0.03	840.60
	冬季	51.46	33.49	3 907.72	103.90	0	6.13	4 102.70
	平均	244.84	14.98	1 533.04	328.39	0.37	5.12	2 126.74
泥沙滩	春季	0	7.09	44.44	3.70	0	9.50	64.73
	秋季	0.15	1.84	50.66	12.71	0.02	1.88	67.26
	冬季	0	1.37	5.93	229.27	54.08	0	290.65
	平均	0.05	3.43	33.68	81.89	18.03	3.79	140.87

表 46-4　泉州海岸带滨海湿地潮间带大型底栖生物栖息密度组成与季节变化　单位：个/m²

底质	季节	多毛类	软体动物	甲壳动物	棘皮动物	其他生物	合计
岩石滩	春季	150	460	7 817	1	18	8 446
	秋季	190	256	9 149	16	3	9 614
	冬季	261	3 680	540	0	18	4 499
	平均	200	1 465	5 835	6	13	7 519
泥沙滩	春季	337	622	212	0	5	1 176
	秋季	203	400	48	1	5	657
	冬季	20	75	130	8	0	233
	平均	187	366	130	3	3	689

表 46-5　泉州海岸带滨海湿地潮间带大型底栖生物生物量组成与季节变化　单位：g/m^2

底质	断面	季节	藻类	多毛类	软体动物	甲壳动物	棘皮动物	其他生物	合计
岩石滩	Lch2	春季	71.80	4.24	221.49	164.49	0.03	6.21	468.26
	Lch3		981.94	9.05	461.81	940.37	0.20	12.19	2 405.56
	平均		526.87	6.65	341.65	552.43	0.12	9.20	1 436.92
	Lch2	秋季	61.36	2.60	619.11	43.48	0	0.03	726.58
	Lch3		251.00	7.01	80.40	614.19	1.95	0.03	954.58
	平均		156.18	4.81	349.76	328.84	0.98	0.03	840.60
	LR1	冬季	51.46	33.49	3 907.72	103.90	0	6.13	4 102.70
	平均		244.84	14.98	1 533.04	328.39	0.37	5.12	2 126.24
泥沙滩	FJ-C097	春季	0	14.64	8.76	5.15	0	0.10	28.65
	FJ-C108		0	2.52	14.00	0.94	0	0.38	17.84
	Lch1		0	4.10	110.57	5.02	0	28.02	147.71
	平均		0	7.09	44.44	3.70	0	9.50	64.73
	FJ-C097	秋季	0	1.64	26.03	6.12	0	2.89	36.68
	FJ-C108		0	1.49	40.04	2.64	0	1.94	46.11
	Lch1		0.45	2.40	85.90	29.38	0.05	0.80	118.98
	平均		0.15	1.84	50.66	12.71	0.02	1.88	67.26
	LM2	冬季	0	1.37	5.93	229.27	54.08	0	290.65
	平均		0.05	3.43	33.68	81.89	18.03	3.79	140.87

表 46-6　泉州海岸带滨海湿地潮间带大型底栖生物栖息密度组成与季节变化　单位：个/m^2

底质	断面	季节	多毛类	软体动物	甲壳动物	棘皮动物	其他生物	合计
岩石滩	Lch2	春季	233	164	10 205	1	3	10 606
	Lch3		67	756	5 428	1	33	6 285
	平均		150	460	7 817	1	18	8 446
	Lch2	秋季	166	243	2515	0	3	2 927
	Lch3		214	268	15 783	32	3	16 300
	平均		190	256	9 149	16	3	9 614
	LR1	冬季	261	3 680	540	0	18	4 499
	平均		200	1 465	5 835	6	13	7 519
泥沙滩	FJ-C097	春季	429	280	519	0	5	1 233
	FJ-C108		282	165	47	0	2	496
	Lch1		300	1 422	71	0	7	1 800
	平均		337	622	212	0	5	1 176
	FJ-C097	秋季	169	258	68	0	7	502
	FJ-C108		172	253	16	0	4	445
	Lch1		268	690	61	3	4	1 026
	平均		203	400	48	1	5	657
	LM2	冬季	20	75	130	8	0	233
	平均		187	366	130	3	3	689

46.4.2　数量分布

2006 年 10 月和 2007 年 5 月，泉州海岸带滨海湿地泥沙滩潮间带大型底栖生物数量分布，断面间数量平面分布不尽相同，数量垂直分布也不同。生物量从高到低依次为低潮区（37.98 g/m²）、中潮区（34.83 g/m²）、高潮区（24.20 g/m²），栖息密度从高到低依次为高潮区（761 个/m²）、中潮区（737 个/m²）、低潮区（512 个/m²）。各断面数量垂直分布与季节变化见表 46-7 至表 46-9。

表 46-7　泉州海岸带滨海湿地泥沙滩潮间带大型底栖生物数量垂直分布

潮区	数量	季节	多毛类	软体动物	甲壳动物	棘皮动物	其他生物	合计
高潮区	生物量（g/m²）	春季	16.50	1.54	1.62	0	0	19.66
		秋季	1.34	17.02	9.76	0	0.61	28.73
		平均	8.92	9.28	5.69	0	0.31	24.20
	密度（个/m²）	春季	280	78	682	0	0	1 040
		秋季	224	208	48	0	2	482
		平均	252	143	365	0	1	761
中潮区	生物量（g/m²）	春季	4.53	14.24	5.20	0	0.72	24.69
		秋季	2.43	36.93	2.17	0	3.41	44.94
		平均	3.48	25.59	3.69	0	2.07	34.83
	密度（个/m²）	春季	372	358	90	0	11	831
		秋季	228	344	63	0	7	642
		平均	300	351	77	0	9	737
低潮区	生物量（g/m²）	春季	4.71	18.36	2.32	0	0	25.39
		秋季	0.93	45.16	1.23	0	3.24	50.56
		平均	2.82	31.76	1.78	0	1.62	37.98
	密度（个/m²）	春季	416	232	76	0	0	724
		秋季	60	216	16	0	8	300
		平均	238	224	46	0	4	512

表 46-8　泉州海岸带滨海湿地泥沙滩潮间带大型底栖生物各断面生物量垂直分布　　单位：g/m²

断面	季节	潮区	多毛类	软体动物	甲壳动物	棘皮动物	其他生物	合计
FJ-C097	春季	高潮区	32.99	3.08	3.24	0	0	39.31
		中潮区	3.29	13.79	8.29	0	0.31	25.68
		低潮区	7.64	9.40	3.92	0	0	20.96
		平均	14.64	8.76	5.15	0	0.10	28.65
	秋季	高潮区	2.38	33.16	12.94	0	1.22	49.70
		中潮区	1.30	40.77	3.25	0	6.45	51.77
		低潮区	1.24	4.16	2.18	0	1.01	8.59
		平均	1.64	26.03	6.12	0	2.89	36.68

续表 46-8

断面	季节	潮区	多毛类	软体动物	甲壳动物	棘皮动物	其他生物	合计
FJ-C108	春季	高潮区	0	0	0	0	0	0
		中潮区	5.77	14.68	2.11	0	1.13	23.69
		低潮区	1.78	27.32	0.72	0	0	29.82
		平均	2.52	14.00	0.94	0	0.38	17.84
	秋季	高潮区	0.30	0.88	6.57	0	0	7.75
		中潮区	3.55	33.08	1.08	0	0.37	38.08
		低潮区	0.61	86.16	0.27	0	5.46	92.50
		平均	1.49	40.04	2.64	0	1.94	46.11

表 46-9　泉州海岸带滨海湿地泥沙滩潮间带大型底栖生物各断面栖息密度垂直分布　单位：个/m²

断面	季节	潮区	多毛类	软体动物	甲壳动物	棘皮动物	其他生物	合计
FJ-C097	春季	高潮区	560	156	1 364	0	0	2 080
		中潮区	216	597	132	0	16	961
		低潮区	512	88	60	0	0	660
		平均	429	280	519	0	5	1 233
	秋季	高潮区	376	308	80	0	4	768
		中潮区	79	439	96	0	8	622
		低潮区	52	28	28	0	8	116
		平均	169	258	68	0	7	502
FJ-C108	春季	高潮区	0	0	0	0	0	0
		中潮区	527	119	48	0	5	699
		低潮区	320	376	92	0	0	788
		平均	282	165	47	0	2	496
	秋季	高潮区	72	108	16	0	0	196
		中潮区	376	248	29	0	5	658
		低潮区	68	404	4	0	8	484
		平均	172	253	16	0	4	445

2003 年泉州海岸带滨海湿地岩石滩潮间带大型底栖生物数量垂直分布，生物量从高到低依次为中潮区（8 880.61 g/m²）、低潮区（3 391.04 g/m²）、高潮区（36.48 g/m²）；栖息密度从高到低依次为中潮区（8 954 个/m²）、低潮区（3 248 个/m²）、高潮区（1 296 个/m²）。泥沙滩潮间带大型底栖生物数量垂直分布，生物量从高到低依次为中潮区（825.50 g/m²）、高潮区（45.29 g/m²）、低潮区（1.16 g/m²）；栖息密度从高到低依次为中潮区（649 个/m²）、低潮区（48 个/m²）、高潮区（2 个/m²）（表 46-10，表 46-11）。

表 46-10　2003 年泉州海岸带滨海湿地岩石滩潮间带大型底栖生物数量垂直分布

数量	潮区	藻类	多毛类	软体动物	甲壳动物	棘皮动物	其他动物	合计
生物量（g/m²）	高潮区	0	0	36.48	0	0	0	36.48
	中潮区	137.43	1.92	8 447.95	293.15	0	0.16	8 880.61
	低潮区	16.96	98.56	3 238.72	18.56	0	18.24	3 391.04
	平均	51.46	33.49	3 907.72	103.90	0	6.13	4 102.70
密度（个/m²）	高潮区	—	0	1 296	0	0	0	1 296
	中潮区	—	32	7 952	965	0	5	8 954
	低潮区	—	752	1 792	656	0	48	3 248
	平均	—	261	3 680	540	0	18	4 499

表 46-11　2003 年泉州海岸带滨海湿地泥沙滩潮间带大型底栖生物数量垂直分布

数量	潮区	多毛类	软体动物	甲壳动物	棘皮动物	其他动物	合计
生物量（g/m²）	高潮区	0	0	45.29	0	0	45.29
	中潮区	3.15	17.58	642.53	162.24	0	825.50
	低潮区	0.96	0.20	0	0	0	1.16
	平均	1.37	5.93	229.27	54.08	0	290.65
密度（个/m²）	高潮区	0	0	2	0	0	2
	中潮区	19	216	389	25	0	649
	低潮区	40	8	0	0	0	48
	平均	20	75	130	8	0	233

2008 年 5 月和 10 月泉州海岸带滨海湿地潮间带大型底栖生物数量垂直分布，生物量从高到低依次为中潮区（1 339.03 g/m²）、低潮区（982.95 g/m²）、高潮区（88.86 g/m²）；栖息密度从高到低依次为中潮区（12 752 个/m²）、高潮区（5 711 个/m²）、低潮区（1 010 个/m²）（表 46-12）。各断面数量垂直分布与季节变化见表 46-13 和表 46-14。

表 46-12　2008 年泉州海岸带滨海湿地潮间带大型底栖生物数量垂直分布

潮区	数量	季节	藻类	多毛类	软体动物	甲壳动物	棘皮动物	其他生物	合计
高潮区	生物量（g/m²）	春季	0	0	15.44	149.65	0	0	165.09
		秋季	0	0	11.71	0.94	0	0	12.65
		平均	0	0	13.57	75.29	0	0	88.86
	密度（个/m²）	春季	—	0	541	10 696	0	0	11 237
		秋季	—	0	179	5	0	0	184
		平均	—	0	360	5 351	0	0	5 711
中潮区	生物量（g/m²）	春季	499.64	2.61	230.14	953.54	0.22	0.47	1 686.62
		秋季	111.72	2.34	219.56	656.99	0	0.83	991.44
		平均	305.68	2.48	224.85	805.26	0.11	0.65	1 339.03
	密度（个/m²）	春季	—	152	1 508	4 656	2	7	6 325
		秋季	—	100	939	18 132	0	7	19 178
		平均	—	126	1 224	11 394	1	7	12 752

续表 46-12

潮区	数量	季节	藻类	多毛类	软体动物	甲壳动物	棘皮动物	其他生物	合计
低潮区	生物量 (g/m²)	春季	554.10	14.77	548.29	6.69	0	45.95	1 169.8
		秋季	201.09	9.68	554.15	29.12	2	0.03	796.07
		平均	377.60	12.23	551.22	17.91	1	22.99	982.95
	密度 (个/m²)	春季	—	448	293	352	0	35	1 128
		秋季	—	549	83	221	35	3	891
		平均	—	499	188	287	17	19	1 010

表 46-13　2008 年泉州海岸带滨海湿地潮间带大型底栖生物生物量垂直分布　单位：g/m²

潮区	断面	季节	藻类	多毛类	软体动物	甲壳动物	棘皮动物	其他生物	合计
高潮区	Lch1	春季	0	0	0	1.35	0	0	1.35
		秋季	0	0	0	2.01	0	0	2.01
		平均	0	0	0	1.68	0	0	1.68
	Lch2	春季	0	0	8.88	386.24	0	0	395.12
		秋季	0	0	23.20	0.80	0	0	24.00
		平均	0	0	16.04	193.52	0	0	209.56
	Lch3	春季	0	0	37.44	61.36	0	0	98.80
		秋季	0	0	11.92	0	0	0	11.92
		平均	0	0	24.68	30.68	0	0	55.36
	总平均		0	0	13.57	75.29	0	0	88.86
中潮区	Lch1	春季	0	3.97	325.31	13.08	0	1.33	343.69
		秋季	1.36	1.60	257.71	5.48	0	2.40	268.55
		平均	0.68	2.79	291.51	9.28	0	1.87	306.13
	Lch2	春季	101.15	1.44	188.56	106.99	0.08	0	398.22
		秋季	9.76	0.21	336.96	129.23	0	0.08	476.24
		平均	55.45	0.83	262.76	118.11	0.04	0.04	437.23
	Lch3	春季	1 397.76	2.43	176.56	2 740.56	0.59	0.08	4 317.98
		秋季	324.03	5.20	64.00	1 836.25	0	0	2 229.48
		平均	860.89	3.81	120.28	2 288.4	0.29	0.04	3 273.71
	总平均		305.68	2.48	224.85	805.26	0.11	0.65	1 339.03
低潮区	Lch1	春季	0	8.32	6.40	0.64	0	82.72	98.08
		秋季	0	5.60	0	80.64	0.16	0	86.40
		平均	0	6.96	3.20	40.64	0.08	41.36	92.24
	Lch2	春季	114.24	11.28	467.04	0.24	0	18.64	611.44
		秋季	174.32	7.60	1 497.16	0.40	0	0	1 679.48
		平均	144.28	9.44	982.10	0.32	0	9.32	1 145.46
	Lch3	春季	1 548.05	24.72	1171.44	19.20	0	36.48	2 799.89
		秋季	428.96	15.84	165.28	6.32	5.84	0.08	622.32
		平均	988.51	20.28	668.36	12.76	2.92	18.28	1 711.11
	总平均		377.60	12.23	551.22	17.91	1.00	22.99	982.95

表 46-14　2008 年泉州海岸带滨海湿地潮间带大型底栖生物栖息密度垂直分布　　单位：个/m²

潮区	断面	季节	多毛类	软体动物	甲壳动物	棘皮动物	其他生物	合计
高潮区	Lch1	春季	0	0	0	0	0	0
		秋季	0	0	0	0	0	0
		平均	0	0	1	0	0	1
	Lch2	春季	0	192	30 016	0	0	30 208
		秋季	0	248	16	0	0	264
		平均	0	220	15 016	0	0	15 236
	Lch3	春季	0	1 432	2 072	0	0	3 504
		秋季	0	288	0	0	0	288
		平均	0	860	1 036	0	0	1 896
	总平均		0	360	5 351	0	0	5 711
中潮区	Lch1	春季	333	4 051	109	0	13	4 506
		秋季	85	2 069	56	0	13	2 223
		平均	209	3 060	83	0	13	3 365
	Lch2	春季	99	133	240	3	0	475
		秋季	51	320	7 368	0	8	7 747
		平均	75	227	3 804	1	4	4 111
	Lch3	春季	24	341	13 619	3	8	13 995
		秋季	163	427	46 973	0	0	47 563
		平均	93	384	30 296	1	4	30 778
	总平均		126	1 224	11 394	1	7	12 752
低潮区	Lch1	春季	568	216	104	0	8	896
		秋季	720	0	128	8	0	856
		平均	644	108	116	4	4	876
	Lch2	春季	600	168	360	0	8	1 136
		秋季	448	160	160	0	0	768
		平均	524	164	260	0	4	952
	Lch3	春季	176	496	592	0	90	1 354
		秋季	480	88	376	96	8	1 048
		平均	328	292	484	48	49	1 201
	总平均		499	188	287	17	19	1 010

46.4.3　饵料生物水平

泉州海岸带滨海湿地岩石滩潮间带大型底栖生物春秋冬季平均饵料水平分级为Ⅴ级，其中藻类、软体动物和甲壳动物较高，达Ⅴ级，棘皮动物较低，为Ⅰ级。泥沙滩春秋冬季饵料水平分级达Ⅴ级，其中：甲壳动物较高，达Ⅴ级，藻类、多毛类和其他生物较低，均为Ⅰ级。泉州海岸带滨海湿地潮间带大型底栖生物饵料水平分级评价标准季节变化见表 46-15。

表 46-15 泉州海岸带滨海湿地潮间带大型底栖生物饵料水平分级

底质	季节	藻类	多毛类	软体动物	甲壳动物	棘皮动物	其他生物	评价标准
岩石滩	春季	Ⅴ	Ⅱ	Ⅴ	Ⅴ	Ⅰ	Ⅱ	Ⅴ
	秋季	Ⅴ	Ⅰ	Ⅴ	Ⅴ	Ⅰ	Ⅰ	Ⅴ
	冬季	Ⅴ	Ⅳ	Ⅴ	Ⅴ	Ⅰ	Ⅱ	Ⅴ
	平均	Ⅴ	Ⅲ	Ⅴ	Ⅴ	Ⅰ	Ⅱ	Ⅴ
泥沙滩	春季	Ⅰ	Ⅱ	Ⅳ	Ⅰ	Ⅰ	Ⅱ	Ⅴ
	秋季	Ⅰ	Ⅰ	Ⅴ	Ⅲ	Ⅰ	Ⅰ	Ⅴ
	冬季	Ⅰ	Ⅰ	Ⅱ	Ⅴ	Ⅴ	Ⅰ	Ⅴ
	平均	Ⅰ	Ⅰ	Ⅳ	Ⅴ	Ⅲ	Ⅰ	Ⅴ

46.5 群落

46.5.1 群落类型

泉州海岸带滨海湿地潮间带大型底栖生物群落主要有：

（1）FJ-C097 泥沙滩群落。高潮区：弧边招潮带；中潮区：日本刺沙蚕—凸壳肌蛤—光滑河蓝蛤—珠带拟蟹守螺—宁波泥蟹带；低潮区：加州中蚓虫—小刀蛏—裸盲蟹带。

（2）Lch1 泥沙滩群落。高潮区：痕掌沙蟹带；中潮区：背毛背蚓虫—鸭嘴蛤—昌螺—弧边招潮带；低潮区：梳鳃虫—理蛤—角突麦秆虫带。

（3）Lch2 岩石滩群落。高潮区：粒结节滨螺—塔结节滨螺—直背小藤壶带；中潮区：裂片石莼—模裂虫—棘刺牡蛎—鳞笠藤壶带；低潮区：小珊瑚藻—襟松虫—敦氏猿头蛤—覆瓦小蛇螺—施氏玻璃钩虾带。

（4）Lch3 岩石滩群落。高潮区：粒结节滨螺—塔结节滨螺—直背小藤壶带；中潮区：具柄绒线藻—日本花棘石鳖—日本菊花螺—鳞笠藤壶带；低潮区：鹧鸪菜—独齿围沙蚕—日本花棘石鳖—覆瓦小蛇螺—施氏玻璃钩虾带。

46.5.2 群落结构

（1）FJ-C097 泥沙滩群落。该群落所处滩面底质类型在高潮区为中粗砂，中潮区和低潮区底质由粉砂质砂、粉砂泥组成。

高潮区：弧边招潮带。该潮区种类贫乏，主要种弧边招潮数量不高，春季生物量和栖息密度分别为 10.24 g/m^2 和 10 个/m^2，秋季分别为 6.54 g/m^2 和 8 个/m^2。

中潮区：日本刺沙蚕—凸壳肌蛤—光滑河蓝蛤—珠带拟蟹守螺—宁波泥蟹带。该区主要种日本刺沙蚕，主要分布在本区上、中层，春季上层的生物量和栖息密度分别为 32.35 g/m^2 和 544 个/m^2，中层较低，分别为 0.08 g/m^2 和 8 个/m^2。凸壳肌蛤，从本区上层可延伸分布至下层，春季上层的生物量和栖息密度分别为 6.36 g/m^2 和 408 个/m^2，下层较低，分别为 0.40 g/m^2 和 4 个/m^2。光滑河蓝蛤，分布在整个中潮区，数量以中层为大，生物量和栖息密度分别达 2.24 g/m^2 和 640 个/m^2，上层分别为 0.60 g/m^2 和 176 个/m^2。主要种珠带拟蟹守螺，春季生物量和栖息密度分别为 6.92 g/m^2 和 48 个/m^2；秋季上层分别为 43.28 g/m^2 和 596 个/m^2，中层分别为 55.36 g/m^2 和 288 个/m^2，下层较低，分别为15.84 g/m^2 和52个/m^2。宁波泥蟹春季上层生物量和栖息密度分别为7.80 g/m^2 和212个/m^2，中层分别为3.24 g/m^2 和88个/m^2，下层较低，分别为2.80 g/m^2 和52个/m^2。其他主要种和习见种有中锐吻沙蚕、昆士兰稚齿虫、须稚齿虫、加州中蚓虫、短叶索沙蚕、蛤蜊、拟衣角蛤、彩虹明樱蛤、青蛤、缢蛏、绿螂、光滑狭口螺、纵带滩栖螺、秀丽织纹螺、泥螺、斑纹圆柱水虱、日本大螯蜚、小相手蟹和长方蟹等。

低潮区：加州中蚓虫—小刀蛏—裸盲蟹带。该区主要种加州中蚓虫，自中潮区向下延伸分布至此，在本区的生物量和栖息密度分别为0.35 g/m^2 和124个/m^2。小刀蛏，自中潮区下层延伸分布至此，在本区的生物量和栖息密度分别为1.48 g/m^2 和12个/m^2。裸盲蟹，仅在本区出现，生物量和栖息密度分别为1.28 g/m^2 和12个/m^2。其他主要种和习见种有小蛇稚齿虫、太平洋拟节虫、异足索沙蚕、不倒翁虫、梳鳃虫、烟树蛰虫、豆形胡桃蛤、月形圆蛤、色雷西蛤、中华蜾蠃蜚和沈氏长方蟹等(图46-2)。

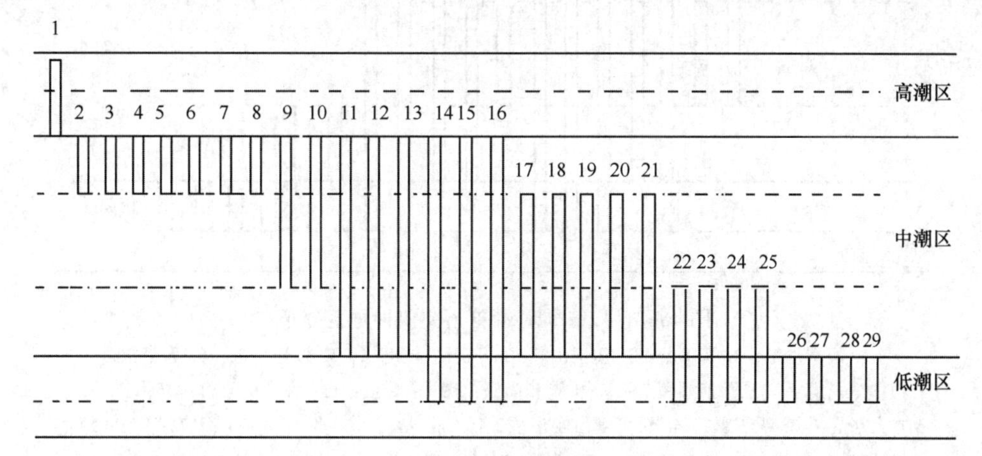

图46-2 FJ-C097泥沙滩群落主要种垂直分布

1. 弧边招潮；2. 毛齿吻沙蚕；3. 凸壳肌蛤；4. 彩虹明樱蛤；5. 绿螂；6. 青蛤；7. 纵带滩栖螺；8. 太平大眼蟹；9. 日本刺沙蚕；10. 沈氏长方蟹；11. 珠带拟蟹守螺；12. 小相手蟹；13. 淡水泥蟹；14. 织纹螺；15. 寡鳃齿吻沙蚕；16. 背蚓虫；17. 锯眼泥蟹；18. 角海葵；19. 短叶索沙蚕；20. 缢蛏；21. 秀丽织纹螺；22. 寡节甘吻沙蚕；23. 角海蛹；24. 双唇索沙蚕；25. 长足长方蟹；26. 渤海格鳞虫；27. 刺螯鼓虾；28. 六齿猴面蟹；29. 触角沟鰕虎鱼

(2) Lch1泥沙滩群落。该群落位于惠安崇武小岞西南侧，断面所处滩面长度约1 000 m。底质类型，高潮区为细砂，中潮区泥、砂呈斑块状分布，在上层镶嵌一条宽为30~50 m的海草带，低潮区以软泥、泥沙为主，周围有成片的条石牡蛎养殖和围网。

高潮区：痕掌沙蟹带。该潮区代表种痕掌沙蟹，仅在本区出现，生物量和栖息密度较低，分别仅为1.33 g/m^2 和0.08个/m^2。

中潮区：背毛背蚓虫—鸭嘴蛤—昌螺—弧边招潮带。该潮区优势种背毛背蚓虫，自本潮区中、下层延伸分布至低潮区，在本区下层的生物量和栖息密度分别为2.40 g/m^2 和304个/m^2，中层较低，分别为0.16 g/m^2 和8个/m^2。优势种鸭嘴蛤，仅在本区上层出现，个体小，密度大，生物量和栖息密度分别为13.44 g/m^2 和1 424个/m^2。优势种昌螺，分布在本区上、中层，在上层的生物量和栖息密度分别为488.32 g/m^2 和6 928个/m^2，中层分别为436.24 g/m^2 和3 640个/m^2。特征种弧边招潮，仅在本区上层出现，生物量和栖息密度分别为20.72 g/m^2 和16个/m^2。库页球舌螺在本区下层栖息密度可达250~300个/m^2。其他主要种和习见种有花冈钩毛虫、膜囊尖锥虫、索沙蚕、似蛰虫、日本镜蛤、短拟沼螺、珠带拟蟹守螺、织纹螺、泥螺、三叶针尾涟虫、哥伦比亚刀钩虾、日本大螯蜚、三角柄蝶蠃蜚、长腕和尚蟹、绒螯近方蟹和大海豆芽等。

低潮区：梳鳃虫—理蛤—角突麦杆虫带。该潮区主要种梳鳃虫，自中潮区下层延伸分布至此，在本潮区数量不高，生物量和栖息密度分别为 1.20 g/m² 和 80 个/m²。优势种理蛤，仅在本区上层出现，个体小，密度大，生物量不高为 6.40 g/m²，栖息密度为 216 个/m²。角突麦杆虫，仅在本区上层出现，个体小，生物量和栖息密分别为 0.08 g/m² 和 24 个/m²。其他主要种和习见种有东方刺尖锥虫、独毛虫、中蚓虫、不倒翁虫、似蛰虫、极地蚤钩虾和天草旁宽钩虾（图 46-3）。

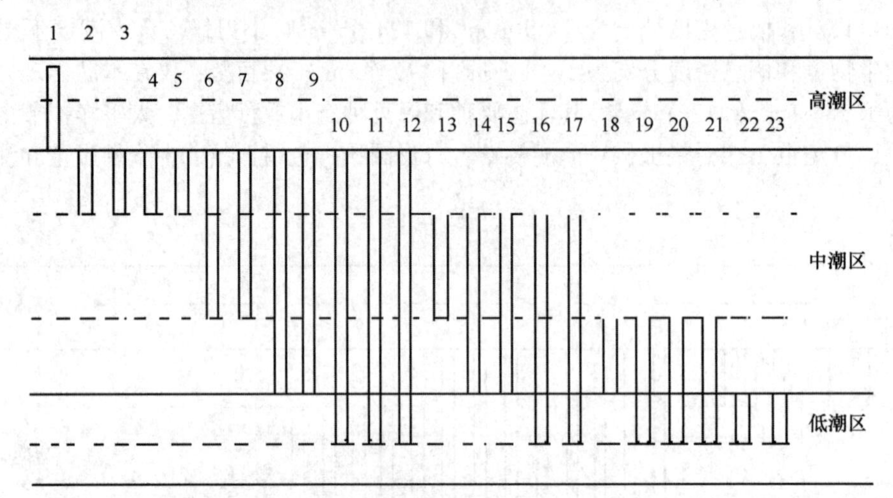

图 46-3 Lch1 泥沙滩群落主要种垂直分布

1. 痕掌沙蟹；2. 鸭嘴蛤；3. 短拟沼螺；4. 三叶针尾涟虫；5. 弧边招潮；6. 珠带拟蟹守螺；7. 昌螺；8. 三角柄蜾蠃蜚；9. 长腕和尚蟹；10. 中蚓虫；11. 哥伦比亚刀钩虾；12. 日本大螯蜚；13. 织纹螺；14. 新多鳃齿吻沙蚕；15. 索沙蚕；16. 膜囊尖锥虫；17. 背毛背蚓虫；18. 库页球舌螺；19. 独毛虫；20. 梳鳃虫；21. 似蛰虫；22. 理蛤；23. 角突麦秆虫

(3) Lch2 岩石滩群落。该群落位于惠安崇武小蚱西北侧，断面所处滩面长度为 50~80 m。底质类型，高潮区至低潮区由石块组成。

高潮区：粒结节滨螺—塔结节滨螺—直背小藤壶带。该潮区代表种粒结节滨螺，仅在本区出现，生物量和栖息密度分别为 7.68 g/m² 和 152 个/m²。代表种塔结节滨螺，也仅在本区出现，生物量和栖息密度较低，分别仅为 1.20 g/m² 和 40 个/m²。该区下层优势种直背小藤壶，形成一条 2~3 m 的分布带，数量大，生物量和栖息密度分别高达 386.24 g/m² 和 30 016 个/m²。还有龟足等。

中潮区：裂片石莼—模裂虫—棘刺牡蛎—鳞笠藤壶带。该潮区主要种裂片石莼，仅在本区出现，形成一条 3~4 m 的分布带，生物量达 155.84 g/m²。主要种模裂虫，自本潮区下层延伸至低潮区，数量不高，生物量和栖息密度分别为 0.48 g/m² 和 88 个/m²。优势种棘刺牡蛎，仅分布在本潮区上、中层，在上层生物量和栖息密度分别为 78.00 g/m² 和 24 个/m²，中层分别为 135.04 g/m² 和 80 个/m²。优势种鳞笠藤壶，分布于本潮区中、上层，生物量和栖息密度以本区上层较大，最高分别为 312.80 g/m² 和 176 个/m²，中层相对较低，分别为 6.64 g/m² 和 16 个/m²。其他主要种和习见种有小石花菜、舌状蜈蚣藻、铁丁菜、网地藻、圆锥凹顶藻、鼠尾藻、才女虫、襟松虫、日本花棘石鳖、青蚶、条纹隔贻贝、珊瑚绒贻贝、嫁戚、鸟爪拟帽贝、渔舟蜒螺、覆瓦小蛇螺、双带盾桑葚螺、疣荔枝螺、甲虫螺、日本菊花螺、腔齿海底水虱、强壮藻钩虾、哥伦比亚刀钩虾和近辐蛇尾等。

低潮区：小珊瑚藻—襟松虫—敦氏猿头蛤—覆瓦小蛇螺—施氏玻璃钩虾带。该潮区主要种小珊瑚藻，自中潮区下层延伸分布至此，在本区的生物量较大，达 88.32 g/m²。主要种襟松虫，自中潮区下层延伸分布至此，个体小，密度较大，但生物量不高，生物量和栖息密度分别为 4.32 g/m² 和 144 个/m²。敦氏猿头蛤，仅在本潮区出现，个体大，密度较小生物量较高，生物量达 292.96 g/m²，栖息密度为 24 个/m²。覆瓦小蛇螺，自中潮区下界分布到本潮区，在本区的生物量和栖息密分别为 172.16 g/m² 和 56 个/m²。施氏玻璃钩虾，自中潮区中层延伸分布到本区，在本区的生物量和栖息密分别为 0.16 g/m² 和 320 个/m²。其他主要种和习见种有鹿角沙菜、中间软刺藻、苔状鸭毛菜、柑桔荔枝海绵、才女虫、分离盘管虫、带偏顶蛤、细尖石蛭、吉村马特海笋、红底星螺、粒神螺、甲虫螺、美丽唇齿螺、哥伦比亚刀钩虾、林氏海燕、多室草苔虫和三蕾假分胞苔虫（图 46-4）。

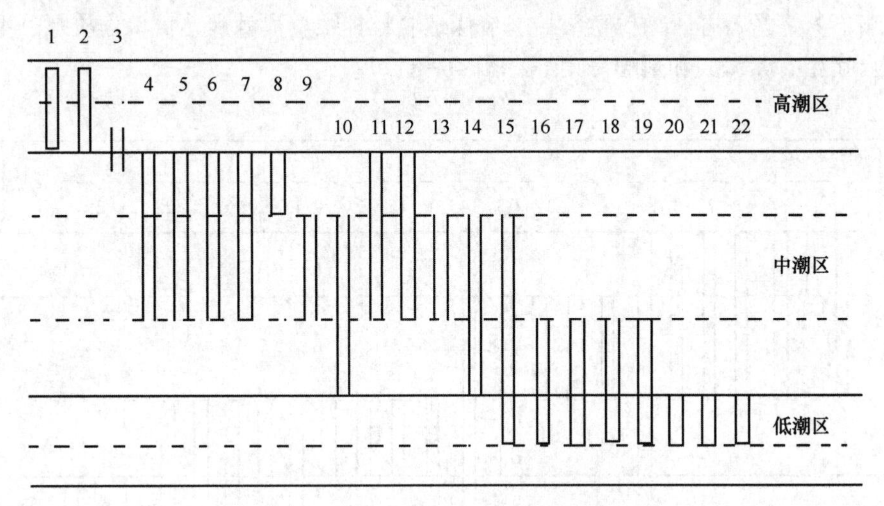

图 46-4　Lch2 岩石滩群落主要种垂直分布

1. 粒结节滨螺；2. 塔结节滨螺；3. 直背小藤壶；4. 舌状蜈蚣藻；5. 棘刺牡蛎；6. 鳞笠藤壶；7. 嫁戚；8. 日本菊花螺；9. 裂片石莼；10. 双带盾桑葚螺；11. 渔舟蜒螺；12. 疣荔枝螺；13. 强壮藻钩虾；14. 日本花棘石鳖；15. 施氏玻璃钩虾；16. 襟松虫；17. 模裂虫；18. 覆瓦小蛇螺；19. 哥伦比亚刀钩虾；20. 分离盘管虫；21. 吉村马特海笋；22. 敦氏猿头蛤

（4）Lch3 岩石滩群落。该群落位于惠安崇武小蚌东南侧，断面所处滩面长度为 50～60 m。底质类型，高潮区至低潮区由岩石组成。

高潮区：粒结节滨螺—塔结节滨螺—直背小藤壶带。该潮区种类贫乏，代表种粒结节滨螺仅在本区出现，分布垂直高度约 3 m，数量较高，生物量和栖息密度分别为 36.64 g/m² 和 1 376 个/m²。代表种塔结节滨螺，也仅在本区出现，数量不高，生物量和栖息密度分别为 0.80 g/m² 和 56 个/m²。优势种直背小藤壶，自本区下层延伸分布至中潮区，在本区的生物量为 61.36 g/m²，栖息密度高达 2 072 个/m²。定性可采集到龟足。

中潮区：具柄绒线藻—日本花棘石鳖—日本菊花螺—鳞笠藤壶带。该区优势种具柄绒线藻，仅在本区出现，生物量高达 2 035.20 g/m²。主要种日本花棘石鳖，自本区上、中层延伸分布至低潮区，在本区上层的生物量和栖息密度分别为 5.20 g/m² 和 64 个/m²，中层较高，分别为 43.12 g/m² 和 248 个/m²。主要种日本菊花螺，分布在本区上、中层，在上层的生物量和栖息密度分别为 5.20 g/m² 和 64 个/m²，中层较高，分别为 22.32 g/m² 和 456 个/m²。优势种鳞笠藤壶，仅在本区出现，分布宽度约 20 m，在上层的生物量和栖息密度分别高达 3 587.28 g/m² 和 1 208 个/m²；中层分别高达 3 652.48 g/m² 和 1 800 个/m²；下层分别达 288.32 g/m² 和 72 个/m²。其他主要种和习见种有小石花菜、中间软刺藻、珊瑚藻、环节藻、网地藻、圆锥凹顶藻、铁丁菜（分布宽度为 2～3 m）、鼠尾藻、青蚶、条纹隔贻贝、带偏顶蛤、杯石蛭、拟帽贝、单齿螺、锈凹螺、粒花冠小月螺、渔舟蜒螺、覆瓦小蛇螺、黄口荔枝螺、腔齿海底水虱、大角玻璃钩虾和细雕刻肋海胆等。

低潮区：鹧鸪菜—独齿围沙蚕—覆瓦小蛇螺—施氏玻璃钩虾带。该区优势种鹧鸪菜，仅在本区出现，分布宽度4~5 m，与多种藻类覆盖面积达80%，生物量高达1 373.28 g/m²。独齿围沙蚕，仅在本区出现，数量不高，生物量和栖息密度分别为18.24 g/m² 和80个/m²。优势种覆瓦小蛇螺，自中潮区下层延伸分布至低潮区，在本区的生物量高达1 132.64 g/m²，栖息密度达360个/m²。施氏玻璃钩虾，自中潮区下层延伸分布至低潮区，个体小，生物量低，在本区的生物量和栖息密度分别为1.84 g/m² 和504个/m²。其他主要种和习见种有叉节藻、珊瑚藻、圆锥凹顶藻、瓦氏马尾藻、侧花海葵、日本花棘石鳖、短石蛏、敦氏猿头蛤、节蝾螺、粒神螺、褐棘螺、黄口荔枝螺、甲虫螺、高峰条藤壶、光辉圆扇蟹、紫海胆和冠瘤海鞘等（图46-5）。

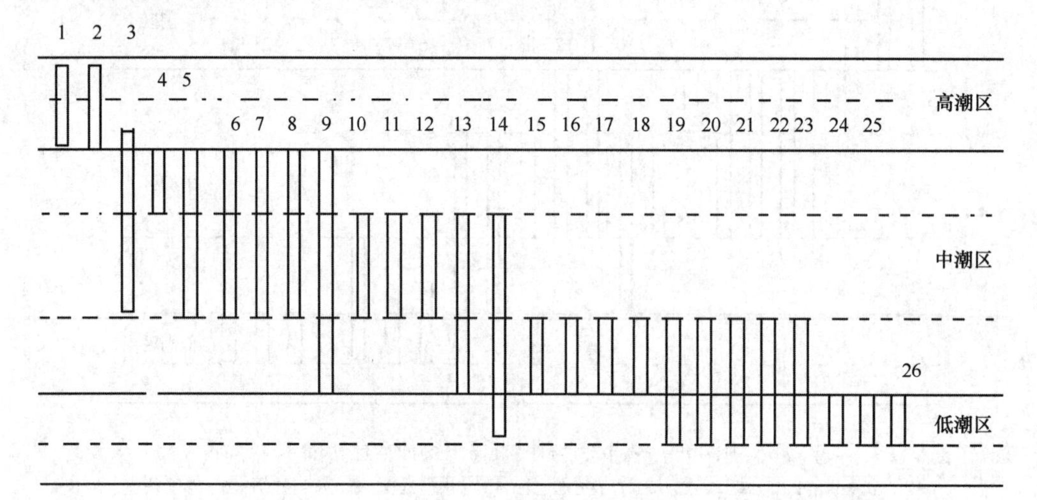

图46-5 Lch3岩石滩群落主要种垂直分布

1. 粒结节滨螺；2. 塔结节滨螺；3. 直背小藤壶；4. 拟帽贝；5. 日本菊花螺；6. 大角玻璃钩虾；7. 渔舟蜒螺；8. 粒花冠小月螺；9. 鳞笠藤壶；10. 小石花菜；11. 铁丁菜；12. 腔齿海底水虱；13. 黄口荔枝螺；14. 日本花棘石鳖；15. 中间软刺藻；16. 环节藻；17. 具柄绒线藻；18. 网地藻；19. 珊瑚藻；20. 圆锥凹顶藻；21. 覆瓦小蛇螺；22. 施氏玻璃钩虾；23. 光辉圆扇蟹；24. 冠瘤海鞘；25. 紫海胆；26. 鹧鸪菜

46.5.3 群落生态特征值

根据Margalef种类丰富度指数（d），Shannon-Wiener种类多样性指数（H'），Pielous种类均匀度指数（J）和Simpson优势度指数（D）显示，泉州海岸带滨海湿地岩石滩潮间带大型底栖生物群落丰富度指数（d）秋季较高（4.395 0），春季较低（3.560 0）；多样性指数（H'），冬季较高（1.490 0），春季较低（0.678 5）；均匀度指数（J），春季较高（0.768 0），冬季较低（0.390 0）；Simpson优势度（D），冬季较高（0.470 0），春季较低（0.189 5）。

泥沙滩潮间带大型底栖生物群落丰富度指数（d）春季较高（7.300 6），冬季较低（4.080 0）；多样性指数（H'），春季较高（2.258 3），冬季较低（1.840 0）；均匀度指数（J），春季较高（0.567 0），冬季较低（0.532 0）；Simpson优势度（D），冬季较高（0.331 0），春季较低（0.257 5）。各断面群落生态特征值季节变化见表46-16。

表 46-16　泉州海岸带滨海湿地潮间带大型底栖生物群落生态特征值

群落	季节	断 面	*d*	*H'*	*J*	*D*
岩石滩	春季	Lch 2	4.330 0	0.542 0	0.843 0	0.142 0
		Lch 3	2.790 0	0.815 0	0.693 0	0.237 0
		平均	3.560 0	0.678 5	0.768 0	0.189 5
	秋季	Lch 2	4.250 0	0.768 0	0.768 0	0.203 0
		Lch 3	4.540 0	0.830 0	0.649 0	0.207 0
		平均	4.395 0	0.799 0	0.708 5	0.205 0
	冬季	LR1	4.350 0	1.490 0	0.390 0	0.470 0
泥沙滩	春季	FJ-C097	9.121 0	2.701 4	0.647 1	0.112 2
		FJ-C108	6.610 7	2.783 4	0.740 0	0.100 2
		Lch 1	6.170 0	1.290 0	0.314 0	0.560 0
		平均	7.300 6	2.258 3	0.567 0	0.257 5
	秋季	FJ-C097	9.525 4	2.535 0	0.616 7	0.172 9
		FJ-C108	5.262 3	2.323 3	0.658 8	0.135 0
		Lch 1	6.680 0	1.360 0	0.331 0	0.590 0
		平均	7.155 9	2.072 8	0.535 5	0.299 3
	冬季	LM2	4.080 0	1.840 0	0.532 0	0.331 0

46.5.4　群落稳定性

泉州海岸带滨海湿地秋季 FJ-C097 和春秋季 FJ-C108 泥沙滩潮间带大型底栖生物群落相对稳定，丰度生物量复合 *k*-优势度曲线不交叉、不翻转、不重叠，生物量优势度曲线始终位于丰度上方，春季 FJ-C097 泥沙滩群落不稳定，其丰度生物量复合 *k*-优势度曲线出现交叉、翻转和重叠（图 46-6 至图 46-9）。

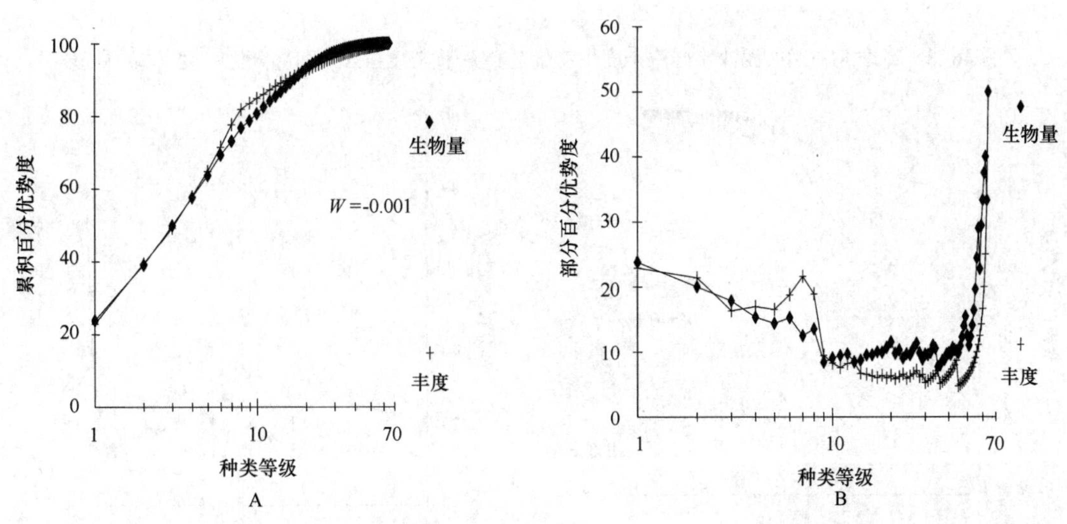

图 46-6　春季 FJ-C097 泥沙滩群落丰度生物量复合 *k*-优势度（A）和部分优势度（B）曲线

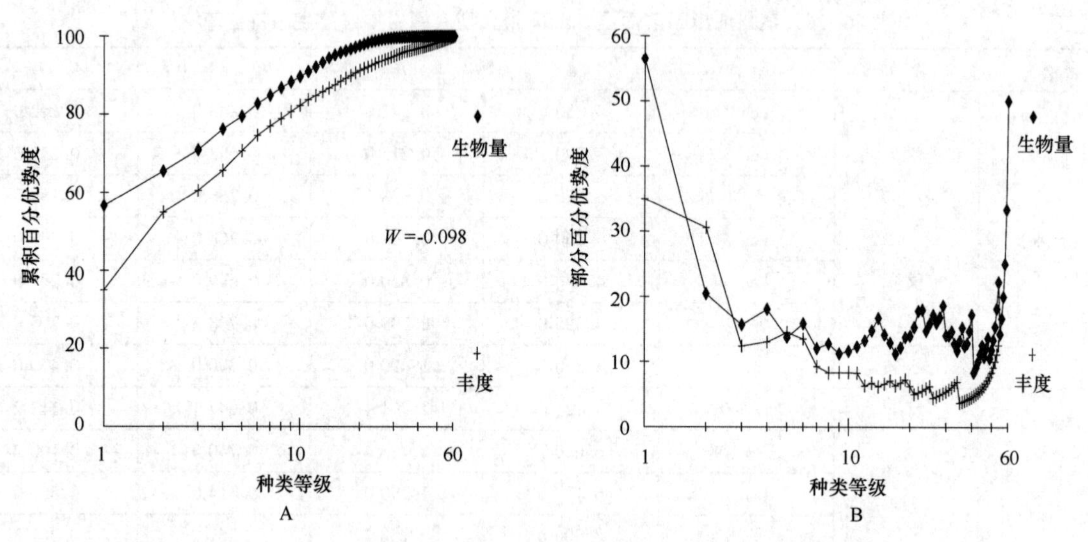

图 46-7　秋季 FJ-C097 泥沙滩群落丰度生物量复合 k-优势度（A）和部分优势度（B）曲线

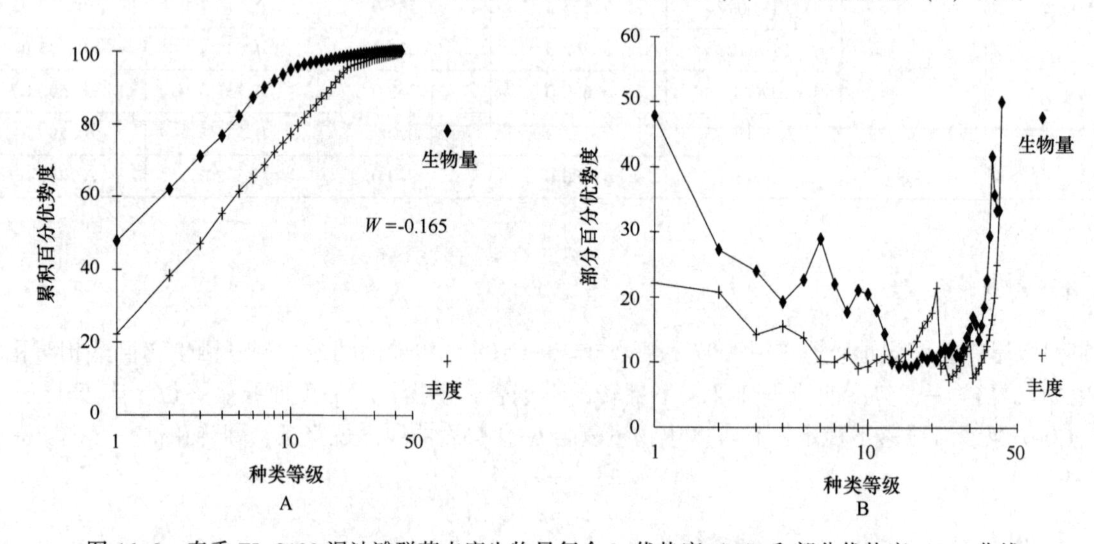

图 46-8　春季 FJ-C108 泥沙滩群落丰度生物量复合 k-优势度（A）和部分优势度（B）曲线

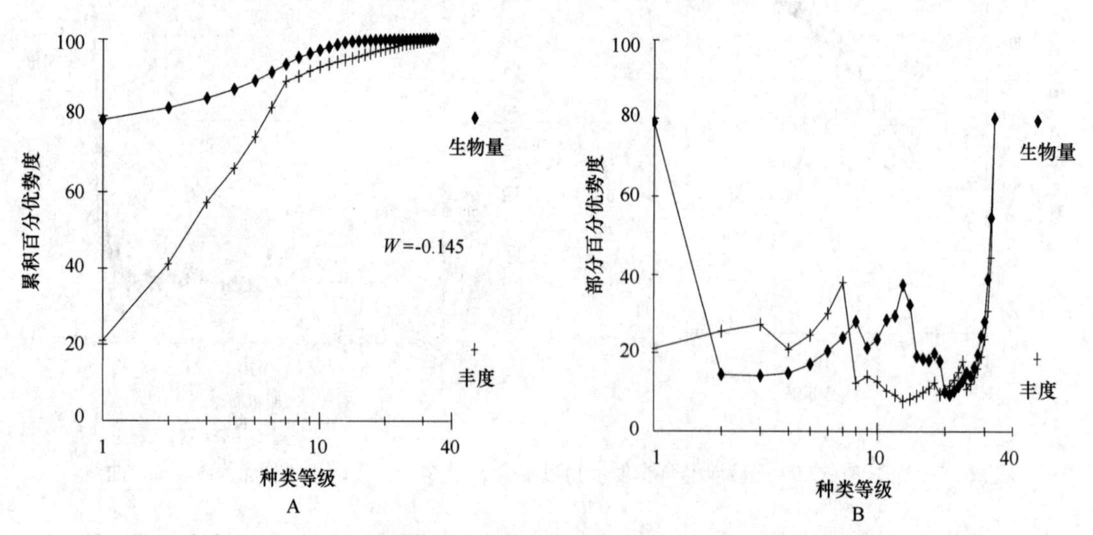

图 46-9　秋季 FJ-C108 泥沙滩群落丰度生物量复合 k-优势度（A）和部分优势度（B）曲线

2003 年泉州海岸带滨海湿地泥沙滩潮间带大型底栖生物群落相对稳定，丰度生物量复合 k-优势度曲线不交叉、不翻转、不重叠，生物量优势度曲线始终位于丰度上方，但群落生物量累积百分优势度高达 76%，丰度累积百分优势度达 55%；部分优势度曲线显示，丰度生物量曲线不交叉、不翻转（图 46-10）。

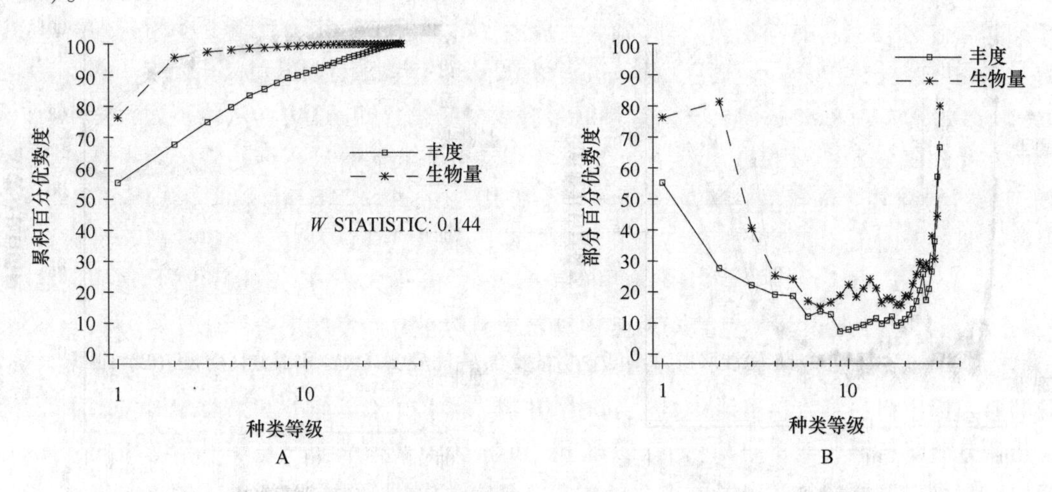

图 46-10　莲峰泥沙滩群落丰度生物量复合 k-优势度（A）和部分优势度（B）曲线

2008 年春季 Lch1 泥沙滩群落相对稳定，其丰度生物量复合 k-优势度曲线不交叉、不翻转，生物量优势度曲线始终位于丰度上方，但丰度和生物量累积百分优势度较高，生物量累积百分优势度高达近 90%，丰度累积百分优势度高达近 75%，显示出种间个体分布不均匀。这主要与该群落优势种鸭嘴蛤在中潮区栖息密度高达 1 424 个/m^2，优势种昌螺在中潮区上层生物量和栖息密度分别高达 488.32 g/m^2 和 6 928 个/m^2，中层分别高达 436.24 g/m^2 和 3 640 个/m^2 有关。Lch2 和 Lch3 岩石滩群落不稳定，其丰度生物量复合 k-优势度曲线出现交叉、翻转和重叠，Lch2 岩石滩群落生物量优势度曲线翻转始终位于丰度下方，且丰度累积百分优势度超过 90%；Lch3 岩石滩群落丰度生物量复合 k-优势度曲线出现交叉和重叠，且生物量累积百分优势度高达近 75%，丰度累积百分优势度高达近 85%，显示种间个体分布不均匀。这主要与该群落优势种直背小藤壶，在高潮区下层和中潮区上层数量较高所致。在高潮区下层直背小藤壶生物量和栖息密度分别高达 386.24 g/m^2 和 30 016 个/m^2，优势种鳞笠藤壶，在中潮区上层的生物量和栖息密度分别高达 3 587.28 g/m^2 和 1 208 个/m^2；中层分别高达 3 652.48 g/m^2 和 1 800 个/m^2；下层分别达 288.32 g/m^2 和 72 个/m^2。秋季，Lch1、Lch2 和 Lch3 滩群落不稳定，其丰度生物量复合 k-优势度曲线出现交叉、翻转和重叠。总体显示，潮间带大型底栖生物群落结构不稳定，出现明显的季节演替（图 46-11 至图 46-16）。

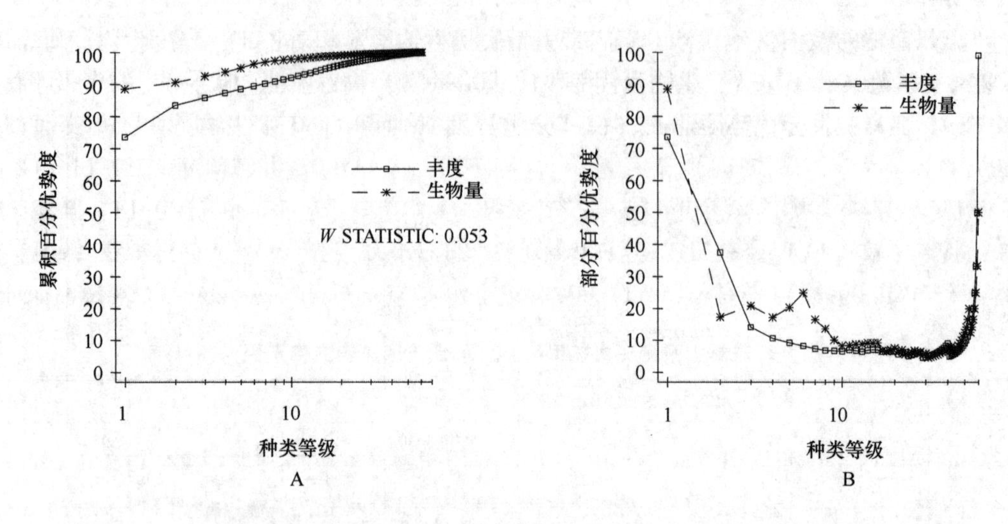

图 46-11　春季 Lch1 泥沙滩群落丰度生物量复合 k-优势度（A）和部分优势度（B）曲线

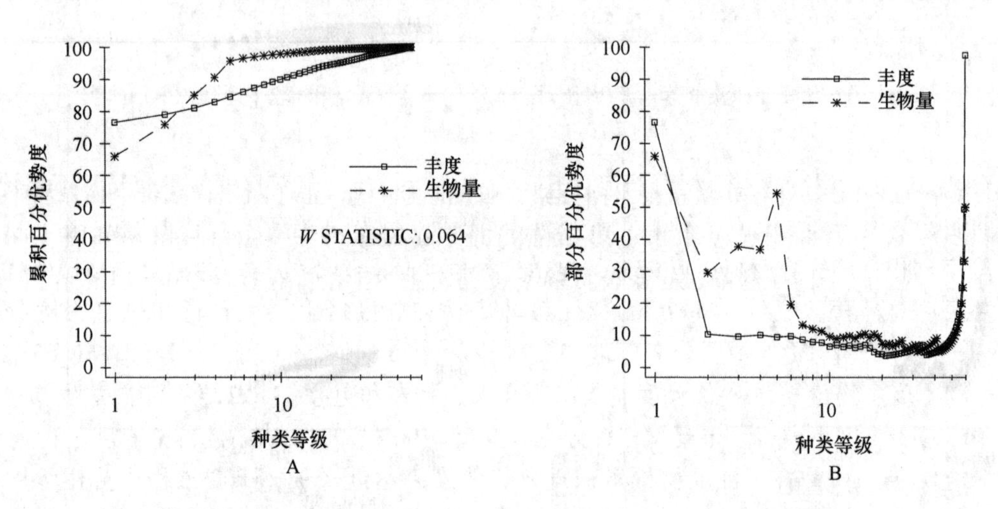

图 46-12　秋季 Lch1 泥沙滩群落丰度生物量复合 k-优势度（A）和部分优势度（B）曲线

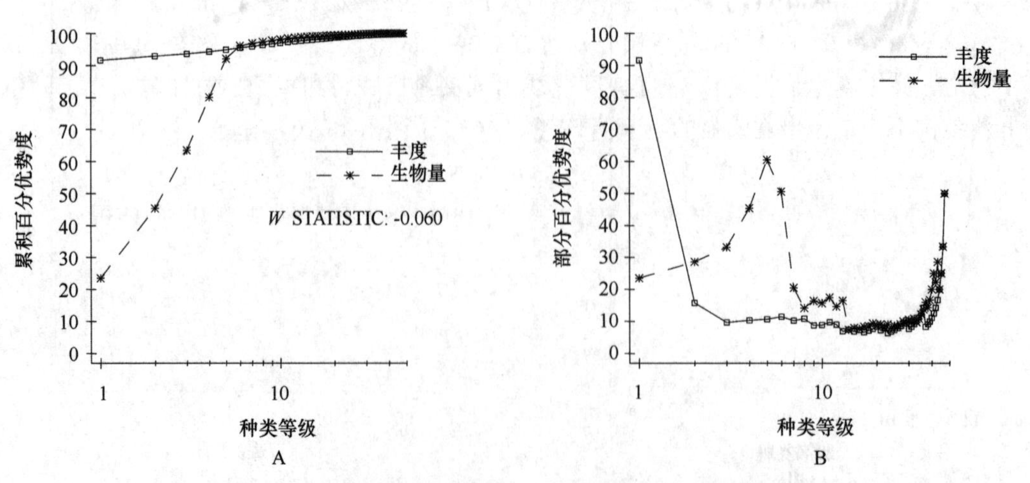

图 46-13　春季 Lch2 岩石滩群落丰度生物量复合 k-优势度（A）和部分优势度（B）曲线

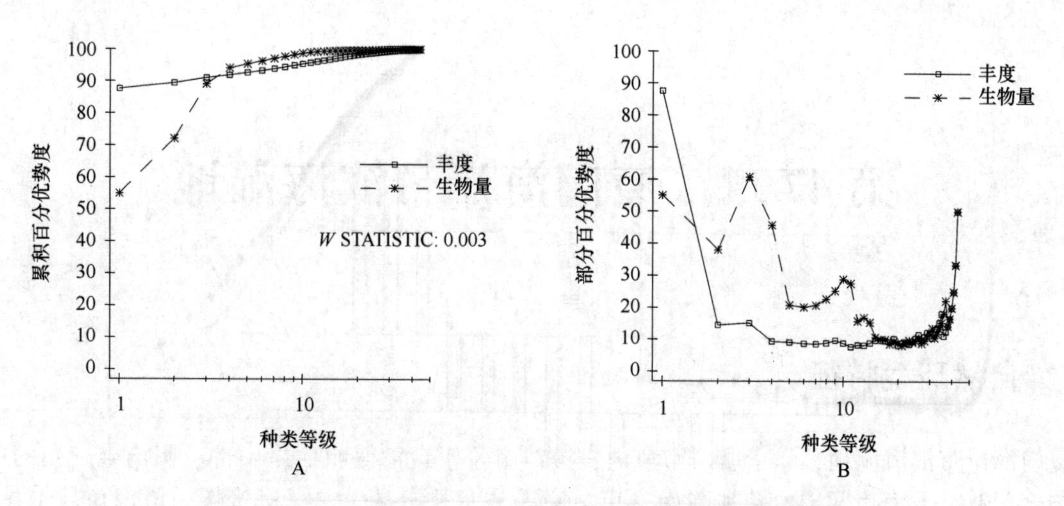

图 46-14　秋季 Lch2 岩石滩群落丰度生物量复合 *k*-优势度（A）和部分优势度（B）曲线

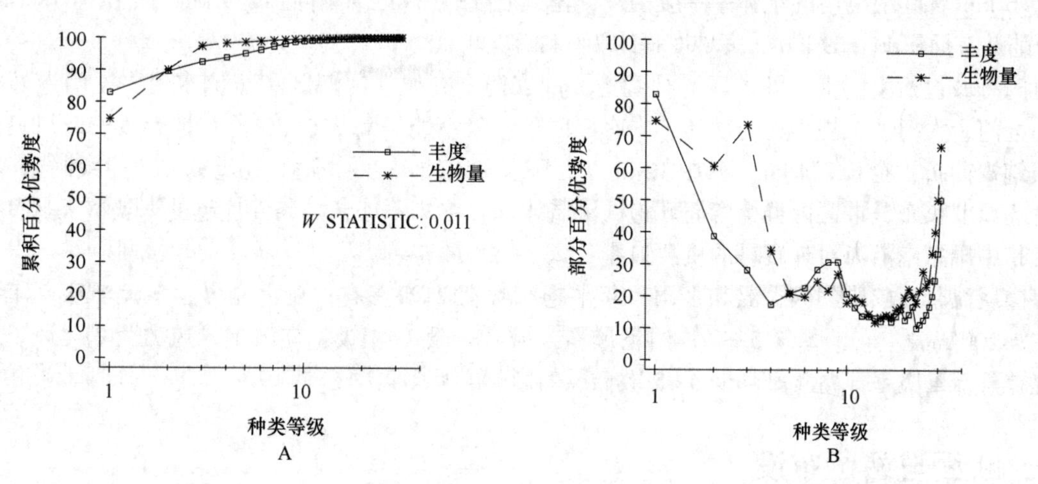

图 46-15　春季 Lch3 岩石滩群落丰度生物量复合 *k*-优势度（A）和部分优势度（B）曲线

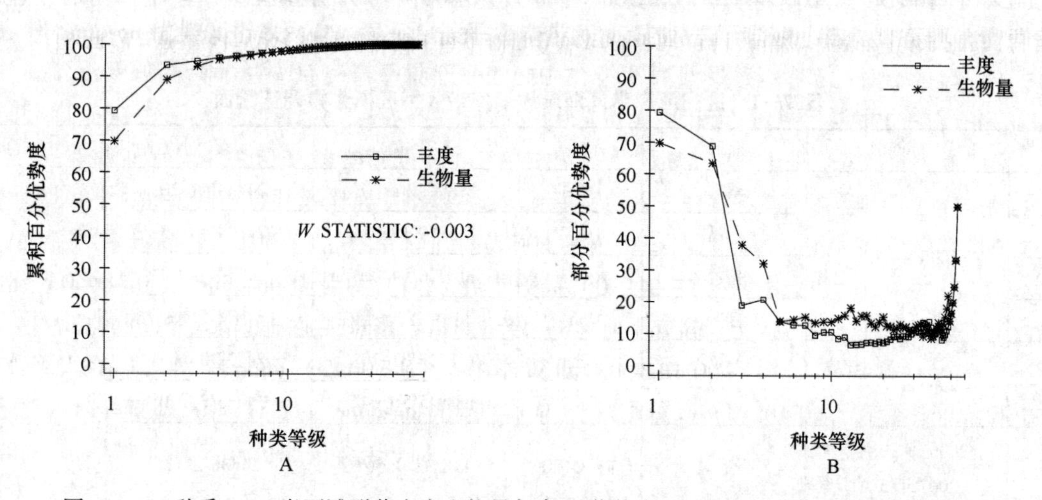

图 46-16　秋季 Lch3 岩石滩群落丰度生物量复合 *k*-优势度（A）和部分优势度（B）曲线

第 47 章　厦门海岸带滨海湿地

47.1　自然环境特征

厦门海岸带滨海湿地分布于厦门市境内，厦门市位于台湾海峡西岸中部、闽南金三角的中心，隔海与金门县、龙海市相望，陆地与南安市、安溪县、长泰县、龙海市接壤。厦门市境域由福建省东南部沿厦门湾的大陆地区和厦门岛、鼓浪屿等岛屿以及厦门湾组成。2011 年，全市土地面积 1 573.16 km^2，其中厦门的主体——厦门岛，南北长 13.7 km，东西宽 12.5 km，面积约 128.14 km^2，含鼓浪屿共有面积 141.09 km^2，海域面积约 390 km^2。

厦门海域包括厦门港、外港区、马銮湾、同安湾、九龙江河口区和东侧水道。厦门港外有大金门、小金门、大担、二担等岛屿横列，内有厦门岛、鼓浪屿等岛屿近 30 个，是天然的避风良港，其海岸线蜿蜒曲折，全长 234 km，其中 12 m 以上深水岸线约 43 km，适宜建港的深水岸线约 27 km。港区外岛屿星罗棋布，港区内群山四周环抱，港阔水深，终年不冻，是条件优越的海峡型天然良港，历史上就是中国东南沿海对外贸易的重要口岸。

厦门属温带亚热带气候，温和多雨，年平均气温在 21℃左右，夏无酷暑，冬无严寒。年平均降雨量在 1 200 mm 左右，每年 5—8 月雨量最多，风力一般 3~4 级，常向主导风力为东北风。由于太平洋温差气流的关系，每年平均受 4~5 次台风的影响，且多集中在 7—9 月。

47.2　断面与站位布设

2006 年 1 月和 5 月，2006 年 10 月和 2007 年 5 月，2008 年 4 月分别在厦门蔡厝、珩厝、莲河、桂圆、欧厝、海头、下后滨和澳头先后布设 9 条断面进行潮间带大型底栖生物取样（表 47-1，图 47-1）。

表 47-1　厦门海岸带滨海湿地潮间带大型底栖生物调查断面

序号	日期	断面	编号	经 度（E）	纬 度（N）	底质
1	2006 年 1 月	蔡厝	Dch1	118°17′31.20″	24°34′41.70″	石堤、泥沙滩
2		珩厝	Dch2	118°19′19.92″	24°34′46.92″	
3		莲河	Dch3	118°20′54.00″	24°34′39.72″	
4		桂圆	Dch4	118°12′2.94″	24°33′51.36″	
5	2006 年 5 月	欧厝	Tch1	118°14′31.20″	24°32′33.00″	
6		海头	Tch2	118°15′56.04″	24°33′22.20″	
7	2006 年 10 月，2007 年 5 月	下后滨	FJ-C120	118°11′4.56″	24°36′2.12″	
8	2008 年 4 月	澳头	XD1	118°13′43.30″	24°32′21.21″	
9		欧厝	XD2	118°13′58.03″	24°32′20.93″	粗砂、泥砂

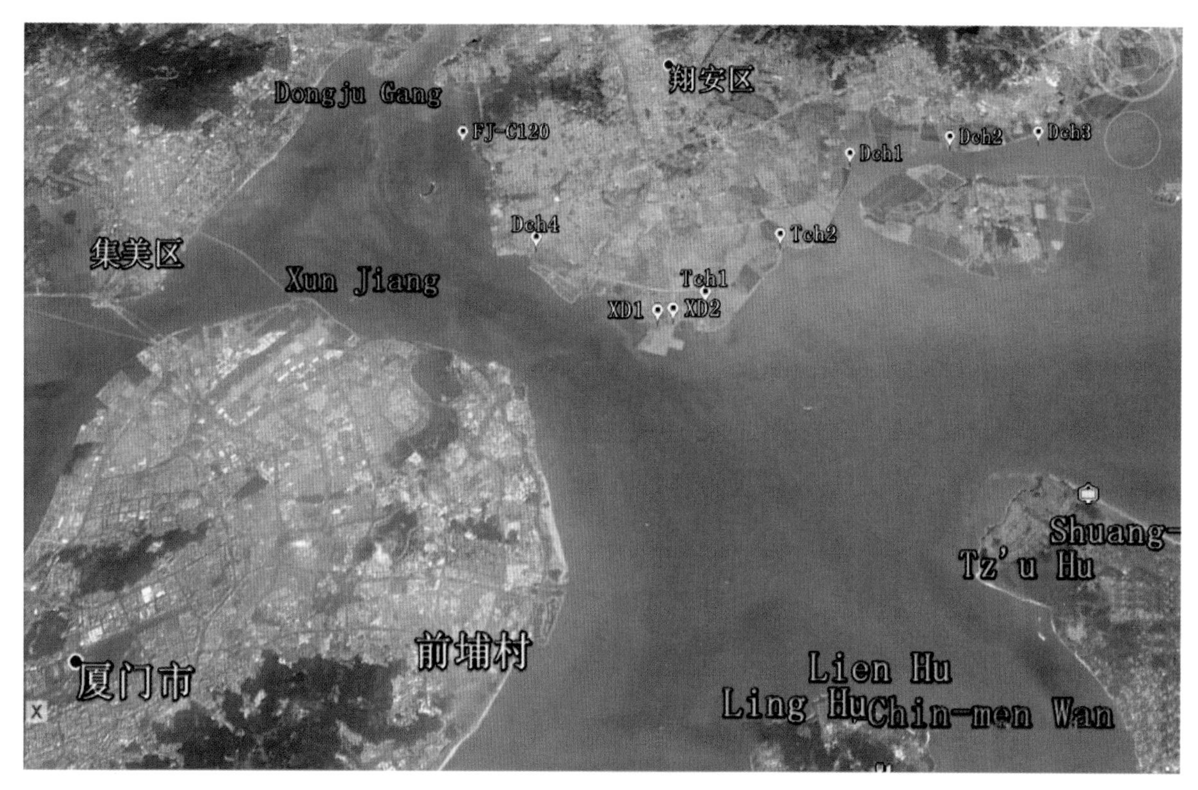

图 47-1　厦门海岸带滨海湿地潮间带大型底栖生物调查断面

47.3　物种多样性

47.3.1　种类组成与分布

厦门海岸带滨海湿地泥沙滩潮间带大型底栖生物 279 种，其中藻类 8 种，多毛类 122 种，软体动物 58 种，甲壳动物 67 种，棘皮动物 3 种和其他生物 21 种。多毛类、软体动物和甲壳动物占总种数的 88.53%，三者构成海岸带泥沙滩潮间带大型底栖生物主要类群。

厦门海岸带滨海湿地泥沙滩潮间带大型底栖生物物种平面分布，断面间比较，春季种数以 XD2 断面较多（97 种），Tch2 断面较少（40 种）；冬季 Dch3 断面种数较多（85 种），Dch1 断面较少（33 种）。各断面物种组成与季节变化见表 47-2。

表 47-2　厦门海岸带滨海湿地泥沙滩潮间带大型底栖生物物种组成与季节变化　　单位：种

断面	季节	藻类	多毛类	软体动物	甲壳动物	棘皮动物	其他生物	合计
Tch1	春季	2	43	21	10	0	2	78
Tch2		0	19	16	5	0	0	40
XD1		3	33	10	19	0	3	68
XD2		5	42	25	17	0	8	97
FJ-C120		1	32	21	11	0	1	66
合计		8	60	32	30	0	10	140

续表 47-2

断面	季节	藻类	多毛类	软体动物	甲壳动物	棘皮动物	其他生物	合计
FJ-C120	秋季	0	28	10	16	1	4	59
	春秋	1	53	29	24	1	4	112
Dch1	冬季	5	10	9	7	0	2	33
Dch2		3	31	14	10	0	3	61
Dch3		5	38	19	18	2	3	85
Dch4		6	19	12	10	0	1	48
合计		8	47	28	27	2	7	119
总计		8	122	58	67	3	21	279

47.3.2　优势种和主要种

根据数量和出现率，厦门海岸带滨海湿地泥沙滩潮间带大型底栖生物优势种和主要种有软丝藻、条浒苔、浒苔、寡鳃齿吻沙蚕、伪才女虫、独毛虫、丝鳃稚齿虫、腺带刺沙蚕、西奈索沙蚕、异足索沙蚕、索沙蚕、似蛰虫、刺缨虫、豆形胡桃蛤、凸壳肌蛤、菲律宾蛤仔、青蛤、共生蛤、光滑河蓝蛤、截形鸭嘴蛤、渤海鸭嘴蛤、短拟沼螺、珠带拟蟹守螺、小翼拟蟹守螺、纵带滩栖螺、秀丽织纹螺、织纹螺、泥螺、婆罗囊螺、卵圆涟虫、光背团水虱、强壮藻钩虾、日本大螯蜚、角突麦秆虫、清白招潮、淡水泥蟹、模糊新短眼蟹、明秀大眼蟹等。

47.4　数量时空分布

47.4.1　数量组成与季节变化

春秋冬季厦门海岸带滨海湿地泥沙滩潮间带大型底栖生物平均生物量为31.62 g/m^2，平均栖息密度为606个/m^2。生物量以软体动物居第一位（18.28 g/m^2），甲壳动物居第二位（4.80 g/m^2）；栖息密度以多毛类居第一位（233个/m^2），甲壳动物居第二位（221个/m^2）。数量季节变化，生物量以春季较大（56.55 g/m^2），秋季较小（8.96 g/m^2）；栖息密度以冬季较大（962个/m^2），秋季较小（269个/m^2）。各断面数量组成与季节变化见表47-3和表47-4。

表 47-3　厦门海岸带滨海湿地泥沙滩潮间带大型底栖生物数量组成与季节变化

数量	季节	藻类	多毛类	软体动物	甲壳动物	棘皮动物	其他生物	合计
生物量（g/m^2）	春季	0.55	2.71	42.54	8.02	0	2.73	56.55
	秋季	0	1.53	0.18	0.98	0.53	5.74	8.96
	冬季	9.27	2.09	12.13	5.41	0.02	0.47	29.39
	平均	3.27	2.11	18.28	4.80	0.18	2.98	31.62
密度（个/m^2）	春季	—	175	312	98	0	5	590
	秋季	—	75	26	143	12	13	269
	冬季	—	450	82	422	1	7	962
	平均	—	233	140	221	4	8	606

表 47-4 厦门海岸带滨海湿地泥沙滩各断面潮间带大型底栖生物数量组成与季节变化

数量	断面	季节	藻类	多毛类	软体动物	甲壳动物	棘皮动物	其他生物	合计
生物量（g/m²）	Tch1	春季	0.01	4.07	54.37	4.50	0	0.03	62.98
	Tch2		0	1.32	22.86	10.31	0	0	34.49
	XD1		0	1.70	25.11	15.43	0	13.04	55.28
	XD2		2.74	4.09	76.03	3.40	0	0.58	86.84
	FJ-C120		0	2.39	34.33	6.44	0	0.01	43.17
	平均		0.55	2.71	42.54	8.02	0	2.73	56.55
	FJ-C120	秋季	0	1.53	0.18	0.98	0.53	5.74	8.96
	Dch1	冬季	17.18	1.34	6.36	9.64	0	0.32	34.84
	Dch2		5.23	4.41	8.25	3.12	0	0.87	21.88
	Dch3		0.32	1.58	7.95	3.82	0.08	0.66	14.41
	Dch4		14.34	1.02	25.96	5.06	0	0.01	46.39
	平均		9.27	2.09	12.13	5.41	0.02	0.47	29.39
密度（个/m²）	Tch1	春季	—	216	80	27	0	1	324
	Tch2		—	74	102	18	0	0	194
	XD1		—	116	656	88	0	2	862
	XD2		—	346	494	348	0	19	1 207
	FJ-C120		—	125	226	8	0	3	362
	平均		—	175	312	98	0	5	590
	FJ-C120	秋季	—	75	26	143	12	13	269
	Dch1	冬季	—	11	102	1 498	0	4	1 615
	Dch2		—	1 488	64	65	0	10	1 627
	Dch3		—	255	98	84	2	14	453
	Dch4		—	44	64	40	0	1	149
	平均		—	450	82	422	1	7	962

47.4.2 数量分布

厦门海岸带滨海湿地泥沙滩潮间带大型底栖生物数量分布，断面间数量平面分布不尽相同，数量垂直分布也不同。

2006 年 1 月厦门海岸带滨海湿地泥沙滩潮间带大型底栖生物数量垂直分布，生物量从高到低依次为中潮区（49.16 g/m²）、低潮区（30.96 g/m²）、高潮区（8.03 g/m²）；栖息密度，从高到低依次为低潮区（2 002 个/m²）、中潮区（804 个/m²）、高潮区（76 个/m²）（表 47-5）。各断面生物数量垂直分布见表 47-6。

表 47-5　2006 年 1 月厦门海岸带滨海湿地泥沙滩潮间带大型底栖生物数量垂直分布

数量	潮区	藻类	多毛类	软体动物	甲壳动物	棘皮动物	其他生物	合计
生物量（g/m²）	高潮区	0	0	5.23	2.80	0	0	8.03
	中潮区	19.66	2.82	18.13	8.12	0.05	0.38	49.16
	低潮区	8.14	3.45	13.03	5.31	0.01	1.02	30.96
	平均	9.27	2.09	12.13	5.41	0.02	0.47	29.39
密度（个/m²）	高潮区	—	0	46	30	0	0	76
	中潮区	—	223	101	475	0	5	804
	低潮区	—	1 125	99	761	1	16	2 002
	平均	—	449	82	422	0	7	960

表 47-6　2006 年 1 月厦门海岸带滨海湿地泥沙滩各断面潮间带大型底栖生物数量垂直分布

数量	断面	潮区	藻类	多毛类	软体动物	甲壳动物	棘皮动物	其他生物	合计
生物量（g/m²）	Dch1	高潮区	0	0	2.48	0	0	0	2.48
		中潮区	23.77	1.37	8.28	15.37	0	0.93	49.72
		低潮区	27.76	2.64	8.32	13.56	0	0.04	52.32
		平均	17.18	1.34	6.36	9.64	0	0.32	34.84
	Dch2	高潮区	0	0	5.76	0	0	0	5.76
		中潮区	15.68	4.72	11.03	3.19	0	0.57	35.19
		低潮区	0	8.52	7.96	6.16	0	2.04	24.68
		平均	5.23	4.41	8.25	3.12	0	0.87	21.88
	Dch3	高潮区	0	0	3.30	3.60	0	0	6.90
		中潮区	0.97	3.07	19.50	7.53	0.20	0.01	31.28
		低潮区	0	1.68	1.04	0.32	0.04	1.96	5.04
		平均	0.32	1.58	7.95	3.82	0.08	0.66	14.41
	Dch4	高潮区	0	0	9.36	7.60	0	0	16.96
		中潮区	38.21	2.11	33.72	6.39	0	0	80.43
		低潮区	4.80	0.96	34.80	1.20	0	0.04	41.80
		平均	14.34	1.02	25.96	5.06	0	0.01	46.39
密度（个/m²）	Dch1	高潮区	—	0	24	0	0	0	24
		中潮区	—	13	101	1 735	0	7	1 856
		低潮区	—	20	180	2 760	0	4	2 964
		平均	—	11	102	1 498	0	4	1 615
	Dch2	高潮区	—	0	40	0	0	0	40
		中潮区	—	423	63	51	0	13	550
		低潮区	—	4 040	88	144	0	16	4 288
		平均	—	1 488	64	65	0	10	1 627

续表 47-6

数量	断面	潮区	藻类	多毛类	软体动物	甲壳动物	棘皮动物	其他生物	合计
密度（个/m^2）	Dch3	高潮区	—	0	56	64	0	0	120
		中潮区	—	412	207	85	1	1	706
		低潮区	—	352	32	104	4	40	532
		平均	—	255	98	84	2	14	453
	Dch4	高潮区	—	0	64	56	0	0	120
		中潮区	—	44	31	27	0	0	102
		低潮区	—	88	96	36	0	4	224
		平均	—	44	64	40	0	1	149

2006 年春季厦门海岸带滨海湿地泥沙滩潮间带大型底栖生物数量垂直分布，Tch1 断面生物量从高到低依次为中潮区（179.62 g/m^2）、低潮区（7.84 g/m^2）、高潮区（1.48 g/m^2）；栖息密度从高到低依次为中潮区（592 个/m^2）、低潮区（380 个/m^2）、高潮区（1 个/m^2）。Tch2 断面生物量从高到低依次为低潮区（74.72 g/m^2）、中潮区（17.30 g/m^2）、高潮区（11.44 g/m^2）；栖息密度从高到低依次为中潮区（259 个/m^2）、低潮区（212 个/m^2）、高潮区（112 个/m^2）（表 47-7）。

表 47-7　2006 年春季厦门海岸带滨海湿地泥沙滩潮间带大型底栖生物数量垂直分布

数量	断面	潮区	藻类	多毛类	软体动物	甲壳动物	棘皮动物	其他生物	合计
生物量（g/m^2）	Tch1	高潮区	0	0	0	1.48	0	0	1.48
		中潮区	0.03	7.52	162.64	9.35	0	0.08	179.62
		低潮区	0	4.68	0.48	2.68	0	0	7.84
		平均	0.01	4.07	54.37	4.50	0	0.03	62.98
	Tch2	高潮区	0	0	11.44	0	0	0	11.44
		中潮区	0	1.72	5.21	10.37	0	0	17.30
		低潮区	0	2.24	51.92	20.56	0	0	74.72
		平均	0	1.32	22.86	10.31	0	0	34.49
密度（个/m^2）	Tch1	高潮区	—	0	0	1	0	0	1
		中潮区	—	312	213	64	0	3	592
		低潮区	—	336	28	16	0	0	380
		平均	—	216	80	27	0	1	324
	Tch2	高潮区	—	0	112	0	0	0	112
		中潮区	—	83	139	37	0	0	259
		低潮区	—	140	56	16	0	0	212
		平均	—	74	102	18	0	0	194

2008 年 4 月厦门海岸带滨海湿地泥沙滩潮间带大型底栖生物数量垂直分布，生物量从高到低依次为中潮区（106.37 g/m^2）、低潮区（101.56 g/m^2）、高潮区（5.30 g/m^2）；栖息密度从高到低依次为低潮区（1 683 个/m^2）、中潮区（1 387 个/m^2）、高潮区（36 个/m^2）。生物量和栖息密度均以高潮区最小（表 47-8）。

表 47-8　2008 年 4 月厦门海岸带滨海湿地泥沙滩潮间带大型底栖生物数量垂直分布

数量	潮区	藻类	多毛类	软体动物	甲壳动物	棘皮动物	其他生物	合计
生物量（g/m²）	高潮区	0	0	5.16	0.14	0	0	5.30
	中潮区	4.12	4.97	92.42	4.24	0	0.62	106.37
	低潮区	0	3.73	54.13	23.87	0	19.83	101.56
	平均	1.37	2.90	50.57	9.42	0	6.81	71.07
密度（个/m²）	高潮区	—	0	36	0	0	0	36
	中潮区	—	331	924	124	0	8	1 387
	低潮区	—	363	765	530	0	25	1 683
	平均	—	231	575	218	0	11	1 035

2007 年春季厦门海岸带滨海湿地泥沙滩 FJ-C120 断面潮间带大型底栖生物数量垂直分布，生物量从高到低依次为低潮区（73.44 g/m²）、中潮区（50.17 g/m²）、高潮区（5.92 g/m²）；栖息密度样从高到低依次为低潮区（588 个/m²）、中潮区（416 个/m²）、高潮区（80 个/m²），生物量和栖息密度均以高潮区最小（表 47-9）。

表 47-9　2007 年春季厦门海岸带滨海湿地泥沙滩 FJ-C120 断面潮间带大型底栖生物数量垂直分布

数量	潮区	藻类	多毛类	软体动物	甲壳动物	棘皮动物	其他生物	合计
生物量（g/m²）	高潮区	0	0	5.92	0	0	0	5.92
	中潮区	0.01	3.96	40.92	5.25	0	0.03	50.17
	低潮区	0	3.20	56.16	14.08	0	0	73.44
	平均	0	2.39	34.33	6.44	0	0.01	43.17
密度（个/m²）	高潮区	—	0	80	0	0	0	80
	中潮区	—	287	113	8	0	8	416
	低潮区	—	88	484	16	0	0	588
	平均	—	125	226	8	0	3	362

2006 年秋季厦门海岸带滨海湿地泥沙滩 FJ-C120 断面潮间带大型底栖生物数量垂直分布，生物量从高到低依次为中潮区（15.00 g/m²）、低潮区（11.90 g/m²）、高潮区（0 g/m²）；栖息密度从高到低依次为低潮区（660 个/m²）、中潮区（143 个/m²）、高潮区（0 个/m²），生物量和栖息密度均以高潮区最小（表 47-10）。

表 47-10　2006 年秋季厦门海岸带滨海湿地泥沙滩 FJ-C120 断面潮间带大型底栖生物数量垂直分布

数量	潮区	多毛类	软体动物	甲壳动物	棘皮动物	其他生物	合计
生物量（g/m²）	高潮区	0	0	0	0	0	0
	中潮区	1.00	0.18	1.55	0	12.27	15.00
	低潮区	3.60	0.35	1.40	1.60	4.95	11.90
	平均	1.53	0.18	0.98	0.53	5.74	8.96
密度（个/m²）	高潮区	0	0	0	0	0	0
	中潮区	65	37	28	0	13	143
	低潮区	160	40	400	35	25	660
	平均	75	26	143	12	13	269

47.4.3　饵料生物水平

厦门海岸带滨海湿地泥沙滩潮间带大型底栖生物春秋冬季平均饵料水平分级为Ⅳ级，其中软体动物较高，达Ⅲ级，其他各类群较低，均为Ⅰ级。季节比较，春季较高（Ⅴ），秋季较低（Ⅱ）（表 47-11）。

表 47-11　厦门海岸带滨海湿地泥沙滩潮间带大型底栖生物饵料水平分级

季节	藻类	多毛类	软体动物	甲壳动物	棘皮动物	其他生物	评价标准
春季	Ⅰ	Ⅰ	Ⅳ	Ⅱ	Ⅰ	Ⅰ	Ⅴ
秋季	Ⅰ	Ⅰ	Ⅰ	Ⅰ	Ⅰ	Ⅱ	Ⅱ
冬季	Ⅱ	Ⅰ	Ⅲ	Ⅱ	Ⅰ	Ⅰ	Ⅳ
平均	Ⅰ	Ⅰ	Ⅲ	Ⅰ	Ⅰ	Ⅰ	Ⅳ

47.5　群落

47.5.1　群落类型

厦门海岸带滨海湿地泥沙滩潮间带大型底栖生物群落主要有：

（1）澳头泥沙滩群落。高潮区：粗糙滨螺—粒结节滨螺带；中潮区：似蛰虫—凸壳肌蛤—菲律宾蛤仔—角突麦秆虫带；低潮区：豪猪杂毛虫—凸壳肌蛤—光滑河蓝蛤—圆鳃麦秆虫带。

（2）欧厝泥沙滩群落。高潮区：平掌沙蟹带；中潮区：异足索沙蚕—凸壳肌蛤—菲律宾蛤仔—强壮藻钩虾带；低潮区：拟特须虫—菲律宾蛤仔—截形鸭嘴蛤带。

（3）珩厝泥沙滩群落。高潮区：粗糙滨螺—短滨螺带；中潮区：寡鳃齿吻沙蚕—织纹螺—淡水泥蟹带；低潮区：中蚓虫—光滑河蓝蛤—薄片蜾蠃蜚带。

（4）莲河泥沙滩群落。高潮区：粗糙滨螺—短滨螺—纹藤壶带；中潮区：奇异稚齿虫—珠带拟蟹守螺—明秀大眼蟹带；低潮区：叶须内卷齿蚕—豆形胡桃蛤—同掌华眼钩虾带。

47.5.2　群落结构

（1）澳头泥沙滩群落。该群落位于澳头，断面所处滩面长度约 600 m。高潮区上界为堤坝，中潮区至低潮区底质以泥沙为主，中潮区附近有围网。

高潮区：粗糙滨螺—粒结节滨螺带。该潮区代表种为粗糙滨螺，仅在本区出现，生物量和栖息密度较低，分别仅为 6.72 g/m^2 和 40 个/m^2。粒结节滨螺，生物量和栖息密度分别为 3.60 g/m^2 和 32 个/m^2 等。

中潮区：似蛰虫—凸壳肌蛤—菲律宾蛤仔—角突麦秆虫带。该潮区优势种似蛰虫，自本区向下延伸可分布至低潮区，数量以上层为大，生物量和栖息密度分别为 0.20 g/m^2 和 60 个/m^2，中层分别为 0.05 g/m^2 和 5 个/m^2，下层分别为 0.10 g/m^2 和 15 个/m^2。优势种凸壳肌蛤，自本区向下延伸可分布至低潮区，数量以下层为大，生物量和栖息密度分别为 81.30 g/m^2 和 2 275 个/m^2，中层分别为 7.00 g/m^2 和 200 个/m^2，上层较低，分别为 0.10 g/m^2 和 15 个/m^2。优势种菲律宾蛤仔，仅在本区出现，最大生物量和栖息密度分别为 11.05 g/m^2 和 130 个/m^2。角突麦秆虫，自本区向下延伸可分布至低潮区，数量以下层为大，生物量和栖息密度分别为 0.30 g/m^2 和 105 个/m^2，中层相对较低，分别为 0.05 g/m^2 和 70 个/m^2。其他主要种和习见种有寡鳃齿吻沙蚕、越南锥头虫、双唇索沙蚕、叉毛矛毛虫、刺缨虫、截形鸭嘴蛤、纵带滩栖螺、蛎敌荔枝螺、秀丽织纹螺、织纹螺、泥螺、三叶针尾涟虫、日本大螯蜚、长腕和尚蟹、模糊新短眼蟹和明秀大眼蟹等。

低潮区：豪猪杂毛虫—凸壳肌蛤—光滑河蓝蛤带。该潮区代表种豪猪杂毛虫，自本区下层延伸可分布至低潮区，数量不高，生物量和栖息密度分别为 0.10 g/m^2 和 30 个/m^2。优势种凸壳肌蛤，自中潮区分布到本潮区，在本区的生物量为 27.05 g/m^2，栖息密度为 935 个/m^2。光滑河蓝蛤，自中潮区下界分布到本潮区，数量以本区为大，生物量和栖息密分别为 0.50 g/m^2 和 50 个/m^2。其他主要种和习见种有哈氏仙人掌、海鳃、寡鳃齿吻沙蚕、双唇索沙蚕、似蛰虫、刺缨虫、同掌华眼钩虾、日本大螯蜚等（图 47-2）。

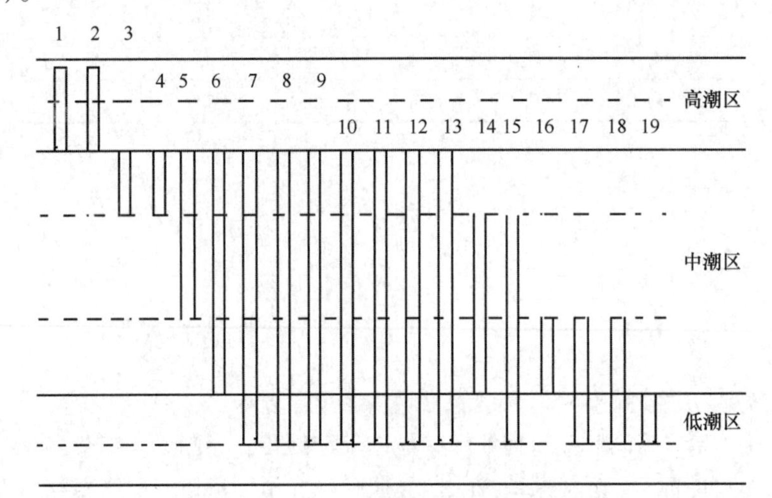

图 47-2　澳头泥沙滩群落主要种垂直分布

1. 粗糙滨螺；2. 粒结节滨螺；3. 哥伦比亚刀钩虾；4. 贪精武蟹；5. 截形鸭嘴蛤；6. 菲律宾蛤仔；7. 寡鳃齿吻沙蚕；8. 伪才女虫；9. 双唇索沙蚕；10. 似蛰虫；11. 刺缨虫；12. 凸壳肌蛤；13. 角突麦秆虫；14. 模糊新短眼蟹；15. 日本大螯蜚；16. 三叶针尾涟虫；17. 豪猪杂毛虫；18. 光滑河蓝蛤；19. 圆鳃麦秆虫

（2）欧厝泥沙滩群落。该群落位于欧厝附近，所处滩面长度约 500 m。底质类型在高潮区为粗、细砂，中潮区至低潮区为泥沙滩，附近有围网。

高潮区：平掌沙蟹带。该潮区主要种平掌沙蟹，仅在本区出现，数量不高，生物量为 0.28 g/m^2，栖息密度为 0.4 个/m^2。

中潮区：异足索沙蚕—凸壳肌蛤—菲律宾蛤仔—强壮藻钩虾带。该区代表种异足索沙蚕，自本区上界一直延伸分布至低潮区，在本区上层的生物量和栖息密度分别为 1.25 g/m^2 和 205 个/m^2，下层相对较低，生物量和栖息密度分别为 2.50 g/m^2 和 95 个/m^2。优势种凸壳肌蛤分布较广，自本区上界一直延伸分布至下层，在本区上层的生物量和栖息密度分别为 14.55 g/m^2 和 455 个/m^2，中层分别为 12.80 g/m^2 和 520 个/m^2，下层分别为 2.40 g/m^2 和 160 个/m^2。菲律宾蛤仔为该群落的优势种，自本区可延伸分布至低潮区，在本区上层的生物量和栖息密度分别为 0.25 g/m^2 和 5 个/m^2，中层分别为 52.25 g/m^2 和 60 个/m^2，下层分别为 152.35 g/m^2 和 915 个/m^2。强壮藻钩虾，仅在本区出现，数量不高，最大生物量为 0.80 g/m^2，栖息密度为 170 个/m^2。其他主要种和习见种有缘管浒苔、长吻吻沙蚕、寡节甘吻沙蚕、寡鳃齿吻沙蚕、伪才女虫、丝鳃稚齿虫、异蚓虫、索沙蚕、似蛰虫、彩虹明樱蛤、理蛤、青蛤、渤海鸭嘴蛤、截形鸭嘴蛤、珠带拟蟹守螺、小翼拟蟹守螺、纵带滩栖螺、秀丽织纹螺、泥螺、婆罗囊螺、三叶针尾涟虫和明秀大眼蟹等。

低潮区：拟特须虫—菲律宾蛤仔—截形鸭嘴蛤带。该区代表种拟特须虫，自中潮区延伸分布至低潮区，在本区的生物量和栖息密度不高，分别仅为 0.50 g/m^2 和 80 个/m^2。菲律宾蛤仔，自中潮区延伸分布至低潮区，在本区的生物量和栖息密度分别为 72.15 g/m^2 和 440 个/m^2。截形鸭嘴蛤，在本区的生物量为 7.65 g/m^2，栖息密度不高，仅为 35 个/m^2。其他主要种和习见种有长吻吻沙蚕、寡节甘吻沙蚕、丝鳃稚齿虫、背毛背蚓虫、刺缨虫、樱蛤、卵圆涟虫、极地蚤钩虾和模糊新短眼蟹等（图 47-3）。

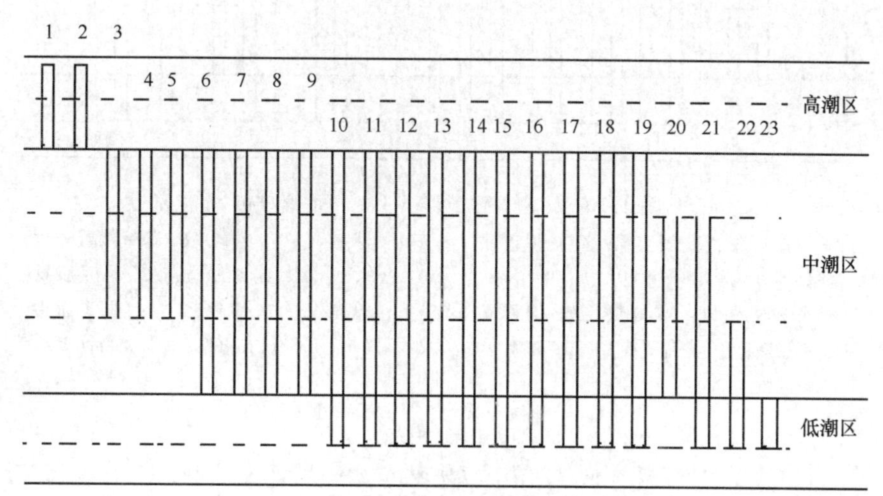

图 47-3　欧厝泥沙滩群落主要种垂直分布

1. 平掌沙蟹；2. 长吻吻沙蚕；3. 青蛤；4. 凸壳肌蛤；5. 强壮藻钩虾；6. 珠带拟蟹守螺；7. 明秀大眼蟹；8. 婆罗囊螺；9. 日本大螯蜚；10. 寡节甘吻沙蚕；11. 伪才女虫；12. 丝鳃稚齿虫；13. 异蚓虫；14. 异足索沙蚕；15. 索沙蚕；16. 刺缨虫；17. 彩虹明樱蛤；18. 菲律宾蛤仔；19. 截形鸭嘴蛤；20. 泥螺；21. 秀丽织纹螺；22. 角突麦秆虫；23. 拟特须虫

（3）珩厝泥沙滩群落。该群落所处滩面宽度约 200 m，高潮区为石堤，中潮区和低潮区由粉砂泥组成。滩面中潮区有牡蛎养殖。

高潮区：粗糙滨螺—短滨螺带。该潮区主要种粗糙滨螺的生物量和栖息密度分别为 3.36 g/m^2 和 32 个/m^2。短滨螺的数量较低，生物量和栖息密度分别为 2.40 g/m^2 和 8 个/m^2。

中潮区：寡鳃齿吻沙蚕—织纹螺—淡水泥蟹带。该潮区主要种寡鳃齿吻沙蚕，分布较广，自本区上层至低潮区均有分布，在本区上层，生物量不高，仅为 0.12 g/m^2，栖息密度为 8 个/m^2；中层生物量和栖息密度分别为 0.24 g/m^2 和 24 个/m^2；下层分别为 0.24 g/m^2 和 16 个/m^2。主要种织纹螺，分布在中潮区中、下层，下层生物量和栖息密度分别为 0.36 g/m^2 和 8 个/m^2；中层分别为 6.44 g/m^2 和 16 个/m^2。淡水泥蟹，主要分布在中潮区中、下层，下层生物量和栖息密度分别为 1.28 g/m^2 和 12 个/m^2；中层分别为 1.12 g/m^2 和 16 个/m^2。其他主要种和习见种有条浒苔、纵沟纽虫、双须虫、裸裂虫、多齿全刺沙蚕、长吻吻沙蚕、伪才女虫、异蚓虫、中蚓虫、巴林虫、四索沙蚕、寡毛类（在中潮区下层的生物量和栖息密度分别为 0.40 g/m^2 和 680 个/m^2）、凸壳肌蛤、缢蛏、拟衣角蛤、刀明樱蛤、剖刀鸭嘴蛤、短拟沼螺、珠带拟蟹守螺、双凹鼓虾、夏威夷亮钩虾、薄片蜾蠃蜚和锯眼泥蟹等。

低潮区：中蚓虫—光滑河蓝蛤—薄片蜾蠃蜚带。该潮区优势种中蚓虫，从中潮区延伸分布至本区，数量以本区为大，生物量和栖息密度分别为 0.44 g/m^2 和 60 个/m^2。光滑河蓝蛤，从中潮区下层

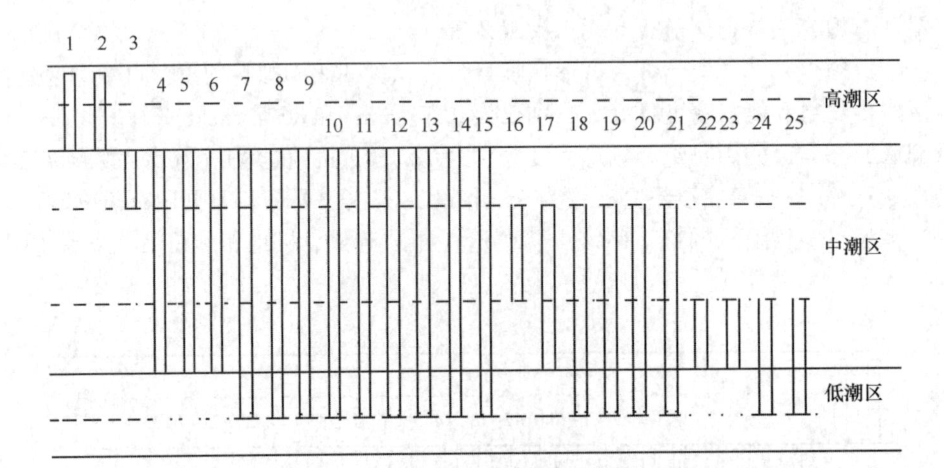

图47-4　珩厝泥沙滩群落主要种垂直分布

1. 粗糙滨螺；2. 短滨螺；3. 短拟沼螺；4. 多齿全刺沙蚕；5. 缢蛏；6. 珠带拟蟹守螺；7. 寡鳃齿吻沙蚕；8. 伪才女虫；9. 中蚓虫；10. 巴林虫；11. 四索沙蚕；12. 凸壳肌蛤；13. 长吻吻沙蚕；14. 异蚓虫；15. 剖刀鸭嘴蛤；16. 条浒苔；17. 织纹螺；18. 纵沟纽虫；19. 淡水泥蟹；20. 薄片蜾蠃蜚；21. 古明圆蛤；22. 裸裂虫；23. 拟衣角蛤；24. 光滑河蓝蛤；25. 锯眼泥蟹

延伸分布至本区，个体小，生物量不大，仅为2.60 g/m^2，栖息密度达60个/m^2。薄片蜾蠃蜚，从中潮区中层可延伸分布至低潮区上层，在本区的生物量和栖息密度分别为0.28 g/m^2 和72个/m^2。其他主要种和习见种有纵沟纽虫、粗突齿沙蚕、长吻吻沙蚕、伪才女虫、稚齿虫、独毛虫、四索沙蚕、寡毛类（从中潮区中层可延伸分布至低潮区，在本区的数量较大，生物量和栖息密度分别达2.48 g/m^2 和3 692个/m^2）、凸壳肌蛤、古明圆蛤、剖刀鸭嘴蛤、迷乱环肋螺和日本大螯蜚等（图47-4）。

（4）莲河泥沙滩群落。该群落所处滩面宽度约230 m，高潮区为石堤，中潮区和低潮区由粉砂泥组成。滩面中潮区有牡蛎养殖。

高潮区：粗糙滨螺—短滨螺—纹藤壶带。该潮区主要种粗糙滨螺的生物量和栖息密度分别为3.20 g/m^2 和40个/m^2。短滨螺的数量较低，生物量和栖息密度分别为0.10 g/m^2 和16个/m^2。纹藤壶呈斑块分布，生物量和栖息密度分别为3.60 g/m^2 和64个/m^2。

中潮区：奇异稚齿虫—珠带拟蟹守螺—明秀大眼蟹带。该潮区优胜种奇异稚齿虫，分布较广，自本区上层至低潮区均有分布，在本区上层，生物量不高，仅为0.04 g/m^2，栖息密度为4个/m^2；中层生物量和栖息密度较大，分别为0.92 g/m^2 和252个/m^2；下层分别为0.04 g/m^2 和12个/m^2。珠带拟蟹守螺，主要分布在中潮区中层，生物量和栖息密度分别为30.48 g/m^2 和96个/m^2。明秀大眼蟹，主要分布在中潮区上层，生物量和栖息密度分别为20.84 g/m^2 和104个/m^2。其他主要种和习见种有浒苔、长吻吻沙蚕、寡鳃齿吻沙蚕、海稚虫、丝鳃稚齿虫、中蚓虫、四索沙蚕、似蛰虫、树蛰虫、豆形胡桃蛤、凸壳肌蛤、理蛤、缢蛏、短拟沼螺、秀丽织纹螺、织纹螺、薄片蜾蠃蜚、齿腕拟盲蟹和光滑倍棘蛇尾等。

低潮区：叶须内卷齿蚕—豆形胡桃蛤—同掌华眼钩虾带。该潮区代表种叶须内卷齿蚕，仅在本区出现，生物量和栖息密度分别为0.20 g/m^2 和20个/m^2。豆形胡桃蛤，从中潮区下层延伸分布至本区，属幼体，个体小，生物量不大，仅为0.08 g/m^2，栖息密度为12个/m^2。同掌华眼钩虾，仅在本区出现，生物量和栖息密度分别为0.12 g/m^2 和52个/m^2。其他主要种和习见种有越南锥头虫、海稚虫、丝鳃稚齿虫、中蚓虫、纳加索沙蚕、树蛰虫、拟衣角蛤、理蛤、假奈拟塔螺、日本大螯蜚、薄片螺赢蜚、洼颚倍棘蛇尾和乳突皮海鞘等（图 47-5）。

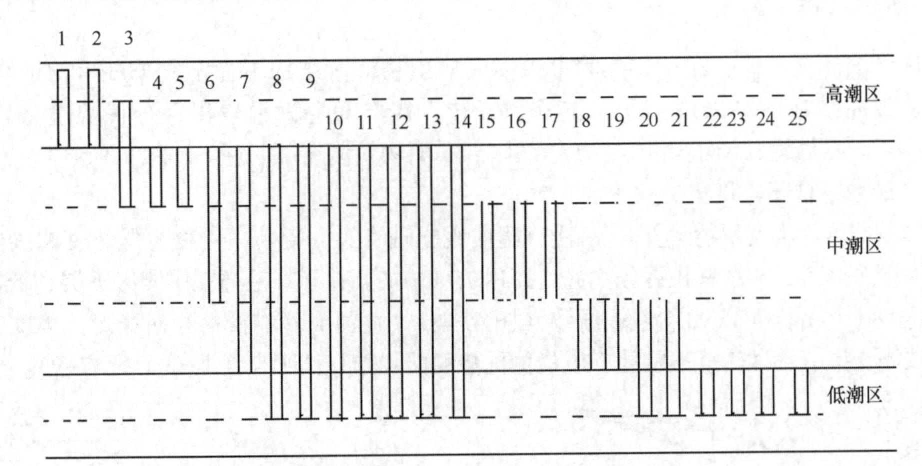

图 47-5　莲河泥沙滩群落主要种垂直分布

1. 粗糙滨螺；2. 短滨螺；3. 纹藤壶；4. 明秀大眼蟹；5. 缢蛏；6. 织纹螺；7. 似蛰虫；8. 寡鳃齿吻沙蚕；9. 海稚虫；10. 丝鳃稚齿虫；11. 奇异稚齿虫；12. 中蚓虫；13. 四索沙蚕；14. 薄片螺赢蜚；15. 短拟沼螺；16. 珠带拟蟹守螺；17. 秀丽织纹螺；18. 凸壳肌蛤；19. 齿腕拟盲蟹；20. 豆形胡桃蛤；21. 叶须内卷齿蚕；22. 越南锥头虫；23. 纳加索沙蚕；24. 理蛤；25. 同掌华眼钩虾

47.5.3　群落生态特征值

根据 Margalef 种类丰富度指数（d），Shannon-Wiener 种类多样性指数（H'），Pielous 种类均匀度指数（J）和 Simpson 优势度指数（D）显示，厦门海岸带滨海湿地泥沙滩潮间带大型底栖生物群落丰富度指数（d）春季较高（8.295 9），冬季较低（6.027 5）；多样性指数（H'），秋季较高（3.359 5），冬季较低（2.315 0）；均匀度指数（J），秋季较高（0.830 9），冬季较低（0.598 7）；Simpson 优势度（D），冬季较高（0.263 9），秋季较低（0.058 6）。各断面群落生态特征值季节变化见表 47-12。

表 47-12　厦门海岸带滨海湿地泥沙滩潮间带大型底栖生物群落生态特征值

季节	断面	d	H'	J	D
春季	Tch1	9.640 0	3.240 0	0.751 0	0.086 3
	Tch2	5.570 0	3.130 0	0.848 0	0.069 1
	XD1	7.970 0	1.780 0	0.420 0	0.463 0
	XD2	8.870 0	3.050 0	0.698 0	0.095 9
	FJ-C120	9.429 6	3.092 1	0.755 2	0.075 0
	平均	8.295 9	2.858 4	0.694 4	0.157 9
秋季	FJ-C120	7.682 2	3.359 5	0.830 9	0.058 6
冬季	Dch1	2.870 0	1.250 0	0.380 0	0.385 0
	Dch2	6.560 0	1.500 0	0.369 0	0.547 0
	Dch3	8.960 0	3.530 0	0.826 0	0.042 8
	Dch4	5.720 0	2.980 0	0.820 0	0.080 8
	平均	6.027 5	2.315 0	0.598 7	0.263 9

47.5.4 群落稳定性

厦门海岸带滨海湿地澳头泥沙滩潮间带大型底栖生物群落结构不稳定，丰度生物量复合 k-优势度和部分优势度曲线在前端出现交叉、重叠和翻转，且丰度生物量累积百分优势度分别达 55%和 68%（图 47-6）。欧厝泥沙滩群落相对稳定，其丰度生物量复合 k-优势度曲线不交叉、不翻转，生物量优势度曲线始终位于丰度上方（图 47-7）。

珩厝泥沙滩群落，丰度生物量复合 k-优势度曲线出现交叉、翻转，生物量优势度曲线位于丰度下方，且珩厝泥沙滩群落的丰度累积百分优势度高达 75%，主要在于寡毛类在中潮区下层和低潮区的栖息密度分别高达 680 个/m² 和 3 692 个/m² 所致（图 47-8）。莲河泥沙滩群落相对稳定，丰度生物量复合 k-优势度曲线不交叉、不翻转、不重叠，生物量优势度曲线始终位于丰度上方（图 47-9）。

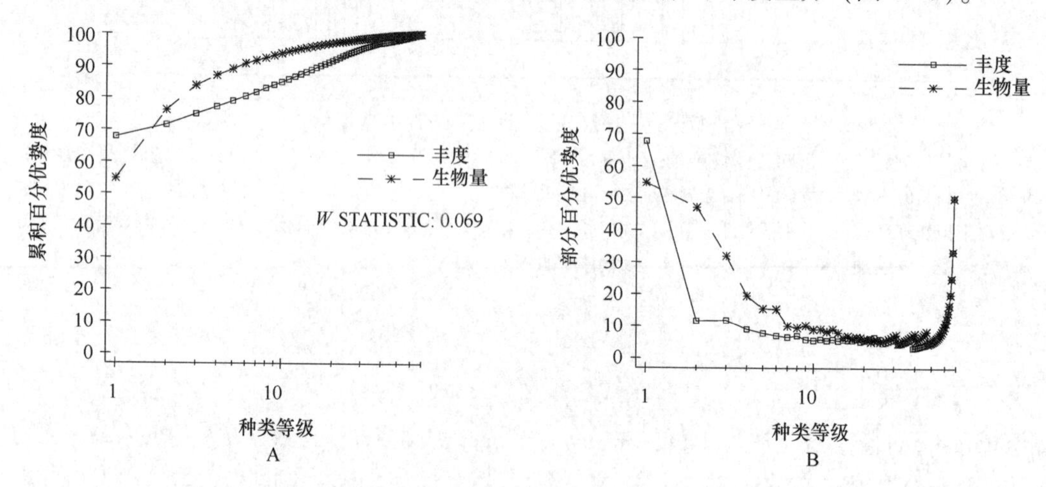

图 47-6 澳头泥沙滩群落丰度生物量复合 k-优势度（A）和部分优势度（B）曲线

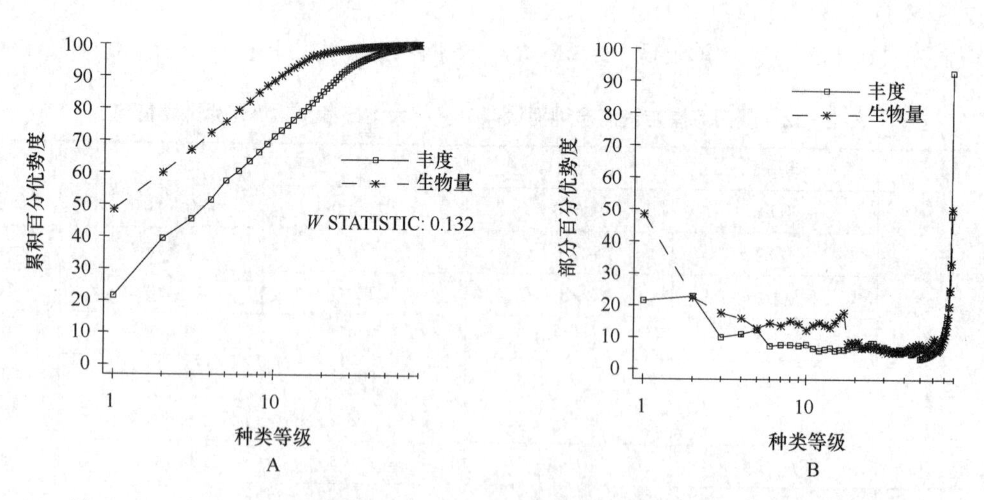

图 47-7 欧厝泥沙滩群落丰度生物量复合 k-优势度（A）和部分优势度（B）曲线

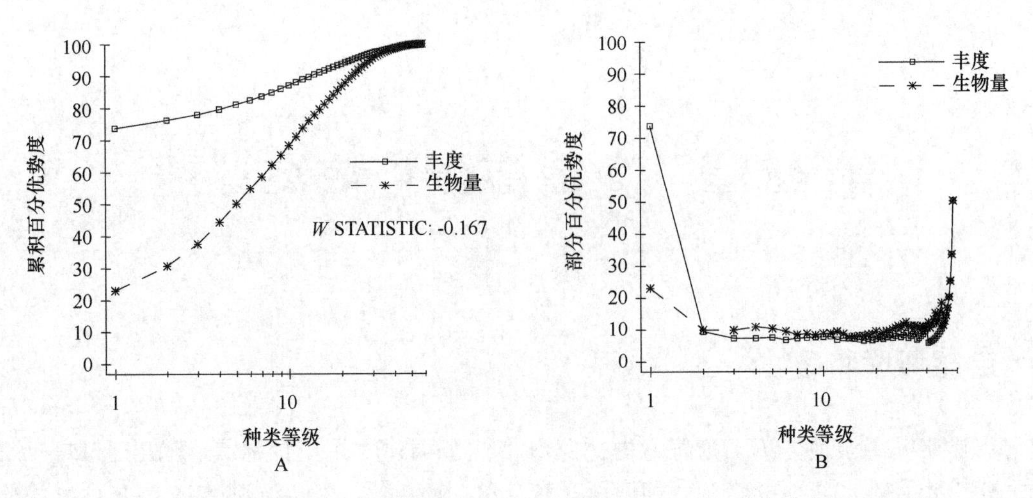

图 47-8　珩厝泥沙滩群落丰度生物量复合 k-优势度（A）和部分优势度（B）曲线

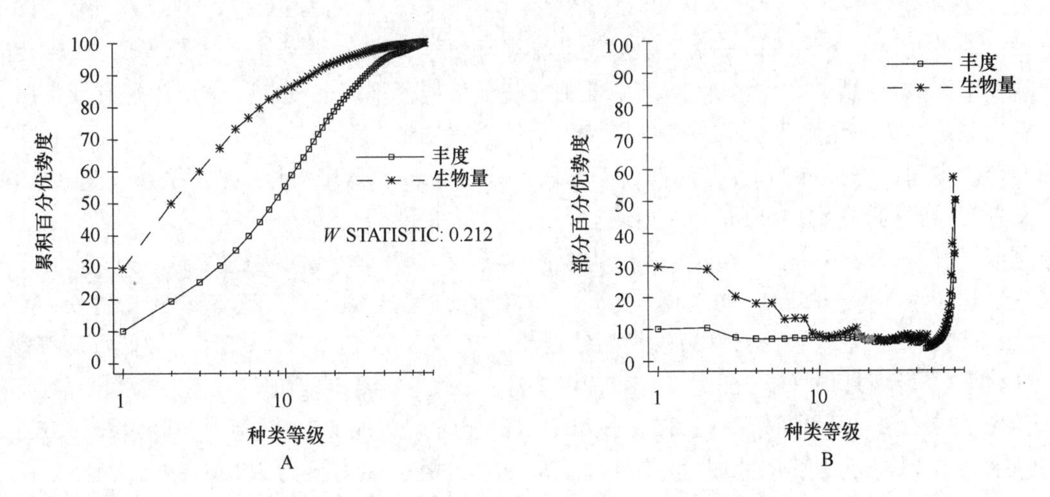

图 47-9　莲河泥沙滩群落群落丰度生物量复合 k-优势度（A）和部分优势度（B）曲线

第48章　龙海海岸带滨海湿地

48.1　自然环境特征

龙海海岸带滨海湿地分布于龙海境内，龙海市位于福建省东南沿海九龙江出海口，漳州市东部，西北南群山环抱，东南濒临东海和南海。东与厦门市接壤，南与漳浦县交界，西和漳州市区、南靖县、平和县毗邻，北与长泰县相接，位于117°29′~118°14′E，24°11′~24°36′N，全市总面积1 128 km^2（含角美镇）。

龙海市地处九龙江下游冲积平原，地势为北部、西部、南部三面环山，中部平原，东南部临海。北部丘陵地带属戴云山脉的余脉，西南部中低山丘陵地带属博平岭的支脉。主要山峰有大尖山、狮头大山、后沟尾山、泰岗尾山等。境内最高峰大尖山位于程溪镇，海拔953.6 m；最低点为港尾浯屿岛以东的九节礁中间，海拔-47 m。龙海江、海岸线全长290 km，其中海岸线长达113.1 km，水域深而广阔，又具有较好的御风隐蔽条件，为福建省天然深水优良港湾。

龙海市气候属南亚热带季风气候，其特点是降水充沛，海洋性气候特点明显，夏少酷暑，冬少严寒，自然景观四季常绿。多年平均气温21.5℃，1月平均气温13.5℃，极端最低气温0.2℃（1973年12月26日）；7月平均28.9℃，极端最高气温40.9℃（2003年7月26日）。最低月均气温6.3℃（1971年1月），最高月均气温36.0℃（2003年7月）。平均气温年较差15.8℃，最大日较差15.9℃（1989年12月7日）。无霜期年平均337 d，年平均日照时数2 000.8 h，年平均降水量1 563.2 mm，年平均降水日数134 d，最多降水日达170 d（1975年），最少降水日为100 d（2003年）。极端年最大雨量2 187.1 mm（1997年），极端年最小雨量944.1 mm（2009年）。降雨集中在每年3—9月，6月最多。

48.2　断面与站位布设

2003年10月，2005年11月，2007年9月，2011年5月和10月分别在龙海大径村、高尔夫球场、塔角、厦门大学漳州校区和斗美先后布设8条断面进行潮间带大型底栖生物取样（表48-1，图48-1）。

表48-1　龙海海岸带滨海湿地潮间带大型底栖生物调查断面

序号	日期	断面	编号	经　度（E）	纬　度（N）	底质
1	2003年10月	大径村	DJC	118°3′21.78″	24°22′4.92″	岩石滩
2		高尔夫球场	GEF	118°3′3.78″	24°22′51.96″	沙滩
3	2005年11月	高尔夫球场码头	Zch1	118°3′7.14″	24°23′4.98″	泥沙滩
4		高尔夫球场东南	Zch2	118°3′5.82″	24°22′19.38″	泥沙滩
5	2007年9月	塔角	Hch1	118°6′11.82″	24°20′56.40″	岩石滩
6		大径村	Dch1	118°3′22.56″	24°22′21.24″	岩石滩

续表 48-1

序号	日期	断面	编号	经　度（E）	纬　度（N）	底质
7	2011 年 5 月，10 月	漳州校区	Hd1	118°3′13.00″	24°22′7.00″	沙滩
8		斗美	Hd2	118°6′26.90″	24°20′14.86″	泥沙滩

图 48-1　龙海海岸带滨海湿地潮间带大型底栖生物调查断面

48.3　物种多样性

48.3.1　种类组成与分布

龙海海岸带滨海湿地潮间带大型底栖生物 232 种，其中藻类 7 种，多毛类 74 种，软体动物 75 种，甲壳动物 56 种，棘皮动物 6 种和其他生物 14 种。多毛类、软体动物和甲壳动物占总种数的 88.36%，三者构成海岸带潮间带大型底栖生物主要类群。

龙海海岸带滨海湿地岩石滩潮间带大型底栖生物 103 种，其中藻类 5 种，多毛类 19 种，软体动物 47 种，甲壳动物 23 种，棘皮动物 1 种和其他生物 8 种。多毛类、软体动物和甲壳动物占总种数的 86.40%，三者构成海岸带岩石滩潮间带大型底栖生物主要类群。

龙海海岸带滨海湿地沙滩潮间带大型底栖生物 83 种，其中多毛类 40 种，软体动物 13 种，甲壳动物 22 种，棘皮动物 1 种和其他生物 7 种。多毛类、软体动物和甲壳动物占总种数的 90.36%，三者构成海岸带沙滩潮间带大型底栖生物主要类群。

龙海海岸带滨海湿地泥沙滩潮间带大型底栖生物 112 种，其中藻类 1 种，多毛类 53 种，软体动物 20 种，甲壳动物 26 种，棘皮动物 5 种和其他生物 7 种。多毛类、软体动物和甲壳动物占总种数的 88.39%，三者构成海岸带泥沙滩潮间带大型底栖生物主要类群。

龙海海岸带滨海湿地潮间带大型底栖生物各断面物种组成与分布见表 48-2。断面间比较，岩石滩潮间带大型底栖生物种数，秋季以 DJC 断面较多（64 种），Dch1 断面较少（34 种）；沙滩潮间带大型底栖生物物种数，秋季以 Hd1 断面较多（51 种），GEF 断面较少（34 种）；泥沙滩潮间带大型底栖生物物种数，秋季以 Zch1 断面较多（56 种），Hd2 和 Zch2 断面较少（47 种）。

表 48-2　龙海海岸带滨海湿地潮间带大型底栖生物物种组成与分布　　单位：种数

底质	断面	季节	藻类	多毛类	软体动物	甲壳动物	棘皮动物	其他生物	合计
岩石滩	DJC	秋季	5	11	29	15	1	3	64
	Hch1		0	11	22	10	1	2	46
	Dch1		0	8	18	3	0	5	34
	合计		5	19	47	23	1	8	103
沙滩	Hd1	春季	0	16	7	4	0	2	29
		秋季	0	29	5	14	0	3	51
		合计	0	39	10	15	0	5	69
	GEF	秋季	0	8	10	11	1	4	34
	合计		0	40	13	22	1	7	83
泥沙滩	Hd2	春季	1	14	2	7	1	1	26
		秋季	0	30	2	12	1	2	47
		合计	1	33	4	16	1	3	58
	Zch1	秋季	1	29	11	10	3	2	56
	Zch2		0	26	7	13	0	1	47
	合计		1	44	17	18	3	3	86
	合计		1	53	20	26	5	7	112
总计			7	74	75	56	6	14	232

48.3.2　优势种和主要种

根据数量和出现率，龙海海岸带滨海湿地潮间带大型底栖生物优势种和主要种有细毛背鳞虫、尖锥虫、克氏无襟毛虫、模裂虫、软疣沙蚕、杂色围沙蚕、长手沙蚕、纳加索沙蚕、欧努菲虫、中蚓虫、才女虫、不倒翁虫、独指虫、革囊星虫、黑荞麦蛤、僧帽牡蛎、棘刺牡蛎、敦氏猿头蛤、短文蛤、等边浅蛤、四角蛤蜊、光滑河蓝蛤、粒结节滨螺、粗糙短滨螺、覆瓦小蛇螺、昌螺、秀丽织纹螺、泥螺、白脊藤壶、马来小藤壶、网纹纹藤壶、鳞笠藤壶、细长涟虫、太平洋方甲涟虫、弯指伊氏钩虾、维状原额钩虾、大角玻璃钩虾、齿腕拟盲蟹、模糊新短眼蟹、长腕和尚蟹、韦氏毛带蟹、短齿大眼蟹、小相手蟹和光滑倍棘蛇尾等。

48.4 数量时空分布

48.4.1 数量组成与季节变化

龙海海岸带滨海湿地岩石滩潮间带大型底栖生物秋季平均生物量为 2 475.18 g/m^2，平均栖息密度为 3 893 个/m^2。生物量以软体动物居第一位（2 273.71 g/m^2），甲壳动物居第二位（177.25 g/m^2）；栖息密度同样以软体动物居第一位（2 065 个/m^2），甲壳动物居第二位（1 416 个/m^2）。

沙滩潮间带大型底栖生物春秋季平均生物量为 24.87 g/m^2，平均栖息密度为 99 个/m^2。生物量以软体动物居第一位（10.39 g/m^2），甲壳动物居第二位（9.20 g/m^2）；栖息密度以多毛类居第一位（59 个/m^2），甲壳动物居第二位（24 个/m^2）。

泥沙滩潮间带大型底栖生物春秋季平均生物量为 5.15 g/m^2，平均栖息密度为 99 个/m^2。生物量以甲壳动物居第一位（2.63 g/m^2），多毛类居第二位（1.23 g/m^2）；栖息密度以多毛类居第一位（56 个/m^2），甲壳动物居第二位（31 个/m^2）。

数量季节变化，沙滩潮间带大型底栖生物生物量以秋季较大（34.66 g/m^2），春季较小（15.08 g/m^2）；栖息密度同样以秋季较大（134 个/m^2），春季较小（60 个/m^2）。泥沙滩潮间带大型底栖生物生物量以秋季较大（5.41 g/m^2），春季较小（4.84 g/m^2）；栖息密度同样以秋季较大（130 个/m^2），春季较小（65 个/m^2）。各断面数量组成与季节变化见表 48-3 至表 48-5。

表 48-3　龙海海岸带滨海湿地潮间带大型底栖生物数量组成与季节变化

数量	底质	季节	藻类	多毛类	软体动物	甲壳动物	棘皮动物	其他生物	合计
生物量（g/m^2）	岩石滩	秋季	6.11	5.11	2 273.71	177.25	0.38	12.62	2 475.18
	沙滩	春季	0	1.60	10.26	3.19	0	0.03	15.08
		秋季	0	3.20	10.52	15.21	0.10	5.63	34.66
		平均	0	2.40	10.39	9.20	0.05	2.83	24.87
	泥沙滩	春季	0.23	1.13	0.12	3.32	0.04	0	4.84
		秋季	0	1.42	1.49	1.94	0.23	0.33	5.41
		平均	0.12	1.28	0.81	2.63	0.14	0.17	5.15
密度（个/m^2）	岩石滩	秋季	—	253	2 065	1 416	19	140	3 893
	沙滩	春季	—	34	8	17	0	1	60
		秋季	—	83	13	31	3	4	134
		平均	—	59	11	24	2	3	99
	泥沙滩	春季	—	24	2	39	0	0	65
		秋季	—	88	16	22	1	3	130
		平均	—	56	9	31	1	2	99

表 48-4　龙海海岸带滨海湿地潮间带大型底栖生物生物量组成与季节变化　　单位：g/m²

底质	断面	季节	藻类	多毛类	软体动物	甲壳动物	棘皮动物	其他生物	合计
岩石滩	DJC	秋季	18.32	14.24	6 049.42	424.96	1.12	26.48	6 534.54
	Hch1		0	0.89	366.54	89.45	0.03	0.44	457.35
	Dch1		0	0.19	405.17	17.35	0	10.94	433.65
	平均		6.11	5.11	2 273.71	177.25	0.38	12.62	2 475.18
沙滩	Hd1	春季	0	1.60	10.26	3.19	0	0.03	15.08
		秋季	0	1.93	8.52	3.76	0	0.06	14.27
	GEF		0	4.48	12.52	26.66	0.20	11.2	55.06
	平均		0	3.20	10.52	15.21	0.10	5.63	34.66
	平均		0	2.40	10.39	9.20	0.05	2.83	24.87
泥沙滩	Hd2	春季	0.23	1.13	0.12	3.32	0.04	0	4.84
	Zch1	秋季	0	1.06	2.87	0.10	0.69	0.31	5.03
	Zch2		0	1.09	0.05	1.05	0	0.09	2.28
	Hd2		0	2.10	1.56	4.66	0	0.58	8.90
	平均		0	1.42	1.49	1.94	0.23	0.33	5.41
	平均		0.12	1.28	0.81	2.63	0.14	0.17	5.15

表 48-5　龙海海岸带滨海湿地潮间带大型底栖生物栖息密度组成与季节变化　　单位：个/m²

底质	断面	季节	多毛类	软体动物	甲壳动物	棘皮动物	其他生物	合计
岩石滩	DJC	秋季	672	5 740	1 704	56	376	8 548
	Hch1		52	169	2 528	1	27	2 777
	Dch1		35	285	17	0	18	355
	平均		253	2 065	1 416	19	140	3 893
沙滩	Hd1	春季	34	8	17	0	1	60
		秋季	108	6	51	0	2	167
	GEF		108	24	25	8	8	173
	平均		83	13	31	3	4	134
	平均		59	11	24	2	3	99
泥沙滩	Hd2	春季	24	2	39	0	0	65
		秋季	93	1	27	0	8	129
	Zch1		82	44	22	4	1	153
	Zch2		90	3	18	0	0	111
	平均		88	16	22	1	3	130
	平均		56	9	31	1	2	99

48.4.2　数量分布

龙海海岸带滨海湿地潮间带大型底栖生物数量分布，断面间数量平面分布不尽相同，数量垂直分布也不同。

2007年9月龙海海岸带滨海湿地岩石滩潮间带大型底栖生物数量垂直分布，生物量从高到低依次为中潮区（966.82 g/m²）、低潮区（335.40 g/m²）、高潮区（34.28 g/m²）；栖息密度从高到低依次为中潮区（4 205个/m²）、高潮区（288个/m²）、低潮区（204个/m²），生物量和栖息密度均以中潮区最大。Hch1断面，生物量从高到低依次为中潮区（1 056.94 g/m²）、低潮区（291.12 g/m²）、高潮区（24.00 g/m²）；栖息密度从高到低依次为中潮区（7 994个/m²）、高潮区（176个/m²）、低潮区（160个/m²）。Dch1断面，生物量从高到低依次为中潮区（876.72 g/m²）、低潮区（379.68 g/m²）、高潮区（44.56 g/m²）；栖息密度从高到低依次为中潮区（416个/m²）、高潮区（400个/m²）、低潮区（248个/m²）。各断面数量均以中潮区最大，生物量以高潮区最小，栖息密度以低潮区最小（表48-6）。

表48-6　2007年9月龙海海岸带滨海湿地岩石滩潮间带大型底栖生物数量垂直分布

数量	潮区	断面	多毛类	软体动物	甲壳动物	棘皮动物	其他生物	合计
生物量（g/m²）	高潮区	Hch1	0	11.12	12.88	0	0	24.00
		Dch1	0	44.56	0	0	0	44.56
		平均	0	27.84	6.44	0	0	34.28
	中潮区	Hch1	1.23	799.39	255.23	0.08	1.01	1 056.94
		Dch1	0.08	823.12	52.05	0	1.47	876.72
		平均	0.65	811.25	153.64	0.04	1.24	966.82
	低潮区	Hch1	1.44	289.12	0.24	0	0.32	291.12
		Dch1	0.48	347.84	0	0	31.36	379.68
		平均	0.96	318.48	0.12	0	15.84	335.40
密度（个/m²）	高潮区	Hch1	0	168	8	0	0	176
		Dch1	0	400	0	0	0	400
		平均	0	284	4	0	0	288
	中潮区	Hch1	109	283	7 535	3	64	7 994
		Dch1	8	328	51	0	29	416
		平均	59	305	3 793	1	47	4 205
	低潮区	Hch1	48	56	40	0	16	160
		Dch1	96	128	0	0	24	248
		平均	72	92	20	0	20	204

2005年11月龙海海岸带滨海湿地泥沙滩潮间带大型底栖生物数量垂直分布，生物量从高到低依次为中潮区（4.18 g/m²）、高潮区（4.16 g/m²）、低潮区（2.66 g/m²）；栖息密度从高到低依次为中潮区（205个/m²）、低潮区（204个/m²）、高潮区（60个/m²），生物量和栖息密度均以中潮区最大。各断面数量垂直分布见表48-7。

表 48-7　2005 年 11 月龙海海岸带滨海湿地泥沙滩潮间带大型底栖生物数量垂直分布

数量	潮区	断面	多毛类	软体动物	甲壳动物	棘皮动物	其他生物	合计
生物量 (g/m²)	高潮区	Zch1	0	8.32	0	0	0	8.32
		Zch2	0	0	0	0	0	0
		平均	0	4.16	0	0	0	4.16
	中潮区	Zch1	2.63	0.05	0.16	0.18	0.93	3.95
		Zch2	1.93	0.04	2.15	0	0.28	4.40
		平均	2.28	0.05	1.15	0.09	0.61	4.18
	低潮区	Zch1	0.55	0.25	0.15	1.90	0	2.85
		Zch2	1.35	0.10	1.00	0	0	2.45
		平均	0.95	0.18	0.58	0.95	0	2.66
密度 (个/m²)	高潮区	Zch1	0	120	0	0	0	120
		Zch2	0	0	0	0	0	0
		平均	0	60	0	0	0	60
	中潮区	Zch1	171	2	30	8	2	213
		Zch2	145	3	48	0	1	197
		平均	158	2	39	4	2	205
	低潮区	Zch1	75	10	35	5	0	125
		Zch2	125	5	5	0	0	135
		平均	72	92	20	0	20	204

2011 年 5 月龙海海岸带滨海湿地潮间带大型底栖生物数量垂直分布，HD1 断面，生物量从高到低依次为中潮区（41.50 g/m²）、低潮区（2.80 g/m²）、高潮区（0.94 g/m²）；栖息密度从高到低依次为中潮区（106 个/m²）、低潮区（76 个/m²）、高潮区（0 个/m²），生物量和栖息密度均以中潮区最大。HD2 断面，生物量从高到低依次为高潮区（6.21 g/m²）、低潮区（5.68 g/m²）、中潮区（2.64 g/m²）；栖息密度从高到低依次为中潮区（130 个/m²）、低潮区（68 个/m²）、高潮区（0 个/m²）（表 48-8）。

表 48-8　2011 年 5 月龙海海岸带滨海湿地潮间带大型底栖生物数量垂直分布

数量	断面	潮区	藻类	多毛类	软体动物	甲壳动物	棘皮动物	其他生物	合计
生物量 (g/m²)	HD1	高潮区	0	0	0	0.94	0	0	0.94
		中潮区	0	3.23	30.79	7.40	0	0.08	41.50
		低潮区	0	1.56	0	1.24	0	0	2.80
		平均	0	1.60	10.26	3.19	0	0.03	15.08
	HD2	高潮区	0	0	0	6.21	0	0	6.21
		中潮区	0.68	0.88	0.08	0.88	0.11	0.01	2.64
		低潮区	0	2.52	0.28	2.88	0	0	5.68
		平均	0.23	1.13	0.12	3.32	0.04	0	4.84

续表 48-8

数量	断面	潮区	藻类	多毛类	软体动物	甲壳动物	棘皮动物	其他生物	合计
密度（个/m²）	HD1	高潮区	—	0	0	0	0	0	0
		中潮区	—	39	25	39	0	3	106
		低潮区	—	64	0	12	0	0	76
		平均	—	34	8	17	0	1	60
	HD2	高潮区	—	0	0	0	0	0	0
		中潮区	—	24	3	101	1	1	130
		低潮区	—	48	4	16	0	0	68
		平均	—	24	2	39	0	0	65

2011 年 10 月龙海海岸带滨海湿地潮间带大型底栖生物数量垂直分布，HD1 断面，生物量从高到低依次为中潮区（36.43 g/m²）、低潮区（4.08 g/m²）、高潮区（2.32 g/m²）；栖息密度从高到低依次为中潮区（255 个/m²）、低潮区（248 个/m²）、高潮区（0 个/m²），生物量和栖息密度均以中潮区最大。HD2 断面，生物量从高到低依次为中潮区（13.41 g/m²）、低潮区（7.08 g/m²）、高潮区（6.21 g/m²）；栖息密度从高到低依次为低潮区（220 个/m²）、中潮区（167 个/m²）、高潮区（0 个/m²）（表 48-9）。

表 48-9　2011 年 10 月龙海海岸带滨海湿地潮间带大型底栖生物数量垂直分布

数量	断面	潮区	多毛类	软体动物	甲壳动物	棘皮动物	其他生物	合计
生物量（g/m²）	HD1	高潮区	0	0	2.32	0	0	2.32
		中潮区	3.99	25.56	6.73	0	0.15	36.43
		低潮区	1.80	0	2.24	0	0.04	4.08
		平均	1.93	8.52	3.76	0	0.06	14.27
	HD2	高潮区	0	0	6.21	0	0	6.21
		中潮区	4.73	4.67	2.45	0.01	1.55	13.41
		低潮区	1.56	0	5.32	0	0.20	7.08
		平均	2.10	1.56	4.66	0	0.58	8.90
密度（个/m²）	HD1	高潮区	0	0	0	0	0	0
		中潮区	136	19	97	0	3	255
		低潮区	188	0	56	0	4	248
		平均	108	6	51	0	2	167
	HD2	高潮区	0	0	0	0	0	0
		中潮区	127	4	32	1	3	167
		低潮区	152	0	48	0	20	220
		平均	93	1	27	0	8	129

48.4.3　饵料生物水平

龙海海岸带滨海湿地岩石滩潮间带大型底栖生物秋季饵料水平分级为Ⅴ级，其中软体动物和甲壳动物较高，达Ⅴ级，棘皮动物较低，为Ⅰ级。沙滩潮间带大型底栖生物春秋季饵料水平分级为Ⅲ级，其中：软体动物较高，达Ⅲ级，藻类、多毛类、棘皮动物和其他生物较低，均为Ⅰ级。泥沙滩潮间带大型底栖生物春秋季饵料水平分级为Ⅱ级，各类群较低，均为Ⅰ级（表48-10）。

表48-10　龙海海岸带滨海湿地潮间带大型底栖生物饵料水平分级

底质	季节	藻类	多毛类	软体动物	甲壳动物	棘皮动物	其他生物	评价标准
岩石滩	秋季	Ⅱ	Ⅱ	Ⅴ	Ⅴ	Ⅰ	Ⅲ	Ⅴ
沙滩	春季	Ⅰ	Ⅰ	Ⅲ	Ⅰ	Ⅰ	Ⅰ	Ⅲ
	秋季	Ⅰ	Ⅰ	Ⅲ	Ⅲ	Ⅰ	Ⅱ	Ⅳ
	春秋	Ⅰ	Ⅰ	Ⅲ	Ⅱ	Ⅰ	Ⅰ	Ⅲ
泥沙滩	春季	Ⅰ	Ⅰ	Ⅰ	Ⅰ	Ⅰ	Ⅰ	Ⅰ
	秋季	Ⅰ	Ⅰ	Ⅰ	Ⅰ	Ⅰ	Ⅰ	Ⅱ
	春秋	Ⅰ	Ⅰ	Ⅰ	Ⅰ	Ⅰ	Ⅰ	Ⅱ

48.5　群落

48.5.1　群落类型

龙海海岸带滨海湿地潮间带大型底栖生物群落主要有：

（1）塔角岩石滩群落。高潮区：粒结节滨螺—塔结节滨螺—粗糙滨螺带；中潮区：模裂虫—棘刺牡蛎—鳞笠藤壶—马来小藤壶带；低潮区：克氏无襟毛虫—敦氏猿头蛤—小相手蟹带。

（2）大径村岩石滩群落。高潮区：粒结节滨螺—塔结节滨螺—粗糙滨螺带；中潮区：僧帽牡蛎—覆瓦小蛇螺—鳞笠藤壶带；低潮区：巧言虫—紧卷蛇螺—中国不等蛤带。

（3）高尔夫球场码头泥沙滩群落。高潮区：粒结节滨螺—粗糙滨螺带；中潮区：长手沙蚕—细长涟虫—倍棘蛇尾带；低潮区：片蛪虫—秀丽波纹蛤—光辉倍棘蛇尾带。

（4）后径村泥沙滩群落。高潮区：沙蟹带；中潮区：尖锥虫—圆筒原盒螺—维状原额钩虾带；低潮区：片蛪虫—不倒翁虫—齿腕拟盲蟹带。

48.5.2　群落结构

（1）塔角岩石滩群落。该群落所处滩面长度为50~70 m，高潮区至低潮区为岩石。

高潮区：粒结节滨螺—塔结节滨螺—粗糙滨螺带。该潮区代表种有粒结节滨螺、塔结节滨螺和粗糙滨螺，其中粒结节滨螺的生物量和栖息密度分别为2.32 g/m^2 和40个/m^2；塔结节滨螺的生物量和栖息密度分别为8.80 g/m^2 和128个/m^2；粗糙滨螺的生物量和栖息密度分别为1.28 g/m^2 和40个/m^2。在潮区附近定性可以采集到海蟑螂等。

中潮区：模裂虫—棘刺牡蛎—鳞笠藤壶—马来小藤壶带。该潮区优势种模裂虫，仅在该潮区出现，个体小，密度大，在本区的生物量和栖息密度分别为0.32 g/m^2 和80个/m^2。优势种棘刺牡蛎，分布在该潮区中上层，最大的生物量和栖息密度分别高达1 919.44 g/m^2 和464个/m^2。鳞笠藤壶，仅分布在该潮区中层，生物量和栖息密度分别为311.84 g/m^2 和256个/m^2。马来小藤壶，仅分布在该潮区上层和高潮区交界处，生物量和栖息密度分别为377.00 g/m^2 和21 550个/m^2。其他主要种和习见种有细毛背鳞虫、杂色围沙蚕、才女虫、青蚶、拟帽贝、粒花冠小月螺、渔舟蜒螺、齿纹蜒螺、覆瓦小蛇螺、疣荔枝螺、日本菊花螺、纹藤壶、网纹纹藤壶、上野蝛赢蜚和近辐蛇尾等。

低潮区：克氏无襟毛虫—敦氏猿头蛤—小相手蟹带。该潮区代表种克氏无襟毛虫，从中潮区下层可延伸分布至此，在本区的生物量和栖息密度分别为 0.24 g/m² 和 24 个/m²。敦氏猿头蛤，仅在本区出现，个体大，生物量和栖息密度分别为 132.64 g/m² 和 8 个/m²。小相手蟹，自中潮区可延伸分布至此，数量不高，生物量和栖息密度分别仅为 0.16 g/m² 和 24 个/m²。其他主要种和习见种有细毛背鳞虫、钙珊虫、红条毛肤石鳖、短石蛏、锈凹螺、粒神螺、美丽唇齿螺、哥伦比亚刀钩虾和革囊星虫等（图 48-2）。

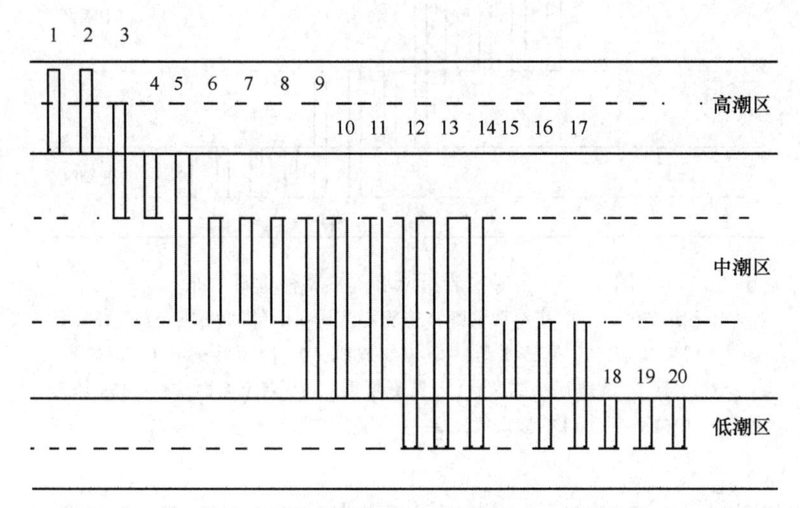

图 48-2　塔角岩石滩群落主要种垂直分布

1. 粒结节滨螺；2. 塔结节滨螺；3. 粗糙滨螺；4. 马来小藤壶；5. 细毛背鳞虫；6. 杂色围沙蚕；7. 拟帽贝；8. 棘刺牡蛎；9. 疣荔枝螺；10. 鳞笠藤壶；11. 日本菊花螺；12. 敦氏猿头蛤；13. 克氏无襟毛虫；14. 覆瓦小蛇螺；15. 模裂虫；16. 小相手蟹；17. 网纹纹藤壶 18. 革囊星虫；19. 上野蝛赢蜚；20. 粒神螺

（2）大径村岩石滩群落。该群落所处滩面长度为 80~100 m，高潮区至低潮区为岩石。海区附近吊养牡蛎。

高潮区：粒结节滨螺—塔结节滨螺—粗糙滨螺带。该潮区代表种有粒结节滨螺、塔结节滨螺和粗糙滨螺，其中粒结节滨螺的生物量和栖息密度分别为 5.20 g/m² 和 56 个/m²；塔结节滨螺的生物量和栖息密度分别为 1.04 g/m² 和 16 个/m²；粗糙滨螺的生物量和栖息密度较高，分别为 38.32 g/m² 和 328 个/m²。在潮区附近定性可以采集到海蟑螂等。

中潮区：僧帽牡蛎—覆瓦小蛇螺—鳞笠藤壶带。该区优势种僧帽牡蛎，仅在本区出现，生物量和栖息密度分别高达 1 593.68 g/m² 和 320 个/m²。覆瓦小蛇螺，分布在中潮区下层，且可延伸分布到低潮区上层，在本区的生物量和栖息密度分别为 336.00 g/m² 和 104 个/m²。鳞笠藤壶，仅在本区出现，生物量为 148.88 g/m²，栖息密度为 56 个/m²。其他主要种和习见种有黑荞麦蛤、条纹隔贻贝、棘刺牡蛎、拟帽贝、齿纹蜒螺、疣荔枝螺、白脊管藤壶、小相手蟹和革囊星虫等。

低潮区：巧言虫—紧卷蛇螺—中国不等蛤带。该区代表种巧言虫，仅在本区出现，数量不高，生物量和栖息密度分别为 0.08 g/m² 和 24 个/m²。紧卷蛇螺，仅在本区出现，生物量和栖息密度分别为 65.52 g/m² 和 56 个/m²。中国不等蛤，仅在本区出现，生物量和栖息密度分别为 80.16 g/m² 和 24 个/m²。其他主要种和习见种有模裂虫、克氏无襟毛虫、敦氏猿头蛤、粒神螺、黄口荔枝螺、中国笔螺和圆棒苔海绵等（图 48-3）。

（3）高尔夫球场码头泥沙滩群落。该群落所处滩面长度为 600~700 m，底质类型在高潮区为石堤，中潮区上层为中细砂，中层以下至低潮区为软泥。海区附近吊养牡蛎和紫菜。

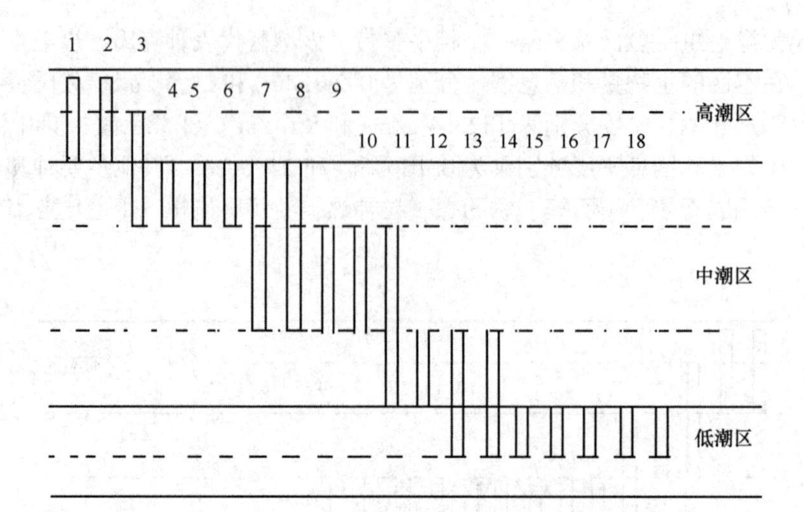

图 48-3　大径村岩石滩群落主要种垂直分布

1. 粒结节滨螺；2. 塔结节滨螺；3. 粗糙滨螺；4. 棘刺牡蛎；5. 白脊管藤壶；6. 鳞笠藤壶；7. 黑荞麦蛤；8. 齿纹蜒螺；9. 僧帽牡蛎；10. 拟帽贝；11. 小相手蟹；12. 覆瓦小蛇螺；13. 革囊星虫；14. 克氏无襟毛虫；15. 巧言虫；16. 中国不等蛤；17. 敦氏猿头蛤；18. 紧卷蛇螺

高潮区：粒结节滨螺—粗糙滨螺带。该潮区代表种有粒结节滨螺和粗糙滨螺，粒结节滨螺的生物量和栖息密度分别为 4.32 g/m^2 和 64 个/m^2；粗糙滨螺的生物量和栖息密度分别为 3.84 g/m^2 和 48 个/m^2。在下层定性可以采集到嫁戚等。

中潮区：长手沙蚕—细长涟虫—倍棘蛇尾带。该潮区优势种长手沙蚕，仅在该潮区出现，个体小，密度大，在本区的生物量和栖息密度分别为 0.10 g/m^2 和 110 个/m^2。细长涟虫，自该潮区中层可延伸分布至低潮区，最大的生物量和栖息密度分别为 0.05 g/m^2 和 25 个/m^2。倍棘蛇尾，仅分布在该潮区下层，生物量和栖息密度分别为 0.15 g/m^2 和 20 个/m^2。其他主要种和习见种有花冈钩毛虫、双鳃内卷齿蚕、独指虫、片蚓虫、索沙蚕、太平洋方甲涟虫、弯指伊氏钩虾、韦氏毛带蟹和洼颚倍棘蛇尾等。

低潮区：片蚓虫—秀丽波纹蛤—光辉倍棘蛇尾带。该潮区代表种片蚓虫，从中潮区可延伸分布至此，在本区的生物量和栖息密度分别为 0.10 g/m^2 和 25 个/m^2。秀丽波纹蛤，仅在本区出现，个体小，生物量和栖息密度分别为 0.15 g/m^2 和 5 个/m^2。光辉倍棘蛇尾，仅在本区出现，数量不高，生物量和栖息密度分别仅为 1.90 g/m^2 和 5 个/m^2。其他主要种和习见种有栉状长手沙蚕、独毛虫、索沙蚕和小亮樱蛤等（图 48-4）。

（4）后径村泥沙滩群落。该群落所处滩面长度 700~800 m，底质类型在高潮区和中潮区上层为中细砂，中层以下至低潮区为软泥。海区附近吊养牡蛎和紫菜。

高潮区：沙蟹带。该潮区代表种沙蟹，仅在本区出现，定量未采集到标本，其栖息密度为 1 个/3 m^2。

中潮区：尖锥虫—圆筒原盒螺—维状原额钩虾带。该区优势种尖锥虫仅在本区出现，个体小，生物量和栖息密度分别为 1.60 g/m^2 和 112 个/m^2。圆筒原盒螺，分布在中潮区上层，且可延伸分布到低潮区，在本区的生物量和栖息密度分别为 0.08 g/m^2 和 4 个/m^2。维状原额钩虾，仅在本区出现，个体小，密度较大，生物量仅为 0.36 g/m^2，栖息密度为 36 个/m^2。其他主要种和习见种有深钩毛虫、齿吻沙蚕、中蚓虫、长吻吻沙蚕、长手沙蚕、纳加索沙蚕、三叶针尾涟虫、葛氏胖钩虾、东方长

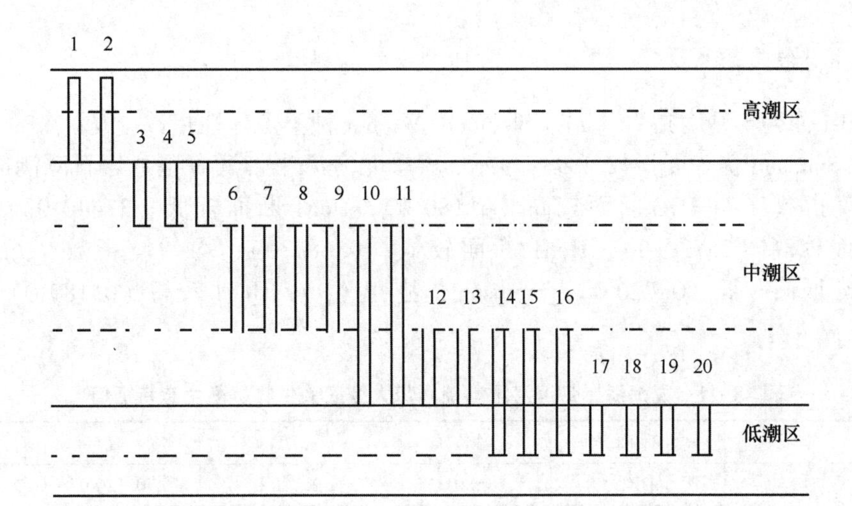

图 48-4　高尔夫球场码头泥沙滩群落主要种垂直分布

1. 粒结节滨螺；2. 粗糙滨螺；3. 异足索沙蚕；4. 韦氏毛带蟹；5 双鳃内卷齿蚕；6. 独指虫；7. 太平洋方甲涟虫；8. 长手沙蚕；9. 片蛹虫；10. 花冈钩毛虫；11. 韦氏毛带蟹；12. 细长涟虫；13. 太平洋方甲涟虫；14. 倍棘蛇尾；15. 索沙蚕；16. 独毛虫；17. 栉状长手沙蚕 18. 弯指伊氏钩虾；19. 秀丽波纹蛤；20. 小亮樱蛤

眼虾、模糊新短眼蟹和韦氏毛带蟹等。

低潮区：片蛹虫—不倒翁虫—齿腕拟盲蟹带。该区代表种片蛹虫，从中潮区延伸分布至此，数量以本区为高，生物量和栖息密度分别为 0.20 g/m^2 和 60 个/m^2。不倒翁虫，仅在本区出现，生物量和栖息密度分别为 0.30 g/m^2 和 25 个/m^2。齿腕拟盲蟹，仅在本区出现，生物量和栖息密度分别为 1.00 g/m^2 和 5 个/m^2。其他主要种和习见种有双鳃内卷齿蚕、多鳃齿吻沙蚕、长锥虫、双形拟单指虫、拟刺虫、纳加索沙蚕、四索沙蚕和圆筒原盒螺等（图 48-5）。

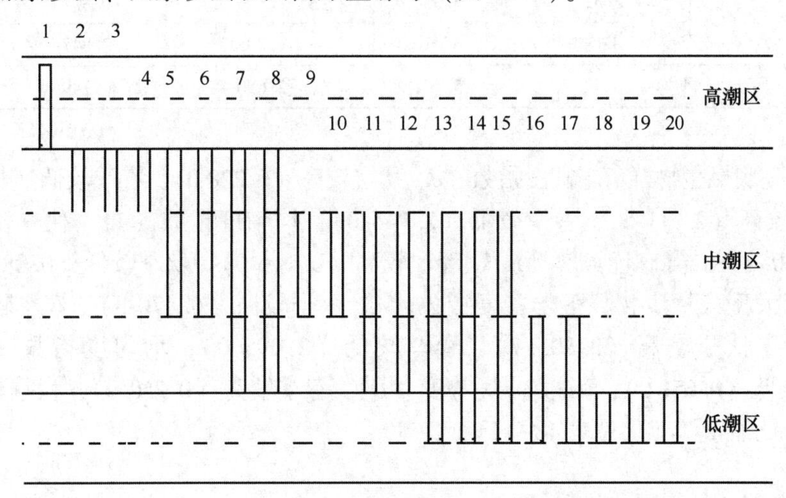

图 48-5　后径村泥沙滩群落主要种垂直分布

1. 沙蟹；2. 尖锥虫；3. 维状原额钩虾；4. 韦氏毛带蟹；5. 中蚓虫；6. 长吻吻沙蚕；7. 长手沙蚕；8. 葛氏胖钩虾；9. 圆筒原盒螺；10. 东方长眼虾；11. 模糊新短眼蟹；12. 三叶针尾涟虫；13. 片蛹虫；14. 多鳃齿吻沙蚕；15. 纳加索沙蚕；16. 双鳃内卷齿蚕；17. 不倒翁虫；18. 齿腕拟盲蟹；19. 四索沙蚕；20. 圆筒原盒螺

48.5.3　群落生态特征值

根据 Margalef 种类丰富度指数（d），Shannon-Wiener 种类多样性指数（H'），Pielous 种类均匀度指数（J）和 Simpson 优势度指数（D）显示，秋季龙海海岸带滨海湿地岩石滩潮间带大型底栖生物群落丰富度指数（d）DJC 断面较高（6.180 0），Dch1 断面较低（3.440 0）；多样性指数（H'），DJC 断面较高（2.720 0），Hch1 断面较低（0.687 0）；均匀度指数（J），Dch1 较高（0.795 0），DJC 断面较低（0.720 0）；Simpson 优势度（D），Hch1 较高（0.189 0），DJC 断面较低（0.095 7）。

表 48-11　龙海海岸带滨海湿地潮间带大型底栖生物群落生态特征值

群落	季节	断面	d	H'	J	D
岩石滩	秋季	DJC	6.180 0	2.720 0	0.720 0	0.095 7
		Hch1	3.660 0	0.687 0	0.786 0	0.189 0
		Dch1	3.440 0	2.620 0	0.795 0	0.107 0
		平均	4.426 7	2.009 0	0.767 0	0.130 6
沙滩	春季	Hd1	4.689 0	2.745 0	0.815 0	0.116 0
	秋季	Hd1	7.226 0	3.193 0	0.812 0	0.069 2
		GEF	5.230 0	2.630 0	0.826 0	0.106 0
		平均	6.228 0	2.911 5	0.819 0	0.087 6
	平均		5.458 5	2.828 3	0.817 0	0.101 8
泥沙滩	春季	Hd2	3.913 0	2.095 0	0.651 0	0.250 0
	秋季	Hd2	6.991 0	3.427 0	0.890 0	0.043 4
		Zch1	6.490 0	3.210 0	0.844 0	0.064 2
		Zch2	5.930 0	2.980 0	0.807 0	0.091 4
		平均	6.470 3	3.205 7	0.847 0	0.066 3
	平均		5.191 7	2.650 4	0.749 0	0.158 2

沙滩潮间带大型底栖生物群落丰富度指数（d）秋季较高（6.228 0），春季较低（4.689 0）；多样性指数（H'），秋季较高（2.911 5），春季较低（2.745 0）；均匀度指数（J），秋季较高（0.819 0），春季较低（0.815 0）；Simpson 优势度（D），春季较高（0.116 0），秋季较低（0.087 6）。

泥沙滩潮间带大型底栖生物群落丰富度指数（d）秋季较高（6.470 3），春季较低（3.913 0）；多样性指数（H'），秋季较高（3.205 7），春季较低（2.095 0）；均匀度指数（J），秋季较高（0.847 0），春季较低（0.651 0）；Simpson 优势度（D），春季较高（0.250 0），秋季较低（0.066 3）。各断面群落生态特征值季节变化见表 48-11。

48.5.4　群落稳定性

龙海海岸带滨海湿地大径村岩石滩潮间带生群落相对稳定，其丰度生物量复合 k-优势度和部分优势度曲线不交叉、不重叠、不翻转，生物量优势度曲线始终位于丰度优势度曲线上方（图 48-7）。塔角岩石滩群落出现一定的扰动，其丰度生物量复合 k-优势度和部分优势度曲线出现交叉、重叠和翻转，且生物量和丰度累积百分优势度分别高达 55% 和 88%。这主要与该断面优势种棘刺牡蛎生物量和栖息密度分别高达 1 919.44 g/m^2 和 464 个$/m^2$，鳞笠藤壶生物量和栖息密度分别达 311.84 g/m^2 和 256 个/m^2，马来小藤壶生物量和栖息密度分别高达 377.00 g/m^2 和 21 550 个/m^2 有关（图 48-6）。

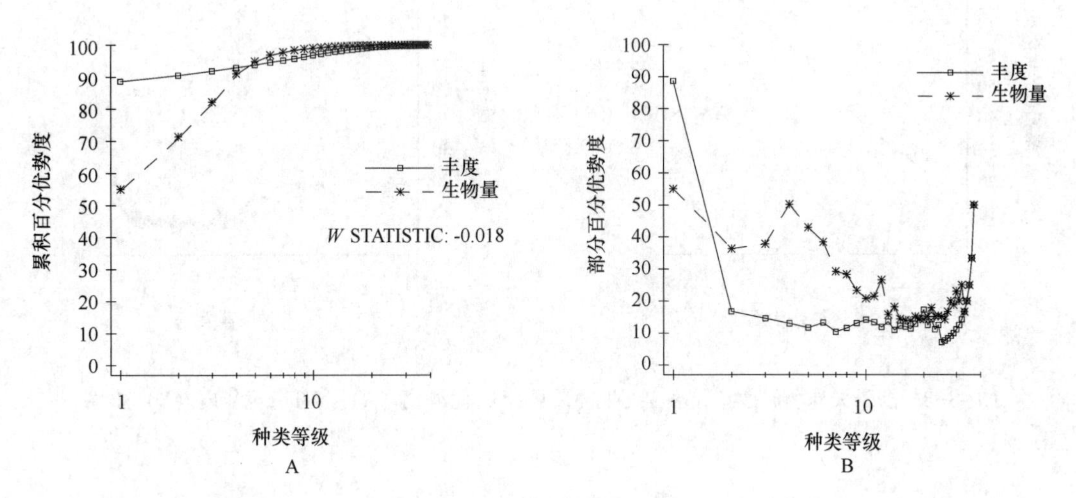

图 48-6　塔角岩石滩群落丰度生物量复合 k-优势度（A）和部分优势度（B）曲线

高尔夫球场码头泥沙滩群落相对稳定，其丰度生物量复合 k-优势度和部分优势度曲线不交叉、不重叠、不翻转，生物量优势度曲线始终位于丰度上方（图 48-8）。后径村泥沙滩群落出现一定扰动，其丰度生物量复合 k-优势度和部分优势度曲线出现交叉、重叠和翻转（图 48-9）。

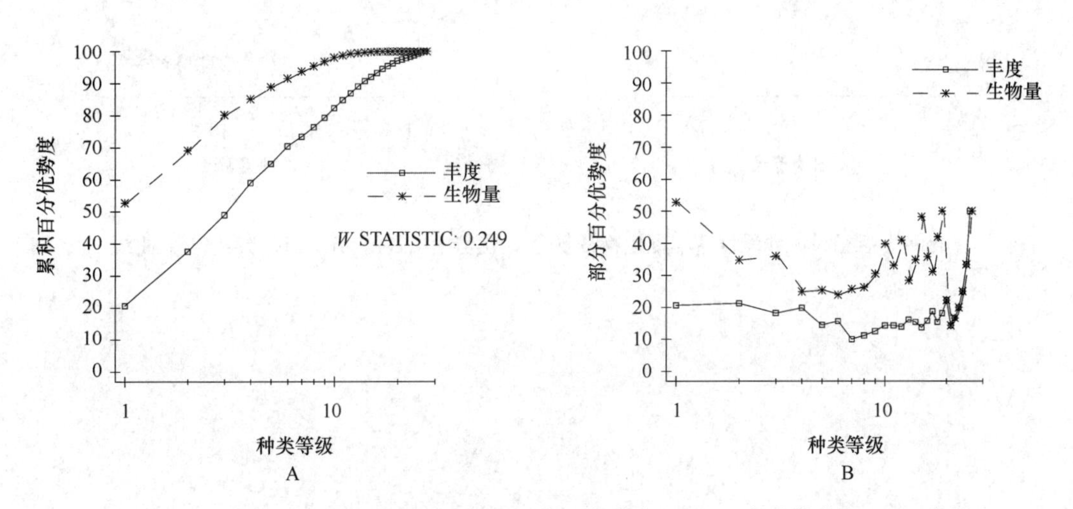

图 48-7　大径村岩石滩群落丰度生物量复合 k-优势度（A）和部分优势度（B）曲线

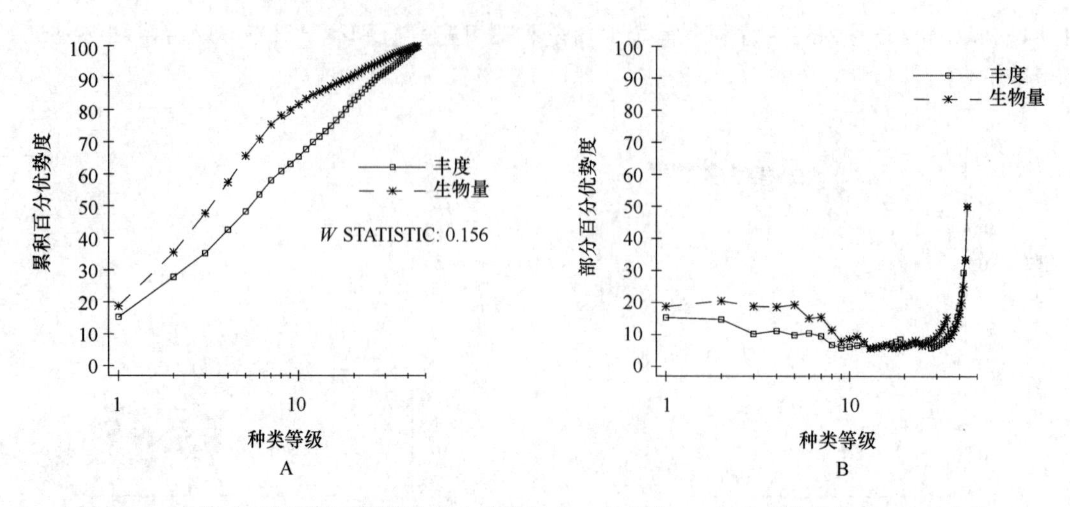

图 48-8　高尔夫球场泥沙滩群落丰度生物量复合 k-优势度（A）和部分优势度（B）曲线

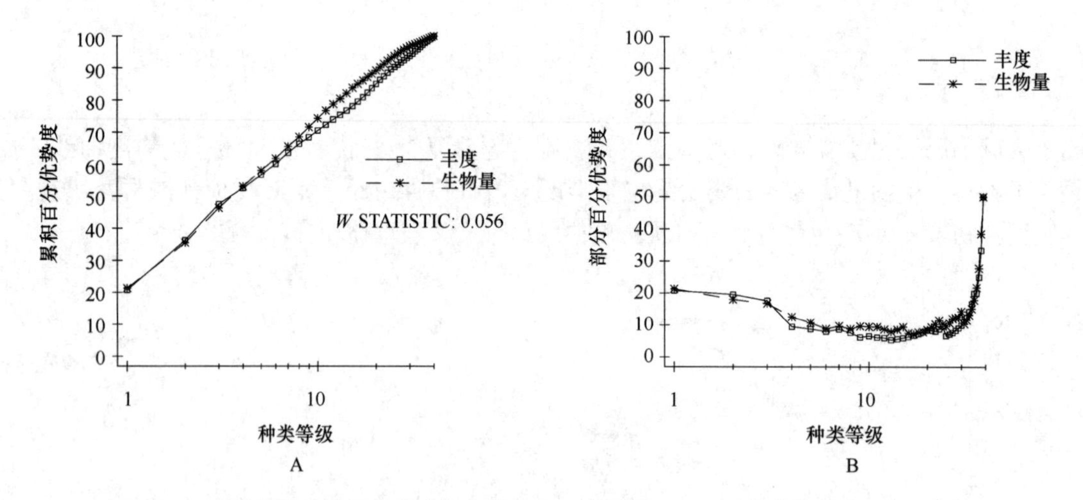

图 48-9　后径村泥沙滩群落丰度生物量复合 k-优势度（A）和部分优势度（B）曲线

第 49 章　漳浦海岸带滨海湿地

49.1　自然环境特征

漳浦海岸带滨海湿地分布于漳浦境内，漳浦县位于福建东南沿海南端，位于 117°35′~117°58′E，24°6′~23°32′N，面积 2 130.8 km^2。东临台湾海峡与台湾隔海相望，南隔东山湾与东山县对峙，西南与云霄县相连，西及西北与平和县、龙海市毗邻，北及东北与龙海市接壤。从县城绥安镇北往漳州 56 km、往福州 373 km，东北往厦门 125 km，南下到汕头 176 km。旧镇码头东到台湾高雄 264.836 km，北上到厦门 122.232 km，南下到香港 514.856 km。

县境负山面海，地势西北高、东南低，呈阶状展延。地貌有山地、丘陵、河谷、盆地、平原、滩涂、半岛、海湾（垵澳）、岛礁等类型。县境内地势由西北向东南倾斜，西北部为低山丘陵，东南部面海。地貌依次为低山—丘陵台地—河谷盆地—滨海小平原—滩涂、岛礁，山脉河流与地势同一走向。海岸线连绵曲折长达 216 km，居福建省第二位。

漳浦县境属南亚热带海洋性季风气候，热量丰富，雨量充沛，日照充足。然而，温度、雨量、日照等气象季节差异甚大。全年平均气温 21℃，年平均日照 2 119 h，年平均太阳辐射总量 132.76 kcal/cm^2，年平均降雨量 1 524.7 mm，无霜期 350 d。受地形影响，县境可分为西北部山地和高丘陵区、中部平原区、沿海地带 3 个气候分区，在气温、降雨量等方面有差异。一般情况下，西北部山地和高丘陵区气温低于中部平原区 1~2℃，中部平原区又低于沿海 1~2℃。并且，一日夜之间的气温差异，西北山地和高丘陵区大于中部平原，中部平原又大于沿海。降水量山地多于平原，平原多于沿海。

49.2　断面与站位布设

2006 年 10 月和 2007 年 5 月，2010 年 4 月和 10 月，2011 年 5 月分别在漳浦塘鼎村、琅琊山和乌嘴山先后布设 7 条断面进行潮间带大型底栖生物取样（表 49-1，图 49-1）。

表 49-1　漳浦海岸带滨海湿地潮间带大型底栖生物调查断面

序号	日期	断面	编号	经　度（E）	纬　度（N）	底质
1	2006 年 10 月，2007 年 5 月		FJ-C135	117°45′54.00″	23°57′54.00″	泥沙滩
2	2010 年 4，10 月	塘鼎村	L1	117°50′52.92″	24°1′50.40″	沙滩
3		琅琊山	L2	117°47′45.42″	23°58′18.36″	沙滩
4		乌嘴山	L3	117°46′19.32″	23°54′52.44″	岩石滩
5	2011 年 5 月		XT1	117°37′49.68″	23°52′49.58″	沙滩
6			XT2	117°37′33.00″	23°48′52.25″	沙滩
7			XT3	117°37′26.47″	23°46′24.36″	岩石滩

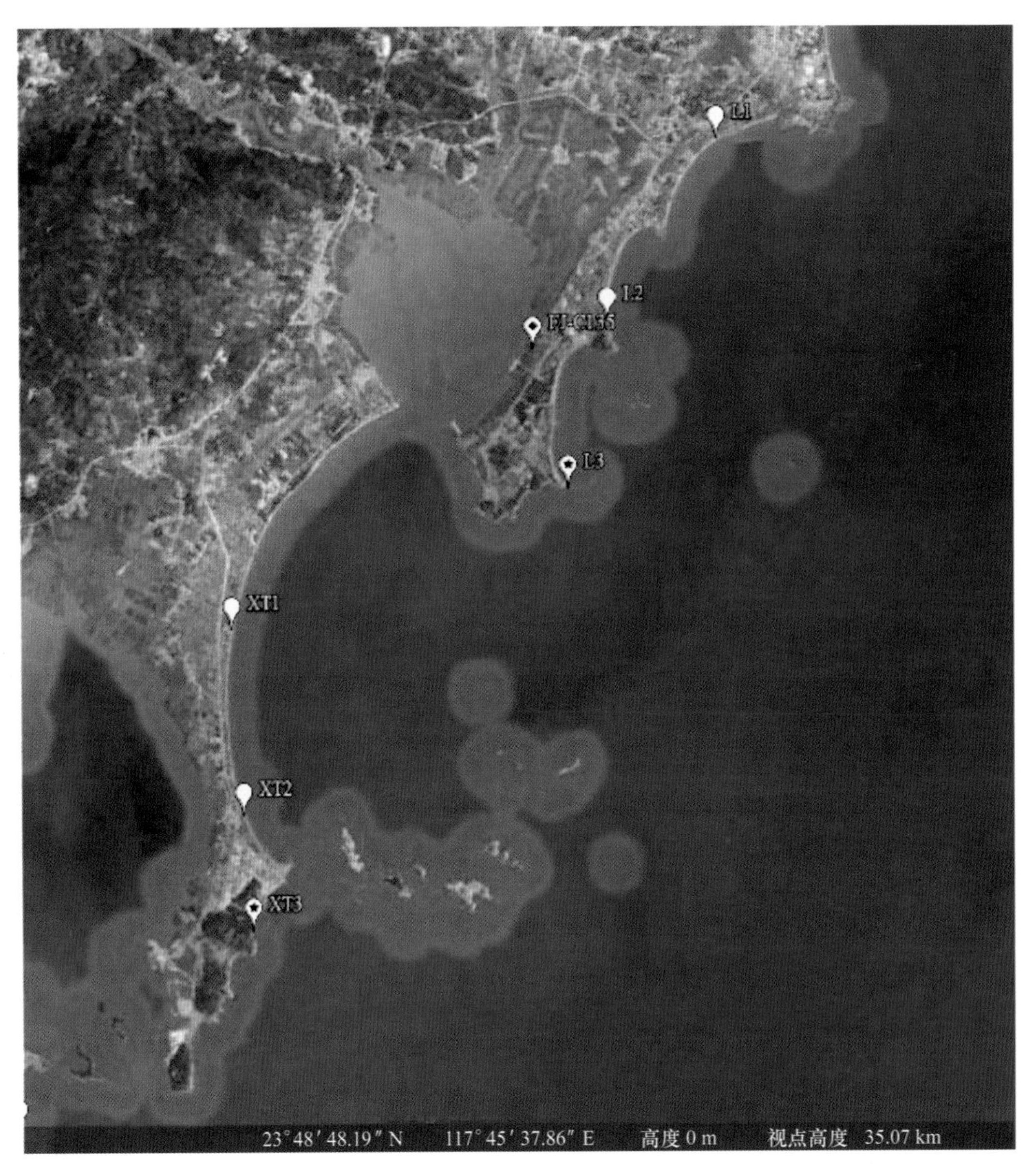

图 49-1 漳浦海岸带滨海湿地潮间带大型底栖生物调查断面

49.3 物种多样性

49.3.1 种类组成与分布

漳浦海岸带滨海湿地潮间带大型底栖生物 162 种，其中藻类 22 种，多毛类 43 种，软体动物 57 种，甲壳动物 31 种，棘皮动物 1 种和其他生物 8 种。多毛类、软体动物和甲壳动物占总种数的 80.86%，三者构成海岸带潮间带大型底栖生物主要类群。

漳浦海岸带滨海湿地岩石滩潮间带大型底栖生物 95 种，其中藻类 20 种，多毛类 15 种，软体动物 33 种，甲壳动物 20 种，棘皮动物 1 种和其他生物 6 种。藻类、软体动物和甲壳动物占总种数的

76.84%，三者构成海岸带岩石滩潮间带大型底栖生物主要类群。

漳浦海岸带滨海湿地沙滩潮间带大型底栖生物 57 种，其中藻类 5 种，多毛类 15 种，软体动物 18 种，甲壳动物 17 种和其他生物 2 种。多毛类、软体动物和甲壳动物占总种数的 87.71%，三者构成海岸带沙滩潮间带大型底栖生物主要类群。

漳浦海岸带滨海湿地泥沙滩潮间带大型底栖生物 102 种，其中：多毛类 38 种，软体动物 47 种，甲壳动物 13 种和其他生物 4 种。多毛类、软体动物和甲壳动物占总种数的 96.07%，三者构成海岸带泥沙滩潮间带大型底栖生物主要类群。

漳浦海岸带滨海湿地潮间带大型底栖生物物种平面分布，种数以泥沙滩较多（102 种），沙滩较少（57 种）。季节比较，岩石滩春季种数较多（57 种），秋季较少（44 种）；沙滩春季种数较多（49 种），秋季较少（20 种）；泥沙滩春季种数较多（86 种），秋季较少（44 种）。各断面物种组成与分布见表 49-2。

表 49-2　漳浦海岸带滨海湿地潮间带大型底栖生物物种组成与分布　　单位：种

底质	断面	季节	藻类	多毛类	软体动物	甲壳动物	棘皮动物	其他生物	合计
岩石滩	XT3	春季	17	7	9	4	1	1	39
	L3		13	9	23	11	0	1	57
		秋季	3	7	19	11	0	4	44
		小计	14	11	29	16	0	5	75
	合计		20	15	33	20	1	6	95
沙滩	L1	春季	0	6	5	9	0	1	21
	L2		2	2	4	13	0	1	22
	XT1		0	6	8	3	0	0	17
	XT2		5	3	6	1	0	0	15
	小计		5	12	16	15	0	1	49
	L1	秋季	0	3	4	7	0	0	14
	L2		1	5	1	7	0	0	14
	小计		1	5	5	8	0	1	20
	L1	春秋	0	8	7	12	0	1	28
	L2		3	5	4	15	0	1	28
	小计		3	9	8	16	0	1	42
	合计		5	15	18	17	0	2	57
泥沙滩	FJ-C135	春季	0	32	39	11	0	4	86
		秋季	0	19	20	4	0	1	44
		合计	0	38	47	13	0	4	102
总计			22	43	57	31	1	8	162

49.3.2　优势种和主要种

根据数量和出现率，漳浦海岸带滨海湿地潮间带大型底栖生物优势种和主要种有小珊瑚藻、海头红、小石花菜、铁丁菜、密毛沙菜、圆锥凹顶藻、厚缘藻、羊栖菜、半叶马尾藻、鼠尾藻、瓦氏马尾藻、细毛背鳞虫、双管阔沙蚕、膜囊尖锥虫、背蚓虫、透明模裂虫、杂色围沙蚕、弯齿围沙蚕、不倒翁虫、凸壳肌蛤、变化短齿蛤、黑荞麦蛤、彩虹蛤蜊、棘刺牡蛎、狄氏斧蛤、等边浅蛤、文蛤、绿螂、光滑河蓝蛤、拟帽贝、嫁戚、单齿螺、锈凹螺、昌螺、托氏昌螺、粒花冠小月螺、渔舟蜒螺、粒结节滨螺、塔结节滨螺、珠带拟蟹守螺、小翼拟蟹守螺、纵带滩栖螺、疣荔枝螺、泥螺、日本菊花螺、东方小藤壶、鳞笠藤壶、葛氏胖钩虾、黑眼胖钩虾、长额拟猛钩虾、同掌红眼钩虾和小相手蟹等。

49.4　数量时空分布

49.4.1　数量组成与季节变化

漳浦海岸带滨海湿地岩石滩、沙滩和泥沙滩潮间带大型底栖生物春秋季平均生物量为457.89 g/m^2，平均栖息密度为771个/m^2。生物量以藻类居第一位（277.27 g/m^2），软体动物居第二位（116.48 g/m^2）；栖息密度以甲壳动物居第一位（391个/m^2），软体动物居第二位（279个/m^2）。数量季节变化，岩石滩，生物量以春季较大（2 065.31 g/m^2），秋季较小（545.69 g/m^2）；栖息密度以秋季较大（1 836个/m^2），春季较小（748个/m^2）。沙滩，生物量以春季较大（23.36 g/m^2），秋季较小（2.32 g/m^2）；栖息密度以春季较大（252个/m^2），秋季较小（66个/m^2）。泥沙滩，生物量以秋季较大（55.94 g/m^2），春季较小（54.58 g/m^2）；栖息密度以春季较大（1 351个/m^2），秋季较小（376个/m^2）。各断面数量组成与季节变化见表49-3至表49-5。

表49-3　漳浦海岸带滨海湿地潮间带大型底栖生物数量组成与季节变化

数量	底质	季节	藻类	多毛类	软体动物	甲壳动物	棘皮动物	其他生物	合计
生物量（g/m^2）	岩石滩	春季	1 578.73	8.39	232.82	245.34	0	0.03	2 065.31
		秋季	84.84	0.22	350.01	110.36	0	0.26	545.69
		平均	831.79	4.31	291.42	177.85	0	0.15	1 305.52
	沙滩	春季	0.01	0.93	21.12	1.29	0	0.01	23.36
		秋季	0.01	0.11	0.84	1.36	0	0	2.32
		平均	0.01	0.52	10.98	1.33	0	0.01	12.85
	泥沙滩	春季	0	7.87	43.01	3.63	0	0.07	54.58
		秋季	0	3.54	51.04	1.35	0	0.01	55.94
		平均	0	5.71	47.03	2.49	0	0.04	55.27
	平均		277.27	3.51	116.48	60.56	0	0.07	457.89
密度（个/m^2）	岩石滩	春季	—	60	258	429	0	1	748
		秋季	—	19	150	1 662	0	5	1 836
		平均	—	40	204	1 046	0	3	1 293
	沙滩	春季	—	35	47	169	0	1	252
		秋季	—	7	27	32	0	0	66
		平均	—	21	37	101	0	1	160
	泥沙滩	春季	—	392	909	45	0	5	1 351
		秋季	—	82	285	8	0	1	376
		平均	—	237	597	27	0	3	864
	平均		—	99	279	391	0	2	771

表 49-4　漳浦海岸带滨海湿地潮间带大型底栖生物生物量组成与季节变化　　单位：g/m^2

底质	断面	季节	藻类	多毛类	软体动物	甲壳动物	棘皮动物	其他生物	合计
岩石滩	XT3	春季	525.69	16.31	239.33	462.01	0	0	1 243.34
	L3		2 631.77	0.47	226.31	28.67	0	0.05	2 887.27
		平均	1 578.73	8.39	232.82	245.34	0	0.03	2 065.31
		秋季	84.84	0.22	350.01	110.36	0	0.26	545.69
	平均		831.79	4.31	291.42	177.85	0	0.15	1 305.52
沙滩	L1	春季	0	0.41	43.11	2.51	0	0.04	46.07
	L2		0.03	0.53	17.33	1.64	0	0	19.53
	XT1		0	1.88	12.23	0.66	0	0	14.77
	XT2		0	0.89	11.82	0.35	0	0	13.06
	平均		0.01	0.93	21.12	1.29	0	0.01	23.36
	L1	秋季	0	0.09	1.40	0.88	0	0	2.37
	L2		0.01	0.12	0.27	1.84	0	0	2.24
	平均		0.01	0.11	0.84	1.36	0	0	2.32
	L1	春秋	0	0.25	22.26	1.70	0	0.02	24.23
	L2		0.02	0.33	8.80	1.74	0	0	10.89
	平均		0.01	0.29	15.53	1.72	0	0.01	17.56
	平均		0.01	0.52	10.98	1.33	0	0.01	12.85
泥沙滩	FJ-C135	春季	0	7.87	43.01	3.63	0	0.07	54.58
		秋季	0	3.54	51.04	1.35	0	0.01	55.94
		平均	0	5.71	47.03	2.49	0	0.04	55.27
平均			277.27	3.51	116.48	60.56	0	0.07	457.89

表 49-5　漳浦海岸带滨海湿地潮间带大型底栖生物栖息密度组成与季节变化　　单位：个/m^2

底质	断面	季节	多毛类	软体动物	甲壳动物	棘皮动物	其他生物	合计
岩石滩	XT3	春季	85	188	332	0	0	605
	L3		35	328	526	0	2	891
		平均	60	258	429	0	1	748
		秋季	19	150	1 662	0	5	1 836
	平均		40	204	1 046	0	3	1 293
沙滩	L1	春季	12	88	337	0	1	438
	L2		9	13	336	0	1	359
	XT1		104	25	1	0	0	130
	XT2		15	61	1	0	0	77
	平均		35	47	169	0	1	252
	L1	秋季	5	8	26	0	0	39
	L2		9	45	37	0	0	91
	平均		7	27	32	0	0	66
	L1	春秋	9	48	182	0	1	240
	L2		9	29	187	0	1	226
	平均		9	39	185	0	1	234
	平均		21	37	101	0	1	160

续表

底质	断面	季节	多毛类	软体动物	甲壳动物	棘皮动物	其他生物	合计
泥沙滩	FJ-C135	春季	392	909	45	0	5	1 351
		秋季	82	285	8	0	1	376
		平均	237	597	27	0	3	864
平均			99	279	391	0	2	771

49.4.2　数量分布

漳浦海岸带滨海湿地潮间带大型底栖生物数量分布，断面间数量平面分布不尽相同，数量垂直分布也不同。

2010年春季和秋季，漳浦海岸带滨海湿地潮间带大型底栖生物数量垂直分布，生物量从高到低依次为低潮区（1 325.08 g/m^2）、中潮区（423.51 g/m^2）、高潮区（3.00 g/m^2），主要原因在于岩石滩低潮区藻类所致；栖息密度从高到低依次为中潮区（1 512个/m^2）、低潮区（263个/m^2）、高潮区（53个/m^2）。生物量和栖息密度均以高潮区较小。各断面数量垂直分布见表49-6和表49-7。

表49-6　2010年春季和秋季漳浦海岸带滨海湿地潮间带大型底栖生物生物量垂直分布　单位：g/m^2

潮区	断面	季节	藻类	多毛类	软体动物	甲壳动物	棘皮动物	其他生物	合计
高潮区	L1	春季	0	0	0	0	0	0	0
		秋季	0	0	0	0	0	0	0
		平均	0	0	0	0	0	0	0
	L2	春季	0	0	0	0.64	0	0	0.64
		秋季	0	0	0	0	0	0	0
		平均	0	0	0	0.32	0	0	0.32
	L3	春季	0	0	12.64	0	0	0	12.64
		秋季	0	0	4.72	0	0	0	4.72
		平均	0	0	8.68	0	0	0	8.68
	平均	春季	0	0	4.21	0.21	0	0	4.42
		秋季	0	0	1.57	0	0	0	1.57
		平均	0	0	2.89	0.11	0	0	3.00
中潮区	L1	春季	0	0.15	125.93	1.71	0	0	127.79
		秋季	0	0.24	3.93	2.33	0	0	6.50
		平均	0	0.19	64.93	2.02	0	0	67.14
	L2	春季	0.09	0.59	52.00	3.96	0	0.01	56.65
		秋季	0.04	0.21	0.57	5.49	0	0	6.31
		平均	0.07	0.40	26.29	4.73	0	0.01	31.50
	L3	春季	145.63	1.09	666.29	85.52	0	0.16	898.69
		秋季	67.39	0.67	1 045.23	331.09	0	0.77	1 445.15
		平均	106.51	0.88	855.76	208.31	0	0.47	1 171.93
	平均	春季	48.57	0.61	281.41	30.40	0	0.06	361.05
		秋季	22.48	0.37	349.91	112.97	0	0.26	485.99
		平均	35.52	0.49	315.66	71.68	0	0.16	423.51

续表 49-6

潮区	断面	季节	藻类	多毛类	软体动物	甲壳动物	棘皮动物	其他生物	合计
低潮区	L1	春季	0	1.08	3.40	5.81	0	0.12	10.41
		秋季	0	0.04	0.28	0.32	0	0	0.64
		平均	0	0.56	1.84	3.07	0	0.06	5.53
	L2	春季	0	1.00	0	0.32	0	0	1.32
		秋季	0	0.16	0.24	0.04	0	0	0.44
		平均	0	0.58	0.12	0.18	0	0	0.88
	L3	春季	7 749.68	0.32	0	0.48	0	0	7 750.48
		秋季	187.12	0	0.08	0	0	0	187.20
		平均	3 968.40	0.16	0.04	0.24	0	0	3 968.84
	平均	春季	2 583.23	0.80	1.13	2.20	0	0.04	2 587.4
		秋季	62.37	0.07	0.20	0.12	0	0	62.76
		平均	1 322.80	0.43	0.67	1.16	0	0.02	1 325.08
平均	L1	春季	0	0.41	43.11	2.51	0	0.04	46.07
		秋季	0	0.09	1.40	0.88	0	0	2.37
		平均	0	0.25	22.26	1.70	0	0.02	24.23
	L2	春季	0.03	0.53	17.33	1.64	0	0	19.53
		秋季	0.01	0.12	0.27	1.84	0	0	2.24
		平均	0.02	0.33	8.80	1.74	0	0	10.89
	L3	春季	2 631.77	0.47	226.31	28.67	0	0.05	2 887.27
		秋季	84.84	0.22	350.01	110.36	0	0.26	545.69
		平均	1 358.30	0.35	288.16	69.52	0	0.16	1 716.49
	平均	春季	877.27	0.47	95.59	10.94	0	0.03	984.30
		秋季	28.28	0.15	117.23	37.70	0	0.09	183.45
		平均	452.77	0.31	106.41	24.32	0	0.06	583.87

表 49-7　2010 年春季和秋季漳浦海岸带滨海湿地潮间带大型底栖生物栖息密度垂直分布　单位：个/m²

潮区	断面	季节	多毛类	软体动物	甲壳动物	棘皮动物	其他生物	合计
高潮区	L1	春季	0	0	0	0	0	0
		秋季	0	0	0	0	0	0
		平均	0	0	0	0	0	0
	L2	春季	0	0	0.4	0	0	0.4
		秋季	0	0	0	0	0	0
		平均	0	0	0.2	0	0	0.2
	L3	春季	0	200	0	0	0	200
		秋季	0	120	0	0	0	120
		平均	0	160	0	0	0	160
	平均	春季	0	67	0	0	0	67
		秋季	0	40	0	0	0	40
		平均	0	53	0	0	0	53

续表 49-7

潮区	断面	季节	多毛类	软体动物	甲壳动物	棘皮动物	其他生物	合计
中潮区	L1	春季	4	197	104	0	0	305
		秋季	4	7	7	0	0	18
		平均	4	102	55	0	0	161
	L2	春季	7	40	880	0	3	930
		秋季	16	84	79	0	0	179
		平均	11	62	479	0	1	553
	L3	春季	56	784	1 419	0	5	2 264
		秋季	56	323	4 985	0	16	5 380
		平均	56	553	3 202	0	11	3 822
	平均	春季	22	340	801	0	3	1 166
		秋季	25	138	1 690	0	5	1 858
		平均	24	239	1 245	0	4	1 512
低潮区	L1	春季	32	68	908	0	4	1 012
		秋季	12	16	72	0	0	100
		平均	22	42	490	0	2	556
	L2	春季	20	0	128	0	0	148
		秋季	12	52	32	0	0	96
		平均	16	26	80	0	0	122
	L3	春季	48	0	160	0	0	208
		秋季	0	8	0	0	0	8
		平均	24	4	80	0	0	108
	平均	春季	33	23	399	0	1	456
		秋季	8	25	35	0	0	68
		平均	21	24	217	0	1	263
平均	L1	春季	12	88	337	0	1	438
		秋季	5	8	26	0	0	39
		平均	9	48	182	0	1	240
	L2	春季	9	13	336	0	1	359
		秋季	9	45	37	0	0	91
		平均	9	29	187	0	0	225
	L3	春季	35	328	526	0	2	891
		秋季	19	150	1 662	0	5	1 836
		平均	27	239	1 094	0	4	1 364
	平均	春季	19	143	400	0	1	563
		秋季	11	68	575	0	2	656
		平均	15	105	487	0	2	609

漳浦海岸带滨海湿地泥沙滩潮间带大型底栖生物数量垂直分布，生物量从高到低依次为中潮区（82.52 g/m^2）、高潮区（76.54 g/m^2）、低潮区（6.74 g/m^2）；栖息密度从高到低依次为中潮区

（2 032 个/m²）、低潮区和高潮区（均为 280 个/m²），生物量和栖息密度均以中潮区较大。数量垂直分布与季节变化见表 49-8。

表 49-8　漳浦海岸带滨海湿地泥沙滩潮间带大型底栖生物数量垂直分布

数量	潮区	季节	多毛类	软体动物	甲壳动物	棘皮动物	其他动物	合计
生物量（g/m²）	高潮区	春季	0.29	0.12	4.48	0	0	4.89
		秋季	6.22	140.84	1.08	0	0.04	148.18
		平均	3.26	70.48	2.78	0	0.02	76.54
	中潮区	春季	16.81	122.19	6.17	0	0.21	145.38
		秋季	4.39	12.29	2.97	0	0	19.65
		平均	10.60	67.24	4.57	0	0.11	82.52
	低潮区	春季	6.51	6.72	0.24	0	0	13.47
		秋季	0	0	0	0	0	0
		平均	3.26	3.36	0.12	0	0	6.74
密度（个/m²）	高潮区	春季	8	4	12	0	0	24
		秋季	148	368	16	0	4	536
		平均	78	186	14	0	2	280
	中潮区	春季	716	2 648	92	0	15	3 471
		秋季	99	487	9	0	0	595
		平均	407	1 567	51	0	7	2 032
	低潮区	春季	452	76	32	0	0	560
		秋季	0	0	0	0	0	0
		平均	226	38	16	0	0	280

49.4.3　饵料生物水平

春秋季漳浦海岸带滨海湿地潮间带大型底栖生物饵料水平分级为Ⅴ级，其中藻类、软体动物和甲壳动物较高，达Ⅴ级，多毛类、棘皮动物和其他生物较低，均为Ⅰ级。岩石滩潮间带大型底栖生物春秋季饵料水平分级为Ⅴ级，其中藻类、软体动物和甲壳动物较高，达Ⅴ级，多毛类、棘皮动物和其他生物较低，均为Ⅰ级。沙滩潮间带大型底栖生物春秋季饵料水平分级为Ⅲ级，其中软体动物较高，为Ⅲ级，藻类、多毛类、甲壳动物、棘皮动物和其他生物较低，均为Ⅰ级。泥沙滩潮间带大型底栖生物春秋季饵料水平分级为Ⅴ级，其中软体动物较高，达Ⅳ级，藻类、甲壳动物、棘皮动物和其他生物较低，均为Ⅰ级（表 49-9）。

表 49-9　漳浦海岸带滨海湿地潮间带大型底栖生物饵料水平分级

底质	季节	藻类	多毛类	软体动物	甲壳动物	棘皮动物	其他生物	评价标准
岩石滩	春季	Ⅴ	Ⅱ	Ⅴ	Ⅴ	Ⅰ	Ⅰ	Ⅴ
	秋季	Ⅴ	Ⅰ	Ⅴ	Ⅴ	Ⅰ	Ⅰ	Ⅴ
	平均	Ⅴ	Ⅰ	Ⅴ	Ⅴ	Ⅰ	Ⅰ	Ⅴ
沙滩	春季	Ⅰ	Ⅰ	Ⅲ	Ⅰ	Ⅰ	Ⅰ	Ⅲ
	秋季	Ⅰ	Ⅰ	Ⅰ	Ⅰ	Ⅰ	Ⅰ	Ⅰ
	平均	Ⅰ	Ⅰ	Ⅲ	Ⅰ	Ⅰ	Ⅰ	Ⅲ

续表 49-9

底质	季节	藻类	多毛类	软体动物	甲壳动物	棘皮动物	其他生物	评价标准
泥沙滩	春季	Ⅰ	Ⅱ	Ⅳ	Ⅰ	Ⅰ	Ⅰ	Ⅴ
	秋季	Ⅰ	Ⅰ	Ⅴ	Ⅰ	Ⅰ	Ⅰ	Ⅴ
	平均	Ⅰ	Ⅱ	Ⅳ	Ⅰ	Ⅰ	Ⅰ	Ⅴ
平均		Ⅴ	Ⅰ	Ⅴ	Ⅴ	Ⅰ	Ⅰ	Ⅴ

49.5　群落

49.5.1　群落类型

漳浦海岸带滨海湿地潮间带大型底栖生物群落主要有：

（1）岩石滩群落。高潮区：粒结节滨螺—粗糙滨螺带；中潮区：铁丁菜—透明模裂虫—棘刺牡蛎—东方小藤壶带；低潮区：羊栖菜—半叶马尾藻—双管阔沙蚕—强壮藻钩虾带。

（2）沙滩群落。高潮区：痕掌沙蟹带；中潮区：膜囊尖锥虫—狄氏斧蛤—等边浅蛤—黑眼胖钩虾带；低潮区：膜囊尖锥虫—日本卵蛤—长额拟猛钩虾带。

（3）泥沙滩群落。高潮区：韦氏毛带蟹带；中潮区：背蚓虫—珠带拟蟹守螺—托氏昌螺—弧边招潮带；低潮区：不倒翁虫—豆形胡桃蛤—三叶针尾涟虫带。

49.5.2　群落结构

（1）岩石滩群落。该群落所处滩面底质类型在高潮区至低潮区以花岗岩为主，滩面长度为 100～150 m。

高潮区：粒结节滨螺—粗糙滨螺带。该潮区代表种粒结节滨螺，数量不高，生物量和栖息密度分别为 12.64 g/m^2 和 200 个/m^2。粗糙滨螺的生物量和栖息密度分别为 0.72 g/m^2 和 56 个/m^2。定性尚可采集到龟足。

中潮区：铁丁菜—透明模裂虫—棘刺牡蛎—东方小藤壶带。该区优势种铁丁菜，主要分布在本区中、下层，形成一条分布带，最大生物量达 375.04 g/m^2。透明模裂虫，仅分布在本区中、下层，在中层的生物量和栖息密度分别为 0.16 g/m^2 和 56 个/m^2；下层的生物量和栖息密度较低，分别为 0.08 g/m^2 和 16 个/m^2。优势种棘刺牡蛎，分布在本区上、中层，在中层的生物量和栖息密度分别高达 1 919.04 g/m^2 和 528 个/m^2。优势种东方小藤壶，仅分布在本区上层，生物量和栖息密度分别高达 244.0 g/m^2 和 4 128 个/m^2。其他主要种和习见种有小石花菜、小珊瑚藻、芋根江蓠、中间软刺藻、弯齿围沙蚕、杂色围沙蚕、岩虫、变化短齿蛤、黑荞麦蛤、红拉沙蛤、矮拟帽贝、拟帽贝、小节贝、单齿螺、粒花冠小月螺、渔舟蜒螺、疣荔枝螺、日本菊花螺、鳞笠藤壶、大角玻璃钩虾和小相手蟹等。

低潮区：羊栖菜—半叶马尾藻—双管阔沙蚕—强壮藻钩虾带。该区优势种羊栖菜，仅在本区出现，生物量高达 4 694.40 g/m^2。优势种半叶马尾藻，仅在本区出现，生物量高达 2 756.48 g/m^2。双管阔沙蚕，仅在本区出现，数量较低，生物量和栖息密度分别为 0.08 g/m^2 和 16 个/m^2。强壮藻钩虾，仅在本区出现，生物量和栖息密度分别为 0.24 g/m^2 和 72 个/m^2。其他主要种和习见种有细毛背鳞虫、模裂虫、花索沙蚕、日本花棘石鳖、锈凹螺、甲虫螺、腔齿海底水虱、等足棒鞭水虱、小石花菜、单条胶黏藻、小珊瑚藻和鼠尾藻等（图 49-2）。

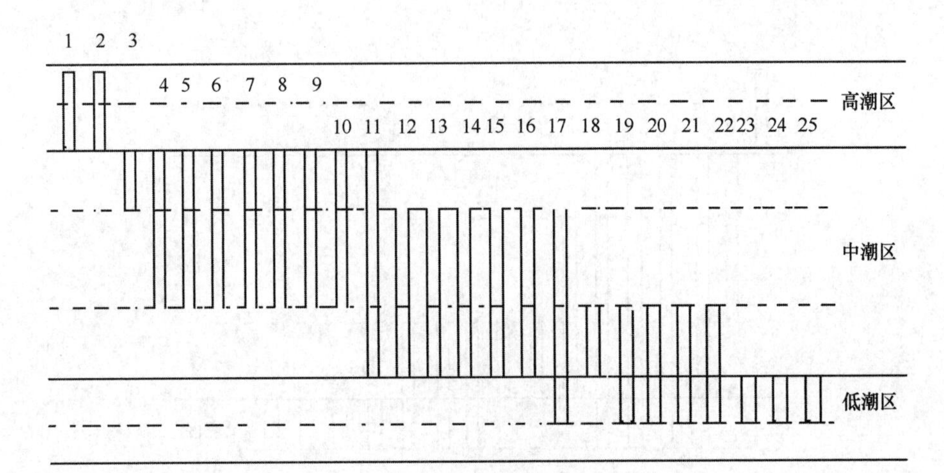

图 49-2　岩石滩群落主要种垂直分布

1. 粗糙滨螺；2. 粒结节滨螺；3. 东方小藤壶；4. 棘刺牡蛎；5. 拟帽贝；6. 鳞笠藤壶；7. 单齿螺；8. 粒花冠小月螺；9. 渔舟蜒螺；10. 铁丁菜；11. 日本菊花螺；12. 透明模裂虫；13. 杂色围沙蚕；14. 变化短齿蛤；15. 疣荔枝螺；16. 条纹隔贻贝；17. 小石花菜；18. 小相手蟹；19. 锈凹螺；20. 细毛背鳞虫；21. 小珊瑚藻；22. 甲虫螺；23. 羊栖菜；24. 半叶马尾藻；25. 鼠尾藻

(2) 沙滩群落。该群落所处滩面底质类型为砂和粗砂，L2 断面滩面长度为 150～200 m。潮上带有风力发电机，堤内有养虾池。

高潮区：痕掌沙蟹带。该潮区种类贫乏，数量不高，代表种为痕掌沙蟹，仅在本区出现，生物量和栖息密度分别为 0.64 g/m^2 和 1 个/m^2。

中潮区：膜囊尖锥虫—狄氏斧蛤—等边浅蛤—黑眼胖钩虾带。该潮区主要种膜囊尖锥虫，自本区可延伸分布至低潮区，在本区的生物量和栖息密度分别为 0.16 g/m^2 和 12 个/m^2。优势种狄氏斧蛤，仅在本区出现，在上层的生物量和栖息密度较高，分别为 12.76 g/m^2 和 56 个/m^2，中层分别为 1.8 g/m^2 和 32 个/m^2，下层分别为 0.16 g/m^2 和 8 个/m^2。等边浅蛤，仅在中潮区上、中层出现，上层生物量和栖息密度分别为 28.04 g/m^2 和 4 个/m^2，中层分别为 113.12 g/m^2 和 16 个/m^2。优势种黑眼胖钩虾，自本区可延伸分布至低潮区，在中潮区上层的生物量和栖息密度分别为 2.16 g/m^2 和 2 024 个/m^2，中层分别为 0.04 g/m^2 和 32 个/m^2，下层分别为 0.04 g/m^2 和 4 个/m^2。其他主要种和习见种有楔形斧蛤、文蛤、昌螺、日本圆柱水虱、大角玻璃钩虾、葛氏胖钩虾、长额拟猛钩虾、日本大螯蜚、解放眉足蟹、亚洲鼹蟹、长腕和尚蟹和无沟纽虫等。

低潮区：膜囊尖锥虫—日本卵蛤—长额拟猛钩虾带。该潮区主要种膜囊尖锥虫，自中潮区可延伸分布至本区，在本区的生物量和栖息密度分别为 0.64 g/m^2 和 16 个/m^2。日本卵蛤，仅在本区出现，生物量和栖息密度分别为 0.56 g/m^2 和 52 个/m^2。长额拟猛钩虾，自中潮区可延伸分布至本区，在本区的生物量和栖息密度分别为 2.20 g/m^2 和 292 个/m^2。其他主要种和习见种有日本角吻沙蚕、加州齿吻沙蚕、软须阿曼吉虫、斑纹圆柱水虱、葛氏胖钩虾、同掌红眼钩虾和厦门文昌鱼等（图 49-3）。

(3) 泥沙滩群落。高潮区：韦氏毛带蟹带。该潮区种类贫乏，数量不高，代表种韦氏毛带蟹，自本区可向下延伸分布至中潮区上层，在本区的生物量和栖息密度分别为 4.48 g/m^2 和 12 个/m^2。

中潮区：背蚓虫—珠带拟蟹守螺—托氏昌螺—弧边招潮带。该潮区主要种背蚓虫，在本区中层的生物量和栖息密度分别为 7.37 g/m^2 和 208 个/m^2，下层分别为 0.46 g/m^2 和 52 个/m^2。优势种珠带

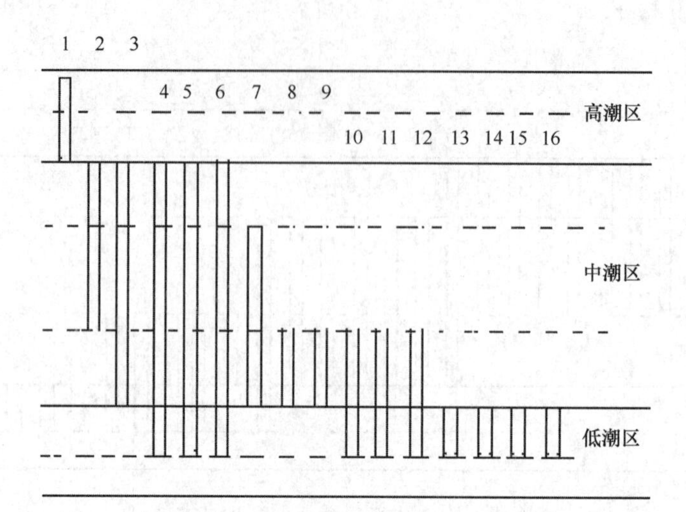

图 49-3 沙滩群落主要种垂直分布

1. 痕掌沙蟹；2. 等边浅蛤；3. 狄氏斧蛤；4. 黑眼胖钩虾；5. 长额拟猛钩虾；6. 楔形斧蛤；7. 解放眉足蟹；8. 文蛤；9. 昌螺；10. 葛氏胖钩虾；11. 加州齿吻沙蚕；12. 膜囊尖锥虫；13. 同掌红眼钩虾；14. 厦门文昌鱼；15. 软须阿曼吉虫；16. 日本卵蛤

拟蟹守螺，仅在本区出现，在上层的生物量和栖息密度分别为 0.40 g/m² 和 8 个/m²，中层分别为 5.64 g/m² 和 160 个/m²，下层分别为 177.28 g/m² 和 4 496 个/m²。托氏昌螺，仅在中潮区中层出现，生物量和栖息密度分别为 42.08 g/m² 和 224 个/m²。弧边招潮，仅在本区出现，生物量和栖息密度分别为 15.76 g/m² 和 12 个/m²。其他主要种和习见种有色斑刺沙蚕、平衡囊尖锥虫、加州中蚓虫、异足索沙蚕、肾刺缨虫、凸壳肌蛤、彩虹明樱蛤、红明樱蛤、青蛤、绿螂、光滑河蓝蛤、光滑狭口螺、小翼拟蟹守螺、纵带滩栖螺、泥螺、塞切尔泥钩虾、日本大螯蜚、长方蟹和竿鰕虎鱼等。

低潮区：不倒翁虫—豆形胡桃蛤—三叶针尾涟虫带。该潮区主要种不倒翁虫，自中潮区可延伸分布至本区，在本区的生物量和栖息密度分别为 5.16 g/m² 和 272 个/m²。豆形胡桃蛤，自中潮区可延伸分布至本区，在本区的生物量和栖息密度分别为 0.04 g/m² 和 12 个/m²。三叶针尾涟虫，自中潮区可延伸分布至本区，在本区的生物量和栖息密度分别为 0.04 g/m² 和 8 个/m²。其他主要种和习见种有日本强鳞虫、花冈钩毛虫、叶须内卷齿蚕、刚鳃虫、加州中蚓虫、背蚓虫、似蛰虫、理蛤、秀丽波纹蛤和塞切尔泥钩虾等（图 49-4）。

49.5.3 群落生态特征值

根据 Margalef 种类丰富度指数（d），Shannon-Wiener 种类多样性指数（H'），Pielous 种类均匀度指数（J）和 Simpson 优势度指数（D）显示，春秋季漳浦海岸带滨海湿地潮间带大型底栖生物群落平均丰富度指数（d）泥沙滩群落较高（8.815 0），沙滩群落较低（2.025 2）；多样性指数（H'），泥沙滩群落较高（2.459 2），沙滩群落较低（1.907 8）；均匀度指数（J），沙滩群落较高（0.757 1），岩石滩群落较低（0.393 6）；Simpson 优势度（D），岩石滩群落较高（0.224 7），泥沙滩群落较低（0.181 8）。各群落生态特征值季节变化见表 49-10。

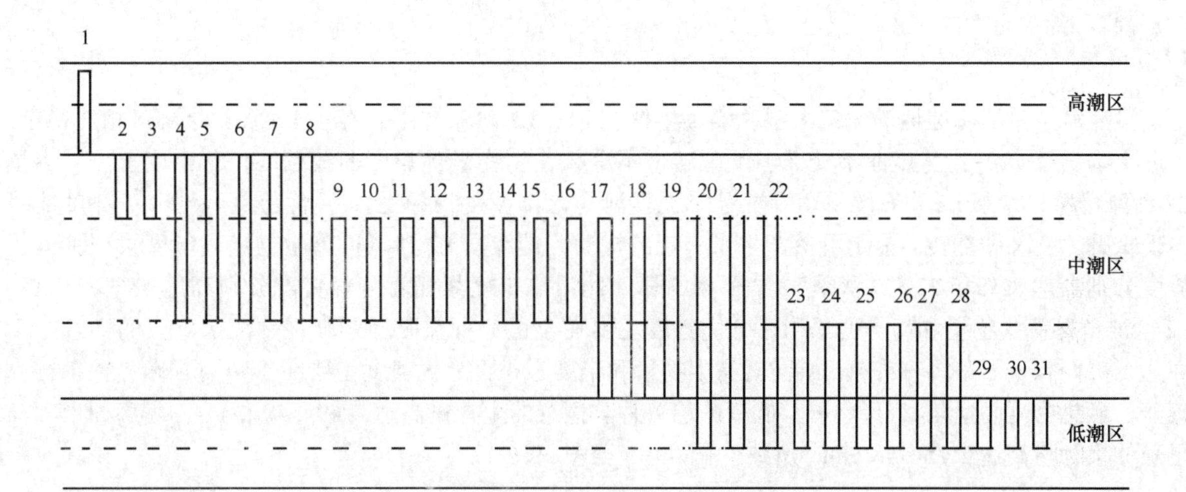

图 49-4　泥沙滩群落主要种垂直分布

1. 韦氏毛带蟹；2. 红明樱蛤；3. 托氏昌螺；4. 平衡囊尖锥虫；5. 异足索沙蚕；6. 青蛤；7. 珠带拟蟹守螺；8. 小翼拟蟹守螺；9. 纵带滩栖螺；10. 加州中蚓虫；11. 凸壳肌蛤；12. 拟斧蛤；13. 绿螂；14. 光滑河蓝蛤；15. 弧边招潮；16. 锯眼泥蟹；17. 泥螺；18. 光滑狭口螺；19. 长方蟹；20. 背蚓虫；21. 肾刺缨虫；22. 塞切尔泥钩虾；23. 日本大螯蜚；24. 叶须内卷齿蚕；25. 刚鳃虫；26. 不倒翁虫；27. 豆形胡桃蛤；28. 彩虹明樱蛤；29. 理蛤；30. 秀丽波纹蛤；31. 三叶针尾涟虫

表 49-10　漳浦海岸带滨海湿地潮间带大型底栖生物群落生态特征值

群落	断面	季节	d	H'	J	D
岩石滩	XT3	春季	2.010 0	2.990 0	0.720 0	0.190 0
	L3		3.716 4	1.823 4	0.517 1	0.348 0
		平均	2.863 2	2.406 7	0.618 6	0.269 0
		秋季	2.476 0	0.542 7	0.168 6	0.180 3
		平均	3.096 2	1.183 1	0.342 9	0.264 2
	平均		2.669 6	1.474 7	0.393 6	0.224 7
沙滩	L1	春季	2.512 5	1.918 7	0.640 5	0.200 2
	L2		1.879 2	1.051 5	0.379 2	0.475 9
	XT1		2.250 0	2.380 0	0.610 0	0.310 0
	XT2		1.260 0	1.080 0	0.340 0	0.320 0
	平均		1.975 4	1.607 6	0.492 4	0.326 5
	L1	秋季	2.189 5	2.115 9	0.851 5	0.148 1
	L2		1.860 8	1.699 6	0.662 6	0.278 2
	平均		2.025 2	1.907 8	0.757 1	0.213 2
泥沙滩	FJ-C135	春季	10.787 6	2.393 6	0.540 2	0.213 3
		秋季	6.842 4	2.524 8	0.671 3	0.150 2
		平均	8.815 0	2.459 2	0.605 8	0.181 8

49.5.4　群落稳定性

漳浦海岸带滨海湿地潮间带大型底栖生物秋季 L1、L2 沙滩群落和春季 L3 岩石滩群落相对稳定，丰度生物量复合 k-优势度曲不交叉、不翻转、不重叠，生物量优势度曲线始终位于丰度上方。春季 L2 沙滩群落、秋季 L3 岩石滩群落和春秋季泥沙滩群落丰度生物量复合 k-优势度和部分优势度曲线出现重叠、交叉和翻转，显示群落产生了一定的扰动，且春季 L2 沙滩群落生物量和丰度累积百分优势度分别高达 82%和 72%，秋季 L3 岩石滩群落生物量和丰度累积百分优势度分别高达 75%和 90%。L2 沙滩群落高生物量和高丰度累积百分优势度主要在于优势种黑眼胖钩虾在中潮区上层的栖息密度高达 2 024 个/m²；秋季 L3 岩石滩群落高生物量和丰度累积百分优势度主要在于中潮区优势种东方小藤壶，栖息密度高达 4 128 个/m²，低潮区优势种羊栖菜的生物量高达 4 694.40 g/m²，优势种半叶马尾藻的生物量高达 2 756.48 g/m² 所致（图 49-5 至图 49-9）。

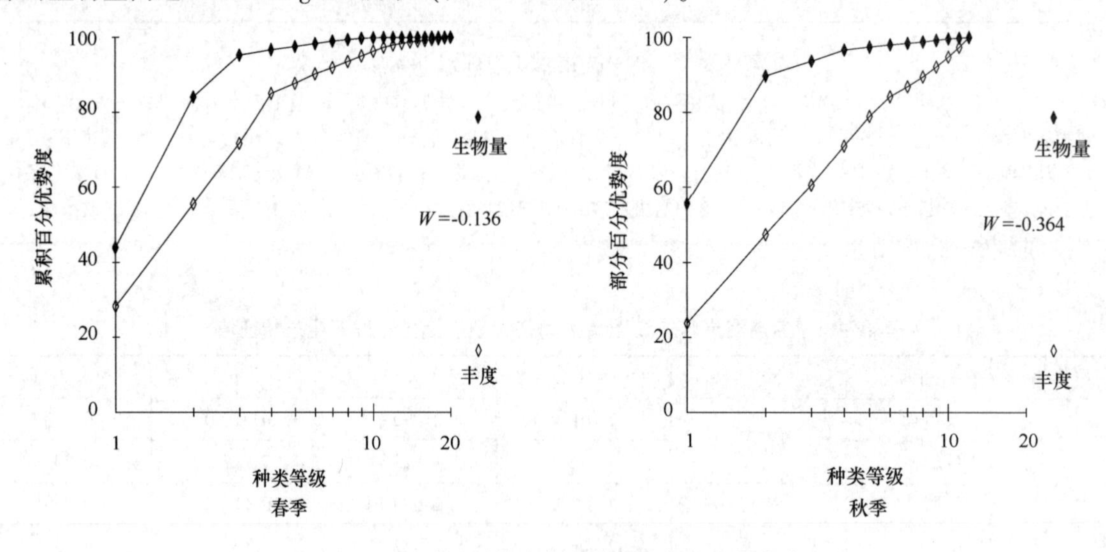

图 49-5　L1 沙滩群落丰度生物量复合 k-优势度曲线

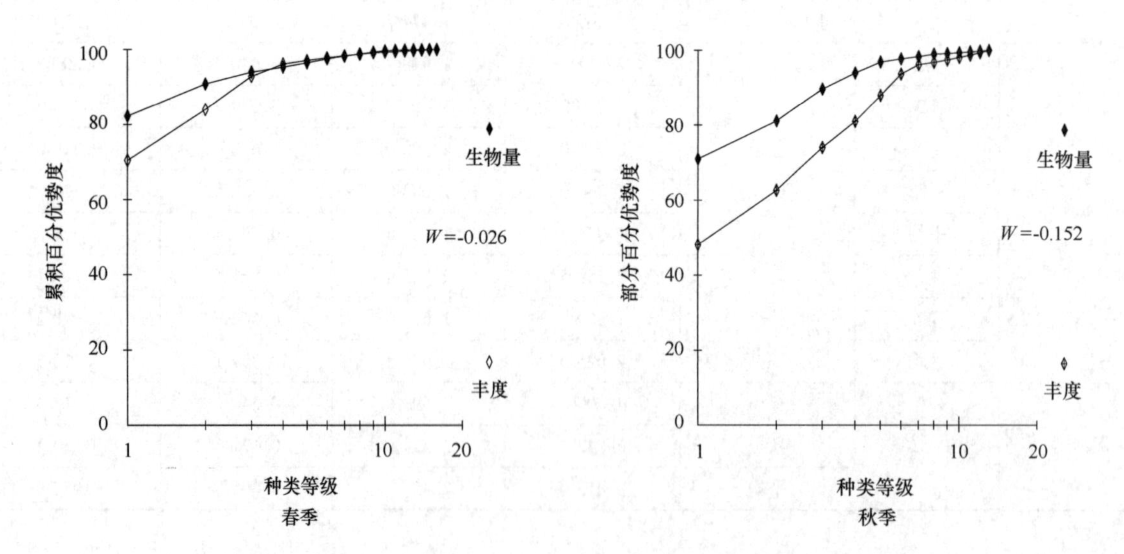

图 49-6　L2 沙滩群落丰度生物量复合 k-优势度曲线和部分优势度曲线

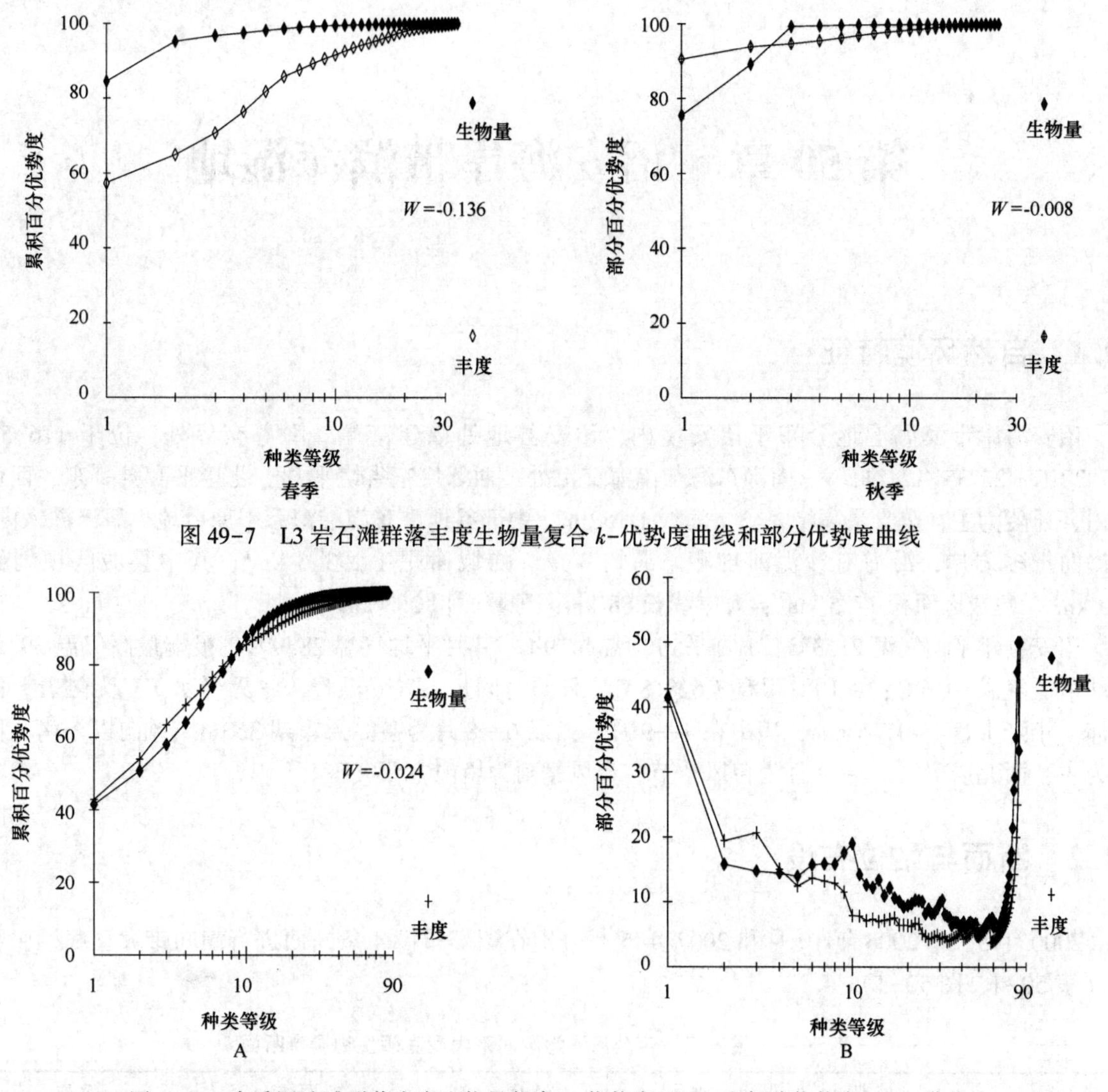

图 49-7　L3 岩石滩群落丰度生物量复合 k-优势度曲线和部分优势度曲线

图 49-8　春季泥沙滩群落丰度生物量复合 k-优势度（A）和部分优势度（B）曲线

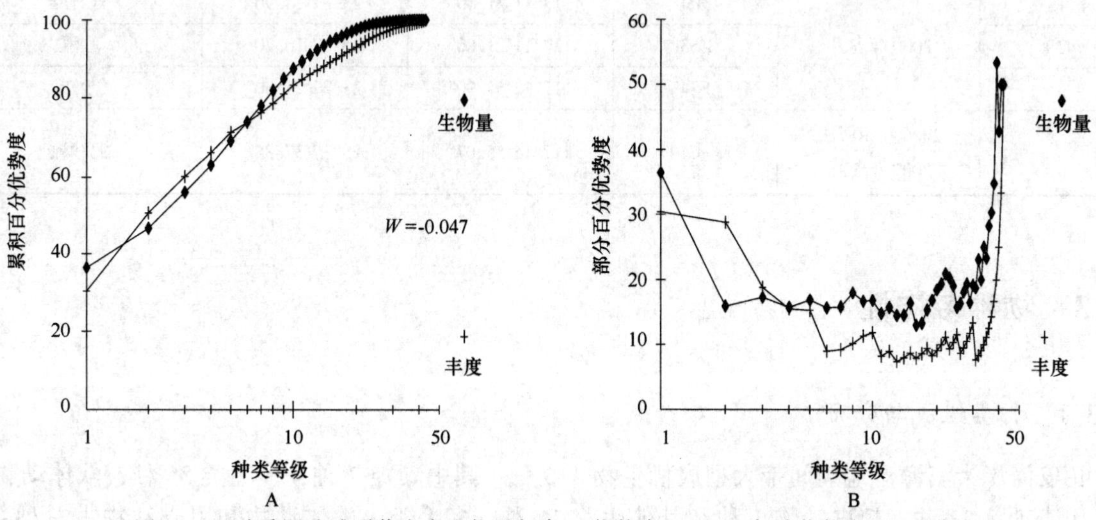

图 49-9　秋季泥沙滩群落丰度生物量复合 k-优势度（A）和部分优势度（B）曲线

第50章 诏安海岸带滨海湿地

50.1 自然环境特征

诏安海岸带滨海湿地分布于诏安境内，诏安县地处福建南端、闽粤交界处，位于116°55′~117°22′E，23°35′~24°11′N。南濒东海与南海交汇处，西邻广东省饶平县，北接平和县。东、西侧以低山、丘陵为主，全县最高峰龙伞岽海拔1 152 m，中部谷地，东南沿海系平原台地。海湾深入内陆，海岸曲折多岩岸，沿海有沙泥滩堆积。岛屿3个。陆域面积1 293.6 km^2，其中县城区规划面积100 km^2、建成区面积17.5 km^2；海岸线长88 km，海域面积273 km^2。

诏安县年平均气温21.3℃；1月平均气温14.9℃，7月平均气温28.9℃；极端最高气温39.2℃，极端最低气温-0.6℃；≥10℃积温7 628.8℃。日照时间长，气候温暖，冬无严寒，夏无酷暑，雨量充沛。年降水量1 447.5 mm，集中在4—9月，尤以6—8月为甚。无霜期360 d。风向以东南、西南风为主，西北风次之。7—9月为台风季节，台风暴雨为境内主要灾害。

50.2 断面与站位布设

2000年5月，2006年10月和2007年5月分别在诏安布设4条断面进行潮间带大型底栖生物取样（表50-1，图50-1）。

表50-1 诏安海岸带滨海湿地潮间带大型底栖生物调查断面

序号	日期	编号	经度（E）	纬度（N）	底质
1	2000年5月	FR1	117°11′31.80″	23°37′14.90″	岩石滩
2		ZS3	117°11′21.80″	23°37′10.70″	沙滩
3		FS4	117°12′57.90″	23°37′25.30″	沙滩
4	2006年10月，2007年5月	FJ-C147	117°15′55.07″	23°37′37.88″	泥沙滩

50.3 物种多样性

50.3.1 种类组成与分布

诏安海岸带滨海湿地潮间带大型底栖生物113种，其中藻类7种，多毛类35种，软体动物37种，甲壳动物22种，棘皮动物1种和其他生物11种。多毛类、软体动物和甲壳动物占总种数的83.18%，三者构成海岸带潮间带大型底栖生物主要类群。

图 50-1　诏安海岸带滨海湿地潮间带大型底栖生物调查断面

春季诏安海岸带滨海湿地岩石滩潮间带大型底栖生物 61 种，其中藻类 7 种，多毛类 14 种，软体动物 16 种，甲壳动物 13 种，棘皮动物 1 种和其他生物 10 种。多毛类、软体动物和甲壳动物占总种数的 70.49%，三者构成海岸带岩石滩潮间带大型底栖生物主要类群。

春季诏安海岸带滨海湿地沙滩潮间带大型底栖生物 36 种，其中多毛类 13 种，软体动物 10 种，甲壳动物 12 种和其他生物 1 种。多毛类、软体动物和甲壳动物占总种数的 97.22%，三者构成海岸带沙滩潮间带大型底栖生物主要类群。

春秋季诏安海岸带滨海湿地泥沙滩潮间带大型底栖生物 63 种，其中多毛类 32 种，软体动物 21 种，甲壳动物 9 种和其他生物 1 种。多毛类、软体动物和甲壳动物占总种数的 98.41%，三者构成海岸带泥沙滩潮间带大型底栖生物主要类群。

诏安海岸带滨海湿地潮间带大型底栖生物物种平面分布，春季种数以岩石滩较多（61 种），沙滩较少（36 种）；沙滩种数以 ZS3 断面较多（25 种），FS4 断面较少（23 种）。季节比较，泥沙滩春季种数较多（46 种），秋季较少（33 种）。各断面物种组成与分布见表 50-2。

表 50-2　诏安海岸带滨海湿地潮间带大型底栖生物物种组成与分布　　单位：种

<table>
<tr><th>底质</th><th>断面</th><th>季节</th><th>藻类</th><th>多毛类</th><th>软体动物</th><th>甲壳动物</th><th>棘皮动物</th><th>其他生物</th><th>合计</th></tr>
<tr><td>岩石滩</td><td>FR1</td><td rowspan="5">春季</td><td>7</td><td>14</td><td>16</td><td>13</td><td>1</td><td>10</td><td>61</td></tr>
<tr><td rowspan="3">沙滩</td><td>ZS3</td><td>0</td><td>11</td><td>7</td><td>6</td><td>0</td><td>1</td><td>25</td></tr>
<tr><td>FS4</td><td>0</td><td>7</td><td>6</td><td>9</td><td>0</td><td>1</td><td>23</td></tr>
<tr><td>合计</td><td>0</td><td>13</td><td>10</td><td>12</td><td>0</td><td>1</td><td>36</td></tr>
<tr><td rowspan="3">泥沙滩</td><td rowspan="3">FJ-C147</td><td>0</td><td>26</td><td>13</td><td>6</td><td>0</td><td>1</td><td>46</td></tr>
<tr><td>秋季</td><td>0</td><td>17</td><td>13</td><td>3</td><td>0</td><td>0</td><td>33</td></tr>
<tr><td>合计</td><td>0</td><td>32</td><td>21</td><td>9</td><td>0</td><td>1</td><td>63</td></tr>
<tr><td colspan="3">总计</td><td>7</td><td>35</td><td>37</td><td>22</td><td>1</td><td>11</td><td>113</td></tr>
</table>

50. 3. 2　优势种和主要种

根据数量和出现率，诏安海岸带滨海湿地岩石滩潮间带大型底栖生物优势种和主要种有塔结节滨螺、粒结节滨螺、白脊藤壶、黑芥麦蛤、棘刺牡蛎、杂色伪沙蚕、变化短齿蛤、疣荔枝螺、钻穿裂虫、施氏玻璃钩虾、网纹藤壶、隐居蜾蠃蜚、腔齿海底水虱、网地藻和翡翠贻贝等。

沙滩潮间带大型底栖生物优势种和主要种有施氏玻璃钩虾、狄氏斧蛤、角眼沙蟹、弯螯活额寄居蟹、肉球近方蟹、太平洋阿沙蚕、头吻沙蚕、加州齿吻沙蚕、平掌沙蟹、日本圆柱水虱、滩拟猛钩虾、方格吻沙蚕、索沙蚕、近真美钩虾、扁玉螺、轭螺、琼娜蟹和齿居虫等。

泥沙滩潮间带大型底栖生物优势种和主要种有粒结节滨螺、等齿角沙蚕、日本拟背尾水虱、淡水泥蟹、小翼拟蟹守螺、光滑狭口螺、腺带刺沙蚕、伪才女虫、澳克兰稚齿虫、双栉虫、肾刺缨虫、彩虹明樱蛤、绿螂、拟斧蛤、珠带拟蟹守螺、加州中蚓虫、四索沙蚕、满月蛤、昆士兰稚齿虫、小猫蛤、长方蟹、光滑河蓝蛤、小亮樱蛤和半褶织纹螺等。

50. 4　数量时空分布

50. 4. 1　数量组成与季节变化

诏安海岸带滨海湿地岩石滩潮间带大型底栖生物春季平均生物量为 1 765. 42 g/m^2，平均栖息密度为 31 919 个/m^2。生物量以软体动物居第一位（1 119. 25 g/m^2），甲壳动物居第二位（452. 38 g/m^2）；栖息密度以甲壳动物居第一位（19 030 个/m^2），软体动物居第二位（12 724 个/m^2）。

沙滩潮间带大型底栖生物春季平均生物量为 12. 79 g/m^2，平均栖息密度为 69 个/m^2。生物量以甲壳动物居第一位（6. 78 g/m^2），软体动物居第二位（5. 14 g/m^2）；栖息密度以甲壳动物居第一位（34 个/m^2），多毛类居第二位（18 个/m^2）。

泥沙滩潮间带大型底栖生物春秋季平均生物量为 19. 15 g/m^2，平均栖息密度为 1 393 个/m^2。生物量以软体动物居第一位（15. 30 g/m^2），多毛类居第二位（3. 36 g/m^2）；栖息密度以多毛类居第一位（1 212 个/m^2），软体动物居第二位（164 个/m^2）。

数量季节变化，泥沙滩生物量以秋季较大（19. 21 g/m^2），春季较小（19. 06 g/m^2）；栖息密度以春季较大（1 828 个/m^2），秋季较小（955 个/m^2）。各断面数量组成与分布见表 50-3。

表 50-3　诏安海岸带滨海湿地潮间带大型底栖生物数量组成与分布

数量	底质	断面	季节	藻类	多毛类	软体动物	甲壳动物	棘皮动物	其他生物	合计
生物量（g/m²）	岩石滩	FR1	春季	14.23	5.23	1 119.25	452.38	0.05	174.28	1 765.42
	沙滩	ZS3		0	1.15	7.79	10.83	0	0.01	19.78
		FS4		0	0.56	2.49	2.72	0	0.01	5.78
		平均		0	0.86	5.14	6.78	0	0.01	12.79
	泥沙滩	FJ-C147	春季	0	5.09	13.41	0.52	0	0.04	19.06
			秋季	0	1.62	17.18	0.41	0	0	19.21
			平均	0	3.36	15.30	0.47	0	0.02	19.15
密度（个/m²）	岩石滩	FR1	春季	—	139	12 724	19 030	3	23	31 919
	沙滩	ZS3		—	22	20	45	0	3	90
		FS4		—	14	10	22	0	1	47
		平均		—	18	15	34	0	2	69
	泥沙滩	FJ-C147	春季	—	1 524	276	27	0	1	1 828
			秋季	—	899	52	4	0	0	955
			平均	—	1 212	164	16	0	1	1 393

50.4.2　数量分布

诏安海岸带滨海湿地潮间带大型底栖生物数量分布，断面间数量平面分布不尽相同，数量垂直分布也不同。

2000 年春季，诏安海岸带滨海湿地潮间带大型底栖生物数量垂直分布，FR1 断面生物量从高到低依次为低潮区（3 111.18 g/m²）、中潮区（2 161.64 g/m²）、高潮区（23.42 g/m²）；栖息密度从高到低依次为低潮区（48 776 个/m²）、中潮区（45 904 个/m²）、高潮区（1 076 个/m²）。ZS3 断面生物量从高到低依次为高潮区（32.89 g/m²）、中潮区（14.01 g/m²）、低潮区（12.44 g/m²）；栖息密度从高到低依次为高潮区（121 个/m²）、低潮区（96 个/m²）、中潮区（55 个/m²）。FS4 断面生物量从高到低依次为中潮区（13.39 g/m²）、高潮区（3.02 g/m²）、低潮区（0.96 g/m²）；栖息密度从高到低依次为中潮区（103 个/m²）、低潮区（28 个/m²）、高潮区（8 个/m²）。数量垂直分布见表 50-4。

表 50-4　诏安海岸带滨海湿地潮间带大型底栖生物数量垂直分布

数量	断面	潮区	藻类	多毛类	软体动物	甲壳动物	棘皮动物	其他生物	合计
生物量（g/m²）	FR1	高潮区	0	0	22.98	0.44	0	0	23.42
		中潮区	7.18	4.32	1 298.52	851.58	0	0.04	2 161.64
		低潮区	35.50	11.36	2 036.24	505.12	0.16	522.80	3 111.18
	ZS3	高潮区	0	0	12.24	20.64	0	0.01	32.89
		中潮区	0	0.72	2.86	10.43	0	0	14.01
		低潮区	0	2.72	8.28	1.44	0	0	12.44
	FS4	高潮区	0	0	0	3.02	0	0	3.02
		中潮区	0	0.72	7.48	5.15	0	0.04	13.39
		低潮区	0	0.96	0	0	0	0	0.96

续表 50-4

数量	断面	潮区	藻类	多毛类	软体动物	甲壳动物	棘皮动物	其他生物	合计
密度（个/m^2）	FR1	高潮区	—	0	1 056	20	0	0	1 076
		中潮区	—	153	16 173	29 574	0	4	45 904
		低潮区	—	264	20 944	27 496	8	64	48 776
	ZS3	高潮区	—	0	8	105	0	8	121
		中潮区	—	22	6	27	0	0	55
		低潮区	—	44	48	4	0	0	96
	FS4	高潮区	—	0	0	8	0	0	8
		中潮区	—	15	29	58	0	1	103
		低潮区	—	28	0	0	0	0	28

诏安海岸带滨海湿地泥沙滩潮间带大型底栖生物数量垂直分布，生物量从高到低依次为低潮区（34.80 g/m^2）、中潮区（11.69 g/m^2）、高潮区（10.91 g/m^2）；栖息密度从高到低依次为中潮区（1 694 个/m^2）、高潮区（1 482 个/m^2）、低潮区（998 个/m^2）。数量垂直分布季节变化见表 50-5。

表 50-5　诏安海岸带滨海湿地泥沙滩潮间带大型底栖生物数量垂直分布

数量	潮区	季节	多毛类	软体动物	甲壳动物	棘皮动物	其他生物	合计
生物量（g/m^2）	高潮区	春季	5.49	4.68	0.12	0	0.12	10.41
		秋季	2.93	8.04	0.44	0	0	11.41
		平均	4.21	6.36	0.28	0	0.06	10.91
	中潮区	春季	3.52	4.52	1.40	0	0	9.44
		秋季	1.65	12.08	0.20	0	0	13.93
		平均	2.59	8.30	0.80	0	0	11.69
	低潮区	春季	6.26	31.04	0.04	0	0	37.34
		秋季	0.27	31.40	0.60	0	0	32.27
		平均	3.26	31.22	0.32	0	0	34.80
密度（个/m^2）	高潮区	春季	1 664	140	8	0	4	1 816
		秋季	1 128	16	4	0	0	1 148
		平均	1 396	78	6	0	2	1 482
	中潮区	春季	1 236	544	68	0	0	1 848
		秋季	1 516	24	0	0	0	1 540
		平均	1 376	284	34	0	0	1 694
	低潮区	春季	1 672	144	4	0	0	1 820
		秋季	52	116	8	0	0	176
		平均	862	130	6	0	0	998

50.4.3　饵料生物水平

诏安海岸带滨海湿地岩石滩潮间带大型底栖生物春季饵料水平分级为Ⅴ级，其中软体动物、甲壳动物和其他生物较高，达Ⅴ级，棘皮动物较低，为Ⅰ级。沙滩潮间带大型底栖生物春季饵料水平分级为Ⅲ级，其中软体动物和甲壳动物较高，为Ⅱ级，藻类、多毛类、棘皮动物和其他生物较低，均为Ⅰ级。泥沙滩潮间带大型底栖生物春秋季饵料水平分级为Ⅲ级，其中软体动物较高，为Ⅲ级，藻类、多毛类、甲壳动物、棘皮动物和其他生物较低，均为Ⅰ级（表 50-6）。

表 50-6　诏安海岸带滨海湿地潮间带大型底栖生物饵料水平分级

底质	断面	季节	藻类	多毛类	软体动物	甲壳动物	棘皮动物	其他生物	评价标准
岩石滩	FR1	春季	Ⅲ	Ⅱ	Ⅴ	Ⅴ	Ⅰ	Ⅴ	Ⅴ
沙滩	ZS3		Ⅰ	Ⅰ	Ⅱ	Ⅲ	Ⅰ	Ⅰ	Ⅲ
	FS4		Ⅰ	Ⅰ	Ⅰ	Ⅰ	Ⅰ	Ⅰ	Ⅱ
	平均		Ⅰ	Ⅰ	Ⅱ	Ⅱ	Ⅰ	Ⅰ	Ⅲ
泥沙滩	FJ-C147	春季	Ⅰ	Ⅱ	Ⅲ	Ⅰ	Ⅰ	Ⅰ	Ⅲ
		秋季	Ⅰ	Ⅰ	Ⅲ	Ⅰ	Ⅰ	Ⅰ	Ⅲ
		平均	Ⅰ	Ⅰ	Ⅲ	Ⅰ	Ⅰ	Ⅰ	Ⅲ

50.5　群落

50.5.1　群落类型

诏安海岸带滨海湿地潮间带大型底栖生物群落主要有：

（1）岩石滩潮间带大型底栖生物群落。高潮区：塔结节滨螺—粒结节滨螺带；中潮区：白脊藤壶—黑芥麦蛤—棘刺牡蛎—日本鳞笠藤壶—变化短齿蛤带；低潮区：变化短齿蛤—翡翠贻贝—网纹藤壶—隐居蜾蠃蜚带。

（2）沙滩潮间带大型底栖生物群落。高潮区：角眼沙蟹—平掌沙蟹带；中潮区：狄氏斧蛤—太平洋阿沙蚕—韦氏毛带蟹带；低潮区：头吻沙蚕—狄氏斧蛤—加州齿吻沙蚕带。

（3）泥沙滩潮间带大型底栖生物群落。高潮区：粒结节滨螺带；中潮区：腺带刺沙蚕—拟斧蛤—珠带拟蟹守螺—淡水泥蟹带；低潮区：肾刺缨虫—满月蛤—长方蟹带。

50.5.2　群落结构

（1）岩石滩潮间带大型底栖生物群落。该群落位于 41 号界桩东侧 350 m 附近。

高潮区：塔结节滨螺—粒结节滨螺带。该潮区上层特征种塔结节滨螺的生物量和栖息密度分别为 5.60 g/m² 和 248 个/m²，下层主要种粒结节滨螺的生物量和栖息密度分别为 31.36 g/m² 和 1 368 个/m²，该种向下可分布至中潮区上层。主要种还有粗糙滨螺等。

中潮区：白脊藤壶—黑芥麦蛤—棘刺牡蛎—日本鳞笠藤壶—变化短齿蛤带。该潮区主要种为白脊藤壶、黑芥麦蛤，主要分布在本区上层，生物量分别为 932.32 g/m² 和 35.60 g/m²，栖息密度较高，分别高达 22 001 个/m² 和 580 个/m²。棘刺牡蛎和日本鳞笠藤壶主要分布在中层，生物量分别为 518.04 g/m² 和 918.24 g/m²，栖息密度分别为 404 个/m² 和 300 个/m²。变化短齿蛤从本区可延伸分布至低潮区，在中潮区下层的生物量高达 1 721.040 g/m²，栖息密度高达 43 168 个/m²。其他主要种和习见种有海萝、节江蓠、花石莼、杂色伪沙蚕、细毛背鳞虫、锐足全刺沙蚕、钻穿裂虫、嫁䗩、拟帽贝、史氏背尖贝、疣荔枝螺、网纹藤壶、施氏玻璃钩虾、隐居蜾蠃蜚、腔齿海底水虱等。

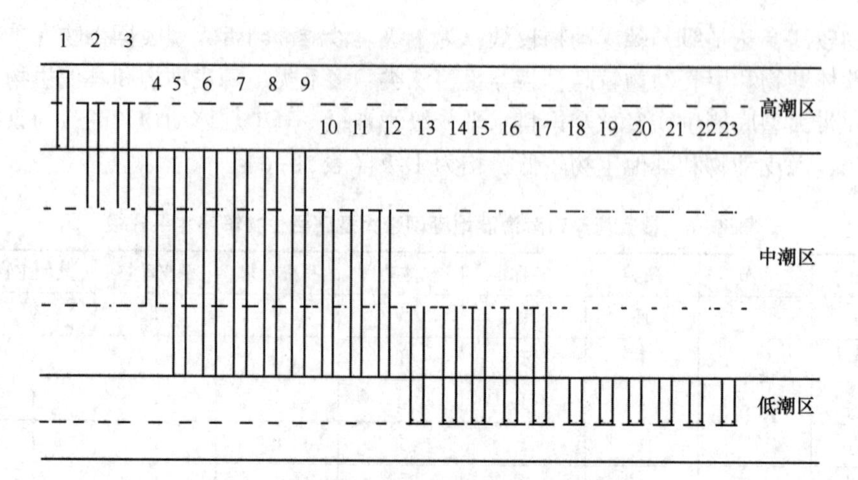

图 50-2　岩石滩群落主要种垂直分布

1. 塔结节滨螺；2. 粒结节滨螺；3. 白脊藤壶；4. 黑芥麦蛤；5. 棘刺牡蛎；6. 杂色伪沙蚕；7. 变化短齿蛤；8. 史氏背尖贝；9. 嫁䗩；10. 海萝；11. 节江蓠；12. 花石莼；13. 疣荔枝螺；14. 钻穿裂虫；15. 施氏玻璃钩虾；16. 网纹藤壶；17. 隐居蜾蠃蜚；18. 腔齿海底水虱；19. 强壮藻钩虾；20. 网地藻；21. 翡翠贻贝；22. 具皮多管藻；23. 亚洲侧花海葵

低潮区：变化短齿蛤—翡翠贻贝—网纹藤壶—隐居蜾蠃蜚带。该潮区优势种为变化短齿蛤，分布较广，从中潮区延伸至低潮区，在本区上层的生物量和栖息密度分别高达 1 016.32 g/m² 和 20 544 个/m²。翡翠贻贝为该区的特征种，生物量和栖息密度分别为 229.12 g/m² 和 216 个/m²。网纹藤壶从中潮区下层延伸至本区，生物量和栖息密度分别为 62.88 g/m² 和 16 056 个/m²。隐居蜾蠃蜚也从中潮区下层延伸至本区，生物量和栖息密度分别为 25.68 g/m² 和 8 608 个/m²。其他主要种和习见种有网地藻、具皮多管藻、亚洲侧花海葵、短毛海鳞虫、细毛背鳞虫、施氏玻璃钩虾、腔齿海底水虱、强壮藻钩虾、加尔板钩虾等（图 50-2）。

（2）沙滩潮间带大型底栖生物群落。该群落位于 41 号界桩附近，滩面长度约 150 m。底质类型为粗砂、中粗砂和细砂。

高潮区：角眼沙蟹—平掌沙蟹带。该潮区主要种角眼沙蟹的生物量和栖息密度不大，分别为 10.20 g/m² 和 2 个/m²。平掌沙蟹的生物量和栖息密度分别为 1.77 g/m² 和 2 个/m²，在滩面形成 5～7 m 的分布带。主要种还有施氏玻璃钩虾等。

中潮区：狄氏斧蛤—太平洋阿沙蚕—韦氏毛带蟹带。该区主要种狄氏斧蛤，自本区中上层至低潮区均有分布，在本区的生物量为 12.24 g/m²，栖息密度为 15 个/m²。太平洋阿沙蚕，仅在本区上层出现，生物量和栖息密度分别为 0.35 g/m² 和 30 个/m²。韦氏毛带蟹，在该潮区上层和下层的生物量分别为 6.00 g/m² 和 0.94 g/m²，栖息密度分别为 28 个/m² 和 4 个/m²，上层的数量较大。其他主要种和习见种有方格吻沙蚕、头吻沙蚕、索沙蚕、异毛蚶、河蜾蠃蜚、日本圆柱水虱、滩拟猛钩虾、弯螯活额寄居蟹、颗粒黎明蟹和下齿细螯寄居蟹等。

低潮区：头吻沙蚕—狄氏斧蛤—加州齿吻沙蚕带。该区主要种头吻沙蚕的生物量和栖息密度均不高，分别只有 0.96 g/m² 和 24 个/m²，在中潮区中层也出现，生物量和栖息密度分别仅为 0.08 g/m² 和 4 个/m²。狄氏斧蛤，分布范围较广，在该区的生物量和栖息密度分别为 7.48 g/m² 和 16 个/m²。加州齿吻沙蚕，自中潮区下层向下延伸分布至此，在本区的生物量和栖息密度分别为 0.64 g/m² 和 4 个/m²。其他主要种和习见种有欧努菲虫、巢沙蚕、尖锥虫、腹沟虫和琼娜蟹等（图 50-3）。

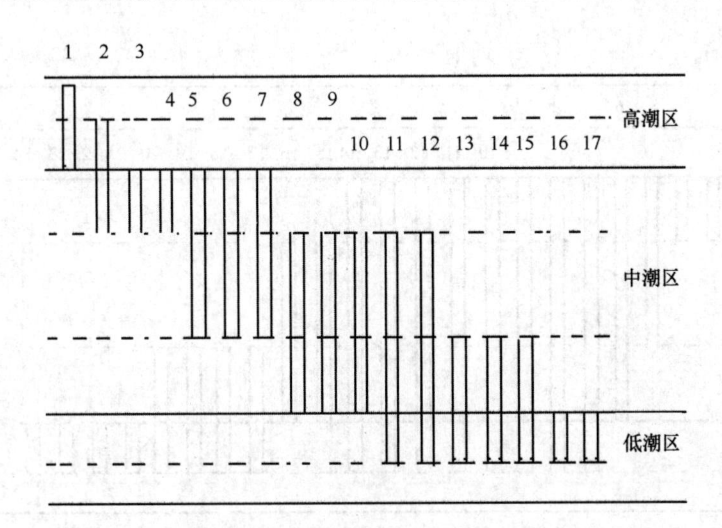

图 50-3　沙滩群落主要种垂直分布

1. 角眼沙蟹；2. 平掌沙蟹；3. 施氏玻璃钩虾；4. 狄氏斧蛤；5. 韦氏毛带蟹；6. 太平洋阿沙蚕；7. 弯螯活额寄居蟹；9. 颗粒黎明蟹；10. 头吻沙蚕；11. 加州齿吻沙蚕；12. 日本圆柱水虱；13. 滩拟猛钩虾；14. 方格吻沙蚕；15. 索沙蚕；16. 齿居虫；17. 琼娜蟹

（3）泥沙滩群落。

高潮区：粒结节滨螺带。该潮区种类贫乏，数量不高，代表种粒结节滨螺，仅在本区出现，生物量和栖息密度分别为 0.04 g/m² 和 4 个/m²。

中潮区：腺带刺沙蚕—拟斧蛤—珠带拟蟹守螺—淡水泥蟹带。该潮区优势种腺带刺沙蚕，遍布中潮区，在本区上层的生物量和栖息密度分别为 2.55 g/m² 和 1 040 个/m²，中层分别为 1.64 g/m² 和 824 个/m²。拟斧蛤，仅在本区出现，在上层的生物量和栖息密度分别为 0.20 g/m² 和 112 个/m²，中层分别为 0.80 g/m² 和 448 个/m²。珠带拟蟹守螺，仅在中潮区中层出现，生物量和栖息密度分别为 20.24 g/m² 和 48 个/m²。淡水泥蟹，仅在本区出现，生物量和栖息密度分别为 1.20 g/m² 和 8 个/m²。其他主要种和习见种有等齿角沙蚕、黄色才女虫、伪才女虫、澳克兰稚齿虫、加州中蚓虫、双栉虫、彩虹明樱蛤、绿螂、光滑狭口螺、小翼拟蟹守螺、拟捻螺、日本大螯蜚、管栖蜚和圆鳃麦秆虫等。

低潮区：肾刺缨虫—满月蛤—长方蟹带。该潮区主要种肾刺缨虫，自中潮区可延伸分布至本区，在本区的生物量和栖息密度分别为 1.76 g/m² 和 912 个/m²。满月蛤，仅在本区出现，生物量和栖息密度分别为 10.08 g/m² 和 36 个/m²。长方蟹，仅在本区出现，生物量和栖息密度分别为 0.04 g/m² 和 4 个/m²。其他主要种和习见种有昆士兰稚齿虫、伪才女虫、加州中蚓虫、四索沙蚕、不倒翁虫、小亮樱蛤、青蛤、拟斧蛤、小猫蛤、光滑河蓝蛤、半褶织纹螺、拟捻螺、日本大螯蜚和六齿猴面蟹等（图 50-4）。

50.5.3　群落生态特征值

根据 Margalef 种类丰富度指数（d），Shannon-Wiener 种类多样性指数（H'），Pielous 种类均匀度指数（J）和 Simpson 优势度指数（D）显示，诏安海岸带滨海湿地潮间带大型底栖生物群落春季平均丰富度指数（d）泥沙滩群落较高（6.286 2），沙滩群落较低（2.696 0）；多样性指数（H'），沙滩群落较高（2.181 5），岩石滩群落较低（1.382 0）；均匀度指数（J），沙滩群落较高（0.788 0），岩石滩群落较低（0.367 0）。Simpson 优势度（D），泥沙滩群落秋季较高（0.444 6），春季较低

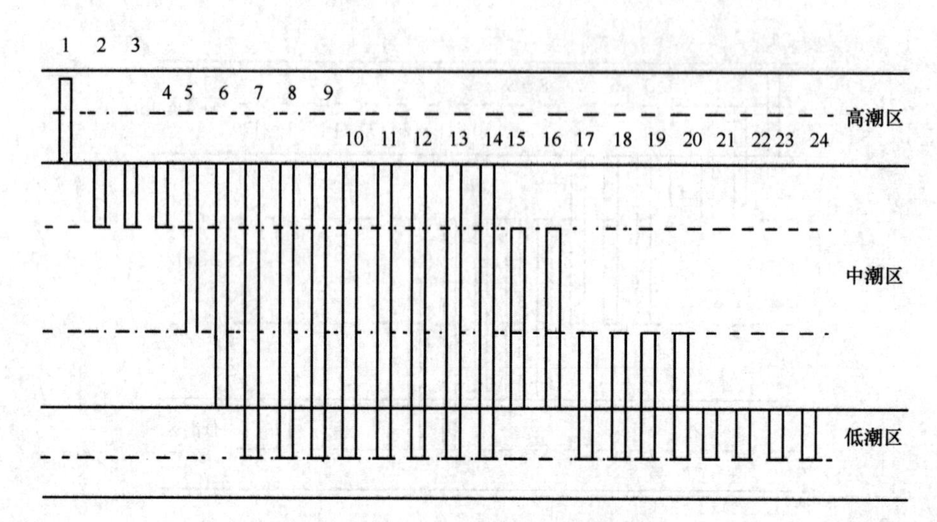

图 50-4　泥沙滩群落主要种垂直分布

1. 粒结节滨螺；2. 等齿角沙蚕；3. 日本拟背尾水虱；4. 淡水泥蟹；5. 小翼拟蟹守螺；6. 光滑狭口螺；7. 腺带刺沙蚕；8. 伪才女虫；9. 澳克兰稚齿虫；10. 双栉虫；11. 背刺缨虫；12. 彩虹明樱蛤；13. 绿螂；14. 拟斧蛤；15. 珠带拟蟹守螺；16. 加州中蚓虫；17. 四索沙蚕；18. 满月蛤；19. 昆士兰稚齿虫；20. 小猫蛤；21. 长方蟹；22. 光滑河蓝蛤；23. 小亮樱蛤；24. 半褶织纹螺

(0. 287 1)。各群落生态特征值季节变化见表 50-7。

表 50-7　诏安海岸带滨海湿地潮间带大型底栖生物群落生态特征值

群落	断面	季节	*d*	*H'*	*J*	*D*
岩石滩	FR1	春季	3. 888 0	1. 382 0	0. 367 0	—
沙滩	ZS3	春季	3. 174 0	2. 349 0	0. 813 0	—
	FS4		2. 218 0	2. 014 0	0. 763 0	—
	平均		2. 696 0	2. 181 5	0. 788 0	—
泥沙滩	FJ-C147	春季	6. 286 2	1. 882 1	0. 494 4	0. 287 1
		秋季	5. 038 9	1. 491 7	0. 426 6	0. 444 6
		平均	5. 662 6	1. 686 9	0. 460 5	0. 365 9

50. 5. 4　群落稳定性

春季和秋季诏安海岸带滨海湿地泥沙滩潮间带大型底栖生物群落丰度生物量复合 *k*-优势度和部分优势度曲线出现重叠、交叉和翻转，显示群落产生了一定的扰动，且秋季群落丰度累积百分优势度高达近 70%，这可能与优势种腺带刺沙蚕在中潮区上层的栖息密度高达 1 040 个/m^2，中层高达 824 个/m^2 有关（图 50-5 和图 50-6）。

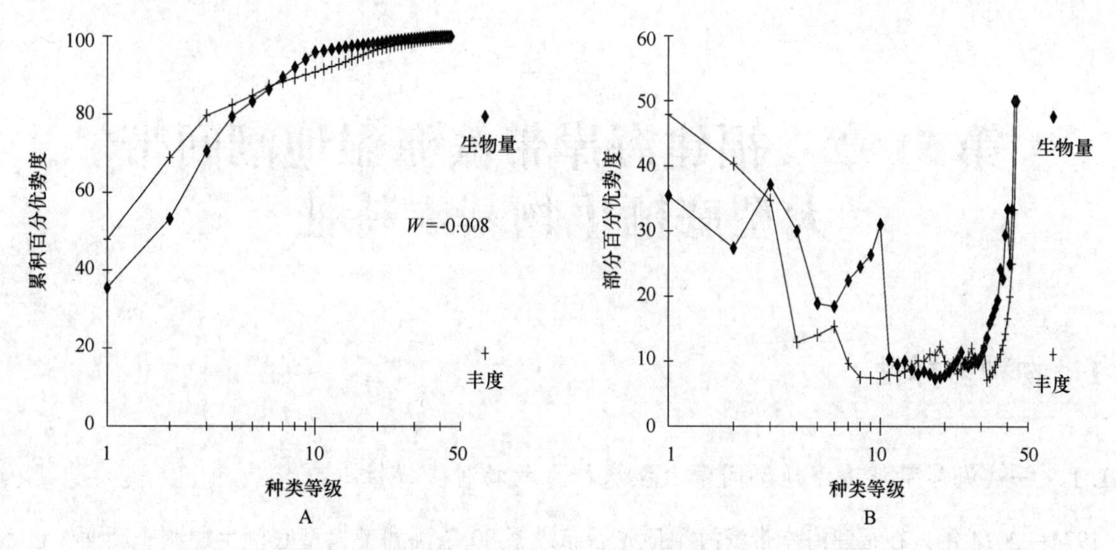

图 50-5　春季泥沙滩群落丰度生物量复合 k-优势度（A）和部分优势度（B）曲线

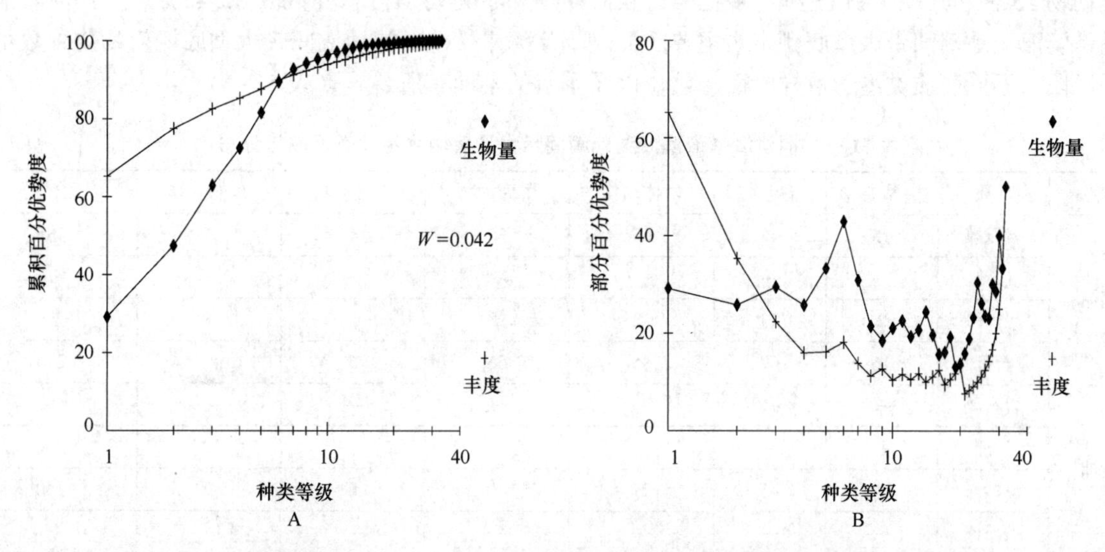

图 50-6　秋季泥沙滩群落丰度生物量复合 k-优势度（A）和部分优势度（B）曲线

第51章　福建海岸带滨海湿地潮间带大型底栖生物基本特征

51.1　物种多样性

51.1.1　福建海岸带滨海湿地潮间带大型底栖生物物种多样性

1984—2014年，在福建海岸带滨海湿地先后布设了80条潮间带大型底栖生物调查断面，已鉴定潮间带大型底栖生物916种，其中藻类73种、多毛类265种，软体动物275种，甲壳动物215种，棘皮动物15种和其他生物73种。多毛类、软体动物和甲壳动物占总种数的82.42%，三者构成福建海岸带滨海湿地潮间带大型底栖生物主要类群。福建海岸带滨海湿地潮间带大型底栖生物物种数可因不同岸段、不同底质类型、取样断面、站位以及季节的不同有所差异（表51-1）。

表51-1　福建海岸带滨海湿地潮间带大型底栖生物种类组成与分布　单位：种

地点	底质	藻类	多毛类	软体动物	甲壳动物	棘皮动物	其他生物	合计
福鼎	岩石滩	15	47	65	35	4	19	185
	沙滩	—	—	—	—	—	—	—
	泥沙滩	2	23	22	23	2	5	77
	合计	16	67	85	56	6	24	254
霞浦	岩石滩	—	—	—	—	—	—	—
	沙滩	—	—	—	—	—	—	—
	泥沙滩	7	65	29	30	0	9	140
	合计	—	—	—	—	—	—	—
福安	岩石滩	—	—	—	—	—	—	—
	沙滩	—	—	—	—	—	—	—
	泥沙滩	0	8	20	12	2	4	46
	合计	—	—	—	—	—	—	—
罗源	岩石滩	—	—	—	—	—	—	—
	泥沙滩	7	61	17	23	5	4	117
	泥滩	—	—	—	—	—	—	—
	合计	—	—	—	—	—	—	—
连江	岩石滩	—	—	—	—	—	—	—
	沙滩	—	—	—	—	—	—	—
	泥沙滩	3	67	22	42	1	5	140
	合计	—	—	—	—	—	—	—

续表 51-1

地点	底质	藻类	多毛类	软体动物	甲壳动物	棘皮动物	其他生物	合计
长乐	岩石滩	12	32	61	36	2	5	148
	沙滩	2	26	25	24	2	5	84
	泥滩	0	13	5	15	0	3	36
	合计	13	57	75	56	3	12	216
福清	岩石滩	—	—	—	—	—	—	—
	沙滩	—	—	—	—	—	—	—
	泥沙滩	2	91	18	30	4	4	149
	合计	—	—	—	—	—	—	—
莆田	岩石滩	12	23	25	20	0	6	86
	沙滩	0	55	35	22	1	4	117
	泥沙滩	8	60	25	20	5	15	133
	泥滩	4	38	10	13	0	4	69
	合计	16	135	60	56	7	25	299
泉州	岩石滩	32	32	84	66	9	18	241
	沙滩	—	—	—	—	—	—	—
	泥沙滩	6	82	55	62	5	22	232
	泥滩	—	—	—	—	—	—	—
	合计	40	124	101	76	9	28	378
厦门	岩石滩	—	—	—	—	—	—	—
	沙滩	—	—	—	—	—	—	—
	泥沙滩	8	122	58	67	3	21	279
	泥滩	—	—	—	—	—	—	—
	合计	8	122	58	67	3	21	279
龙海	岩石滩	5	19	47	23	1	8	103
	沙滩	0	40	13	22	1	7	83
	泥沙滩	1	53	20	26	5	7	112
	合计	7	74	75	56	6	14	232
漳浦	岩石滩	20	15	33	20	1	6	95
	沙滩	5	15	18	17	0	2	57
	泥沙滩	0	38	47	13	0	4	102
	合计	22	43	57	31	1	8	162
诏安	岩石滩	7	14	16	13	1	10	61
	沙滩	0	13	10	12	0	1	36
	泥沙滩	0	32	21	9	0	1	63
	合计	7	35	37	22	1	11	113
总计		73	265	275	215	15	73	916

51.1.2　福建海岸带滨海湿地潮间带大型底栖生物优势种和主要种

福建海岸带滨海湿地潮间带大型底栖生物优势种和主要种有藻类的小珊瑚藻、小石花菜、中间软刺藻、铁丁菜、鹧鸪菜、珊瑚藻、环节藻、具柄绒线藻、圆锥凹顶藻、裂片石莼、花石莼、软丝藻、条浒苔、浒苔、海头红、密毛沙菜、圆锥凹顶藻、厚缘藻、羊栖菜、半叶马尾藻、鼠尾藻、瓦氏马尾藻、网地藻。腔肠动物的侧花海葵、桂山厚丛柳珊瑚。多毛类的叶须内卷齿蚕、细毛背鳞虫、裂虫、中阿曼吉虫、丝鳃稚齿虫、奇异稚齿虫、刚鳃虫、独毛虫、独齿围沙蚕、加州齿吻沙蚕、齿吻沙蚕、背毛背蚓虫、腺带刺沙蚕、双唇索沙蚕、西奈索沙蚕、异足索沙蚕、纳加索沙蚕、欧努菲虫、软疣沙蚕、杂色围沙蚕、中蚓虫、伪才女虫、才女虫、后指虫、独指虫、双形拟单指虫、小头虫、梳鳃虫、双鳃内卷齿蚕、花冈钩毛虫、盘管虫、龙介虫、克氏无襟毛虫、寡鳃齿吻沙蚕、多鳃齿吻沙蚕、新多鳃齿吻沙蚕、加州中蚓虫、稚齿虫、尖锥虫、中锐吻沙蚕、杂色围沙蚕、弯齿围沙蚕、不倒翁虫、树蛰虫、异蚓虫、长吻吻沙蚕、似蛰虫、刺缨虫。星虫类的可口革囊星虫、高突革囊星虫、厥目革囊星虫。多板纲的日本花棘石鳖、红条毛肤石鳖。瓣鳃纲的豆形胡桃蛤、青蚶、联球蚶、带偏顶蛤、黑荞麦蛤、翡翠贻贝、变化短齿蛤、凸壳肌蛤、短石蛏、棘刺牡蛎、僧帽牡蛎、长耳珠母贝、敦氏猿头蛤、等边浅蛤、文蛤、彩虹蛤蜊、菲律宾蛤仔、狄氏斧蛤、紫藤斧蛤、青蛤、四角蛤蜊、日本镜蛤、角蛤、彩虹明樱蛤、小亮樱蛤、小荚蛏、缢蛏、中国绿螂、光滑河蓝蛤、理蛤、鸭嘴蛤、截形鸭嘴蛤、渤海鸭嘴蛤、吉村马特海笋。腹足纲的嫁戚、拟帽贝、锈凹螺、古琴拟口螺、昌螺、肋昌螺、单齿螺、粒花冠小月螺、渔舟蜒螺、粗糙滨螺、粒结节滨螺、短滨螺、黑口滨螺、覆瓦小蛇螺、光滑狭口、小翼拟蟹守螺、珠带拟蟹守螺、纵带滩栖螺、古氏滩栖螺、双带盾桑椹螺、短拟沼螺、扁玉螺、疣荔枝螺、黄口荔枝螺、秀丽织纹螺、半褶织纹螺、织纹螺、轭螺、日本菊花螺、泥螺、婆罗囊螺。甲壳动物的直背小藤壶、东方小藤壶、马来小藤壶、鳞笠藤壶、日本笠藤壶、白脊藤壶、纹藤壶、网纹藤壶、三角藤壶、腔齿海底水虱、大角玻璃钩虾、三叶针尾涟虫、日本拟花尾水虱、塞切尔泥钩虾、强壮藻钩虾、施氏玻璃钩虾、哥伦比亚刀钩虾、中华蜾蠃蜚、上野蜾蠃蜚、薄片蜾蠃蜚、三角柄蜾蠃蜚、葛氏胖钩虾、哥伦比亚刀钩虾、角突麦秆虫、细长涟虫、太平洋方甲涟虫、淡水泥蟹、宁波泥蟹、弧边招潮、清白招潮、韦氏毛带蟹、痕掌沙蟹、平掌沙蟹、角眼沙蟹、下齿细螯寄居蟹、光辉圆扇蟹、肉球近方蟹、秀丽长方蟹、长足长方蟹、沈氏长方蟹、明秀大眼蟹、短齿大眼蟹、小相手蟹、齿腕拟盲蟹、模糊新短眼蟹。棘皮动物的扁平蛛网海胆、棘刺锚参、光滑倍棘蛇尾、光亮倍棘蛇尾等。

51.2　数量时空分布

51.2.1　福建海岸带滨海湿地岩石滩潮间带大型底栖生物数量时空分布

福建海岸带滨海湿地岩石滩潮间带大型底栖生物四季平均生物量为1 665.94 g/m^2，平均栖息密度为5 500个/m^2。生物量以软体动物居第一位（1 189.41 g/m^2），甲壳动物居第二位（288.54 g/m^2）；栖息密度以甲壳动物居第一位（2 915个/m^2），软体动物居第二位（2 177个/m^2）。季节变化，生物量从高到低依次为冬季（2 624.33 g/m^2）、夏季（1 544.88 g/m^2）、春季（1 383.38 g/m^2）、秋季（1 111.18 g/m^2）；栖息密度从高到低依次为春季（9 388个/m^2）、秋季（5 864个/m^2）、夏季（4 083个/m^2）、冬季（2 663个/m^2）。

不同岸段间比较，生物量春季以漳浦较大（2 065.31 g/m^2），长乐较小（426.22 g/m^2）；秋季以龙海较大（2 475.18 g/m^2），漳浦较小（545.69 g/m^2）；冬季以泉州较大（4 102.70 g/m^2），莆田较

小(1 145.95 g/m²)。栖息密度春季以诏安较大（31 919 个/m²），漳浦较小（748 个/m²）；秋季泉州较大（9 614 个/m²），漳浦较小（1 836 个/m²）；冬季泉州较大（4 499 个/m²），莆田较小（825 个/m²）。各类群数量组成与季节变化见表 51-2 和表 51-3。

表 51-2 福建海岸带滨海湿地岩石滩潮间带大型底栖生物生物量组成与季节变化 单位：g/m²

季节	地点	藻类	多毛类	软体动物	甲壳动物	棘皮动物	其他生物	合计
春季	福鼎	37.07	9.03	650.74	497.63	0	28.53	1 223.00
	长乐	0.98	3.36	361.48	60.40	0	0	426.22
	泉州	526.87	6.65	341.65	552.43	0.12	9.20	1 436.92
	漳浦	1578.73	8.39	232.82	245.34	0	0.03	2 065.31
	诏安	14.23	5.23	1 119.25	452.38	0.05	174.28	1 765.42
	平均	431.58	6.53	541.19	361.64	0.03	42.41	1 383.38
夏季	福鼎	81.13	3.78	1 046.13	413.33	0	0.51	1 544.88
秋季	福鼎	28.57	6.55	363.11	612.47	0	9.12	1 019.82
	长乐	6.18	3.15	631.10	455.12	0.17	14.71	1 110.43
	莆田	0.21	0.61	530.64	143.64	0	0.28	675.38
	泉州	156.18	4.81	349.76	328.84	0.98	0.03	840.60
	龙海	6.11	5.11	2 273.71	177.25	0.38	12.62	2 475.18
	漳浦	84.84	0.22	350.01	110.36	0	0.26	545.69
	平均	47.02	3.41	749.72	304.61	0.26	6.17	1 111.18
冬季	莆田	9.40	3.05	933.49	45.26	0	154.75	1 145.95
	泉州	51.46	33.49	3 907.72	103.90	0	6.13	4 102.70
	平均	30.43	18.27	2 420.61	74.58	0	80.44	2 624.33
平均		147.54	8.00	1 189.41	288.54	0.07	32.38	1 665.94

表 51-3 福建海岸带滨海湿地岩石滩潮间带大型底栖生物栖息密度组成与季节变化 单位：个/m²

季节	地点	多毛类	软体动物	甲壳动物	棘皮动物	其他生物	合计
春季	福鼎	1 062	983	1 111	0	3	3 159
	长乐	83	758	1 823	0	0	2 664
	泉州	150	460	7 817	1	18	8 446
	漳浦	60	258	429	0	1	748
	诏安	139	12 724	19 030	3	23	31 919
	平均	299	3 037	6 042	1	9	9 388
夏季	福鼎	645	2 211	1 226	0	1	4 083
秋季	福鼎	1 887	1 525	1 820	0	6	5 238
	长乐	176	2 842	5 179	12	9	8 218
	莆田	74	1 556	4 748	0	3	6 381
	泉州	190	256	9 149	16	3	9 614
	龙海	253	2 065	1 416	19	140	3 893
	漳浦	19	150	1 662	0	5	1 836
	平均	433	1 399	3 996	8	28	5 864

续表

季节	地点	多毛类	软体动物	甲壳动物	棘皮动物	其他生物	合计
冬季	莆田	111	441	251	0	22	825
	泉州	261	3 680	540	0	18	4 499
	平均	186	2 061	396	0	20	2 663
平均		391	2 177	2 915	2	15	5 500

51.2.2 福建海岸带滨海湿地沙滩潮间带大型底栖生物数量时空分布

福建海岸带滨海湿地沙滩潮间带大型底栖生物春秋季平均生物量为20.27 g/m²，平均栖息密度为229个/m²。生物量以软体动物居第一位（13.12 g/m²），甲壳动物居第二位（4.83 g/m²）；栖息密度以多毛类居第一位（93个/m²），软体动物居第二位（66个/m²）。季节变化，生物量以春季较大（22.87 g/m²），秋季较小（17.67 g/m²）；栖息密度同样以春季较大（253个/m²），秋季较小（204个/m²）。

不同岸段间比较，生物量春季以莆田较大（34.04 g/m²），诏安较小（12.79 g/m²）；秋季以龙海较大（34.66 g/m²），漳浦较小（2.32 g/m²）。栖息密度春季莆田较大（750个/m²），龙海较小（60个/m²）；秋季莆田较大（475个/m²），漳浦较小（66个/m²）。各类群数量组成与季节变化见表51-4和表51-5。

表51-4 福建海岸带滨海湿地沙滩潮间带大型底栖生物生物量组成与季节变化 单位：g/m²

季节	地点	藻类	多毛类	软体动物	甲壳动物	棘皮动物	其他生物	合计
春季	长乐	0	1.25	26.36	1.46	0	0	29.07
	莆田	0	1.94	28.98	2.72	0.02	0.38	34.04
	龙海	0	1.60	10.26	3.19	0	0.03	15.08
	漳浦	0.01	0.93	21.12	1.29	0	0.01	23.36
	诏安	0	0.86	5.14	6.78	0	0.01	12.79
	平均	0	1.32	18.37	3.09	0	0.09	22.87
秋季	长乐	0	0.44	5.46	3.07	0.10	0.28	9.35
	莆田	0.75	1.50	14.62	6.67	0.01	0.81	24.36
	龙海	0	3.20	10.52	15.21	0.10	5.63	34.66
	漳浦	0.01	0.11	0.84	1.36	0	0	2.32
	平均	0.19	1.31	7.86	6.58	0.05	1.68	17.67
平均		0.10	1.32	13.12	4.83	0.03	0.89	20.27

表51-5 福建海岸带滨海湿地沙滩潮间带大型底栖生物栖息密度组成与季节变化 单位：个/m²

季节	地点	多毛类	软体动物	甲壳动物	棘皮动物	其他生物	合计
春季	长乐	19	61	54	0	0	134
	莆田	324	335	75	0	16	750
	龙海	34	8	17	0	1	60
	漳浦	35	47	169	0	1	252
	诏安	18	15	34	0	2	69
	平均	86	93	70	0	4	253

续表 51-5

季节	地点	多毛类	软体动物	甲壳动物	棘皮动物	其他生物	合计
秋季	长乐	39	42	51	3	3	138
	莆田	267	73	124	1	10	475
	龙海	83	13	31	3	4	134
	漳浦	7	27	32	0	0	66
	平均	99	39	60	2	4	204
平均		93	66	65	1	4	229

51.2.3　福建海岸带滨海湿地泥沙滩潮间带大型底栖生物数量时空分布

福建海岸带滨海湿地泥沙滩潮间带大型底栖生物春秋冬季平均生物量为64.62 g/m^2，平均栖息密度为627个/m^2。生物量以甲壳动物居第一位（34.30 g/m^2），软体动物居第二位（16.31 g/m^2）；栖息密度以多毛类居第一位（242个/m^2），甲壳动物居第二位（232个/m^2）。季节变化，生物量以冬季较大（118.97 g/m^2），春季较小（34.71 g/m^2）；栖息密度以春季较大（883个/m^2），冬季较小（453个/m^2）。

不同岸段间比较，生物量春季泉州较大（64.73 g/m^2），福清较小（3.05 g/m^2）；秋季霞浦较大（153.39 g/m^2），罗源较小（5.16 g/m^2）；冬季泉州较大（290.65 g/m^2），厦门较小（29.39 g/m^2）。栖息密度春季霞浦较大（2 608个/m^2），龙海较小（65个/m^2）；秋季霞浦较大（1 868个/m^2），罗源较小（118个/m^2）；冬季厦门较大（962个/m^2），莆田较小（162个/m^2）。各类群数量组成与季节变化见表51-6和表51-7。

表 51-6　福建海岸带滨海湿地泥沙滩潮间带大型底栖生物生物量组成与季节变化　　单位：g/m^2

季节	地点	藻类	多毛类	软体动物	甲壳动物	棘皮动物	其他生物	合计
春季	福鼎	0	1.63	54.80	2.91	0	1.68	61.02
	霞浦	2.05	1.51	8.79	41.70	0	0.20	54.25
	罗源	0.26	1.55	3.90	1.27	0.58	0.70	8.26
	连江	0.40	4.18	8.60	1.11	6.11	0.32	20.72
	福清	0	1.21	0.20	1.64	0	0	3.05
	泉州	0	7.09	44.44	3.70	0	9.50	64.73
	厦门	0.55	2.71	42.54	8.02	0	2.73	56.55
	龙海	0.23	1.13	0.12	3.32	0.04	0	4.84
	漳浦	0	7.87	43.01	3.63	0	0.07	54.58
	诏安	0	5.09	13.41	0.52	0	0.04	19.06
	平均	0.35	3.40	21.98	6.78	0.67	1.52	34.71
秋季	福鼎	0.01	1.11	16.87	8.58	15.28	0.50	42.35
	霞浦	0.09	0.70	13.11	137.59	0	1.90	153.39
	福安	0	0.70	26.95	11.73	0.31	1.81	41.50
	罗源	0.12	0.88	2.58	0.84	0.72	0.02	5.16
	连江	0	1.13	4.91	10.27	0	0.02	16.33

续表 51-6

季节	地点	藻类	多毛类	软体动物	甲壳动物	棘皮动物	其他生物	合计
秋季	福清	0.06	2.16	10.14	13.19	0.69	0.14	26.38
	泉州	0.15	1.84	50.66	12.71	0.02	1.88	67.26
	厦门	0	1.53	0.18	0.98	0.53	5.74	8.96
	龙海	0	1.42	1.49	1.94	0.23	0.33	5.41
	漳浦	0	3.54	51.04	1.35	0	0.01	55.94
	诏安	0	1.62	17.18	0.41	0	0	19.21
	平均	0.04	1.51	17.74	18.14	1.62	1.12	40.17
冬季	莆田	6.37	2.16	8.48	1.76	0.79	17.31	36.87
	泉州	0	1.37	5.93	229.27	54.08	0	290.65
	厦门	9.27	2.09	12.13	5.41	0.02	0.47	29.39
	平均	5.21	1.87	8.85	78.81	18.30	5.93	118.97
平均		1.87	2.26	16.19	34.58	6.86	2.86	64.62

表 51-7 福建海岸带滨海湿地泥沙滩潮间带大型底栖生物栖息密度组成与季节变化 单位：个/m^2

季节	地点	多毛类	软体动物	甲壳动物	棘皮动物	其他生物	合计
春季	福鼎	106	81	105	0	7	299
	霞浦	129	74	2 396	0	9	2 608
	罗源	155	53	31	1	0	240
	连江	241	70	197	21	11	540
	福清	109	8	20	0	0	137
	泉州	337	622	212	0	5	1 176
	厦门	175	312	98	0	5	590
	龙海	24	2	39	0	0	65
	漳浦	392	909	45	0	5	1 351
	诏安	1 524	276	27	0	1	1 828
	平均	319	241	317	2	4	883
秋季	福鼎	163	90	163	13	12	441
	霞浦	228	201	1 404	0	35	1 868
	福安	17	56	56	4	12	145
	罗源	88	16	11	2	1	118
	连江	38	54	527	0	2	621
	福清	330	19	54	6	9	418
	泉州	203	400	48	1	5	657
	厦门	75	26	143	12	13	269
	龙海	88	16	22	1	3	130
	漳浦	82	285	8	0	1	376
	诏安	899	52	4	0	0	955
	平均	201	110	222	4	8	545

续表

季节	地点	多毛类	软体动物	甲壳动物	棘皮动物	其他生物	合计
冬季	莆田	88	58	13	2	1	162
	泉州	20	75	130	8	0	233
	厦门	450	82	422	1	7	962
	平均	186	72	188	4	3	453
平均		235	141	242	3	5	627

51.2.4　福建海岸带滨海湿地泥滩潮间带大型底栖生物数量时空分布

福建海岸带滨海湿地泥滩潮间带大型底栖生物春秋冬季平均生物量为 8.64 g/m²，平均栖息密度为 119 个/m²。生物量以软体动物居第一位（4.32 g/m²），甲壳动物居第二位（1.87 g/m²）；栖息密度以多毛类居第一位（52 个/m²），甲壳动物居第二位（37 个/m²）。季节变化，生物量以冬季较大（20.82 g/m²），春季较小（0.87 g/m²）；栖息密度以冬季较大（235 个/m²），春季较小（22 个/m²）。各类群数量组成与季节变化见表 51-8。

表 51-8　福建海岸带滨海湿地泥滩潮间带大型底栖生物数量组成与季节变化

数量	季节	地点	藻类	多毛类	软体动物	甲壳动物	棘皮动物	其他生物	合计
生物量（g/m²）	春季	长乐	0	0.06	0.8	0.01	0	0	0.87
	秋季	长乐	0	0.11	0.15	3.38	0	0.59	4.23
	冬季	莆田	0.40	4.90	12.00	2.22	0	1.30	20.82
	平均		0.13	1.69	4.32	1.87	0	0.63	8.64
密度（个/m²）	春季	长乐	—	16	4	2	0	0	22
	秋季	长乐	—	17	25	58	0	2	102
	冬季	莆田	—	124	54	52	0	5	235
	平均		—	52	28	37	0	2	119

51.3　群落

福建海岸带滨海湿地潮间带大型底栖生物群落按底质类型分为：岩石滩群落、沙滩群落、泥沙滩群落和泥滩群落。

51.3.1　福建海岸带滨海湿地岩石滩潮间带大型底栖生物群落

（1）内湾隐蔽型群落有：

漳浦 L3 岩石滩群落。高潮区：粒结节滨螺—粗糙滨螺带；中潮区：铁丁菜—透明模裂虫—棘刺牡蛎—东方小藤壶带；低潮区：羊栖菜—半叶马尾藻—双管阔沙蚕—强壮藻钩虾带。

（2）半隐蔽型群落有：

福鼎 ch1 岩石滩群落。高潮区：粒结节滨螺—塔结节滨螺带；中潮区：克氏无襟毛虫—黑荞麦蛤—鳞笠藤壶带；低潮区：克氏无襟毛虫—敦氏猿头蛤—甲虫螺带。

泉州 Lch2 岩石滩群落。高潮区：粒结节滨螺—塔结节滨螺—直背小藤壶带；中潮区：裂片石莼—模裂虫—棘刺牡蛎—鳞笠藤壶带；低潮区：小珊瑚藻—襟松虫—敦氏猿头蛤—覆瓦小蛇螺—施氏玻璃钩虾带。

龙海塔角岩石滩群落。高潮区：粒结节滨螺—塔结节滨螺—粗糙滨螺带；中潮区：模裂虫—棘刺牡蛎—鳞笠藤壶—马来小藤壶带；低潮区：克氏无襟毛虫—敦氏猿头蛤—小相手蟹带。

龙海大径村岩石滩群落。高潮区：粒结节滨螺—塔结节滨螺—粗糙滨螺带；中潮区：僧帽牡蛎—覆瓦小蛇螺—鳞笠藤壶带；低潮区：巧言虫—紧卷蛇螺—中国不等蛤带。

（3）开敞型群落有：

长乐 Sd2 岩石滩群落。高潮区：短滨螺带；中潮区：裂虫—僧帽牡蛎—东方小藤壶—鳞笠藤壶带；低潮区：侧口乳蛰虫—覆瓦小蛇螺—三角藤壶带。

泉州 Lch3 岩石滩群落。高潮区：粒结节滨螺—塔结节滨螺—直背小藤壶带；中潮区：具柄绒线藻—日本花棘石鳖—日本菊花螺—鳞笠藤壶带；低潮区：鹧鸪菜—独齿围沙蚕—日本花棘石鳖—覆瓦小蛇螺—施氏玻璃钩虾带。

诏安 FR1 岩石滩群落。高潮区：塔结节滨螺—粒结节滨螺带；中潮区：白脊藤壶—黑芥麦蛤—棘刺牡蛎—日本鳞笠藤壶—变化短齿蛤带；低潮区：变化短齿蛤—翡翠贻贝—网纹藤壶—隐居蜾蠃蜚带。

51.3.2　福建海岸带滨海湿地沙滩潮间带大型底栖生物群落

（1）长乐 Dch2 沙滩群落。高潮区：痕掌沙蟹带；中潮区：稚齿虫—等边浅蛤—文蛤—韦氏毛带蟹带；低潮区：不倒翁虫—杯尾水虱—日本美人虾—光滑倍棘蛇尾带。

（2）漳浦 L1 和 L2 沙滩群落。高潮区：痕掌沙蟹带；中潮区：膜囊尖锥虫—狄氏斧蛤—等边浅蛤—黑眼胖钩虾带；低潮区：膜囊尖锥虫—日本卵蛤—长额拟猛钩虾带。

（3）诏安 ZS3、FS4 沙滩潮间带大型底栖生物群落。高潮区：角眼沙蟹—平掌沙蟹带；中潮区：狄氏斧蛤—太平洋阿沙蚕—韦氏毛带蟹带；低潮区：头吻沙蚕—狄氏斧蛤—加州齿吻沙蚕带。

51.3.3　福建海岸带滨海湿地泥沙滩潮间带大型底栖生物群落

（1）福鼎 D2 泥沙滩群落。高潮区：粒结节滨螺—粗糙滨螺带；中潮区：花冈钩毛虫—齿吻沙蚕—小亮樱蛤—婆罗囊螺—同掌华眼钩虾带；低潮区：奇异稚齿虫—尖刀蛏—薄片蜾蠃蜚带。

（2）霞浦 FJ-C019 泥沙滩群落。高潮区：粗糙滨螺带；中潮区：加州齿吻沙蚕—中国绿螂—彩拟蟹守螺—短拟沼螺—长腕和尚蟹带；低潮区：花冈钩毛虫—褐蚶—对称拟蚶—薄片蜾蠃蜚带。

（3）莆田秀屿泥沙滩群落。高潮区：短滨螺—纹藤壶带；中潮区：寡鳃齿吻沙蚕—鸭嘴蛤—珠带拟蟹守螺—薄片蜾蠃蜚带；低潮区：有眼特矶沙蚕—织纹螺—近辐蛇尾带。

（4）厦门欧厝泥沙滩群落。高潮区：平掌沙蟹带；中潮区：异足索沙蚕—凸壳肌蛤—菲律宾蛤仔—强壮藻钩虾带；低潮区：拟特须虫—菲律宾蛤仔—截形鸭嘴蛤带。

（5）漳浦泥沙滩群落。高潮区：韦氏毛带蟹带；中潮区：背蚓虫—珠带拟蟹守螺—托氏昌螺—弧边招潮带；低潮区：不倒翁虫—豆形胡桃蛤—三叶针尾涟虫带。

（6）诏安泥沙滩群落。高潮区：粒结节滨螺带；中潮区：腺带刺沙蚕—拟斧蛤—珠带拟蟹守螺—淡水泥蟹带；低潮区：肾刺缨虫—满月蛤—长方蟹带。

51.3.4　福建海岸带滨海湿地泥滩潮间带大型底栖生物群落

莆田港里泥滩群落。高潮区：短滨螺—粒结节滨螺带；中潮区：锥稚虫—珠带拟蟹守螺—模糊新短眼蟹带；低潮区：独毛虫—肋变角贝—日本大螯蜚带。

第六篇　结　语

第52章　福建滨海湿地潮间带大型底栖生物物种多样性特征

1984—2014年，先后在福建滨海湿地布设了398条潮间带大型底栖生物调查断面（其中福建重要海湾河口滨海湿地201条，重要海岛滨海湿地117条和海岸带滨海湿地80条），已鉴定滨海湿地潮间带大型底栖生物2 110种，其中藻类250种、多毛类465种，软体动物617种，甲壳动物443种，棘皮动物77种和其他生物258种。多毛类、软体动物和甲壳动物占总种数的72.27%，三者构成福建滨海湿地潮间带大型底栖生物主要类群。海区间滨海湿地潮间带大型底栖生物比较，种数以重要海湾河口区（1 640种）多于重要海岛（1 524种）多于海岸段滨海湿地潮间带大型底栖生物物种数（916种）。根据历年资料，自福建滨海湿地潮间带至大陆架共有大型底栖生物4 071种，其中藻类256种、多毛类831种，软体动物1 263种，甲壳动物856种，棘皮动物213种和其他生物652种。多毛类、软体动物和甲壳动物占总种数的72.46%，三者构成福建滨海湿地潮间带至大陆架大型底栖生物的主要类群。

福建海岸段滨海湿地潮间带和潮下带大型底栖生物1 728种，其中藻类73种、多毛类425种，软体动物491种，甲壳动物410种，棘皮动物85种和其他生物244种。多毛类、软体动物和甲壳动物占总种数的76.73%，三者构成福建海岸段滨海湿地潮间带和潮下带大型底栖生物的主要类群。

福建重要海湾河口滨海湿地潮间带和潮下带大型底栖生物2 513种，其中藻类145种、多毛类601种，软体动物715种，甲壳动物566种，棘皮动物109种和其他生物377种。多毛类、软体动物和甲壳动物占种数的74.89%，三者构成福建重要海湾河口滨海湿地潮间带和潮下带大型底栖生物的主要类群。

福建重要海岛滨海湿地潮间带和潮下带大型底栖生物2 136种，其中藻类153种、多毛类427种，软体动物638种，甲壳动物510种，棘皮动物117种和其他生物291种。多毛类、软体动物和甲壳动物占总种数的73.73%，三者构成福建重要海岛滨海湿地潮间带和潮下带大型底栖生物的主要类群。

福建海岸带滨海湿地潮间带和潮下带大型底栖生物3 297种，其中藻类256种、多毛类737种，软体动物960种，甲壳动物703种，棘皮动物150种和其他生物491种。多毛类、软体动物和甲壳动物占总种数的72.79%，三者构成福建海岸带滨海湿地潮间带和潮下带大型底栖生物的主要类群（表52-1）。

表52-1　潮间带与潮下带大型底栖生物物种比较　　单位：种

潮区	海区	藻类	多毛类	软体动物	甲壳动物	棘皮动物	其他生物	总计
潮下带	海湾河口	20	425	372	357	80	235	1 489
	海岛	2	266	312	258	87	156	1 081
	近海	0	292	287	245	81	182	1 087
	海岸带	21	580	596	470	126	332	2 125
	台湾海峡	0	280	275	220	80	183	1 038
	大陆架	1	376	513	278	97	277	1 542
	合计	21	709	923	640	193	508	2 994

续表 52-1

潮区	海区	藻类	多毛类	软体动物	甲壳动物	棘皮动物	其他生物	总计
潮间带	海岸段	73	265	275	215	15	73	916
	海湾河口	139	408	485	353	53	202	1 640
	海岛	152	381	426	330	63	172	1 524
	合计	250	465	617	443	77	258	2 110
总计		256	831	1 263	856	213	652	4 071
潮下带	海岸段	0	292	287	245	81	182	1 087
潮间带		73	265	275	215	15	73	916
合计		73	425	491	410	85	244	1 728
潮下带	海湾河口	20	425	372	357	80	235	1 489
潮间带		139	408	485	353	53	202	1 640
合计		145	601	715	566	109	377	2 513
潮下带	海岛	2	266	312	258	87	156	1 081
潮间带		152	381	426	330	63	172	1 524
合计		153	427	638	510	117	291	2 136
潮下带	海岸带	21	580	596	470	126	332	2 125
潮间带		250	465	617	443	77	258	2 110
合计		256	737	960	703	150	491	3 297
潮下带	海岸带	21	580	596	470	126	332	2 125
潮间带	海岸带	250	465	617	443	77	258	2 110
	台湾海峡	0	280	275	220	80	183	1 038
	合计	256	753	1 011	757	160	558	3 495

第 53 章　福建滨海湿地潮间带大型底栖生物数量时空分布特征

53.1　福建滨海湿地岩石滩潮间带大型底栖生物数量时空分布

福建滨海湿地岩石滩潮间带大型底栖生物四季平均生物量为 1 603.89 g/m^2，平均栖息密度为 4 219 个/m^2。生物量以软体动物居第一位（988.59 g/m^2），甲壳动物居第二位（416.18 g/m^2）；栖息密度以甲壳动物居第一位（2 549 个/m^2），软体动物居第二位（1 431 个/m^2）。季节变化，生物量从高到低依次为冬季（1 930.91 g/m^2）、春季（1 685.27 g/m^2）、夏季（1 513.35 g/m^2）、秋季（1 286.03 g/m^2）；栖息密度从高到低依次为春季（4 901 个/m^2）、秋季（4 708 个/m^2）、夏季（3 708 个/m^2）、冬季（3 564 个/m^2）。

不同岸段间比较，生物量，春季海湾河口较大（2 402.93 g/m^2），海岛较小（1 269.50 g/m^2）；夏季海湾河口较大（1 639.46 g/m^2），海岛较小（1 355.68 g/m^2）；秋季海岛较大（1 378.71 g/m^2），海岸带较小（1 111.18 g/m^2）；冬季海岸带较大（2 624.33 g/m^2），海湾河口较小（1 561.45 g/m^2）。栖息密度，春季海岸带较大（9 388 个/m^2），海湾河口较小（2 607 个/m^2）；夏季海湾河口较大（5 303 个/m^2），海岛较小（1 734 个/m^2）；秋季海湾河口较大（6 511 个/m^2），海岛较小（1 749 个/m^2）；冬季海湾河口较大（4 503 个/m^2），海岸带较小（2 663 个/m^2）。各类群数量组成与季节变化见表 53-1。

表 53-1　福建滨海湿地岩石滩潮间带大型底栖生物数量组成与季节变化

数量	海区	季节	藻类	多毛类	软体动物	甲壳动物	棘皮动物	其他生物	合计
生物量 (g/m^2)	海湾河口	春季	912.74	4.96	987.26	462.60	0.20	35.17	2 402.93
	海岛		134.33	2.49	685.51	411.30	2.95	32.92	1 269.50
	海岸带		431.58	6.53	541.19	361.64	0.03	42.41	1 383.38
	平均		492.88	4.66	737.99	411.85	1.06	36.83	1 685.27
	海湾河口	夏季	17.51	2.82	1 108.04	483.33	2.70	25.06	1 639.46
	海岛		76.43	1.62	752.41	502.60	5.87	16.75	1 355.68
	海岸带		81.13	3.78	1 046.13	413.33	0	0.51	1 544.88
	平均		58.36	2.74	968.86	466.42	2.86	14.11	1 513.35
	海湾河口	秋季	12.48	13.58	922.04	415.37	0.06	4.65	1 368.18
	海岛		79.37	5.06	783.07	496.82	0.63	13.76	1 378.71
	海岸带		47.02	3.41	749.72	304.61	0.26	6.17	1 111.19
	平均		46.29	7.35	818.28	405.60	0.32	8.19	1 286.03
	海湾河口	冬季	44.71	4.39	1 010.99	486.91	0.05	14.40	1 561.45
	海岛		135.17	3.13	856.07	581.02	0.71	30.86	1 606.96
	海岸带		30.43	18.27	2 420.61	74.58	0	80.44	2 624.33
	平均		70.10	8.60	1 429.22	380.84	0.25	41.90	1 930.91
	平均		166.91	5.84	988.59	416.18	1.12	25.26	1 603.89

续表 53-1

数量	海区	季节	藻类	多毛类	软体动物	甲壳动物	棘皮动物	其他生物	合计
密度（个/m²）	海湾河口	春季	—	141	964	1 479	1	22	2 607
	海岛		—	87	908	1 671	4	39	2 709
	海岸带		—	299	3 037	6 042	1	9	9 388
	平均		—	176	1 636	3 064	2	23	4 901
	海湾河口	夏季	—	172	1 246	3 831	4	50	5 303
	海岛		—	55	667	987	4	21	1 734
	海岸带		—	645	2 211	1 226	0	1	4 083
	平均		—	291	1 375	2 015	3	24	3 708
	海湾河口	秋季	—	231	828	5 421	0	31	6 511
	海岛		—	77	602	1 032	6	32	1 749
	海岸带		—	433	1 399	3 996	8	28	5 864
	平均		—	247	943	3 483	5	30	4 708
	海湾河口	冬季	—	132	1 484	2 852	2	33	4 503
	海岛		—	66	1 771	1 655	7	27	3 526
	海岸带		—	186	2 061	396	0	20	2 663
	平均		—	128	1 772	1 634	3	27	3 564
	平均		—	210	1 431	2 549	3	26	4 219

53.2　福建滨海湿地沙滩潮间带大型底栖生物数量时空分布

福建滨海湿地沙滩潮间带大型底栖生物四季平均生物量为16.50 g/m²，平均栖息密度为166个/m²。生物量以软体动物居第一位（7.38 g/m²），甲壳动物居第二位（5.69 g/m²）；栖息密度以甲壳动物居第一位（61个/m²），多毛类居第二位（55个/m²）。季节变化，生物量从高到低依次为春季（22.71 g/m²）、秋季（17.79 g/m²）、夏季（17.12 g/m²）、冬季（8.39 g/m²），栖息密度从高到低依次为春季（301个/m²）、夏季（161个/m²）、秋季（142个/m²）、冬季（57个/m²）。

不同岸段间比较，生物量，春季海湾河口较大（31.17 g/m²），海岛较小（14.09 g/m²）；夏季海湾河口较大（20.45 g/m²），海岛较小（13.79 g/m²）；秋季海湾河口较大（21.55 g/m²），海岛较小（14.14 g/m²）；冬季海湾河口较大（8.47 g/m²），海岛较小（8.23 g/m²）。栖息密度，春季海湾河口较大（510个/m²），海岛较小（138个/m²）；夏季海湾河口较大（179个/m²），海岛较小（140个/m²）；秋季海岸带较大（204个/m²），海湾河口较小（107个/m²）；冬季海岛较大（62个/m²），海湾河口较小（51个/m²）。各类群数量组成与季节变化见表53-2。

表53-2　福建滨海湿地沙滩潮间带大型底栖生物数量组成与季节变化

数量	海区	季节	藻类	多毛类	软体动物	甲壳动物	棘皮动物	其他生物	合计
生物量（g/m²）	海湾河口	春季	0	2.07	18.83	10.17	0	0.10	31.17
	海岛		0	1.48	6.86	4.29	0.30	1.17	14.09
	海岸带		0	1.32	18.37	3.09	0	0.09	22.87
	平均		0	1.62	14.69	5.85	0.10	0.45	22.71
	海湾河口	夏季	0	0.35	4.98	5.30	9.54	0.28	20.45
	海岛		0	1.45	6.87	3.21	0.23	2.02	13.79
	海岸带		—	—	—	—	—	—	—
	平均		0	0.90	5.93	4.26	4.89	1.15	17.12
	海湾河口	秋季	0.07	0.81	4.77	15.47	0.21	0.22	21.55
	海岛		0	0.80	6.81	5.22	0.32	1.00	14.14
	海岸带		0.19	1.31	7.86	6.58	0.05	1.68	17.67
	平均		0.09	0.97	6.48	9.09	0.19	0.97	17.79
	海湾河口	冬季	0	0.90	1.28	4.65	0	1.64	8.47
	海岛		0	0.51	4.74	1.35	0.20	1.42	8.23
	海岸带		0	0.90	1.28	4.65	0	1.64	8.46
	平均		0	0.77	2.43	3.55	0.07	1.53	8.39
	平均		0.02	1.07	7.38	5.69	1.31	1.03	16.50
密度（个/m²）	海湾河口	春季	—	202	33	274	0	1	510
	海岛		—	65	45	22	3	3	138
	海岸带		—	86	93	70	0	4	253
	平均		—	118	57	122	1	3	301
	海湾河口	夏季	—	16	117	23	22	1	179
	海岛		—	43	61	33	1	2	140
	海岸带		—	—	—	—	—	—	—
	平均		—	30	89	28	12	2	161
	海湾河口	秋季	—	38	14	54	0	1	107
	海岛		—	38	13	63	1	1	116
	海岸带		—	99	39	60	2	4	204
	平均		—	58	22	59	1	2	142
	海湾河口	冬季	—	13	3	34	0	1	51
	海岛		—	13	11	36	1	1	62
	海岸带		—	—	—	—	—	—	—
	平均		—	13	7	35	1	1	57
	平均		—	55	44	61	4	2	166

53.3 福建滨海湿地泥沙滩潮间带大型底栖生物数量时空分布

福建滨海湿地泥沙滩潮间带大型底栖生物四季平均生物量为55.68 g/m²，平均栖息密度为418个/m²。生物量以软体动物居第一位（26.19 g/m²），甲壳动物居第二位（15.85 g/m²）；栖息密度以多毛类居第一位（157个/m²），软体动物居第二位（128个/m²）。季节变化，生物量从高到低依次为冬季（70.70 g/m²）、夏季（60.11 g/m²）、春季（46.65 g/m²）、秋季（45.27 g/m²）；栖息密度从高到低依次为春季（666个/m²）、秋季（384个/m²）、冬季（381个/m²）、夏季（240个/m²）。

不同岸段间比较，生物量，春季海湾河口较大（56.47 g/m²），海岸带较小（35.36 g/m²）；夏季海湾河口较大（69.97 g/m²），海岛较小（50.24 g/m²）；秋季海湾河口较大（51.06 g/m²），海岸带较小（39.97 g/m²）；冬季海岸带较大（118.97 g/m²），海岛较小（33.24 g/m²）。栖息密度，春季海岸带较大（882个/m²），海岛较小（414个/m²）；夏季海湾河口较大（362个/m²），海岛较小（116个/m²）；秋季海岸带较大（540个/m²），海湾河口较小（278个/m²）；冬季海湾河口较大（512个/m²），海岛较小（177个/m²）。各类群数量组成与季节变化见表53-3。

表53-3 福建滨海湿地泥沙滩潮间带大型底栖生物数量组成与季节变化

数量	海区	季节	藻类	多毛类	软体动物	甲壳动物	棘皮动物	其他生物	合计
生物量（g/m²）	海湾河口	春季	2.25	5.11	29.10	12.81	4.54	2.65	56.47
	海岛		2.06	3.34	24.15	11.25	3.89	3.44	48.13
	海岸带		0.39	3.58	22.22	6.71	0.95	1.51	35.36
	平均		1.57	4.01	25.16	10.26	3.13	2.53	46.65
	海湾河口	夏季	0	3.42	51.89	10.76	2.74	1.16	69.97
	海岛		0	1.75	27.14	8.81	11.23	1.32	50.24
	海岸带		—	—	—	—	—	—	—
	平均		0	2.59	39.52	9.79	6.99	1.24	60.11
	海湾河口	秋季	0.08	2.44	29.58	10.27	4.85	3.85	51.06
	海岛		0.05	1.76	17.57	7.39	17.14	0.90	44.79
	海岸带		0.04	1.62	17.85	17.38	1.92	1.16	39.97
	平均		0.06	1.94	21.67	11.68	7.97	1.97	45.27
	海湾河口	冬季	10.40	3.02	31.15	11.46	1.32	2.54	59.89
	海岛		7.52	1.48	15.30	4.74	1.68	2.53	33.24
	海岸带		5.21	1.87	8.85	78.81	18.30	5.93	118.97
	平均		7.71	2.12	18.43	31.67	7.10	3.67	70.70
	平均		2.33	2.66	26.19	15.85	6.30	2.35	55.68
密度（个/m²）	海湾河口	春季	—	284	290	110	1	16	700
	海岛		—	185	99	125	2	3	414
	海岸带		—	322	242	311	3	4	882
	平均		—	264	210	182	2	8	666

续表 53-3

数量	海区	季节	藻类	多毛类	软体动物	甲壳动物	棘皮动物	其他生物	合计
密度（个/m^2）	海湾河口	夏季	—	115	192	45	3	7	362
	海岛		—	33	42	34	5	2	116
	海岸带		—	—	—	—	—	—	—
	平均		—	74	117	40	4	5	240
	海湾河口	秋季	—	114	95	59	2	8	278
	海岛		—	177	41	104	10	5	337
	海岸带		—	217	111	198	5	9	540
	平均		—	169	82	120	6	7	384
	海湾河口	冬季	—	126	175	192	2	17	512
	海岛		—	48	62	62	2	3	177
	海岸带		—	186	72	188	4	3	453
	平均		—	120	103	147	3	8	381
	平均		—	157	128	122	4	7	418

53.4 福建滨海湿地泥滩潮间带大型底栖生物数量时空分布

福建滨海湿地泥滩潮间带大型底栖生物四季平均生物量 60.11 g/m^2，平均栖息密度为 189 个/m^2。生物量以软体动物居第一位（49.16 g/m^2），甲壳动物居第二位（5.40 g/m^2）；栖息密度以软体动物居第一位（81 个/m^2），多毛类居第二位（75 个/m^2）。季节变化，生物量从高到低依次为夏季（141.05 g/m^2）、秋季（36.23 g/m^2）、冬季（35.42 g/m^2）、春季（27.74 g/m^2），栖息密度从高到低依次为夏季（237 个/m^2）、春季（219 个/m^2）、冬季（176 个/m^2）、秋季（118 个/m^2）。

不同岸段间比较，生物量，春季海岛较大（48.92 g/m^2），海岸带较小（0.87 g/m^2）；秋季海岛较大（77.78 g/m^2），海岸带较小（4.23 g/m^2）；冬季海岛较大（50.02 g/m^2），海岸带较小（20.82 g/m^2）。栖息密度，春季海湾河口较大（529 个/m^2），海岸带较小（22 个/m^2）；秋季海湾河口较大（130 个/m^2），海岸带较小（102 个/m^2）；冬季海岸带较大（235 个/m^2），海岛较小（117 个/m^2）。各类群数量组成与季节变化见表 53-4。

表 53-4　福建滨海湿地泥滩潮间带大型底栖生物数量组成与季节变化

数量	海区	季节	藻类	多毛类	软体动物	甲壳动物	棘皮动物	其他生物	合计
生物量（g/m^2）	海湾河口	春季	0	6.62	6.84	19.89	0.02	0.04	33.41
	海岛		0	1.66	38.54	3.86	1.43	3.43	48.92
	海岸带		0	0.06	0.80	0.01	0	0	0.87
	平均		0	2.78	15.39	7.92	0.48	1.16	27.74
	海湾河口	夏季	—	—	—	—	—	—	—
	海岛		0	2.17	128.41	3.77	0.13	6.57	141.05
	海岸带		—	—	—	—	—	—	—
	平均		0	2.17	128.41	3.77	0.13	6.57	141.05

续表 53-4

数量	海区	季节	藻类	多毛类	软体动物	甲壳动物	棘皮动物	其他生物	合计
生物量 (g/m²)	海湾河口	秋季	0.06	4.37	7.67	14.56	0	0.02	26.67
	海岛		0	0.41	68.12	5.33	0.62	3.30	77.78
	海岸带		0	0.11	0.15	3.38	0	0.59	4.23
	平均		0.02	1.63	25.31	7.76	0.21	1.30	36.23
	海湾河口	冬季	—	—	—	—	—	—	—
	海岛		0	1.31	43.04	2.03	2.64	0.99	50.02
	海岸带		0.40	4.90	12.00	2.22	0	1.30	20.82
	平均		0.2	3.11	27.52	2.13	1.32	1.15	35.42
	平均		0.06	2.42	49.16	5.40	0.54	2.55	60.11
密度 (个/m²)	海湾河口	春季	—	414	45	59	1	10	529
	海岛		—	25	69	11	0	2	107
	海岸带		—	16	4	2	0	0	22
	平均		—	152	39	24	0	4	219
	海湾河口	夏季	—	—	—	—	—	—	—
	海岛		—	47	164	21	1	4	237
	海岸带		—	—	—	—	—	—	—
	平均		—	47	164	21	1	4	237
	海湾河口	秋季	—	57	40	32	0	1	130
	海岛		—	8	96	14	0	4	122
	海岸带		—	17	25	58	0	2	102
	平均		—	27	54	35	0	2	118
	海湾河口	冬季	—	—	—	—	—	—	—
	海岛		—	22	81	10	2	2	117
	海岸带		—	124	54	52	0	5	235
	平均		—	73	68	31	1	4	177
	平均		—	75	81	28	1	4	189

53.5 福建滨海湿地红树林区潮间带大型底栖生物数量时空分布

福建滨海湿地红树林区潮间带大型底栖生物四季平均生物量为109.32 g/m²，平均栖息密度为628个/m²。生物量以软体动物居第一位（88.94 g/m²），甲壳动物居第二位（17.14 g/m²）；栖息密度以软体动物居第一位（382个/m²），多毛类居第二位（160个/m²）。季节变化，生物量春季较大（336.67 g/m²），秋季较小（26.34 g/m²）；栖息密度以春季较大（1 939个/m²），秋季较小（149个/m²）。

不同岸段间比较，生物量，春季海岛较大（560.42 g/m²），海湾河口较小（112.93 g/m²）；夏季海湾河口较大（50.06 g/m²），海岛较小（29.36 g/m²）；秋季海湾河口较大（45.08 g/m²），海岛较小（7.59 g/m²）；冬季海湾河口较大（59.04 g/m²），海岛较小（10.05 g/m²）。栖息密度，春季海岛较大（2 976 个/m^2），海湾河口较小（901 个/m^2）；夏季海湾河口较大（257 个/m^2），海岛较小（164 个/m^2）；秋季海湾河口较大（247 个/m^2），海岛较小（50 个/m^2）；冬季海湾河口较大（340 个/m^2），海岛较小（83 个/m^2）。各类群数量组成与季节变化见表 53-5。

表 53-5　福建滨海湿地红树林区潮间带大型底栖生物数量组成与季节变化

数量	海区	季节	多毛类	软体动物	甲壳动物	棘皮动物	其他生物	合计
生物量（g/m^2）	海湾河口	春季	3.22	88.89	19.14	0.12	1.56	112.93
	海岛		1.80	544.35	13.90	0	0.38	560.42
	海岸带		—	—	—	—	—	—
	平均		2.51	316.62	16.52	0.06	0.97	336.67
	海湾河口	夏季	1.70	21.62	23.35	0.03	3.36	50.06
	海岛		0.18	3.66	24.60	0	0.92	29.36
	海岸带		—	—	—	—	—	—
	平均		0.94	12.64	23.98	0.02	2.14	39.71
	海湾河口	秋季	3.35	17.03	22.38	0.01	2.31	45.08
	海岛		0.29	0.01	6.96	0	0.33	7.59
	海岸带		—	—	—	—	—	—
	平均		1.82	8.52	14.67	0.01	1.32	26.34
	海湾河口	冬季	2.02	35.94	17.88	0.08	3.12	59.04
	海岛		0.09	0.04	8.91	0	1.01	10.05
	海岸带		—	—	—	—	—	—
	平均		1.06	17.99	13.40	0.04	2.07	34.55
	平均		1.58	88.94	17.14	0.03	1.63	109.32
密度（个/m^2）	海湾河口	春季	325	491	65	1	19	901
	海岛		677	2 231	65	0	3	2 976
	海岸带		—	—	—	—	—	—
	平均		501	1 361	65	1	11	1 939
	海湾河口	夏季	88	48	106	0	15	257
	海岛		14	14	136	0	0	164
	海岸带		—	—	—	—	—	—
	平均		51	31	121	0	8	211
	海湾河口	秋季	84	60	90	0	13	247
	海岛		16	1	28	0	5	50
	海岸带		—	—	—	—	—	—
	平均		50	31	59	0	9	149
	海湾河口	冬季	49	206	71	0	14	340
	海岛		23	3	56	0	1	83
	海岸带		—	—	—	—	—	—
	平均		36	105	64	0	8	213
	平均		160	382	77	0	9	628

53.6 福建滨海湿地海草区潮间带大型底栖生物数量时空分布

福建滨海湿地海草区潮间带大型底栖生物四季平均生物量为 68.72 g/m^2，平均栖息密度为 478 个/m^2。生物量以软体动物居第一位（45.75 g/m^2），甲壳动物居第二位（16.69 g/m^2）；栖息密度以多毛类居第一位（232 个/m^2），软体动物居第二位（147 个/m^2）。季节变化，生物量以春季较大（79.51 g/m^2），夏季较小（53.62 g/m^2）；栖息密度以冬季较大（780 个/m^2），夏季较小（187 个/m^2）（表 53-6）。

表 53-6 福建主要海湾河口滨海湿地海草区潮间带大型底栖生物数量组成与季节变化

数量	季节	藻类	多毛类	软体动物	甲壳动物	棘皮动物	其他生物	合计
生物量（g/m^2）	春季	0	5.52	50.92	21.34	0	1.74	79.51
	夏季	0	1.90	33.28	15.97	0	2.47	53.62
	秋季	0.14	2.12	61.80	4.73	0.05	0.30	69.14
	冬季	0	9.67	37.00	24.72	0	1.22	72.61
	平均	0.04	4.80	45.75	16.69	0.01	1.43	68.72
密度（个/m^2）	春季	—	308	153	85	0	5	551
	夏季	—	68	30	83	0	6	187
	秋季	—	182	102	105	0	3	392
	冬季	—	368	303	102	0	7	780
	平均	—	232	147	94	0	5	478

第54章　福建滨海湿地潮间带大型底栖生物群落特征

54.1　福建滨海湿地岩石滩潮间带大型底栖生物群落

54.1.1　隐蔽型岩石滩群落

隐蔽型岩石滩群落。高潮区：粗糙滨螺—黑口滨螺带；中潮区：才女虫—黑荞麦蛤—僧帽牡蛎—纹藤壶—小相手蟹；低潮区：斑鳍缨虫—中国不等蛤—近辐蛇尾带。

隐蔽型岩石滩群落。高潮区：粒结节滨螺—粗糙滨螺带；中潮区：小石花菜—黑荞麦蛤—僧帽牡蛎—白条地藤壶—白脊藤壶—僧帽牡蛎带；低潮区：纹斑棱蛤—泥藤壶—小相手蟹带。

54.1.2　半隐蔽型岩石滩群落

半隐蔽型岩石滩群落。高潮区：粒结节滨螺—短滨螺—粗糙滨螺带；中潮区：孔石莼—僧帽牡蛎—鳞笠藤壶带；低潮区：小珊瑚藻—敦氏猿头蛤—甲虫螺带。

半隐蔽型岩石滩群落。高潮区：滨螺—紫菜带；中潮区：石莼—棘刺牡蛎—日本笠藤壶—羊栖菜带；低潮区：亨氏马尾藻—覆瓦小蛇螺—小珊瑚藻—短石蛏—三角藤壶带。

54.1.3　开敞型岩石滩群落

开敞型岩石滩群落。高潮区：粒结节滨螺—塔结节滨螺带；中潮区：铁丁菜—花石莼—变化短齿蛤—鳞笠藤壶带；低潮区：半叶马尾藻—瓦氏马尾藻—敦氏猿头蛤—覆瓦小蛇螺—施氏玻璃钩虾带。

开敞型岩石滩群落。高潮区：粒结节滨螺—塔结节滨螺带；中潮区：鼠尾藻—日本笠藤壶—鳞笠藤壶—短石蛏带；低潮区：亨氏马尾藻—小珊瑚藻—无襟毛虫—短石蛏带。

54.2　福建滨海湿地沙滩潮间带大型底栖生物群落

沙滩群落。高潮区：痕掌沙蟹带；中潮区：异足索沙蚕—紫藤斧蛤—葛氏胖钩虾—韦氏毛带蟹带；低潮区：稚齿虫—巧环楔形蛤—葛氏胖钩虾—拟尖头钩虾带。

沙滩群落。高潮区：痕掌沙蟹—紫藤斧蛤带；中潮区：尖锥虫—托氏昌螺—葛氏胖钩虾带；低潮区：栉状长手沙蚕—笋螺—东方长眼虾带。

沙滩群落。高潮区：痕掌沙蟹带；中潮区：等边浅蛤—蛤蜊—日本大眼蟹带；低潮区：大海蛹—模糊新短眼蟹—小荚蛏带。

沙滩群落。高潮区：沙蟹—韦氏毛带蟹带；中潮区：丝鳃稚齿虫—紫藤斧蛤—等边浅蛤—葛氏胖钩虾带；低潮区：异足索沙蚕—光蛤蜊—极地蚤钩虾带。

54.3　福建滨海湿地泥沙滩潮间带大型底栖生物群落

泥沙滩群落。高潮区：粗糙滨螺—黑口滨螺带；中潮区：独毛虫—中国绿螂—短拟沼螺—淡水泥蟹带；低潮区：中蚓虫—花冈钩毛虫—白樱蛤—明秀大眼蟹带。

泥沙滩群落。高潮区：粒结节滨螺—短滨螺带；中潮区：奇异稚齿虫—珠带拟蟹守螺—淡水泥蟹带；低潮区：似蛰虫—刀明樱蛤—模糊新短眼蟹带。

泥沙滩群落。高潮区：粗糙滨螺—粒结节滨螺带；中潮区：腺带刺沙蚕—小翼拟蟹守螺—明秀大眼蟹带；低潮区：尖锥虫—大竹蛏—细螯原足虫带。

泥沙滩群落。高潮区：粗糙滨螺—黑口滨螺带；中潮区：梳鳃虫—珠带拟蟹守螺—凸壳肌蛤带；低潮区：似蛰虫—畸形链肢虫—塞切尔泥钩虾带。

泥沙滩群落。高潮区：粒结节滨螺—粗糙滨螺带；中潮区：多鳃齿吻沙蚕—绿螂—古氏滩栖螺—弧边招潮带；低潮区：叶须内卷齿蚕—塞切尔泥钩虾。

泥沙滩群落。高潮区：粗糙滨螺—短滨螺带；中潮区：丝鳃稚齿虫—菲律宾蛤仔—珠带拟蟹守螺—薄片蜾蠃蜚带；低潮区：梯毛虫—缘角蛤—菲律宾蛤仔—日本大螯蜚带。

泥沙滩群落。高潮区：粗糙滨螺—短滨螺带。中潮区：珠带拟蟹守螺—渤海鸭嘴蛤—短拟沼螺—淡水泥蟹带。低潮区：索沙蚕—豆形胡桃蛤—长方蟹带。

54.4　福建滨海湿地泥滩潮间带大型底栖生物群落

泥滩群落。高潮区：粗糙滨螺—黑口滨螺带；中潮区：双形拟单指虫—珠带拟蟹守螺—泥蚶—明秀大眼蟹带；低潮区：齿吻沙蚕—织纹螺—上野蜾蠃蜚带。

泥滩群落。高潮区：粗糙滨螺—黑口滨螺带；中潮区：齿吻沙蚕—短拟沼螺—泥螺—秀丽长方蟹带；低潮区：索沙蚕—尖刀蛏—明秀大眼蟹—薄片蜾蠃蜚带。

泥滩群落。高潮区：粗糙滨螺—黑口滨螺带；中潮区：才女虫—双齿围沙蚕—短拟沼螺—薄片蜾蠃蜚带；低潮区：才女虫—中蚓虫—秀丽长方蟹带。

泥滩群落。高潮区：宽身大眼蟹带；中潮区：渤海鸭嘴蛤—珠带拟蟹守螺—淡水泥蟹带；低潮区：梳鳃虫—豆形胡桃蛤—光滑倍棘蛇尾带。

泥滩群落。高潮区：弧边招潮带；中潮区：多齿围沙蚕—珠带拟蟹守螺—纵带滩栖螺—长腕和尚蟹带；低潮区：管海葵—毡毛岩虫—镜蛤带。

54.5　福建滨海湿地红树林区潮间带大型底栖生物群落

红树林区群落。高潮区：黑口滨螺带；中潮区：齿吻沙蚕—短拟沼螺—弧边招潮—薄片蜾蠃蜚带；低潮区：齿吻沙蚕—理蛤—缢蛏带。

红树林区群落。高潮区：彩拟蟹守螺—屠氏招潮带；中潮区：背蚓虫—缢蛏—彩虹明樱蛤—台湾泥蟹—莱氏异额蟹带；低潮区：长吻吻沙蚕—焦河蓝蛤—莱氏异额蟹带。

红树林区群落。高潮区：黑口滨螺带；中潮区：寡毛类—渤海鸭嘴蛤—短拟沼螺—宁波泥蟹带；低潮区：异蚓虫—渤海鸭嘴蛤—光滑河蓝蛤—宁波泥蟹带。

54.6　福建滨海湿地海草区潮间带大型底栖生物群落

海草区群落。高潮区：粗糙滨螺带；中潮区：疣吻沙蚕—寡毛类—宁波泥蟹带；低潮区：尖锥虫—细长涟虫—薄片蜾蠃蜚带。

海草区群落。高潮区：黑口滨螺—彩拟蟹守螺带；中潮区：齿吻沙蚕—异蚓虫—短拟沼螺—弧边招潮带；低潮区：齿吻沙蚕—理蛤—缢蛏带。

参考文献

蔡尔西，等. 1994. 泉州湾、同安湾、弗昙湾、厦门港潮下带底栖生物、潮间带生物. 中国海湾志（第八分册）. 北京：海洋出版社，82-85，156-160，220-226，306，463-495.

蔡尔西，等. 1998. 九龙江口潮下带底栖生物、潮间带生物. 中国海湾志（河口分册）. 北京：海洋出版社，722-726.

陈素芝. 2002. 中国动物志：硬骨鱼纲. 北京：科学出版社.

陈德牛，张国庆. 1999. 中国动物志：软体动物，腹足纲. 北京：科学出版社.

长乐市志自然地理. 福建省情资料库［引用日期 2014-01-16］.

地理环境介绍. 诏安政府网［引用日期 2012-10-4］.

地理优势. 惠安县人民政府［引用日期 2014-01-12］.

范振刚. 1981. 胶州湾潮间带生态学的研究Ⅰ 岩石岸潮间带. 生态学报，1（2）：117-125.

范振刚. 1985. 胶州湾潮间带生态学的研究Ⅱ 沧口潮间带. 生态学报，5（1）：28-42.

福鼎市气候条件. 福鼎市人民政府网［引用日期 2013-12-23］.

福建省情资料库. 气温［引用日期 2013-08-27］.

福建省情资料库. 降水［引用日期 2013-12-23］.

福安市志. 福建省省情资料库［引用日期 2014-01-30］.

福安市志. 气候特征. 福建省省情资料库［引用日期 2014-01-30］.

福建省福州市（中国）. 搜狐［引用日期 2014-01-2］.

福建省情资料库. 地貌［引用日期 2013-12-28］.

福建省海洋研究所海洋生物研究室，厦门大学生物系海洋生物教研组，1960. 厦门及其附近潮间带生态调查. 厦门大学学报（自然科学版），7：74-95.

江锦祥，等. 1994. 中国海瓣鳃类软体动物种类组成与分布. 中国海洋生物种类组成与分布. 北京：海洋出版社. 385-419.

江锦祥，等. 1995. 三沙湾潮下带底栖生物、潮间带生物 . 中国海湾志（第七分册）. 北京：海洋出版社.

江锦祥，李荣冠，等. 2000. 海南省清澜港红树林生态系生物多样性. 海洋学报，22（增刊）：261-271.

江锦祥，等. 2001. Bivalvia，Marine species and their distributions in China Seas. Krieger Publishing Company，Malabar，Florida. 239-260.

江锦祥，等. 2008. 中国海洋生物种类与分布：软体动物门双壳纲. 北京：海洋出版社，418-452.

金鑫波. 2006. 中国动物志：硬骨鱼纲. 北京：科学出版社.

黄宗国. 1994. 中国海洋生物种类与分布. 北京：科学出版社.

黄宗国，朱明远. 1998. 中国海洋、海岸和沿海岛的生物多样性. 中国生物多样性国情研究报告［R］. 北京：海洋出版社，79-108.

黄宗国. 2001. Pulmonata，Marine species and their distributions in China Seas. Krieger Publishing Company，Malabar，Florida. 476.

黄宗国，等. 2003. 泉州湾河口湿地动物多样性. 甲壳动物论文集. 北京：科学出版社，4：242-263.

黄宗国，等. 2004. 海洋河口湿地生物多样性，第三章泉州湾湿地动物多样性. 动物群落多样性. 北京：海洋出版社，176-182.

黄宗国. 2004. 海洋河口湿地生物多样性. 北京：海洋出版社.

黄雅琴，李荣冠，等. 2009. 三沙湾西北部滨海湿地潮间带生物生态研究. 台湾海峡，28（2）：279-291.

黄雅琴，李荣冠，等. 2009. 福建海岛水域软体动物多样性与分布. 海洋科学，33（10）：77-83.

黄雅琴，李荣冠，等. 2010. 湄洲湾滨海湿地潮间带生物生态研究. 生物多样性，18（2）：156-161.

黄雅琴，李荣冠，等. 2011. 泉州湾洛阳江红树林自然保护区潮间带软体动物多样性与分布. 海洋科学，35（10）：110-116.

何明海，等. 1993. 九龙江口红树林区底栖生物的生态. 台湾海峡，12（1）：61-68.
惠安的选择（县域经济）. 人民网［引用日期 2014-01-12］.
［加拿大］E. C. 皮洛著，石绍业、陈华豪. 1986. 生态数据的解释. 东北林业大学出版社.
李荣冠，江锦祥. 1987. 杭州湾北岸潮间带软体动物种类多样性及其季节变化. 台湾海峡，6（2）：114-119.
李荣冠，江锦祥，等. 1989. 大亚湾岩相潮间带底栖生物生态，大亚湾海洋生态文集（Ⅰ）. 北京：海洋出版社，82-92.
李荣冠，江锦祥. 1990. 杭州湾北岸潮间带软体动物变化. 贝类学论文集. 北京：科学出版社，3：36-54.
李荣冠，江锦祥. 1990. 大亚湾前鳃类软体动物的分布及区系. 大亚湾海洋生态文集（Ⅱ）. 北京：海洋出版社：355-363.
李荣冠，江锦祥，等. 1992. 应用丰度生物量比较法监测海洋污染对底栖生物的影响. 海洋学报，14（1）：108-114.
李荣冠，江锦祥，等. 1992. 大亚湾潮间带生物种类组成与分布. 海洋与湖沼，24（5）：527-535.
李荣冠，江锦祥，等. 1993. 大亚湾岩相潮间带生物群落结构. 生态学报，13（4）：380-382.
李荣冠，江锦祥，等. 1994. 长乐国际机场附近沙滩潮间带的生态. 台湾海峡，13（3）：290-296.
李荣冠，江锦祥. 1994. 中国海洋生物种类组成与分布前鳃类软体动物. 北京：海洋出版社，420-458，
李荣冠，江锦祥，等. 1994. 沙埕港潮下带底栖生物、潮间带生物. 中国海湾志（第七分册）. 北京：海洋出版社，33-39.
李荣冠，江锦祥，等. 1994. 罗源湾潮下带底栖生物、潮间带生物. 中国海湾志（第七分册）. 北京：海洋出版社，139-147.
李荣冠，江锦祥，等. 1994. 福清湾潮下带底栖生物、潮间带生物. 中国海湾志（第七分册）. 北京：海洋出版社，187-194.
李荣冠，江锦祥，等. 1994. 兴化湾潮下带底栖生物、潮间带生物. 中国海湾志（第七分册）. 北京：海洋出版社，239-247，263-286.
李荣冠，江锦祥，等. 1995. 大亚湾核电站附近潮间带生物群落. 海洋与湖沼增刊，26（5）：91-101.
李荣冠，江锦祥，等. 1995. 大亚湾埔渔洲红树林区大型底栖生物生态研究. 中国红树林研究与管理. 北京：科学出版社，136-145.
李荣冠，江锦祥，等. 1995. 厦门岛软相潮间带生物群落. 台湾海峡及邻近海域科学讨论会论文集. 北京：海洋出版社，386-393.
李荣冠，江锦祥，等. 1996. 厦门岛软相潮间带生物种类组成与数量分布. 厦门市海岛调查研究论文集. 北京：海洋出版社，80-85.
李荣冠，江锦祥，等. 1996. 厦门岛岩相潮间带生物种类组成与数量分布. 台湾海海峡，15（3）：293-298.
李荣冠，江锦祥，等. 1996. 鼓浪屿岩相潮间带生物种类组成与数量分布. 厦门市海岛调查研究论文集. 北京：海洋出版社，86-93.
李荣冠，江锦祥，鲁琳，等. 1996. 鼓浪屿软相潮间带生态初步研究. 海洋学报，18（2）：123-129.
李荣冠，等. 1996. 潮间带生物，厦门市海岛资源综合调查研究报告第十章第四. 北京：海洋出版社，119-125.
李荣冠，等. 1997. 大亚湾核电站邻近埔渔洲红树林区软体动物生态研究. 海洋科学集刊. 北京：科学出版社，39：115-122.
李荣冠，江锦祥，等. 1998. 闽江口潮下带底栖生物、潮间带生物. 中国海湾志（第十四分册）. 北京：海洋出版社，669-677.
李荣冠，等. 1999. 大亚湾核电站附近潮间带生物数量组成与分布. 台湾海峡，18（4）：365-371.
李荣冠，等. 2001. 厦门海岛潮间带前鳃类软体动物多样性及其分布. 贝类学论文集. 北京：海洋出版社，9：12-19.
李荣冠，等. 2002. 福建省志海洋志第四章海洋生物腹足纲. 方志出版社，314-323.
李荣冠. 2006. 软体动物门腹足纲前鳃亚纲. 厦门湾物种多样性. 北京：海洋出版社，184-193.
李荣冠. 2007. 潮间带生物调查，中华人民共和国国家标准 GB/T 12763. 6-2007，海洋调查规范：第 6 部分：海洋生物调查，中华人民共和国国家质量监督检验检疫总局，中国国家标准化管理委员会发布，48-52，79-82，136-141.
李荣冠，等. 2008. 中国海洋生物种类与分布：软体动物门腹足纲前鳃亚纲. 北京：海洋出版社，452-498.

李荣冠. 2010. 福建海岸带与台湾海峡西部海域大型底栖生物. 北京：海洋出版社.
李荣冠，黄宗国. 2012. 动物界：软体动物门腹足纲，中国海洋物种和图集（下卷）：中国海洋生物图集. 北京：海洋出版社，102-279.
李荣冠，等. 2012. 诏安湾滨海湿地潮间带生物生态研究，中国海洋生物多样性著作系列（二）：第一届海峡两岸海洋生物多样性研讨会文集. 北京：海洋出版社，362-376.
李荣冠，等. 2014. 福建典型滨海湿地. 北京：科学出版社.
李荣冠，等. 2015. 中国典型滨海湿地. 北京：科学出版社.
李思忠，王惠民. 1995. 中国动物志：硬骨鱼纲. 北京：科学出版社.
李新正，等. 2007. 中国动物志：甲壳动物亚门，Vol. 44. 北京：科学出版社.
梁象秋. 2004. 中国动物志：甲壳动物亚门，Vol. 36. 北京：科学出版社.
莱莉 C M，帕森斯 T R，著. 张志南，周红译. 2000. 底栖生物. 生物海洋学导论，青岛海洋大学出版社.
龙海市地理环境. 龙海市人民政府网站［引用日期 2014-01-30］.
马秀同. 1997. 中国动物志：软体动物门，腹足纲. 北京：科学出版社.
齐钟彦，马绣同，楼子康，等. 1983. 中国动物图谱——软体动物（第二册）. 北京：科学出版社.
齐钟彦，林光宇，张福绥，等. 1986. 中国动物图谱——软体动物（第三册）. 北京：科学出版社.
泉州地貌气候. 新华网［引用日期 2014-01-15］.
泉州概况. 中国泉州［引用日期 2014-02-22］.
裴祖南. 1998. 中国动物志：腔肠动物门. 北京：科学出版社.
莆田市概况. 行政区划网［引用日期 2014-01-30］.
沈世傑. 1984. 台湾近海鱼类. 台湾台北.
沈嘉瑞，刘瑞玉. 1963. 中国海蟹类区系特点的初步研究. 海洋与湖沼，5（2）：139~153.
Sneath，P.［英］and R. Sokal，［美］，1984. 数值分类学. 北京：科学出版社.
山东海洋学院海洋系海洋学教研室. 1973. 海洋学. 青岛：山东海洋学院出版社.
孙道元. 1990. 胶州湾多毛类名录及新记录的描述. 海洋科学集刊，31：133-146.
孙瑞平，杨德渐. 2004. 中国动物志：环节动物门，多毛纲，Vol. 33. 北京：科学出版社.
孙湘平. 2008. 中国近海区域海洋. 北京：海洋出版社.
吴宝铃，孙瑞平，杨德渐. 1981. 中国近海沙蚕科的研究. 北京：海洋出版社，1-228.
吴宝铃，等. 1997. 中国动物志：环节动物门，多毛纲. 北京：科学出版社.
吴启泉，等. 1990. 大亚湾沙滩的生物群落. 大亚湾海洋生态文集（II）：北京：海洋出版社，290-297.
吴启泉，等. 1992. 大亚湾红树林区底相大型底栖动物的群落. 台湾海峡，11（2）：161-166.
王祯瑞. 2002. 珍珠贝亚目. 中国动物志：31. 北京：科学出版社.
徐凤山. 1999. 原鳃亚纲，异韧带亚纲. 中国动物志. 北京：科学出版社.
相建海. 2003. 海洋生物学. 北京：科学出版社.
霞浦印象. 新华网［引用日期 2014-01-8］.
霞浦滩涂影像全攻略（图）. 中国经济网［引用日期 2014-01-08］.
霞浦县. 闽西新闻网［引用日期 2014-01-8］.
霞浦. 网易新闻［引用日期 2014-01-8］.
霞浦三沙—闽东北的“闽南部落”. 霞浦县人民政府门户网［引用日期 2013-12-18］.
杨德渐，孙瑞平. 1988. 中国近海多毛类环节动物. 北京：农业出版社，1-352.
杨德渐，孙世春. 1999. 海洋无脊椎动物学. 北京：海洋出版社.
杨宗岱. 1978. 海南岛潮间带底栖海藻群落生态的初步研究. 海洋科学集刊，14：129-140.
杨宗岱. 1984. 胶州湾底栖海藻生态学的初步研究. 海洋科学集刊，22：94-144.
杨宗岱，林光宇，任先秋，李凤兰. 1989. 山东南部小场沙滩潮间带生态学研究. 海洋科学集刊，30：119-123.
尹文英. 1999. 中国动物志：节肢动物门，原尾纲. 北京：科学出版社.
周时强，李荣冠，等. 1996. 海洋生物：潮间带生物. 福建省海岛资源综合调查研究报告. 北京：海洋出版社，

186-199.
周时强，郭丰、吴荔生，李荣冠. 2001. 福建海岛潮间带底栖生物群落生态的研究. 海洋学报，23（5）：84-88.
周红，张志南. 2003. 大型多元统计软件 PRIMER 的方法原理及其在底栖群落生态学中的应用. 青岛海洋大学学报，33（1）：58-64.
周红，等. 2007. 中国动物志：无脊椎动物，星虫动物门，螠虫动物门，Vol. 46. 北京：科学出版社.
张世义，王绍武. 2000. 中国动物志：硬骨鱼纲. 北京：科学出版社.
张玺. 1959. 中国黄海和东海经济软体动物的区系. 海洋与湖沼，2（1）：27-34.
张玺. 1959. 中国南海济软体动物的区系. 海洋与湖沼，2（4）：268-276.
张玺. 1963. 中国海软体动物区系区划的初步研究. 海洋与湖沼，5（2）：124-138.
张玺，齐钟彦，楼子康，等. 1964. 中国动物图谱——软体动物（第一册）. 北京：科学出版社.
张水浸. 1981. 福建东山及附近岛屿岩相潮间带海藻生态的初步研究. 生态学报，1（4）：361-367.
张水浸，林双淡，江锦祥，等. 1986. 杭州湾北岸潮间带生态学研究：软相底栖生物群落变化. 生态学报，6（3）：253-261.
张水浸，李荣冠. 1992. 近海污染生态调查和生物监测　潮间带生物生态调查，海洋监测规范. 北京：海洋出版社，673-687.
郑成兴，李荣冠，等. 2004. 泉州湾岩相潮间带底栖生物生态研究. 生物多样性，12（6）：594-610.
郑师章，吴千红，王海波，等. 1994. 普通生态学. 上海：复旦大学出版社.
庄启谦. 2001. 中国动物志：软体动物门，双壳纲. 北京：科学出版社.
庄启谦，蔡英亚，李荣冠. 2012. 动物界：软体动物门腹足纲，中国海洋物种和图集（上卷）：中国海洋生物多样性. 北京：海洋出版社，490-562.
邹仁林. 2001. 中国动物志：腔肠动物门，珊瑚虫纲. 北京：科学出版社.
朱元鼎，孟庆闻等，2001. 中国动物志：圆口纲，软骨鱼纲. 北京：科学出版社.
漳浦 2011 年政府工作报告.［引用日期 2012-06-3］.
漳浦气候. 福建省情资料库［引用日期 2013-12-28］.
漳浦气候分区. 福建省情资料库［引用日期 2013-12-28］.
自然地理. 漳浦县人民政府. 2012-02-15［引用日期 2013-12-28］.
自然地理. 厦门市人民政府［引用日期 2013-07-8］.
自然地理. 福清市人民政府［引用日期 2014-01-2］.
自然条件. 惠安县人民政府［引用日期 2014-01-12］.

Anastasios Eleftheriou , Alasdair McIntyre , 2005. Methods for the study of marine benthos. Blackwell Science Publishing, 1-409.
Agus Purwoko, Wim J Wolff, 2008. Low biomass of macrobenthic fauna at a tropical mudflat: An effect of latitude? Estuarine, Coastal and Shelf Science, 76: 869-875.
Brey T, 1990. Estimating production of macrobenthic invertebrates from biomass and mean individual weight. Meeresforsch, 32: 329-343.
Borja A, Franco J, Pérez V, 2000. A marine biotic index to establish the ecological quality of soft-bottom benthos within European estuarine and coastal environments. Marine Pollution Bulletin, 40 (12): 1100-1114.
Beukema J J, 1974. Seasonal changes in the biomass of the macro-benthos of a tidal flat area in the Dutch Wadden Sea. Netherlands Journal of Sea Research, 8: 94-107.
Beukema J J, 1976. Biomass and species richness of the macro-benthic animals living on the tidal flats of the Dutch Wadden Sea. Netherlands Journal of Sea Research, 10: 236-261.
Beukema J J, 1979. Biomass and species richness of the macrobenthic animals living on a tidal flat area in the Dutch Wadden Sea: effects of a severe winter. Netherlands Journal of Sea Research, 30: 73-79.
Beukema J J, 1982. Annual variation in reproductive success and biomass of the major macrozoobenthic species living in a tidal

flat area of the Wadden Sea. Netherlands Journal of Sea Research, 16: 37-45.

Beukema J J, 2002. Expected changes in the benthic fauna of Wadden Sea tidal flats as a result of sea-level rise or bottom subsidence. Netherlands Journal of Sea Research, 47: 25-39.

Beukema J J, Cadée G C, 1997. Local differences in macrozoobenthic response to enhanced food supply caused by mild eutrophicat on in a Wadden Sea area: food is only locally a limiting factor. Limnology and Oceanography, 42: 1424-1435.

Beukema J J, Essink K, Michaelis H, Zwarts L, 1993. Year-to-year variability in the biomass of macrobenthic animals on tidal flats of the Wadden Sea: how predictable is this food source for birds? Netherlands Journal of Sea Research, 31: 319-330.

Beukema J J, Cadée G C, Dekker R, 2002. Zoobenthic biomass limited by phytoplankton abundance: evidence from parallel changes in two long-term data series in the Wadden Sea. Journal of Sea Research, 48: 111-125.

Clarke K R, 1990. Comparison of dominance curves. J. Exp. Mar. Biol. Ecol., 138: 143-157.

Craeymeersch J A, 1991. Applicability of the abundance/biomass comparison method to detect pollution effects on intertidal macrobenthic communities. Hydrobiological Bulletin, 24: 133-140.

Colen C V, Snoeck F, Struyf K et al., 2009. Macrobenthic community structure and distribution in the Zwin nature reserve (Belgium and The Netherlands). Journal of the Marine Biological Association of the United Kingdom, 89 (3): 431-438.

Compton T J, Troost T A, Drent J, Kraan C, Bocher P, Leyrer J, Dekinga A, Piersma T, 2009. Repeatable sediment associations of burrowing bivalves across six European tidal flat systems. Marine Ecology Progress Series, 382: 87-98.

Compton T J, Bowden D A, Pitcher C R, Hewitt J E, Ellis N, 2013. Biophysical patterns in benthic assemblage composition across contrasting continental margins off New Zealand. Journal of Biogeography, 40: 75-89.

Dankers N, Beukema J J, 1981. Distributional patterns of macrozoobenthic species in relation to some environmental factors. In: Dankers, N., Kuhl, H., Wolff, W. J. (Eds.), Invertebrates of the Wadden Sea. Stichting Veth to Steun aan Waddenonderzoek, Leiden.

Dyer K R, 1998. The typology of intertidal mudflats. In: Black K S, Paterson D M, Cramp A, eds. Sedimentary Processes in the Intertidal Zone, Special Publications. London: Geological Society, 11-24.

Dauer D M, Luckenbach M W, Rodi Jr A J, 1993. Abundance biomass comparison (ABC method): effects of an estuarine gradient, anoxic/hypoxic events and contaminated sediments. Marine Biology, 116: 507-518.

Doty M S, 1946. Critical tide faetor that are correlated with the vertical distribution of marine algal and other organism along the paeific coast, Ecol., 27 (4), 315-328.

Edgar G J, 1990. The use of the size structure of benthic macrofaunal communitie s to estimate faunal biomass and secondary production. J Exp Mar Biol Ecol, 137: 195-214.

Engle V D, 2011. Estimating the provision of ecosystem services by Gulf of Mexico coastal wetlands. Wetlands, 31: 179-193.

Ehrlich P R, Wilson E O, 1991. Biodiversity studies: science and policy. Science, 253: 758-762.

Fujii T, 2007. Spatial patterns of benthic macrofauna in relation to environmental variables in an intertidal habitat in the Humber estuary, UK: developing a tool for estuarine shoreline management. Estuarine, Coastal and Shelf Science, 75: 101-119.

Gray J S, Clarke K R, Warwick R M et al., 1990. Detection of initial effects of pollution on marine benthos: an example from the Ekofisk and Eldfisk oilfields, NorthSea. Mar. Ecol. Prog. Ser., 66: 285-299.

Gray J S, 2000. The measurement of marine species diversity, with an application to the benthic fauna of the Norwegian continental Shelf. Journal of Experimental Marine Biology and Ecology, 250 (1/2): 23-49.

Haifeng Jiao, Xiaoming Peng, Zhongjie You, Huixiong Shi, Zhijun Lou, Hongdan Liu, 2011. Species diversity of macrobenthos in the rocky intertidal zone of Yushan island, Biodiversity Science, Vol. 19 Issue 5: 511-518.

Hutcheson K A, 1970. Test for comparing diversity based on the shannon formula. J. Theor. Biol., 29.

Holme N A , A D Mclntyre, 1970. Methods for the Study of Marine Benthos. Blackwell Scientific Publications, 196.

Hugh G, Gauch Jr, 1982. Multivarite analysis in community ecology. Cambridge University Press, London, New York.

Hinton A G , 1972. Shells of New Guinea and the Central Indo-Pacific. The Jacaranda Press.

Jiang J X, R G Li et al., 1995. Ralations between benthiccommunity diversity and environmental factors in Daya bay. Proceedings of the 2nd international conference on the marine biology of the South China Sea, 142-150.

Jiang J X, R G Li et al., 1995. An ecological study on the mollusca in the estuary of the Jiulo ngjiang River. Hydrobiologia, Vol. 295: 213-220, Kluwer Academic Publishers.

Jiang J X, R G Li et al., 1997. An study on the biodiversity of mangrove ecosystem of Dongzhai Harbor in Hainan Province. Proceedings of the ECOTONE Ⅵ, 131-141.

Jennifer F Peura, James R Lovvorn, Christopher A North, Jason M Kolts, Liu R Y, 1983. Ecology of macrobenthos of the East China Sea and adjacent waters, Sedimentation on the continental shelf , with Special Reference to the East China Sea, China Ocean Press, 879-903.

Jeremy Smith, Ysbrand Galama, Maarten Brugge, Daphne van der Wal, Jaap van der Meer, 2013. Distinctly variable mudscapes: Distribution gradients of intertidal macrofauna across the Dutch Wadden Sea Henk W. van der Veer a, Theunis Piersma, Journal of Sea Research, 82: 103-116.

Lardicci C, Rossi F, 1998. Detection of stress on macrozoobenthos: evaluation of some methods in a coastal Mediterranean lagoon. Marine Environmental Research, 45: 367-386.

Lambshead P J D, 1993. Recent developments in marine benthic biodiversity research. Océanins, 19 (Fasc 6): 5-24.

Mirza F B, Gray J S, 1981. The fauna of benthic sediments from the organically enriched Oslofjord, Norway. J. Exp. Mar. Biol. Ecol., 54: 181-207.

Morton B , Morton J, 1983. The sea shores ecology of Hong Kong. H. K. U. Press.

Pagola-Carte S, 2004. ABC method and biomass size spectra: what about macrozoobenthic biomass on hard substrata. Hydrobiologia, 527: 163-176.

Pielou E , 1966. Species-diversity and pattern-diversity in the study of ecological succession . Theory Biol, 10: 370-383.

Pielou E C, 1975. Ecological diversity. New York : Wiley.

Pielou E C, 1985. Mathematical econlogy. Wiley-intersciencl.

Paulo V V C Carvalho, Paulo J P Santos, M nica L Botter-Carvalho, 2010.

Assessing the severity of disturbance for intertidal and subtidal macrobenthos: The phylum-level meta-analysis approach in tropical estuarine sites of northeastern Brazil, Marine Pollution Bulletin, 60: 873-887.

Rhoads D C, Germano J D, 1986. Interpreting long-term changes in benthic community structure: a new protocol. Hydrobiologia, 142: 291-308.

Rochelle D Seitz, Daniel M Dauer, Roberto J Llansó, W Christopher Long, 2009. Broad-scale effects of hypoxia on benthic community structure in Chesapeake Bay, USA. Journal of Experimental Marine Biology and Ecology , 381: S4-S12

R M warwick, 2001. Evidence for the effects of metal contamination on the intertidal macrobenthic assemblages of the Fal estuary, Marine Pollution Bulletin, 42: 2, 145-148.

Stepheson T A, Stephenson A, 1949. The Universal features of zonation between tidemarks on rocky coast, J. Ecol., 37 (2): 289-305.

Stepheson T A, stephenson A, 1972. Life between tide marks on rorcky shores [M]. San Francisco, Freeman W. H. co.

Shannon C E, W Weaver, 1949. The mathematical theory of communication. University of Illinois Press. Urbana.

Shannon C E, W Wiever, 1963. The mathematical theory of communication. University of Illinois Press. Urbana.

Simpson E H, 1949. Measurement of diversity. Nature, 163.

Tanya J, Compton, Sander Holthuijsen, Anita Koolhaas, Anne Dekinga, Job ten Horn, Vincent H R, Richard H N, Michael T B, 1995. Design and implementation of rapid assessment approaches for water resource monitoring using benthic macroinvertebrates. Australian Journal of Ecology, 20: 108-121.

Venturini N, Muniz P, Rodriguez M, 2004. Macrobenthic subtidal communities in relation to sediment pollution: the Phylum-level meta-analysis approach in a south-eastern coastal region of South America. Marine Biology, 144: 119-126.

Van der Graaf S, de Vlas J, Herlyn M, Voss J, Heyer K, Drent J, 2009. Wadden Sea Ecosystem No. 25. Macrozoobenthos. Common Wadden Sea Secretariat.

Vaillant L, 1891. Nouvelles etudes sur les zones littorals, Ann. Sci Nat. Zool., 7 (12): 39-50.

Wang Xiaochen, Li Xinzheng, Li Baoquan, Wang Hongfa, 2009. Summertime community structure of intertidal macrobenthos in Changdao Archipelago, Shandong Province, China Chinese Journal of Oceanology and Limnology, Vol. 27 No. 3, P. 425-434.

Warwick R M, 1986. A new method for detecting pollution effects on marine macrobenthic communities. Marine Biology, 92: 557-562.

Warwick R M, 1993. Environmental impact studies on marine communities: pragmatical considerations. Australian Journal of Ecology, 18: 63-80.

Warwick R M, Price R, 1975. Macrofauna production in an estuarine mud-flat. J Mar Bio. Asso U K, 55: 1-18.

Warwick R M, 1986. A new method for detecting pollution effect on marine macrobenthic communities. Mar. Biol., 92: 557-562.

Warwick R M, Pearson T H, 1987. Detection of pollution effects on marine macrobenthos: futher evaluation of the species abundance biomass method. Mar. Biol., 95: 193-200.

Warwick R M, 1988. Analysis of community attributes of the macrobenthos of Frierfjord Langesundfjiord at taxonomic levels higher than species. Mar. Ecol. Prog. Ser., 46: 167-170.

Warwick R M, Clarke K R, 1994. Relearning the ABC: taxonomic changes and abundance/biomass relationships in disturbed benthic communities. Marine Biology, 118: 739-744.

Weisberg S B, Ranasinghe J A, Dauer D M, et al., 1997. An estuarine benthic index of biotic integrity (B-IBI) for Chesapeake Bay. Estuaries, 20 (1): 149-158.

Warwick R M, Clarke, K R, 1991. A comparison of some methods for analyzing changes in benthic community structure. Journal of the Marine Biological Association of the UK, 71: 225-244.

Warwick R M, Clarke K R, 1993. Comparing the severity of disturbance: a metaanalysis of marine macrobenthic community data. Marine Ecology Progress Series, 92: 221-231.

Warwick R M, Clarke K R, 1994. Relearning the ABC: taxonomic changes and abundance/biomass relationships in disturbed benthic communities. Marine Biology, 118: 739-744.

Weston D P, 1990. Quantitative examination of macrobenthic community changes along an organic enrichment gradient. Marine Ecology Progress Series, 61: 233-244.

Ward T J, Hutchings P A, 1996. Effects of trace metals on infaunal species composition in polluted intertidal and subtidal marine sediments near a lead smelter, Spencer Gulf. South Australian Marine Ecological Progress Series, 135: 123-135.

Warwick R M, 1988. Analysis of community attributes of the macrobenthos of Frierfjord/Langesundfjord at taxonomic levels higher than species. Marine Ecology Progress Series, 46: 167-170.

Warwick R M, 1988. The level of taxonomic discrimination required to detect pollution effects on marine benthic communities. Marine Pollution Bulletin, 19: 259-268.

Whitlatch R B, 1980. Patterns of resource utilization and coexistence in marine intertidal deposit-feeding communities. Journal of Marine Research, 38: 743-765.

Wildish D J, Thomas M L H, 1985. Effects of dredging and dumping on benthos of Saint John Harbor. Canadian Marine Environmental Research, 15, 45-57.

Windom H L, 1976. Environmental aspects of dredging in the coastal zone. CRC Critical Review of Environmental Control, 7: 91-109.

Zhou Shiqiang et al., 2001. Studies on island intertidal ecology in Fujian. Acta Oceanologica Sinica, 20 (3): 417-425.

波部忠重. 1974. 原色日本贝类图鉴. 保育社.

波部忠重. 1977. 日本产软体动物分类学二枚贝纲, 掘足纲. 北隆馆.

波部忠重. 1982. 原色世界贝类图鉴（Ⅰ）《北太平洋编》, 保育社.

波部忠重. 1984. 原色日本贝类图鉴（Ⅱ）, 保育社.

吉良哲明. 1974. 原色日本贝类图鉴. 增补改订版, 保育社.

诘良哲明. 1983. 原色日本贝类图鉴（增补改订版）. 保育社.

诘良哲明. 1984. 原色世界贝类（Ⅰ）《热带太平洋编》, 保育社.
冈田要. 新日本动物图鉴［上］［中］［下］, 北隆馆.
黑田德米. 1971. 相模湾产贝类, 丸善株式会社.
内海富士夫. 1964. 原色日本海岸动物图鉴, 保育社.
奥谷喬司. 2000. 日本近海產贝类图鉴. 东海大学出版会.

调查研究报告

李荣冠, 等. 1992. 厦门市海岛资源综合调查：潮间带生物专业调查报告. 厦门：国家海洋局第三海洋研究所.
李荣冠, 等. 1992. 闽东海岛资源综合调查报告（第八章）潮间带生物. 厦门：国家海洋局第三海洋研究所.
李荣冠, 等. 1994. 厦门钟宅岸段软相潮间带生物生态调查. 厦门：国家海洋局第三海洋研究所.
李荣冠, 等. 2000. 闽粤线海域勘界试点工作：潮间带生物和大型底栖生物调查报告. 厦门：国家海洋局第三海洋研究所.
李荣冠, 等. 2001. 厦门市环岛路五通—香山段海岸防护及海滩改造海域：潮间带生物调查报告. 厦门：国家海洋局第三海洋研究所.
李荣冠, 等. 2001. 厦门集美东方快乐岛：潮间带生物调查报告. 厦门：国家海洋局第三海洋研究所.
李荣冠, 等. 2002. 福建省浅海滩涂水产养殖容量及养殖规划研究：软相潮间带生物调查报告. 厦门：国家海洋局第三海洋研究所.
李荣冠, 等. 2002. 东山岛珊瑚礁区：岩相潮间带生物调查报告. 厦门：国家海洋局第三海洋研究所.
李荣冠, 等. 2002. 生态建设：泉州湾软相潮间带生物调查报告. 厦门：国家海洋局第三海洋研究所.
王建军, 等. 2002. 福鼎茶塘港围垦区：潮间带生物调查报告. 厦门：国家海洋局第三海洋研究所.
王建军, 等. 2002. 福安湖塘软相潮间带生物调查报告. 厦门：国家海洋局第三海洋研究所.
李荣冠, 等. 2002. 福鼎文渡湾、茶塘港围垦评价：潮间带生物调查报告. 厦门：国家海洋局第三海洋研究所.
李荣冠, 等. 2003. 福建惠安核电厂附近海域海洋生物及其生态环境调查和观测：泉州湾软相潮间带生物调查报告. 厦门：国家海洋局第三海洋研究所.
郑成兴, 等. 2003. 福建惠安核电厂附近海域海洋生物及其生态环境调查和观测：泉州湾岩相潮间带生物调查报告. 厦门：国家海洋局第三海洋研究所.
李荣冠, 等. 2003. 福建 LNG（液化天然气）项目：湄洲湾潮间带生物调查报告. 厦门：国家海洋局第三海洋研究所.
李荣冠, 等. 2003. 海鑫集团东海有限公司海域使用论证：鸟屿、官沪岛潮间带生物调查报告. 厦门：国家海洋局第三海洋研究所.
李荣冠, 等. 2003. 平潭岛二期围垦：幸福洋软相潮间带生物生态调查报告. 厦门：国家海洋局第三海洋研究所.
李荣冠, 等. 2003. 宁德大塘火电厂海域使用：潮间带生物调查报告. 厦门：国家海洋局第三海洋研究所.
郑成兴, 等. 2003. 厦大漳州分校排污口：潮间带生物调查报告. 厦门：国家海洋局第三海洋研究所.
李荣冠, 等. 2004. 兴化湾江阴岛火电厂环境评价：江阴岛潮间带生物调查报告. 厦门：国家海洋局第三海洋研究所.
李荣冠, 等. 2004. 福州市江阴工业区南部集中区填海和港口建设工程：江阴岛潮间带生物调查报告. 厦门：国家海洋局第三海洋研究所.
李荣冠, 等. 2004. 泉州电厂一期工程：潮间带生物调查报告. 厦门：国家海洋局第三海洋研究所.
郑凤武, 等. 2005. 杏林、高崎大桥工程环境评价：潮间带生物调查报告. 厦门：国家海洋局第三海洋研究所.
李荣冠, 等. 2005. 湄州湾（文甲）围垦项目：软相潮间带生物调查报告. 厦门：国家海洋局第三海洋研究所.
李荣冠, 等. 2005. 大嶝岛围垦项目：软相潮间带生物调查报告. 厦门：国家海洋局第三海洋研究所.
李荣冠, 等. 2005. 厦门海沧港区岸壁工程：潮间带生物调查报告. 厦门：国家海洋局第三海洋研究所.
李荣冠, 等. 2005. 泉州湾缢蛏生态地球化学：潮间带生物调查报告. 厦门：国家海洋局第三海洋研究所.
李荣冠, 等. 2005. 厦门海沧霞阳造地工程：潮间带生物调查报告. 厦门：国家海洋局第三海洋研究所.
李荣冠, 等. 2005. 漳州人工岛：潮间带生物调查报告. 厦门：国家海洋局第三海洋研究所.
李荣冠, 等. 2006. 九龙江海门岛游艇设施建设：潮间带生物调查报告. 厦门：国家海洋局第三海洋研究所.

李荣冠，等. 2006. 翔安南部桂圆围垦项目：软相潮间带生物调查报告. 厦门：国家海洋局第三海洋研究所.
李荣冠，等. 2006. 翔安南部蔡厝、珩厝和莲河围垦项目：软相潮间带生物调查报告. 厦门：国家海洋局第三海洋研究所.
李荣冠，等. 2006. 翔安南部欧厝和海头围垦项目：软相潮间带生物调查报告. 厦门：国家海洋局第三海洋研究所.
李荣冠，等. 2006. 厦门同安湾（航空港）生态调查：潮间带生物调查报告. 厦门：国家海洋局第三海洋研究所.
李荣冠，等. 2006. 福建诏安湾环境容量：潮间带生物调查报告. 厦门：国家海洋局第三海洋研究所.
李荣冠，等. 2006. 环东海海域综合整治与发展工程生物生态评价：同安湾潮间带生物调查报告. 厦门：国家海洋局第三海洋研究所.
李荣冠，等. 2006. 桥梁建设项目：湄洲湾潮间带生物调查报告. 厦门：国家海洋局第三海洋研究所.
李荣冠，等. 2006. 宁德铁基湾填海造地工程：潮间带生物调查报告. 厦门：国家海洋局第三海洋研究所.
李荣冠，等. 2006. 杏林湾排污口附近海域：潮间带生物调查报告. 厦门：国家海洋局第三海洋研究所.
李荣冠，等. 2007. 湄洲湾环境容量项目：潮间带生物调查报告. 厦门：国家海洋局第三海洋研究所.
李荣冠，等. 2007. 泉州大桥环评：潮间带生物调查报告. 厦门：国家海洋局第三海洋研究所.
李荣冠，等. 2007. 省道 201 线宁德城关过境段公路（一期工程）建设项目海洋环境影响评价：潮间带生物和大型底栖生物调查报告. 厦门：国家海洋局第三海洋研究所.
李荣冠，等. 2007. 龙海后石港区 25 万吨码头生态评价：潮间带生物调查报告. 厦门：国家海洋局第三海洋研究所.
李荣冠，等. 2007. 长乐松下电厂工程环评：潮间带生物调查报告. 厦门：国家海洋局第三海洋研究所.
李荣冠，等. 2007. 罗源鉴江湾石化码头工程：潮间带生物调查报告. 厦门：国家海洋局第三海洋研究所.
李荣冠，等. 2007. 湄洲湾电厂环评项目：潮间带生物调查报告. 厦门：国家海洋局第三海洋研究所.
李荣冠，等. 2008. 湄洲湾码头环评项目：潮间带生物调查报告. 厦门：国家海洋局第三海洋研究所.
李荣冠，等. 2008. 九龙江友联船厂环境评价：潮间带生物调查报告. 厦门：国家海洋局第三海洋研究所.
李荣冠，等. 2008. 厦门翔安澳头欧厝码头环境评价：潮间带生物调查报告. 厦门：国家海洋局第三海洋研究所.
李荣冠，等. 2008. 福安白马门填海造地环评：潮间带生物调查报告. 厦门：国家海洋局第三海洋研究所.
李荣冠，等. 2008. 大嶝海域功能区划项目：潮间带生物调查报告. 厦门：国家海洋局第三海洋研究所.
李荣冠，等. 2008. 厦门海堤开口项目：潮间带生物调查报告. 厦门：国家海洋局第三海洋研究所.
李荣冠，等. 2008. 所基本科研业务补充项目：佛昙湾潮间带生物调查报告. 厦门：国家海洋局第三海洋研究所.
李荣冠，等. 2008. 泉州火电厂：潮间带生物调查报告. 厦门：国家海洋局第三海洋研究所.
李荣冠，等. 2009. 琅歧、长门和敖江三桥环评：潮间带生物调查报告. 厦门：国家海洋局第三海洋研究所.
李荣冠，等. 2009. 漳州核电站环评：潮间带生物调查报告. 厦门：国家海洋局第三海洋研究所.
郑成兴，等. 2009. 厦门海沧东屿滩涂改造围海工程海域环评：东屿潮间带生物. 厦门：国家海洋局第三海洋研究所.
李荣冠，等. 2009. 省道 201 线宁德城关过境段公路（一期工程）建设项目海洋环境影响评价：潮间带生物和大型底栖生物调查报告. 厦门：国家海洋局第三海洋研究所.
李荣冠，等. 2009. 海西宁德工业区启动基地填海造地项目海洋环境影响评价：潮间带生物调查报告. 厦门：国家海洋局第三海洋研究所.
李荣冠，等. 2010. 福建 908 专项海岛福州、厦门潮间带生物专业调查报告. 厦门：国家海洋局第三海洋研究所.
郑成兴，等. 2010. 福建 908 专项海岸带宁德、福州、厦门潮间带生物专业调查报告. 厦门：国家海洋局第三海洋研究所.
李荣冠，等. 2010. 福建 908 专项海岸带潮间带生物专业调查报告. 厦门：国家海洋局第三海洋研究所.
黄雅琴，等. 2010. 九龙江流域-河口生态安全评价与调控技术研究：潮间带生物调查报告. 厦门：国家海洋局第三海洋研究所.
李荣冠，等. 2010. 八一特大桥：潮间带生物调查报告. 厦门：国家海洋局第三海洋研究所.
李荣冠，等. 2010. 漳浦大唐六鳌海上风电厂：潮间带生物调查报告. 厦门：国家海洋局第三海洋研究所.
李荣冠，等. 2010. 所基本科研业务补充项目：旧镇湾潮间带生物调查报告. 厦门：国家海洋局第三海洋研究所.
郑成兴，等. 2010. 长乐松下围垦评价：潮间带生物调查报告. 厦门：国家海洋局第三海洋研究所.
李荣冠，等. 2010. 泉州人工岛环境评价：潮间带生物调查报告. 厦门：国家海洋局第三海洋研究所.

黄雅琴，等. 2010. 泉州湾洛阳江红树林保护区：潮间带生物调查研究报告. 厦门：国家海洋局第三海洋研究所.
黄雅琴，等. 2010. 围头湾填海：潮间带生物调查报告. 厦门：国家海洋局第三海洋研究所.
李荣冠，等. 2010. 漳浦大唐六鳌海上风电厂：潮间带生物调查报告. 厦门：国家海洋局第三海洋研究所.
郑成兴，等. 2010. 湄洲湾围垦环境评价报告：文甲潮间带生物调查报告. 厦门：国家海洋局第三海洋研究所.
李荣冠，等. 2010. 宁德核电站生物生态：潮间带生物调查报告. 厦门：国家海洋局第三海洋研究所.
李荣冠，等. 2010. 厦门前浦会展中心沙滩：潮间带生物调查报告. 厦门：国家海洋局第三海洋研究所.
黄雅琴，等. 2011. 古雷翔鹭腾龙石化排污口环评：潮间带生物调查报告. 厦门：国家海洋局第三海洋研究所.
李荣冠，等. 2011. 海洋公益性行业科研专项经费：我国砂质海岸生境养护和修复技术示范与研究：厦门潮间带生物调查报告. 厦门：国家海洋局第三海洋研究所.
李荣冠，等. 2011. 平潭沙滩修复：潮间带生物调查报告. 厦门：国家海洋局第三海洋研究所.

福建滨海湿地潮间带大型底栖生物优势种、主要种和习见种名录

种　名	海湾河口	海岛	海岸带
原核生物界 Monera			
蓝藻门 Cyanophyta [Cyanobacteria]			
颤藻科 Oscillatoriaceae			
颤藻 *Oscillatoria* sp.		*	*
胶须藻科 Rivulariaceae			
丝状眉藻 *Calithrix confervicola* (Roth) Ag.	*		*
眉藻 *Calothrix* sp.	*		*
束枝藻 *Gardnerula* sp.	*		*
双须藻 *Dichothrix* sp.	*		*
原生生物界 Protista			
海藻 Algae [Seaweeds]			
红藻门 Rhodophyta			
红毛菜科 Bangiaceae			
红毛菜 *Bangia fusco-purpurea* (Dillw.)		*	*
长紫菜 *Porphyra dentata* Kjellm.		*	*
坛紫菜 *P. haitanensis* (T. J. Chang & B. F. Zheng)	*	*	*
圆紫菜 *P. suborbiculata* Kjellm.		*	*
紫菜 *Porphyra* sp.	*	*	*
顶丝藻科 Acrochaetiaceae			
聚果旋体藻 *Audouinella sorocarpa* R. X. Luan	*		*
旋体藻 *Audouinella* sp.	*		*
石花菜科 Gelidiaceae			
石花菜 *Gelidium amansii* Lamour	*	*	*
细毛石花菜 *G. crinale* (Turn) Lamour		*	*
小石花菜 *G. divaricatum* Martens	*	*	*
大石花菜 *G. pacificum* Okam.		*	*
匍匐石花菜 *G. pusillum* (Stackh) Le Jol		*	*
异形石花菜 *G. vagum* Okam.		*	*
扁枝石花菜 *G. planiusculum* Okam.		*	*
石花菜 *Gelidium* sp.	*		*

续表

种　　名	海湾河口	海岛	海岸带
鸡毛菜 *Pterocladia temuis* Okam. [P. Capillacea]	*	*	*
鸡毛菜 *Pterocladia* sp.	*		*
胶粘藻科 Cumontiaceae			
单条胶粘藻 *Cumontia simplex* Cotton			*
胭脂藻科 Hildenbrandiaceae			
原型胭脂藻 *Hildenbrandia rototypus* Nardo			*
内枝藻科 Endkocladiaceae			
海萝 *Gloiopeltis furcata* (P. et R.) J. Ag.	*	*	*
鹿角海萝 *G. tenax* (Turn) J. Ag.		*	*
珊瑚藻科 Corallinaceae			
网结叉节藻 *Amphiroa anastomosans* W-v Besse		*	*
宽扁叉节藻 *A. dilatata* Lamx.	*	*	*
麻黄叉节藻 *A. ephedraea* Decaisne	*	*	*
硬叉节藻 *A. rigida* Lamx.		*	*
带形叉节藻 *A. zonata* Yendo	*	*	*
法囊叉节藻 *A. valonioides* Yendo	*		*
叉节藻 *A. pusilla* Yendo		*	*
叉节藻 *Amphiroa* sp.	*	*	*
珊瑚藻 *Corallina officinalis* L.		*	*
小珊瑚藻 *C. pilulifera* Post. et Rupr.	*	*	*
小珊瑚藻丝状变型 *C. pilulifera f. filiformis* Ruprecht	*	*	*
小珊瑚藻姐妹变型 *C. pilulifera f. sororia* Ruprecht		*	*
无柄珊瑚藻 *C. sessilis* Yendo	*	*	*
珊瑚藻 *Corallina* sp.		*	*
石叶藻 *Lithophyllum* sp.		*	*
叉珊藻 *Jania arborescens* Yendo		*	*
具爪叉珊藻 *J. ungulata f. breviov* Yendo		*	*
叉珊藻 *J. decussato-dichotoma* Yendo		*	*
宽角叉珊藻 *J. adhaerens* Lamx.		*	*
粗叉珊藻 *J. crassa* Lamx.	*	*	*
蹄形叉珊藻 *J. ungulata* Yendo	*	*	*
叉珊藻 *Jania* sp.		*	*
异边孢藻 *Marginiosporum aberrans* (Yendo) Johansen et Chihara		*	*
大边孢藻 *M. crassissimum* (Yendo) Johansen et Chihara		*	*
边孢藻 *Marginiosporum* sp.	*		*
巨大眼藻 *Joculator maximus* (Yendo) Manza		*	*
海膜科 Halymeniaeae			
蜈蚣藻 *Grateloupia filicina* C. Ag.		*	*

续表

种　　名	海湾河口	海岛	海岸带
舌状蜈蚣藻 *G. livida*（Harv.）Yamada		*	*
繁枝蜈蚣藻 *G. ramosissima* Okam.		*	*
蜈蚣藻 *Grateloupia* sp.	*		*
中国海膜 *Halymenia sinensis* Tseng et C. F. Chang	*	*	*
海膜 *Halymenia* sp.	*		*
海柏 *Polyopes polyideoides* Okam.	*		*
沙菜科 Hypneaceae			
密毛沙菜 *Hypnea boergesenii* Tanaka		*	*
鹿角沙菜 *H. cervicornus* J. Ag.	*	*	*
长枝沙菜 *H. charoides* Lamx.		*	*
日本沙菜 *H. japonica* Tanaka		*	*
巢沙菜 *H. pannosa* J. Ag.［*H. nidulans*］		*	*
小沙菜 *H. spinella*（C. Ag.）	*		*
沙菜 *Hypnea* sp.	*	*	*
海头红科 Plocamiaceae			
海头红 *Plocamium telfairiae* Harvey	*		*
江蓠科 Gracilariaceae			
芋根江蓠 *Gracilaria blodgettii* Harv.	*	*	*
江蓠 *G. verrucosa*（Huds）papeng		*	*
节江蓠 *G. articulata* Chang et Xia		*	*
硬江蓠 *G. firma* C. F. Chang et B. M. Xia		*	*
扁江蓠 *G. textorii*（Sur.）De-Toni		*	*
绳江蓠 *G. chorda* Holmes	*	*	*
真江蓠 *G. asiatica* Zhang et Xia	*		*
脆江蓠 *G. chouae* Zhang et Xia	*		*
江蓠 *Gracilaria* sp.	*		*
绳状龙须菜 *Gracilariopsis chorda* Ohmi	*		*
茎刺藻科 Caulacanthaceae			
茎刺藻 *Caulacanthus okamurai* Yamada		*	*
干叉藻科 Dicranemaceae			
地衣结节藻 *Tylotus lichenoides* Okam.		*	*
育叶藻科 Phyllophoraceae			
扇形叉枝藻 *Gymnogongrus flabelliformis* Harv.		*	*
日本叉枝藻 *G. japonicus* Sur.		*	*
叉开叉枝藻 *G. divaricatus* Holm.		*	*
叉枝伊谷草 *Ahnfeltia furcellata* Okam.	*		*
粘膜藻科 Leathesiaceae			
黏膜藻 *Leathesia difformes*（L.）Aresch	*		*

续表

种　名	海湾河口	海岛	海岸带
杉藻科 Gigartinaceae			
角叉藻 *Chondrus ocellatus* Holm.		*	*
小杉藻 *Gigartina intermedia* Sur. [Chondracanthus intermedius]	*	*	*
线形杉藻 *G. tenella* Harv.	*	*	*
红皮藻科 Rhodymeniaceae			
错综红皮藻 *Rhodymenia intricata* (Okam.)		*	*
掌状红皮藻 *R. palmata* (Linnaeus) Weber & Mohr [*Palmaria palmate*]		*	*
环节藻科 Champiaceae			
日本环节藻 *Champia japonica* Okam.	*	*	*
环节藻 *Ch. parvula* (C. Ag.) Harv.	*	*	*
仙菜科 Ceramiaceae			
日本对丝藻 *Antithamnion nipponicum* Yamada et Inagaki		*	*
对丝藻 *Antithamnion* sp.	*	*	*
纵胞藻 *Centroceras clavulatum* (C. Ag.) Mont.		*	*
微裂碎叶藻 *Schizoseris subdichotoma* (Segawa) Yamada		*	*
钩凝菜 *Campylaephora hypnaeiodes* J. Ag.	*		*
柔质仙菜 *Ceramium tenerrimum* (Mart.) Okam.	*	*	*
细枝仙菜 *C. tenuissium* (Roth) J. Ag.		*	*
日本仙菜 *C. japonicum* Okam.	*	*	*
圆锥仙菜 *C. paniculatum* Okam.		*	*
三叉仙菜 *C. kondoi* Yendo	*		*
仙菜 *Ceramium* sp.	*		*
红叶藻科 Delesseriaceae			
顶丝藻 *Acrothamnion pulchelluum* J. Ag.		*	*
具钩顶群藻 *Acrosorium uncinatum* (Turn) Kylin		*	*
顶群藻 *A. yendoi* Yamada		*	*
顶群藻 *Acrosorium* sp.		*	*
鹧鸪菜 *Caloglossa leprieurii* (Mont.) J. Ag.	*	*	*
双分下舌藻 *Hypoglossum geminatum* Okam.		*	*
下舌藻 *H. barbatum* Okam.		*	*
下舌藻 *Hypoglossum* sp.		*	*
红舌藻 *Erythroglossum* sp.	*		*
绒线藻科 Dasyaceae			
旋花藻 *Amansia glomerata* C. Ag.		*	*
帚状绒线菜 *Dasya scoparia* Harv.		*	*
具柄绒线藻 *D. pedicellata* C. Ag.			*
绒线藻 *Dasya* sp.	*		*
淡江镰形藻 *Falkenbergia rufolanosa* (Harv.) Schmitz		*	*

续表

种　名	海湾河口	海岛	海岸带
带状缠管藻 *Herposiphonia tenella*（C. Ag.）Naeg.		*	*
松节藻科 Rhodomelaceae			
藓状鱼栖苔 *Acanthophora muscoides*（L.）Bory		*	*
粗枝软骨藻 *Chondria crassicaulis* Harv.		*	*
中国凹顶藻 *Laurencia chinensis* Tseng		*	*
异枝凹顶藻 *L. intermedia* Yamada	*	*	*
日本凹顶藻 *L. japonica* Yamada		*	*
冈村凹顶藻 *L. okamurai* Yamada	*	*	*
栅状凹顶藻 *L. palisada* Yamada		*	*
乳头凹顶藻 *L. papillosa*（Forssk.）Grev.		*	*
圆锥凹顶藻 *L. paniculata*（Ag.）J. Ag.		*	*
三角凹顶藻 *L. tristicha* Tseng, Chang et Xia		*	*
屈曲凹顶藻 *L. flexillis setch v. tropica*（Yam.）Xia et Zhang		*	*
钝形凹顶藻 *L. obtusa*（Hudson）	*		*
略大凹顶藻 *L. majuscula*（Harv.）Lucas		*	*
凹顶藻 *Laurencia* sp.		*	*
多管藻 *Polysiphonia urceolata* Grev.		*	*
具皮多管藻 *Polysiphonia harlandii* Harv.		*	*
多管藻 *Polysiphonia* sp.	*	*	*
苔状鸭毛藻 *Symphyocladia marchantioides*（Harv.）Fkbg.	*	*	*
小鸭毛藻 *S. pennata* Okam.		*	*
褐藻门 Phaeophyta			
水云科 Ectocarpaceae			
水云 *Ectocarpus confervoides*（Roth）［E. arctus］	*	*	*
长囊水云 *E. siliculosus*（Dillw.）Lyngb.	*	*	*
水云 *Ectocarpus* sp.	*		
铁钉菜科 Ishigeaceae			
铁丁菜 *Ishige okamurai* Yendo	*	*	*
叶状铁丁菜 *I. sinicosa*（S. et G.）Chihara	*	*	*
点叶藻科 Punctariaceae			
厚点叶藻 *Punctaria plataginea*（Roth）Grev.	*		*
点叶藻 *Punctaria* sp.		*	*
萱藻科 Scytosiphonaceae			
幅叶藻 *Petalonia fascia*（O. F. Muellěr）Kuntze	*		*
囊藻 *Colpomenia sinuosa*（Mertens ex Roth）Derb. et Sol.	*	*	*
囊藻 *Colpomenia* sp.		*	*
鹅肠菜 *Endarachne binghamiae* J. Ag.		*	*

续表

种　　名	海湾河口	海岛	海岸带
网地藻科 Dictyotaceae			
宽叶网翼藻 *Dictyopteris latiuscula*（Okam.）Okam.		*	*
网地藻 *Dictyota dichotoma*（Huds.）Lamx.	*	*	*
刺叉网地藻 *Dictyota patens* J. Ag.	*		*
网地藻 *Dictyota* sp.	*	*	*
厚缘藻 *Dilophus okamurae* Dawson		*	*
厚网藻 *Pachydictyon coriaceum*（Holm.）Okam.		*	*
圈扇藻 *Zonaria diesingiana* J. Ag.	*		*
黑顶藻科 Sphacelariaceae			
叉状黑顶藻 *Sphacelaria furcigera* Kiietz［*S. rigidula*］		*	*
肩裂黑顶藻 *S. novae-hollandiae* Sonder		*	*
黑顶藻 *S. subfusca* S. et G.		*	*
三角黑顶藻 *S. tribuloides* Menegh		*	*
三叉黑顶藻 *S. fusca*（Hudson）C. Ag.	*		*
马尾藻科 Sargassaceae			
羊栖菜 *Sargassum fusiforme*（Harv.）Setch	*	*	*
半叶马尾藻 *S. hemiphyllum*（Turn.）C. Ag.	*		*
亨氏马尾藻 *S. henslowianum* C. Ag.		*	*
鼠尾藻 *S. thunbergii*（Mert. ex Roth）O. Kuetz.	*	*	*
瓦氏马尾藻 *S. vachellianum* Grev.	*	*	*
展枝马尾藻 *S. patens* C. Ag.			*
马尾藻 *Sargassum* sp.		*	*
绿藻门 Chlorophyta			
丝藻科 Ulotrichaceae			
软丝藻 *Ulothrix flacca*（Dillw.）Thur.	*	*	*
礁膜科 Monostromataceae			
礁膜 *Monostroma nitidum* Wittr.	*	*	*
石莼科 Ulvaceae			
盘苔 *Blidingia minima*（Naeg. et Kuetz.）Kytin		*	*
条浒苔 *Entermorpha clathrata*（Roth）Grev.	*	*	*
缘管浒苔 *E. linza*（L.）J. Ag.	*	*	*
扁浒苔 *E. compressa*（L.）Grev.	*	*	*
曲浒苔 *E. flexuosa*（Wulf.）J. Ag.	*	*	*
肠浒苔 *E. intestinalis*（L.）Nees	*	*	*
多盲浒苔 *E. prolifera*（Müller）J. Ag.	*	*	*
管浒苔 *E. tubulosa* Kuetz.	*	*	*
浒苔 *Enteromorpha* sp.		*	*

续表

种　　名	海湾河口	海岛	海岸带
花石莼 *Ulva conglobata* Kjellm	*	*	*
孔石莼 *U. pertusa* Kjellm	*	*	*
石莼 *U. lactuca* L.	*	*	*
裂片石莼 *U. fasciata* Delile	*		*
石莼 *Ulva* sp.		*	*
刚毛藻科 Cladophoraceae			
大洼刚毛藻 *Cladophora ohkuboana* Holm.		*	*
盂买刚毛藻 *C. patentiramea*（Mont.）Kuetz.		*	*
面状刚毛藻 *C. rudophiana*（C. Ag.）Kuetz.		*	*
刚毛藻 *Cladophora* sp.	*	*	
硬毛藻 *Chaetomorpha antennina*（Bory.）Kuetz.		*	*
硬毛藻 *Chaetomorpha* sp.	*	*	*
错纵根枝藻 *Rhizoclonium implexum*（Dillw.）Kuetz.	*		*
羽藻科 Bryopsidaceae			
丛簇羽藻 *Bryopsis caespitosa* Suhr.		*	*
蕨藻科 Caulerpaceae			
棒叶蕨藻 *Caulerpa sertularioides*（Gmel.）Howe［*f. longiseta*（Bory.）Svedelius］	*		*
松藻科 Codiaceae			
圆筒长松藻 *Codium cylindricum* Holm.	*	*	*
叉开松藻 *C. divanicatum* Holm.	*		*
华美长松藻 *C. decorticatum*（Wood）Howe		*	*
刺松藻 *C. fragile*（Sur.）Heriot	*		*
松藻 *Codium* sp.	*		*
动物界 ANTMALIA			
海绵动物门 Spongia［多孔动物门 Porifera］			
白枝海绵科 Leucosoleniidae			
白枝海绵 *Leucosolenia* sp.	*		*
皮海绵科 Subertidae			
肉质皮海绵 *Suberites carnosa*（Johnston）	*		*
皮海绵 *Suberites* sp.	*		*
荔枝海绵科 Tethyidae			
柑橘荔枝海绵 *Tethya aurantium*（Pallas）	*	*	*
荔枝海绵 *Tethya* sp.	*		*
黏海绵科 Myxillidae			
圆棒苔海绵 *Tedania strongyla* Li	*		*
软海绵科 Teehyidae［Halichondriidae］			
膜海绵 *Hymeniacidon*（cf）sp.	*		*
面包软海绵 *Halichondria panicea*（Pallas）	*		*

续表

种　　名	海湾河口	海岛	海岸带
软海绵 *Halichondria okadai*（Kadota）		*	*
软海绵 *Halichondria* sp.	*	*	*
美丽海绵科 Callyspongidae			
管指海绵 *Siphonochalina truncata*（Lindgren）［*Callyspongia truncata*］		*	*
管指海绵 *Siphonochalina* sp.	*		*
美丽海绵 *Callyspongia* sp.	*		*
指海绵科 Chalinidae			
蜂海绵 *Haliclona* sp.	*		*
似雪海绵科 Niphatidae［Renieridae］			
多样厚指海绵 *Pachychalina variabilis* Dendy		*	*
厚指海绵 *Pachychalina* sp.	*		*
矶海绵 *Reniera* sp.		*	*
腔肠动物门 Coelentera［刺胞动物门 Cnidaria］			
真枝螅科 Eudendriidae			
真枝螅 *Eudendrium* sp.	*		*
笔螅水母科 Halocordylidae			
两列海笔螅 *Pennaria disticha* Goldfuss〔*Halocordyle disticha*〕		*	*
美羽螅科 Aglaopheniidae			
佳美羽螅 *Aglaophenia whiteleggei* Bale	*	*	*
桧叶螅科 Sertulariidae			
中华小桧叶螅 *Sertularella sinensis* Jöderholm	*	*	*
小桧叶螅 *Sertularella* sp.	*	*	*
克莉丝强叶螅 *Dynamena crisioides* Lamouroux			*
强叶螅 *Dynamena* sp.	*		*
筒螅水母科 Tubulariidae			
中胚花筒螅 *Tubularia mesembryanthemum* Allman		*	*
花筒螅 *Tubularia* sp.	*	*	*
钟螅水母科 Campanulariidae			
薮枝螅 *Obelia* sp.	*	*	*
钟螅 *Campanularia* sp.	*		*
群体海葵科 Zoanthidae			
花群体海葵 *Zoanthus* sp.	*		*
爱氏海葵科 Edwardsidae			
日本爱氏海葵 *Edwardsia japonica* Carlgren	*		*
星虫状爱氏海葵 *E. sipunculoides* Stimpson	*		*
爱氏海葵 *Edwardsia* sp.	*	*	*
链索海葵科 Hormathiidae			

续表

种　　名	海湾河口	海岛	海岸带
美丽海葵 *Calliactis* sp.	*		*
海葵科 Actiniidae			
马氏漂浮海葵 *Bolocera mimurrichi*（Kwietniewski）[*Boloceroides mimurrichi*]	*		*
亚洲侧花海葵 *Anthopleura asiatica* Uchida et Murmatsu		*	*
太平洋侧花海葵 *A. pacifica* Uchida & Muramatsu	*	*	*
日本侧花海葵 *A. japonica*（Verill）	*		*
侧花海葵 *Anthopleura* sp.	*	*	*
等指海葵 *Actinia equina*（Linné）	*	*	*
享氏瘤海葵 *Condylactis hertwigi wassilieff*		*	*
瘤葵海葵 *Condylactis* sp.	*		*
似侧花海葵 *Gyractis* sp.	*		*
纵条肌海葵科 Haliplanella			
纵条肌海葵 *Haliplanella luciae*（Verill）	*	*	*
海葵 *Asthopleura kurogane* Uchida & Muramatsu [*Anthopleura kurogane*]		*	*
海葵 *Tealia* sp.		*	*
绿海葵科 Sagartiidae			
曲道喜石海葵 *Phellia gausapata* Gosse	*		*
中华仙影海葵 *Cereus sinensis* Verill			*
花梗仙影海葵 *C. pedunculatus*（Pennant）	*		*
仙影海葵 *Cereus* sp.			*
蠕形海葵科 Halcampidae			
大蠕形海葵 *Halcampella maxima* Hertwig	*		*
蠕形海葵 *Halcampella* sp.	*		*
金菊蠕形海葵 *Halcampa chrysanthellum*（Peach）	*		*
蠕形海葵 *Halcampa* sp.	*		*
渐狭沙海葵 *Harenactis attenuata* Torrey	*		*
瘤花海葵科 Condylanthidae			
岩栖雅致海葵 *Charisea saxicola* Torrey	*		*
角海葵科 Cerianthidae			
蕨形角海葵 *Cerianthus filiformis* Carlgren	*	*	*
角海葵 *Cerianthus* sp.		*	*
海鸡头 *Nephthya* sp.		*	*
杯形珊瑚科 Pocilloporidae			
杯形珊瑚 *Pocillopora* sp.	*		*
蜂巢珊瑚科 Faviidae			
粗糙菊花珊瑚 *Goniastrea aspera* Verill		*	*
蜂巢珊瑚 *Favia* sp.	*		*
丁香珊瑚科 Caryophylliidae			

续表

种　名	海湾河口	海岛	海岸带
异杯珊瑚 *Heterocyathus* sp.	*		*
丁香珊瑚 *Caryophyllia* sp.	*	*	*
棘柳珊瑚科 Acanthogorgiidae			
棘柳珊瑚 *Acanthogorgia* sp.	*	*	*
类尖柳珊瑚科 Paramuriceidae			
枝条刺柳珊瑚 *Echinogorgia lami* Stiasny	*		*
长刺柳珊瑚 *E. praelonga*（Ridley）		*	*
刺柳珊瑚 *Echinogorgia* sp.	*		*
丛柳珊瑚科 Plexauridae			
桂山厚丛柳珊瑚 *Hicksonella guishanensis* Zou	*		*
厚丛柳珊瑚 *Hicksonella* sp.	*	*	*
昙花丛柳珊瑚 *Anthoplexaura dimorpha* KÜkenthal	*		*
丛柳珊瑚 *Euplexaura* sp.	*		*
鞭柳珊瑚科 Ellisellidae			
滑鞭柳珊瑚 *Ellisella laevis*（Verill）	*		*
沙箸科 Veretillidae			
海仙人掌 *Cavernularia obesa* Milne Edwards et Hailme	*		*
哈氏海仙人掌 *C. habereri* Moroff	*		*
海仙人掌 *Cavernularia* sp.		*	*
似海笔科 Stachyptilidae			
屠氏似海笔 *Stachyptilum doflemi* Bass	*		*
似海笔 *Stachyptilum* sp.	*		*
白沙箸科 Virgulariidae			
白沙箸 *Virgularia gustaviana*（Herclots）	*	*	*
沙箸 *Virgularia* sp.	*	*	*
海鳃科 Pennatulidae			
海鳃 *Pennatula* sp.	*	*	*
棘海鳃科 Pteroeididae			
中华棘海鳃 *Pteroeides chinense*（Herclots）	*	*	*
石花虫科 Telestaidae			
石花虫 *Telesto cf. rubra* Hickson			*
石花虫 *Telesto* sp.		*	*
扁形动物门 Plathyhelminthes			
柄涡科 Stylochidae			
今岛柄涡虫 *Stylochus ijimai* Yeri et Kaburaki	*		*
柄涡虫 *Stylochus* sp.	*		*
平角科 Planoceridae			

续表

种　　名	海湾河口	海岛	海岸带
平角涡虫 *Paraplanocera reticulata*（Stimpso）		*	*
双管科 Diplosoleiidae			
厚涡虫 *Pseudosotylochus* sp.	*		*
纽形动物门 Nemertinea			
细首科 Cephalathricidae			
细首纽虫 *Procephalathrix* sp.	*		*
纵沟科 Lineridae［Lineidae］			
脑纽虫 *Cerebratullina* sp.	*		*
黑线纵沟纽虫 *Lineus binigrilinearis* Gibson	*		*
纵沟纽虫 *Lineus* sp.	*		*
日本小尾纽虫 *Micrura japonica* Iwata	*		*
小尾纽虫 *Micrura* sp.	*		*
枝吻科 Polybrachiorhynchidae			
枝吻纽虫 *Dendrorhynchus* sp.			*
无沟科 Baseoddiscidae［Valenciniidae］			
短无沟纽虫 *Baseodiscus curtus*（Hubrecht）	*		*
无沟纽虫 *Baseodiscus* sp.	*		*
圈曲科 Emplectonemertidae			
纤弱线纽虫 *Nemertopsis gracilis* Coe	*	*	*
笠藤壶线纽虫 *N. tetraclitophila* Gibson	*		*
线纽虫 *Nemertopsis* sp.	*		*
环节动物门 Annelida			
叶须虫科 Phyllodocidae			
栗色仙须虫 *Nereiphysa castanea*（Marenea）［*Genetyllis castanea*，*Phyllodoce castanea*］	*	*	*
玛叶须虫 *P. malmgreni* Gravier	*		*
中华叶须虫 *P.*（*Anaitides*）*chinensis*（Uschakov et Wu）	*	*	*
叶须虫 *Phyllodoce* sp.［*Genetyllis* sp.，*Anaitides* sp.］	*		*
巧言虫 *Eulalia viridis*（Linne）	*	*	*
张氏神须虫 *Eteone*（*Mysta*）*tchangsii* Uschakov et Wu			*
锦绣神须虫 *E.*（*M.*）*ornata*（Grube）			*
三角州双须虫 *E. delta* Wu et Chen	*		*
长双须虫 *E. longa*（Fabricius）			*
双须虫 *Eteone* sp.	*		*
特须虫科 Lacydoniidae			
拟特须虫 *Paralacydonia paradoxa* Fauvel	*	*	*
鳞沙蚕科 Aphroditidae			

续表

种　　名	海湾河口	海岛	海岸带
小鳞虫 *Hermonia* sp.	*		*
多鳞虫科 Polynoidae			
覆瓦哈鳞虫 *Harmothoë imbricata*（Linnaeus）	*	*	*
亚洲哈鳞虫 *H. asiatica* Uschakov et Wu	*		*
哈鳞虫 *Harmothoë* sp.	*	*	*
良鳞虫 *Benhamipolynoe* sp.		*	*
拟隐鳞虫 *Hermadionella* sp.	*		*
优鳞虫 *Eunoë* sp.	*		*
斑目脆鳞虫 *Lepidasthenia ocellata*（McIntosh）［*L. elegans*］	*		*
脆鳞虫 *Lepidasthenia* sp.	*		*
穗鳞虫 *Halosydnopsis* sp.	*		*
非拟海鳞虫 *Nonparahalosydna pleiolepis*（Marenzeller）［*Lepidonotus pleiolepis*，*Polynoe pleiolepis*，*Parahalosydna pleiolepis*］	*	*	*
非拟海鳞虫 *Nonparahalosydna* sp.［*Polynoe* sp.］		*	*
拟穗鳞虫 *Parahalosydnopsis* sp.		*	*
拟海刺虫 *Parahalosydna* sp.	*		*
尾鳞虫 *Telolepidasthenia* sp.		*	*
相模背鳞虫 *Lepidonotus sagamiana*（Izuka）［*Polynoe sagamiana*］	*		*
细毛背鳞虫 *L. tenuisetosus*（Gravier）	*	*	*
方背鳞虫 *L. squamatus*（Linnaeus）	*		*
隆线背鳞虫 *L. carinulatus*（Grube）	*		*
背鳞虫 *Lepidonotus* sp.	*	*	*
渤海格鳞虫 *Gattyana pohaiensis* Uschakov et Wu	*		*
蜂窝格鳞虫 *G. deludens* Fazuvel	*		*
格鳞虫 *Gattyana* sp.	*		*
短毛海鳞虫 *Halosydna brevisetosa* Kinberg［*H. nebulosa*］	*	*	*
海鳞虫 *Halosydna* sp.	*	*	*
内鳞虫 *Intoshella* sp.	*		*
蠕鳞虫科 Acoetidae			
黑斑多齿鳞虫 *Polyodontes melanonotus*（Grube）	*	*	*
锡鳞虫科 Sigalionidae			
锡鳞虫 *Sigalion* sp.	*		*
褐镰毛鳞虫 *Sthenelais fusca* Johnson［*S. boa*］	*		*
镰毛鳞虫 *Sthenelais* sp.	*		*
日本强鳞虫 *Sthenolepis japonica*（McIntosh）［*Leanira japonica*］	*	*	*
强鳞虫 *Sthenolepis* sp.	*		*
中华徽鳞虫 *Pholoë chinensis* Wu			*
小徽鳞虫 *P. minuta*（Fabricius）	*		*

续表

种　名	海湾河口	海岛	海岸带
缘镛毛鳞虫 *Fimbriosthenelais* sp.	*		*
金扇虫科 Chrysopetalidae			
西方金扇虫 *Chrysopetalum occidentale* Johnson	*		*
隐头卷虫 *Bhawania goodei* Imajima et Hartman	*		*
短卷虫 *B. brevis* Gallardo	*		*
卷虫 *Bhawania* sp.	*		*
热带稃背虫 *Paleanotus debilis*（Grube）	*		*
海女虫科 Hesionedae			
纵纹海女虫 *Hesione intertexta* Grube		*	
海女虫 *Hesione* sp.	*		*
巢海女虫 *Hesionides* sp.			*
英虫 *Gyptis* sp.	*		*
狭细蛇潜虫 *Ophiodromus angustifrons*（Grube）［*Podarke angustifrons*］	*	*	*
暗蛇潜虫 *O. cf obscura*（Verrill）［*Podarke obscura*］	*		*
蛇潜虫 *Ophiodromus* sp.	*		*
中华结海虫 *Leocrates chinensis* Kinberg	*	*	*
小健足虫 *Micropodarke dubia*（Hessle）			*
小健足虫 *Micropodarke* sp.	*		*
蛇潜虫 *Podarkeopsis* sp.	*		*
白毛虫科 Pilargiidae			
花冈钩毛虫 *Sigambra hanaokai* Kitamori	*	*	*
巴氏钩毛虫 *S. bassi* Hartman	*	*	*
钩毛虫 *Sigambra* sp.	*		*
阿氏刺毛虫 *Synelmis albini*（Langerhans）	*		*
刺毛虫 *S. simpleax* Chamberin		*	*
刺毛虫 *Synelmis* sp.	*		*
白毛钩裂虫 *Ancistrosyllis pilargiformis* Uschakov et Wu［*Cabira pilargiformis*］	*		*
短须钩裂虫 *A. brevicirris* Rangarajan	*		*
小钩裂虫 *A. parva* Day			
钩裂虫 *Ancistrosyllis* sp.	*	*	*
钩虫 *Cabira* sp.	*		*
白毛虫 *Pilargis* sp.	*		*
裂虫科 Syllidae			
粗毛裂虫 *Syllis amica* Quatrefages	*	*	*
海绵裂虫 *S. spongiphila* Verrill［*S. sclerolaema*］		*	*
叉毛裂虫 *S. gracilis* Grube	*		*
裂虫 *Syllis* sp.	*	*	*
澳大利亚背裂虫 *Opisthosyllis australis*（Augener）			

续表

种　　名	海湾河口	海岛	海岸带
叶须真裂虫 *Eusyllis habei* Imajima			*
真裂虫 *Eusyllis* sp.		*	*
千岛模裂虫 *Typosyllis adamandes* Chlebovitsch	*		*
透明模裂虫 *T. hyaliyna*（Grube）			*
模裂虫 *Typosyllis* sp.	*	*	*
刺裂虫 *Ehlersia* sp.	*		*
单裂虫 *Haplosyllis* sp.	*		*
钻穿裂虫 *Trypanosyllis*（*T.*）*zebra*（Grube）［*T. zebra*］	*	*	*
裂虫 *Trypanosyllis*（*T.*）sp.	*	*	*
格裂虫 *Brania* sp.		*	*
印度节裂虫 *Mastobranchus indicus* Southern		*	*
裸裂虫 *Pionosyllis* sp.			*
圆锯裂虫 *Dentatisyllis* sp.	*		*
沙蚕科 Nereidae			
溪沙蚕 *Namalycastis abiuma*（Müller）	*		*
红角沙蚕 *Ceratonereis erythraeenis* Fauvel	*	*	*
等齿角沙蚕 *C. burmensis* Monro［*Nereis*（*C.*）*burmensis*］		*	*
短须角沙蚕 *C. costae*（Grube）［*Nereis*（*C.*）*costae*］	*		*
奇异角沙蚕 *C. mirabilis* Kinberg	*	*	*
羊角沙蚕 *C. hircinicola*（Eisig）	*		*
角沙蚕 *Ceratonereis* sp.	*	*	*
双齿围沙蚕 *Perinereis aibuhitensis* Grube［*Nereis aibuhitensis*, *N linea*, *N.*（*Perinereis*）*aibuhitensis*, *N. orientalis*］	*	*	*
弯齿围沙蚕 *P. camiguinoides* Augener［*Nereis*（*P.*）*camiguinoides*］	*	*	*
短角围沙蚕 *P. brevicirris*（Grube）		*	*
独齿围沙蚕 *P. cultrifera* Grube	*	*	*
多齿围沙蚕 *P. nuntia*（Savigny）	*	*	*
菱齿围沙蚕 *P. rhombodonta* Wu et Sun	*	*	*
枕围沙蚕 *P. vallata*（Grube）［*Perinereis vallata*］	*		*
扁齿围沙蚕 *P. vancaurica*（Ehlers）	*		*
围沙蚕 *Perinereis* sp.	*	*	*
杂色伪沙蚕 *Pseudonereis variegata*（Grube）	*	*	*
软疣沙蚕 *Tylonereis bogoyawleskyi* Fauvel	*		*
疣吻沙蚕 *Tylorrhynchus heterochaetus*（Quatrefages）	*		*
吻沙蚕 *Tylorrhynchus* sp.		*	*
背褶沙蚕 *Tambalagamia fauveli* Pillai	*	*	*
光突齿沙蚕 *Leonnates persica* Wesenberg-Lund	*	*	*
粗突齿沙蚕 *L. decipiens* Fauevl	*	*	*

续表

种　　名	海湾河口	海岛	海岸带
突齿沙蚕 *Leonnates* sp.	*	*	*
拟突齿沙蚕 *Paraleonnates uschakovi* Chlebovitsch et Wu	*	*	*
拟突齿沙蚕 *Paraleonnates* sp.	*	*	*
双管阔沙蚕 *Platynereis bicanaliculata* (Baird) [*Nereis dumerilii*, *N. kobiensis*, *N. agassizi*, *Platynereis agassizi*]	*	*	*
阔沙蚕 *Platynereis* sp.	*		*
游沙蚕 *Nereis pelagica* Linnaeus	*		*
波斯沙蚕 *N. persica Fauvel* [*N. zonata persica*]	*	*	*
多齿沙蚕 *N. multignatha* Imajima et Hartman	*	*	*
真齿沙蚕 *N. neoneanthes* Hartman	*	*	*
旗须沙蚕 *N. vexillosa* Grube [*N. ezoensis*]		*	*
异须沙蚕 *N. heterocirrata* Greadwell	*	*	*
广东沙蚕 *N. guangdongensis* Wu		*	*
环带沙蚕 *N. zonata* Malmgren	*	*	*
沙蚕 *Nereis* sp.	*	*	*
东海刺沙蚕 *Neanthes donghaiensis* Wu et Sun	*	*	*
黄色刺沙蚕 *N. flava* Wu et Sun	*	*	*
色斑刺沙蚕 *N. maculata* Wu et Sun	*		*
日本刺沙蚕 *N. japonica* (Izuka)	*	*	*
琥珀刺沙蚕 *N. succinea* (Frey et Leuckart)		*	*
腺带刺沙蚕 *N. glandicincta* (Southern)	*	*	*
刺沙蚕 *Neanthes* sp.	*	*	*
多齿全刺沙蚕 *Nectoneanthes multignatha* Wu	*	*	*
锐足全刺沙蚕 *N. oxypoda* (Marenzeller) [*Nereis oxypoda*, *N.* (*Neanthes*) *oxypoda*, *Neanthes oxypoda*]	*	*	*
全刺沙蚕 *Nectoneanthes* sp.	*	*	*
太平洋阿沙蚕 *Abarenicora pacifica* Healy et Wells		*	*
美沙蚕 *Lycastopsis* sp.	*		*
吻沙蚕科 Glyceridae			
中锐吻沙蚕 *Glycera rouxii* Aud. et M. Edw.	*	*	*
长吻沙蚕 *G. chirori* Izuka	*	*	*
锥唇吻沙蚕 *G. onomichiensis* Izuka		*	*
倦旋吻沙蚕 *G. tridactyla* Schmarda [*G. convoluta*]	*	*	*
白色吻沙蚕 *G. alba* Müller	*	*	*
方格吻沙蚕 *G. tesselata* Grube	*	*	*
浅古铜吻沙蚕 *G. subaenea* Grube	*	*	*
头吻沙蚕 *G. capitata* Oersted	*	*	*
箭鳃吻沙蚕 *G. sagittariae* McIntosh	*		*

续表

种　名	海湾河口	海岛	海岸带
吻沙蚕 *Glycera* sp.	*	*	*
羽须鳃沙蚕 *Dendronereis pinnaticirris* Grube			*
半足沙蚕 *Hemipodus* sp.	*		*
角吻沙蚕科 Goniadidae			
寡节甘吻沙蚕 *Glycinde gurjanovae* Uschakov et Wu	*		*
甘吻沙蚕 *Glycinde* sp.	*	*	*
日本角吻沙蚕 *Goniada japonica* Izuka	*		*
色斑角吻沙蚕 *G. maculata* Oersted	*		*
角吻沙蚕 *G. emerita* Audouin et M. Edw.	*		*
角吻沙蚕 *Goniada* sp.	*	*	*
明角吻沙蚕 *Goniadella* sp.		*	*
齿吻沙蚕科 Nephtyidae			
中华内卷齿蚕 *Aglaophamus sinensis* Fauvel［*Nephtys sinensis*］	*	*	*
双鳃内卷齿蚕 *A. dibranchis* Grube	*	*	*
叶须内卷齿蚕 *A. lobatus* Jmajima et Takeda〔*A. lyrochaeta*〕	*		*
弦毛内卷齿蚕 *A. lyrochaeta* Fauvel	*	*	*
吐露内卷齿蚕 *A. toloensis* Ohwada	*		*
内卷齿蚕 *Aglaophamus* sp.	*		*
多鳃齿吻沙蚕 *Nephtys polybranchia* Southern	*	*	*
新多鳃齿吻沙蚕 *N. neopolybranchia* Southern	*		*
加州齿吻沙蚕 *N. californiensis* Hartman	*	*	*
寡鳃齿吻沙蚕 *N. oligobranchia* Southern	*	*	*
毛齿吻沙蚕 *N. ciliata*（Müller）	*		*
齿吻沙蚕 *Nephtys* sp.	*	*	*
无疣齿吻沙蚕 *Inermonephtys inermis*（Ehlers）［*Nephtys inermis*］	*	*	*
盖柱无疣齿吻蚕 *I. gallardi* Fauchald	*	*	*
无疣齿吻蚕 *Inermonephtys* sp.	*		*
东球须微齿吻沙蚕 *Micronephtys sphaerocirrata*（Wesenberg-Lund）	*		*
锥头虫科 Orbiniidae			
长锥虫 *Haploscoloplos elongatus*（Johnson）	*		*
角单锥虫 *H. kerguelensis*（McIntosh）		*	*
锥虫 *Haploscoloplos* sp.	*	*	*
细毛尖锥虫 *Scoloplos gracilis* Pillai	*	*	*
东方刺尖锥虫 *S.*（*Leodamas*）*rubra orientalis* Gallardo［*S.*（*L.*）*rubra pacfica*］	*	*	*
膜囊尖锥虫 *S.*（*S.*）*marsupialis* Southern	*	*	*
尖锥虫 *S.*（*S.*）*armiger*（Müller）	*		*
尖锥虫 *Scoloplos*（*S.*）sp.	*	*	*
越南锥头虫 *Orbinia vietnamensis* Gallardo	*		*

续表

种　　名	海湾河口	海岛	海岸带
锥头虫 *Orbinia* sp.	*		*
矛毛虫 *Phylo felix* Kinberg [*P. felix asiatieus*]		*	*
叉毛矛毛虫 *P. ornatus* (Verill)	*	*	*
无叉矛毛虫 *P. kupfferi* Ehlers	*		*
腹光矛毛虫 *P. nudus* (Moore)	*		*
矛毛虫 *Phylo* sp.	*		*
仙居虫 *Naineris laevigata* (Grube)			*
居虫 *Naineris* sp.	*		*
异毛虫科 Paraonidae			
独指虫 *Aricidea fragilis* Webster [*A. fragilis caeca*]	*		*
福威独指虫 *A. fauveli* Hartman		*	*
独指虫 *A. elongata* Imajima	*		*
独指虫 *Aricidea* sp.	*		*
太平洋单毛虫 *Aedicira pacifica* Hartman			
单毛虫 *Aedicira* sp.	*	*	*
细毛异毛虫 *Paraonis gracilis* (Tauber)	*		*
异毛虫 *Paraonis* sp.	*		*
单指虫科 Cossuridae			
双形拟单指虫 *Cossurella dimorpha* Hartman [*Cossura coasta*, *Heterocossura aciculata*]	*	*	*
拟单指虫 *Cossurella* sp.	*		*
单指虫 *Cossura* sp.	*		*
海稚虫科 Spionidae			
鳞腹沟虫 *Scolelepis squamata* (Müller) [*Nerine cirratulus*]			*
腹沟虫 *Scolelepis* sp.	*	*	*
膜质伪才女虫 *Pseudopolydora kempi* (Southern)	*		*
伪才女虫 *Pseudopolydora* sp.	*	*	*
难定才女虫 *Polydora pilikia* (Ward)			*
黄色才女虫 *P. flava* Claparède			*
才女虫 *Polydora* sp.	*	*	*
细稚虫 *Minuspio* sp.	*		*
后指虫 *Laonice cirrata* (Sars)	*	*	*
后指虫 *Laonice* sp.	*		*
锥稚虫 *Aonides oxycephala* (Sars)	*	*	*
稚虫 *Aonides* sp.	*		*
印度锤稚虫 *Malacoceros indicus* (Fauvel)		*	*
锤稚虫 *Malacoceros* sp.	*		*
伪锤稚虫 *Pseudomalacoceros* sp.		*	*
马丁海稚虫 *Spio martinensis* Mesnil		*	*

续表

种　　名	海湾河口	海岛	海岸带
海稚虫 *Spio* sp.	*		*
光稚虫 *Spiophanes* sp.	*		*
奇异稚齿虫 *Paraprionospio pinnata*（Ehlers）［*Prionospio pinnata*，*P.*（*Paraprionospio*）*pinnata*］	*	*	*
丝鳃稚齿虫 *Prionospio malmgreni* Claparede	*	*	*
昆士兰稚齿虫 *P.*（*P.*）*queenslandica* Blake et Kudenov			*
袋稚齿虫 *P. ehlersi* Fauvel	*		*
澳克兰稚齿虫 *P. aucklandica* Augener			*
须稚齿虫 *P. cirrifera* Wiren			*
日本稚齿虫 *P. japonica* Okuda	*		*
稚齿虫 *P. cf membranacea* Imajima	*		*
疑刺稚齿虫 *P. dubia* Day	*		*
稚齿虫 *Prionospio* sp.	*	*	*
小蛇稚虫 *Boccardiella* sp.		*	*
吻蛇稚虫 *Boccardia proboscidea* Hartman		*	*
蛇稚虫 *Boccardia* sp.	*		*
小蛇稚虫 *Boccarclie* sp.	*		*
鼻稚虫 *Rhynchospio* sp.	*		*
长手沙蚕科 Magelonidae			
尖叶长手沙蚕 *Magelona cincta* Ehlers	*	*	*
太平洋长手沙蚕 *M. pacifica* Monro			*
栉状长手沙蚕 *M. crenulifrons* Gallardo	*		*
乳突长手沙蚕 *M. papillicornis* MÜller		*	*
长手沙蚕 *Magelona* sp.	*		*
杂毛虫科 Poecilochaetidae			
蛇杂毛虫 *Poecilochaetus serpens* Allen	*	*	*
亚热带杂毛虫 *P. paratropicus* Gallardo	*	*	*
热带杂毛虫 *P. tropicus* Okuda	*		*
豪猪杂毛虫 *P. hystricosus* Mackie			*
杂毛虫 *Poecilochaetus* sp.	*	*	*
异稚虫科 Heterospionidae			
中华异稚虫 *Heterospio sinica* Wu et Chen	*		*
异稚虫 *Heterospio* sp.	*		*
燐虫科 Chaetopteridae			
翼燐虫 *Spiochaetopterus* sp.	*		*
日本中燐虫 *Mesochaetopterus japonicus* Fujiwara	*		*
丝鳃虫科 Cirratulidae			
刚鳃虫 *Chaetozone setosa* Malmgren	*	*	*

续表

种　　名	海湾河口	海岛	海岸带
刚鳃虫 *Chaetozone* sp.	*	*	*
金毛丝鳃虫 *Cirratulus chrysoderma* Claparede	*		*
越南丝鳃虫 *C. annamensis* Gallardo	*		*
细丝鳃虫 *C. filiformis* Keferstein	*	*	*
须丝鳃虫 *C. cirratus*（Müller）	*		*
丝鳃虫 *Cirratulus* sp.	*		*
须鳃虫 *Cirriformia tentaculata*（Montagu）	*	*	*
毛须鳃虫 *C. filigera*（Delle Chiaje）	*		*
须鳃虫 *C. puctata*（Grube）	*		*
须鳃虫 *Cirriformia* sp.	*	*	*
马氏独毛虫 *Tharyx marioni*（Saint-Joseph）	*	*	*
独毛虫 *Tharyx* sp.	*		*
钙珊虫 *Dodecaceria concharum* Oersted	*		*
钙珊虫 *Dodecaceria* sp.	*	*	*
小头虫科 Capitellidae			
小头虫 *Capitella capitata*（Fabriceus）	*		*
小头虫 *Capitella* sp.	*		*
乳香小头虫 *Capitellethus* sp.	*	*	*
平滑蚓虫 *Leiocapitella* sp.		*	*
滑蚓虫 *Leiochrides* sp.		*	*
鳃蚕 *Dasybranchus* sp.	*		*
巴林虫 *Barantolla* sp.	*		*
加州中蚓虫 *Mediomastus californiensis* Hartman	*	*	*
中蚓虫 *Mediomastus* sp.	*		*
异蚓虫 *Heteromastus filiformis*（Claparede）	*	*	*
异蚓虫 *Heteromastus* sp.	*		*
伪小头虫 *Pseudocapitella* sp.		*	*
背蚓虫 *Notomastus latericeus* Sars	*	*	*
福威背蚓虫 *N. fauvel* Day	*	*	*
背毛背蚓虫 *N. aberans* Day	*	*	*
背蚓虫 *Notomastus* sp.	*		*
片蚓虫 *Rashgua* sp.			*
拟滑小头虫 *Paraleiocapitella* sp.			*
拟异蚓虫 *Parheteromastus* sp.	*	*	*
外乳蚓虫 *Promastobranchus* sp.	*		*
新中蚓虫 *Neomediomastus* sp.	*	*	*
节节虫科 Maldanidae			
持真节虫 *Euclymene annandalei* Southern	*	*	*

续表

种　　名	海湾河口	海岛	海岸带
曲强真节虫 *E. lombricoides* (Quatrefages)	*		*
真节虫 *Euclymene* sp.	*		*
太平洋拟节虫 *Praxillella pacifica* Berkeley			*
简毛拟节虫 *P. gracilies* (Sars)	*	*	*
拟节虫 *P. praetermissa* (Malmgren) [*Praxilla praetermissa*]			*
相拟节虫 *P. cf affinis* (Sars) [*Clymene* (*Praxillella*) *affinis*]			*
拟节虫 *Praxillella* sp.	*		*
钩齿短脊虫 *Asychis cf gangeticus* Fauvel		*	*
短脊虫 *Asychis* sp.		*	*
单钩襟节虫 *Clymenella cincta* (Saint-Joseph)	*		*
襟节虫 *Clymenella* sp.	*		*
头节虫 *Clymenura* (*Cephalata*) sp.	*		*
辐乳虫 *Axiothella* sp.	*		*
海蛹科 Opheliidae			
软须阿曼吉虫 *Armandia leptocirrus* Grube		*	*
中阿曼吉虫 *A. intermedia* Fauvel	*		*
阿曼吉虫 *Armandia* sp.	*		*
日本臭海蛹 *Travisia japonica* Fujiwara			*
华丽角海蛹 *Ophelina grandis* Pillai [*Ammotrypane grandis*]	*	*	*
角海蛹 *O. acuminata* Oersted [*Ammotrypane aulogaster*]	*	*	*
角海蛹 *Ophelina* sp.	*		*
多眼虫 *Polyophthalmus pictus* Dujardin	*	*	*
多眼虫 *Polyophthalmus* sp.			*
沙枝软鳃海蛹 *Euzonus dillonensis* Hartman		*	*
梯额虫科 Scalibregmidae			
瘤首虫 *Hyboscolex* sp.			*
梯毛虫 *Scalibregma inflatum* Rathke	*	*	*
仙虫科 Amphinomidae			
仙虫 *Amphinome rostrata* (Pallas)		*	*
含糊拟刺虫 *Linopherus ambigua* (Monro) [*Pseudeurythoe ambigua*]		*	*
拟刺虫 *Linopherus* sp.	*		*
梯斑海毛虫 *Chloeia parva* Baird	*	*	*
紫斑海毛虫 *C. violacea* Horst	*		*
海毛虫 *Chloeia* sp.	*		*
犹帝虫 *Eurythoe* sp.	*	*	*
马虫 *Hipponoa* sp.		*	*
欧努菲虫科 Onuphidae			
欧努菲虫 *Onuphis eremita* Audouin et M. Edwards	*	*	*

续表

种　　名	海湾河口	海岛	海岸带
福建欧努菲虫 *O. fujianensis* Uschakov et Wu	*		*
欧努菲虫 *Onuphis* sp.	*		*
智利巢沙蚕 *Diopatra chiliensis* Quatrefages［*D. neapolitana*，*D. bilogata*］	*	*	*
巢沙蚕 *Diopatra* sp.	*	*	*
缩头虫科 Maldanidae			
头节虫 *Clymanura* sp.	*		*
矶沙蚕科 Eunicidae			
滑指矶沙蚕 *Eunice indica* Kinberg	*	*	*
单鳃矶沙蚕 *E. marenzeller* Gravier		*	*
珠须矶沙蚕 *E. antennata*（Savigny）		*	*
矶沙蚕 *Eunice* sp.	*	*	*
岩虫 *Marphysa sanguinea*（Montagu）［*M. iwamusi*］	*	*	*
毡毛岩虫 *M. stragulum*（Grube）	*	*	*
中华岩虫 *M. sinensis* Monro		*	*
扁平岩虫 *M. depressa*（Schmarda）	*	*	*
麦氏岩虫 *M. macintoshi* Crossland		*	*
岩虫 *Marphysa* sp.	*	*	*
襟松虫 *Lysidice ninetta* Audouin et M Edwards	*	*	*
襟松虫 *Lysidice* sp.	*		*
微蚕 *Nematonereis unicornis*（Grube）	*		*
微蚕 *Nematonereis* sp.	*		*
漂蚕 *Palola siciliensis* Grube	*		*
漂蚕 *Palola* sp.	*	*	*
特矶蚕科 Euniphysidae			
特矶蚕 *Euniphysa aculeata* Wesenberg-Lund	*	*	*
有眼特矶沙蚕 *E. oculata* Wu，Sun et Chen	*		*
索沙蚕科 Lumbrineridae			
纳加索沙蚕 *Lumbrineris nagae* Gallardo	*	*	*
异足索沙蚕 *L. heteropoda*（Marenzeller）	*	*	*
短叶索沙蚕 *L. latreilli* Audouin et M Edwards	*	*	*
双唇索沙蚕 *L. cruzensis* Hartman	*	*	*
四索沙蚕 *L. tetraura*（Schmarda）［*L. impatiens*］	*	*	*
西奈索沙蚕 *L. shiinoi* Gallardo	*	*	*
长叶索沙蚕 *L. longiforlia* Imajima et Hartman［*L. debilis*］	*		*
尖形索沙蚕 *L. acutiformis* Gallardo			*
高索沙蚕 *L. meteorana* Augener		*	*
索沙蚕 *Lumbrineris* sp.	*	*	*
拟鳃索沙蚕 *Paranico* sp.	*		*

续表

种　　名	海湾河口	海岛	海岸带
科索沙蚕 *Kuwaita* sp.		*	*
花索沙蚕科 Arabellidae			
花索沙蚕 *Arabella iricolor*（Montagu）	*	*	*
花索沙蚕 *Arabella* sp.	*		*
线沙蚕 *Drilonereis filum* Claparede	*	*	*
线沙蚕 *Drilonereis* sp.	*		*
豆维虫科 Dorvilleidae			
日本叉毛豆维虫 *Schistomeringos japonica*（Annenkova）［*Dorvillea japonica*］	*	*	
叉毛豆维虫 *S. rudolphi* Chiaja	*		*
叉毛豆维虫 *Schistomeringos* sp.	*		*
伪豆维虫 *Dorvillea cf pseudorubrovittata* Berkeley［*D. moniloceras*］	*		*
豆维虫 *Dorvillea* sp.	*		*
佩豆维虫 *Pettiboneia* sp.		*	*
哈特曼科 Hartmaniellidae			
哈特曼 *Hartmaniella* sp.	*		*
不倒翁虫科 Sternaspidae			
不倒翁虫 *Sternaspis scutata*（Renier）	*	*	*
欧文虫科 Oweniidae			
欧文虫 *Owenia fusiformis* Delle Chiaje	*	*	*
扇毛虫科 Flabelligeridae			
海扇虫 *Pherusa* sp.	*		*
卷虫 *Bhawania* sp.		*	*
肾扇虫 *Brada* sp.	*	*	*
梨扇虫 *Piromis* sp.	*		*
印度似帚毛虫 *Lygdamis indicus* Kinberg	*	*	*
似帚毛虫 *Lygdamis* sp.	*		*
羽帚毛虫 *Idanthyrsus* sp.	*		*
笔帽虫科 Pectinaridae			
乳突笔帽虫 *Pectinaria papillosa* Caullery	*	*	*
笔帽虫 *Pectinaria* sp.	*		*
双栉虫科 Ampharetidae			
双栉虫 *Ampharete acutifrons*（Grube）		*	*
双栉虫 *A. macrobranchia* Caullery			*
双栉虫 *Ampharete* sp.	*		*
扇栉虫 *Amphicteis* sp.	*		*
等栉虫 *Isolda pulchella* Müller	*	*	*
树栉虫 *Samytha* sp.	*		*
沟栉虫 *Anobothrus* sp.	*		*

续表

种　　名	海湾河口	海岛	海岸带
米列虫 *Melinna cristata* (Sars)	*		*
美米列虫 *M. aberrans* Fauvel	*	*	*
米列虫 *Melinna* sp.	*		*
幼栉虫 *Neopaiwa* sp.		*	*
毛鳃虫科 Trichobrachidae			
梳鳃虫 *Terebellides stroemii* Sars	*	*	*
毛鳃虫 *Trichobranchus glacialis* Malmgren		*	*
线鳃虫 *Filibranchus* sp.		*	*
蛰龙介科 Terebellidae			
似蛰虫 *Amaeana trilobata* (Sars)	*	*	*
西方似蛰虫 *A. occidentalis* Hartman	*	*	*
似蛰虫 *Amaeana* sp.	*		*
扁蛰虫 *Loimia medusa* (Savigny)	*	*	*
扁蛰虫 *Loimia* sp.	*		*
短鳃树蛰虫 *Pista brevibranchia* Caullery	*		*
烟树蛰虫 *P. typha* Grube	*	*	*
树蛰虫 *P. cristata* (Müller)	*		*
巨叶树蛰虫 *P. macrolobata* Hessle		*	*
太平洋树蛰虫 *P. pacifica* Berkeley			*
树蛰虫 *Pista* sp.	*	*	*
侧口乳蛰虫 *Thelepus plagiostoma* Schmarda	*	*	*
乳蛰虫 *Thelepus* sp.	*		*
光搓蛰虫 *Streblosoma persiea* (Fauvel)		*	*
搓蛰虫 *Streblosoma* sp.	*		*
真蛰虫 *Eupolymnia* sp.	*		*
头蛰虫 *Neoamphitrite* sp.	*		*
琴蛰虫 *Lanice* sp.	*		*
征蜇虫 *Nicolea* sp.	*		*
缨鳃虫科 Sabellidae			
斑鳍缨虫 *Branchiomma cingulata* Grube	*	*	*
锯鳃鳍缨虫 *B. serratibrranchis* (Grube)	*		*
缨虫 *Branchiomma* sp.	*		*
肾刺缨虫 *Potamilla reniformis* (Müller)	*		*
结节刺缨虫 *P. torelli* Malmgren			*
尖刺缨虫 *P. acuminata* Moore et Bush			*
刺缨虫 *Potamilla* sp.	*		*
印度光缨虫 *Sabellastarte indica* (Savigny)		*	*
光缨虫 *S. sanctijosephi* (Gravier)		*	*

续表

种　　名	海湾河口	海岛	海岸带
光缨虫 *Sabellastarte* sp.	*	*	*
缨鳃虫 *Sabella* sp.	*		*
石缨虫 *Laonome* sp.		*	*
管栖蜚 *Cerapus tubularis*			*
龙介虫科 Serpulidae			
白色盘管虫 *Hydroides albiceps*（Grube）	*	*	*
分离盘管虫 *H. dirampha* Morch［*H. lunulifera*］	*	*	*
内刺盘管虫 *H. ezoensis* Okuda	*	*	*
华美盘管虫 *H. elegans*（Haswell）［*H. norvegica*］	*		*
小刺盘管虫 *H. fusicola* Morch	*		*
盘管虫 *H. tambalagamensis* Pillai		*	*
长柄盘管虫 *H. longistylaris* Chen et Wu	*		*
盘管虫 *Hydroides* sp.	*	*	*
克氏无襟毛虫 *Pomatoleios kraussii*（Baird）［*P. crosslandi*］	*	*	*
无襟毛虫 *Pomatoleios* sp.	*	*	*
龙介虫 *Serpula vermicularis* Linnaeus		*	*
旋鳃虫 *Spirobranchus giganteus*（Pallas）	*		*
三角旋鳃虫 *S. tricorns* Morch	*	*	*
心旋鳃虫 *S. semperi* Morch	*	*	*
旋鳃虫 *Spirobranchus* sp.［*Pomatoceros* sp.］	*	*	*
栉喘虫科 Ctenodrilidae			
頂帽虫 *Petta* sp.			*
胶管虫 *Myxicola infundibulum*（Renier）	*		*
真旋虫 *Euclistylia* sp.	*		*
丝缨虫 *Hypsicomus* sp.	*		*
寡毛类 Oligochaeta	*		*
星虫动物门 Sipuncula			
盾管星虫科 Aspidosiphonidae			
盾管星虫 *Aspidosiphon* sp.	*		*
革囊星虫科 Phascolosomatidae			
可口革囊星虫 *Phascolosoma esculenta*（Chen et Yeh）	*	*	*
高突革囊星虫 *P. perlucens* Baird［*P. dentigerum*］	*		*
罗脱革囊星虫 *P. rottnesti* Edmonds		*	*
厥目革囊星虫 *P. scolops*（Selenka，de Man et Bulow）［*P. dunwichi*，*P. rueppelii*］	*	*	*
弓形革囊星虫 *P. arcuatum*（Gray）	*		*
革囊星虫 *Phascolosoma* sp.	*	*	*
三头梨虫 *Apionsoma trichocephalus* Sluiter	*		*

续表

种　名	海湾河口	海岛	海岸带
安岛反体星虫 *Antillesoma antillarum*（Grube et Oersted）	*		*
戈芬星虫科 Golfingiidae			
戈芬星虫 *Golfingia* sp.	*		*
枝触星虫科 Themistidae			
枝触星虫 *Themiste* sp.	*	*	*
方格星虫科 Sipunculidae			
裸体方格星虫 *Sipunculus nudus* Linnaeus	*	*	*
拟安方格星虫 *S. angasoides* Chen et yeh		*	*
方格星虫 *Sipunculus* sp.	*		*
澳洲管体星虫 *Siphonosoma australe*（Keferstein）	*		*
管体星虫 *Siphonosoma* sp.	*		*
螠虫动物门 Echiura			
螠科 Echiuridae			
无吻螠 *Arhynchite* sp.	*		*
短吻铲荚螠 *Listriolobus brevirostris* Chen et Yeh	*		*
铲荚螠 *Listriolobus* sp.		*	*
软体动物门 Mollusca			
鳞侧石鳖科 Lepidochitonidae			
鳞侧石鳖 *Lepidopleurus* sp.	*		*
锉石鳖科 Ischnochitonidae			
函馆锉石鳖 *Ischnochiton hakodaensis* Pilsbry		*	*
花斑锉石鳖 *I. comptus*（Gould）			*
锉石鳖 *Ischnochiton* sp.	*	*	*
鳞带石鳖 *Lepidozona* sp.	*		*
盔石鳖科 Callistoplacidae			*
石鳖 *Callistochiton jacobaeus*（Gould）			*
鬃毛石鳖科 Mopaliidae			
网纹鬃毛石鳖 *Mopalia retifera* Thiele		*	*
鬃毛石鳖 *Mopalia* sp.	*		*
日本宽板石鳖 *Placiphorella japonica*（Dall）	*	*	*
石鳖科 Chitonidae			
日本花棘石鳖 *Liolophura japonica*（Lischke）	*	*	*
花棘石鳖 *Liolophura* sp.	*	*	*
平濑锦石鳖 *Onithochiton hirasei* Pilsbry		*	*
毛肤石鳖科 Acanthochitonidae			
红条毛肤石鳖 *Acanthochiton rubrolineatus*（Lischke）	*	*	*

续表

种　　名	海湾河口	海岛	海岸带
白珠毛肤石鳖 *A. bednalli* Pilsbry		*	*
毛肤石鳖 *Acanthochiton* sp.	*	*	*
朝鲜鳞带石鳖 *Lepidozona coreanica*（Reeve）	*	*	*
角贝科 Dentaliidae			
肋变角贝 *Dentalium octangulatum* Donovan	*		*
钝角贝 *D. obtusum* Qi et Ma			*
角贝 *Dentalium* sp.	*	*	*
喇叭角贝 *Graptacme buccinulum*（Gould）	*	*	*
角贝 *Graptacme* sp.	*	*	*
胶州湾顶管角贝 *Episiphon kiaochowwanensis*（Tchang et Tsi）［*Dentalium kiaochowwanensis*］	*		*
沟角贝 *Striodentalium rhabdotum*（Pilsbry）	*		*
梭角贝科 Gadilidae			
梭角贝 *Gadila* sp.			*
胡桃蛤科 Nuculidae			
豆形胡桃蛤 *Nucula*（*Leionucula*）*faba* Xu〔*N.*（*L.*）*cf. kowamurai*〕	*	*	*
宽壳胡桃蛤 *N.*（*L.*）*convexa* Sowerby		*	*
胡桃蛤 *Nucula* sp.	*	*	*
吻状蛤科 Nuculanidae			
杓形小囊蛤 *Saccella cuspidata*（Gould）［*Nuculana*（*Saccella*）*cuspidata*］	*	*	*
薄云母蛤 *Yoldia similis* Kuroda et Habe		*	*
云母蛤 *Yoldia* sp.		*	*
蚶科 Arcidae			
布氏蚶 *Arca boucardi* Jousseaume		*	*
榛蚶 *A. avellana* Lamarck	*	*	*
蚶 *Arca* sp.	*	*	*
唇毛蚶 *Scapharca kafanovi* Lutaenko〔*S. labiosa*〕			*
异毛蚶 *S. anomala*（Reeve）		*	*
结蚶 *Tegillarca nodifera*（Martens）	*	*	*
泥蚶 *T. granosa*（Linnaeus）［*Arca granosa*］	*	*	*
联球蚶 *Anadara consociata*（Smith）	*		*
双纹须蚶 *Barbatia bistrigata*（Dunker）	*	*	*
青蚶 *B. obliquata*（Wood）［*B. virescens*］	*	*	*
帚形须蚶 *B. cometa*（Reeve）	*		*
珠肋须蚶 *B. yamamotoi* Sakurai et Habe	*		*
细须蚶 *B. stearnsi*（Pilsbry）	*		*
须蚶 *Barbatia* sp.	*	*	*
鳞片扭蚶 *Trisidos kiyonoi*（Kuroda）		*	*
细纹蚶科 Noetiidae			

续表

种　名	海湾河口	海岛	海岸带
对称拟蚶 *Arcopsis symmetrica* (Reeve)	*		*
内褶拟蚶 *A. interplicata* (Grabau et King) [*Striarca interplicata*]	*		*
雕刻拟蚶 *A. sculptilis* (Reeve)	*		*
拟蚶 *Arcopsis* sp.	*		*
褐蚶 *Didimacar tenebrica* (Reeve) [*Arca tenebrica*]	*	*	*
细纹蚶 *Striarca* sp.			*
贻贝科 Mytilidae			
翡翠股贻贝 *Perna viridis* (Linnaeus) [*Mytilus smaragdinus*]	*	*	*
毛贻贝 *Trichomya hirsuta* (Lamarck) [*Brachydontes hirsutus*]		*	*
变化短齿蛤 *Brachidontes variabilis* (Krauss)	*	*	*
刻缘短齿蛤 *B. setiger* (Dunker)		*	*
条纹短齿蛤 *B. striatulus* (Hanley) [*Gregariella striatus*]			*
短齿蛤 *Brachidontes* sp.	*		*
曲线索贻贝 *Hormomya mutabilis* (Gould)	*		*
条纹隔贻贝 *Septifer virgatus* (Wiegmann)	*	*	*
隔贻贝 *S. bilocularis* (Linnaeus)	*	*	*
肯氏隔贻贝 *S. keenae* Nomura	*		*
隆起隔贻贝 *S. excisus* (Wiegmann)			*
隔贻贝 *Septifer* sp.	*		*
凸壳肌蛤 *Musculus senhousia* (Benson) [*Musculista senhausia* *Brachydontes senhousei*, *B. aquarius*, *Musculus senhousei*]	*	*	*
心形肌蛤 *M. cumingiana* (Reeve)		*	*
小肌蛤 *M.* (*M.*) *nanus* (Dunker)	*		*
细肋肌蛤 *M. mirandus* (Smith)		*	*
肌蛤 *Musculus* sp.			*
麦偏顶蛤 *Modiolus* (*M.*) *metcalfei* Hanley	*	*	*
长偏顶蛤 *M.* (*M.*) *elongatus* (Swainson) [*M. subrugosa*, *Volsella subrugasa*]	*		*
带偏顶蛤 *M.* (*M.*) *comptus* Sowerby [*M. barbatus*]	*	*	*
耳偏顶蛤 *M.* (*M.*) *auriculatus* (Krauss)		*	*
菲律宾偏顶蛤 *M.* (*M.*) *philippinarum* (Hanley)		*	*
短偏顶蛤 *M.* (*Fulgida*) *flavidus* (Dunker)		*	*
日本偏顶蛤 *M. nipponicus* (Oyama)	*		*
毛偏顶蛤 *M. hirsata* (Linnaeus)		*	*
偏顶蛤 *Modiolus* sp.	*		*
锉石蛏 *Lithophaga* (*Diberus*) *lima* (Lamy) [*L* (*Leiosolenus*) *lima*]		*	
杯石蛏 *L.* (*Stumpiella*) *calyculata* (Carpenter)			*
短石蛏 *L.* (*Leiosolenus*) *curta* (Lischke)	*	*	*
羽膜石蛏 *L.* (*Diberus*) *malaccana* Reeve	*		*

续表

种　　名	海湾河口	海岛	海岸带
石蛏 *L. fortunei* (Dunker)			*
细尖石蛏 *L. mucronata* (Philippi)	*		*
长尖石蛏 *L.* (*Labis*) *lepteces* Wang	*		*
石蛏 *Lithophaga* sp.	*		*
杏蛤 *Amygdalum* sp.		*	*
珊瑚绒贻贝 *Gregariella coralliophaga* (Gmelin)	*	*	*
丽肋绒贻贝 *G. splendida* (Dunker)	*	*	*
黑荞麦蛤 *Xenostrobus atrata* (Lischke)	*		*
沼蛤 *Limnoperna fortunei* (Dunker)	*		*
江珧科 Pinnidae			
栉江珧*Atrina* (*Servatrina*) *pectinata* (Linnaeus) [*Pinna pectinata*, *P. inflata*, *A. pectinata lischkeana*, *A. pectinata japonica*]	*	*	*
珍珠贝科 Pteriidae			
短翼珍珠贝 *Pteria* (*Austropteria*) *brevialata* (Dunker) [*P. brevialata*]			*
马氏珠母贝 *Pinctada fucata martensi* (Dunker) [*Pteria martensii*]		*	*
长耳珠母贝 *Pinctada chemnitzi* (Philippi)	*		*
钳蛤科 Isognomonidae			
豆荚钳蛤 *Isognomon legumen* (Gmelin) [Pedalion legumen]		*	*
方形钳蛤 *I. nudeus* (Lamarck) [*Pedalion quadrangularia*, *I. acutirostris*]	*	*	*
扇贝科 Pectinidae			
新加坡掌扇贝 *Volachlamys singaporina* (Sowerby) [*Chlamys pica*]		*	*
栉孔扇贝 *Chlamys farreri* (Jones et Preston)		*	*
襞蛤科 Plicatulidae			
刺襞蛤 *Spiniplicatula* sp.	*		*
襞蛤 *Plicatula* sp.		*	*
锉蛤科 Limidae			
平濑雪锉蛤 *Limaria* (*Platilimarita*) *hirasei* (Pilsbry)	*		*
雪锉蛤 *Limaria* sp.	*		*
海菊蛤科 Spondylidae			
棘刺海菊蛤 *Spondylus* (*S.*) *aculeatus* Schröter [*S. fragum*]		*	*
尼科巴海菊蛤 *S. nicobaricus* Schreibers		*	*
多棘海菊蛤 *S.* (*S.*) *multimuricatus* Reeve	*		*
海菊蛤 *Spondylus* sp.	*		*
不等蛤科 Anomiidae			
中国不等蛤 *Anomia chinensis* Philippi	*	*	*
难解不等蛤 *Enigmonia aenigmatica* (Holten)	*		*
海月科 Placunidae			
海月 *Placuna* (*Placuna*) *placenta* (Linnaeus) [*P. placenta*]	*		*

续表

种　名	海湾河口	海岛	海岸带
硬牡蛎科 Pyconodntidae			
覆瓦牡蛎 *Hyotissa imbricata*（Lamarck）	*		*
舌骨牡蛎 *Hyotissa hyotis*（Linnaeus）［*Parahyotissa sinensis*］	*		*
牡蛎科 Ostreidae			
长牡蛎 *Crassostrea gigas*（Thumberg）	*	*	*
牡蛎 *Crassostrea* sp.		*	*
僧帽牡蛎 *Saccostrea cucullata*（Born）	*	*	*
棘刺牡蛎 *S. echinata*（Quoy & Gaimard）	*	*	*
团聚牡蛎 *S. glomerata*（Gould）	*		*
咬齿牡蛎 *S. mordax*（Gould）	*		*
牡蛎 *Saccostrea* sp.	*	*	*
密鳞牡蛎 *Ostrea denselamellosa* Lischke	*	*	*
牡蛎 *Ostrea* sp.		*	*
缘齿牡蛎 *Dendostrea crenulifera*（Sowerby）	*		*
满月蛤科 Lucinidae			
无齿蛤 *Anodontia edentula*（Linnaeus）	*		*
满月无齿蛤 *A. stearnsiana* Oyama	*		*
斯氏印澳蛤 *Indoaustriella scarlatoi*（Zorina）［*Lucina scarlatoi*］	*		*
碗豆毛满月蛤 *Pillucina neglecta* Habe	*		*
毛满月蛤 *Pillucina* sp.	*		*
满月蛤 *Lucinoma* sp.	*		*
织纹蛤 *Wallucina* sp.	*		*
蹄蛤科 Ungulinidae			
古明圆蛤 *Cycladicama cumingii*（Hanley）	*		*
月形圆蛤 *C. lunaris*（Yokoyama）			*
长圆蛤 *C. oblonga*（Hanley）［*Joannisiella oblonga*］	*		*
圆蛤 *Cycladicama* sp.	*	*	*
齿蛤 *Felaniella sowerbyi*（Kuroda & Habe）［*Diplodonta sowerbyi*］	*		*
小猫眼蛤 *Felaniella* sp.	*	*	*
蹄蛤 *Phlyctiderma* sp.	*		*
爱尔西蛤科 Erycinidae［拉沙蛤科 Lasaeidae，凯利蛤科 Kellidae］			
栗色拉沙蛤 *Lasaea nipponica* Keen		*	*
红拉沙蛤 *L. rubra*（Montagu）	*		*
拉沙蛤 *Lasaea* sp.	*		*
香港共生蛤 *Pseudopythina maipoensis* Morton et Scott			*
海参共生蛤 *P. ariakensis*（Habe）	*		*
共生蛤 *Pseudopythina* sp.	*		*
绒蛤 *Borniopsis* sp.			*

续表

种　名	海湾河口	海岛	海岸带
凯利蛤 *Kellia* sp.	*		*
密奇蛤 *Melliterlyx* sp.		*	*
猿头蛤科 Chamidae			
敦氏猿头蛤 *Chama dunkeri* Lischke	*	*	*
草莓猿头蛤 *Ch. fragum* Reeve	*	*	*
反转拟猿头蛤 *Pseudochama retroversa*（Lischke）	*	*	*
孟达蛤科 Montacutidae			
小鼠蛤 *Mysella* sp.	*		*
花瓣蛤 *Fronsella* sp.			*
鼬眼蛤科 Galeommatidae			
红蛤 *Scintilla* sp.	*		*
闪光蛤 *Scintillona* sp.	*		*
贼蛤 *Borniopsis* sp.	*		*
心蛤科 Carditidae			
斜纹心蛤 *Cardita leana* Dunker	*	*	*
心蛤 *Cardita* sp.	*	*	*
丰泽小心蛤 *Carditella hanzawai*（Nomura）			*
小心蛤 *Carditella* sp.	*		*
畸心蛤 *Anomalocardia* sp.		*	*
厚壳蛤科 Crassatellidae			
壮壳蛤 *Indocrassatella* sp.	*		*
鸟蛤科 Cardiidae			
毛卵鸟蛤 *Mardicardium setosum*（Redifield）	*	*	*
鸟蛤 *Mardicardium* sp.	*		*
蛤蜊科 Mactridae			
四角蛤蜊 *Mactra*（*M.*）*veneriformis* Reeve［*M. quadriangularis*］	*	*	*
女神蛤蜊 *M. aphrodina* Deshayes	*	*	
不等蛤蜊 *M. inaequalis* Reeve	*		*
凹线蛤蜊 *M. sulacataria* Philippi［*M. chinensis*］		*	*
彩虹蛤蜊 *M. iridescens* Kuroda et Habe			*
蛤蜊 *Mactra* sp.			*
西施舌 *Coelomactra antiquata*（Spengler）［*Mactra spectabilis*, *M. antiquata*］	*	*	*
角小蛤蜊 *Micromarctra angulifera*（Reeve）	*		*
秀丽波纹蛤 *Raetellops pulchella*（Adams et Reeve）	*	*	*
中带蛤科 Mesodesmatidae			
环纹坚石蛤 *Atactodea striata*（Gmelin）［*Mesodesma striata*］		*	*
中国朽叶蛤 *Coecella chinensis* Deshayes	*		*
扁平蛤 *Davila plana*（Hanley）	*		*

续表

种　　名	海湾河口	海岛	海岸带
斧蛤科 Donacidae			
狄氏斧蛤 *Donax dysoni* Deshayes	*	*	*
紫藤斧蛤 *D. semigranosus* (Dunker)	*		*
楔形斧蛤 *Donax cuneata* Linnaeus			*
拟斧蛤 *Nipponomysella* sp.		*	*
樱蛤科 Tellinidae			
帝汶仿樱蛤 *Tellinides timorensis* Lamarck			*
仿樱蛤 *Tellinides* sp.	*		*
小樱蛤 *Tellinella* sp.	*	*	*
矛角蛤 *Angulus lanceolatus* (Gmelin)	*		*
拟衣角蛤 *A. vestalioides* (Yokoyama)	*	*	*
衣角蛤 *A. vestalis* (Hanley)			*
缘角蛤 *A. emarginatus* (Sowerby)	*	*	*
紫角蛤 *A. psammotellus* (Lamarck)	*		*
扁角蛤 *A. compressissimus* (Reeve) [*Iridona compressissima*]		*	
角蛤 *Angulus* sp.	*		*
胖樱蛤 *Pinguitellina* sp.	*		*
忱蛤 *Pulvinus micans* (Hanley)	*	*	*
圆楔樱蛤 *Cadella narutoensis* Habe	*		*
侯氏楔樱蛤 *C. hoshiyamai* Kuroda	*		*
楔樱蛤 *Cadella* sp.	*		*
亮樱蛤 *Nitidotellina dunkerri* (Bernard, Cai et Mortonr)	*	*	*
小亮樱蛤 *N. minuta* (Lischke)	*	*	*
虹光亮樱蛤 *N. iridella* (Martens)	*		*
苍白亮樱蛤 *N. pallidula* (Lischke)	*		*
亮樱蛤 *Nitidotellina* sp.	*		*
美女白樱蛤 *Macoma* (*Psammacoma*) *candida* (Lamarck) [*M. galathaea*, *M. candida*]	*	*	*
灯白樱蛤 *M.* (*P.*) *lucerna* (Hanley)	*	*	*
白樱蛤 *Macoma* sp.	*	*	*
巧樱蛤 *Apolymetis* sp.	*		*
刀明樱蛤 *Moerella culter* (Hanley)	*	*	*
红明樱蛤 *M. rutila* (Dunker)	*		*
凸壳明樱蛤 *M. fragilia* Zorina	*		*
彩虹明樱蛤 *M. iridescens* (Benson)	*	*	*
明樱蛤 *Moerella* sp.	*	*	*
透明美丽蛤 *Merisca diaphana* (Deshayes) [*Tellina diaphana*]		*	*
美丽蛤 *Merisca* sp.		*	*
长带蛤 *Agriodesma* sp.		*	*

续表

种　　名	海湾河口	海岛	海岸带
假知樱蛤 *Pseudometis* sp.	*		*
图氏刮刀蛤 *Aeretica tomlini* (Smith) [*Strigilla tomlini*]			*
洁胖樱蛤 *Pinguitellina casta*	*		*
双带蛤科 Semelidae			
理蛤 *Theora lata* (Hinds)	*	*	*
脆壳理蛤 *T. fragilis* (A. Adams) [*T. lubrica*]		*	*
滑理蛤 *T. lubrica* (A. Adams)	*		*
大阿布蛤 *Abrina magna* Scarlata		*	*
阿布蛤 *Abrina* sp.	*	*	*
微形小海螂 *Leptomya minuta* Habe	*		*
小海螂 *Leptomya* sp.			*
紫云蛤科 Psammobiidae			
双线紫蛤 *Soletellina diphos* (Linnaeus)	*		*
紫彩血蛤 *Nuttallia olivacea* (Jay)	*		*
斑纹紫云蛤 *Gari maculosa* (Lamarck) [*Pasammobia maculosa*]		*	*
长紫云蛤 *G. hosoyai* Habe [*G. reevei*]	*		*
娇嫩紫云蛤 *G. tenella* Gould	*		*
紫云蛤 *Gari* sp.		*	*
中国紫蛤 *Hiatula chinensis* (Mōrch) [*Sanguinolaria planulata*, *S. chinensis*]		*	*
紫蛤 *Hiatula* sp. [*Sanguinolaria* sp.]		*	*
双生蒴蛤 *Asaphis violascens* (Forsskål) [*Asaphis dichotoma*]		*	*
截蛏科 Solecurtidae			
斯氏仿缢蛏 *Azorinus scheepmakeri* (Dunker)	*		*
缢蛏 *Sinonovacula constricta* (Lamarck)	*	*	*
尖齿灯塔蛏 *Pharella acutidens* (Broderip et Sowerby)	*		*
竹蛏科 Solenidae			
大竹蛏 *Solen grandis* Dunker	*	*	*
沟竹蛏 *S. canaliculatus* Zhang et Huang			*
短竹蛏 *S. dunkerianus* Clessin	*	*	*
直线竹蛏 *S. linearis* Spengler	*	*	*
瑰斑竹蛏 *S. roseomaculatus* Pilsbry	*		*
长竹蛏 *S. strictus* Gould [*S. gouldii*]	*		*
弯竹蛏 *S. arcuatus* Zhang et Huang	*		*
紫斑竹蛏 *S. sloanii* Hanley	*		*
竹蛏 *Solen* sp.			*
刀蛏科 Cultellidae			
尖刀蛏 *Cultellus scalprum* (Gould)	*	*	*
小刀蛏 *C. attenuatus* Dunker	*		*

续表

种　　名	海湾河口	海岛	海岸带
小荚蛏 *Siliqua minima*（Gmelim）	*	*	*
长圆荚蛏 *S. grayana*（Dunker）			*
荚蛏 *Siliqua* sp.	*	*	*
棱蛤科 Trapeziidae			
纹斑棱蛤 *Trapezium liratum*（Reeve）	*	*	*
亚光棱蛤 *T. sublaevigatum* Lamarck	*		*
珊瑚蛤 *Corallioophaga coralliophaga*（Gmelin）	*		*
蚬科 Corbiculidae			
河蚬 *Corbicula fluminea*（Müller）		*	*
蚬 *Corbiculina* sp.	*		*
花蚬 *Cyrenodonax formosana* Dall	*		*
帘蛤科 Veneridae			
日本镜蛤 *Dosinia*（*P.*）*japonica*（Reeve）	*	*	*
刺镜蛤 *D.*（*P.*）*aspera*（Reeve）	*		*
薄片镜蛤 *D.*（*Dosinella*）*corrugata*（Reeve）[*D. laminata*，*D. penicillata*]	*	*	*
铗镜蛤 *D. fibula*（Reeve）	*		*
镜蛤 *Dosinia* sp.	*	*	*
中国仙女蛤 *Callista chinensis*（Holten）		*	*
波纹巴非蛤 *Paphia*（*Paratapes*）*undulata*（Born）	*	*	*
锯齿巴非蛤 *P.*（*Protapes*）*gallus*（Gmelin）[*P. sinuosa*]	*	*	*
巧环楔形蛤 *Cyclosunetta concinna*（Dunker）[*Sunetta concinna*]	*		*
菲律宾蛤仔 *Ruditapes philippinarum*（Adams et Reeve）	*	*	*
杂色蛤仔 *R. variegata*（Sowerby）[*Venerupis variegata*]	*	*	*
蛤仔 *Ruditapes* sp.	*		*
强片翘鳞蛤 *Irus macrophylla*（Deshayes）	*		*
温和翘鳞蛤 *I. irus*（Linnaeus）[*I. mitis*]	*	*	*
翘鳞蛤 *Irus* sp.		*	*
帝纹蛤 *Timoclea* sp.	*		*
柱状卵蛤 *Pitar*（*Pitarinaum*）*sulfurea* Pilsbry	*		*
细纹卵蛤 *P.*（*P.*）*striatum*（Gray）	*		*
日本卵蛤 *P.*（*P.*）*japonicum* Kuroda et Habe			*
青蛤 *Cyclina sinensis*（Gmelin）	*	*	*
鳞杓拿蛤 *Anomalodiscus squamosus*（Linnaeus）		*	*
美叶雪蛤 *Clausinella calophylla*（Philippi）[*Chione*（*C.*）*calophylla*]	*	*	*
伊萨伯雪蛤 *C. isabellina*（Philippi）[*Chione*（*Clausinella*）*isabellina*]	*	*	*
绿雪蛤 *C. chlorotica*（Philippi）	*		*
光壳蛤 *Lioconcha* sp.	*		*
歧脊加夫蛤 *Gafrarium divaricatum*（Gmelin）	*	*	*

续表

种　　名	海湾河口	海岛	海岸带
文蛤 *Meretrix meretrix*（Linnaeus）	*	*	*
等边浅蛤 *Gomphina aequilatera*（Sowerby）	*	*	*
和平蛤 *Clementia* sp.			*
钝缀锦蛤 *Tapes dorsatus*（Lamarck）		*	*
缀锦蛤 *Tapes* sp.	*		*
曲波皱纹蛤 *Periglypta chemnitzii*（Hanley）	*	*	*
真凸格特蛤 *Marcia cugibba* Zhuang		*	*
环沟格特蛤 *M.*（*Hemitapes*）*rimularis*（Lamarck）		*	*
裂纹格特蛤 *M.*（*Hemitapes*）*hiantina*（Lamarck）［*M. rimularis*］	*	*	*
菲律宾格特蛤 *M. philippinarum*（Adams et Reeve）	*		*
帘蛤 *Venus* sp.	*		*
珊瑚扩张蛤 *Coratonereis* sp.		*	*
住石蛤科 Petricolidae			
日本闪壳蛤 *Claudiconcha japonica*（Dunker）	*	*	*
奇型闭壳蛤 *C. monstrosa*（Gmelin）	*		*
闪壳蛤 *Claudiconcha* sp.		*	*
住石蛤 *Petricola* sp.			*
豆形芜青蛤 *Rupellaria fabagella*（Lamarck）	*		*
掉地蛤 *Geloina erosa*（Lightfoot）			*
绿螂科 Glauconomidae			
中国绿螂 *Glauconme chinensis* Gray［*Glaucomya chinensis*］	*	*	*
绿螂 *Glauconme* sp.	*		*
海螂科 Myidae			
隐海螂 *Cryptomya* sp.		*	*
蓝蛤科 Corbulidae			
光滑河蓝蛤 *Potamocorbula laevis*（Hinds）	*	*	*
焦河蓝蛤 *P. ustulata*（Reeve）	*	*	*
河蓝蛤 *Potamocorbula* sp.	*		*
红齿硬蓝蛤 *Solidicorbula erythrodon*（Lamarck）［*Aloidis erythrodon*］			*
衣硬蓝蛤 *S. tunicata*（Hinds）［*Corbula tunicata*］	*		*
线异蓝蛤 *Anisocorbula lineata*（Lynge）	*		*
秀异蓝蛤 *A. modesta*（Reeve）	*		*
楔异蓝蛤 *A. sinensis* Bermard Cai et Morton			*
异蓝蛤 *Anisocorbula* sp.		*	*
开腹蛤科 Gastrochaenidae			
多粒开腹蛤 *Eufistulana grandis*（Deshayes）［*Gastrochaena grandis*］	*	*	
开腹蛤 *Eufistulana* sp.	*		*
海笋科 Pholadidae			

续表

种　　名	海湾河口	海岛	海岸带
脆壳全海笋 *Barnea fragilis*（Sowerby）		*	*
海笋 *Barnea* sp.	*	*	*
卵形马特海笋 *Martesia ovum*（Gray）	*	*	*
马特海笋 *M. striata*（Linnaeus）		*	*
吉村马特海笋 *M. yoshimurai*（Kuroda & Teramachi）	*	*	*
小马特海笋 *M. pygmaea* Thang Tsi et Li	*		*
马特海笋 *Martesia* sp.	*		*
小沟海笋 *Zirfaea minor* Thang Tsi & Li	*		*
沟海笋 *Zirfaea* sp.			*
短吻蛤科 Periplomatidae			
日本短吻蛤 *Periploma japonicum* Bernard	*		*
短吻蛤 *Periploma* sp.	*		*
鸭嘴蛤科 Laternulidae			
鸭嘴蛤 *Laternula*（*L.*）*anatina*（Linnaeus）〔*L. valenciennesii*〕	*	*	*
渤海鸭嘴蛤 *L.*（*Exolaternula*）*marilina*（Reeve）［*L. pechliensis*］	*	*	*
截形鸭嘴蛤 *L.*（*E.*）*truncata*（Lamarck）	*	*	*
剖刀鸭嘴蛤 *L.*（*Laternula*）*boschasina*（Reeve）	*	*	*
鸭嘴蛤 *Laternula* sp.	*		*
色雷西蛤科 Thraciidae			
金星蝶铰蛤 *Trigonothracia jinxingae* Xu	*	*	*
蝶铰蛤 *Trigonothracia* sp.	*		*
色雷西蛤 *Thracia* sp.			*
杓蛤科 Cuspidariidae			
杓蛤 *Cuspidaria* sp.		*	*
鲍科 Haliotidae			
杂色鲍 *Haliotis diversicolor* Reeve	*		*
钥孔（虫戚）科 Fissurellidae			
瑞氏眼孔戚 *Diodora reevei*（Schepman）		*	*
孔戚 *Diodora* sp.	*		*
中华盾戚 *Scutus sinensis*（Blarinville）	*	*	*
盾戚 *Scutus* sp.		*	*
盘氏隙戚 *Hemitona panhi*（Quoy et Gaimard）		*	*
帽贝科 Patellidae			
星状帽贝 *Patella* sp.		*	*
花帽贝科 Nacellidae			
嫁戚 *Cellana toreuma*（Reeve）	*	*	*
斗嫁戚 *C. grata*（Gould）		*	*
嫁戚 *Cellana* sp.	*		*

续表

种　名	海湾河口	海岛	海岸带
笠贝科 Acmaeidae			
史氏背尖贝 *Notoacmea schrenckii*（Lischke）［*Patelloida schrenckii*］	*	*	*
背尖贝 *Notoacmea* sp.	*		*
鸟爪拟帽贝 *Patelloida saccharina lanx*（Reeve）	*	*	*
矮拟帽贝 *P. pygmaea*（Dunker）	*	*	*
拟帽贝 *Patelloida* sp.	*	*	*
背小节贝 *Collisella*（*Gonoidacmea*）*dorsuosa*（Gould）	*	*	*
毛小节贝 *C. langfordi* Habe			*
花边小节贝 *C. heroldi*（Dunker）	*		*
小节贝 *Collisella* sp.	*		*
笠贝 *Acmaea pelta*（Rathke）［*Lottia pelta*］		*	*
笠贝 *Acmaea* sp.	*		*
马蹄螺科 Trochidae			
粗糙真蹄螺 *Euchelus scaber*（Linnaeus）	*		
昌螺 *Umbonium vestiarium*（Linnaeus）	*	*	*
肋昌螺 *U. costatum*（Valenciennes）	*	*	*
托氏昌螺 *U. thomasi*（Crosse）	*	*	*
昌螺 *Umbonium* sp.	*	*	*
单齿螺 *Monodonta labio*（Linné）	*	*	*
乡居脐螺 *Omphalius rusticum*（Gmelin）		*	*
脐螺 *Omphalius* sp.		*	*
黑凹螺 *Chlorostoma nigerrima*（Gmelin）［*Tegula nigerrima*，*Omphalius nigerrimus*］	*	*	*
锈凹螺 *Ch. rusticum*（Gmelin）	*	*	*
银口凹螺 *Ch. argyrostoma*（Gmelin）		*	*
凹螺 *Chlorostoma* sp.	*		*
美丽项链螺 *Monilea calliferus*（Lamarck）［*Trochus calliferus*］		*	*
镶边海豚螺 *Angaria laciniata*（Lamarck）		*	*
齿隐螺 *Clanculus denticulatus*（Gray）	*		*
粗糙真蹄螺 *Euchelus scaber*（Linné）	*		*
丽口螺科 Calliostomatidae			
单一丽口螺 *Calliostoma unicum*（Dunker）		*	*
口螺科 Stomatiidae			
古琴拟口螺 *Stomatella lyrata* Pilsbry	*		*
蝾螺科 Turbinidae			
节蝾螺 *Turbo articulatus* Reeve［*Turbo brunneum*］	*	*	*
角蝾螺 *T. cornutus* Solander	*	*	*
金口蝾螺 *T. chrysostomus* Linnaeus		*	*
细环蝾螺 *T. stenogyrus* Fischer			*

续表

种　名	海湾河口	海岛	海岸带
蝾螺 *Turbo* sp.	*		*
粒花冠小月螺 *Lunella coronata granulata*（Gmelin）	*	*	*
朝鲜花冠小月螺 L. *coronata coreensis*（Récluz）	*		*
红底星螺 *Astraea haematraga*（Menke）	*	*	*
蜒螺科 Neritidae			
渔舟蜒螺 *Nerita*（*Theliostyla*） *abicilla* Linné	*	*	*
线纹蜒螺 *N. lineata* Gmelin	*	*	*
锦蜒螺 *N.*（*Amphinerita*） *polita* Linné		*	*
齿纹蜒螺 *N.*（*Ritena*） *yoldii* Récluz	*	*	*
肋蜒螺 *N.*（*R.*） *costata* Gmelin		*	*
蜒螺 *Nerita* sp.	*	*	*
紫游螺 *Neritina*（*Dostia*） *violacea*（Gmelin）	*	*	*
多色彩螺 *Clithon sowerbianus*（Récluz）		*	*
奥莱彩螺 *C. oualaniensis*（Lesson）	*	*	*
滨螺科 Littorinidae			
塔结节滨螺 *Nodilittorina pyramidalis*（Quoy et Gaimard）	*	*	*
粒结节滨螺 *N. granularis*（Gray）	*	*	*
粗糙滨螺 *Littorina scabra*（Linné）	*	*	*
短滨螺 *L. brevicula*（Philippi）	*	*	*
黑口滨螺 *L. melanostoma* Gray	*	*	*
滨螺 *Littorina* sp.		*	*
狭口螺科 Stenothyridae			
光滑狭口螺 *Stenothyra glabar* A Adams	*	*	*
拟沼螺科 Assimineidae			
短拟沼螺 *Assiminea brevicula* Pfeiffer	*	*	*
绯拟沼螺 *A. latericea* H. et A. Adams		*	*
拟沼螺 *Assiminea* sp.	*		*
蛇螺科 Vermetidae			
覆瓦小蛇螺 *Serpulorbis imbricata*（Dunker）	*	*	*
紧卷小蛇螺 *S. renisectus*（Carpenter）［*Vermetus renisectus*］		*	*
汇螺科 Potamodidae			
珠带拟蟹守螺 *Cerithidea cingulata*（Gmelin）	*	*	*
小翼拟蟹守螺 *C. microptera*（Kiener）	*	*	*
中华拟蟹守螺 *C. sinensis*（Philippi）		*	*
彩拟蟹守螺 *C. ornata*（A. Adams）	*	*	*
红树拟蟹守螺 *C. rhizophorarum* A. Adams［*C. obtusa*］			*
查加拟蟹守螺 *C. djadjariensis*（K. martin）	*		*
尖锥拟蟹守螺 *C. largillierti*（Philippi）	*		*

续表

种　　名	海湾河口	海岛	海岸带
拟蟹守螺 *Cerithidea* sp.	*		*
滩栖螺科 Batillariidae			
古氏滩栖螺 *Batillaria cumingi*（Crosse）	*	*	*
纵带滩栖螺 *B. zonalis*（Bruguiere）	*	*	*
结节滩栖螺 *B. bronii*（Sowerby）			*
蟹守螺科 Cerithiidae			
双带盾桑葚螺 *Clypemorus bifasciatus* Sowerby	*	*	*
石盾桑葚螺 *C. petrosus*（Wood）			*
特氏盾桑葚螺 *C. trailli*（Sowerby）	*		*
带纹蟹守螺 *Cerithium fasciatum* Bruguiere［*C. fasciatum*］			*
锥形蟹守螺 *Cerithium sordidulum*（Gould）［*Rhinoclavis sordidula*］			*
蟹守螺 *Cerithium* sp.			
锉棒螺 *Proclava* sp.	*		*
近轮螺 *Plesiotrochus* sp.	*	*	*
马掌螺科 Amaltheidae［Hipponicidae］			
毛螺 *Pilosabia pilosa*（Deshayes）		*	*
尖帽螺科 Capulidae			
鸟嘴尖帽螺 *Capulus dilatatus* A. Adams			*
帆螺科 Calyptraeidae			
笠帆螺 *Calyptraea morbida*（Reeve）	*		*
帆螺 *Calyptraea* sp.			*
扁平管帽螺 *Siphopatella walshi*（Reeve）	*	*	*
玉螺科 Naticidae			
黑田乳玉螺 *Polinices kurodai*（Taki）［*Polinices macrostoma*, *Polynices macrostoma*, *Mannmilla maura*］	*	*	*
乳玉螺 *Polinices* sp.		*	*
真玉螺 *Eunaticina papilla*（Gmelin）［*Sigaretus papillus*］		*	*
斑玉螺 *Natica tigrina*（Röding）［*N. maculosa*］	*	*	*
拟褐玉螺 *N. janthostomoides* Kuroda et Habe		*	*
方斑玉螺 *N. onca*（Röding）	*		*
玉螺 *Natica* sp.	*	*	*
广大扁玉螺 *Neverita reiniana* Dunker［*N. didyma*, *Natica ampla Polinices didyma*, *Neverita didyma*, *Natica didyma bicolor*］	*		*
扁玉螺 *N. didyma* Röding	*	*	*
微黄镰玉螺 *Lunatica gilva*（Philippi）［*Natica fortunei*, *Polynices fortuneri*］	*	*	*
拟紫口隐玉螺 *Cryptonatica andoi*（Nomura）［*N. janthostomoides*, *N. janthostoma*］	*		*
小玉螺 *Tectonatica adamsiana*（Dunker）	*		*
小玉螺 *Tectonatica* sp.	*		*

续表

种　　名	海湾河口	海岛	海岸带
梭螺科 Ovulidae			
玫瑰履螺 *Sandalia rhodia* (A. Adams) [*Primovula rhodia*, *Promovolva rhodia*]			*
双喙骗梭螺 *Phenacovolva* (*P*) *birostris* (Linnaeus) [*Volva* (*P*) *philippinarum*, *Volva birostris*]			*
梭螺 *Volva* sp.			*
梭螺 *Prionovolva* sp.	*		*
宝贝科 Cypraeidae			
日本细焦掌贝 *Palmadusta gracilis japonica* Schilder [*Cypraea gracilis*]		*	*
桔黄焦掌贝 *Palmadusta lutea* (Gmelin)			*
嵌线螺科 Cymatiidae			
嵌线螺 *Cymatium* sp.			*
粒神螺 *Apollon olivator rubustus* (Fulton)	*	*	*
梯螺科 Epitoniidae			
高旋螺 *Acrilla* sp.			*
梯螺 *Epitonium* sp.	*		*
耳梯螺 *Depressiscala aurita* (Sowerby) [*Epitonium auritum*]	*		*
宽带薄梯螺 *Papyriscala clementinum* Grateloup 〔*P. latifasciata*〕 [*Epitonium latifasciata*, *E. lineolatum*]	*	*	
薄梯螺 *Papyriscala tenuilirata* (Sowerby)	*		*
横山薄梯螺 *P. yoroyamai* (Suzuki et Ichikawa)	*		*
迷乱环肋螺 *Cirsotrema perplexum* (Pease)			*
可爱旋螺 *Cirsptrema kagayai* (Ozaki) [*C. mituokai*]	*		*
光螺科 Melanellidae 〔Eulimidae〕			
光螺 *Eulima* sp.	*		*
轮螺 *Architectonica* sp.		*	*
三口螺科 Triporidae			
三口螺 *Triphora* sp.		*	*
光肋螺 *Viriola* sp.	*		*
锥形螺科 Subulinidae			
锥形螺 *Allopeas* sp.		*	*
骨螺科 Muricidae			
脉红螺 *Rapana venosa* (Valenciennes) [*R. thomasiana*, *R. venosa*]	*	*	*
红螺 *R. bezoar* (Linnaeus)		*	*
红螺 *Rapana* sp.	*	*	*
褐棘螺 *Chicoreus brunneus* (Link) [*C. adustus*]	*	*	*
大棘螺 *C. ramosus* (Linnaeus)		*	*
笼目结螺 *Bedeva birileffi* (Lischke)	*		*
粒核果螺 *Drupa granulata* (Duclos)	*	*	*

续表

种 名	海湾河口	海岛	海岸带
糙核果螺 *D. aspera* (Lamarck)		*	*
暗唇核果螺 *D. marginatra* (Blainville)	*		*
疣荔枝螺 *Thais clavigera* Kuster	*	*	*
可变荔枝螺 *T. mustabilis* (Link)	*	*	*
乡居荔枝螺 *T. rustica* (Lamarck)		*	*
黄口荔枝螺 *T. luteostoma* (Holten)	*	*	*
角瘤荔枝螺 *T. tuberosa* (Röding)		*	*
蛎敌荔枝螺 *T. gradata* Jones [*T. trigona*]	*	*	*
刺荔枝螺 *T. echinata* Blainville	*		*
荔枝螺 *Thais* sp.	*	*	*
绉爱尔螺 *Eragalatax contractus* (Reeve)	*		*
绉爱尔螺 *Eragalatax* sp.	*		*
珊瑚螺科 Magilidae=Coralliophilidae			
刺珊瑚螺 *Coralliobia fimbriata* (Hinds) [*Lataxiena fimbriata*]	*	*	*
珊瑚螺 *Coralliobia* sp.			*
奥兰螺 *Orania* sp.	*		*
核螺科 Pyrenidae [Columbellidae]			
丽小核螺 *Mitrella bella* (Reeve) [*Pyrene martensi*, *P. bella*]	*	*	*
布尔小核螺 *M. burchardi* (Dunker) [*Pyrene bicincta*]		*	*
斑龟小核螺 *M. testudinaria tylerai* (Griffith et Pidgeon) [*P. testudinaria tylerai*]			*
小核螺 *Mitrella* sp. [*Pyrene* sp.]	*	*	*
安螺 *Anachis* sp.		*	*
小杂螺 *Zafrona pumila* (Dunker)		*	*
小杂螺 *Zafrona* sp.	*		*
蛾螺科 Buccinidae			
缝合海因螺 *Hindsia suturalis* (A. Adams)	*		*
海因螺 *Hindsia* sp.	*		*
甲虫螺 *Cantharus cecillei* (Philippi)	*	*	*
甲虫螺 *Cantharus* sp.		*	*
真刺蛾螺 *Enzinopsis menkeana* (Dumker)		*	*
刺蛾螺 *Enzinopsis* sp.	*		*
美丽唇齿螺 *Engina pulchra* (Reeve)	*		*
唇齿螺 *Engina* sp.	*		*
火红土产螺 *Pisania ignea* (Gmelin)	*	*	*
褐线蛾螺 *Japeuthria cingulata* (Reeve)	*		*
盔螺科 Galeodidae [Melongenidae]			
细角螺 *Hemifusus ternatanus* (Gmelin)	*		*
织纹螺科 Nassariidae			

续表

种　　名	海湾河口	海岛	海岸带
纵助织纹螺 *Nassarius* (*Varicinassa*) *variciferus* (A. Adams) [*Nassa varicifera*, *Nassarius variciferus*]	*	*	*
西格织纹螺 *N.* (*Zeuxis*) *siquijorensis* (A. Adams)	*	*	*
节织纹螺 *N.* (*Z.*) *hepaticus* (Pulteney)	*	*	*
红带织纹螺 *N.* (*Z.*) *succinctus* (A. Adams)	*	*	*
光织纹螺 *N.* (*Z.*) *dorsatus* (Roeding) [*N. rutilans*]	*	*	*
秀丽织纹螺 *N.* (*Reticunassa*) *festivus* (Powys) [*N. dealbatus*]	*	*	*
雕刻织纹螺 *N. caelatus* (A. Adams)		*	*
半褶织纹螺 *N. semiplicatus* (A. Adams)			*
疣织纹螺 *N. papillosus* (Linnaeus)			*
胆形织纹螺 *N. thersites* (Bruguiere)	*	*	*
织纹螺 *Nassarius* sp.	*	*	*
秀丽小织纹螺 *Reticunassa festiva* (Powys)		*	*
小织纹螺 *Reticunassa* sp.	*	*	*
轭螺 *Zeuxis* sp.	*	*	*
女士螺 *Allanassa* sp.		*	*
织纹螺 *Nassa ravida* Adams	*		*
缘螺 *Niotha margaratiferus* (Dunker)	*		*
细带螺科 Fasciolariidae			
塔形纺锤螺 *Fusinus forceps* (Perry)	*		*
苲鸽螺 *Peristernia nassatula* (Lamarck)			*
澳大利亚鸽螺 *P. australiensis* (Reeve)		*	*
鸽螺 *Peristernia* sp.	*		*
榧螺科 Olividae			
伶鼬榧螺 *Oliva mustellina* Lamarck [*O. mustelina mustalina*]	*	*	*
细小榧螺 *Olivella lepta* (Duclos) [*O. fulgurata*]	*	*	*
小榧螺 *Olivella* sp.	*	*	*
红侍女螺 *Ancilla rubiginosa* (Swainson)		*	*
侍女螺 *Ancilla* sp.		*	*
笔螺科 Mitridae			
中国笔螺 *Mitra chinensis* Gray〔*Mitra limosa*〕	*	*	*
笔螺 *Mitra* sp.	*		*
肋脊螺科［蛹笔螺科］Costellariidae			
无色暗鸥螺 *Nebularia inquinata* (Reeve)	*		*
衲螺科 Cancellariidae			
白带三角口螺 *Trigonaphera bocageana* (Crosse et Debeaux)〔*Trigonostoma scalariformis*〕		*	*
三角口螺 *Trigonaphera* sp.	*	*	*
塔螺科 Turridae			

续表

种　　名	海湾河口	海岛	海岸带
假主棒螺 *Crassispira pseudoprinciplis* (Yokoyama) [*Clavatula pseudoprinciplis*, *Inquisitor pseudoprinciplis*]	*	*	
旗短口螺 *Brachystomia vexillum* Habe et Kosuge [*Brachytoma vexillium*]	*		*
假奈拟塔螺 *Turricula nelliae spurius* (Hedley) [*Pleurotoma tuberculata*]			*
爪哇拟塔螺 *T. javana* (Linnaeus) [*Surcula javana*, *Pleurotoma nodifera*]		*	*
拟塔螺 *Turricula* sp.	*		*
拟腹螺 *Pseudoetrema* sp.			*
笋螺科 Terebridae			
白带双层螺 *Terebra* (*Noditerebra*) *dussumierii* Kiener [*Duplicaria dussumierii*, *Diplomeriza duplicata*, *Terebra duplicata*]	*		*
笋螺 *Terebra* sp.	*	*	*
小塔螺科 Pyramidellidae			
腰带螺 *Cingulina* sp.			*
筐金螺 *Mormula fiscella* Gmelin		*	*
缘金螺 *M. marginatra* (Blainville)		*	*
金螺 *Mormula* sp.		*	*
亥氏齿口螺 *Odostomia hilgenoerfi* Clessin	*		*
齿口螺 *Odostomia* sp.	*		*
小塔螺 *Pyramidella* sp.	*		*
小陀螺 *Turbonilla* sp.	*		*
Sryloptygrma taeniatum A. Adams		*	*
Evalea sp.	*		*
捻螺科 Acteonidae [蛹螺科 Pupidae]			
捻螺 *Acteon* sp.	*		*
斑捻螺 *Punctacteon* sp.	*		*
露齿螺科 Ringiculidae			
伪露齿螺 *Pseudoringicula* sp.	*		*
阿地螺科 Atyidae			
柱形阿里螺 *Aliculastrum cylindricum* (Helblin)		*	*
空杯丽葡萄螺 *Lamprohaminoea cymbalum* (Quoy et G.)		*	*
泥螺 *Bullacta exarata* (Phillippi)	*	*	*
卵圆月华螺 *Haloa ovalis* (Pease)		*	*
月华螺 *Haloa* sp.	*	*	*
角杯阿地螺 *Cylichnatys angusta* (Gould)	*		*
囊螺科 Retusidae			
小顶囊螺 *Retusa* (*Coelophysis*) *eumicra* (Crosse)	*		*
婆罗囊螺 *R.* (*C.*) *boenesis* (A. Adams)	*	*	*
解氏囊螺 *R. cocillii* (Philippi)			*

续表

种　名	海湾河口	海岛	海岸带
小囊螺 *R.*（*Coelophysis*）*minima*（Yamakawa）	*		*
囊螺 *Retusa* sp.	*		*
三叉螺科 Triclidae〔Cylichnidae〕			
圆筒原盒螺 *Eocylichna braunsi*（Yokoyama）[*E. cylindrella*]	*	*	*
库叶球舌螺 *Didontoglossa royasensis*（Yokoyama）	*	*	*
饰球舌螺 *Didontoglossa decoratoides* Habe	*		*
球舌螺 *Didontoglossa* sp.		*	*
拟捻螺科 Acteocinidae			
细弱拟捻螺 *Acteocina*（*Tornatina*）*exilis*（Dunker）			*
拟捻螺 *Acteocina* sp.	*	*	*
饰孔螺 *Decorifera* sp.			*
壳蛞蝓科 Philinidae			
日本壳蛞蝓 *Philine japonica* Lischke	*		*
经氏壳蛞蝓 *P. kinglipini* Tchang [*P. argentata*]	*	*	*
宽扁壳舌蝓 *P. otukai* Habe		*	*
壳蛞蝓 *Philine* sp.		*	*
海兔科 Aplysiidae			
蓝斑背肛海兔 *Notarchus*（*B.*）*leachii cirrosus* Stimpson		*	*
杂斑海兔 *Aplysia*（*A.*）*juliana* Quoy et Gaimard		*	*
网纹海兔 *A.*（*Varria*）*pulmonica* Gould	*		*
隅海牛科 Goniodorididae			
突海牛 *Okenia* sp.	*		*
车轮海牛科 Actinocyclidae			
日本车轮海牛 *Actinocyclus japonicus*（Eliot）	*		*
拟海牛科 Aglajidae			
日本石磺海牛 *Homoiodoris japonica* Bergh		*	*
片鳃科 Arminidae［片鳃海牛科 Pleurophyllidiadae］			
微点舌片鳃 *Armina*（*Linguella*）*babai*（Tchang）		*	*
舌片鳃 *Armina* sp.	*	*	*
耳螺科 Ellobiidae			
医巫螺 *Melampus* sp.			*
菊花螺科 Siphonariidae			
黑菊花螺 *Siphonaria atra* Quoy et Gaimard	*	*	*
黑褐菊花螺 *S. sirius* Pilsbry			*
松菊花螺 *S. laciniosa*（Linnaeus）			*
日本菊花螺 *S. japonica*（Donovan）	*	*	*
菊花螺 *Siphonaria* sp.	*		*
石磺科 Onchidiidae			

续表

种　名	海湾河口	海岛	海岸带
石磺 *Onchidium verruculatum* Cuvier	*	*	*
蛸科（章鱼科）Octopodidae			
短蛸 *Octopus ocellatus* Gray［*O. aerolatus*，*O. fangsiao*］		*	*
长蛸 *O. variabilis*（Sasaki）［*O. minor*］		*	*
真蛸 *O. vulgaris* Guvier		*	*
节肢动物门 Arthropoda			
鲎科 Tachypleidae			
中国鲎 *Tachypleus tridentatus*（Leach）	*	*	*
砂海蜘蛛科 Ammotheidae			
颈囊嘴海蜘蛛 *Ascorhynchus auchenicus*（Sbter）	*		*
丝海蜘蛛科 Nymphonidae			
日本房海蜘蛛 *Nymphon japonicum* Ortman	*		*
蠓科 Ceratopogonidae			
库蠓 *Culicoides* sp.			*
潮虫科 Onisscidae			
鼠妇 *Porcellio* sp.	*		*
铠茗荷科 Scalpellidae			
龟足 *Capitulum mitella*（Linnaeus）	*	*	*
乌嘴科 Iblidae			
毛乌嘴 *Ibla cauminigi* Darwin	*		*
小藤壶科 Chthamalidae			
白条地藤壶 *Euraphia withersi* Pilsbry	*	*	*
马来小藤壶 *Chthamalus malayensis* Pilsbry	*	*	*
直背小藤壶 *Ch. moro* Pilsbry	*		*
东方小藤壶 *Ch. chalengeri* Hoek			*
齿底小藤壶 *Ch. intertextus* Darwin	*		*
波纹小藤壶 *Ch. caudatus* Pilsbry	*		*
纹藤壶 *Amphibalanus amphitrite* Darwin	*		*
网纹纹藤壶 *A. reticalates* Utinemi	*		*
白脊管藤壶 *Fistulobalanus albicostatus*（Pilsbry）	*		*
笠藤壶科 Tetraclitidae			
鳞笠藤壶 *Tetraclita squamosa* squamosa（Brugulere）	*	*	*
日本笠藤壶 *T. japonica* Pilsbry	*	*	*
古藤壶科 Archaeobalanidae			
高峰星藤壶 *Chirona amaryllis*（Darwin）［*Balanus amaryllis*］	*	*	*
藤壶科 Balanidae			
棘巨藤壶 *Megabalanus volcano* Pilsbry		*	*

续表

种　　名	海湾河口	海岛	海岸带
网纹藤壶 *Balanus reticulatus* Utinomi［*B.*（*amphitrite*）*communis*］	*	*	*
糊斑藤壶 *B. cirratus* Darwin［*B. amphitrite cirratus*，*B. variegatus cirratus*］		*	*
纹藤壶 *B. amphitrite* Darwin	*	*	*
泥藤壶 *B. uiliginosus* Utinomi		*	*
白脊藤壶 *B. albicostatus* Pilsbry	*	*	*
三角藤壶 *B. trigonus* Darwin	*	*	*
致密藤壶 *B. improvisus* Darwin			*
藤壶 *Balanus* sp.		*	*
糠虾科 Mysidae			
新糠虾 *Nipponomysis* sp.			*
涟虫科 Bodotriidae			
卵圆涟虫 *Bodotria ovalis* Gamo	*		*
细长涟虫 *Iphinoe tenera* Lomakina	*		*
宽甲古涟虫 *Eocuma lata* Calman	*		*
舌突圆涟虫 *Cyclospis linguiloba* Liu et Liu	*		*
针尾涟虫科 Diastylidae			
亚洲异针涟虫 *Dimorphostylis asiatica* Zimmer	*		*
萨氏异涟虫 *Heterocuma sarsi* Miers	*		*
三叶针尾涟虫 *Diastylis tricincta*（Zimmer）	*		*
尖额涟虫科 Leuconidae			
太平洋方甲涟虫 *Eudorella pacifica* Hart	*		*
二齿半尖额涟虫 *Hemileucon bidentatus* Liu et Liu	*		*
小涟虫科 Nannastacidae			
梭形驼背涟虫 *Campylaspis fusiformis* Gamo	*		*
驼背涟虫 *Campylaspis* sp.			*
原足科 Tanaidae			
卡氏原足虫 *Tanais cavolinii* H. Milne-Edwards	*		*
原足虫 *Tanais* sp.	*		*
仿原足虫科 Poratanatidae			
细螯原足虫 *Leptochelia dubia*（Kroyer）	*		*
诺氏原足虫 *Anatanais normani*（Richardson）	*		*
长尾虫科 Aspeudidae			
畸形锤肢虫 *Sphyrapus anomalus* Norman et Stebbing	*		*
日本长尾虫 *Aspeudes nipponicus* Shiino	*		*
长尾虫 *Aspeudes* sp.	*		*
圆柱水虱科 Cirolanidae			
日本圆柱水虱 *Cirolana japonensis*（Richardson）	*	*	*
哈氏圆柱水虱 *C. harfordi* Thielemann	*		*

续表

种　　名	海湾河口	海岛	海岸带
圆柱水虱 *Cirolana* sp.	*	*	*
腔齿海底水虱 *Dynoides dentisinus* Shen	*	*	*
海底水虱 *Dynoides* sp.		*	*
日本外圆柱水虱 *Excirolana*（*Pontogeroides*）*japonica*（Thielemann）	*		*
背尾水虱科 Anthuridae			
日本拟花尾水虱 *Paranthura japonica* Richardson	*	*	*
拟花尾水虱 *Paranthura* sp.	*		*
杯尾水虱 *Cythura* sp.	*		*
巨颚水虱科 Gnathiidae			
锯齿巨颚水虱 *Gnathia dentata* Leach	*		*
蛀木水虱科 Limnoriidae			
蛀木水虱 *Limnoria lignorum*（Rathke）	*		*
团水虱科 Sphaeromidae			
光背团水虱 *Sphaeroma retrolaevis* Richardson	*		*
韦氏团水虱 *S. walkeri* Stebbing			*
团水虱 *Spheroma* sp.			*
日本突尾水虱 *Cymodoce japonica* Richardson	*		*
突尾水虱 *Cymodoce* sp.	*		*
腹崎水虱科 Janiroidae			
腹崎水虱 *Janiropsis* sp.	*		*
盖鳃水虱科 Idotheoidae			
凹腹盖鳃水虱 *Idotea ochotensis* Brandt	*		*
光背节鞭水虱 *Synidotea laevidorsalis* Miers	*		*
平尾棒鞭水虱 *Cleantis planicauda* Benedict	*	*	*
等足棒鞭水虱 *Cleatis isopus*（Grube）			*
日本三叉水虱 *Cyrodoce japonica* Richardson		*	*
三叉水虱 *Cyrodoce* sp.		*	*
海蟑螂科 Ligiidae			
海蟑螂 *Ligia exotica*（Roux）	*	*	*
双眼钩虾科 Ampeliscidae			
博氏双眼钩虾 *Ampelisca bocki* Dahl	*		*
轮双眼钩虾 *A. cyclops* Walker	*		*
短角双眼钩虾 *A. brevicornis*（Costa）	*		*
伊予双眼钩虾 *A. iyoensis* Nagata	*		*
美原双眼钩虾 *A. miharaensis* Nagata	*		*
叉尾双眼钩虾 *A. furcigera* Bulychena	*		*
三崎双眼钩虾 *A. misakiensis* Dahl	*		*
日本沙钩虾 *Byblis japonicus* Dahl	*		*

续表

种　　名	海湾河口	海岛	海岸带
盲双眼钩虾 *B. tyhlotes* Ren	*		*
沙钩虾 *Byblis* sp.			*
矛钩虾科 Amphilochidae			
日本邻钩虾 *Gitanopsis japonica* Hiryama	*		*
邻钩虾 *Gitanopsis* sp.	*		*
藻钩虾科 Amphithoidae			
强壮藻钩虾 *Amphitoe valida* Smith	*	*	*
扎克藻钩虾 *A. zachsi* Gurjanova	*		*
藻钩虾 *Ampithoe* sp.		*	*
钩虾 *Gammarus* sp.		*	*
鞭腕虾 *Hippolysmata vittata* Stimpson		*	*
鞭腕虾 *Hippolysmata* sp.	*		*
蜾蠃蜚科 Corophiidae			
好斗埃蜚 *Ericthonius pugnax* Dana	*		*
日本大螯蜚 *Grandidierella japonica* Stephensen	*		*
毛大螯蜚 *G. gilesi* Chilyon	*		*
小型大螯蜚 *G. minima*（Ariyama）	*		*
大螯蜚 *Grandidierella* sp.	*		*
中华蜾蠃蜚 *Corophium sinense* Zhang	*	*	*
大蜾蠃蜚 *C. major* Ren	*		*
薄片蜾蠃蜚 *C. lamellatum* Hirayama	*		*
上野蜾蠃蜚 *C. uenoi* Stephensen	*	*	*
河蜾蠃蜚 *C. acherusicum* Costa		*	*
隐居蜾蠃蜚 *C. insidiosum* Crawford		*	*
蜾蠃蜚 *C. antennulella*		*	*
异角蜾蠃蜚 *C. heteroceratum* Yu		*	*
三角柄蜾蠃蜚 *C. trigulapedarum* Hirayama	*		*
莫顿蜾蠃蜚 *C. mortonii* Hirayama	*		*
蜾蠃蜚 *Corophium* sp.	*	*	*
管栖蜚 *Cerapus tubularis* Say	*		*
短小拟钩虾 *Gammaropsis nitida*（Stimpson）	*		*
刘氏拟钩虾 *G. liuruiyui* Ren	*		*
长指拟钩虾 *G. longpodi* Hirayama	*		*
拟钩虾 *Gammaropsis* sp.	*		*
夏威夷亮钩虾 *Photis hawaiensis* Bornard	*		*
长尾亮钩虾 *P. longicaudata*（Bate et Westwood）	*		*
亮钩虾 *Photis* sp.	*		*
天草旁宽钩虾 *Pareurystheus amakusaensis* Hirayama	*		*

续表

种　　名	海湾河口	海岛	海岸带
中华拟亮钩虾 *Paraphotis sinensis* Ren	*		*
哥伦比亚刀钩虾 *Aoroides columbiae* Walker	*		*
刀钩虾 *Aoroides* sp.	*		*
柄眼螺赢蜚 *Lembos clavatu* Hirayama	*		*
长足钩虾科 Dexaminidae			
巴那近长足钩虾 *Paradexamine barnardi* Sheard	*		*
美钩虾科 Eusiridae			
近真美钩虾 *Eusiroides* sp.	*	*	*
海钩虾 *Pontogeneia* sp.	*		*
平额钩虾科 Haustoriidae			
葛氏胖钩虾 *Urothoe grimaldii* Chevreux	*		*
胖钩虾 *Urothoe* sp.	*		*
锥状原平额钩虾 *Eohaustorius subulicola* Hirayama			*
玻璃钩虾科 Hyalidae			
大角玻璃钩虾 *Hyale grandicornis* (Kröyer)	*		*
施氏玻璃钩虾 *H. schmidti* (Heller)	*		*
玻璃钩虾 *Hyale* sp.			*
毛明钩虾 *Parhyale plumulosa* (Stimpson)	*	*	*
壮角钩虾科 Ischyroceridae			
镰形叶钩虾 *Jassa falacata* (Montagu)	*	*	*
白钩虾科 Leucothoidae			
翼形白钩虾 *Leucothoe alata* J. L. Barnard	*		*
利尔钩虾科 Liljeborgiidae			
弯指伊氏钩虾 *Idunella curvidactyla* Nagata	*		*
伊氏钩虾 *Idunella* sp.	*		*
光洁钩虾科 Lysianassidae			
小头弹钩虾 *Orchomene breviceps* Hirayama	*		*
弹钩虾 *Orchomenella* sp.	*		*
钩虾科 Gammaridae [Melitidae]			
冠角钩虾 *Ceradocus* (*Denticeradocus*) *capensis* Sheard	*		*
塞切尔泥钩虾 *Eriopisella sechellensis* (Chevreux)	*		*
长指马尔他钩虾 *Melita longidactyla* Hirayama	*		*
朝鲜马尔他钩虾 *M. koreana* Stephensen	*		*
小齿马尔他钩虾 *M. denticulata* (Nagata)	*		*
齿掌细身钩虾 *Maera serratipalma* Nagata	*		*
太平细身钩虾 *M. patifica* Schellenberg	*		*
梳肢片钩虾 *Elasmopus pecteniclus* (Bate)	*		*
片钩虾 *Elasmopus* sp.	*		*

续表

种　　名	海湾河口	海岛	海岸带
拟钩虾 *Gammarus* sp.	*		*
合眼钩虾科 Oedicerotidae			
极地蚤钩虾 *Pontocrates altamarimus*（Bate et Westwood）	*		*
蚤钩虾 *Pontocrates* sp.	*		*
同掌华眼钩虾 *Sinoediceros homopalmutus* Shen	*		*
华眼钩虾 *Sinoediceros* sp.	*		*
长鞭凹板钩虾 *Caviplaxus longiflagella* Ren	*		*
胶州湾凹板钩虾 *Caviplaxus jiaozhouwanensis* Ren	*		*
凹板钩虾 *Caviplaxus* sp.			*
单眼钩虾 *Monoculodes* sp.	*		*
合眼钩虾 *Oediceros* sp.	*		*
尖头钩虾科 Phoxocephalidae			
滩拟猛钩虾 *Harpiniopsis vadiculus* Hirayama	*	*	*
拟猛钩虾 *Harpinopsis* sp.	*		*
拟尖头钩虾 *Paraphoxus tomiokaensis* Hirayma	*		*
肋钩虾科 Pleustidae			
子异肋钩虾 *Parapleustes filialis* Hirayama			*
地钩虾科 Podoceridae			
瘤突地钩虾 *Priscomilitaris tuberculosus* Ren			*
长螯地钩虾 *Priscomilitaris tenuis* hirayama	*		*
板钩虾科 Stenothoidae			
强壮板钩虾 *Stenothoe valida* Dana	*		*
加尔板钩虾 *S. gallensis* Walker	*	*	*
板钩虾 *Stenothoe* sp.	*		*
跳钩虾科 Talitridae			
板宽跳钩虾 *Platorchestia platensis*（Kroyer）	*	*	*
跳钩虾 *Platorchestia* sp.	*		*
麦秆虫科 Caprellidae			
长鳃麦秆虫 *Caprella equilibra* Say	*		*
角突麦秆虫 *C. scaura* Templeton	*	*	*
圆鳃麦秆虫 *C. penantis* Leach［*C. acutifrons*］	*	*	*
麦秆虫 *Caprella* sp.		*	*
跳钩虾 *Orchestia* sp.	*	*	*
对虾科 Penaeidae			
扁足异对虾 *Atypopenaeus stenodactylus*（Stimpson）［*Penaeus stenodactylus*, *P. compressipes*, *A. compressipes*, *A. stenodactylus*, *Parapenaeopsis brevirostris*］		*	
长眼对虾 *Miyadiella podophthalmus*（Stimpson）	*		*
鹰爪虾 *Trachypenaeus curvirostris*（Stimpson）［*Penaeus curvirostris*］		*	*

续表

种　名	海湾河口	海岛	海岸带
日本囊对虾 *Marsupenaeus japonicus* Bate	*		*
日本对虾 *Penaeus japinicus* Bate		*	*
对虾 *Penaeus* sp.	*		*
假长缝拟对虾 *Parapenaeus fissuroides* Crosnier [*P. fissurus*]		*	*
刀额新对虾 *Metapenaeus ensis* (de Haan) [*Penaeus monoceros ensis*, *P. mastersis*, *P. incisipes*, *M. monoceros*]	*	*	*
近缘新对虾 *M. affinis* (H. Milne-Edwards) [*Penaeus affinis*, *M mutatus*, *Penaeopsis affinis*]	*		*
新对虾 *Metapenaeus* sp.	*	*	*
刀额仿对虾 *Parapenaeopsis cultrirostris* (Alcock) [*P. sculptilis v cultrirostris*]	*		*
樱虾科 Sergestidae			
日本毛虾 *Acetes japonicus* Kishinouye	*		*
玻璃虾科 Pasiphaeidae			
细螯虾 *Leptochela gracilis* Stimpson			*
尖尾细螯虾 *L. aculeocaudata* Paulson	*		*
细螯虾 *Leptochela* sp.		*	*
长臂虾科 Palaemonidae			
脊尾白虾 *Exopalaemon carinicauda* (Holthuis) [*Leander longirostris v. carinatus*, *Palaemon* (*Exopalaemon*) *carinicauda*]		*	*
东方白虾 *Exopalaemon oritentalis* (Holthuis)			*
白虾 *Exopalaemon* sp.			*
锯齿长臂虾 *Palaemon serrifer* (Stimpson) [*Leander serrifer*]	*	*	*
秀丽长臂虾 *P. modestus* (Heller)	*		*
长臂虾 *Palaemon* sp.		*	*
异指虾科 Processoidae			
日本异指虾 *Processa japonica* (de Haan)	*		*
鼓虾科 Alpheidae			
日本鼓虾 *Alpheus japonicus* Miers	*		*
鲜明鼓虾 *A. distinguendus* de Man		*	*
刺螯鼓虾 *A. hoplocheles* Coutiere	*	*	*
长指鼓虾 *A. rapax* Fabricius	*		*
短脊鼓虾 *A. brevicristatus* de Haan	*	*	*
双凹鼓虾 *A. bisincisus* de Haan	*		*
鼓虾 *Alpheus* sp.	*	*	*
长眼虾科 Ogyrididae			
东方长眼虾 *Ogyrides orientalis* (Stimpson)	*	*	*
纹尾长眼虾 *O. striaticauda* Kemp	*		*
藻虾科 Hippolytidae			
水母宽额虾 *Latreutes anoplonyx* Kemp	*		*

续表

种　　名	海湾河口	海岛	海岸带
外鞭腕虾 *Exhippolysmata* sp.［*Hippolysmata* sp.］	*		*
长额虾科 Pandalidae			
滑脊等腕虾 *Heterocarpoides laevicarina*（Bate）［*Dorodotes levicarina*］			*
明对虾 *Fenneropenaeus* sp.	*		*
美人虾科 Callianassidae			
日本美人虾 *Callianassa japonica* Ortmann［*C. harmandi*］	*		*
泥虾科 Laomediidae			
泥虾 *Laomedia astacina* de Haan		*	*
蝼蛄虾科 Upogebiidae			
伍氏蝼蛄虾 *Upogebia wuhsienweni* Yu	*		*
蝼蛄虾 *Upogebia* sp.		*	*
活额寄居蟹科 Diogenidae			
下齿细螯寄居蟹 *Clibanarius infraspinatus* Hilgendorf	*	*	*
异细螯寄居蟹 *C. inaequalis*（de Haan）	*		*
条纹细螯寄居蟹 *C. striolatus* Dana		*	*
蓝绿细螯寄居蟹 *C. virescns*（Krauss）	*		*
艾氏活额寄居蟹 *Diogenes edwardsii*（de Haan）		*	*
直螯活额寄居蟹 *D. rectimanus* Miers			
弯螯活额寄居蟹 *D. deflectomanus* Wang et Tung		*	*
拟脊活额寄居蟹 *D. paracristimanus* Wang et Dong			*
活额寄居蟹 *Diogenes* sp.			*
多毛长眼寄居蟹 *Paguristes barbatus*（Ortmann）	*		*
寄居蟹科 Paguridae			
旋刺寄居蟹 *Spiropagurus spiriger*（de Haan）		*	*
瓷蟹科 Porcellanidae			
美丽瓷蟹 *Porcellana pulchra* Stimpson	*		*
瓷蟹 *Porcellana* sp.		*	*
绒毛细足蟹 *Raphidopus ciliatus* Stimpson	*	*	*
细足蟹 *Raphidopus* sp.	*		*
拉氏岩瓷蟹 *Petrolisthes lamarckii*（Leach）		*	*
哈氏岩瓷蟹 *P. haswelli* Miers	*		*
岩瓷蟹 *Petrolisthes* sp.		*	*
管须蟹科 Albuneidae			
解放眉足蟹 *Blepharipoda liberata* Shen			*
东方管须蟹 *Albunea symnista*（Linnaeus）	*		*
蝉蟹科 Hippdae			
亚洲鼹蟹 *Emerita asiatica* Verrill			*
绵蟹科 Dromiidae			

续表

种　　名	海湾河口	海岛	海岸带
干练平壳蟹 *Conchoecetes artificiosus* (Fabricius)		*	*
绵蟹 *Dromia dehaani* Rathbun		*	*
日本板蟹 *Petalomera japonica* (Henderson)		*	*
隐绵蟹 *Cryptodromia* sp.		*	*
馒头蟹科 Calappidae			
中华虎头蟹 *Orithyia sinica* Linnaeus [*O. mammillaris*]		*	*
逍遥馒头蟹 *Calappa philargius* (Linnaeus)	*		*
黎明蟹科 Matutidae			
红线黎明蟹 *Matuta planipes* Fabricius		*	*
红点黎明蟹 *M. lunaris* Farskal	*	*	*
彭氏黎明蟹 *M. banksii* Leach	*	*	*
颗粒黎明蟹 *M. granulosa* Miers	*	*	*
盔蟹科 Corystidae			
琼娜蟹 *Jonas* sp.		*	*
关公蟹科 Dorippidae			
日本关公蟹 *Dorippe japonica* von Siebold	*	*	*
聪明关公蟹 *D. astuta* Fabricius	*		*
关公蟹 *Dorippe* sp.	*		*
宽背蟹科 Euryplacidae			
隆线强蟹 *Eucrate crenata* de Haan	*	*	*
隆脊强蟹 *E. costata* Yang et Sun	*	*	*
哈氏强蟹 *E. haswelli* Campbell		*	*
阿氏强蟹 *E. alcocki* Seréne [*E. maculata*]	*		*
强蟹 *Eucrate* sp.	*		*
长脚蟹科 Goneplacidae			
福建佘氏蟹 *Ser fukiensis* Rathbun		*	*
掘沙蟹科 Scalopidiidae			
刺足掘沙蟹 *Scalopidia spinosipes* Stimpsom	*		*
六足蟹科 Hexapodidae			
弯六足蟹 *Hexapus anfractus* Rathbun	*		*
颗粒六足蟹 *H. granuliferus* Campbell et Stephenson	*	*	*
玉蟹科 Leucosiidae			
豆形拳蟹 *Philyra pisum* de Haan	*	*	*
杂粒拳蟹 *P. heterograna* Ortmann			
橄榄拳蟹 *P. olivacea* Rathbun [*Pseudophilyra olivacea*]	*	*	*
隆线拳蟹 *P. carinata* Bell	*	*	*
疙瘩拳蟹 *P. tuberculata* Stimpson	*		*
果拳蟹 *P. malefactrix* (Kemp)			*

续表

种　　名	海湾河口	海岛	海岸带
拳蟹 *Philyra* sp.			*
小五角蟹 *Nursia minor*（Miers）	*		*
果坚壳蟹 *Ebalia malefactrix* Kemp		*	*
疖痂坚壳蟹 *E. scabra* Dai	*		*
七刺栗壳蟹 *Arcania heptacantha*（de Haan）	*	*	*
膜壳蟹科 Hymenosomatidae			
尖额蟹 *Rhynchoplax* sp.	*		*
蜘蛛蟹科 Majidae			
日本英雄蟹 *Achaeus japonicus* de Haan		*	*
四齿矶蟹 *Pugettia quadridens*（de Haan）		*	*
小型矶蟹 *P. minor* Ortmann			*
双角互敬蟹 *Hyastenus diacanthus*（de Haan）	*	*	*
尖刺绿蛛蟹 *Chlorinoides aculeatus*（H. Milne-Edwards）	*	*	*
绿蛛蟹 *Chlorinoides* sp.	*	*	
篦额尖额蟹 *Rhynchoplax messor* Stimpson	*		*
中华新尖额蟹 *Neorhynchoplax sinensis*（Shen）		*	*
瘤结蟹 *Tylocarcinus styx*（Herbst）	*		*
菱蟹科 Parthenopidae			
强壮菱蟹 *Parthenope validus* de Haan	*	*	*
毛刺蟹科 Pilumnidae			
齿腕拟盲蟹 *Typhlocarcinops denticarpes* Dai et Yang	*		*
裸盲蟹 *T. nudus* Stimpson		*	*
毛盲蟹 *T. villosus* Stimpson	*	*	*
光滑异装蟹 *Heteropanope glabra* Stimpson			*
罗岛毛刺蟹 *Pilumnus rotumanus* Borradaile		*	*
小型毛刺蟹 *P. spinulus* Shen	*	*	*
毛刺蟹 *Pilumnus* sp.	*	*	*
披发异毛蟹 *Heteropilumnus ciliatus*（Stimpson）		*	*
异毛蟹 *Heteropilumnus* sp.		*	*
马氏毛粒蟹 *Pilumnopeus makiana*（Rathbun）		*	*
印度毛粒蟹 *P. indica*（de Man）		*	*
真壮毛粒蟹 *P. eucratoides*（Stimpson）		*	*
毛粒蟹 *Pilumnopeus* sp.		*	*
厚方蟹科 Geryonidae			
光手酋妇蟹 *Eriphia sebana*（Shaw et Nodder）			*
梭子蟹科 Portunidae			
远海梭子蟹 *Portunus pelagicus*（Linnaeus）		*	*
三疣梭子蟹 *P. trituberculatus*（Miers）	*		*

续表

种　　名	海湾河口	海岛	海岸带
红星梭子蟹 *P. sanguinolentus*（Herbst）		*	*
银光梭子蟹 *P. argentatus*（White）[*Neptunus argentatus*]	*	*	*
矛形梭子蟹 *P. hastatoides*（Fabricius）	*	*	*
纤手梭子蟹 *P. gracilimanus*（Stimpson）	*	*	*
拥剑梭子蟹 *P. haanii*（Stimpson）[*P. gladiator*]	*		*
三齿梭子蟹 *P. tridentatus* Yang et Dai			*
梭子蟹 *Portunus* sp.	*	*	*
拟穴青蟹 *Scylla paramamosain* Lin & Li		*	*
青蟹 *Scylla* sp.	*		*
变态蟳 *Charybdis variegata*（Fabricius）	*		*
香港蟳 *C. hongkongensis* Shen	*		*
日本蟳 *C. japonica*（A. Milne-Edwards）	*	*	*
锐齿蟳 *C. acuta* A. Milne-Edwards		*	*
异齿蟳 *C. anisodon*（de Haan）		*	*
钝齿蟳 *C. hellerii*（A. Milne-Edwards）		*	*
近亲蟳 *C. affinis* Dana	*		*
东方蟳 *C.*（*C.*）*orientalis* Dana		*	*
环纹蟳 *C.*（*C.*）*annulata*（Fabricius）		*	*
蟳 *Charybdis* sp.	*	*	*
双额短桨蟹 *Thalamita sima* H. Milen-Edwards		*	*
钝齿短桨蟹 *T. crenata*（Latreille）	*	*	*
斑点短桨蟹 *T. picta* Stimpson		*	*
少刺短桨蟹 *T. danae* Stimpson	*		*
底栖短桨蟹 *T. prymna*（Herbst）	*		*
仿短桨蟹 *Thalmitoides* sp.		*	*
扇蟹科 Xanthidae			
鳞斑蟹 *Demania scaberrima*（Walker）[*Xantho reynaudii*]		*	*
贪精武蟹 *Parapanope euagora* de Man	*		*
光辉圆扇蟹 *Sphaerozius nitidus* Stimpson	*	*	*
火红皱蟹 *Leptodius exaratus*（H. Millne-Edwards）		*	*
细巧皱蟹 *L. gracilis*（Dana）		*	*
菜花银杏蟹 *Actaea savignyi*（H. Millne-Edwards）		*	*
厦门银杏蟹 *A. amoyensis*（de Man）		*	*
绒毛仿银杏蟹 *A. tomentosa*（H. Milne-Edwards）		*	*
特异大权蟹 *Macromedaeus distinguendus*（de Haan）		*	*
瘤蟹 *Phymodius* sp.		*	*
司氏酋如蟹 *Eriphiru smithi* Macleay	*	*	*
光手滑面蟹 *Etisus laevimanus* Randall	*	*	*

续表

种　名	海湾河口	海岛	海岸带
广阔疣扇蟹 *Daira perlata*（Herbst）		*	*
黑点花神蟹 *Chlorodiella nigra*（Forskal）	*		*
凹足拟熟诺蟹 *Zozymodes cavipes*（Dana）	*		*
方蟹科 Grapsidae			
中华近方蟹 *Hemigrapsus sinensis* Rathbun	*	*	*
绒螯近方蟹 *H. penicillatus*（de Haan）	*	*	*
肉球近方蟹 *H. sanguineus*（de Haan）	*	*	*
长指近方蟹 *H. longitarsis*（Miers）		*	*
近方蟹 *Hemigrapsus* sp.	*		*
相手蟹科 Sesarmindae			
斑点相手蟹 *Sesarma*（*Parasesarma*）*pictum*（de Haan）	*	*	*
三栉相手蟹 *S.*（*P.*）*tripectinis* Shen	*	*	*
双齿相手蟹 *S.*（*Chiromantes*）*bidens*（de Haan）	*		*
褶痕相手蟹 *S. plicata*（Latreille）	*	*	*
相手蟹 *Sesarma* sp.	*	*	*
小相手蟹 *Nanosesarma*（*N.*）*minutum*（de Man）［*Sesarma gordonae*］	*	*	*
密栉新相手蟹 *Neoepisesarma*（N.）mederi（H. Milne-Edwards）	*		*
三栉拟相手蟹 *Parasesarma tripectinis* Shen	*		*
狭颚绒螯蟹 *Eriocheir leptognathus* Rathbun		*	*
中华绒螯蟹 *E. sinensis* H. Milne Edwards		*	*
四齿大额蟹 *Metopograpsus quadridentatus* Stimpson	*	*	*
大额蟹 *Metopograpsus* sp.	*		*
秀丽长方蟹 *Metaplax elegans* de Man	*	*	*
小疣长方蟹 *M. takahashii* Sakai		*	*
长足长方蟹 *M. longipes* Stimpson	*	*	*
沈氏长方蟹 *M. sheni* Gordon		*	*
长方蟹 *Metaplax* sp.		*	*
粗腿厚纹蟹 *Pachygrapsus crassipes* Randall		*	*
平背蜞 *Gaetice depressus*（de Haan）		*	*
圆形肿须蟹 *Labuanium rotundatum*（Hess）		*	*
瘤突斜纹蟹 *Plagusia tuberculata* Lamarck		*	*
巴氏无齿蟹 *Acmaeopleura balssi* Shen			*
弓蟹科 Varunidae			
沈氏厚蟹 *Helice sheni* Sakai	*	*	*
天津厚蟹 *H. tientsinensis* Rathbum	*	*	*
伍氏厚蟹 *H. wuana* Rathbun	*	*	*
厚蟹 *Helice* sp.		*	*
字纹弓蟹 *Varuna litterata*（Fabricius）	*	*	*

续表

种　　名	海湾河口	海岛	海岸带
猴面蟹科 Camptandriidae			
三突无栉蟹 *Leipocten trigranulum*（Dai & Song）［*Baruna trigranulum*］		*	*
宽身闭口蟹 *Cleistostoma dilatatum* de Haan	*	*	*
扁干拟闭口蟹 *Paracleistostoma cristatum* de Man	*		*
扁平拟闭口蟹 *P. depressum* de Man	*		*
六齿猴面蟹 *Camptandrium sexdentatum* Stimpson	*	*	*
长身猴面蟹 *C. elongatum* Rathbun		*	*
毛带蟹科 Dotillidae			
淡水泥蟹 *Ilyoplax tansuiensis* Sakai	*	*	*
锯眼泥蟹 *I. serrata* Shen	*	*	*
谭氏泥蟹 *I. deschampsi* Rathbum	*	*	*
宁波泥蟹 *I. ningpoensis* Shen	*	*	*
台湾泥蟹 *I. formosensis* Rathbun			*
泥蟹 *Ilyoplax* sp.		*	*
圆球股窗蟹 *Scopimera globosa* de Haan	*	*	*
双扇股窗蟹 *S. bitympana* Shen		*	*
长趾股窗蟹 *S. longidactyla* Shen	*		*
短尾股窗蟹 *S. curtelsoma* Shen	*		*
股窗蟹 *Scopimera* sp.		*	*
韦氏毛带蟹 *Dotilla wichmanni* de Man	*	*	*
大眼蟹科 Macrophthalmidae			
拉氏大眼蟹 *Macrophthalmus*（*Venitus*）*latreillei*（Desmarest）		*	*
明秀大眼蟹 *M.*（*Mareotis*）*definitus* Adams et White	*	*	*
日本大眼蟹 *M.*（*Mareotis*）*japonicus* de Haan	*	*	*
宽身大眼蟹 *M.*（*M.*）*dilatum* de Haan	*	*	*
隆背大眼蟹 *M.*（*M.*）*convexus* Stimpson	*	*	*
悦目大眼蟹 *M.*（*M.*）*erato* de Man		*	*
太平洋大眼蟹 *M.*（*M.*）*pacificus* Dana		*	*
绒毛大眼蟹 *M.*（*M.*）*tomentosus*（Souleyet）		*	*
齿大眼蟹 *M.*（*M.*）*dentatu* Stimpson	*		*
短齿大眼蟹 *M. brevis*（Herbst）	*		*
大眼蟹 *Macrophthalmus* sp.	*	*	*
霍氏三强蟹 *Tritodynamia horvathi* Nobili	*		*
中型三强蟹 *T. intermedia* Shen	*	*	*
长腿三强蟹 *T. longipropodum* Dai		*	*
和尚蟹科 Mictyridae			
长腕和尚蟹 *Myctyris longicarpus* Latreille	*	*	*
沙蟹科 Ocypodidae			

续表

种　　名	海湾河口	海岛	海岸带
痕掌沙蟹 *Ocypode stimpsoni* Ortmann	*	*	*
平掌沙蟹 *O. cordimana* Desmarest	*	*	*
角眼沙蟹 *O. ceratophthalmus* (Pallas)	*	*	*
弧边招潮 *Uca* (*Deltuca*) *arcuata* (de Haan)	*	*	*
屠氏招潮 *U.* (*Deltuca*) *dussumieri* H. Milne Edwards	*	*	*
乌氏招潮 *U. urviller*		*	*
北方凹指招潮 *U.* (*Thalassura*) *vocans borealis* Crane		*	*
凹指招潮 *U.* (*Thalassura*) *vocans vocans* (Linnaeus)		*	*
清白招潮 *U.* (*Celuca*) *lactea* (de Haan)	*	*	*
拟屠氏招潮蟹 *U.* (*Deltuca*) *paradussumieri* (Batt)	*		*
招潮 *Uca* sp.		*	*
短眼蟹科 Xenophthalmidae			
莱氏异额蟹 *Anomalifrons lightana* Rathbun	*		*
豆形短眼蟹 *Xenophthalmus pinnotheroides* White	*	*	*
模糊新短眼蟹 *Neoxenophthalmus obscurus* (Henderson)	*	*	*
豆蟹科 Pinnotheridae			
宽腿巴豆蟹 *Pinnixa penultipedalis* Stimpson	*		*
中华豆蟹 *P. sinensis* Shen		*	*
戈氏豆蟹 *P. gordoni* Shen		*	*
圆豆蟹 *P. cyclinus* Shen		*	*
豆蟹 *Pinnotheres* sp.	*	*	*
仿倒颚蟹 *Mortensenella forceps* Rathbun	*		*
虾蛄科 Squillidae			
无刺口虾蛄 *Oratosquilla inornata* (Tata)	*	*	*
口虾蛄 *O. oratoria* (de Haan)	*	*	*
黑斑口虾蛄 *O. kempi* (Schmitt)		*	*
滑虾蛄 *Squilloides* sp.		*	*
饰尾绿虾蛄 *Clorida decorata* (Wood-Mason)	*		*
小眼绿虾蛄 *C. microphthalma* (H. Milne-Edwards)	*	*	*
圆尾绿虾蛄 *C. rotundicauda* (Miers)	*	*	*
十足虾蛄 *Decamastus* sp.		*	*
苔藓动物门 Bryozoa [Ectoprocta]			
克神苔虫科 Crisiidae			
龙牙克神苔虫 *Crisia ebuneo-denticulata* Smitt		*	*
楔形克神苔虫 *C. cuneata* Maplestone		*	*
窄长克神苔虫 *C. elongata* Milne-Edwards		*	*
管孔苔虫科 Tubuliporidae			

续表

种　名	海湾河口	海岛	海岸带
艳丽管孔苔虫 *Tubulipora pulcherrima* Kirkpatrick		*	*
扇形管孔苔虫 *T. flabellaris* (Fabricius)	*		*
管孔苔虫 *Tubulipora* sp.	*		*
碟苔虫科 Lichenoporidae			
放射碟苔虫 *Lichenopora radiata* (Andouin)		*	*
碟苔虫 *L. mediterranea* de Bassier		*	*
碟苔虫 *Lichenopora* sp.	*		*
袋胞苔虫科 Vesiculariidae			
分离愚苔虫 *Amatia distans* Busk		*	*
覆瓦鲍克苔虫 *Bowerbankia imbracata* (Adams)	*	*	*
膜孔苔虫科 Membraniporidae			
厦门膜孔苔虫 *Membranipora amoyensis* Robertson [*Sinoflustra amoyensis*]	*	*	*
大室膜孔苔虫 *M. grandicella* (Canu et Bassler)		*	*
齿缘膜孔苔虫 *M. terrilamella* Hincks		*	*
萨氏膜孔苔虫 *M. savartii* (Audouin)		*	*
膜孔苔虫 *Membranipora* sp.	*		*
网纱帐苔虫 *Conopeum reticulum* (Linnaeus)	*	*	*
琥珀苔虫科 Electridae			
异形琥珀苔虫 *Electra anomala* Osburn		*	*
光裸琥珀苔虫 *E. inermis* Liu et Ristedt			*
四胞苔虫科 Quadricellariidae			
拟眼尼苔虫 *Nellia oculata* Busk		*	*
美丽尼苔虫 *N. tenella* (Lamarck)	*		*
尼苔虫 *Nellia* sp.	*		*
藻苔虫科 Flustridae			
中国网藻苔虫 *Retiflustra schonauii* Levinsen	*		*
草苔虫科 Bugulidae			
多室草苔虫 *Bugula neritina* (Linnaeus)	*	*	*
草苔虫 *Bugula* sp.	*		*
格苔虫科 Beaniidae			
规矩格苔虫 *Beania regularis* Thornely		*	*
中介格苔虫 *B. intermedia* (Hincks)		*	*
环管苔虫科 Candidae [Cabereidae]			
冠粗胞苔虫 *Scrupoce diadema* Busk		*	*
美髯松苔虫 *Caberea lata* Busk	*	*	*
粗糙无鞭苔虫 *Amastigia rudis* (Busk)		*	*
托孔苔虫科 Thalamoporellidae			
尖颚托孔苔虫 *Thalamoporella gothica* (Busk)			*

续表

种　　名	海湾河口	海岛	海岸带
胞苔虫科 Cellariidae			
斑胞苔虫 *Cellaria punctata* (Busk)	*		*
胞苔虫 *Cellaria* sp.	*		*
小角胞苔虫科 Adeonellidae			
日本小角胞苔虫 *Adeonella japonica* Ortmann	*	*	*
琵鹭小角胞苔虫 *A. platalea* (Busk)		*	*
仿马孔苔虫科 Hippopodinidae			
菲吉恩仿马孔苔虫 *Hippopodina feegeensis* (Busk)	*	*	*
仿马孔苔虫 *H. perforata* (Okada et Mawatari)		*	*
仿马孔苔虫 *Hippopodina* sp.	*		*
香港网筛孔苔虫 *Cosciniopsis hongkongensis* Lu et Li		*	*
独角裂孔苔虫 *Schizoporella inicornis* (Johnstton)		*	*
球形假缘孔苔虫 *Parasmittina glomerata* (Thornedly)		*	*
兰氏缘孔苔虫 *Smittina landsborovii* (Johnston)		*	*
血苔虫科 Watersiporidae			
颈链血苔虫 *Watersipora subtorquata* (d' Orbigny)	*		*
孵圆血苔虫 *W. subovoidea* (Busk)		*	*
裂孔苔虫科 Schizoporellidae			
达苔虫 *Dakaria* sp.	*		*
拟隆胞苔虫科 Petraliellidae			
拟疣列隆胞苔虫 *Sinupetraliella umbonatoidea* Liu et Li		*	*
大脊隆胞苔虫 *Hippopetraliella magna* (d' Orbigny)		*	*
分胞苔虫科 Celleporinidae			
三蕾假分胞苔虫 *Pseudocelleporina triplex* Mawatari			*
瘤分胞苔虫 *Celleporina costazii* (Audouin)		*	*
分胞苔虫 *Celleporina* sp.	*		*
突颚拟分胞苔虫 *Celleporvavia errectorostris* (Canu et Bassler)		*	*
俭孔苔虫科 Phidoloporidae			
艳网苔虫 *Iodictyum* sp.	*		*
瘤胞苔虫科 Oncousoeciidae			
密管鼻苔虫 *Proboscina coapta* Canu et Bassler		*	*
笋苔虫科 Diaperoeciidae		*	*
梯形简苔虫 *Diaperoecia scalaris* Canu et Bassler		*	*
卫胞苔虫科 Phylactellidae			
颈形卫胞苔虫 *Phylactella collaris* Norman		*	*
腕足动物门 Brachiopoda			
海豆芽科 Lingulidae			

续表

种　名	海湾河口	海岛	海岸带
鸭嘴海豆芽 *Lingula anatina* Lamark［*L. unguis*］	*	*	*
亚氏海豆芽 *L. adamsi* Dall			*
大海豆芽 *L. murphiana*	*		*
海豆芽 *Lingula* sp.		*	*
棘皮动物门 Echinodermata			
栉羽星科 Comasteridae			
小卷海齿花 *Comanthus parvicirra*（J. Müller）	*	*	*
日本海齿花 *C. japonicus*（J. Müller）		*	*
巨萼栉羽花 *Comantheria grandicalyx*（P. H. Carpenter）		*	*
短羽枝科 Colobometridae			
日本俏羽枝 *Iconometra japonica*（Hartlaub）		*	*
脊羽枝科 Tropiometridae			
脊羽枝 *Tropiometra afra*（Hartlaub）		*	*
砂海星科 Luidiidae			
砂海星 *Luidia quinaria* von Martens		*	*
角海星科 Goniasteridae			
中华五角海星 *Anthenea chinensis*（Gray）［*A. pentagonula*］	*	*	*
黄五角海星 *A. flavescens* Gray		*	*
糙五角海星 *A. aspera* Doderlein		*	*
蛇海星科 Ophidiasteridae			
飞纳多海星 *Nardoa* sp.		*	*
海燕科 Asterinidae			
林氏海燕 *Asterina limboonkengi* G. A. Smith	*	*	*
海盘车科 Asteriidae			
海盘 *Astrodendrum sagaminum*（Doderlein）		*	*
粗钝海盘车 *Asterias argonauta* Djakonov		*	*
异色海盘车 *A. versicolor* Sladen	*		*
尖棘筛海盘车 *Coscinasterias acutispina*（Stimpson）		*	*
筛海盘车 *Coscinasterias* sp.		*	*
阳遂足科 Amphiuridae			
滩栖阳遂足 *Amphiura vadicola* Matsumoto		*	*
粗棘阳遂足 *A. pachybactra* Murakami		*	*
分岐阳遂足 *A. divaricata*（Ljungman）	*		*
细腕阳遂足 *A. tenuis* H. L. Clark	*		*
阳遂足 *Amphiura* sp.			*
洼颚倍棘蛇尾 *Amphioplus depressus*（Ljungman）	*	*	*
印痕倍棘蛇尾 *A. impressus*（Ljungman）	*		*

续表

种　　名	海湾河口	海岛	海岸带
光滑倍棘蛇尾 *A. laevis* Lyman［*A. praestans*］	*	*	*
日本倍棘蛇尾 *A. japonicus* Mastumoto			*
光辉倍棘蛇尾 *A. lucidus* Koehler	*	*	*
钩倍棘蛇尾 *A. ancistrotus*（H. L. Calrk）	*		*
倍棘蛇尾 *Amphioplus* sp.	*	*	*
异常盘棘蛇尾 *Ophiocentrus anomalus* Liao	*		*
女神蛇尾 *Ophionephthy difficilis* Duncan		*	*
辐蛇尾科 Ophiactidae			
沙氏辐蛇尾 *Ophiactis savignyi*（Müller et Troschel）		*	*
近辐蛇尾 *O. affinis* Duncan	*	*	*
平辐蛇尾 *O. modesta* Brock		*	*
辐蛇尾 *Ophiactis* sp.		*	*
挎雄蛇尾 *Ophiodaphna formata*（Koehler）［*O. materna*］	*		*
刺蛇尾科 Ophiotrichidae			
马氏刺蛇尾 *Ophiothrix marenzelleri* Koehler	*		*
小刺蛇尾 *O. exigua* Lyman		*	*
条纹板刺蛇尾 *Placophiothrix striolata*（Grube）		*	*
棕板蛇尾 *Ophiomaza cacaotica* Lyman［*O. obscura*］		*	*
刺蛇尾 *Macrophiothrix* sp.		*	*
皮蛇尾科 Ophiodermatidae			
亚珠蛇尾 *Ophiarachnella infernalis*（Müller et Troschel）		*	*
真蛇尾科 Ophiuridae			
日本片蛇尾 *Ophioplocus japonicus* H. L. Clack	*	*	*
刻肋海胆科 Temnopleuridae			
细雕刻肋海胆 *Temnopleurus toreumaticus*（Leske）	*	*	*
刻孔海胆 *Temnotrema sculptum*（A. Agassiz）		*	*
长海胆科 Echinometridae			
紫海胆 *Anthocidaris crassispina*（A. Agassiz）	*	*	*
球海胆科 Strongylocentrotidae			
马粪海胆 *Hemicentrotus pulcherrimus*（A. Agasiz）		*	*
蛛网海胆科 Arachnoidae			
扁平蛛网海胆 *Arachnoides placenta*（Linnaeus）	*	*	*
盘海胆科 Scutellidae			
曼氏孔盾海胆 *Astriclypeus manni* Verill	*		*
海参 *Holothuria* sp.	*		*
瓜参科 Cucumariidae			
二角赛瓜参 *Thyone bicornis* Ohshima	*		*
囊皮赛瓜参 *T. sacellus* Selenka［*Stolus buccalis*］	*	*	*

续表

种　　名	海湾河口	海岛	海岸带
足赛瓜参 *T. pedata* Senper			
二色桌片参 *Mensamaria intercedens*（Lampert）		*	*
方柱五角瓜参 *Pentacta quadrangularis*（Lesson）[*Colochirus quadrangularis*]	*	*	*
瘤五角瓜参 *P. anceps*（Selenka）[*P. tuberculosa*，*Colochirus anceps*]	*	*	*
裸五角瓜参 *P. inornata*（V. Marenzeller）		*	*
五角瓜参 *Pentacta* sp.		*	*
黄褐瓜参 *Cucumaria citrea* Semper		*	*
瓜参 *Cucumaria* sp.		*	*
棘刺瓜参 *Pseudocnus echinatus*（Marenzeller）	*		*
沙鸡子科 Phyllophoridae			
针骨沙鸡子 *Phyllophorus spiculatus* Chang	*		*
刘五店沙鸡子 *P. liuwutiensis* Yang		*	*
沙鸡子 *Phyllophorus* sp.	*		*
模式辐瓜参 *Actinocucumis typicus* Ludwig	*	*	*
芋参科 Molpadiidae			
海地瓜 *Acaudina molpadioides*（Semper）	*	*	*
张氏芋海参 *Molpadia changi* Pawson & Liao	*		*
锚海参科 Synaptidae			
棘刺锚参 *Protankyra bidentata*（Woodward et Barrett）	*	*	*
伪指刺锚参 *P. pseudo-digitata*（Semper）	*		*
半索动物门 Hemichordata [口索动物门 Stomochordata]			
鳃孔动物门 Branchiotrema]			
殖翼柱头虫科 Ptychoderidae			
三崎柱头虫 *Balanoglossus misakiensis* Kuwano	*		*
脊索动物门 Chordata			
三段海鞘科 Polyclinidae			
星座三段海鞘 *Polyclinum constellatum* Savigny		*	*
三段海鞘 *Polyclinum* sp.	*		*
二段海鞘科 Didemnidae			
二段海鞘 *Didemnum* sp.		*	*
鞠海鞘科 Botryllidae			
紫拟菊海鞘 *Botrylloides violaceulus* Oka	*		*
鞠海鞘 *Botryllus* sp.	*		*
瘤海鞘科 Styelidae			
单精巢多果海鞘 *Polycarpa*（*Eusystyella*） *monotestis*（Tokioka）[*Eusynstyela monotestis*]		*	*
皱瘤海鞘 *Styela plicata*（Lesueur）	*	*	*

续表

种　　名	海湾河口	海岛	海岸带
冠瘤海鞘 *S. canopus* Savigny	*	*	*
脓海鞘科 Pyuridae			
硬突小齐海鞘 *Microcosmus exasperatus* Heller		*	*
澳洲齐海鞘 *M. australis* Herdman		*	*
红贺海鞘 *Herdmania momus*（Sauigny）	*		*
皮海鞘科 Molgulidae			
乳突皮海鞘 *Molgula manhattensis*（Delay）	*		*
皮海鞘 *Molgula* sp.	*		*
文昌鱼科 Amphioxidae			
白氏文昌鱼 *Branchiostoma belcheri*（Gray）	*	*	*
鳗鲡科 Anguillidae			
中华鳗鲡 *Anguilla sinensis*_ McClelland	*		*
蚓鳗科 Moringuidae			
蚓鳗 *Moringua* sp.	*		*
海鳝科 Muraenidae			
勾斑裸胸鳝 *Gymnothorax reevsi*（Richardson）		*	*
蛇鳗科 Ophichthyidae			
中华须鳗 *Cirrhimuraena chinensis*（Kaup）	*	*	*
食蟹豆齿鳗 *Pisoodonophis cancrivorus*（Richardson）	*		*
裸鳍虫鳗 *Muraenichthys gymnupterus*（Bleeker）	*	*	*
短鳍虫鳗 *M. hattae*（Jordan et Snyder）	*		*
海鳗科 Muraenesocidae			
海鳗 *Muraenesox cinereus*（Forskol）		*	*
鲻科 Mugilidae			
棱鲻 *Liza carinatus*（Cuvier et Valenciennes）[*Mugil carinatus*]	*	*	*
银汉鱼科 Atherinidae			
白氏银汉鱼 *Allanetta bleekeri*（Günther）		*	*
鲉科 Scorpaenidae			
褐菖鲉 *Sebastiscus marmoratus*（Cuvier et Valenciennes）		*	*
毒鲉科 Synanceiidae			
腾头鲉 *Polycaulus uranoscopa*（Bloch et Schneider）		*	*
鲬科 Platycephalidae			
鳄鲬 *Cociella crocodilus*（Tilesius）		*	*
印度鲬 *Platycephalus indicus*（Linnaeus）			*
棘鲬 *Hoplichthys* sp.	*		*
鮨科 Serranidae			
青石斑鱼 *Epinephelus awoara*（Temminck et Schlegel）		*	*

续表

种　名	海湾河口	海岛	海岸带
天竺鲷科 Apogonidae			
四线天竺鲷 *Apogonichthys quadrifasciatus*（Cuvier et Valenciennes）［*A. fasciatus*］	*	*	
鳚科 Blenniidae			
日本肩鳃鳚 *Omobranchus japonicus*（Bleeker）		*	*
花肩鳃鳚 *O. kallosoma*（Bleeker）		*	*
肩鳃鳚 *Omobranchus* sp.			*
鲔科 Callionymidae			
丝棘鲔 *Callionymus flagris*（Jordon et Fowler）		*	*
绯鲔 *C. beniteguri*（Jordon et Snyder）		*	*
塘鳢科 Eleotridae			
花锥峭塘鳢 *Brionobutis koilomatodon*（Bleeker）		*	*
鰕虎鱼科 Gobiidae			
纹缟鰕虎鱼 *Tridentiger trigonocephalus*（Gill）		*	*
锺馗鰕虎鱼 *Triaenopogon barbatus*（Günther）		*	*
竿鰕虎鱼 *Luciogobius guttatus*（Gill）		*	*
鰕虎鱼 *Luciogobius* sp.			*
舌鰕虎鱼 *Glossogobius giuris*（Hamilton）		*	*
触角沟鰕虎鱼 *Oxyurichthys tentacularis*（Cuvier et Valenciennes）			*
大鳞沟鰕虎鱼 *O. macrolepis*（Chu et Wu）			*
小鳞沟鰕虎鱼 *O. microlepis*（Bleeker）		*	*
巴布亚沟鰕虎鱼 *O. papuensis*（Cuvier et Valenciennes）	*		*
凯氏细棘鰕虎鱼 *Acentrogobius campbelli*（Jordan et Snyder）［*Istigobius campbelli*］			*
犬牙细棘鰕虎鱼 *A. caninus*（Cuvier et Valenciennes）	*	*	*
短吻栉鰕虎鱼 *Ctenogobius brevirostris*（Günther）	*	*	*
斑尾覆鰕虎鱼 *Synechogobius ommaturus*（Richardson）		*	*
覆鰕虎鱼 *Synechogobius* sp.		*	*
矛尾鰕虎鱼 *Chaeturichthys stigmatias*（Richardson）	*	*	*
矛状拟平牙鰕虎鱼 *Pseudapocryptes lanceolatus*（Bloch et Schneider）	*		*
中华钝牙鰕虎鱼 *Apocryptichthys sericus*（Herre）	*	*	*
鲻鰕虎鱼 *Mugilogobius abei*（Jordan et Snyder）	*		*
鳗鰕虎鱼科 Taenioididae			
红狼牙鰕虎鱼 *Odontamblyopus rubicundus*（Hamilton Buchanan）	*	*	*
须鳗鰕虎鱼 *Taenioides cirratus*（Blyth）	*	*	*
鲡形鳗鰕虎鱼 *T. aguillaris*（Linnaeus）	*	*	*
鳗鰕虎鱼 *Taenioides* sp.			*
孔鰕虎鱼 *Trypauchen vagina*（Bloch et Schneider）	*	*	*
小头栉孔鰕虎鱼 *Ctenotrypauchen microcephalus*（Bleeker）		*	*
弹涂鱼科 Periophthalmidae			

续表

种　　名	海湾河口	海岛	海岸带
弹涂鱼 *Periophthalmus cantonensis* (Osbeck)	*	*	*
青弹涂鱼 *Scartelaos viridis* (Hamilton-Buchanan)	*	*	*
大弹涂鱼 *Boleophthalmus pectinirostris* (Linnaeus)	*	*	*
舌鳎科 Cynoglossidae			
日本钩嘴鳎 *Heteromycteris japonicus* (Temminck et Schlegel)			*
舌鳎 *Cynoglossus* sp.	*		*